城市建设标准专题汇编系列

城市垃圾标准汇编

本社 编

中国建筑工业出版社

图书在版编目（CIP）数据

城市垃圾标准汇编/中国建筑工业出版社编. —北京：
中国建筑工业出版社，2016.12
（城市建设标准专题汇编系列）
ISBN 978-7-112-19831-3

Ⅰ.①城… Ⅱ.①中… Ⅲ.①城市-垃圾处理-标准-
汇编-中国 Ⅳ.①X799.305-65

中国版本图书馆 CIP 数据核字（2016）第 221702 号

责任编辑：丁洪良　何玮珂　孙玉珍

城市建设标准专题汇编系列
城市垃圾标准汇编
本社　编
*
中国建筑工业出版社出版、发行（北京西郊百万庄）
各地新华书店、建筑书店经销
北京红光制版公司制版
廊坊市海涛印刷有限公司印刷
*
开本：787×1092 毫米　1/16　印张：47　字数：1733 千字
2016 年 11 月第一版　2016 年 11 月第一次印刷
定价：**108.00** 元
ISBN 978-7-112-19831-3
（29354）

出　版　说　明

　　工程建设标准是建设领域实行科学管理，强化政府宏观调控的基础和手段。它对规范建设市场各方主体行为，确保建设工程质量和安全，促进建设工程技术进步，提高经济效益和社会效益具有重要的作用。

　　时隔 37 年，党中央于 2015 年底召开了"中央城市工作会议"。会议明确了新时期做好城市工作的指导思想、总体思路、重点任务，提出了做好城市工作的具体部署，为今后一段时期的城市工作指明了方向、绘制了蓝图、提供了依据。为深入贯彻中央城市工作会议精神，做好城市建设工作，我们根据中央城市工作会议的精神和住房城乡建设部近年来的重点工作，推出了《城市建设标准专题汇编系列》，为广大管理和工程技术人员提供技术支持。《城市建设标准专题汇编系列》共 13 分册，分别为：

1.《城市地下综合管廊标准汇编》
2.《海绵城市标准汇编》
3.《智慧城市标准汇编》
4.《装配式建筑标准汇编》
5.《城市垃圾标准汇编》
6.《养老及无障碍标准汇编》
7.《绿色建筑标准汇编》
8.《建筑节能标准汇编》
9.《高性能混凝土标准汇编》
10.《建筑结构检测维修加固标准汇编》
11.《建筑施工与质量验收标准汇编》
12.《建筑施工现场管理标准汇编》
13.《建筑施工安全标准汇编》

　　本次汇编根据"科学合理，内容准确，突出专题"的原则，参考住房和城乡建设部发布的"工程建设标准体系"，对工程建设中影响面大、使用面广的标准规范进行筛选整合，汇编成上述《城市建设标准专题汇编系列》。各分册中的标准规范均以"条文＋说明"的形式提供，便于读者对照查阅。

　　需要指出的是，标准规范处于一个不断更新的动态过程，为使广大读者放心地使用以上规范汇编本，我们将在中国建筑工业出版社网站上及时提供标准规范的制订、修订等信息。详情请点击 www.cabp.com.cn 的"规范大全园地"。我们诚恳地希望广大读者对标准规范的出版发行提供宝贵意见，以便于改进我们的工作。

目　　录

中华人民共和国国家标准

村庄整治技术规范

Technique code for village rehabilitation

GB 50445—2008

主编部门：中华人民共和国住房和城乡建设部
批准部门：中华人民共和国住房和城乡建设部
施行日期：２００８年８月１日

中华人民共和国住房和城乡建设部
公　告

第 6 号

关于发布国家标准
《村庄整治技术规范》的公告

现批准《村庄整治技术规范》为国家标准，编号为 GB 50445—2008，自 2008 年 8 月 1 日起实施。其中，第 3.1.6、3.2.2（1、2、5）、3.2.3（4）、3.2.5（2）、3.3.2（4、5）、3.3.6、3.4.1（3）、3.4.3（1）、3.4.4（3）、3.4.6、3.5.3（1）、3.5.4、3.5.6、4.1.5、4.3.2、6.2.4（2）、8.4.4、8.4.7、10.4.2、10.5.3、11.1.2（1）条（款）为强制性条文，必须严格执行。

本规范由我部标准定额研究所组织中国建筑工业出版社出版发行。

中华人民共和国住房和城乡建设部

2008 年 3 月 31 日

前　言

本规范是根据建设部《2007 年工程建设标准规范制订、修订计划（第一批）》（建标［2007］125 号）的要求，由中国建筑设计研究院会同有关设计、研究和教学单位编制而成。

本规范主要内容包括：1. 总则；2. 术语；3. 安全与防灾；4. 给水设施；5. 垃圾收集与处理；6. 粪便处理；7. 排水设施；8. 道路桥梁及交通安全设施；9. 公共环境；10. 坑塘河道；11. 历史文化遗产与乡土特色保护；12. 生活用能。

本规范以黑体字标志的条文为强制性条文，必须严格执行。

本规范由住房和城乡建设部负责管理和对强制性条文的解释，由中国建筑设计研究院负责具体技术内容的解释。

在执行过程中，请各有关单位及时将实践中的意见和建议反馈给中国建筑设计研究院（地址：北京市西城区车公庄大街 19 号，邮政编码：100044），以便修订时参考。

本规范主编单位：中国建筑设计研究院

本规范参编单位：北京工业大学
北京市市政工程设计研究总院
中国城市建设研究院
中国疾病预防控制中心环境与健康相关产品安全所
武汉市城市规划设计研究院
北京市城市规划设计研究院

本规范主要起草人：方　明　赵　辉　邵爱云
单彦名　杜白操　马东辉
赵志军　徐海云　潘力军
邵辉煌　冯　駚　陈　敏
杜　遂　傅　晶　魏保军
郭小东　苏经宇　崔招女
刘学功　李　艺　黄文雄
王友斌　王俊起　白　芳
徐贺文　陈雄志　仝德良
潘一玲　董艳芳　冯新刚

目　次

1 总　则

1.0.1 为提高村庄整治的质量和水平，规范村庄整治工作，改善农民生产生活条件和农村人居环境质量，稳步推进社会主义新农村建设，促进农村经济、社会、环境协调发展，制定本规范。

1.0.2 本规范适用于全国现有村庄的整治。

1.0.3 村庄整治应充分利用现有房屋、设施及自然和人工环境，通过政府帮扶与农民自主参与相结合的形式，分期分批整治改造农民最急需、最基本的设施和相关项目，以低成本投入、低资源消耗的方式改善农村人居环境，防止大拆大建、破坏历史风貌和资源。

1.0.4 村庄整治应因地制宜、量力而行、循序渐进、分期分批进行，并应充分传承当地历史文化传统，防止违背群众意愿，搞突击运动。并应符合下列基本原则：

1 充分利用已有条件及设施，坚持以现有设施的整治、改造、维护为主，尊重农民意愿、保护农民权益，严禁盲目拆建农民住宅；

2 各类设施整治应做到安全、经济、方便使用与管理，注重实效，分类指导，不应简单套用城镇模式大兴土木、铺张浪费；

3 根据当地经济社会发展水平、农民生产方式与生活习惯，结合农村人口及村庄发展的长期趋势，科学制定支持村庄整治的县域选点计划；

4 综合考虑整治项目的急需性、公益性和经济可承受性，确定整治项目和整治时序，分步实施；

5 充分利用与村庄整治相适应的成熟技术、工艺和设备，优先采用当地原材料，保护、节约和合理利用能源资源，节约使用土地；

6 严格保护村庄自然生态环境和历史文化遗产，传承和弘扬传统文化；严禁毁林开山，随意填塘，破坏特色景观与传统风貌，毁坏历史文化遗存。

1.0.5 村庄整治项目应包括安全与防灾、给水设施、垃圾收集与处理、粪便处理、排水设施、道路桥梁及交通安全设施、公共环境、坑塘河道、历史文化遗产与乡土特色保护、生活用能等。具体整治项目应根据实际需要与经济条件，由村民自主选择确定，涉及生命财产安全与生产生活最急需的整治项目应优先开展。

村庄整治应符合有关规划要求。当村庄规模较大、需整治项目较多、情况较复杂时，应编制村庄整治规划作为指导。

1.0.6 村庄整治除应符合本规范外，尚应符合国家现行有关标准的规定。

2 术　语

2.0.1 村庄整治 village rehabilitation

对农村居民生活和生产的聚居点的整顿和治理。

2.0.2 次生灾害 secondary induced disasters

自然灾害造成工程结构和自然环境破坏而引发的连锁性灾害。常见的有次生火灾、爆炸、洪水、有毒有害物质溢出或泄漏、传染病、地质灾害等。

2.0.3 基础设施 infrastructures

维持村庄或区域生存的功能系统和对国计民生、村庄防灾有重大影响的供电、供水、供气、交通及对抗灾救灾起重要作用的指挥、通信、医疗、消防、物资供应与保障等基础性工程设施系统，也称生命线工程。

2.0.4 浊度 turbidity

反映天然水及饮用水物理性状的指标，是悬浮物、胶态物或两者共同作用造成的在光线方面的散射或吸收状态，也称浑浊度。

2.0.5 可生物降解的有机垃圾 biodegradable waste

指可以腐烂的有机垃圾，如食物残渣、树叶、草等植物垃圾等。

2.0.6 堆肥 composting

在有氧和有控制的条件下通过微生物的作用对分类收集的有机垃圾进行的生物分解过程，制作产生肥料。

2.0.7 粪便无害化处理 feces harmless treatment

有效降低粪便中生物性致病因子数量，使病原微生物失去传染性，控制疾病传播的过程。

2.0.8 卫生厕所 sanitary latrine

有墙、有顶，厕坑及贮粪池不渗漏，厕内清洁，无蝇蛆，基本无臭，贮粪池密闭有盖，粪便及时清除并进行无害化处理的厕所。

2.0.9 户厕 household latrine

供农村家庭成员便溺用的场所，由厕屋、便器、贮粪池组成。

2.0.10 水冲式厕所 water closed latrine

具有给水和完整的排水设施的厕所。

2.0.11 人工湿地 artificial wetland

人工筑成的水池或沟槽，底面铺设防渗漏隔水层，填充一定深度的土壤或填料层，种植芦苇类维管束植物或根系发达的水生植物，污水由湿地一端通过布水管渠进入，与生长在填料表面的微生物和水中溶解氧进行充分接触而获得净化。

2.0.12 生物滤池 biological filter

污水处理构筑物，内置填料做载体，污水由上往下喷淋过程中与载体上的微生物及自下向上流动的空气充分接触，获得净化。

2.0.13 稳定塘 stabilization pond

污水停留时间长的天然或人工塘。主要依靠微生物好氧和（或）厌氧作用，以多极串联运行，稳定污水中的有机污染物。

2.0.14 表面水力负荷 hydraulic surface loading

每平方米表面积单位时间内通过的污水体积数。

2.0.15 坑塘 pit-pond

人工开挖或天然形成的储水洼地，包括养殖、种植塘及湖泊、河渠形成的支汊水体等。

2.0.16 滚水坝 overflow dam

高度较低的溢流水坝，控制坝前较低的水位，也称滚水堰。

2.0.17 塘堰 small reservoir

山丘区的小型蓄水工程，用以拦蓄地面径流，供灌溉及居民生活用水，也称塘坝。

2.0.18 历史文化遗产 cultural heritage

具有历史文化价值的古遗址、建（构）筑物、村庄格局。

2.0.19 历史文化名村 historic village

由住房和城乡建设部与国家文物局公布的、保存文物特别丰富并具有重大历史价值或革命纪念意义，能较完整地反映一定历史时期的传统风貌和地方民族特色的村落。

2.0.20 生物质成型燃料 biomass briquette

将农作物秸秆、农林废弃物、能源作物等生物质通过高压在高温或常温下压缩成热值达 $11932 \sim 18840$ kJ/kg 的高密度棒状或颗粒状的燃料。

2.0.21 太阳房 solar house

依靠建筑物本身构造和建筑材料的热工性能，吸收和储存太阳光热量，满足使用需要的房屋。

3 安全与防灾

3.1 一般规定

3.1.1 村庄整治应综合考虑火灾、洪灾、震灾、风灾、地质灾害、雷击、雪灾和冻融等灾害影响，贯彻预防为主，防、抗、避、救相结合的方针，坚持灾害综合防御、群防群治的原则，综合整治、平灾结合，保障村庄可持续发展和村民生命安全。

3.1.2 村庄整治应达到在遭遇正常设防水准下的灾害时，村庄生命线系统和重要设施基本正常，整体功能基本正常，不发生严重次生灾害，保障农民生命安全的基本防御目标。

3.1.3 村庄整治应根据灾害危险性、灾害影响情况及防灾要求，确定工作内容，并应符合下列规定：

　　1　火灾、洪灾和按表 3.1.3 确定的灾害危险性为 C 类和 D 类等对村庄具有较严重威胁的灾种，村庄存在重大危险源时，应进行重点整治，除应符合本规范规定外，尚应按照国家有关法律法规和技术标准规定进行防灾整治和防灾建设，条件许可时应纳入城乡综合防灾体系一进行；

表 3.1.3　灾害危险性分类

灾害危险性／灾种	划分依据	A	B	C	D
地震	地震基本加速度 a (g)	$a<0.05$	$0.05 \leqslant a <0.15$	$0.15 \leqslant a <0.30$	$a \geqslant 0.30$
风	基本风压 w_0 (kN/m²)	$w_0<0.3$	$0.3 \leqslant w_0 <0.5$	$0.5 \leqslant w_0 <0.7$	$w_0 \geqslant 0.7$
地质	地质灾害分区	一般区		易发区、地质环境条件为中等和复杂程度	危险区
雪	基本雪压 s_0 (kN/m²)	$s_0<0.30$	$0.30 \leqslant s_0 <0.45$	$0.45 \leqslant s_0 <0.60$	$s_0 \geqslant 0.60$
冻融	最冷月平均气温（℃）	>0	$-5 \sim 0$	$-10 \sim -5$	<-10

　　2　除第 1 款规定外的一般危险性的常见灾害，可按群防群治的原则进行综合整治；

　　3　应充分考虑各类安全和灾害因素的连锁性和相互影响，并应符合下列规定：

　　　　1）应按各项灾害整治和避灾疏散的防灾要求，对各类次生灾害源点进行综合整治；

　　　　2）应按照火灾、洪灾、毒气泄漏扩散、爆炸、放射性污染等次生灾害危险源的种类和分布，对需要保障防灾安全的重要区域和源点，分类分级采取防护措施，综合整治；

　　　　3）应考虑公共卫生突发事件灾后流行性传染病和疫情，建立临时隔离、救治设施。

3.1.4 现状存在隐患的生命线工程和重要设施、学校和村民集中活动场所等公共建筑应进行整治改造，并应符合国家现行标准《建筑抗震设计规范》GB 50011、《建筑设计防火规范》GB 50016、《建筑结构荷载规范》GB 50009、《建筑地基基础设计规范》GB 50007、《冻土地区建筑地基基础设计规范》JGJ 118 等的要求。

　　存在结构性安全隐患的农民住宅应进行整治，消除危险因素。

3.1.5 村庄洪水、地震、地质、强风、雪、冻融等灾害防御，宜将下列设施作为重点保护对象，按照国家现行相关标准优先整治：

　　1　变电站（室）、邮电（通信）室、粮库（站）、卫生所（医务室）、广播站、消防站等生命线系统的关键部位；

　　2　学校等公共建筑。

3.1.6 村庄现状用地中的下列危险性地段，禁止进行农民住宅和公共建筑建设，既有建筑工程必须进行拆除迁建，基础设施线状工程无法避开时，应采取有效措施减轻场地破坏作用，满足工程建设要求：

1 可能发生滑坡、崩塌、地陷、地裂、泥石流等的场地；

2 发震断裂带上可能发生地表位错的部位；

3 行洪河道；

4 其他难以整治和防御的灾害高危害影响区。

3.1.7 对潜在危险性或其他限制使用条件尚未查明或难以查明的建设用地，应作为限制性用地。

3.2 消防整治

3.2.1 村庄消防整治应贯彻预防为主、防消结合的方针，积极推进消防工作社会化，针对消防安全布局、消防站、消防供水、消防通信、消防通道、消防装备、建筑防火等内容进行综合整治。

3.2.2 村庄应按照下列安全布局要求进行消防整治：

1 村庄内生产、储存易燃易爆化学物品的工厂、仓库必须设在村庄边缘或相对独立的安全地带，并与人员密集的公共建筑保持规定的防火安全距离。

严重影响村庄安全的工厂、仓库、堆场、储罐等必须迁移或改造，采取限期迁移或改变生产使用性质等措施，消除不安全因素。

2 生产和储存易燃易爆物品的工厂、仓库、堆场、储罐等与居住、医疗、教育、集会、娱乐、市场等之间的防火间距不应小于 50m，并应符合下列规定：

1）烟花爆竹生产工厂的布置应符合现行国家标准《民用爆破器材工厂设计安全规范》GB 50089 的要求；

2）《建筑设计防火规范》GB 50016 规定的甲、乙、丙类液体储罐和罐区应单独布置在规划区常年主导风向下风或侧风方向，并应考虑对其他村庄和人员聚集区的影响。

3 合理选择村庄输送甲、乙、丙类液体、可燃气体管道的位置，严禁在其干管上修建任何建筑物、构筑物或堆放物资。管道和阀门井盖应有明显标志。

4 应合理选择液化石油气供应站的瓶库、汽车加油站和煤气、天然气调压站、沼气池及沼气储罐的位置，并采取有效的消防措施，确保安全。

燃气调压设施或气化设施四周安全间距需满足城镇燃气输配的相关规定，且该范围内不能堆放易燃易爆物品。通过管道供应燃气的村庄，低压燃气管道的敷设也应满足城镇燃气输配的有关规范，且燃气管道之上不能堆放柴草、农作物秸秆、农林器械等杂物。

5 打谷场和易燃、可燃材料堆场，汽车、大型拖拉机车库，村庄的集贸市场或营业摊点的设置以及

村庄与成片林的间距应符合农村建筑防火的有关规定，不得堵塞消防通道和影响消火栓的使用。

6 村庄各类用地中建筑的防火分区、防火间距和消防通道的设置，均应符合农村建筑防火的有关规定；在人口密集地区应规划布置避难区域；原有耐火等级低、相互毗连的建筑密集区或大面积棚户区，应采取防火分隔、提高耐火性能的措施，开辟防火隔离带和消防通道，增设消防水源，改善消防条件，消除火灾隐患。防火分隔宜按 30～50 户的要求进行，呈阶梯布局的村寨，应沿坡纵向开辟防火隔离带。防火墙修建应高出建筑物 50cm 以上。

7 堆量较大的柴草、饲料等可燃物的存放应符合下列规定：

1）宜设置在村庄常年主导风向的下风侧或全年最小频率风向的上风侧；

2）当村庄的三、四级耐火等级建筑密集时，宜设置在村庄外；

3）不应设置在电气设备附近及电气线路下方；

4）柴草堆场与建筑物的防火间距不宜小于 25m；

5）堆垛不宜过高过大，应保持一定安全距离。

8 村庄宜在适当位置设置普及消防安全常识的固定消防宣传栏；易燃易爆区域应设置消防安全警示标志。

3.2.3 村庄建筑整治应符合下列防火规定：

1 村庄厂（库）房和民用建筑的耐火等级、允许层数、允许占地面积及建筑构造防火要求应符合农村建筑防火的有关规定；

2 既有耐火等级低的老建筑有条件时应逐步加以改造，采取提高耐火等级等措施消除火灾隐患；

3 村庄电气线路与电气设备的安装使用应符合国家电气设计技术规范和农村建筑防火的有关规定；村庄建筑电气应接地，配电线路应安装过载保护和漏电保护装置，电线宜采用线槽或穿管保护，不应直接敷设在可燃装修材料或可燃构件上，当必须敷设时应采取穿金属管、阻燃塑料管保护；

4 现状存在火灾隐患的公共建筑，应根据《建筑设计防火规范》GB 50016 等国家相关标准进行整治改造；

5 村庄应积极采用先进、安全的生活用火方式，推广使用沼气和集中供热；火源和气源的使用管理应符合农村建筑防火的有关规定；

6 保护性文物建筑应建立完善的消防设施。

3.2.4 村庄消防供水宜采用消防、生产、生活合一的供水系统，并应符合下列规定：

1 具备给水管网条件时，管网及消火栓的布置、水量、水压应符合现行国家标准《建筑设计防火规

范》GB 50016 及农村建筑防火的有关规定；利用给水管道设置消火栓，间距不应大于 120m；

2 不具备给水管网条件时，应利用河湖、池塘、水渠等水源进行消防通道和消防供水设施整治；利用天然水源时，应保证枯水期最低水位和冬季消防用水的可靠性；

3 给水管网或天然水源不能满足消防用水时，宜设置消防水池，消防水池的容积应满足消防水量的要求；寒冷地区的消防水池应采取防冻措施；

4 利用天然水源或消防水池作为消防水源时，应配置消防泵或手抬机动泵等消防供水设备。

3.2.5 村庄整治应按照国家有关规定配置消防设施，并应符合下列规定：

1 消防站的设置应根据村庄规模、区域位置、发展状况及火灾危险程度等因素确定，确需设置消防站时应符合下列规定：

1) 消防站布局应符合接到报警 5min 内消防人员到达责任区边缘的要求，并应设在责任区内的适中位置和便于消防车辆迅速出动的地段；

2) 消防站的建设用地面积宜符合表 3.2.5 的规定；

3) 村庄的消防站应设置由电话交换站或电话分局至消防站接警室的火警专线，并应与上一级消防站、邻近地区消防站，以及供水、供电、供气、义务消防组织等部门建立消防通信联网。

表 3.2.5 消防站规模分级

消防站类型	责任区面积（km²）	建设用地面积（m²）
标准型普通消防站	≤7.0	2400～4500
小型普通消防站	≤4.0	400～1400

2 5000 人以上村庄应设置义务消防值班室和义务消防组织，配备通信设备和灭火设施。

3.2.6 村庄消防通道应符合现行国家标准《建筑设计防火规范》GB 50016 及农村建筑防火的有关规定，并应符合下列规定：

1 消防通道可利用交通道路，应与其他公路相连通；消防通道上禁止设立影响消防车通行的隔离桩、栏杆等障碍物；当管架、栈桥等障碍物跨越道路时，净高不应小于 4m；

2 消防通道宽度不宜小于 4m，转弯半径不宜小于 8m；

3 建房、挖坑、堆柴草饲料等活动，不得影响消防车通行；

4 消防通道宜成环状布置或设置平坦的回车场；尽端式消防回车场不应小于 15m×15m，并应满足相应的消防规范要求。

3.3 防洪及内涝整治

3.3.1 受江、河、湖、海、山洪、内涝威胁的村庄应进行防洪整治，并应符合下列规定：

1 防洪整治应结合实际，遵循综合治理、确保重点、防汛与抗旱相结合、工程措施与非工程措施相结合的原则。根据洪灾类型确定防洪标准：

1) 沿江、河、湖泊村庄防洪标准不应低于其所处江河流域的防洪标准；

2) 邻近大型或重要工矿企业、交通运输设施、动力设施、通信设施、文物古迹和旅游设施等防护对象的村庄，当不能分别进行防护时，应按"就高不就低"的原则确定设防标准及防洪设施。

2 应合理利用岸线，防洪设施选线应适应防洪现状和天然岸线走向。

3 受台风、暴雨、潮汐威胁的村庄，整治时应符合防御台风、暴雨、潮汐的要求。

4 根据历史降水资料易形成内涝的平原、洼地、水网圩区、山谷、盆地等地区的村庄整治应完善除涝排水系统。

3.3.2 村庄的防洪工程和防洪措施应与当地江河流域、农田水利、水土保持、绿化造林等规划相结合并应符合下列规定：

1 居住在行洪河道内的村民，应逐步组织外迁；

2 结合当地江河走向、地势和农田水利设施布置泄洪沟、防洪堤和蓄洪库等防洪设施；对可能造成滑坡的山体、坡地，应加砌石块护坡或挡土墙；防洪（潮）堤的设置应符合国家有关标准的规定；

3 村庄范围内的河道、湖泊中阻碍行洪的障碍物，应制定限期清除措施；

4 在指定的分洪口门附近和洪水主流区域内，严禁设置有碍行洪的各种建筑物，既有建筑物必须拆除；

5 位于防洪区内的村庄，应在建筑群体中设置具有避洪、救灾功能的公共建筑物，并应采用有利于人员避洪的建筑结构形式，满足避洪疏散要求；避洪房屋应依据现行国家标准《蓄滞洪区建筑工程技术规范》GB 50181 的有关规定进行整治；

6 蓄滞洪区的土地利用、开发必须符合防洪要求，建筑场地选择、避洪场所设置等应符合《蓄滞洪区建筑工程技术规范》GB 50181 的有关规定并应符合下列规定：

1) 指定的分洪口门附近和洪水主流区域内的土地应只限于农牧业以及其他露天方式使用，保持自然空地状态；

2) 蓄滞洪区内的高地、旧堤应予保留，以备临时避洪；

3) 蓄滞洪区内存在有毒、严重污染物质的工厂和仓库必须制定限期拆除迁移措施。

3.3.3 村庄应选择适宜的防内涝措施,当村庄用地外围有较大汇水需汇入或穿越村庄用地时,宜用边沟或排(截)洪沟组织用地外围的地面汇水排除。

3.3.4 村庄排涝整治措施包括扩大坑塘水体调节容量、疏浚河道、扩建排涝泵站等,应符合下列规定:

1 排涝标准应与服务区域人口规模、经济发展状况相适应,重现期可采用 5～20 年;

2 具有排涝功能的河道应按原有设计标准增加排涝流量校核河道过水断面;

3 具有旱涝调节功能的坑塘应按排涝设计标准控制坑塘水体的调节容量及调节水位,坑塘常水位与调节水位差宜控制在 0.5～1.0m;

4 排涝整治应优先考虑扩大坑塘水体调节容量,强化坑塘旱涝调节功能;主要方法包括:

 1) 将原有单一渔业养殖功能坑塘改为养殖与旱涝调节兼顾的综合功能坑塘;

 2) 调整农业用地结构,将地势低洼的原有耕地改为旱涝调节坑塘;

 3) 受土地条件限制地区,宜采用疏浚河道、新(扩)建排涝泵站的整治方式。

3.3.5 村庄防洪救援系统,应包括应急疏散点、救生机械(船只)、医疗救护、物资储备和报警装置等。

3.3.6 村庄防洪通信报警信号必须能送达每户家庭,并应能告知村庄区域内每个人。

3.4 其他防灾项目整治

3.4.1 地质灾害综合整治应符合下列规定:

1 应根据所在地区灾害环境和可能发生灾害的类型重点防御:山区村庄重点防御边坡失稳的滑坡、崩塌和泥石流等灾害;矿区和岩溶发育地区的村庄重点防御地面下沉的塌陷和沉降灾害;

2 地质灾害危险区应及时采取工程治理或者搬迁避让措施,保证村民生命和财产安全;地质灾害治理工程应与地质灾害规模、严重程度以及对人民生命和财产安全的危害程度相适应;

3 地质灾害危险区内禁止爆破、削坡、进行工程建设以及从事其他可能引发地质灾害的活动;

4 对可能造成滑坡的山体、坡地,应加砌石块护坡或挡土墙。

3.4.2 位于地震基本烈度六度及以上地区的村庄应符合下列规定:

1 根据抗震防灾要求统一整治村庄建设用地和建筑,并应符合下列规定:

 1) 对村庄中需要加强防灾安全的重要建筑,进行加固改造整治;

 2) 对高密度、高危险性地区及抗震能力薄弱的建筑应制定分区加固、改造或拆迁措施,综合整治;位于本规范第 3.1.6

条规定的不适宜用地上的建筑应进行拆迁、外移,位于本规范第 3.1.7 条规定的限制性用地上的建筑应进行拆迁、外移或消除限制性使用因素;

2 地震设防区村庄应充分估计地震对防洪工程的影响,防洪工程设计应符合现行行业标准《水工建筑物抗震设计规范》SL 203 的规定。

3.4.3 村庄防风减灾整治应根据风灾危害影响统筹安排进行整治,并应符合下列规定:

1 风灾危险性为 D 类地区的村庄建设用地选址应避开与风向一致的谷口、山口等易形成风灾的地段;

2 风灾危险性为 C 类地区的村庄建设用地选址宜避开与风向一致的谷口、山口等易形成风灾的地段;

3 村庄内部绿化树种选择应满足抵御风灾正面袭击的要求;

4 防风减灾整治应根据风灾危害影响,按照防御风灾要求和工程防风措施,对建设用地、建筑工程、基础设施、非结构构件统筹安排进行整治,对于台风灾害危险地区村庄,应综合考虑台风可能造成的大风、风浪、风暴潮、暴雨洪灾等防灾要求;

5 风灾危险性 C 类和 D 类地区村庄应根据建设和发展要求,采取在迎风方向的边缘种植密集型防护林带或设置挡风墙等措施,减小暴风雪对村庄的威胁和破坏。

3.4.4 村庄防雪灾整治应符合下列规定:

1 村庄建筑应符合现行国家标准《建筑结构荷载规范》GB 50009 的有关规定,并应符合下列规定:

 1) 暴风雪严重地区应统一考虑本规范第 3.4.3 条防风减灾的整治要求;

 2) 建筑物屋顶宜采用适宜的屋面形式;

 3) 建筑物不宜设高低屋面。

2 根据雪压分布、地形地貌和风力对雪压的影响,划分建筑工程的有利场地和不利场地,合理布局和整治村庄建筑、生命线工程和重要设施。

3 雪灾危害严重地区村庄应制定雪灾防御避灾疏散方案,建立避灾疏散场所,对人员疏散、避灾疏散场所的医疗和物资供应等作出合理规划和安排。

4 雪灾危险性 C 类和 D 类地区的村庄整治时应符合本规范第 3.4.3 条第 5 款的规定。

3.4.5 村庄冻融灾害防御整治应符合下列规定:

1 多年冻土不宜作为采暖建筑地基,当用作建筑地基时,应符合现行国家标准的有关规定;

2 山区建筑物应设置截水沟或地下暗沟,防止地表水和潜流水浸入基础,造成冻融灾害;

3 根据场地冻土、季节冻土标准冻深的分布情况,地基土的冻胀性和融陷性,合理确定生命线工程和重要设施的室外管网布局和埋深。

3.4.6 雷暴多发地区村庄内部易燃易爆场所、物资仓储、通信和广播电视设施、电力设施、电子设备、村民住宅及其他需要防雷的建（构）筑物、场所和设施，必须安装避雷、防雷设施。

3.5 避灾疏散

3.5.1 村庄避灾疏散应综合考虑各种灾害的防御要求，统筹进行避灾疏散场所与避灾疏散道路的安排与整治。

3.5.2 村庄道路出入口数量不宜少于2个，1000人以上的村庄与出入口相连的主干道路有效宽度不宜小于7m，避灾疏散场所内外的避灾疏散主通道的有效宽度不宜小于4m。

3.5.3 避灾疏散场地应与村庄内部的晾晒场地、空旷地、绿地或其他建设用地等综合考虑，与火灾、洪灾、海啸、滑坡、山崩、场地液化、矿山采空区塌陷等其他防灾要求相结合，并应符合下列规定：

　　1 应避开本规范第3.1.6条规定的危险用地区段和次生灾害严重的地段；

　　2 应具备明显标志和良好交通条件；

　　3 有多个进出口，便于人员与车辆进出；

　　4 应至少有一处具备临时供水等必备生活条件的疏散场地。

3.5.4 避灾疏散场所距次生灾害危险源的距离应满足国家现行有关标准要求；四周有次生火灾或爆炸危险源时，应设防火隔离带或防火林带。避灾疏散场所与周围易燃建筑等一般火灾危险源之间应设置宽度不少于30m的防火安全带。

3.5.5 村庄防洪保护区应制定就地避洪设施规划，有效利用安全堤防，合理规划和设置安全庄台、避洪房屋、围埝、避水台、避洪杆架等避洪场所。

3.5.6 修建围埝、安全庄台、避水台等就地避洪安全设施时，其位置应避开分洪口、主流顶冲和深水区，其安全超高值应符合表3.5.6规定。安全庄台、避水台迎流面应设护坡，并设置行人台阶或坡道。

表3.5.6 就地避洪安全设施的安全超高

安全设施	安置人口（人）	安全超高（m）
围埝	地位重要、防护面大、安置人口超过10000的密集区	>2.0
	≥10000	2.0～1.5
	≥1000，<10000	1.5～1.0
	<1000	1.0
安全庄台、避水台	≥1000	1.5～1.0
	<1000	1.0～0.5

注：安全超高指在蓄、滞洪时的最高洪水位以上，考虑水面浪高等因素，避洪安全设施需要增加的富余高度。

3.5.7 防洪区的村庄宜在房前屋后种植高杆树木。

3.5.8 蓄滞洪区内学校、工厂等单位应利用屋顶或平台等建设集体避洪安全设施。

4 给 水 设 施

4.1 一般规定

4.1.1 村庄给水设施整治应充分利用现有条件，改造完善现有设施，保障饮水安全。

4.1.2 村庄给水设施整治应实现水量满足用水需求，水质达标。整治后生活饮用水水量不应低于40～60L/(人·d)，集中式给水工程配水管网的供水水压应满足用户接管点处的最小服务水头。水质应符合现行国家标准《生活饮用水卫生标准》GB 5749的规定。

4.1.3 村庄给水设施整治的主要内容包括水源、给水方式、给水处理工艺、现有设备设施和输配水管道的整治，并应根据当地实际情况完善其他必要的设备设施。

4.1.4 集中式给水工程整治的设计、施工应根据供水规模，由具有相应资质的专业单位负责。

4.1.5 生活饮用水必须经过消毒。凡与生活饮用水接触的材料、设备和化学药剂等应符合国家现行有关生活饮用水卫生安全的规定。

4.1.6 村庄给水设施整治应符合本规范第3.1.6条的规定。

4.2 给水方式

4.2.1 给水方式分为集中式和分散式两类。

4.2.2 给水方式应根据当地水源条件、能源条件、经济条件、技术水平及规划要求等因素进行方案综合比较后确定。

4.2.3 村庄靠近城市或集镇时，应依据经济、安全、实用的原则，优先选择城市或集镇的配水管网延伸供水。

4.2.4 村庄距离城市、集镇较远或无条件时，应建设给水工程，联村、联片供水或单村供水。无条件建设集中式给水工程的村庄，可选择手动泵、引泉池或雨水收集等单户或联户分散式给水方式。

4.3 水 源

4.3.1 水源整治内容为现有水源保护区内污染源的清理整治，或根据需要选择新水源。

4.3.2 应建立水源保护区。保护区内严禁一切有碍水源水质的行为和建设任何可能危害水源水质的设施。

4.3.3 现有水源保护区内所有污染源应进行清理整治。

4.3.4 选择新水源时，应根据当地条件，进行水资源勘察。所选水源应水量充沛、水质符合相关要求，无条件地区可收集雨（雪）水作为水源。

水源水质应符合下列规定：

　　1　采用地下水为生活饮用水水源时，水质应符合现行国家标准《地下水质量标准》GB/T 14848 的规定；

　　2　采用地表水为生活饮用水水源时，水质应符合现行国家标准《地表水环境质量标准》GB 3838 的规定。

4.3.5　水源水质不能满足上述要求时，应采取必要的处理工艺，使处理后的水质符合现行国家标准《生活饮用水卫生标准》GB 5749的规定。

4.4　集中式给水工程

4.4.1　给水处理工艺的整治应符合下列规定：

　　1　应根据水源水质、设计规模、处理后水质要求，参照相似条件下已有水厂的运行经验，确定水处理工艺流程与构筑物；

　　2　原水含铁、锰量超标，可采用曝气氧化工艺；

　　3　原水含氟量超标，可采用活性氧化铝吸附或混凝沉淀工艺；

　　4　原水含盐量（苦咸水）超标，可采用电渗析或反渗透工艺；

　　5　原水含砷量超标，可采用多介质过滤工艺；

　　6　原水浊度超标可采用下列处理工艺：

　　　　1）原水浊度长期不超过 20NTU，瞬时不超过 60NTU，可采用慢滤或接触过滤工艺；

　　　　2）原水浊度长期不超过 500NTU，瞬时不超过 1000NTU，可采用两级粗滤加慢滤或混凝沉淀（澄清）工艺；

　　7　原水藻类、氨氮或有机物超标（微污染的地表水），可在混凝沉淀前增加预氧化工艺，或在混凝沉淀后增加活性炭深度处理工艺。

4.4.2　设备设施的整治应符合下列规定：

　　1　给水工程设施的整治主要包括现有给水厂站及生产建（构）筑物、调节构筑物以及水泵、消毒等设备设施的整治或根据整治需要增加必要的设备设施；

　　2　给水厂站及生产建（构）筑物的整治应符合下列规定：

　　　　1）应符合本规范第 3.1.6 条的规定；

　　　　2）给水厂站生产建（构）筑物（含厂外泵房等）周围 30m 范围内现有的厕所、化粪池和禽畜饲养场应迁出，且不应堆放垃圾、粪便、废渣和铺设污水管渠；

　　　　3）有条件的厂站应配备简易水质检验设备；

　　　　4）无计量装置的出厂水总干管应增设计量装置；

　　3　调节构筑物的整治应符合下列规定：

　　　　1）清水池、高位水池应有保证水的流动、

避免死角的措施，容积大于 50m³ 时应设导流墙，增加清洗及通气等措施；

　　　　2）清水池和高位水池应加盖，设通气孔、溢流管和检修孔，并有防止杂物和爬虫进入池内的措施；

　　　　3）室外清水池和高位水池周围及顶部宜覆土；

　　　　4）无避雷设施的水塔和高位水池应增设避雷设施；

　　4　水泵的整治应符合下列规定：

　　　　1）不能满足水量、水压要求的水泵宜进行更换；

　　　　2）不能适应水量、水压变化要求的水泵宜增设变频设施；

　　　　3）当水泵向高地供水时，应在出水总干管上安装水锤防护装置；

　　5　消毒设施的整治应符合下列规定：

　　　　1）消毒方法和消毒剂的选择应根据当地条件、消毒剂来源、原水水质、出水水质要求、给水处理工艺等，通过技术经济比较确定；可采用氯、二氧化氯、臭氧、紫外线等消毒方法，消毒剂与水的接触时间不应小于 30min；

　　　　2）消毒剂以及消毒系统应符合国家相关标准、规范的规定。

4.4.3　输配水管道的整治应符合下列规定：

　　1　现有供水不畅的输配水管道应进行疏通或更新，以解决跑、冒、滴、漏和二次污染等问题；

　　2　输水管道的整治应符合下列规定：

　　　　1）应满足管道埋设要求，尽量缩短线路长度，避免急转弯、较大的起伏、穿越不良地质地段，减少穿越铁路、公路、河流等障碍物；

　　　　2）新建或改造的管道应充分利用地形条件，优先采用重力流输水；

　　3　配水管道宜沿现有道路或规划道路敷设，地形高差较大时，宜在适当位置设加压或减压设施；

　　4　村庄生活饮用水配水管道不应与非生活饮用水管道、各单位自备生活饮用水管道连接；

　　5　输配水管道的埋设深度应根据冰冻情况、外部荷载、管材性能等因素确定；露天管道宜设调节管道伸缩设施，并设置保证管道稳定的措施，还应根据需要采取防冻保温措施；

　　6　输配水管道在管道隆起点上应设自动进（排）气阀；排气阀口径宜为管道直径的1/12～1/8，且不小于 15mm；

　　7　管道低凹处应设泄水阀，泄水阀口径宜为管道直径的1/5～1/3；

　　8　管道分水点下游的干管和分水支管上应设检

修阀；

9 室外管道上的闸阀、蝶阀、进（排）气阀、泄水阀、减压阀、消火栓、水表等宜设在井内，并有防冻、防淹措施。

4.5 分散式给水工程

4.5.1 手动泵给水工程的整治应符合下列规定：

1 手动泵给水工程由水源井、井台和手动泵组成；

2 水源井应选择在水量充沛、水质良好、环境卫生、运输方便、靠近用水中心、便于施工管理、易于排水、安全可靠的地点，并应符合本规范第 4.3.2 条的规定；

3 水源井周边应保持环境卫生，并应有排水设施；

4 井台应高出周边地面，高差不应小于 0.2m。

4.5.2 引泉池给水工程的整治应符合下列规定：

1 引泉池给水工程由山泉水水源、引泉池与供水管网组成；

2 整治前应对泉水出露的地形、水文地质条件等进行实地勘察，确定水源的补给与泉水类型；

3 引泉池应设顶盖封闭，并设通风管；管口宜向下弯曲，包扎细网；引泉池进口、检修孔孔盖应高出周边地面 0.1～0.2m；池壁应密封不透水，壁外用黏土夯实封固，黏土层厚度为 0.3～0.5m；引泉池周围应作不透水层，地面以一定坡度坡向排水沟；

4 引泉池池壁上部应设置溢流管，管径比出水管管径大一级，出水管距池底 0.1～0.2m，可在池底设置排空管。

4.5.3 雨水收集给水工程的整治应符合下列规定：

1 依据收集场地的不同，雨水收集系统可分为屋顶集水式与地面集水式雨水收集系统两类；

2 屋顶集水式雨水收集系统由屋顶集水场、集水槽、落水管、输水管、简易净化装置（粗滤池）、贮水池、取水设备等组成；

3 地面集水式雨水收集系统由地面集水场、汇水渠、简易净化装置（沉砂池、沉淀池、粗滤池）、贮水池、取水设备等组成；

4 集水场的整治应符合下列规定：

　　1）集水能力应满足用水量需求，并应与贮水池的容积相配套；

　　2）集水面应采用集水性好的材料；

　　3）集水面的坡度应大于 0.2%，并设集水槽（管）或汇水渠（管）；

　　4）集水面应避开畜禽圈、粪坑、垃圾堆、农药、肥料等污染源；

　　5）贮水池应符合本规范第 4.4.2 条有关调节构筑物的整治要求。

4.6 维护技术

4.6.1 验收应符合下列规定：

1 集中式给水工程应通过竣工验收后，方可投入运行；

2 建（构）筑物、给水管井、混凝土结构、砌体结构、管道工程、机电设备等施工及验收均应符合国家有关施工及验收规范的规定。

4.6.2 运行管理应符合下列规定：

1 集中式给水工程应设置管理机构或由相关部门兼管，明确职责，落实管理人员；

2 供水单位应根据具体情况，建立包括水源卫生防护、水质检验、岗位责任、运行操作、安全规程、交接班、维护保养、成本核算、计量收费等运行管理制度和突发事件处理预案，按制度进行管理；

3 供水单位应取得取水许可证、卫生许可证，运行管理人员应有健康合格证；

4 供水单位应根据工程具体情况建立水质检验制度，配备检验人员和检验设备，对原水、出厂水和管网末梢水进行水质检验，并接受当地卫生部门的监督；水质检验项目和频率等应根据当地卫生主管部门的要求进行；

5 分散式给水村庄的供水主管部门应建立巡视检查制度，了解水源保护和村民饮水情况，发现问题应及时采取措施，保证安全供水。

5 垃圾收集与处理

5.1 一般规定

5.1.1 村庄垃圾应及时收集、清运，保持村庄整洁。

5.1.2 村庄生活垃圾宜就地分类回收利用，减少集中处理垃圾量。

5.1.3 人口密度较高的区域，生活垃圾处理设施应在县域范围内统一规划建设，宜推行村庄收集、乡镇集中运输、县域内定点集中处理的方式，暂时不能纳入集中处理的垃圾，可选择就近简易填埋处理。

5.1.4 工业废弃物、家庭有毒有害垃圾宜单独收集处置，少量非有害的工业废弃物可与生活垃圾一起处置。塑料等不易腐烂的包装物应定期收集，可沿村庄内部道路合理设置废弃物遗弃收集点。

5.2 垃圾收集与运输

5.2.1 生活垃圾宜推行分类收集，循环利用。

5.2.2 垃圾收集点应放置垃圾桶或设置垃圾收集池（屋），并应符合下列规定：

1 收集点可根据实际需要设置，每个村庄不应少于 1 个垃圾收集点；

2 收集频次可根据实际需要设定，可选择每周

1~2 次。

5.2.3 垃圾收集点应规范卫生保护措施，防止二次污染。蝇、蚊孳生季节，应定时喷洒消毒及灭蚊蝇药物。

5.2.4 垃圾运输过程中应保持封闭或覆盖，避免遗撒。

5.3 垃 圾 处 理

5.3.1 废纸、废金属等废品类垃圾可定期出售。

5.3.2 可生物降解的有机垃圾单独收集后应就地处理，可结合粪便、污泥及秸秆等农业废弃物进行资源化处理，包括家庭堆肥处理、村庄堆肥处理和利用农村沼气工程厌氧消化处理。

5.3.3 家庭堆肥处理可在庭院或农田中采用木条等材料围成约 $1m^3$ 空间堆放可生物降解的有机垃圾，堆肥时间不宜少于 2 个月。庭院里进行家庭堆肥处理可用土覆盖。

5.3.4 村庄集中堆肥处理，宜采用条形堆肥方式，时间不宜少于 2~3 个月。条形堆肥场地可选择在田间、田头或草地、林地旁。

5.3.5 设置人畜粪便沼气池的村庄，可将可生物降解的有机垃圾粉碎后与畜粪混合处理。

5.3.6 砖、瓦、石块、渣土等无机垃圾宜作为建筑材料进行回收利用；未能回收利用的砖、瓦、石块、渣土等无机垃圾可在土地整理时回填使用。

5.3.7 暂时不能纳入集中处理的其他垃圾，可采用简易填埋处理，并应符合下列规定：

    1 简易填埋处理场严禁选址于村庄水源保护区范围内，宜选择在村庄主导风向下风向，且应避免占用农田、林地等农业生产用地；宜选择地下水位低并有不渗水黏土层的坑地或洼地；选址与村庄居住建筑用地的距离不宜小于卫生防护距离要求；

    2 简易填埋（堆放）场主要处置暂时不能纳入集中处理的其他垃圾，倾倒过程应进行简单覆盖，场址四周宜设置简易截洪设施；

    3 简易填埋处理场底部宜采用自然黏性土防渗。

6 粪 便 处 理

6.1 一 般 规 定

6.1.1 村庄整治应实现粪便无害化处理，预防疾病，保障村民身体健康，防止粪便污染环境。

6.1.2 应按实际需要选择厕所类型，其改造和建设应符合国家有关的规定。

    户厕改造宜实现一户一厕。

6.1.3 人、畜粪便应在无害化处理后进行农业应用，减少对水体与环境的污染。

6.1.4 当地主管部门应对新改建厕所的粪便无害化

处理效果进行抽样检测，粪大肠菌、蛔虫卵应符合现行国家标准《粪便无害化卫生标准》GB 7959 的规定；血吸虫病流行地区的厕所应符合卫生部门的有关规定。

6.2 卫生厕所类型选择

6.2.1 村庄整治中应综合考虑当地经济发展状况、自然地理条件、人文民俗习惯、农业生产方式等因素，选用适宜的厕所类型：

    1 三格化粪池厕所；

    2 三联通沼气池式厕所；

    3 粪尿分集式生态卫生厕所；

    4 水冲式厕所；

    5 双瓮漏斗式厕所；

    6 阁楼堆肥式厕所；

    7 双坑交替式厕所；

    8 深坑式厕所。

6.2.2 厕所类型选择应符合下列规定：

    1 不具备上、下水设施的村庄，不宜建水冲式厕所。水冲式厕所排出的粪便污水应与通往污水处理设施的管网相连接；

    2 家庭饲养牲畜的农户，宜建造三联通沼气池式厕所；

    3 寒冷地区建造三联通沼气池式厕所应保持温度，宜与蔬菜大棚等农业生产设施结合建设；

    4 干旱地区的村庄可建造粪尿分集式生态卫生厕所、双坑交替式厕所、阁楼堆肥式厕所或双瓮漏斗式厕所；

    5 寒冷地区的村庄可采用深坑式厕所，贮粪池底部应低于当地冻土层；

    6 非农牧业地区的村庄，不宜选用粪尿分集式生态卫生厕所。

6.2.3 户厕应满足建造技术要求、方便使用与管理，与饮用水源保持必要的安全卫生距离，并应符合下列规定：

    1 地上厕屋应满足农户自身需要；

    2 地下结构应符合无害化卫生厕所要求、坚固耐用、经济方便；特殊地质条件地区，应由当地建筑设计部门提出建造的质量安全要求。

6.2.4 为防止人畜共患病，还应符合下列规定：

    1 禁止人畜混居，避免人禽混居；

    2 血吸虫病流行地区与其他肠道传染病高发地区村庄的沼气池式户厕，不应采用可随时取沼液与沼液随意溢流排放的设计模式，严禁将沼液作为牲畜的饲料添加剂、养鱼、养禽等，严禁向任何水域排放粪便污水和沼液。

6.2.5 使用预制式贮粪池、便器与厕所其他关键设备前，应进行安全性与功能性的技术鉴定，符合要求的方可生产。

6.3 厕所建造与卫生管理要求

6.3.1 厕所建造与卫生管理应符合下列规定：

1 三格化粪池厕所：
1）厕所内应有贮水容器；
2）排气管应与三格化粪池的第一池相通，高于厕屋500mm以上；
3）使用前，贮粪池应进行渗漏测试，不渗漏方可投入使用；
4）贮粪池投入运行前，应向第一池注入水至浸没第一池过粪管口；
5）应定期检查过粪管是否堵塞，并及时进行疏通；
6）第三格的粪液应及时清掏，清掏的粪渣、粪皮及沼气池的沉渣应进行堆肥等无害化处理；
7）禁止在第一池取粪用肥；禁止向第二、三池倒入新鲜粪液；禁止将洗浴水、畜禽粪通入贮粪池；
8）厕纸不宜丢入厕坑。

2 三联通沼气池式厕所：
1）厕所内应有贮水容器；
2）新建沼气池需经7d以上养护，经试水、试压，不漏气、不漏水后方可投料使用；
3）首次投料启动采用沼气池沉渣或污染物作为接种物时，接种量为总发酵液的10%～15%，采用旧沼气池发酵液作为接种物时，应大于30%；
4）沼气池发酵液含水量一般为90%～95%，料液碳氮比一般为20:1，发酵最宜pH值为6.8，沼液应经沉淀后于溢流贮存处掏取；
5）根据当地用肥季节和习惯，沼气池宜每年出料1～2次；
6）使用和检查维修沼气池时，必须严格防火、防爆和防止窒息事故发生；
7）严禁在进粪端取粪用肥，严禁将洗浴水通入厕所的发酵间，严禁向沼气池投入剧毒农药和各种杀虫剂、杀菌剂。

3 粪尿分集式生态卫生厕所：
1）应有覆盖料；
2）应设置贮粪池与贮尿池，贮粪池向阳采光，贮尿池避光密封；应单独设置男士使用的小便器，管道与贮尿池连接；
3）出粪口盖板应用涂黑金属板制作；
4）便器为粪尿分别收集型，南方村庄尿收集口直径宜为30mm，北方村庄尿收集口直径宜为60mm；
5）地下水位高的地区宜建造地上或半地上式贮粪池；
6）新厕所使用前在坑内垫入约100mm干灰；便后在粪坑内加入干灰（草木灰、炉灰、庭院土等），用量为粪便量3倍以上；厕坑潮湿时应加入适量干灰；尿肥施用时需兑入3～5倍的水；冬季非耕作期不使用尿肥时，应密闭和低温保存；
7）单坑在使用过程中，应不定期将粪坑堆积的粪便向外翻倒，翻倒时将外侧储存6个月以上干燥的粪便清掏出施肥；
8）厕纸不宜丢入厕坑。

4 水冲式厕所：
1）用水量需适度；
2）便器应用水封；
3）寒冷地区厕所宜建造在室内，上下水管线应采取防冻措施。

5 双瓮漏斗式厕所：
1）厕所内应有贮水容器；
2）排气管应与厕所的前瓮相通，高于厕屋500mm以上；
3）使用前应先加水试渗漏，不渗漏后方可投入运行；
4）启用前，应向前瓮加清水至浸没前瓮过粪管口；
5）后瓮粪液应及时清掏，严禁向后瓮倒入新鲜粪液；
6）后瓮粪液如形成白色菌膜，表明运行良好；未形成白色菌膜应调整用水量；
7）厕纸不宜丢入厕坑。

6 阁楼堆肥式厕所：
1）应保持贮粪池通风；粪便、垃圾可作为堆肥原料；
2）贮粪池内的粪便发酵堆肥储存期为半年，厕坑容积根据每人每天粪便量与覆盖料量按4kg计算；
3）需要用肥前1个月，应增加湿度达到可以升温的条件并保持粪堆温度50℃以上5～7d，放置20～30d腐熟，清出粪肥，循环应用。

7 双坑交替式厕所：
1）便后应用干细土覆盖吸收水分并使粪尿与空气隔开；
2）应集中使用其中一个厕坑，满后封闭，为封存坑；同时启用另一个坑，为使用坑，满后封闭；将第一个粪便清掏后，继续交替使用；
3）封存半年以上的厕粪可直接用作肥料，不足半年的清掏后应经堆肥等无害化处理。

8 深坑式厕所：

　　1) 清掏粪便应进行堆肥处理后方可施肥应用；

　　2) 滑粪道斜坡长与排粪口长之比宜为 2：1，坡度应达到 60°，排便口应加盖；

　　3) 排气管设计应与贮粪池连通，设在厕屋内侧、外侧均可，可用砖砌或采用陶管，直径 100mm；修建时应高出厕屋顶 500mm 以上，同时安装防风帽；

　　4) 贮粪池口应有盖，口（直）径不应大于 300 mm，并高于地面 100~150mm。

6.3.2 贮粪池应避免粪便裸露。

7 排水设施

7.1 一般规定

7.1.1 村庄排水设施整治包括确定排放标准、整治排水收集系统和污水处理设施。

7.1.2 排水量包括污水量和雨水量，污水量包括生活污水量及生产污水量。排水量可按下列规定计算：

　　1 生活污水量可按生活用水量的 75%~90% 进行计算；

　　2 生产污水量及变化系数可按产品种类、生产工艺特点及用水量确定，也可按生产用水量的 75%~90% 进行计算；

　　3 雨水量可按照临近城市的标准进行计算。

7.1.3 污水排放应符合现行国家标准《污水综合排放标准》GB 8978 的有关规定；污水用于农田灌溉应符合现行国家标准《农田灌溉水质标准》GB 5084 的有关规定。

7.1.4 村庄应根据自身条件，建设和完善排水收集系统，采用雨污分流或雨污合流方式排水。

7.1.5 有条件且位于城镇污水处理厂服务范围内的村庄，应建设和完善污水收集系统，将污水纳入到城镇污水处理厂集中处理；位于城镇污水处理厂服务范围外的村庄，应联村或单村建设污水处理站。

　　无条件的村庄，可采用分散式排水方式，结合现状排水，疏通整治排水沟渠，并应符合下列规定：

　　1 雨水可就近排入水系或坑塘，不应出现雨水倒灌农民住宅和重要建筑物的现象；

　　2 采用人工湿地等污水处理设施的村庄，生活污水可与雨水合流排放，但应经常清理排水沟渠，防止污水中有机物腐烂，影响村庄环境卫生。

7.1.6 粪便污水、养殖业污水、工业废水不应污染地表水和地下水饮用水源及其他功能性水体。并应符合下列规定：

　　1 粪便污水应经化粪池、沼气池等进行卫生处理或制作有机肥料，出水达到标准后引至村庄水系下

游的低质水体或直接利用；

　　2 养殖业污水宜单独收集入沼气池制作有机肥料，出水达到标准后引至水系下游的低质水体或直接利用；

　　3 工业废水处理达到标准后，应排入村庄排水沟渠或村庄水系。

7.1.7 缺水地区的村庄应合理利用生活污水。

7.1.8 村庄排水设施应符合本规范第 3.1.6 条的规定。

7.2 排水收集系统

7.2.1 排水宜采用雨污分流，统一排放。条件不具备时，可采用雨污合流，但应逐步实现分流。雨污分流时的雨水就近排入村庄水系，雨污分流时的污水、雨污合流时的合流污水应输送至污水处理站进行处理，或排入村庄水系的低质水体。

7.2.2 雨水应有序排放，雨水沟渠可与道路边沟结合。污水应有序暗流排放，可采用排水管道或暗渠。雨水和污水管渠均按重力流计算。

7.2.3 排水沟渠沿道路敷设，应尽量避免穿越广场、公共绿地等，避免与排洪沟、铁路等障碍物交叉。

7.2.4 寒冷地区，排水管道应铺设在冻土层以下，并有防冻措施。

7.2.5 排水收集系统整治应符合下列规定：

　　1 雨水排放可根据当地条件，采用明沟或暗渠收集方式；雨水沟渠应充分利用地形，及时就近排入池塘、河流或湖泊等水体，并应定时清理维护，防止被生活垃圾、淤泥淤积堵塞；

　　2 雨水排水沟渠的纵坡不应小于 0.3%，雨水沟渠的宽度及深度应根据各地降雨量确定，沟渠底部宽度不宜小于 0.15m，深度不宜小于 0.12m；

　　3 雨水排水沟渠砌筑可选用混凝土或砖石、条石等地方材料；

　　4 南方多雨地区房屋四周应设置排水沟渠；北方地区房屋外墙外地坪应设置散水，宽度不应小于 0.50m，外墙勒脚高度不应低于 0.45m，一般采用石材、水泥等材料砌筑；特殊干旱地区房屋四周可用黏土夯实排水；

　　5 有条件的村庄，宜采用管道收集生活污水，应根据人口数量和人均用水量计算污水总量，并估算管径，管径不应小于 150mm；

　　6 污水管道宜依据地形坡度铺设，坡度不应小于 0.3%，距离建筑物外墙应大于 2.5m，距离树木中心应大于 1.5m，管材可选用混凝土管、陶土管、塑料管等多种地方材料；污水管道应设置检查井。

7.3 污水处理设施

7.3.1 有条件的村庄，应联村或单村建设污水处理站。并应符合下列规定：

1 雨污分流时，将污水输送至污水处理站进行处理；

2 雨污合流时，将合流污水输送至污水处理站进行处理；在污水处理站前，宜设置截流井，排除雨季的合流污水；

3 污水处理站可采用人工湿地、生物滤池或稳定塘等生化处理技术，也可根据当地条件，采用其他有工程实例或成熟经验的处理技术。

7.3.2 村庄污水处理站应选址在夏季主导风向下方、村庄水系下游，并应靠近受纳水体或农田灌溉区。

7.3.3 村庄的工业废水和养殖业污水经过处理达到现行国家标准《污水综合排放标准》GB 8978 的要求后，可输送至村庄污水处理站进行处理。

7.3.4 污水处理站出水应符合现行国家标准《城镇污水处理厂污染物排放标准》GB 18918 的有关规定；污水处理站出水用于农田灌溉时，应符合现行国家标准《农田灌溉水质标准》GB 5084 的有关规定。

7.3.5 人工湿地适合处理纯生活污水或雨污合流污水，占地面积较大，宜采用二级串联。

7.3.6 生物滤池的平面形状宜采用圆形或矩形。填料应质坚、耐腐蚀、高强度、比表面积大、空隙率高，宜采用碎石、卵石、炉渣、焦炭等无机滤料。

7.3.7 地理环境适合且技术条件允许时，村庄污水可考虑采用荒地、废地以及坑塘、洼地等稳定塘处理系统。用作二级处理的稳定塘系统，处理规模不宜大于 5000m³/d。

7.4 维护技术

7.4.1 村庄排水设施中的构筑物、砌体结构、管道工程、机电设备等施工验收均应符合国家有关施工及验收的规定，并应进行必要的复验和外观检查。

7.4.2 运行与管理应符合下列规定：

1 井盖开启、损坏或遗失时，应立即采取安全防护措施，并及时更换；

2 井深不超过 3m，在穿竹片牵引钢丝绳和掏挖污泥时，不宜下井操作；

3 下井人员应经过安全技术培训，学会人工急救和防护用具、照明及通信设备的使用方法；

4 操作人员下井作业时，应开启上下游检查井盖通风，井上应有 2 人监护，监护人员不得擅离职守；每次下井连续作业时间不宜超过 1h；

5 严禁进入管径小于 800mm 的管道作业；

6 严禁把杂物投入下水道。

8 道路桥梁及交通安全设施

8.1 一般规定

8.1.1 道路桥梁及交通安全设施整治应遵循安全、适用、环保、耐久和经济的原则。

8.1.2 道路桥梁及交通安全设施整治应利用现有条件和资源，通过整治，恢复或改善道路的交通功能，并使道路布局科学合理。

8.1.3 道路桥梁及交通安全设施整治应按照规划、设计、施工、竣工验收和养护管理阶段分步进行。

8.1.4 当地主管部门应组织对道路桥梁及交通安全设施进行质量验收。

8.2 道路工程

8.2.1 村庄整治应合理保留原有路网形态和结构，必要时应打通"断头路"，保证有效联系。并应考虑消防需要设置消防通道，并应符合本规范第 3.2.6 条的规定。

8.2.2 道路路面宽度及铺装形式应满足不同功能要求，有所区别。路肩宽度可采用 0.25～0.75m。

1 主要道路：

主要道路路面宽度不宜小于 4.0m；路面铺装材料应因地制宜，宜采用沥青混凝土路面、水泥混凝土路面、块石路面等形式，平原区排水困难或多雨地区的村庄，宜采用水泥混凝土或块石路面；

2 次要道路：

次要道路路面宽度不宜小于 2.5m；路面宽度为单车道时，可根据实际情况设置错车道；路面铺装宜采用沥青混凝土路面、水泥混凝土路面、块石路面及预制混凝土方砖路面等形式；

3 宅间道路：

宅间道路路面宽度不宜大于 2.5m；路面铺装宜采用水泥混凝土路面、石材路面、预制混凝土方砖路面、无机结合料稳定路面及其他适合的地方材料。

8.2.3 村庄道路标高宜低于两侧建筑场地标高。路基路面排水应充分利用地形和天然水系及现有的农田水利排灌系统。平原地区村庄道路宜依靠路侧边沟排水，山区村庄道路可利用道路纵坡自然排水。各种排水设施的尺寸和形式应根据实际情况选择确定，并应符合本规范第 7.2.5 条的规定。

8.2.4 村庄道路纵坡应控制在 0.3%～3.5% 之间，山区特殊路段纵坡大于 3.5% 时，宜采取相应的防滑措施。

8.2.5 村庄道路横坡宜采用双面坡形式，宽度小于 3.0m 的窄路面可以采用单面坡。坡度应控制在 1%～3% 之间，纵坡度大时取低值，纵坡度小时取高值；干旱地区村庄取低值，多雨地区村庄取高值；严寒积雪地区村庄取低值。

8.2.6 村庄道路堤边坡坡面应采取适当形式进行防护。宜采用干砌片石护坡、浆砌片石护坡、植草砖护坡及植草护坡等多种形式。

8.2.7 村庄道路采用水泥或沥青路面时，土质路基压实应采用重型击实标准控制，路基压实度应符合表

8.2.7 的规定，达不到表 8.2.7 要求的路段，宜采用砂石等其他路面结构类型。

表 8.2.7 路基压实度

填挖类别	零填及挖方	填 方	
路床顶面以下深度（m）	0～0.3	0～0.8	≥0.8
压实度（%）	≥90	≥90	≥87

8.2.8 路面结构层所选材料应满足强度、稳定性及耐久性的要求，并结合当地自然条件、地方材料及工程投资等情况确定。各种结构层厚度应根据道路使用功能、施工工艺、材料规格及强度形成原理等因素综合考虑确定。

8.2.9 沥青混凝土路面适用于主要道路和次要道路，施工工艺流程及方法可按照现行相关标准规定进行，施工过程中应加强质量监督，保证工程质量。

8.2.10 水泥混凝土路面适用于各类村庄道路，施工工艺流程及方法可按照现行相关标准规定进行，施工过程中应加强质量监督，保证工程质量。

8.2.11 石材类路面及预制混凝土方砖类路面适用于次要道路和宅间道路，块石路面可用于主要道路，施工工艺流程可参照整平层施工、放线、铺砌石材或预制混凝土方砖、勾缝或灌缝、养护的步骤进行。

8.2.12 无机结合料稳定路面适用于宅间道路，施工工艺流程及方法可按照现行相关标准规定进行，施工过程中应加强质量监督，保证工程质量。

8.3 桥涵工程

8.3.1 当过境公路桥梁穿越村庄时，在满足过境交通的前提下，应充分考虑混合交通特点，设置必要的机动车与非机动车隔离措施。

8.3.2 现有桥梁荷载等级达不到相关规定的，应采用限载通行、加固等方式加以利用。新建桥梁荷载等级应符合有关标准的规定。

8.3.3 现有窄桥加宽应采用与原桥梁相同或相近的结构形式和跨径，使结构受力均匀，并保证桥梁基础的抗冲刷能力。

8.3.4 应对现有桥涵防护设施进行整修、加固及完善，重点部位为桥梁栏杆、桥头护栏。

8.3.5 桥面坡度过大的机动车与非机动车混行的中小桥梁，桥面纵坡不应大于 3%；非机动车流量很大时，桥面纵坡不应大于 2.5%。

8.3.6 村庄道路整治中，应考虑桥梁两端与道路衔接线形顺畅，交通组织合理；行人密集区的桥梁宜设人行步道，宽度不宜小于 0.75m。

8.3.7 河湖水网密集地区，桥下净空应符合通航标准，还应考虑排洪、流冰、漂流物及河床冲淤等情况。

8.3.8 因自然条件分隔，居民出行困难而搭设的行人便桥，应确保安全，并与周围环境相协调。

8.3.9 现有桥涵及其他排水设施应进行必要整合，进行疏浚，保证正常发挥排水作用。

8.4 交通安全设施

8.4.1 村庄道路整治中，应结合路面情况完善各类交通设施，包括交通标志、交通标线及安全防护设施等。

8.4.2 当公路穿越村庄时，村庄入口应设置标志，道路两侧应设置宅路分离挡墙、护栏等防护设施；当公路未穿越村庄时，可在村庄入口处设置限载、限高标志和限高设施，限制大型机动车通行。

8.4.3 在公路与村庄道路形成的平面交叉口处应设置减速让行、停车让行等交通标志，并配合划定减速让行线、停车让行线等交通标线；还可设置交通信号灯。

8.4.4 村庄道路通过学校、集市、商店等人流较多路段时，应设置限制速度、注意行人等标志及减速坎、减速丘等减速设施，并配合划定人行横道线，也可设置其他交通安全设施。

8.4.5 村庄道路遇有滨河路及路侧地形陡峭等危险路段时应设置护栏标志界界，对行驶车辆起到警示和保护作用。护栏可采用垛式、墙式及栏式等多种形式。

8.4.6 现有各类桥梁及通道可分别设置限载、限高及限宽标志，必要时应设置限高、限宽设施，保证桥梁与通道的行车安全与畅通。

8.4.7 村庄道路建筑限界内严禁堆放杂物、垃圾，并应拆除各类违章建筑。

8.4.8 可在村庄主要道路上设置交通照明设施，为机动车、非机动车及行人出行提供便利。

8.4.9 村庄中零散分布的空地，可开辟为停车位，供机动车及其他农用车辆停放。

8.4.10 交通标志、标线的形状、规格、图案及颜色应符合现行国家标准《道路交通标志和标线》GB 5768 的规定。

9 公 共 环 境

9.1 一 般 规 定

9.1.1 村庄公共环境整治应遵循适用、经济、安全和环保的原则，恢复和改善村庄公共服务功能，美化自然与人工环境，保护村庄历史文化风貌，并应结合地域、气候、民族、风俗营造村庄个性。

9.1.2 村庄公共环境整治应覆盖村庄建设用地范围内除家庭宅院外的全部公有空间，包括：河道水塘水系整治；晾晒场地等设施整治；建设用地整治；景观环境整治；公共活动场所整治及公共服务设施整治等内容。

9.1.3 应根据村民需要，并考虑老年人、残疾人和少年儿童活动的特殊要求进行村庄公共环境整治。

9.2 整治措施

9.2.1 村庄内部废弃农民住宅、闲置房屋与闲置用地，可采取下列措施改造利用：

　　1 闲置且安全可靠的村办企业厂房、仓库等集体用房应根据其特点加以改造利用；原有建筑与新功能要求不符时，可进行局部改造；

　　2 废弃农民住宅应根据一户一宅和村民自愿的原则，合理整治利用；

　　3 暂时不能利用的村庄内部闲置用地，应整治绿化。

9.2.2 村庄景观环境整治应符合下列规定：

　　1 村庄主要街道两侧可采用绿化等手法适当美化，街巷两侧乱搭乱建的违章建（构）筑物及其他设施应予以拆除；

　　2 公共场所的沟渠、池塘、人行便道的铺装宜采用当地砖、石、木、草等材料，手法宜提倡自然，岸线应避免简单的直锐线条，人行便道避免过度铺装；

　　3 村庄重要场所可布置环境小品，应简朴亲切，以农村特色题材为主，突出地域文化民族特色；

　　4 公共服务建筑应满足基本功能要求，宜小不宜大，建筑形式与色彩应与村庄整体风貌协调；

　　5 根据村庄历史沿革、文化传统、地域和民族特色确定建筑外观整治的风格和基调；

　　6 引导村民逐步整合现有农民住宅的形式、体量、色彩及高度，形成整洁协调的村容风貌；

　　7 保留利用村庄现有水系的自然岸线，整治边坡与岸线建筑环境，形成自然岸线景观；

　　8 保护利用村庄内部的古树名木、祠堂、名人故居、碑牌甬道、井台渡口等特色文化景观，并应符合本规范第11.2.3条的规定。

9.2.3 村庄公共活动场所整治应符合下列规定：

　　1 公共活动场所宜靠近村委会、文化站及祠堂等公共活动集中的地段，也可根据自然环境特点，选择村庄内水体周边、坡地等处的宽阔位置设置，并应符合本规范第3.1.6条的规定；

　　2 已有公共活动场所的村庄应充分利用和改善现有条件，满足村民生产生活需要；无公共活动场所或公共活动场所缺乏的村庄，应采取改造利用现有闲置建设用地作为公共活动场所的方式，严禁以侵占农田、毁林填塘等方式大面积新建公共活动场所；

　　3 公共活动场所整治时应保留现有场地上的高大乔木及景观良好的成片林木、植被，保证公共活动场所的良好环境；

　　4 公共活动场地应平整、畅通，无坑洼、无积

水、雨雪天无淤泥；条件允许的村庄可设置照明灯具；

　　5 公共活动场所可根据村民使用需要，与打谷场、晒场、非危险品的临时堆场、小型运动场地及避灾疏散场地等合并设置；当公共活动场地兼作村庄避灾疏散场地使用时，应符合本规范第3.5.3条的规定；

　　6 公共活动场所可配套设置坐凳、儿童游玩设施、健身器材、村务公开栏、科普宣传栏及阅报栏等设施，提高综合使用功能；

　　7 公共活动场所上下台阶处应设置缓坡，方便老年人、残疾人使用。

9.2.4 村庄公共服务设施的整治应按照科学配置、完善功能、相对集中、方便使用、有利管理的原则，并应符合下列规定：

　　1 应根据村庄经济条件及实际需要确定公共服务设施的配置项目、建设规模，严禁超越本村实际，盲目求大求全；

　　2 公共服务设施的设置应符合有关部门要求及相关规划内容；

　　3 小学的设置及规模应符合当地教育部门的要求及相关规划，合理确定。

9.2.5 村庄人员活动密集的场所宜设置公共厕所，并应符合本规范第6.2.1条的规定。

10 坑 塘 河 道

10.1 一般规定

10.1.1 坑塘河道应保障使用功能，满足村庄生产、生活及防灾需要。严禁采用填埋方式废弃、占用坑塘河道。坑塘使用功能包括旱涝调节、渔业养殖、农作物种植、消防水源、杂用水、水景观及污水净化等，河道使用功能包括排洪、取水和水景观等。

10.1.2 坑塘河道应符合下列规定：

　　1 具备补水和排水条件，满足水体利用要求；

　　2 水体容量、水深、控制水位及水质标准应符合相关使用功能的要求；不同功能的坑塘河道对水体的控制标准可按表10.1.2确定。

表10.1.2 不同功能坑塘河道水体控制标准

坑塘功能	最小水面面积（m²）	河道宽度（m）	适宜水深（m）	水质类别
旱涝调节坑塘	50000	—	1.0~2.0	V
渔业养殖坑塘	600~700	—	>1.5	III
农作物种植坑塘	600~700		1.0	V
杂用水坑塘	1000~2000		0.5~1.0	IV
水景观坑塘	500~1000		>0.2	V
污水处理坑塘（厌氧）	600~1200		2.5~5.0	

续表 10.1.2

坑塘功能	最小水面面积(m²)	河道宽度(m)	适宜水深(m)	水质类别
污水处理坑塘(好氧)	1500~3000	—	1.0~1.5	—
行洪河道	—		—	—
生活饮用水河道	—	≥自然河道宽度	>1.0	Ⅱ~Ⅲ
工业取水河道	—		>1.0	Ⅳ
农业取水河道	—		>1.0	Ⅴ
水景观河道	—		>0.2	Ⅴ

注:坑塘河道水质类别不应低于表中规定标准。

10.1.3 坑塘河道存在下列情况时,应根据当地条件进行整治:

　　1 坑塘河道使用功能受到限制,影响村庄公共安全、经济发展或环境卫生;

　　2 废弃坑塘土地闲置,重新使用具有明显的生态、环境或经济效益。

10.1.4 坑塘河道整治应结合村庄综合整治统一实施,处理好与防洪、灌溉等相关设施的关系。

10.1.5 应根据自然条件、环境要求、产业状况及坑塘现有水体容量、水质现状等调整和优化坑塘功能,并应符合下列规定:

　　1 临近湖泊的坑塘应以旱涝调节为主要功能,兼顾渔业养殖功能;临近村庄的坑塘应以消防备用水源、生活杂用水为主要功能;临近村庄集中排污方向的坑塘宜优先作为污水净化功能使用;

　　2 坑塘功能调整不应取消和降低原有坑塘旱涝调节功能;

　　3 河道整治不应改变原有功能,应以维护河道行洪、取水功能为主要目的;已废弃坑塘在满足本规范第10.1.2条有关规定的情况下,可采取拆除障碍物、清理坑塘、疏浚坑塘进出水明渠、改造相关涵闸等措施整治,恢复其基本使用功能。

10.2 补　　水

10.2.1 雨量充沛、地下水位较高地区的村庄,应充分利用降雨、地下水进行坑塘河道的自然补水;自然补水不能满足水体容量要求时,可采用人工方式。

10.2.2 坑塘河道补水整治应贯彻开源节流方针,并应符合下列规定:

　　1 根据当地水资源条件调整用水结构,发展与水资源相适应的产业类型,提高工业循环用水率,减少或取缔高耗水、低产能的中小型企业;

　　2 污水宜集中收集、集中处理,经处理水质达标后可用于农业灌溉,减少新鲜水取用量。

10.2.3 山区、丘陵地区的村庄宜充分利用现有水库效能进行蓄水;平原河网、湖泊密集地区的村庄宜充分利用现有取水泵站能力引水,并适度增加旱涝调节

坑塘,提高村庄旱季补水应变能力。

10.2.4 坑塘人工补水可根据当地条件,选择人工引水和人工蓄水两种方式。

　　1 人工引水应符合下列规定:

　　　　1) 原有引水明渠水源基本断流时,宜重新选择水源,采用人工引水方式补水;水源地宜选择临近坑塘、水量充沛的河道、湖泊、水库或其他旱涝调节坑塘,并应符合本规范第4.3.2、4.3.4的规定;

　　　　2) 引水方式宜优先选择涵闸控制的自流引水方式,其次选择泵站抽升引水方式;

　　　　3) 引水明渠的布置应根据引水方位、地形条件选择在地势低洼、顺坡、线路较短的位置;引水明渠构造结合自然地形可采用浆砌砖、块石护砌明渠或土明渠;

　　　　4) 平原地区宜采用土明渠,山区及丘陵地区宜采用块石、砖护砌明渠。

　　2 人工蓄水应符合下列规定:

　　　　1) 坑塘原有引水明渠水源出现季节性缺水时,可选用人工蓄水方式补水;

　　　　2) 可采用在坑塘下游排水口处设置节制闸或滚水坝的蓄水方式补水;

　　　　3) 水深要求变化较大的坑塘应采用节制闸控制,按坑塘不同水深要求控制节制闸的开启水位;水深要求变化不大的坑塘可采用滚水坝控制,坝顶高度按坑塘正常水深相应水位高度控制。

10.2.5 有取水功能的河道出现自然补水不足时,可采取下列措施:

　　1 因水源断流出现自然补水不足时,下游取水构筑物较多的河道应采用人工引水方式保障河道最小流量;下游取水构筑物较少的河道可废弃原有取水构筑物,另选水源地取水,并应符合本规范第4.3.2、4.3.4的规定;

　　2 因季节性缺水出现自然补水不足时,可采取局部工程措施人工蓄水;可在取水构筑物适当挖深河床,降低进水孔或吸水管高度,满足取水水泵有效吸水深度,河床挖深不宜超过1m。

10.3 扩　　容

10.3.1 坑塘水体容量不能满足功能要求时,可进行坑塘扩容。

10.3.2 可通过扩大坑塘用地面积、提高坑塘有效水深两种形式进行坑塘扩容,并应符合下列规定:

　　1 应结合坑塘使用功能、用地条件选择扩容方案,宜首先选择清淤疏浚方式,满足坑塘有效水深;

　　2 坑塘扩容规模除特殊要求外,水面面积和水深应符合本规范第10.1.2条的有关规定。

10.3.3 坑塘扩容整治与周边其他土地利用发生矛盾

时，对旱涝调节、污水处理等涉及生产保障、公共安全、环境卫生的坑塘，应遵循扩容优先的原则，其他坑塘应遵循因地制宜、相互协调的原则。

10.3.4 旱涝调节坑塘扩容整治应与村庄防灾、排水工程整治相协调，水体调节容量、调蓄水位应达到原有水利排灌控制要求。无相关规定的，其水面面积、常年水深应满足本规范第 10.1.2 条有关规定的低限要求，并应符合本规范第 3.3.4 条的相关规定。

10.3.5 旱涝调节坑塘扩容整治应充分利用地势低洼区域的湖汊，并应符合下列规定：

1 严禁随意在湖汊等地势低洼的坑塘上填土建造房屋，已建房屋应逐步拆除；

2 原有单一渔业养殖功能坑塘可改为养殖与旱涝调节兼顾的综合功能坑塘；

3 调整农业用地结构，退田还湖，宜将地势低洼的原有耕地改为旱涝调节坑塘；

4 受土地条件限制、无法实施旱涝调节坑塘扩容整治的村庄，应按照统一防灾要求进行整治，弥补现有旱涝调节坑塘水体调节容量的不足。

10.3.6 水景观坑塘扩容整治应根据用地现状，利用闲置土地扩容，满足水景观要求。

10.4 水环境与景观

10.4.1 加强坑塘河道水环境保护，充分发挥功能作用。

10.4.2 坑塘河道水环境保护应符合下列规定：

1 设有集中式饮用水源取水口的河道、塘堰水体保护应符合本规范第 4.3.2、4.3.3 条的规定；

2 作为生活杂用水的坑塘不得有污水排入。

10.4.3 村庄采用氧化沟和稳定塘技术处理污水的，应选择距离村庄不小于 300m，并位于夏季主导风向下风向的坑塘，其周边应建设旁通渠，疏导汇流雨水直接排入下游水体。

10.4.4 不满足使用功能的水体应进行重点整治，按照先截污、后清淤、再修复的顺序逐步提高水体水质，并应符合下列规定：

1 现有污水排放口应进行截污整治，建设截污管道排入污水集中处理场地；

2 未接纳工业有毒有害污水的坑塘，清淤淤泥宜用作旱地作物肥料，且不应露天堆放；接纳工业有毒有害污水的坑塘，清淤淤泥应送到附近污泥处置场进行无害化处置，无条件的可结合村庄垃圾简易填埋场处理，并应符合本规范第 5.3.7 条的规定；

3 水体修复宜采用岸边带形种植芦苇、水中种植荷花等喜水植物方式。

10.4.5 村庄内部或临近村庄的水体可结合村庄布局进行景观建设，包括修建水边步道、开辟滨水活动场所、局部设置亲水平台及修整岸边植物等内容。水体护坡宜采用自然护坡，适度采用硬质护砌。严禁在水

上建设餐饮、住宅等可能污染水体的建筑，水上游览设施建设不应分隔水体和减少水面面积。

10.5 安全防护与管理

10.5.1 有危险和存在安全隐患的坑塘河道应实施安全防护整治。

10.5.2 坑塘安全防护应针对坑塘水深采用不同措施，保障村民生命安全。安全措施包括设置护栏、设置警示标志牌、改造边坡、降低水深、拓宽及平整岸边道路等措施，并应符合下列规定：

1 水深在 0.80~1.20m 的水体、拦洪溪沟及蓄水塘堰的泄洪沟渠，应在显著位置设置固定的警示标志牌；水深超过 1.20m 的水体除设置警示标志牌以外，还应采取安全措施；

2 坑塘水体宜减少直立式护坡，采用缓坡形式边坡，边坡值不应大于 1：2；

3 不宜设置缓坡的水体，应在临水村庄的道路、公共场所等地段设置安全护栏，高度不应低于1.05m，栏条净间距不应大于 12cm；其他临水区段水边通道宽度不应小于 1.20m，且应保证通道平整。

10.5.3 严禁在坑塘河道内倾倒垃圾、建筑渣土。

10.5.4 对坑塘河道实施维护管理，定期清淤保洁，保障整治效果。

11 历史文化遗产与乡土特色保护

11.1 一般规定

11.1.1 村庄整治中应严格、科学保护历史文化遗产和乡土特色，延续与弘扬优秀的历史文化传统和农村特色、地域特色、民族特色。对于国家历史文化名村和各级文物保护单位，应按照相关法律法规的规定划定保护范围，严格进行保护。

11.1.2 村庄中历史文化遗产和乡土特色应严格进行保护，并符合下列规定：

1 下列内容应按照现行相关法律、法规、标准的规定划定保护范围，严格进行保护：

  1）国家、省、市、县级文物保护单位；

  2）国家历史文化名村；

  3）树龄在 100 年以上的古树以及在历史上或社会上有重大影响的中外历代名人、领袖人物所植或者具有极其重要的历史、文化价值、纪念意义的名木。

2 其他具有历史文化价值的古遗址、建（构）筑物、村庄格局和具有农村特色、地域特色以及民族特色的建筑风貌、场所空间和自然景观应经过认定，严格进行保护。

11.1.3 村庄历史文化遗产和乡土特色保护工作应包括：

1 调查、甄别、认定保护对象；

2 制定保护及管理措施。

11.1.4 村庄整治不得破坏或改变经认定应予以保护的历史文化遗产，整治措施应确保遗存的安全性和遗产环境的和谐性。

历史文化遗产分布区内的村庄整治应制定专项方案，并会同文物行政部门论证通过后方可实施；涉及文物保护单位的整治措施应符合国家文物保护法律法规的相关规定。

11.1.5 村庄整治应注重保护具有乡土特色的建（构）筑物风貌、山水植被等自然景观及与村庄风俗、节庆、纪念等活动密切关联的特定建筑、场所和地点等，并保持与乡土特色风貌的和谐。

11.2 保护措施

11.2.1 历史文化遗产与乡土特色保护应符合下列规定：

1 保护范围的划定和管理应按照《中华人民共和国文物保护法》、《城市紫线管理办法》执行，保护范围内严禁从事破坏历史文化遗产和乡土特色的活动；

2 具备保护修缮需求和相应技术、经济条件的村庄，应按照历史文化遗产与乡土特色保护要求制定和实施保护修缮措施；

3 暂不具备保护修缮需求和技术、经济条件的村庄，应严格保护遗存与特色现状，严禁随意拆除翻新，可视病害情况严重程度适当采取临时性、可再处理的抢救性保护措施。

11.2.2 历史文化遗产与乡土特色保护措施，应以保护历史遗存、保存历史和乡土文化信息、延续和传承传统、特色风貌为目标，主要包括下列内容：

1 历史遗存保护主要采取保养维护、现状修整、重点修复、抢险加固、搬迁及破坏性依附物清理等保护措施；

2 建（构）筑物特色风貌保护主要采取不改变外观特征，调整、完善内部布局及设施的改善措施；

3 村庄特色场所空间保护主要采取完整保护特定的活动场所与环境，重点改善安全保障和完善基础设施的保护措施；

4 自然景观特色风貌保护主要采取保护自然形貌、维护生态功能的保护措施。

11.2.3 历史文化遗产的周边环境应实施景观整治，周边的建（构）筑物形象和绿化景观应保持乡土特色并与历史文化遗产的历史环境和传统风貌相和谐。

文物保护单位、历史文化名村保护范围及建设控制地带内的村庄整治应符合国家有关文物保护法律法规的规定，并应与编制的文物保护规划和历史文化名村保护规划相衔接。

11.2.4 历史文化名村的整治工作中应保护村庄的历史文化遗产、历史功能布局、道路系统、传统空间尺度及传统景观风貌，并应按照国家法律法规的有关规定制定、实施保护和整治措施。

12 生活用能

12.1 一般规定

12.1.1 村庄生活应节约能源，保护生态环境，开发利用可再生能源。

12.1.2 能源使用时应保证安全，防止燃烧排放物危害身体健康。

12.1.3 村庄炊事及生活热水用能应逐步以太阳能、改良的生物质燃料等清洁环保能源代替低效率的燃煤、燃柴等常规能源消费类型。并应符合下列规定：

1 选用符合标准的太阳能热利用产品，建筑物的设计与施工应为太阳能利用提供必备条件，既有建筑物安装太阳能装置不应影响建筑物质量与安全；

2 可根据村庄条件选择沼气、改良的生物质燃料、液化天然气或液化石油气等气体燃料，燃气供应场站应规范选址，燃气储运不应遗留安全隐患；

3 城市附近的村庄可就近选择城镇管道燃气。

12.1.4 新建房屋应采取节能措施，宜采用保温技术与材料、被动式太阳房技术。有条件地区的村庄应逐步对既有房屋实施节能改造。

12.1.5 应因地制宜确定能源利用形式，可采用太阳能、改良的生物质燃料及沼气等实用能源。鼓励开发先进能源利用技术及建设示范工程，宜逐步规模化和市场化。

12.2 技术措施

12.2.1 应推广使用省柴节煤炉灶，并应符合下列规定：

1 省柴炉灶的热效率不应低于20%，北方地区"炕连灶"柴灶热能综合利用效率不应低于50%；

2 需使用煤炭进行炊事或供暖的地区，节煤炉灶热效率不应低于25%，小型燃煤单元集中供暖锅炉房热效率不应低于50%。

12.2.2 生物质资源丰富区域，应逐步以热效率较高的生物质成型燃料替代秸秆、薪柴、煤炭等。生物质成型燃料生产厂宜根据燃料需求情况由村庄独建或多个村庄合建。

12.2.3 居住密集，且具有大中型养殖场的村庄，应由村庄或镇建设大中型沼气供气系统，并应符合下列规定：

1 沼气生产厂的选址应位于村庄常年风向的下风向，不应占用基本农田；

2 沼气供应系统的设计、施工、验收等应符合现行行业标准《沼气工程技术规范》NY/T 1220的有关规定；

3 沼液及沼渣应规范排放或综合利用，不应污染河道或地下水。

12.2.4 村庄新建公共建筑应采用太阳房，寒冷及严寒地区村庄的农民住宅宜采用被动式太阳房。

12.2.5 既有房屋的节能化改造宜根据现有建筑保温技术和材料的价格性能比，并考虑改造的方便和可操作性，分期分批实施。

12.2.6 年平均风速大于 $2\sim3m/s$ 的地区，若具备适合风力发电机安装的场地，可考虑使用风能。

家用风力发电系统应定期维护保养。村办风力发电系统应由专人负责维护保养，维护保养员须掌握相关技术。

12.2.7 根据当地资源条件，村庄可选择实施下列实用技术：

1 距电力系统较远的山区村庄，可采用微水电或小水电进行供电；

2 距电力系统较远的沿海村庄，可采用小型潮汐发电技术进行供电；

3 距电力系统较远、但地热资源丰富的村庄，可采用小型地热发电技术进行供电；

4 已实现供电且地温资源丰富的村庄，可采用热泵技术供应冬季采暖或夏季制冷。

本规范用词说明

1 为便于在执行本规范条文时区别对待，对要求严格程度不同的用词说明如下：

1）表示很严格，非这样做不可的用词：

正面词采用"必须"，反面词采用"严禁"；

2）表示严格，在正常情况下均应这样做的用词：

正面词采用"应"，反面词采用"不应"或"不得"；

3）表示允许稍有选择，在条件许可时首先应这样做的用词：

正面词采用"宜"，反面词采用"不宜"；

表示有选择，在一定条件下可以这样做的用词，采用"可"。

2 条文中指明应按其他有关标准、规范执行时，写法为："应符合……规定"或"应按……执行"。

中华人民共和国国家标准

村庄整治技术规范

GB 50445—2008

条 文 说 明

前　言

《村庄整治技术规范》GB 50445—2008 经住房和城乡建设部 2008 年 3 月 31 日以第 6 号公告批准发布。

为便于有一定文化知识的农民及基层技术人员在使用本规范时，能正确理解和执行条文规定，《村庄整治技术规范》编制组按章、节、条顺序编制了本规范的条文说明，供使用者参考。在使用中如发现本规范条文和说明有不妥之处，请将意见函寄至中国建筑设计研究院（地址：北京市西城区车公庄大街 19 号，邮政编码：100044）。

目 次

1 总　则

1.0.1 为规范并指导有一定文化知识的农民及基层技术人员开展村庄整治工作，确保其科学化、系统化进行，制定本规范。

1.0.2 规范实施中严格避免将村庄整治等同于新村建设的做法。根据村庄整治工作安排，现阶段村庄整治宜以较大规模村庄为主，对从长远发展来看需要迁并的较小规模村庄及各级城乡规划不予保留的村庄不宜进行重点整治，避免浪费投资；如规划确定迁并的村庄确需整治，可参照本规范执行。

1.0.3 开展村庄整治，必须坚持以邓小平理论和"三个代表"重要思想为指导，贯彻落实科学发展观，以农村实际为出发点，以"治大、治散、治乱、治空"等"治旧"工作为重点，围绕推进社会主义新农村建设、全面建设小康社会和构建社会主义和谐社会的目标，改善农村人居环境，改变农村落后面貌。

村庄长远发展应遵循各地编制的各级城乡规划内容要求，村庄整治工作应重点解决当前农村地区的基本生产生活条件较差、人居环境亟待改善等问题，兼顾长远。

1.0.4 开展村庄整治工作，必须尊重农民意愿，保障农民权益，并应全面考虑下列工作要求：

1 应首先明确村庄整治工作中，农民的实施主体和受益主体地位；"整治什么、怎么整治、整治到什么程度"等问题应由农民自主决定；必须防止借村庄整治活动侵害农民权益，影响农村社会稳定的各类行为；

2 一切从农村实际出发，结合当地地形、地貌特点，因地制宜进行村庄整治；应避免超越当地农村发展阶段，大拆大建、急于求成、盲目照搬城镇建设模式等行为，防止"负债搞建设"、"大搞新村建设"等情况的发生；

3 村庄整治应综合考虑国家政策，并根据当地的实际情况，首先做好选点工作，避免盲目铺开；

4 应根据村庄经济情况，结合本村实际和农民生产生活需要，按照轻重缓急程度，合理选择具体的整治项目；优先解决当地农民最急迫、最关心的实际问题，逐步改善村庄生产生活条件；

5 村庄整治要贯彻资源优化配置与调剂利用的方针；提倡自力更生、就地取材、厉行节约、多办实事；村庄发展所需空间和物质条件，必须立足于土地的集约利用和能源的高效利用，积极开发和推广资源节约、替代和循环利用技术；

6 注重自然生态保护，保持原有村落格局，维护乡土特色，展现民俗风情，弘扬传统文化，倡导文明乡风；村庄的自然生态环境具有不可再生性和不可替代性的基本特征，村庄整治过程中要注意保护性的

利用。

具有历史文化遗产和传统的村庄，是历史见证的实物形态，具有不可替代的历史价值、艺术价值和科学价值。整治过程中应重视保护与利用的关系，在保护的前提下发展，以发展促保护。

1.0.5 村庄整治以政府帮扶与农民自主参与相结合的形式，重点整治农村公共设施项目，对于农民住宅等非公有设施的整治应根据农民意愿逐步自主进行，本规范不作硬性规定：

1 编制村庄整治规划，应符合下列规定：

　　1）立足现有条件及设施，以"治旧"为中心，避免混同于其他建设性规划；

　　2）以公共设施与公共环境整治、改善为主要内容，采用入户访谈、座谈讨论、问卷调查等形式，广泛征求农民意愿，结合当地实际，科学评估，合理确定整治项目、整治措施及整治时序；

　　3）提出村庄整治工作的技术要求、实施建议与行动计划；

　　4）注重当前需要，兼顾长远发展，统筹相关规划的内容与要求；

　　5）提供符合村庄整治实施要求的主要技术文件。

2 村庄整治规划应收集下列相关技术资料：

　　1）与村庄整治涉及项目相关的现行国家标准、行业标准文件；

　　2）村庄地形及现状图（1/2000～1/1000），有条件村庄还应准备村域地形图；若无现成图件，应及时进行测绘；

　　3）村庄的地质资料（重点包括地震断裂带、滑坡、山洪、泥石流等），以及水源与水源地资料。

3 村庄整治规划成果应达到"两图三表一书"的要求：

　　1）现状图：标明地形地貌、河湖水面、坑（水）塘、道路、工程管线、公共厕所、垃圾站点、集中畜禽饲养场以及其他公共设施，各类用地及建筑的范围、性质、层数、质量等与村庄整治密切相关的内容；

　　2）整治布局图：除标明山林、水体、道路、农用地、建设用地等用地的范围外，应根据确定的整治项目，标明主次道路红线位置、横断面、交叉点坐标及标高；给水设施及管线走向、管径、主要控制标高；水面、坑塘及排水沟渠位置、走向、宽度、主要控制标高及沟渠形式；配电线路的走向；公共活动场所、集中场院、绿地、路灯、公共厕所、垃圾收

集转运点等公共设施的位置、规模和范围；集中禽畜圈舍、集中沼气池等的位置与规模；燃气、供热管线的走向、管径；重点保护的民房、祠堂、历史建筑物与构筑物、古树名木等；拟拆迁农宅及腾退建设用地的范围与用途；近期拟建房农户的数量及安排；其他有关设施和构筑物的位置等；

  3）主要指标表：包括整治前后村庄人口、农户数量、居住面积指标、基础设施配置及人居环境主要指标的变化情况；

  4）投资估算表：估算所选整治项目的工程量与用工量，估算和汇总投资量；

  5）实施计划表：根据实际需要和承受能力，提出实施整治的计划安排，包括整治项目清单、具体内容、整治措施、用工量、所需资金或物资量，以及实施进度计划等；

  6）说明书：包括现状条件分析与评估，选择确定整治项目的依据及原则，整治项目的工程量、实施步骤及投资估算，各整治项目的技术要领、施工方式及工法，实施村庄整治的保障措施以及整治后项目的运行维护管理办法等建议，需要说明的其他事项等。

1.0.6 本规范为综合性通用规范，涉及多种专业，这些专业都颁布了相应的专业标准和规范。因此，进行村庄整治时，除应执行本规范的规定外，还应遵守国家现行有关强制性标准的相关规定。

3 安全与防灾

3.1 一般规定

3.1.1 村庄安全防灾与城市不同，我国村庄量大、面广，不同地区村庄人口规模、自然条件、历史环境、发展基础、经济状况差别很大，灾种类型、灾损程度、防灾避灾的能力差别也较大，因此不同地区村庄安全防灾整治的内容和要求也有较大差别。村庄整治时，应以灾害出现频率较高、灾损程度较大的主要灾种为主，综合防御。

3.1.2 村庄灾害种类较多，不确定性通常很大，防御水准和要求也有较大差异。制定统一的村庄安全与防灾防御目标难度较大，本规范中所规定的基本防御目标是从村庄功能和工程设施的防灾安全角度确定，将保护人的生命安全放在第一位。各地可根据村庄整治的具体要求及建设与发展的实际情况，确定防御目标。

  目前我国尚无统一的灾害设防标准，因此本规范

所指"正常设防水准下的灾害"是按照国家法律法规和相关标准所确定的灾害设防标准，相当于中等至大规模灾害影响，地震是指防烈度（50 年超越概率10%）灾害影响，风和雪是指 50 年一遇灾害影响，洪水灾害是指所确定的防洪标准下的灾害影响，地质灾害通常指地质灾害防治工程的设防要求，不低于所保护对象的防御目标。村庄灾害防御设防标准、用地选择、防灾措施需根据安全与防灾目标、灾害设防要求和国家现行标准规定制定，具有强制性要求。

3.1.3 当前，我国各地村庄遭受的灾害类型、灾害程度差异较大，根据村庄整治的工作特点及要求，村庄整治中安全防灾的重点在于：根据村庄实际，采用切实可行的有效措施，较大限度地降低和减少各类灾害损失，最大程度地保证村民生命财产安全。对于受到重大灾害影响、必须实施整村搬迁、异地安置等措施的村庄，应纳入县域镇村布局规划中统筹考虑，不属于村庄整治的工作内容。村庄整治不是一项根治性的、彻底解除各类灾害威胁的工作，对于重大灾害的防治，还应依赖于相关重大基础设施工程的建设和改造进行。

  村庄整治应按照我国有关法律法规和本规范的规定，合理确定村庄安全防灾整治的灾害种类。目前我国尚无统一的灾害危险水准的分类分级规定，本条根据现行国家法律法规和标准规定给出。如无明确规定的灾种，可参照执行。

  目前我国尚无统一的洪水危险性分区，按照《中华人民共和国防洪法》，防洪区是指洪水泛滥可能淹及的地区，分为洪泛区、蓄滞洪区和防洪保护区。洪泛区是指尚无工程设施保护的洪水泛滥所及的地区。蓄滞洪区是指包括分洪口在内的河堤背水面以外临时贮存洪水的低洼地区及湖泊等。防洪保护区是指在防洪标准内受防洪工程设施保护的地区。洪泛区、蓄滞洪区和防洪保护区的范围，在各级防洪规划或者防御洪水方案中划定，并报请省级以上人民政府按照国务院规定的权限批准后予以公告。这些地区的村庄应把洪灾作为重点整治内容。

  村庄防风应依据防灾要求、历史风灾资料、风速观测数据，根据现行国家标准《建筑结构荷载规范》GB 50009 的有关规定确定。我国目前尚无统一的村庄建设风灾防御标准，因此按照《建筑结构荷载规范》GB 50009 的有关规定确定。

  地质灾害分区是指按照地质灾害防治规划所确定的地质灾害危险分区。地质灾害易发区是指历史上经常发生并出现损失的地区。地质灾害危险区是指发生过重大地质灾害并导致重大损失的地区。地质灾害易发区、危险区应按照地质灾害的评价结果确定。地质灾害环境条件一般包括地形、地貌、地质构造、岩土条件、水文地质条件及人类活动等，这些环境条件影响和制约地质灾害的形成、发展和危害程度。地质环

境条件复杂程度分类可按表1进行。

表1　地质环境条件复杂程度分类表

复　　杂	中　等	简　单
地质灾害发育强烈	地质灾害发育中等	地质灾害一般不发育
地形与地貌类型复杂	地形较简单，地貌类型单一	地形简单，地貌类型单一
地质构造复杂，岩性岩相变化大，岩土体工程地质性质不良	地质构造较复杂，岩性岩相不稳定，岩土体工程地质性质较差	地质构造简单，岩性单一，岩土体工程地质性质良好
工程水文地质条件差	工程水文地质条件较差	工程水文地质条件良好
破坏地质环境的人类工程活动强烈	破坏地质环境的人类工程活动较强烈	破坏地质环境的人类工程活动一般

注：每类5项条件中，有1项符合条件者即归为该类型。

基本雪压按现行国家标准《建筑结构荷载规范》GB 50009 附表 D.4 给出的 50 年一遇的雪压采用。当基本雪压值在现行国家标准《建筑结构荷载规范》GB 50009 附表 D.4 没有给出时，可按上述规范附图 D.5.1 全国基本雪压分布图近似确定。山区的基本雪压应通过实际调查后确定。当无实测资料时，可按当地邻近空旷平坦地面的基本雪压乘以系数 1.2 采用。

村庄整治过程中，有条件的村庄可根据需要进行次生灾害评估，可按下列要求进行：

1 次生火灾划定高危险区；

2 提出需要加强防灾安全的重要水利设施或海岸设施；

3 对于爆炸、毒气扩散、放射性污染、海啸、泥石流、滑坡等次生灾害可根据当地条件选择提出需要加强防灾安全的重要源点。

3.1.4、3.1.5 村庄的生命线工程和重要设施、学校和村民集中活动场所是重要建筑，应按照国家有关标准进行设计和建造。在部分农村地区的祠堂等一些村民集聚的传统场所，由于建造年代较长，存在多种安全隐患，是村庄整治中必须关注的建筑。村庄整治时应按照基础设施布局、设防、设施节点的防灾处理、设施的防灾备用率等防灾要求，对村庄供电、供水、交通、通信、医疗、消防等系统的重要设施，根据其在防灾救灾中的重要性和薄弱环节，进行加固改造整治。

3.1.6 我国的村庄绝大部分是历史上自然发展形成的。根据各地村庄整治的要求，本规范重点针对危险

性不适宜地段的设施与建（构）筑物，根据土地利用防灾适宜性分类和建设用地限制性要求对相应的工程设施进行整治。在村庄整治过程中，对于一些规模较大的村庄，重点通过工程性措施防治或降低可能发生的灾害影响，对于个别规模较小分散布局的村落和散居农户的整治重点在躲避，可通过避让危险性不适宜地段的方式解决安全居住问题。

土地利用防灾适宜性可根据各灾种灾害影响，综合考虑用地布局、社会经济等因素，按表 2 进行分类，建设用地选择适宜性好的场地，避开不适宜场地，不符合表 3 要求的工程采取加固或拆除等综合整治措施。

表2　土地利用防灾适宜性分类

类	级	适宜性地质、地形、地貌描述
适宜S	S1	不存在场地不利和破坏因素： （1）属稳定基岩、坚硬土或开阔、平坦、密实、均匀的中硬土等场地稳定、土质均匀、地基稳定的场地； （2）地质环境条件简单，无地质灾害破坏作用影响； （3）无明显地震破坏效应； （4）地下水对工程建设无影响； （5）地形起伏即使较大但排水条件尚可
适宜S	S2	存在轻微影响的场地不利或破坏因素，一般无需采取整治措施或只需简单处理： （1）属中硬土或中软土场地，场地稳定性较差，土质较均匀、密实，地基较稳定； （2）地质环境条件简单或中等，无地质灾害破坏作用影响或影响轻微，易于整治； （3）虽存在一定的软弱土、液化土，但无液化发生或仅有轻微液化的可能，软土一般不发生震陷或震陷很轻，无明显的其他地震破坏效应； （4）地下水对工程建设影响较小； （5）地形起伏虽较大但排水条件尚可
适宜S	S3	存在中等影响的场地不利或破坏因素，工程建设时需采取一定整治措施或对工程上部结构采取防灾措施： （1）中软或软弱场地，土质软弱或不均匀，地基不稳定； （2）场地稳定性差，地质环境条件复杂，地质灾害破坏作用影响大，较难整治； （3）软弱土或液化土较发育，可能发生中等程度及以上液化或软土可能震陷且震陷较重，其他地震破坏效应影响较小； （4）地下水对工程建设有较大影响； （5）地形起伏大，易形成内涝

类	级	适宜性地质、地形、地貌描述
有条件适宜 Sc	Sc	存在严重影响的场地不利或破坏因素，工程建设时需采取消除性整治措施，或采取一定整治措施并对工程上部结构采取防灾措施： （1）场地不稳定，动力地质作用强烈，环境工程地质条件严重恶化，不易整治； （2）土质极差，地基存在严重失稳的可能性； （3）软弱土或液化土发育，可能发生严重液化或软土可能震陷且震陷严重； （4）条状突出的山嘴，高耸孤立的山丘，非岩质的陡坡，河岸和边坡的边缘，平面分布上成因、岩性、状态明显不均匀的土层（如故河道、疏松的断层破碎带、暗埋的塘滨沟谷和半填半挖地基）等地质环境条件复杂，地质灾害危险性大； （5）洪水或地下水对工程建设有严重威胁
不适宜 N	NR	NP 中危险和危害程度较低的场地
	NP	存在严重影响的场地破坏因素的通常难以整治的危险性区域： （1）可能发生滑坡、崩塌、地陷、地裂、泥石流等的场地； （2）发震断裂带上可能发生地表位错的部位； （3）其他难以整治和防御的灾害高危害影响区； （4）行洪河道

注：1　根据该表划分每一类场地工程建设适宜性类别，从适宜性最差开始向适宜性好依次推定，其中一项属于该类即划为该类场地；
　　2　表中未列条件，可按其对场地工程建设的影响程度比照推定。

表3　村庄建设用地选择要求

类	级	村庄建设限制性要求
适宜 S	S1	开挖山体进行建设时，应保证人工边坡的稳定性，并应符合国家相关标准要求
	S2	
	S3	工程建设应考虑不利因素影响，应按照国家相关标准采取一定的场地破坏工程治理措施，结构体系的选择适当考虑场地的动力特性，上部结构根据需要可选择采取一定工程措施抗御灾害的破坏，对于Ⅰ、Ⅱ、Ⅲ级工程尚应采取适当的加强措施
	S4	工程建设应考虑不利因素影响，应按照国家相关标准采取消除场地破坏影响的工程治理措施，或从治理场地破坏和上部结构加强两方面采取较完善的治理措施，结构体系的选择应考虑场地的动力特性。不宜选作Ⅰ、Ⅱ、Ⅲ级工程建设用地，无法避让时应采取完全消除场地破坏影响的工程措施

类	级	村庄建设限制性要求
有条件适宜 Sc	Sc	暂时不宜作为建设用地。作为工程建设用地时，应查明用地危险程度，属于危险地段时，应按照不适宜用地相应规定执行，危险性较低时，可按照相应适宜性类型的用地规定执行
不适宜 N	NR	优先用作非建设用地，不宜用作工程建设用地。对于村庄线状基础设施用地无法避开时，生命线管线工程应采取有效措施适应场地破坏作用
	NP	禁止作为工程建设用地。基础设施管线工程无法避开时，应采取有效措施减轻场地破坏作用，满足工程建设要求

表2中的适宜性分类主要依据灾害影响程度、治理难易程度和工程建设要求进行规定，其中"有条件适宜"主要指潜在的不适宜用地，但由于某些限制，场地不利因素未能明确确定，若要进行使用，需要查明用地危险程度和消除限制性因素。

村庄用地选择与建设工程项目的重要性分类密切相关。本规范总结了我国10多种规范中的工程项目重要性分类，从村庄综合防灾要求出发，考虑到完整性列出了全部4类分类标准（见表4）。

通过村庄土地利用适宜性综合评价得到的村庄建设用地的防灾适宜性分类，主要包括下列内容：

1　村庄土地利用防灾适宜性综合评价可搜集整理、分析利用已有资料和工程地质测绘与调查结果，综合考虑各灾种的评价要求，安排必要的勘探、测试，对其进行灾害环境、地质和场地条件方面的综合评价；进行工程地质勘察时，可按照现行标准《城市规划工程地质勘察规范》CJJ 57 和《城市抗震防灾规划标准》GB 50413 的有关规定适当降低要求进行；

表4　建设工程项目重要性分类表

重要性等级	破坏后果	项目类别
Ⅰ	极严重	甲类建筑：核电站，一级水工建筑物、三级特等医院等
Ⅱ	很严重	重大建设项目：乙类建筑；开发区建设、城镇新区建设；重大的次生灾害源工程；二级（含）以上公路、铁路、机场，大型水利工程、电力工程、港口码头、矿山、集中供水水源地、垃圾处理场、水处理厂等

重要性等级	破坏后果	项 目 类 别
Ⅲ	严重	重要建设项目：20层以上高层建筑，14层以上体型复杂高层建筑；重要的次生灾害源工程；三级（含）以上公路、铁路、机场、中型水利工程、电力工程、港口码头、矿山、集中供水水源地、垃圾处理场、水处理厂等
Ⅳ	Ⅳa 较不严重	村庄新区建设，学校等公共建筑，供水、供电等基础设施，对村庄可能产生较大影响的易燃、易爆物品，有毒、有污染的化学物品等次生灾害源工程
	Ⅳb 不严重	其他一般工程

2 村庄用地抗震防灾性能评价包括：用地抗震防灾类型分区，地震破坏及不利地形影响估计；从抗震要求的角度，进行抗震适宜性综合评价，划出潜在危险地段；进行适宜性分区，并提出村庄规划建设用地选择与相应村庄建设的抗震防灾要求和对策；

3 地质灾害影响评价应充分搜集和建立村庄及其周边地区地层岩性、地质构造、地形地貌、地下水活动、地震、地下矿产开采及气象等基础资料，对灾害历史及其影响，灾害类型、特点和规模，灾害的成因环境和条件，灾害的危险性和危害性等进行评估；在可能和必要的条件下，考虑到地质灾害评估的专业性和复杂性，可由专业技术人员为村庄整治提供灾害发生的环境基础资料和地质灾害危险性、危害性评估成果。

3.2 消防整治

3.2.1～3.2.6 消防设施是村庄最重要的公共设施之一。村庄消防整治应根据现状及发展要求、易燃物的存在与可燃性、人口与建筑物密度、引发火灾的偶然性因素及历史火灾经验等，进行火灾危险源的调查及其影响评估，提出相应防御要求和整治措施，包括村庄消防安全布局、村庄建筑消防、消防分区、消防通道、消防用水、消防设施安排等。

3.3 防洪及内涝整治

3.3.1 位于防洪区和易形成内涝地区的村庄需要考虑防洪整治。

1 统筹兼顾流域防洪要求，村庄防洪标准应不低于其所处江河流域的防洪标准。

大型工矿企业、交通运输设施、文物古迹和风景

区被洪水淹没后，损失大、影响严重，防洪标准应相对较高。本款从统筹兼顾上述防洪要求，减少洪水灾害损失考虑，对邻近上述地区村庄的防洪整治规定：当不能分别进行防护时，应按就高不就低原则，按较高防洪标准执行。

2 水流流态、泥沙运动、河岸、海岸的不利影响，将直接影响村庄乃至更大范围的防洪，村庄防洪设施选线应适应防洪现状和天然岸线走向，并应合理利用岸线。

3.3.2 防洪工程及防洪措施是保障村庄防洪安全的主要对策。在进行村庄防洪整治时，建设场地选择地势较高、较平坦且易于排水的地区可避免被洪水淹没；建设场地距主干道较近，考虑一旦村庄被洪水淹没时可及时组织人员撤离。河道是用于行洪的，《中华人民共和国防洪法》规定任何人不得在河道内设置阻碍行洪的障碍物，对于已建房屋等人工建筑物，整治时需清除。

蓄滞洪区土地利用、开发必须符合国家有关法规、标准的要求。分洪口门附近建造的房屋会妨碍洪水畅流，同时在洪水冲（击）刷作用下将被破坏。为减少蓄滞洪或突然溃堤时人员伤亡和经济损失，蓄滞洪区内新建永久性房屋（包括学校、商店、机关、企事业房屋等）应按照《蓄滞洪区建筑工程技术规范》GB 50181的要求设计、建造能避洪救人的平顶结构形式。

3.3.3、3.3.4 村庄防洪排涝是村庄整治的内容之一，在南方等多雨地区和水网地带更是村庄整治的重要内容。要对村庄的地形、地质、水文和所在地区年均降雨量等条件综合分析，兼顾现状与规划、近期与远期、局部与整体，充分利用现有的自然条件，合理有效组织地面排水。

防内涝工程措施：

1 当只有局部用地受涝又无大的外来汇水且有蓄涝洼地可以利用时，可采取蓄调防涝方案，利用蓄积的内涝水改善环境或作它用；建设用地可采用重力排水；

2 当内涝频率不大又无大的外来汇水、区域内易于实施筑堤防涝方案，且比采用回填防涝方案更经济合理时，可采用局部抽排防涝；

3 当内涝频率高又有大的外来汇水且不能集中组织抽排，但附近有土可取，采用回填防涝方案较筑堤防涝更经济合理时可采用局部回填方案；此时，回填用地高程高于设防水位不应小于0.5m，用地内地面雨水采用重力排水；

4 当内涝频率高又有大的外来汇水且受涝影响范围大，但附近又无土可取时，需设置防涝堤来保护用地。防涝堤宜高于设防水位0.5m，用地内雨水采用局部抽排。当采用筑堤抽排防涝时，用地的规划高程可不作规定；

5　村庄用地外围多数还有较大汇水需汇入或穿越村庄用地范围后才能排出，若不妥善组织，任由外围雨水进入村庄用地内的雨水排放系统，将大大增加投资，甚至形成内涝威胁，影响整个村庄雨水排放系统的正常使用，因此宜在用地外围设置雨水边沟，在村庄用地内设置排（导）洪沟，共同排除外围过境雨水。

3.3.5　洪水发生后，环境恶化，蚊蝇孳生，常伴有胃肠道疾病发生，严重者可导致瘟疫发生。因此，村庄整治中应根据洪水灾区人口数量，合理规划设置应急疏散点、救生机械（船只）、医疗救护（救护点、医护人员）、物资储备和报警装置等。

3.4　其他防灾项目整治

3.4.1　地质灾害防御改造应尽量保持或少改变天然环境，防止人为破坏和改变天然稳定的环境。地质灾害是指在特殊的地质环境条件（地质构造、地形地貌、岩土特征和地表地下水等）下，由内动力或外动力作用、或两者共同作用、或人为因素引起的灾害，通常包括山体崩塌、滑坡、泥石流、地面塌陷、地裂缝、地面沉降等。

地质灾害的发生有天然因素和人为因素。危害较大、常见的灾害类型有：引起边坡失稳的崩塌、滑坡、塌方和泥石流等，主要发育在山区、陡峭的边坡；引起地面下沉的塌陷和沉降，在矿区和岩溶发育地区常见；引起地面开裂的断错和地裂缝等，主要发育于断裂带附近。发育在山区的滑坡、塌方和泥石流等危害最突出，是山区防灾的重点。

3.4.2　村庄的地震基本烈度应按国家规定权限审批颁发的文件或图件采用。通常情况下，地震动峰值加速度的取值可根据现行国家标准《中国地震动参数区划图》GB 18306确定；地震基本烈度按照现行国家标准《中国地震动参数区划图》GB 18306使用说明中地震动峰值加速度与地震基本烈度的对应关系确定。当有按国家规定权限审批颁发的抗震设防区划、地震动小区划等文件或图件时，可按相关文件或图件确定。

3.4.3　风力具有难以预测和不可避免性，需从建筑物选址、结构形式、房屋构件之间的连接等方面制定技术措施。

3.4.4　暴风雪灾预防需从村庄布局、建筑物选址、屋顶结构形式等方面采取措施。

3.4.5　冻融灾害是寒冷地区村庄建筑工程破坏的典型因素，尤其对于重要工程应按照国家相关标准采用防冻融措施。

1　多年冻土用作建筑地基时，应符合现行标准《建筑地基基础设计规范》GB 50007、《膨胀土地区建筑技术规范》GBJ 112、《湿陷性黄土地区建筑规范》GBJ 25、《冻土地区建筑地基基础设计规范》JGJ 118、《冻土工程地质勘察规范》GB 50324中的有关规定。

2、3　为防止施工和使用期间的雨水、地表水、生产废水和生活污水浸入地基，应配置排水设施。在山区应设置截水沟或在建筑物下设置暗沟，以排走地表水和潜水流，避免因基础堵水造成冻害。

低洼场地，可采用非冻胀性土填方，填土高度不应小于0.5m，范围不应小于散水坡宽度加1.5m。基础外面可用一定厚度的非冻胀性土层或隔热材料在一定宽度内进行保温，其厚度与宽度宜通过热工计算确定，可用强夯法消除土的冻胀性。

3.4.6　雷电对建（构）筑物、电子电气设备和人、畜危害很大，我国很多地区常见雷电伤人的报道。因此，雷电灾害频发地区的村庄，在整治时应针对雷电灾害进行整治。

3.5　避灾疏散

3.5.1　避灾疏散是临灾预报发布后或灾害发生时把需要避灾疏散的人员从灾害程度高的场所安全撤离，集结到预定的、满足防灾安全要求的避灾疏散场所。

避灾疏散安排应坚持"平灾结合"原则。避灾疏散场所平时可用于村民教育、体育、文娱和粮食晾晒等其他生活、生产活动，临灾预报发布后或灾害发生时用于避灾疏散。避灾疏散通道、消防通道和防火隔离带平时作为交通、消防和防火设施，避灾疏散时启动其防灾功能。

避灾疏散人员包括需要避灾疏散的村庄居民和流动人口，同时应考虑避灾疏散人员的分布。村庄整治中需对避灾疏散场所建设、维护与管理，避灾疏散实施过程，避灾疏散宣传教育活动或演习提出要求和管理对策。

3.5.2　通道有效宽度指扣除灾后堆积物的道路的实际宽度。建筑倒塌后废墟的高度可按建筑高度的1/2计算。疏散道路两侧的建筑倒塌后其废墟不应覆盖疏散通道。疏散通道应当避开易燃建筑和可能发生的火源。对重要的疏散通道要考虑防火措施。

3.5.3　避灾疏散场所需综合考虑防止火灾、洪灾、海啸、滑坡、山崩、场地液化及矿山采空区塌陷等各类灾害和次生灾害。用地可连成一片，也可由比邻的多片用地构成，从防止次生火灾的角度考虑，疏散场地不宜太小。

3.5.4　防火安全带是隔离避灾疏散场所与火源的中间地带，可以是空地、河流、耐火建筑及防火树林带、其他绿化带等。若避灾疏散场所周围有木制建筑群、发生火灾危险性比较大的建筑或风速较大的地域，防火安全带的宽度应适当增加。

防火树林带可防止火灾热辐射对避灾疏散人员的伤害，应选择对火焰遮蔽率高、抗热辐射能力强的树种。规划建设新的避灾疏散场所时，可提出周围建筑的耐火性能要求。发生火灾后避灾疏散人员可在避灾疏散场所内向远离火源方向移动，当火灾威胁到避灾避难人员安全时，应从安全通道撤离到邻近避灾疏散场所或实施远程疏散。临时建筑和帐篷之间留有消防通道。严格控制避灾疏散场所内的火源。

3.5.5 3.5.6 防洪整治应对保护区内用于就地避洪的设施进行整治，对安全堤防、安全庄台、避洪房屋、围埝、避水台、避洪杆架等应根据需要就地避洪的人员、牲畜、生活必需品以及重要农机具数量等进行合理整治和建设。

3.5.7 高杆树木可就地避洪，村民住宅旁宜有计划种植高杆树木，以便分洪时，就近避险。

3.5.8 蓄滞洪区启用或自然溃堤后的水深一般较深，多在 3～10m 之间，对于蓄滞洪区内的办公、学校、商店、厂房、仓库等建筑设置避洪安全设施是保障蓄滞洪区内生命和财产安全的重要措施，可作为临时避难场所，也能为转移营救提供宝贵的时间。

4 给水设施

4.1 一般规定

4.1.1 我国北方地区、西部地区有水源性缺水问题，南方地区、沿海地区则出现了水质性缺水问题；同时我国农村给水设施存在设施老化、给水水源安全防护距离不足、缺乏必要的水净化处理设备、消毒设施等问题。为了保障用水安全，保证村民身体健康，给水设施整治在村庄整治中不可缺失，是村庄整治的重要内容。

2004 年 11 月，水利部、卫生部联合颁布了《农村饮用水安全卫生评价指标体系》，分安全和基本安全两个级别，由水质、水量、方便程度和保证率四项指标组成。四项指标中只要有一项低于安全或基本安全最低值，就不能定为饮水安全或基本安全。

水质：符合现行国家标准《生活饮用水卫生标准》GB 5749 要求的为安全；符合《农村实施〈生活饮用水卫生标准〉准则》要求的为基本安全。

水量：每人每天可获得的水量不低于 40～60L 为安全；不低于 20～40L 为基本安全。

方便程度：人力取水往返时间不超过 10min 为安全；取水往返时间不超过 20min 为基本安全。

保证率：供水保证率不低于 95% 为安全；不低于 90% 为基本安全。

4.1.2 本条是关于给水设施整治目标的规定。

集中式给水工程配水管网用户接管点处的最小服务水头，单层建筑可按 5～10m 计，建筑每增加 1 层，水头可按增加 3.5m 计算。

4.1.3 本条是关于给水设施整治内容的规定。

4.1.4 本条是关于集中式给水工程整治设计、施工单位资质的规定。

4.1.5 本条是关于给水设施整治卫生安全的规定。

4.3 水 源

4.3.1 本条是关于水源整治内容的规定。

4.3.2 本条是关于水源保护的规定。

饮用水水源保护区的划分应符合现行行业标准《饮用水水源保护区划分技术规范》HJ/T 338 的规定，并应符合国家及地方水源保护条例的规定。

1 地下水水源保护应符合下列规定：
  1）水源井的影响半径范围内，不应开凿其他生产用水井；保护区内不应使用工业废水或生活污水灌溉，不应施用持久性或剧毒农药，不应修建渗水厕所、污废水渗水坑、堆放废渣、垃圾或铺设污水渠道，不得从事破坏深层土层活动；
  2）雨季应及时疏导地表积水，防止积水渗入和漫溢到水源井内；
  3）渗渠、大口井等受地表水影响的地下水源，防护措施应遵照地表水水源保护要求执行。

2 地表水水源保护应符合下列规定：
  1）水源保护区内不应从事捕捞、网箱养鱼、放鸭、停靠船只、洗涤和游泳等可能污染水源的任何活动，并应设置明显的范围标志和禁止事项的告示牌；
  2）水源保护区内不应排入工业废水和生活污水；其沿岸防护范围内，不应堆放废渣、垃圾，不应设立有毒、有害物品仓库及堆栈；不得从事放牧等可能污染该段水域水质的活动；
  3）水源保护区内不得新增排污口，现有排污口应结合村庄排水设施整治予以取缔；
  4）输水渠道、作预沉池（或调蓄池）的天然池塘的防护措施与上述要求相同。

4.3.3 本条是关于水源保护区内污染源清理整治的规定。

4.3.4 本条是关于选择新水源的规定。

4.4 集中式给水工程

4.4.1 本条是关于给水处理工艺整治的规定。

1 本款是关于给水处理工艺整治原则的规定。

2 原水含铁、锰超标可采用下列处理工艺：

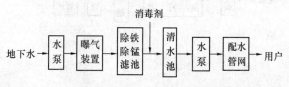

3 原水含氟超标可采用下列处理工艺：

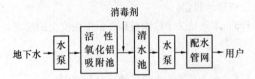

或

4 原水含盐量超标（苦咸水）可采用下列处理工艺：

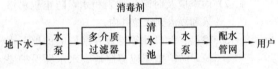

5 原水含砷超标可采用下列处理工艺：

6 原水浊度超标可采用下列处理工艺：

1）原水浊度长期不超过 20NTU，瞬时不超过 60NTU 的地表水，可采用下列处理工艺：

或

地表水 → 水泵 → 接触滤池 → 清水池（消毒剂）→ 水泵 → 配水管网 → 用户

2）原水浊度长期不超过 500NTU，瞬时不超过 1000NTU 的地表水，可采用下列处理工艺：

地表水 → 水泵 → 二级粗滤池 → 慢滤池 → 清水池（消毒剂）→ 水泵 → 配水管网 → 用户

或

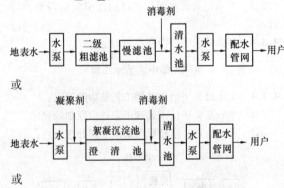

或

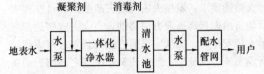

7 原水藻类、氨氮或有机物超标（微污染的地表水）可采用下列处理工艺：

地表水 → 预氧化 → 常规净化工艺（凝聚剂）→ 清水池（消毒剂）→ 水泵 → 配水管网 → 用户

或

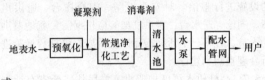

4.4.2 本条是关于设备设施整治的规定。

1 本款是关于给水工程设备设施整治内容的规定。

2 本款是关于给水厂站及生产建（构）筑物整治的规定。

3 本款是关于调节构筑物整治的规定。

4 本款是关于水泵整治的规定。

5 本款是关于消毒设施整治的规定。

消毒剂的投加点应根据原水水质、工艺流程和消毒方法等确定。可在水源井、清水池、高位水池或水塔等处投加。

消毒剂的投加量应通过试验或参照相似条件运行经验确定。消毒剂与水要充分混合接触，接触时间不应小于 30min。

漂白粉（精）消毒，应先制成浓度为 $1\%\sim2\%$ 的澄清溶液，再通过计量设备投入水中，每日配制次数不宜大于 3 次；应设溶药池和溶液池，溶液池宜设 2 个，池底坡度 $i\geqslant0.02$，坡向排渣管，排渣管管径不应小于 50mm。

次氯酸钠消毒宜采用次氯酸钠发生器现场制备，并应有相应有效的安全设施。

二氧化氯消毒宜采用化学法现场制备，并应有相应有效的安全设施。

4.4.3 本条是关于输配水管道整治的规定。

1 本款是关于输配水管道整治目标的规定。

2 本款是关于输水管道整治原则的规定。

3 本款是关于配水管道整治原则的规定。

4 本款是关于生活饮用水管网与非生活饮用水管道、各单位自备生活饮用水管道连接的规定。

5 本款是关于输配水管道埋设深度的规定。

6~9 本款是关于输配水管道附属设备设施整治的规定。

4.5 分散式给水工程

4.5.1 本条是关于手动泵给水工程整治的规定。

4.5.2 本条是关于引泉池给水工程整治的规定。

4.5.3 本条是关于雨水收集给水工程整治的规定。

4.6 维护技术

4.6.1 本条是关于给水工程整治验收的规定。

4.6.2 本条是关于给水工程运行管理的规定。

1、2 本款是关于运行管理制度的规定。

供水单位应规范运营机制，努力提高管理水平，确保安全、稳定、优质和低耗供水。

水源管理应符合下列规定：

1）供水单位可参照《饮用水水源保护区污染防治管理规定》，结合实际情况，合理设置生活饮用水水源保护区，并设置明显标志；应经常巡视，及时处理影响水源安全的问题；

2）任何单位和个人在水源保护区内进行建设活动，应征得供水单位和当地主管部门的批准。

3 本款是关于供水单位和管理人员应取得卫生许可的规定。

4 本款是关于水质检验的规定。

5 本款是关于分散式供水村庄建立巡查制度的规定。

5 垃圾收集与处理

5.1 一般规定

5.1.1 垃圾处理是村庄整治的重要内容。本条是对村庄垃圾处理的一般性要求，尤其是针对村庄普遍缺乏垃圾收集设施、垃圾随意弃置的现状，对村庄环境治理提出垃圾应收集清运的具体管理要求。

5.1.2 垃圾宜回收利用，垃圾分类收集是实现垃圾资源化的最有效途径。通过垃圾分类收集，不仅可直接回收大量废旧原料，实现垃圾减量化，而且可减少垃圾运输费用，简化垃圾处理工艺，降低垃圾处理成本。

5.1.3 小规模的卫生填埋场和焚烧厂若要达到环保要求，成本高，技术管理要求高，正常运行难，因此集中处理一定规模的垃圾十分必要，一些人口密度较高区域推行的村收集、乡镇运输、县集中处理的模式正是适应这一要求的有益探索。为了减少生活垃圾收集和运输成本，实行分类收集是必要的。通过分类收集，将大部分易腐烂的有机垃圾、砖瓦、灰渣等无机垃圾单独收集，就地处理和利用，将塑料等不易腐烂的包装物为主的其他垃圾集中收集处理，能有效降低

收集运输与处理费用。对暂时缺乏集中处理条件的村庄，建议就近进行简易填埋处理。

5.1.4 生活垃圾中不得混入含有有毒有害成分的工业垃圾，废日光灯管、废弃农药、药品等家庭有毒有害垃圾也应逐步建立单独收集体系。

5.2 垃圾收集与运输

5.2.1 生活垃圾主要内容的划定：

1 废品类垃圾主要包括：金属、废纸、动物皮毛等；

2 可生物降解的有机垃圾主要包括：烂蔬菜、烂水果、瓜果皮、剩菜、剩饭、咖啡茶叶残渣、蛋壳、花生壳、面包、麦片、花园及植物垃圾、骨头、海鲜贝壳、灌木枝条、小木块、小木条、废纸、皮毛、头发、遗弃粪便等；

3 无机垃圾主要包括煤灰渣、渣土、碎砖瓦及草木灰等。

5.2.2 垃圾收集设施设置应根据具体需要确定，可以单户配置，也可以多户配置，每个村庄不应少于1个垃圾收集点。收集设施宜防雨、防渗、防漏，避免污染周围环境。密闭式垃圾收集点可根据需要采用垃圾桶、垃圾箱等多种形式。

5.3 垃圾处理

5.3.3 家庭堆肥处理是指在庭院或农田中将可生物降解的有机垃圾集中堆放处理，并自然发酵的过程，为促进发酵过程的自然通风，可用当地材料（如木条、钢筋或其他材料），围成约 $0.5 \sim 1.0 m^3$ 的空间作为垃圾集中堆放地。平均温度应达到 $50 ℃$ 以上并至少保持 5d。

5.3.4 村庄集中堆肥处理指将家庭单独收集的可生物降解的有机垃圾集中处理。在无条件实行家庭堆肥的家庭和村庄，需要将单独收集的可生物降解的有机垃圾集中处理。

村庄集中堆肥处理宜采用条形堆肥，即将垃圾堆为长条形，断面为三角形或梯形，堆高约 1m，断面面积约 $1m^2$，条形堆肥长度可根据场地大小确定，间距以方便翻堆为宜。条形堆肥的发酵腐熟时间宜在 $2 \sim 3$ 个月以上，并应采用机械或人工手段定期翻堆，增加垃圾堆体的透气性和均匀性。

5.3.7 简易填埋处理场应根据村庄及乡镇实际需要选择，适当分散建设，规模不宜过大，否则可能带来集中污染风险。

6 粪便处理

6.1 一般规定

6.1.1 解决农村地区人的粪便污染，防止致病微生

物污染环境，预防与粪便相关的人畜共患病、肠道传染病，从源头控制污染源、切断传播途径是村庄整治的重要目标。厕所是人类生活最基本的卫生设施，也是解决人排泄物无害化的关键设施。村庄整治中应加强卫生厕所建设和管理，控制肠道传染病、寄生虫病及部分生物媒介传染病传播。

6.1.2 农村户厕应与村庄整治统一规划，协调进行，降低重复建设带来的浪费、减少厕所模式选择错误和建造不规范带来的损失。在部分疾病流行地区，如血吸虫病流行地区，由于对粪便中携带致病微生物处理有特殊要求，所以农村户厕的设计必须符合相应规范标准要求及疾病防控的要求。

6.1.3 无害化处理后的粪便中含有大量氮磷钾等营养物质，合理并充分利用，能减少化肥用量，利于粪污资源化，并能保护土壤、促进农作物生长、改善水体富营养化造成的面源环境污染，保持生态系统的良性循环，符合循环经济的要求。

6.1.4 厕所无害化效果评价工作专业性强，必须由相关主管部门进行检测和评价。粪大肠菌是有代表意义的肠道致病菌和指示菌，蛔虫卵在环境中的存活能力要强于其他寄生虫卵，当粪大肠菌值$\geq 10^{-2}$、蛔虫卵的去除率$\geq 95\%$时，其他寄生虫病的危害降低，因此要求检测粪大肠菌和蛔虫卵的相关指标，检测方法可按照现行国家标准《粪便无害化卫生标准》GB 7959的规定进行。

6.2 卫生厕所类型选择

6.2.1 为使村民了解建造卫生厕所的意义，提高参与程度，使卫生厕所建造、使用、管理具有可持续性，专业技术人员应根据当地自然条件、风俗习惯、生产方式、给排水设施和经济发展状况等，指导村民选择厕所模式及建造材料。厕所建造要注重实用，不宜在形式上过大投入，要与经济发展状况相适应。

卫生厕所建设可因地制宜地从鉴定确认为卫生厕所的模式中选择。三格化粪池式厕所、三联通沼气池式厕所、粪尿分集式生态卫生厕所、双瓮漏斗式厕所、完整下水道水冲式厕所是目前我国农村应用较多的厕所模式。详细的设计、建造参数和图纸参见《中国农村卫生厕所技术指南》。

6.2.2 厕所类型选择应符合下列规定：

1 城镇周边地区或经济较发达地区的村庄，建有污水处理场及上、下水设施，具备水冲式厕所的建造条件；但有些村庄无污水排放系统，甚至直接将污水排入池塘，也大量建造水冲式厕所，会造成环境质量迅速下降，所以本款提出要求：粪便污水必须与通往污水处理厂的管网相连接，不能随意排放；

2 一头猪的粪便量，至少相当于6个人的粪便量，家庭饲养农户至少有3～4头猪，猪粪便有助于

生成沼气，但普通三格化粪池厕所贮粪池容量小，无法容纳全部粪便量，因此提倡家庭饲养业的农户建造三联通沼气池式厕所；

3 寒冷地区，冬季使用三联通沼气池生产沼气必须保持一定的温度，0℃左右的温度无法正常运转，单独加温沼气池不现实，可采用沼气池与蔬菜大棚结合使用方式；

4 干旱缺水地区的村庄，推荐选用用水量很少的粪尿分集式生态卫生厕所、双坑交替式厕所、阁楼堆肥式厕所及双瓮漏斗式厕所；

5 目前尚无可推广应用的针对寒冷地区的户厕模式，暂以深坑式户厕代用，为保证厕所卫生与使用的安全性，贮粪池底部须低于当地冻土层，否则极易冻裂或翻浆时变形；

6 粪尿分集式生态卫生厕所将粪便和尿分别收集、处理，作为农业肥料使用，因此非农业地区的村庄不宜选用粪尿分集式生态卫生厕所。

6.2.3 厕所应符合建造技术要求，贮粪池不渗不漏，对浅层水污染概率低。本规范提出卫生防护距离要求，但如与粪便无害化建造技术要求矛盾时，应首先服从无害化建造技术的要求。出于卫生与使用安全的考虑，厕所地下结构应坚固耐用、经济方便，但特殊地质条件地区有特殊要求，可由当地主管部门提出具体的质量与安全要求，地上厕屋则可自行选择。

6.2.4 沼气式厕所若要达到发酵均匀、提高沼气产气效率的目的需增加搅拌，粪便中未死亡的寄生虫卵就会伴随沼液一起排出，影响无害化效果。因此提出在血吸虫病流行地区及其他肠道传染病高发地区村庄的沼气池式户厕，不采用可随时取沼液与沼液随意溢流排放的设计。

目前厕所粪便无害化处理程度有限，粪液排入水体，会造成富营养化，未死亡的寄生虫卵进入水体，会形成疾病传播条件，造成肠道致病菌传播，不利于预防疾病。因此，禁止向任何水域排放粪便污水和沼液，禁止将沼液作为牲畜的饲料添加剂养鱼、养禽等。

6.2.5 目前农村厕具生产还未形成产业化、市场化，为保障农民的切身利益，应对厂家生产的预制式贮粪池、便器等其他关键设备进行安全性能与功能性能的技术鉴定，符合安全与技术要求的设备方可进入市场。选择产品时应检查检测报告，并将生产厂家的资质证明、产品合格证与产品检测报告的复印件存档备查。便器与建厕材料应坚固耐用，利于卫生清洁与环境保护；建造材料应为正规生产厂家的合格产品，选择产品时应查验质量鉴定报告，并将复印件存档备查。

6.3 厕所建造与卫生管理要求

6.3.1 厕所建造与卫生管理应符合下列规定：

1 三格化粪池厕所正式启用前应在第一格池内注水 100～200L，水位应高出过粪管下端口，用水量以每人每天 3～4L 为宜。每年宜进行 1～2 次厕所维护，使用中如果发现第三池出现粪皮时应及时清掏。化粪池盖板应盖严，防止发生意外。清渣或取粪水时，不得在池边点灯、吸烟，防止沼气遇火爆炸。清掏出的粪渣、粪皮及沼气池沉渣中含有大量未死亡的寄生虫卵等致病微生物，需经堆肥等无害化处理。

目前厕所使用与管理方面存在很多问题，例如粪便如果直接倒入三格化粪池的二、三池的后池，无害化效果就会破坏，产生臭味，因此禁止向二、三池倒入新鲜粪液。从粪便无害化效果分析，将洗浴水通入三格化粪池厕所贮粪池的做法不可取。粪水应与污水分流，生活污水不得排入化粪池。而且本规范确定的贮粪池无能力处理畜、禽粪，因此不提倡将畜、禽粪便通入三格化粪池厕所贮粪池。

2 应合理配置并充分利用畜粪、垫圈草、铡碎和粉碎并经适当堆沤的作物秸秆、蔬菜叶茎、水生植物、青杂草等作为三联通沼气池式厕所的原料。

禁止在三联通沼气池的进粪端取粪用肥。每年宜进行 1～2 次厕所维护，清渣时，不得在池边点灯、吸烟，防沼气遇火爆炸。清掏出的粪渣、粪皮及沼气池沉渣中含有大量未死亡的寄生虫卵等致病微生物，需经堆肥等无害化处理。沼液内含有氮磷钾和富有营养的氨基酸，可作为肥料，但是严禁作为牲畜的饲料添加剂养鱼、养禽等。

3 粪尿分集式生态卫生厕所使用前应在厕坑内加 5～10cm 灰土，便后以灰土覆盖，灰土量应大于粪便量 3 倍以上。粪便必须用覆盖料覆盖，充足加灰能使粪便保持干燥，促进粪便无害化。但不同覆盖料达到粪便无害化的时间有所不同，草木灰的覆盖时间不应少于 3 个月，炉灰、锯末、黄土等的覆盖时间不应少于 10 个月。粪便在厕坑内堆存时间约为半年至一年。尿液不应流入贮粪池，尿液储存容器应避光并较密闭，容量能保证存放 10d 以上，加 5 倍水稀释后，可直接用于农作物施肥。

5 对于双瓮漏斗式厕所，新厕建成使用前应向前瓮加水，水面要超过前瓮接粪管开口处。每天应用少量水（每人每天不宜超过 1L）清洗漏斗便器。每年定期清除前瓮粪渣 1 次，清除的粪渣经堆肥等无害化处理后，可用于农业施肥。应使用后瓮粪液，防止直接从前瓮取粪，并应注意养护与维修工作，保持正常运转。

6 对于阁楼堆肥式厕所，新厕建成使用前和每次清理完粪肥后，应先在贮粪池底通风管上铺约 100mm 厚的干草或干牛马粪和一层土，使其既有透气空间，又便于吸收水分。每次便后及时用庭院土覆盖粪便，应将生活垃圾、牲畜粪便（牛、马、羊、鸡粪）适时投入贮粪池内，不定期进行混匀平整，形成

500mm 以上厚度的堆积层。

需要用肥前 1.5～2 个月，应人工调整配比，加入适量的水（污水、洗米水、洗菜水等）使水分达到约 40%。表层用草与土覆盖使其升温发酵，经 0.5 月的高温发酵能达到粪便无害化效果，要符合农田可应用的腐熟肥的要求，则需 1.5 个月以上的时间。非用肥期，应保持厕坑干燥，防止粪便发酵升温。

污物应随时清扫。塑料与不可降解物、有毒有害物不能投入厕坑。

7 对于双坑交替式厕所，新厕建成使用前，厕坑底部要撒一层细土，将出粪口挡板周边用泥密封。厕所内要存放细干土，每次便后加土覆盖。定期将厕坑中间粪便推向周边。便器盖用时拿开，便后塞严。双坑交替使用，一坑满后封闭，同时启用第二厕坑。粪便经高温堆肥等无害化处理后方可做农肥使用。应保持清洁卫生，定期清扫。

8 深坑式厕所入冬前，应将贮粪池内粪便清掏干净，清掏出的粪便应经堆肥等无害化处理。厕所应定期清扫，保持干净。

6.3.2 避免粪便裸露是控制蚊蝇孳生、减少厕所臭味的关键。应避免设计方案与建造技术方面的缺陷，关注使用过程中出现的问题，避免粪便裸露。

7 排 水 设 施

7.1 一 般 规 定

7.1.1 我国农村绝大多数村庄没有污水、雨水的收集排放和处理设施，对农村人居环境造成极大危害，在村庄整治中采用符合当地实际的做法解决村庄生活污水、雨水的排放和处理，可以有效地改善农村的人居环境。

7.1.2 本条是关于排水量计算的规定。

村庄排水分为生活污水、生产污水、径流雨水和冰雪融化水统称为雨水。

生活污水量可按生活用水量的 75%～90% 进行估算。

生产污水量及变化系数，要根据乡镇工业产品的种类、生产工艺特点和用水量确定。为便于操作，也可按生产用水量的 75%～90% 进行估算。水重复利用率高的工厂取下限值。

雨水量与当地自然条件、气候特征有关，可参照临近城市的相应标准计算。

7.1.3 本条是关于污水排放标准的规定。

7.1.7 缺水地区雨水、生活污水收集利用的具体措施如下：

1 缺水地区宜采用集流场收集雨水，集流场可分为屋面集流场和地面集流场，收集的雨水宜采用水窖贮存；

2 有条件地区村庄可在农家房前或田间利用露天水池收集贮存雨水；

3 生活污水输送至污水处理站，处理达标后，就近排入村庄水系或用于农田灌溉等；

4 没有污水处理设施时，生活污水经化粪池、沼气池等进行卫生处理后可直接利用。

7.2 排水收集系统

7.2.1 本条是关于选择排水收集系统的规定。

村庄排水宜选择雨污分流。在降雨量较少的地区也可选择雨污合流。

7.2.2 本条是关于雨污水排放的规定。

7.2.3 本条是关于排水沟渠敷设的规定。

7.2.4 本条是关于寒冷地区排水管道敷设深度的规定。

7.2.5 本条是关于排水收集系统整治的规定。

规定了对雨水和污水管渠设计的具体要求，包括管渠形式、材料、尺寸和坡度等。雨水排水沟渠断面形式可参考图1。

房屋四周排水沟渠做法可参考图2。

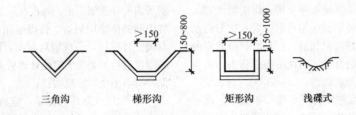

图1 排水沟渠断面形式

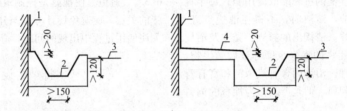

图2 房屋排水沟渠做法
1—外墙勒脚；2—纵坡度0.3%～0.5%；3—室外地坪；4—散水坡

无条件修建污水管道的村庄，可参考图1、图2的形式，加盖建造暗渠排放生活污水。

7.3 污水处理设施

7.3.1 本条是关于污水处理站的规定。

1 本款是关于雨污分流时污水处理站进水的规定。

2 本款是关于雨污合流时污水处理站进水的规定。

3 本款是关于采用污水处理工艺的规定。

7.3.2 本款是关于污水处理站选址的规定。

7.3.3 本款是关于工业废水和养殖业污水排入污水处理站要求的规定。

7.3.4 本款是关于污水处理站出水要求的规定。

7.3.5 人工湿地系统水质净化技术是一种生态工程方法。基本原理是在一定的填料上种植特定的湿地植物，建立起人工湿地生态系统，当污水通过系统时，经砂石、土壤过滤，植物根际的多种微生物活动，污水中的污染物和营养物质被吸收、转化或分解，水质

得到净化。经过人工湿地系统处理后的水，可达到地表水水质标准，可直接排入饮用水源或景观用水的湖泊、水库或河流中。因此，特别适合饮用水源或景观用水区附近生活污水的处理、受污染水体的处理，或为这些水体提供清洁水源补充。

人工湿地处理污水采用类型包括地表流湿地、潜流湿地、垂直流湿地及其组合，一般将处理污水与景观相结合。并应符合下列规定：

1 应设置拦污格栅去除悬浮杂质，其后设置沉淀池预处理，停留时间应大于1h；

2 一级人工湿地为潜流湿地，填料为大颗粒卵石，粒径30～50mm，停留时间应大于18h；

3 二级人工湿地为垂直流湿地，填料为小颗粒卵石，粒径4～32mm，停留时间应大于6h；

4 人工湿地表面宜种植芦苇、水葱、菖蒲、茭白等根系发达的水生植物。

图3是利用人工湿地处理村庄生活污水的典型工艺流程，图4、图5分别是一级人工湿地和二级人工湿地的结构示意图。

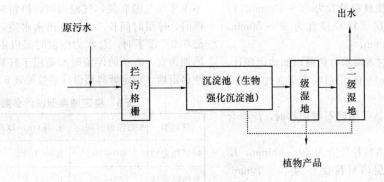

图 3　人工湿地处理村庄生活污水的工艺流程

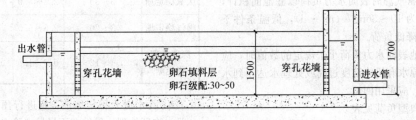

图 4　一级人工湿地结构示意

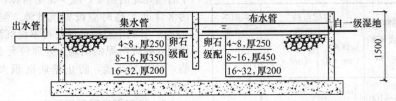

图 5　二级人工湿地结构示意

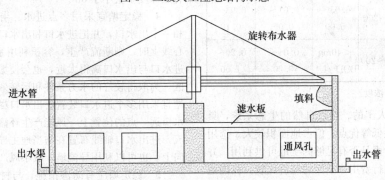

图 6　生物滤池结构示意

7.3.6　生物滤池由池体、填料、布水装置和排水系统等四部分组成，可为圆形，也可为矩形。滤池填料应高强度、耐腐蚀、比表面积大、空隙率高和使用寿命长。对碎石、卵石、炉渣等无机滤料可就地取材。图 6 是生物滤池结构示意图。

　　生物滤池应符合下列规定：

　　1　生物滤池的布水装置可采用固定或旋转布水器。生物滤池布水应使污水均匀分布在整个滤池表面，可提高滤池处理效果。布水装置可采用间歇喷洒布水系统或旋转式布水器。高负荷生物滤池多采用旋转式布水器，由固定的进水竖管、配水短管和可以转

动的布水横管组成。每根横管的断面积由设计流量和流速决定；布水横管的根数取决于滤池和水力负荷的大小，最大时可采用 4 根，一般用 2 根。

　　2　生物滤池底部空间的高度不应小于 0.6m，沿滤池池壁四周下部应设置自然通风孔，其总面积不应小于池表面积的 1%。

　　3　生物滤池的池底应设 1%～2% 的坡度坡向集水沟，集水沟以 0.5%～2% 的坡度坡向总排水沟，并有冲洗底部排水渠的措施。

　　4　低负荷生物滤池采用碎石类填料时，应符合下列要求：

1）滤池下层填料粒径宜为 60～100mm，厚 0.2m；上层填料粒径宜为 30～50mm，厚 1.3～1.8m；

2）正常气温时表面水力负荷以滤池面积计，宜为1～3m³/（m²·d），低温条件下宜降低负荷。

5 高负荷生物滤池采用碎石类填料时，应符合下列要求：

1）滤池下层填料粒径宜为 70～100mm，厚 0.2m；上层填料粒径宜为 40～70mm，厚度不宜大于 1.8m；

2）正常气温时表面水力负荷以滤池面积计，宜为 10～36m³/（m²·d），低温条件下宜降低负荷。

当生物滤池表面水力负荷小于规定的数值时，应采取回流；当原水有机物浓度过高或处理水达不到水质排放标准时，应采用回流。

生物滤池典型负荷见表 5。

表 5　生物滤池典型负荷

处理要求	工艺类型	填料的比表面积（m²/m³）	容积负荷		表面水力负荷［（m³/（m²·h）］
			kgBOD₅/（m³·d）	kgNH₄⁺-N/（m³·d）	
部分处理	高负荷	40～100	0.50～5.00	—	0.20～2.00
碳氧化/硝化	低负荷	80～200	0.05～5.00	0.01～0.05	0.03～0.10
三级硝化	低负荷	150～200	<40mg BOD⁵/L*	0.04～0.20	0.20～1.00

注：* 为装置进水浓度。

7.3.7 稳定塘是人工的、接近自然的生态系统，具有管理方便、能耗低等优点，但占地面积较大。选用稳定塘时，必须考虑是否有足够的土地可供利用，并应对工程投资和运行费用作全面的经济比较。我国地少价高，稳定塘占地约为活性污泥法二级处理厂用地面积的 13.3～66.7 倍，因此，稳定塘建设规模不宜大于 5000m³/d。

在地理环境适合且技术条件允许时，村庄污水处理设施可采用荒地、废地以及坑塘、洼地等建设稳定塘处理系统。并应符合下列规定：

1 稳定塘设计应根据试验资料确定。无试验资料时，根据污水水质、处理程度、当地气候及日照等条件，总停留时间以 20～120d 为宜。

温度、光照等气候因素对稳定塘处理效果的影响十分重要，决定稳定塘的处理效果以及塘内优势细菌、藻类及其他水生生物的种群。冰封期长的地区，总停留时间应适当延长。稳定塘的停留时间与

冬季平均气温有关，气温高时，停留时间短；气温低时，停留时间长。为保证出水水质，冬季平均气温在 0℃ 以下时，总水力停留时间以不少于塘面封冻期为宜。本条的停留时间适用于好氧稳定塘和兼性稳定塘。稳定塘典型设计参数见表 6。

表 6　稳定塘典型设计参数

塘类型	水力停留时间(d)	水深(m)	BOD₅ 去除率(%)
好氧稳定塘	10～40	1.0～1.5	80～95
兼性稳定塘	25～80	1.5～2.5	60～85
厌氧稳定塘	5～30	2.5～5.0	20～70
曝气稳定塘	3～20	2.5～5.0	80～95
深度处理稳定塘	4～12	0.6～1.0	30～50

2 污水进入稳定塘前，宜进行预处理，预处理一般为物理处理，目的在于尽量去除水中杂质或不利于后续处理的物质，减少稳定塘容积。应设置格栅，污水含砂量高时应设置沉砂池。但污水流量小于 1000m³/d 的小型稳定塘前可不设沉淀池，否则将增加塘外处理污泥的困难。处理较大水流量的稳定塘前，可设沉淀池，防止塘底沉积大量污泥，减少容积。

3 稳定塘串联的级数不宜少于 3 级，第一级塘有效深度不宜小于 3m。

4 稳定塘宜采用多点进水。当只设一个进水口和一个出水口，并把进水口和出水口设在长度方向中心线上时，则断流严重，容积利用系数可低至 0.36。进水口与出水口离得太近，也会使塘内存在较大死水区。为取得较好的水力条件和运转效果，推流式稳定塘宜采用多个进水口装置，出水口尽可能布置在距进水口远一点的位置上。风能产生环流，为减小这种环流，进出水口轴线布置在与当地主导风向相垂直的方向上，也可以利用导流墙，减小风产生环流的影响。

5 稳定塘应有防渗措施，与村民住宅区之间应设置卫生防护带。无防渗层的稳定塘很可能影响和污染地下水，因此必须采取防渗措施，包括自然防渗和人工防渗。稳定塘在春初秋末容易散发臭气，所以，塘址应在村庄主导风向的下风侧，并与村民住宅之间设置卫生防护带，以降低影响。

6 稳定塘污泥蓄泥量为 40～100L/（人·年），一级塘应分格并联运行，轮换清除污泥。

7 多级稳定塘处理的最后出水中，一般含有藻类、浮游生物，可作鱼饵，在其后可设置养鱼塘，但水质必须符合相关标准的规定。

7.4　维护技术

7.4.1、7.4.2 人工湿地的运行与管理应符合下列

规定：

进水量应控制在设计允许范围内，并不得长时间断流；监管湿地植物，包括收割管理、病虫害防治、霜冻害管理、应急处理管理等；加强污水的预处理，避免一级碎石床人工湿地堵塞；控制不良气味的产生。

生物滤池的运行与管理应符合下列规定：

应定期检查运行周期，调试验收阶段宜根据不同季节、不同水质制订多套运行方案作为运行指南，并规定运行周期的合理范围；滤速应控制在设计范围内，过低会造成下层滤床堵塞，过高则不能保证出水水质；应每周检查生物滤池的堵塞状况，定期清理筛网、出水槽、溢流堰、出水稳流栅等处沉积的藻类、滤料或其他污物；清理滤料承托层、滤头及滤板下部时，应将生物滤池放空，如果属于非正常的堵塞而停运，可通过检修孔进入滤板下部局部清理；工作人员进入生物滤池下部必须有安全措施，系安全带，启动反洗风机以低风量为滤板下部通风，并与外边守候人员保持联系。

稳定塘的运行与管理应符合下列规定：

进水量应控制在设计范围内，避免负荷过高，产生厌氧异味；应监管稳定塘内水生植物，包括收割管理、病虫害防治与霜冻害管理、应急处理管理等；应定期清理塘底泥；应监管稳定塘的防渗性能，避免污水污染饮用水水源或功能性水体。

8 道路桥梁及交通安全设施

8.1 一般规定

8.1.1 村庄的道路桥梁是农村生活空间的基本组成要素，村民日常活动须臾不能离开。目前多数村庄内部道路为自然形成，缺少连通和铺装，不少地方是"晴天一身土、雨天一身泥"，严重影响了出行活动。拥有平坦、干净的道路是村民的迫切愿望，是村庄整治的重点内容。

村庄道路桥梁及交通安全设施整治要因地制宜，结合当地的实际条件和经济发展状况，实事求是，量力而行。同时村庄整治工作要做到：以人为本，从大处着眼，小处入手，使各种设施更加人性化；制定合理的施工方案和安全措施，保障施工安全；利用一切可以利用的条件和手段，创造整洁美观的道路环境，形成村庄特色，注重与自然环境的和谐发展；提高道路桥梁及交通安全设施的使用年限；节约各项有限资源，合理降低工程成本。

8.1.2 村庄道路桥梁及交通安全设施整治应充分利用现有条件和设施，从便利生产、方便生活的需要出发，凡是能用的和经改造整治后能用的都应继续使用，并在原有基础上得到改善。同时注重美化环境，

创建文明整洁、设施完善、美观和谐的社会主义新农村。

8.1.3 村庄道路桥梁及交通安全设施整治是一项基本建设工作，应符合国家基本建设程序的有关规定，严格控制好建设过程中的几个重要环节，即规划、设计、施工、竣工验收及养护管理。同时按照建设部建村〔2005〕174号文件《关于村庄整治工作的指导意见》的要求："编制村庄整治规划和行动计划，合理确定整治项目和规模，提出具体实施方案和要求，规范运作程序，明确监督检查的内容与形式"。

8.1.4 村庄道路桥梁及交通安全设施整治工程竣工后，应由当地主管部门组织施工单位、监理单位及相关单位，对工程质量进行综合验收。验收标准应符合交通运输部《农村公路建设质量管理办法（试行）》及国家有关规定。

村庄道路桥梁及交通安全设施整治完成后，养护管理工作是长期任务，必须做到领导负责、职责明确、分级管理，建立有效的长效机制，健全养护管理体系，使这项工作制度化、科学化、规范化，保证道路桥梁及交通安全设施完好，处于良好的技术状态。

8.2 道路工程

8.2.1 村庄经过长期的演变和发展，逐步形成现有的风格和规模，路网形态与结构有其充分的合理性和实用性。但是有些道路因受到地形及周围环境的影响和限制，过于狭窄，且缺少连通和铺装，不仅影响生产生活的便利，也造成了安全隐患。为了贯彻安全与防灾的基本防御目标，应着力提高村庄路网的通达性，拓宽或打通一些"断头路"。

8.2.2 按照使用功能，本规范将村庄道路分为三个层次，即主要道路、次要道路、宅间道路。由于村庄的自然、地理、环境、道路条件等实际情况各不相同，因此村庄道路桥梁及交通安全设施整治中应根据村庄特点，准确把握各类道路的使用功能。

村庄道路路面铺装形式应满足道路功能要求，不同道路功能的铺装应有所区别。路肩宽度可根据实际空间采用0.25m、0.50m或0.75m。

1 主要道路：

村庄主要道路是将村内各条道路与村口连接起来的道路，解决村庄内部各种车辆的对外交通，路面较宽，路面两侧可设置路缘石，考虑边沟排水，边沟可采用暗排形式，或采用干砌片石、浆砌片石、混凝土预制块等明排形式。主要道路路基路面应具有足够的承载力和稳定性。因此，路面铺装一般可采用沥青混凝土路面、水泥混凝土路面、块石路面等形式。平原区排水有困难地区或潮湿地区，宜采用水泥混凝土路面。

2 次要道路：

村庄次要道路是村内各区域与主要道路的连接道

路，主要供农用小型机动车及畜力车通行，次要道路交通量及车辆荷载较小。路面宽度为单车道时，可设置必要的错车道。对路面的结构功能一般要求较低，因此路面铺装类型应重点考虑经济、环保、和谐等因素，因地制宜采用不同类型的路面铺装。平原区可采用沥青混凝土路面或水泥混凝土路面，山区可采用水泥混凝土路面、石材路面、预制混凝土方砖路面等形式。

3 宅间道路：

村庄宅间道路是村民宅前屋后与次要道路的连接道路，是村民每日生活、生产的必经之路，宅间道路承担的交通量最小，仅供非机动车及行人通行，路面宽度一般较小。路面铺装可因地制宜采用水泥混凝土路面、石材路面、预制混凝土方砖及透水砖、无机结合料稳定路面等路面形式，也可通过不同材料的组合、拼砌花纹，组成多种不同风格样式，体现当地特色。

8.2.3 根据地表水排放需要，村庄道路标高宜低于两侧建筑场地标高。路面排水应充分利用地形并与地表排水系统配合，合理选定各种排水设备的类型和位置，确定排水功能，形成完整的排水系统。平原地区村庄道路主要依靠路侧边沟排水，特殊困难道路纵坡度小于 0.3% 时，应设置锯齿形边沟，沟底保持 0.3%~0.5% 的最小纵坡度，出水口附近的纵坡度应根据地形高差、地质情况作特殊处理。山区村庄道路可利用道路纵坡自然排水。

8.2.4 村庄道路纵坡度应控制在 0.3%~3.5% 之间。道路最小纵坡度是为满足路面迅速排水的要求。道路最大纵坡度是根据汽车的动力性能、农用车辆与非机动车行驶的需要及行车速度、行车安全、驾驶条件、便利生产生活等不同要求作出规定。遇有特殊困难道路纵坡度大于 3.5% 时，应采取必要的防滑措施，如碾嵌路面、路面拉毛、路面刻槽等。

8.2.5 村庄道路路拱一般采用双面坡形式，宽度小于 3m 的窄路面可以采用单面坡。横坡度应根据路面宽度、面层类型、纵坡度及气候等条件确定。

8.2.6 村庄道路路堤边坡坡面容易受到地表水的冲刷，造成边坡失稳，影响路基的承载力和稳定，因此应采取边坡防护措施。如干砌片石、浆砌片石、植草砖、植草等多种形式，路堤边坡防护整治应与村庄环境、绿化整治相结合。

8.2.7 表 8.2.7 中内容符合现行行业标准《城市道路设计规范》CJJ 37 中关于城市道路支路的规定。

8.2.8 各类路面结构应根据当地条件确定，厚度可参照表 7 的规定。各结构层最小厚度是综合考虑了施工工艺、材料规格及强度形成原理等多种因素而确定的。路基压实需考虑压实过程中对周围建筑的振动，可采用大型碾压设备和小型电动夯与人工木夯相结合的做法，减少对周围建筑的影响。

表 7 各类路面结构层最小厚度

路面形式	结构层类型	结构层最小厚度（cm）
水泥路面	水泥混凝土	18.0
沥青路面	沥青混凝土	3.0
	沥青碎石	3.0
	沥青贯入式	4.0
	沥青表面处治	1.5
其他路面	砖块路面	12.0
	块石路面	15.0
	预制混凝土方砖路面	10.0
路面基层	水泥稳定类	15.0
	石灰稳定类	15.0
	工业废渣类	15.0
	柔性基层	10.0

注：表中数值符合交通运输部《农村公路建设暂行技术要求》中的有关规定。

8.2.9 沥青混凝土路面适用于主要道路和次要道路，施工过程中应加强质量监督，保证工程质量。沥青混凝土路面结构层组合形式，可参考图 7。

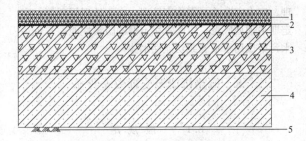

图 7 沥青混凝土路面结构层
1—细粒式沥青混凝土；2—乳化沥青透层；
3—石灰、粉煤灰、砾石；4—石灰土；5—土基

8.2.10 水泥混凝土路面适用于各类村庄道路，施工过程中应加强质量监督，保证工程质量。水泥混凝土路面结构层组合形式，可参考图 8。

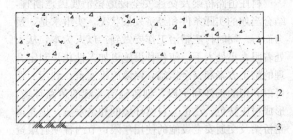

图 8 水泥混凝土路面结构层
1—水泥混凝土；2—石灰土；3—土基

8.2.11 石材类路面及预制混凝土方砖类路面主要适用于次要道路和宅间道路，块石路面可用于主要道

路，施工工艺流程及方法可参照《简明公路施工手册》、《市政工程施工手册》(第二卷)的规定。石材及预制混凝土方砖路面结构层组合形式，可参考图9、图10。

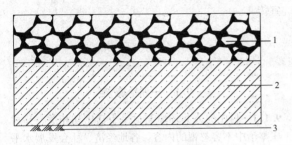

图 9 石材类路面结构层
1—片石、块石；2—石灰土；3—土基

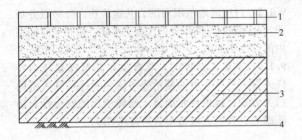

图 10 预制混凝土方砖路面结构层
1—预制混凝土方砖；2—素混凝土；3—石灰土；4—土基

8.2.12 无机结合料(包括水泥、石灰或工业废渣等)稳定路面适用于宅间道路，施工过程中应加强质量监督，保证工程质量。

8.3 桥涵工程

8.3.1 当公路桥梁穿越村庄时，应充分考虑混合交通特点，即机动车、非机动车和行人之间的干扰和冲突，在满足过境交通的前提下，应设置必要的机动车与非机动车隔离措施，如人行步道、隔离栅、隔离墩等。

8.3.2 村庄内现有桥梁，在荷载等级达不到相关规定的情况下，如果没有限载措施，桥梁结构安全会受到很大影响。应本着安全使用的原则，采取限载通行或桥梁加固等措施。

8.3.3 村庄内现有窄桥难以适应交通需要，可采取桥梁加宽的措施满足交通需求。桥梁加宽应采用与原桥梁相同或相近的结构形式和跨径，使结构受力均匀，保证桥梁结构安全，并保证桥梁基础的抗冲刷能力。

8.3.4 对现有桥涵的防护设施包括桥梁栏杆、桥头护栏等应进行整修、加固。对需要设置而没有设置的防护设施应加以完善。

8.3.5 小型桥涵的桥面纵坡度应与路线纵坡度一致。大、中型桥涵纵断面线形应根据两岸地势、通航要求

及道路纵断面线形要求布置为对称的凸形线形，或一面纵坡。

平原地区：机动车与非机动车混行时纵坡度应控制在3%以内；非机动车流量很大时宜采用纵坡度不大于2.5%。

山区：当桥梁两端道路纵坡度较大时，桥面纵坡度可适当增大，但不应大于桥梁两端道路的纵坡度。

为了保证桥面排水顺畅，桥面最小纵坡度应大于0.3%。

8.3.6 桥梁两端接线道路平面布置应满足车流顺畅的要求，当道路横断面宽度与桥梁不一致时，应在桥梁引道及接线道路一定范围内逐渐过渡。在村庄行人密集区的桥梁宜设置人行步道或安全道，宽度不宜小于0.75m，桥面人行步道或安全道外侧，必须设置人行道栏杆，高度可取1.00～1.20m。

8.3.7 在河湖水网密集地区，河道水系是重要的交通走廊，担负着繁重的运输任务，因此，桥下河道应符合相应的通航标准。此外还应根据各地气候等自然条件考虑泄洪、流冰、漂流物及河床冲淤等情况。

8.3.8 河湖水系发达地区因自然条件分隔，往往造成居民出行困难，为此而搭设的行人便桥应确保安全，并与周围环境相协调。

8.3.9 为了保证村庄内地表水及时、顺畅排除，应对现有桥涵及其他排水设施的过水断面进行有效清理疏浚，冲刷比较严重的河床和沟渠可采取硬化边坡措施，保证正常排水功能。

8.4 交通安全设施

8.4.1 村庄道路整治中，需要结合路面情况完善各类交通安全设施，便于组织、引导及管理出行，保证道路交通的安全与畅通。道路交通安全设施指村庄内部各类交通标志、标线及安全防护设施等。

8.4.2 当公路穿越村庄时，主要安全隐患是机动车与道路两侧居住村民的出入及路边堆放杂物之间的冲突，因此应设置宅路分离设施，如宅路分离挡墙、护栏等；还可在村庄入口适当位置设置标志，提醒驾驶员小心驾驶；当公路未穿越村庄时，由于村庄内部道路条件的限制，不适合大型机动车行驶，因此可在村庄入口处设置限行标志、限高标志和门架式限高设施，限制大型机动车通行。

8.4.3 在公路与村庄道路形成的平面交叉口处，主要安全隐患是直行和转弯车辆与相交道路车辆和行人之间的冲突，因此应设置"减速让行、停车让行"等标志，并配合划定"减速让行线、停止让行线"等，合理分配通行优先权，保证过境交通车辆优先通行。

8.4.4 村庄道路通过学校、集市、商店等人流较多路段，主要安全隐患是机动车与行人密集之间的冲突，必须设置限制速度、注意行人等标志，并设置减速坎、减速丘等设施，同时配合划定人行横道线，也

可根据需要设置其他交通安全设施。

8.4.5 村庄道路遇有滨河路及路侧地形陡峭等危险路段时，应根据实际情况设置护栏，保证车辆与行人的安全，护栏的形式分为垛式、墙式及栏式。

8.4.6 村庄道路整治中对现有穿越铁路、公路的车行通道或人行通道应设置限高、限宽、限载标志，必要时应设置门架式限高、限宽设施，以保证通道的安全与畅通。车行通道及人行通道的净空要求可按照现行行业标准《公路工程技术标准》JTG B01 的规定执行。

8.4.7 村庄道路建筑限界内严禁堆放各类杂物、垃圾、晾晒粮食，并拆除各类违章建筑，保证道路的畅通和安全。

8.4.8 村庄道路桥梁及交通安全设施整治过程中可结合各地村庄建设规划，在经济条件、供电条件允许的情况下，在村庄主要道路上设置交通照明设施，为机动车、非机动车及行人提供出行的视觉条件。

8.4.9 随着经济的发展，农业机械化水平的提高，村庄各类机动车辆、农用车辆及农用机械的保有量逐年提高，因此在村庄整治过程中要充分考虑各类车辆、机械的存放空间，充分利用村庄内部零散空地，开辟停车场、停车位，使动态交通与静态交通相适应。

8.4.10 设置合理完善的交通安全设施可最大限度减少安全事故隐患，降低事故损失，构建人车路相互和谐、祥和安宁的生活环境。其设置应适当、有效，并应对村民进行交通安全教育、交通知识的普及和宣传。

9 公共环境

9.1 一般规定

9.1.1 村庄的公共环境与村民生活密切相关，是村庄整治中不容忽视的内容。各地经济、社会发展水平差距较大，自然条件和风俗习惯也有很大差异，因此不同地区村庄的公用设施的改造与完善，应因地制宜，分类指导。

9.1.2 村庄属地范围内的公共建筑物、公共服务场所，及除农村宅院以外的土地、水体、植物及空间在内的自然要素和人工要素，都属于公共环境的范畴。

9.1.3 老年人、残疾人及青少年儿童都是社会特殊人群，公共环境的整治要考虑到上述特殊人群的行为方式，提供便利措施，强调使用的安全性，消除隐患。残疾人坡道形式可参考图 11。

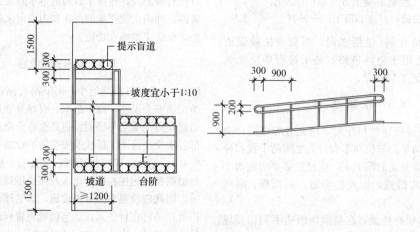

图 11 残疾人坡道参考做法

9.2 整治措施

9.2.1 闲置房屋与闲置用地整治，应坚持一户一宅的基本政策，对一户多宅、空置原住宅造成的空心村，应合理规划、民主决策，拆除质量面貌较差或有安全隐患的旧宅。

9.2.2 景观环境整治主要包括建筑物外观整治、绿化整治、景观整治。

　　1 建筑物外观的装饰和美化可采取下列措施：

　　　　1）建筑物外墙应选用当地材料（木、竹、砖、石、砂岩、天然混凝土等），采用当地常见形式（虎皮墙、毛石墙、编竹墙、天然混凝土墙、砂岩墙等），并运用低造价施工方式（粉刷、假斩石、剁斧石及干粘石等），降低造价，塑造地方风格；

　　　　2）建筑物外立面粉刷剥落、细部残缺甚至墙体损坏等，应及时修补和翻新；

　　　　3）对建筑物的屋顶形式、底层、顶层、尽端转角、楼梯间、阳台露台、外廊、山墙、出入口、门窗洞口及装饰细部等局部可适当装饰和美化，达到外观整治要求；

　　　　4）应整合太阳能、沼气系统、遮阳板等设备部件与建筑物构件的关系，使建筑外观和谐统一。

2 村庄绿化环境整治可采取下列措施：

　　1）将村庄入口、道路两旁、无建筑物的滨水地区及不适宜建设地段作为绿化布置的重点；

　　2）集中活动场所宜设置集中绿化，不宜贪大求多；可利用不宜建设的废弃场地布置小型绿地；也可在建筑和围墙外修建花池，宽度以0.6~1.0m为宜；还可种植花草树木，做到环境优美，整洁卫生；

　　3）村庄绿化应以乔木为主，灌木为辅，必要时以草点缀，植物宜选用具有地方特色、多样性、经济性、易生长、抗病害及生态效益好的品种；

　　4）应保留村庄现有河道水系，并进行必要的整治和疏通，改善水质环境；

　　5）道路两旁绿化应以自然设计手法为主，绿化配置错落有致，以乔木种植为主、灌木点缀为辅，单株乔木树池形式，可参考图12；

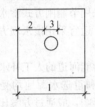

图12　树池形式

1—树池长宽宜大于或等于900mm；
2—树池边距树木宜大于或等于400mm；3—树木直径

　　6）可结合边沟布置绿化带，宽度以1.5~2.0m为宜。

3 景观环境整治是对村内各类环境景观的整治，根据村庄实际情况，主要包括村口景观、水体及岸线景观、街道景观、场地景观、文化景观及院落景观等。

9.2.4 村庄公共服务设施位置要适中，村委会、文化中心、商业服务等建筑宜结合公共活动场地统一建设。公共服务设施的配建面积可按每人0.5~1.0m² 计，根据实际建设条件而定。

10 坑塘河道

10.1 一般规定

10.1.1 村庄内部的坑塘河道与人居环境密切相关，近些年村庄内部的水体和沿岸环境日趋恶化，严重影响公共卫生和村容村貌，是村庄整治的重点内容

之一。

　　坑塘整治对象主要指村庄内部与村民生产生活直接密切关联，有一定蓄水容量的低地、湿地、洼地等，包括村内养殖、种植用的自然水塘，也包括人工采石、挖砂、取土等形成的蓄水低地。河道整治对象主要指流经村内的自然河道和各类人工开挖的沟渠。

　　坑塘按照农村坑塘常见利用方式分类。河道沟渠按照基本功能分类，不包含航运功能。

10.1.2 坑塘河道的配套设施、水体及用地是坑塘河道功能能否正常发挥的重要因素。不同功能坑塘河道对水体控制标准按相关行业生产和技术要求来控制。

　　各功能坑塘河道水体控制要求：

　　1 旱涝调节坑塘：功能与水体容量大小成正比，为保证基本旱涝调节功能，按坑塘界定的最大容量 $10^5 m^3$ 的1/2及最小水深1m确定最小水面面积，水质按满足农业用水标准确定；

　　2 渔业养殖和农作物种植坑塘：最小水面面积按农田常用计量单位1亩确定，适宜水深按照农业生产一般要求确定；

　　3 杂用水坑塘：对水面面积无严格规定，考虑该功能坑塘对水质有一定要求，通过适当扩大坑塘水面面积扩增水体容量，以保障水体交换；控制水深以0.5~1.0m为宜，易于促进微生物对水体的净化作用；

　　4 水景观坑塘：对水面面积无严格规定，水深按能满足湿地、浅水滩景观要求即可；

　　5 污水处理坑塘：按照稳定塘污水自然处理方式控制坑塘水体；坑塘适宜水深依据《室外排水设计规范》GB 50014提供的典型设计参数确定，即好氧稳定塘按1.0~1.5m确定，厌氧稳定塘按2.5~5.0m确定；坑塘最小水面面积依据污水处理量、坑塘水深及其他工艺要求确定；根据村庄人口数量和污水量排放标准，村庄排污量一般在50~500m³/d之间，按照处理规模50m³/d确定最小水面面积；另依据现行国家标准《室外排水设计规范》GB 50014，污水停留时间按60d计算，因此好氧稳定塘最小水面面积按1500~3000m²控制，厌氧稳定塘则按600~1200m²控制；

　　6 河道：河道均有行洪功能，应按照自然形成的河道宽度控制；具有取水功能的河道，水深按照取水构筑物最小进水深度确定；

　　7 水体水质：各功能坑塘河道水质类别执行现行国家标准《地表水环境质量标准》GB 3838，依据地表水水域环境功能和保护目标，按功能高低依次划分为五类：Ⅰ类主要适用于源头水、国家自然保护区；Ⅱ类主要适用于集中式生活饮用水地表水源地一级保护区、珍稀水生生物栖息地、鱼虾类产场、仔稚幼鱼的索饵场等；Ⅲ类主要适用于集中式生活饮用水地表水源地二级保护区、鱼虾类越冬场、洄

游通道、水产养殖区等渔业水域及游泳区；Ⅳ类主要适用于一般工业用水区及人体非直接接触的娱乐用水区；Ⅴ类主要适用于农业用水区及一般景观要求水域。

10.1.3 坑塘河道整治应优先考虑公共性，具备易于实施的建设条件，防止盲目整治现象。

10.1.4 坑塘河道整治的基本原则：防止因局部坑塘河道整治影响整体防洪、灌溉要求；控制规模，避免出现以整治坑塘河道为由进行圈地。

10.1.5 坑塘河道功能调整的依据：

1 应首先明确整治对象的功能，村庄坑塘的使用功能应合理分配，满足经济、安全、环境、生活等方面要求，如渔业养殖、农业种植坑塘满足经济要求，旱涝调节坑塘满足安全和经济要求，污水净化坑塘、水景观坑塘满足环境要求；

2 不同功能的坑塘对自然地势、所在位置、水体容量、水质状况有不同要求，因此提出原则性的要求，并加强了对涉及安全和农业用水水源的旱涝调节坑塘的保护。

10.2 补　　水

10.2.1 坑塘河道自然补水主要来源于汇流区域雨水和浅层地下水的补给。自然补水不能满足水体容量要求的有下列两种情况：

1 自然河渠上游因沿途取水量增多而水源减小；

2 坑塘河道面积萎缩，蓄水容量相应减小。

10.2.2 社会用水量的不断增长是坑塘河道自然补水困难的主要原因，实施开源节流是缓解坑塘河道缺水的有效举措。

10.2.3 本条是关于利用坑塘河道现有水利设施的原则。

10.2.4 人工补水措施应保障可持续的引水量，减少引水明渠投资和输水能耗。

引水明渠断面及坡度规定：对引水流量较小、水

体容量有限的坑塘，明渠断面可参考图 13，坡度可参考表 8 控制。根据明渠断面和坡度对应关系，该明渠断面最小流量可达 $0.40\mathrm{m^3/s}$ 以上，日引水流量达 $3.5\times10^4\mathrm{m^3}$，对水体容量 $10^5\mathrm{m^3}$ 的最大坑塘，3d 内可完成最大容量补水。

表 8　明渠坡度控制标准

水渠类别	粗糙系数	最大流速 (m/s)	最大坡度	最小流速 (m/s)	最小坡度
黏土及草皮护面	0.025～0.030	1.2	0.004	0.4	0.0007
干砌块石	0.022	2.0	0.009		0.0004
浆砌块石	0.017	3.0	0.012		0.0003
浆砌砖	0.015	3.0	0.009		0.0002

明渠构造形式选择：平原地区引水渠坡度较缓，土明渠基本能适应流速要求，采用土明渠可节省明渠整治投资；山区及丘陵地区明渠坡度较大，常有水流冲刷现象，宜选择构造承载力较高的明渠，可参考图 14。

不同功能坑塘的蓄水方式选用：旱涝调节坑塘水位变化大，适宜采用节制闸方式蓄水；其他功能的坑塘水位变化较小，适宜采用滚水坝方式蓄水，可参考图 15。

10.2.5 有取水功能河道的人工补水整治规定：

1 人工引水和重选水源地均受到投入资金、实施效益等因素的影响，应通过方案比选后选择实施措施，对取水功能要求较高的河道应采取人工引水方式，尽量减少对生产、生活取水的影响；

2 采取局部工程措施进行人工蓄水主要适用于易于改造的简易取水构筑物，可参考图 16；规定河床挖深不宜超过 1m，是依据现行国家标准《室外给水设计规范》GB 50013 规定取水构筑物顶面进水孔距河床最小高度为 1m 而确定，以限制河床的挖深。

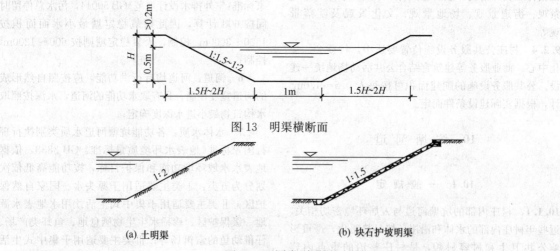

图 13　明渠横断面

(a) 土明渠　　　　　(b) 块石护坡明渠

图 14　不同类别明渠

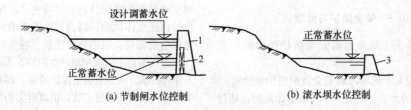

(a) 节制闸水位控制　　　　　(b) 滚水坝水位控制

图 15　坑塘蓄水构筑物
1—节制闸坝体；2—闸门；3—滚水坝

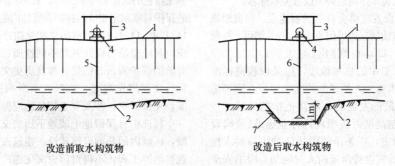

改造前取水构筑物　　　　　改造后取水构筑物

图 16　取水构筑物人工蓄水改造
1—河床岸边；2—河床底部；3—取水泵房；4—水泵；5—原吸水管；
6—改造后吸水管；7—人工蓄水坑

10.3　扩　容

10.3.1　本条是关于扩容整治的对象与整治的前提条件。

10.3.2　为避免因坑塘扩容影响周边土地其他功能的利用，本条明确了扩容方案的选择原则。同时为限制扩容超量，减少土地浪费，规定了扩容规模。

10.3.3　旱涝调节、污水处理等涉及生产保障、公共安全、环境的坑塘与渔业养殖、农业种植经济类型的坑塘比较，前者社会影响较大，因此在坑塘扩容整治与周边其他土地利用设施发生矛盾时，明确了两者不同的协调原则。"扩容优先"，明确了保证扩容，周边其他设施相应改造或废除的原则；"因地制宜、相互协调"，明确了扩容与周边其他设施对土地的利用要求处于平等位置，应以相互协调为原则，甚至扩容整治需服从于其他设施对土地的利用要求。

10.3.4、10.3.5　旱涝调节坑塘是村庄及地区排涝防灾系统的组成部分，对水体调节容量、水位控制有统一要求。旱涝调节坑塘应充分利用地势低洼区域的湖汊进行扩容整治，并应符合排涝防灾工程要求。

10.3.6　本条明确水景观坑塘扩容与村庄建设的相互关系。

10.4　水环境与景观

10.4.1　坑塘河道功能的发挥，需要水体具备一定的物化条件，并达到一定环境标准，因此，在生产和生活过程中必须加强对水体环境的保护，保证各类水体合理使用，充分发挥主导功能。

10.4.2　生活性用水水体的保护对象包括生活饮用水水源和生活杂用水。

10.4.3　利用坑塘水体进行村庄生活污水处理是一种特殊利用方式，为了避免对村庄环境造成不利影响，坑塘应距离村庄足够的防护距离，且处于夏季主导风向下风向，为便于管理，距离村庄不宜超过 500m；同时，应减少污染物在未经处理的情况下进入下游水体的情况，在其他处理设施不到位的情况下，降雨汇流会导致污水处理坑塘内污染物随雨水直接排入下游水体，因此，将坑塘作为污水处理场所时，应同步建设必要的工程阻止周边雨水汇流入该坑塘。

10.4.4　改善水质的措施有多种，但最基本的措施仍然是减少进入水体的污染物数量，在解决外源污染物基础上还不能满足水体水质要求的，可采取清淤措施。

对不同的淤泥成分应采取不同的处理措施。只接纳农村生活污水的淤泥一般肥分较高而重金属等沉积性毒害物质含量极少，在经过消毒处理后是比较好的农业有机肥料，应积极回用。对工业有毒有害污水污染的坑塘淤泥应采取无害化处理措施。

10.4.5　农村水体景观环境的整治应以自然为主，适当建设一些供村民休息、散步和日常户外娱乐活动的设施，要有利于日常管理维护，并不得对水系和水体造成破坏，特别要防止借旅游为名建设水上餐厅、水上度假屋等。

有依水建屋历史的江南、岭南等水乡，应在历史文化保护的基础上采取水污染控制措施，应参照本规范"严禁在水上建设餐饮、住宅等可能污染水体的建筑"的规定执行。

10.5 安全防护与管理

10.5.1 本条是关于坑塘河道安全防护整治的一般规定。

10.5.2 本条是关于坑塘河道安全防护整治的措施。

1 坑塘河道水深不超过 0.8m 基本无危险，超过 1.2m 的在发生危险时自救比较容易，但对于拦洪、泄洪沟渠，由于突发性强、流速快，即使水深不足 0.8m 也很危险，因此，这类水体周边必须设置警示标志；

2 水体边坡设置应结合自然护坡建设，根据地质情况确定，一般地质情况边坡值不大于 1∶2 即可，松散型砂质不应大于 1∶2.5，粉类地质不应大于 1∶3；

3 人群相对集中的临水地段，应采取较高标准的安全护栏防范措施；人员稀少的临水地段，则可采取控制水边通道最低宽度的一般防范措施，减少投资；护栏最低控制高度可按照现行行业标准《公园设计规范》CJJ 48 确定，栏条净间距按防护小孩要求控制；水边通道最低宽度按保证两人对向交会时的安全要求控制。

10.5.3 坑塘河道内堆放垃圾、建筑渣土，会严重影响水体容量，污染水质。村庄垃圾、建筑渣土应结合环卫整治要求统一处理。

10.5.4 本条是关于坑塘河道用地实施维护管理的规定。

11 历史文化遗产与乡土特色保护

11.1 一般规定

11.1.1~11.1.3 村庄的历史文化遗产与乡土特色保存有大量不可再生的历史和乡土文化信息，是村庄中宝贵的文化资源，是世代认知与特殊记忆的符号，是全体村民的共同遗产和精神财富。对村庄历史文化遗产和乡土特色风貌的科学保护与合理利用，有助于村民了解历史、延续和弘扬优秀的文化传统，将对农村精神文明建设和社会发展起到积极作用。

村庄中的历史文化遗产和乡土特色保护往往同村庄特定的物质环境和人文环境密切关联，需要在整治工作中认真甄别并做好保护。

在规划中应按照《城市紫线管理办法》来执行。

国家、省、市、县级文物保护单位类型包括：古文化遗址、古墓葬、古建筑、石窟寺、石刻、壁画、近代现代重要史迹和代表性建筑等。

村庄中的其他文化遗产主要包括：古遗址，古代民居、祠堂、庙宇、商铺等建筑物，近代现代史迹和代表性建筑，古井、古桥、古道路、古塔、古碑刻、古墓葬、其他古迹等人工构筑物。

古树名木一般指在人类历史过程中保存下来的年代久远或具有重要科研、历史、文化价值的树木。

村庄的乡土特色主要指由村庄建筑、山水环境、树木植被等构成的具有农村特色、地域特色、民族特色的村庄整体风貌，以及与村庄中的风俗、节庆、纪念等活动密切关联的特定建筑、场所和地点等。

村庄整治中的文化遗产保护应首先通过调查和认定工作，科学、明确地确定保护对象。调查和认定工作应由地方人民政府负责主管，由政府文物保护工作部门承担组织任务、开展具体工作、实施监督管理，并应充分吸收村民意见，鼓励村民主动参与村庄历史文化遗产与乡土特色的认定和保护工作，对不同性质、类型、特征的保护对象制定相应的保护和管理措施。

11.1.4、11.1.5 对有历史文化遗产和乡土特色的村庄，村庄整治时应注意与不同性质、类型、特征保护对象的保护需求相衔接。涉及历史文化遗产的应与文物行政部门先沟通，应保证不影响遗存和风貌的真实、完整保护；涉及乡土特色的应保证风貌协调。

村庄中有保留地上或地下历史文化遗存分布的区域，区域内的基础设施建设、建筑改造整饰、环境景观整治等工程，不得对历史文化遗产的保存造成安全威胁或不良影响。整治工程方案应按照历史文化遗产的保护要求进行专项研究和设计，在会同文物行政部门论证通过后方可实施。凡是涉及土地下挖的工程项目，必须按地下遗存保护要求设计下挖深度，不得对遗存造成破坏；凡是在地上遗存分布范围内进行的工程项目，一方面应尽量避让、绕行，不得对遗存造成破坏，一方面需要在形象上尽量保证与遗产的历史环境风貌相和谐。

11.2 保护措施

11.2.1 历史文化遗产和乡土特色保护，应根据相应的技术和经济条件，具体开展。

11.2.2 村庄历史文化遗产与乡土特色保护，要针对不同的保护目标采取相应的、不同力度的保护措施。

历史遗存类的保护措施，重点在于尽可能使遗存得到真实和完整地保存；建(构)筑物特色风貌的保护措施，重点在于外观特征保护和内部设施改善；特色场所的保护措施，重点在于空间和环境的保护、改善；自然景观特色的保护措施，重点在于自然形象和生态功能保护。

11.2.3 保护历史文化遗产与乡土特色，必须注意环境风貌的整体和谐。村庄中历史文化遗产周边的建筑物，在需要实施整饰或改造时，可在建筑体量、外形、屋顶样式、门窗样式、外墙材料、基本色彩等方面保持与村庄传统、特色风貌的和谐；历史文化遗产周边的绿化配置宜选用本地植被品种，绿化设计宜采用自然化的手法，花坛、路灯、公共休息座凳、地面铺装等景观设施在外形设计上应尽可能简洁、小型、淡化形象，材料选择要同时具备可识别性和环境和谐性。

11.2.4 历史文化名村整治工作中的历史文化遗产和乡土特色保护，可按照现行国家标准《历史文化名城保护规划规范》GB 50357 中有关历史城区的保护要求制定和实施保护整治措施。

《历史文化名城保护规划规范》GB 50357 对历史城区的保护包括下列规定：第3.4.1条 历史城区道路系统要保持或延续原有道路格局；对富有特色的街巷，应保持原有的空间尺度。第3.4.4条 历史城区的交通组织应以疏解交通为主，宜将穿越交通、转换交通布局在历史城区外围。第3.4.7条 道路及路口的拓宽改造，其断面形式及拓宽尺度应充分考虑历史街道的原有空间特征。第3.5.1条 历史城区内应完善市政管线和设施。当市政管线和设施按常规设置与文物古迹、历史建筑及历史环境要素的保护发生矛盾时，应在满足保护要求的前提下采取工程技术措施加以解决。

12 生活用能

12.1 一般规定

12.1.1 我国大部分人口分布在农村，大部分生活用能也分布在农村。相对于较大的生活用能需求，村庄可直接利用的能源资源量十分有限；同时，我国农村地区还存在能源利用效率低、能源利用方式落后、能源浪费严重的问题。因此，重视节约能源，有效减少各类能源使用量，改善用能紧张状况，是村庄整治的重点内容之一。

我国部分村庄生活用能供需矛盾突出，若不加以引导，可能会出现草木过度采伐、生态环境恶化的局面。因此，能源获取必须注重保护生态环境，实现可持续发展。

可再生能源是非化石能源，指在自然界中可以不断再生、永续利用、取之不尽、用之不竭的资源，它对环境无害或危害极小，而且分布广泛，适宜就地开发和利用，主要包括太阳能、风能、水能、沼气能、生物质能和地热能等。发展可再生能源，有利于保护环境，并可增加能源供应，改善能源结构，保障能源安全。

12.1.2 燃料室内燃烧及不完全燃烧会降低氧气含量，增加二氧化碳、一氧化碳等有害物质含量，对空气带来较大污染。长期处在被污染的空气中，人体健康会受到影响，甚至会引发各类中毒事件。有条件的村庄可按照现行国家标准《室内空气质量标准》GB/T 18883 的规定执行。

12.1.3 受村庄区位、自然条件、经济条件、传统习惯的制约，不同地区各类能源的资源分布、利用成本等差异较大，呈现出不同的发展模式和发展速度。当前，以压缩秸秆颗粒、复合燃料等代替燃煤、传统燃柴作为炊事用能，是村庄用能向优质能源转变的重要方式之一。各村庄可结合当地条件选择供能方式及类型。

12.1.4 节能建筑可大量节约冬季采暖及夏季空调用能。

12.1.5 我国省柴节煤炉灶、生物质压缩燃料、沼气利用、风能利用及太阳能等能源利用技术已基本成熟，从节能、卫生、方便等角度考虑，值得推广。

还有一些能源利用技术目前尚处于发展阶段，未来有可能成为解决村庄能源问题的技术之一。比如秸秆气化技术，在我国部分村庄已经建立了秸秆气化集中供气示范工程，生产的燃气可用于炊事，较为便利；类似技术应继续进行试点、完善，条件成熟后可逐步推广利用。

12.2 技术措施

12.2.1 目前省柴节煤炉灶已进行商业化生产，热效率较一般炉灶大幅度提高。

12.2.2 目前我国大部分村庄仍然消耗大量生物质作为基本炊事及冬季取暖燃料，利用方式多为直接燃烧，热效率仅10%左右，而且厨房和居室烟尘污染严重。

生物质成型燃料有生产方便、燃烧充分、干净卫生等优点，可广泛用于家庭炊事、取暖、小型热水锅炉等。目前国产秸秆颗粒燃料成型机，设备寿命期内平均每年成本大约130元/t，每吨秸秆颗粒燃料售价约为250元，与煤炭相比有明显的价格优势。因此，应加大扶持力度，发展燃料加工产业，推广生物质燃料的使用。

12.2.3 沼气是有机物质在厌氧环境中，在一定的温度、湿度、酸碱度的条件下，通过微生物发酵作用产生的一种可燃气体。目前我国沼气工程成套技术，能较好适应原料特性差异，而且具有投资小、运行费用低的优点。

沼气池的基本类型有水压式沼气池、浮罩式沼气池、半塑式沼气池及罐式沼气池四种。应根据当地气温、地质、建设位置等条件确定沼气池的选型。

户用沼气池容积应与家庭煮饭、烧水、照明等生活需求量匹配，并适当考虑生产需求。按发酵间和贮气箱总容积计算，每人平均按 $1.5\sim2m^3$ 计算为宜。北方地区气温较低，可取上限；南方地区气温较高，可取下限。

沼气供应系统的设计、施工、验收应符合国家现行标准、规范，图17为水压式沼气池示例。

12.2.4 太阳房是太阳能热利用比较好的形式之一，分为主动式和被动式两大类。主动式太阳房是以太阳能集热器、管道、散热器、风机或泵、贮热装置等组成的强制循环的太阳能采暖系统，控制调节方便、灵活，但一次投资高，维修管理工作量大，技术较复杂，仍要耗费一定的常规能源。

被动式太阳房通过建筑和周围环境的合理布置，内部空间和外部形体的巧妙处理，建筑材料和结构的恰当选择，在冬季能集取、保持、贮存、分布太阳热能，解决建筑物采暖问题。被动式太阳房是一种阳光射进房屋、自然加以利用的途径，不需要或仅使用很少的动力和机械设备，运行费用和风险低。

太阳房应符合下列规定：

1 太阳房宜选址在背风向阳位置，朝向宜在南偏东或偏西15°以内，保证整个采暖期内南向房屋有充足日照，夏季避免过多日晒；

2 房屋间距宜大于前面建筑物高度的 2 倍；

3 房屋形状最好采用东西延长的长方形，且墙面上无过多的凸凹变化；宜在满足抗震要求的情况下，加大南窗面积，减小北窗面积，取消东西窗，采用双层窗，有条件的可采用塑钢窗；

4 应根据用途确定内部房间安排，主要房间如住宅的卧室、起居室和学校的教室等安排在南向，辅助房间如住宅的厨房、卫生间和教室的走廊等安排在北向；

5 太阳房的墙体应具有集热、贮热和保温功能，屋顶及地面应采取保温措施；

6 严寒地区被动式太阳房用于农民住宅，宜与火炕结合。

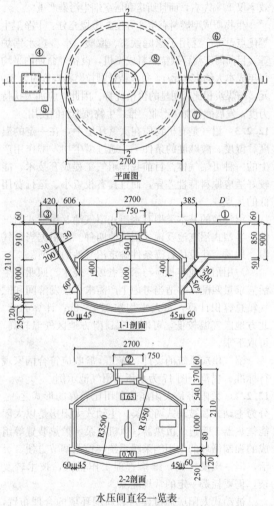

平面图

1-1 剖面

2-2 剖面

水压间直径一览表

产气率 分项	0.15	0.20	0.25	0.30
水压间容积(m³)	0.51	0.68	0.85	1.02
水压间直径 D(m)	0.87	1.01	1.13	1.24
盖板 1 直径(m)	0.93	1.07	1.19	1.30

① 盖板 1　③ 盖板 3　⑤ 进料管　⑦ 出料管
② 盖板 2　④ 进料口　⑥ 水压间　⑧ 蓄水池

图 17　水压式沼气池示例

12.2.5 经济条件较好的村庄，旧有房屋的节能化改造可参照以下 2 种改造措施：

1 合瓦屋面旧平房保温节能改造措施：

1）外墙：聚合物砂浆聚苯板外墙外保温，保温厚度 40mm；

2）外窗：在通常的外窗内侧增加一层钢窗或塑钢窗，形成双层窗；

3）吊顶：在原吊顶上铺玻璃棉板，或更换玻璃棉板吊顶，厚度 30mm。

2 平瓦屋面旧平房保温节能改造措施：

1）外墙：聚合物砂浆聚苯板外墙外保温，保温厚度 50mm；

2）外窗：更换为塑钢双玻窗；

3）吊顶：在原吊顶上铺玻璃棉板，或更换玻璃棉板吊顶，厚度 30mm。

通过对北京某实际项目跟踪分析，分别对农村住宅外墙、外窗、吊顶实施改造，平均投资 180～250 元/m²，建筑能耗降低约 40%～60%，节能效果显著。

12.2.6 小型风力发电能够为无电和缺少常规能源地区的村庄解决生活和部分生产用电。我国小型风力发电技术较为成熟，具备从 100W 到 10kW 多个风力发电机组生产能力，且有启动风速低、低速发电性能好、限速可靠、运行平稳、价格便宜等优点。

有条件的地区，风力发电应与电力系统并网。如并网难度较大，可采用离网型小型风力发电技术，风力机的选型、安装数量应与村庄电力需求相当。

12.2.7 微水电指发电容量不大于 10kW 的水电机组，小水电指发电容量大于 10kW、不大于 100kW 的水电机组。

我国海洋能源十分丰富，且利用技术日趋成熟，已建潮汐发电站总装机容量为 5930kW，年发电量为 1.02×10^8 kW·h。建立潮汐电站，可解决缺电地区村庄生活用电。

我国地热资源已探明储量约合 463Gt 标准煤，但利用率十分低。目前我国已具备大规模开发地热的能力，地热发电已具有一定的商业化运行基础，地热供暖在我国已大量采用，基于地热的矿水医疗保健和旅游产业也发展迅速。但受成本、回灌、环保等因素制约，村庄采暖及制冷尚不具备使用地热的条件。在高温地热资源丰富的地区，可建立地热电站，解决缺电地区生活用电。

热泵技术通过装置吸收周围环境，例如自然空气、地下水、河水、海水及污水等低温热源的热能，转换为较高温热源释放至所需空间内，既可用作供热采暖设备，也可用作制冷降温设备，能节约大量能源，但相对于锅炉房采暖，设备投资偏大。

中华人民共和国国家标准

城 市 容 貌 标 准

Standard for urban appearance

GB 50449—2008

主编部门：中华人民共和国住房和城乡建设部
批准部门：中华人民共和国住房和城乡建设部
施行日期：２００９年５月１日

中华人民共和国住房和城乡建设部
公 告

第 129 号

关于发布国家标准
《城市容貌标准》的公告

现批准《城市容貌标准》为国家标准，编号为 GB 50449—2008，自 2009 年 5 月 1 日起实施。其中，第 4.0.2、5.0.9、7.0.5、8.0.4（2）、10.0.6 条（款）为强制性条文，必须严格执行。原《城市容貌标准》CJ/T 12—1999 同时废止。

本标准由我部标准定额研究所组织中国计划出版社出版发行。

中华人民共和国住房和城乡建设部
二〇〇八年十月十五日

前 言

根据住房和城乡建设部"关于印发《二〇〇一～二〇〇二年度工程建设国家标准制订、修订计划》的通知"（建标〔2002〕85 号）的要求，本标准由上海市市容环境卫生管理局负责主编，具体由上海环境卫生工程设计院会同天津市环境卫生工程设计院共同对《城市容貌标准》CJ/T 12—1999 进行全面修订而成。

在本标准修订过程中，标准编制组经广泛调查研究，认真总结了国内外实践经验和科研成果，参考了有关国际标准和国外先进技术，把握发展趋势，完整梳理了城市容貌的内涵、外延，并在广泛征求全国相关单位意见的基础上，经反复讨论、修改，最后经专家审查定稿。

本标准修订后共有 11 章，主要修订内容是：

1. 增加了术语章节，对城市容貌、公共设施等标准中涉及的相关术语进行了规定；

2. 将原标准中公共设施章节中的有关城市道路容貌方面的规定单设一章，并进行修订和补充；

3. 增加了城市照明若干规定，并单设一章；

4. 增加了城市水域若干规定，并单设一章；

5. 增加了居住区若干规定，并单设一章；

6. 保留了原标准中已有章节，但对各章节内容进行了修订和补充。

本标准中以黑体字标志的条文为强制性条文，必须严格执行。

本标准由住房和城乡建设部负责管理和对强制性条文的解释，上海环境卫生工程设计院负责具体技术内容的解释。在执行过程中，请各单位结合工程实践，认真总结经验，如发现需要修改或补充之处，请将意见和建议寄上海环境卫生工程设计院（地址：上海市徐汇区石龙路 345 弄 11 号，邮政编码：200232）。

本标准主编单位、参编单位和主要起草人：

主 编 单 位：上海市市容环境卫生管理局

参 编 单 位：上海环境卫生工程设计院
天津市环境卫生工程设计院

主要起草人：冯肃伟 秦 峰 冯 蒂 陈善平
万云峰 邰 俊 吕世会 钦 濂
郑双杰 邓 枫 张 范 何俊宝

目　　次

1 总　则

1.0.1 为加强城市容貌的建设与管理,创造整洁、美观的城市环境,保障人体健康与生命安全,促进经济社会可持续发展,制定本标准。

1.0.2 本标准适用于城市容貌的建设与管理。城市中的建(构)筑物、道路、园林绿化、公共设施、广告标志、照明、公共场所、城市水域、居住区等的容貌,均适用本标准。

1.0.3 城市容貌建设与管理应符合城市规划的要求,并应与城市社会经济发展、环境保护相协调。

1.0.4 城市容貌建设应充分体现城市特色,保持当地风貌,保持城市环境整洁、美观。

1.0.5 城市容貌的建设与管理,除应符合本标准外,尚应符合国家现行有关标准的规定。

2 术　语

2.0.1 城市容貌 urban appearance

城市外观的综合反映,是与城市环境密切相关的城市建(构)筑物、道路、园林绿化、公共设施、广告标志、照明、公共场所、城市水域、居住区等构成的城市局部或整体景观。

2.0.2 公共设施 public facility

设置在道路和公共场所的交通、电力、通信、邮政、消防、环卫、生活服务、文体休闲等设施。

2.0.3 城市照明 urban lighting

城市功能照明和景观照明的总称,主要指城市范围内的道路、街巷、住宅区、桥梁、隧道、广场、公共绿地和建筑物等处的功能照明、景观照明。

2.0.4 公共场所 public area

机场、车站、港口、码头、影剧院、体育场(馆)、公园、广场等供公众从事社会活动的各类室外场所。

2.0.5 广告设施与标识 facilities of outdoor advertising and sign

广告设施是指利用户外场所、空间和设施等设置、悬挂、张贴的广告。标识是指招牌、路铭牌、指路牌、门牌及交通标志牌等视觉识别标志。

3 建(构)筑物

3.0.1 新建、扩建、改建的建(构)筑物应保持当地风貌,体现城市特色,其造型、装饰等应与所在区域环境相协调。

3.0.2 城市文物古迹、历史街区、历史文化名城应按现行国家标准《历史文化名城保护规划规范》GB 50357 的有关规定进行规划控制;历史保护建(构)筑物不得擅自拆除、改建、装饰装修,并应设置专门标志;其他具有历史价值的建(构)筑物及具有代表性风格的建(构)筑物,宜保持原有风貌特色。

3.0.3 现有建(构)筑物应保持外形完好、整洁,保持设计建造时的形态和色彩,符合街景要求。破残的建(构)筑物外立面应及时整修。

3.0.4 建(构)筑物不得违章搭建附属设施。封闭阳台、安装防盗窗(门)及空调外机等设施,宜统一规范设置。电力、电信、有线电视、通信等空中架设的缆线宜保持规范、有序,不得乱拉乱设。

3.0.5 建筑物屋顶应保持整洁、美观,不得堆放杂物。屋顶安装的设施、设备应规范设置。屋顶色彩宜与周围景观相协调。

3.0.6 临街商店门面应美观,宜采用透视的防护设施,并与周边环境相协调。建筑物沿街立面设置的遮阳篷帐、空调外机等设施的下沿高度应符合现行国家标准《民用建筑设计通则》GB 50352 的规定。

3.0.7 城市道路两侧的用地分界宜采用透景围墙、绿篱、栅栏等形式,绿篱、栅栏的高度不宜超过 1.6m。胡同里巷、楼群角道设置的景门,其造型、色调应与环境协调。

3.0.8 城市各类工地应有围墙、围栏遮挡,围墙的外观宜与环境相协调。临街建筑施工工地周围宜设置不低于 2m 的遮挡墙;市政设施、道路挖掘施工工地围墙高度不宜低于 1.8m,围栏高度不宜低于 1.6m。围墙、围栏保持整洁、完好、美观,并设有夜间照明装置;2m 以上的工程立面宜使用符合规定的围网封闭。围墙外侧环境应保持整洁,不得堆放材料、机具、垃圾等,墙面不得有污迹,无乱张贴、乱涂画等现象。靠近围墙处的临时工棚屋顶及堆放物品高度不得超过围墙顶部。

3.0.9 城市雕塑和各种街景小品应规范设置,其造型、风格、色彩应与周边环境相协调,应定期保洁,保持完好、清洁和美观。

4 城市道路

4.0.1 城市道路应保持平坦、完好,便于通行。路面出现坑凹、碎裂、隆起、溢水以及水毁塌方等情况,应及时修复。

4.0.2 城市道路在进行新建、扩建、改建、养护、维修等施工作业时,在施工现场应设置明显标志和安全防护设施。施工完毕后应及时平整现场、恢复路面、拆除防护设施。

4.0.3 坡道、盲道等无障碍设施应畅通、完好,道缘石应整齐、无缺损。

4.0.4 道路上设置的井(箱)盖、雨箅应保持齐全、完好、正位,无缺损,不堵塞。

4.0.5 人行天桥、地下通道出入口构筑物造型应与周围环境相协调。

4.0.6 不得擅自占用城市道路用于加工、经营、堆放及搭建等。非机动车辆应有序停放,不得随意占用道路。

4.0.7 交通护栏、隔离墩应经常清洗、维护,出现损坏、空缺、移位、歪倒时,应及时更换、补充和校正。路面上的各类井盖出现松动、破损、移位、丢失时,应及时加固、更换、归位和补齐。

4.0.8 城市道路应保持整洁,不得乱扔垃圾,不得乱倒粪便、污水,不得任意焚烧落叶、枯草等废弃物。城市道路应定时清扫除洁,有条件的城市或路段宜对道路采用水洗除尘,影响交通的降雪应及时清除。

4.0.9 各种城市交通工具,应保持车容整洁、车况良好,防止燃油泄漏。运载散体、流体的车辆应密闭,不得污损路面。

5 园林绿化

5.0.1 城市绿化、美化应符合城市规划,并和新建、改建、扩建的工程项目同步建设、同时投入使用。

5.0.2 城市绿化应以绿为主,以美取胜,应遵循生物多样性及适地适树原则,合理配置乔、灌、草,注重季相变化,不得盲目引进外来植物。

5.0.3 城市绿地应定时进行养护,保持植物生长良好、叶面洁净美观,无明显病虫害、死树、地皮空秃。城市绿化养护应符合以下要求:

1 公共绿地不宜出现单处面积大于 $1m^2$ 以上的泥土裸露。

2 造型植物、攀缘植物和绿篱,应保持造型美观。绿地中模纹花坛、模纹组字等应保持完整、绚丽、鲜明。绿地围栏、标牌等设施应保持洁净、完好。

3 绿地环境应整洁美观,无垃圾杂物堆放,并应及时清除渣土、枝叶等,严禁露天焚烧枯枝、落叶。

4 行道树应保持树形整齐、树冠美观,无缺株、枯枝、死树和病虫害,定期修剪,不应妨碍车、人通行,且不应碰挂空线。

5.0.4 城市道路绿地率指标应符合表 5.0.4 的规定。

表 5.0.4 道路绿地率指标

道路类型	道路绿地率
园林景观路	≥40%
红线宽度>50m	≥30%
红线宽度 40~50m	≥25%
红线宽度<40m	≥20%

5.0.5 绿带、花坛(池)内的泥土土面应低于边缘石10cm以上,边缘石外侧面应保持完好、整洁。树池周围的土面应低于边缘石,宜采用草坪、碎石等覆盖,无泥土裸露。

5.0.6 对古树名木应进行统一管理、分别养护,并应制定保护措施、设置保护标志。

5.0.7 城市绿化应注重庭院、阳台绿化和垂直绿化。

5.0.8 河流两岸、水面周围,应进行绿化。

5.0.9 严禁违章侵占绿地,不得擅自在城市树木花草和绿化设施上悬挂或摆放与绿化无关的物品。

6 公共设施

6.0.1 公共设施应规范设置,标识应明显,外形、色彩应与周边环境相协调,并应保持完好、整洁、美观,无污迹、尘土,无乱涂写、乱刻画、乱张贴、乱吊挂,无破损、表面脱落现象。

6.0.2 各类摊、亭、棚的样式、材料、色彩等,应根据城市区域建筑特点统一设计、建造,宜兼顾功能适用与外形美观,并组合设计,一亭多用。

6.0.3 书报亭、售货亭、彩票亭等应保持干净整洁,亭体内外玻璃立面洁净透亮;各类物品应规范、有序放置,严禁跨门营业。

6.0.4 城市中不宜新建架空管线设施,对已有架空管线宜逐步改造入地或采取隐蔽措施。

6.0.5 电线杆、灯杆、指示杆等杆体无乱张贴、乱涂写、乱吊挂;各类标识、标牌有机组合,一杆多用。

6.0.6 候车亭应保持完整、美观,顶棚内外表面无明显积灰、无污迹;座位保持干净清洁,厅内无垃圾杂物、无明显灰尘,广告灯箱表面保持明亮,亮灯效果均匀;站台及周边环境保持整洁。

6.0.7 垃圾收集容器、垃圾收集站、垃圾转运站、公共厕所等环境卫生公共设施应保持整洁,不得污染环境;应定期维护和更新,设施完好率不应低于95%,并应运转正常。

6.0.8 公共健身、休闲设施应保持清洁、卫生。

7 广告设施与标识

7.0.1 广告设施与标识按面积大小分为大型、中型、小型,并应符合表 7.0.1 的规定。

表 7.0.1 广告设施与标识分类

类 型	$a(m)$ 或 $S(m^2)$
大型	$a≥4$ 或 $S≥10$
中型	$4>a>2$ 或 $10>S>2.5$
小型	$a≤2$ 或 $S≤2.5$

注:a 指广告设施与标识的任一边边长,S 指广告设施与标识的单面面积。

7.0.2 广告设施与标识设置应符合城市专项规划,与周边环境相适应,兼顾昼夜景观。

7.0.3 广告设施与标识使用的文字、商标、图案应准确规范。陈旧、损坏的广告设施与标识应及时更新、修复,过期和失去使用价值的广告设施应及时拆除。

7.0.4 广告应张贴在指定场所,不得在沿街建(构)筑物、公共设施、桥梁及树木上涂写、刻画、张贴。

7.0.5 有下列情形之一的,严禁设置户外广告设施:

1 利用交通安全设施、交通标志的。

2 影响市政公共设施、交通安全设施、交通标志使用的。

3 妨碍居民正常生活,损害城市容貌或者建筑物形象的。

4 利用行道树或损毁绿地的。

5 国家机关、文物保护单位和名胜风景点的建筑控制地带。

6 当地县级以上地方人民政府禁止设置户外广告的区域。

7.0.6 人流密集、建筑密度高的城市道路沿线,城市主要景观道路沿线,主要景区内,严禁设置大型广告设施。

7.0.7 城市公共绿地周边应按城市规划要求设置广告设施,且宜设置小型广告设施。

7.0.8 对外交通道路、场站周边广告设施设置不宜过多,宜设置大、中型广告设施。

7.0.9 建筑物屋顶不宜设置大型广告设施,三层及以下建筑物屋顶不得设置大型广告设施,当在建筑物屋顶设置广告设施时,应严格控制广告设施的高度,且不得破坏建筑物结构;建筑物屋顶广告设施的底部构架不应裸露,高度不应大于1m,并应采取有效措施保证广告设施结构稳定、安装牢固。

7.0.10 同一建筑物外立面上的广告的高度、大小应协调有序,且不应超过屋顶,广告设置不应遮盖建筑物的玻璃幕墙和窗户。

7.0.11 人行道上不得设置大、中型广告,宜设置小型广告。宽度小于3m的人行道不得设置广告,人行道上设置广告的纵向间距不应小于25m。

7.0.12 车载广告色彩应协调,画面简洁明快、整洁美观。不应使用反光材料,不得影响识别和乘坐。

7.0.13 布幔、横幅、气球、彩虹气膜、空飘物、节目标语、广告彩旗等广告,应按批准的时间、地点设置。

7.0.14 招牌广告应规范设置；不应多层设置，宜在一层门楣以上、二层窗楣以下设置，其牌面高度不得大于3m，宽度不得超出建筑物两侧墙面，且必须与建筑立面平行。

7.0.15 路铭牌、指路牌、门牌及交通标志牌等标识应设置在适当的地点及位置，规格、色彩应分类统一，形式、图案与街景协调，并保持整洁、完好。

8 城市照明

8.0.1 城市照明应与建筑、道路、广场、园林绿化、水域、广告标志等被照明对象及周边环境相协调，并体现被照明对象的特征及功能。照明灯具和附属设备应妥善隐蔽安装，兼顾夜晚照明及白昼观瞻。

8.0.2 根据城市总体布局及功能分区，进行亮度等级划分，合理控制分区亮度，突出商业街区、城市广场等人流集中的公共区域、标志性建（构）筑物及主要景点等的景观照明。

8.0.3 城市景观照明与功能照明应统筹兼顾，做到经济合理，满足使用功能，景观效果良好。

8.0.4 城市照明应符合生态保护、环境保护的要求，避免光污染，并应符合以下规定：

　　1 城市照明设施的外溢光/杂散光应避免对行人和汽车驾驶员形成失能眩光或不舒适眩光。

　　2 城市照明灯具的眩光限制应符合表8.0.4的规定。

表8.0.4 城市照明灯具的眩光限制

安装高度(m)	L 与 A 的关系
$h \leqslant 4.5$	$LA^{0.5} \leqslant 4000$
$4.5 < h \leqslant 6$	$LA^{0.5} \leqslant 5500$
$h > 6$	$LA^{0.5} \leqslant 7000$

注：1 L为灯具与向下垂线成85°和90°方向间的最大平均亮度(cd/m²)。

　　2 A为灯具在与向下垂线成85°和90°方向间的出光面积(m²)，含所有表面。

　　3 城市景观照明设施应控制外溢光/杂散光，避免形成障害光。

　　4 室外灯具的上射逸出光不宜大于总输出光通的25%。在天文台（站）附近3km范围内的室外照明应从严控制，必须采用上射光通量比为零的道路照明灯具。

　　5 城市照明设施应避免光线对于乔木、灌木和其他花卉生长的影响。

8.0.5 新建、改建、扩建工程的照明设施应与主体工程同步设计、同步施工、同步投入使用。

8.0.6 城市照明应节约能源、保护环境，应采用高效、节能、美观的照明灯具及光源。

8.0.7 灯杆、灯具、配电柜等照明设备和器材应定期维护，并应保持整洁、完好，确保正常运行。

8.0.8 城市功能照明设施应完好，城市道路及公共场所装灯率及亮灯率均应达到95%。

9 公共场所

9.0.1 公共场所及其周边环境应保持整洁，无违章设摊、无人员露宿。经营摊点应规范经营，无跨门营业，保持整洁卫生，不影响周围环境。

9.0.2 公共场所应保持清洁卫生，无垃圾、污水、痰迹等污物。

9.0.3 机动车停车场、非机动车停放点(亭、棚)应布局合理、设置规范，车辆停放整齐。非机动车停放点(亭、棚)不应设置在影响城市交通和城市容貌的主要道路、景观道路及景观区域内。

9.0.4 在公共场所举办节庆、文化、体育、宣传、商业等活动，应在指定地点进行，及时清扫保洁。

9.0.5 集贸市场内的经营设施以及垃圾收集容器、公共厕所等设施应规范设置，布局合理，保持干净、整洁、卫生。

10 城市水域

10.0.1 城市水域应力求自然、生态，与周围人文景观相协调。

10.0.2 水面应保持清洁，及时清除垃圾、粪便、油污、动物尸体、水生植物等漂浮废物。

10.0.3 水体必须严格控制污水超标排入，无发绿、发黑、发臭等现象。

10.0.4 水面漂浮物拦截装置应美观，与周边环境相协调，不得影响船舶的航行。

10.0.5 岸坡应保持整洁完好，无破损，无堆放垃圾，无定置渔网、渔箱、网簖，无违章建筑和堆积物品。亲水平台等休闲设施应安全、整洁、完好。

10.0.6 岸边不得有从事污染水体的餐饮、食品加工、洗染等经营活动，严禁设置家畜家禽等养殖场。

10.0.7 各类船舶、趸船及码头等临水建筑应保持容貌整洁，各种废弃物不得排入水体。

10.0.8 船舶装运垃圾、粪便和易飞扬散装货物时，应密闭加盖，无裸露现象，防止飘散物进入水体。

11 居 住 区

11.0.1 居住区内建筑物防盗门窗、遮阳雨棚等应规范设置，外墙及公共区域墙面无乱张贴、乱刻画、乱涂写，临街阳台外无晾晒衣物。各类架设管线应符合现行国家标准《城市居住区规划设计规范》GB 50180的有关规定，不得乱拉乱设。

11.0.2 居住区内道路路面应完好畅通，整洁卫生，无违章搭建、占路设摊，无乱堆乱停。道路排水通畅，无堵塞。

11.0.3 居住区内公共设施应规范设置，合理布局，整洁完好。坐椅(具)、书报亭、邮箱、报栏、电线杆、变电箱等设施无乱张贴、乱刻画、乱涂写。

11.0.4 居住区内公共娱乐、健身休闲、绿化等场所无积存垃圾和积留污水，无堆物及违章搭建。

11.0.5 居住区的垃圾收集容器(房)、垃圾压缩收集站、公共厕所等环卫设施应规范设置，定期保洁和维护。

11.0.6 居住区内绿化植物应定期养护，无明显病虫害，无死树，无种植农作物、违章搭建等毁坏、侵占绿化用地现象。

11.0.7 居住区的各种导向牌、标志牌和示意地图应完好、整洁、美观。

11.0.8 居住区内不得利用居住建筑从事经营加工活动，严禁饲养鸡、鸭、鹅、兔、羊、猪等家禽家畜。居民饲养宠物和信鸽不得污染环境，对宠物在道路和其他公共场地排放的粪便，饲养人应当即时清除。

本标准用词说明

1 为便于在执行本标准条文时区别对待,对要求严格程度不同的用词说明如下:

1)表示很严格,非这样做不可的用词:

正面词采用"必须",反面词采用"严禁"。

2)表示严格,在正常情况下均应这样做的用词:

正面词采用"应",反面词采用"不应"或"不得"。

3)表示允许稍有选择,在条件许可时首先应这样做的用词:

正面词采用"宜",反面词采用"不宜";

表示有选择,在一定条件下可以这样做的用词,采用"可"。

2 本标准中指明应按其他有关标准、规范执行的写法为"应符合……的规定"或"应按……执行"。

中华人民共和国国家标准

城 市 容 貌 标 准

GB 50449—2008

条 文 说 明

目　次

1 总　则

1.0.1　本条规定了本标准的目的、意义。

1.0.2　本条规定了本标准的适用范围。

1.0.3、1.0.4　这两条提出了城市容貌建设的一般原则。

2 术　语

2.0.2　一般设置在道路及公共场所的公共设施包括各类公益性设施、公共服务性设施及广告设施，可细分为道路交通、公共交通、电力、通信、绿化、消防、环卫、道路照明、生活服务、文体休闲及广告标志设施。其中道路交通设施主要包括指示灯、信号灯控制箱、交通岗亭、护栏、隔离墩等；公共交通设施主要包括候车亭、公交站点指示牌、出租车扬招点、道路停车咪表、自行车棚、自行车架等；电力设施主要包括电杆、电线、电力控制箱、调压器等；通信设施主要包括通信线路、通信控制箱、电话亭、邮筒、通信信息亭等；绿化设施主要包括行道树树底隔栅、花坛、花池等；消防设施主要包括消防栓；环卫设施主要包括垃圾收集容器、垃圾收集站、垃圾转运站、公共厕所等；道路照明设施主要包括路灯、景观灯；生活服务设施主要包括书报亭、阅报栏、画廊、自动贩卖机、售买亭、售票亭等；文体休闲设施主要包括坐椅、健身器材、雕塑等；广告标志设施主要包括各类广告设施、招牌、招贴栏以及路铭牌、门牌、道路标志、指示牌等标志。

公共设施中有关道路交通设施、绿化设施、道路照明设施及广告标志设施的相关规定分别在第4、5、7、8章中进行了详述，因此本标准的公共设施主要是第6章涉及的设施。

2.0.4　公共场所一般指供公众从事社会活动的各种场所，是提供公众进行工作、学习、经济、文化、社交、娱乐、体育、参观、医疗、卫生、休息、旅游和满足部分生活需求所使用的一切公用建筑物、场所及其设施的总称。本标准所指的公共场所主要指影响城市容貌、位于室外的公共场所，主要包括以下几类：

1　机场、车站、港口、码头等交通设施的室外公共场所。

2　体育馆、学校、医院、电影院、博物馆、展览馆等公共设施的室外公共场所。

3　公园、广场、旅游景区（点）、城市居民户外休憩场所。

3 建（构）筑物

3.0.1　建（构）筑物单体是构成城市景观的主体，是影响城市容貌的主要因素，各类建（构）筑物在建设前必须经有关部门审批。

城市容貌除应保持景观协调外，还应注重创造城市特色。一些城市不重视保持本地风貌，造成千城一面，毫无特色。应当阅读和尊重地方建筑风格形成过程，挖掘当地传统建筑风貌，利用现代技术来满足现代人的生活方式，创造各具特色的城市景观。

3.0.2　一个城市历史文化遗产的保护状况是城市文明的重要标志。在城市建设和发展中，必须正确处理现代化建设和历史文化

保护的关系，尊重城市发展的历史，使城市的风貌随着岁月的流逝而更具内涵和底蕴。为使城市历史文脉得以保存，必须重视保护城市文物古迹，文物保护单位、历史街区、历史文化街区、历史古城，历史文化名城，应按照现行国家标准《历史文化名城保护规划规范》GB 50357 和《城市紫线管理办法》（建设部令第 119 号）有关规定进行规划控制。城市中其他具有历史价值的建（构）筑物以及具有代表性风格的建（构）筑物也应予以保护。

在实际工作中，一些城市根据实际情况增加了保护名目，补充了三个层次的空隙，是有意义的新发展。如在"文物保护单位"之外，增加"历史建筑"或"近代优秀建筑"的名目，保护有继续使用的要求，又不适合用"文物保护单位"保护方法的建（构）筑遗产；在"历史文化街区"之后增加"历史文化风貌区"的名目，保护那些不够"历史文化街区"标准，却又不应放弃的历史街区和历史性自然景观。另外，仔细地认定保护层次十分重要。属于文物保护单位的，不可轻易拆掉或仅保留外观，可称"原物保护"；属于历史文化街区的，要保护外观整体的风貌，不必强求所有建筑的"原汁原味"，可称"原貌保护"；历史文化名城中非文物古迹、非历史地段的大片地方，只求延续风貌特色，不必再提过高要求，可称"风貌保护"。

3.0.3　本条规定了对城市现状建（构）筑物的维护、管理要求。城市建（构）筑物的维护与管理牵涉到规划、市容、城管监察、房地等职能部门，在管理中应理顺管理体制，加强部门协作与沟通，建立宣传教育机制，加强宣传教育。单位和个人都应当保持建（构）筑物外观的整洁、美观。

3.0.4　本条规定了对建（构）筑物附属设施的管理要求。建（构）筑物上的附属设施是管理的难点，居民不同的生活习惯和需求，导致城市中各种形式的违章搭建活动屡禁不止，严重影响城市社区的市容景观。城市市容管理中应加强对居民的宣传教育，制止违章搭建活动。各地可根据当地实际情况制定对城市道路沿街建筑外立面的控制管理办法，以及建筑立面上安装空调机、窗罩、阳台罩、防盗网的规定等专项条文，对建筑物外立面进行更详细的管理。

3.0.5　本条规定了建筑屋顶的容貌要求。

3.0.6　本条规定了临街商业门店及出挑物的管理要求。商业门店的招牌设置应符合本标准第 7 章"广告设施与标志"的相关要求；临街建筑出挑应符合现行国家标准《民用建筑设计通则》GB 50352 的规定。

3.0.7　随着经济的不断发展和人民生活水平的提高，公众在追求宽敞、方便的建筑使用空间的同时，也追求舒适的建筑外部环境，这已成为一种趋势。当钢筋水泥的建筑挤满了城市每一寸土地时，人们感受到城市生活环境中最缺少的是绿色。当前的矛盾不仅是绿化面积与建筑用地的矛盾，还有绿色如何呈现的问题。以往用地分界常采用实体围墙的做法，妨碍了绿色在城市中的显现，因此，我们应在建筑与绿化中寻找平衡，追求绿化与建筑的整体与统一。采用透景围墙、绿篱、栅栏等显绿的方式作为用地分界形式，把绿化的概念扩充到城市空间中来解决城市绿色不足的矛盾，可以满足市民对绿色需求不断增大的愿望。

3.0.8　城市中各种工地产生的扬尘、噪声对环境造成很大危害，同时也给城市景观造成不良影响。为了保证工地自身的安全以及周边行人的安全，必须设置围墙、围栏设施。

3.0.9　本条规定了城市中的雕塑、街景小品的设置要求。城市雕塑建设必须按照住房和城乡建设部、文化部颁布的《城市雕塑建设管理办法》（文艺发〔1993〕40 号）进行，必须符合当地城市规划要求，宜纳入当地城市总体规划和详细规划，有计划地分步实施。城市雕塑、街景小品的建设宜进行统一规划，保持地方特色，融入城市环境。

4 城市道路

4.0.2 城市道路施工现场应符合相关规定,除保障行人和交通车辆安全外,还要避免或减少施工作业对城市容貌和周围环境的影响。

4.0.3 本条明确了道路上无障碍设施的管理要求。供人们行走和使用的道路、交通的无障碍设施,应符合乘轮椅者、拄盲杖者及使用助行器者的通行与使用要求。

4.0.4 本条规定了井盖等道路附属设施的设置要求。

4.0.6 任何人不得随意占用城市道路,因特殊情况需要临时占用城市道路的,须经相关主管部门批准后,方可按照规定占用。经批准临时占用城市道路的,不得损坏城市道路;占用期满后,应当及时清理现场,恢复城市道路原状;损坏城市道路的,应当修复或者给予赔偿。"非机动车辆应有序停放"包含两层含义:一是应停放在规定区域,二是应停放整齐。

4.0.7 本条规定了对影响城市容貌的道路附属设施的管理、维护要求。各类城市道路附属设施,应符合城市道路养护规范;如因缺损影响交通和安全时,有关产权单位应当及时补缺或者修复。

4.0.8 城市道路主要承担交通功能,是人流量较大、人与人交流较多的城市空间,是展现城市容貌的最主要区域。本条主要对城市道路保洁管理的单位和个人,以及位于城市道路两侧的单位及行人的主体行为进行规定,并应符合《城市环境卫生质量标准》(建城〔1997〕21号)的要求。

本条规定了城市道路清扫保洁的作业质量要求。对于有条件的城市,例如水资源较为充足、社会经济条件较好的城市,可根据需要采用水冲式除尘,提倡采用中水;对于降雪城市尤其是北方城市,应做好除雪工作。清扫、保洁和垃圾清运应符合《城市环境卫生质量标准》(建城〔1997〕21号)的要求。

4.0.9 本条规定了在城市行驶的交通工具的环境卫生要求。

5 园林绿化

5.0.2 本条明确了城市绿化建设中应遵循的原则和功能要求。城市绿化应当根据当地的特点,利用原有的地形、地貌、水体、植被和历史文化遗址等自然、人文条件合理设置。

5.0.3 本条规定了城市绿化的管理养护要求。为满足这些要求,各地应按照《城市绿化条例》(中华人民共和国国务院令第100号),实行分工负责制。

1 城市的公共绿地、风景林地、防护绿地、行道树及干道绿化带的绿化,由城市人民政府城市绿化行政主管部门管理。

2 各单位管界内的防护绿地的绿化,由该单位按照国家有关规定管理。

3 单位自建的公园和单位附属绿地的绿化,由该单位管理。

4 居住区绿地的绿化,由城市人民政府城市绿化行政主管部门根据实际情况确定的单位管理;城市苗圃、草圃和花圃等,由其经营单位管理。

5.0.4 在规划道路红线宽度时应同时确定道路绿地率。道路绿地率是道路红线范围内各种绿带宽度之和占总宽度的百分比。

5.0.6 百年以上树龄的树木,稀有、珍贵树木,具有历史价值或者重要纪念意义的树木,均属古树名木。

5.0.7 庭院、阳台、屋顶、立交桥等绿化和建筑立面的垂直绿化构成了城市立体绿化,可作为城市绿化建设的重要补充,在满足绿化建设指标的同时,实现节约土地资源目标。城市的理想绿地面积应占城市总用地面积的50%以上,并且以植物造景为主来规划建设城市园林绿地系统,才可能达到人均绿化面积$60m^2$的最佳居住环境,才能充分发挥绿色植物的生态环境效益,维护生物多样性和城市生态平衡。在高楼林立的城市里,要达到人均绿化面积$60m^2$,仅靠平面绿化是不够的,还应该进行立体绿化。

5.0.8 本条规定了河流、水面的绿化要求。

5.0.9 本条文中的"绿地"指城市绿线内的用地,其范围按《城市绿线管理办法》(建设部令第112号)规定划定。城市绿地管理单位应建立、健全管理制度。任何单位和个人不得擅自占用城市绿化用地;确要临时占用城市绿化用地的,须经城市绿化行政主管部门同意,并按照有关规定办理临时用地手续;占用的城市绿化用地,应当限期归还。

6 公共设施

6.0.1 公共设施是丰富市民生活、完善城市服务功能、提高城市质量的重要组成部分,与城市居民联系十分紧密。城市范围内的公共设施,应按照各行业设施设置要求和城市规划总体要求进行规范设置,便于引导市民开展生活和生产活动。此外,目前公共设施上乱张贴、乱刻画、乱涂写的现象突出,对城市容貌的影响显著,故本条对其进行了规定。考虑到城市建设过程中涉及的公共设施较广,本条对原标准3.6条的设施范围进行了扩展,并增加了设施与周边环境协调的要求。

6.0.2 摊、亭、棚形式在城市区域内数量众多,对城市容貌的影响较大。近年来,上海、北京等大中城市提出了将各种小型的摊、亭、棚组合设计,一亭多用,在一定程度上减少了分散污染源,并且功能齐全、方便大众、易于管理。

6.0.3 书报亭、售货亭、彩票亭在城市范围内数量较多,与市民生活息息相关。从调研的情况来看,书报亭和售货亭的跨门营业现象突出,彩票亭的公告纸、公告牌的无序摆放情况较显著,对城市容貌的影响较为突出。

6.0.6 候车亭的人流量较大,部分城市的候车亭造型独特,成为城市中的风景线,而大多数城市将公益性宣传画、广告附设于候车亭,大幅面图案的视觉效果较为强烈,如果整体环境卫生和景观效果较差,对于整个城市容貌的影响也较为显著。本条对候车亭的环境卫生、景观效果提出了要求。

6.0.7 本条规定了环卫公共设施的管理、维护要求。环卫公共设施的完好程度,对于其功能的良好发挥有密切的联系。参考国内外环卫规划中环卫设施完好率的现状,考虑到全国不同城市的普遍要求,制定了设施完好率为95%的标准。

6.0.8 公共健身、休闲设施大多为免费开放,向市民提供健身休闲的基础设施,具有多样性、大众性和公益性。保持这些设施的清洁、卫生,有利于设施功能的正常发挥,促进全民健身运动的开展。

7 广告设施与标识

7.0.1 本条参考全国各城市户外广告管理规定的相关要求,根据广告设施与标识面积的大小,将其分为大型、中型、小型。在按表7.0.1要求对广告设施与标识进行分类时,只要 a 或 S 任一值符合要求即成立,如当广告设施与标识的边长 $a \geqslant 4m$ 或面积 $S \geqslant 10m^2$,则此广告设施与标识即为大型。

7.0.2 本条针对国内广告设施与标识的设计、制作参差不齐的现状,规定广告设施及标识不仅应符合相关规划规定,还应追求"美",并兼顾昼夜景观效果。

7.0.3 针对广告设施与标识在文字使用上出现的新问题,本条提出了建设、管理的具体要求。同时,在原标准第6.4条对广告过期后的处理方法基础上,增加了对未过期的广告的日常维护、保养工作。

7.0.4 一味限制广告会导致乱张贴广告的行为,甚至是极端行为,如屡禁不止的"城市牛皮癣"现象等。本条从疏导角度,提出广告必须张贴在指定场所,正确引导广告张贴行为。

7.0.5 本条明确了各城市应严禁设置广告的区域及位置,以免影响交通安全、城市形象及居民生活。本条中严禁设置户外广告设施的各类情形涵盖了《中华人民共和国广告法》(1995年2月1日起施行)第三十二条的规定,并增加了利用行道树或者损毁绿地的情形。

7.0.6 本条提出限制大型广告的设置区域,避免大型广告给人造成的压抑感觉,破坏城市整体形象。

7.0.7 本条对城市公共绿地周边的广告设置提出要求。

7.0.8 本条对对外交通道路沿线、场站周边广告设置提出要求。

7.0.9 本条明确了屋顶广告的设置控制要求。

7.0.10 本条明确了墙面广告的建设控制要求。

7.0.11 为解决全国各地普遍存在"人行道上的设施过多,公共空间拥挤"的问题,本条对人行道上的广告设置提出了要求,禁止在人行道上设置大、中型广告。

7.0.12 本条明确了交通工具上的广告设置、维护要求。

7.0.13 本条明确了布幔、横幅、气球、彩虹气膜、空飘物、节目标语、广告彩旗等广告的设置要求。

7.0.14 本条规定了沿街建(构)筑物立面招牌的具体设置要求,强调招牌面积不宜过大。

7.0.15 本条明确了各类标识的设置、管理要求,确保既准确导向又不影响城市容貌。

8 城市照明

8.0.1 针对目前全国很多城市存在的过度照明问题,本条提出了适度景观照明的建设要求,城市照明设施设置不仅要取得良好的夜景效果,还要兼顾白天的景观效果。

8.0.2 本条提出了城市照明尤其是景观照明的布局原则。应适应城市总体布局及功能区划要求,科学合理、主次分明、重点突出、体现城市特点,避免雷同、缺乏整体性、造成资源浪费。

为使城市照明工作规范化及创造良好的城市夜景观,城市照明建设应按规划设计进行。城市照明规划设计一般分为城市照明总体规划、城市照明详细规划及城市照明节点设计三个层次,这样从宏观到微观、总体到局部进行控制,保证创造良好的城市夜景观。

8.0.3 由于全国大多数城市景观照明与功能照明(主要是道路功能照明)分属不同部门管理,因此在照明设施的规划设计、建设上存在各自为政的状况,从而造成重复设置,相互不协调的问题,因此本条提出了城市景观照明与功能照明应进行统一规划设计。

8.0.4 针对城市景观照明可能对居住、交通、环境造成的光污染、安全隐患及生态影响等,本条提出具体控制要求。

根据现行行业标准《建筑照明术语标准》JGJ 119,不舒适眩光指产生不舒适感觉,但并不一定降低视觉对象的可见度的眩光。

失能眩光指降低视觉对象的可见度,但并不一定产生不舒适感觉的眩光。

外溢光/杂散光指照明装置发出的落在目标区域或边界以外的光。

障害光指外溢光/杂散光的投射强度或方向足以引起人们烦躁、不舒适、注意力不集中或降低对于一些重要信息(如交通信号)的感知能力,甚至对动、植物亦会产生不良影响的光。

8.0.5 本条强调了城市照明设施事前控制的重要性。目前,城市照明尤其是景观照明很多是在主体工程建成后再实施的,宜造成对主体工程的损坏及重复施工,特别是建(构)物建成后再进行装饰照明工程,不仅难以达到良好的景观效果,而且可能破坏建(构)筑物外观与风格。

8.0.6 现今照明技术不断发展,世界各国不断研究出各种新型的照明设备,采用新材料、新技术、新光源,使照明设备越来越具有高光效、长寿命、低能耗、安全可靠等优点,另外还发明了具有自洁作用、不用电的、灭蚊等多种功能的照明设备,适应这一发展趋势,因此照明设施应选用先进的技术和设备,在节约能源、保护环境的前提下做到美观。

8.0.7 本条明确了照明设施设备的管理、维护要求。

8.0.8 本条明确了城市功能照明的几个重要建设指标。其中,装灯率指道路及城市广场、公园、码头、车站等公共场所的功能性照明的实际安装灯数量占按国家相关标准规定的应装总灯数量的比率。亮灯率指道路及城市广场、公园、码头、车站等公共场所的功能性照明的总装灯数量中亮灯数量所占比率。

9 公共场所

9.0.1 本条规定了公共场所及其周边环境的总体容貌要求。在公共场所设置的经营摊点对城市容貌有着重大影响,本条特此提出了具体管理要求。

9.0.2 公共场所的清扫保洁应符合《城市环境卫生质量标准》(建城〔1997〕21号)的要求。

9.0.3 本条规定了机动车、非机动车停靠点的建设、管理要求。将原标准7.2条的"繁华地带"调整为"主要道路、景观道路及景观区域",使其更清晰、准确。对原标准7.2条的存车处设置进行了具体描述。

9.0.4 本条规定了在公共场所举办各类活动的市容环境管理要求。现实社会生活中,在公共场所经常举办各类活动,其使用的临时设施以及产生的各类垃圾对城市容貌有着较大影响,为保持市容环境整洁,应及时清扫、处置各类垃圾,确保活动结束后无废弃物和临时设施。

9.0.5 本条规定了集贸市场的市容环境建设、管理要求。集贸市场是一个比较特殊的公共场所,人员流动性较大,产生各类垃圾较多,配套设施较多,对城市容貌影响较大,为保持市容环境整洁,对集贸市场的经营设施、环卫公共设施及其他附属(配套)设施进行了规定。同时,本条所称"集贸市场"是指经依法登记、注册,由市场经营服务机构经营,有若干经营者、消费者入场集中进行以生活消费品交易为主的场所。

船舶扫舱垃圾应按规定要求处置;冲洗甲板或舱室时,应事先进行清扫,不得将货物残余、废水、油污排入水体。

10.0.8 采用密闭船舶可有效减少垃圾、粪便和飞扬物对城市水域水体的影响。

11 居 住 区

11.0.1 本条规定了居住区内建(构)筑物环境卫生水平及保持容貌美观的要求。

11.0.2 居住区道路作为车辆和人员的汇流途径,具有明确的导向性,并应适于消防车、救护车、商店货车和垃圾车等的通行,必须保证道路的完好畅通,不应设摊经营和堆物,应保持整洁卫生、排水通畅。

11.0.3 本条规定了居住区内公共设施布局、环境卫生及容貌要求。

11.0.4 本条规定了居住区公共场所应达到的环境卫生及容貌要求。

11.0.5 本条规定了居住区内垃圾收集容器、垃圾压缩收集站、公共厕所等环卫设施应保持的环境卫生水平。

11.0.6 居住区内绿化植物是小区景观重要组成部分,应保持生长良好,不得随意破坏。另外绿化围栏应完好、整洁,无破损;绿化作业产生的垃圾应及时清除,以免占道或造成污染。

11.0.7 本条规定了居住区内导向牌、标志牌应该满足导向功能及美观、整洁的要求。

11.0.8 为了不影响居住区内居民的日常生活和小区环境,制定本条。

10 城市水域

10.0.1 本章节中城市水域界定的范围与现行国家标准《城市规划基本术语标准》GB/T 50280 中的规定一致。

10.0.2 本条明确了城市水域水面的容貌要求。为保持水面清洁,严禁向水体倾倒垃圾,发现废弃漂浮物应及时清除,不得长时间存留。

10.0.3 城市水域水体是城市水域容貌的直观体现,本条从控制水体色彩视觉角度明确了管理要求。具体应按照现行国家标准《地表水环境质量标准》GB 3838、《污水综合排放标准》GB 8978及其他一些相关污水排放标准严格执行,严禁不符合标准的废水排入城市水域水体,防止富营养化、发黑及发臭等现象发生。

10.0.4 漂浮物拦截装置对保持城市水域水面清洁具有重要作用,本条规定了其建设要求。

10.0.5 本条规定了城市水域岸坡的建设、管理和维护要求。

10.0.6 本条对水域岸边进行的相关经营活动提出了限制性管理要求。水域岸边一般指水域陆域部分,包括滨水的建筑用地、道路、绿地等,具体范围可由当地主管部门根据实际情况划定。

10.0.7 本条明确了各类船舶、趸船、码头的市容环境卫生要求。

中华人民共和国国家标准

生活垃圾卫生填埋处理技术规范

Technical code for municipal solid waste sanitary landfill

GB 50869—2013

主编部门：中华人民共和国住房和城乡建设部
批准部门：中华人民共和国住房和城乡建设部
施行日期：2 0 1 4 年 3 月 1 日

中华人民共和国住房和城乡建设部

公 告

第 107 号

住房城乡建设部关于发布国家标准
《生活垃圾卫生填埋处理技术规范》的公告

现批准《生活垃圾卫生填埋处理技术规范》为国家标准，编号为 GB 50869—2013，自 2014 年 3 月 1 日起实施。其中，第 3.0.3、4.0.2、8.1.1、10.1.1、11.1.1、11.6.1、11.6.3、11.6.4、15.0.5 条为强制性条文，必须严格执行。原行业标准《生活垃圾卫生填埋技术规范》CJJ 17—2004 同时废止。

本规范由我部标准定额研究所组织中国计划出版社出版发行。

中华人民共和国住房和城乡建设部
2013 年 8 月 8 日

前 言

根据住房和城乡建设部《关于印发〈2008 年工程建设标准规范制订、修订计划（第一批）〉的通知》（建标〔2008〕102 号文）的要求，规范编制组经广泛调查研究，认真总结实践经验，参考有关国际标准和国内先进标准，并在广泛征求意见的基础上，编制了本规范。

本规范共分 16 章和 5 个附录，主要内容包括总则、术语、填埋物入场技术要求、场址选择、总体设计、地基处理与场地平整、垃圾坝与坝体稳定性、防渗与地下水导排、防洪与雨污分流系统、渗沥液收集与处理、填埋气体导排与利用、填埋作业与管理、封场与堆体稳定性、辅助工程、环境保护与劳动卫生、工程施工及验收。

本规范中以黑体字标志的条文为强制性条文，必须严格执行。

本规范由住房和城乡建设部负责管理和对强制性条文的解释，由华中科技大学负责日常管理，由华中科技大学环境科学与工程学院负责具体技术内容的解释。执行过程中如有意见或建议，请寄送华中科技大学环境科学与工程学院（地址：湖北省武汉市洪山区珞瑜路 1037 号，邮政编码：430074）。

本规范主编单位、参编单位、主要起草人和主要审查人：

主 编 单 位：华中科技大学

参 编 单 位：中国科学院武汉岩土力学研究所
中国市政工程中南设计研究总院
上海市环境工程设计科学研究院
城市建设研究院
武汉市环境卫生科研设计院
北京高能时代环境技术股份有限公司
天津市环境卫生工程设计院
深圳市中兰环保科技有限公司
中国瑞林工程技术有限公司
宁波市鄞州区绿州能源利用有限公司

主要起草人：陈朱蕾　薛 强　冯其林　刘 勇
杨 列　罗继武　余 毅　王敬民
齐长青　田 宇　葛 芳　龙 燕
王志国　郑得鸣　刘泽军　史波芬
夏小红　谢文刚　曹 丽　史东晓
俞瑛健

主要审查人：徐文龙　邓志光　秦 峰　张 范
吴文伟　张 益　陶 华　王 琦
陈云敏　潘四红　熊 辉

目 次

Contents

1 总 则

1.0.1 依据《中华人民共和国固体废物污染环境防治法》，为贯彻国家有关生活垃圾处理的技术法规和技术政策，保证生活垃圾卫生填埋(简称填埋)处理工程质量，制定本规范。

1.0.2 本规范适用于新建、改建、扩建的生活垃圾卫生填埋处理工程的选址、设计、施工、验收和作业管理。

1.0.3 填埋处理工程应不断总结设计与运行经验，在汲取国内外先进技术及科研成果的基础上，经充分论证，可采用技术先进、经济合理的新工艺、新技术、新材料和新设备，提高生活垃圾卫生填埋处理技术的水平。

1.0.4 填埋处理工程的选址、设计、施工、验收和作业管理除应符合本规范外，尚应符合国家现行有关标准的规定。

2 术 语

2.0.1 卫生填埋 sanitary landfill
填埋场采取防渗、雨污分流、压实、覆盖等工程措施，并对渗沥液、填埋气体及臭味等进行控制的生活垃圾处理方法。

2.0.2 填埋库区 compartment
填埋场中用于填埋生活垃圾的区域。

2.0.3 填埋库容 landfill capacity
填埋库区填入的生活垃圾和功能性辅助材料所占用的体积，即封场堆体表层曲面与平整场底层曲面之间的体积。

2.0.4 有效库容 effective capacity
填埋库区填入的生活垃圾所占用的体积。

2.0.5 垃圾坝 retaining dam
建在填埋库区汇水上下游或周边或库区内，由土石等建筑材料筑成的堤坝。不同位置的垃圾坝有不同的作用(上游的坝截留洪水，下游的坝阻挡垃圾形成初始库容，库区内的坝用于分区等)。

2.0.6 防渗系统 lining system
在填埋库区和调节池底部及四周边坡上为构筑渗沥液防渗屏障所选用的各种材料组成的体系。

2.0.7 防渗结构 liner structure
防渗系统各种材料组成的空间层次。

2.0.8 人工合成衬里 artificial liners
利用人工合成材料铺设的防渗层衬里，目前使用的人工合成衬里为高密度聚乙烯(HDPE)土工膜。采用一层人工合成衬里铺设的防渗系统为单层衬里，采用两层人工合成衬里铺设的防渗系统为双层衬里。

2.0.9 复合衬里 composite liners
采用两种或两种以上防渗材料复合铺设的防渗系统(HDPE土工膜+黏土复合衬里或 HDPE 土工膜+GCL 钠基膨润土垫复合衬里)。

2.0.10 土工复合排水网 geofiltration compound drainage net
由立体结构的塑料网双面粘接渗水土工布组成的排水网，可替代传统的砂石层。

2.0.11 土工滤网 geofiltration fabric
又称无纺土工布，由单一聚合物制成的，或聚合物材料通过机械固结、化学和其他粘合方法复合制成的可渗透的土工合成材料。

2.0.12 非织造土工布(无纺土工布) nonwoven geotextile
由定向的或随机取向的纤维通过摩擦和(或)抱合和(或)粘合形成的薄片状、纤网状或絮垫状土工合成材料。

2.0.13 垂直防渗帷幕 vertical barriers
利用防渗材料在填埋库区或调节池周边设置的竖向阻挡地下水或渗沥液的防渗结构。

2.0.14 雨污分流系统 rainwater and sewage shunting system
根据填埋场地形特点，采用不同的工程措施对填埋场雨水和渗沥液进行有效收集与分离的体系。

2.0.15 地下水收集导排系统 groundwater collection and removal system
在填埋库区和调节池防渗系统基础层下部，用于将地下水汇集和导出的设施体系。

2.0.16 渗沥液收集导排系统 leachate collection and removal system
在填埋库区防渗系统上部，用于将渗沥液汇集和导出的设施体系。

2.0.17 盲沟 leachate trench
位于填埋库区防渗系统上部或填埋体中，采用高过滤性能材料导排渗沥液的暗渠(管)。

2.0.18 集液井(池) leachate collection well(pond)
在填埋场修筑的用于汇集渗沥液，并可自流或用提升泵将渗沥液排出的构筑物。

2.0.19 调节池 equalization basin
在渗沥液处理系统前设置的具有均化、调蓄功能或兼有渗沥液预处理功能的构筑物。

2.0.20 填埋气体 landfill gas
填埋体中有机垃圾分解产生的气体，主要成分为甲烷和二氧化碳。

2.0.21 产气量 gas generation volume
填埋库区中一定体积的垃圾在一定时间中厌氧状态下产生的气体体积。

2.0.22 产气速率 gas generation rate
填埋库区中一定体积的垃圾在单位时间内的产气量。

2.0.23 被动导排 passive ventilation
利用填埋气体自身压力导排气体的方式。

2.0.24 主动导排 initiative guide and extraction
采用抽气设备对填埋气体进行导排的方式。

2.0.25 气体收集率 ratio of landfill gas collection
填埋气体抽气流量与填埋气体估算产生速率之比。

2.0.26 导气井 extraction well
周围用过滤材料构筑，中间为多孔管的竖向导气设施。

2.0.27 导气盲沟 extraction trench
周围用过滤材料构筑，中间为多孔管的水平导气设施。

2.0.28 填埋单元 landfill cell
按单位时间或单位作业区域划分的由生活垃圾和覆盖材料组成的填埋堆体。

2.0.29 覆盖 cover
采用不同的材料铺设于垃圾层上的实施过程，根据覆盖要求和作用的不同可分为日覆盖、中间覆盖和最终覆盖。

2.0.30 填埋场封场 closure of landfill
填埋作业至设计终场标高或填埋场停止使用后，堆体整形、不同功能材料覆盖及生态恢复的过程。

3 填埋物入场技术要求

3.0.1 进入填埋场的填埋物应是居民家庭垃圾、园林绿化废弃物、商业服务网点垃圾、清扫保洁垃圾、交通物流站垃圾、企事业单位的生活垃圾及其他具有生活垃圾属性的一般固体废弃物。

3.0.2 城镇污水处理厂污泥进入生活垃圾填埋场混合填埋处置时,应预处理改善污泥的高含水率、高黏度、易流变、高持水性和低渗透系数的特性,改性后的泥质除应符合现行国家标准《城镇污水处理厂污泥处置 混合填埋用泥质》GB/T 23485 的规定外,尚应达到以下岩土力学指标的规定:

1 无侧限抗压强度≥50kN/m²;

2 十字板抗剪强度≥25kN/m²;

3 渗透系数为 $10^{-6}cm/s\sim10^{-5}cm/s$。

3.0.3 填埋物中严禁混入危险废物和放射性废物。

3.0.4 生活垃圾焚烧飞灰和医疗废物焚烧残渣经处理后满足现行国家标准《生活垃圾填埋场污染控制标准》GB 16889 规定的条件,可进入生活垃圾填埋场填埋处置。处置时应设置与生活垃圾填埋库区有效分隔的独立填埋库区。

3.0.5 填埋物应按重量进行计量、统计与核定。

3.0.6 填埋物含水量、可生物降解物、外形尺寸应符合具体填埋工艺设计的要求。有条件的填埋场宜采取机械—生物预处理减量化措施。

4 场 址 选 择

4.0.1 填埋场选址应先进行下列基础资料的搜集:

1 城市总体规划和城市环境卫生专业规划;

2 土地利用价值及征地费用;

3 附近居住情况与公众反映;

4 附近填埋气体利用的可行性;

5 地形、地貌及相关地形图;

6 工程地质与水文地质条件;

7 设计频率洪水位、降水量、蒸发量、夏季主导风向及风速、基本风压值;

8 道路、交通运输、给排水、供电、土石料条件及当地的工程建设经验;

9 服务范围的生活垃圾量、性质及收集运输情况。

4.0.2 填埋场不应设在下列地区:

1 地下水集中供水水源地及补给区,水源保护区;

2 洪泛区和泄洪道;

3 填埋库区与敞开式渗沥液处理区边界距居民居住区或人畜供水点的卫生防护距离在 500m 以内的地区;

4 填埋库区与渗沥液处理区边界距河流和湖泊 50m 以内的地区;

5 填埋库区与渗沥液处理区边界距民用机场 3km 以内的地区;

6 尚未开采的地下蕴矿区;

7 珍贵动植物保护区和国家、地方自然保护区;

8 公园,风景、游览区,文物古迹区,考古学、历史学及生物学研究考察区;

9 军事要地、军工基地和国家保密地区。

4.0.3 填埋场选址应符合现行国家标准《生活垃圾填埋场污染控制标准》GB 16889 和相关标准的规定,并应符合下列规定:

1 应与当地城市总体规划和城市环境卫生专业规划协调一致;

2 应与当地的大气防护、水土资源保护、自然保护及生态平衡要求相一致;

3 应交通方便,运距合理;

4 人口密度、土地利用价值及征地费用均应合理;

5 应位于地下水贫乏地区、环境保护目标区域的地下水流向下游地区及夏季主导风向下风向;

6 选址应有建设项目所在地的建设、规划、环保、环卫、国土资源、水利、卫生监督等有关部门和专业设计单位的有关专业技术人员参加;

7 应符合环境影响评价的要求。

4.0.4 填埋场选址比选应符合下列规定:

1 场址预选:应在全面调查与分析的基础上,初定 3 个或 3 个以上候选场址,通过对候选场址进行踏勘,对场地的地形、地貌、植被、地质、水文、气象、供电、给排水、覆盖土源、交通运输及场址周围人群居住情况等进行对比分析,宜推荐 2 个或 2 个以上预选场址。

2 场址确定:应对预选场址方案进行技术、经济、社会及环境比较,推荐一个拟定场址。并应对拟定场址进行地形测量、选址勘察和初步工艺方案设计,完成选址报告或可行性研究报告,通过审查确定场址。

5 总 体 设 计

5.1 一 般 规 定

5.1.1 填埋场总体设计应采用成熟的技术和设备,做到技术可靠、节约用地、安全卫生、防止污染、方便作业、经济合理。

5.1.2 填埋场总占地面积应按远期规模确定。填埋场的各项用地指标应符合国家有关规定及当地土地、规划等行政主管部门的要求。填埋场宜根据填埋场处理规模和建设条件作出分期和分区建设的总体设计。

5.1.3 填埋场主体工程构成内容应包括:计量设施,地基处理与防渗系统,防洪、雨污分流及地下水导排系统,场区道路,垃圾坝,渗沥液收集和处理系统,填埋气体导排和处理(可含利用)系统,封场工程及监测井等。

5.1.4 填埋场辅助工程构成内容应包括:进场道路,备料场,供配电,给排水设施,生活和行政办公管理设施,设备维修、消防和安全卫生设施,车辆冲洗、通信、监控等附属设施或设备,并宜设置应急设施(包括垃圾临时存放、紧急照明等设施)。Ⅲ类以上填埋场宜设置环境监测室、停车场等设施。

5.2 处理规模与填埋库容

5.2.1 填埋场处理规模宜符合下列规定:

1 Ⅰ类填埋场:日平均填埋量宜为 1200t/d 及以上;

2 Ⅱ类填埋场:日平均填埋量宜为 500t/d～1200t/d(含 500t/d);

3 Ⅲ类填埋场:日平均填埋量宜为 200t/d～500t/d(含 200t/d);

4 Ⅳ类填埋场:日平均填埋量宜为 200t/d 以下。

5.2.2 填埋场日平均填埋量应根据城市环境卫生专业规划和该工程服务范围的生活垃圾现状产生量及预测产生量和使用年限确定。

5.2.3 填埋库容应保证填埋场使用年限在 10 年及以上,特殊情况下不应低于 8 年。

5.2.4 填埋库容可按本规范附录 A 第 A.0.1 条方格网法计算确定,也可采用三角网法、等高线剖切法等。有效库容可按本规范附录 A 第 A.0.2 条计算确定。

5.3 总平面布置

5.3.1 填埋场总平面布置应根据场址地形(山谷型、平原型与坡地型),结合风向(夏季主导风)、地质条件、周围自然环境、外部工程条件等,并应考虑施工、作业等因素,经过技术经济比较确定。

5.3.2 总平面应按功能分区合理布置,主要功能区包括填埋库区、渗沥液处理区、辅助生产区、管理区等,根据工艺要求可设置填埋气体处理及利用区、生活垃圾机械－生物预处理区等。

5.3.3 填埋库区的占地面积宜为总面积的 70%～90%，不得小于 60%。每平方米填埋库区垃圾填埋量不宜低于 10m³。

5.3.4 填埋库区应按照分区进行布置，库区分区的大小主要应考虑易于实施雨污分流，分区的顺序应有利于垃圾场内运输和填埋作业，应考虑与各库区进场道路的衔接。

5.3.5 渗沥液处理区的布置应符合下列规定：

1 处理构筑物间距应紧凑、合理，符合现行国家标准《建筑设计防火规范》GB 50016 的要求，并应满足各构筑物的施工、设备安装和埋设各种管道以及养护、维修和管理的要求。

2 臭气集中处理设施、脱水污泥堆放区域宜布置在夏季主导风向下风向。

5.3.6 辅助生产区、管理区布置应符合下列规定：

1 辅助生产区、管理区宜布置在夏季主导风向的上风向，与填埋库区之间宜设绿化隔离带。

2 管理区各项建（构）筑物的组成及其面积应符合国家有关规定。

5.3.7 填埋场的管线布置应符合下列规定：

1 雨污分流导排和填埋气体输送管线应全面安排，做到导排通畅。

2 渗沥液处理构筑物间输送渗沥液、污泥、上清液和沼气的管线布置应避免相互干扰，应使管线长度短、水头损失小、流通顺畅、不易堵塞和便于清通。各种管道宜用不同颜色加以区别。

5.3.8 环境监测井布置应符合现行国家标准《生活垃圾卫生填埋场环境监测技术要求》GB/T 18772 的有关规定。

5.4 竖 向 设 计

5.4.1 填埋场竖向设计应结合原有地形，做到有利于雨污分流和减少土方工程量，并宜使土石方平衡。

5.4.2 填埋库区垂直分区标高宜结合边坡土工膜的锚固平台高程确定，封场标高与边坡应按本规范第 13 章封场与堆体稳定性的规定执行。

5.4.3 填埋库区库底渗沥液导排系统纵向坡度不宜小于 2%。在截洪沟、排水沟等的走线设置上应充分利用原有地形，坡度应使雨水导排顺畅且避免过度冲刷。

5.4.4 调节池宜设置在场地地势较低处，地下水位较低或岩层较浅的地区，宜减少下挖深度。

5.5 填 埋 场 道 路

5.5.1 填埋场道路应根据其功能要求分为永久性道路和库区内临时性道路进行布局。永久性道路应按现行国家标准《厂矿道路设计规范》GBJ 22 中的露天矿山道路三级或三级以上标准设计；库区内临时性道路及回（会）车和作业平台可采用中级或低级路面，并宜有防滑、防陷设施。填埋场道路应满足全天候使用，并应做好排水措施。

5.5.2 道路选线设计应根据填埋场地形、地质、填埋作业顺序，各填埋阶段标高以及堆土区、渗沥液处理区和管理区位置合理布设。

5.5.3 道路设计应满足垃圾运输车交通量、车载负荷及填埋场使用年限的需求，并应与填埋场竖向设计和绿化相协调。

5.6 计 量 设 施

5.6.1 地磅房应设置在填埋场的交通入口处，并应具有良好的通视条件。

5.6.2 地磅进车端的道路坡度不宜过大，宜设置为平坡直线段，地磅前 10m 处宜设置减速装置。

5.6.3 计量地磅宜采用动静态电子地磅，地磅规格宜按垃圾车最大满载重量的 1.3 倍～1.7 倍配置，称量精度不宜小于贸易计量Ⅲ级。

5.6.4 填埋场的计量设施应具有称重、记录、打印与数据处理、传输功能，宜配置备用电源。

5.7 绿 化 及 其 他

5.7.1 填埋场的绿化布置应符合总平面布置和竖向设计要求，合理安排绿化用地，场区绿化率宜控制在 30% 以内。

5.7.2 填埋场绿化应结合当地的自然条件，选择适宜的植物。填埋场永久性道路两侧及主要出入口、库区与辅助生产区、管理区之间、防火隔离带外、受西晒的生产车间及建筑物、受雨水冲刷的地段等处均宜设置绿化带。填埋场封场覆盖后应进行生态恢复。

5.7.3 填埋库区周围宜设安全防护设施及不少于 8m 宽度的防火隔离带，填埋作业区宜设防飞散设施。

5.7.4 填埋场相关建（构）筑物应进行防雷设计，并应符合现行国家标准《建筑物防雷设计规范》GB 50057 的要求。

6 地基处理与场地平整

6.1 地 基 处 理

6.1.1 填埋库区地基应是具有承载填埋体负荷的自然土层或经过地基处理的稳定土层，不得因填埋堆体的沉降而使基层失稳。对不能满足承载力、沉降限制及稳定性等工程建设要求的地基应进行相应的处理。

6.1.2 填埋库区地基及其他建（构）筑物地基的设计应按国家现行标准《建筑地基基础设计规范》GB 50007 及《建筑地基处理技术规范》JGJ 79 的有关规定执行。

6.1.3 在选择地基处理方案时，应经过实地的考察和岩土工程勘察，结合考虑填埋堆体结构、基础和地基的共同作用，经过技术经济比较确定。

6.1.4 填埋库区地基应进行承载力计算及最大堆高验算。

6.1.5 应防止地基沉降造成防渗衬里材料和渗沥液收集管的拉伸破坏，应对填埋库区地基进行地基沉降及不均匀沉降计算。

6.2 边 坡 处 理

6.2.1 填埋库区地基边坡设计应按国家现行标准《建筑边坡工程技术规范》GB 50330、《水利水电工程边坡设计规范》SL 386 的有关规定执行。

6.2.2 经稳定性初步判别有可能失稳的地基边坡以及初步判别难以确定稳定状的边坡应进行稳定计算。

6.2.3 对可能失稳的边坡，宜进行边坡支护等处理。边坡支护结构形式可根据场地地质和环境条件、边坡高度以及边坡工程安全等级等因素选定。

6.3 场 地 平 整

6.3.1 场地平整应满足填埋库容、边坡稳定、防渗系统铺设及场地压实度等方面的要求。

6.3.2 场地平整宜与填埋库区膜的分期铺设同步进行，并应考虑设置堆土区，用于临时堆放开挖的土方。

6.3.3 场地平整应结合填埋场地形资料和竖向设计方案，选择合理的方法进行土方量计算。填挖土方相差较大时，应调整库区设计高程。

7 垃圾坝与坝体稳定性

7.1 垃 圾 坝 分 类

7.1.1 根据坝体材料不同，坝型可分为（黏）土坝、碾压式土石坝、浆砌石坝及混凝土坝四类。采用一种筑坝材料的应为均质坝,采用两种以上筑坝材料的应为非均质坝。

7.1.2 根据坝体高度不同,坝高可分为低坝(低于5m)、中坝(5m~15m)及高坝(高于15m)。

7.1.3 根据坝体所处位置及主要作用不同,坝体位置类型分类宜符合表7.1.3的规定。

表 7.1.3 坝体位置类型分类表

坝体类型	习惯名称	坝体位置	坝体主要作用
A	围堤	平原型库区周围	形成初始库容、防洪
B	截洪坝	山谷型库区上游	拦截库区外地表径流并形成库容
C	下游坝	山谷型或库区与库区之间	形成库容的同时形成调节池
D	分区坝	填埋库区内	分隔填埋库区

7.1.4 根据垃圾坝下游情况、失事后果、坝体类型、坝型(材料)及坝体高度不同,坝体建筑级别分类宜符合表7.1.4的规定。

表 7.1.4 垃圾坝坝体建筑级别分类表

建筑级别	坝下游存在的建(构)筑物与自然条件	失事后果	坝体类型	坝型(材料)	坝高
I	生产设备、生活管理区	对生产设备造成严重破坏,对生活管理区带来严重损失	C	混凝土坝、浆砌石坝	≥20m
				土石坝、黏土坝	≥15m
II	生产设备	仅对生产设备造成一定破坏或影响	A、B、C	混凝土坝、浆砌石坝	≥10m
				土石坝、黏土坝	≥5m
III	农田、水利或水环境	影响不大,破坏较小,易修复	A、D	混凝土坝、浆砌石坝	<10m
				土石坝、黏土坝	<5m

注:当坝体根据表中指标分属于不同级别时,其级别应按最高级别确定。

7.2 坝址、坝高、坝型及筑坝材料选择

7.2.1 坝址选择应根据填埋场岩土工程勘察及地形地貌等方面的资料,结合坝体类型、筑坝材料来源、气候条件、施工交通情况等因素,经技术经济比较确定。

7.2.2 坝高选择应综合考虑填埋堆体坡脚稳定、填埋库容及投资等因素,经过技术经济比较确定。

7.2.3 坝型选择应综合考虑地质条件、筑坝材料来源、施工条件、坝高、坝基防渗要求等因素,经技术经济比较确定。

7.2.4 筑坝材料的调查和土工试验应按现行行业标准《水利水电工程天然建筑材料勘察规程》SL 251 和《土工试验规程》SL 237 的规定执行。土石坝的坝体填筑材料应以压实度作为设计控制指标。

7.3 坝基处理及坝体结构设计

7.3.1 垃圾坝地基处理的基本要求应符合国家现行标准《建筑地基基础设计规范》GB 50007、《建筑地基处理技术规范》JGJ 79、《碾压式土石坝设计规范》SL 274、《混凝土重力坝设计规范》DL 5108 及《碾压式土石坝施工规范》DL/T 5129 的相关规定。

7.3.2 坝基处理应满足渗流控制、静力和动力稳定、允许总沉降量和不均匀沉降量等方面要求,保证垃圾坝的安全运行。

7.3.3 坝坡设计方案应根据坝型、坝高、坝的建筑级别、坝体和坝基的材料性质、坝体所承受的荷载以及施工和运用条件等因素,经技术经济比较确定。

7.3.4 坝顶宽度及护面材料应根据坝高、施工方式、作业车辆行驶要求、安全及抗震等因素确定。

7.3.5 坝坡马道的设置应根据坝面排水、施工要求、坝坡要求及坝基稳定等因素确定。

7.3.6 垃圾坝护坡方式应根据坝型(材料)和坝体位置等因素确定。

7.3.7 坝体与坝基、边坡及其他构筑物的连接应符合下列规定:
1 连接面不应发生水力劈裂和邻近接触面岩石大量漏水。
2 不得形成影响坝体稳定的软弱层面。
3 不得由于边坡形状或坡度不当引起不均匀沉降而导致坝体裂缝。

7.3.8 坝体防渗处理应符合下列规定:
1 土坝的防渗处理可采用与填埋库区边坡防渗相同的处理方式。
2 碾压式土石坝、浆砌石坝及混凝土坝的防渗宜采用特殊锚固法进行锚固。
3 穿过垃圾坝的管道防渗应采用管靴连接管道与防渗材料。

7.4 坝体稳定性分析

7.4.1 垃圾坝坝体建筑级别为I、II类的,在初步设计阶段应进行坝体安全稳定性分析计算。

7.4.2 坝体稳定性分析的抗剪强度计算宜按现行行业标准《碾压式土石坝设计规范》SL 274 的有关规定执行。

8 防渗与地下水导排

8.1 一般规定

8.1.1 填埋场必须进行防渗处理,防止对地下水和地表水的污染,同时还应防止地下水进入填埋场。

8.1.2 填埋场防渗处理应符合现行行业标准《生活垃圾卫生填埋场防渗系统工程技术规范》CJJ 113 的要求。

8.1.3 地下水水位的控制应符合现行国家标准《生活垃圾填埋场污染控制标准》GB 16889 的有关规定。

8.2 防渗处理

8.2.1 防渗系统应根据填埋场工程地质与水文地质条件进行选择。当天然基础层饱和渗透系数小于 1.0×10^{-7} cm/s,且场底及四壁衬里厚度不小于2m时,可采用天然黏土类衬里结构。

8.2.2 天然黏土基础层进行人工改性压实后达到天然黏土衬里结构的等效防渗性能要求,可采用改性压实黏土类衬里作为防渗结构。

8.2.3 人工合成衬里的防渗系统应采用复合衬里防渗结构,位于地下水贫乏地区的防渗系统也可采用单层衬里防渗结构。在特殊地质及环境要求较高的地区,应采用双层衬里防渗结构。

8.2.4 不同复合衬里结构应符合下列规定:
1 库区底部复合衬里(HDPE土工膜+黏土)结构(图8.2.4-1),各层应符合下列规定:
  1)基础层:土压实度不应小于93%;
  2)反滤层(可选择层):宜采用土工滤网,规格不宜小于200g/m²;
  3)地下水导流层(可选择层):宜采用卵(砾)石等石料,厚度不应小于30cm,石料上应铺设非织造土工布,规格不宜小于200g/m²;
  4)防渗膜下保护层:黏土渗透系数不应大于 1.0×10^{-7} cm/s,厚度不宜小于75cm;
  5)膜防渗层:应采用 HDPE 土工膜,厚度不应小于1.5mm;
  6)膜上保护层:宜采用非织造土工布,规格不宜小于600g/m²;
  7)渗沥液导流层:宜采用卵石等石料,厚度不应小于30cm,石料下可增设土工复合排水网;
  8)反滤层:宜采用土工滤网,规格不宜小于200g/m²。

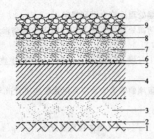

图 8.2.4-1 库区底部复合衬里(HDPE膜+黏土)结构示意图
1—基础层;2—反滤层(可选择层);3—地下水导流层(可选择层);
4—防渗及膜下保护层;5—膜防渗层;6—膜上保护层;
7—渗沥液导流层;8—反滤层;9—垃圾层

2 库区底部复合衬里(HDPE土工膜+GCL)结构(图 8.2.4-2,GCL指钠基膨润土垫),各层应符合下列要求:

1)基础层:土压实度不应小于93%;

2)反滤层(可选择层):宜采用土工滤网,规格不宜小于200g/m²;

3)地下水导流层(可选择层):宜采用卵(砾)石等石料,厚度不应小于30cm,石料上应铺设非织造土工布,规格不宜小于200g/m²;

4)膜下保护层:黏土渗透系数不宜大于$1.0×10^{-5}$cm/s,厚度不宜小于30cm;

5)GCL防渗层:渗透系数不应大于$5.0×10^{-9}$cm/s,规格不应小于4800g/m²;

6)膜防渗层:应采用HDPE土工膜,厚度不应小于1.5mm;

7)膜上保护层:宜采用非织造土工布,规格不宜小于600g/m²;

8)渗沥液导流层:宜采用卵石等石料,厚度不应小于30cm,石料下可增设土工复合排水网;

9)反滤层:宜采用土工滤网,规格不宜小于200g/m²。

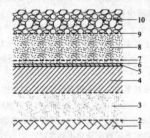

图 8.2.4-2 库区底部复合衬里(HDPE土工膜+GCL)结构示意图
1—基础层;2—反滤层(可选择层);3—地下水导流层(可选择层);
4—膜下保护层;5—GCL防渗层;6—膜防渗层;7—膜上保护层;
8—渗沥液导流层;9—反滤层;10—垃圾层

3 库区边坡复合衬里(HDPE土工膜+GCL)结构应符合下列规定:

1)基础层:土压实度不应小于90%;

2)膜下保护层:当采用黏土时,渗透系数不宜大于$1.0×10^{-5}$cm/s,厚度不宜小于20cm;当采用非织造土工布时,规格不宜小于600g/m²;

3)GCL防渗层:渗透系数不应大于$5.0×10^{-9}$cm/s,规格不应小于4800g/m²;

4)防渗层:应采用HDPE土工膜,宜为双糙面,厚度不应小于1.5mm;

5)膜上保护层:宜采用非织造土工布,规格不宜小于600g/m²;

6)渗沥液导流与缓冲层:宜采用土工复合排水网,厚度不应

小于5mm,也可采用土工布袋(内装石料或沙土)。

8.2.5 单层衬里结构应符合下列规定:

1 库区底部单层衬里结构(图 8.2.5),各层应符合下列要求:

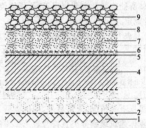

图 8.2.5 库区底部单层衬里结构示意图
1—基础层;2—反滤层(可选择层);3—地下水导流层(可选择层);
4—膜下保护层;5—膜防渗层;6—膜上保护层;
7—渗沥液导流层;8—反滤层;9—垃圾层

1)基础层:土压实度不应小于93%;

2)反滤层(可选择层):宜采用土工滤网,规格不宜小于200g/m²;

3)地下水导流层(可选择层):宜采用卵(砾)石等石料,厚度不应小于30cm,石料上应铺设非织造土工布,规格不宜小于200g/m²;

4)膜下保护层:黏土渗透系数不应大于$1.0×10^{-5}$cm/s,厚度不宜小于50cm;

5)膜防渗层:应采用HDPE土工膜,厚度不应小于1.5mm;

6)膜上保护层:宜采用非织造土工布,规格不宜小于600g/m²;

7)渗沥液导流层:宜采用卵石等石料,厚度不应小于30cm,石料下可增设土工复合排水网;

8)反滤层:宜采用土工滤网,规格不宜小于200g/m²。

2 库区边坡单层衬里结构应符合下列要求:

1)基础层:土压实度不应小于90%;

2)膜下保护层:当采用黏土时,渗透系数不应大于$1.0×10^{-5}$cm/s,厚度不宜小于30cm;当采用非织造土工布时,规格不宜小于600g/m²;

3)防渗层:应采用HDPE土工膜,宜为双糙面,厚度不应小于1.5mm;

4)膜上保护层:宜采用非织造土工布,规格不宜小于600g/m²;

5)渗沥液导流与缓冲层:宜采用土工复合排水网,厚度不应小于5mm,也可采用土工布袋(内装石料或沙土)。

8.2.6 库区底部双层衬里结构(图 8.2.6),各层应符合下列规定:

1 基础层:土压实度不应小于93%。

2 反滤层(可选择层):宜采用土工滤网,规格不宜小于200g/m²。

3 地下水导流层(可选择层):宜采用卵(砾)石等石料,厚度不应小于30cm,石料上应铺设非织造土工布,规格不宜小于200g/m²。

4 膜下保护层:黏土渗透系数不应大于$1.0×10^{-5}$cm/s,厚度不宜小于30cm。

5 膜防渗层:应采用HDPE土工膜,厚度不应小于1.5mm。

6 膜上保护层:宜采用非织造土工布,规格不宜小于400g/m²。

7 渗沥液检测层:可采用土工复合排水网,厚度不应小于5mm;也可采用卵(砾)石等石料,厚度不应小于30cm。

8 膜下保护层:宜采用非织造土工布,规格不宜小于400g/m²。

9 膜防渗层:应采用HDPE土工膜,厚度不应小于1.5mm。

10 膜上保护层:宜采用非织造土工布,规格不宜小于600g/m²。

11 渗沥液导流层:宜采用卵石等石料,厚度不应小于30cm,石料下可增设土工复合排水网。

12 反滤层:宜采用土工滤网,规格不宜小于 200g/m²。

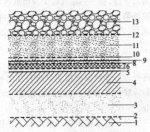

图 8.2.6 库区底部双层衬里结构示意图

1—基础层;2—反滤层(可选择层);3—地下水导流层(可选层);4—膜下保护层;

5—膜防渗层;6—膜上保护层;7—渗沥液检测层;8—膜下保护层;

9—膜防渗层;10—膜上保护层;11—渗沥液导流层;12—反滤层;13—垃圾层

8.2.7 HDPE 土工膜应符合现行行业标准《垃圾填埋场用高密度聚乙烯土工膜》CJ/T 234 的规定。HDPE 土工膜厚度不应小于 1.5mm,当防渗要求严格或垃圾堆高大于 20m 时,宜选用不小于 2.0mm 的 HDPE 土工膜厚度。

8.2.8 穿过 HDPE 土工膜防渗系统的竖管、横管或斜管,穿管与 HDPE 土工膜的接口应进行防漏处理。

8.2.9 在垂直高差较大的边坡铺设防渗材料时,应锚固平台,平台高差应结合实际地形确定,不宜大于 10m。边坡坡度不宜大于 1:2。

8.2.10 防渗材料锚固方式可采用矩形覆土锚固沟,也可采用水平覆土锚固、"V"形槽覆土锚固和混凝土锚固;岩石边坡、陡坡及调节池等混凝土上的锚固,可采用 HDPE 嵌钉土工膜、HDPE 型锁条、机械锚固等方式进行锚固。

8.2.11 锚固沟的设计应符合下列规定:

    1 锚固沟距离边坡边缘不宜小于 800mm。

    2 防渗材料转折处不应存在直角的刚性结构,均应做成弧形结构。

    3 锚固沟断面应根据锚固形式,结合实际情况加以计算,不宜小于 800mm×800mm。

    4 锚固沟中压实度不得小于 93%;

    5 特殊情况下,应对锚固沟的尺寸和锚固能力进行计算。

8.2.12 黏土作为膜下保护层时的处理应符合下列规定:

    1 平整度:应达到每平方米黏土层误差不得大于 2cm。

    2 洁净度:黏土层不含有粒径大于 5mm 的尖锐物料。

    3 压实度:位于库区底部的黏土层不得小于 93%,位于库区边坡的黏土层不得小于 90%。

8.3 地下水导排

8.3.1 根据填埋场场址水文地质情况,对可能发生地下水对基础层稳定或对防渗系统破坏的潜在危害时,应设置地下水收集导排系统。

8.3.2 地下水水量的计算宜根据填埋场场址的地下水水力特征和不同埋藏条件分不同情况计算。

8.3.3 根据地下水水量、水位及其他水文地质情况的不同,可选择采用碎石导流层、导排盲沟、土工复合排水网导流层等方法进行地下水导排或阻断。地下水收集导排系统应具有长期的导排性能。

8.3.4 地下水收集导排系统宜按渗沥液收集导排系统进行设计。地下水收集管管径可根据地下水水量进行计算确定,干管外径（d_n）不应小于 250mm,支管外径（d_n）不宜小于 200mm。

8.3.5 当填埋库区所处地质为不透水层时,可采用垂直防渗帷幕配合抽水系统进行地下水导排。垂直防渗帷幕的渗透系数不应大于 1×10^{-5} cm/s。

9 防洪与雨污分流系统

9.1 填埋场防洪系统

9.1.1 填埋场防洪系统设计应符合国家现行标准《防洪标准》GB 50201、《城市防洪工程设计规范》CJJ 50 及相关标准的技术要求。防洪标准应按不小于 50 年一遇洪水水位设计,按 100 年一遇洪水水位校核。

9.1.2 填埋场防洪系统根据地形可设置截洪坝、截洪沟以及跌水和陡坡、集水池、洪水提升泵站、穿坝涵管等构筑物。洪水流量可采用小流域经验公式计算。

9.1.3 填埋库区外汇水面积较大时,宜根据地形设置数条不同高程的截洪沟。

9.1.4 填埋场外无自然水体或排水沟渠时,截洪沟出水口宜根据场外地形走向、地表径流流向、地表水体位置等设置排水管渠。

9.2 填埋库区雨污分流系统

9.2.1 填埋库区雨污分流系统应阻止未作业区域的汇水流入生活垃圾堆体,应根据填埋库区分区和填埋作业工艺进行设计。

9.2.2 填埋库区分区设计应满足下列雨污分流要求:

    1 平原型填埋场的分区应以水平分区为主,坡地型、山谷型填埋场的分区宜采用水平分区与垂直分区相结合的设计。

    2 水平分区应设置具有防渗功能的分区坝,各分区应按使用顺序不同铺设雨污分流导排管。

    3 垂直分区宜结合边坡临时截洪沟进行设计,生活垃圾堆高达到临时截洪沟高程时,可将边坡截洪沟改建成渗沥液收集盲沟。

9.2.3 分区作业雨污分流应符合下列规定:

    1 使用年限较长的填埋库区,宜进一步划分作业分区。

    2 未进行作业的分区雨水应通过管道导排或泵抽排的方法排出库区外。

    3 作业分区宜根据一定时间填埋量划分填埋单元和填埋体,通过填埋单元的日覆盖和填埋体的中间覆盖实现雨污分流。

9.2.4 封场后雨水应通过堆体表面排水沟排入截洪沟等排水设施。

10 渗沥液收集与处理

10.1 一般规定

10.1.1 填埋场必须设置有效的渗沥液收集系统和采取有效的渗沥液处理措施,严防渗沥液污染环境。

10.1.2 渗沥液处理设施应符合现行行业标准《生活垃圾渗沥液处理技术规范》CJJ 150 的有关规定。

10.2 渗沥液水质与水量

10.2.1 渗沥液水质参数的设计值选取应考虑初期渗沥液、中后期渗沥液和封场后渗沥液的水质差异。

10.2.2 新建填埋场的渗沥液水质参数可根据表 10.2.2 提供的国内典型填埋场不同年限渗沥液水质范围确定,也可参考同类地区同类型的填埋场实际情况合理选取。

表 10.2.2 国内典型填埋场不同年限渗沥液水质范围(mg/L)(pH 除外)

类别 项目	填埋初期渗沥液(<5 年)	填埋中后期渗沥液(>5 年)	封场后渗沥液
COD	6000~20000	2000~10000	1000~5000
BOD₅	3000~10000	1000~4000	300~2000
NH₃-N	600~2500	800~3000	1000~3000
SS	500~1500	500~1500	200~1000
pH	5~8	6~8	6~9

注:表中均为调节池出水水质。

10.2.3 改造、扩建填埋场的渗沥液水质参数应以实际运行的监测资料为基准，并预测未来水质变化趋势。

10.2.4 渗沥液产生量宜采用经验公式法进行计算，计算时应充分考虑填埋场所处气候区域、进场生活垃圾中有机物含量、场内生活垃圾降解程度以及场内生活垃圾埋深等因素的影响。渗沥液产生量计算方法应符合本规范附录 B 的规定。

10.2.5 渗沥液产生量计算取值应符合下列规定：

1 指标应包括最大日产生量、日平均产生量及逐月平均产生量的计算；

2 当设计计算渗沥液处理规模时应采用日平均产生量；

3 当设计计算渗沥液导排系统时应采用最大日产生量；

4 当设计计算调节池容量时应采用逐月平均产生量。

10.3 渗沥液收集

10.3.1 填埋库区渗沥液收集系统应包括导流层、盲沟、竖向收集井、集液井(池)、泵房、调节池及渗沥液水位监测井。

10.3.2 渗沥液导流层设计应符合下列规定：

1 导流层宜采用卵(砾)石或碎石铺设，厚度不宜小于300mm，粒径宜为 20mm~60mm，由下至上粒径逐渐减小。

2 导流层与垃圾层之间应铺设反滤层，反滤层可采用土工滤网，单位面积质量宜大于 200g/m²。

3 导流层内应设置导排盲沟和渗沥液收集导排管网。

4 导流层应保证渗沥液通畅导排，降低防渗层上的渗沥液水头。

5 导流层下可增设土工复合排水网强化渗沥液导流。

6 边坡导流层宜采用土工复合排水网铺设。

10.3.3 盲沟设计应符合下列规定：

1 盲沟宜采用砾石、卵石或碎石(CaCO₃含量不应大于10%)铺设，石料的渗透系数不应小于 1.0×10^{-3}cm/s。主盲沟石料厚度不宜小于 40cm，粒径从上到下依次为 20mm~30mm、30mm~40mm、40mm~60mm。

2 盲沟内应设置高密度聚乙烯(HDPE)收集管，管径应根据所收集面积的渗沥液最大日流量、设计坡度等条件计算，HDPE收集干管公称外径(d_n)不应小于 315mm，支管外径(d_n)不应小于200mm。

3 HDPE 收集管的开孔率应保证环刚度要求。HDPE 收集管的布置宜呈直线。Ⅲ类以上填埋场 HDPE 收集管宜设置高压水射流疏通、端头井等反冲洗措施。

4 主盲沟坡度应保证渗沥液能快速通过渗沥液 HDPE 干管进入调节池，纵、横向坡度不宜小于 2%。

5 盲沟系统宜采用鱼刺状和网状布置形式，也可根据不同地形采用特殊布置形式(反锅底形等)。

6 盲沟断面形式可采用菱形断面或梯形断面，断面尺寸应根据渗沥液汇流面积、HDPE 管管径及数量确定。

7 中间覆盖层的盲沟应与竖向收集井相连接，其坡度应能保证渗沥液快速进入收集井。

10.3.4 导气井可兼作渗沥液竖向收集井，形成立体导排系统收集垃圾堆体产生的渗沥液，竖向收集井间距宜通过计算确定。

10.3.5 集液井(池)宜按库区分区情况设置，并宜设在填埋库区外侧。

10.3.6 调节池设计应符合下列规定：

1 调节池容积宜按本规范附录 C 的计算要求确定，调节池容积不应小于三个月的渗沥液处理量。

2 调节池可采用 HDPE 土工膜防渗结构，也可采用钢筋混凝土结构。

3 HDPE 土工膜防渗结构调节池的池坡比宜小于 1:2，防渗结构设计可参考本规范第 8 章的相关规定。

4 钢筋混凝土结构调节池池壁应做防腐蚀处理。

5 调节池宜设置 HDPE 膜覆盖系统，覆盖系统设计应考虑覆盖膜顶面的雨水导排、膜下的沼气导排及池底污泥的清理。

10.3.7 库区渗沥液水位应控制在渗沥液导流层内。应监测填埋堆体内渗沥液水位，当出现高水位时，应采取有效措施降低水位。

10.4 渗沥液处理

10.4.1 渗沥液处理后排放标准应达到现行国家标准《生活垃圾填埋场污染控制标准》GB 16889 规定的指标或当地环保部门规定执行的排放标准。

10.4.2 渗沥液处理工艺应根据渗沥液的水质特性、产生量和达到的排放标准等因素，通过多方案技术经济比较进行选择。

10.4.3 渗沥液处理宜采用"预处理+生物处理+深度处理"的工艺组合，也可采用"预处理+物化处理"或"生物处理+深度处理"的工艺组合。

10.4.4 渗沥液预处理可采用水解酸化、混凝沉淀、砂滤等工艺。

10.4.5 渗沥液生物处理可采用厌氧生物处理法和好氧生物处理法，宜以膜生物反应器法(MBR)为主。

10.4.6 渗沥液深度处理可采用膜处理、吸附法、高级化学氧化等工艺，其中膜处理宜以反渗透为主。

10.4.7 物化处理可采用多级反渗透工艺。

10.4.8 渗沥液预处理、生物处理、深度处理及物化处理工艺设计参数宜按本规范附录 D 的规定取值。

10.4.9 渗沥液处理中产生的污泥应进行无害化处置。

10.4.10 膜处理过程产生的浓缩液可采用蒸发或其他适宜的处理方式。浓缩液回灌填埋堆体应保证不影响渗沥液处理正常运行。

11 填埋气体导排与利用

11.1 一般规定

11.1.1 填埋场必须设置有效的填埋气体导排设施，严防填埋气体自然聚集、迁移引起的火灾和爆炸。

11.1.2 当设计填埋库容大于或等于 2.5×10^6t，填埋厚度大于或等于 20m 时，应考虑填埋气体利用。

11.1.3 填埋场不具备填埋气体利用条件时，应采用火炬法燃烧处理，并宜采用能够有效减少甲烷产生和排放的填埋工艺。

11.1.4 未达到安全稳定的老填埋场应设置有效的填埋气体导排设施。

11.1.5 填埋气体导排和利用设施应符合现行行业标准《生活垃圾填埋场填埋气体收集处理及利用工程技术规范》CJJ 133 的有关规定。

11.2 填埋气体产生量

11.2.1 填埋气体产气量估算宜按现行行业标准《生活垃圾填埋场填埋气体收集处理及利用工程技术规范》CJJ 133 提供的方法进行计算。

11.2.2 清洁发展机制(CDM)项目填埋气体产气量的计算，应按本规范附录 E 的规定执行。

11.2.3 填埋场气体收集率宜根据填埋场建设和运行特征进行估算。

11.3 填埋气体导排

11.3.1 填埋气体导排设施宜采用导气井，也可采用导气井和导气盲沟相连的导排设施。

11.3.2 导气井可采用随填埋作业层升高分段设置和连接的石笼导气井，也可采用在填埋体中钻孔形成导气井。导气井的设置应

符合下列规定:

1 石笼导气井在导气管四周宜用 $d=20mm\sim80mm$ 级配的碎石等材料填充,外部宜采用能伸缩连接的土工网格或钢丝网等材料作为井筒,井底部宜铺设不破坏防渗层的基础。

2 钻孔导气井钻孔深度不应小于填埋深度的 2/3,钻孔应采用防爆施工设备,并应有保护场底防渗层的措施。

3 石笼导气井直径(Φ)不应小于600mm,中心多孔管应采用高密度聚乙烯(HDPE)管材,公称外径(d_n)不应小于110mm,管材开孔率不宜小于2%。

4 导气井兼作渗沥液竖向收集井时,中心多孔管公称外径(d_n)不宜小于200mm,导气井内水位过高时,应采取降低水位的措施。

5 导气井宜在填埋库区底部主、次盲沟交汇点取点设置,并应以设置点为基准,沿设置盲沟铺设方向,采用等边三角形、正六边形、正方形等形状布置。

6 导气井的影响半径宜通过现场抽气测试确定。不能进行现场测试时,单一导气井的影响半径可按该井所在位置填埋厚度的0.75倍~1.5倍取值。堆体中部的主动导排气井间距不宜大于50m,沿堆体边缘布置的导气井间距不宜大于25m,被动导排导气井间距不宜大于30m。

7 被动导气井的导气管管口宜高于堆体表面1m以上。

8 主动导排导气井井口周围应采用膨润土或黏土等低渗透性材料密封,密封厚度宜为1m~2m。

11.3.3 填埋库容大于或等于 $1.0\times10^6 t$,垃圾填埋深度大于或等于10m时,应采用主动导气。

11.3.4 导气盲沟的设置应符合下列规定:

1 宜用级配石料等粒状物填充,断面宽、高均不宜小于1000mm。

2 盲沟中心管宜采用软管,管内径不应小于150mm。当采用多孔管时,开孔率应保证管强度。水平导气管应有不低于2%的坡度,并接至导气总管或场外较低处。每条导气盲沟的长度不宜大于100m。

3 相邻标高的水平盲沟宜交错布置,盲沟水平距可按30m~50m设置,垂直间距可按10m~15m设置。

4 应与导气井连接。

11.3.5 应考虑堆体沉降对导气井和导气盲沟的影响,防止气体导排设施阻塞、断裂而失去导排功能。

11.4 填埋气体输送

11.4.1 填埋气体输送系统宜采用集气单元方式将临近的导气井或导气盲沟的连接管道进行布置。

11.4.2 填埋气体输送系统应设置流量控制阀门,根据气体流量的大小和压力调整阀门开度,达到产气量和抽气量平衡。

11.4.3 填埋气体抽气系统应具有填埋气体含量及流量的监测和控制功能,以确保抽气系统的正常安全运行。

11.4.4 输送管道设计应符合下列规定:

1 设计应留有允许材料热胀冷缩的伸缩余地,管道固定应设置缓冲区,保证输气管道的密封性。

2 应选用耐腐蚀、伸缩性强、具有良好的机械性能和气密性能的材料及配件。

3 在保证安全运行的条件下,输气管道布置应缩短输气线路。

11.4.5 填埋气体输送管道中的冷凝液排放应符合下列规定:

1 输送管道应设置不小于1%的坡度。

2 输送管道一定管段的最低处应设置冷凝液排放装置。

3 排出的冷凝液应及时收集。

4 收集的冷凝液可直接回喷到填埋堆体中。

11.5 填埋气体利用

11.5.1 填埋气体利用和燃烧系统应统筹设计,应优先满足利用系统的用气,剩余填埋气体应能自动分配到火炬系统进行燃烧。

11.5.2 填埋气体利用方式和规模应根据填埋场的产气量及当地条件等因素,通过多方案技术经济比较确定。气体利用率不宜小于70%。

11.5.3 填埋气体利用系统应设置预处理工序,预处理工艺和设备的选择应根据气体利用方案、用气设备的要求和污染排放标准确定。

11.5.4 填埋气体燃烧火炬应有较宽的负荷适应范围以满足稳定燃烧,应具有主动和被动两种保护措施,并应具有点火、灭火安全保护功能和阻火器等安全装置。

11.6 填埋气体安全

11.6.1 填埋库区应按生产的火灾危险性分类中戊类防火区的要求采取防火措施。

11.6.2 填埋库区防火隔离带应符合本规范第5.7.3条的规定。

11.6.3 填埋场达到稳定安全期前,填埋库区及防火隔离带范围内严禁设置封闭式建(构)筑物,严禁堆放易燃易爆物品,严禁将火种带入填埋库区。

11.6.4 填埋场上方甲烷气体含量必须小于5%,填埋场建(构)筑物内甲烷气体含量严禁超过1.25%。

11.6.5 进入填埋作业区的车辆、填埋作业设备应保持良好的机械性能,应避免产生火花。

11.6.6 填埋库区应防止填埋气体在局部聚集。填埋库区底部及边坡的土层10m深范围内的裂隙、溶洞及其他腔性结构均应予以充填密实。填埋体中不均匀沉降造成的裂隙应及时予以充填密实。

11.6.7 对填埋物中可能造成腔型结构的大件垃圾应进行破碎。

12 填埋作业与管理

12.1 填埋作业准备

12.1.1 填埋场作业人员应经过技术培训和安全教育,应熟悉填埋作业要求及填埋气体安全知识。运行管理人员应熟悉填埋作业工艺、技术指标及填埋气体的安全管理。

12.1.2 填埋作业规程应制定完备,并应制定填埋气体引起火灾和爆炸等意外事件的应急预案。

12.1.3 应根据设计制定分区分单元填埋作业计划,作业分区应采取有利于雨污分流的措施。

12.1.4 填埋作业分区的工程设施和满足作业的其他主体工程、配套工程及辅助设施,应按设计要求完成施工。

12.1.5 填埋作业应保证全天候运行,宜在填埋作业区设置雨季卸车平台,并应准备充足的垫层材料。

12.1.6 装载、挖掘、运输、摊铺、压实、覆盖等作业设备应按填埋日处理规模和作业工艺设计要求配置。Ⅲ类以上填埋场宜配置压实机,在大件垃圾较多的情况下,宜设置破碎设备。

12.2 填 埋 作 业

12.2.1 填埋物进入填埋场应进行检查和计量。垃圾运输车辆离开填埋场前宜冲洗轮胎和底盘。

12.2.2 填埋应采用单元、分层作业,填埋单元作业工序应为卸车、分层摊铺、压实,达到规定高度后应进行覆盖、再压实。填埋单元作业时应控制填埋作业面面积。

12.2.3 每层垃圾摊铺厚度应根据填埋作业设备的压实性能、压实次数及生活垃圾的可压缩性确定,厚度不宜超过60cm,且宜从作业单元的边坡底到顶部摊铺;生活垃圾压实密度应大于600kg/m³。

12.2.4 每一单元的生活垃圾高度宜为2m～4m,最高不得超过6m。单元作业宽度按填埋作业设备的宽度及高峰期同时进行作业的车辆数确定,最小宽度不宜小于6m。单元的坡度不宜大于1:3。

12.2.5 每一单元作业完成后应进行覆盖,覆盖层厚度应根据覆盖材料确定。采用HDPE膜或线型低密度聚乙烯膜(LLDPE)覆盖时,膜的厚度宜为0.50mm,采用土覆盖的厚度宜为20cm～25cm,采用喷涂覆盖的涂层干化后厚度宜为6mm～10mm。膜的性能指标应符合现行行业标准《垃圾填埋场用高密度聚乙烯土工膜》CJ/T 234《垃圾填埋场用线性低密度聚乙烯土工膜》CJ/T 276的要求。

12.2.6 作业场所应喷洒杀虫灭鼠药剂,并宜喷洒除臭剂及洒水降尘。

12.2.7 每一作业区完成阶段性高度后,暂时不在其上继续进行填埋时,应进行中间覆盖,覆盖层厚度应根据覆盖材料确定,黏土覆盖层厚度宜大于30cm,膜厚度不宜小于0.75mm。

12.2.8 填埋作业达到设计标高后,应及时进行封场覆盖。

12.2.9 填埋场内设施、设备应定期检查维护,发现异常应及时修复。

12.2.10 填埋场作业过程的安全卫生管理应符合现行国家标准《生产过程安全卫生要求总则》GB/T 12801的有关规定。

12.3 填埋场管理

12.3.1 填埋场应按建设、运行、封场、跟踪监测、场地再利用等阶段进行管理。

12.3.2 填埋场建设的有关文件资料应按国家有关规定进行整理与保管。

12.3.3 填埋场日常运行管理中应记录进场垃圾运输车号、车辆数量、生活垃圾量、渗沥液产生量、材料消耗等,记录积累的技术资料应完整,统一归档保管。填埋作业管理宜采用计算机网络管理。填埋场的计量应达到国家三级计量认证。

12.3.4 填埋场封场和场地再利用管理应符合本规范第13章的有关规定。

12.3.5 填埋场跟踪监测管理应符合本规范第15章的有关规定。

13 封场与堆体稳定性

13.1 一般规定

13.1.1 填埋场封场设计应考虑堆体整形与边坡处理、封场覆盖结构类型、填埋场生态恢复、土地利用与水土保持、堆体的稳定性等因素。

13.1.2 填埋场封场应符合现行行业标准《生活垃圾卫生填埋场封场技术规程》CJJ 112与《生活垃圾卫生填埋场岩土工程技术规范》CJJ 176的有关规定。

13.2 填埋场封场

13.2.1 堆体整形设计应满足封场覆盖层的铺设和封场后生态恢复与土地利用的要求。

13.2.2 堆体整形顶面坡度不宜小于5%。边坡大于10%时宜采用多级台阶,台阶间边坡坡度不宜大于1:3,台阶宽度不宜小于2m。

13.2.3 填埋场封场覆盖结构(图13.2.3)各层应由下至上依次为:排气层、防渗层、排水层与植被层。填埋场场覆盖应符合下列规定:

1 排气层:堆体顶面宜采用粗粒或多孔材料,厚度不宜小于30cm,边坡宜采用土工复合排水网,厚度不应小于5mm。

2 排水层:堆体顶面宜采用粗粒或多孔材料,厚度不宜小于30cm。边坡宜采用土工复合排水网,厚度不应小于5mm;也可采用加筋土工网垫,规格不宜小于600g/m²。

3 植被层:应采用自然土加表层营养土,厚度应根据种植植物的根系深浅确定,厚度不宜小于50cm,其中营养土厚度不宜小于15cm。

4 防渗层应符合下列要求:
1)采用高密度聚乙烯(HDPE)土工膜或线性低密度聚乙烯(LLDPE)土工膜,厚度不应小于1mm,膜上应敷设非织造土工布,规格不宜小于300g/m²;膜下应敷设保护层。
2)采用黏土,黏土层的渗透系数不应大于1.0×10^{-7}cm/s,厚度不应小于30cm。

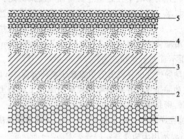

图13.2.3 黏土覆盖系统示意图
1—垃圾层;2—排气层;3—防渗层;4—排水层;5—植被层

13.2.4 填埋场封场覆盖后,应及时采用植被逐步实施生态恢复,并应与周边环境相协调。

13.2.5 填埋场封场后应继续进行填埋气体导排、渗沥液导排和处理、环境与安全监测等运行管理,直至填埋场达到稳定。

13.2.6 填埋场封场后宜进行水土保持的相关维护工作。

13.2.7 填埋场封场后的土地利用应符合下列规定:

1 填埋场封场后的土地利用应符合现行国家标准《生活垃圾填埋场稳定化场地利用技术要求》GB/T 25179的规定。

2 填埋场土地利用前应作出场地稳定化鉴定、土地利用论证及有关部门审定。

3 未经环境卫生、岩土、环保专业技术鉴定前,填埋场地严禁作为永久性封闭式建(构)筑物用地。

13.2.8 老生活垃圾填埋场封场工程除应符合本规范第13.2.1条～第13.2.7条的要求外,尚应符合下列规定:

1 无气体导排设施的或导排设施失效存在安全隐患的,应采用钻孔法设置或完善填埋气体导排系统,已覆盖土层的垃圾堆体可采用开挖网状排气盲沟的方式形成排气层。

2 无渗沥液导排设施的或导排设施失效的,应设置或完善渗沥液导排系统。

3 渗沥液、填埋气体发生地下横向迁移的,应设置垂直防渗系统。

13.3 填埋堆体稳定性

13.3.1 填埋堆体的稳定性应考虑封场覆盖、堆体边坡及堆体沉降的稳定。

13.3.2 封场覆盖应进行滑动稳定性分析,确保封场覆盖层的安全稳定。

13.3.3 填埋堆体边坡的稳定性计算宜按现行国家标准《建筑边坡工程技术规范》GB 50330中土坡计算方法的有关规定执行。

13.3.4 堆体沉降稳定宜根据沉降速率与封场年限来判断。

13.3.5 填埋场运行期间宜设置堆体沉降与渗沥液导流层水位监

测设备设施,对填埋堆体典型断面的沉降、边坡侧向变形情况及渗沥液导流层水头进行监测,根据监测结果对滑移等危险征兆采取应急控制措施。

14 辅助工程

14.1 电 气

14.1.1 填埋场的生产用电应从附近电力网引接,其接入电压等级应根据填埋场的总用电负荷及附近电力网的具体情况,经技术经济比较后确定。

14.1.2 填埋场的继电保护和安全自动装置与接地装置应符合现行国家标准《电力装置的继电保护和自动装置设计规范》GB/T 50062及《交流电气装置的接地》DL/T 621中的有关规定。

14.1.3 填埋气体发电工程的电气主接线应符合下列规定:

1 发电上网时,应至少有一条与电网连接的双向受、送电线路。

2 发电自用时,应至少有一条与电网连接的受电线路,当该线路发生故障时,应有能够保证安全停机和启动的内部电源或其他外部电源。

14.1.4 照明设计应符合现行国家标准《建筑照明设计标准》GB 50034中的有关规定。正常照明和事故照明宜采用分开的供电系统。

14.1.5 电缆的选择与敷设应符合现行国家标准《电力工程电缆设计规范》GB 50217的有关规定。

14.2 给排水工程

14.2.1 填埋场给水工程设计应符合现行国家标准《室外给水设计规范》GB 50013和《建筑给水排水设计规范》GB 50015的有关规定。

14.2.2 填埋场采用井水作为给水时,饮用水水质应符合现行国家标准《生活饮用水卫生标准》GB 5749的有关规定,用水标准及定额应满足现行国家标准《建筑给水排水设计规范》GB 50015中的有关规定。

14.2.3 填埋场排水工程设计应符合现行国家标准《室外排水设计规范》GB 50014和《建筑给水排水设计规范》GB 50015的有关规定。

14.3 消 防

14.3.1 填埋场除考虑填埋气体的消防外,还应设置建(构)筑物的室内、室外消防系统。消防系统的设置应符合现行国家标准《建筑设计防火规范》GB 50016和《建筑灭火器配置设计规范》GB 50140的有关规定。

14.3.2 填埋场的电气消防设计应符合现行国家标准《建筑设计防火规范》GB 50016和《火灾自动报警系统设计规范》GB 50116中的有关规定。

14.4 采暖、通风与空调

14.4.1 填埋场各建筑物的采暖、空调及通风设计应符合现行国家标准《采暖通风与空气调节设计规范》GB 50019中的有关规定。

15 环境保护与劳动卫生

15.0.1 填埋场环境影响评价及环境污染防治应符合下列规定:

1 填埋场工程建设项目在进行可行性研究的同时,应对建设项目的环境影响作出评价。

2 填埋场工程建设项目的环境污染防治设施应与主体工程同时设计、同时施工、同时投产使用。

3 填埋作业过程中产生的各种污染物的防治与排放应符合国家有关规定。

15.0.2 填埋场应设置地下水本底监测井、污染扩散监测井、污染监测井。填埋场应进行水、气、土壤及噪声的本底监测和作业监测。监测井和采样点的布设、监测项目、频率及分析方法应按现行国家标准《生活垃圾填埋场污染控制标准》GB 16889和《生活垃圾卫生填埋场环境监测技术要求》GB/T 18772执行,填埋库区封场后应进行跟踪监测直至填埋体稳定。

15.0.3 填埋场环境污染控制指标应符合现行国家标准《生活垃圾填埋场污染控制标准》GB 16889的要求。

15.0.4 填埋场使用杀虫灭鼠药剂时应避免二次污染。

15.0.5 填埋场应设置道路行车指示、安全标识、防火防爆及环境卫生设施设置标志。

15.0.6 填埋场的劳动卫生应按照现行国家标准《工业企业设计卫生标准》GBZ 1和《生产过程安全卫生要求总则》GB/T 12801的有关规定执行,并应结合填埋作业特点采取有利于职业病防治和保护作业人员健康的措施。填埋作业人员应每年体检一次,并应建立健康登记卡。

16 工程施工及验收

16.0.1 填埋场工程施工前应根据设计文件或招标文件编制施工方案,准备施工设备及设施,合理安排施工场地。

16.0.2 填埋场工程应根据工程设计文件和设备技术文件进行施工和安装。

16.0.3 填埋场工程施工变更应按设计单位的设计变更文件进行。

16.0.4 填埋场各项建筑、安装工程应按现行相关标准及设计要求进行施工。

16.0.5 施工安装使用的材料应符合现行国家相关标准及设计要求;对国外引进的专用填埋设备与材料,应按供货商提供的设备技术规范、合同规定及商检文件执行,并应符合现行国家标准的相应要求。

16.0.6 填埋场工程验收除按国家规定和相应专业现行验收标准执行外,还应符合下列规定:

1 地基处理应符合本规范第6章的要求。

2 垃圾坝应符合本规范第7章的要求。

3 防渗工程与地下水导排应符合本规范第8章的要求。

4 防洪与雨污分流系统应符合本规范第9章的要求。

5 渗沥液收集与处理应符合本规范第10章的要求。

6 填埋气体导排与利用应符合本规范第11章的要求。

7 填埋场封场应符合本规范第13章的要求。

附录A 填埋库容与有效库容计算

A.0.1 填埋库容采用方格网法计算时,应符合下列规定:

1 将场地划分成若干个正方形格网,再将场底设计标高和封场标高分别标注在规则网格各个角点上,封场标高与场底设计标高的差值应为各角点的高度。

2 计算每个四棱柱的体积,再将所有四棱柱的体积汇总为总的填埋场库容。方格网法库容可按下式计算:

$$V = \sum_{i=1}^{n} a^2(h_{i1} + h_{i2} + h_{i3} + h_{i4})/4 \qquad (A.0.1)$$

式中:$h_{i1}, h_{i2}, h_{i3}, h_{i4}$——第$i$个方格网各个角点高度(m);

V——填埋库容(m^3);

a——方格网的边长(m);

n——方格网个数。

3 计算时可将库区划分为边长 10m~40m 的正方形方格网,方格网越小,精度越高。

4 可采用基于网格法的土方计算软件进行填埋库容计算。

A.0.2 有效库容应按下列公式计算:

1 有效库容为有效库容系数与填埋库容的乘积,应按下式计算:

$$V' = \zeta \cdot V \qquad (A.0.2\text{-}1)$$

式中:V'——有效库容(m^3);

V——填埋库容(m^3);

ζ——有效库容系数。

2 有效库容系数应按下式计算:

$$\zeta = 1 - (I_1 + I_2 + I_3) \qquad (A.0.2\text{-}2)$$

式中:I_1——防渗系统所占库容系数;

I_2——覆盖层所占库容系数;

I_3——封场所占库容系数。

3 防渗系统所占库容系数 I_1 按下式计算:

$$I_1 = \frac{A_1 h_1}{V} \qquad (A.0.2\text{-}3)$$

式中:A_1——防渗系统的表面积(m^2);

h_1——防渗系统厚度(m);

V——填埋库容(m^3)。

4 覆盖层所占库容系数 I_2 应符合下列规定:

1)平原型填埋场黏土中间覆盖层厚度为 30cm,垃圾层厚度为 10m~20m 时,黏土中间覆盖层所占用的库容系数 I_2 可近似取 1.5%~3%;

2)日覆盖和中间覆盖层采用土工膜作为覆盖材料时,可不考虑 I_2 的影响,近似取 0。

5 封场所占库容系数 I_3 应按下式计算:

$$I_3 = \frac{A_{2T} h_{2T} + A_{2S} h_{2S}}{V} \qquad (A.0.2\text{-}4)$$

式中:A_{2T}——封场堆体顶面覆盖系统的表面积(m^2);

h_{2T}——封场堆体顶面覆盖系统厚度(m);

A_{2S}——封场堆体边坡覆盖系统的表面积(m^2);

h_{2S}——封场堆体边坡覆盖系统厚度(m);

V——填埋库容(m^3)。

附录 B 渗沥液产生量计算方法

B.0.1 渗沥液最大日产生量、日平均产生量及逐月平均产生量宜按下式计算,其中浸出系数应结合填埋场实际情况选取。

$$Q = I \times (C_1 A_1 + C_2 A_2 + C_3 A_3 + C_4 A_4)/1000 \qquad (B.0.1)$$

式中:Q——渗沥液产生量(m^3/d);

I——降水量(mm/d)。当计算渗沥液最大日产生量时,取历史最大日降水量;当计算渗沥液日平均产生量时,取多年平均日降水量;当计算渗沥液逐月平均产生量时,取多年逐月平均降雨量。数据充足时,宜按 20 年的数据计取;数据不足 20 年时,可按现有全部年数据计取;

C_1——正在填埋作业区浸出系数,宜取 0.4~1.0,具体取值可参考表 B.0.1。

表 B.0.1 正在填埋作业单元浸出系数 C_1 取值表

所在地年降雨量(mm) 有机物含量	年降雨量 ≥800	400≤年降雨量 <800	年降雨量 <400
>70%	0.85~1.00	0.75~0.95	0.50~0.75
≤70%	0.70~0.80	0.50~0.70	0.40~0.55

注:若填埋场所处地区气候干旱、进场生活垃圾中有机物含量低、生活垃圾降解程度低及埋深小时宜取高值;若填埋场所处地区气候湿润、进场生活垃圾中有机物含量高、生活垃圾降解程度高及埋深大时宜取低值。

A_1——正在填埋作业区汇水面积(m^2);

C_2——已中间覆盖区浸出系数。当采用膜覆盖时宜取(0.2~0.3)C_1生活垃圾降解程度低或埋深小时宜取下限,生活垃圾降解程度高或埋深大时宜取上限;当采用土覆盖时宜取(0.4~0.6)C_1(若覆盖材料渗透系数较小、整体密封性好、生活垃圾降解程度低及埋深小时宜取低值,若覆盖材料渗透系数较大、整体密封性较差、生活垃圾降解程度高及埋深大时宜取高值);

A_2——已中间覆盖区汇水面积(m^2);

C_3——已终场覆盖区浸出系数,宜取 0.1~0.2(若覆盖材料渗透系数较小、整体密封性好、生活垃圾降解程度低及埋深小时宜取下限,若覆盖材料渗透系数较大、整体密封性较差、生活垃圾降解程度高及埋深大时宜取上限);

A_3——已终场覆盖区汇水面积(m^2);

C_4——调节池浸出系数,取 0 或 1.0(若调节池设置有覆盖系统取 0,若调节池未设置覆盖系统取 1.0);

A_4——调节池汇水面积(m^2)。

B.0.2 当 A_1、A_2、A_3 随不同的填埋时期取不同值,渗沥液产生量设计值应在最不利情况下计算,即在 A_1、A_2、A_3 的取值使得 Q 最大的时候进行计算。

B.0.3 当考虑生活管理区污水等其他因素时,渗沥液的设计处理规模宜在其产生量的基础上乘以适当系数。

附录 C 调节池容量计算方法

C.0.1 调节池容量可按表 C.0.1 进行计算。

表 C.0.1 调节池容量计算表

月份	多年平均逐月降雨量(mm)	逐月渗沥液产生量(m^3)	逐月渗沥液处理量(m^3)	逐月渗沥液余量(m^3)
1	M_1	A_1	B_1	$C_1 = A_1 - B_1$
2	M_2	A_2	B_2	$C_2 = A_2 - B_2$
3	M_3	A_3	B_3	$C_3 = A_3 - B_3$
4	M_4	A_4	B_4	$C_4 = A_4 - B_4$
5	M_5	A_5	B_5	$C_5 = A_5 - B_5$
6	M_6	A_6	B_6	$C_6 = A_6 - B_6$
7	M_7	A_7	B_7	$C_7 = A_7 - B_7$
8	M_8	A_8	B_8	$C_8 = A_8 - B_8$
9	M_9	A_9	B_9	$C_9 = A_9 - B_9$
10	M_{10}	A_{10}	B_{10}	$C_{10} = A_{10} - B_{10}$
11	M_{11}	A_{11}	B_{11}	$C_{11} = A_{11} - B_{11}$
12	M_{12}	A_{12}	B_{12}	$C_{12} = A_{12} - B_{12}$

注:表 C.0.1 中将 1~12 月中 C>0 的月渗沥液余量累计相加,即为需要调节的总容量。

C.0.2 逐月渗沥液产生量可根据本规范附录 B 中式(B.0.1)计算,其中 I 取多年逐月降雨量,经计算得出逐月渗沥液产生量 A_1~A_{12}。

C.0.3 逐月渗沥液余量可按下式计算。

$$C = A - B \qquad (C.0.3)$$

式中：C——逐月渗沥液余量（m^3）；

A——逐月渗沥液产生量（m^3）；

B——逐月渗沥液处理量（m^3）。

C.0.4 计算值宜按历史最大日降雨量或20年一遇连续七日最大降雨量进行校核，在当地没有上述历史数据时，也可采用现有全部年数据进行校核。并将校核值与上述计算出来的需要调节的总容量进行比较，取其中较大者，在此基础上乘以安全系数1.1～1.3即为所取调节池容积。

C.0.5 当采用历史最大日降雨量进行校核时，可参考下式计算：

$$Q_1 = I_1 \times (C_1 A_1 + C_2 A_2 + C_3 A_3 + C_4 A_4)/1000 \qquad (C.0.5)$$

式中：Q_1——校核容积（m^3）；

I_1——历史最大日降雨量（m^3）；

C_1、C_2、C_3、C_4 与 A_1、A_2、A_3、A_4 的取值同本规范附录B式（B.0.1）。

附录D 渗沥液处理工艺参考设计参数

表D 渗沥液处理工艺参考设计参数

渗沥液处理工艺	参考设计参数及技术要求	说明
水解酸化	1 水力停留时间（HRT）不宜小于10h； 2 pH值宜为6.5～7.5	水解酸化可采用悬浮式反应器、接触式反应器、复合式反应器等形式
混凝沉淀	1 混凝剂投药方法可采用干投法或湿投法。 2 药剂调制方法可采用水力法、压缩空气法、机械法等。可采用硫酸铝、聚合氯化铝、三氯化铁和聚丙烯酰胺（PAM）等药剂。 3 干式投配设备配置混凝剂的破碎设备，应具备每小时投配5kg以上的规模；湿式投配设备应配置一套溶解、搅拌、定量控制和投配设备	干投法流程宜为：药剂输送→粉碎→提升→计量→加药混合。湿投法流程宜为：溶解池→溶液池→定量控制设备→投加设备→混合池。 混凝沉淀采用的混合设备可采用桨板式混合槽、分流隔板混合槽、水泵等，反应设备可采用隔板式反应池、涡流式反应池、机械搅拌反应池等
UASB	1 UASB的适宜参数为： 1）反应器适宜温度，常温范围为20℃～30℃，中温范围为30℃～38℃，高温范围为50℃～55℃； 2）容积负荷适宜值为5kgCOD/（m^3·d）～15kgCOD/（m^3·d）； 3）反应器适宜pH：6.5～7.8。 2 UASB反应器应设置生物气体利用或安全燃烧装置	池形可设计为圆形、方形或矩形。处理渗沥液量过大时可设计为多个池体并联运行。 反应器反应区的高度可设计为1.5m～4.0m。当渗沥液流量较高，需要的沉淀区面积小时，沉淀区的面积可以和反应区相同；当渗沥液流量大，浓度较低，需要的沉淀区面积大时，可采用反应器上部面积大于下部面积的池形
膜生物反应器（MBR）	1 膜生物反应器可采用外置式膜生物反应器或内置式膜生物反应器。 2 膜生物反应器的适宜参数为： 1）进水COD：外置式不宜大于20000mg/L，内置式不宜大于15000mg/L； 2）进水BOD/COD的比值不宜小于0.3； 3）进水氨氮 NH_3-N不宜大于2500mg/L； 4）水温度宜为20℃～35℃； 5）污泥浓度：外置式宜为10000mg/L～15000mg/L，内置式宜为8000mg/L～10000mg/L； 6）污泥负荷：外置式宜为0.05kgCOD	"外置式膜生物反应器"中生化反应器与膜单元相对独立，通过混合液循环泵使得处理水通过膜组件后外排；"内置式膜生物反应器"其膜浸没

续表D

渗沥液处理工艺	参考设计参数及技术要求	说明
膜生物反应器（MBR）	（kgMLVSS·d）～0.18kgCOD（kgMLVSS·d），内置式宜为0.04kgCOD（kgMLVSS·d）～0.12kgCOD（kgMLVSS·d）； 7）脱氮速率（20℃）：外置式宜为（0.05～0.20）kgNO$_3^-$-N/（kgMLSS·d），内置式宜为（0.05～0.15）kgNO$_3^-$-N/（kgMLSS·d）； 8）硝化速率：外置式宜为（0.02～0.10）kgNH$_4^+$-N/（kgMLSS·d），内置式宜为（0.02～0.08）kgNH$_4^+$-N/（kgMLSS·d）； 9）剩余污泥产泥系数：0.1kgMLVSS/kgCOD～0.3kgMLVSS/kgCOD。 3 一般情况下，MBR宜采用A/O工艺，当需要强化脱氮处理时，宜采用A/O/A/O工艺强化生物处理	在生物反应器内，出水通过负压抽吸经过膜单元后排出。 其中外置式膜宜选用管式超滤膜组件，内置式膜宜选用板式微滤膜组件、板式超滤膜组件、中空纤维微滤膜组件或中空纤维超滤膜组件
膜深度处理	1 膜处理可采用纳滤（NF）、卷式反渗透（卷式RO）、碟管式反渗透（DTRO）等工艺。 2 当采用"NF＋卷式RO"，NF段的适宜参数为： 1）进水淤塞指数SDI$_{15}$不宜大于5； 2）进水游离余氯不宜大于0.1mg/L； 3）进水悬浮物SS不宜大于100mg/L； 4）进水化学需氧量COD不宜大于1200mg/L； 5）进水生化需氧量（BOD$_5$）不宜大于600mg/L； 6）进水氨氮 NH_3-N不宜大于200mg/L； 7）进水总氮TN不宜大于300mg/L； 8）水温度宜为15℃～30℃； 9）pH值宜为5.0～7.0； 10）纳滤膜通量宜为15L/（m^2·h）～20L/（m^2·h）； 11）水回收率不宜低于80%（25℃）； 12）操作压力：卷式纳滤膜宜为0.5MPa～1.5MPa；碟管式纳滤膜宜为0.5MPa～2.5MPa。 3 当采用"NF＋卷式RO"或"卷式RO"时，卷式RO段适宜参数： 1）进水淤塞指数SDI$_{15}$不宜大于5； 2）进水游离余氯不宜大于0.1mg/L； 3）进水悬浮物SS不宜大于50mg/L； 4）进水化学需氧量COD不宜大于1200mg/L； 5）进水电导率（20℃）不宜大于20000μS/cm； 6）水温度宜为15℃～30℃； 7）pH值宜为5.0～7.0； 8）反渗透膜通量宜为10L/（m^2·h）～15L/（m^2·h）； 9）水回收率不宜低于70%（25℃）； 10）操作压力宜为1.5MPa～2.5MPa。 4 当采用"单级DTRO"时，适宜参数如下： 1）进水淤塞指数SDI$_{15}$不宜大于20； 2）进水游离余氯不宜大于0.1mg/L； 3）进水悬浮物SS不宜大于500mg/L； 4）进水化学需氧量COD不宜大于1200mg/L； 5）进水生化需氧量（BOD$_5$）不宜大于600mg/L； 6）进水氨氮 NH_3-N不宜大于250mg/L； 7）进水总氮TN不宜大于400mg/L； 8）进水电导率常压级不宜大于30000μS/cm，高压级不宜大于100000μS/cm； 9）水温度宜为15℃～30℃； 10）常压级操作压力不宜大于7.5MPa，高压反渗透操作压力不宜大于12.0MPa或20.0MPa； 11）系统水回收率不宜低于75%（25℃）	单支膜元件产水量按膜生产商提供的产品技术手册提供的25℃条件下单支膜元件产水量。单位为m^3/d或gpd。并按膜生产商产品技术手册提供的温度修正系数进行修正。也可以25℃为设计温度，每升/降1℃，产水量增加或减少2.5%计算

渗沥液处理工艺	参考设计参数及技术要求	说　明
多级反渗透处理（以两级 DTRO 为例）	1　进水淤塞指数 SDI_{15} 不宜大于 20； 2　进水游离余氯不宜大于 0.1mg/L； 3　进水悬浮物 SS 不宜大于 1500mg/L； 4　进水化学需氧量 COD 不宜大于 35000mg/L； 5　进水氨氮 NH_3-N 不宜大于 2500mg/L； 6　进水总氮 TN 不宜大于 4000mg/L； 7　进水电导率常压级不宜大于 30000μS/cm，高压级不宜大于 100000μS/cm； 8　水温度宜为 15℃～30℃； 9　常压级操作压力不宜大于 7.5MPa，高压反渗透操作压力不宜大于 12.0MPa 或 20.0MPa； 10　单级水回收率不宜低于 75%（25℃）	—

附录 E　填埋气体产气量估算

E.0.1　填埋气体产气量宜采用联合国气候变化框架公约（UNF-CCC）方法学模型，按下式计算：

$$E_{CH_4} = \varphi \cdot (1-OX) \cdot \frac{16}{12} \cdot F \cdot DOC_F \cdot MCF \cdot$$

$$\sum_{x=1}^{y} \sum_{j} W_{j,x} \cdot DOC_j \cdot e^{-k_j \cdot (y-x)} \cdot (1-e^{-k_j}) \quad (E.0.1)$$

式中：E_{CH_4}——在 x 年内甲烷产生量(t)；

φ——模型校正因子；

OX——氧化因子；

$16/12$——碳转化为甲烷的系数；

F——填埋气体中甲烷体积百分比（默认值为 0.5）；

DOC_F——生活垃圾中可降解有机碳的分解百分率（%）；

MCF——甲烷修正因子（比例）；

$W_{j,x}$——在 x 年内填埋的 j 类生活垃圾成分量(t)；

DOC_j——j 类生活垃圾成分中可降解有机碳的含量，按重量比（%）；

j——生活垃圾种类；

x——填埋场投入运行的时间；

y——模型计算当年；

k_j——j 类生活垃圾成分的产气速率常数(1/年)。

E.0.2　参数的选择宜符合下列规定：

1　φ：因模型估算的不确定性，宜采用保守方式，对估算结果进行 10% 的折扣，建议取值为 0.9。

2　OX：反映甲烷被土壤或其他覆盖材料氧化的情况，宜取值 0.1。

3　DOC_j：不同生活垃圾成分中可降解有机碳的含量，在计算时应对生活垃圾成分进行分类，不同生活垃圾成分的 DOC 取值宜符合表 E.0.2-1 的规定。

表 E.0.2-1　不同生活垃圾成分的 DOC 取值

生活垃圾类型	DOC_j（% 湿垃圾）	DOC_j（% 干垃圾）
木质	43	50
纸类	40	44
厨余	15	38
织物	24	30
园林	20	49
玻璃、金属	0	0

4　k_j：生活垃圾的产气速率取值应考虑生活垃圾成分、当地气候、填埋场内的生活垃圾含水率等因素，不同生活垃圾成分的产气速率 k 取值宜符合表 E.0.2-2 的规定。

表 E.0.2-2　不同生活垃圾成分的产气率 k 取值表

生活垃圾类型		寒温带（年均温度<20℃）		热带（年均温度>20℃）	
		干燥 $MAP/PET<1$	潮湿 $MAP/PET>1$	干燥 $MAP<1000mm$	潮湿 $MAP>1000mm$
慢速降解	纸类、织物	0.04	0.06	0.045	0.07
	木质物、稻草	0.02	0.03	0.025	0.035
中速降解	园林	0.05	0.10	0.065	0.17
快速降解	厨渣	0.06	0.185	0.085	0.40

注：MAP 为年均降雨量，PET 为年均蒸发量。

5　MCF：填埋场管理水平分类及 MCF 取值应符合表 E.0.2-3 的规定。

表 E.0.2-3　填埋场管理水平分类及 MCF 取值表

场址类型	MCF 缺省值
具有良好管理水平	1.0
管理水平不符合要求，但填埋深度≥5m	0.8
管理水平不符合要求，但填埋深度<5m	0.4
未分类的生活垃圾填埋场	0.6

6　DOC_F：联合国政府间气候变化专门委员会（IPCC）指南提供的经过异化的可降解有机碳比例的缺省值为 0.77。该值只能在计算可降解有机碳时不考虑木质素碳的情况下才可以采用，实际情况应偏低于 0.77，取值宜为 0.5～0.6。

本规范用词说明

1　为便于在执行本规范条文时区别对待，对要求严格程度不同的用词说明如下：

1）表示很严格，非这样做不可的：

正面词采用"必须"，反面词采用"严禁"；

2）表示严格，在正常情况下均应这样做的：

正面词采用"应"，反面词采用"不应"或"不得"；

3）表示允许稍有选择，在条件许可时首先应这样做的：

正面词采用"宜"，反面词采用"不宜"；

4）表示有选择，在一定条件下可以这样做的，采用"可"。

2　条文中指明应按其他有关标准执行的写法为："应符合……的规定"或"应按……执行"。

引用标准名录

《建筑地基基础设计规范》GB 50007

《室外给水设计规范》GB 50013

《室外排水设计规范》GB 50014

《建筑给水排水设计规范》GB 50015

《建筑设计防火规范》GB 50016

《采暖通风与空气调节设计规范》GB 50019

《建筑照明设计标准》GB 50034

《建筑物防雷设计规范》GB 50057

《电力装置的继电保护和自动装置设计规范》GB/T 50062

《火灾自动报警系统设计规范》GB 50116

《建筑灭火器配置设计规范》GB 50140

《防洪标准》GB 50201

《电力工程电缆设计规范》GB 50217

《建筑边坡工程技术规范》GB 50330

《工业企业设计卫生标准》GBZ 1

《厂矿道路设计规范》GBJ 22

《生活饮用水卫生标准》GB 5749

《生产过程安全卫生要求总则》GB/T 12801

《生活垃圾填埋场污染控制标准》GB 16889

《生活垃圾卫生填埋场环境监测技术要求》GB/T 18772

《城镇污水处理厂污泥处置 混合填埋用泥质》GB/T 23485

《生活垃圾填埋场稳定化场地利用技术要求》GB/T 25179

《城市防洪工程设计规范》CJJ 50

《生活垃圾卫生填埋场封场技术规程》CJJ 112

《生活垃圾卫生填埋场防渗系统工程技术规范》CJJ 113

《生活垃圾填埋场填埋气体收集处理及利用工程技术规范》CJJ 133

《生活垃圾渗沥液处理技术规范》CJJ 150

《生活垃圾卫生填埋场岩土工程技术规范》CJJ 176

《垃圾填埋场用高密度聚乙烯土工膜》CJ/T 234

《垃圾填埋场用线性低密度聚乙烯土工膜》CJ/T 276

《交流电气装置的接地》DL/T 621

《混凝土重力坝设计规范》DL 5108

《碾压式土石坝施工规范》DL/T 5129

《建筑地基处理技术规范》JGJ 79

《土工试验规程》SL 237

《水利水电工程天然建筑材料勘察规程》SL 251

《碾压式土石坝设计规范》SL 274

《水利水电工程边坡设计规范》SL 386

中华人民共和国国家标准

生活垃圾卫生填埋处理技术规范

GB 50869—2013

条 文 说 明

制 订 说 明

《生活垃圾卫生填埋处理技术规范》GB 50869—2013 经住房和城乡建设部 2013 年 8 月 8 日以第 107 号公告批准发布。

本规范在编制过程中，编制组对我国生活垃圾卫生填埋场近年来的发展和技术进步及填埋及理选址、设计、施工和验收的情况进行了大量的调查研究，总结了我国生活垃圾卫生填埋工程的实践经验，同时参考了国外先进技术标准，给出了垃圾填埋工程的相关计算方法及工艺参考设计参数。

为便于广大设计、施工、科研、院校等单位有关人员在使用本规范时能正确理解和执行条文规定，《生活垃圾卫生填埋处理技术规范》编制组按章、节、条顺序编制了本规范的条文说明，对条文规定的目的、依据以及执行中需注意的有关事项进行了说明。但是，本条文说明不具备与规范正文同等的法律效力，仅供使用者作为理解和把握规范规定的参考。

目　次

1 总 则

1.0.1 本条是关于制订本规范的依据和目的的规定。

《中华人民共和国固体废物污染环境防治法》（1996年4月1日实施）规定人民政府应建设城市生活垃圾处理处置设施，防止垃圾污染环境。

条文中的"技术政策"是指《城市生活垃圾处理及污染防治技术政策》（建城〔2000〕120号）及《生活垃圾处理技术指南》（建城〔2010〕61号）。

《城市生活垃圾处理及污染防治技术政策》对卫生填埋的技术政策为：在具备卫生填埋场地资源和自然条件适宜的城市，以卫生填埋作为垃圾处理的基本方案，同时指出卫生填埋是垃圾处理必不可少的最终处理手段，也是现阶段我国垃圾处理的主要方式。《城市生活垃圾处理及污染防治技术政策》还指出：开发城市生活垃圾处理技术和设备，提高国产化水平。着重研究开发填埋专用机具和人工防渗材料、填埋场渗沥液处理、填埋场封场和填埋气体回收利用等卫生填埋技术和成套设备。

《生活垃圾处理技术指南》对卫生填埋的规定为：卫生填埋技术成熟，作业相对简单，对处理对象的要求较低，在不考虑土地成本和后期维护的前提下，建设投资和运行成本相对较低。对于拥有相应土地资源且具有较好的污染控制条件的地区，可采用卫生填埋方式实现生活垃圾无害化处理。

1.0.2 本条是关于本规范的适用范围的规定。

条文中的"改建、扩建"主要指对老填埋场的堆体边坡整理与封场覆盖、填埋气体导排与处理、防渗系统加固与改造、渗沥液导排与处理等治理工程和新库区扩建工程。扩建工程要求按卫生填埋要求进行全面设计与建设。

1.0.3 本条是关于生活垃圾卫生填埋工程采用新技术应遵循的原则的规定。

我国第一座严格按照标准设计的卫生填埋场是1991年投入运营的杭州天子岭生活垃圾填埋场，相对而言，我国的填埋技术仍处于发展阶段，很多技术都是从国外移植而来，在引用、借鉴国外填埋技术、工程经验时应考虑我国实际情况，选择符合我国垃圾特点及气候、地质条件的填埋技术。

条文中的"新工艺"是指能够提高填埋效率，加速填埋场稳定、减小二次污染的新型填埋工艺，如填埋前的机械-生物预处理、准好氧填埋、生物反应器填埋、高维填埋、垂直防渗膜工艺等。

机械-生物预处理通过机械分选和生物处理方法，可以有效降低水分含量和减少可生物降解物含量、恶臭散发及填埋气排放，并且有助于渗沥液处理，提高填埋库容，节省土地。

准好氧填埋是凭借无动力生物蒸发作用，不仅能有效加速垃圾降解，而且能使垃圾中大部分有机成分以 CO_2、N_2 等气体形式排放，可有效削减 CH_4 的产生。

生物反应器填埋技术将每个填埋单元视为可控小"生物反应器"，多个填埋单元构成的填埋场就是一个大的生物反应器。它具有生物降解速度快、稳定化时间短、渗沥液水质较易处理等特点。

高维填埋技术通过合理的设计，提高填埋场的空间利用效率，节约土地资源。传统填埋场空间效率系数一般为 $20m^3/m^2$～$30m^3/m^2$，高维填埋的空间效率系数可达 $50m^3/m^2$～$70m^3/m^2$。

垂直防渗膜工艺是采用专用设备将 HDPE 膜垂直插入库底，HDPE 膜段之间采用锁扣插接，形成连续的垂直防渗结构。HDPE 膜因其柔韧性，使其能适应地表土的移动且耐久性较好，故此工艺防渗效果可靠，施工可靠，且有较长的使用期限。

1.0.4 本条是关于卫生填埋工程建设应符合有关标准的规定。

3 填埋物入场技术要求

3.0.1 本条是关于进入生活垃圾卫生填埋场的填埋物类别的规定。

条文中"居民家庭垃圾"是指居民家庭产生的生活垃圾；"园林绿化废弃物"是指城市园林绿化管理业进行修剪整理绿化植物和设施以及城市城区范围内的风景名胜区、公园等景观场所产生的废弃物；"商业服务网点垃圾"是指城市中各种类型的商业、服务业及各种专业性生活服务网点所产生的垃圾；"清扫保洁垃圾"是指清扫保洁作业清除的城市道路、桥梁、隧道、广场、公园、水域及其他向社会开放的露天公共场所的垃圾；"交通物流场站垃圾"是指城市公共交通，邮政和公路、铁路、水上和航空运输及其相关的辅助活动场所，包括车辆修理、设施维护、物流服务（如装卸）等场所产生的垃圾；"企事业单位的生活垃圾"是指各单位为日常生活提供服务的活动中产生的固体废物。

有专家建议增加"建筑垃圾"，因为我国生活垃圾卫生填埋场均接受施工和拆迁产生的建筑垃圾，而且大多数填埋场均将建筑垃圾作为临时道路和作业平台的垫层材料使用。考虑到建筑垃圾不是限定进入填埋场的危险废物，也不是一般工业固体废弃物，类似的还有堆肥残渣、化粪池粪渣等废弃物，因此本条文不对填埋场可接受的生活垃圾之外的废弃物作出具体规定。

填埋场建筑垃圾要求与生活垃圾分开存放，作为建筑材料备用，以满足填埋作业的需要。

3.0.2 本条是关于城镇污水处理厂污泥进入生活垃圾卫生填埋场混合填埋应执行有关标准的规定。

现行国家标准《城镇污水处理厂污泥处置　混合填埋用泥质》GB/T 23485规定城镇污水处理厂污泥进入生活垃圾填埋场时，污泥基本指标及限值要求满足表1的要求，其污染物指标及限值要求满足表2的要求。

表1　基本指标及限值

序号	基本指标	限值
1	污泥含水率（%）	＜60
2	pH 值	5～10
3	混合比例（%）	≤8

注：表中 pH 指标不限定采用亲水性材料（如石灰等）与污泥混合以降低其含水率措施。

表2　污染物指标及限值

序号	污染物指标	限值
1	总镉（mg/kg 干污泥）	＜20
2	总汞（mg/kg 干污泥）	＜25
3	总铅（mg/kg 干污泥）	＜1000
4	总铬（mg/kg 干污泥）	＜1000
5	总砷（mg/kg 干污泥）	＜75
6	总镍（mg/kg 干污泥）	＜200
7	总锌（mg/kg 干污泥）	＜4000
8	总铜（mg/kg 干污泥）	＜1500
9	矿物油（mg/kg 干污泥）	＜3000
10	挥发酚（mg/kg 干污泥）	＜40
11	总氰化物（mg/kg 干污泥）	＜10

为达到填埋要求，污泥填埋必须经过预处理工艺。污泥预处理实质上是通过添加改性材料，改善污泥的高含水率、高黏度、易流变、高持水性和低渗透系数的特性。污泥能否填埋取决于污泥或者污泥与其他添加剂形成的混合体的岩土力学性能。我国尚无专门针对污泥填埋的技术规范，因此规定了污泥混合填埋的岩土

力学性能指标。

3.0.3 本条为强制性条文。

条文中"危险废物"是指列入国家危险废物名录或者根据国家规定的危险废物鉴别标准《危险废物鉴别技术规范》HJ/T 298 及鉴别方法认定的具有危险特性的固体废物。如医院临床废物、农药废物、多数化学废渣、含废金属的废渣、废机油等。对危险废物的含义应当把握以下几点：

(1)本条文所说的危险废物不是一般的从公共安全角度说的危险物品，也就是它不是易燃、易爆、有毒的应由公安机关管理的危险物品，而是从对环境的危害与不危害的角度来分类的，是相对于无危害的一般固体废物而言的。

(2)危险废物是用名录来控制的，凡列入国家危险废物名录的废物种类都是危险废物，一旦发现生活垃圾中混有危险废物的，要采取特殊的对应防治措施和管理办法。

(3)虽然没有列入国家危险废物名录，但是根据国家规定的危险废物鉴别标准和鉴别方法，如该废物中某有害、有毒成分含量超标而认定的危险废物。

(4)危险废物的形态不限于固态，也有液态的，如废酸、废碱、废油等。由于危险废物具有急性毒性、毒性、腐蚀性、感染性、易燃易爆性，对健康和环境的威胁较大，因而严禁进入填埋场。

条文中"放射性废物"是指含有放射性核素或被放射性核素污染，其浓度或活度大于国家相关部门规定的水平，并且预计不再利用的物质。放射性废物，按其物理性状分为气载废物、液体废物和固体废物三类。

填埋场操作人员应抽查进填埋成分，一旦发现填埋物中混有危险废物和放射性废物，应严禁进场填埋。生活垃圾卫生填埋场应建立严禁危险废物和放射性废物进场的运行管理规程。

环境卫生管理部门应当检查填埋场运行管理规程和检查填埋作业区的填埋物。

3.0.4 本条是关于生活垃圾焚烧飞灰和医疗废物焚烧残渣进入生活垃圾卫生填埋场填埋应执行有关标准及技术要求的规定。

生活垃圾焚烧飞灰和医疗垃圾焚烧残渣经过有效处理能够达到现行国家标准《生活垃圾填埋场污染控制标准》GB 16889 规定的条件后可进入生活垃圾填埋场填埋处置，但因其特殊性，故固化后长期在渗沥液浸泡下具有渗滤有害物质的潜在危险，故要求和生活垃圾分开填埋。

与生活垃圾填埋库区有效分隔的独立填埋库区应在设计阶段由设计单位设计独立的填埋分区，经处理后的生活垃圾焚烧飞灰和医疗垃圾焚烧残渣进场由填埋场运行管理单位执行分区填埋作业。

3.0.5 本条是关于填埋物计量、统计与核定方式的规定。

条文中"重量"是指填埋物净重量吨位，它等于装满生活垃圾的总重量吨位减去空垃圾车的重量吨位。

常用的填埋物计量方式有垃圾车的车吨位和重量吨位。不同来源的垃圾，垃圾的体积密度不一样，如对生活垃圾的统计采用垃圾车的车吨位进行，则随着垃圾体积密度的不断变化，车吨位与实际吨位差别也在不断变化。采用车吨位计量垃圾量会导致设计使用年限失真，填埋场处理规模不切实际。因此本条作出"填埋物应按重量进行计量、统计与核定"的规定。

3.0.6 本条是关于填埋物相关重要性状指标的原则性规定。

在多数专家意见的基础上，对"含水量"、"有机成分"及"外形尺寸"等几个重要指标仅作了定性要求，没有给出具体的定量指标。

部分专家提出仅作出定性要求，缺乏可操作性。也有提出"填埋物含水量应满足或调整到符合具体填埋工艺设计要求"的意见。但关于"含水量"的高低，对于规定的填埋物，一般不存在对填埋作业有太大的影响，可以不作规定，但对于没有限定的城市污水处理厂脱水污泥、化粪池粪渣等高含水率的废弃物进入填埋场，单元作

业时摊铺、压实有一定困难，必须采取降低含水量的调整措施。

条文中"外形尺寸"是指填埋物的大小、结构和形状，涉及防渗封场覆盖材料的安全性、填埋气体的安全性以及填埋作业的难宜。对形状尖锐的物体，也要求进行破碎，避免破坏防渗、封场覆盖材料以及填埋作业的机械设备，保证现场工作人员的安全。本规范分别在第 11.6.7 条规定"对填埋物中可能造成腔型结构的大件垃圾应进行破碎"，避免填埋气体局部聚集爆炸，第 12.1.6 条规定"在大件垃圾较多的情况下，宜设置破碎设备"，以便填埋作业的进行。因此本条没有作重复规定。

条文中"有条件的填埋场宜采取机械-生物预处理减量化措施"，主要是基于逐步提倡减少原生生活垃圾填埋的发展方向提出的。生活垃圾中可生物降解物是填埋处理中恶臭散发、温室气体产生、渗沥液负荷高等问题的主要原因，减少生活垃圾中可生物降解物含量受到了许多发达国家垃圾处理领域的高度关注。20 世纪 70 年代末，德国和奥地利最先提出生活垃圾填埋前的生物预处理，并推广应用，显著改善了传统卫生填埋带来的一些问题。欧洲垃圾填埋方针(CD1999/31/EU/1999)中提出在 1995 年的基础上，进入填埋场的有机废弃物在 2006 年减少 25%，2009 年减少 50%，2016 年减少 65%。德国在 1992 年颁布的垃圾处理技术标准(TA-Siedlungsabfall)中规定自 2005 年 6 月 1 日起，禁止填埋未经焚烧或生物预处理的生活垃圾。机械-生物预处理是减少生活垃圾中可生物降解物的主要方法之一，近年来该方法在欧洲国家的生活垃圾处理中得到广泛应用。我国大部分城市的生活垃圾含水率可以高达 50%～70%，有机质比例大约 60%。针对我国混合收集垃圾的特点，将生物处理技术作为填埋的预处理技术，可以有效降低水分含量和减少可生物降解物含量、恶臭散发及填埋气排放，并且有助于渗沥液处理，提高填埋库容，节省土地。

4 场 址 选 择

4.0.1 本条是关于填埋场选址前基础资料搜集工作的基本内容规定。

条文中提出收集"城市总体规划"的要求是因为填埋场作为城市环卫基础设施的一个重要组成部分，填埋场的建设规模要求与城市建设规模和经济发展水平相一致，其场址的选择要求服从当地城市总体规划的用地规划要求。

条文中"地形图"是指符合现行国家标准《总图制图标准》GB/T 50103 的要求，其比例尺寸建议为 1：1000。考虑到有地形图上信息反应不全或者地图的地物特征信息过旧的情况时，建议有条件的地方在地形图资料中增加"航测地形图"。

条文中"工程地质"的要求是从填埋场选址的岩土、理化及力学性质及其对建筑工程稳定性影响的角度提出，了解场地岩土性质和分布、渗透性、不良地质作用。填埋场场址要求选在工程地质性质有利的最密实的松散或坚硬的岩层之上，其工程地质力学性质要求保证场地基础的稳定性和使沉降量最小，并满足填埋场边坡稳定性的要求。场地要选在位于不利的自然地质现象、滑坡、倒石堆等的影响范围之外。

条文中"水文地质"的要求是从防止填埋场渗沥液对地下水的污染及地下水运动情况对库区工程影响的角度提出。了解场地地下水的类型、埋藏条件、流向、动态变化情况及与邻近地表水体的关系，邻近水源地的分布和保护要求。填埋场场址宜是独立的水文地质单元。场址的选择要求确保填埋场的运行对地下水的安全。

第 7 款是填埋场选址对气象资料的基本要求。条文中的"降

"水量"资料宜包括最大暴雨雨力(1h暴雨量)、3h暴雨强度、6h暴雨强度、24h暴雨强度、多年平均逐月降雨量、历史最大日降雨量和20年一遇连续七日最大降雨量等资料。条文中的"基本风压值"是指以当地比较空旷平坦的地面上离地10m高统计所得的50年一遇10min平均最大风速为标准,按基本风压=最大风速的平方/1600确定的风压值,其要求是基于填埋场建(构)筑物安全设计的角度提出的。

条文中"土石料条件"的要求是指由于填埋场的覆土一般为填埋库区容积的10%~15%,坝体、防渗以及渗沥液收集工程也需要大量的土石料,如此大的需求量占用耕地或从远距离运输都不经济,填埋场选址要求考虑场址周边,土石料材料的供应情况以及具有相当数量的覆土土源。

4.0.2 本条为强制性条文,是关于填埋场选址限制区域的规定。

填埋场在运行过程中都会对周围环境产生一定的不良影响,如恶臭、病原微生物、扬尘以及防渗系统破坏后的渗沥液扩散污染等。并且在运行管理不善或自然灾害等因素的影响下会存在一定的生态污染风险和安全风险等。在选址过程中,这些影响都应考虑到。故生活垃圾填埋场的选址应远离水源地、居民活动区、河流、湖泊、机场、保护区等重要的、与人类生存密切相关的区域,将不利影响的风险降至最低。

条文规定的不应设在"地下水集中供水水源地及补给区,水源保护区",其具体要求遵守以下原则:

(1)距离水源,有一定卫生防护距离,不能在水源地上游和可能的降落漏斗范围内;

(2)选择在地下水位较深的地区,选择有一定厚度包气带的地区,包气带对垃圾渗沥液净化能力越大越好,以尽可能地减少污染因子的扩散;

(3)场地基础要求位于地下水(潜水或承压水)最高丰水位标高至少1m以上;

(4)场地要位于地下水的强径流带之外;

(5)场地要位于含水层的地下水水力坡度的平缓地段。

条文中的"洪泛区"是指江河两岸、湖周边易受洪水淹没的区域。

条文中的"泄洪道"是指水库建筑的防洪设备,建在水坝的一侧,当水库里的水位超过安全限度时,水就从泄洪道流出,防止水坝被毁坏。填埋场选址要求考虑场址的标高在50年一遇的洪水水位之上,并且在长远规划中的水库等人工蓄水设施的淹没区和保护区之外。

该强制性条文的贯彻实施单位应有建设项目所在地的建设、规划、环保、环卫、国土资源、水利、卫生监督等有关部门和专业设计单位。

4.0.3 本条是关于填埋场选址应符合要求的规定。

条文中的"交通方便,运距合理"是指靠近交通主干道,便于运输。填埋场与公路的距离不宜太近,以便于实施卫生防护。公路离填埋场的距离也不宜太大,以便于布置与填埋场的连通道路。

对于第5款规定的填埋场选址要求,其具体环境保护距离的设置宜根据环境影响评价报告结论确定。

填埋场选址还宜考虑填埋场工程建设投资和施工的难度问题。

由于填埋场大多处于农村地区或城乡结合部,因此填埋场选址要求紧密结合农村社会经济状况、农业生态环境特征和农民风俗习惯与文化背景,宜考虑兼顾各社会群体的利益诉求。

填埋场选址还要求考虑场址虽不跨越行政辖区但环境影响可能存在跨越行政辖区的问题。

4.0.4 本条是关于场址比选确定步骤的规定。

条文中的"场址周围人群居住情况"对填埋场选址很重要。填埋场选址场址宜不占或少占耕地及拆迁工程量小。拆迁量大,除了增加初期投资外,拆迁户的安置也较困难。填埋场滋生蚊、蝇等昆虫对场址及周边地区基本农田保护区、果园、茶园、蔬菜基

地种植环境及农产品产生不良影响。另外,场址及周边群众因对垃圾厌恶情绪而滋生的对填埋场选址建设的抵触情绪可能发生群体性环境信访问题。这些问题处理不好,可能会给填埋场将来的运行管理带来不利影响。

场址确定方案中所指的"社会",包括民意。民意调查是填埋场选址的重要过程。了解群众的看法和意见,征得大众的理解和支持对于填埋场今后的建设和运行十分重要。

条文中的"选址勘察"可参考以下要求:

(1)选址勘察阶段要求以搜集资料和现场调查为主。宜搜集、调查本规范第4.0.1条所列资料。

(2)选址勘察要求初步评价场地的稳定性和适宜性,并对拟选的场址进行比较,提出推荐场址的建议。

(3)选址勘察要求进行下列工作:

1)调查了解拟选场址的不良地质作用和地质灾害发育情况及提出避开的可能性,对场地稳定性作出初步评价;

2)调查了解场址的区域地质、区域构造和地震活动情况,以及附近全新活动断裂分布情况,基本确定选址区的地震动参数;

3)概略了解场址区地层岩性、岩土构造、成因类型及分布特征;

4)调查了解场区地下水埋藏条件,了解附近地表水、水源地分布,概略评价其对场地的影响;

5)调查了解洪水的影响、地表覆土类型,初步评估地下资源可利用性;

6)初步评估拟建工程对下游及周边环境污染的影响;

7)初步分析场区工程与环境岩土问题,以及对工程建设的影响;

8)对工程拟采用的地基类型提出初步意见;

9)初步评估地形起伏及对场地利用或整平的影响,拟采用的地基基础类型,地基处理难易程度,工程建设适宜性。

5 总体设计

5.1 一般规定

5.1.1 本条是关于填埋工程总体设计应遵循的原则的规定。

5.1.2 本条是关于填埋场征地面积及分期和分区建设原则的规定。

《城市生活垃圾处理和给水与污水处理工程项目建设用地指标》(建标〔2005〕157号)规定:填埋处理工程项目总用地面积应满足其使用寿命10年及以上的垃圾容量,填埋库区每平方米占地平均应填埋$8m^3$~$10m^3$垃圾。行政办公与生活服务设施用地面积不得超过总用地面积的8%~10%(小型填埋处理工程项目取上限)。

采用分期和分区建设方式的优点是:减少一次性投资;减少渗沥液处理投资和运行成本;减少运土或买土的费用,前期填埋库区的开挖土可以在未填埋区域堆放,逐渐地用于前期填埋库区作业时的覆盖土。

分区建设要考虑以下方面:考虑垃圾量,每个垃圾库容能够满足一段时间使用年限的需要;可以使每个填埋库区在尽可能短的时间内得到封闭;分区的顺序有利于垃圾运输和填埋作业;实现雨、污水分流,使填埋作业面尽可能小,减少渗沥液的产生量;分区能满足工程分期实施的需要。

5.1.3 本条是关于填埋场主体工程构成内容的规定。

本条规定的目的主要是为避免多列主体工程或漏项。地基处理与防渗系统、垃圾坝、防洪、雨污分流及地下水导排系统、渗沥液导流及处理系统、填埋气体导排及处理系统、封场工程等设施的布置要求可参见本规范有关章节。

5.1.4 本条是关于填埋场辅助工程构成内容的规定。

条文中的"设备"、"车辆"主要包括日常填埋作业中所需的推铺设备（如推土机）、碾压设备（如压实机）、取土设备（如挖掘机、装载机、自卸车）、喷药和洒水设备（如洒水车）、工程巡视设备等其他在填埋作业中要经常使用的机械车辆和设备。

5.2 处理规模与填埋库容

5.2.1 本条是关于填埋场处理规模表征及分类的规定。

处理规模分类是依据《生活垃圾卫生填埋处理工程项目建设标准》（建标〔2009〕124 号）的填埋场处理规模分类规定。

处理规模较小而所建填埋场库容太大，或处理规模大而所建填埋场库容太小均会造成投资的浪费。合理使用年限的填埋场，处理规模和填埋场库容存在着一定的对应关系，所以要求将填埋场处理规模和填埋库容综合考虑。

5.2.2 本条是关于填埋场日平均处理量确定方法的规定。

通过生活垃圾产量的预测，根据有效库容计算累积的生活垃圾填埋总量，再由使用年限经计算后确定日平均填埋量。

宜采用人均指标和年增长率法、回归分析法、皮尔曲线法和多元线性回归法对生活垃圾产量进行预测。可优先选用人均指标和年增长率法；回归分析法为国家现行标准《城市生活垃圾产量计算及预测方法》CJ/T 106 规定的方法，可选用或作为校核；皮尔曲线法和多元线性回归法计算过程复杂，所需历史数据较多，可供参考或用于校核。人均指标法预测生活垃圾产量参考如下：

（1）采用人均指标法预测生活垃圾年产量，见式（1）：

$$\frac{\text{预测年生活垃圾}}{\text{年产量}}=\frac{\text{该年服务范围}}{\text{内的人口数}}\times\frac{\text{该年人均生活垃圾}}{\text{日产量}}\times 365 \quad (1)$$

（2）人口预测：服务范围内的人口预测数据，可主要参考服务区域社会经济发展规划、总体规划以及各专项规划中的数据。

当现有预测数据存在明显问题（如所依据的规划文件人口预测数值小于现状值、翻番增长）或没有规划数据时，可采用近 4 年人口平均年增长率法进行预测，计算见式（2）：

$$\text{规划人口}=\text{现状人口}\times(1+i)^t \quad (2)$$

式中：i——近 4 年人口年平均增长率（%）；

t——预测年数，宜为使用年限。

现状人口的计算方法为：服务范围内人口数＝常住人口数＋临时居住人口数＋流动人口数$\times K$，其中 $K=0.4\sim0.6$。

（3）预测年人均生活垃圾日产量：预测年人均生活垃圾日产量值可参考近十年该市人均生活垃圾日产量数据来确定。

在日产日清的情况下，人均日产量等于该服务范围内一天产出垃圾量与该区域人口数的比值，见式（3）：

$$R=\frac{P \cdot W}{S}\times 10^3 \quad (3)$$

式中：R——人均日产量（kg/人）；

P——产出地区垃圾的容重（kg/L）；

W——日产出垃圾容积（L）；

S——居住人数（人）。

5.2.3 本条是关于填埋库容应满足使用年限的基本规定。

填埋场所需有效库容由日平均填埋量和填埋场使用年限决定。

条文中"使用年限在 10 年及以上"的要求主要是从选址要求满足较大库容的角度提出的。填埋场选址要充分利用天然地形以增大填埋容量。填埋场使用年限是填埋场从填入生活垃圾开始到填埋场封场的时间。从理论上讲，填埋场使用年限越长越好，但考虑填埋场的经济性、填埋场选址的可能性以及填埋场封场后利用的可行性，填埋场使用年限要求综合各因素合理规划。

5.2.4 本条是关于填埋库容和有效库容计算方法的规定。

（1）填埋库容计算：地形图完备时，填埋库容计算可优先选用结合计算机辅助的方格网法；库底复杂、起伏变化较大时，填埋库容计算可选择三角网法；填埋库容计算可选用等高线剖切法进行校核。

方格网法参考如下：

1）将场地划分成若干个正方形格网，再将场底设计标高和封场标高分别标注在规则网格各个角点上，封场标高与场底设计标高的差值即为各角点的高度。

2）计算每个方格内四棱柱的体积，再将所有四棱柱的体积汇总即可得到总的填埋库容。方格网法库容计算见本规范附录 A 式（A.0.1）。

3）计算时一般将库区划分为边长 10～40m 的正方形方格网，方格网越小，精度越高。实际工程计算中应用较多的方法是，将填埋场库区划分为边长 20m 的正方形方格网，然后结合软件进行计算。

（2）有效库容计算：根据地形计算出的库容为填埋库区的总容量，包含有效库容（实际容纳的垃圾体积）和非有效库容（覆盖和防渗材料占用的体积）。

有效库容由填埋库容与有效库容系数计算取得。长期以来，大部分设计院的有效库容系数取值一般由经验确定（12%～20%），缺乏结合工艺设计的计算依据。本规范根据目前各设计院的覆盖和防渗做法，结合国家现行标准规定的技术指标，细分了覆盖和防渗材料占用体积的有效库容系数，附录 A 提供了计算方法。

5.3 总平面布置

5.3.1 本条是关于填埋场总平面布置应进行技术经济比较后确定的原则规定。

5.3.2 本条是关于填埋场功能分区布置的原则规定。

5.3.3 本条是关于填埋库区面积使用率要求及填埋库区单位占地面积填埋量的规定。

填埋库区使用面积小于场区总面积的 60% 会造成征地费用增加及多占用土地，但可以通过优化总体布置提高使用率。根据国内外大多数填埋场的实例，合理的填埋库区使用面积基本控制到 70%～90%（处理规模小取下限，处理规模大取上限）。非填埋区的土地要求用于填埋场建设必要的设施和附属工程，避免土地资源的荒置和浪费。

5.3.4 本条是关于填埋库区分区布置应考虑的主要因素的规定。

填埋库区的分区布置要以实际地形为依据，同时结合填埋作业工艺；对平原型填埋场的分区宜以水平分区为主，坡地型、山谷型填埋场的分区可以兼顾水平、垂直分区；垂直分区要求随垃圾堆高增加，将边坡截洪沟逐步改建成渗沥液盲沟。

5.3.5 本条是关于渗沥液处理区构筑物布置及间距的基本要求。

5.3.6 本条是关于填埋场附属建（构）筑物的布置、面积应遵循的原则的规定。

填埋场运行过程中的飘散物和有毒有害气体等，可以随风飘散到生活管理区。我国大部分地区属于亚热带气候，夏季气温普遍较高，填埋库区的影响尤为明显，故条文规定"宜布置在夏季主导风向的上风向"。

条文中的"管理区"可包括办公楼、化验室、员工宿舍、食堂、车库、配电房、食堂、传达室等；根据填埋场总布置的不同，设备维修、车辆冲洗、全场消防水池及供水水塔也可设在管理区。管理区宜根据当地的工作人员编制、居住环境、经济水平等需要确定规模及设计方案。具体生活、管理及其他附属建（构）筑物组成及其面积应因地制宜考虑确定，本规范未作统一规定，但指标要求应符合现行的有关标准。

各类填埋场建筑面积指标不宜超过表 3 所列指标。

表3 填埋场建筑面积指标表(m²)

建设规模	生产管理与辅助设施	生活服务设施
Ⅰ级	850~1200	450~640
Ⅱ级	750~1100	380~550
Ⅲ级	650~950	250~440
Ⅳ级	600~850	130~260

注:建设规模大的取上限,建设规模小的取下限。

5.3.7 本条是关于填埋场库区和渗沥液处理区管线布置的基本规定。

5.3.8 本条是关于环境监测井布置应符合有关标准的规定。

5.4 竖 向 设 计

5.4.1 本条是关于竖向设计应考虑因素的原则规定。

条文中的"减少土方工程量"是指要求结合原始地形,尽量减少库底、渗沥液处理区及调节池的开挖深度。

5.4.2 本条是关于填埋场垂直分区和封场标高的原则规定。

在垂直分区建设中,锚固平台一般与临时截洪沟合建,填埋作业至临时截洪沟标高时,截洪沟改造后用于边坡渗沥液导流。

5.4.3 本条是关于填埋库区库底、截洪沟、排水沟等有关设施坡度设计基本要求的规定。

坡度的要求是为了确保填埋库区库底渗沥液收集系统能自重流导排。如受地下水埋深、土方平衡、平原型填埋场高差和整体设计的影响,可适度降低导排管纵向的坡度要求,但要保证不小于1%的坡度。

5.4.4 本条是关于结合竖向设计考虑调节池位置设置的规定。

调节池设置在场区地势较低处,利于渗沥液自流。

5.5 填 埋 场 道 路

5.5.1 本条是关于填埋场道路分类和不同类型道路设计基本原则的规定。

填埋场永久性道路等级可依据垃圾车交通量选择:

(1)垃圾车的日平均双向交通量(日交通以8小时计)在240辆次以上的进场道路和场区道路,可采用一级露天矿山道路。

(2)垃圾车的日平均双向交通量在100辆次~240辆次的进场道路和场区道路,可采用二级露天矿山道路。

(3)垃圾车的日平均双向交通量在100辆次以下的进场道路和场区道路,可采用三级露天矿山道路;辅助道路和封场后盘山道路均宜采用三级露天矿山道路。

不同等级道路宽度可参考表4选择。

表4 车宽和道路宽度(m)

计算车宽		2.3	2.5	3
双车道道路路面宽(路基宽)	一级	7.0(8.0)	7.5(8.0)	9.0(10.0)
	二级	6.5(7.5)	7.0(8.0)	8.0(9.0)
	三级	6.0(7.0)	6.5(7.5)	7.0(8.0)
单车道道路路面宽(路基宽)	一、二级	4.0(5.0)	4.5(5.5)	5.0(6.0)
	三级	3.5(4.5)	4.0(5.0)	4.5(5.5)

注:路肩可适当加宽。

道路纵坡要求不大于表5的规定。如受地形或其他条件限制,道路坡度极限要求不大于11%;作业区临时道路坡度宜根据库区垃圾堆体具体情况设计,可适当增大坡度。

表5 道路最大坡度

道路等级	一级	二级	三级
最大坡度(%)	7	8	9

注:1 受地形或其他条件限制时,上坡的场外道路和进场道路的最大坡度可增加1%;
2 海拔2000m以上地区的填埋场道路的最大坡度不得增加;
3 在多雾或寒冷冰冻、积雪地区的填埋场道路的最大坡度不宜大于7%。

条文中"临时性道路"包括施工便道、库底作业道路等。临时性道路宜以块石、碎石作基础,也可采用经多次碾压的填埋垃圾或

建筑垃圾作基础。临时道路计算行车速度以15km/h计。受地形或其他条件限制时,临时道路的最大坡度可比永久性道路增加2%。

条文中"回车平台"是指道路尽头设置的平台,回车平台面积要求根据垃圾车最小转弯半径和路面宽度确定。

条文中"会车平台"是指当填埋场的运输道路为单行道时设置的会车平台,平台的设置根据车流量、道路的长度和路线决定。会车平台不宜设置在道路坡度较大的路段;平台的尺寸大小要求根据运输车辆的车型设计,通常要求预留较大的安全空间。

条文中"防滑"措施包括路面的防滑处理,南方地区由于雨季频繁、垃圾含水率高,通常在临时道路上铺设防滑的钢板或合成防滑模块等。

条文中"防陷"包括对路基的加固处理等防止路面下陷的措施。

5.5.2 本条是关于道路路线设计应考虑因素的基本规定。

5.5.3 本条是关于道路设计应满足填埋场运行要求的基本规定。

5.6 计 量 设 施

5.6.1 本条是关于地磅房设置位置的基本规定。

地磅房宜位于运送生活垃圾和覆盖黏土的车辆进入填埋库区必经道路的右侧。

5.6.2 本条是关于地磅进车路段的基本规定。

如受地形或其他条件限制,进车端的道路要求不小于1辆车长;出车端的道路,要求有不小于1辆车长的平坡直线段。

5.6.3 本条是关于计量地磅的类型、规格及精度的规定。

Ⅰ类填埋场宜设置2台地磅。

5.6.4 本条是关于填埋场计量设施应具备的基本功能的规定。

5.7 绿 化 及 其 他

5.7.1 本条是关于填埋场绿化布置及绿化率控制的规定。

场区绿化率不包括封场绿化面积。

5.7.2 本条是关于绿化带和封场生态恢复的规定。

条文中的"绿化带"要求综合考虑养护管理,选择经济合理的本地区植物;可种植易于生长的高大乔木,并与灌木相间布置,以减少对道路沿途和填埋场周围居民点的环境污染;生产、生活管理区和主要出入口的绿化布置要求具有较好的观赏及美化效果。

条文中的"生态恢复"宜选用易于生长的浅根树种、灌木和草本作物等。

5.7.3 本条是关于填埋场设置防火隔离带及防飞散设施的规定。

条文中"安全防护设施"主要是指铁丝防护网或者围墙,防止动物窜入或拾荒者随意进入而发生危险。

条文中的"防飞散设施"是为减少填埋作业区垃圾飞扬对周边环境造成的污染。一般要求根据气象资料,在填埋作业区下风向位置设置活动式防飞散网。防飞散网宜采用钢丝网或尼龙网,具体尺寸根据填埋作业情况而定,一般可设置为高4m~6m,长不小于100m,并在填埋作业的间歇时间由人工去除网上的垃圾。

5.7.4 本条是关于填埋场防雷设计原则的规定。

6 地基处理与场地平整

6.1 地 基 处 理

6.1.1 本条是关于填埋库区地基应具有承载填埋体负荷,以及当不能满足要求时应进行地基处理的原则规定。

库区的地基要保证填埋堆体的稳定。工程建设前要求结合地勘资料对填埋库区地基进行承载力计算、变形计算及稳定性计算,对不满足建设要求的地基要求进行相应的处理。

6.1.2 本条是关于地基的设计应符合相关标准的原则规定。

本条中的"其他建(构)筑物"主要包括垃圾坝、调节池、渗沥液处理主要构筑物及生活管理区主要建(构)筑物。

6.1.3 本条是关于地基处理方案选择的原则规定。

选用合适的地基处理方案建议考虑以下几点：

(1)根据结构类型、荷载大小及使用要求，结合地形地貌、地层结构、土质条件、地下水特征、环境情况和对邻近建筑的影响等因素进行综合分析，初步选出几种可供考虑的地基处理方案，包括选择两种或多种地基处理措施组成的综合处理方案。

(2)对初步选出的各种地基处理方案，分别从加固原理、适用范围、预期处理效果、耗用材料、施工机械、工期要求和对环境的影响等方面进行技术经济分析和对比，选择最佳的地基处理方法。

(3)对已选定的地基处理方法，宜按建筑物地基基础设计等级和场地复杂程度，在有代表性的场地上进行相应的现场试验或试验性施工，并进行必要的测试，检验设计参数和处理效果。如达不到设计要求时，要查明原因，修改设计参数或调整地基处理方法。

6.1.4 本条是关于填埋库区应进行承载力计算及最大堆高验算的原则规定。

(1)地基极限承载力计算。

1)首先将填埋单元的不规则几何形式简化成规则(矩形)底面，然后采用太沙基极限理论分析地基极限承载力。

2)极限承载力计算见式(4)和式(5)。

$$P'_u = P_u/K \tag{4}$$

$$P_u = \frac{1}{2}b\gamma N_r + cN_c + qN_q \tag{5}$$

式中：P'_u——修正地基极限承载力(kPa)；

P_u——地基极限荷载(kPa)；

γ——填埋场库底地基土的天然重度(kN/m³)；

c——地基土的黏聚力(kPa)，按固结、排水后取值；

q——原自然地面至填埋场库底范围内土的自重压力(kPa)；

N_r、N_c、N_q——地基承载力系数，均为 $\tan(45°+\varphi/2)$ 的函数，其中，N_r、N_q 与垃圾填埋体的形状和埋深有关，其取值根据地勘资料确定；

φ——地基土内摩擦角(°)，按固结、排水后取值；

b——垃圾体基础底宽(m)；

K——安全系数，可根据填埋规模确定，见表6。

表6 各级填埋场安全系数 K 值表

重要性等级	处理规模(t/d)	K
Ⅰ级	≥900	2.5~3.0
Ⅱ级	200~900	2.0~2.5
Ⅲ级	≤200	1.5~2.0

(2)最大堆高计算。

根据计算出的修正极限承载力 P'_u，可得极限堆填高度 H_{max}：

$$H_{max} = (P'_u - \gamma_2 d)\frac{1}{\gamma_1} \tag{6}$$

式中：P'_u——修正后的地基极限承载力(kPa)，由式(4)求得；

γ_1，γ_2——分别为垃圾堆体和被挖出土体的重力密度(kN/m³)；

d——垃圾堆体埋深(m)。

6.1.5 本条是关于填埋库区地基沉降及不均匀沉降计算要求的规定。

(1)地基沉降计算。

1)采用传统土力学分析法：填埋库区地基沉降可根据现行国家标准《建筑地基基础设计规范》GB 50007 提供的方法，计算出填埋库区地基下各土层的沉降量，加和后乘以一定的经验系数。

2)瞬时沉降、主固结沉降和次固结沉降计算方法：对于黏土地基的沉降计算可分为三部分：瞬时沉降、主固结沉降和次固结沉

降。这主要是由于黏土层透水性较差，加载后固结沉降的速度较慢，使主固结与次固结沉降间存在差异。砂土地基的沉降仅包括瞬时沉降。

(2)不均匀沉降计算。

通过布置于填埋库区地基的每一条沉降线上不同沉降点的总沉降计算值，可以确定不均匀沉降、衬里材料和渗沥液收集管的拉伸应变及沉降后相邻沉降点之间的最终坡度。

6.2 边坡处理

6.2.1 本条是关于库区地基边坡设计应符合相关标准的原则规定。

(1)填埋库区边坡工程设计时应取得下列资料：

1)相关建(构)筑物平、立、剖面和基础图等。

2)场地和边坡的工程地质和水文地质勘察资料。

3)边坡环境资料。

4)施工技术、设备性能、施工经验和施工条件等资料。

5)条件类同边坡工程的经验。

(2)填埋库区边坡坡度设计要求：

1)填埋库区边坡坡度宜取 1：2，局部陡坡要求不大于 1：1。

2)削坡修整后的边坡要求光滑整齐，无凹凸不平，便于铺膜。基坑转弯处及边角均要求采取圆角过渡，圆角半径不宜小于1m。

3)对于少部分陡峭的边坡要求削缓平顺，不可形成台阶状、反坡或突然变坡，边坡处边坡角宜小于20°。

6.2.2 本条是关于地基边坡稳定计算的规定。

(1)填埋库区边坡工程安全等级要求根据边坡类型和坡高等因素确定，见表7。

表7 填埋库区边坡工程安全等级

边坡类型		边坡高度	破坏后果	安全等级
岩质边坡	岩体类型为Ⅰ或Ⅱ类	$H≤30$	很严重	一级
			严重	二级
			不严重	三级
		$15<H≤30$	很严重	一级
			严重	二级
	岩体类型为Ⅲ或Ⅳ类	$H≤15$	很严重	一级
			严重	二级
			不严重	三级
土质边坡		$10<H≤15$	很严重	一级
			严重	二级
		$H≤10$	很严重	一级
			严重	二级
			不严重	三级

注：1 一个边坡工程的各段，可根据实际情况采用不同的安全等级；
　　2 对危害性极严重、环境和地质条件复杂的特殊边坡工程，其安全等级应根据工程情况适当提高。

(2)进行稳定计算时，要求根据边坡的地形地貌、工程地质条件以及工程布置方案等，分区段选择有代表性的剖面。边坡稳定性验算时，其稳定性系数要求不小于表8规定的稳定安全系数的要求，否则需对边坡进行处理。

表8 边坡稳定安全系数

安全系数 计算方法	安全等级		
	一级边坡	二级边坡	三级边坡
平面滑动法	1.35	1.30	1.25
折线滑动法			
圆弧滑动法	1.30	1.25	1.20

注：对地质条件很复杂或破坏后果极严重的边坡工程，其稳定安全系数宜适当提高。

(3)边坡稳定性计算方法，根据边坡类型和可能的破坏形式，可参考下列原则确定：

1)土质边坡和较大规模的碎裂结构岩质边坡宜采用圆弧滑动

法计算;

2)对可能产生平面滑动的边坡宜采用平面滑动法进行计算;

3)对可能产生折线滑动的边坡宜采用折线滑动法进行计算;

4)对结构复杂的岩质边坡,可配合采用赤平极射投影法和实体比例投影法分析;

5)当边坡破坏机制复杂时,宜结合数值分析法进行分析。

6.2.3 本条是关于边坡支护结构形式选定的原则规定。

边坡支护结构常用形式可参照表9选定。

表9 边坡支护结构常用形式

条件 结构类型	边坡环境	边坡高度 H(m)	边坡工程 安全等级	说明
重力式挡墙	场地允许,坡顶无重要建(构)筑物	土坡,H≤8 岩坡,H≤10	一、二、三级	土方开挖后边坡稳定较差时不应采用
扶壁式挡墙	填方区	土坡,H≤10	一、二、三级	土质边坡
悬臂式支护		土坡,H≤8 岩坡,H≤10	一、二、三级	土层较差,或对挡墙变形要求较高时,不宜采用
板肋式或格构式锚杆挡墙支护		土坡,H≤10 岩坡,H≤30	一、二、三级	坡高较大或稳定性较差时宜用逆作法施工。对挡墙变形有较高要求的土质边坡,宜采用预应力锚杆
排桩式锚杆当墙支护	坡顶建(构)筑物需要保护,场地狭窄	土坡,H≤15 岩坡,H≤30	一、二级	严格按逆作法施工。对挡墙变形有较高要求的土质边坡,应采用预应力锚杆
岩石锚喷支护		Ⅰ类岩坡,H≤30	一、二、三级	
		Ⅱ类岩坡,H≤30	二、三级	
		Ⅲ类岩坡,H<15	二、三级	
坡率法	坡顶无重要建(构)筑物,场地有放坡条件	土坡,H≤10 岩坡,H≤25	二、三级	不良地质段,地下水发育区,流塑状土不应采用

6.3 场 地 平 整

6.3.1 本条是关于场地平整应满足填埋场几个基本要求的规定。

(1)要求尽量减少库底的平整设计标高,以减少库底的开挖深度,减少土方量、渗沥液、地下水收集系统及调节池的开挖深度。

(2)场地平整设计时除要求满足填埋库容要求外,尚要求兼顾边坡稳定及防渗系统铺设等方面的要求。

(3)场地平整压实度要求:

1)地基处理压实系数不小于0.93;

2)库区底部的表层黏土压实度不得小于0.93;

3)路基范围回填土压实系数不小于0.95;

4)库区边坡的平整压实系数不小于0.90。

(4)场地平整设计要求考虑设置堆土区,用于临时堆放开挖的土方,同时要求做相应的防护措施,避免雨水冲刷,造成水土流失。

(5)场地平整前的临时作业道路设计要求结合地形地势,根据场地平整及填埋场运行时填埋作业的需要,方便机械进场作业,土

方调运。

(6)场地平整时要求确保所有裂缝和坑洞被堵塞,防止渗沥液渗入地下水,同时有效防止填埋气体的横向迁移,保证周边建(构)筑物的安全。

6.3.2 本条是关于场地平整应防止水土流失的规定。

(1)场地平整采用与膜铺设同步进行,分区实施场地平整的方式,目的是为防止水土流失和避免二次清基、平整。

(2)用于临时堆放开挖土方的堆土区要求做相应的防护措施,能避免雨水冲刷,防止造成水土流失。

6.3.3 本条是关于填埋场地平整土方量计算要求的规定。

条文中的"填挖土方",挖方包括库区平整、垃圾坝坝基及调节池挖方量,填方包括库区平整、筑坝、日覆盖、中间覆盖及终场覆盖所需的土方量。填埋场地开挖的土方量不能满足填方要求时,要本着就近的原则在周边取土。

条文中的"选择合理的方法进行土方量计算",是指土方计算宜结合填埋场建设地点的地形地貌、面积大小及地形图精度等因素选择合理的计算方法,并宜采用另一种方法校核。各种方法的适用性比较详见表10。

表10 土方计算方法比较表

计算方法	适用对象	优点	缺点
断面法	断面法计算土方适用于地形沿纵向变化比较连续,地狭长、挖填深度较大且不规则的地段	计算方法简单,精度可根据间距L的长度选定,L越小,精度就越高。适于粗略快速计算	计算量大,尤其是在范围较大、精度要求高的情况下更为明显; 计算精度和计算速度矛盾,若是为了减少计算量而加大断面间隔,就会降低计算结果的精度; 局限性较大,只适用于条带状线路方面的土方计算
方格网法	对于大面积的土石方估算以及一些地形起伏较小、坡度变化不大的场地适宜用方格网法,方格网法是目前使用最为广泛的土方计算方法	方格网法是土方计算的最基本的方法之一。简便易于操作,在实际工作中应用非常广泛	地形起伏较大时,误差较大,不能完全反映地形、地貌特征
三角网法	三角网法计算土方适用于小范围、大比例尺、高精度、地形复杂起伏变化较大的地形情况	适用范围广,精度高,局限性小	高程点录入及计算复杂
计算机辅助计算	适用于地形资料完整(等高线及离散点高程)、数据齐全的地形	计算精确,自动化程度高,不易出错,可以自动生成场地三维模型以及场地断面图,直观表达设计成果,应用广泛	对地图要求非常严格,需要有完整的高程点或等高线地图

条文中的"填挖土方相差较大时,应调整库区设计高程",如挖方大于填方,要升高设计高程;填方大于挖方,则降低设计高程。

7 垃圾坝与坝体稳定性

7.1 垃圾坝分类

7.1.1 本条是关于筑坝材料不同的坝型分类规定。

7.1.2 本条是关于坝高的分类规定。

7.1.3 本条是关于垃圾坝位置和作用不同的坝体类型分类规定。

7.1.4 本条是关于垃圾坝坝体建筑级别的分类规定。

7.2 坝址、坝高、坝型及筑坝材料选择

7.2.1 本条是关于坝址选择应考虑的因素及技术经济比较的原则规定。

条文中的"岩土工程勘察"可参考以下要求：

（1）勘察范围要求根据开挖深度及场地的工程地质条件确定，并宜在开挖边界外按开挖深度的1倍～2倍范围内布置勘探点；当开挖边界外无法布置勘探点时，要求通过调查取得相应资料；对于软土，勘察范围尚宜扩大。

（2）基坑周边勘探点的深度要求根据基坑支护结构设计要求确定，不宜小于1倍开挖深度，软土地区应穿越软土层。

（3）查明断裂带产状、带宽、导水性。

（4）查明与基本坝及堆（垃圾）安全有关的地质剖面图及各地层物理力学特性。

（5）明确坝址的地震设防等级。

（6）勘探点间距视地层条件而定，一般工程处于可研性研究阶段勘探点间距不宜大于30m；初步设计间距不宜大于20m；施工阶段对于地质变化多样的地区勘探点间距不宜大于15m；地层变化较大时，要求增加勘探点，查明分布规律。

条文中的"地形地貌"，建议结合坝体类型考虑以下坝体选址特点：

山谷型场地：坝体可选择在谷地（填埋库区）的谷口和标高相对较低的垭口或鞍部。

平原型场地：坝体可依库容所需选择，环库区一圈形成库容，坝体建在地质较好的地段。

坡地形场地：坝体可在地势较低的地段选择，与地形连接形成库容。

条文中的"筑坝材料来源"是指坝址附近有无足够宜于筑坝的土石料以及利用有效挖力的可能性。

条文中的"气候条件"是指严寒期长短、气温变幅、雨量及降雨的天数等。

条文中的"施工交通情况"是指有无通向垃圾坝的交通线，可否利用当地的施工基地，铺设各种道路的可能性，包括施工期间直达坝址、运行期间经过坝顶的通路。

在其他条件相同的情况下，垃圾坝要求布置在最窄位置处，以减少坝体工程量。但若最窄位置处地基的地质条件有严重缺陷，则坝址可布置在宽而基础好的位置。

7.2.2 本条是关于坝高设计方案应考虑的因素及技术经济比较的原则规定。

当坝高较低时，由于其筑坝成本与安全性小于增大库容带来的经济性，可以根据实际库容需要进行加高；当坝体高度大于10m以上时，由于其筑坝成本与安全性可能大于增大的库容所带来的经济性，此时增加的坝高需要进行合理分析。

7.2.3 本条是关于坝型选择方案应考虑的因素及技术经济比较的原则规定。

条文中的"地质条件"是指坝址基岩、覆盖层特征及地震烈度等。

条文中的"筑坝材料来源"是指筑坝材料的种类、性质、数量、位置和运距等。

条文中的"施工条件"是指施工导流、施工进度与分期、填筑强度、气象条件、施工场地、运输条件和初期度汛等。

条文中的"坝高"是指由于土石坝对坡比要求不大于1∶2，故在地基情况较好的情况下，高坝宜采用混凝土坝，可减少坝基的面积和土方量；低坝、中坝可根据实际情况选择。

条文中的"坝基防渗要求"是指坝基处于浸水中，则宜考虑选择混凝土坝；如因条件限制选择黏土坝，则需考虑对坝基进行防

渗处理。

7.2.4 本条是关于筑坝材料的调查和土工试验应符合相关标准的原则规定，以及关于土石坝填筑材料设计控制指标的规定。

（1）筑坝土、石料的选择可参考以下要求：

1）具有或经加工处理后具有与其使用目的相适应的工程性质，并能够长期保持稳定。

2）宜就地、就近取材，减少弃料少占或不占农田；应优先考虑库区建（构）筑物开挖料的利用。

3）便于开采、运输和压实。

4）植被破坏较少且环境影响较小，应便于采取保护措施、恢复水土资源。

（2）筑坝土料宜使用自然形成的黏性土。筑坝土料应具有较好的塑性和渗透稳定性，保证在浸水与失水时体积变化小。

（3）筑坝不得采用的土料有以下几种：

1）含草皮、树根及耕植土或淤泥土，遇水崩解、膨胀的一类土。

2）沼泽土膨润土和地表土。

3）硫酸盐含量在2%以上的一类土。

4）未全部分解的有机质（植物残根）含量在5%以上的一类土。

5）已全部分解的处于无定形状态的有机质含量在8%以上的一类土。

（4）筑坝不宜采用的黏性土有以下几种：

1）塑性指数大于20和液限大于40%的冲积黏土。

2）膨胀土。

3）开挖、压实困难的干硬黏土。

4）冻土。

5）分散性黏土。

6）湿陷性黄土。

7）当采用以上材料时，应根据其特性采取相应的措施。

（5）土石坝的筑坝石料选择可参考以下要求：

1）粒径大于5mm的砾石土颗粒含量不应大于50%，最大粒径不宜大于150mm或铺土厚度的2/3，0.075mm以下的颗粒含量不应小于15%；填筑时不得发生粗料集中架空现象。

2）人工掺砾石土中各种材料的掺合比例应经试验论证。

3）当采用含有可压碎的风化岩石或软岩的砾石土作筑坝料时，其级配和物理力学指标应按碾压后的级配设计。

4）料场开采的石料和风化料、砾石土均可作为坝壳料，根据材料性质，可将它们用于坝壳的不同部位。

5）采用风化料或软岩填筑坝壳时，应按压实后的级配确定材料的物理力学指标，并考虑浸水后抗剪强度的降低、压缩性增加等不利情况；软化系数低、不能压碎成砾石土的风化石料和软岩宜填筑在干燥区。

（6）关于土石坝填筑材料设计控制指标的规定中，条文中的"压实度"要求大于96%，分区坝的压实度不得低于95%。设计地震烈度为8度及以上的地区，要求取规定的上限值。

7.3 坝基处理及坝体结构设计

7.3.1 本条是关于垃圾坝地基处理应符合相关标准的原则规定。

7.3.2 本条是关于坝基处理应满足几个基本要求的规定。

条文中的"渗流控制"包括渗透稳定和控制渗流量。当坝体周围有来水入侵时应考虑水位变化对坝体稳定性的影响，进行渗流计算。计算坝体和坝基周围有水位时的渗流量，确定浸润线的位置，绘制坝体及坝基的等势线分布情况。

条文中的"允许总沉降量"是指竣工后的浆砌石坝坝顶沉降量不宜大于坝高的1%，黏土坝及土石坝坝顶沉降量不宜大于坝高的2%。对于特殊土的坝基，允许的总沉降量要求视具体情况确定。

7.3.3 本条是关于坝坡设计方案应考虑的因素及技术经济比较的原则规定。

（1）土石坝边坡坡度可参照类似坝体的施工、运行经验确定。

(2)对初步选定的坝体边坡度，要求根据各种作用力、坝体和坝基土料的物理力学性质、坝体结构特征及施工和运行条件，采用静力稳定计算进行验证。

(3)设计地震烈度为9度的地区，坝顶附近的上、下游坝坡宜上缓下陡，或采用加筋堆石、表面钢筋网或大块石堆筑等加固措施。

(4)当坝基抗剪强度较低，坝体不满足深层滑滑稳定要求时，宜采用在坝坡脚压载的方法提高其稳定性。

(5)若坝基土或筑坝土石料沿坝轴线方向不相同时，要求分坝段进行稳定计算，确定相应的坝坡。当各坝段采用不同坡度的断面时，每一坝段的坝坡要求根据该坝段中最大断面来选择。坝坡不同的相邻坝段，中间要设渐变段。

7.3.4 本条是关于坝顶宽度和护面材料设计的原则规定。

(1)条文中"坝顶宽度"的设计不宜小于3m，当需要行车时，坝顶道路宜按3级厂矿道路设计，坝顶沿车道两侧要求设有路肩或人行道，为有计划地排走地表径流，坝顶路肩上还要设置雨水沟。

(2)条文中"坝顶护面材料"要求根据当地材料情况及坝顶用途确定，宜采用密实的砂砾石、碎石、单层砌石或沥青混凝土等柔性材料。

(3)条文中"施工方式"采用机械化作业时，要求保证通过运输车辆及其他机械。

(4)条文中"安全"主要是坝顶两侧要有安全防护设施，如沿路肩设置各种围栏设施（栏杆、墙等）。

7.3.5 本条是关于坝坡马道设计的原则规定。

(1)马道宽度要求根据用途确定，但最小宽度不宜小于1.5m。

(2)坝面要求向上、下游侧放坡，以利于坝面排水，坡度宜根据降雨强度，在2%～3%之间选择。

(3)根据施工交通需要，下游坝坡可设置斜马道，其坡度、宽度、转弯半径、弯道加宽和超高等要求满足施工车辆行驶要求。斜马道之间的坝坡可局部变陡，但平均坝坡要求不陡于设计坝坡。

7.3.6 本条是关于垃圾坝护坡方式设计要求的原则规定。

(1)为防止水土流失，坝表面为土、砂、砂砾石等材料时，要求进行护坡处理。

(2)为防止黏土垃圾坝坡面冻结或干裂，要求铺非黏土保护层。保护层厚度（包括坝顶护面）要求不小于该地区土层的冻结深度。

(3)土石坝可采用堆石材料中的粗颗粒料或超径石做护坡。

(4)混凝土坝可根据实际情况选择护坡方式。

(5)下游护坡材料可选择干砌石、堆石卵石或碎石、草皮或其他材料，如土工合成材料。

(6)与调节池连接的黏土坝或土石坝要求进行护坡，且护坡材料要求具有防渗功能。

(7)暂时未铺设防渗膜的分区坝可选用草皮或用临时遮盖物进行简单护坡。

7.3.7 本条是关于坝体与坝基、边坡及其他构筑物连接的设计和处理的原则规定。

(1)坝体与土质坝基及边坡的连接可参考以下要求：

1)坝断面范围内要求清除坝基与边坡上的草皮、树根、含有植物的表土、蛮石、垃圾及其他废料，并要求将清理后的坝基表面土层压实；

2)坝体断面范围内的低强度、高压缩性软土及地震时易液化的土层，要求清除或处理；

3)坝基覆盖层与下游坝体粗粒料（如堆石等）接触处，要符合反滤的要求。

(2)坝体与岩石坝基和边坡的连接可参考以下要求：

1)坝断面范围内的岩石坝基与边坡，要求清除其表面松动石块、凹处积土和突出的岩石。

2)若风化层较深时，高坝宜开挖到弱风化层上部，中、低坝可开挖到强风化层下部。要求在开挖的基础上对基岩再进行灌浆等处理。对断层、张开节理裂隙要求逐条开挖清理，并用混凝土或砂

浆封堵。坝基岩面上宜设混凝土盖板、喷混凝土或喷水泥砂浆。

3)对失水很快且易风化的软岩（如页岩、泥岩等），开挖时宜预留保护层，待开始回填时，随挖除、随回填，或开挖后喷水泥砂浆或喷混凝土保护。

(3)坝体与其他构筑物的连接可参考以下要求：

1)当导排管设置沉降缝时，要做好止水，并在接缝处设反滤层；

2)坝体下游面与坝下导排管道接触处要采用反滤层包围管道；

3)坝体和库区边坡的连接处要求做成斜面，避免出现急剧的转折。在与坝体连接处，边坡表面相邻段的倾角变化要求控制在10°以内。山谷型填埋场中的边坡要逐渐向基础方向放缓。

7.3.8 本条是关于坝体防渗处理要求的基本规定。

条文中的"特殊锚固法"可采用HDPE嵌钉土工膜、HDPE型锁条、机械锚固等方式进行锚固。

7.4 坝体稳定性分析

7.4.1 本条是关于垃圾坝安全稳定性分析基本要求的规定。

坝体在施工、建成、垃圾填埋作业及封场的各个时期受到的荷载不同，要求分别计算其稳定性。坝体稳定性计算的工况建议如下：

(1)施工期的上、下游坝坡；

(2)填埋作业期的上、下游坝坡；

(3)封场后的下游坝坡；

(4)填埋作业时遇地震、遇洪水的上、下游坝坡。

采用计及条块间作用力的计算方法时，坝体抗滑稳定最小安全系数不宜小于表11的规定。

表11　坝体抗滑稳定最小安全系数

运用条件	坝体建筑级别		
	I	II	III
施工期	1.30	1.25	1.20
填埋作业期	1.20	1.15	1.10
封场稳定期	1.25	1.20	1.15
正常运行遇地震、遇洪水	1.15	1.10	1.05

7.4.2 本条是关于坝体稳定性分析的抗剪强度计算应符合相关标准的原则规定。

8　防渗与地下水导排

8.1　一般规定

8.1.1 本条是关于填埋场必须进行防渗处理的强制性条文规定。

本条从防止填埋场对地下水、地表水的污染和防止地下水入渗填埋场两个方面提出了严格要求。

填埋场进行防渗处理可以有效阻断渗沥液进入到环境中，避免地表水与地下水的污染。此外，应防止地下水进入填埋场，地下水进入填埋场后一方面会大大增加渗沥液的产量，增大渗沥液处理量和工程投资；另一方面，地下水的顶托作用会破坏填埋场底部防渗系统。因此，填埋场必须进行防渗处理，并且在地下水位较高的场区应设置地下水导排系统。

8.1.2 本条是关于填埋场防渗处理应符合相关标准的原则规定。

8.1.3 本条是关于地下水水位的控制应符合相关标准的原则规定。

现行国家标准《生活垃圾填埋场污染控制标准》GB 16889规定：生活垃圾填埋场填埋区基础层底部要求与地下水年最高水位保持1m以上的距离。当生活垃圾填埋场填埋区基础层底部与地下水年最高水位距离不足1m时，要求建设地下水导排系统。

地下水导排系统要求确保填埋场的运行期和后期维护与管理期内地下水水位维持在距离填埋场填埋区基础层底部1m以下。

8.2　防渗处理

8.2.1 本条是关于填埋场防渗系统选择及天然黏土衬里结构防渗参数要求的规定。

条文中的"天然黏土类衬里"是指天然黏土符合防渗适用条件

时,可以作为一个防渗层。该防渗层和渗沥液导流层、过滤层等一起构成一个完整的天然黏土防渗系统。压实黏土作为防渗层时的土料选择与施工质量要求应符合现行行业标准《生活垃圾卫生填埋场岩土工程技术规范》CJJ 176—2012 第 8 章的相关规定。

天然黏土衬里的防渗适用条件为:

(1)黏土渗透系数≤1×10^{-7}cm/s;

(2)液限(W_L):25%~30%;

(3)塑限(W_P):10%~15%;

(4)不大于 0.074mm 的颗粒含量:40%~50%;

(5)不大于 0.002mm 的颗粒含量:18%~25%。

条文中的"渗透系数"也称水力传导系数,是一个重要的水文地质参数,它的计算由 Darcy(达西)定律给出:

$$V = Q/A = KJ \qquad (7)$$

式中:V——渗透速度(cm/s);

Q——渗流量(cm^3/s);

A——试验围筒的横截面积(cm^2);

K——渗透系数(cm/s);

J——水力坡度(H_1-H_2/l);H_1、H_2 分别为坡顶、坡底高程,l 为坡顶与坡底的水平距离。

当水力坡度 $J=1$ 时,渗透系数在数值上等于渗透速度。因为水力坡度无量纲,渗透系数具有速度的量纲。即渗透系数的单位和渗透速度的单位相同,可用 cm/s 或 m/d 表示。考虑到渗透液体性质的不同,Darcy 定律有如下形式:

$$V = -k\rho g/\mu \cdot dH/dL \qquad (8)$$

式中:ρ——液体的密度;

g——重力加速度;

μ——动力粘滞系数;

dH/dL——水力坡度;

k——渗透率或内在渗透率。

k 仅仅取决于岩土的性质而与液体的性质无关。渗透系数和渗透率之间的关系为:$K=k\rho g/\mu=kg/v$(v 为渗透速度)。要注意到渗沥液与水的 μ 不同,渗沥液与水的渗透系数具有差异。

8.2.2 本条是关于填埋场改性黏土衬里结构防渗的技术规定。

条文中的"改性压实黏土类衬里"是指当填埋场区及其附近没有合适的黏土资源或者黏土的性能无法达到防渗要求时,将亚黏土、亚砂土等天然材料中加入添加剂进行人工改性,使其达到天然黏土衬里的等效防渗性能要求。

8.2.3 本条是关于不同人工防渗系统选择条件的原则规定。

条文所指的"双层衬里"系统宜在以下四种情况使用:

(1)国土开发密度较高、环境承载力减弱,或环境容量较小、生态环境脆弱等需要采取特别保护的地区;

(2)填埋容量超过 1000 万 m^3 或使用年限超过 30 年的填埋场;

(3)基础天然土层渗透系数大于 10^{-5}cm/s,且厚度较小、地下水位较高(距基础底小于 1m)的场址;

(4)混合型填埋场的专用独立库区,即生活垃圾焚烧飞灰和医疗废物焚烧残渣经处理后的最终处置填埋场的独立填埋库区。

8.2.4 本条是关于复合衬里防渗结构的具体要求规定。

(1)条文及结构示意图中的"地下水导流层"、"防渗及膜下保护层"、"渗沥液导流层"、"膜上保护层"及"反滤层"的功能和材料说明如下:

1)地下水导流层:及时对地下水进行导排,防止地下水水位抬高对防渗系统造成破坏。当导排的场区坡度较陡时,地下水导流层可采用土工复合排水网;地下水导流层与基础层、膜下保护层之间采用土工织物层,土工织物层起到反滤、隔离作用。

2)防渗及膜下保护层:防渗及膜下保护层的黏土渗透系数要求不大于 1×10^{-7}cm/s。复合衬里结构(HDPE 膜+黏土)中,黏土作为防渗层,等效替代天然黏土类衬里结构防渗性能厚度可参考表 12。

表 12 复合衬里黏土与天然黏土防渗等效替代

渗透时间(年)	压实黏土层厚度(m) (K_s=1.0×10^{-7}cm/s)	HDPE 膜+压实黏土厚度(m) (K_s=1.0×10^{-7}cm/s)
55	2.00	0.44
60	2.16	0.48
65	2.32	0.52
70	2.48	0.55
75	2.63	0.59
80	2.79	0.63
85	2.95	0.67
90	3.11	0.71
95	3.27	0.75
100	3.43	0.79

3)渗沥液导流层:及时将渗沥液排出,减轻防渗层的压力。材料一般采用卵(砾)石,某些情况下也有采用土工复合排水网和砾石共同组成导流层。当导流的场区坡度较陡时,土工膜上需增加缓冲保护层,材料可以采用袋装土或旧轮胎等。

4)膜上保护层:防止 HDPE 膜受到外界影响而被破坏,如石料或垃圾对其的刺穿,应力集中造成膜破损。材料可采用土工布。

5)反滤层:防止垃圾在导流层中积聚,造成渗沥液导流系统堵塞或导流效率降低。

(2)条文中"土工布"说明如下:

1)土工布用作 HDPE 膜保护材料时,要求采用非织造土工布。规格要求不小于 600g/m^2。

2)土工布用于盲沟和渗沥液收集导流层的反滤材料时,宜采用土工滤网,规格不宜小于 200g/m^2。

3)土工布各项性能指标要求符合国家现行相关标准的要求,主要包括:现行国家标准《土工合成材料 短纤针刺非织造土工布》GB/T 17638、《土工合成材料 长丝纺粘针刺非织造土工布》GB/T 17639、《土工合成材料 长丝机织土工布》GB/T 17640、《土工合成材料 裂膜丝机织土工布》GB/T 17641、《土工合成材料 塑料扁丝编织土工布》GB/T 17690 等。

4)土工布长久暴露时,要充分考虑其抗老化性能;土工布作为反滤材料时,要求充分考虑其防淤堵性能。

(3)条文中"土工复合排水网"说明如下:

1)土工复合排水网中土工网和土工布要求预先粘合,且粘合强度要求大于 0.17kN/m;

2)土工复合排水网的土工网要求使用 HDPE 材质,纵向抗拉强度大于 8kN/m,横向抗拉强度大于 3kN/m;

3)土工复合排水网的导水率选取要求考虑蠕变、土工布嵌入、生物淤堵、化学淤堵和化学沉淀等折减因素;

4)土工复合排水网的土工布要求符合本规范对土工布的要求;

5)土工复合排水网性能指标要求符合国家现行相关标准的要求。

(4)条文中"钠基膨润土垫"(GCL)说明如下:

1)防渗系统工程中的 GCL 要求表面平整,厚度均匀,无破洞、破边现象。针刺类产品的针刺均匀密实,不允许残留断针。

2)单位面积总质量要求不小于 4800g/m^2,并要求符合国家现行标准《钠基膨润土防水毯》JG/T 193 的规定。

3)膨润土体积膨胀度不应小于 24mL/2g。

4)抗拉强度不应小于 800N/10cm。

5)抗剥强度不应小于 65N/10cm。

6)渗透系数应小于 5.0×10^{-11}m/s。

7)抗静水压力 0.6MPa/h,无渗漏。

8.2.5 本条是关于单层衬里防渗结构的具体要求规定。

8.2.6 本条是关于双层衬里防渗结构的具体要求规定。

条文中的"渗沥液检测层"是透过上部防渗层的渗沥液或者气体受到下部防渗层的阻挡而在中间的排水层得到控制和收集,该层可以起到上部防渗膜是否破损渗漏的监测作用。

8.2.7 本条是关于 HDPE 土工膜的使用应符合有关标准及膜厚度选择的规定。

HDPE 膜的选择应考虑地基的沉降、垃圾的堆高及 HDPE 膜锚固时的预留量。

膜厚度的选择可参照以下要求选用：

(1)库区地下水位较深，周围无环境敏感点，且垃圾堆高小于 20m 时，可选用 1.5mm 厚 HDPE 膜。

(2)垃圾堆高介于 20m 至 50m 之间，可选用 2.0mm 厚 HDPE 膜，同时宜进行拉力核算。

(3)垃圾堆高大于 50m 时，防渗膜厚度选择要求计算。

德国联邦环保署曾对 HDPE 土工膜对各种有机物的防渗性能进行测试，测试数据表明，随着 HDPE 土工膜厚度的增加，污染物扩散能力开始迅速下降，随后下降趋势趋于平缓。当 HDPE 土工膜的厚度为 2.0mm 时，7 种污染物质的渗透能力基本上已处于平缓下降期，再增加土工膜的厚度对渗透能力影响不大；当 HDPE 土工膜的厚度为 1.5mm 时，部分物质已处于平缓下降期，但也还有部分物仍处于迅速下降期，有的仍处于介于前两者之间的过渡阶段。因此，在一般情况下，仅从防渗性能考虑，填埋场采用 HDPE 土工膜防渗，1.5mm 厚为可用值，2.0mm 厚为较好值，有的国家的标准以土工膜厚 1.5mm 为填埋场低限，有的国家的标准提出土工膜厚不应小于 2.0mm。

条文中未对土工膜宽度作出规定。但在防渗衬里的实际铺设工程中，对 HDPE 土工膜宽度的选择是有一定的要求。渗漏现象的发生，10％是由于材料的性质以及被尖物刺穿、顶破，90％是由于土工膜焊接处的渗漏，而土工膜焊接量的多少与材料的幅宽密切相关，以 5.0m 和 7.0m 宽的不同材料对比，前者需要 $(X/5-1)$ 个焊缝，后者需要 $(X/7-1)$ 个焊缝（X 表示幅宽），前者的焊缝数量超过后者数量近 30％，意味着渗漏可能性增加近 30％。建议宜选用宽幅的 HDPE 土工膜。

8.2.8 本条是关于对穿过 HDPE 土工膜的各种管线接口处理的基本规定。

穿管和竖井的防渗要求：

(1)接触垃圾的穿管管外宜采用 HDPE 膜包裹。

(2)穿管与防渗膜边界刚性连接时，宜采用混凝土锚固块作为连接基座，混凝土锚固块建在连接管上，管及膜固定在混凝土内。

(3)穿管与防渗膜边界弹性连接时，穿管要求不得直接焊接在 HDPE 防渗膜上。

(4)置于 HDPE 防渗膜上的竖井（如渗沥液提升竖井、检修竖井等），井底和 HDPE 膜之间要求设置衬里层。

8.2.9 本条是关于锚固平台设置的基本规定。

锚固平台的设置要求是参考国内外实际工程的经验，平台高差大于 10m、边坡坡度大于 1∶1 时，对于边坡黏土层施工和防渗层的铺设都较困难。当边坡坡度大于 1∶1 时，宜采用其他铺设和特殊锚固方式。

8.2.10 本条是关于防渗材料基本锚固方式和特殊锚固方式的规定。

条文规定的几种锚固方式的施工方法如表 13 所示。

表 13　常见锚固方式的施工方法

锚固方式	施 工 方 法
矩形锚固	在锚固平台一侧开挖一矩形的槽，然后将膜拉引护道并铺入槽中，填土覆盖。比较而言，矩形槽锚固方法安全更好，应用较多
水平锚固	将膜拉到护道上，然后用土覆盖。这种方法通常不够牢固
"V"形槽锚固	锚固平台一侧开挖"V"字形槽，然后将膜拉引护道并铺入槽中，填土覆盖。这种方法对开挖空间要求略大

8.2.11 本条是关于锚固沟设计的基本规定。

8.2.12 本条是关于黏土作为膜下保护层时处理要求的基本规定。

根据对国内外填埋场现场调查情况分析结果，填埋场膜下保护层黏土中砾石形状和尺寸大小对土工膜的安全使用至关重要，一般要求尽可能不含有尖锐砾石和粒径大于 5mm 的砾石，否则

需要增加土工膜下保护措施；压实度要求主要是考虑到库底在垃圾填埋堆高条件下其变形在允许范围，减少土工膜的变形，避免渗沥液、地下水导流系统的破坏。

8.3　地下水导排

8.3.1 本条是关于地下水收集导排系统设置条件的基本规定。

8.3.2 本条是关于地下水水量计算应考虑的因素和分不同情况计算的基本规定。

地下水水量的计算要求区分四种情况：填埋库区远离含水层边界，填埋库区边缘降水，填埋库区位于两地表水体之间，填埋库区靠近隔水边界。计算方法可参照现行行业标准《建筑基坑支护技术规程》JGJ 120—2012 中附录 E。

8.3.3 本条是关于地下水导排几种基本方式选择的原则规定。

对于山谷型填埋场，外来汇水易通过边坡浸入库底影响防渗系统功能，也要求设置地下水导排。

8.3.4 本条是关于地下水导排系统设计原则和收集管径的规定。

地下水收集导排系统设计要求参考如下：

(1)地下水导流层宜采用卵（砾）石等石料，厚度不应小于 30cm，粒径宜为 20mm～50mm，石料上应铺设非织造土工布，规格不宜小于 200g/m²。

(2)地下水导流盲沟布置可参照渗沥液导排盲沟布置，可采用直线型（干管）或树枝型（干管和支管）。

8.3.5 本条是关于选择垂直防渗帷幕进行地下水导排的地质条件及渗透系数的规定。

(1)垂直防渗帷幕底部要求深入相对不透水层不小于 2m；若相对不透水层较深，可根据渗流分析并结合类似工程确定垂直防渗帷幕的深度。

(2)当采用多排灌浆帷幕时，灌浆的孔和排距应通过灌浆试验确定。

(3)当采用混凝土或水泥砂浆灌浆帷幕时，厚度不宜小于 400mm。当采用 HDPE 膜复合帷幕时，总厚度可根据成槽设备最小宽度设计，其中 HDPE 膜厚度不应小于 2mm。

(4)垂直防渗除用于地下水导排外，还可用于老填埋场扩建和封场的防渗整治工程，也可用于离水库、湖泊、江河等大型水域较近的填埋场，防止雨季水域漫出对填埋场产生破坏及填埋场对水域的污染。

9　防洪与雨污分流系统

9.1　填埋场防洪系统

9.1.1 本条是关于填埋场防洪系统设计应符合相关标准及防洪水位标准的基本规定。

9.1.2 本条是关于填埋场防洪系统包括的主要构筑物以及洪水流量计算的规定。

填埋场防洪系统要求根据填埋场的降雨量、汇水面积、地形条件等因素选择适合的防洪构筑物，以有效地达到填埋场防洪目的。

不同类型填埋场截洪坝的设置原则为：

(1)平原型填埋场根据地形、地质条件可在四周设置截洪坝；

(2)山谷型填埋场依地形、地质条件可在库区上游和沿山坡设置截洪坝；

(3)坡地型填埋场根据地形、地质条件可在地表径流汇集处设置截洪坝。

条文中的"集水池"是指在雨水汇集处设置的用于收集雨水的构筑物。

条文中的"洪水提升泵"是指将库区雨水抽排至截洪沟或其他防洪系统构筑物的排水设施，其选用要求满足现行国家标准《泵站设计规范》GB/T 50265 的相关要求。

条文中的"涵管"是指上游雨水不能直接导排时设置的位于库底并穿过下游坝的设施,穿坝涵管设计流速的规定要求不大于10m/s。

条文中关于"洪水流量可采用小流域经验公式计算",要求先查询当地洪水水文资料和经验公式,然后选择合理的计算方法进行设计计算。

(1)填埋场库区外汇水区域小于10km²或填埋场建设区域水文气象资料缺乏,可用公路岩土所经验公式(9)计算洪水流量。

$$Q_p = KF^n \qquad (9)$$

式中:Q_p——设计频率下的洪峰流量(m³/s);

　　　K——径流模数,可根据表14进行取值;

　　　F——流域的汇水面积(km²);

　　　n——面积参数,当$F < 1km²$时,$n=1$;当$F > 1km²$时,可按照表15进行取值。

表14　径流模数K值

重现期(年)	华北	东北	东南沿海	西南	华中	黄土高原
2	8.1	8.0	11.0	9.0	10.0	5.5
5	13.0	11.5	15.0	12.0	14.0	6.0
10	16.5	13.5	18.0	14.0	17.0	7.5
15	18.0	14.5	19.5	14.5	18.0	7.7
25	19.5	15.8	22.0	16.0	19.6	8.5

注:重现期为50年时,可用25年的K值乘以1.20。

表15　面积参数n值

地区	华北	东北	东南沿海	西南	华中	黄土高原
n	0.75	0.85	0.75	0.85	0.75	0.80

(2)填埋场建设区域水文气象资料较为完整时,要求采用暴雨强度公式(10)计算洪水流量。

$$Q = q\Psi F \qquad (10)$$

式中:Q——雨水设计流量(L/s);

　　　q——设计暴雨强度,[L/(s·hm²)],可查询当地暴雨强度公式;

　　　Ψ——径流系数,可根据表16取值;

　　　F——汇水面积(hm²)。

表16　径流系数ψ值

地面种类	Ψ
级配碎石路面	0.40~0.50
干砌砖石和碎石路面	0.35~0.45
非铺砌土地面	0.25~0.35
绿地	0.10~0.20

在进行填埋场治涝设计时,宜根据地形、地质条件进行,并宜充分利用现有河、湖、洼地、沟渠等排水、滞水水域。

9.1.3 本条是关于截洪沟设置的原则规定。

(1)环库截洪沟截洪流量要求包括库区上游汇水以及封场后库区径流。

(2)截洪沟与环库道路合建时,宜设置在靠近垃圾堆体一侧,Ⅰ级填埋场和山谷型填埋场环库道路内、外两侧均宜设置截洪沟。

(3)截洪沟的断面尺寸要求根据各段截洪量的大小和截洪沟的坡度等因素计算确定,断面形式可采用梯形断面、矩形断面、U形断面等。

(4)当截洪沟纵坡较大时,要求采用跌水或陡坡设计,以防止渠道冲刷。

(5)截洪沟出水口可根据场区外地形、受纳水体或沟渠位置等确定。出水口宜采用八字出水口,并采取防冲刷、消能、加固等措施。

(6)截洪沟修砌材料要求根据场地质条件来选择。

9.1.4 本条是关于填埋场截留的洪水外排的基本规定。

9.2　填埋库区雨污分流系统

9.2.1 本条是关于填埋库区雨污分流基本要求和设计时应依据条件的规定。

9.2.2 本条是关于填埋库区分区设计的基本规定。

(1)条文中"各分区应根据使用顺序不同铺设雨污分流导排管"的要求:

1)上游分区先使用时,导排盲沟途经下游分区段要求采用穿孔管与实壁管分别导排上游分区渗滤液与下游分区雨水。

2)下游分区先使用时,上游库区雨水宜采用实壁管导至下游截洪沟。

(2)库区分区要求考虑与分区进场道路的衔接设计,永久性道路及临时性道路的布置要求能满足分区建设和作业的需求。

(3)使用年限较长的分区,宜进一步划分作业分区实现雨污分流。作业分区可根据一定时间填埋量(如周填埋量、月填埋量)划分填埋作业区,各作业区之间宜采用沙袋堤或小土坝隔开。

9.2.3 本条是关于填埋作业过程中雨污分流措施的规定。

(1)条文中"宜进一步划分作业分区"可根据一定时间填埋量(如周填埋量、月填埋量)划分填埋作业区,各作业区之间宜采用沙袋堤或小土坝隔开。

(2)填埋日作业完成之后,宜采用厚度不小于0.5mm的HDPE膜或线型低密度聚乙烯膜(LLDPE)进行日覆盖作业,覆盖材料宜按一定的坡度进行铺设,雨水汇集后可通过泵抽排至截洪沟等排水设施。

(3)每一作业区完成阶段性高度后,暂时不在其上继续进行填埋时,要求进行中间覆盖。覆盖层厚度应根据覆盖材料确定。采用HDPE膜或线型低密度聚乙烯膜(LLDPE)覆盖时,膜的厚度宜为0.75mm。覆盖材料宜按一定的坡度进行铺设,以方便表面雨水导排。雨水汇集后可排入临时截洪沟或通过泵抽排至截洪沟等排水设施。

(4)未作业分区的雨水可通过管道导排或泵抽排的方法排入截洪沟等排水设施。

9.2.4 本条是关于封场后的雨水导排方式的规定。

条文中的"排水沟"是设置在封场表面,用来导排封场后表面雨水的设施。排水沟一般根据封场堆体来设置,排水沟断面和坡度要求依据汇水面积和暴雨强度确定。排水沟宜与马道平台一起修筑。不同标高的雨水收集沟连通到填埋场四周的截洪沟。

10　渗沥液收集与处理

10.1　一般规定

10.1.1 本条是关于渗沥液必须设置渗沥液收集系统和有效的渗沥液处理措施的强制性条文。

条文中的"有效的渗沥液收集系统"是指垃圾渗沥液产生后会在填埋库区聚集,如果不能及时有效地导排,渗沥液水位升高会对堆体中的填埋物形成浸泡,影响垃圾堆体的稳定性与堆体稳定化进程,甚至会形成渗沥液外溢造成污染事故。渗沥液收集系统必须能够有效地收集堆体产生的渗沥液并将其导出库区。

为了检查渗沥液收集系统是否有效,应监测堆体中渗沥液水位是否正常;为了检查渗沥液处理系统是否有效,应由环保部门或填埋场运行主管单位监测系统出水是否达标。

10.1.2 本条是关于渗沥液处理设施应符合有关标准的原则规定。

10.2　渗沥液水质与水量

10.2.1 本条是关于渗沥液水质参数的设计值应考虑填埋场不同场龄渗沥液水质差异的原则规定。渗沥液的污染物成分和浓度变化很大,取决于填埋物的种类、性质、填埋方式、污染物的溶出速度和化学作用、降雨状况、填埋场场龄以及填埋场结构等，但主要取决于填埋场场龄和填埋场设计构造。

一般认为四、五年以下为初期填埋场，填埋场处于产酸阶段，渗沥液中含有高浓度有机酸，此时生化需氧量(BOD)、总有机碳(TOC)、营养物和重金属的含量均很高，NH₃-N浓度相对较低，但可生化性好，且C/N比协调，相对而言，此阶段的渗沥液较易处理。

五年至十年为成熟填埋场，随着时间的推延，填埋场处于产甲烷阶段，COD和BOD浓度均显著下降，但BOD/COD比下降更为明显，可生化性变差，而NH₃-N浓度则上升，C/N比相对而言不甚理想，此一时期的垃圾渗沥液较难处理。

十年以上为老龄填埋场，此时COD、BOD均下降到了一个较低的水平，BOD/COD比处于较低的水平，NH₃-N浓度会有所下降，但下降幅度明显小于COD、BOD下降幅度，C/N比处于不协调，虽然此阶段污染程度显著减轻，但远远达不到直接排放的要求，并且较难处理。

10.2.2 本条是关于新建填埋场的渗沥液水质参数设计取值范围的规定。

10.2.3 本条是关于改造、扩建填埋场的渗沥液水质参数设计取值的原则规定。

10.2.4 本条是关于渗沥液产生量计算方法的规定。

渗沥液产生量也可采用水量平衡法、模型法等进行计算，此时宜采用经验公式法或参照同类型的垃圾填埋场实际渗沥液产生量进行校核。

10.2.5 本条是关于渗沥液产生量用于渗沥液处理、渗沥液导排及调节池容量时的不同取值规定。

10.3 渗沥液收集

10.3.1 本条是关于渗沥液导流系统设施组成的规定。

条文中"渗沥液收集系统"可根据实际情况进行适当简化，如结合地形设置台自流系统，可不设置泵房。

10.3.2 本条是关于导流层设计要求的规定。

规定"导流层与垃圾层之间应铺设反滤层"是为防止小颗粒物堵塞收集管。

边坡导流层的"土工复合排水网"下部要求与库区底部渗沥液导流层相连接，以保证渗沥液导排至渗沥液导排盲沟。

10.3.3 本条是关于盲沟设计要求的规定。

条文中对于石料的选择，规定原则上"宜采用砾石、卵石或碎石"。由于各地情况不同，对于卵石和砾石量严重不足的地区，可考虑采用碎石，但需要增加对土工膜保护的设计。

规定CaCO₃含量是考虑到渗沥液对CaCO₃有溶解性，从而可能导致导流层堵塞。导渗层石料的CaCO₃含量是参考英国的垃圾填埋标准和美国几个州的垃圾填埋标准而提出的。

规定收集管的最小管径要求主要是考虑防止堵塞和疏通的可能。

关于导渗管的"开孔率"，英国标准规定开孔率应小于0.01m²/m，主要是保证环刚度要求。

根据国外实际工程的经验，在导流层管路系统的适当位置(如首、末端等)宜设置清冲洗口，以保证导流系统的长期正常运行。但国内在此方面实际使用的案例较少，在部分中外合作项目中已有设计，尚处于探索阶段。

条文中对盲沟平面布置的选择，规定宜以鱼刺状盲沟、网状盲沟为主要的盲沟平面布置形式，特殊工况条件时可采用特殊布置形式。鱼刺状盲沟布置形式中，次盲沟宜按照30m～50m的间距分布，次盲沟与主盲沟的夹角宜采用15°的倍数(如60°)。

梯形盲沟最小底宽可参考表17选取。

表17 梯形盲沟底最小宽度

管径DN(mm)	盲沟最小底宽B(mm)
200<DN≤315	D(外径)+400
400<DN≤1000	D(外径)+600

收集管管径选择可根据管径计算结果并结合表18确定。

表18 填埋场用HDPE管径规格表

规格	公称外径 Dₑ(mm)								
	250	280	315	355	400	450	500	560	630

10.3.4 本条是关于导气井可兼作渗沥液竖向收集井的规定。

导气井收集渗沥液时，其底部要求深入场底导流层中并与渗沥液收集管网相通，以形成立体的收集导排系统。

10.3.5 本条是关于集液井(池)设置的原则规定。

可根据实际分区情况分别设置集液井(池)汇集渗沥液，再排入调节池。条文中"宜设在填埋库区外部"的原因是当集液井(池)设置在填埋库区外部时构造较为简单，施工较为方便，同时也利于维修、疏通管道。

对于设置在垃圾坝外侧(即填埋库区外部)的集液井(池)，渗沥液导排管穿过垃圾坝后，将渗沥液汇集至集液井(池)内，然后通过自流或提升系统将渗沥液导排至调节池。

根据实际情况，集液井(池)在用于渗沥液导排时也可位于垃圾坝内侧的最低洼处，此时要求以砾石堆填以支撑上覆填埋物、覆盖封场系统等荷载。渗沥液汇集到此并通过提升系统越过垃圾主坝进入调节池。此时提升系统中的提升管宜采取斜管的形式，以减少垃圾堆体沉降带来的负摩擦力。斜管通常采用HDPE管，半圆开孔，典型尺寸是DN800，以利于将潜水泵从管道放入集液井(池)，在泵维修或发生故障时可以将泵拉上来。

10.3.6 本条是关于调节池容积计算及结构设计要求的规定。

条文中"土工膜防渗结构"适用于有天然洼地势，容积较大的调节池；条文中的"钢筋混凝土结构"适用于无天然低地势，地下水位较高等情况。

条文中设置"覆盖系统"是为了避免臭气外逸。覆盖系统包括液面浮盖膜、气体收集排放设施、重力压管以及周边锚固。调节池覆盖膜宜采用厚度不小于1.5mm的HDPE膜；气体收集管宜采用环状带孔HDPE花管，可靠固定于池顶周边；重力压管内需要充填实物以增加膜表面重量。覆盖系统周边锚固要求与调节池防渗结构层的周边锚固沟相连接。

10.3.7 本条是关于填埋堆体内部水位控制的规定。

(1)填埋堆体内渗沥液水位监测除应符合《生活垃圾卫生填埋场岩土工程技术规范》CJJ 176外，还应符合下列要求：

1)渗沥液水位监测内容包括渗沥液导排层水头、填埋堆体主水位和滞水位。

2)渗沥液导排层水头监测宜在导排层埋设水平水位管，可采用剖面沉降仪与水位计联合测定。

3)填埋堆体主水位及滞水位监测宜埋设竖向水位管采用水位计测量；当堆体内存在滞水位时，宜埋设分层竖向水位管，采用水位计测量主水位和滞水位。

4)水平水位管布点宜在每个排水单元中的渗沥液收集主管附近和距离渗沥液收集管最远处各布置一个监测点。

5)竖向水位管和分层竖向水位管布点要求沿垃圾堆体边坡走向分散布置监测点，平面间距20m～40m，底部距离衬垫层不应小于5m，总数不宜少于2个；分层竖向水位管底部宜埋至隔水层上方，各支管之间应密闭隔绝。

6)填埋堆体水位监测频次宜为1次/月，遇暴雨等恶劣天气或其他紧急情况时，要求提高监测频次，渗沥液导排层水头监测频次宜为1次/月。

(2)降低水位措施主要有以下几点：

1)对于堆体边界高程以上的堆体内部积水宜设置水平导排盲沟自流导出，对于堆体边界高程以下的堆体积水可采用小口径竖井抽排。

2)竖井宜选择在堆体较稳定区域开挖，开挖后可采用HDPE花管作为导渗管。

3)降水导排井及竖井的穿管与封场覆盖要求密封衔接。封场防渗层为土工膜时,穿管与防渗膜边界宜采用弹性连接。

　　4)填埋作业时可增设中间导排盲沟。

10.4　渗沥液处理

10.4.1　本条是关于渗沥液处理后排放标准应符合有关标准的原则规定。

　　现行国家标准《生活垃圾填埋场污染控制标准》GB 16889 要求生活垃圾填埋场应设置污水处理装置,生活垃圾渗沥液经处理并符合此标准规定的污染物排放控制要求后,可直接排放。现有和新建生活垃圾填埋场自 2008 年 7 月 1 日起执行该标准表 2 规定的水污染物排放浓度限值。

10.4.2　本条是关于渗沥液处理工艺选择应考虑因素的原则规定。

10.4.3　本条是关于宜采用的几种渗沥液处理工艺组合的规定。

　　各种组合形式及其适用范围可参考表 19。

表 19　渗沥液处理工艺组合形式

组合工艺	适用范围
预处理+生物处理+深度处理	处理填埋各时期渗沥液
预处理+物化处理	处理填埋中后期渗沥液 处理氨氮浓度及重金属含量高、无机杂质多,可生化性较差的渗沥液 处理规模较小的渗沥液
生物处理+深度处理	处理填埋初期渗沥液 处理可生化性较好的渗沥液

10.4.4　本条是关于渗沥液预处理宜采用的几种单元工艺的规定。

　　预处理的处理对象主要是难以处理有机物、氨氮、重金属、无机杂质等。除可采用条文中规定的水解酸化、混凝沉淀、砂滤等方法外,还可采用过去作为主处理的升流式厌氧污泥床(UASB)工艺来强化预处理。

10.4.5　本条是关于渗沥液生物处理宜采用的工艺的规定。

　　生物处理的处理对象主要是可生物降解有机污染物、氮、磷等。

　　膜生物反应器(MBR)在一般情况下宜采用 A/O 工艺,基本工艺流程可参考图 1。

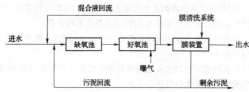

图 1　A/O 工艺流程

　　当需要强化脱氮处理时,膜生物反应器宜采用 A/O/A/O 工艺。

10.4.6　本条是关于渗沥液深度处理宜采用的工艺的规定。

　　深度处理的对象主要是难以生物降解的有机物、溶解物、悬浮物及胶体等。可采用膜处理、吸附、高级化学氧化等方法。其中膜处理主要采用反渗透(RO)或碟管式反渗透(DTRO)及其与纳滤(NF)组合等方法,吸附主要采用活性炭吸附等方法,高级化学氧化主要采用 Fenton 高级氧化+生物处理等方法。深度处理宜以膜处理为主。

　　当采用"预处理+生物处理+深度处理"的工艺流程时,可参考图 2 的典型工艺流程设计。

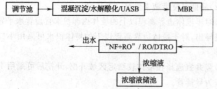

图 2　"预处理+生物处理+深度处理"典型流程

10.4.7　本条是关于渗沥液物化处理宜采用的工艺的规定。

　　物化处理的对象截留所有污染物至浓缩液中。目前较多采用两级碟管式反渗透(DTRO),近几年也出现了蒸发浓缩法(MVC)+离子交换树脂(DI)组合的物化工艺。

　　当采用"预处理+物化处理"的组合工艺时,可参考图 3 的典型工艺流程设计。

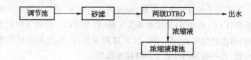

图 3　"预处理+深度处理"典型工艺流程

10.4.8　本条是关于几种主要渗沥液处理工艺单元设计参数要求的规定。

　　几种主要工艺单元对渗沥液的处理效果可参考表 20。

表 20　各种渗沥液单元处理工艺处理效果

处理工艺	平均去除率(%)				
	COD	BOD	TN	SS	浊度
水解酸化	<20	<20*	—	—	>40
混凝沉淀	40~60	—	<30	>80	>80
氨吹脱	<30	—	>80	—	30~40
UASB	50~70	>60	—	60~80	—
MBR	>85	>80	>80	>99	40~60
NF	60~80	>80	<10	>99	>99
RO	>90	>90	>85	>99	>99
DTRO	>90	>90	>90	>99	>99

注:* 表示水解酸化处理渗沥液后,BOD 值有可能增加。

10.4.9　本条是关于渗沥液处理过程中产生的污泥处理的原则规定。

10.4.10　本条是关于渗沥液处理过程中产生的浓缩液处理的原则规定。

　　浓缩液回灌可采用垂直回灌、水平回灌或垂直与水平相结合的回灌形式。渗沥液回灌设计可参考以下要求:

　　(1)回灌浓缩液所需的垃圾堆体高度不宜小于 10m,在垃圾堆体高度不足 10m 而高于 5m 时,回灌点距离渗沥液收集管出口宜至少有 100m 的距离;

　　(2)回灌点的布置要求保证渗沥液能均匀回灌于垃圾堆体,并宜每年更换一次布点;

　　(3)单个回灌点服务半径不宜大于 15m;

　　(4)回灌水力负荷宜为 20L/(d·m^2)~40L/(d·m^2);

　　(5)配水宜采用连续配水或间歇配水,间歇配水宜根据浓缩液水质、试验数据确定具体的配水次数。

　　浓缩液蒸发处理可采用浸没燃烧蒸发、热泵蒸发、闪蒸蒸发、强制循环蒸发、碟管式纳滤(DTNF)与 DTRO 的改进型蒸发等处理方法,这些工艺费用较高、设备维护较困难,有条件的地区可采用。

11　填埋气体导排与利用

11.1　一般规定

11.1.1　本条是关于填埋场必须设置有效的填埋气体导排设施的强制性条文。

　　填埋气体中是含有甲烷等成分的易燃易爆气体,如不采取有效导排设施,大量填埋气体会在垃圾堆体中聚集并随意迁移。填埋作业过程中,局部高浓度的填埋气体可能造成作业人员窒息;如遇明火或闷烧垃圾,则更会有爆炸危险。填埋气体也可能自然迁移至填埋场周边建筑,引发火灾、爆炸。因此填埋场必须设置有效的填埋气体导排设施,将填埋气体集中导排,降低填埋场火灾和爆炸风险;有条件则可加以利用或集中燃烧,亦可减少温室气体排放。

11.1.2 本条是关于填埋场设置填埋气体利用设施条件的规定。

填埋场具有较大的填埋规模和厚度时,填埋气体产生量较大,具有一定的利用价值并能有效减少温室气体排放。

11.1.3 本条是关于不具备填埋气体利用条件的填埋场宜有效减少甲烷产生量的原则规定。

11.1.4 本条是关于老填埋场应设置有效的填埋气体导排和处理设施的原则规定。

根据有关调查情况显示,许多中小城市的旧填埋场没有设置填埋气体导排设施。要求结合封场工程采取竖井(管)等措施进行填埋气体导排和处理,避免填埋气体的安全隐患。

11.1.5 本条是关于填埋气体导排和利用设施应符合有关标准的规定。

11.2 填埋气体产生量

11.2.1 本条是关于填埋气体产气量估算的规定。

填埋气体产气量估算要求根据国家现行标准《生活垃圾填埋场填埋气体收集处理及利用工程技术规范》CJJ 133 规定的 Scholl Canyon 模型,该模型是美国环保局制定的城市固体废弃物填埋场标准背景文件所用的模型。在估算填埋气体产气量前,要对填埋场的具体特征进行分析,选择合适的推荐值或采用实际测量值计算,以保证产气估算模型中参数选择的合理性。

11.2.2 本条是关于清洁发展机制(CDM)项目填埋气体产气量计算的规定。

对于为推广填埋气体回收利用的国际甲烷市场合作计划,其所产生的某些特殊项目宜根据项目要求选择国际普遍认可的填埋气体产气量计算方法。联合国政府间气候变化专门委员会(IPCC)提供的计算模型作为目前国际普遍认可的计算模型,已被普遍应用于国际甲烷市场合作项目中。对于《京都议定书》第 12 条确定的清洁发展机制(CDM)项目,宜采用经联合国气候变化框架公约执行理事会(UNFCCC,EB)批准的 ACM0001 垃圾填埋气体项目方法学工具"垃圾处置场所甲烷排放计算工具"进行产气量估算;当要估算较大范围的产气量,如一个地区或城市的产气量时,宜采用 IPCC 缺省模型进行产气量估算。IPCC 缺省模型多用于填埋气体减排量及气体利用规模的估算。

11.2.3 本条是填埋场气体收集率估算的规定。

(1)填埋气收集率计算见式(11):

$$收集率=(85\%-X_1-X_2-X_3-X_4-X_5-X_6-X_7)\times 面积覆盖因子 \tag{11}$$

式中:$X_1\sim X_7$——根据填埋场建设和运行特征所确定的折扣率(%);

面积覆盖因子——由填埋气体系统区域覆盖面积百分率决定。

(2)填埋气体收集折扣率取值可见表 21。

表 21 填埋气体收集折扣率取值表

序号	问 题	折扣率 Xi(%)	
		是	否
1	填埋场填埋的垃圾是否定期进行适当的压实	0	2~4
2	填埋场是否有集中的垃圾倾倒区域	0	4~8
3	填埋场边坡是否有渗沥液渗漏,或填埋场表面是否有水坑/渗沥液坑	10~40	0
4	垃圾平均深度是否有 10m 及以上	0	6~10
5	新填埋的垃圾是否每日或每周进行覆盖	0	6~10
6	已填埋至中期/最终高度的区域是否进行了中期/最终覆盖	0	4~6
7	填埋场是否有铺设土工布或黏土的防渗层	0	3~6

(3)面积覆盖因子(表22)可通过填埋气系统区域覆盖率确定。

表 22 面积覆盖因子取值表

填埋气系统区域覆盖率	面积覆盖因子
80%~100%	0.95
60%~80%	0.75
40%~60%	0.55
20%~40%	0.35
<20%	0.15

11.3 填埋气体导排

11.3.1 本条是关于填埋气体导排设施选用的基本规定。

11.3.2 本条是关于导气井设计和技术要求的规定。

(1)导气井要求根据垃圾填埋堆体形状、影响半径等因素合理布置,使全场井式排气道作用范围完全覆盖填埋库区。

(2)新建垃圾填埋场,宜从填埋场使用初期采用随垃圾填埋高度的升高而升高的方式设置井式排气道;对于无气体导排设施的在用或停用填埋场,要求采用垃圾填埋单元封闭后钻孔下管的方式设置导气井。

(3)填埋作业在垃圾堆体加高过程中,要求及时增高井式排气道高度,确保井内管道位置固定、连接密闭顺畅,避免填埋作业机械对填埋气体收集系统产生损坏。

11.3.3 本条是关于超过一定的填埋库容和填埋厚度的填埋场应设置主动导气设施的规定。

条文中的"主动导气"是指通过布置输气管道及气体抽取设备,及时抽取场内的填埋气体并导入气体燃烧装置或气体利用设备的一种气体导排方式,见示意图 4。

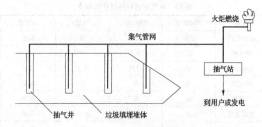

图 4 主动导气示意图

11.3.4 本条是关于导气盲沟的基本规定。

(1)导气盲沟宜在垃圾填埋到一定高度后进行铺设,并与竖井布置相互协调。

(2)导气盲沟可采用在垃圾堆体上挖掘沟道的方式设置,也可采用铺设金属框架或金属网状篮的方式设置。

(3)主动导排导气盲沟外穿垃圾堆体处要求采用膨润土或黏土等低渗透性材料密封,密封厚度宜为 3m~5m。

(4)为保证工作人员安全,被动导排的导气盲沟中排放管的排放口要求高于垃圾堆体表面 2m 以上。

11.3.5 本条是关于填埋气体导排设施的设计应考虑垃圾堆体沉降变化影响的规定。

11.4 填埋气体输送

11.4.1 本条是关于填埋气体输气管道布置与敷设的规定。

条文中的"集气单元"是指将临近的导气井或导气盲沟阀门集中布置在集气站内,便于对导气井或导气盲沟的调节、监测和控制。输气管道设计要求留有允许材料热胀冷缩的伸缩余地,管道固定要求设置缓冲区,保证收集井与输气管道之间连接的密封性,避免造成管道破坏和填埋气体泄露。在保证安全运行的条件下,输气管道设置要求优化路线,尽量缩短输气线路,减少管道材料用量和气体阻力,降低投资和运行成本。

11.4.2 本条是关于填埋气体流量调节与控制要求的规定。

在填埋气体输送到抽气站的输气系统中，可通过调节阀控制填埋气体的压力和流量，实现安全输送。

每个导气井或导气盲沟的连接管上都要求设置填埋气体监测装置及调节阀。调节阀要求布置在易于操作的位置，并根据填埋气体的流量和压力调整阀门开度。竖井数量较多宜设置集气站，对同一区域的多个导气井集中调节和控制，也可在系统检修或扩建时将井群的不同部位隔离开来。调节阀的设置要求符合现行行业标准《生活垃圾填埋场填埋气体收集处理及利用工程技术规范》CJJ 133 的有关规定。

11.4.3 本条是关于抽气系统设计要求的规定。

填埋气体主动导排系统的抽气流量要求能随填埋气体产生速率的变化而调节，以防止产气量不足时过抽或产气量充足时气体不能抽出而扩散到大气中的情况发生。

条文中的"抽气系统应具有填埋气体含量及流量的监测和控制功能"是指抽气系统对填埋气体中甲烷及氧气浓度进行监测，填埋气体氧含量和甲烷含量是抽气系统和处理利用系统安全运行和控制的重要参数，需要时时监测。当气体中氧含量高时，说明空气进入了填埋气体，应该降低抽气设备转速，当氧含量达到设定的警戒线时，要立即停止抽气。填埋气体抽气设备的选择要求符合现行国家标准《生活垃圾填埋场填埋气体收集处理及利用工程技术规范》CJJ 133 的有关规定。

11.4.4 本条是关于填埋气体输气管道设计要求的基本规定。

条文第 2 款对材料选择提出了要求。由于填埋气体含有一些酸性气体，对金属有较大的腐蚀性，因此要求气体收集管道耐腐蚀。由于垃圾堆体易发生不均匀沉降，因此要求管道伸缩性强、具有良好的机械性能和气密性能。输气管道可选用 HDPE 管、PVC 管、钢管及铸铁管等，管道材料特性比较见表 23。

表 23　输气管道材料特性比较表

材料	HDPE 管	PVC 管	钢管	铸铁管
抗压强度	较弱	较强	强	较强
伸缩性	强	较差	差	差
耐腐蚀性	强	较强	较差	较强
防火性	差	差	好	较好
气密性	好	好	好	较差
投资费用	高	较低	较高	较低
安装难度	较难	易	易	较难

填埋库区输气管道宜选用伸缩性好的 HDPE 软管，场外输气管道要求选用防火性能好、耐腐蚀的金属管道，抽气等动载荷较大的部位不宜采用铸铁管等材质较脆的管道。

11.4.5 本条是关于输气管道中冷凝液排放的基本规定。

本条要求输气管道设计时要求保证一定的坡度并要求设置冷凝液排放装置。填埋气体冷凝液汇集于气体收集系统中的低凹点，会切断传至抽气井的真空，损害系统的运转。输气管道设置不小于 1% 的坡度以使冷凝液在重力作用下被收集并通过冷凝液排放装置排出，以减小因不均匀沉降造成的阻塞。输气管道运行时要定期检查维护，清除积水、杂物，防止冷凝液堵塞，确保完好通畅。

条文第 4 款对冷凝液处理提出了要求，冷凝液属于污染物，其处置和排放都要求严格控制。从排放阀排出的冷凝液要及时将其抽出或排走，可回喷到垃圾堆体中。

可设置冷凝液收集井收集冷凝液，收集井可根据冷凝液排放阀的位置进行设置。当设置冷凝液收集井时，可采取防冻措施，以防止冷凝液在结冰情况下不能被收集和贮存。

11.5　填埋气体利用

11.5.1 本条是关于填埋气体利用和燃烧系统统筹设计要求的规定。

当填埋气体回收利用时，要求协调控制火炬燃烧设备和气体利用系统的填埋气体流量。在填埋气体产气量基本稳定并达到利用要求的条件下，宜首先满足气体利用系统稳定运行的用气量要求。当填埋气体利用系统正常工作时，要停止火炬运行或低负荷运行消耗剩余气量，以实现填埋气体的充分利用。当填埋气体利用系统停止运行且气体不进行临时储存时，要加大火炬负荷，直至满负荷运行，以减少填埋气体对空排放。

11.5.2 本条是关于填埋气体利用方式和规模选择要求的原则规定。

在选择填埋气体利用方式时，要求考虑不同利用方式的特点和适用条件。填埋气体利用方式和规模要根据气体收集量、经济性、周边能源需求、能源转换技术的可靠成熟性、未来能源发展等，经过技术经济比较确定后优先选择效率高的利用方式，保证较高的填埋气体利用率。填埋气体利用方式和规模的选择要求符合国家现行标准《生活垃圾填埋场填埋气体收集处理及利用工程技术规范》CJJ 133 的有关规定。

填埋气体利用可选燃烧发电，用作燃气（本地燃气或城镇燃气）、压缩燃料等方式。填埋气体利用系统中可配置储气罐进行临时储气，储气罐容积宜为日供气量的 50%～60%。

填埋气体利用选择可参考以下要求：

（1）填埋气体用作燃烧发电、锅炉燃料、城镇燃气和压缩燃料（压缩天热气、汽车燃料等）时，填埋场的垃圾总填埋量宜大于 150 万 t。

（2）填埋气体用作本地燃气时，燃气用户宜在填埋场周围 3km 以内。

（3）填埋气体用于锅炉燃料时，锅炉设备的选用应符合现行行业标准《生活垃圾填埋场填埋气体收集处理及利用工程技术规范》CJJ 133—2009 中第 7.4.3 条的规定。

（4）填埋气体用于燃烧发电时，发电设备除应符合现行行业标准《气体燃料发电机组　通用技术条件》JB/T 9583.1 的要求外，内燃气发电机组的选用还应符合国家现行标准《生活垃圾填埋场填埋气体收集处理及利用工程技术规范》CJJ 133—2009 中第 7.4.2 条的规定。

（5）填埋气体用作城镇燃气或压缩燃料时，燃气管道、压力容器、加气站等设施设备的选用和设计应符合现行国家标准《城镇燃气设计规范》GB 50028 及《汽车用压缩天然气钢瓶》GB 17258 等相关标准的要求。

11.5.3 本条是关于填埋气体预处理要求的规定。

（1）填埋气体预处理工艺的选用要求：

1）填埋气体预处理工艺的选用要求根据气体利用方案、用气设备的要求和烟气排放标准来确定。在符合设计规定的各项要求的前提下，填埋气体预处理宜选用技术先进、成熟可靠的工艺，确保在规定的运转期内安全正常运行。

2）填埋气体预处理工艺方案设计要求考虑废水、废气及废渣的处理，符合现行国家有关标准的规定，防止对环境造成二次污染。

（2）当填埋气体用储气罐储存时，预处理程度可参考以下要求：

1）填埋气体中的水分、二氧化碳及硫化氢等腐蚀性气体要求被去除。

2）处理后的填埋气体应符合国家现行有关标准的要求。

（3）当填埋气体用作本地燃气时，预处理程度可参考以下要求：

1）填埋气体中的水分和颗粒物宜被去除，气体中的甲烷含量宜大于 40%。

2）处理后的填埋气体需满足锅炉等燃气设备的要求。

（4）当填埋气体用于燃烧发电时，预处理程度可参考以下要求：

1）对填埋气体要求进行脱水、除尘处理，还要求去除硫化氢、硅氧烷等损害发电机的气体成分，气体中的甲烷含量宜大于 45%，气体中的氧气含量要求控制在 2% 以内，可不考虑去除二氧化碳。

2）净化气体需满足发电机组用气的要求，典型燃气发电机组对填埋气体的压力、温度和杂质等的要求见表 24。

表 24　典型燃气发动机对填埋气体的各项要求

序号	项目	符号	数据
1	压力	P	8kPa～20kPa
2	温度	T	10℃～40℃
3	氧气	O_2	≤2%
4	硫化物	H_2S	≤600ppm
5	氯化物	Cl	≤48ppm
6	硅、硅化物	Si	<4mg/m³(标准状态下)
7	氨水	NH_3	≤33ppm
8	残机油、焦油	Tar	<5mg/m³(标准状态下)
9	固体粉尘	Dust	<5μm <5mg/m³(标准状态下)
10	相对湿度	τ	<80%

（5）当填埋气体用作城镇燃气时，预处理程度可参考以下要求：

1）对填埋气体要求进行脱水、除尘处理，还要求去除二氧化碳、硫化物、卤代烃等微量污染物，气体中的甲烷含量要求达到95%以上。

2）净化气体可参照现行国家标准《城镇燃气设计规范》GB 50028等相关标准的规定执行。

（6）当填埋气体用作压缩天然气等压缩燃料时，预处理程度可参考以下要求：

1）对填埋气体要求进行脱水、除尘及脱硫处理，还要求去除二氧化碳、氮氧化物、硅氧烷、卤代烃等微量污染物，气体中的甲烷含量要求达到97%以上，二氧化碳含量要求小于3%，氧气含量要求小于0.5%。

2）净化气体可参考国家压缩燃料质量标准和规范的要求，填埋气体用于车用压缩天然气时的具体净化要求可见表25。

表 25　压缩天然气的净化要求

项目	技术指标
总硫（以硫计）（mg/m³）	≤200
硫化氢（mg/m³）	≤15
二氧化碳 y_{CO_2}（%）	≤3.0
氧气 y_{O_2}（%）	≤0.5
甲烷 y_{CH_4}（%）	≥97

注：气体体积的标准参比条件是 101.325kPa，20℃。

11.5.4　本条是关于填埋气体燃烧系统设计要求的规定。

由于主动导排是将气体抽出，集中排放，如果不用火炬燃烧，则大量可燃气体排放会有安全隐患。火炬燃烧系统要求能在设计负荷范围内根据填埋气体产量变化、气体利用设施负荷变化、甲烷浓度变化等情况调节气体流量，保证填埋气体得到充分燃烧。

条文中"稳定燃烧"是指填埋气体得到充分燃烧，填埋气体中的恶臭气体完全分解。

条文提出了填埋气体火炬要求具有的安全保护措施，燃气在点火和熄火时比较容易产生爆炸性混合气体，"阻火器"是防止回火的设备。火炬燃烧系统还要安装温度计、火焰仪等装置。

填埋气体燃烧系统设计要求符合国家现行标准《生活垃圾填埋场填埋气体收集处理及利用工程技术规范》CJJ 133 的有关规定。

11.6　填埋气体安全

11.6.1　本条是关于填埋场防火基本要求的强制性条文规定。

条文中的"生产的火灾危险性分类"是指根据生产中使用或产生的物质性质及其数量等因素，将生产场区的火灾危险性分为甲、乙、丙、丁、戊类，根据现行国家标准《建筑设计防火规范》GB 50016的规定，填埋库区界定为生产的火灾危险性分类中的戊类防火区。

填埋库区还要求在填埋场设置消防贮水池或配备洒水车、储备灭火干粉剂和灭火沙土，配置填埋气体监测及安全报警仪器等，定期对场区进行甲烷浓度监测。

11.6.2　本条是关于防火隔离带的设置要求的规定。

条文中的"防火隔离带"宜选用植物。植物的选择宜根据当地习惯多选用吸尘、减噪、防毒的草皮及长青低矮灌木，宜采用草皮与灌木交错布置的方式设置防火隔离带。场区内防火隔离带要求定期检查维护。

11.6.3　本条为强制性条文，是关于避免安全问题的相关措施的规定。

填埋场在封场稳定安全期前，由于垃圾中可生物降解成分仍未完全降解，垃圾堆体中仍然存在大量易燃易爆的填埋气体。填埋库区内如有封闭式建（构）筑物，极易聚集填埋气体而引发爆炸。另外，堆放易燃易爆物品，甚至将火种带入填埋库区，也可能引发爆炸，造成火灾。

条文中的"稳定安全期"是指填埋场封场后，垃圾中可生物降解成分基本降解，各项监测指标趋于稳定，垃圾层不发生沉降或沉降非常小的过程。

条文中的"易燃、易爆物品"是指在受热、摩擦、震动、遇潮、化学反应等情况下发生燃烧、爆炸等恶性事故的化学物品。根据《中华人民共和国消防法》的有关规定，"易燃易爆危险物品"，包括民用爆炸物品和现行国家标准《危险货物品名表》GB 12268 中以燃烧爆炸为主要特性的压缩气体和液化气体，易爆液体，易燃固体、自燃物品和遇湿易燃物品，氧化剂和有机过氧化物，毒害品、腐蚀品中部分易燃易爆化学物品等。

填埋场要求制订防火、防爆等应急预案和措施，严格管理车辆和人员进出，场内严禁烟火，填埋场醒目位置要求设置禁火警示标志。

11.6.4　本条为强制性条文，是关于填埋场内甲烷气体含量要求的规定。

条文中"填埋场上方甲烷气体含量必须小于5%"，该值参考了美国环保署的指标，其认定空气中甲烷浓度5%为爆炸低限，当浓度为5%～15%时就可能发生爆炸。

由于填埋库区各区域填埋气的产气量、产气浓度都存在差异，为确保场区安全，要求根据现行国家标准《生活垃圾填埋场污染控制标准》GB 16889 等相关标准的要求，对填埋库区、填埋库区内构筑物、填埋气体排放口的甲烷浓度每天进行一次检测。对甲烷的每日检测可采用符合现行国家标准《便携式热催化甲烷检测报警仪》GB 13486 要求的仪器或具有相同效果的便携式甲烷测定器进行测定，对甲烷的监督性检测要求按照现行行业标准《固定污染源排气中非甲烷总烃的测定　气相色谱法》HJ/T 38 中甲烷的测定方法进行测定。

11.6.5　本条是关于填埋场车辆、设备运行安全方面的规定。

对于经常进入填埋作业区的车辆、设备要求有防火措施，并定期检查机械性能，及时更换老旧部件，对摩擦较大的部件宜经常润滑维护，保持良好的机械特性，以避免因摩擦或其他机械故障产生火花而造成安全问题。

11.6.6　本条是关于防止填埋气体在填埋场局部聚集的规定。

11.6.7　本条是关于对可能造成腔型结构填埋物的处理要求的规定。

对填埋物中如桶、箱等本身有一定容积的大件物品以及一些在填埋过程中"可能造成腔型结构的大件物品"，要求破碎后再进行填埋。破碎后填埋物的外形尺寸要求符合具体填埋工艺设计的要求。

12　填埋作业与管理

12.1　填埋作业准备

12.1.1　本条是关于填埋场作业人员和运行管理人员的基本要求

的规定。

通过加强和规范生活垃圾填埋场运行管理,提升作业人员的业务水平,保证安全运行,规范作业。

填埋场运行管理人员要求掌握填埋场主要技术指标及运行管理要求,并具备执行填埋场基本工艺技术要求和使用有关设施设备的技能,明确有关设施设备的主要性能、使用年限和使用条件的限制。

条文中"熟悉填埋作业要求"具体如下:

(1)了解本岗位的主要技术指标及运行要求,具备操作本岗位机械、设备、仪器、仪表的技能。

(2)坚守岗位,按操作要求使用各种机械、设备、仪器仪表,认真做好当班运行记录。

(3)定期检查所管辖的设备、仪器、仪表的运行状况,认真做好检查记录。

(4)运行管理中发现异常情况,要求采取相应处理措施,登记记录并及时上报。

填埋场作业人员和运行管理人员均要求熟悉运行管理中填埋气体的安全相关知识。

12.1.2 本条是关于填埋作业规程制订和紧急应变计划的规定。

条文中"填埋作业规程"是填埋场运行管理达到卫生填埋技术规范要求的技术保障,要求有本场的年、月、周、日填埋作业规程,严格按填埋作业规程进行作业管理,确保填埋安全并符合现行行业标准《城市生活垃圾卫生填埋场运行维护技术规程》CJJ 93 的要求。

条文中"制定填埋气体引起火灾和爆炸等意外事件的应急预案"的基本依据有《中华人民共和国突发事件应对法》、《国家突发环境事件应急预案》、《环境保护行政主管部门突发环境事件信息报告办法(试行)》、《突发公共卫生事件应急条例》、《生产经营单位安全生产事故应急预案编制导则》AQ/T 9002、《生活垃圾应急处置技术导则》RISN-TG 005 等。

12.1.3 本条是关于制订分区分单元填埋作业计划的原则规定。

条文中的"分区分单元填埋作业计划"要求包括分区作业计划和分单元分层填埋计划,宜绘制填埋单元作业顺序图。

12.1.4 本条是关于填埋作业开始前的基本设施准备要求的规定。

条文中的"填埋作业分区的工程设施和满足作业的其他主体工程、配套工程及辅助设施"主要包括:作业通道、作业平台(含平台的设置数量、面积、材料、长度、宽度等参数要求)、场内运输、工作面转换、边坡(HDPE膜)保护、排水沟修筑、填埋气井安装、渗沥液导渗等内容。这些设施要求按设计要求进行施工。

12.1.5 本条是关于填埋作业要求的规定。

条文中"卸车平台"的设置要求便于作业,并满足下列要求:

(1)卸车平台基底填埋层要预先构筑;

(2)卸车平台的构筑面积要求满足垃圾车回转倒车的需要;

(3)卸车平台整体要求稳定结实,表面要设置防滑带,满足全天候车辆通行要求。

垃圾卸车平台和填埋作业区域要求在每日作业前布置就绪,平台数量和面积要求根据垃圾填埋量、垃圾运输车流量及气候条件等实际情况分别确定。垃圾卸车平台材料可以是建筑垃圾、石料构筑的一次性卸车平台,或由特制钢板多段拼接、可延伸并重复使用的专用卸车平台,或其他类型的专用平台。其中由钢板拼装的专用卸料作业平台除了可重复使用,还具有较好的防沉陷能力。

12.1.6 本条是关于配置填埋作业设备的规定。

条文中的"摊铺设备"指推土机,条文中的"压实设备"主要指压实机,填埋场规模较小时可用推土机代替压实机进行压实,条文中"覆盖"作业设备一般采用挖掘机、装载机和推土机等多项设备配合作业。

填埋场主要工艺设备要求根据日处理垃圾量和作业区、卸车平台的分布来进行合理配置,可参照表26选用。

表26 填埋场工艺设备选用表(台)

建设规模	推土机	压实机	挖掘机	装载机
Ⅰ级	3～4	2～3	2	2～3
Ⅱ级	2～3	2	2	2
Ⅲ级	1～2	1	1	1～2
Ⅳ级	1～2	1	1	1～2

为防止大件垃圾形成腔性结构,本条提出了"大件垃圾较多情况下,宜配置破碎设备"的要求。

12.2 填埋作业

12.2.1 本条是关于填埋物入场和垃圾车出场时的作业要求的规定。

条文中"检查"的内容包括垃圾运输车车牌号、运输单位、进场日期及时间、垃圾来源、类别等情况。条文中"计量"是指采用计量系统对进场垃圾进行计量,计量的主要设施为地磅房。

(1)进场垃圾检查需注意以下要点:

1)对进入填埋场的垃圾进行不定期成分抽查检测;

2)填埋场入口操作人员要求对进场垃圾适时观察,发现来源不明等要及时抽检;

3)不符合规定的填埋物不能进入填埋区,并进行相应处理、处置;

4)填埋作业现场倾卸垃圾时,一旦发现生活垃圾中混有不符合填埋物要求的固体废物,要及时阻止倾卸并做相应处置,同时对其做详细记录、备案并及时上报。

(2)进场垃圾计量需注意以下要点:

1)对进场垃圾进行计量信息登记;

2)垃圾计量系统要保持完好,计量站房内各种设备要求保持使用正常;

3)操作人员要求做好每日进场垃圾资料备份和每月统计报表工作;

4)操作人员要求做好当班工作记录和交接班记录;

5)计量系统出现故障时,要求立即启动备用计量方案,保证计量工作正常进行;当全部计量系统均不能正常工作时,及时采用手工记录,待系统修复后及时将人工记录数据输入计算机,保证记录完整准确。

12.2.2 本条是关于填埋作业的分类和工序的规定。

条文中的"单元"为某一作业期的作业量,宜取一天的作业量作为一个填埋单元。每个分区要求分成若干单元进行填埋作业。

条文中的"分层"作业是每个分区中的各个子单元按照顺序填埋为基础,分为第一阶段填埋作业和第二阶段填埋作业:

第一阶段填埋作业:通常填埋第一层垃圾时宜采用填坑法作业。

第二阶段填埋作业:第一阶段填埋作业完成后,可进行第二阶段填埋作业。在第二阶段作业中,可设每5m左右为一个作业层,第二阶段填埋作业在地面以上完成,为保证堆体的稳定性,需要修坡,堆比宜为1:3。每升高5m设置一个3m宽的马道平台,第二阶段填埋作业最终达到的高程为封场高程。第二阶段宜采用倾斜面堆积法。

条文中的"分层摊铺、压实"是指将厚度不大于600mm的垃圾摊铺在操作斜面上(斜面坡度小于压实机械的爬坡坡度),然后进行压实,该层压实完成后再进行上一层的摊铺、压实。

填埋单元作业时要求对作业区面积进行控制。

对于Ⅰ、Ⅱ类填埋场,宜按照作业区面积与日填埋量之比0.8～1.0进行作业区面积的控制,并且按照暴露面积与作业面积之比不大于1:3进行暴露面积的控制。

对于Ⅲ、Ⅳ类填埋场,宜按照作业区面积与日填埋量之比1.0～1.2进行作业区面积的控制,并且可按照暴露面积与作业面积之比不大于1:2进行暴露面积的控制。雨、雪季填埋区作业单元易滑、陷车,要求选择在填埋库区入口附近设置备用填埋作业区,以应对突发事件。

对突发事件。

12.2.3 本条是关于垃圾摊铺厚度及压实密度要求的规定。

摊铺作业方式有由上往下、由下往上、平推三种，由下往上摊铺比由上往下摊铺压实效果好，因此宜选用从作业单元的边坡底部向顶部的方式进行摊铺，每层垃圾摊铺厚度以 0.4m～0.6m 为宜，条文规定具体"应根据填埋作业设备的压实性能、压实次数及生活垃圾的可压缩性确定"。

填埋场宜采用专用垃圾压实机分层连续不少于两遍碾压垃圾，当压实机发生故障停止使用时，可使用大型推土机连续不少于三遍碾压垃圾。压实作业坡度宜为 1：4～1：5，压实后要求保证层面平整，垃圾压实密度要求不小于 600kg/m³。对于日填埋量小于 200t 的Ⅳ类填埋场，可采取推土机替代专用垃圾压实机完成压实垃圾作业，但需达到规定的压实密度。小型推土机来回碾压次数则按照垃圾压实密度要求，以大型推土机连续碾压的次数(不少于 3 次)进行相应的等量换算。

12.2.4 本条是关于填埋单元的高度、宽度以及坡度要求的规定。

条文中"每一单元"大小可根据填埋场的不同日处理规模来选取，相关尺寸可参考表 27。

表 27　填埋单元尺寸参照表

日处理规模	填埋单元尺寸 $L \times B \times H$ (m×m×m)
Ⅰ级	25×9×6
Ⅱ级	20×7×5
Ⅲ级	14×6×4
Ⅳ级	11×6×3

12.2.5 本条是关于日覆盖要求的规定。

每一填埋单元作业完成后的日覆盖主要作用是抑制臭气，防轻质、飞扬物质，减少蚊蝇及改善不良视觉环境。日覆盖主要目的不是减少雨水侵入，对覆盖材料的渗透系数没有要求。根据国内填埋场经验，采用黏土覆盖容易在压实设备上粘结大量土，对压实作业产生影响，因此建议采用砂质土进行日覆盖。

采用膜材料覆盖时作业技术要点如下：

(1)覆盖膜宜选用 0.75mm 厚度、宽度为 7m～8m 的 HDPE膜，亦可用 LLDPE 膜。覆盖时膜裁剪长度宜为 20m 左右，要求注意覆盖材料的使用和回收，降低消耗。

(2)覆盖时要求从当日作业面最远处的垃圾堆体逐渐向卸料平台靠近。

(3)覆盖时膜与膜搭接的宽度宜为 0.20m 左右，盖膜方向要求按坡度顺水搭接(即上坡膜压下坡膜)。

条文中的喷涂覆盖技术，是将对覆盖材料通过喷涂设备，加水混合搅拌成浆状，喷涂到所需覆盖的垃圾表层，材料干化后在表面形成一层覆盖膜层。

12.2.6 本条是关于作业场所喷洒杀虫灭鼠药剂、除臭剂及洒水降尘的规定。

喷洒除臭剂是指对作业面采用人工喷淋或对垃圾堆体上空用高压喷雾风炮的方式进行除臭。

臭气控制除本条及有关条文规定的堆体"日覆盖"、"中间覆盖"及调节池的"覆盖系统"等要求外，尚宜采取以下措施：

(1)减少和控制填埋作业暴露面；

(2)减少无组织填埋气体排放量；

(3)及时清除场区积水。

在垃圾倾卸、推平、填埋过程中都会产生粉尘，所以规定在填埋作业时要求适当"洒水降尘"。

12.2.7 本条是关于中间覆盖要求的规定。

中间覆盖的主要目的是避免因较长时间垃圾暴露进入大量雨水，产生大量渗沥液，可采用黏土、HDPE 膜、LLDPE 膜等防渗材料进行中间覆盖。黏土覆盖层厚度不宜小于 30cm。

采用膜材料覆盖时作业技术要点如下：

(1)膜覆盖的垃圾堆体中，会产生甲烷、硫化氢等有害健康的气体，将其掀开时，必须有相应的防范措施。

(2)覆盖时膜裁剪根据实际长度，但一般不超过 50m。

(3)覆盖时宜按先上坡后下坡顺序覆盖。

(4)在靠近填埋场防渗边坡处的膜覆盖后，要求使膜与边坡接触并有 0.5m～1m 宽度的膜覆盖住边坡。

(5)膜的外缘要拉出，宜开挖矩形锚固沟并在护道处进行锚固。要求通过膜的最大允许拉力计算，确定沟深、沟宽、水平覆盖间距及覆土厚度。

(6)膜与膜之间要进行焊接，焊缝要求保持均匀平直，不允许有漏焊、虚焊或焊洞现象出现。

(7)覆盖后的膜要求平直整齐，膜上需压放有整齐稳固的压膜材料。

(8)压膜材料要求压在膜与膜的搭接处上，摆放的直线间距为 1m 左右。如作业气候遇风力比较大时，也可在每张膜的中部摆上压膜袋，直线间距 2m～3m 左右。

12.2.8 本条是关于进行封场和生态环境恢复的原则规定。

封场和生态环境恢复的技术要求在本规范第 13 章中作了具体规定。

12.2.9 本条是关于维护场内设施和设备的原则规定。

本条所指的"设施、设备"主要有各种路面、沟槽、护栏、爬梯、盖板、挡墙、挡坝、井管、监控系统、气体导排系统、渗沥液处理系统和其他各类机电装置等。各岗位人员负责辖区设施日常维护，部门及场部定期组织人员抽查。

各种供电设施、电器、照明设备、通信管线等要求由专业人员定期检查维护；各种车辆、机械和设备日常维护保养及部分小修要求由操作人员负责，中修或大修要求由厂家或专业人员负责；避雷、防爆装置要求由专业人员定期按有关行业标准检测。场区内的各种消防设施、设备要求由岗位人员做好日常管理和场部专职人员定期检查。

12.2.10 本条是关于填埋作业过程实施安全卫生管理应符合有关标准的原则规定。

12.3　填埋场管理

12.3.1 本条是关于填埋场应建立全过程管理的原则规定。

12.3.2 本条是关于填埋场建有关文件科学管理的规定。

条文中的"有关文件资料"包括场址选择、勘察、环境影响评价、可行性研究、征地、财政拨款、设计、施工直至验收等全过程所形成的所有文件资料，如项目建议书及其批复，可行性研究报告及其批复，环境影响评价报告及其批复，工程地质和水文地质详细勘察报告，设计文件、图纸及设计变更资料，施工记录及竣工验收资料等。

12.3.3 本条是关于填埋场运行记录、管理、计量等级的规定。

运行技术资料除条文中规定的"车辆数量、垃圾量、渗沥液产生量、材料消耗等"外，还要求包括：

(1)垃圾特性、类别；

(2)填埋作业规划及阶段性作业方案进度实施记录；

(3)填埋作业记录(倾卸区域、摊铺厚度、压实情况、覆盖情况等)；

(4)渗沥液收集、处理、排放记录；

(5)填埋气体收集、处理记录；

(6)环境监测与运行检测记录；

(7)场区除臭灭蝇记录；

(8)填埋作业设备运行维护记录；

(9)机械或车辆油耗定额管理和考核记录；

(10)填埋场运行期工程项目建设记录；

(11)环境保护处理设施污染治理记录；

(12)上级部门与外来单位访问记录；

(13)岗位培训、安全教育及应急演习等的记录；

(14)劳动安全与职业卫生工作记录；

(15)突发事件的应急处理记录;

(16)其他必要的资料、数据。

归档文件资料保存形式可以是图表、文字数据材料、照片等纸质或电子载体。特殊情况下,也可将少量实物样品归档保存。

Ⅱ级及Ⅱ级以上的填埋场宜采用计算机网络对填埋作业进行管理。

12.3.4 本条是关于填埋场封场和场地再利用管理的规定。

12.3.5 本条是关于填埋场跟踪监测管理的规定。

13 封场与堆体稳定性

13.1 一般规定

13.1.1 本条是关于封场设计应考虑因素的原则规定。

13.1.2 本条是关于封场设计应符合相关标准的规定。

13.2 填埋场封场

13.2.1 本条是关于堆体整形设计应满足的基本要求的规定。

(1)堆体整形挖方作业时,要求采用斜面分层作业法。斜面分层自上而下作业,避免形成甲烷气体聚集的封闭或半封闭空间,防止填埋气体突然膨胀引发爆炸,也可避免陡坡发生滑坡事故。

(2)堆体整形时要求分层压实垃圾以提高堆体抗剪强度,减少堆体的不均匀沉降,增加堆体稳定性,为封场覆盖系统提供稳定的工作面和支撑面。

(3)堆体整形作业过程中,挖出的垃圾要求及时回填。垃圾堆体不均匀沉降造成的裂缝、沟坎、空洞等要求充填密实。

(4)堆体整形与处理过程中,宜采用低渗透性的覆盖材料临时覆盖。

13.2.2 本条是关于封场坡度设计要求的规定。

封场坡度包括"顶面坡度"与"边坡坡度"。顶面坡度不宜小于5%的设置可以防止堆体顶部不均匀沉降造成雨水聚集。边坡宜采用多级台阶进行封场,台阶高度宜按照填埋单元高度进行,不宜大于10m,考虑雨水导排,同时也对堆体边坡的稳定提出了要求。

堆体边坡处理要求如下:

(1)边坡处理设计要求根据需要分别列出排水、坡面支护和深层加固等处理方法中常用的处理措施,并规定如何合理选用这些处理方法,组成符合工程实际的综合处理方案。规定可采用的具体处理措施时,要注意与土坡处理措施的异同。

(2)边坡处理的开挖减载、排水、坡面支护和深层加固方法中,对于技术问题较复杂的某些处理措施,可参照土坡处理的要求进一步规定该措施的适用条件、要注意的问题和主要计算内容。

(3)边坡稳定分析要求从短期及长期稳定性两方面考虑,边坡稳定性通常与垃圾堆体的沉降速率、抗剪参数、坡高、坡角、重力密度及孔隙水应力等因素有关。

13.2.3 本条是关于不同最终封场覆盖结构要求的规定。

排气层宜采用粗粒或多孔材料,采用粒径为 25mm～50mm、导滤性能好、抗腐蚀的粗粒多孔材料,渗透系数要求大于 1×10^{-2}cm/s。边坡排气层宜采用与粗粒或多孔材料等效的土工复合排水网。

条文中的"黏土层"在投入使用前要求进行平整压实。黏土层压实度不得小于90%,黏土层平整要求达到每平方米黏土层误差不得大于2cm。在设计黏土层时要求考虑如沉降、干裂缝以及冻融循环等破坏因素。

条文中的"土工膜",宜与防渗工工膜紧密连接。

排水层宜采用粗粒或多孔材料,排水层渗透系数要求大于 1×10^{-2}cm/s,以保证足够的导水性能,保证施加于下层衬里的水头小于排水层厚度。边坡排水层要求采用土工复合排水网。设计

排水层时,要求尽量减少降水在底部和低渗透水层接触的时间,从而减少降水到达填埋物的可能性。通过顶层渗入的降水可被截住并很快排出,并流到坡脚的排水沟中。

封场边坡的坡度较大,直接采用卵石等作为排水层、排气层则覆盖稳定难以保证,需要以网格作为骨架进行固定,所以规定采用土工复合排水网或加筋土工网垫。

植被层坡度较大处宜采取表面固土措施。

条文中防渗层的"保护层"可采用黏土,也可采用 GCL 或非织造土工布。

(1)黏土:厚度不宜小于30cm,渗透系数不大于 1×10^{-5}cm/s;

(2)GCL:厚度应大于5mm,渗透系数应小于 1×10^{-7}cm/s;

(3)非织造土工布:规格不宜小于 $300g/m^2$。

13.2.4 本条是关于封场后实施生态恢复的规定。

生态恢复所用的植物类型宜选择浅根系的灌木和草本植物,以保证封场防渗膜不受损害。植物类型还要求适合填埋场环境并与填埋场周边的植物类型相似的植物。

(1)根据填埋堆体稳定化程度,可按恢复初期、恢复中期、恢复后期三个时期分别选择植物类型:

1)恢复初期,生长的植物以草本植物生长为主。

2)恢复中期,生长的植物出现了乔、灌木植物。

3)恢复后期,植物生长旺盛,包括各类草本、花卉、乔木、灌木等。

(2)植被恢复各期可参考如下措施进行维护:

1)恢复初期:堆体沉降较快造成的裂缝、沟坎、空洞等应充填密实,同时应清除积水,并补播草种、树种。

2)恢复中期:不均匀沉降造成的覆盖系统破损应及时修复,并补播草种、树种。

3)恢复后期:定期修剪植被。

13.2.5 本条是关于封场后运行管理和环境与安全监测等内容的规定。

条文中的渗沥液处理直至填埋体稳定的判断,因垃圾成分的多样性与填埋工艺的不同,封场后渗沥液产生量和时间较难确定,宜根据监测数据判断。一般要求直到填埋场产生的渗沥液中水污染物浓度连续两年低于现行国家标准《生活垃圾填埋场污染控制标准》GB 16889 规定的限值。监测应符合《生活垃圾卫生填埋场岩土工程技术规范》CJJ 176—2012 中第 9 章的规定。

条文中的"环境与安全监测"主要包括:

(1)大气监测:环境空气监测中的采样点、采样环境、采样高度及采样频率的要求按现行国家标准《生活垃圾卫生填埋场环境监测技术要求》GB/T 18772 执行。各项污染物的浓度限值要求按现行国家标准《环境空气质量标准》GB 3095 的规定执行。

(2)填埋气监测:要求按现行国家标准《生活垃圾卫生填埋场环境监测技术要求》GB/T 18772 的规定执行。

(3)地表水监测:地表水水质监测的采样布点、监测频率要求按国家现行标准《地表水和污水监测技术规范》HJ/T 91 的规定执行。各项污染物的浓度限值要求按现行国家标准《地表水环境质量标准》GB 3838 的规定执行。

(4)填埋物有机质监测:样品制备要求按国家现行标准《城市生活垃圾采样和物理分析方法》CJ/T 3039 的规定执行。有机质含量的测定要求按国家现行标准《生活垃圾化学特性通用检测方法》CJ/T 96 的规定执行。

(5)植被调查:要求每隔 2 年对植物的覆盖度、植被高度、植被多样性进行检测分析。

13.2.6 本条是关于封场后进行水土保持的原则规定。

填埋场封场后宜对场区水土流失进行评价,其中由侵蚀引起的水土流失每公顷每年不宜超过 5t。

条文中"相关维护工作"包括维护植被覆盖(修剪、施肥等)和保养表土(铺设防腐蚀织物、修整坡度等)。

13.2.7 本条是关于填埋场封场后土地使用要求的规定。

填埋场场地稳定化判定要求可参考表28。

表28 填埋场场地稳定化判定要求

利用阶段	低度利用	中度利用	高度利用
利用范围	草地、农地、森林	公园	一般仓储或工业厂房
封场年限（年）	≥3	≥5	≥10
填埋物有机质含量	<20%	<16%	<9%
地表水水质	满足 GB 3838 相关要求		
堆体中填埋气	不影响植物生长，甲烷浓度不大于5%	甲烷浓度1%～5%	甲烷浓度小于1%，二氧化碳浓度小于1.5%
大气	—	GB 3095 三级标准	
恶臭指标	—	GB 14554 三级标准	
堆体沉降	大，>35cm/年	不均匀，10cm/年～30cm/年	小，1cm/年～5cm/年
植被恢复	恢复初期	恢复中期	恢复后期

注：封场年限从填埋场封场后开始计算。

条文中的"土地利用"，按照不同利用方式要求满足国家相关环保标准要求。填埋场封场后的土地利用可分为低度利用、中度利用和高度利用三类。

(1)低度利用一般指人与场地非长期接触，主要方式有草地、林地、农地等。

(2)中度利用指人与场地不定期接触，主要包括公园、运动场、野生动物园、高尔夫球场等。

(3)高度利用一般指人与场地长期接触的建（构）筑物。

13.2.8 本条是关于老生活垃圾填埋场封场工程的规定。

13.3 填埋堆体稳定性

13.3.1 本条是关于堆体稳定性所包括内容的规定。

13.3.2 本条是关于封场覆盖稳定性分析的原则规定。

条文中"滑动稳定性分析"宜采用无限边坡分析方法。在进行覆盖稳定性分析时，要求考虑其最不利条件下的稳定性。封场覆盖稳定性安全系数（稳定系数）在1.25～1.5为宜。

13.3.3 本条是关于堆体边坡稳定性计算方法的规定。

边坡稳定分析要求从短期及长期稳定性两方面考虑，边坡稳定性通常与垃圾的抗剪参数、坡高、坡角、重力密度及孔隙水应力等因素有关。

堆体边坡稳定定性计算方法选用原则：

(1)堆体边坡滑动面呈圆弧形时，宜采用简化毕肖普（Simplified Bishop）法和摩根斯顿－普赖斯法（Morgenstern-Price）进行抗滑稳定计算。

(2)堆体边坡滑动面呈非圆弧形时，宜采用摩根斯顿－普赖斯法和不平衡推力传递法进行抗滑稳定计算。

(3)边坡稳定性验算时，其稳定性系数要求不小于现行国家标准《建筑边坡工程技术规范》GB 50330—2002 中表5.3.1的规定。

13.3.4 本条是关于堆体沉降稳定性判断的规定。

(1)堆体沉降量由沉降时间得到沉降速率，进而通过沉降速率与封场年限判断堆体的稳定性。

(2)填埋堆体沉降速率可作为填埋场场地稳定化利用类别的判定特征。填埋堆体沉降速率可根据沉降量与沉降历时计算。

(3)堆体沉降量可通过监测或通过主固结沉降与次固结沉降计算得到。

13.3.5 本条是关于堆体沉降、导排层水头监测要求及应对措施的规定。

(1)堆体沉降监测：

1)填埋堆体沉降的监测内容包括堆体表层沉降、堆体深层不同深度沉降。

2)堆体中的监测点宜采用30m～50m的网格布置，在不稳定的局部区域宜增加监测点的密度。

3)沉降计算时监测点的选择要求沿几条选定的沉降线选择不同的监测点。

4)监测周期宜每月一次，若遇恶劣天气或意外事件，宜适当缩短监测周期。

(2)渗沥液水位监测：见本规范第10.3.7条的条文说明。

14 辅 助 工 程

14.1 电 气

14.1.1 本条是关于填埋场供配电系统负荷等级选择的原则规定。

填埋场用电要求经过总变电设施，对各集中用电点（管理区、填埋作业区、渗沥液处理区）进行配电，然后经过局部配电设施对具体设施供配电。

填埋场供电宜按二级负荷设计。

填埋工程要求供配电系统能保证在防洪及暴雨季节不得停电，同时要求节约能源，降低电耗。

用电电压宜采用380/220V。变压器接线组别的选择，要求使工作电源与备用电源之间相位一致，低压变压器宜采用干式变压器。

垃圾填埋场宜配置柴油发电机，以备急用。

14.1.2 本条是关于填埋场的继电保护和安全自动装置、过电压保护、防雷和接地要求符合相关标准的原则规定。

继电保护设计可参考下列要求：

(1)10kV进线要求设置过电流保护。

(2)10kV出线要求设置电流速断保护、过电流保护及单相接地故障报警。

(3)出线断路器保护至变压器，要求设置速断主保护及过流后备保护。

(4)管理区变电室值班室外要求设置不重复动作的信号系统，要求设置信号箱一台。

(5)10kV系统要求设绝缘监视装置，要求动作于中央信号装置。

(6)变压器要求设短路保护。

(7)低压配电进线总开关要求设置过载长延时和短路速断保护。

(8)低压用电设备及馈线电缆要求设短路及过载保护。

14.1.3 本条是关于填埋气体发电工程电气主接线设计的基本规定。

14.1.4 本条是关于照明设计应符合相关标准的原则规定。

(1)照明配电宜采用三相五线制，电压等级均为380/220V，接地形式采用 TN-S 系统。

(2)管理区用房照明宜采用荧光灯，道路照明可采用8m高的金属杆高压钠灯，渗沥液处理区设备照明宜设置高杆照明灯。

(3)照度值可采用中值照度值。

14.1.5 本条是关于电缆的选择与敷设应符合相关标准的原则规定。

(1)引入到场区的高压线，要求经技术经济比较后确定架设方式。采用高架架空形式时，要求减少高压线在场区内的长度，并要求沿场区边缘布置。

(2)填埋场内电缆可采用金属铠装电缆，室外敷设时宜以直埋为主，并要求采取有效的阻燃、防火封堵措施。

(3)低压配电室内和低压配电室到渗沥液处理区的线路宜设置电缆沟，电缆在沟内分沟分层敷设，低压配电室到其他构筑物则一般可采用钢管暗敷，渗沥液处理及填埋气体处理构筑物内则一般采用电缆桥架。

14.2 给排水工程

14.2.1 本条是关于填埋场给水工程设计应符合相关标准的原则规定。

填埋场管理区的生产、生活及消防等用水设计应考虑以下几个方面：

(1)道路喷洒及绿化用水：道路浇洒用水量按 q_1（可取

0.0015)$m^3/(m^2 \cdot 次)$，每日浇洒按 2 次计算，绿化用水量按 q_2（可取 0.002）$m^3/(m^2 \cdot d)$ 计算，每日浇洒按 1 次计算。道路喷洒及绿化用水量 Q_1 计算见式(12)：

$$Q_1 = q_1 \times 2 \times S_1 + q_2 \times S_2 (m^3/d) \qquad (12)$$

式中：S_1——道路喷洒面积(m^2)；

S_2——绿化面积(m^2)。

(2)生活用水量：填埋场主要工种宜实行一班制，生产天数以 365 天计，定员人数为 n。生活用水量按 q_1（可取 0.035）$m^3/($人·班$)$ 计算，时变化系数可取 2.5；淋浴用水量按 q_2（可取 0.08）$m^3/($人·班$)$ 计算，时变化系数可取 1.5。生活用水量 Q_2 计算见公式(13)：

$$Q_1 = q_1 \times n \times 2.5 + q_2 \times n \times 1.5 (m^3/d) \qquad (13)$$

(3)消防用水量：填埋场消防系统也采用低压消防系统，消防用水量可取 20L/s，消防延续时间以 4h 计。

(4)汽车冲洗用水量：水量要求符合现行国家标准《建筑给水排水设计规范》GB 50015 的要求，冲洗用水可取 100L/(辆·次)～200L/(辆·次)（如汽车冲洗设施安排在渗沥液处理区，其污水可随渗沥液一同处理。）。

(5)未预见水量可按最高日用水量的 15%～25%合并计算。

14.2.2 本条是关于填埋场饮用水水质应符合相关标准的原则规定。

14.2.3 本条是关于填埋场排水工程设计应符合相关标准的原则规定。

(1)排水量包括管理区的生产、生活污水量和管理区的雨水量。

(2)管理区的污水（冲洗地面水、厕所水、淋浴水、食堂等生产、生活污水）可直接排放到调节池；管理区离渗沥液处理区较远时，则可设置化粪池，使管理区污水经过化粪池消化后再排放到调节池。管理区内污水要求不得直接排往场外。

(3)管理区室外污水（道路及汽车冲洗水等污水）可随雨水一起排入场外。

14.3 消 防

14.3.1 本条是关于填埋场的室内、室外消防设计应符合相关标准的原则规定。

(1)消防等级：

1)填埋区生产的火灾危险性分类为丙戊类。

2)填埋场管理区和渗沥液处理区均宜按照不低于丁类防火区设计。其中，变配电间按Ⅰ级耐火等级设计，其他工房的耐火等级均要求不应低于Ⅱ级，建筑物主要承重构件也宜不低于Ⅱ级的防火等级。

(2)消防措施：

1)填埋场消防设施主要为消防给水和自动灭火设备，具体包括消火栓、消防水泵、消防水池、自动喷水灭火设备、气体灭火器等。

2)填埋场管理区建(构)筑物消防参照现行国家标准《建筑设计防火规范》GB 50016 执行，灭火器按现行国家标准《建筑灭火器配置设计规范》GB 50140 配置。

3)填埋场管理区内要求设置消火栓，综合楼宜设置消防通道，主变压器宜配备泡沫喷淋或排油充氮灭火装置，其他工房及设施可配置气体灭火器。对于移动消防设备，要求选用对大气无污染的气体灭火器。

4)作业区的潜在火源包括受热的垃圾、运输车辆、场内机械设备产生的火星和人为的破坏，填埋作业区要求严禁烟火。

5)作业区内宜配备可燃气体监测仪和自动报警仪，并要求定期对填埋场进行可燃气体浓度监测。

6)填埋作业附近宜设置消防水池或消防给水系统等灭火设施；受水源或其他条件限制时，可准备洒水车及砂土作消防急用。

填埋场作业的移动设施也要求配备气体灭火器。

14.3.2 本条是关于填埋场电气消防设计应符合相关标准的原则规定。

14.4 采暖、通风与空调

14.4.1 本条是关于各建筑物的采暖、空调及通风设计应符合相关标准的原则规定。

15 环境保护与劳动卫生

15.0.1 本条是关于填埋场进行环境影响评价和环境污染防治要求的规定。

条文中的"环境污染防治设施"主要指防渗系统、渗沥液导排与处理系统、填埋气体导排与处理利用系统、绿化隔离带、监测井等设施。

条文中"国家有关规定"，最主要的是指现行国家标准《生活垃圾填埋场污染控制标准》GB 16889。

15.0.2 本条是关于监测井类别以及监测方法应执行的标准的原则规定。

条文中各"监测井"的布设距离要求为：地下水流向上游 30m～50m 处设本底井一眼，填埋场两旁各 30m～50m 处设污染扩散井两眼，填埋场地下水流向下游 30m 处、50m 处各一眼污染监测井。

条文中各"监测项目"，按照现行国家标准《生活垃圾填埋场环境监测技术要求》GB/T 18772 的要求则监测项目繁多，现行行业标准《生活垃圾填埋场无害化评价标准》CJJ/T 107 选择以下重点监测项目进行达标率核算：

地面水监测指标：pH 值、悬浮物、电导率、溶解氧、化学耗氧量、五日生化耗氧量、氨氮、汞、六价铬、透明度；

地下水监测指标：pH 值、氨氮、氯化物、汞、六价铬、大肠菌群；

大气监测指标：总悬浮颗粒物、甲烷气、硫化氢、氨气；

渗沥液处理厂出水监测指标：COD、BOD_5、氨氮、总氮。

15.0.3 本条是关于填埋场环境污染控制指标应执行的标准的原则规定。

现行国家标准《生活垃圾填埋场污染控制标准》GB 16889 首次发布于 1997 年，并于 2008 年对该标准作出修订，此次修订增加了生活垃圾填埋场污染物控制项目数量。

15.0.4 本条是关于避免因库区使用杀虫灭鼠药物和填埋作业造成的二次污染的规定。

条文中的"杀虫灭鼠药剂"一般为化学药剂且有毒性，毒性比较大的杀虫灭鼠药剂首次使用后效果会很好，但对环境和人体伤害较大，要求慎用。

15.0.5 本条为强制性条文，是关于场区主要标识设置的原则规定。

填埋场各项功能标示不清或缺少标示极易造成安全事故，而道路行车指示、安全标识、防火防爆及环境卫生设施设置标志可以有效避免意外人员伤亡、安全事故，并且提高运行管理效率。安全生产是填埋场运行管理中的重中之重，完善的标示系统可以有效保障运行安全。

15.0.6 本条是关于填埋场的劳动卫生应执行的标准及对作业人员的保健措施的规定。

条文中的"填埋作业特点"主要包括：

(1)干燥天气较大风力时，风会带起填埋作业表面的粉尘；

(2)垃圾填埋作业过程中，不可避免存在裸露堆放时段，在夏季极易产生恶臭气体并在空气中扩散；

(3)填埋作业过程中机械设备噪声是主要噪声污染源；

(4)填埋作业所有机械设备频繁移动，有可能造成跌落、损伤事故；

（5）填埋作业过程中存在高温、低温对作业人员的影响；

（6）来自生活垃圾中的病原体（细菌、真菌及病毒）在填埋作业过程中有可能污染工作环境，给工作人员带来健康危害。

填埋作业时的这些作业特点对作业人员的身体都会有影响，在一定条件下，这些因素可对劳动者的身体健康产生不良影响。

条文中的"采取有利于职业病防治和保护作业人员健康的措施"包括：

（1）防尘措施：

1）加强管理，减少倾倒扬尘的产生，同时改善操作工人的劳动保护条件，减缓倾倒扬尘对工人健康的影响；

2）控制粉尘污染的措施，采取在非雨天喷洒水，喷水的次数和水量宜结合当时具体条件，由操作人员和管理人员掌握，把握的原则是不影响填埋作业，同时又能达到最佳控制粉尘的效果。洒水的场所主要是作业区、土源挖掘装运场所、进场和场区道路。

（2）臭气控制措施：填埋作业区的臭气一般按卫生填埋工艺实行日覆盖来避免。而渗沥液调节池则可采取在调节池加盖密闭。此外，可配备过滤式防毒面具，保护作业人员的身体健康。

（3）防噪声措施：对鼓风机等高噪声设备采取安装隔声罩等降噪措施以减缓噪声的影响。

（4）防病原微生物措施：填埋现场作业人员必须身穿工作服并戴口罩和手套。

（5）其他措施：为防止由于实行倒班制而引起工人生活节律紊乱和职业性精神紧张的问题，要求考虑相对固定作息时间。

16 工程施工及验收

16.0.1 本条是关于填埋场编制施工方案的原则规定。

条文中"编制施工方案"的编制准备主要要求包括下列资料：

基础文件：招标文件、设计图纸及说明、地质勘察报告和补遗资料；

国家现行工程建设政策、法规及验收标准；

施工现场调查资料；

施工单位的资源状况及类似工程的施工及管理经验。

条文中"施工方案"的内容一般要求包括以下几个部分：

（1）工程范围：

1）填埋区：主要包括垃圾坝、场地平整、场内防渗系统及渗沥液和填埋气体导排系统等。

2）管理区：主要包括综合楼及生产、生活配套房屋等。

3）渗沥液处理区：主要包括调节池、渗沥液处理设施等。

4）场外工程：主要包括永久性道路、临时道路、场外给水、供配电、排污管线和集污井等。

（2）主要技术组织措施：

1）要求配备有经验、专业齐全的项目经理和管理班子，加强与业主代表、主管部门、监理单位及相关部门的信息沟通，配备专人协调与施工中涉及的相关单位的关系。

2）做好总体施工安排。以某填埋场施工为例：施工单位将工程分为生产管理区等建筑物、道路、填埋库区三个施工区，各施工区间采用平行作业，施工区内采用流水交叉作业。施工人员和机械设备在接到工程中标通知书后开始集结，合同签订后 10 日内进入施工现场，按施工组织设计要求做好施工前准备工作，筹建场地、办公生活区、临时混凝土拌和系统、水电供应系统等临时设施。

3）积极配合业主，加强与当地有关部门的协调工作，建立良好的施工调度指挥系统，突出土石方工程、防渗工程等重要施工环节，始终保持适宜的、足量的施工机械、设备和作业人员，尽量创造条件安排多班制作业，动态协调施工进度，灵活机动地组织施工，确保工期总目标的实现。

其中，填埋场建设工期的要求还与建设资金落实计划、施工条件等因素有关，在确定填埋场建设工期时，要求根据项目的实际条件合理确定建设工期，防止建设工期拖延和增加工程投资。各类填埋场建设工期安排可参考《生活垃圾卫生填埋处理工程项目建设标准》（建标 124—2009），具体见表 29。

表 29 填埋场建设工期（月）

建设规模	施工建设工期
Ⅰ类	12～24
Ⅱ类	12～21
Ⅲ类	9～15
Ⅳ类	≤12

注：1 表中所列工期以破土动工统计，不包括非正常停工。
    2 填埋场应分期建设，分期建设的工期宜参照本表确定。

条文中"准备施工设备及设施"的内容包括：

建筑材料准备：根据施工进度计划的需求，编制物资采购计划，做好取样工作，由试验室试配所需各类标号的混凝土（砂浆）配合比，确定抗渗混凝土掺加剂的种类、掺量；

土工材料及管道采购：根据工程要求，调查土工材料、管材厂家，编制土工材料、管材计划，做好施工准备；

建筑施工机具准备：按照施工机具需用量计划，组织施工机具进场；

生产工艺设备准备：按照生产工艺流程及工艺布置图要求，编制工艺设备需用量计划，组织设备进场。

条文中"合理安排施工场地"的内容包括：

施工现场控制网测量：根据给定永久性坐标和高程，进行施工场地控制网复测，设置场地临时性控制测量标桩，并做好保护；

建造临时设施：按照施工平面图及临时设施需用量计划，建造各项临时设施；

做好季节性施工准备：按照施工组织设计的要求，认真落实季节性施工的临时设施和技术组织措施；

做好施工前期调查，查明施工区域内的各种地下管线、电缆等分布情况；

施工准备阶段的工作还包括劳动组织准备和场外协调准备工作。

劳动组织准备一般包括：建立工地领导机构，组建精干的项目作业队，组织劳动力进场，做好职工入场教育培训工作。

场外协调准备工作一般包括：

地方协调工作：及时与甲方代表、监理工程师、当地政府及交通部门取得联系，协商外围事宜，做好施工前准备工作；

材料加工与订货工作：根据各项材料需用量计划，同建材及加工单位取得联系，签订供货协议，保证按时供应。

16.0.2 本条是关于填埋场工程施工和设备安装的基本要求规定。

填埋场主要工程项目一般包括场地平整、坝体修筑、防渗工程、渗沥液及地下水导排工程、填埋气体导排及处理工程、渗沥液处理工程以及生活管理区建筑工程等。

16.0.3 本条是关于填埋场工程施工变更应遵守的原则规定。

建设施工过程中，当发现设计有缺陷时，一般问题要求由建设单位、监理单位与设计单位三方协商解决，重大问题要求及时报请设计批准部门解决。

条文中"工程施工变更"是指在工程项目实施过程中，由于各种原因所引起的，按照合同约定的程序对部分工程在材料、工艺、功能、构造、尺寸、技术指标、工程数量及施工方法等方面作出的改变。变更内容包括工程量变更、工程项目的变更、进度计划变更、施工条件变更以及原招标文件和工程量清单中未包括的新增工程等。

16.0.4 本条是关于填埋场各单项建筑、安装工程施工应符合相关标准的原则规定。

填埋场建设施工要求遵循国家现行工程建设政策、法规和规范、施工和验收标准，条文中所指的"现行相关标准"主要有：

（1）《生活垃圾卫生填埋处理工程项目建设标准》建标 124

（2）《生活垃圾填埋场封场工程项目建设标准》建标 140

（3）《土方与爆破工程施工及验收规范》GBJ 201

（4）《土方与爆破工程施工操作规程》YSJ 401

（5）《碾压式土石坝施工规范》DL/T 5129

（6）《水工建筑物地下开挖工程施工技术规范》SDJ 212

（7）《水工建筑物岩石基础开挖工程施工技术规范》DL/T 5389

（8）《水工混凝土钢筋施工规范》DL/T 5169

（9）《建筑地基基础工程施工质量验收规范》GB 50202

（10）《砌体工程施工质量验收规范》GB 50203

（11）《混凝土结构工程施工质量验收规范》GB 50204

（12）《屋面工程技术规范》GB 50345

（13）《建筑地面工程施工质量验收规范》GB 50209

（14）《建筑装饰装修工程质量验收规范》GB 50210

（15）《粉煤灰石灰类道路基层施工及验收规程》CJJ 4

（16）《生活垃圾卫生填埋技术规范》CJJ 17

（17）《给水排水管道工程施工及验收规范》GB 50268

（18）《给水排水构筑物工程施工及验收规范》GB 50141

（19）《建筑防腐蚀工程施工质量验收规范》GB 50224

（20）《水泥混凝土路面施工及验收规范》GBJ 97

（21）《公路工程质量检验评定标准》JTGF 80/1

（22）《城市道路路基施工及验收规范》CJJ 44

（23）《现场设备、工业管道焊接工程施工规范》GB 50236

（24）《给水排水管道工程施工及验收规范》GB 50268

（25）《建筑工程施工质量验收统一标准》GB 50300

（26）《建筑电气工程施工质量验收规范》GB 50303

（27）《工业设备、管道防腐蚀工程施工及验收规范》HGJ 229

（28）《自动化仪表工程施工及质量验收规范》GB 50093

（29）《施工现场临时用电安全技术规范》JGJ 46

（30）《建筑机械使用安全技术规程》JGJ 33

（31）《混凝土面板堆石坝施工规范》DL/T 5128

（32）《混凝土面板堆石坝接缝止水技术规范》DL/T 5115

（33）《水电水利工程压力钢管制造安装及验收规范》DL/T 5017

（34）《生活垃圾渗滤液碟式反渗透处理设备》CJ/T 279

（35）《垃圾填埋场用线性低密度聚乙烯土工膜》CJ/T 276

（36）《垃圾填埋场用高密度聚乙烯土工膜》CJ/T 234

（37）《垃圾填埋场压实机技术要求》CJ/T 301

（38）《垃圾分选机 垃圾滚筒筛》CJ/T 5013.1

（39）《钠基膨润土防水毯》JG/T 193

（40）《建筑地基基础设计规范》GB 50007

（41）《建筑边坡工程技术规范》GB 50330

（42）《建筑地基处理技术规范》JGJ 79

（43）《天然气净化装置设备与管道安装工程施工及验收规范》SY/T 0460

（44）《锅炉安装工程施工及验收规范》GB 50273

（45）《机械设备安装工程施工及验收通用规范》GB 50231

（46）《城镇燃气输配工程施工及验收规范》CJJ 33

（47）《建筑给水排水及采暖工程施工质量验收规范》GB 50242

（48）《通风与空调工程施工质量验收规范》GB 50243

（49）《工业金属管道工程施工规范》GB 50235

（50）《工业设备及管道绝热工程施工规范》GB 50126

16.0.5 本条是关于施工安装使用的材料和国外引进的专用填埋设备与材料的原则规定。

条文中"材料应符合现行国家相关标准"所指的材料标准包括:《垃圾填埋场用高密度聚乙烯土工膜》CJ/T 234,《垃圾填埋场用线性低密度聚乙烯土工膜》CJ/T 276,《土工合成材料非织造布复合土工膜》GB/T 17642;《土工合成材料应用技术规范》GB 50290;《钠基膨润土防水毯》JG/T 193 等。

条文中"使用的材料"主要包括膨润土垫（GCL）,HDPE 膜、土工布和 HDPE 管材等材料。

填埋场所用其他材料与设备施工及验收可参考以下规定:

（1）发电和电气设备采用现行电力及电气建设施工及验收标准的规定。锅炉要求符合现行国家标准《锅炉安装工程施工及验收规范》GB 50273 的有关规定。

（2）通用设备要求符合现行国家标准《机械设备安装工程施工及验收通用规范》GB 50231 及相应各类设备安装工程施工及验收规范的有关规定。

（3）填埋气体管道施工要求符合国家现行标准《城镇燃气输配工程施工及验收规范》CJJ 33 的有关规定。

（4）采暖与卫生设备的安装与验收要求符合现行国家标准《建筑给水排水及采暖工程施工质量验收规范》GB 50242 的有关规定。

（5）通风与空调设备的安装与验收要求符合现行国家标准《通风与空调工程施工质量验收规范》GB 50243 的有关规定。

（6）管道工程、绝热工程要求分别符合现行国家标准《工业金属管道工程施工规范》GB 50235、《工业设备及管道绝热工程施工规范》GB 50126 的有关规定。

（7）仪表与自动化控制装置按供货商提供的安装、调试、验收规定执行,并要求符合现行国家及行业标准的有关规定。

（8）电气装置要求符合现行国家有关电气装置安装工程施工及验收标准的有关规定。

16.0.6 本条是关于填埋场工程验收应符合的基本要求的规定。

对于条文中第 3 款:防渗工程的验收中,膨润土垫及 HDPE 膜验收检验的取样要求按连续生产同一牌号原料、同一配方、同一规格、同一工艺的产品,检验项目按膨润土毯及 HDPE 膜性能内容执行,配套的颗粒膨润土粉要求使用生产商推荐的并与膨润土毯中相同的钠基膨润土,同时检查在运输过程中有无破损、断裂等现象,须验明产品标识。HDPE 膜焊接质量的好坏是防渗机能成败的关键,所以防渗工程要求由专业膜施工单位进行施工或膜焊接宜由出产厂家派专业技术职员到现场操作、指导、培训,采用土工膜专用焊接设备进行,要求有 HDPE 膜焊接检查记录及焊接检测报告。

对于条文中第 5 款:渗沥液收集系统的施工操作要求符合设计要求,施工前要求对前项工程进行验收,合格后方可进行管网的安装施工,并在施工过程中根据工程顺序进行质量验收。

重要结构部位、隐蔽工程、地下管线,要求按工程设计要求和验收规范,及时进行中间验收。未经中间验收,不得进行后续工程。

填埋场建设备个项目在验收前是否要安排试生产阶段,按各个行业的规定执行。对于国外引进的技术或成套设备,要求按合同规定完成负荷调试、设备考核合格后,按照签订的合同和国外提供的设计文件等资料进行竣工验收。除此之外,设备材料的验收还需包括下列内容:

到货设备、材料要求在监理单位监督下开箱验收并做以下记录:箱号、箱数、包装情况,设备或材料名称、型号、规格、数量,装箱清单、技术文件、专用工具,设备、材料时效期限,产品合格证书;

检查的设备或材料符合供货合同规定的技术要求,应无短缺、损伤、变形、锈蚀;

钢结构构件要求有焊缝检查记录及预装检查记录。

填埋场建设工程竣工验收程序可参考《建设项目（工程）竣工验收办法》的规定,具体程序如下:

（1）根据建设项目（工程）的规模大小和复杂程度,整个建设项目（工程）的验收可分为初步验收和竣工验收两个阶段进行。规模较大、较复杂的建设项目（工程）要先进行初验,然后进行全部建设项目（工程）的竣工验收。规模较小、较简单的项目（工程）可以一次进行全部项目（工程）的竣工验收。

（2）建设项目（工程）在竣工验收之前，由建设单位组织施工、设计及使用等有关单位进行初验。初验前由施工单位按照国家规定，整理好文件、技术资料，向建设单位提出交工报告。建设单位接到报告后，要求及时组织相关单位初验。

（3）建设项目（工程）全部完成，经过各单项工程的验收，符合设计要求，并具备竣工图表、竣工决算、工程总结等必要文件资料，由项目（工程）主管部门或建设单位向负责验收的单位提出竣工验收申请报告。

建设工程竣工验收前要求完成下列准备工作：

制订竣工验收工作计划；

认真复查单项工程验收投入运行的文件；

全面评定工程质量和设备安装、运转情况，对遗留问题提出处理意见；

认真进行基本建设物资和财务清理工作，编制竣工决算，分析项目概预算执行情况，对遗留财务问题提出处理意见；

整理审查全部竣工验收资料，包括开工报告，项目批复文件；各单项工程、隐蔽工程、综合管线工程竣工图纸，工程变更记录；工程和设备技术文件及其他必需文件；基础检查记录，各设备、部件安装记录，设备缺损件清单及修复记录；仪表试验记录，安全阀调整试验记录；试运行记录等；

妥善处理、移交厂外工程手续；

编制竣工验收报告，并于竣工验收前一个月报请上级部门批准。

填埋场建设工程验收宜依据以下文件：主管部门的批准文件，批准的设计文件及设计修改，变更文件，设备供货合同及合同附件，设备技术说明书和技术文件，各种建筑和设备施工验收规范及其他文件。

填埋场建设工程基本符合竣工验收标准，只是零星土建工程和少数非主要设备未按设计规定的内容全部建成，但不影响正常生产时，亦可办理竣工验收手续。对剩余工程，要求按设计留足投资，限期完成。

中华人民共和国行业标准

生活垃圾转运站技术规范

Technical code for transfer station of municipal solid waste

CJJ 47—2006
J 511—2006

批准部门：中华人民共和国建设部
施行日期：2006年8月1日

中华人民共和国建设部
公　　告

第 420 号

建设部关于发布行业标准
《生活垃圾转运站技术规范》的公告

现批准《生活垃圾转运站技术规范》为行业标准，编号为 CJJ 47—2006，自 2006 年 8 月 1 日起实施。其中第 7.1.1、7.1.3、7.1.4、7.2.2、7.2.3、7.2.4 条为强制性条文，必须严格执行。原行业标准《城市垃圾转运站设计规范》CJJ 47—1991 同时废止。

本标准由建设部标准定额研究所组织中国建筑工业出版社出版发行。

中华人民共和国建设部
2006 年 3 月 26 日

前　　言

根据建设部建标〔2004〕66 号文的要求，规范编制组经广泛调查研究，认真总结实践经验，参考有关国家标准和国外先进标准，并在广泛征求意见的基础上，对《城市垃圾转运站设计规范》CJJ 47—91 进行了修订。

本规范的主要技术内容是：1. 总则；2. 选址与规模；3. 总体布置；4. 工艺、设备及技术要求；5. 建筑与结构；6. 配套设施；7. 环境保护与劳动卫生；8. 工程施工及验收。

修订的主要内容是：增加和细化了选址条件；重新划分了规模类别；增加了不同规模转运站的用地指标；调整了转运站服务半径；明确了转运站总规模与转运单元的关系；增加、细化了转运站总体布置的内容；增加了转运站关于绿地率的指标；增加、细化了有关工艺技术的要求；新增了"环境保护与劳动卫生"和"工程施工及验收"两个章节。

本规范由建设部负责管理和对强制性条文的解释，由主编单位负责具体技术内容的解释。

本规范主编单位：华中科技大学（地址：武汉市武昌珞喻路 1037 号；邮政编码：430074）

本规范参编单位：城市建设研究院
北京市环境卫生科学研究所
中国市政西南设计研究院
广西壮族自治区南宁专用汽车厂
珠海经济特区联谊机电工程有限公司
上海中荷环保有限公司
长沙中联重工科技发展有限公司
武汉华曦科技发展有限公司
北京航天长峰股份有限公司长峰弘华环保设备分公司

本规范主要起草人员：陈海滨　吴文伟　徐文龙
谭树生　汪立飞　张来辉
周治平　王元刚　王敬民
莫许钚　刘臻树　汪俊时
沈　磊　朱建军　熊　萍
秦建宁　李俊卿　赵树青
魏剑锋　王丽莉

目　次

1 总　则

1.0.1 为规范生活垃圾转运站（以下简称"转运站"）的规划、设计、施工和验收，制定本规范。

1.0.2 本规范适用于新建、改建和扩建转运站工程的规划、设计、施工及验收。

1.0.3 转运站的规划、设计和施工、验收除应执行本规范外，尚应符合国家现行有关标准的规定。

2 选址与规模

2.1 选　址

2.1.1 转运站选址应符合下列规定：

1 符合城市总体规划和环境卫生专业规划的要求。

2 综合考虑服务区域、转运能力、运输距离、污染控制、配套条件等因素的影响。

3 设在交通便利，易安排清运线路的地方。

4 满足供水、供电、污水排放的要求。

2.1.2 转运站不应设在下列地区：

1 立交桥或平交路口旁。

2 大型商场、影剧院出入口等繁华地段。若必须选址于此类地段时，应对转运站进出通道的结构与形式进行优化或完善。

3 邻近学校、餐饮店等群众日常生活聚集场所。

2.1.3 在运距较远，且具备铁路运输或水路运输条件时，宜设置铁路或水路运输转运站（码头）。

2.2 规　模

2.2.1 转运站的设计日转运垃圾能力，可按其规模划分为大、中、小型三大类，或Ⅰ、Ⅱ、Ⅲ、Ⅳ、Ⅴ五小类。

新建的不同规模转运站的用地指标应符合表2.2.1的规定。

表2.2.1　转运站主要用地指标

类	型	设计转运量（t/d）	用地面积（m²）	与相邻建筑间隔（m）	绿化隔离带宽度（m）
大型	Ⅰ类	1000~3000	≤20000	≥50	≥20
	Ⅱ类	450~1000	15000~20000	≥30	≥15
中型	Ⅲ类	150~450	4000~15000	≥15	≥8
小型	Ⅳ类	50~150	1000~4000	≥10	≥5
	Ⅴ类	≤50	≤1000	≥8	≥3

注：1 表内用地不含垃圾分类、资源回收等其他功能用地。
　　2 用地面积含转运站周边专门设置的绿化隔离带，但不含兼起绿化隔离作用的市政绿地和园林用地。
　　3 与相邻建筑间隔自转运站边界起计算。
　　4 对于邻近江河、湖泊、海洋和大型水面的城市生活垃圾转运码头，其陆上转运站用地指标可适当上浮。
　　5 以上规模类型Ⅱ、Ⅲ、Ⅳ含下限值不含上限值，Ⅰ类含上下限值。

2.2.2 转运站的设计规模和类型的确定应在一定的时间和一定的服务区域内，以转运站设计接受垃圾量为基础，并综合城市区域特征和社会经济发展中的各种变化因素来确定。

2.2.3 确定转运站的设计接受垃圾量（服务区内垃圾收集量），应考虑垃圾排放季节波动性。

2.2.4 转运站的设计规模可按下式计算：

$$Q_D = K_S \cdot Q_C \qquad (2.2.4)$$

式中　Q_D——转运站设计规模（日转运量），t/d；

　　　Q_C——服务区垃圾收集量（年平均值），t/d；

　　　K_S——垃圾排放季节性波动系数，应按当地实测值选用；无实测值时，可取1.3~1.5。

2.2.5 无实测值时，服务区垃圾收集量可按下式计算：

$$Q_C = \{n \cdot q/1000\} \qquad (2.2.5)$$

式中　n——服务区内实际服务人数；

　　　q——服务区内，人均垃圾排放量［kg/（人·d）］，应按当地实测值选用；无实测值时，可取0.8~1.2。

2.2.6 当转运站由若干转运单元组成时，各单元的设计规模及配套设备应与总规模相匹配。转运站总规模可按下式计算：

$$Q_T = m \cdot Q_U \qquad (2.2.6\text{-}1)$$

$$m = [Q_D/Q_U] \qquad (2.2.6\text{-}2)$$

式中　Q_T——由若干转运单元组成的转运站的总设计规模（日转运量），t/d；

　　　Q_U——单个转运单元的转运能力，t/d；

　　　m——转运单元的数量；

　　　［　］——高斯取整函数符号；

　　　Q_D——转运站设计规模（日转运量），t/d。

2.2.7 转运站服务半径与运距应符合下列规定：

1 采用人力方式进行垃圾收集时，收集服务半径宜为0.4km以内，最大不应超过1.0km。

2 采用小型机动车进行垃圾收集时，收集服务半径宜为3.0km以内，最大不应超过5.0km。

3 采用中型机动车进行垃圾收集运输时，可根据实际情况扩大服务半径。

4 当垃圾处理设施距垃圾收集服务区平均运距大于30km且垃圾收集量足够时，应设置大型转运站，必要时宜设置二级转运站（系统）。

3 总 体 布 置

3.0.1 转运站的总体布局应依据其规模、类型，综合工艺要求及技术路线确定。总平面布置应流程合理、布置紧凑，便于转运作业，能有效抑制污染。

3.0.2 对于分期建设的大型转运站，总体布局及平面布置应为后续建设留有发展空间。

3.0.3 转运站应利用地形、地貌等自然条件进行工艺布置。竖向设计应结合原有地形进行雨污水导排。

3.0.4 转运站的主体设施布置应满足下列要求：

1 转运车间及卸、装料工位宜布置在场区内远离邻近的建筑物的一侧。

2 转运车间内卸、装料工位应满足车辆回车要求。

3.0.5 转运站配套工程及辅助设施应满足下列要求：

1 计量设施应设在转运站车辆进出口处，并有良好的通视条件，与进口厂界距离不应小于一辆最大运输车的长度。

2 按各功能区内通行的最大规格车型确定道路转弯半径与作业场地面积。

3 站内宜设置车辆循环通道或采用双车道及回车场。

4 站内垃圾收集车与转运车的行车路线应避免交叉。因条件限制必须交叉时，应有相应的交通管理安全措施。

5 大型转运站应按转运车辆数设计停车场地，停车场的形式与面积应与回车场地综合平衡；其他转运站可根据实际需求进行设计。

6 转运站绿地率应为20%～30%，中型以上（含中型）转运站可取大值；当地处绿化隔离带区域时，绿地率指标可取下限。

3.0.6 转运站行政办公与生活服务设施应满足下列要求：

1 用地面积宜为总用地面积的5%～8%。

2 中小型转运站可根据需要设置附属式公厕，公厕应与转运设施有效隔离，互不干扰。站内单独建造公厕的用地面积应符合现行行业标准《城镇环境卫生设施设置标准》CJJ 27 中的有关规定。

4 工艺、设备及技术要求

4.1 转运工艺

4.1.1 垃圾转运工艺应根据垃圾收集、运输、处理的要求及当地特点确定。

4.1.2 转运站的转运单元数不应小于2，以保持转运作业的连续性与事故状态下或出现突发事件时的转运能力。

4.1.3 转运站应采用机械填装垃圾的方式进料，并应符合下列要求：

1 有相应措施将装载容器填满垃圾并压实。压实程度应根据转运站后续环节（垃圾处理、处置）的要求和物料性状确定。

2 当转运站的后续环节是垃圾填埋场或转运混合垃圾时，应采用较大压实能力的填装/压实机械设备，装载容器内的垃圾密实度不应小于0.6t/m³。

3 应有联动或限位装置，保持卸料与填装压实动作协调。

4 应有锁紧或限位装置，保持填装压实机与受料容器结合部密封良好。

4.1.4 转运站在工艺技术上应满足下列要求：

1 应设置垃圾称重计量装置；大型转运站必须在垃圾收集车进出站口设置计量设施。计量设备宜选用动态汽车衡。

2 在运输车辆进站处或计量设施处应设置车号自动识别系统，并进行垃圾来源、运输单位及车辆型号、规格登记。

3 应设置进站垃圾运输车抽样检查停车检查区。

4 垃圾卸料、转运作业区应配置通风、降尘、除臭系统，并保持该系统与车辆卸料动作联动。

5 垃圾卸料、转运作业区应设置车辆作业指示标牌和安全警示标志。

6 垃圾卸料工位应设置倒车限位装置及报警装置。

4.2 机械设备

4.2.1 转运站应依据规模类型配置相应的压实设备。

4.2.2 多个同一工艺类型的转运单元的配套机械设备，应选用同一型号、规格。

4.2.3 转运站机械设备及配套车辆的工作能力应按日有效运行时间和高峰期垃圾量综合考虑，并应与转运站及转运单元的设计规模（t/d）相匹配，保证转运站可靠的转运能力并留有调整余地。

4.2.4 转运站配套运输车数应按下列公式计算：

$$n_V = \left[\frac{\eta \cdot Q}{n_T \cdot q_V} \right] \qquad (4.2.4-1)$$

$$Q = m \cdot Q_U \qquad (4.2.4-2)$$

式中 n_V——配备的运输车辆数量；

Q_U——单个转运单元的转运能力，t/d；

q_V——运输车实际载运能力，t；

m——转运单元数；

n_T——运输车日转运次数；

η——运输车备用系数，取 η=1.1～1.3。若转运站配置了同型号规格的运输车辆时，η 可取下限值。

4.2.5 对于装载容器与运输车辆可分离的转运单元，装载容器数量可按下式计算：

$$n_C = m + n_V - 1 \qquad (4.2.5)$$

式中 n_C——转运容器数量；

m——转运单元数；

n_V——配备的运输车辆数量。

4.3 其他设施设备

4.3.1 大型转运站可设置专用加油站。专用加油站应符合现行国家标准《汽车加油加气站设计与施工规

4—5

范》GB 50156 的有关规定。

4.3.2 大型转运站宜设置机修车间，其他规模转运站可根据具体情况和实际需求考虑设置机修室。

5 建筑与结构

5.0.1 转运站的建筑风格、色调应与周边建筑和环境协调。

5.0.2 转运站的建筑结构形式应满足垃圾转运工艺及配套设备的安装、拆换与维护的要求。

5.0.3 转运站的建筑结构应符合下列要求：

1 保证垃圾转运作业对污染实施有效控制或在相对密闭的状态下进行。

2 垃圾转运车间应安装便于启闭的卷帘闸门，设置非敞开式通风口。

5.0.4 转运站地面（楼面）的设计，除应满足工艺要求外，尚应符合现行国家标准《建筑地面设计规范》GB 50037 的有关规定。

5.0.5 转运站宜采用侧窗天然采光。采光设计应符合现行国家标准《建筑采光设计标准》GB 50033 的有关规定。

5.0.6 转运站消防设计应符合现行国家标准《建筑设计防火规范》GBJ 16 和《建筑灭火器配置设计规范》GB 50140 的有关规定。

5.0.7 转运站防雷设计应符合现行国家标准《建筑物防雷设计规范》GB 50057 的要求。

6 配套设施

6.0.1 转运站站内道路的设计应符合下列要求：

1 应满足站内各功能区最大规格的垃圾运输车辆的荷载和通行要求。

2 站内主要通道宽度不应小于 4m，大型转运站内主要通道宽度应适当加大。路面宜采用水泥混凝土或沥青混凝土，道路的荷载等级应符合现行国家标准《厂矿道路设计规范》GBJ 22 的有关规定。

3 进站道路的设计应与其相连的站外市政道路协调。

6.0.2 转运站可依据本站及服务区的具体情况和要求配置备用电源。大型转运站在条件许可时应设置双回路电源或配备发电机；中、小型转运站可配备发电机。

6.0.3 转运站应按生产、生活与消防用水的要求确定供水方式与供水量。

6.0.4 转运站排水及污水处理应符合下列要求：

1 应按雨污分流原则进行转运站排水设计。

2 站内场地应平整，不滞留渍水；并设置污水导排沟（管）。

3 转运车间应设置收集和处理转运作业过程产生的垃圾渗沥液和场地冲洗等生产污水的积污坑（沉沙井）。积污坑的结构和容量必须与污水处理方案及工艺路线相匹配。

4 应采取有效的污水处理措施。

6.0.5 转运站应配置必要的通信设施。

6.0.6 中型以上规模的转运站应设置相对独立的管理办公设施；小型转运站行政办公设施可与站内主体设施合并建设。

6.0.7 转运站应配备监控设备；大型转运站应配备闭路监视系统、交通信号系统及电话/对讲系统等现场控制系统；有条件的可设置计算机中央控制系统。

7 环境保护与劳动卫生

7.1 环境保护

7.1.1 转运站的环境保护配套设施必须与转运站主体设施同时设计、同时建设、同时启用。

7.1.2 中型以上转运站应通过合理布局建（构）筑物、设置绿化隔离带、配备污染防治设施和设备等措施，对转运过程产生的污染进行有效防治。

7.1.3 转运站应结合垃圾转运单元的工艺设计，强化在卸装垃圾等关键位置的通风、降尘、除臭措施；大型转运站必须设置独立的抽排风/除臭系统。

7.1.4 配套的运输车辆必须有良好的整体密封性能。

7.1.5 转运作业过程产生的噪声控制应符合现行国家标准《城市区域噪声标准》GB 3096 的规定。

7.1.6 转运站应根据所在地区水环境质量要求和污水收集、处理系统等具体条件，确定污水排放、处理形式，并应符合国家现行有关标准及当地环境保护部门的要求。

7.1.7 转运站的绿化隔离带应强化其隔声、降噪等环保功能。

7.2 安全与劳动卫生

7.2.1 转运站安全与劳动卫生应符合现行国家标准《生产过程安全卫生要求总则》GB 12801 和《工业企业设计卫生标准》GBZ1 的规定。

7.2.2 转运站应在相应位置设置交通管制指示、烟火管制提示等安全标志。

7.2.3 机械设备的旋转件、启闭装置等零部件应设置防护罩或警示标志。

7.2.4 填装、起吊、倒车等工序的相关设施、设备上应设置警示标志、警报装置。

7.2.5 转运作业现场应留有作业人员通道。

7.2.6 装卸料工位应根据转运车辆或装载容器的规格尺寸设置导向定位装置或限位预警装置。

7.2.7 大型转运站应设置专用的卫生设施，中小型转运站可设置综合性卫生设施。

7.2.8 垃圾转运现场作业人员应穿戴必要的劳保用品。

7.2.9 在转运站内应设置消毒、杀虫设施及装置。

8 工程施工及验收

8.1 工 程 施 工

8.1.1 转运站的各项建筑、安装工程施工应符合国家现行有关标准的规定。

8.1.2 在转运站施工前，施工单位应按设计文件和招标文件编制并向业主提交施工方案。

8.1.3 施工单位应按施工方案和设计文件进行施工准备，并结合施工进度计划和场地条件合理安排施工场地。

8.1.4 工程施工应按照施工进度计划和经审核批准的工程设计文件的要求进行。

8.1.5 转运站工程施工变更应按经批准的设计变更文件进行。

8.1.6 工程施工使用的各类材料应符合国家现行有关标准和设计文件的要求。

8.1.7 从国外引进的转运、运输设备及零部件或材料，应符合下列要求：

　1 应与设计文件及有关合同要求一致；

　2 应与供货商提供的供货清单及技术参数一致；

　3 应按商务、商检等部门的规定履行必要的程序与手续；

　4 应符合我国现行政策、法规和技术标准的有关规定。

8.2 工程竣工验收

8.2.1 转运站工程竣工验收应按设计文件和相应的国家现行标准的规定进行。

8.2.2 转运站工程竣工验收除应符合现行国家标准《机械设备安装施工验收通用规范》GB 50231 及现行有关标准的规定外，还应符合下列要求：

　1 机械设备验收应符合本规范第 4 章的相关要求。

　2 建筑工程验收应符合本规范第 5 章的相关要求。

　3 配套设施验收应符合本规范第 6 章的相关要求。

　4 环境保护工程验收应符合本规范第 7.1 节的相关要求。

　5 安全与卫生工程验收应符合本规范第 7.2 节的相关要求。

8.2.3 转运站工程竣工验收前应准备下列文件、资料：

　1 竣工验收工作计划；

　2 开工报告、项目批复文件；

　3 工程施工图等技术文件；

　4 工程施工（重点是隐蔽工程、综合管线）记录和工程变更记录；

　5 设备（重点是转运装置）安装、调试与试运行记录；

　6 其他必要的文件、资料。

本规范用词说明

　1 为便于在执行本规范条文时区别对待，对于要求严格程度不同的用词说明如下：

　　1）表示很严格，非这样做不可的：

　　　正面词采用"必须"；反面词采用"严禁"；

　　2）表示严格，在正常情况下均应这样做的：

　　　正面词采用"应"；反面词采用"不应"或"不得"；

　　3）表示允许稍有选择，在条件许可时首先应这样做的：

　　　正面词采用"宜"；反面词采用"不宜"；

　　表示有选择，在一定条件下可以这样做的，采用"可"。

　2 条文中指明应按其他有关标准执行的写法为："应符合……的规定"或"应按……执行"。

中华人民共和国行业标准

生活垃圾转运站技术规范

CJJ 47—2006

条 文 说 明

前　言

《生活垃圾转运站技术规范》CJJ 47—2006 经建设部 2006 年 3 月 26 日以第 420 号公告批准，业已发布。

本规范第一版的主编单位是中国市政工程西南设计院。

为方便广大设计、施工、科研、学校等单位的有关人员在使用本规范时能正确理解和执行条文规定，《生活垃圾转运站技术规范》编制组按章、节、条顺序编制了本规范的条文说明，供使用者参考。在使用过程中如发现本条文说明有不妥之处，请将意见函寄华中科技大学（地址：武汉市武昌珞喻路 1037 号，邮政编码：430074）。

目　次

1 总 则

1.0.1 本条明确了制定本规范的目的。编制本规范的目的在于加强和规范生活垃圾转运站（以下简称"转运站"）的规划、设计、建设全过程的规范化管理，以提高投资效率，进而实现城镇生活垃圾处理减量化、资源化、无害化的目标。

1.0.2 本条明确了本规范的适用范围。

1.0.3 本条规定转运站的规划、设计、建设除应执行本规范外，还应执行国家现行有关标准的规定。

2 选址与规模

2.1 选 址

2.1.1 本条明确转运站选址应符合城市总体规划和环境卫生专业规划的基本要求。若转运站所在区域的城市总体规划未对转运站选址提出要求或尚未编制环境卫生专业规划，则其选址应由建设主管部门会同规划、土地、环保、交通等有关部门进行，或及时征求有关部门的意见。

2.1.2 本条明确了不适合转运站选址的地方。

转运站选址应避开立交桥或平交路口旁，以及影剧院、大型商场出入口等繁华地段，主要是避免造成交通混乱或拥挤。若必须选址于此类地段时，应对转运站进出通道的结构与形式进行优化或完善。

转运站选址还避开邻近商场、餐饮店、学校等群众日常生活聚集场所，主要是避免垃圾转运作业时的二次污染影响甚至危害，以及潜在的环境污染所造成的社会或心理上的负面影响。若必须选址于此类地段时，应从建筑结构或建筑形式上采取措施进行改进或完善。

2.1.3 铁路运输或水路运输均适用于运距远、运量大的场合。在这种情况下，宜设置铁路或水路运输转运站（码头），其规模类型应是大型的，其设计建造必须服从特定设施的有关行业标准的规定与要求。

2.2 规 模

2.2.1 关于转运站的用地指标，改、扩建转运站可参照执行。

2.2.2 转运站的设计需综合考虑街区类型、道路交通状况、环境质量要求等城市区域特征和社会经济发展中的各种变化因素来确定。

关于转运站的类型：

1 转运站可按其填装、转载垃圾动作方式分为卧式和立式；可按是否将垃圾压实划分为压缩式和非压缩式；压缩式又可按填装压实装置方式分为刮板式和活塞式（推板式）等；还可按垃圾压实过程在装载容器内或外完成分为直接压缩（压装）式和预压式等等。

转运站可根据其服务区域环境卫生专业规划或其从属的垃圾处理系统的需求，在进行垃圾转运作业的基础上增加储存、分选、回收等项功能，成为综合性转运站。

上述各类转运站的基本工艺技术路线相似，如图1所示。

图 1 常规（一级）垃圾转运系统工艺路线

通常把转运站之前的收集运输称为"一次运输"；而把转运站之后的转运输过程为"二次运输"。

2 转运站还可根据运距与运量量的需求，建成二级转运系统。在此系统中，垃圾经由两级功能、规模及主要技术经济指标不同的转运站的两次转运后，被运至较远（通常不小于30km）距离外的垃圾处理厂（场）。二级转运系统的基本工艺技术路线如图2所示。

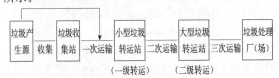

图 2 二级垃圾转运系统工艺路线

通常，把一级转运之前的收集运输称为"一次运输"；把一级转运之后、二级转运之前即垃圾由中小型转运站运往大型转运站的运输过程称为"二次运输"；而把二级转运之后即垃圾由大型转运站运往垃圾处理厂（场）的运输过程称为"三次运输"。

3 一级或二级垃圾转运系统的确定

当垃圾收集服务区距垃圾处理（处置）设施较远（通常不小于30km），且垃圾收集服务区的垃圾量很大时，宜采用二级转运模式。

4 两种转运模式及转运设施、设备的主要特点和差别

常规（一级）的转运站的规模及有关指标可按表2.2.1选择，通常是Ⅱ、Ⅲ、Ⅳ类。其配套的二次运输车辆可以是中型、大型（有效载重从几吨到十几吨，箱体容积从几立方米到几十立方米）。但二级转运站必须是大型规模，与其配套的三次运输车辆通常是超大型集装箱式运输车（有效载重通常在15t以上，箱体容积大于24m³）。

一般情况下，可按平均服务半径1～3km的垃圾收集量设定转运站规模类型。若转运站上游主要采用人力收集方式时，其服务半径宜取偏小值；若转运站上游主要采用机械收集方式时，其服务半径宜取偏

大值。

2.2.4 垃圾排放季节性波动系数即一年中垃圾最大月排放量与平均月排放量的比值,依据调研及实测数据取 1.3～1.5。

2.2.5 人均垃圾排放量亦可参照周边地区或城镇取值。

服务区内实际服务人数包括流动人口。

2.2.6 转运单元/转运线是指转运站内,具备垃圾装卸、转运功能的主体设施/设备。

各转运单元的设计规模及配套设备工作能力不仅应与总规模相匹配,还应按规范化、标准化原则,设定在同一技术水平,便于建造和运行维护,节省投资和运行成本。

2.2.7 采用人力方式进行垃圾收集运输主要是指三轮车、两轮板车等。

采用小型机动车进行垃圾收集运输主要指 1～3t 的收集车。

采用中型机动车进行垃圾收集运输主要是指采用 5～8t 后装式压缩运输车将逐点收集的垃圾直接运往处理厂(场)。

当垃圾处理设施距垃圾收集服务区平均运距大于 30km 时,应设置大型转运站,以形成转运设施和(尤其是)专用运输车辆的经济规模;当垃圾处理设施距垃圾收集服务区平均运距很远且垃圾收集服务区的范围较大时(服务半径远超出 30km),要考虑在服务区外围靠近垃圾处理设施的一侧设置二级转运站(系统)。

无论从优化城镇市容环境和防治二次污染,还是从改善生产作业条件、保护现场工作人员考虑,人力收集、清运垃圾的方式都应逐步淘汰。因此,转运站的设计应能满足随着城市建设及旧城改造的进行而逐步实现垃圾收集、清运机械化的需要。

3 总 体 布 置

3.0.1 转运站的总体布局应依据其采用的转运工艺及技术路线确定,充分利用场地空间,保证转运作业,有效抑制二次污染并节约土地。

3.0.2 对于分期建设的大型转运站,总体布局及平面设计时应为后续建设内容留有足够的发展空间;分期建设预留场地必须能满足工艺布局的要求,应相对集中。

3.0.3 应充分利用站址地形、地貌等自然条件进行转运站的工艺布置。对于高位卸料、设置进站引桥的竖向工艺设计,充分利用地形和场地空间非常重要。

3.0.4 本条明确了平面布置中关于主体设施的要求。

将转运车间及卸、装料工位布置在场区内远离邻近建筑物的一侧,可增加中间过渡段及隔离粉尘、噪声的效果。

转运站内卸、装料工位的车辆回车场地应按照出现车辆集中抵达时的不利情况考虑。

3.0.5 本条明确了平面布置中关于配套工程与辅助设施的要求。

应按转运站内进出的最大规格车型(转运站下游的转弯半径最大的运输车中)的要求确定道路转弯半径与作业场地面积。

转运站内宜设置车辆循环通道或采用双车道及回车场解决站内车辆通行问题。

为保障进出的收集/运输车在站内畅通,转运站内应形成车辆循环通道;若条件限制不能设置循环行车线路或转运站规模较小、车辆较少时,可采用双向车道结合回车场的形式解决站内通行问题。

对中型及其以上规模的转运站提出较高的绿地率要求主要基于两点考虑:一是转运垃圾量较大,因而潜在的环境污染危害较大;二是其场地有效利用率较高,因而场地可用于绿化的比例更大。

3.0.6 本条明确了平面布置中关于行政办公与生活服务设施的要求。

小型(Ⅳ、Ⅴ类)转运站宜将行政办公或管理设施附属于主体设施一并建造。

根据需要在转运站内设置面向社会(或内外部共用)的附属式公厕,或者将公厕与转运站共建,可解决环境卫生设施征地困难,提高土地利用率。此类公厕应设置在转运站临路的一侧,并与站内的转运设施有效隔离,以免互相干扰(转运车辆通行可能导致交通事故、场地污染,等等);站内单独建造公厕的用地面积可按现行行业标准《城镇环境卫生设施设置标准》CJJ 27 的规定,另行计算。

大型转运站因转运繁忙及进出站车辆频繁,不宜建造面向社会的公共厕所。

4 工艺、设备及技术要求

4.1 转 运 工 艺

4.1.1 自 20 世纪 90 年代以来,我国的城市垃圾转运技术及设施水平有了很大的提高,但由于地区经济发展不平衡和生活垃圾处理系统本身的差异,导致垃圾转运能力和技术水平参差不齐。现行主要的垃圾转运技术(模式)可划分为以下几类:

1 敞开式转运:这是最早的一代垃圾转运技术。城市生活垃圾主要是通过人力车或小型机动车辆直接倒在某一指定地点,然后由其他车辆将其转到处理场所。作业过程中,转运场所是敞开或半敞开(有顶棚),有时甚至在临时选定的露天空地进行垃圾转运作业。这种情况下,与之配套的车辆通常也是敞开式的。

此种转运模式虽然一定程度上实现了垃圾的转移

和运输操作，但同时造成很大的二次污染。如垃圾散落、臭气散发、灰尘飞扬、污水泄漏等，尤其是在收集、转运场所的周围，污染现象十分严重。不仅转运现场作业环境十分恶劣，而且直接污染周边环境，危害居民的健康，严重影响城市的正常秩序。随着城市社会经济的发展和人民群众对环境质量要求的提高，这种原始转运模式的诸多缺陷和引发的矛盾日趋突出，因而大多数城市已经或正在将此淘汰，但在部分中小城市（城镇）及乡镇仍然使用。

2 封闭转运模式：为了克服敞开式转运的缺点，封闭式转运模式应运而生。其中"封闭"一词有两层含义及要求：一是指垃圾转移场所的封闭，二是指转运车上垃圾装载容器的封闭。转运场所的封闭减少了对周围环境的污染；转运容器的封闭减少了运输途中垃圾的散落、灰尘的飞扬和污水洒漏。

实践表明，封闭式转运站在很大程度上减少了其作业过程对外部环境的影响。但是，由于垃圾密度小，转运车辆不能满负荷运输，造成效率低下，转运成本高。这种弊端对于倾倒卸料直装式密封垃圾运输车更为突出。

3 机械填装/压缩转运模式（简称压缩转运）：此类转运模式在国内的规模化应用出现在 20 世纪 90年代。近几年，随着垃圾成分的变化及中转技术的发展，机械填装/压缩转运技术开始应用并迅速普及。相对于前两种转运技术而言，压缩转运技术在有效防治二次污染的前提下，成功解决了运输车辆的载运能力亏损问题，提高了转运车的运输效率，体现了转运环节的经济性。

根据国内垃圾转运技术现状及发展趋势，转运技术及配套机械设备可按物料被装载、转运时的移动方向分为卧式或立式两大类；可按转运容器内的垃圾是否被压实及其压实程度，划分为填装式（兼压缩式）和压缩式两大类。

填装式：采用回转式刮板将物料送入装载容器。由于机械动作原理及作用力所限，其主要功能是将装载容器填满，兼有压实功能。此类填装设备过去通常与装载容器连为一体（如后装式垃圾收运车），现在为了提高单车运输效率，出现将填装/压缩装置与装载容器分离的趋势。填装式多用于中型及其以下转运站。

压缩式：采用往复式推板将物料压入装载容器。与刮板式填装作业相比，往复式推压技术对容器内的垃圾施加更大的挤压力。大中型转运站多采用压缩式。

还可进一步按垃圾被压实的不同工艺路线及机械动作程序，分为直接压缩（压装）式和预压式，等等。

（1）直接压缩工艺

工艺路线：接收垃圾→直接压装进入转运车厢→转运

作业过程为：首先连接转运容器（车厢）和压装设备，当受料器内接收垃圾达到一定数量后，启动压实设备，推压板将垃圾直接压入转运车厢。其间可根据需要调整压头压力大小或推压次数，车厢装满并压实后，与压装设备分离，由转运车辆运至目的地。

直接压缩式既有水平式也有垂直式，相比较而言，国内转运站现以水平式较多。

（2）预先压缩工艺

工艺路线：接收垃圾→在受料器（或预压仓）内压实→推入转运车厢→转运

作业过程为：垃圾倾入受料容器，被压实成包；被推入转运容器（车厢）；由转运车辆运至目的地。车厢内可装入的垃圾包数量由其厢体容积和垃圾包体积等技术参数确定。

预压式多用于中型以上的转运站。

4.1.2 为了保证转运作业的连续性与事故状态下（如配套的填装机械发生故障）的转运能力，即使是小型转运站，其转运单元数不应小于 2。当一个或一部分转运单元或其设备丧失工作能力时，剩余的转运单元或设备可以通过延长作业时间来完成转运站的全部转运任务。

4.1.3 本条明确提出转运站应采用机械填装垃圾并明确了相应要求。

机械填装垃圾不仅是提高转运效率，也是改善作业条件、保证安全文明生产的具体措施。因此，除了个别因经济条件限制或转运量很小或临时转运的情况之外，各类转运站均应采用机械填装垃圾的方式。

采取适当的填装措施可将装载容器填满垃圾并压实至必要的密实度，以提高转运作业及二次运输的效率。

应根据转运站下游（垃圾处理、处置环节的类型、工艺技术）的要求和转运物料（垃圾）的性状，确定装载容器中的物料是否需压实以及其被压实程度。

若转运站下游是垃圾焚烧、堆肥或分选设施或转运已分类垃圾时，过度压实会对后续设施及工艺环节造成负面影响，如将大块松散物压实不利于燃烧；含水量很大的易腐有机垃圾会挤压出水，且压实后不利于形成好氧发酵状态，等等。因此，类似场合不必强调垃圾填装机械的压实能力，只需将装载容器装满即可。

机械联动或限位装置是保持卸料和填装压实动作协调的简易又可靠的措施，从而避免进料垃圾洒落在推头或刮板上。

机械锁紧或限位装置是保持填装压实机与受料容器口密闭结合的可靠措施。

4.1.4 本条明确提出转运站在工艺技术方面的其他要求。

无论垃圾处理厂（场）等转运站的下游设施是否设置了计量设备，大型转运站都必须在垃圾收集/运输车进、出站口设置计量工位。

中型及其以下转运站可依照其从属的垃圾处理系统的总体规划或服务区环境卫生专业规划要求，确定配置计量设备的必要性和方式。若后续的垃圾处理厂（场）已配置了计量设备，则转运站可考虑省略计量程序；对于服务区范围较小，垃圾收集量变化不大的小型转运站，采用车吨位换算法也是经济可行的，但应通过实测确定换算系数。

配置必要的自动识别、登记装置是实现转运站科学化、规范化运营管理的保证措施。

进站车辆抽样检查停车区可以专设，也可以临时划定（对于小型转运站），但届时必须有相应的标示牌及调度管理。

垃圾卸料、转运作业区的各种指示标牌、警示标志，以及报警装置等不仅是安全环保的需要，对于规范化作业和提高生产效能也是非常重要的。

4.2 机械设备

4.2.1 目前我国转运机械压实设备主要可分为两类，一种是刮板式压实设备，一种是活塞式压实设备。前者的特点是整机体积小，操作简单，能够边装边压实。后者的特点是压缩效率高，物料的压实密度大。

4.2.2 同一工艺类型的转运单元的配套机械设备，应选用同一型号、规格，以提高站内机械设备的通用性和互换性，并便于转运站的建造和运行维护。如果可能，同一垃圾转运系统的多个转运站也应选用同一类型、规格的配套机械设备。这样做从局部看可能存在某单元的设备或零部件能力过大的资源浪费，但从系统或全局看，由于便于转运系统或转运站的建造、运行，提高了系统的整体可靠性与稳定性，因而综合效益更好。

4.2.3 虽然转运站服务范围内的垃圾收集作业时间可能全天候（从几小时到十几小时），但基于环境条件和交通条件的限制甚至制约（如垃圾转运与运输应避开上下班时间，也不宜安排在深夜），以及为了提高单位时间内的工作效率，转运站机械设备的转运工作量不能按常规的单班工作时间 6～8h 分摊，而应在较集中的时段内不大于 4h。因此，与转运站及转运单元的设计日转运能力（t/d）相匹配的是配套机械设备的时转运能力（t/h）。

按集中时段设计配套机械设备转运能力的另一个好处是使转运站具有应对转运任务变化（如转运量增加）或事故状态（如某台机械设备出现故障而失去转运能力时）的能力，这时可适当延长其余转运设备工作时间，以完成总的转运量并维持系统的平稳运行。

4.2.5 考虑到不同转运工艺的实际情况，容器数量可适当增加。

4.3 其他设施设备

4.3.1 大型转运站可根据服务区及运输线路上的社会加油站的布局情况，考虑是否设置专用加油站。

4.3.2 应尽量使机械设备的修理工作社会化，转运站只要做好日常的维护保养，并视具体情况和实际需求承担部分专用设备、装置的小修任务。

5 建筑与结构

5.0.1 转运站的建设应重在实用，其建筑形式、风格、色调必须与周边建筑和环境协调，不宜太华丽、铺张。

5.0.2 在满足垃圾转运工艺布置及配套设备安装、拆换与维护要求的前提下，转运站的结构形式应尽可能简单。

5.0.3 为了保证垃圾转运作业对污染实施有效控制或在相对密闭的状态下进行，从建筑结构方面可采取的主要措施包括：给垃圾转运车间安装便于启闭的卷帘闸门，设置非敞开式通风口等。

6 配套设施

6.0.1 转运站站内（包括作业场地、平台）道路的结构形式及建造质量应满足最大规格的垃圾运输车辆的荷载要求和车辆通行要求。

转运站进站道路的结构形式及建造质量不仅要满足收集/运输车辆通行量和承载能力的要求，还应与其相连的站外市政道路的结构形式协调。

6.0.2 各类转运站都应有必要措施保证临时停电时能继续其垃圾转运功能。

6.0.3 转运站的生产用水主要指设备或设施冲洗用水。

6.0.4 雨水和生活污水按接入市政管网考虑，垃圾渗沥液及设备冲洗污水则依据转运站服务区水环境质量要求考虑处理途径与方式。

转运站的室内外场地都应平整并保持必要的坡度，以避免滞留渍水；转运车间内应按垃圾填装设备布局要求设置垃圾渗沥液导排沟（管）以便及时疏排污水。

转运车间应设置积污坑（井），用于收集转运作业过程产生的垃圾渗沥液和场地冲洗等生产污水。积污坑的结构和容量必须与污水处理方案及工艺路线相匹配。如采用将污水用罐车运送至处理厂的方案时，积污坑的容积必须满足两次运送间隔期收集、储存污水的需求。

6.0.5 转运站的控制室、转运作业现场、门房/计量站等关键环节必须配置必要的通信设施，以便于收集、转运车辆调度等生产运营管理。

6.0.6 小型转运站可在转运站主体建筑内或依附其设置管理办公室，必须保证安全与卫生方面的基本要求。

6.0.7 大型转运站应配备集中控制管理仪器设备，并设置中央控制和现场控制两套系统。其他类型转运站宜根据实际情况配置。

7 环境保护与劳动卫生

7.1 环境保护

7.1.1 与其他建设项目一样，转运站建设同样必须遵循"三同时"原则。

7.1.2 转运站内的建（构）筑物应按生产和管理两大类相对集中，中间设置绿化隔离带，转运站的四周应设置由多种树种、花木合理搭配形成的环保隔离与绿化带。各生产车间应配备相应污染防治设施和设备，对转运过程产生的二次污染进行有效防治。

7.1.3 转运站对周边环境影响最大的主要污染源是转运作业时产生的粉尘和臭气。因此，强化卸装垃圾等关键位置的通风、降尘、除臭措施更显重要。大型转运站仅靠洒水降尘或喷药除臭是不够的，必须设置独立的抽排风/除臭系统。

7.1.4 运输车辆的整体密封性能，必须满足避免渗液滴漏和防止尘屑撒落、臭气散逸两方面的要求。对于前者，不仅要在运输车底部设置积液容器，还必须依据载运车规模、垃圾性状以及通行道路坡度等具体条件核准、调整其容积。

7.1.5 减振降噪措施主要应用于转运站各种机械设备的基础；隔声措施包括转运站密闭式结构、设置绿化隔离带或专用隔声栅栏等。

7.1.6 转运站生活污水排放应按国家现行标准的规定排入邻近市政排水管网；也可与生产污水合并处理，达标排放。

转运作业过程产生的垃圾渗沥液及清洗车辆、设备的生产污水，在获得有关主管部门同意后可排入邻近市政排水管网集中处理；否则，应将其预处理至达到国家现行标准的要求后再排入邻近市政排水管网或用车辆、管道等将渗沥液等输送到污水处理厂。

条件许可时，应优先考虑将转运站各类污水排入

邻近的市政排水管网后进行集中处理。

7.1.7 应采用乔灌木合理搭配的形式，以强化其隔声、降噪等环保功能；绿化隔离带设置的重点地段是转运站的下风向，转运站的临街面，站内生产区与管理区之间。

绿化隔离带的设置还应考虑其与周边环境的协调。

7.2 安全与劳动卫生

7.2.1 转运站安全与劳动卫生应符合国家现行的有关技术标准的规定和要求。

7.2.2 应按照现行国家标准《安全标志》GB 2894、《安全色》GB 2893 的规定，在转运站的相应位置设置醒目的安全标志。

7.2.5 转运车间内，如填装压缩装置、车厢厢体举升装置等设备或装置旁均应留有足够空间的现场作业人员通道。

7.2.6 为了避免转运作业过程出现运输车辆及装载容器定位不准甚至碰撞，转运车间（工位）应根据转运车辆或装载容器的规格尺寸设置导向定位装置或限位预警装置。

7.2.7 专用卫生设施是指供员工洗浴、更衣、休息的单独专用设施。

8 工程施工及验收

8.1 工 程 施 工

8.1.1~8.1.7 明确了施工阶段有关各方应注意并遵循的要点，同时也是业主对施工进度与质量进行有效监督、控制的依据。

8.2 工程竣工验收

8.2.1、8.2.2 转运站工程竣工验收除了应满足《建设项目（工程）竣工验收办法》、《建设工程质量管理条例》、《机械设备安装施工验收通用规范》GB 50231、设计文件和相应的国家现行标准的规定和要求，还应符合本标准有关章节的相应要求。

8.2.3 转运站工程竣工验收前应做好必要的文件、资料的准备工作。

中华人民共和国行业标准

生活垃圾堆肥处理技术规范

Technical code for the composting of municipal solid waste

CJJ 52—2014

批准部门：中华人民共和国住房和城乡建设部
施行日期：２０１５年８月１日

中华人民共和国住房和城乡建设部

公　告

第 680 号

住房城乡建设部关于发布行业标准
《生活垃圾堆肥处理技术规范》的公告

　　现批准《生活垃圾堆肥处理技术规范》为行业标准，编号为 CJJ 52－2014，自 2015 年 8 月 1 日起实施。其中，第 3.0.4、3.0.5、7.5.5 条为强制性条文，必须严格执行。原《城市生活垃圾好氧静态堆肥处理技术规程》CJJ/T 52－1993 同时废止。

　　本规范由我部标准定额研究所组织中国建筑工业出版社出版发行。

中华人民共和国住房和城乡建设部
2014 年 12 月 17 日

前　言

　　根据原建设部《关于印发〈2006 年工程建设标准规范制定、修订计划（第一批）的通知〉》（建标〔2006〕77 号）的要求，规范编制组经广泛调查研究，认真总结实践经验，参考有关国内外先进标准，并在广泛征求意见的基础上，修订了本规范。

　　本规范的主要技术内容是：1　总则；2　术语；3　基本规定；4　选址；5　总体设计；6　垃圾接收、输送与预处理；7　堆肥工艺；8　检测；9　辅助与公用设施；10　环境保护和安全生产；11　工程施工及验收。

　　本规范修订的主要技术内容是：

　　1　修订了标准名称；

　　2　对堆肥处理原料的适用范围作了补充；

　　3　补充和增加了适用于所有高温好氧堆肥工艺的技术内容；

　　4　新增了基本规定、总体设计、垃圾接收、输送与预处理、检测、辅助与公用设施、环境保护、安全生产和工程施工与验收的章节。

　　本规范中以黑体字标志的条文为强制性条文，必须严格执行。

　　本规范由住房和城乡建设部负责管理和对强制性条文的解释，由同济大学负责具体技术内容的解释。执行过程中如有意见和建议，请寄送同济大学环境科学与工程学院固体废物处理与资源化研究所（地址：上海市四平路 1239 号；邮政编码：200092）。

　　本 规 范 主 编 单 位：同济大学
　　　　　　　　　　　　　中国城市建设研究院有限公司

　　本 规 范 参 编 单 位：上海市政工程设计研究总院（集团）有限公司
　　　　　　　　　　　　　上海市浦东新区固体废弃物管理署

　　本规范主要起草人员：何品晶　邵立明　吕　凡
　　　　　　　　　　　　　徐文龙　方建民　郭祥信
　　　　　　　　　　　　　章　骅　屈志云　卢成洪
　　　　　　　　　　　　　翟力新　王　沛　王丽莉
　　　　　　　　　　　　　付　钟　陈世和　李国建

　　本规范主要审查人员：陈朱蕾　陶　华　罗启仕
　　　　　　　　　　　　　冯其林　陈海滨　史家樑
　　　　　　　　　　　　　张束空　常志州　周立祥
　　　　　　　　　　　　　张　范

目 次

Contents

1 总　则

1.0.1 为贯彻国家有关生活垃圾处理的技术法规和技术政策，保证生活垃圾堆肥处理工程质量，制定本规范。

1.0.2 本规范适用于新建、扩建、改建的生活垃圾堆肥处理工程的选址、设计、施工及验收。

1.0.3 生活垃圾堆肥处理工程应采用先进、成熟、可靠的技术和设备，做到安全卫生、控制污染、节约用地、维修方便、经济合理和管理科学。

1.0.4 生活垃圾堆肥处理工程的选址、设计、施工及验收除应符合本规范外，尚应符合国家现行有关标准的规定。

2 术　语

2.0.1 预处理　pre-treatment

堆肥处理前对原料的分选、破碎和混合等机械处理过程，用于为后续堆肥发酵创造合适的条件。

2.0.2 中间处理　intermediate treatment

主发酵和次级发酵之间进行的机械处理过程，用于为后续次级发酵和最终产品质量保证提供适宜条件。

2.0.3 残余物　residue

堆肥处理各分选单元产生的非堆肥化物质。

2.0.4 翻堆槽　rectangular agitated bed

底部设有通风沟的槽式堆肥反应器及与之配套的物料翻倒装置。

2.0.5 挡板　side wall

安装于带式输送机皮带两侧边缘的直立板，当输送物料层较厚时起防止物料洒落的作用。

2.0.6 挡边　cut edges

通过在带式输送机两侧设置倾斜的辅助辊筒使皮带边缘向上翘起的构造，起防止物料洒落的作用。

2.0.7 一步发酵　one-stage fermentation

主发酵和次发酵一步完成，中间没有明显的时间或空间分隔。

2.0.8 二步发酵　two-stage fermentation

主发酵和次发酵分两步顺序进行，通过时间分隔或空间分段对主发酵和次发酵过程进行分别的控制。

3 基 本 规 定

3.0.1 生活垃圾堆肥处理工程选址、规模和工艺技术路线，应根据当地城市总体规划、环境卫生专业规划、生活垃圾产生量与特性和环境保护要求以及堆肥处理技术的适用性合理确定。

3.0.2 堆肥处理的原料宜为生活垃圾中可生物降解部分。

3.0.3 城镇粪便、城市污水厂污泥和农业废物等可降解物料，宜适量进入生活垃圾堆肥处理系统。

3.0.4 危险废物严禁进入生活垃圾堆肥处理厂。

3.0.5 生活垃圾堆肥处理过程中产生的不可回收利用的残余物应进行无害化处理。

4 选　址

4.0.1 堆肥处理厂的选址应以当地城市总体规划和环境卫生规划为依据，并符合下列规定：

　　1　工程地质与水文地质条件应满足处理设施建设的要求。

　　2　宜选择周边人口密度较低、土地利用价值较低和施工较方便的区域。

　　3　应结合已建或拟建的垃圾处理设施，合理布局，并应利于节约用地和实现综合处理。

　　4　应利于控制对周围环境的影响及节约工程建设投资、运行和运输成本。

　　5　应符合环境影响评价的要求。

4.0.2 进行堆肥处理厂选址时，应先收集下列基础资料：

　　1　城市总体规划、选址区域用地规划和环境卫生专业规划等相关规划。

　　2　地形、地貌、工程地质和水文地质资料。

　　3　各季主导风向、风频、风速和降水量等气象背景资料。

　　4　待堆肥处理的垃圾清运量，垃圾来源、性质、组分。

　　5　堆肥处理设施服务范围和垃圾收集运输情况。

　　6　供水、供电、排水和交通等基础设施条件。

4.0.3 堆肥厂选址应按下列程序进行：

　　1　厂址初选：应按本规范第4.0.2条的规定，在全面调查与分析的基础上确定3个及以上候选厂址方案。

　　2　厂址预选：应通过对候选厂址现场踏勘，对厂址的地形、地貌、工程和水文地质条件、气象、交通运输、供电、给水排水及厂址周围人群居住情况等对比分析，推荐2个及以上的预选厂址。

　　3　厂址确定：应对预选厂址进行技术、经济、环境和社会条件的综合比较，推荐拟定厂址，并应对拟定厂址进行地形测量、初步勘探和工艺方案设计，完成可行性研究报告。

5 总 体 设 计

5.1 项目构成和规模

5.1.1 堆肥处理基本工艺应符合下列规定：

1 基本工艺流程可包括：预处理、主发酵、中间处理、次级发酵和后处理等单元。

2 根据原料性质、工艺运行特征、设备适用性能和堆肥产品等要求，可对上述单元进行重复、省略等组合。

5.1.2 生活垃圾堆肥处理厂由主体工程设施、辅助工程设施、管理和生活服务设施构成，各部分设施的设置应根据进入堆肥处理厂的垃圾特性和堆肥处理工艺确定，并应符合下列规定：

1 主体工程应包括：称重计量、预处理、主发酵、中间处理、次级发酵、后处理、除尘除臭、渗沥液收集与处理等设备和设施。

2 辅助工程应包括：厂内道路、供配电、给水排水、消防、通信、通风、监测、维修、消毒、绿化等设施。

3 管理和生活服务设施应包括：行政办公用房、食堂、浴室、采暖、值班宿舍等。

5.1.3 生活垃圾堆肥处理厂的规模宜根据额定日处理能力确定，并应符合表5.1.3规定。

表5.1.3 生活垃圾堆肥处理厂规模

规模	额定日处理能力（t/d）
Ⅰ类	>300
Ⅱ类	150～300
Ⅲ类	50～150
Ⅳ类	≤50

注：工程规模按最终建设规模分类，不受分期建设规模的影响。

5.1.4 堆肥处理厂生产线的设置应符合以下规定：

1 Ⅰ类和Ⅱ类处理厂，生产线设置不宜少于2条。

2 预处理和中间处理生产线的额定处理能力可按8h/d～16h/d工作时间计算，设备选择时应根据垃圾容重进行处理能力校核。

3 生产线应按最大月的日平均垃圾进厂量设计，因当日垃圾进厂量超过额定处理能力或设备检修维护造成无法完成垃圾处理量时，可通过延长工作时间满足垃圾处理要求。

5.1.5 堆肥处理厂内宜设置满足（3～6）个月产品储存的场地。

5.2 总图设计

5.2.1 堆肥处理厂总图设计应多方案综合比较后确定，并应满足堆肥处理工艺流程的要求；合理布置主体和辅助工程以及管理和生活服务设施。

5.2.2 堆肥处理厂应以堆肥处理厂房为主体布置，其他各项设施应按垃圾处理流程要求合理布置，并宜按功能分区。

5.2.3 堆肥处理厂平面布置，应减少垃圾运输和处理过程中对厂区其他设施及周围环境的影响。

5.2.4 Ⅰ类堆肥处理厂宜根据处理需要和建设条件，一次设计、分期建设。

5.2.5 堆肥处理厂竖向空间应按物料处理、气液管线、通风排气管线功能划分，分层布置。

5.2.6 厂区道路应与厂区平面设计和绿化统筹布置。并应符合交通运输和消防的要求。

5.2.7 堆肥处理厂出入口应方便车辆的进出，人流和物流出入宜分开设置。

5.2.8 堆肥处理厂宜设置应急停车场，应急停车场宜设在厂区物流出入口附近。

5.2.9 堆肥处理厂出入口及各道路交叉口，均应设置交通警示和引导标志。

6 垃圾接收、输送与预处理

6.1 卸 料

6.1.1 卸料区的场地布置，应便于进场车辆卸料及与前处理机械设备运行的衔接。

6.1.2 卸料场地应采取防止垃圾散落及垃圾车与垃圾面隔离的措施。

6.1.3 卸料区应设置通风排气及除尘除臭设施，卸料口应设置局部吸风口，并宜采取必要的空间分隔设施；卸料大厅应采用全面通风排气措施，通风换气次数宜为4次/h～6次/h。排气应处理后达标排放。

6.1.4 卸料区应有地面冲洗和污水导排设施。

6.1.5 卸料区受料设施的存储容量应符合下列规定：

1 平面场地宜大于等于日均处理量。

2 受料槽宜大于等于日均处理量的50%。

3 受料坑宜大于等于日均处理量的2倍。

6.2 给料与预处理

6.2.1 给料和输送设备应符合下列规定：

1 给料机应有匀料装置。

2 当采用料斗方式给料时应有防止垃圾架桥起拱堵塞的措施。

3 输送设备在无人操作处应设置挡板或挡边。

4 输送设备宜进行局部封闭，并应设置集气罩。

5 人工分选输送机，双侧分选时宽度不宜超过1200mm，皮带移动速度宜为0.1m/s～0.3m/s，垃圾堆积厚度不宜大于10cm。

6.2.2 混合收集的生活垃圾堆肥处理应设置预处理系统，预处理工艺应根据垃圾成分特点、堆肥工艺要求和资源化回收等因素确定。

6.2.3 堆肥处理厂预处理系统，应包括破袋、分选和破碎处理设备，其设备的选型及配置应满足设计能力和工艺要求。

6.2.4 对于袋装生活垃圾，预处理应设置破袋工序，破袋率应大于90%。

6.2.5 预处理应采用机械和人工相结合的分选工艺；分选工艺应符合下列规定：

1 可堆肥有机物分选效率应大于80%。

2 可回收废品成分较多时，应设置可回收物分选设备。

3 应设置大件垃圾分拣工位。

6.2.6 预处理设备应具有防粘、防缠绕功能，并宜加密封罩；易损部件应易于拆卸和更换，预处理设备的运行参数应具有一定的调节范围。

6.2.7 预处理设备应设有专门的渗沥液收集装置，并宜具有自清洁功能。设备四周应留有维修需要的空间或通道。

6.2.8 预处理分选出的塑料袋、纸类、织物等需远距离运输时，宜对其压缩打包。

6.2.9 当人工分拣工位设置在封闭空间内时，该空间应有送新风和排风措施。新风吸入口应设置在露天空间。新风量不宜小于$30m^3/(h \cdot 人)$，换气次数不宜少于8次/h。

6.2.10 预处理车间宜采用全面排风和局部排风相结合的方式通风；在物料跌落处、滚筒筛进出口处宜设置局部排风口。

7 堆 肥 工 艺

7.1 工 艺 类 型

7.1.1 堆肥处理工艺应根据物料发酵分段、运动和通风方式及反应器类型进行分类。

7.1.2 堆肥处理工艺类型应根据原料组成、当地经济状况、产品要求和处理场地等条件选择确定，应优先比较确定物料运动和堆肥通风方式，再相应选择反应器的类型。

7.1.3 堆肥处理工艺分类类型宜按表7.1.3规定。

表7.1.3 堆肥处理工艺分类类型

分类方式	发酵分段	物料运动	通风方式	反应器类型
工艺类型	一步	静态	自然	条垛式
	二步	间歇动态（半动态）	强制	槽式（仓式）
				塔式
		动态		回转筒式

7.2 主 发 酵

7.2.1 进入堆肥处理主发酵单元的物料宜符合下列规定：

1 含水率宜为40%～60%。

2 总有机物含量（以干基计）不宜小于25%。

3 碳氮比（C/N，质量比）宜为20：1～30：1。

7.2.2 主发酵的堆层温度控制及发酵时间确定应符合下列规定：

1 堆层各测试点温度均应达到55℃以上，且持续时间不应少于5d；或达到65℃以上，持续时间不应少于4d。

2 设计主发酵时间不宜小于5d。

7.2.3 主发酵通风设备和堆层高度的配置应符合下列规定：

1 强制通风的工艺风量以每立方米垃圾为基准，宜为$0.05m^3/min \sim 0.20 m^3/min$。在堆层高度低于3m时，风压可按堆层每升高1m增加1000Pa～1500Pa选取。原料的有机物含量或含水率低时，风压可取下限，反之取上限。

2 强制机械通风的静态堆肥工艺，堆层高度不应超过2.5m；当原料含水率较高时，堆层高度不应超过2.0m。

3 自然通风的静态堆肥工艺，堆层高度宜为1.2m～1.5m；原料的有机物含量或含水率较高时可取下限，反之取上限。

4 配有强制通风设施的机械翻堆间歇动态堆肥，翻堆次数不宜低于0.5次/d；无强制通风设施的机械翻堆间歇动态堆肥，翻堆次数宜为1次/d～3次/d，气温高时取较大值，气温低时取较小值。

5 主发酵过程中，应测定氧浓度。

6 主发酵堆层各点的氧浓度应大于5%。

7 通风次数和间隔时间，应根据堆肥过程氧浓度、水分和温度等跟踪测试值及时进行调整。

7.2.4 主发酵设施设备的选用应符合下列规定：

1 发酵仓数量及设计容积，应根据进料量和设计主发酵时间确定，并应留有不小于10%的富余容量。

2 发酵装置中的实际装填垃圾体积，不宜大于发酵装置总容积的80%。

3 发酵仓应配置测试温度和氧浓度的装置，并应具有保温、防渗和防腐措施及水分调节、渗沥液和臭气收集功能。

4 发酵车间应配置通风和除臭设施。

7.2.5 主发酵的运行终止指标应符合下列规定：

1 耗氧速率上升至最大后逐步下降，与最大耗氧速率相比应下降90%并趋于稳定。

2 主发酵产物应符合现行国家标准《粪便无害化卫生要求》GB 7959的有关规定。

7.3 次 级 发 酵

7.3.1 次级发酵工艺设计应符合下列规定：

1 次级发酵宜采用静态或间歇动态的处理工艺。

2 堆层通风方式和发酵时间，应根据场地条件、经济成本和主发酵时间等因素确定。

3 次级发酵车间或场地布置应物流顺畅，并应合理布置设备、车辆和人员通道。

4 当次级发酵在室内车间进行时，车间应具有良好的通风条件。

5 当次级发酵露天进行时，发酵区应具有雨水截流、导排和收集措施，收集的发酵区内雨水应处理达标后排放。

7.3.2 采用机械翻堆时，宜根据气温调整翻堆次数。

7.3.3 次级发酵的终止指标应符合下列规定：

1 耗氧速率应小于 $0.1\%O_2/min$。

2 种子发芽指数不应小于 60%。

7.4 堆肥后处理

7.4.1 堆肥后处理工艺，应包括堆肥产品加工和残渣处理。堆肥产品加工工艺和成品方案应根据当地市场情况确定。

7.4.2 堆肥产品质量应符合国家现行标准《城镇垃圾农用控制标准》GB 8172 和《粪便无害化卫生要求》GB 7959 等的有关规定。

7.4.3 利用堆肥产品制有机肥时，有机肥产品应符合现行行业标准《有机肥料》NY 525 和《生物有机肥》NY 884 的有关规定。

7.4.4 堆肥后处理各分选工段分选出的不可堆肥物应按物质类别分别存放。

7.5 除臭和渗沥液处理

7.5.1 堆肥主发酵废气及其他部位散发的臭气应进行有效收集，并应除臭和净化处理。

7.5.2 垃圾暴露面大、臭气释放强度高的部位，可喷洒除臭剂辅助除臭。

7.5.3 经处理后的恶臭气体浓度，应符合现行国家标准《恶臭污染物排放标准》GB 14554 的有关规定。

7.5.4 堆肥过程中产生的渗沥液应设收集池蓄存，渗沥液应优先用于垃圾堆体的水分调节。剩余的渗沥液应排入厂内污水管网。

7.5.5 生活垃圾堆肥处理厂渗沥液收集池布置在室内时，应设置强制排风系统，且收集池内的电器设备应选用防爆产品。

8 检 测

8.0.1 堆肥处理厂进出物料都应进行计量，并应按实物量进行生产统计，核定产出。

8.0.2 堆肥处理厂的进厂生活垃圾、选用的添加剂和产品均应进行理化性质检测。检测指标和频率应符合现行行业标准《生活垃圾堆肥处理厂运行维护技术规程》CJJ 86 的有关规定。

8.0.3 堆肥发酵过程中的检测和分析应符合下列规定：

1 堆层温度的检测点不应少于 3 个（含 3 个）；根据发酵装置形式，检测点应在堆体中分层或分区设置。主发酵堆层温度宜进行连续检测；次级发酵可进行定时检测，检测频次可根据需要确定。

2 堆层氧浓度和耗氧速率的检测频率不应小于 1 次/d，条件允许时可进行连续检测。

3 应根据堆肥产品使用的需要进行堆肥产品植物种子发芽试验。

8.0.4 堆肥处理厂的进厂生活垃圾、选用的添加剂和产物等物料的容重、含水率、可燃物、热值等指标的检测应按现行行业标准《生活垃圾采样和分析方法》CJ/T 313 的有关规定执行。

8.0.5 堆肥处理厂的进厂生活垃圾、选用的添加剂和产物等物料的 pH 值、有机质、总铬、汞、镉、铅、砷、全氮、全磷和全钾等指标的检测，应按现行行业标准《生活垃圾采样和分析方法》CJ/T 313 的有关规定执行。

8.0.6 堆层温度的测定，宜符合本规范第 A.0.1 条的规定。

8.0.7 堆层氧浓度、耗氧速率变化分析，宜符合本规范第 A.0.2 条的规定。

8.0.8 植物种子发芽试验宜符合本规范第 A.0.3 条的规定。

8.0.9 生产废水的检测方法，应符合现行国家标准《生活垃圾填埋场污染控制标准》GB 16889 的有关规定。

9 辅助与公用设施

9.1 道路与绿化

9.1.1 厂区道路的路面宽度、道路荷载等级及路面结构，应根据垃圾车的型号、吨位等确定，并应符合现行国家标准《厂矿道路设计规范》GBJ 22 的有关规定。

9.1.2 厂区绿化应按厂内功能分区的要求布置，绿化植物应优先选择具有污染吸附和噪声隔离功能的物种，厂区绿地率不宜大于 30%。

9.2 供配电系统

9.2.1 堆肥处理厂主发酵风机和卸料、预处理场所的照明应为二级负荷，其他生产用电宜为二级负荷。

9.2.2 堆肥处理厂生产用电应优先从当地电网引接，接入电压等级应根据生活垃圾堆肥处理厂的用电负荷及当地电网的具体情况，经技术经济比较后确定。

9.2.3 堆肥厂供配电系统的高压配电装置，应符合现行国家标准《3～110kV 高压配电装置设计规范》GB 50060 的要求；继电保护和安全自动装置及过电压保护，应符合现行国家标准《电力装置的继电保护和自动装置设计规范》GB/T 50062 的要求；防雷和接地，应符合现行国家标准《建筑物防雷设计规范》GB 50057 和现行行业标准《交流电气装置的接地设计规范》GB/T 50065 的要求。

9.2.4 垃圾储存（暂存）间、渗沥液收集池等可燃气体易散发场所的照明灯具、开关和其他电器应采用防爆设计。

9.3 自动化控制

9.3.1 堆肥处理厂应设中央控制室。

9.3.2 堆肥处理厂自动化控制系统宜包括进料系统、垃圾预处理系统、主发酵系统、次发酵系统、通风与除尘除臭系统和其他必要的控制系统。

9.3.3 堆肥处理厂的自动化控制系统，应采用成熟的控制技术和可靠性高的设备和元件，在现场安装的一次控制仪表应考虑防腐。

9.3.4 发酵设施的自动控制应符合下列规定：

1 条垛式与强制通风条垛式静态发酵，宜对垃圾条垛内温度进行在线测量，并宜根据在线测量的温度通过模拟程序进行发酵设施通风控制。

2 槽式翻堆和仓式发酵，宜对垃圾堆体温度进行实时测量，有条件的可对氧浓度进行实时检测，并可根据温度和氧浓度进行翻堆和通风控制。

3 回转筒式发酵，宜同时测量筒内温度和筒内不同位置氧浓度，并宜根据温度、氧浓度进行通风控制。

9.3.5 堆肥处理厂进料和预处理生产环节应设置现场视频监视系统。

9.3.6 堆肥处理厂的报警系统应包括下列内容：

1 发酵工艺系统主要工况参数偏离正常运行范围。

2 电源、气源发生故障。

3 设备故障。

4 监控系统故障。

9.4 给水排水与污水处理

9.4.1 堆肥处理厂厂内给水应符合现行国家标准《室外给水设计规范》GB 50013 和《建筑给水排水设计规范》GB 50015 的规定。

9.4.2 堆肥处理厂生活用水，应符合现行国家标准《生活饮用水卫生标准》GB 5749 的水质要求，用水标准及定额应符合现行国家标准《建筑给水排水设计规范》GB 50015 的规定。

9.4.3 堆肥处理厂生产用水应包括堆体水分调节用水、车辆冲洗用水、地面和道路冲洗用水、设备冷却用水、绿化用水以及消防用水等，各项用水量应根据各工艺要求确定。生产用水水源选择及供水系统设计，应充分考虑节水。

9.4.4 堆肥处理厂排水应符合现行国家标准《室外

排水设计规范》GB 50014 和《建筑给水排水设计规范》GB 50015 的规定。垃圾收集车经过的道路和卸料平台的初期雨水，应进行截流并纳入厂区污水管道。

9.4.5 堆肥处理厂生活污水应优先考虑排入城市污水管网；无污水管网的区域，应在厂内建设生活污水处理设施，处理后污水的排放指标应符合项目环境影响评价批复的要求。

9.4.6 堆肥处理厂的剩余垃圾渗沥液、垃圾车清洗水与车间地面冲洗水等生产污水可接入城市污水管网处理。当在厂内设置生产污水处理设施时，排放标准应符合现行行业标准《生活垃圾渗沥液处理技术规范》CJJ 150 的有关规定。

9.5 消 防

9.5.1 堆肥处理厂应设置室内外消防系统，消防系统的设置应符合现行国家标准《建筑设计防火规范》GB 50016 和《建筑灭火器配置设计规范》GB 50140 的有关规定。

9.5.2 堆肥处理厂厂房应按生产的火灾危险性分类划分为丁类，建筑耐火等级不应低于二级。

9.5.3 垃圾卸料间、筛上物储存间、电气设备间和中央控制室等火灾易发部位，应设消防报警设施。报警设施的设置应符合现行国家标准《火灾自动报警系统设计规范》GB 50116 的有关规定。

9.6 采暖与空调工程

9.6.1 堆肥处理厂采暖通风与空调工程设计应符合现行国家标准《采暖通风与空气调节设计规范》GB 50019 的有关规定。

9.6.2 建筑物冬季采暖室内温度，应符合下列规定：

1 垃圾卸料间、垃圾预处理间、发酵间和通风除尘除臭间应为 5℃～10℃。

2 中央控制室、人工分拣室、化验室和食堂应为 18℃。

3 职工宿舍和办公室应为 20℃。

4 有人操作的车间的温度，应根据操作人员劳动强度等级，按照国家现行标准《工业企业设计卫生标准》GBZ 1 的要求确定。

9.6.3 夏季有人操作车间的防暑设计及措施应符合国家现行标准《工业企业设计卫生标准》GBZ 1 的有关规定。

9.7 建筑与结构

9.7.1 堆肥处理厂的建筑风格和整体色调，应与周围环境相协调。厂房的平面布置和空间布局，应满足工艺设备的安装与维修的要求。

9.7.2 厂房各作业区应合理分隔，厂区人流和物流路线应避免交叉，操作人员巡视检查路线、物料水平与竖向传送线路应顺畅，避免重复。

9.7.3 厂房的围护结构应满足基本热工性能和使用要求，并应考虑节能。

9.7.4 建筑抗震设计，应符合现行国家标准《建筑抗震设计规范》GB 50011 的有关规定。

9.7.5 对垃圾卸料间、预处理和主发酵车间等易腐蚀场所，建筑部件应采取相应的防腐蚀措施，防腐设计应符合现行国家标准《工业建筑防腐蚀设计规范》GB 50046 的有关规定。

9.7.6 堆肥车间的地基基础设计，应符合现行国家标准《建筑地基基础设计规范》GB 50007 的有关规定。存在地基条件不良、荷载差异大和建筑结构体形复杂情况时，除应进行地基承载力和变形计算外，必要时还应进行稳定性计算。

10 环境保护和安全生产

10.1 环 境 保 护

10.1.1 堆肥处理厂车间内的空气、噪声和振动应符合国家现行标准《工业企业设计卫生标准》GBZ 1 的要求。

10.1.2 堆肥处理厂厂区和厂界的空气质量指标应符合现行国家标准《环境空气质量标准》GB 3095 和《恶臭污染物排放标准》GB 14554 的有关规定。

10.1.3 生活垃圾不宜在厂区内露天裸卸，厂内场地散落的垃圾应及时清扫。堆肥残余物在厂内堆放时间不应超过 10d。

10.1.4 堆肥处理厂卸料和预处理设备和车间应每天进行清理。

10.1.5 厂区内应采取灭蝇措施，并应设置蝇类密度监测点。

10.2 环 境 监 测

10.2.1 作业区及厂内应设置固定的噪声、恶臭气体和粉尘监测点。

10.2.2 堆肥处理厂环境监测应包含下列项目：

1 作业区监测项目应包括：噪声、粉尘、有害气体（H_2S、SO_2、NH_3）和细菌总数（空气）。

2 厂区和厂界环境质量监测应包括：大气中单项指标（NO_x、总悬浮颗粒物）、地表水水质、噪声、蝇类密度和臭级。

10.2.3 监测频率应符合下列规定：

1 作业区环境监测，应每月一次。

2 厂区和厂界环境质量监测，应每季度一次。

10.3 安全生产和劳动保护

10.3.1 堆肥处理厂的安全和卫生设施的设置，应符合国家现行标准《工业企业设计卫生标准》GBZ 1 和

《生产过程安全卫生要求总则》GB/T 12801 的有关规定。

10.3.2 堆肥处理厂应采取有效的安全防护措施。应在有关的设备醒目位置设置警示标识，并应有可靠的防护措施。

10.3.3 堆肥处理厂垃圾卸料间、预处理和发酵车间等场地，应采取换气、除臭、灭蚊蝇和消毒等措施。

10.3.4 卫生防疫设备和防护用品应确保处于正常工作状态，不得擅自拆除或停止使用。

11 工程施工及验收

11.1 工 程 施 工

11.1.1 堆肥处理厂工程应根据工程设计文件和设备技术文件进行施工和安装，并应符合相应的国家现行施工标准的要求。施工过程中遇到无法按设计文件施工的问题时，应待设计方出具设计变更后方能施工。

11.1.2 堆肥处理厂的各隐蔽工程未经验收时，不得进行后续工程施工。

11.1.3 施工中使用的材料和设备均应有技术质量鉴定文件或合格证书。

11.2 工 程 验 收

11.2.1 堆肥处理厂竣工后应及时进行整体工程验收，验收除应符合国家现行相关验收标准外，还应符合下列规定：

1 应有齐全的工艺概述及工艺设计说明、施工设计图纸、竣工图纸、调试报告等工程验收技术资料。

2 堆肥生产线各设备均应分别进行空载和满载联动运行。联动运行持续时间应大于单班作业时间。

附录 A 检 测 方 法

A.0.1 堆层温度测定应符合下列规定：

1 测定仪器可用金属套筒温度计或其他类型测温传感装置。

2 测定点分布应均匀，有代表性。高度应分上、中、下 3 层，堆层高度不足 1m 的，可设置上、下 2 层。上层和下层测试点应设在离堆层表面或底部 0.3m～0.5m 处，每个层次水平面测试点可按发酵设施的几何形状布置，可分中心部位和边缘部位设置，边缘部位距边缘宜为 0.5m。

A.0.2 堆层氧浓度和耗氧速率分析应符合下列规定：

1 测定仪器可用气体氧测定仪。

2 测定点的位置和数目，应与堆层温度测定点

相一致。

3 金属空管插入需测定的位置，抽取堆层中的气体，直接输入气体氧测定仪，仪表上显示的氧浓度百分值应为堆层该位点的氧浓度。

4 耗氧速率可通过不同时间堆层氧浓度的下降得出。具体步骤应为：测定前应先向堆层通风，在堆层氧浓度达到最高值时（O_2含量20%左右），记录该测定值；然后停止通风，间隔一定时间测氧浓度下降值，记录每次测定时间；以时间为横坐标，氧浓度为纵坐标，绘制曲线（同一测试点氧浓度的下降开始很快，呈直线下降，然后曲线趋平，渐近于稳定值）；取氧浓度下降呈直线状的两次测试值，按式（A.0.2）计算，耗氧速率就是该时间段氧浓度的下降速率。

$$d_0 = \frac{c_0^i - c_0^e}{\Delta t} \qquad (A.0.2)$$

式中：d_0 ——耗氧速率（$\% \cdot min^{-1}$）；

c_0^i ——起始氧浓度（%）；

c_0^e ——最终氧浓度（%）；

Δt ——两测试值相隔的时间（min）。

A.0.3 植物种子发芽试验应符合下列要求：

1 试验用植物种子：水董或萝卜种子，在去离子水或蒸馏水的发芽率不小于80%。

2 试验用浸提容器：500mL具密封塞聚乙烯瓶。

3 试验用浸提装置：频率可调的往复式水平振荡机。

4 试验用浸提剂：去离子水或蒸馏水。

5 试验用滤膜：$0.45\mu m$ 微孔滤膜或中速蓝带定量滤纸。

6 试验用过滤装置：加压过滤装置或真空过滤装置，对难过滤的废物也可采用离心分离装置。

7 试验操作应按下列步骤进行：

称取新鲜物料试样3个（每个试样干基质量不小于20.0g），分别置于500mL浸提容器中，按固液比1:10（W/V，以干重计）加入一定量的去离子水或蒸馏水，盖紧瓶盖后垂直固定于往复式水平振荡机上，调节频率不小于100次·min^{-1}、振幅不小于40mm，在室温下振荡浸提1h，取下静置0.5h后，于预先安装好滤膜（或者滤纸）的过滤装置上过滤，收集过滤后的浸出液，摇匀后供分析用。每次测定，做蒸馏水空白3个。如浸出液不能马上分析，则应放在（0~4）℃冰箱保存，但保存时间不得超过48h。

在微生物培养皿内垫上一张滤纸，均匀放入10粒水董（或萝卜）种子，加入浸出液5.0mL，盖上盖子，在25℃黑暗的培养箱中培养48h，测定发芽率和根长。每个样品做3个重复，以去离子水或蒸馏水作同样的空白试验。

8 试验结果计算方法

用式（A.0.3）计算每个重复实验的种子的发芽

指数：

$$发芽指数 = \frac{处理的发芽率（\%）\times 处理的平均根长}{空白的发芽率（\%）\times 空白的平均根长} \times 100\%$$

$$(A.0.3)$$

再计算平均值。该指数若小于100%，则表示该堆肥产品具有植物毒性，该值越小毒性越强；该系数大于100%，则表示该堆肥产品对种子的发芽和根伸长有促进作用。

本规范用词说明

1 为便于在执行本规范条文时区别对待，对要求严格程度不同的用词说明如下：

1）表示很严格，非这样做不可的：

正面词采用"必须"，反面词采用"严禁"。

2）表示严格，在正常情况下均应这样做的：

正面词采用"应"，反面词采用"不应"或"不得"。

3）表示允许稍有选择，在条件许可时首先应这样做的：

正面词采用"宜"，反面词采用"不宜"。

4）表示有选择，在一定条件下可以这样做的，采用"可"。

2 本规范中指明应按其他有关标准执行的写法为"应符合……的规定"或"应按……执行"。

引用标准名录

1 《建筑地基基础设计规范》GB 50007

2 《建筑抗震设计规范》GB 50011

3 《室外给水设计规范》GB 50013

4 《室外排水设计规范》GB 50014

5 《建筑给水排水设计规范》GB 50015

6 《建筑设计防火规范》GB 50016

7 《采暖通风与空气调节设计规范》GB 50019

8 《工业建筑防腐蚀设计规范》GB 50046

9 《建筑物防雷设计规范》GB 50057

10 《3~110kV高压配电装置设计规范》GB 50060

11 《电力装置的继电保护和自动装置设计规范》GB/T 50062

12 《交流电气装置的接地设计规范》GB/T 50065

13 《火灾自动报警系统设计规范》GB 50116

14 《建筑灭火器配置设计规范》GB 50140

15 《环境空气质量标准》GB 3095

16 《生活饮用水卫生标准》GB 5749

17 《粪便无害化卫生要求》GB 7959

18 《城镇垃圾农用控制标准》GB 8172

中华人民共和国行业标准

生活垃圾堆肥处理技术规范

CJJ 52—2014

条 文 说 明

修 订 说 明

《生活垃圾堆肥处理技术规范》CJJ 52－2014，经住房和城乡建设部 2014 年 12 月 17 日以第 680 号公告批准、发布。

本规范是在《城市生活垃圾好氧静态堆肥处理技术规程》CJJ/T 52－93（以下简称原规程）的基础上修订而成，上一版的主编单位是同济大学，参编单位是原无锡市环境卫生管理处，主要起草人员是陈世和、张人奇。本次修订的主要技术内容是：1. 修订了标准名称；2. 对堆肥处理原料的适用范围作了补充；3. 补充和增加了适用于所有高温好氧堆肥工艺的技术内容；4. 新增了基本规定、总体设计、垃圾接收、输送与预处理、检测、辅助与公用设施、环境保护和安全生产和工程施工与验收的章节。

本规范修订过程中，编制组进行了国内生活垃圾堆肥处理技术应用与研发现状的调查研究，总结了我国生活垃圾堆肥处理工程建设的实践经验，同时参考了欧盟、加拿大和美国的堆肥处理技术及质量控制标准，通过理论论证和试验检测，取得了堆肥发酵过程物料堆高与通风风压的关系等重要的技术参数。

为便于广大设计、施工、科研、学校等单位有关人员在使用本规范时能正确理解和执行条文的规定，《生活垃圾堆肥处理技术规范》编制组按章、节、条顺序编制了本规范的条文说明，对条文规定的目的、依据以及执行中需注意的有关事项进行了说明，还着重对强制性条文的强制性理由作了解释。但是，本条文说明不具备与正文相同的法律效力，仅供使用者作为理解和把握本规范规定的参考。

目　次

1 总则

1.0.1 该条阐明了本规范修订的目的。随着我国城市化进程的发展，大、中、小城市和城镇的生活垃圾清运量也日益增多，其中厨余、果皮等易腐有机组分占生活垃圾总量的 50% 以上。这些生活垃圾适合采用好氧堆肥等生物处理技术进行处理，堆肥处理技术的应用面持续扩展。1993 年颁布的《城市生活垃圾好氧静态堆肥处理技术规程》CJJ/T 52-93，适用范围仅限于静态堆肥，有关的内容已不能全面反映堆肥处理技术的发展现状。因此，修订本规范，对推广和发展我国城市生活垃圾堆肥处理技术有重要意义。

1.0.2 该条明确了本规范的适用范围。堆肥处理的基本特征是微生物的好氧生物降解。本规范既适用于采用完整的好氧生物降解过程的生活垃圾堆肥处理厂的工程设计、施工、运行操作管理和污染控制，也适用于采用好氧生物降解过程实现部分生物稳定的生活垃圾综合处理厂生物预处理段，以及生活垃圾厌氧消化厂消化残渣的好氧降解腐熟单元。

1.0.3 该条对生活垃圾堆肥处理工程技术选择做了原则性的规定。

1.0.4 该条是关于生活垃圾堆肥处理工程标准、规范适用完整性的提示。生活垃圾堆肥处理工程除适用本规范及其引用标准（规范）外，也应符合国家和部门现行的其他相关标准和规范。

2 术语

本部分为执行本标准制定的专门术语和对容易引起歧义的名词进行的定义。在现行行业标准《市容环境卫生术语标准》CJJ/T 65 中已定义的术语不在此重复定义。

2.0.1 根据我国生活垃圾以混合收集为主，预处理为大部分生活垃圾堆肥工程的必备环节的现状，定义了堆肥过程的预处理。

2.0.2 我国生活垃圾含水率高，原生生活垃圾普遍缺乏良好的机械可分选性；为了改善分选效果，部分实际堆肥工程采用在主发酵后再进行分选的工艺流程，这里把主发酵后的分选处理定义为中间处理。中间处理的目的是进一步分选、破碎和均质，以促进次发酵的生化过程，以及提高堆肥产品质量。

2.0.5、2.0.6 这两条术语定义了堆肥预处理常用机械的两种构造。

2.0.7、2.0.8 这两条术语定义了两种不同分段方式的堆肥工艺。

3 基本规定

3.0.3 本条对不属于生活垃圾范畴，但又具备堆肥处理适应性的其他废物进入堆肥系统进行了规定；使其可以作为调整生活垃圾堆肥原料特性的添加剂等，进入堆肥系统进行共处理。

3.0.4 本条为强制性条文。《中华人民共和国固体废物污染环境防治法》规定，危险废物与生活垃圾和一般工业固体废物应分类管理，本条是落实法律规定的需要。同时，堆肥产物可在开放环境中应用，危险废物一旦混入堆肥处理原料就存在严重的污染扩散风险，为此将本条列为强制性条文。

本条的意义在于，有很多组分类似生活垃圾的工业废物是可以和生活垃圾合并处理的，如：食品加工废物以及其他以农产品为原料的工业废物。因此，处理设施应加强对废弃物入场和前处理的检测，避免工业源的危险废物进入堆肥发酵系统。

对于家庭产生的非工业源危险废物，堆肥处理设施可参照《国家危险废物名录》第六条对此类废物的管理规定执行。

3.0.5 本条为强制性条文。本条对堆肥过程产生的残余物的处理处置进行了规定，以保证采用以堆肥为主体工艺的生活垃圾处理过程不存在无害化缺陷，为此将本条列为强制性条文。

堆肥处理残余物主要产生于机械前处理和产物后处理过程中，这些残余物即使如砖头瓦块等惰性物，也会在运输和机械前处理过程中沾污未稳定的有机物，或混入含有各种垃圾组分的碎片等，进入环境同样具有污染释放的潜力。对其进行符合规范的无害化处理，是保证堆肥处理全过程有效控制二次污染的必然要求。其中，无害化处理指的是我国已有标准和规范的各种固体废物处理和利用技术方法。

4 选址

4.0.1 地质条件是堆肥处理厂厂址的基本要求，需要满足堆肥处理厂建（构）筑物的承载要求。

为使堆肥处理厂建设获得最大投资效益，堆肥处理厂的选址还需要综合考虑交通运输、产品应用出路等因素。

堆肥处理过程中因散发气味、产生渗沥液等会对环境造成影响，堆肥处理厂的选址需要考虑与居住区有一定的卫生防护距离；本条不对选址的防护距离作硬性规定，以免影响各地因地制宜地确定厂址；对于敞开式堆肥处理厂，其卫生防护距离可以参照卫生填埋场确定。

4.0.2 本条规定了堆肥处理厂选址前期基础资料收集工作的基本内容。选址前基础资料的收集对于厂址的最终确定以及生物处理厂规划、设计等有重要的意义。

5 总体设计

5.1 项目构成和规模

5.1.1 本条规定了生活垃圾堆肥处理技术的基本工艺流程。其中，主发酵是堆肥处理厂的核心工序，其他工序可根据不同的工艺要求进行优化组合。组合的选择原则是配合主发酵运行，提高堆肥处理综合效率，提高堆肥产品和可回收废品质量，降低建设和运行成本。工序组合需要考虑一定的灵活性，在必要情况下，能超越部分工序或调整工序顺序，但是，也要避免不必要的重复工序或设施设备。

5.1.3 堆肥处理厂建设规模，一般根据其服务范围内需要堆肥处理的垃圾量确定。考虑生活垃圾来源及垃圾堆肥产品市场特点等因素，以及国内外现有的城市生活垃圾堆肥处理厂运行经验，集中建设垃圾堆肥厂的处理规模一般不宜过大（图1），当堆肥厂处理规模大于或等于20000t/年（相当于55t/d）后，投资和运行成本基本与处理规模呈线性关系，决定成本的主要因素是所采用的通风工艺，强制通风的成本约为自然通风的3倍。

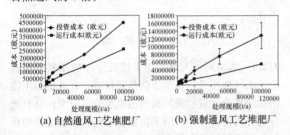

(a) 自然通风工艺堆肥厂　　(b) 强制通风工艺堆肥厂

图1 欧洲堆肥处理厂投资和运行
成本与处理规模的关系

参考文献：欧盟环境署编，主题报告2001年第15号：欧洲生物可降解垃圾管理（European Environment Agency（EEA）. Biodegradable Municipal Waste Management in Europe［R］. Topic Report15/2001）。

5.1.4 本条规定了堆肥处理厂的生产线数量、生产线处理能力、单条生产线规模和工作时间。主要目的在于合理地确定堆肥处理厂生产线和设备的处理容量，保障在部分设备出现故障的条件下，能通过生产调度保持全厂的处理能力。

生产线处理能力按8h/d～16h/d总工作时间计算，相应确定工作班次，主要是与我国目前垃圾收集运输时间较为集中的现状相适应，避免因垃圾存贮时间过长所产生的臭气强度、苍蝇密度增加问题。通过延长生产线工作时间，临时提高生产线日处理能力时，生产线工作时间一般控制在16h/d以内，以保证必要的维护时间，并保护设备免于过度使用的损害。

5.1.5 本条规定了堆肥产品储存场地的规模。堆肥产品的使用时间受季节影响较大。因此，有必要根据应用条件，设置一定规模的贮存场所。

5.2 总图设计

5.2.1 本条要求在堆肥厂总图设计时应全面考虑各种因素，在满足各专业要求和规范规定的基础上，做到经济合理。

5.2.2 堆肥工艺与设备是垃圾堆肥厂的核心，堆肥处理厂房是布置堆肥工艺设备的建筑物，其他设施均是为堆肥处理配套的。因此，在堆肥厂总平面布置时，应以堆肥处理厂房为主体进行布置。

5.2.3 堆肥厂内各设施间物料流动性大，在平面布置上需要防止堆肥厂各设施间的相互污染影响。

5.2.4 Ⅰ类堆肥处理厂一般按最终规模一次设计，可根据处理需要和建设条件分期建设；处理规模较小的堆肥处理厂通常不采用分期建设的方法。

5.2.5 堆肥处理厂应尽可能以节地、节省空间为准则，除了在平面上区分功能区外，在空间上也进行分隔；堆肥车间布置还要考虑物流方向和管线布置的合理性。

5.2.7 由于堆肥厂每天需要进场大量垃圾、出场残渣和堆肥产品，物流量较大，且进出的物品对环境有一定的影响。因此，堆肥厂的物流出入口和人流出入口宜分别设置，以避免运输车辆对各类人员造成不良影响。

5.2.8、5.2.9 堆肥厂每天的车辆出入量大，为避免堆肥厂短时运行故障或车辆到达高峰时段对周边道路的不利影响，堆肥厂区宜具有应急车辆停放条件，并均需要设置交通警示和引导标志。

6 垃圾接收、输送与预处理

6.1 卸 料

6.1.1 卸料区的布置形式有平面卸料场、卸料平台配套受料坑或受料槽等。选择卸料区结构形式的依据是方便进场车辆卸料及与前处理机械设备运行的衔接。

6.1.5 本条对各种形式的卸料区和与其对应的储存空间设计容量作了规定；平面场地结构简单、便于垃圾运输车卸料，配合铲车或轮履式抓斗吊车可实现相应的垃圾输送功能；受料槽一般配有底部输料设备，可与输送带或板式给料机等直接衔接，但地上金属构造装置容量不宜过大；受料坑加抓斗天车的卸料方式，普遍应用于垃圾焚烧厂等垃圾处理设施，易于实现卸料区的密闭。但是，堆肥处理的垃圾不宜久存，以免垃圾水解酸化影响后续发酵。

6.2 给料与预处理

6.2.1 给料和输送设备，是堆肥厂应用数量最多的机械设备。板式、振动给料机具有匀料功能；带推料杆和振动装置的料斗可以防止出现垃圾架桥现象。垃圾输送设备设置挡板或挡边可以防止物料洒落；对于预处理工序的输送设备进行局部封闭，是收集垃圾散发气体，控制处理区域臭气的有效措施。

6.2.2 由于我国生活垃圾以混合收集为主，因此预处理为大部分生活垃圾堆肥工程的必备环节。预处理目的包括：1）避免混合收集垃圾中的不可堆肥物，以及有毒有害物质对堆肥处理系统各环节产生影响甚至造成破坏，导致堆肥产物质量下降；2）调节物料的含水率；3）调节物料的有机物含量和碳氮比；4）分离不可堆肥物质和可回收废品，降低物料杂质含量；5）控制物料粒径。混合垃圾中的不可堆肥物不仅会影响甚至破坏堆肥处理系统各环节的装、卸料工序，还会影响和恶化堆肥处理工艺条件，其杂物和有毒有害物质会残留在堆肥处理产物中，造成产物质量下降。预处理同时还能够起到均质和调质的作用，以使得预处理后的物料满足后续堆肥处理工艺的进料要求。

6.2.4 对袋装化的垃圾进行破袋，是为了提高对有机成分的分选效率和有机物降解效率。破袋率定义为：破袋工序进出料中袋装垃圾的差量值与进料中袋装垃圾总量值之比。

6.2.5 生活垃圾成分复杂，仅靠机械分选无法取得较好效果，人工分拣对大件垃圾、可回收垃圾的分选效率较高。因此，本条要求预处理采用人工和机械相结合的分选工艺。

6.2.8 垃圾中塑料袋、纸张、织物等轻物质含量较多，其容重很小，压缩打包后再运输可节约运输费用。

6.2.9 我国的生活垃圾中易腐有机物含量较高，容易腐败发臭，人工分拣需要将垃圾摊铺于输送带上，垃圾散发的臭味会对分拣操作人员造成危害，环境恶劣，且需要操作人员较长时间停留。为保障操作人员身体健康，要求当人工分拣工位设置在封闭空间内时，需要送新风，并同时保证人均新风的量和所在空间的换气次数。

6.2.10 局部排风的臭气收集效率高，在臭气散发比较集中的臭气散发点实行局部排风效果较好。但是，对于臭气散发量小、面积大或不方便设置局部排风的情况，需要采用全面排风的方式进行臭气的收集。一般情况下均需要结合使用上述两种方式。

7 堆肥工艺

7.1 工艺类型

7.1.1 本条对堆肥处理的基本工艺类型进行了说明，主要根据物料搅拌运动、通风、堆肥反应器设备形式和分段方式进行了分类。一步发酵与二步发酵所采用的工艺类型要根据实际的稳定化和腐熟化要求进行选择。无论选择何种工艺类型，都应满足无害化、稳定化、腐熟化和二次污染控制的相关要求。

静态、间歇动态、动态堆肥，是按堆肥反应器对物料的机械搅拌方式作出的分类。完全不搅拌为静态；间歇性的搅拌，如翻堆、跌落，为间歇动态；持续性的搅拌为动态。

槽式反应器的其他同义词包括：仓式。

回转式反应器的其他同义词包括：滚筒式，达诺筒（DANO）。

原标准中具体描述了一次性发酵和二次性发酵的工艺流程示意图，涉及预处理、后处理、产物利用和处置等物流环节。鉴于当前堆肥工艺的组织和管理呈多样化，修订标准不再提供此工艺流程示意图，而应根据具体的工程实际确定。

7.1.2 各堆肥工艺类型均有其适用条件。在选择堆肥工艺类型时，需要根据实际条件选择最适宜的工艺类型。

物料运动和通风方式是区分堆肥工艺的主要因素，反应器要根据具体的搅拌和通风方式进行设计与组合。

7.2 主 发 酵

7.2.1 本条对进入堆肥主发酵反应器的原料组成提出了指导性要求，基本依据是原料应具有满足微生物活动的水分含量和满足氧传递要求的空隙率；具有充分的有机物含量，可用于在堆肥过程中产生足够的热量（提高物料温度达到无害化要求和蒸发水分使产物干燥），并保证产物有足够的有机物含量；具有适宜于微生物能量和合成代谢所需要的生物可利用碳氮比。

7.2.2 本条具体规定了主发酵过程的温度控制要求。通过在高温条件下维持一定的时间，可使物料中的有机物降解，并达到杀灭病菌实现无害化的要求。原标准中规定"堆层各测试点温度均应保持在 55℃以上，且持续时间不得少于 5d，发酵温度不宜大于 75℃"。在与各国的堆肥标准比较后发现（表 1），一般不对最高温度进行规定，最低温度至少应控制在 55℃以上。最低温度为 55℃时，维持天数介于 3d～15d；最低温度为 60℃～65℃时，维持天数介于 4d～7d。静态通风堆肥由于规模较小，仓式堆肥由于温度空间分布较均匀，其维持天数可较短；而条垛式堆肥需要维持的天数较长。修订标准中，通过规定"堆层各测试点温度均应保持在最低温度以上"来确保除堆层中部以外的其他区域也应符合无害化要求，将 55℃以上的维持时间延长至"不得少于 5d"，并增加了"或保持在 65℃以上，则连续持续时间可减少至 4d。"的规定，以适应不同工艺中缩短发酵周期同时保证无害化的需求。

表 1　世界各国堆肥标准中对温度/时间的无害化工艺参数控制要求

国家（地区）	最低温度（℃）	天数	最高温度（℃）
中国（原标准）	55	5	75
比利时	60	4	
丹麦	55	14	
法国	55	4	
德国	55	14	
	60（仓式）	7	
	或65（非仓式）	7	
意大利	55	3	
荷兰	55	4	
瑞典	55	根据产物风险评价确定	
英国—堆肥协会	55（静态通风堆或仓式）	3	
	55（翻堆条垛式）	15（期间翻堆5次）	
英国—土壤协会	建议不低于60，但不作强制性规定	要求有一定的发酵周期	
加拿大	55（仓式）	3	
	55（条垛式）	15	
	55（静态通风堆）	3	
美国	55（仓式）	5	
	55（条垛式）	15	
澳大利亚	55	要求期间翻堆3次以上，翻堆前温度达到55℃以上	
新西兰	55	3	

7.2.3 强制通风中，风量要求与堆肥原料中有机物含量、堆层大小等因素有关。有机物含量高、堆层厚，宜取较大值，反之取较小值。风压与堆层高度和堆肥原料粒度、孔隙率等因素有关，要根据试验结果来确定堆高限度和风机选型。堆肥过程中，微生物的耗氧速率随微生物数量和活性的增加而上升，以后随着有机物的分解和减少，其耗氧速率也随之下降，并达到稳定。因此，一般以日为单位测定堆肥过程中微生物的耗氧速率，以决定通风时间的长短。过量通风，会造成能耗损失和热量散失；通风不足，会因缺氧或厌氧影响反应速率而延长发酵周期。也可通过温度—时间、温度—氧浓度等指标反馈，以自动控制风机的通风量和通风频率。原标准规定"风压可按堆层每升高1m增加（1000～1500）Pa选取"。鉴于风压降

与堆层高度并非呈线性关系，而是(1~3)次方的指数关系，在堆层高度较低时，风压可在 1000 Pa/m～1500Pa/m 的范围参考取值，而当堆层高度较高时，必须大幅提高风机的风压，才能避免出现局部堆层供风不足的情况。目前，国内外城市生活垃圾好氧堆肥工艺的堆体高度一般介于 1.5m～3m。因此，修订标准将此条款修订为"在堆层高度低于 3m 时，风压可按堆层每升高 1m 增加 1000Pa～1500Pa 选取"。

同时，本条根据堆肥通风机械的风压水平及目前的堆肥技术应用经验，对静态堆肥的堆层高度提出了指导性指标。

依据小型堆肥工程可能使用翻堆作为主要通风供氧手段的状况，本条也对堆肥过程应用机械翻堆的操作参数作了指导性规定。

氧浓度与发酵反应速率呈正相关关系，当氧浓度低于一定值时，氧浓度就成为发酵反应速率的限制因素，势必延长发酵周期。因此，要求堆层氧浓度保持在一定值以上，使发酵反应速率保持较高的水平，以保证发酵周期的稳定性。在原规程第 4.2.4 条中，该最低氧浓度值定在 10%。但如图 2 所示，当氧浓度在 5% 时，发酵反应速率仍较高；考虑在生活垃圾快速发酵阶段，氧浓度不易持续控制在 10% 以上，且这样也增加了能耗，故修订标准中规定各测试点的氧浓度应不小于 5%。

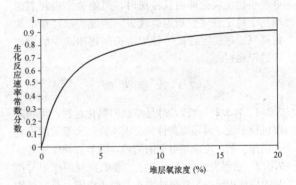

图 2　堆层氧浓度对好氧生化反应速率的影响
参考文献：罗奇·蒂姆·豪主编，堆肥工程实用手册，刘易斯出版公司 1993 年版。（Haug RT. The Practical Handbook of Compost Engineering ［M］. Lewis Publishers，1993）。

根据保证堆肥过程堆层氧浓度、堆层温度达到操作指标水平的需要，本条最后提出了堆肥通风控制的基本要求。

7.2.4 主发酵仓的停留时间必须保证物料的高温保持时间（4～5d），再加上升温时间。因此，最短停留时间至少（6～7）d。对于回转滚筒式堆肥工艺，通常达不到此停留时间要求，可以通过监测其出料的无害化指标，并结合这种特定工艺在次级发酵初期的堆层温度，确定工艺是否可达到无害化要求。

堆肥处理过程中，主要排出的气体是水蒸气、CO_2、挥发性有机化合物（VOCs）和少量的 NH_3 等，此外运行中由于各种原因，局部会因为出现厌氧状态而产生臭气。为防止气态二次污染，垃圾堆肥发酵仓必须设置臭气收集装置；同时，要有效收集可能产生的渗沥液。

7.2.5 本条规定了如何判定主发酵终止时间。原标准中仅规定了包括主发酵、次级发酵在内的整个发酵过程终止时堆肥应符合的要求，而未对主发酵和次级发酵过程分开作出规定。考虑到堆肥处理厂采用二步发酵工艺的实际需要，因此修订标准对主发酵和次级发酵的终止时间要求分别作了规定，以满足不同工艺模式的需要。

一步发酵工艺无明显的主发酵和次级发酵分隔点，出仓产物即为次级发酵产物，因此可不必进行主发酵终止时间判别，而是直接以次级发酵终止指标作为整个一次性发酵的终止指标判别依据。

原规程第 4.2.6 条要求堆肥满足"含水率宜为 25%～35%；碳氮比（C/N）不大于 20∶1；达到无害化卫生要求，必须符合现行国家标准《粪便无害化卫生要求》GB 7959 的规定；耗氧速率趋于稳定"。鉴于不同来源生活垃圾的进料含水率和碳氮比差异较大，且经主发酵处理后其含水率和碳氮比变化程度不同，故修订标准中不对此进行规定。当好氧生物反应受抑制或停滞时，可能会出现耗氧速率趋于稳定的"假稳定"现象。因此，修订标准规定耗氧速率稳定特征为经历增长至逐步减少的阶段后趋于稳定。

7.3 次 级 发 酵

7.3.1、7.3.2 次级发酵是堆肥的熟化过程，生物降解过程平缓，对环境条件的要求不高；次级发酵设施和操作工艺，均应尽可能的简单，以节省处理成本。

7.3.3 次级发酵的终止指标与堆肥处理的作用与产品的应用相统一。耗氧速率小并趋于稳定，是有机物稳定化的表现，反映了堆肥处理的作用；植物种子发芽指数大于 60%，可以确保堆肥产物在施用过程中的植物相容性，是产物应用的最基本要求。

7.4 堆肥后处理

7.4.1 堆肥后处理过程以机械处理为主，一些具体的设备要求，也可参照处理过程类似的堆肥预处理规定。

7.4.3 堆肥产品可根据各地区的应用需要，分别制成不同类别的堆肥制品，并可根据现行标准《有机肥料》NY 525 的要求对堆肥制品进行增效处理，制成有机肥料。

7.4.4 堆肥后处理会产生筛上物等杂物，要妥善存放，避免其混入堆肥产品。

7.5 除臭和渗沥液处理

7.5.1 本条为堆肥处理厂臭气污染控制的基本要求。臭气是堆肥过程产生的主要污染物，只有将产生的臭气有效收集起来，才能避免其散发到大气中；同时，收集到的含臭气体进行除臭和净化处理是避免其二次污染的基本要求。

7.5.2 垃圾暴露面大、臭气释放强度高的部位仅依靠集中通风除臭并不能有效避免臭味的散发，必要时还可采用除臭剂喷洒作为辅助除臭措施。

7.5.4 垃圾发酵需要一定的水分，如垃圾中水分过低，则发酵速率变慢，这时需要向垃圾中加入水来调节垃圾堆体的水分。用垃圾渗沥液来调节垃圾堆体水分，可以消纳一部分渗沥液，减小渗沥液处理量，在北方地区还可能做到全量消纳渗沥液，实现渗沥液的零排放。

7.5.5 本条是强制性条文。

我国生活垃圾含水率高，现有堆肥处理设施均会季节性地或全年产生一定量的渗沥液，渗沥液收集储存是其通过回流高温堆体调节垃圾堆体水分并蒸发平衡或净化处理的前提条件，渗沥液储存池是其污染控制不可缺少的设施。收集池内渗沥液含大量易降解有机物，极易因自发性厌氧降解而产生沼气，造成池内甲烷积累，使收集池成为堆肥处理厂内最关键的安全生产风险位置，必须进行有效地防护。为此，将本条列为强制性条文。

储存池内的电器设备采用防爆型号是防止其中气体燃爆的基本要求。如储存池设置在室内，为了防止沼气聚集产生爆炸隐患，还要求设置强制排风系统，防止沼气在室内聚集。强制排风系统的电器设备也必须采用防爆型号。

8 检 测

8.0.3 本条规定了生产过程涉及的检测指标和检测频率。原标准要求"每季度以 1～2 批原料为代表进行检测"。修订标准中改为以日为单位进行跟踪检测，有条件的可进行连续检测，以提高监控水平。

9 辅助与公用设施

9.2 供配电系统

9.2.1 本条是关于确定生活垃圾堆肥厂用电负荷等级的规定。二级负荷要求双路供电或自备应急电源，因此，将堆肥厂内不同用电负荷按二级负荷供电的要求做了"应"和"宜"的用词划分。由电网双路供电时，可以将堆肥厂所有用电负荷包含在内；而自备电源的应急供电负荷可以仅包含列入应按二级负荷供电的设备，这样可以控制自备应急电源的成本。

9.2.4 垃圾和渗沥液储存时间长可能会产生沼气，沼气在厂房内聚集会有爆炸隐患。因此在这些场合，电气设施要考虑避免产生火花。

9.3 自动化控制

9.3.1 一般情况下，堆肥厂拥有2条或多条生产线，每条生产线又包括多个子系统和设备。因此，需要设置中央控制室对全部主体系统、设备进行集中控制，以便使全厂有效、顺利运转。

9.3.3 本条规定了堆肥处理厂自动化控制选项的基本要求。堆肥车间空气湿度大，且含有一些腐蚀性气体。因此，强调一次自动控制仪表需要具有防腐功能。

9.3.4 垃圾的堆肥发酵效果与堆肥过程温度和氧含量关系密切，温度和氧含量主要通过通风调控。本条要求堆肥发酵装置根据温度和氧含量进行通风控制，控制方法按不同的发酵反应装置作出了相应的规定。

9.3.5 堆肥厂设置工业电视监视系统有利于对作业过程集中监控，及时发现事故隐患。

9.4 给水排水与污水处理

9.4.6 本条是对堆肥厂生产污水处理的基本规定。由于垃圾车冲洗水与堆肥车间地面冲洗水中均含有大量来自垃圾的污染物，因此需要与渗沥液同样处理。由于渗沥液处理难度大，小规模下处理不经济。本条建议优先考虑送往城市污水厂处理。

9.6 采暖与空调工程

9.6.2 在无人员操作或只需短时间人员操作的垃圾卸料间、垃圾预处理间、发酵间和通风除尘除臭间等，室内温度不宜过高，只需维持防冰冻的温度即可。在有人长时间操作的车间，需要执行国家标准《工业企业设计卫生标准》GBZ 1的规定。

9.6.3 堆肥厂车间体量大、热源多，夏季整体温度高，采用整体空调不可行；需要采取综合防暑措施。

9.7 建筑与结构

9.7.1 堆肥厂建筑物单体面积大、体量大，通常会成为一个地段的突出性建筑。因此，建筑风格和整体色调应该与周围环境协调统一。厂房在生产运行时，要进行经常性的维护保养，一些设备部件也需要定期维修更换。因此，在厂房的设计布置时，应该考虑到设备的安装、拆换与维护的要求。

9.7.2 垃圾的堆放、输送、预处理、发酵和后处理等工段都属于垃圾作业区，环境相对较差，应与成品精加工、控制室、配电室和化验室等环境较好的区域分隔。其他的清洁区与非清洁区也要合理分隔，避免交叉污染，以改善操作人员的工作环境。另外，由于垃圾处理设备的高低不一，经常需要利用皮带输送机、斗式提升机等设备进行竖向输送。因此，要求水平和竖向传送线路顺畅布置。

9.7.3 厂房围护结构的基本热工性能，应根据工艺生产特征在不同的地区和不同的部位，选择合适的围护结构形式和材料，并应合理地组织开窗面积，既要满足生产和工作环境的需要，又需考虑节能。

9.7.5 垃圾渗沥液对金属材料的腐蚀性很大，另外垃圾堆体散发的水蒸气和挥发性气体也有腐蚀作用。为避免建筑物钢筋等金属材料的腐蚀，需要在垃圾储坑、渗沥液储存池、渗沥液处理设施和建筑物钢结构等部位采取防腐措施。

10 环境保护和安全生产

10.3 安全生产和劳动保护

10.3.1~10.3.4 现行国家标准《工业企业设计卫生标准》GBZ 1对厂内作业区的卫生指标作了具体规定，是设计的依据。现行国家标准《生产过程安全卫生要求总则》GB/T 12801是作业工作安全卫生的总则。上述标准是堆肥厂安全卫生工作的指导性文件。

11 工程施工及验收

11.1 工程施工

11.1.1 堆肥处理厂非标设备较多。对于非标设备，施工安装图纸往往标示不够规范，因此其安装需要参考设备技术文件进行。这些非标设备的施工安装，还容易造成土建与安装工程的不协调，应该根据实际情况，通过设计变更进行必要的调整。

11.2 工程验收

11.2.1 生活垃圾是一种非常不均匀的物料，检验设备是否达到设计参数最有效的办法是用实际生活垃圾进行满载试验。

附录A 检测方法

A.0.1~A.0.3 提供了堆肥发酵堆层温度、氧浓度和耗氧速率测定以及堆肥原料或产物的植物种子发芽试验方法。

这些指标对堆肥过程和产品质量控制均具有重要意义，而目前的测定方法尚不尽统一，影响测定数据的应用，本规范附录这些指标的测定方法有助于提高指标测定的代表性和可靠性。

本规范第 A.0.3 条的测定方法的参考文献见：祖可尼等著，未腐熟堆肥的毒性评价。1981 年发表于生物循环杂志 22 卷（Zucconi F，Pera A，Forte M，et al. Evaluating toxicity of immature compost. Biocycle, 1981，22：54-57），编制组进行了实测验证，优化了测定条件。

中华人民共和国行业标准

生活垃圾堆肥处理厂运行维护技术规程

Technical specification for operation and maintenance of
municipal solid waste composting plant

CJJ 86—2014

批准部门：中华人民共和国住房和城乡建设部
施行日期：2 0 1 5 年 8 月 1 日

中华人民共和国住房和城乡建设部

公　告

第 684 号

住房城乡建设部关于发布行业标准《生活垃圾堆肥处理厂运行维护技术规程》的公告

现批准《生活垃圾堆肥处理厂运行维护技术规程》为行业标准，编号为 CJJ 86 - 2014，自 2015 年 8 月 1 日起实施。其中，第 2.3.11、2.3.16 条为强制性条文，必须严格执行。原《城市生活垃圾堆肥处理厂运行、维护及其安全技术规程》CJJ/T 86 - 2000 同时废止。

本规程由我部标准定额研究所组织中国建筑工业出版社出版发行。

中华人民共和国住房和城乡建设部
2014 年 12 月 17 日

前　　言

根据原建设部《关于印发〈2006 年工程建设标准规范制订、修订计划（第一批）〉的通知》（建标〔2006〕77 号）的要求，规程编制组经广泛调查研究，认真总结实践经验，参考有关国际标准和国外先进标准，并在广泛征求意见的基础上，修订了本规程。

本规程的主要技术内容是：1. 总则；2. 基本规定；3. 地磅；4. 板式给料机；5. 皮带输送机；6. 振动筛选机；7. 滚筒筛选机；8. 主发酵；9. 次级发酵；10. 堆肥产品成品库及腐熟堆场；11. 风机与泵；12. 控制与检测；13. 环境保护与劳动保护；14. 化验与检验；15. 突发事件应急处置。

本规程修订的主要技术内容是：1. 扩大了适用范围；2. 补充、细化、调整了各章节内容；3. 将术语"一级发酵"改为"主发酵"，"二级发酵"改为"次级发酵"；4. 取消了"变配电室"一章，其内容并入第 2 章"基本规定"；5. 增加了"堆肥产品成品库及腐熟堆场"的规定；6. 增加了"环境保护与劳动保护"的内容；7. 增加了"突发事件应急处置"的内容。

本规程中以黑体字标志的条文为强制性条文，必须严格执行。

本规程由住房和城乡建设部负责管理和对强制性条文的解释，由华中科技大学负责具体技术内容的解释。执行过程中如有意见与建议，请寄送华中科技大学（地址：武汉市武昌珞喻路 1037 号；邮政编码：430074）。

本 规 程 主 编 单 位：华中科技大学

本 规 程 参 编 单 位：上海市浦东新区固体废弃物管理署

武汉华曦科技发展有限公司

上海市浦东新区环境监测站

上海野马环保设备工程有限公司

惠州市惠阳区环境卫生管理局

上海市环境工程设计科学研究院

本规程主要起草人员：陈海滨　张　黎　夏越青　王祎岚　周靖承　张倚马　汪俊时　杨　禹　左　钢　向坤金　吴标彪　谭　娜　万迎峰　杨新海　陈　军　张　力　王声东　吴　超　魏　炜　姜　维　杨　龚

本规程主要审查人员：郭祥信　冯其林　张　范　张沛君　林　泉　苏昭辉　朱青山　熊　辉　陈爱梅

目　次

Contents

1 总　则

1.0.1 为了加强和完善生活垃圾堆肥处理厂（以下简称"垃圾堆肥厂"）的科学管理，保证安全运行，提高管理人员与生产人员的技术水平，提高生产效率，实现生活垃圾无害化、减量化、资源化处理，编制本规程。

1.0.2 本规程适用于以生活垃圾为主要原料的垃圾堆肥厂的运行、维护及安全管理。

1.0.3 垃圾堆肥厂的运行、维护及安全管理除应执行本规程外，尚应符合国家现行有关标准的规定。

2 基 本 规 定

2.1 运 行 管 理

2.1.1 垃圾堆肥厂各岗位生产人员应了解有关处理工艺，熟悉本岗位设施、设备的技术性能和安全操作、维修规程。

2.1.2 垃圾堆肥厂运行管理人员应熟悉处理工艺和设施、设备的运行要求和主要技术指标。

2.1.3 各岗位作业人员应经岗位培训后，持证上岗。

2.1.4 垃圾堆肥厂应对进场垃圾进行计量称重并应按批次进行成分抽检，抽检应采取随机方式，抽检范围可根据单一批次的量进行调整。

2.1.5 严禁危险废物、工业废物、建筑垃圾以及其他不适合进行堆肥处理的固体废物进入堆肥处理设施。

2.1.6 机械设备的运料、储料装置应做到垃圾日进日清，严禁滞留过夜。

2.1.7 机械设备必须按主工艺流程，从末端向始端逆方向开机；作业结束时，则必须按主工艺流程，从始端向末端顺方向关机，并最后关闭总开关。

2.1.8 电源电压超出额定电压±10%时，不应启动电机。

2.1.9 开机前，生产人员应按程序检查有关设备，应点动试机正常后再正式启动机械设备。

2.1.10 开机后，生产人员和管理人员应经常巡检所操作或管辖的设施、设备及仪器、仪表的运行状况，并应及时准确地做好设施、设备运转记录及其他必要的记录和报表，如实反映处理厂运行实际情况。

2.1.11 应根据各工序设备的工况条件，分别对其挂出"合格证"或"停运证"确保安全生产。

2.1.12 生产或管理人员发现设备运行异常时，应采取相应处理措施，并应及时上报。

2.1.13 垃圾堆肥厂内经过各处理工序的筛余物、残留物，应采用卫生填埋或焚烧等方式进行无害化处置。

2.1.14 每月应对全厂的蚊蝇、鼠类等情况进行检查，生产车间及其他蚊蝇密集区应定期进行消杀，并应对其卫生条件、危险程度和消杀效率进行评估，发现问题应及时调整消杀方案。

2.1.15 垃圾堆肥厂内的各种计量设备、仪器、仪表应保持完好、整洁。应定期委托计量部门核定，检定计量系统，调校精度和误差范围，并应出具检验合格证明。

2.1.16 应加强对垃圾原料及主发酵工序中渗沥液的管理，应将集（储）坑等场所的垃圾渗沥液引入污水井内，并应及时抽至污水池。污水池不应溢出，超过回喷利用量的渗沥液应通过罐车输送等措施及时送至处理设施进行无害化处理。

2.1.17 厂区内排水，应确保雨污分流，并应保证分流管线通畅。

2.1.18 厂区内设施、路面及绿地应进行日常维护并应定期进行卫生检查，保持其清洁整齐。

2.1.19 厂内应制定相应的突发事件应急预案，并应重点制定针对生物性污染特征的事件有效应急预案。

2.2 维 护 保 养

2.2.1 电气控制柜除应在开启和交接班时做常规的检查外，还应定期进行全面检查和系统维护。

2.2.2 各种闸阀、开关、连锁装置应定期做全面检查、调整，并应及时更换损坏件；闸阀应在开启和交接班时做必要的检查。

2.2.3 设备的连接件应经常进行检查和紧固。应定期检查，更换联轴器的易损坏件。

2.2.4 对各种机电设备应定期检查、维护，并应根据其不同要求，添加或更换润滑油（脂）；维护机械设备。更换的废零件、废油（脂）等不得混入堆肥处理设施、设备内。

2.2.5 各种机械设备除进行必要的日常维护保养外，还应按设计要求进行大、中、小修。

2.2.6 应定期对降尘、除臭系统及其设备进行检修、维护，并应及时更换破损零部件。

2.2.7 应定期对配套及辅助设施、设备进行检修、维护，并应重点对接触垃圾或渗沥液的设施设备暴露面进行防腐处理。

2.2.8 建筑物、构筑物等的避雷、防爆装置的测试、检修应符合国家现行相关标准的规定。

2.2.9 垃圾堆肥厂的各种护栏、盖板、爬梯、照明设备等应定期进行检查、维护，并应及时处理或更换损坏件。

2.2.10 厂区内的各种交通指示或安全标志应定期检查、更换。

2.2.11 厂区内道路、排水等设施应定期检查维护，发现异常应及时修复。

2.3 安全操作

2.3.1 垃圾堆肥厂生产过程安全卫生管理应符合现行国家标准《生产过程安全卫生要求总则》GB/T 12801 的有关规定。各岗位应根据工艺特性和具体要求，制定本岗位安全操作规程，并应严格执行。

2.3.2 应按照不同类型的工艺设备安全操作要求，在各作业区设置安全黄线，非本岗位作业人员不得擅自跨越警戒线。

2.3.3 作业人员应佩戴劳保和防护用品上岗作业。

2.3.4 堆肥处理厂内严禁酒后作业，各工作间（作业场所）严禁吸烟。

2.3.5 密闭场所（车间）应保证通风顺畅，必要时应进行换气。

2.3.6 发酵仓进出料时，非作业人员不得进出或停留仓内。

2.3.7 当作业人员在现场工作时不得进行现场消杀作业。

2.3.8 吊装机械应配专人操作，其操作人员应持证上岗。吊装机械运行时，被吊物体下方不得有人。

2.3.9 非本岗位生产人员不得擅自启、闭生产设备、仪器。

2.3.10 生产人员启、闭电气开关时，应按电工操作规程进行。

2.3.11 未停机前，生产人员不得拉、拽卡滞在输送机、筛分机等设备上的异物。

2.3.12 需断电维修的各种设备，进行检修作业前必须断电，并应在开关处悬挂维修牌。

2.3.13 维修机械设备时，不得随意搭接临时动力线。

2.3.14 检修电气控制柜时，应先通知变、配电站切断该系统电源，在检验无电后，方可实施检修作业。

2.3.15 清理机电设备及周围环境卫生时，严禁擦拭设备的转动部分，不得有冲洗水溅落在电缆接头或电机带电部位及润滑部位。

2.3.16 皮带传动、链传动、联轴器等传动部件应设置机罩，不得裸露运行。

2.3.17 当设备停机检修时，应先关闭相关的前序设备，并将有关信息传至中央控制室及后序工序。现场应有专人负责协调和安全监督。

2.3.18 变配电室设备的安全操作应符合国家有关规定。

2.3.19 垃圾堆肥厂灭火器配置场所的危险等级应按中危险级和轻危险级确定。其中化验室、回收废品储存库应按中危险级确定。

2.3.20 垃圾堆肥厂可按 A、B 类火灾采取消防措施。

2.3.21 消防器材设置应符合现行国家标准《建筑灭火器配置设计规范》GB 50140 的有关规定，并应定期检查、验核。

2.3.22 垃圾堆肥厂的避雷、防爆措施应符合现行国家标准《建筑物防雷设计规范》GB 50057、《生产设备安全卫生设计总则》GB 5083 等标准的有关规定。

2.3.23 应按国家现行标准《工业企业设计卫生标准》GBZ 1、《作业场所空气中粉尘测定方法》GB 5748、《工业企业厂界环境噪声排放标准》GB 12348、《恶臭污染物排放标准》GB 14554 等的有关规定，每月至少一次检测厂区、生产作业区的粉尘、噪声，并应采取相应的防治措施改善厂区及作业区的工作环境。

2.3.24 应配备基本的防护救生用品及药品，将其放置在指定的、设有标志的明显位置，并应定期检查、更换、补充。

2.3.25 应在易发事故点设置醒目的安全标志。安全标志的设置应符合现行国家标准《图形符号 安全色和安全标志》GB/T 2893.1 的有关规定。

2.3.26 应按现行国家标准《工业企业厂内铁路、道路运输安全规程》GB 4387 的有关规定，保证厂内及车间或生产区运输管理安全、顺畅。

2.3.27 在车辆经常通行的路口应设置警示标志和减速装置。

2.3.28 垃圾堆肥厂应制定防火、防爆、防洪、防风、防疫等的应急预案和措施。

2.4 技术指标

2.4.1 好氧堆肥原料应符合下列规定：

1 含水率宜为 40%~60%；

2 易腐有机物比例不应少于 45%；

3 碳氮比宜为(20：1)~(30：1)；

4 重金属含量指标应符合现行国家标准《城镇垃圾农用控制标准》GB 8172 的有关规定。

2.4.2 堆肥处理产品质量应符合现行国家标准《城镇垃圾农用控制标准》GB 8172、《粪便无害化卫生标准》GB 7959 的有关规定。

2.4.3 垃圾堆肥厂年处理量不应低于设计能力的 90%。

2.4.4 一年中垃圾堆肥厂实际运行天数，南方地区应大于 330d，北方地区应大于 300d。

3 地 磅

3.1 运行管理

3.1.1 应做好称重记录和统计工作，并应建立台账。

3.1.2 地磅及计量设备、仪器出现故障时，应立即启动备用设备或采取替代措施保证计量工作正常进行。当自动计量系统发生故障时，应立即采用手工记录，系统修复后应及时将人工记录数据输入电脑，保持记录完整准确。

3.1.3 在正常运行状态下，地磅计量的误差范围宜为±5%。

3.2 维护保养

3.2.1 应保持地磅磅桥、磅槽及承重台等部位的清洁，并应及时清除地磅承重台周围的异物，以防被卡住。

3.2.2 应保证地磅的防雨顶棚完好并应定期检修维护，便于运输车辆的通行。

3.2.3 应定期校核并记录地磅的计量误差，并应由计量认证部门的专业人员进行误差调整。

3.3 安全操作

3.3.1 地磅前方应设置醒目的减速及限位标志（装置），防止运输车辆撞击地磅及附属设施。

3.3.2 运输车辆上磅时车速不应大于5km/h。

4 板式给料机

4.1 运行管理

4.1.1 板式给料机给料前进行人工拣选作业时，应及时清出大件物料和易缠绕物料，确保后续给料作业正常。

4.1.2 板式给料机启动前，当班作业人员应先查看上班运行记录，并应做下列检查：

    1 电机有无异常；

    2 调速装置有无异常；

    3 整机及传动部位、受料部位有无卡滞现象。

4.1.3 应监控、调整给料速度，保证后序设备均匀、连续、平稳受料。

4.1.4 板式给料机运行时，应连续监视受料部位及机电设备运转情况。

4.1.5 故障排除后（或确定无故障时），应空转3min～5min后，方可恢复正常运行。

4.1.6 未经专门论证，不应随意调整板式给料机的安装角度。

4.2 维护保养

4.2.1 板式给料机应定期进行整机检修。

4.2.2 每日应检查电机和调速器运转情况并应做好维护。

4.2.3 链板等易损件应定期检修、维护、更换。

4.3 安全操作

4.3.1 板式给料机出现下列情况之一时，应立即停机检修：

    1 出现异常噪声；

    2 零部件出现断裂等故障；

    3 电机或轴承升温过高；

    4 受料口或出料口出现异物卡滞现象。

5 皮带输送机

5.1 运行管理

5.1.1 皮带输送机运转前，操作人员应检查其接头、拉紧装置、托辊情况，并应作必要调整。

5.1.2 运转过程中，当出现皮带跑偏、物料散落等现象，应及时调整，保持连续平稳运行。

5.1.3 运转过程中，当出现接头断裂，尖硬异物卡刺皮带等现象，应立即停机检修。故障排除后或确定无故障时，仍应空转3min～5min后，再恢复正常运行。

5.1.4 在两旁设置人工分选工位的皮带输送机，应根据运行情况调整皮带移动速度，其移动速度宜控制在0.5m/s以内。

5.1.5 手选皮带输送机启动前，应检查并确定手选作业人员已到位并做好开工准备。

5.1.6 应在各工序皮带输送机卸料口处采取有效的降尘、除臭措施。

5.1.7 皮带输送机手选工位上方的抽风系统应保持正常运行。

5.1.8 与悬挂式磁选机配置的皮带输送机位置设定后，应注意调整两者之间的有效空间。

5.1.9 未经专门论证，不应随意调整皮带输送机的安装角度。

5.2 维护保养

5.2.1 皮带输送机的机电设备应定期检修、保养。

5.2.2 电动滚筒、齿轮箱等部位应每日检查，排除渗油、漏油等隐患。

5.2.3 运输带托辊位置应定期检查、调校。

5.2.4 张紧装置应定期检查调整。

5.2.5 与皮带输送机协调配置的磁选机应定期检修、保养。

5.2.6 转动零件应定期加（换）润滑脂（油）。

5.3 安全操作

5.3.1 手选皮带输送机作业人员上岗前必须配置完备的劳动保护用品。

5.3.2 发酵仓或卸料仓底部出料皮带运行时，作业人员不得靠近。

5.3.3 未设置手选工位之处，作业人员不得擅自进行人工手选作业。

5.3.4 板式给料机等前序给料设备运转时，非紧急情况下，不得突然停止或提前停止皮带输送机运行；

紧急情况下，应使用应急铃响铃警示，在停止前序工段板式给料机之后方可停止皮带输送机。

6 振动筛选机

6.1 运行管理

6.1.1 振动筛运转前，应符合下列规定：

　　1 筛面应完好、整洁、无堵塞或损坏；

　　2 各弹簧应完好、筛分机及筛面应平稳；

　　3 机电设备及传动装置应完好。

6.1.2 振动筛运行中，应符合下列规定：

　　1 筛面受料应无过多或过少现象；

　　2 筛面受料应均匀；

　　3 筛面应无大块物、尖硬物、缠绕物等异物；

　　4 整机应无不平稳的晃动；

　　5 整机与相邻设备应无碰撞、干涉；

　　6 整机及其各部位应无异常噪声等。

6.1.3 振动筛运行中出现异常情况应及时停机检修；故障排除后，应空转 3min～5min，再满负荷运行。

6.1.4 振动筛选机运行中，应保持其平稳连续受料。

6.1.5 结束筛选作业后，应及时清除筛面物料。

6.1.6 振动筛筛选处理量不宜超过设计处理能力的±10%。

6.2 维护保养

6.2.1 振动筛选机整机性能应由专业人员定期检查、调整。

6.2.2 弹簧、曲柄连杆、轴承等装置应定期调整或更换。

6.2.3 各连接件应经常检查、紧固。

6.2.4 卡滞在筛网等部件上的异物应及时清除。

6.3 安全操作

6.3.1 振动筛运行时出现下列情况之一时，应立即停机，并将有关情况通知先行工序及中央控制室：

　　1 整机出现共振现象；

　　2 零部件脱落；

　　3 突然出现异常噪声；

　　4 振动筛出料口被异物卡住。

7 滚筒筛选机

7.1 运行管理

7.1.1 滚筒筛选机运行前，应符合下列规定：

　　1 筛筒内应无剩余物料；

　　2 筛面应无严重堵塞；

　　3 电机及传动装置应完好；

　　4 托辊应无损坏、偏离或松动。

7.1.2 滚筒筛运行中，应符合下列规定：

　　1 应根据物料性状调整转速，确保受料连续平稳；

　　2 筛筒内应无棒状物、缠绕物等异物；

　　3 物料含水率过高时应及时停机并采取措施疏通筛孔；

　　4 传动轴承或托轮偏离中心，应及时调校跑偏托轮；

　　5 发现电机或轴承有温度过高现象，应降低转速或润滑冷却。

7.1.3 滚筒筛运行中出现异常情况应停机检修；故障排除后，应空转 3min～5min，再满负荷运行。

7.1.4 结束筛选作业后，应及时清除筒筛内残留物料。

7.1.5 滚筒筛实际运行时，应及时调整其筛选能力（效率），确保其与配套工序设备处理能力相匹配。

7.1.6 滚筒筛筛选处理量不应超过设计处理能力的±10%。

7.2 维护保养

7.2.1 滚筒筛整机性能应定期检查、调整。

7.2.2 筛筒传动部位（摩擦轮或齿轮）的残余物应及时清除。

7.2.3 滚筒筛面应及时清理、修补、更换。

7.3 安全操作

7.3.1 应保持滚筒筛罩壳完好，筛筒的罩壳开启或损坏时，滚筒筛不应启动运行。

7.3.2 滚筒筛筛筒内出现异物卡滞或出料口出现堵塞时，应立即停机排除故障。

7.3.3 严禁用火烧清理筛面。

8 主 发 酵

8.1 运行管理

8.1.1 主发酵物料指标应符合下列规定：

　　1 原料含水率应符合本规程第 2.4.1 条的要求，在环境温度低时宜取规定范围的下限值，反之取其上限值。当含水率超过规定范围时，应采取污水回喷、添加物料、通风散热等措施调整水分；

　　2 当原料碳氮比超过（20∶1）～（30∶1）时，应通过添加其他物料进行调整。

8.1.2 静态仓式堆肥应根据工艺技术要求及发酵原料条件，适时调整、控制主发酵期各主要技术参数，并应符合下列规定：

　　1 发酵仓进料应均匀；

　　2 发酵自然通风物料堆置高度宜为 1.2m～

1.5m，当在仓底设置通风沟时，自然通风的物料堆置高度可增至 2m～3m；

3 发酵强制通风时，每立方米垃圾风量宜取 0.05m³/min～0.20m³/min，进行非连续通风；

4 发酵仓通风风压应按堆层每升高 1m，风压增加 1000Pa～1500Pa 计；含水率低时宜取下限，反之取上限；

5 发酵过程中，应定期测试主发酵仓升温情况，测温点应根据升温变化规律分层、分区设置；

6 必要时应进行氧浓度的测定，各测试点的氧浓度应高于 5%；

7 通风次数和时间应保证发酵在最适宜条件下进行，可根据水分、温度、耗氧速率等的跟踪测试值，及时调整通风量。

8.1.3 条形翻堆式堆肥（半动态堆肥）主发酵系统的运行应符合下列规定：

1 各条形料堆的堆置应按设计要求进行，宜采用每日 1 个条堆的方法布置条堆，堆积尺寸应均匀，并应符合翻堆设备的要求；

2 条形料堆的翻堆周期应根据环境温度、垃圾中水分和堆内温度上升速度等情况确定，正常气温下每周宜为 2 次～3 次，气温较低时可减少翻堆次数；

3 翻堆设备作业时行进速度应均匀；

4 发酵完成的料堆出料时应留有 10%～20% 的堆料作为接种底料，新鲜垃圾堆置在接种料上部，用翻堆机翻堆搅拌；

5 可按静态工艺结合试运行情况确定通风量；通风风压应按堆层每升高 1m，风压增加 1000Pa～1500Pa 计；灰土含量大，含水率小时宜取下限，反之取上限；

6 露天操作时，雨天应对垃圾条堆进行及时覆盖；

7 温度和氧浓度的测定应符合本规程第 8.1.2 条第 5、6 款的规定。

8.1.4 立式发酵仓堆肥（间歇动态堆肥）主发酵系统的运行应符合下列规定：

1 立式发酵仓物料的堆置应按设计要求进行，宜采用每日进出料各 1 层运行；

2 立式发酵仓各层的物料充满度宜为 50%～70%，堆积厚度应均匀；

3 立式发酵仓料堆上层物料由卸料装置移至下层的移动周期宜为每日 1 次；

4 应保持各层卸料装置正常运行及物料顺畅移至下一层；

5 可按静态工艺并根据试运行情况确定通风量；通风风压应按堆层每升高 1m，风压增加 1000Pa～1500Pa 计；灰土含量大，含水率小时宜取下限，反之取上限；

6 发酵温度和氧浓度的测定应符合设计要求。

8.1.5 动态堆肥主发酵系统的运行应符合下列规定：

1 应根据实际垃圾处理量、垃圾特性、发酵温度等因素调整动态发酵设备的物料停留时间和通风量；

2 滚筒式动态发酵装置的物料充满度宜控制在 25%～60%；

3 两条生产线以上的堆肥厂应安排好设备的检修时间，使全厂的年垃圾处理能力达到最大。

8.2 维护保养

8.2.1 主发酵工序的各机械设备应定期检修、维护和保养。

8.2.2 移动式进出料设备运行完毕，应退出发酵仓，并应清除残余垃圾。

8.2.3 仓底水沟及风沟应定期清理、疏通；定期疏通地沟盖板；定期清理、疏通风道、风管等通风设施。

8.2.4 运行结束应及时清扫、整理固定式传送设备及周围环境。

8.3 安全操作

8.3.1 发酵仓的通风、除尘、除臭装置，应保持良好状态。作业或维护人员进入发酵仓或发酵设备前，应先开启通风设备，并应清除仓内或设备内物料。

8.3.2 主发酵工序配备的进出料装载机和翻堆机，应配备有空调净化设备的全封闭式驾驶室。

8.3.3 立式发酵仓出料时，仓底出料口旁不得有人滞留。

8.4 技术指标

8.4.1 静态堆肥工艺的主发酵周期不应少于 7d，动态或间歇动态堆肥工艺主发酵周期视升温及保温情况定，可缩短发酵周期。

8.4.2 发酵过程中，应测定堆体温度变化情况，主发酵过程堆层各测试点温度应在 55℃ 以上，且持续时间不应少于 5d，或 65℃ 以上，且持续时间不应少于 3d。

8.4.3 主发酵阶段主要技术指标应符合现行行业标准《生活垃圾堆肥处理技术规范》CJJ 52 的有关规定。

9 次级发酵

9.1 运行管理

9.1.1 应根据主发酵半成品情况调整、控制通风和（或）翻堆作业。

9.1.2 综合性次级发酵场内各作业区应保证设备通道或人员通道的畅通。

9.1.3 次级发酵仓（场）底部风沟应定期清理、疏通。

9.1.4 次级发酵阶段，不应再次向物料中添加污泥、粪便等具有可堆肥性的原料。

9.2 维护保养

9.2.1 应定期检修、保养次级发酵机械设备。

9.2.2 应定期检修、保养综合性次级发酵场内有关机械设备。

9.2.3 机械设备运行完毕时，应退出发酵仓或料堆，并应清除附着的残余物料。

9.3 安全操作

9.3.1 次级发酵仓（场）设置的通风、除臭装置应保持正常运行状态。

9.3.2 装载机进行装卸料作业时，前后方 2m 内不应有人。

9.4 技术指标

9.4.1 次级发酵过程中的物料含水率宜控制在 35% ~45% 之间。

9.4.2 次级发酵工艺的发酵周期宜为 10d~20d，主发酵周期长时宜取下限值，反之取上限值。

9.4.3 次级发酵终止时，堆肥产品应符合现行国家标准《粪便无害化卫生标准》GB 7959 和《城镇垃圾农用控制标准》GB 8172 的有关规定，并应符合下列规定：

　1　含水率宜为 20%~35%；

　2　碳氮比（C/N）不宜大于 20∶1；

　3　pH 值宜为 6.5~8.0；

　4　耗氧速率应小于 0.1% O_2/min；

　5　种子发芽指数不应小于 90%；

　6　发酵后的粗肥应呈棕色或黑棕色，无臭味，有土壤的霉味，手感松软，将手插入堆体，应无大的温差感。

10 堆肥产品成品库及腐熟堆场

10.1 运行管理

10.1.1 堆肥制品出厂前，应存放在有一定规模的、具有良好通风条件和防止淋雨的设施内，在梅雨季节或暴雨天气应加强防雨措施。

10.1.2 应对进出仓库的堆肥产品进行详细的记录。

10.1.3 库存周期宜为 30d~60d。

10.1.4 应定期对库存设施进行灭鼠灭蝇。

10.2 维护保养

10.2.1 应定期对库存场所进行清扫和整理，以保持库存场所内车辆、人员通行道路的畅通。

10.2.2 应定期对库存设施的顶棚、支架结构进行检修，对排水沟、风沟进行疏通。

10.2.3 应定期检修、保养库存设施内有关机械设备。

10.2.4 机械设备运行完毕后，应退出库场所，清除残余物料。

10.3 安全操作

10.3.1 堆肥产品堆放高度不宜大于 2.5m。

10.3.2 采用封闭式仓库结构存放堆肥产品的，应设置粉尘检测和报警装置。

11 风机与泵

11.1 运行管理

11.1.1 风机及风机房均应保持整洁、干燥。

11.1.2 应根据发酵工艺要求及升温情况，及时调节送风量。

11.1.3 风机运行时，应注意观察、记录风机风量、风压等主要运行参数。

11.1.4 备用风机（泵）应关闭其进、出气闸阀。

11.1.5 污水泵不宜频繁启动。

11.2 维护保养

11.2.1 风机（泵）及电机应定期检修、维护，并应及时给轴承等旋转部件加润滑油（脂）。

11.2.2 应定期检修或更换风机（泵）的滤罩、滤网、滤袋。

11.2.3 长期不使用的螺旋泵，每周应将泵体位置旋转 180°，并应至少启动运行 1 次。

11.2.4 应经常检查电机轴与泵或风机轴使其保持同心；检查设备的防护网罩、地脚螺栓。

11.2.5 应定期启动、检测备用风机与泵，以确保备用设备能及时启用。

11.2.6 应定期检测、维护、疏通各类管道，保持其畅通、不泄漏。

11.3 安全操作

11.3.1 风机、泵工作时，操作人员不得贴近联轴器等旋转部件。

11.3.2 应对除尘、除臭、通风（泵）系统的滤网、滤袋、廊道等定期清扫、整理。

11.3.3 风机、泵工作中出现异常现象时，应立即停机检修。

11.3.4 停电时，应关闭风机进、出气闸阀。

11.3.5 污水泵在运行过程中，轴承温度不宜超过环境温度 35℃，最高温度不得超过 80℃。

11.3.6 检修工作应在停机状态下进行，不得用手触摸转动部位。

12 控制与检测

12.1 运行管理

12.1.1 工艺设施（设备）运行前，应检查控制与监测仪器设备处于完好状态。

12.1.2 控制室内应保持开阔的视角，以便观察控制有关工序及设备运行状况。

12.1.3 由中央控制室控制的工序应同时具备各工序独立控制功能。

12.1.4 控制室应将事故工序有关情况及时通知其前后有关工序。

12.1.5 控制室宜采用计算机自动控制系统处理主要技术参数并应进行自动化管理。

12.1.6 非中央控制室控制或监测的工序也应达到计算机管理水平。

12.1.7 工艺参数的监测内容与项目应符合现行行业标准《生活垃圾堆肥处理技术规范》CJJ 52 的要求。

12.2 维护保养

12.2.1 控制与监测仪器设备应定期维护和定期检验。

12.2.2 各工序控制监测仪器应定期维护和检验。

12.3 安全操作

12.3.1 非工作人员未经允许不得进入控制室和化验（检验）室内。

12.3.2 控制与监测仪器仪表应在规定的电压、温度下工作。

12.3.3 应保持控制室与各工序联系畅通。

13 环境保护与劳动保护

13.1 作业区环境

13.1.1 垃圾堆肥厂的生活垃圾受（卸）料、分拣、处理等作业区（车间）应保持通风除尘、除臭的设备、设施运转完好，并应连续稳定运行。

13.1.2 作业区的噪声应符合现行国家标准《工业企业厂界环境噪声排放标准》GB 12348 和《工业企业设计卫生标准》GBZ 1 的有关规定。

13.1.3 作业区粉尘浓度应符合现行国家标准《工业企业设计卫生标准》GBZ 1 的有关规定。

13.1.4 作业区恶臭气体（H_2S、NH_3 等）的浓度应符合现行国家标准《工业企业设计卫生标准》GBZ 1、《工作场所有害因素职业接触限值》GBZ 2 和《恶臭污染物排放标准》GB 14554 的有关规定。

13.2 厂区环境

13.2.1 厂区内不应露天堆存生活垃圾，进厂垃圾卸载宜在进料仓内进行。

13.2.2 厂内气体集中排放口与厂界的气体排放浓度均应符合现行国家标准《恶臭污染物排放标准》GB 14554 的有关规定。

13.2.3 垃圾储存、发酵设施必须有收集渗沥液的装置。渗沥液应收集后进入调节池，可作为物料调节用水，多余污水应经处理后达标排放，作业区冲洗污水应进入调节池，不得直接排放。

13.2.4 厂区内应采取灭蝇措施，并应设置蝇类密度监测点。

13.3 环境监测与检测

13.3.1 垃圾堆肥厂环境监测项目及指标应符合国家现行标准的有关规定，并应由具备专业资质的环境机构实施监测并提供结果证明。

13.3.2 垃圾堆肥厂自主进行的环境质量检测项目、指标及方法应符合国家现行标准的有关规定，并应符合下列规定：

　　1 作业区监测项目应包括：噪声、粉尘、有害气体（H_2S、NH_3）、细菌总数（空气）；

　　2 厂区环境质量检测内容应包括：有害气体（H_2S、NH_3）、噪声、蝇类密度和臭气等级。

13.3.3 垃圾堆肥厂厂内进行全面检测的频率应符合下列规定：

　　1 作业区环境质量检测应每月进行 1 次；

　　2 厂区环境质量检测应每季度进行 1 次。

13.4 劳动保护

13.4.1 垃圾堆肥厂的劳动保护与卫生设施应符合现行国家标准《工业企业设计卫生标准》GBZ 1、《生产过程安全卫生要求总则》GB/T 12801 的有关规定。

13.4.2 垃圾堆肥厂应有保护劳动者健康的措施，应在醒目位置设置警示标识，并应设有可靠的防护措施。在垃圾卸料平台等场所，应采取换气、除臭、灭蚊蝇等必要的消毒措施。

13.4.3 保障劳动健康的防护设备、用品应定期检修或更换，以确保处于正常工作状态，不得擅自对其进行拆除或停止使用。

14 化验与检验

14.1 运行管理

14.1.1 堆肥原料检测项目及频率应符合下列规定：

　　1 检测项目应包括：组分、密度、含水率、有机物、碳氮比；

　　2　检测频次均应为每月 1 次。

14.1.2　堆肥产品检测项目及频率应符合表 14.1.2 的规定：

表 14.1.2　堆肥产品检测项目及频率

序号	项目	频率	序号	项目	频率
1	密度	每月 1~2 次	8	总磷	每季 1 次
2	粒度	每月 1~2 次	9	总钾	每季 1 次
3	含水率	每月 1~2 次	10	镉	每季 1 次
4	pH 值	每月 1~2 次	11	汞	每季 1 次
5	大肠菌值	每季 1 次	12	铅	每季 1 次
6	有机质	每季 1 次	13	铬	每季 1 次
7	总氮	每季 1 次	14	砷	每季 1 次

14.1.3　化验与检测人员应对检测样品编号、登记。化验检测报表应按年、月、日逐一分类整理归档，检验数据结果宜采用计算机处理及管理。

14.1.4　各种仪器、设备、药品及检测样品应分门别类摆放整齐，并应设置明显标志。

14.1.5　堆肥工艺参数的检测内容、频率、方法及堆层检测点的设置均应符合现行行业标准《生活垃圾堆肥处理技术规范》CJJ 52 的有关规定。

14.1.6　物料的化验与检测方法应符合下列规定：

　　1　物料的采样、制样应符合现行行业标准《生活垃圾采样和分析方法》CJ/T 313 的规定；

　　2　物料的 pH 值、有机质、总铬、汞、镉、铅、砷、总氮、总磷、总钾等指标的测定方法应符合国家现行城市生活垃圾化学成分测定方法相关标准的规定；

　　3　物料的蛔虫卵、（粪）大肠菌值等指标的测定方法应符合现行国家标准《粪便无害化卫生标准》GB 7959 的规定；

　　4　垃圾渗沥液检测方法应符合国家现行水质分析方法相关标准和生活垃圾渗沥水理化分析和细菌学检验方法相关标准的规定。

14.1.7　当进厂生活垃圾性状发生明显改变时，对原料和产品应增加检测频率。

14.1.8　Ⅱ 类以上垃圾堆肥厂（含 Ⅱ 类）应能够自行检测本规程第 14.1.1、14.1.2 条中规定的检测项目。

14.2　维护保养

14.2.1　应按照有关规章、条例对化验室仪器设备进行日常维护和定期检验。

14.2.2　仪器设备出现故障或损坏时，应及时检修并上报。

14.2.3　贵重、精密仪器设备应安装电子稳压器并由专人保管。

14.2.4　仪器的附属设备应妥善保管，并应进行安全检查。

14.3　安全操作

14.3.1　化验室应建立专门安全防护管理条例。

14.3.2　易燃、易爆、有毒物品应由专门部门（或专人）保管，领用时必须按规定办理有关手续。

14.3.3　带刺激性气味的化验检测项目应在通风橱内进行。

14.3.4　化验室检测完毕，应关闭水、电、气、火源。

15　突发事件应急处置

15.0.1　垃圾堆肥厂应急部门应与上级主管部门突发事件应急处置相关机构保持密切联系。

15.0.2　垃圾堆肥厂遇到或出现突发事件时，应按下列程序处理：

　　1　立即采取施救措施，保护现场工作人员，避免或减少人员伤亡；

　　2　立即采取必要措施防止事故扩展及次生灾害造成危害扩大；

　　3　立即向上级部门报告，并通报有关部门、单位，必要时协同处理突发事件；

　　4　组织厂内外专家会商，制定应急处置对策、措施；

　　5　实施应急预案，并将处置结果报告上级部门，通报有关部门、单位。

15.0.3　应建立专用设施、设备储备机制，设置（配置）相应的应急场地、容器、动力设备（如柴油发电机）、运输设备等。

15.0.4　当垃圾堆肥厂自有设备不能满足突发事件应急处置的需要时，应由上级部门对行业资源进行统筹。

15.0.5　应根据气象预报或可靠信息，采取积极措施或实施应急预案应对自然灾害。

本规程用词说明

　　1　为便于在执行本规程条文时区别对待，对要求严格程度不同的用词说明如下：

　　　1）表示很严格，非这样做不可的：

　　　　　正面词采用"必须"，反面词采用"严禁"；

　　　2）表示严格，在正常情况下均应这样做的：

　　　　　正面词采用"应"，反面词采用"不应"或"不得"；

　　　3）表示允许稍有选择，在条件许可时首先应这样做的：

　　　　　正面词采用"宜"，反面词采用"不宜"；

4) 表示有选择，在一定条件下可以这样做的，
   采用"可"。

2 条文中指明应按其他有关标准执行的写法为：
"应符合……的规定"或"应按……执行"。

引用标准名录

1 《建筑物防雷设计规范》GB 50057

2 《建筑灭火器配置设计规范》GB 50140

3 《图形符号 安全色和安全标志》GB/
T 2893.1

4 《工业企业厂内铁路、道路运输安全规程》
GB 4387

5 《生产设备安全卫生设计总则》GB 5083

6 《作业场所空气中粉尘测定方法》GB 5748

7 《粪便无害化卫生标准》GB 7959

8 《城镇垃圾农用控制标准》GB 8172

9 《生产过程安全卫生要求总则》GB/T 12801

10 《工 业 企 业 厂 界 环 境 噪 声 排 放 标 准》
GB 12348

11 《恶臭污染物排放标准》GB 14554

12 《工业企业设计卫生标准》GBZ 1

13 《工作场所有害因素职业接触限值》GBZ 2

14 《生活垃圾堆肥处理技术规范》CJJ 52

15 《生活垃圾采样和分析方法》CJ/T 313

中华人民共和国行业标准

生活垃圾堆肥处理厂运行维护技术规程

CJJ 86—2014

条 文 说 明

修 订 说 明

《生活垃圾堆肥处理厂运行维护技术规程》CJJ
86-2014，经住房和城乡建设部 2014 年 12 月 17 日
以第 684 号公告批准、发布。

本规程是在《城市生活垃圾堆肥厂运行、维护及
其安全技术规程》CJJ/T 86-2000 的基础上修订而
成，上一版的主编单位是武汉城市建设学院，参编单
位是荆州市市容环境卫生管理局、牡丹江市环境卫生
科研所，主要起草人员是陈海滨、杨伦全、张沛君、
陈世桥、刘锦全、田辉、孙盛杰、郭洪嘉。本规程修
订的主要技术内容是：1. 扩大了适用范围；2. 补充、
细化、调整了各章节内容；3. 将术语"一级发酵"
改为"主发酵"，"二级发酵"改为"次级发酵"；4.
取消了"变配电室"一章，其内容并入第 2 章"基本
规定"；5. 增加了"堆肥产品成品库及腐熟堆场"的
规定；6. 增加了"环境保护与劳动保护"的内容；7.

增加了"突发事件应急处置"的内容。

本规程修订过程中，编制组进行了广泛的调查研
究，认真总结了我国城市垃圾堆肥处理厂运行、维护
管理的实践经验，同时参考了有关国外先进技术标
准，通过现场调研和实验研究，取得了工艺技术和检
测的重要技术参数。

为便于广大设计、施工、科研、学校等单位有关
人员在使用本规程时能正确理解和执行条文的规定，
《生活垃圾堆肥处理厂运行维护技术规程》编制组按
章、节、条顺序编制了本规程的条文说明，对条文规
定的目的、依据以及执行中需注意的有关事项进行了
说明，还着重对强制性条文的强制性理由作了解释。
但是，本条文说明不具备与规程正文同等的法律效
力，仅供使用者作为理解和把握规程规定的参考。

目　次

1 总 则

1.0.1 本条说明制定本规程的目的和意义。

编制本规程的目的在于加强和完善垃圾堆肥厂的科学管理，提高管理人员与生产人员的技术水平，保证安全运行，提高生产效率，进而实现生活垃圾无害化、减量化、资源化处理。

1.0.2 本条规定了本规程的适用范围。

本规程适用于以生活垃圾为主要原料的垃圾堆肥厂，既可用于采用完整的好氧生物降解过程的工艺，也可用于采用好氧生物降解过程实现部分生物稳定化的生活垃圾综合处理厂生物预处理段，以及生活垃圾厌氧消化厂消化渣的好氧降解腐熟单元。为使表述统一、简化，仍沿用"垃圾堆肥厂"这一专有名词，作为对生活垃圾进行生物处理的处理厂、处理单元（段）设施或系统的统称。

1.0.3 本条规定垃圾堆肥厂的运行、维护及安全管理除应执行本规程外，尚应符合国家现行有关标准的规定。

2 基 本 规 定

2.1 运 行 管 理

2.1.1 本条提出了对垃圾堆肥厂各岗位操作人员完成本职工作的基本要求。垃圾堆肥厂的人员分配主要可以划分为二类：（1）管理人员；（2）生产人员。其中，管理人员又可以划分为：行政管理人员与技术管理人员；生产人员按照一线与二线划分，一线生产人员主要负责具体的岗位作业和设备操作，统称为作业人员；二线生产人员则主要负责设施设备的维护以及后勤辅助工作，统称为维护及后勤人员。考虑到垃圾堆肥厂实际的岗位划分，以及一部分人员配置时身兼多岗的需要，鼓励一专多能、办事责任心强和效率高的人员。本规程对人员的划分不针对某一具体的垃圾堆肥厂，而只是强调人员及岗位的分配原则。

2.1.2 本条提出了对垃圾堆肥厂运行管理人员完成本职工作的基本要求。

2.1.3 各岗位生产人员（包括作业人员、维护及后勤人员）必须经过岗位培训，并经考核合格后方可持证上岗。岗前培训的基本内容应包括：本岗位工艺及设备基本情况；机电设备操作一般常识；安全生产一般常识；本岗位设备操作与维修的特殊要求。

2.1.4 本条提出了对进厂垃圾进行计量和检测的内容要求。考虑到生产管理的实际，要求进行单批次的成分随机抽查和检验，若发现存在问题成分的原料，则应扩大抽检范围，进行有效控制。按照垃圾场的运行经验，批次范围还可采取时间分段，也可根据来源（如街道、清运队）分。

2.1.5 本条规定严禁危险废物（含医疗等有毒有害废物）、工业废物、建筑垃圾，以及其他不适合进行堆肥处理的固体废物进入生活垃圾堆肥处理设施，医疗废物属于危险废物（由《国家危险废物名录》第三条明确规定）。值得指出的是，对于食品工业的废物经过环保部门确认无危险性后，也可以作为堆肥的原料或辅料。

2.1.6 本条规定机械设备的运料、储料装置（如装载机、输送机、筛选机）应保证垃圾日进日清，不滞留过夜，而非设备类储料装置（如料坑）除外。

2.1.7 本条规定了所有机械设备的启闭程序，即所有机械设备应按主工艺流程（如图1所示），从末端向始端逆方向开机；作业结束时，则应按主工艺流程，从始端向末端顺方向关机，并最后关闭总开关。

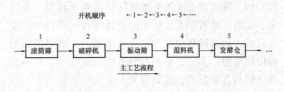

图1 机械设备启闭基本程序示意

2.1.8 电机工作电压超出额定电压时会损毁电机或降低电机寿命。

2.1.9 本条规定机械设备开启前，应点动试机后方可正式启动运行的要求。

2.1.10 本条规定生产人员和管理人员应经常检查巡视所操作或管辖的设施、设备及仪器、仪表的运行状况，并及时做好设施、设备运转记录及其他必要的记录和报表。记录报表应准确，能真实的反映处理厂运行实际情况。

2.1.11 挂牌明确本岗位机械设备基本情况，是安全生产管理的简明警示措施。

2.1.12 生产或管理人员发现运行异常时，应采取相应处理措施，并及时上报主管领导。上报内容应包括：设备故障表征与性质；已采取的处理措施和处理后设备情况；进一步的对策措施。

2.1.13 本条规定垃圾堆肥厂内产生的筛下物和各工序的残留物应进行卫生填埋或焚烧处置。特别是主发酵之前预处理分选的筛余物，其生化特性与原生垃圾相似，应采用卫生填埋或焚烧等无害化技术方法进行处置。不应使用简易填埋（或堆弃）等达不到无害化卫生要求的处置方式。

2.1.14 本条要求生产车间及其他蚊蝇密集区应定期进行消杀，以保证厂区的安全卫生条件。

2.1.15 本条规定了对厂内各种计量用设备、仪器、仪表的计量可靠性和准确性的要求，要求完好、表盘清晰可见。委托计量能够确保计量系统的结果准确。

定期进行计量设备、仪器、仪表的委托核定，按照国家计量管理的要求，通常为每年1次～2次，或每半年1次。

2.1.16 集（储）料坑、堆肥间等场所的垃圾渗沥液应引入污水井内，并及时抽至污水池，不得溢出污水池。生活垃圾原料及主发酵工序中渗沥液产生量随季节、天气情况变化很大，特定时段内单靠回喷是不能完全消纳渗沥液的，可通过罐车或管道输送等方式送到渗沥液处理站或市政污水处理厂进行无害化处理。

2.1.17 垃圾堆肥厂处理系统的垃圾渗沥液量少而浓度高，雨水及场地冲洗水量大但浓度低。因此，厂区内排水应使雨污分流，并保证雨水沟（井）通畅，避免渗沥液混入雨水中。

2.1.18 本条要求厂区内设施、路面及绿地应定期进行卫生检查。

2.1.19 本规程中所指突发事件是指由于台风、暴风雨、地震、冰雪等无法抗拒的自然灾害；或者由于垃圾收集、运输过程中发生的交通堵塞、车辆损坏而影响垃圾堆肥厂无法正常运行的事故；或进厂垃圾不合格（包括有害废物、建筑垃圾、工业垃圾混入等）的偶然事件；以及其他原因（包括集会、卫生大扫除等活动导致垃圾数量和形状发生突变的情况）导致垃圾堆肥厂非正常运行的事故或事件。

按照相关要求建立完善的市容环境卫生突发事件应对处理机制，包括在总厂设立专职机构，成立领导小组，确定负责人，并明确分工和各分厂协同应急方案。一旦发生突发事件，应急领导小组能在第一时间内投入工作。垃圾堆肥厂制定的突发事件应急预案应适合自身特点与要求，具有针对性。

2.2 维护保养

2.2.1 本条规定应将电气控制柜及其零部件的检修、维护规范化、常态化。

2.2.2 本条规定应将各种闸阀、开关、连锁装置及其零部件的检修、维护规范化、常态化。

2.2.3 设备的连接件应经常进行检查、调整、更换。

2.2.4 本条规定各种机电设备都应定期检查、维护，添加或更换润滑油（脂），并且要保证维护机械设备所更换的废零件、废油（脂）等不得混入堆肥处理设施、设备内，这主要是防止损坏机械设备本身，以及影响堆肥过程工艺条件。

2.2.5 各种机械设备的日常维护保养及部分小修应由岗位操作人员进行，而大、中修则主要靠专职机修人员进行。

2.2.6 粉尘、臭气不仅严重危害现场作业人员身心健康，也会对周边环境、居民健康及心理造成危害。保持降尘、除臭系统及设备正常稳定运行是解决这一问题的关键。

2.2.7 生活垃圾及渗沥液的腐蚀性较强，因此需要对相关设施设备重点进行防腐处理。

2.2.8 建筑物、构筑物等的避雷、防爆装置的测试、检修应符合现行国家标准《建筑物防雷设计规范》GB 50057、《建筑设计防火规范》GB 50016的规定和《电业安全工作规程（热力和机械部分）》（电安生〔1994〕227号）及气象、消防部门的有关规定。

2.2.9 本条规定垃圾堆肥厂应定期进行检查、维护各种护栏、盖板、爬梯、照明等设备——各岗位应负责维护辖区内的有关设施，厂部应指派专人检查、维护全厂公用的有关设施。

2.2.10 本条规定应定期检查厂区内的各种交通指示、安全标志，并及时更换损坏设施。

2.2.11 本条规定应定期检查厂区内道路、排水等设施，并及时更换损坏设施。

2.3 安全操作

2.3.1 为了实现全过程安全生产的系统管理，应按照现行国家标准《生产过程安全卫生要求总则》GB/T 12801的基本要求，建立和完善全厂范围的安全生产管理机制；同时各生产岗位应根据其工艺特征与具体要求，制定有利于本岗位安全生产管理的岗位安全生产操作规程。

2.3.2 本条要求垃圾堆肥厂各作业区应根据工艺设备的安全操作要求，设置距设备一定安全距离的警示黄线，非本岗位生产人员不得随意越线和靠近设备，特别是在分选作业区。

2.3.3 本条是生产作业人员穿戴方面的具体要求——应佩戴必要的劳保和防护用品，做好安全防范工作，并避免与生活垃圾等污染物直接接触。

2.3.4 本条规定控制室、化验室、变电房、发酵仓、成品库及腐熟堆场等工作间内严禁吸烟以及酒后作业。

2.3.5 本条提出了在密闭场所如发酵仓进行作业时需要对其送风、供气，以保障作业人员的身体健康和作业安全。

2.3.6 在任何情况下，不允许非作业人员进出发酵仓内，以免影响进出料的现场作业和对人员造成健康和安全危害。

2.3.7 禁止作业期间进行消杀作业，主要是考虑到会对作业人员造成伤害，加速腐蚀堆肥设施和设备，对堆肥生产不利。

2.3.8 本条规定各类吊装机械应配专人持证上岗操作，并明确了其安全生产的规定——吊装机械运行时，在楼上或高处搬运大件时，其下方不应有人。

2.3.9 本条规定非本岗位生产或管理人员不得擅自启闭该岗位设备，以免损坏设备甚至造成工伤事故。

2.3.10 本条要求操作人员应按电工操作规程启闭电气设备。

2.3.11 本条为强制性条文，规定了未停机前生产人员不得拉、拽各工序机电设备上的卡滞异物，以保证人身安全。

2.3.12　本条规定必须断电维修的各种设备，断电后应在开关处悬挂维修标示牌后，其标示牌应符合现行国家标准《图形符号　安全色和安全标志》GB/T 2893.1等的规定。

2.3.13　维修机械设备搭接临时动力线，应接在临时配电柜上，否则易造成线路混乱，损坏电气设备，甚至引起人身事故。

2.3.14　本条规定检修电气控制柜应在断电状态下作业。

2.3.15　本条规定清理机电设备及周围环境卫生时，严禁擦拭设备转动部分，防止衣袖等物被卷入旋转机械中；不得有冲洗水溅落在电缆接头或电机带电部位及润滑部位，以免出现触电、短路事故或设备锈蚀。

2.3.16　本条为强制性条文，规定了皮带传动、链传动、联轴器等传动部件（不包含输送皮带）必须有机罩，不得裸露运行。

2.3.17　为避免出现物料堵塞、设备超载、人员工伤等事故，某一工序设备停机检修时，应首先关闭相关的前序设备，并将有关信息传至中央控制室，或后序工序。特别是在现场进行维护时，需要中断各工序的运行，暂停机电设备，应有专人进行现场指导和监督，协调操作人员和维护人员之间的联系，预防安全事故的发生。

2.3.18　变配电室的运行管理、维护保养及安全操作除应符合《电业安全工作规程（热力和机械部分）》（电安生〔1994〕227号）的有关要求之外，还可参照国家现行行业标准《城市污水处理厂运行、维护及安全技术规程》CJJ 60等标准中有关章节的内容。

2.3.19　按现行国家标准《建筑灭火器配置设计规范》GB 50140规定，工业建筑灭火器配置场所的危险等级应根据其生产、使用、储存物品的火灾危险性，可燃物数量，火灾蔓延速度，扑救难易程度等因素，划分为以下三级：

　　1　严重危险级：火灾危险性大，可燃物多，起火后蔓延迅速，扑救困难，容易造成重大财产损失的场所；

　　2　中危险级：火灾危险性较大，可燃物较多，起火后蔓延较迅速，扑救较难的场所；

　　3　轻危险级：火灾危险性较小，可燃物较少，起火后蔓延较缓慢，扑救较易的场所。

　　对于垃圾堆肥厂而言，回收废品库（点）储存大量废纸、塑料、橡胶等物，化验室有化学药品，因而火灾危险性较大。

2.3.20　按现行国家标准《建筑灭火器配置设计规范》GB 50140规定，灭火器配置场所的火灾种类应根据该场所内的物质及其燃烧特性进行分类，分为五类：

　　1　A类火灾：固体物质火灾；

　　2　B类火灾：液体火灾或可熔化固体物质火灾；

　　3　C类火灾：气体火灾；

　　4　D类火灾：金属火灾；

　　5　E类火灾（带电火灾）：物体带电燃烧的火灾。

　　A类火灾，指含可燃物，如木材、棉、毛、麻、纸张等燃烧的火灾；B类火灾，指含汽油、煤油、柴油、甲醇、乙醚、丙酮等燃烧的火灾；C类火灾，指可燃气体，如煤气、天然气、甲烷、丙烷、乙炔氢气等燃烧的火灾；D类火灾，指可燃金属造成的火灾；E类火灾，专指物体带电燃烧的火灾。垃圾堆肥厂火灾隐患主要是A、B、C三类，即回收废品形成的A类火灾，生产用油等形成的B、C类火灾。管理和生产人员应在夏季和连续干燥天气下加强相应措施防止堆肥产品失火。

2.3.21　应按现行国家标准《建筑灭火器配置设计规范》GB 50140的规定划分最大防护距离、配置灭火器的位置及数量；选用磷酸铵干粉、碳酸氢钠干粉、二氧化碳、卤代烷型的灭火器，并定期检查、验核消防器材效用，及时更换。

2.3.22　应按现行国家标准《建筑物防雷设计规范》GB 50057的要求，采取相应的防雷措施；应按现行国家标准《生产设备安全卫生设计总则》GB 5083的规定，采取相应的防爆措施，以确保不出现雷击、爆炸等事故。

2.3.23　垃圾堆肥厂的生产性粉尘主要源于物料装卸过程。按现行国家标准《工业企业设计卫生标准》GB 11641的要求，属其他粉尘类，最高允许浓度不大于$10mg/m^3$，按《作业场所空气中粉尘测定方法》GB 5748进行检测。

　　生产性噪声主要源于振动筛分机、风机等设备。按现行国家标准《工业企业厂界环境噪声排放标准》GB 12348的要求，垃圾堆肥厂车间噪声不大于85dB（A），厂界噪声昼间不大于60dB（A），夜间不大于50dB（A）。厂界环境噪声计量方法按现行国家标准《工业企业厂界噪声测量方法》GB 2349进行。

2.3.24　本条规定，应在指定的、有标志的明显位置配备必要的防护救生用品及药品，以处理突发事故并及时进行救助。

2.3.25　现行国家标准《图形符号　安全色和安全标志》GB/T 2893.1对传递安全信息的标志、颜色等作出了相关的规定。厂区应采用相应的颜色表示禁止、警告、指令、提示等。如在机械设备、仪器仪表的紧急停止手柄上用红色禁止人们触动，用黄色作为振动机械或料坑周边的警戒线等。

　　安全标志由于其简明、直观、醒目，是重要的安全辅助措施之一，广泛用于各种场合。

2.3.26　现行国家标准《工业企业厂内铁路、道路运输安全规程》GB 4387 就厂内道路、车辆装载、车辆行驶、装卸等各方面的安全操作作出了规定。垃圾堆肥厂厂内（包括生产车间）车辆、装载机运行，均应符合该规程的有关规定。

2.3.27 本条规定了应在车辆经常通行的路段设置警示标志和减速装置的要求。

2.3.28 本条提出了不同地区的垃圾堆肥厂应根据自身工艺技术特征和所处地区气候条件等自然因素，制定应对各类突发事件（包括防火、防爆、防洪、防风、防雨、防雪、防疫等）的应急预案和措施。

2.4 技 术 指 标

2.4.1 本条规定了堆肥处理原料质量的基本要求。

2.4.2 现行国家标准《城镇垃圾农用控制标准》GB 8172、《粪便无害化卫生标准》GB 7959 对垃圾堆肥产品质量提出了要求。

2.4.3 年处理量是项目设计、建设、运行各阶段技术经济指标的综合反映。本条规定不应低于设计能力的 90%。

2.4.4 考虑到南北方气候条件的差异，本条设置的实际运行天数指标，北方地区宽于南方地区。

3 地　磅

3.1 运 行 管 理

3.1.1 本条包含进厂原料和出厂制品均应称重记录和统计的要求，台账的内容包括进料量日报、月报、年报，原料抽检记录，以及车数、车型等相关信息。

3.1.2 即使在地磅及其计量设备、仪器出现故障时，也应借助备用设备或手工记录等措施保证进厂垃圾量统计数据的系统性和完整性。

3.1.3 控制地磅的计量误差能有效控制全厂的生产系统稳定运行，是实现科学管理的基础。

3.2 维 护 保 养

3.2.1 保持地磅磅桥、磅槽及承重台清洁和无异物，是为了保证计量准确性，保持良好的生产作业环境。

3.2.2 要求地磅配置良好的防雨设施，以保护地磅并保持计量的科学性与准确性。注意防雨设施的设置不得妨碍运输车辆通行。防雨顶棚的全面检修维护宜安排在雨雪季前进行。

3.2.3 日常使用地磅时只需校核计量误差而不调整，调整误差须由计量认证单位处理，超出误差范围要请专业人员调整，其他人员不具备相关执业能力，不能随意调校。

3.3 安 全 操 作

3.3.1 为避免撞击并减小振动和噪声，要求设置减

速装置及标志，使运输车辆经过磅秤时，车速不大于 5km/h。地磅前方的安全标志可以单独设置，也可与其他标牌合并设置，其形式、规格等技术参数应符合现行国家标准《图形符号　安全色和安全标志》GB/T 2893.1 的有关规定。

3.3.2 本条规定运输车辆经过磅秤时车速不应大于 5km/h。

4 板式给料机

4.1 运 行 管 理

4.1.1 本条规定了板式给料机给料前的进行人工拣选的处理要求。

4.1.2 本条规定，板式给料机启动前，当班作业人员在查看上班运行记录后，应进行的设备检查主要内容。尤其是板式给料机受料部位如被异物卡住，则会进一步加大电机启动负荷，甚至导致电机烧毁。因此，首先应检查板式给料机受料部位有无卡料现象。

4.1.3 运行速度平稳与否是板式给料机输送皮带及其电机和传动装置正常运行与否的基本标志。因此应严格监控、调整给料速度，以保证后序设备能均匀、连续、平稳受料。

4.1.4 板式给料机运行时，受料部位被异物卡住，就会导致设备过载，电机烧毁或传动件、连接件破坏，因此提出监视要求，必要时及时停机检修。

4.1.5 规定故障排除后（或确定无故障时），需空转 3min～5min，是为了检验设备修复情况。

4.1.6 用于垃圾堆肥厂的普通板式给料机主要功能是受料、均料，而不是输送、提升物料，其安装角度不能随意调整（增加）。

4.2 维 护 保 养

4.2.1 板式给料机的定期整机检修是保证设备完好的必要条件，需要由专职维护人员和岗位作业人员配合进行。

4.2.2 本岗位作业人员在每工作日都要检查电机和调速器运转情况，进行日常维护。

4.2.3 根据设备运行工况及检查结果，定期检修、维护、更换链板等易损件。其日常维护检修是操作人员的职责，定期检修、更换零部件应以专职检修人员为主。

4.3 安 全 操 作

4.3.1 板式给料机运行时出现下列故障之一，应立即停机检修。

　1 出现异常噪声，包括传动部位或输送带上卡塞异物而出现的噪声；

　2 零部件出现断裂等故障，如异物卡塞导致链

板破坏或过载导致传动件、连接件的破坏等；

3 电机或轴承损坏会导致电机或轴承升温过高；

4 分选环节（如手选工位）出现大块异物漏选情况时，可能导致设备受料口或出料口卡塞现象。

5 皮带输送机

5.1 运行管理

5.1.1 本条提出了操作人员在开机前对皮带输送机运的接头、拉紧装置、托辊等部位作例行检查的要求。

5.1.2 出现皮带跑偏并导致物料散落是皮带机运转过程中可能出现的问题之一，要及时调整。皮带跑偏的根本原因是皮带受力不均——可能是拖轮安装不妥、张紧装置调校不均，甚至是皮带被异物卡住所致。

5.1.3 本条规定，运转过程中出现接头断裂，尖硬异物卡刺皮带等现象，应立即停机检修，故障排除后再由空转逐渐过渡到正常运行。

5.1.4 规定人工分选工位的皮带输送机速度是为了与其旁边的手选作业相匹配；规定输送带上垃圾厚度，既方便手选作业，也利于皮带机平稳运行。

5.1.5 手选皮带输送机启动时手选作业人员不到位，会导致大块异物卡塞后续设备。

5.1.6 各工序皮带输送机卸料口的降尘装置或措施要根据具体部位的情况确定，如在堆肥仓受料口采用水雾降尘与设置排风罩（除尘器）相结合的措施；在堆肥仓出料口等处采用设置排风罩（除臭器）的措施。

5.1.7 为保护手选作业人员的身心健康，本条规定皮带输送机手选工位上方的抽风罩区域保持负压状态。

5.1.8 确定悬挂式磁选机与皮带输送机两者的间距时，既要考虑能确保磁选机能有效分离金属异物，又不会出现异物卡塞现象。

5.1.9 规定皮带输送机的安装角度是为了防止物料滚落，因而不能随意调整。

5.2 维护保养

5.2.1 本条要求皮带输送机的机电设备应定期检修、保养。

5.2.2 本条规定操作人员每日检查皮带机电动滚筒、齿轮箱等部位有无渗油、漏油等隐患。

5.2.3 运输带托辊位置可能因紧固件松动等原因发生偏斜、错位，需要定期检查、调校。

5.2.4 张紧装置位置可能因紧固件松动等原因发生偏斜、错位，要定期检查、调校。

5.2.5 与皮带输送机协调配置磁选机通常有磁滚筒

和悬挂皮带机两种类型，要根据其结构特征与技术要求进行检修、维护。

5.2.6 本条要求各岗位作业人员定期给转动零件加（换）润滑脂（油）。

5.3 安全操作

5.3.1 垃圾堆肥厂的手选工序是潜在环境污染最严重的地方，也是安全与卫生管理的重点。本条规定操作人员佩戴好防护工作服、手套、口罩、眼镜等劳动保护用品，避免人体直接接触污染物。

5.3.2 对于发酵仓或卸料仓底部出料的场合，其光线、空气等作业环境、作业条件较差，操作人员要注意避免靠近皮带机等运行中的机械设备，以免出现事故。

5.3.3 本条对人工手选作业人员提出安全操作的要求，以免在设备运行时被转动部件或异物划伤。

5.3.4 本条规定了板式给料机和皮带输送机的停机顺序和要求。板式给料机等前序给料设备运转时突然停止皮带输送机运行，会造成物料堆积在皮带机上，因此正常情况下，应避免这种不当操作。在紧急情况下，响铃警示，然后按照工序前后顺序进行停机，以确保生产安全。

6 振动筛选机

6.1 运行管理

6.1.1 本条规定，操作人员在振动筛选运转前对筛面、弹簧、机电设备及传动装置等各部分进行检查的要求。

6.1.2 本条规定了振动筛运行中，操作人员应检查的内容，并酌情采取必要的处理措施。

振动筛选机械是一种利用机械共振特性强化筛选效果的低能高效分选机械，其振动特性机及运行工况与振动质量有直接关系。振动体的固有频率为 $\omega_i = \sqrt{\dfrac{K}{m}}$，式中 ω_i 为固有频率，K 为振动系统刚度，m 为振动体质量，它由振动体本身质量 m_i 与筛面物料质量 m' 组成。若筛面物料质量变化（无论质量大小变化或分布变化），则导致振动体固有频率 ω_i 变化。在一定工作频率 ω 时，频率比 $Z = \dfrac{\omega}{\omega_i}$ 变化，将导致振动特性变化。因此，必须严格控制筛面受料情况——筛面是否受料过多或过少；筛面受料是否不均匀（一边多一边少）。

从筛面结构形式看，主要有孔眼式（包括板孔和编织网孔）和格栅式两大类。相比之下，格栅式筛面更简单，但它可能因异物（缠绕物、大件等）堵塞。

上述各种情况都可能导致振动筛选机整机出现不

平稳的晃动，或整机与相邻设备出现碰撞、干涉或出现异常噪声等。

6.1.3 本条提示操作人员，当振动筛运行中出现异常情况时应采取的措施。

6.1.4 振动筛选机运行中保持其平稳连续受料，以保证振动筛选机的平稳运行工况。

6.1.5 本条规定，当班作业人员在结束筛选作业后应及时清除筛面物料。

6.1.6 本条规定了筛选机正常运行条件下适宜的处理能力限值。

6.2 维 护 保 养

6.2.1 由于振动筛选机机械及动力特性较复杂，因此其整机性能定期检查、调整要求由专业人员承担，操作人员可参与、协助。

6.2.2 弹簧、曲柄连杆、轴承等关键装置或部件要求专业人员定期调整或更换，整机调校宜同步进行。

6.2.3 本条规定作业人员应经常检查、紧固各连接件。

6.2.4 本条规定作业人员要及时清除卡滞在筛网等部件上的异物，以维持筛选机连续、平稳运行。

6.3 安 全 操 作

6.3.1 本条提出了振动筛运行时易出现的事故现象，并规定此时应立即停机，并将有关情况通知先行工序及中央控制室。

7 滚 筒 筛 选 机

7.1 运 行 管 理

7.1.1 本条提出滚筒筛选机运行前，操作人员需做的例行班前检查的四个方面要求，包括：

　　1 清除筛筒内的剩余物料；

　　2 清理堵塞筛面的附着物（如异物堵塞筛孔，纤维物缠绕等）；

　　3 更换或调整电机、传动装置及相关部件的损坏、松动等隐患；

　　4 更换或调整有损坏、严重磨损、偏离或松动的支撑托辊。

7.1.2 本条规定操作人员作业时需检查的内容，以及采取相应措施保证滚筒筛正常运行的要求。

7.1.3 本条规定滚筒筛运行中出现异常情况时停机检修、故障排除和再启动时由空转过渡到满负荷运行的要求。

7.1.4 本条规定当班操作人员结束筛选作业后及时清除筒筛内残留物料。

7.1.5 滚筒筛是垃圾处理系统使用最广泛的分选设备。只有各环节工序设备能力协调匹配，才能既保证

基本功能，又不至于浪费。如在堆肥生产线按以下工艺流程在发酵设施的前后工序上配置了滚筒筛（见图2）：

皮带机 →1号滚筒筛→ 皮带机 →初级发酵仓→ 皮带机 →次级发酵仓→ 装载机 皮带机 →2号滚筒筛

图 2　滚筒筛配置示意图

　　在上述工艺流程中，1号滚筒筛处理能力应满足进厂垃圾原料总量的要求；而2号滚筒筛只需满足次级发酵仓出料量的处理要求。很明显，1号滚筒筛处理能力远大于2号滚筒筛。

7.1.6 本条规定了滚筒筛处理能力的限值。

7.2 维 护 保 养

7.2.1 滚筒筛整机性能的定期检查、调整，应由专业人员承担，操作人员可参与、协助。

7.2.2 要求操作人员及时清除筛筒传动部位（摩擦轮或齿轮）的残余物。

7.2.3 要求操作人员根据滚筒筛面损坏情况及时清理、修补、更换。

7.3 安 全 操 作

7.3.1 滚筒筛筛筒安装罩壳，一是基于安全作业的需求，同时也有抑制粉尘、臭气、噪声外逸，污染作业现场环境。因此，罩壳开启或损坏时，滚筒筛不得启动运行。

7.3.2 滚筒筛筛筒内出现异物卡滞或出料口出现堵塞时，都可能影响设备正常运行乃至引起过载，损坏电机及传动装置。因此，要立即停机排除故障，同时要有专人进行安全作业监督。

7.3.3 实际生产中，向滚筒筛筛网上淋油焚烧缠绕纤维物是一种清除筛网缠绕及筛孔堵塞的简易方法。但这种做法会严重损坏筛网强度并污染生产环境，应严禁使用。

8 主 发 酵

8.1 运 行 管 理

8.1.1 本条规定了好氧堆肥主发酵工艺技术要求主要技术参数。堆肥原料及发酵过程应符合现行行业标准《生活垃圾堆肥处理技术规范》CJJ 52 的基本要求。生产过程中，应根据工艺要求及原料实际条件，适时调整、控制主发酵期的主要技术参数。

　　主发酵原料含水率和碳氮比两项指标参数是为了保证较好的主发酵工况。

　　当含水率超过此范围时，应采取污水回喷，或添加物料，或通风散热等措施调整水分；碳氮比偏高时宜添加粪便污泥，偏低时可添加腐熟的堆肥物、碎秸

秆等。

与 20 世纪 80 年代相比，大部分地区城镇生活垃圾的有机物含量已从 30%左右增至 50%左右。主发酵原料易腐有机物比例控制在 50%～70%有利于生物反应过程进行。

8.1.2 本条提出了静态仓式堆肥主发酵工艺主要技术要求。

要求发酵仓进料均匀是为了防止出现物料层厚不等，含水率不均或物料挤压等不利于发酵升温的情况。

可以通过物料翻堆和增加风压、风量等措施强化通风供氧效果。

要求定期测试主发酵仓升温情况，测温点应根据升温变化规律分层、分区设置。高度分上、中、下三层，上下层测试点均设在离堆层表面或底部 0.5m 左右处，每个层次水平面测试点按发酵设施的集合性状，可分中心部位和边缘部位设置，边缘部位距边缘为 0.3m 左右。

必要时，应进行氧浓度测定，各测试点位置应分布均匀，以梅花状分布为宜。

8.1.3 本条提出了条形翻堆式堆肥主发酵工艺的主要技术要求。

条形翻堆式堆肥通常在防雨设施（诸如棚架结构）内进行，若在露天进行，注意做好防雨应急措施。

8.1.4 本条提出了立式发酵仓堆肥主发酵工艺的主要技术要求。

本条涉及的是分层的立式发酵仓，即每层构成独立的发酵单元，便于发酵工况的调控，不包括筒仓式发酵工艺。

8.1.5 本条提出了动态堆肥主发酵工艺的主要技术要求。

8.2 维护保养

8.2.1 以专业机修人员为主，操作人员配合定期检修、维护主发酵有关机械设备。

8.2.2 进出料设备运行完毕，应退出发酵仓，以便设备操作人员清除残余垃圾。

8.2.3 应及时检查仓底水沟、风沟淤塞情况，由发酵仓操作管理人员定期清理、疏通仓底水沟及风沟；定期疏通底沟盖板，更换破损的底沟盖板。

8.2.4 操作人员结束运行时，应清扫、整理固定式传送设备及周围环境卫生。

8.3 安全操作

8.3.1 应经常检查、维修发酵仓的通风除尘装置，发酵仓的通风除尘、除臭装置能保持良好，作业或维护人员进入发酵仓前，要先开启通风设备并清除仓内物料。

8.3.2 主发酵仓通常有较浓的臭气异味，有的还因存在好氧发酵死角而存在甲烷气。因此，主发酵配备的进出料装载机，需配备全封闭式驾驶室，如 ZL40B型，其中 B 型即为全封闭驾驶室。进出密闭场所的装载机和翻堆机，配有空调净化设备和全封闭式驾驶室，能对驾驶人员进行有效的劳动保护。

8.3.3 立式发酵仓出料时，可能出现物料塌落等事故，因此仓底出料口处不得有人滞留。

8.4 技术指标

8.4.1 本条规定了静态堆肥工艺初期发酵的最短周期。其他动态堆肥工艺发酵周期根据升温、保温的具体堆肥过程表现而定。

8.4.2 本条对主发酵过程的温度控制要求作了具体规定。通过在高温条件下维持一定的时间，可使物料中的有机物降解并达到杀灭病菌实现无害化的作用。通过对两种最低温度和持续时间的规定，以适应不同工艺中缩短主发酵周期同时保证无害化的需求。

8.4.3 根据现行行业标准《生活垃圾堆肥处理技术规范》CJJ 52 的要求以及现有垃圾堆肥厂实践经验，主发酵各项指标要求列于表 1。

表 1 主发酵主要技术指标

序号	项 目	指 标 参 数
1	发酵仓有效容积	>70%
2	堆肥温度：静态工艺 动态、间歇 动态工艺	>55℃持续 5d 以上 >65℃持续 3d 以上
3	蛔虫卵死亡率	95%～100%
4	粪大肠菌值	10^{-1}～10^{-2}
5	含水率	下降 15%以上
6	减容	20%以上

9 次级发酵

9.1 运行管理

9.1.1 实践表明，经主发酵仓处理后的半成品堆肥的理化特性差别很大，通常是会优于初始有关技术指标要求。因此，可适当调整、控制通风及翻堆作业，如减少通风量和翻堆次数。

9.1.2 综合性发酵场是指集次级发酵场、精处理车间、成品库等多工序于一体的综合场地。尽管该场地综合了多种功能，但各作业区是相对独立的。为了保证正常的生产作业秩序，必须保证通道设备和人员通道的畅通。

9.1.3 及时检查仓（场）底风沟淤塞情况，由发酵仓操作管理人员定期清理、疏通仓底水沟及风沟；定期疏通底沟盖板，更换破损的底沟盖板。

9.1.4 次级发酵过程中，向物料中添加污泥、粪便等新鲜原料，会影响物料的腐熟和无害化效果，本条以保证堆肥产品腐熟化、稳定化和无害化的要求提出。

9.2 维护保养

9.2.1 由专业机修人员定期检修次级发酵机械设备，日常维护保养由操作人员负责。

9.2.2 由专门的机修人员定期检修综合性次级发酵场内有关机械设备，操作人员负责日常维护保养。

9.2.3 机械设备运行完毕时，操作人员要将其退出发酵仓或料堆，并清除残余物料。

9.3 安全操作

9.3.1 经常检查维修次级发酵仓（场）的通风、除尘装置，保持其正常功能。

9.3.2 装载机进行装卸料作业时，特别是在狭窄场地上进行倒车作业时，要注意场内作业区域的工作人员及设施的安全。

9.4 技术指标

9.4.1 本条规定了次级发酵过程中物料含水率的基本要求。

9.4.2 次级发酵的发酵周期取决于其先导工序——主发酵周期，确定次级发酵周期的原则是：两阶段（主发酵+次级发酵）的发酵周期之和应大于 20d。

9.4.3 本条堆肥产品提出了要求。次级发酵后堆肥产品的肥效有关指标列于表 2。

表 2 次级发酵技术指标

序号	项　目	指　标　参　数
1	总氮（以 N 计）	不小于 0.5%
2	总磷（以 P_2O_5 计）	不小于 0.3%
3	总钾（以 K_2O 计）	不小于 1.0%
4	有机质（以 C 计）	不小于 10%

10 堆肥产品成品库及腐熟堆场

10.1 运行管理

10.1.1 堆肥制品的施用受季节影响较大，因此，应考虑有一定规模的储存场所，成品库及腐熟堆场的管理人员在梅雨季节和干燥季节要加强相应措施防止堆肥产品受潮。

10.1.2 进出成品库及腐熟堆场的称重记录和统计工作包括进出量日报、月报、年报，以及购买单位等相

关事宜，并由专人进行记录整理。

10.1.3 本条规定了堆肥产品库存的适宜周期。合适的库存周期不仅有利于堆肥产品的进一步稳定，同时满足淡季存储量的要求，但库存周期不宜太长。

10.1.4 定期对库存设施进行灭鼠除蝇，以保证堆肥产品品质和设施的环境卫生。

10.2 维护保养

10.2.1 堆存作业时会散落堆肥产品，需要及时清扫。为了保证正常的生产作业秩序，要保证库存场所车辆、人员通道的畅通。

10.2.2 库存设施的管理人员要定期检修顶棚、支架结构，保障结构安全可靠；检查水沟、通风沟淤塞情况，定期进行清理、疏通。

10.2.3 库存设施内有关机械设备由专门的机修人员进行定期检修，由操作人员负责日常维护保养。

10.2.4 机械设备运行完毕后，要退出库存场所，并由操作人员清除残余物料。

10.3 安全操作

10.3.1 堆肥产品堆放过高，不仅影响堆肥产品进一步稳定，同时也存在坍塌的安全隐患，因此堆肥产品不应堆放过高。

10.3.2 本条针对垃圾堆肥产品在堆存过程可能发生的粉尘爆炸提出要求。

11 风机与泵

11.1 运行管理

11.1.1 为保证风机正常运行并延长其使用寿命，风机及风机房都要保持整洁、干燥。

11.1.2 初级和次级发酵工序的风量，均应视工艺参数的变化作适当调整。若环境温度高，仓内升温快、温度高且持续时间较长时，应加大通风量并延长通风时间，反之则减小通风量，缩短通风时间。

11.1.3 风机运行时，操作人员除每小时观察其噪声、振动、温升外，还应注意观察风机的风量、风压及电机的电压、电流等主要运行参数，发现异常情况应及时调整或停机检修，并做好记录。

11.1.4 备用风机关闭其进、出气闸阀，防止由于管道的风压造成风机在没有良好润滑的状态下叶轮反向转动，损坏设备。

11.1.5 本条规定不管采用哪种类型的污水泵提升垃圾渗沥液，均不得频繁启动污水泵，否则会造成电机、泵体及传动机构的损坏。

11.2 维护保养

11.2.1 垃圾堆肥厂配置的风机是在多尘、高温、腐

蚀气体等恶劣条件下工作。因此，专门机修人员要定期检修、维护风机及电机，并给轴承等旋转部件加润滑油（脂）。

11.2.2 由于垃圾处理厂尘屑较多，加重了通风过滤装置的负荷。因此，操作人员要及时检修或更换滤罩、滤网、滤袋，否则过滤装置会严重阻塞，减少通风量。

11.2.3 螺旋泵长期停用后，也要定期试车检查各部位性能是否完好以发现问题，并及时调整、检修，长期不使用的螺旋泵，每周要求将泵体位置旋转180°，且至少启动运行1次。

11.2.4 操作人员要经常检查电机轴与泵或风机轴的位置，使其保持同心状态，减少损耗并保证设备的良好运行；操作人员同时应经常检查设备的防护网罩完好与否、地脚螺栓是否松动等，排除安全隐患以避免事故的发生。

11.2.5 定期检测备用风机与泵，才能确保其性能完好，及时投入使用。

11.2.6 本条所指各类管道包括抽排风及除臭系统管道、渗沥液收集系统管道、雾化喷淋管道等。

11.3 安 全 操 作

11.3.1 风机工作时，机轴转速很快，若发生联轴器连接件损坏，可能将破损零件沿切线方向抛出，因此操作人员不得贴近联轴器等旋转件，以防止发生工伤事故。

11.3.2 由于通风系统的滤网、滤袋、廊道等处尘埃量大，有害物质多，需要定期清扫、整理、除尘、除臭。作业及维护人员对风机及通风系统进行维护时，要穿工作服，戴口罩，戴眼罩，做好必要的防护措施。

11.3.3 风机工作中，电压、电流、风压、风量出现异常时，要立即停机检修。

11.3.4 停电时，要注意关闭进、出气闸阀，避免重新通电时风机自动开启，造成事故。

11.3.5 本条规定了污水泵工作的温度限值。污水泵在运行过程中，过高的温度会使油质发生变化和破坏油膜，影响污水泵的正常工作。

11.3.6 检修工作要在停机状态下由专门机修人员进行，不能用手直接触摸转动部位，以避免工伤事故发生。

12 控制与检测

12.1 运 行 管 理

12.1.1 工艺设施（设备）运行前，应先检查控制监测仪器设备是否完好，若发现控制监测仪器设备有故障，要及时通知有关工序，以确定能否开机运行。

12.1.2 生产运行中（尤其是进行更改或技改后），控制室（或监测岗位）仍保持良好视角，以便观察控制有关工序及设备运行状况。

12.1.3 由中央控制室控制的工序应同时具备独立控制功能，便于事故发生时的应急处理操作与管理。

12.1.4 事故发生时，中央控制室应将事故工序的有关情况通知其前后有关工序，以便其他工序迅速采取应对措施进行调整。

12.1.5 控制室采用计算机自动控制系统能及时处理主要技术参数并实现计算机自动管理，应利用其完成数据采集与处理运行技术参数的监控、调节，以及图像显示和图表打印等多项工作。

12.1.6 本条提出非中央控制室控制或监测的设备管理水平的要求。

12.1.7 本条规定工艺参数的监测内容与项目应与现行技术标准一致。

12.2 维 护 保 养

12.2.1 控制室仪器设备由专门维修人员定期检验，重要且贵重的仪器仪表出现故障，本厂维修人员无把握修复时，不得自行拆卸，应与专业（指定）维修点或厂家联系处理。

12.2.2 各工序控制监测仪器要设专业维护人员进行定期检验，由作业人员负责日常维护。

12.3 安 全 操 作

12.3.1 非控制室和化验（检验）室的工作人员不能随意进入控制室和化验（检验）室内，确因需要进入控制室时，要按控制室和化验（检验）室管理规程，穿戴必要的防护用品。进入室内后，不得擅自触碰仪器设备。

12.3.2 为保持仪器仪表的可靠性和精确度，控制仪器仪表应在良好的环境下工作，包括规定的电压，合适的温度、湿度。

12.3.3 设有两种以上措施（如对讲机、电话、光电信号）保持控制室与各工序联系畅通，并每天与各有关工序进行试联系。

13 环境保护与劳动保护

13.1 作业区环境

13.1.1 本条对垃圾堆肥厂的关键作业区环境保护设施提出了连续正常的运转要求，特别是对所有存在粉尘、异味及有害、有毒气体的堆肥车间。

13.1.2~13.1.4 按照相关标准、规范的规定，分别对作业区的噪声、粉尘以及恶臭气体的排放浓度和限值提出了要求。

13.2 厂区环境

13.2.1～13.2.3 分别对垃圾堆肥厂厂区覆盖范围内的垃圾储存、臭气排放、渗沥液处理等方面作出了相关规定。对恶臭的测定应在6～11月增加测定频率。

13.2.4 由于蝇类的大量繁殖在夏季和春夏、夏秋交替之时，恶臭也是在夏、秋季节容易发生，因此对蝇类的测定应在6～11月增加测定频率。

13.3 环境监测与检测

13.3.1 实施环境监测项目的目的在于监管垃圾堆肥厂的环境保护，并能够引导垃圾堆肥厂减小运行过程中的环境污染，必须由能够完成相关监测项目的环境监测机构实行，确保监测结果准确有效，有利于正确评价处理厂对环境质量的影响，改善和提高操作人员的劳动条件，有效防止对环境的二次污染。

13.3.2、13.3.3 分别对作业区环境以及厂内外环境检测的项目、方法和频率作了规定。

13.4 劳动保护

13.4.1 现行国家标准《生产过程安全卫生要求总则》GB/T 12801 是生产作业安全卫生的总则，现行国家标准《工业企业设计卫生标准》GBZ 1 对厂内作业区的卫生指标作了具体规定。上述两项标准确定了安全、卫生方面的指标要求，对垃圾堆肥厂安全卫生工作具有指导性。

13.4.2 出于对环境卫生行业劳动者健康保护的重视，本条提出了设置标识和采取可靠措施进行防护的要求。在诸如垃圾卸料平台等容易造成健康和环境恶劣影响的工作场所，应采取通风、除臭、消杀的有效措施。

13.4.3 本条对劳动保护的防护设备和用具明确了正常使用和维护的要求。

14 化验与检验

14.1 运行管理

14.1.1 按国家现行标准《生活垃圾堆肥处理技术规范》CJJ 52、《粪便无害化卫生标准》GB 7959 等的要求及垃圾堆肥厂运行实践经验，规定了本条中的检测项目及检验频率。堆肥原料发生改变的时候需要补充检测，增加检测项目和频次。

14.1.2 按现行国家标准《城镇垃圾农用控制标准》GB 8172、《土壤环境质量标准》GB 14618 等的要求及垃圾堆肥厂运行实践经验，规定了堆肥产品检测项目及检测步骤。

14.1.3 各种固体或液体样品的真实性和代表性很重要。化验室要设专门人员负责详细登记样品的名称、

编号、采样人以及保持剂的名称、浓度、用量等，验收样品时，若发现样品标签缺损、字迹不清、规格不符、质量不足等不符合要求的情况，可拒收并建议补采样品。

化验室的原始检测数据统计应由质量保证员负责，并将整理和汇总的化验报表及时报送有关部门。日报、旬报和月报应及时报厂运行管理部门，以指导监督工艺运行工况；季报和年报应交资料室归档，保管期限一般为5年。其技术档案整理、立卷工作按《科学技术档案工作条例》的规定执行。

为提高科学化、规范化管理水平和工作效率，化验室宜配置计算机终端，对化验数据进行处理、分析、汇总，完成各种报表。

14.1.4 为便于进行检测实验及保存样品，各种仪器、设备、药品及检测样品均应按其类型、特性、用途等分门别类摆放整齐，并设置明显标志。

14.1.5 现行行业标准《生活垃圾堆肥处理技术规范》CJJ 52 规定，堆肥工艺参数包括原料和产物含水率、碳氮比（C/N）、堆层温度、堆层氧浓度、耗氧速率、臭气浓度，以及植物种子发芽试验。堆层温度、堆层氧浓度、耗氧速率、植物种子发芽试验为堆肥处理技术特有的评价指标，其测试方法可参照该规范附录的说明。

14.1.6 本规程第 14.1.1、14.1.2 条中所列检测项目，可参照现行国家和行业的有关标准进行检测。本条第1款是对进场的垃圾物料的采样和物理组成检测要求，提出按现行行业标准《生活垃圾采样和分析方法》CJ/T 313 进行检测；第2款是对进场垃圾物料的化学成分进行检测的要求，可按《生活垃圾化学特性通用检测方法》CJ/T 96 进行检测；第3款是关于病原性生物污染的检测，要求按现行国家标准《粪便无害化卫生标准》GB 7959 提供的检测方法操作；第4款是关于垃圾渗沥液的检测要求，应按国家关于环境水质分析的方法标准和生活垃圾渗沥水理化分析和细菌学检验的方法标准进行检测。其中环境水质分析的方法标准从 GB 7466 到 GB 7494 是一系列标准，要求根据检测的项目对应的检测方法进行操作，表3列出了该系列标准的名称；生活垃圾渗沥水理化分析和细菌学检验可按现行行业标准《生活垃圾渗沥液检测方法》CJ/T 428 进行检测。

表3 环境水质分析的方法标准目录

序号	标准名称	标准号
1	水质　总铬的测定	GB/T 7466
2	水质　六价铬的测定　二苯碳酰二肼分光光度法	GB/T 7467
3	水质　总汞的测定　冷原子吸收分光光度法	GB/T 7468

序号	标准名称	标准号
4	水质 总汞的测定 高锰酸钾-过硫酸钾消解法双硫腙分光光度法	GB/T 7469
5	水质 铅的测定 双硫腙分光光度法	GB/T 7470
6	水质 镉的测定 双硫腙分光光度法	GB/T 7471
7	水质 锌的测定 双硫腙分光光度法	GB/T 7472
8	水质 铜的测定 2，9-二甲基-1，10-菲罗啉分光光度法	GB/T 7473
9	水质 铜的测定 二乙基二硫代氨基甲酸钠分光光度法	GB/T 7474
10	水质 铜、锌、铅、镉的测定 原子吸收分光光度法	GB/T 7475
11	水质 钙的测定 EDTA滴定法	GB/T 7476
12	水质 钙和镁总量的测定 EDTA滴定法	GB/T 7477
13	水质 铵的测定 蒸馏和滴定法	GB/T 7478
14	水质 铵的测定 纳氏试剂比色法	GB/T 7479
15	水质 硝酸盐氮的测定 酚二磺酸分光光度法	GB/T 7480
16	水质 铵的测定 水杨酸分光光度法	GB/T 7481
17	水质 氟化物的测定 茜素磺酸锆目视比色法	GB/T 7482
18	水质 氟化物的测定 氟试剂分光光度法	GB/T 7483
19	水质 氟化物的测定 离子选择电极法	GB/T 7484
20	水质 总砷的测定 二乙基二硫代氨基甲酸银分光光度法	GB/T 7485
21	水质 总氰化物的测定硝酸银滴定法、异烟酸-吡唑啉酮比色法	GB/T 7486
22	水质 氰化物的测定 第二部分：氰化物的测定	GB/T 7487
23	水质 五日生化需氧量（BOD$_5$）的测定 稀释与接种法	GB/T 7488
24	水质 溶解氧的测定 碘量法	GB/T 7489
25	水质 挥发酚的测定 蒸馏后4-氨基安替比林分光光度法	GB/T 7490
26	水质 挥发酚的测定 蒸馏后溴化容量法	GB/T 7491
27	水质 六六六、滴滴涕的测定 气相色谱法	GB/T 7492

序号	标准名称	标准号
28	水质 亚硝酸盐氮的测定 分光光度法	GB/T 7493
29	水质 阴离子表面活性剂的测定 亚甲蓝分光光度法	GB/T 7494

14.1.7 生活垃圾性状发生明显改变时，应对原料及产品增加检测次数，以及时调整工艺参数，保证堆肥产品的质量。

14.1.8 本条提出了对厂属化验（检验）室的基本要求。考虑到目前垃圾堆肥厂化验、检测技术力量在硬、软件方面配置的实际情况，只要求Ⅱ类以上堆肥厂化验室应能够自行检测有关项目。对于本厂无能力的检测项目应外送检测。

堆肥厂建设规模分类见表4。

表4 堆肥厂建设规模分类

类 型	额定日处理能力（t/d）
Ⅰ类	≥300
Ⅱ类	150～300
Ⅲ类	50～150
Ⅳ类	<50

注：建设规模分类Ⅰ、Ⅱ、Ⅲ类额定日处理能力含上限值，不含下限值。

14.2 维护保养

14.2.1 在仪器使用期间，要按照验收时仪器所达到的指标（至少包括检测限及重复性）定期进行检测，并记录检验结果，按照使用说明书进行维护。

紫外-可见光分光光度计、原子吸收分光光度计需进行以下的维护保养工作：

1 仪器的校正（包括波长、吸光度、杂散光、比色皿的校正）；

2 仪器分析性能的检验；

3 仪器操作条件的选择（光源灯、火焰原子化条件的选择，谱线及狭缝的选择）；

4 仪器的维护（放置地点，使用前后的维护）。

一般分析仪器需做好以下保养工作：

1 分析天平应有专人保管，负责日常的维护和保养；

2 定期对离子选择电极的响应时间、选择性、重复性进行定量测定，电极要经常活化；

3 电气测量仪器注意防潮、防尘，保持绝缘性能良好，电极表面保持清洁；

4 色谱仪的进样系统、分离系统、检验器及气路系统应经常维护。

14.2.2 检测人员在使用仪器前应先检查仪器是否正

常。仪器出现故障，要立即查明原因，根据仪器类型（不含精密和贵重仪器）和有关情况，排除故障后才允许继续使用，仪器不得带病工作。出现上述情况要及时上报。

14.2.3 实行专人保管制有利于强化保管人员责任感，便于保管人员熟悉了解贵重和精密仪器的基本性能与保管要求。

14.2.4 仪器的附属设备是设备的重要组成部分，要妥善保管，并经常进行安全检查，以保证仪器的正常运作。

14.3 安全操作

14.3.1 依据国家或行业相关规定、条例、标准，建立符合自身专业特点的安全防护管理条例是垃圾堆肥厂化验检测工作规范化的基本保证。

14.3.2 液、固、气等各种形态易燃易爆物的使用保存都要注意控制火源及起火的另外两个条件——氧和起燃温度，应将易燃易爆物置于阴凉通风处，与其他可燃物和易产生火花的设备隔离放置。

剧毒物保存于密闭的容器内，并标有"剧毒"字样与提示标志，存于有锁的柜中，每次按需用量领取，并严格履行审批手续。

14.3.3 有些检测项目中会放出一些带刺激气味的有害气体，影响身体健康，故这些检测项目均应在化验室的通风橱中进行。

14.3.4 检测人员在完成检测试验项目后，要将仪器开关及水、电、气源关闭，下班前进行检查，防止由于疏忽而发生事故。化验室醒目位置应设置有关提示标志。

15 突发事件应急处置

15.0.1 充分利用政府及相关部门预警系统和社会的信息资源，包括信息收集、处理、发布（如热线电话等形式）。

15.0.2 本条规定了出现突发事件时，垃圾堆肥厂的应对程序及处置措施。

15.0.3 设置相应的应急场地或容器是为了临时堆放、处理突发事件状态下的原料——如混入危险废物时；配置应急动力设备是为了保障在常规动力源全部丧失（如凌冻导致外部电源损毁）情况下主体设施（设备）能正常运行；配置应急运输设备是为了应对运力不足或输送特殊物料，为了适应后者需求，应急运输设备应满足特定要求。

15.0.4 对于使用频率不高的非通用性设施、设备，应该在上级部门的协调下，统一调配、资源共享。

15.0.5 针对可能的自然灾害采取对应预防措施可防止损失或减缓损失。如：在冰冻、冰雪到来之前将露天设备、车辆移至室内，或加盖保温层；给外露的管线包裹保温层，排空输水管道等。

中华人民共和国行业标准

生活垃圾焚烧处理工程技术规范

Technical code for projects of municipal
solid waste incineration

CJJ 90—2009
J 184—2009

批准部门：中华人民共和国住房和城乡建设部
施行日期：２００９年７月１日

中华人民共和国住房和城乡建设部

公 告

第 238 号

关于发布行业标准《生活垃圾焚烧处理工程技术规范》的公告

现批准《生活垃圾焚烧处理工程技术规范》为行业标准，编号为 CJJ 90—2009，自 2009 年 7 月 1 日起实施。其中，第 3.1.1、4.2.1、5.2.6、5.3.2、5.3.4、6.2.2、6.2.5、6.5.2、7.3.2、7.6.6、10.2.5、10.3.4、10.4.5、10.5.1、12.3.9、16.2.10 条为强制性条文，必须严格执行。原行业标准《生活垃圾焚烧处理工程技术规范》CJJ 90—2002 同时废止。

本规范由我部标准定额研究所组织中国建筑工业出版社出版发行。

中华人民共和国住房和城乡建设部

2009 年 3 月 15 日

前 言

根据原建设部"关于印发《2006 年工程建设标准规范制订、修订计划（第一批）》的通知"（建标〔2006〕77 号）的要求，规范编制组在广泛调查研究，认真总结实践经验，参考有关国际标准和国内外先进标准，并在广泛征求意见的基础上，对《生活垃圾焚烧处理工程技术规范》CJJ 90—2002 进行了修订。

本规范的主要技术内容是：1. 总则；2. 术语；3. 垃圾处理量与特性分析；4. 垃圾焚烧厂总体设计；5. 垃圾接收、储存与输送；6. 焚烧系统；7. 烟气净化与排烟系统；8. 垃圾热能利用系统；9. 电气系统；10. 仪表与自动化控制；11. 给水排水；12. 消防；13. 采暖通风与空调；14. 建筑与结构；15. 其他辅助设施；16. 环境保护与劳动卫生；17. 工程施工及验收。

修订的主要内容包括：

1. 对术语进行了充实和完善；

2. 增加了对厂区道路设计和绿地率的要求；

3. 对垃圾焚烧系统增加了节能减排和安全要求的内容；

4. 对烟气净化系统工艺增加了干法和湿法的内容，并对布袋除尘、活性炭喷射和在线监测等内容进行了规定；

5. 对飞灰的处理增加了可进入生活垃圾卫生填埋场处理的条件；

6. 对电气和仪表控制作了进一步的技术要求；

7. 对给排水和消防增加了技术内容。

本规范由住房和城乡建设部负责管理和对强制性条文的解释，由主编单位负责具体技术内容的解释。

本规范主编单位：城市建设研究院（地址：北京市朝阳区惠新里 3 号；邮政编码：100029）

五洲工程设计研究院（地址：北京市西便门内大街 85 号；邮政编码：100053）

本规范参编单位：上海日技环境技术咨询有限公司

深圳市环卫综合处理厂

上海市环境工程设计科学研究院

本规范主要起草人：徐文龙 孙振安 郭祥信 陈海英 白良成 梁立军 杨宏毅 云 松 陈恩富 朱先年 龙吉生 金福青 吕德彬 陈 峰 蒋旭东 卜亚明 闫 磊 张小慧 龚柏勋 蔡 辉 张 益 张国辉 翟力新 李万修 孙 彦 曹学义 岳优敏

姜宗顺　程义军　骞瑞欢
安　淼　徐振新　杨承休
黄益民　王素英　唐志革

姜鹏运　郭　琦　高　霞
温穗卿　秦　峰　林桂鹏
朱　平

目　录

目　次

1 总　则

1.0.1 为规范生活垃圾（以下简称垃圾）焚烧处理工程建设的技术要求，做到焚烧工艺技术先进、运行可靠、控制污染、安全卫生、节约用地、维修方便、经济合理、管理科学，制定本规范。

1.0.2 本规范适用于以焚烧方法处理垃圾的新建和改扩建工程的规划、设计、施工及验收。

1.0.3 垃圾焚烧工程规模的确定和工艺技术路线的选择，应综合考虑城市社会经济发展、城市总体规划、环境卫生专业规划、垃圾产生量与特性、环境保护要求以及焚烧技术的适用性等方面合理确定。

1.0.4 垃圾焚烧工程建设，应采用先进、成熟、可靠的技术和设备，做到焚烧工艺技术先进、运行可靠、控制污染、安全卫生、节约用地、维修方便、经济合理、管理科学。垃圾焚烧产生的热能应充分加以利用。

1.0.5 垃圾焚烧处理工程的规划、设计、施工及验收，除应符合本规范外，尚应符合国家现行有关标准的规定。

2 术　语

2.0.1 垃圾焚烧炉（焚烧炉）　waste incinerator

利用高温氧化方法处理垃圾的设备。

2.0.2 垃圾焚烧余热锅炉（余热锅炉）　waste incineration boiler

利用垃圾燃烧释放的热能，将水加热到一定温度和压力的换热设备。

2.0.3 垃圾低位热值（低位热值）　low heat value (LHV)

单位质量垃圾完全燃烧时，当燃烧产物回复到反应前垃圾所处温度、压力状态，并扣除其中水分汽化吸热后，放出的热量。

2.0.4 设计垃圾低位热值（设计低位热值）　low heat value for design

在设计时，为确定焚烧炉的额定处理能力所采用的垃圾低位热值。

2.0.5 最大连续蒸发量　maximum continuous rating (MCR)

余热锅炉在额定蒸汽压力、额定蒸汽温度、额定给水温度和使用设计燃料条件下长期连续运行时所能达到的最大蒸发量。

2.0.6 额定垃圾处理量　rated waste treatment capacity

在额定工况下，焚烧炉的垃圾焚烧量。

2.0.7 焚烧炉上限垃圾低位热值　upper limit LHV of waste for incinerator

能够使焚烧炉正常运行的最大垃圾低位热值。

2.0.8 焚烧炉下限垃圾低位热值　lower limit LHV of waste for incinerator

能够使焚烧炉正常运行的最小垃圾低位热值。

2.0.9 炉膛　combustion chamber

垃圾焚烧炉中的燃烧空间。

2.0.10 二次燃烧室　reburning chamber

使燃烧气体进一步燃烬而设置的燃烧空间。即垃圾焚烧炉内自二次空气供入点所在的断面至余热锅炉第一通道入口断面的空间。

2.0.11 炉排热负荷　grate heat release rate

单位炉排面积、单位时间内的垃圾焚烧释热量。

2.0.12 炉排机械负荷　mass load of grate

单位炉排面积、单位时间内的垃圾焚烧量。

2.0.13 炉膛容积热负荷　combustion chamber volume heat release rate

单位炉膛容积、单位时间内的垃圾焚烧释热量。

2.0.14 连续焚烧方式　continuous incineration

通过送料器连续运动，将垃圾不断投入垃圾焚烧炉内进行焚烧的作业方式。

2.0.15 焚烧线　incineration line

为完成对垃圾的焚烧处理而配置的焚烧、热交换、烟气净化、排渣出渣、飞灰收集输送、控制等全部设备和设施的总称。

2.0.16 炉渣　slag

垃圾焚烧过程中，从排渣口排出的残渣。

2.0.17 锅炉灰　boiler ash

从余热锅炉下部排出的固态物质。

2.0.18 飞灰　fly ash

从烟气净化系统排出的固态物质。

2.0.19 漏渣　fall slag

从焚烧炉炉排间隙漏下的固态物质。

2.0.20 灰渣　residua（ash and slag）

在垃圾焚烧过程中产生的炉渣、漏渣、锅炉灰和飞灰的总称。

2.0.21 飞灰稳定化　fly ash stabilify

使飞灰转化为非危险废物的处理过程。

2.0.22 余热锅炉热效率　thermal efficiency of waste incineration boiler

余热锅炉输出的热量与输入的总热量之比。

2.0.23 炉渣热灼减率　loss of ignition

焚烧垃圾产生的炉渣在（600±25）℃下保持3h，经冷却至室温后减少的质量占在室温条件下干燥后的原始炉渣质量的百分比。

2.0.24 烟气净化系统　flue gas cleaning system

对烟气进行净化处理所采用的各种处理设施组成的系统。

2.0.25 二噁英类　dioxins

多氯代二苯并-对-二噁英（PCDDs）、多氯代二苯并呋喃（PCDF₅）等化学物质的总称。

3 垃圾处理量与特性分析

3.1 垃圾处理量

3.1.1 垃圾处理量应按实际重量统计与核定。

3.1.2 垃圾处理量应按进厂量和入炉量分别进行计量和统计。

3.2 垃圾特性分析

3.2.1 垃圾特性分析应包括下列内容：

1 物理性质：物理组成、重度、尺寸；

2 工业分析：固定碳、灰分、挥发分、水分、灰熔点、低位热值；

3 元素分析和有害物质含量。

3.2.2 垃圾物理组成分析应由下列项目构成：

1 有机物：厨余、纸类、竹木、橡（胶）塑（料）、纺织物；

2 无机物：玻璃、金属、砖瓦渣土；

3 含水率；

4 其他。

3.2.3 垃圾采样应具有代表性，特性分析结果应具有真实性。

3.2.4 垃圾采样和特性分析，应符合现行行业标准《城市生活垃圾采样和物理分析方法》CJ/T 3039 中的有关规定。

3.2.5 垃圾元素分析与测定，应符合下列要求：

1 垃圾元素分析应包括：碳（C）、氢（H）、氧（O）、氮（N）、硫（S）、氯（Cl）。

2 垃圾元素测定的样品粒度应小于 0.2mm。

3.2.6 垃圾元素分析可采用经典法或仪器法测定。采用经典法测定垃圾元素成分值时，可按煤的元素分析方法进行；采用仪器法测定元素分析成分值时，应按各类仪器的使用要求确定样品量。

4 垃圾焚烧厂总体设计

4.1 垃圾焚烧厂规模

4.1.1 垃圾焚烧厂应包括：接收、储存与进料系统、焚烧系统、烟气净化系统、垃圾热能利用系统、灰渣处理系统、仪表及自动化控制系统、电气系统、消防、给排水及污水处理系统、采暖通风及空调系统、物流输送及计量系统，以及启停炉辅助燃烧系统、压缩空气系统和化验、维修等其他辅助系统。

4.1.2 垃圾焚烧厂的处理规模应根据环境卫生专业规划或垃圾处理设施规划、服务区范围的垃圾产生量现状及其预测、经济性、技术可行性和可靠性等因素确定。

4.1.3 焚烧线数量和单条焚烧线规模应根据焚烧厂处理规模、所选炉型的技术成熟度等因素确定，宜设置 2~4 条焚烧线。

4.1.4 垃圾焚烧厂的规模宜按下列规定分类：

1 特大类垃圾焚烧厂：全厂总焚烧能力 2000t/d 及以上；

2 Ⅰ类垃圾焚烧厂：全厂总焚烧能力 1200～2000t/d（含 1200t/d）；

3 Ⅱ类垃圾焚烧厂：全厂总焚烧能力 600～1200t/d（含 600t/d）；

4 Ⅲ类垃圾焚烧厂：全厂总焚烧能力 150～600t/d（含 150t/d）。

4.2 厂址选择

4.2.1 垃圾焚烧厂的厂址选择应符合城乡总体规划和环境卫生专业规划要求，并应通过环境影响评价的认定。

4.2.2 厂址选择应综合考虑垃圾焚烧厂的服务区域、服务区的垃圾转运能力、运输距离、预留发展等因素。

4.2.3 厂址应选择在生态资源、地面水系、机场、文化遗址、风景区等敏感目标少的区域。

4.2.4 厂址条件应符合下列要求：

1 厂址应满足工程建设的工程地质条件和水文地质条件，不应选在发震断层、滑坡、泥石流、沼泽、流沙及采矿陷落区等地区；

2 厂址不应受洪水、潮水或内涝的威胁；必须建在该类地区时，应有可靠的防洪、排涝措施，其防洪标准应符合现行国家标准《防洪标准》GB 50201 的有关规定；

3 厂址与服务区之间应有良好的道路交通条件；

4 厂址选择时，应同时确定灰渣处理与处置的场所；

5 厂址应有满足生产、生活的供水水源和污水排放条件；

6 厂址附近应有必需的电力供应。对于利用垃圾焚烧热能发电的垃圾焚烧厂，其电能应易于接入地区电力网；

7 对于利用垃圾焚烧热能供热的垃圾焚烧厂，厂址的选择应考虑热用户分布、供热管网的技术可行性和经济性等因素。

4.3 全厂总图设计

4.3.1 垃圾焚烧厂的全厂总图设计，应根据厂址所在地区的自然条件，结合生产、运输、环境保护、职业卫生与劳动安全、职工生活，以及电力、通信、燃气、热力、给水、排水、污水处理、防洪、排涝等设施环境，特别是垃圾热能利用条件，经多方案综合比较后确定。

4.3.2 焚烧厂的各项用地指标应符合国家有关规定及当地土地、规划等行政主管部门的要求。

4.3.3 垃圾焚烧厂人流和物流的出、入口设置，应符合城市交通的有关要求，并应方便车辆的进出。人流、物流应分开，并应做到通畅。

4.3.4 垃圾焚烧厂宜设置必要的生活服务设施，具备社会化条件的生活服务设施应实行社会化服务。

4.4 总平面布置

4.4.1 垃圾焚烧厂应以垃圾焚烧厂房为主体进行布置，其他各项设施应按垃圾处理流程、功能分区，合理布置，并应做到整体效果协调、美观。

4.4.2 油库、油泵房的设置应符合现行国家标准《石油库设计规范》GB 50074 中的有关规定。

4.4.3 燃气系统应符合现行国家标准《城镇燃气设计规范》GB 50028 中的有关规定。

4.4.4 地磅房应设在垃圾焚烧厂内物流出入口处，并应有良好的通视条件，与出入口围墙的距离应大于一辆最长车的长度，且宜为直通式。

4.4.5 总平面布置应有利于减少垃圾运输和处理过程中的恶臭、粉尘、噪声、污水等对周围环境的影响，防止各设施间的交叉污染。

4.4.6 厂区各种管线应合理布置、统筹安排。

4.5 厂区道路

4.5.1 垃圾焚烧厂区道路的设置，应满足交通运输和消防的需求，并应与厂区竖向设计、绿化及管线敷设相协调。

4.5.2 垃圾焚烧厂区主要道路的行车路面宽度不宜小于 6m。垃圾焚烧厂房周围应设宽度不小于 4m 的环形消防车道，厂区主干道路面宜采用水泥混凝土或沥青混凝土，道路的荷载等级应符合现行国家标准《厂矿道路设计规范》GBJ 22 中的有关规定。

4.5.3 通向垃圾卸料平台的坡道应按国家现行标准《公路工程技术标准》JTG B01 的规定执行。为双向通行时，宽度不宜小于 7m；单向通行时，宽度不宜小于 4m。坡道中心圆曲线半径不宜小于 15m，纵坡不应大于 8%。圆曲线处道路的加宽应根据通行车型确定。

4.5.4 垃圾焚烧厂宜设置应急停车场，应急停车场可设在厂区物流出入口附近处。

4.6 绿 化

4.6.1 垃圾焚烧厂的绿化布置，应符合全厂总图设计要求，合理安排绿化用地。

4.6.2 厂区的绿地率不宜大于 30%。

4.6.3 厂区绿化应结合当地的自然条件，厂区美化应选择适宜的植物。

5 垃圾接收、储存与输送

5.1 一般规定

5.1.1 垃圾接收、储存与输送系统应包括：垃圾称量设施、垃圾卸料平台、垃圾卸料门、垃圾池、垃圾抓斗起重机、除臭设施和渗沥液导排等垃圾池内的其他必要设施。

5.1.2 大件可燃垃圾较多时，可考虑在场内设置大件垃圾破碎设施。

5.2 垃圾接收

5.2.1 垃圾焚烧厂应设置汽车衡。设置汽车衡的数量应符合下列要求：

1 特大类垃圾焚烧厂设置 3 台或以上；

2 Ⅰ类、Ⅱ类垃圾焚烧厂设置 2～3 台；

3 Ⅲ类垃圾焚烧厂设置 1～2 台。

5.2.2 垃圾称量系统应具有称重、记录、打印与数据处理、传输功能。

5.2.3 汽车衡规格按垃圾车最大满载重量的 1.3～1.7 倍配置，称量精度不大于 20kg。

5.2.4 垃圾卸料平台的设置，应符合下列要求：

1 卸料平台垂直于卸料门方向的宽度应根据最大垃圾运输车的长度和车流密度确定，不宜小于 18m；

2 应有必要的安全防护设施；

3 应有充足的采光；

4 应有地面冲洗、废水导排设施和卫生防护措施；

5 应有交通指挥系统。

5.2.5 垃圾池卸料口处设置垃圾卸料门。垃圾卸料门的设置应符合下列要求：

1 应满足耐腐蚀、强度高、寿命长、开关灵活的性能要求；

2 数量应以维持正常卸料作业和垃圾进厂高峰时段不堵车为原则，且不应少于 4 个；

3 宽度不应小于最大垃圾车宽加 1.2m，高度应满足顺利卸料作业的要求；

4 垃圾卸料门的开、闭应与垃圾抓斗起重机的作业相协调。

5.2.6 垃圾池卸料口处必须设置车挡和事故报警设施。

5.3 垃圾储存与输送

5.3.1 垃圾池有效容积宜按 5～7d 额定垃圾焚烧量确定。垃圾池净宽度不应小于抓斗最大张角直径的 2.5 倍。

5.3.2 垃圾池应处于负压封闭状态，并应设照明、消防、事故排烟及通风除臭装置。

5.3.3 与垃圾接触的垃圾池内壁和池底，应有防渗、防腐蚀措施，应平滑耐磨、抗冲击。垃圾池底宜有不小于1%的渗沥液导排坡度。

5.3.4 垃圾池应设置垃圾渗沥液导排收集设施。垃圾渗沥液收集和输送设施应采取防渗、防腐措施，并应配置检修人员防毒装备。

5.3.5 垃圾抓斗起重机设置应符合下列要求：

　　1 配置应满足作业要求，且不宜少于2台；

　　2 应有计量功能；

　　3 宜设置备用抓斗；

　　4 应有防止碰撞的措施。

5.3.6 垃圾抓斗起重机控制室应有换气措施，相对垃圾池的一面应有密闭、安全防护的观察窗，观察窗的设计应有防反光、防结露及清洁措施。

6　焚烧系统

6.1　一般规定

6.1.1 垃圾焚烧系统应包括垃圾进料装置、焚烧装置、出渣装置、燃烧空气装置、辅助燃烧装置及其他辅助装置。

6.1.2 采用垃圾连续焚烧方式，焚烧线年可利用时间不应小于8000h。

6.1.3 焚烧系统各主要设备，应采用单元制配置方式。

6.1.4 焚烧炉设计垃圾低位热值应在对生活垃圾成分和热值的合理预测基础上确定。

6.1.5 焚烧系统设计应提供物料平衡图，物料平衡图应分别标示出下限工况、额定工况和上限工况，焚烧线各组成系统输入、输出物质的量化关系。

6.1.6 焚烧系统设计应提供焚烧炉的燃烧图，燃烧图应能反映该炉正常工作区域、短期超负荷工作区域以及助燃工作区域，并标明各工作区域的参数。

6.1.7 垃圾焚烧系统设计服务期限不应低于20a。

6.2　垃圾焚烧炉

6.2.1 新建垃圾焚烧厂宜采用相同规格、相同型号的垃圾焚烧炉。

6.2.2 垃圾在焚烧炉内应得到充分燃烧，燃烧后的炉渣热灼减率应控制在5%以内，二次燃烧室内的烟气在不低于850℃的条件下滞留时间不应小于2s。

6.2.3 垃圾焚烧炉的选择，应符合下列要求：

　　1 在设计垃圾低位热值与下限低位热值范围内，应保证垃圾设计处理能力，并应适应全年内垃圾特性变化的要求；

　　2 应有超负荷处理能力，垃圾进料量应可调节；

　　3 正常运行期间，炉内应处于负压燃烧状态；

　　4 可设置垃圾渗沥液喷入装置。

6.2.4 垃圾焚烧炉的进料装置，应符合下列要求：

　　1 进料斗宜有不小于0.5～1h的垃圾储存量，进料口尺寸应按不小于垃圾抓斗最大张角的尺寸确定；

　　2 料斗应设有垃圾搭桥破解装置；

　　3 应设置垃圾料位监测或监视装置；

　　4 料槽下口尺寸应大于上口尺寸，高度应能维持炉内负压，料槽宜采取冷却措施。

6.2.5 垃圾焚烧炉进料斗平台沿垃圾池侧应设置防护设施。

6.3　余热锅炉

6.3.1 余热锅炉的额定出力应根据额定垃圾处理量、设计垃圾低位热值和余热锅炉设计热效率等因素确定。

6.3.2 余热锅炉热力参数应根据热能利用方式、利用设备要求及锅炉安全运行要求确定。

6.3.3 利用余热发电的焚烧厂，余热锅炉蒸汽参数不宜低于400℃、4MPa。

6.3.4 对于配置余热锅炉的热能利用方式，应选用自然循环余热锅炉，并应有防止烟气对余热锅炉高温和低温腐蚀的措施。

6.3.5 余热锅炉对流受热面应设置有效的清灰设施。

6.4　燃烧空气系统与装置

6.4.1 垃圾焚烧炉的燃烧空气系统应由一次空气和二次空气系统及其他辅助系统组成。

6.4.2 一次空气应从垃圾池上方抽取；进风口处应设置过滤装置。

6.4.3 当入炉垃圾低位热值小于8000kJ/kg时，应对一、二次空气进行加热，加热温度应根据入炉垃圾低位热值确定。

6.4.4 一、二次空气管道设计应选择合理的管内空气流速，管道及其连接设备的布置应有利于减小管路阻力，并应保证管道系统气密性，管材应耐腐蚀和耐老化。空气预热器后的热空气管道和管件应设热膨胀吸收装置，并应做保温。

6.4.5 一、二次风机和炉墙风机的台数应根据垃圾焚烧炉的设计要求确定。一、二次风机和焚烧炉其他所配风机不应设就地备用风机。

6.4.6 垃圾焚烧炉出口的烟气含氧量应控制在6%～10%（体积百分数）。

6.4.7 焚烧炉一、二次空气量调节宜采取连续方式。

6.4.8 一、二次风机的最大流量，应为最大计算流量的110%～120%，风压应有不小于20%的余量。

6.5　辅助燃烧系统

6.5.1 垃圾焚烧炉必须配置点火燃烧器和辅助燃烧器。配置的点火燃烧器和辅助燃烧器应能满足炉温控制的要求，且应有良好的负荷调节性能和较高的燃烧效率。燃烧器的数量和安装位置可由焚烧炉设计确定。

6.5.2 燃料的储存、供应设施应配有防爆、防雷、防静电和消防设施。

6.5.3 采用油燃料时，储油罐的数量不宜少于 2 台。储油罐总有效容积，应根据全厂使用情况和运输情况综合确定，但不应小于最大一台垃圾焚烧炉冷启动点火用油量的 1.5～2.0 倍。

6.5.4 供油泵的设置不应少于 2 台，且应有一台备用。

6.5.5 供油、回油管道应单独设置，并应在供、回油管道上设有计量装置和残油放尽装置。

6.5.6 采用气体燃料时，应有可靠的气源，燃气供应和燃烧系统的设计应满足《城镇燃气设计规范》GB 50028 的有关要求。

6.6 炉渣输送处理装置

6.6.1 炉渣处理系统应包括除渣冷却、输送、储存、除铁等设施。

6.6.2 垃圾焚烧过程产生的炉渣与飞灰应分别收集、输送、储存和处理。

6.6.3 在炉渣处理系统的关键设备附近，应设必要的检修设施和场地。

6.6.4 炉渣储存、输送和处理工艺及设备的选择，应符合下列要求：

　　1 与垃圾焚烧炉衔接的除渣机，应有可靠的机械性能和保证炉内密封的措施；

　　2 炉渣输送设备的输送能力应有足够裕量；

　　3 炉渣储存设施的容量，宜按 3～5d 的储存量确定；

　　4 应对炉渣进行磁选；

　　5 炉渣宜进行综合利用。

6.6.5 漏渣应及时清理和处理。

7 烟气净化与排烟系统

7.1 一般规定

7.1.1 垃圾焚烧线必须配置烟气净化系统，并应采取单元制布置方式。

7.1.2 烟气排放指标限值应满足焚烧厂环境影响评价报告批复的要求。

7.1.3 烟气净化工艺流程的选择，应充分考虑垃圾特性和焚烧污染物产生量的变化及物理、化学性质的影响，并应注意组合工艺间的相互匹配。

7.1.4 烟气净化装置应有防止飞灰阻塞的措施，并有可靠的防腐蚀、防磨损性能。

7.2 酸性污染物的去除

7.2.1 氯化氢、氟化氢、硫氧化物、氮氧化物等酸性污染物，应选用适宜的处理工艺进行去除。

7.2.2 采用半干法工艺时，应符合下列要求：

　　1 逆流式和顺流式反应器内的烟气停留时间分别不宜少于 10s 和 20s；

　　2 反应器出口的烟气温度应保证在后续管路和设备中的烟气不结露；

　　3 雾化器的雾化细度应保证反应器内中和剂的水分完全蒸发；

　　4 应配备可靠的中和剂浆液制备和供给系统。制浆用的粉料粒度和纯度应符合设计要求。浆液的浓度应根据烟气中酸性气体浓度和反应效率确定。

7.2.3 中和剂储罐的容量宜按 4～7d 的用量设计，并应满足下列要求：

　　1 储罐应设有中和剂的破拱装置和扬尘收集装置；

　　2 应有料位检测和计量装置。

7.2.4 中和剂浆液输送设施的设置，应符合下列要求：

　　1 中和剂浆液输送泵泵体应易拆卸清洗。泵入口端应设置过滤装置且该装置不得妨碍管路系统的正常工作；

　　2 中和剂浆液输送泵应设置 2 台，其中 1 台备用；

　　3 浆液输送管路中的阀门宜选择中和剂浆液不易沉积的直通式球阀、隔膜阀，不宜选择闸阀、截止阀；

　　4 管道应有坡敷设，并不得出现类似存水弯的管道段；

　　5 管道内，中和剂浆液流速不应低于 1.0m/s；

　　6 中和剂浆液输送管道应设置便于定期清洗的管道和设备冲洗口；

　　7 采用半干法、湿法去除酸性污染物的反应器，应具有防止内壁积垢和清理积垢的装置或措施；

　　8 经常拆装和易堵的管段，应采用法兰连接；易堵、易磨的设备、部件宜设置旁通。

7.2.5 采用干法工艺时，应符合下列要求：

　　1 中和剂喷入口的上游，应设置烟气降温设施；

　　2 中和剂宜采用氢氧化钙，其品质和用量应满足系统安全稳定运行的要求；

　　3 应有准确的给料计量装置；

　　4 中和剂的喷嘴设计和喷入口位置确定，应保证中和剂与烟气的充分混合。

7.2.6 采用湿法工艺时，应符合下列要求：

　　1 湿法脱酸设备应与除尘设备相互匹配，保证除尘效果满足要求；

　　2 湿法脱酸设备的设计应使烟气与碱液有足够的接触面积和接触时间；

　　3 湿法脱酸设备应具有防腐蚀和防磨损性能；

　　4 应具有有效避免处理后烟气在后续管路和设备中结露的措施；

　　5 应配备可靠的废水处理处置设施。

7.3 除 尘

7.3.1 除尘设备的选择，应根据下列因素确定：

1 烟气特性：温度、流量和飞灰粒度分布；

2 除尘器的适用范围和分级效率；

3 除尘器同其他净化设备的协同作用或反向作用的影响；

4 维持除尘器内的温度高于烟气露点温度20～30℃。

7.3.2 烟气净化系统必须设置袋式除尘器。

7.3.3 袋式除尘器宜采用脉冲喷吹清灰方式，并宜设置专用的压缩空气供应系统。

7.3.4 袋式除尘器的灰斗，应设有伴热措施。

7.3.5 袋式除尘器及其附属设施的设计应能保证焚烧系统启动、运行和停炉期间除尘器的安全运行。

7.4 二噁英类和重金属的去除

7.4.1 垃圾焚烧过程应采取下列控制二噁英的措施：

1 垃圾应完全焚烧，并应严格控制二次燃烧室内焚烧烟气的温度、停留时间和气流扰动工况；

2 应减少烟气在200～400℃温度区的滞留时间；

3 应设置吸附剂喷入装置。

7.4.2 采用活性炭粉作为吸附剂时，应配置活性炭粉输送、计量、防堵塞和喷入装置。活性炭储仓应有防爆措施。

7.5 氮氧化物的去除

7.5.1 应优先考虑通过垃圾焚烧过程的燃烧控制，抑制氮氧化物的产生。

7.5.2 宜设置选择性非催化还原法（SNCR）脱除氮氧化物。

7.6 排烟系统设计

7.6.1 引风机计算风量应包括下列内容：

1 在垃圾焚烧运行中，过剩空气条件下的湿烟气量；

2 控制烟温用的补充空气量；

3 烟气喷水降温时水蒸气增加量；

4 烟气净化系统投入药剂或增湿引起的烟气量的附加量；

5 引风机前漏入系统的空气量。

7.6.2 引风机风量宜按最大计算烟气量加15%～30%的余量确定，引风机风压余量宜为10%～20%。

7.6.3 引风机应设调速装置。

7.6.4 烟囱设置应符合现行国家标准《生活垃圾焚烧污染控制标准》GB 18485 的规定。

7.6.5 烟气管道应符合下列要求：

1 管道内的烟气流速宜按10～20m/s设计；

2 应采取吸收热膨胀及防腐、保温措施，并保持管道的气密性。

3 连接焚烧装置与烟气净化装置的烟气管道的低点，应有清除积灰的措施。

7.6.6 排放烟气应进行在线监测，每条焚烧生产线应设置独立的在线监测系统，在线监测点的布置、监测仪表和数据处理及传输应保证监测数据真实可靠。

7.6.7 在线监测设施应能监测以下指标：烟气的流量、温度、压力、湿度、氧浓度、烟尘、氯化氢（HCl）、二氧化硫（SO_2）、氮氧化物（NO_x）和一氧化碳（CO），并宜监测氟化氢（HF）和二氧化碳（CO_2）。

7.6.8 烟气在线监测数据应传送至中央控制室，应根据在线监测结果对烟气净化系统进行控制，宜在焚烧厂显著位置设置排烟主要污染物浓度显示屏。

7.7 飞灰收集、输送与处理系统

7.7.1 飞灰收集、输送与处理系统应包括飞灰收集、输送、储存、排料、受料、处理等设施。

7.7.2 飞灰收集、储存与处理系统各装置应保持密闭状态。

7.7.3 飞灰的生成量，应根据垃圾物理成分、烟气净化系统物料投入量和焚烧垃圾量核定。

7.7.4 烟气净化系统采用干法或半干法方式脱除酸性污染物时，飞灰处理系统应采用机械除灰或气力除灰方式；采用湿法时，应将飞灰从污水中有效分离出来。

7.7.5 气力除灰系统应采取防止空气进入与防止灰分结块的措施。

7.7.6 收集飞灰用的储灰罐容量，以不少于3d飞灰额定产生量确定。储灰罐应设有料位指示、除尘、防止灰分板结的设施，并宜在排灰口附近设置增湿设施。

7.7.7 飞灰储存装置宜采取保温、加热措施。

7.7.8 飞灰应按危险废物处理，处理方式应选择下列两种方式之一：

1 危险废物处理厂处理；

2 在满足现行国家标准《生活垃圾填埋场污染控制标准》GB 16889 规定的条件下，进入生活垃圾卫生填埋场处理。

7.7.9 飞灰收集和输送系统宜采用中央控制室控制方式，飞灰储存、外运或厂内预处理系统宜采用现场控制方式。

8 垃圾热能利用系统

8.1 一般规定

8.1.1 焚烧垃圾产生的热能应进行有效利用。

8.1.2 垃圾热能利用方式应根据焚烧厂的规模、垃圾焚烧特点、周边用热条件及经济性综合比较确定。

8.1.3 利用垃圾热能发电时，应符合可再生能源电力的并网要求。利用垃圾热能供热时，应符合供热热源和热力管网的有关要求。

8.2 利用垃圾热能发电及热电联产

8.2.1 汽轮发电机组型式的选用，应根据利用垃圾热能发电或热电联产的条件确定。汽轮发电机组的数量不宜大于2套；机组年运行时数应与垃圾焚烧炉相匹配。

8.2.2 当设置一套汽轮机组，汽轮机旁路系统应按汽轮机组100%额定进汽量设置；当设置2套机组时，汽轮机旁路系统宜按较大一套汽轮机组120%额定进汽量设置。

8.2.3 垃圾焚烧余热锅炉给水温度不宜大于140℃。

8.2.4 当不设置高压加热器时，除氧器工作压力应根据余热锅炉给水温度确定。

8.2.5 汽轮发电机组的冷却方式，应结合当地水资源利用条件，并进行技术经济比较确定。对水资源贫乏的地区宜采取空冷冷却方式。

8.2.6 焚烧发电厂的热力系统中的设备与技术条件的选用，应符合下列条件：

1 主蒸汽管道宜采用单母管制系统或分段单母管制系统。

2 余热锅炉给水管道宜采用单母管制系统。

3 其他设备与技术条件，应符合现行国家标准《小型火力发电厂设计规范》GB 50049 中的有关规定。

8.3 利用垃圾热能供热

8.3.1 利用垃圾热能供热的垃圾焚烧厂，应有稳定、可靠的热用户。

8.3.2 利用垃圾热能供热的垃圾焚烧厂，其热力系统中的设备与技术条件应符合现行国家标准《锅炉房设计规范》GB 50041 中的有关规定。

9 电气系统

9.1 一般规定

9.1.1 垃圾焚烧处理工程中，电气系统的一、二次接线和运行方式应首先保证垃圾焚烧处理系统的正常运行。

9.1.2 当利用垃圾焚烧热能发电并网、并接入地区电力网时，接入系统应符合电力行业的规定。

9.1.3 垃圾焚烧厂生产的电力应接入地区电力网，其接入电压等级应根据垃圾焚烧厂的建设规模、汽轮发电机的单机容量及地区电力网的具体情况，经技术经济比较后确定。有发电机电压直配线时，发电机额定电压应根据地区电力网的需要，采用 6.3kV

或 10.5kV。

9.1.4 需要由电力系统经主变压器倒送电且电压不满足厂用电条件时，经调压计算论证确有必要且技术经济合理情况下，主变压器可采用有载调压的方式。

9.1.5 发电机电压母线宜采用单母线或单母线分段接线方式。

9.1.6 利用垃圾热能发电时，发电机和励磁系统选型应分别符合现行国家标准《透平型同步电机技术要求》GB/T 7064 和《同步电机励磁系统》GB/T 7409.1～7409.3 中的有关规定。

9.1.7 高压配电装置、继电保护和安全自动装置、过电压保护、防雷和接地的技术要求，应分别符合现行国家标准《3～110kV 高压配电装置设计规范》GB 50060、《电力装置的继电保护和自动装置设计规范》GB 50062、《交流电气装置的过电压保护和绝缘配合》DL/T 620、《建筑物防雷设计规范》GB 50057 和《交流电气装置的接地》DL/T 621 中的有关规定。

9.1.8 垃圾焚烧厂的电气消防设计应符合现行国家标准《火力发电厂与变电所设计防火规范》GB 50229 和《建筑设计防火规范》GB 50016 中的有关规定。

9.1.9 在危险场所装设的电气设备（含现场仪表和控制装置），应符合现行国家标准《爆炸和火灾危险环境电力装置设计规范》GB 50058 的有关规定。

9.2 电气主接线

9.2.1 利用垃圾热能发电时，电气主接线的设计应符合现行国家标准《小型火力发电厂设计规范》GB 50049 的有关规定。

9.2.2 垃圾焚烧发电厂应至少有一条与电网连接的双向受、送电线路。当该线路发生故障时，应有能够保证安全停机和启动的内部电源或其他外部电源。

9.3 厂用电系统

9.3.1 垃圾焚烧厂厂用电接线设计应符合下列要求：

1 高压厂用电压可采用 6kV 或 10kV。当利用余热发电时，高压厂用电压宜与发电机额定电压相同。

2 高压厂用母线宜采用单母线接线，接于每段高压母线的垃圾焚烧炉的台数不宜大于4台。

3 低压厂用母线应采用单母线接线。每条焚烧线宜由一段母线供电，并宜设置焚烧线公用段，每段母线宜由一台变压器供电。

4 当全厂有2个及以上相对独立的、可互为备用的高压厂用电源时，不宜设专用高压厂用备用电源。当无发电机母线时，应从高压配电装置母线中电源可靠的低一级电压母线引接，并应保证在全厂停电情况下，能从电力系统取得足够电力。当技术经济合理时，专用备用电源也可从外部电网引接。

5 按炉分段的低压厂用母线，其工作变压器应由对应的高压厂用母线段供电。

6 当有发电机电压母线时，与发电机电气上直接连接的 6kV 回路中的单相接地故障电流大于 4A，或 10kV 回路中的单相接地故障电流大于 3A，且要求发电机带内部单相接地故障继续运行时，宜在厂用变压器的中性点经消弧线圈接地，或可在发电机的中性点经消弧线圈接地。

7 发电机与主变压器为单元连接时，厂用分支上应装设断路器。

8 接有 I 类负荷的高压和低压厂用母线，应设置备用电源。备用电源采用专用备用方式时应装设自动投入装置。备用电源采用互为备用方式时，宜手动切换。接有 II 类负荷的高压和低压厂用母线，备用电源宜采用手动切换方式。III 类用电负荷可不设备用电源。

9 厂用变压器应符合下列规定：

　　1）厂用变压器接线组别的选择，应使厂用工作电源与备用电源之间相位一致，接线组别宜为 D、yn11 型，低压厂用变压器宜采用干式变压器；

　　2）厂区高压备用变压器的容量，应根据焚烧线的运行方式或要求确定。厂区低压备用变压器的容量，应与最大一台低压厂用工作变压器容量相同；

　　3）低压厂用工作变压器数量为 8 台及以上时，低压厂用备用变压器可设置 2 台；

　　4）当技术经济合理时，应优先采用设置专用厂用备用变压器的备用方式；

　　5）当采用互为备用的低压厂用变压器时，不应再设置专用的低压厂用备用变压器。

10 低压厂用电接地形式宜采用 TN-C-S 或 TN-S 系统，室外路灯配电系统的接地形式宜采用 TT 系统。

11 高低压厂用电源的正常切换宜采用手动并联切换。在确认切换的电源合上后，应尽快手动断开或自动连锁切除被解列的电源。在需要的情况下，高压厂用电源与备用电源的切换操作应设置同期闭锁。

12 锅炉和汽轮发电机用的电动机，应分别连接到与其相应的高压和低压厂用母线上。互为备用的重要负荷，也可采用交叉供电的方式。对于工艺上有连锁要求的 I 类电动机，应接于同一电源通道上。I 类公用负荷不应接在同一母线段上。

13 发电厂应设置固定的交流低压检修供电网络，并应在各检修现场装设检修电源箱，检修电源箱应设置漏电保护。

9.3.2 直流系统设计应符合国家现行标准《电力工程直流系统设计技术规程》DL/T 5044 中的有关规定。垃圾焚烧厂宜装设一组蓄电池。蓄电池组的电压

宜采用 220V，接线方式宜采用单母线或单母线分段。

9.4　二次接线及电测量仪表装置

9.4.1 二次接线及电测量仪表装置设计应符合国家现行标准《火力发电厂、变电所二次接线设计技术规程》DL/T 5136、《电力装置的继电保护和自动装置设计规范》GB 50062、《电测量及电能计量装置设计技术规程》DL/T 5137 及《电力装置的电气测量仪表装置设计规范》GB 50063 中的有关规定。

9.4.2 电气网络的电气元件控制宜采用计算机监控系统。控制室的电气元件控制，宜采用与工艺自动化控制相同的控制水平及方式。

9.4.3 6kV 或 10kV 室内配电装置到各用户的线路和供辅助车间的厂用变压器，宜采用就地控制方式。

9.4.4 采用强电控制时，控制回路应设事故报警装置。断路器控制回路的监视，宜采用灯光或音响信号。

9.4.5 隔离开关与相应的断路器和接地刀闸应设连锁装置。

9.4.6 备用电源自动投入装置的接线原则应符合下列规定：

1 宜采用慢速自动切换，应保证工作电源断开后，方可投入备用电源。

2 厂用母线保护动作及工作分支断路器过电流保护动作发生时，工作电源断路器由手动分闸或 DCS 分闸时，应闭锁备用电源自动投入装置。

3 工作电源供电侧断路器跳闸时，应联动其负荷侧断路器跳闸。

4 装设专门的低电压保护，当厂用工作母线电压降低至 25% 额定电压以下，备用电源电压在 70% 额定电压以上时，应自动断开工作电源负荷侧断路器。

5 应设有切除备用电源自投功能的选择开关。

6 备用电源自动投入装置应保证只动作一次。

7 当高压厂用电系统由 DCS 控制时，事故切换应采用专门的自动切换装置来完成。

9.4.7 与电力网连接的双向受、送电线路的出口处应设置能满足电网要求的四相限关口电度表。

9.5　照　明　系　统

9.5.1 照明设计应符合现行国家标准《建筑照明设计标准》GB 50034 中的有关规定。

9.5.2 正常照明和事故照明应采用分开的供电系统，并宜采用下列供电方式：

1 当低压厂用电系统的中性点为直接接地系统时，正常照明电源应由动力和照明网络共用的低压厂用变压器供电。事故照明宜由蓄电池组或与直流系统共用蓄电池组的交流不停电电源供电。

2 垃圾焚烧厂房的主要出入口、通道、楼梯间

以及远离垃圾焚烧主厂房的重要工作场所的事故照明，可采用自带蓄电池的应急灯。

3 生产工房内安装高度低于 2.2m 的照明灯具及热力管沟、电缆通道内的照明灯具，宜采用 24V 电压供电。当采用 220V 供电时，应有防止触电的措施。

4 手提灯电压不应大于 24V，在狭窄地点和接触良好金属接地面上工作时，手提灯电压不应大于 12V。

9.5.3 烟囱上应装设飞行标志障碍灯，并应符合焚烧厂所在地航管部门的要求。

9.5.4 锅炉钢平台应设置保证疏散用的应急照明，正常照明可采用装设在钢平台顶端的大功率气体放电灯。

9.5.5 照明灯具应采用发光效率较高的灯具，环境温度较高的场所宜采用耐高温的灯具。锅炉房、灰渣间的照明灯具，防护等级不应低于 IP54。渗沥液集中的场所应采用防爆设计，防爆设计应符合现行国家标准《爆炸和火灾危险环境电力装置设计规范》GB 50058、《爆炸性气体环境用电气设备》GB 3836 及《可燃性粉尘环境用电气设备》GB 12476 中的有关规定。有化学腐蚀性物质的环境，应进行防腐设计。

9.6 电缆选择与敷设

9.6.1 电缆选择与敷设，应符合现行国家标准《电力工程电缆设计规范》GB 50217 的有关规定。

9.6.2 垃圾焚烧厂房及辅助厂房电缆敷设，应采取有效的阻燃、防火封堵措施。易受外部着火影响区段的电缆，应采取防火阻燃措施，并宜采用阻燃电缆。

9.6.3 同一路径中，全厂公用重要负荷回路的电缆应采取耐火分隔，或采取分别敷设在互相独立的电缆通道中的措施。

9.6.4 电缆夹层不应有热水管道和蒸汽管道进入。电缆建（构）筑物中，严禁有可燃气、油管穿越。

9.7 通 信

9.7.1 厂区通信设备所需电源宜与系统通信装置合用电源。

9.7.2 利用垃圾热能发电并与地区电力网联网时，是否装设为电力调度服务的专用通信设施，应与当地供电部门协调。

10 仪表与自动化控制

10.1 一般规定

10.1.1 垃圾焚烧厂的自动化控制，必须适用、可靠、先进，应根据垃圾焚烧设施特点进行设计。应满足设施安全、经济运行和防止对环境二次污染的要求。

10.1.2 垃圾焚烧厂的自动化控制系统，应采用成熟的控制技术和可靠性高、性能价格比适宜的设备和元件。设计中采用的新产品、新技术，应有在垃圾焚烧厂成功运行的经验。

10.1.3 现场布置的控制设备应根据需要采取必要的防护措施。

10.2 自动化水平

10.2.1 垃圾焚烧处理应有较高的自动化水平，应能在少量就地操作和巡回检查配合下，在中央控制室由分散控制系统实现对垃圾焚烧线、垃圾热能利用及辅助系统的集中监视、分散控制等。

10.2.2 垃圾焚烧厂的自动化控制系统，宜包括焚烧线控制系统、热力与汽轮发电机组控制系统、车辆管制系统、公用工程控制系统和其他必要的控制系统。

10.2.3 对不影响整体控制系统的辅助装置，可设就地控制柜，但重要信息应送至主控系统。

10.2.4 焚烧线的重要环节及焚烧厂的重要场合，应设置现场工业电视监视系统。

10.2.5 垃圾焚烧厂的自动化控制系统应设置独立于主控系统的紧急停车系统。

10.2.6 可建立管理信息系统（MIS）和厂级监控信息系统（SIS）系统。

10.3 分散控制系统

10.3.1 垃圾焚烧厂的热力系统、发电机-变压器组、厂用电源的监视及程序控制，应进行集中监视管理和分散控制。焚烧线的控制系统可由设备供货商提供独立控制系统，但应与中央控制室的分散控制系统通信，实现集中监控。

10.3.2 分散控制系统的功能，应包括数据采集和处理、模拟量控制、顺序控制及热工保护。

10.3.3 分散控制系统的中央处理器、通信总线、电源，应有冗余配置；监控级应具有互为热备的操作员站，控制级应有冗余配置的控制站。

10.3.4 垃圾焚烧厂的自动化控制系统应设置独立于分散控制系统的紧急停车系统。

10.3.5 分散控制系统的响应时间应能满足设施安全运行和事故处理的要求。

10.4 检测与报警

10.4.1 垃圾焚烧厂的检测，应包括下列内容：

1 主体设备和工艺系统在各种工况下安全、经济运行的参数；

2 辅机的运行状态；

3 电动、气动和液动阀门的启闭状态及调节阀的开度；

4 仪表和控制用电源、气源、液动源及其他必要条件的供给状态和运行参数；

5　必要的环境参数。

10.4.2　渗沥液池、燃气调压间或液化气瓶组间，应设置可燃气体检测报警装置。

10.4.3　渗沥液池内可燃气体检测宜采用抽取法。

10.4.4　重要检测参数应选用双重化的输入接口。

10.4.5　测量油、水、蒸汽、可燃气体等的一次仪表不应引入控制室。

10.4.6　对于水分、灰尘较大的烟风介质，以接触式检测其参数（流量）的仪表宜设置吹扫装置。

10.4.7　垃圾焚烧厂的报警应包括下列内容：

1　工艺系统主要工况参数偏离正常运行范围；

2　保护和重要的连锁项目；

3　电源、气源发生故障；

4　监控系统故障；

5　主要电气设备故障；

6　辅助系统及主要辅助设备故障。

10.4.8　重要工艺参数报警的信号源，应直接引自一次仪表。

10.4.9　对重要参数的报警可设光字牌报警装置。当设置常规报警系统时，其输入信号不应取自分散控制系统的输出。报警器应具有闪光、音响、人工确认、试灯、试音功能。

10.4.10　分散控制系统功能范围内的全部报警项目应能在显示器上显示并打印输出，在机组启停过程中应抑制虚假报警信号。

10.5　保护和连锁

10.5.1　保护系统应有防误动、拒动措施，并应有必要的后备操作手段。保护系统输出的操作指令应优先于其他任何指令，保护回路中不应设置供运行人员切、投保护的任何操作设备。

10.5.2　主体设备和工艺系统的重要保护动作原因，应设事件顺序记录和事故追忆功能。

10.5.3　主体设备和工艺系统保护范围及内容，应按现行国家标准《小型火力发电厂设计规范》GB 50049 的有关规定确定。

10.5.4　各工艺系统、设备保护用的接点宜单独设置发讯元件，不宜与报警等其他功能合用。重要保护的一次元件应多重化，直接用于停炉、停机保护的信号，宜按"三取二"方式选取。

10.5.5　当采用继电器系统或分散控制系统执行保护功能时，保护动作响应时间应满足设备安全运行和事故处理的要求。保护系统应有独立的输入/输出（I/O）通道和电隔离措施，并宜冗余配置，冗余的 I/O 信号应通过不同的 I/O 模块引入；机组跳闸命令不应通过通信总线传送。

10.6　自动控制

10.6.1　开关量控制的功能应满足机组的启动、停止及正常运行工况的控制要求，并应能实现机组在事故和异常工况下的控制操作。

10.6.2　顺序控制方式应由工艺及运行要求决定，应满足工艺过程控制要求。

10.6.3　顺序控制系统应设有工作状态显示及故障报警信号。顺序控制在自动进行期间，发生任何故障或运行人员中断时，应使工艺系统处于安全状态。

10.6.4　经常运行并设有备用的水泵、油泵、风机，或根据参数控制的水泵、油泵、风机、电动门、电磁阀门，应设有连锁功能。

10.6.5　对于不具备顺序控制条件的设备，应由控制系统的软手操实现远程控制。

10.6.6　模拟量控制的主要内容应根据垃圾焚烧厂的规模、各工艺系统设置情况、自动化水平的要求、主、辅设备的控制特点及机组的可控性等确定。

10.6.7　模拟量控制系统应能满足机组正常运行的控制要求，并应考虑在机组事故及异常工况下与相关连锁保护协同控制的措施。

10.6.8　重要模拟量控制项目的变送器宜双重或三重化设置。

10.6.9　受控对象应设置手动、自动操作手段及相应的状态显示，并应为双向无扰动切换。

10.7　电源、气源与防雷接地

10.7.1　仪表和控制系统用电源应配置不间断电源（UPS）。其供电电源负荷不应超过 60%，电压等级不应大于 220V，不间断时间宜维持 30～60min，应引自互为备用的两路专用的独立电源并能互相自动切换；热力配电箱应设两路 380V/220V 电源进线。

10.7.2　就地控制盘应设盘外照明，有人值班时还应设盘外事故照明。柜式盘应设盘内检修照明。

10.7.3　采用气动仪表时，气源品质和压力应符合现行国家标准《工业自动化仪表用气源压力范围和质量》GB 4830 中的有关规定。

10.7.4　仪表气源应有专用储气罐。储气罐容量应能维持 10～15min 的耗气量。仪表气源的耗气量应按总仪表额定耗气量的 2 倍计算。

10.7.5　垃圾焚烧厂仪表与控制系统的防雷应符合现行国家标准《建筑物电子信息系统防雷技术规范》GB 50343 中的有关规定。

10.7.6　电气设备外壳、不要求浮空的盘台、金属桥架、铠装电缆的铠装层等应设保护接地，保护接地应牢固可靠，不应串联接地。

各计算机系统内不同性质的接地，应分别通过稳定可靠的总接地板（箱）接地，其接地网按计算机厂家的要求设计。

计算机信号电缆屏蔽层必须接地。

10.7.7　在危险场所装设的电气设备、现场仪表、控制装置，应符合现行国家标准《爆炸和火灾危险环境电力装置设计规范》GB 50058 的有关规定。

10.8 中央控制室

10.8.1 垃圾焚烧厂控制室的设计应符合现行国家标准《小型火力发电厂设计规范》GB 50049 的有关规定。

10.8.2 全厂宜设一个中央控制室及电子设备间，中央控制室和电子设备间下面可设电缆夹层，其与主厂房相邻部分应封闭；在主厂房内可设仪表检修间。控制室内的通风和空气调节应符合相关标准的要求。

11 给水排水

11.1 给　水

11.1.1 垃圾焚烧余热锅炉补给水的水质，可按现行国家有关锅炉给水标准中相应高一等级确定。

11.1.2 厂内给水工程设计应符合现行国家标准《室外给水设计规范》GB 50013 和《建筑给水排水设计规范》GB 50015 的规定。

11.1.3 生活用水宜采用独立的供水系统，生活饮用水应符合现行国家标准《生活饮用水卫生标准》GB 5749 的水质要求，用水标准及定额应符合现行国家标准《建筑给水排水设计规范》GB 50015 的规定。

11.2 循环冷却水系统

11.2.1 垃圾焚烧厂设备冷却水系统的设计应符合现行国家标准《工业循环冷却水设计规范》GB/T 50102 和《工业循环冷却水处理设计规范》GB 50050 的有关规定。

11.2.2 垃圾焚烧厂循环冷却水水源宜使用自然水体，条件许可的可使用市政再生水。

11.2.3 水源选择时应对水源地、水质、水量进行勘察。

11.2.4 当水源为地表水时，设计枯水量的保证率不应小于 95%。当采用地下水为水源时，应设备用水源井，备用井的数量宜为取水井数量的 20%；取用水量不应超过枯水年或连续枯水年允许的开采量。

11.2.5 原水处理系统的工艺流程选择应根据原水水质、工艺生产要求与浓缩倍数确定。

11.2.6 原水处理系统过滤部分的处理能力宜包含循环水系统的旁流水量。

11.2.7 原水处理系统出水宜消毒，消毒剂的投加量应满足循环冷却水水质的要求。

11.2.8 循环冷却水补充水水质应根据设备冷却水水质要求确定。循环冷却水水质应符合表 11.2.8 的要求。

表 11.2.8　循环冷却水水质标准

序号	项　目	标准值	备　注
1	pH	6.5～9.5	
2	SS(mg/L)	≤20	
3	Ca^{2+}(mg/L)	30～200	
4	Fe^{2+}(mg/L)	≤0.5	
5	铁和锰(总铁量)(mg/L)	0.2～0.5	
6	Cl^-(mg/L)	≤1000	
7	SO_4^{2-}(mg/L)	≤1500	$SO_4^{2-}+Cl^-$
8	硅酸(mg/L)	≤175	
	Mg^{2+} 与 SiO_2 的乘积(mg/L)	<15000	
9	石油类(mg/L)	≤5	
10	含盐量(μS/cm)	≤1500	
11	总硬度(以碳酸钙计)(mg/L)	≤450	
12	总碱度(以碳酸钙计)(mg/L)	≤500	
13	氨氮(mg/L)	<1	
14	S^{2-}	≤0.02	
15	溶解氧	<4	
16	游离余氧	0.5～1	

11.3 排水及废水处理

11.3.1 厂内排水工程设计应符合现行国家标准《室外排水设计规范》GB 50014 和《建筑给水排水设计规范》GB 50015 的规定。

11.3.2 生活垃圾焚烧厂室外排水系统应采用雨污分流制。在缺水或严重缺水地区，宜设置雨水利用系统。

11.3.3 雨水量设计重现期应符合现行国家标准《室外排水设计规范》GB 50014 的有关规定。

11.3.4 垃圾焚烧厂宜设置生产废水复用系统。

11.3.5 应设置渗沥液收集池储存来自垃圾池的渗沥液，渗沥液收集池在室内布置时应设置强制排风系统，收集池内的电气设备应选防爆产品。

11.3.6 垃圾焚烧厂所产生的垃圾渗沥液在条件许可时可回喷至焚烧炉焚烧；当不能回喷焚烧时，焚烧厂应设渗沥液处理系统。

11.3.7 废水处理系统宜设置异味控制和处理系统。

12 消　防

12.1 一　般　规　定

12.1.1 垃圾焚烧厂应设置室内、室外消防系统，并应符合现行国家标准《建筑设计防火规范》GB 50016、《火力发电厂与变电站设计防火规范》GB 50229 和《建筑灭火器配置设计规范》GB 50140 的有关规定。

12.1.2 油库及油泵房消防设施应符合现行国家标准《石油库设计规范》GB 50074 的有关规定。

12.1.3 焚烧炉进料口附近，宜设置水消防设施。

12.1.4 Ⅱ类及以上垃圾焚烧厂的消防给水系统宜采用独立的消防给水系统。

12.2 消 防 水 炮

12.2.1 垃圾池间的消防设施宜采用固定式消防水炮灭火系统，其设置应符合现行国家标准《固定消防炮灭火系统设计规范》GB 50338 的要求，消防水炮应能实现自动或远距离遥控操作。

12.2.2 垃圾池间固定消防水炮设计消防水量不应小于 60L/s，延续时间不应小于 1h。

12.2.3 消防水炮室内供水系统宜采用独立的供水管网，其管网应布置成环状。

12.2.4 消防水炮室内供水系统应有不少于 2 条进水管与室外环状管网连接。当管网的 1 条进水管发生事故时，其余的进水管应能供给全部的消防水量。

12.2.5 消防水炮给水系统室内配水管道宜采用内外壁热镀锌钢管，管道连接应采用沟槽式连接件或法兰。

12.2.6 消防水炮的布置要求系统动作时整个垃圾池间内的任意位置均应同时被水柱覆盖；消防水炮的设置不应妨碍垃圾给料装置的运行；消防水炮设置场所应有设施维修通道。

12.2.7 暴露于垃圾池间内的消防水炮及其他消防设施的电机应采用防爆型电机。

12.3 建 筑 防 火

12.3.1 垃圾焚烧厂房的生产类别应为丁类，建筑耐火等级不应低于二级。

12.3.2 垃圾焚烧炉采用轻柴油燃料启动点火及辅助燃料时，日用油箱间、油泵间应为丙类生产厂房，建筑耐火等级不应低于二级。布置在厂房内的上述房间，应设置防火墙与其他房间隔开。

12.3.3 垃圾焚烧炉采用气体燃料作为点火及辅助燃料时，燃气调压间应为甲类生产厂房，其建筑耐火等级不应低于二级，并应符合现行国家标准《城镇燃气设计规范》GB 50028 的有关规定。

12.3.4 垃圾焚烧厂房地上部分的防火分区的允许建筑面积不宜大于 4 条焚烧线的建筑面积，地下部分不应大于一条焚烧线的建筑面积。汽轮发电机组间与焚烧间合并建设时，应采用防火墙分隔。

12.3.5 设置在垃圾焚烧厂房的中央控制室、电缆夹层和长度大于 7m 的配电装置室，应设两个安全出口。

12.3.6 垃圾焚烧厂房的疏散楼梯梯段净宽不应小于 1.1m，疏散走道净宽不应小于 1.4m，疏散门的净宽不应小于 0.9m。

12.3.7 疏散用的门及配电装置室和电缆夹层的门，应向疏散方向开启；当门外为公共走道或其他房间时，应采用丙级防火门。配电装置室的中间门，应采用双向弹簧门。

12.3.8 垃圾焚烧厂房内部的装修设计，应符合现行国家标准《建筑内部装修设计防火规范》GB 50222 的有关规定。

12.3.9 **中央控制室、电子设备间、各单元控制室及电缆夹层内，应设消防报警和消防设施，严禁汽水管道、热风道及油管道穿过。**

13 采暖通风与空调

13.1 一 般 规 定

13.1.1 垃圾焚烧厂各建筑物冬、夏季负荷计算的室外计算参数，应符合现行国家标准《采暖通风与空气调节设计规范》GB 50019 的有关规定。

13.1.2 设置采暖的各建筑物冬季采暖室内计算温度，应按下列规定确定：

  1 焚烧间、烟气净化间、垃圾卸料平台应为 5~10℃；
  2 渗沥液泵间、灰浆泵间应为 5~10℃；
  3 中央控制室、垃圾抓斗起重机控制室、化验室、试验室应为 18℃；
  4 垃圾制样间、石灰浆制备间应为 16℃。

其他建筑物冬季采暖室内计算温度，应符合现行国家标准《小型火力发电厂设计规范》GB 50049 的有关规定。

13.1.3 当工艺无特殊要求时，车间内经常有人工作地点的夏季空气温度应符合表 13.1.3 的规定。

表 13.1.3 工作地点的夏季空气温度（℃）

夏季通风室外计算温度	≤22	23	24	25	26	27	28	29~32	≥33
允许温差	10	9	8	7	6	5	4	3	2
工作地点温度	≤32			32				33~35	35

注：当受条件限制，在采用通风降温措施后仍不能达到本表要求时，允许温差可加大 1~2℃。

13.1.4 采暖热源采用单台汽轮机抽汽时，应设有备用热源。

13.2 采 暖

13.2.1 垃圾焚烧厂房的采暖热负荷，宜按室内温度加 5℃计算，但不应计算设备散热量。

13.2.2 建筑物的采暖设计应符合现行国家标准《采暖通风与空气调节设计规范》GB 50019 的有关规定。

13.2.3 建筑物的采暖散热器宜选用易清扫并具有防腐性能的产品。

13.3 通　风

13.3.1 建筑物的通风设计应符合现行国家标准《小型火力发电厂设计规范》GB 50049 的有关规定。

13.3.2 垃圾焚烧厂房的通风换气量应按下列要求确定：

　　1 焚烧间应只计算排除余热量；

　　2 汽机间应同时计算排除余热量和余湿量；

　　3 确定焚烧厂房的通风余热，可不计算太阳辐射热。

13.4 空　调

13.4.1 建筑物的空调设计应符合现行国家标准《采暖通风与空气调节设计规范》GB 50019 的有关规定。

13.4.2 中央控制室、垃圾抓斗起重机控制室宜设置空调装置。

13.4.3 机械通风不能满足工艺对室内温度、湿度要求的房间，应设空调装置。

14　建筑与结构

14.1 建　筑

14.1.1 垃圾焚烧厂的建筑风格、整体色调应与周围环境相协调。厂房的建筑造型应简洁大方，经济实用。厂房的平面布置和空间布局应满足工艺设备的安装与维修的要求。

14.1.2 厂房各作业区应合理分隔，应组织好人流和物流线路，避免交叉；操作人员巡视检查路线应组织合理；竖向交通路线顺畅、避免重复。

14.1.3 厂房的围护结构应满足基本热工性能和使用的要求。

14.1.4 建筑抗震设计应符合现行国家标准《建筑抗震设计规范》GB 50011 的有关规定。垃圾焚烧厂房楼（地）面的设计，除满足工艺的使用要求外，应符合现行国家标准《建筑地面设计规范》GB 50037 的有关规定。对腐蚀介质侵蚀的部位，应根据现行国家标准《工业建筑防腐蚀设计规范》GB 50046，采取相应的防腐蚀措施。

14.1.5 垃圾焚烧厂房宜采用包括屋顶采光和侧面采光在内的混合采光，其他建筑物宜利用侧窗天然采光。厂房采光设计应符合现行国家标准《建筑采光设计标准》GB 50033 的有关规定。

14.1.6 垃圾焚烧厂房宜采用自然通风，窗户设置应避免排风短路，并有利于组织自然风。

14.1.7 严寒地区的建筑结构应采取防冻措施。

14.1.8 大面积屋盖系统宜采用钢结构，并应符合现行国家标准《屋面工程技术规范》GB 50345 的有关规定。屋顶承重结构的结构层及保温（隔热）层应采用非燃烧体材料；设保温层的屋面，应有防止结露与水汽渗透的措施，并应符合现行国家标准《建筑设计防火规范》GB 50016 的有关规定。

14.1.9 中央控制室和其他必需的控制室应设吊顶。

14.1.10 垃圾池内壁和池底的饰面材料应满足耐腐蚀、耐冲击荷载、防渗水等要求，外壁及池底应作防水处理。

14.1.11 垃圾池间与其他房间的连通口及屋顶维护结构，应采取密闭处理措施。

14.2 结　构

14.2.1 垃圾焚烧厂的结构构件应根据承载能力极限状态及正常使用极限状态的要求，按国家现行有关标准规定的作用（荷载）对结构的整体进行作用（荷载）效应分析，结构或构件按使用工况分别进行承载能力及稳定、疲劳、变形、抗裂及裂缝宽度计算和验算；处于地震区的结构，尚应进行结构构件抗震的承载力计算。

14.2.2 垃圾焚烧厂房框排架柱的允许变形值，应符合下列规定：

　　1 吊车梁顶面标高处，由一台最大吊车水平荷载标准值产生的计算横向变形值，当按平面结构图形计算时，不应大于 $H_t/1250$，当按空间结构图形计算时，不应大于 $H_t/2000$。

　　2 无吊车厂房柱顶高度大于或等于 30m 时，风荷载作用下柱顶位移不宜大于 $H/550$，地震作用下柱顶位移不宜大于 $H/500$；柱顶高度小于 30m 时，风荷载作用下柱顶位移不宜大于 $H/500$，地震作用下柱顶位移不宜大于 $H/450$。

14.2.3 垃圾焚烧厂房和垃圾热能利用厂房的钢筋混凝土或预应力混凝土结构构件的裂缝控制等级，应根据现行国家标准《混凝土结构设计规范》GB 50009 中规定的环境类别选用。

14.2.4 柱顶高度大于 30m，且有重级工作制起重机厂房的钢筋混凝土框架结构，和框架-剪力墙结构中的框架部分，其抗震等级宜按照相应的抗震等级规定提高一级。

14.2.5 地基基础的设计，应按现行国家标准《建筑地基基础设计规范》GB 50007 的有关规定进行地基承载力和变形计算，必要时尚应进行稳定性计算。

14.2.6 垃圾焚烧厂的烟囱设计，应符合现行国家标准《烟囱设计规范》GB 50051 的规定。

14.2.7 垃圾抓斗起重机和飞灰抓斗起重机的吊车梁应按重级工作制设计。

14.2.8 垃圾池应采用钢筋混凝土结构,并应进行强度计算和抗裂度或裂缝宽度验算,在地下水位较高的地区应进行抗浮验算。

14.2.9 垃圾焚烧厂厂房应根据建筑物、构筑物的体形、长度、重量及地基的情况设置变形缝,变形缝的设置部位应避开垃圾池、渣池和垃圾焚烧炉体。垃圾池不宜设置变形缝,当平面长度大于相应规范的允许值时,应设置后浇带或采取其他有效措施以消除混凝土收缩变形的影响。

14.2.10 垃圾焚烧厂主厂房、垃圾焚烧锅炉基座、汽轮发电机组基座和烟囱,应设沉降观测点。

14.2.11 卸料平台的室外运输栈桥的主梁设计,应符合国家现行标准《公路钢筋混凝土及预应力混凝土桥涵设计规范》JTGD 62 的有关规定。

14.2.12 楼地面均布活荷载取值应根据设备、安装、检修、使用的工艺要求确定,同时应满足现行国家标准《建筑结构荷载规范》GB 50009 的有关规定。垃圾焚烧厂的一般性生产区域的活荷载也可按表14.2.12采用。

表14.2.12 一般性生产区域的均布活荷载标准值

序号	名　称	标准值 (kN/m²)
1	烟气净化区平台	8～10
2	垃圾焚烧炉楼面	8～12
3	垃圾焚烧炉地面	10
4	除氧器层楼面	4
5	垃圾卸料平台	15～20
6	汽机间集中检修区域地面	15～20
7	汽机间其他地面	10
8	汽轮发电机检修区域楼板和汽机基础平台	10～15
9	汽轮发电机岛中间平台	4
10	中央控制室	4
11	10kV 及 10kV 以下开关室楼面	4～7
12	35kV 开关室楼面	8
13	110kV 开关室楼面	8～10
14	化验室	3

注:1 表中未列的其他活荷载应按现行国家标准《建筑结构荷载规范》GB 50009 的规定采用。

2 表中不包括设备的集中荷载。

3 当设备荷载按静荷载计算时,以安装和检修荷载为主的平台活荷载,对主梁、柱和基础可取折减系数 0.70～0.85,但折减后的活荷载标准值不应小于 4kN/m²,地基沉降计算时,该活荷载的准永久值系数可取 0。

4 垃圾卸料平台的均布荷载值,只适用于初步设计估算。在施工图详细设计时,应根据实际的垃圾运输车辆的最大载荷,按照最不利分布和组合计算。

15 其他辅助设施

15.1 化　验

15.1.1 垃圾焚烧厂应设置化验室,并应定期对垃圾热值、各类油品、蒸汽、水以及污水进行化验和分析。

15.1.2 化验室所用仪器的规格、数量及化验室的面积,应根据焚烧厂的运行参数、规模等条件确定。

15.2 维修及库房

15.2.1 维修间应具有全厂设备日常维护、保养与小修任务及工厂设施突发性故障时作为应急措施的功能。

15.2.2 维修间应配备必须的金工设备、机械工具、搬运设备和备用品、消耗品。

15.2.3 金属、非金属材料库以及备品备件,应与油料、燃料库,化学品库房分开设置。危险品库房应有抗震、消防、换气等措施。

15.3 电气设备与自动化试验室

15.3.1 厂区不宜设变压器检修间,但应为变压器就地或附近检修提供必要条件。

15.3.2 电气试验室设计应满足电测量仪表、继电器、二次接线和继电保护回路的调试与电测量仪表、继电器等机件修理的要求。

15.3.3 自动化试验室的设备配置,应满足对工作仪表进行维修与调试的需要。

15.3.4 自动化试验室不应布置在振动大、多灰尘、高噪声、潮湿和强磁场干扰的地方。

16 环境保护与劳动卫生

16.1 一　般　规　定

16.1.1 垃圾焚烧过程中产生的烟气、灰渣、恶臭、废水、噪声及其他污染物的防治与排放,应符合国家现行的环境保护法规和标准的有关规定。

16.1.2 垃圾焚烧厂建设应贯彻执行《中华人民共和国职业病防治法》,焚烧厂工作环境和条件应符合《工业企业设计卫生标准》GBZ1 和《工作场所有害因素职业接触限值》GBZ2 的要求。

16.1.3 应根据污染源的特性和污染物产生量制定垃圾焚烧厂的污染物治理措施。

16.2 环　境　保　护

16.2.1 烟气污染物的种类应按表 16.2.1 分类。

表 16.2.1 烟气中污染物分类

类别	污染物名称	符 号
尘	颗粒物	PM
酸性气体	氯化氢	HCl
	硫氧化物	SO_x
	氮氧化物	NO_x
	氟化氢	HF
	一氧化碳	CO
重金属	汞及其化合物	Hg 和 Hg^{2+}
	铅及其化合物	Pb 和 Pb^{2+}
	镉及其化合物	Cd 和 Cd^{2+}
	其他重金属及其化合物	包括 Cu、Mg、Zn、Ca、Cr 等和非金属 As 及其化合物
有机类	二噁英	PCDDs(Dioxin)
	呋喃	PCDFs(Furan)
	多氯联苯	C_o-PCB_5
	多环芳香烃、氯苯和氯酚等其他有机碳	TOC

16.2.2 对焚烧工艺过程应进行严格控制,抑制烟气中各种污染物的产生。对烟气必须采取有效处理措施,并应符合现行国家标准《生活垃圾焚烧污染控制标准》GB 18485 的规定。

16.2.3 垃圾焚烧厂的生活废水应经过处理后回用。回用水质应符合国家现行标准《城市污水再生利用城市杂用水水质》GB/T 18920 的有关规定。当废水需直接排入水体时,其水质应符合现行国家标准《污水综合排放标准》GB 8978 的要求。

16.2.4 垃圾渗沥液排入城市污水管网时,应按排入城市污水管网的标准要求,对垃圾渗沥液进行预处理。

16.2.5 灰渣处理必须采取有效的防止二次污染的措施。

16.2.6 当炉渣具备利用条件时,应采取有效的再利用措施。

16.2.7 垃圾焚烧厂的噪声治理应符合现行国家标准《声环境质量标准》GB 3096 和《工业企业厂界环境噪声排放标准》GB 12348 的有关规定。对建筑物的直达声源噪声控制,应符合现行国家标准《工业企业

噪声控制设计规范》GBJ 87 的有关规定。

16.2.8 垃圾焚烧厂的噪声治理,首先应对噪声源采取必要的控制措施。厂区内各类地点的噪声宜采取以隔声为主,辅以消声、隔振、吸声综合治理措施。

16.2.9 垃圾焚烧厂恶臭污染物控制与防治,应符合现行国家标准《恶臭污染物排放标准》GB 14554 的有关规定。

16.2.10 焚烧线运行期间,应采取有效控制和治理恶臭物质的措施。焚烧线停止运行期间,应有防止恶臭扩散到周围环境中的措施。

16.3 职业卫生与劳动安全

16.3.1 垃圾焚烧厂的劳动卫生,应符合现行国家标准《工业企业设计卫生标准》GBZ 1 的有关规定。

16.3.2 垃圾焚烧厂建设应采用有利于职业病防治和保护劳动者健康的措施。应在有关的设备醒目位置设置警示标识,并应有可靠的防护措施。在垃圾卸料平台等场所,应采取换气、除臭、灭蚊蝇及必要的消毒等措施。

16.3.3 职业病防护设备、防护用品应确保处于正常工作状态,不得擅自拆除或停止使用。

16.3.4 垃圾焚烧厂建设应有职业病危害与控制效果可行性评价。

16.3.5 垃圾焚烧厂应采取劳动安全措施。

17 工程施工及验收

17.1 一般规定

17.1.1 建筑、安装工程应符合施工图设计文件、设备技术文件的要求。

17.1.2 施工安装使用的材料、预制构件、器件应符合相关的国家现行标准及设计要求,并取得供货商的合格证明文件。严禁使用不合格产品。

17.1.3 余热锅炉的安装单位,必须持有省级技术质量监督机构颁发的与锅炉级别安装类型相符合的安装许可证。其他设备安装单位应有相应安装资质。

17.1.4 对工程的变更、修改应取得设计单位的设计变更文件后再进行施工。

17.1.5 在余热锅炉安装过程中发现受压部件存在影响安全使用的质量问题时,必须停止安装。

17.2 工程施工及验收

17.2.1 施工准备应符合下列要求:

1 应具有经审核批准的施工图设计文件和设备技术文件,并有施工图设计交底记录。

2 施工用临时建筑、交通运输、电源、水源、气(汽)源、照明、消防设施、主要材料、机具、器具等应准备充分。

3 施工单位应编制施工方案，并应通过审查。

4 应合理安排施工场地。

5 设备安装前，除必须交叉安装的设备外，土建工程墙体、屋面、门窗、内部粉刷应基本完工，设备基础地坪、沟道应完工，混凝土强度应达到不低于设计强度的75%。用建筑结构作起吊或搬运设备承力点时，应核算结构承载力，以满足最大起吊或搬运的要求。

6 应符合设备安装对环境条件的要求，否则应采取相应满足安装条件的措施。

17.2.2 设备材料的验收应包括下列内容：

1 到货设备、材料应在监理单位监督下开箱验收并作记录：

1) 箱号、箱数、包装情况；

2) 设备或材料名称、型号、规格、数量；

3) 装箱清单、技术文件、专用工具；

4) 设备、材料时效期限；

5) 产品合格证书。

2 检查的设备或材料符合供货合同规定的技术要求，应无短缺、损伤、变形、锈蚀。

3 钢结构构件应有焊缝检查记录及预装检查记录。

17.2.3 设备、材料保管应根据其规格、性能、对环境要求、时效期限及其他要求分类存放。需要露天存放的物品应有防护措施。保管的物品不应使其变形、损坏、锈蚀、错乱和丢失。堆放物品的高度应以安全、方便调运为原则。

17.2.4 设备安装工程施工及验收应符合下列规定，对国外引进的专有设备，应按供货商提供的设备技术说明、合同规定及商检文件执行，并应符合国家现行有关标准的规定。

1 利用垃圾热能发电的垃圾焚烧炉、汽轮机机组设备，应符合国家现行电力建设施工验收标准的规定。其他生活垃圾焚烧厂的垃圾焚烧炉应符合现行国家标准《工业锅炉安装工程施工及验收规范》GB 50273 的有关规定。

2 垃圾焚烧厂采用的输送、起重、破碎、泵类、风机、压缩机等通用设备应符合现行国家标准《机械设备安装工程施工及验收通用规范》GB 50231 及相应各类设备安装工程施工及验收标准的有关规定。

3 袋式除尘器的安装与验收应符合国家现行标准《袋式除尘器安装技术要求与验收规范》JB/T 8471 的有关规定。

4 采暖与卫生设备的安装与验收应符合现行国家标准《建筑给水排水及采暖工程施工质量验收规范》GB 50242 的有关规定。

5 通风与空调设备的安装与验收应符合现行国家标准《通风与空调工程施工质量验收规范》GB 50243 的有关规定。

6 管道工程、绝热工程应分别符合现行国家标准《工业金属管道工程施工及验收规范》GB 50235、《工业设备及管道绝热工程施工规范》GB 50126 的有关规定。

7 仪表与自动化控制装置按供货商提供的安装、调试、验收规定执行，并应符合国家现行标准的有关规定。

8 电气装置应符合现行国家有关电气装置安装工程施工及验收标准的有关规定。

17.3 竣 工 验 收

17.3.1 焚烧线及其全部辅助系统与设备、设施试运行合格，具备运行条件时，应及时组织工程验收。

17.3.2 工程竣工验收前，严禁焚烧线投入使用。

17.3.3 工程验收应依据：主管部门的批准文件，批准的设计文件及设计变更文件，设备供货合同及合同附件，设备技术说明书和技术文件，专项设备施工验收规范及其他文件。

17.3.4 竣工验收应具备下列条件：

1 生产性建设工程和辅助性公用设施、消防、环保工程、职业卫生与劳动安全、环境绿化工程已经按照批准的设计文件建设完成，具备运行、使用条件和验收条件。未按期完成，但不影响焚烧厂运行的少量土建工程、设备、仪器等，在落实具体解决方案和完成期限后，可办理竣工验收手续。

2 焚烧线、烟气净化及配套垃圾热能利用设施已经安装配套，带负荷运行合格。垃圾处理量、炉渣热灼减率、炉膛温度、余热锅炉热效率、蒸汽参数、烟气污染物排放指标、设备噪声级、原料消耗指标均达到设计规定。

引进的设备、技术，按合同规定完成负荷调试、设备考核。

3 焚烧工艺装备、工器具、垃圾与原辅材料、配套件、协作条件及其他生产准备工作已适应焚烧运行要求。

4 具备独立运行和使用条件的单项工程，可进行单项工程验收。

17.3.5 重要结构部位、隐蔽工程、地下管线，应按工程设计标准与要求及验收标准，及时进行中间验收。未经中间验收，不得进行覆盖工程和后续工程。

17.3.6 初步验收前，施工单位应按国家有关规定整理好文件、技术资料，并向建设单位提出交工报告。建设单位收到报告后，应及时组织施工单位、调试单位、监理单位、设计单位、质量检验单位、主体设备供货商、环保单位、消防单位、劳动卫生单位和使用单位进行初步验收。

17.3.7 竣工验收前应完成下列准备工作：

1 制定竣工验收工作计划；

2 认真复查单项工程验收投入运行的文件；

3 全面评定工程质量和设备安装、运转情况，对遗留问题提出处理意见；

4 认真进行基本建设物资和财务清理工作，编制竣工决算，分析项目概预算执行情况，对遗留财务问题提出处理意见；

5 整理审查全部竣工验收资料，包括：

　1）开工报告，项目批复文件；

　2）各单项工程、隐蔽工程、综合管线工程的竣工图纸以及工程变更记录；

　3）工程和设备技术文件及其他必需文件；

　4）基础检查记录，各设备、部件安装记录，设备缺损件清单及修复记录；

　5）仪表试验记录，安全阀调整试验记录；

　6）水压试验记录；

　7）烘炉、煮炉及严密性试验记录；

　8）试运行记录。

6 妥善处理、移交厂外工程手续；

7 编制竣工验收报告，并于竣工验收前一个月报请上级部门批准。

本规范用词说明

1 为便于在执行本规范条文时区别对待，对要求严格程度不同的用词，说明如下：

　1）表示很严格，非这样做不可的：
　正面词采用"必须"，反面词采用"严禁"。

　2）表示严格，在正常情况均应这样做的：
　正面词采用"应"，反面词采用"不应"或"不得"。

　3）表示允许稍有选择，在条件许可时首先应这样做的：
　正面词采用"宜"，反面词采用"不宜"。
　表示有选择，在一定条件下可以这样做的，采用"可"。

2 条文中指定应按其他有关标准执行的写法为"应符合……的规定（要求）"或"应按……执行"。

中华人民共和国行业标准

生活垃圾焚烧处理工程技术规范

CJJ 90—2009

条 文 说 明

前　言

《生活垃圾焚烧处理工程技术规范》CJJ 90—2009，经住房和城乡建设部 2009 年 3 月 15 日以 238号公告批准，业已发布。

本规范第一版的主编单位是五洲工程设计研究院。参编单位是：中国石化集团上海医药工业设计院、上海市环境工程设计科学研究院、深圳市环卫综合处理厂、宏发垃圾处理工程技术开发中心、江苏省溧阳市建委。

为便于广大设计、施工、科研、学校等单位的有关人员在使用本规范时能正确理解和执行条文规定，《生活垃圾焚烧处理工程技术规范》编制组按章、节、条顺序编制了本规范的条文说明，供使用者参考。在使用中如发现本条文说明有不妥之处，请将意见函寄城市建设研究院（北京朝阳区惠新里 3 号，邮政编码100029）。

目　次

1 总 则

1.0.1 本条文阐述了编制和修订《生活垃圾焚烧处理工程技术规范》的目的。自原规范颁布实施以来，我国城市生活垃圾焚烧处理技术得到了快速发展。近些年，国内一些企业在引进消化国外技术的基础上，对大型垃圾焚烧炉及其成套技术进行了国产化开发应用。另外，经过十几年城市垃圾焚烧项目市场化的发展，城市垃圾焚烧处理产业化已初步形成。随着人们环保意识的提高，政府和公众对垃圾焚烧厂的技术和环保要求越来越高，原有技术规范的有些内容已不适应现在的技术发展和环保要求。在这种情况下，修订此技术规范是非常必要的。

1.0.2 本条文明确规定本规范适用范围。其中生活垃圾是指城市居民生活垃圾、行政事业单位垃圾、商业垃圾、集贸市场垃圾、公共场所垃圾以及街道清扫垃圾。本规范不适用于危险废物的处理，危险废物是指原国家环保局公布的《危险废物名录》中规定的物品。

一些城市中存在一批以私营企业为主的小型工厂，如制鞋厂、木器厂等，这些工厂产生的工业性废物具有较高热值且属于一般工业废物，废物产量又相对很低，不适合单独处理。对这种适合焚烧的普通工业垃圾经过当地环保部门认定，可允许与生活垃圾混烧。

不同行业产生的特殊垃圾的结构成分、理化指标、收运规律以及焚烧处理要求、二次污染防治等都有很大差异，这种垃圾在一般条件下不允许与生活垃圾混合处理。

1.0.3 垃圾焚烧工程的规模确定应考虑的因素很多，直接因素有：焚烧厂服务范围与人口、垃圾产生量及其变化趋势等；间接的因素有：城市规划、环卫规划、城市煤气化率、城市集中供热普及率、自然条件、垃圾收集转运情况等。焚烧技术路线的选择应考虑垃圾特性、环保要求、城市经济发展水平、技术适应性等因素。

1.0.4 本条文是对生活垃圾焚烧厂的基本规定。垃圾焚烧厂建设工程主要用于处理城市垃圾，因此焚烧工艺和设备的成熟性、可靠性和安全性是非常重要的，同时也要考虑经济性和环保等因素。另外在对城市生活垃圾进行焚烧处理的同时，有效利用垃圾热能，可以体现垃圾处理的无害化、减量化和资源化原则。

1.0.5 生活垃圾焚烧厂建设作为社会公益性事业，应适应国家技术经济总体要求，执行国家和当地有关的法规规定，如建筑物高度应符合航空器飞行和电信传播障碍的规定；建筑物与高压线之间安全距离的规定；军事设施及国家其他重要设施的要求等。应严格执行环境保护、环境卫生、消防、节能、劳动安全及职业卫生等方面法规和强制性标准。

2 术 语

由于近几年生活垃圾焚烧工程发展迅速，国内外技术交流增多，在技术术语方面出现"一词多义"或"多词同义"的现象，使技术人员产生混乱。本章对原规范的术语作了修改和补充，以便规范垃圾焚烧专业的技术术语，并增加一些在各章条款中出现的新名词和用语。

第2.0.2条的余热锅炉定义是针对目前垃圾焚烧所用的蒸气余热锅炉来描述的，用导热油作为传热介质的锅炉技术要求上与蒸汽锅炉不同，需要有些特殊规定。

3 垃圾处理量与特性分析

3.1 垃圾处理量

3.1.1 本条文为强制性条文。通过对一些城市调查，有些地方是按照垃圾运输车吨位统计的，5t集装箱垃圾运输车实际装载量大都不超过4t，造成统计的产量与实际产量的差别。因此需要确定其实际垃圾产生量，避免垃圾焚烧规模设计过大。

3.1.2 由于我国垃圾含水量普遍较大，特别是雨季，垃圾含水量可达60%。焚烧厂垃圾池一般可存5d以上的垃圾，在这几天时间里，垃圾中的水分要通过渗沥液收集沟渗出一部分。因此入焚烧炉的垃圾和入厂的垃圾在重量上就相差了一部分水分的重量，热值也不同了。为了管理方便和便于监督，本条文规定分别计量和统计入厂垃圾和入炉垃圾的重量。

3.2 垃圾特性分析

3.2.1 垃圾特性分析是生活垃圾焚烧厂建设及运行管理过程的重要基础资料。垃圾特性分析的重点是正确掌握生活垃圾的物理、化学性质及热值。特性分析结果的合理性主要取决于生活垃圾取样的代表性。

3.2.2 垃圾物理成分中：

厨余——主要指居民家庭厨房、单位食堂、餐馆、饭店、菜市场等处产生的高含水率、易腐烂的生活垃圾。由于厨余垃圾中含有大量水分，使生活垃圾的总含水率增加，热值下降。

纸类——主要指家庭、办公场所、流通领域等产生的纸类废物，属易燃有机物，热值高。一般说来，经济发展水平越高，垃圾中纸类成分的含量越高。

竹木类——主要指各种木材废物及树木落叶等，属纤维类有机物，易燃且热值较高。

橡塑——主要指垃圾中的塑料及皮革、橡胶等废物。橡塑垃圾也属于易燃有机物，热值高，生物降解困难。

纺织物——主要指纺织类废物，属易燃有机物，热值较高，中等可生物降解。

玻璃——主要指各种玻璃类废物，以废弃的玻璃瓶为多，有无色和有色之分。

金属——主要指各种饮料的金属包装壳及其他金属废物。

砖瓦渣土——主要指零星的碎砖瓦、陶瓷以及煤灰、土、碎石等，主要源于居民生活中废弃的物质及燃煤和街道清扫垃圾。这部分垃圾含量的多少，主要决定于生活能源结构。

其他——主要指上述各项目以外的垃圾，以及无法分类的垃圾。

3.2.6 采用经典法测定垃圾元素分析，可按照《煤的元素分析方法》GB/T 476 及《煤中氯的测定方法》GB/T 3558、《煤的水分测定方法》GB/T 15334、《煤中碳和氢的测定方法》GB/T 15460、《煤中全硫的测定方法》GB/T 214 等进行。

4 垃圾焚烧厂总体设计

4.1 垃圾焚烧厂规模

4.1.1 对采用连续焚烧方式的焚烧厂，条文规定的各系统都是应具备的，所适用的标准一般都要从严掌握。本次修订根据我国垃圾焚烧厂建设情况，对焚烧厂内的系统进行了细化。

4.1.2 对某一城市或区域，在建设垃圾焚烧厂前应制定该城市或区域的环卫专业规划或生活垃圾处理设施规划，规划应根据垃圾产量、城市区域及经济情况制定垃圾处理设施数量、规模和分布计划。垃圾焚烧厂应是该规划的一部分，因此焚烧厂规模应符合该规划要求。如该城市或区域无此规划，则应在焚烧厂立项时根据确定的服务范围内的垃圾产生量预测以及投融资水平、经济性测算、技术可行性和可靠性等因素确定处理规模。

4.1.3 垃圾焚烧厂建设和运行经验表明，在总处理规模确定的条件下，一般焚烧线越少、单台垃圾焚烧炉规模越大，焚烧厂建设和运行越经济。但焚烧线数量少、备用性差，全厂垃圾处理能力受影响。另外，单台垃圾焚烧炉规模过大，易受技术条件限制。因此焚烧线数量的确定既要考虑建设和运行费用，也要考虑备用性和设备成熟性。

4.1.4 由于目前我国城市化进程逐步加快，城市人口增加较快，城市生活垃圾产生量也增加较快，在一些特大城市，建设大型和特大型的垃圾焚烧厂的需求越来越大。另外国家提倡垃圾处理设施区域共享，因此未来区域化的垃圾焚烧厂将会增加，也需要建设大

型和特大型垃圾焚烧厂。而小型垃圾焚烧厂被证明成本高、环保不易达标，国外一些发达国家也都逐步淘汰了小型垃圾焚烧厂。因此本条文删除了原规范的第Ⅳ类，增加了一类特大类（大于或等于 2000t/d 的），Ⅰ、Ⅱ、Ⅲ类的规模与原规范相同。

4.2 厂址选择

4.2.1 本条文为强制性条文。生活垃圾焚烧厂厂址一般位于城市规划范围之内，故厂址选择必须符合城市总体规划要求及城市环境卫生专业规划要求。

4.2.2 垃圾处理工程是一项涉及生活垃圾的收集、转运、压缩、运输等环节的系统工程，故厂址选择需要结合城市环境卫生规划综合考虑。应选择不少于1个备选厂址，结合垃圾产量分布，综合地形、工程地质与水文地质、地震、气象、环境保护、生态资源，以及城市交通、基础设施、动迁条件、群众参与等因素，经过多方案技术经济比较确定。

4.2.3 生活垃圾焚烧厂不同于一般意义上的工厂，也不同于火力发电厂，在选址时要考虑相关的社会文化背景，应避免生活垃圾焚烧厂对地面水系造成污染，避免对重点保护的文化遗址或风景区产生不良影响。

4.2.4 本条文对厂址提出了一些具体的要求：

1 厂址对工程地质条件和水文地质条件的基本要求。

2 生活垃圾焚烧厂投资相对较大，地下设施较多，厂址应考虑洪水、潮水或内涝的威胁。

由于Ⅲ类及Ⅲ类以上的生活垃圾焚烧厂多建在中等以上城市，中等城市的防洪标准为50～100年重现期；小型工业企业的防洪标准为10～20年重现期，中型工业企业的防洪标准为20～50年重现期，大型工业企业的防洪标准为50～100年重现期，兼顾两者，并考虑焚烧厂建设投资等因素，推荐生活垃圾焚烧厂的防洪标准如表1所示。

表 1 推荐的防洪标准

焚烧厂规模	重现期（年）
特大类、Ⅰ类焚烧厂	50～100
Ⅱ类焚烧厂	30～50
Ⅲ类焚烧厂	20～30

3 生活垃圾焚烧厂，尤其是Ⅱ类以上焚烧厂，运输量大，来往车辆相对集中、频繁，若厂址与服务区之间没有良好的道路交通条件，不仅会影响垃圾的输送，还会对城市交通造成影响。

5 生活垃圾焚烧厂在运行过程中，无论是生产、生活还是消防，均需要可靠的水源。

6 无论是利用垃圾热能发电，还是其他垃圾热能利用形式的垃圾焚烧厂，在启动及停炉检修期间，

都需要外部电力供应。此外，当利用垃圾热能发电时，电力需要上网，故应考虑高压电的上网方便。

7 由于供热管网越长，热损失越大，因此，利用垃圾热能供热的焚烧厂的选址应在技术可行的情况下尽可能靠近热用户。

4.3 全厂总图设计

4.3.1 本条文主要针对厂区各种基础设施，基础设施设置合理，不仅可以降低造价，还可以降低运营成本。利用垃圾热能发电的垃圾焚烧厂，不仅有市电的输入，还涉及电力的上网问题；利用垃圾热能供热的生活垃圾焚烧厂，涉及热能的外送问题，故强调要综合考虑。

4.3.2 《城市生活垃圾处理和给水与污水处理工程项目建设用地指标》规定了焚烧厂的各项用地指标。

4.3.3 垃圾焚烧厂运输量较大，特别是在垃圾没有压缩的情况下，再加之目前普遍存在垃圾运输车载重量小、装载率低、密闭性差、渗沥液滴漏等现象，因此在总体规划中，焚烧厂出入口应做到人流和物流分开。

4.3.4 为了避免环卫设施重复建设，造成人、财、物力浪费，如对垃圾物理成分，水质全分析，烟气污染物中的重金属、二噁英等项目分析不需要连续检测，但检测时又需要有齐全的设备，并且一些设备较为贵重，因此可通过社会化协作解决，厂内仅设置常规理化分析即可。对检修设施也是如此，厂区只要配备日常维护保养与小修的人员、设备即可，大、中修通过外协解决。

4.4 总平面布置

4.4.1 焚烧厂房在生活垃圾焚烧厂中起主导作用，并与周围的设施如室外运输栈桥、油泵房、冷却塔、废水处理站等联系密切，垃圾及原材料运入与残渣运出，又需要畅通的道路配合，故应以焚烧厂房为主体进行布置，结合焚烧工艺流程及焚烧厂的具体条件适当安排各项设施，确保相关设备稳定、可靠、高效运行。主厂房的位置还应考虑建成后的立面和整体效果，尽量使焚烧厂与周围城市环境相协调。

4.4.2 垃圾焚烧炉需要用辅助燃料实现启、停及运行中必要的辅助燃烧。采用燃料油时，需要在厂区设油库及油泵房，故应符合《石油库设计规范》GB 50074 的规定；采用重油燃料时，其供油系统比较复杂，运行操作也较复杂，因此要根据燃料来源慎重选择。

4.4.3 有的城市具备使用城镇燃气点火或辅助燃烧条件，可使用城镇燃气。燃气系统应符合现行国家标准《城镇燃气设计规范》GB 50028 的有关规定。

4.4.4 由于垃圾焚烧厂运输车辆出入频繁，为避免交通事故及交通拥堵，在出入口处应有良好的通视条件外，地磅房与入口围墙间留出一辆最大车的车长作为缓冲，以改善出入口处的交通条件。

4.4.5 本条是要求在总平面布置时，各设施及建筑物的位置确定应考虑尽量使产生污染物的设施不影响到其他设施，还应考虑产生污染的设施之间不产生交叉污染。例如冷却塔要排放大量水蒸气，因此应尽量布置在其他设施的下风向。

4.4.6 由于焚烧厂室外专业管线多，各专业不能随意确定管线位置，应由总图专业人员对各种管线统一安排，使各管线布置既顺畅又符合各专业规范要求。

4.5 厂 区 道 路

4.5.1 本条文为厂区通道设置的一般规定，要求道路的设置应考虑多种因素。

4.5.2 本条文为厂区道路宽度的具体规定。对焚烧主厂房四周的消防道路，根据新的《建筑设计防火规范》要求，由 3.5m 改为 4.0m。而且以设环行道路为好，可以更加方便炉渣、飞灰以及原材料的运输。当不具备设置环行道路时，应设有回车场地。

4.5.3 按《公路工程技术标准》JTGB01—2003 规定，进入垃圾焚烧厂的车辆交通量低于每日 500 辆，车速不高于 20km/h，厂内坡道的等级低于四级公路，根据该标准表 3.0.2 车道宽度规定，双车道宽度 6m，单车道 3.5m。因此本次修改时，将双车道宽度的下限由 8m 改为 7m，其他维持不变，在符合国家标准保证安全前提下，节约投资。

4.5.4 设置应急停车场的目的在于，垃圾收运高峰期，车辆多且相对集中，为不堵塞厂区外交通，车辆可以在此作停留。

4.6 绿 化

4.6.1 在合理安排厂区绿化用地时，尽可能利用厂区边角空地、坡面地进行绿化。

4.6.2 本条相对于原规范作了较大修改，主要是目前国家对用地控制更加严格。国家发改委新颁布了《城市生活垃圾处理和给水与污水处理工程项目建设用地指标》，该指标明确规定垃圾处理项目绿地率不应大于 30%。

4.6.3 应根据当地自然条件和厂区不同区域特点，选择适宜的树种，如设有油罐区的焚烧厂，油罐区内不应栽种油性大的树种。

5 垃圾接收、储存与输送

5.1 一 般 规 定

5.1.1 本条文是垃圾接收、储存与输送系统构成的一般规定。恶臭已经被列入世界七大环境公害之一而受到各国广泛的重视。为在垃圾焚烧厂建设和运营过程中，避免恶臭对环境的影响，特增加对除臭设施，特别是垃圾池除臭设施的规定。

5.1.2 应根据垃圾焚烧炉对垃圾的尺寸要求与城市垃圾中大件垃圾的量，确定是否设置大件垃圾破碎设施。

5.2 垃 圾 接 收

5.2.1 对现代化焚烧厂需要从垃圾进厂就实施必要的量化管理。通常做法是在物流进厂处设置汽车衡，并根据垃圾焚烧厂处理规模，高峰期车流量的情况确定汽车衡台数。通过对国内外大量焚烧厂调查研究，本条文对设置汽车衡台数作出明确规定。

5.2.2 本条文是对垃圾称量系统功能的一般规定。

5.2.3 本条是对汽车衡规格和称量精度选择的规定，大型车取小值，小型车取大值。

5.2.4 垃圾卸料平台大小应以垃圾车一次掉头即可到达指定的卸料口，顺畅作业为原则。

目前，对卸料平台的卫生防护措施主要有：在垃圾卸料时采取喷射水雾降尘措施；采用水冲洗地面措施等。采用水冲洗地面时，地面要有坡度和污水收集设施。

本次修订增加了交通指挥系统。

5.2.5 垃圾池的卸料口是池内污染物扩散的主要途径，需要设置垃圾卸料门。垃圾池卸料门的数量参见表2。

表2　垃圾池卸料门的参考数量

垃圾处理规模 （t/d）	150 以下	150～ 200	200～ 300	300～ 400	400～ 600	600 以上
垃圾卸料门 的数量	3	4	5	6	8	大于 10

对国内一些城市调查结果表明，垃圾运输车吨位多以5t为主，使用8t及以上的垃圾运输车辆较少。若采用非压缩式的垃圾运输车，载重量多在额定载重量70%及以下，致使厂区车流密度较大，因此，在确定卸料门数量时，应留有足够余地。

当垃圾池卸料口水平布置时，条文中提出的卸料门相应调整为卸料盖，卸料门的高度相应调整为卸料盖的长度。由于在此卸料门与卸料盖没有功能方面的根本区别，为精练条文规定，故不在条文中加以区别论述。

条文中"垃圾卸料门的开闭应与垃圾抓斗起重机的作业相协调"的规定，是为避免垃圾车卸料与垃圾抓斗起重机在同一区域内作业，造成对垃圾抓斗起重机的干扰，甚至破坏性的影响。

5.2.6 垃圾运输车辆在卸料时，要在卸料门等处安装红绿灯等操作信号；设置防止车辆滑落进垃圾池的车挡及防止车辆撞到门侧墙、柱的安全岛等设施。由于国内发生过卸料车辆安全事故，因此本条作为强制

性条文。

5.3 垃圾储存与输送

5.3.1 垃圾在储存过程中，会发生一系列物理、化学变化，并可能渗沥出部分垃圾水分。另外，由于垃圾来自不同行业和区域，应使垃圾在储存过程中尽量混合，使垃圾热值均匀，保证焚烧装置连续稳定运行等，特规定垃圾在垃圾池间的储存周期。新建厂的垃圾池有效容积一般采用上限值。垃圾池有效容积以卸料平台标高以下的池内容积为准，同时可考虑在不影响垃圾车卸料和垃圾抓斗起重机正常作业的条件下，采取如在远离卸料门或暂时关闭部分卸料门的区域，提高垃圾池储存高度，增加垃圾储存量的措施。在计算垃圾池存放垃圾的周期时，按实测垃圾重度确定。

考虑我国城市生活垃圾采取日产日清的情况，及保证垃圾焚烧炉连续运行的基本要求，取5d的储存量是比较经济可行的，但有条件的垃圾焚烧厂，适当增大垃圾池储存容积如达到7d的储存容积也是可以的，故本次修订适当放宽规定。

5.3.2 本条为强制性条文。垃圾池内储存的垃圾是焚烧厂主要恶臭污染源之一。防止恶臭扩散的对策是抽取垃圾池内的气体作为焚烧炉助燃空气，使恶臭物质在高温条件下分解，同时实现垃圾池内处于负压状态。

为防止垃圾焚烧炉内的火焰通过进料斗回燃到垃圾池内，以及垃圾池内意外着火，需要采取切实可行的防火措施。还需要加强对垃圾卸料过程的管理，严防火种进入垃圾池内；加强对垃圾池内垃圾的监视，一旦发现垃圾堆体自燃，应及时采取灭火措施。在垃圾池间设置必要的消防设施是很必要的。

停炉时焚烧炉一次风停止供给，这时垃圾池内不能保证负压状态，如垃圾池内有垃圾存在，则需要附加必要的通风除臭设施，故本条对此作出修订。

5.3.3 本条文规定是根据：

1 生活垃圾具有酸腐蚀性；

2 垃圾渗沥液成分复杂，一旦造成对地下水污染，则是永久性的；

3 因垃圾抓斗操作不当，可能发生撞击事故；

4 垃圾池底应有一定坡度，有利于渗沥液的导排和收集。

5.3.4 本条为强制性条文。我国生活垃圾含水量普遍偏高，特别是南方城市更明显，且垃圾含水量具有随季节变化而变化的特征。垃圾渗沥液具有较高的黏性，因此，要有可靠的渗沥液收集系统，在渗沥液收集系统的进口采取防堵塞措施。同时渗沥液具有腐蚀性，因此渗沥液收集、储存设施应采取防腐、防渗措施。

5.3.5 垃圾抓斗起重机是保证焚烧系统正常运行的关键设备之一，一般设置2台，同时设置备用抓斗。

目前，垃圾抓斗主要有液压和钢丝绳两种提升方式，两种方式均可采用。

对垃圾抓斗起重机采用何种控制方式，主要受设备价格因素的制约。在满足工艺要求的条件下，各地可根据自己的经济情况确定采取哪种控制方式。推荐采用的控制方式见表3。

表3 推荐采用的垃圾抓斗起重机控制方式

焚烧处理规模	≤150t/d	150～600t/d	>600t/d
推荐采用的控制方式	手动	手动或半自动	半自动或自动

本条文修订考虑国内实际运行情况，降低了设置备用抓斗的规定。

5.3.6 本条文是对垃圾抓斗起重机控制室的基本要求。垃圾抓斗起重机控制室内的观察窗，需要使操作人员直接观察到垃圾池内的垃圾。观察窗应是固定的密闭窗，避免垃圾池内的异味进入控制室，另外观察窗应有安全防护措施，还需考虑清洁观察窗的设施。

本条文修订根据国内实际运行的垃圾抓斗起重机控制室的观察窗情况，作出明确要求。

6 焚烧系统

6.1 一般规定

6.1.1 本条文是焚烧系统构成的一般规定。

6.1.2 本条文规定是根据国内外垃圾焚烧线的运行经验制定的。因焚烧装置每年需要进行维护、保养，还需要定期维修，故年运行时间应为累计运行时间。

国外焚烧经验表明，当垃圾焚烧炉启动或停炉期间，烟气中的污染物含量明显高于正常运行期间的含量，特别是二噁英含量明显增加，因此，为达到年运行8000h的要求，应优先采用连续运行方式的焚烧厂。这也是基于环境保护的基本要求。

6.1.3 本条文是关于焚烧线设备配置的基本规定。

6.1.4 本条是要求在垃圾焚烧炉设计时，应如何根据垃圾特点和产生量变化确定合理的焚烧炉设计参数。主要是焚烧炉设计低位热值。

6.1.5 物流量应包括垃圾输入量、炉渣、飞灰及废金属输出量、烟气量、烟气污染物产生量与排放量、供水量、排水量、垃圾渗沥液量、压缩空气输入量、燃料油或燃气、石灰、活性炭输入量及其他必须的物流量。

6.1.6 燃烧图是焚烧炉设计、制造和运行时的动态指导图，对焚烧厂设计、建造和运行有重要指导作用。因此本条要求在焚烧炉设计时应提供燃烧图。

6.1.7 垃圾焚烧炉服务期主要根据其主体设备的使用寿命确定。根据实际运行经验以及生活垃圾焚烧炉标准的有关规定，垃圾焚烧炉服务期应在20年以上，国外不少在运行的垃圾焚烧炉已经服务25年以上。

6.2 垃圾焚烧炉

6.2.1 采用同容量、同规格的焚烧炉便于运行管理、维修保养。焚烧厂设置的焚烧设备越多，系统管理越复杂，并且占地面积增加；污染源增多，污染治理费用增高。

6.2.2 "2，3，7，8—四氯二噁英"分解温度大于700℃，为此我国焚烧垃圾污染物排放标准规定850℃以上时的烟气滞留时间不低于2s。当垃圾低位热值为4200～5000kJ/kg，要达到此要求，必须添加辅助燃料；若不添加辅助燃料，计算结果表明，炉温为750℃左右。为确保达到我国焚烧垃圾污染物排放标准，确保二噁英高温分解，在规定燃烧室燃烧温度条件下，热灼减率应能够达到3%。因此新建垃圾焚烧厂的炉渣热灼减率宜采取不大于3%～5%的指标。

国内外研究结果表明，较为理想的完全燃烧温度是在850～1000℃。若燃烧室烟气温度过高，烟气中颗粒物被软化或融化而黏结在受热面上，不但降低传热效果，而且易形成受热面腐蚀，也会对炉墙产生破坏性影响。若烟气温度过低，挥发分燃烧不彻底，恶臭不能有效分解，烟气中一氧化碳含量可能增加，而且热灼减率也可能达不到规定要求。另外有机挥发分的完全燃烧还需要足够的时间，因此本条还规定了烟气的滞留时间。本条要求的内容是焚烧炉的设计和运行的关键，因此作为强制性条文。

6.2.3 关于垃圾焚烧炉设计和运行的其他要求，条文说明如下：

1 生活垃圾产生过程具有不稳定性，当炉渣热灼减率恒定时，影响垃圾处理量的主要因素是垃圾热值，在设计的垃圾低位热值下限与设计工况之间，应达到额定处理能力。

2 为避免焚烧过程中未分解的恶臭或异味从焚烧装置向外扩散，而又不造成大量空气渗入而破坏焚烧工况，焚烧装置应采用微负压焚烧形式。

3 垃圾渗沥液的COD、BOD等项指标高、处理费用大、处理技术难度高，采取喷入炉内高温分解的方式，不但可以较好地解决渗沥液处理问题，而且可用于调节炉内温度。但是，当前我国生活垃圾热值普遍偏低，还不具备将渗沥液喷入炉内的条件。另外，采用连续焚烧方式的垃圾焚烧炉运行时间不低于20年，因此，在垃圾焚烧炉炉墙上预留渗沥液喷入装置是必要的。

6.2.4 垃圾焚烧炉进料装置包括进料斗、进料管、挡板门及其附件。进料斗及进料管除满足进料要求，还起到垃圾焚烧炉内密封的重要作用。

进料斗进口纵、横向尺寸可按垃圾抓斗全开尺寸加不小于0.5m确定。料斗内应有必要的料位指示；进料管宜有散热装置。当垃圾进料斗和进料管内储存的垃圾起不到密封作用时，应关断挡板门；应保证料斗内的垃圾堆积形成一定压力，使设在垃圾焚烧炉底部的推料器将垃圾均匀推入炉内。为避免垃圾在进料管内搭桥堵塞，应使其下口截面积大于上口截面积。

6.2.5 本条文是对进料斗平台安全要求的规定，作为强制性条文。

6.3 余热锅炉

6.3.1 本条是对确定焚烧炉的额定热出力提出的基本要求。

6.3.2 本条文是对锅炉热力参数提出的一般规定。

6.3.3 对于蒸汽轮发电机来说，蒸汽温度和压力越高，发电效率越高。但是对于垃圾焚烧的余热锅炉，蒸汽温度和压力过高时易产生高温腐蚀而使锅炉过热器寿命减少。根据目前国内外多年的运行经验，采用4MPa/400℃的蒸汽参数是比较稳定、可靠的。

6.3.4 垃圾特性决定了垃圾焚烧热能变化范围较大，故本条文规定宜选择蓄热能力大的自然循环余热锅炉。同时应充分注意焚烧烟气的高温腐蚀和低温腐蚀问题。

6.3.5 本条为新增条款，是对余热锅炉对流受热面清灰的规定。目前清灰方式主要有机械振打、蒸汽吹灰、激波清灰等，应根据具体情况选择一种有效、安全、可靠的清灰方式。

6.4 燃烧空气系统与装置

6.4.1 二次空气系统是用于调节炉膛温度，实现垃圾完全燃烧的重要措施。其他辅助系统如炉墙冷却风机等辅助风机，应根据垃圾焚烧炉设备要求配置。

6.4.2 由于垃圾池内的垃圾一般要存放5~7d，垃圾中的易腐有机物发酵产生大量臭味，如不对垃圾池间抽气，则臭味容易逸出，影响焚烧厂房内的环境，焚烧用一次空气从垃圾池上方抽取既能控制垃圾池间的臭气外逸，又能使抽出的臭气在炉内高温分解。另外，垃圾池内气体中含尘量较多，池上方吸风口处需要安装过滤装置。

6.4.3 当垃圾含水量大、热值过低时，不易使焚烧炉的炉膛温度达到规定要求。因此需要对一、二次空气进行加热，以改善垃圾在燃烧前的干燥效果和焚烧炉燃烧工况。

空气加热温度是根据垃圾低位热值，并考虑炉排表面温度工况等因素而确定的。表4是国外有关规范的规定，供参考。

表4 一次空气加热温度与垃圾低位热值参考表

垃圾低位热值 （kJ/kg）	≤5000	5000~8100	>8100
一次空气加热温度 （℃）	200~250	100~200	20~100

6.4.4 由于从垃圾池抽出的气体含有粉尘和一些酸性气体，有一定腐蚀性，应注意选择耐腐蚀材料和设备，并应采取必要的防护措施，防止管道和设备的磨损与腐蚀。另外，如气体管道及管件发生泄露，将使恶臭扩散到周围环境，造成环境污染，故应特别注意焊缝、检测孔、检查口等容易发生泄露部位的密封。

6.4.5 焚烧炉炉排下的一次风配风装置，多采用仓式配风形式，由1~2台一次风机供应一次燃烧空气。但也有的焚烧炉排下分段设置风机，每炉配多台一次风机分别送风。

6.4.6 焚烧炉出口烟气含氧量与过剩空气系数的关系可近似为 $\alpha=21/(21-O_2)$，因此，一般是通过监测烟气中含氧量来控制燃烧空气供应量，即过剩空气系数。本条要求焚烧炉出口烟气中含氧量控制在6%~10%，即过剩空气系数控制在1.4~2.0，近些年的运行实践证明对于我国低热值垃圾是适宜的。

一般地，当垃圾热值较高时，过剩空气系数 α 较低，反之 α 较高。我国台湾对连续焚烧方式的炉排型垃圾焚烧炉，一般取 α 不大于1.7；欧洲一些公司对于高热值垃圾，多按炉膛烟气含氧量6%~8%进行运行控制，即炉膛过剩空气系数在1.4~1.6之间；针对我国低热值垃圾，国外一些公司提供的焚烧技术中确定在1.6~2.0之间。

6.4.7 由于垃圾成分在不同季节变化范围较大，对采用连续焚烧方式的焚烧线，采取变频调节或液力耦合器等方式更有利于燃烧控制，也是一项节能措施，如条件许可，以采用变频调节方式为好。

6.4.8 由于垃圾成分与特性随季节变化，在选择风机时，应针对不同季节垃圾成分进行核算并按超负荷10%时的最大计算风量确定。在垃圾焚烧过程控制中，需要调整和控制一次风量及不同燃烧段的配风，对炉排型焚烧炉，在自动调整炉排运动速度的同时，进行风量调整和控制，因此需要有较大余量。一般讲，垃圾焚烧厂的规模越大，余量相对越小。对仅通过二次风调节炉温时，需要较大二次风余量。

6.5 辅助燃烧系统

6.5.1 燃烧器主要用于垃圾焚烧炉的冷、热态启动点火和垃圾热值低时的助燃，要保证垃圾焚烧炉正常运行工况，在加热的一、二次空气温度仍不能满足时，需要投入辅助燃烧系统。一般燃烧器的负荷应能够确保在没有任何垃圾输入的情况下维持炉温850℃以上15min。对于大型垃圾焚烧炉，由于炉膛体积较大，一般需设置多台燃烧器，包括垃圾焚烧炉启动运行与辅助燃烧用，以保证炉温满足要求和垃圾的完全燃烧。

6.5.2 本条是对燃料储存、供应系统安全方面的要求，作为强制性条文。

6.5.3 一般垃圾焚烧炉冷态启动用油量最大，使用时间相对较短；辅助燃烧时耗油量相对较少，使用时间需要根据垃圾热值确定。因此应以最大一台垃圾焚烧炉冷态启动耗油量为基本条件，以辅助燃烧耗油量核算，并综合全厂用油情况统一合理确定储油罐容量。为便于倒换清理储油罐中残余物和水分，油罐数量宜设置2台，对应用重油的油罐应不少于2台。

6.5.4 本条文是对供油泵设置的一般规定。

6.5.5 本条文是对供油管道系统的一般规定。

6.5.6 本条增加了用气体燃料时的一般要求。

6.6 炉渣输送处理装置

6.6.1 本条文是对炉渣处理系统构成的一般规定。

6.6.2 炉渣主要成分有氧化锰、二氧化硅、氧化钙、三氧化二铝、三氧化二铁、氧化钠、五氧化二磷等化合物，还有随垃圾进炉的废金属、未燃尽的有机物等。炉渣经过鉴定不属于危险废物的可以利用。飞灰主要成分由二氧化硅、氧化钙、三氧化二铝、三氧化二铁以及硫酸盐等反应物组成，还有汞、锰、镁、锌、镉、铅、铬等重金属元素和二噁英等有毒物质。飞灰属于危险废物，应单独处理。

6.6.3 炉渣处理系统的主要设备需要就地检修，特作本条规定。

6.6.4 一般采用连续机械排灰装置的垃圾焚烧炉，从排渣口排出的炉渣，呈现高热状态，必须要浸水冷却。

据调查，目前国内已建的垃圾焚烧厂常有因除渣机故障导致焚烧线不能正常运转的情况，因此本条文规定除渣机应有可靠的机械性能和可靠的水封。

炉渣输送设施通常采用带式或振动输送方式，为防止炉渣在输送过程中散落，输送机应有足够宽度。另外，炉渣中含有废铁等金属物质，为了使这些物质作为资源再次得到利用，应对炉渣进行磁选。

6.6.5 对于炉排式焚烧炉，有少量细小颗粒物和未完全燃烧物质从炉排缝隙掉落，称为漏渣。该漏渣需要定期清理，否则会影响一次空气的供给。

7 烟气净化与排烟系统

7.1 一般规定

7.1.1 烟气净化是垃圾焚烧厂二次污染控制的首要环节，所以必须配置。

7.1.2 目前国内垃圾焚烧厂执行的烟气排放标准是《生活垃圾焚烧污染控制标准》GB 18485—2001，但有的垃圾焚烧厂所在区域环境要求较高，公众对垃圾焚烧厂越来越敏感，因此，垃圾焚烧厂烟气排放指标限值不但要满足国家标准，还应满足所在区域的环境要求。

7.1.3 烟气中污染物种类和浓度以及烟气排放指标限值是确定烟气净化工艺和设备的主要考虑因素。对于城市生活垃圾，其焚烧烟气中的污染物包括烟尘、HCl、SO_2、CO、NO_x、HF、重金属、二噁英等有机物，各污染物浓度随垃圾成分的变化不断变化，因此，烟气净化工艺和设备需要对污染物浓度波动有较宽的适应性。

7.1.4 以往在烟气净化系统中常有因设备腐蚀和磨损被迫停止运行的情况发生；也有过在飞灰排出时，形成系统堵塞的情况，这些均需要在烟气净化系统设计时予以重视。

7.2 酸性污染物的去除

7.2.1 焚烧烟气中含有氯化氢、二氧化硫、氟化氢、氮氧化物等酸性气体，一般情况氯化氢的浓度最高，二氧化硫和氟化氢的浓度相对较低，其中氯化氢、二氧化硫、氟化氢的化学性质都较活泼，可以用同一种碱性药剂进行中和反应加以去除。

氮氧化物用简单的中和反应无法去除，必须另外处理。

酸性气体的去除最常见的是半干法和干法，半干法对HCl、HF、SO_2的去除率都较高，是采用较多的工艺。干法烟气净化技术对酸性气体中的HCl、HF有较高的去除率，相对来说，SO_x去除效率较低，但由于生活垃圾焚烧产生的SO_x浓度较低，针对现行的《生活垃圾焚烧污染控制标准》GB 18485—2001，干法工艺完全能够满足HCl、HF、SO_x等酸性气体的排放标准要求。由于干法烟气净化工艺简单，运行维护方便，初期投资和运行费用少，因此，该技术在现阶段是适宜的技术。湿法对酸性气体的去除率高，但由于产生大量污水，因此只用于对烟气排放标准要求非常高的工程。

7.2.2 半干法净化具有净化效率高且无需对反应产物进行二次处理的优点，可优先采用。停留时间是半干法设计中非常重要的参数，本规范根据运行经验并参考国外相应规范，确定逆流式和顺流式半干反应器的最小停留时间分别为不小于10s和20s。反应塔出口温度不宜低于130℃。

雾化器是半干式反应塔的关键设备，雾化器对中和剂的雾化细度直接影响中和反应效果和水分蒸发效果，因此本条对中和剂雾化细度作出要求。

我国尚未编制作为中和剂用的商品石灰的质量标准，而各地生产石灰的工艺普遍比较落后，石灰品质低且不稳定。石灰水化要求控制也不严，更影响了熟石灰（氢氧化钙）的品质，经常使设备和管道出现严重磨损和堵塞问题。因此应重视对石灰质量要求，设计中需要采取相应技术措施。宜在石灰水化后再增加一道过滤器，将杂质去除一部分以减少运行故障。

为了保证石灰水化的质量，可由焚烧厂运营方采购生石灰，自己进行水化。若直接采购氢氧化钙，更应注意确保该产品的质量。

7.2.3 要确保系统储罐中的中和剂连续稳定运行。因为常用的中和剂如粉状氢氧化钙等容易在储罐中"架桥"，故在储罐设计时应采取必要的破拱措施，如专用的破拱装置或空气炮等。另外，在运行时要加强石灰用量的控制和统计，因此，储罐给料系统应采用必要的计量措施如定量螺旋仪等。

7.2.4 条文中提出关于石灰浆输送设施的有关条款，系根据过去运行中经常碰到的问题总结归纳而制定的。石灰浆输送泵是石灰浆输送系统中的重要设备，其工作环境比较恶劣，叶轮磨损严重，且容易在泵内发生沉淀，经常需要拆开清洗和修理。因此，对泵的选型应提出耐磨性好、泵壳开拆方便的要求。此外备用泵也是必不可少的。

7.2.5 本条中的干法，主要是指将吸收剂如消石灰 $[Ca(OH)_2]$ 等碱性粉末吹入袋式除尘器前的烟道内，完全是干粉在烟道内及袋式除尘器滤袋上与烟气的反应，并且将反应生成物在干燥状态下回收的方法。此方法一般需在喷入吸收剂前对烟气进行降温，以便获得较好的酸性气体去除效果，并调节袋式除尘器入口

的烟气温度(通常设置烟气降温塔)以保护滤袋。另外，由于是干粉直接进行中和反应，采用 $Ca(OH)_2$ 从经济性和效果两方面综合较优。$Ca(OH)_2$ 的品质没有硬性规定，主要是考虑到所建厂相对较近的原料供应方所能提供的性价比较高的原料。建议的原料品质如下：

$Ca(OH)_2$ 含量≥90%；

粒度：100 目筛通过率≥95%。

喷入口的位置没有具体规定，主要是不同焚烧厂所具备的条件不同，且各技术提供方或成套设备供应商所采取的方案也不同，但必须确保吸收剂在进入袋式除尘器前与烟气充分混合，以得到较好的酸性气体去除效果。

7.2.6 本条文是对湿法脱酸工艺的要求。随着经济的发展和环保标准的提高，有些垃圾焚烧项目可能要执行干法和半干法均难以达到的烟气排放标准，因此湿法是一种可选方案。

7.3 除　尘

7.3.1 各种粉尘粒径和常用除尘器的性能，参见图 1。

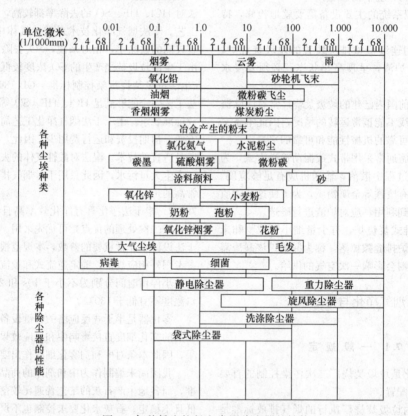

图 1　各种粉尘粒径和常用除尘器的性能

由于厨余垃圾的比例较高，使垃圾水分较多，虽经挤压、堆醇，去除了一部分水分，但是入炉垃圾的水分还是很高，导致烟气的露点温度很高。烟气中有氯化钙、亚硫酸钙等易吸湿的盐类，极易吸收烟气中的水分而发黏，造成设备和管道的堵塞，严重的会使

整个系统瘫痪。因此维持系统中烟气不结露是保证正常运行的重要条件。同样，除尘器收集下来的飞灰，在输送、储存的过程中也会发生类似的问题，需同等对待。

7.3.2 本条为强制性条文。烟气中的颗粒物控制，

一般可分为静电分离、过滤、离心沉降及湿法洗涤等几种形式。常用的净化设备有静电除尘器和袋式除尘器等。由于飞灰粒径很小（$d<10\mu m$ 的颗粒物含量较高），必须采用高效除尘器才能有效控制颗粒物的排放。袋式除尘器可捕集粒径大于 $0.1\mu m$ 的粒子。烟气中汞等重金属的气溶胶和二噁英类极易吸附在亚微米粒子上，这样，在捕集亚微米粒子的同时，可将重金属气溶胶和二噁英类也一同除去。另外，袋式除尘器中，滤袋迎风面上有一层初滤层，内含有尚未参加反应的氢氧化钙和尚未饱和的活性炭粉，通过初滤时，烟气中残余的氯化氢、硫氧化物、氟化氢、重金属和二噁英类再次得到净化。袋式除尘器在净化生活垃圾焚烧烟气方面有其独特的优越性，但是袋式除尘器对烟气的温度、水分、烟气的腐蚀性较为敏感。不同的滤料有不同的使用范围，应慎重选用，以保证袋式除尘器能正常工作。

国外一些公司对半干法分别与袋式除尘器、静电除尘器组合的烟气净化工艺进行对比试验表明：当进入除尘器的烟气温度为 $140\sim160\,^{\circ}\mathrm{C}$ 时，采用袋式除尘器工艺，对二噁英类的去除率达到 99% 以上，汞的排放浓度检测不出，均明显优于采用静电除尘器的工艺。从运行情况看，同静电除尘器相比，袋式除尘器阻力较大，滤袋易破损，需要定期更换，造成运行费较高。

由于袋式除尘器对粒径大于 $0.1\mu m$ 的颗粒有较佳的去除效果，因此，《生活垃圾焚烧污染控制标准》GB 18485—2001 中明确规定，生活垃圾焚烧炉的除尘设备必须采用袋式除尘器。

7.3.3 由于袋式除尘器的清灰压缩空气消耗量很大，若不设置单独的储气罐，会使其他压缩空气管路的压力产生较大波动。

7.3.4 本条文主要是为了防止飞灰结块而作出的要求。

7.3.5 本条是对袋式除尘器及其辅助设备成套设计作出的要求。例如在启炉时，由于烟气温度低，如果烟气经过袋式除尘器，则会给滤袋造成损害，因此设计时应考虑采取措施。

7.4 二噁英类和重金属的去除

7.4.1 二噁英类（Dioxins）是 PCDDs 和 PSDFs 二类化学构造上类似的化学物质总称，据新近研究结果认为，C_O-PCB 也是与上述化学结构类似的，它们分别有 75、135 和 209 个异构体，是在人类生存环境中较为普遍存在的超痕量的物质。其中毒性明显，并作为监测对象的分别有 7、10 和 12 种，毒性最大的是 2，3，7，8-TCDD。二噁英类有多种产生途径，均与人类生产活动密切相关，垃圾焚烧是来源之一。采用垃圾焚烧技术应重视对二噁英类的处理，以防治二噁英类的环境污染和对人体健康的影响。

在 $250\sim400\,^{\circ}\mathrm{C}$ 时，残碳和有机氯或无机氯在飞灰表面进行催化并通过有机前提物质（如多氯联苯）合成，而前提物质可能是气相中通过不完全燃烧和飞灰表面异相催化反应产生，特别以飞灰表面催化是二噁英类生成的主要机理。烟气中二噁英类以固态存在，大多吸附在微小颗粒物上。从垃圾焚烧炉和烟囱之间二噁英在飞灰颗粒物上形成过程发现，在 $200\,^{\circ}\mathrm{C}$ 二噁英类浓度没有变化，$300\,^{\circ}\mathrm{C}$ 时二噁英浓度增加 10 倍。在 $600\,^{\circ}\mathrm{C}$ 的条件下，二噁英降低到了可检测的水平之下，说明 $300\,^{\circ}\mathrm{C}$ 是二噁英形成的危险温度。从工业上考虑，一般这个温度定为 $200\sim400\,^{\circ}\mathrm{C}$。因此，为有效降低垃圾焚烧厂排出的二噁英浓度，应同时考虑以下措施：

1）保证垃圾焚烧炉炉膛内的"3T"工况；

2）避免或减少烟气在 $200\sim400\,^{\circ}\mathrm{C}$ 的时间段；

3）采用有效的吸附剂对烟气中的二噁英进行吸附；

4）采用高效除尘器对烟气中亚微米以上粒径的飞灰进行有效去除。

汞是低熔点金属，在烟气中大部分是气态，少部分是固态，也容易吸附在微小颗粒物上，因此只要用高效除尘器有效捕集亚微米飞灰，就能同时去除烟气中的汞金属。另外二噁英类和汞等重金属气溶胶能被多孔物质吸附，常用吸附剂为活性炭和氢氧化钙。烟气中的二噁英类和汞金属去除可用同一装置，采用共用技术，只是吸附剂的消耗量要考虑同时吸附的因素。

7.4.2 目前应用最广的吸附剂就是活性炭粉，它可以直接喷入烟道内，工艺简单、技术可靠。因活性炭粉属于爆炸性粉尘，因此在储存、输送时应考虑防爆。

7.5 氮氧化物的去除

7.5.1 氮氧化物的产生机理主要有以下几种：

1）温度型 NO_x（$T-NO_x$），即在高温下空气中的 N_2 氧化成 NO，NO 再氧化成 NO_2；

2）燃料型 NO_x（$F-NO_x$），即燃料中的 N 元素在燃烧过程中氧化成 NO，NO 再氧化成 NO_2；

3）富氧型 NO_x（$P-NO_x$），即燃烧过程中富裕的氧与 N_2 或 N 元素反应产生的 NO_x。

对于垃圾焚烧过程中的生成机理，上述三种都有，但最主要的是第 1）和第 3）种，因此，控制焚烧炉炉膛的温度特别是局部高温和过剩空气系数是拟制氮氧化物产生的主要手段。

7.5.2 垃圾焚烧烟气中的氮氧化物以一氧化氮为主，采用添加各种化学药剂来去除氮氧化物的方法有湿式法和干式法二种。其中干式法又可分为无催化剂法和有催化剂法二种，即选择性非催化还原法（SNCR）、选择性催化还原法（SCR）；湿式法有氧化吸收法、吸收还原法等。

选择性非催化还原法（SNCR）是在烟气温度

800～1000℃，氨在与氧共存的条件下，与氮氧化物进行选择性的反应，以脱除烟气中的氮氧化物，喷入的药剂有氨水和尿素，其中尿素比氨水价格高，而且用尿素操作时危险性大。由于焚烧炉内各种药剂的脱氮率最多不超过60%，因而未反应的氨与氯化氢反应会生成白烟。

选择性催化还原法（SCR）是烟气温度在400℃以下时，将烟气通过催化剂层，与喷入的氨进行选择性的化学反应（同时需要氧），从而去除烟气中的氮氧化物。催化剂通常采用五氧化二钒（活性物）-氧化钛（载体）。催化剂采用专为含尘烟气脱氮用的形状。在催化剂表面氨与氮氧化物基本上进行等摩尔数反应，在温度与催化剂量足够的情况下，基本上不残留未反应的氨，氮氧化物的去除率较高，该反应在700℃以上时无催化剂也可以进行化学反应，采用催化剂后400℃以下也能反应。

该方法存在问题有：① 催化剂长时间运行的情况不明，催化剂价格太高。② 为了维持良好的活性，五氧化二钒-氧化钛（V_2O_5-TiO_2）催化剂的温度必须在250℃以上，但是为了防止二噁英类的产生，要求烟气温度不断下调，但低温下氯化铵生成会对催化剂产生毒素。

湿式法是基于烟气中的氮氧化物基本上为一氧化氮，用氢氧化钠溶液进行洗烟处理不能去除一氧化氮，但如果将一氧化氮氧化成二氧化氮，则可以被碱溶液吸收，同时氯化氢和硫氧化物、汞也有很大的去除效果。氧化吸收法是在吸收剂溶液中加入如次氯酸钠强氧化剂，将一氧化氮转换成二氧化氮，再通过加入钠碱性溶液吸收，达到去除氮氧化物的目的。吸收还原法是在加入二价铁离子，使一氧化氮成为EDTA化合物，再与亚硫酸根或硫酸氢根反应，达到去除氮氧化物的目的。

其他去除氮氧化物的方法还有：①向烟气中注入臭氧。②电离辐射或使一氧化氮在气相条件下氧化。③强放电使一氧化氮酸化。

7.6 排烟系统设计

7.6.1 本条说明了计算引风机风量应包括的内容，其中过剩空气条件下的湿烟气量可根据垃圾的元素分析计算，其余部分是在焚烧线运行过程中增加的部分，需根据运行和设计经验由设计人员确定。

7.6.2 引风机余量确定依据：① 燃烧控制与炉温控制结果，即一、二次风量变化导致烟气量变化。②垃圾燃烧波动造成炉内温度变化，这种变化对喷水冷却的垃圾焚烧炉的烟气量影响较大，对采用余热锅炉冷却烟气的烟气排放量可认为没有影响。③单台垃圾焚烧炉规模越大，相对空气漏入比例越小，反之亦然。采用余热锅炉冷却烟气的漏入空气量小于喷水冷却烟气的漏入空气量。

7.6.3 引风机采用变频调速装置是为了便于对焚烧工况的调节，保证垃圾完全燃烧并节省能源的重要措施。

7.6.4 烟囱高度设置应符合现行国家标准《生活垃圾焚烧污染物控制标准》GB 18485中的有关规定。

7.6.5 本条文是对烟气管道设计的一般规定。

7.6.6 本条为强制性条文。由于垃圾焚烧厂烟气是污染控制的重点，烟气排放是否达标是环保部门和公众最关心的问题。设置烟气在线监测设施是保证焚烧生产线正常运行及监督烟气排放是否达标的重要措施。

7.6.7 本条要求的在线监测项目包括对焚烧工况控制有用的参数和能够实现在线监测的污染物。

7.6.8 烟气在线监测数据传送至总控制室，有利于焚烧生产线的运行控制和管理。在焚烧厂显著位置设置排烟主要污染物浓度显示装置，有利于厂内和外界人员监督烟气的达标排放。

7.7 飞灰收集、输送与处理系统

7.7.1 本条是对飞灰处理系统的一般规定。

7.7.2 由于飞灰粒度小，并含有有害物质，因此收集、储存与处理系统的密闭性非常重要。

7.7.3 飞灰由烟尘、烟气净化喷入的中和剂颗粒物和活性炭颗粒组成。烟尘的多少与垃圾的灰分以及焚烧炉型有关，流化床炉远高于炉排炉。一般情况下炉排炉的飞灰量是垃圾量的2%～5%，流化床炉的飞灰量是垃圾量的8%～12%

7.7.4 干式飞灰输送方式主要有机械输送与气力输送等方式，一般不宜用湿法除灰方式。不同输送方式受到环境条件、技术条件、经济条件制约，需经过综合比较确定。

7.7.5 当采用气力除灰系统时，应注意采取防止飞灰结块的措施。

7.7.6 飞灰极易向环境扩散，造成环境污染，因此需要采取密闭收集、储存系统。飞灰储存装置的大小需要根据飞灰产量、运输条件等因素确定。

7.7.7 当飞灰遇冷，空隙中的气体易结露而使飞灰结块，为避免飞灰在储存装置中结块和"搭桥"，需要对飞灰储存装置采取保温、加热措施。

7.7.8 目前垃圾焚烧飞灰被认定为危险废物，现行国家标准《生活垃圾填埋场污染控制标准》GB 16889规定如果稳定或固化后的飞灰能满足浸出毒性要求，就可以进入生活垃圾填埋场处理。

7.7.9 本条文所指的飞灰输送系统，系指袋式除尘器及半干法反应塔等收集的飞灰、输送到飞灰储仓为止的输送系统。由于本系统的运行直接与焚烧线相关，系统的运行与焚烧线有连锁等要求，故宜采用中央控制室控制方式。从飞灰储仓开始，所采取的处理措施一般由现场人员操作，并直接与外部联络，故飞

灰储存、外运与处理系统宜采用现场控制方式。

8 垃圾热能利用系统

8.1 一般规定

8.1.1 为提高垃圾焚烧厂的经济性，并防止对大气环境的热污染，应对焚烧过程产生的热能进行回收利用。利用垃圾热能时，应充分注意垃圾特性的不稳定性，特别是垃圾热值的变化。

8.1.2 本条文是垃圾热能利用方式选择的基本原则，考虑到节能减排，垃圾焚烧厂应优先采用利用效率高的方式，如热电联产、冷热电三联供等方式。

8.1.3 本条为根据《中华人民共和国可再生能源法》的新增条款。

8.2 利用垃圾热能发电及热电联产

8.2.1 纯发电的焚烧厂可选择纯凝汽机组，热电联产的焚烧厂可选择背压或抽凝机组。本条文根据近年工程建设的实际情况，要求汽轮发电机组运行时数应与垃圾焚烧炉相匹配。

8.2.2 汽轮机组检修及故障期间，为保持焚烧线正常运转，应设置主蒸汽旁路系统。对设置二套汽轮发电机组，考虑热力系统故障时仍可维持焚烧线的运行，并避免旁路系统设施过于庞大，特作此规定。

8.2.3 为了防止余热锅炉的省煤器进水温度过高，简化热力系统并考虑小型汽轮发电机组抽汽能力，同时参考目前引进的焚烧技术中，垃圾焚烧余热锅炉给水温度的工况经验，给水温度的经济温度为 130～140℃。

8.2.4 当垃圾焚烧余热锅炉给水温度为 104℃时，应采用大气式热力除氧器；当给水温度为 130～140℃时，则可采用该饱和温度对应工作压力的除氧器，而无需高压加热器。

8.2.5 我国汽轮发电机组的凝汽器绝大多数是采用循环水冷却方式，而目前国外多采用空气冷却方式，两种方式各有优势，应根据当地条件和技术经济比较确定。对水资源贫乏的地区，应提倡采用风冷方式，以节约水资源的利用，特增加对风冷方式的规定。

8.2.6 本条文是对利用垃圾焚烧发电热力系统的一般规定。根据实际建设和运行经验，本次修订中增加了相关系统方面的内容。

8.3 利用垃圾热能供热

8.3.1 鉴于垃圾焚烧余热锅炉的低温腐蚀问题，烟侧温度不应过低，相应利用垃圾热能生产蒸汽温度应控制在 200℃以上。如果需要生产热水，需通过换热器将蒸汽转换为热水。因此本次修订中取消热水的

规定。

8.3.2 本条是针对利用垃圾热能供热的垃圾焚烧厂提出的一般要求。

9 电气系统

9.1 一般规定

9.1.1 垃圾焚烧处理工程中，经常利用垃圾焚烧余热发电或供热，项目设计中，不能以发电或供热作为首要目标，而应该以焚烧垃圾为主，一次电气系统的一、二次接线和运行方式可能与小型发电厂有所区别。

9.1.2 如果利用余热发电并网并纳入电力部门管理时，电力部门一般会要求按照电力行业的习惯进行设计，工厂管理和运行人员一般有电力行业的工作背景。目前电力行业标准和国家标准还不完全一致，因此选择符合电力主管部门和业主习惯的设计标准是必要的。

9.1.3 垃圾焚烧厂以何种电压等级接入地区电力网，涉及地区电力网具体情况、机组容量等因素。目前我国生活垃圾焚烧厂配置的汽轮发电机组单机容量多为 25MW 及以下，总装机容量不超过 50MW。根据此种配置，接入电力网电压不宜大于 110kV。

9.1.4 垃圾焚烧厂无内部电源时，焚烧线应能在外部电源支持下连续运行。但由于垃圾焚烧厂一般处于电力系统末端，电压水平相对不稳定，当经主变压器倒送电，且系统电压降落或波动不满足厂用电要求时，可采用有载调压装置。

9.1.5 根据汽轮发电机组数量少、单机容量小、出线回路较少的特点，采用单元制接线不经济，故本条文规定发电机电压母线采用单母线或单母线分段接线方式。

9.1.6 本条文是发电机和励磁系统选型的一般规定。

9.1.7 本条文是高压配电装置、继电保护和安全自动装置、过电压保护、防雷和接地工程技术的一般规定。

9.3 厂用电系统

9.3.1 垃圾焚烧厂的垃圾热能利用方式多为供热或发电，用电设备对供电的连续性及可靠性要求高。

1 由于高压电动机数量较少及容量较小，发电机及高压厂用母线不宜设置两种电压等级。发电机出口电压应根据发电机、厂用变压器、高压电动机及电力电缆等设备运行参数、价格、当地电网情况等多方面因素综合比较确定。

2 根据目前国内外运行和在建垃圾焚烧厂电气接线，多为单母线接线。对接入系统、主接线及厂用电系统综合考虑，当设有 2 台及 2 台以上发电机时，

可采用单母线分段接线。为方便焚烧厂的运行管理，简化电气接线，不推荐双母线或双母线分段接线方式。

3 通过对国内现有垃圾焚烧厂负荷统计，当单台垃圾焚烧炉小于300t/d时，低压母线以焚烧线为单元分段或分组，厂用变压器容量配置合理，运行方式较灵活。当设有保安柴油发电机组时，可设保安公用段，向全厂0Ⅰ、0Ⅱ及部分重要Ⅰ类负荷供电。正常工作时，厂用变压器可分列运行，也可并列运行，由发电机经厂用变压器供电，当工作段电源均断电时，柴油发电机组启动，向保安公用段供电。

当单台垃圾焚烧炉容量大于300t/d，根据负荷统计，应按照焚烧线分段，为使接线及运行方式更为合理，还需单独设置焚烧公用段，每段应由一台变压器供电。

4 外部电网引接专用线路作为高压厂用电备用电源，系指焚烧厂中有一级升高电压，向电网送电，而焚烧厂附近有较低电压等级的电网，且在垃圾焚烧厂停电时，能提供可靠电源。此时，可从该网引接专用线路作为备用电源。

5 当厂区高压电源失去以后，焚烧线的运行方式与汽轮机旁路的容量设置相关，高压备用电源容量应满足此时的焚烧线运行要求。

6 对于25MW及以下的机组，当采用发电机变压器组接线方式时，由于与发电机直接联系的电路距离较短，其单相接地故障电流很小，不会超过规定的允许值，因此采用发电机变压器组接线的发电机中性点，应采用不接地方式。

当有发电机电压母线时，尤其是当有电缆引出线时，发电机电压回路中的单相接地故障电流有超过允许值的可能，为了保护发电机和运行回路的安全供电，应以消弧线圈进行补偿，消弧线圈一般接在发电机中性点。

7 发电机的厂用分支线上装设断路器，可以提高垃圾焚烧厂用电的独立性，从而提高其可靠性，当发电机退出运行，焚烧线可通过备用电源继续运行。

8 目前引进设备MCC供电的负荷，既包括有按照本规范规定的Ⅰ、Ⅱ类负荷，也有部分Ⅲ类负荷，由于国内外设计思想的差别，接有Ⅰ、Ⅱ类负荷的MCC的供电是否必须双电源双回路供电，成为一个值得探讨的问题。当电动机中心远离动力中心，应对引进MCC的设备配电、控制方式提出要求，区分

Ⅰ、Ⅱ、Ⅲ类负荷电动机的配电形式。当电动机中心与动力中心相邻，可将Ⅰ类负荷与Ⅱ、Ⅲ类负荷分开供电，即接有Ⅰ类负荷的MCC不允许接有Ⅱ、Ⅲ类负荷。对仅接有Ⅰ类或Ⅱ、Ⅲ类电动机的MCC采用专用单电源回路供电，电源直接接自动力中心，MCC上安装进线隔离开关。这样，当接有Ⅱ、Ⅲ类负荷的MCC发生故障，并不影响Ⅰ类负荷的供电，对Ⅰ类负荷而言，由于低压备用变压器为自动投入，仍可保证其双电源供电，从而保证了Ⅰ类负荷供电的可靠性。当Ⅰ类负荷出现问题，无论是一回出线、还是多回出线，停炉都在所难免，并不因多一回电源进线而更可靠。

焚烧厂厂用电包括下述几部分用电内容：

1) 焚烧线部分：包括垃圾焚烧炉、燃烧空气系统、烟气净化系统、除渣系统、除飞灰系统。

2) 垃圾输送与储存部分：包括称量系统、垃圾破碎、垃圾抓斗起重机、卸料门等。

3) 发电与热力系统部分：包括汽轮发电机及辅机系统、热力系统、二次线及继电保护、自动装置等。

4) 公用工程部分：包括循环水系统、压缩空气系统、供油系统、化学水处理系统、污水处理系统、消防系统、采暖通风及空调系统、直流系统、UPS系统、自控系统、照明系统、化验与维修等。

焚烧厂用电负荷按生产过程中的重要性可分为：

Ⅰ类负荷：短时（手动切换恢复供电所需的时间）停电可能影响人身或设备安全，使生产停顿、垃圾处理量或发电量大量下降的负荷。

Ⅱ类负荷：允许短时停电，但停电时间过长，有可能损坏设备或影响正常生产的负荷。

Ⅲ类负荷：长时间停电不会直接影响生产的负荷。

0Ⅰ类负荷：在机组运行期间以及停运（包括事故停运）过程中，甚至停运以后的一段时间内，需要连续供电的负荷，也称为不停电负荷。

0Ⅱ类负荷：在机组失去交流厂用电后，为保证机炉安全停运，避免主要设备损坏，重要自动控制失灵或推迟恢复供电，需保证持续供电的负荷，由蓄电池组供电。

焚烧厂厂用负荷分类参考表5常用厂用负荷特性表。

表5 常用厂用负荷特性表

序号	名 称	供电类别	是否易于过负荷	控制地点	运行方式	同时系数
	一、交流不停电负荷					
1	计算机监控系统	0Ⅰ	不易		经常、连续	1
2	自动化控制系统保护	0Ⅰ	不易		不经常、短时	0.5

序号	名称	供电类别	是否易于过负荷	控制地点	运行方式	同时系数
3	自动化控制系统检测和信号	0Ⅰ	不易		经常、断续	0.5
4	自动控制和调节装置	0Ⅰ	不易		经常、断续	0.5
5	电动执行机构	0Ⅰ	易		经常、断续	0.5
6	远程通信	0Ⅰ	不易		经常、连续	1
7	火灾自动报警系统	0Ⅰ	不易		经常、连续	1
二、事故保安负荷						
1	汽机直流润滑油泵	0Ⅱ	不易	集中或就地	不经常、短时	1
2	火焰检测器直流冷却风机	0Ⅱ	不易	集中或就地	不经常、短时	1
三、垃圾储存、输送与焚烧系统						
1	渗沥液泵	Ⅱ	不易	集中或就地	经常、连续	0.8
2	垃圾抓斗起重机	Ⅱ	不易	集中或就地	经常、短时	0.5
3	垃圾卸料门	Ⅱ	不易	集中或就地	经常、断续	0.1
4	大件垃圾破碎机	Ⅲ	易	就地	不经常、连续	0.1
5	水平旋转探测器	Ⅱ	不易	集中或就地	经常、连续	1
6	液压站	Ⅰ	不易	集中或就地	经常、连续	1
7	辅助燃烧器及调节系统	Ⅱ	不易	集中或就地	经常、短时	0.5
8	燃油泵	Ⅱ	不易	集中或就地	经常、短时	0.1
9	一次风机	Ⅰ	不易	集中或就地	经常、连续	1
10	二次风机	Ⅰ	不易	集中或就地	经常、连续	1
11	炉墙风机	Ⅱ	不易	集中或就地	经常、连续	1
12	渗沥液喷射泵	Ⅱ	不易	集中或就地	经常、断续	0.5
13	加药泵	Ⅱ	不易	集中或就地	经常、连续	0.8
14	搅拌器	Ⅱ	易	集中或就地	经常、连续	0.8
15	炉墙冷却风机	Ⅰ	不易	集中或就地	经常、连续	1
16	刮板输送机	Ⅱ	不易	集中或就地	经常、连续	0.8
17	炉渣抓斗起重机	Ⅱ	不易	就地	经常、短时	0.25
18	振打清灰装置	Ⅱ	不易	集中或就地	经常、断续	0.5
19	振动输送机	Ⅱ	不易	集中或就地	经常、连续	0.8
20	电磁除铁器	Ⅱ	不易	集中或就地	经常、连续	1
21	胶带输送机	Ⅱ	不易	集中或就地	经常、连续	0.8
22	金属打包机	Ⅲ	不易	就地	经常、断续	0.1

序号	名 称	供电类别	是否易于过负荷	控制地点	运行方式	同时系数
23	除渣系统起重机	Ⅲ	不易	就地	不经常、短时	0.1
24	链式输送机	Ⅱ	不易	集中或就地	经常、连续	0.8
25	电加热装置	Ⅱ	不易	集中或就地	不经常、短时	0.1
26	飞灰储仓输送机	Ⅱ	不易	集中或就地	经常、短时	0.1
27	飞灰储仓螺旋输送机	Ⅱ	不易	集中或就地	经常、短时	0.1
	四、烟气净化系统					
1	引风机	Ⅰ	不易	集中或就地	经常、连续	1
2	预加热系统	Ⅱ	不易	集中或就地	不经常、短时	0.01
3	旋转雾化器	Ⅰ	不易	集中或就地	经常、连续	1
4	石灰浆泵	Ⅱ	不易	集中或就地	经常、连续	1
5	石灰浆加药计量泵	Ⅱ	不易	集中或就地	经常、连续	1
6	石灰浆配料槽搅拌器	Ⅱ	不易	集中或就地	经常、连续	1
7	石灰浆稀释槽搅拌器	Ⅱ	不易	集中或就地	经常、连续	1
8	袋式除尘器电气附件	Ⅱ	不易	集中或就地	经常、连续	1
9	袋式除尘器出灰输送机	Ⅱ	不易	集中或就地	经常、连续	1
10	活性炭储仓出料输送机	Ⅱ	不易	集中或就地	经常、连续	1
11	活性炭喷射风机	Ⅱ	不易	集中或就地	经常、连续	1
12	烟气在线监测装置	Ⅱ	不易	集中或就地	经常、连续	1
13	斗式提升机	Ⅱ	不易	集中或就地	经常、连续	1
14	双向螺旋输送机	Ⅱ	不易	集中或就地	经常、连续	1
15	储灰仓出料装置	Ⅱ	不易	集中或就地	经常、连续	1
16	增湿装置	Ⅱ	不易	集中或就地	经常、连续	1
17	埋刮板输送机	Ⅱ	不易	集中或就地	经常、连续	1
18	循环风机	Ⅱ	不易	集中或就地	不经常、短时	0.01
19	水泵	Ⅱ	不易	集中或就地	经常、连续	1
	五、热力系统					
1	给水泵	Ⅰ	不易	集中或就地	经常、连续	1
2	凝结水泵	Ⅰ	不易	集中或就地	经常、连续	0.8
3	射水泵	Ⅰ	不易	集中或就地	经常、连续	0.8
4	高压电动油泵	Ⅱ	不易	集中或就地	不经常、短时	0
5	低压润滑油泵	Ⅱ	不易	集中或就地	不经常、短时	0
6	调速电机	Ⅱ	不易	集中或就地	不经常、短时	0
7	盘车	Ⅱ	不易	集中或就地	不经常、短时	0
8	疏水泵	Ⅱ	不易	集中或就地	经常、连续	0.8
9	旁路凝结水泵	Ⅰ	不易	集中或就地	经常、连续	0.01
10	胶球清洗泵	Ⅲ	不易	就地	不经常、短时	0

序号	名 称	供电类别	是否易于过负荷	控制地点	运行方式	同时系数
	六、电气及辅助设施					
1	充电装置	Ⅱ	不易	集中或就地	不经常、连续	1
2	浮充电装置	Ⅱ	不易	集中或就地	经常、连续	1
3	变压器冷却风机	Ⅰ	不易	就地	经常、连续	0.8
4	变压器强油水冷电源	Ⅰ	不易	变压器控制箱	经常、连续	0.8
5	自控电源	Ⅰ	不易		不经常、短时	0.5
6	自动化电动阀门	Ⅰ	不易		经常、短时	0.5
7	交流励磁机备用电源	Ⅰ	不易	发电机控制屏	不经常、连续	1
8	硅整流装置通风机	Ⅰ	不易	整流装置控制	经常、连续	1
9	通信电源		不易		经常、连续	1
10	空气压缩机	Ⅱ	不易	集中或就地	经常、连续	0.8
11	压缩空气干燥机	Ⅱ	不易	集中或就地	经常、连续	0.8
	七、化学水处理					
1	清水泵	Ⅱ	不易	就地	经常、连续	0.8
2	中间水泵	Ⅱ	不易	就地	经常、连续	0.8
3	除盐水泵	Ⅱ	不易	就地	经常、连续	0.8
4	卸酸泵	Ⅱ	不易	就地	经常、连续	0.8
5	卸碱泵	Ⅱ	不易	就地	经常、连续	0.8
6	卸氨泵	Ⅱ	不易	就地	经常、连续	0.8
7	氨计量泵	Ⅱ	不易	就地	经常、连续	0.8
8	除二氧化碳风机	Ⅱ	不易	就地	经常、连续	0.8
	八、给、排水					
1	变频供水机组	Ⅱ	不易	就地	经常、连续	0.8
2	循环水泵	Ⅰ	不易	集中或就地	经常、连续	1
3	冷却塔风机	Ⅱ	不易	就地	经常、连续	0.8
4	生活水泵	Ⅱ	不易	就地	经常、连续	0.8
5	补给水泵	Ⅱ	不易	就地	经常、连续	0.8
6	冲洗泵	Ⅱ	不易	就地	经常、连续	0.8
7	预处理提升机	Ⅱ	不易	就地	经常、连续	0.8
8	鼓风机	Ⅱ	不易	就地	经常、连续	0.8
9	厌氧污水泵	Ⅱ	不易	就地	经常、短时	0.5
10	好氧污水泵	Ⅱ	不易	就地	经常、短时	0.5
11	罗茨风机	Ⅱ	不易	就地	经常、短时	0.5
12	过滤系统水泵	Ⅱ	不易	就地	经常、连续	0.8
13	过滤加压泵	Ⅱ	不易	就地	经常、连续	0.8
14	反洗泵	Ⅱ	不易	就地	经常、短时	0.5
15	加药系统	Ⅱ	不易	就地	经常、连续	0.8
16	加压泵	Ⅱ	不易	就地	经常、短时	0.5

序号	名 称	供电类别	是否易于过负荷	控制地点	运行方式	同时系数
17	搅拌机	Ⅱ	不易	就地	经常、短时	0.5
18	污泥脱水提升机	Ⅱ	不易	就地	经常、短时	0.5
19	压滤机	Ⅱ	不易	就地	经常、短时	0.5
	九、理化分析					
1	高温箱型电阻炉	Ⅲ	不易	就地	不经常、短时	
2	电热鼓风干燥箱	Ⅲ	不易	就地	不经常、短时	
3	远红外快速恒温干燥箱	Ⅲ	不易	就地	不经常、短时	
4	生化培养箱	Ⅲ	不易	就地	经常、短时	
5	普通电炉	Ⅲ	不易	就地	不经常、短时	
	十、其他					
1	电焊机	Ⅲ	不易	就地	不经常、断续	
2	其他机修设备	Ⅲ	不易	就地	不经常、连续	
3	电气实验室设备	Ⅲ	不易	就地	不经常、断续	
4	通风机	Ⅲ	不易	就地	经常、短时	0.5
5	事故通风机	Ⅱ	不易	就地	不经常、连续	0.8
6	起重设备	Ⅲ	不易	就地	不经常、断续	
7	排水泵	Ⅲ	不易	就地	不经常、断续	0.5
8	航空障碍灯	Ⅰ			经常、连续	1

注：连续——每次连续带负荷 2h 以上者。

短时——每次连续带负荷 2h 以内、10min 以上者。

断续——每次使用从带负荷到空载或停止，反复周期地工作，每个工作周期不超过 10min。

经常——系指与正常生产过程有关的，一般每天都要使用的电动机。

不经常——系指正常不用，只是在检修、事故或机炉启停期间使用的电动机。

9 本条规定是为了提高厂用备用变压器与工作变压器之间的独立性，防止高压母线发生故障时，使接于本段的工作和备用变压器同时失去电源，造成所带Ⅰ类负荷失电，影响焚烧炉正常运行。

厂用变压器接线组别应一致，以利工作电源与备用电源并联切换的要求。低压厂用变压器建议采用 D、yn11 接线组别，考虑其零序阻抗小，单相短路电流大，提高保护开关动作灵敏度及提高承受三相不平衡负荷的能力。

10 本条规定主要考虑目前电厂中，电机等设备的配电电缆不包含 PE 纤芯，设备的接地主要利用接地网络就地连接。因此将原条文改为推荐性条文。

11 并联切换在火力发电厂中被广泛应用，正常情况下，这种切换方式可以保证切换过程中不失去厂用电，对机炉的稳定运行是有益的。现在的高低压断路器的可靠性有了很大的提高，拒合的概率较低，因此产生不良后果的概率也较低。

12 本条规定目的是尽量保证各焚烧线的电源及

辅机的独立性，一段电源断电时，不至于影响到其他焚烧线的正常运行。

9.3.2 设置蓄电池组向变配电设备或发电机的控制、信号、继电保护、自动装置以及保安动力负荷、事故照明负荷等供电。

根据调查，垃圾焚烧厂全厂事故时，厂用电停电时间按 30min 计算蓄电池容量，即可满足要求，为了留有余量，规定交流厂用电事故停电时间按 1h 计算，供交流不停电源的直流负荷计算时间按 0.5h 计算。

9.4 二次接线及电测量仪表装置

9.4.2 本条文是对电气网络自动控制水平和控制方式的一般规定。

9.4.3 本条文为室内配电装置到各用户线路与厂变压器控制方式的一般规定。

9.4.4 也可装设能重复动作并能延时自动解除音响的事故信号和预告信号装置。

9.4.5 本条文按《防止电气误操作装置管理规定》(试行)中的第十六条规定，高压开关柜及间隔式配电装置有网门时，应满足"五防"功能要求。

9.4.6 第2款本条规定是指在母线存在故障或人为分闸时，应保证备用电源不自动投入。

第7款通过切换装置可确保电气系统的可靠运行。

9.5 照 明 系 统

9.5.1 本条文是垃圾焚烧厂的照明工程技术的一般规定。

9.5.2 第1、2款考虑低压厂用变压器采用中性点直接接地系统，正常照明由动力、照明共用的低压厂用变压器供给，国内工程大部分都是采用这种供电方式，多数运行单位认为是可行的，具有节省投资和维护量少的优点。全厂停电事故时，只有蓄电池可以继续对照明负荷供电，因此规定事故照明宜由蓄电池供电。工房的主要出入口、通道、楼梯间及远离主工房的重要场所等处也可以采用自带蓄电池的应急灯具。

第3款根据《安全电压》GB/T 3805的规定，当电气设备采用24V以上安全电压时，必须采取防止直接接触带电体的保护措施，因此本条规定安全电压采用24V。

9.5.3 应严格按航管部门设置障碍灯的要求，确保航空运输与焚烧厂的安全运行。

9.5.4 锅炉钢平台的正常照明，可在每层钢平台通道上装设小功率灯具，也可在钢平台顶端装设大功率气体放电灯。采用大功率气体放电灯简单可靠，易于维护，也可节省费用。

9.5.5 本条文为照明设计的一般规定。渗沥液集中处，含有一定量的甲烷气体和硫化氢气体，在通风情况不好的情况下，甲烷气体有可能积聚，从安全的角度出发，此处的灯具应选用防爆灯具，同时硫化氢气体具有腐蚀性，灯具应根据气体浓度确定防腐等级。

9.6 电缆选择与敷设

9.6.1 本条文是垃圾焚烧厂的电缆选择与敷设工程技术的一般规定。

9.6.2 本条规定考虑垃圾含有易燃物，防火、阻火十分重要，除采取防火的相应措施外，对电缆敷设应采取阻燃、防火封堵，目前普遍用的有防火包、防火堵料、涂料及隔火、阻火设施，已在电力部门、电厂、变电站广泛使用，效果良好。

9.7 通 信

9.7.1 本条文是对厂区通信电源的一般规定。

9.7.2 利用垃圾热能发电时，需要与地区电力网联网，是否需要设置专用调度通信设施应与地方供电部门协商解决。

10 仪表与自动化控制

10.1 一 般 规 定

10.1.1 自动化控制是垃圾焚烧厂运行控制的重要手段。基于垃圾焚烧特性和环境保护的要求，垃圾焚烧厂应有较高的自动化水平。

10.1.2 为确保垃圾焚烧厂稳定、经济运行并严格达到环境保护的要求，本条文规定自动化系统应采用成熟的控制技术和可靠性高、性能价格比适宜的设备和元件，包括对引进的自动化系统和软件的基本要求，对未有成功运行经验的技术，不应在垃圾焚烧厂使用。

10.2 自动化水平

10.2.1 垃圾焚烧厂的主体控制系统多由 DCS 或 PLC 构成自动化控制系统(本规范统称分散控制系统)，其具有较为丰富的系统软件与应用软件，合理的网络结构，并有硬件的冗余配置，能实现对大量开关量的程序控制、安全连锁，以及对复杂生产过程的直接数字控制，具有比较高的可靠性，组态方便、有自诊断和自动跟踪等功能，能组成复杂的自动控制系统。

通过燃烧控制系统以实现垃圾全量焚烧和完全燃烧；实现在垃圾焚烧过程中对运行参数调节并达到环境保护标准；实现垃圾焚烧炉非正常停运时，维持给水循环，保证系统安全运行。

自动化控制系统可包括下列内容：

1 监控管理系统

上位计算机(操作站)对传来的数据进行采集、监视、打印、显示器显示运行状态，对事故进行处理，根据设施运行状态发出控制指令。为便于管理，上位计算机(操作站)应根据数据处理结果作出日报、月报和年报。

日报表内容包括：

1)垃圾接受量、残渣运出量日报(及它们的分车辆报表)；

2)垃圾焚烧炉与余热锅炉日报(垃圾焚烧量、垃圾热值的数据处理，余热锅炉蒸发量和相关数据处理)；

3)烟气净化日报(烟气数据、气象条件的数据整理)；

4)汽轮机日报(汽轮机有关数据处理的日报)；

5)电力日报(受变电，与电相关的数据处理)；

6)污水处理日报(与污水处理相关的数据处理)；

7)设备运行日报（各设备运转和故障情况）；

8)原材料消耗日报（各系统用水、用气、药品使用量的数据处理）。

2 主工艺过程控制系统

1)垃圾焚烧炉启动、关闭前必要的准备及准备完毕后，根据炉升温、降温曲线要求，自动控制垃圾焚烧炉的启动和关闭，并用CRT显示。

2)焚烧工艺系统控制：垃圾燃烧控制、烟气污染物控制、余热锅炉的汽包水位控制。

3)烟气净化设备运行：自动调节烟气污染物的含量，在线监测烟气有害气体排放。

4)汽轮发电机启动或停止：指令操作汽轮发电机启动或停止。

5)自动同步启动：指令操作自动同步投入。

6)自动功率控制：电功率控制在一定范围内。

7)汽轮发电机使用时的负荷选择：发电机的输出根据产汽量自动选择。

8)污水处理设备的运行：根据pH值与流量决定投药量。

3 垃圾抓斗起重机的运行系统：垃圾起重机的运行，并记录投料量。

4 炉渣抓斗起重机运行系统：炉渣起重机的运行，并记录炉渣产生量。

5 垃圾自动计量系统：自动进行垃圾计量及打印。在自动发生故障时，也可采用手动计量。

6 车辆管制系统：计量完成后，垃圾车被引导到投料门，投料门自动开启。小规模垃圾焚烧厂的进厂垃圾车数量少，所设垃圾池卸料门数量也少，可不设车辆引导设备，由员工直接指挥。但是大规模焚烧设备必须设指示灯指示投料门工作情况。

10.2.2 公用工程包括下列各系统：高低压电气系统、垃圾焚烧余热锅炉给水及热力系统、残渣处理系统、脱盐水系统、压缩空气系统、垃圾输送系统、垃圾计量系统、燃料油（气）系统、循环水系统、污水处理系统及渗沥液处理系统等。

10.2.3 就地操作盘可包括：燃烧器操作盘、吹灰器操作盘、气体分析操作盘、压缩空气站操作盘、垃圾抓斗起重机操作盘、磅站操作盘、除盐水操作盘等。

10.2.4 工业电视系统的设置应符合现行国家标准《工业电视系统工程设计规范》GBJ 115中的有关规定。

工业电视系统摄像头安装位置与画面监视器位置一览如下，供工程设计参考。

监视对象	摄像头安装位置	数 量	监视器位置	备注
出入车辆	车辆出入口（大门）	1~2个	中央控制室	
称重情况	地磅处	1~2个	中央控制室	
卸料车辆交通情况	卸料平台	2~3个	中央控制室/垃圾吊车控制室	
垃圾堆放情况	垃圾池	2~3个	垃圾吊车控制室	
垃圾料斗料位情况	焚烧炉料斗上方	1个/焚烧线	垃圾吊车控制室/中央控制室	
焚烧炉燃烧情况	焚烧炉炉膛火焰	1~2个/焚烧线	中央控制室	
汽包水位情况	锅炉汽包水位	1~2个/焚烧线	中央控制室	
灰渣堆放情况	除渣池	1~2个	灰渣吊车控制室/中央控制室	
排烟状况	烟囱排烟	1个	中央控制室	
汽机平台状况	汽机间	1个	中央控制室	
辅助车间运行总体情况	无人值守的辅助车间	1~2个/车间	中央控制室	

10.2.5 本条为强制性条文。一旦系统发生故障或需紧急停车时，紧急停车系统将确保设施和人员的安全。

10.2.6 焚烧厂厂级监控信息系统（SIS）是为厂级生产过程自动化服务的，一方面满足全厂生产过程综合自动化的需要和向厂内MIS系统提供实时数据，另一方面是厂内焚烧线、汽轮发电机组和公用辅助车间级自动化系统的上一级系统。SIS主要处理全厂实时数据，完成厂级生产过程的监控和管理、厂级事故诊断、厂级性能计算、经济调度等，与全厂自动化程度密切相关。焚烧厂管理信息系统（MIS）是为焚烧厂现代化服务的，主要任务是厂内管理和向上级部门发送管理和生产信息（包括设备检修管理、财务管理、经营管理等），MIS应由信息中心专人维护。

10.3 分散控制系统

10.3.1、10.3.2 分散控制系统可实现：

1 现场有效数据和测量值的采集；

2 连续动态模拟流程图显示装置各部分运行状态、报警和模拟量参数等；

3 数据的存储、复原和事故追忆；

4 报表编辑，历史和实时曲线记录；

5 报警编辑和实时信息编辑；

6 程序框图显示；

7 组和点的控制和设定值控制；

8 自动执行所有程序、管理功能和维护行为（操作指导，运行维护，操作步骤）；

9 发生重大故障时通过操作进行系统的调整和变更；

10 提供开放性的数据链接口。

对分散控制系统的性能规定与指标要求可参照《分散控制系统设计若干技术问题规定》与《火力发电厂电子计算机监视系统设计技术规定》NDGJ91 中的相关内容。

10.3.3 控制系统的冗余配置应符合下列要求：

1 操作员站和工程师站的通信总线应为冗余配置；

2 I/O 接口要有 10%～15% 的备用量，机柜内应留有 10% 的卡件安装空间并装有 10% 的备用接线端子；

3 控制器的冗余配备原则为：

  1）重要控制回路 1:1；

  2）次重要控制回路 $n:1$（n 为实际回路数）；

  3）控制回路和后备控制回路之间应有自动无扰动切换的功能。

4 控制系统内部应配置冗余电源单元，每个电源单元的容量应不小于实际最大负载的 125%，二套电源应能自动切换，切换时间应满足控制系统的要求。

10.3.4 本条为强制性条文。一旦系统发生故障或需紧急停车时，紧急停车系统将确保设施和人员安全。

10.4 检测与报警

检测与报警项目见检测、报警一览表（表 6），供参考。

表 6 检测、报警一览表

检测参数	控制检测对象	就地指示	计算机监视系统功能				备注
			指示	记录	累计	报警	
	炉膛烟气		√	√			
	焚烧炉入口烟气	√	√	√		√	
	焚烧炉出口烟气	√	√	√		√	
	空预器热空气出口	√	√	√			
温度	除尘器入口烟气	√	√	√		√	冗余设置
	炉排下一次风	√	√	√			
	二次风		√	√			
	一次风机入口		√				
	引风机出口烟气	√	√	√			
	一次风机入口		√				
	一次风机出口		√				
	空气预热器出口		√				
压力	炉排下空气压力		√	√			
	炉膛烟气	√	√	√		√	
	除尘器入口烟气		√				
	除尘器出口烟气		√				
	引风机出口烟气		√				
	一次风	√	√	√			
	二次风	√	√	√			
流量	各炉排下一次空气		√				
	炉温冷却空气		√				
	排放的烟气		√	√			

垃圾焚烧炉

垃圾焚烧炉							
检测参数	控制检测对象	就地指示	计算机监视系统功能				备注
			指示	记录	累计	报警	
料位	垃圾料斗内垃圾料位		✓			✓	
速度	各炉排	✓	✓				
阀门开度	一次风机出口	✓	✓				
	各炉排下一次空气		✓				
	引风机出口	✓	✓				
烟气成分	烟囱出口烟气 SO_2 浓度		✓	✓			按 11% 的 O_2 含量换算
	烟囱出口烟气 NO_x 浓度		✓	✓			
	烟囱出口烟气 HCl 浓度		✓	✓			
	烟囱出口烟气 CO 浓度		✓	✓			
	烟囱出口烟气 CO_2 浓度		✓	✓			
	烟囱出口烟气 O_2 浓度		✓	✓			
	烟囱出口烟气 HF 浓度		✓	✓			
	烟囱出口烟气灰尘浓度		✓	✓			
其他	主灰料斗阻塞报警					✓	
	垃圾抓斗起重机重量		✓				
	飞灰抓斗起重机重量		✓				
	垃圾料斗阻塞报警					✓	
	垃圾仓、渗沥液池 CH_4 监测报警		✓			✓	

余热锅炉蒸汽和给水							
检测参数	控制检测对象	就地指示	计算机监视系统功能				备注
			指示	记录	累计	报警	
温度	锅炉给水		✓			✓	
	过热器出口蒸汽	✓	✓	✓		✓	
	减温减压器进出口	✓					
压力	除氧器	✓	✓	✓		✓	
	锅炉蒸汽						
	过热器蒸汽	✓	✓	✓			
	供热蒸汽	✓	✓	✓			
	锅炉相关泵出口						
	给水母管压力		✓	✓		✓	
流量	除盐水设备给水						
	锅炉补给水		✓	✓			
	锅炉给水	✓	✓	✓	✓		
	过热器出口蒸汽		✓	✓	✓		
	供热蒸汽		✓	✓			
	减温减压器减温水	✓	✓	✓			

检测参数	控制检测对象	就地指示	计算机监视系统功能				备注
			指示	记录	累计	报警	
液位	供水储罐					✓	
	冷却水箱					✓	
	除氧器	✓				✓	
	汽包	✓	✓	✓		✓	
	除氧器					✓	
	锅炉加药储槽		✓			✓	
其他	锅炉水 pH 值					✓	
	锅炉水电导率					✓	
	除氧器给水含氧量	✓	✓			✓	

> 注：1 垃圾焚烧炉的性能检验、烟气监测工况要求和烟尘、烟气监测采样及监测方法、大气污染物排放限值见《生活垃圾焚烧污染控制标准》。本表未列出焚烧线特殊配置的设备控制要求。
> 2 检测系统的设计应对主辅机厂配套的显示、调节仪表、报警、保护装置元件进行统一考虑，避免重复设置。
> 3 汽轮发电机部分及电气部分的热工检测参照《火力发电厂热工控制系统设计技术规定》DL/T 5175 和《火力发电厂热工自动化就地设备安装、管路、电缆设计技术规定》DL/T 5182 的有关规定。
> 4 辅助系统的热工检测与控制参照《火力发电厂辅助系统(车间)热工自动化设计技术规定》DL/T 5227 中的有关规定。
> 5 重要报警参数[包括全厂停车、汽轮机故障、发电机故障、电(气)源故障等]可设置光字牌报警装置；重要显示参数(包括余热锅炉汽包液位、汽轮机转速等)可设置数字显示仪。
> 6 对检测仪表的精度要求具体规定如下：
> a) 运行中对额定值有严格要求的参数，其检测仪表的精度等级应优于 0.5 级；
> b) 为计算效率或核收费用的经济考核参数，其检测仪表的精度等级应优于 0.5 级；
> c) 一般参数仪表可选 1.5 级，就地指示仪表可选 1.5～2.5 级。
> d) 分析仪表或特殊仪表的精度，可根据实际情况选择。

10.5 保护和连锁

10.5.1 本条为强制性条文。保护的目的在于消除异常工况或防止事故发生和扩大，保证工艺系统中有关设备及人员的安全。这就决定了保护要按照一定的规律和要求，自动地对个别或一部分设备，甚至一系列的设备进行操作。保护用接点信号的一次元件应选用可靠产品，保护信号源取自专用的无源一次仪表。接点可采用事故安全型触点（常闭触点）。保护的设计应稳妥可靠。按保护作用的程度和保护范围，设计可分下列三种保护：①停机保护；②改变机组运行方式的保护；③进行局部操作的保护。

10.5.2～10.5.4 机组停止运行的保护宜包括：垃圾焚烧炉及余热锅炉事故停炉保护；汽轮机事故停机保护；发电机主保护。垃圾焚烧炉及余热锅炉、汽轮机、发电机的保护项目内容主要根据主机设备要求、工艺系统的特点、安全运行要求、自动化设备的配置和技术性能确定。其中包括：垃圾焚烧炉炉膛应有负压保护，余热锅炉蒸汽系统应有主蒸汽压力超高保护；过热蒸汽压力超高保护；过热蒸汽温度过高喷水保护。

在运行中锅炉发生下列情况之一时，应发出总燃料跳闸指令，实现紧急停炉保护：

1) 手动停炉指令；
2) 全炉膛火焰丧失；
3) 炉膛压力过高/过低；
4) 汽包水位过高/过低；
5) 全部送风机跳闸；
6) 全部引风机跳闸；
7) 燃烧器投运时，全部一次风机跳闸；
8) 燃料全部中断；
9) 总风量过低；
10) 根据焚烧炉和余热锅炉特点要求的其他停炉保护条件。

在运行中汽轮发电机组发生下列情况之一时，应实现紧急停机保护：

1) 汽轮机超速；
2) 凝汽器真空过低；
3) 润滑油压力过低；
4) 轴承振动大；
5) 轴向位移大；
6) 发电机冷却系统故障；

7) 手动停机；

8) 汽轮机数字电液控制系统失电；

9) 汽轮机、发电机等制造厂要求的其他保护项目。

汽轮机还应有下列保护：

1) 甩负荷时的防超转速保护；

2) 抽汽防逆流保护；

3) 低压缸排汽防超温保护；

4) 汽轮机防进水保护；

5) 汽轮机真空低保护；

6) 机组胀差大保护；

7) 机组轴承温度高保护等。

10.5.5 焚烧炉膛负压保护、垃圾焚烧炉炉膛出口烟气温度连锁系统、烟气脱酸反应塔出口温度连锁系统、引风机出口烟气压力连锁系统等重要连锁回路，宜采用3选2安全逻辑判断。

10.6 自动控制

10.6.1 本条文规定了开关量控制（ON/OFF 控制）的内容和范围。开关量控制应完成以下功能：

1 实现主/辅机、阀门、挡板的顺序控制、单个操作及试验操作；

2 大型辅机与其相关的冷却水系统、润滑系统、密封系统的连锁控制；

3 在发生局部设备故障跳闸时，连锁启动备用设备；

4 实现状态报警、联动及单台辅机的保护。

10.6.2 本条文系对顺序控制和连锁的要求。对袋式除尘器和吹灰器可采用矩阵控制，其控制的扫描周期应不大于100ms。

10.6.4 具体内容包括：

1 工作泵（风机）事故跳闸时，应自动投入备用泵（风机）；

2 相关工艺参数达到规定值时自动投入（切除）相应的泵（风机）；

3 相关工艺参数达到规定值时自动打开（关闭）相应的电动门、电磁阀门。

10.6.5 这些对象主要有：

1 运行中经常操作的辅机、阀门及挡板；

2 启动过程和事故处理需要及时操作的辅机、阀门及挡板；

3 改变运行方式时需要及时操作的辅机、阀门及挡板。

10.6.6 本条文是对垃圾焚烧厂主要模拟量控制回路的规定，主要控制宜包括：

1 炉排速度及垃圾给料速率控制；

2 自动燃烧控制（ACC）系统；

3 蒸汽-空气加热器出口温度和加热蒸汽凝结水出口温度控制；

4 烟气反应塔出口烟气温度控制；

5 袋式除尘器入口温度控制；

6 烟气 HCl、SO_2 污染物与烟尘的浓度控制；

7 辅助燃烧器燃烧控制；

8 其他控制；

9 一次风负荷分配系统；

10 二次风流量控制系统；

11 炉膛压力调节；

12 余热锅炉汽包水位三冲量调节；

13 过热器出口蒸汽温度调节；

14 除氧器压力、水位调节；

15 渗沥液池液位调节、pH 值调节；

16 除盐水设备的中和池 pH 值调节；

17 减温减压装置的压力、温度调节；

18 其他必要的调节。

10.6.8 余热锅炉汽包水位、炉膛压力、汽机前蒸汽压力等重要模拟控制项目变送器宜作三重化设置。给水流量、蒸汽流量、过热蒸汽温度、减温器后温度、总送风量、烟气含氧量、汽包压力、除氧器压力与水位、旁路压力与温度等主要模拟控制项目变送器宜作双重化设置。

由于垃圾热值不稳定，为了锅炉的安全稳定运行，对于汽轮机的控制应采用前压控制模式（至少有一台），并能完成在不同工况下汽轮机的前压、转速、功率等控制模式的转换；采用氧量校正的送风控制系统的氧量定值应能跟随负荷（主蒸汽流量）变化进行校正。

10.7 电源、气源与防雷接地

10.7.1 仪表和控制系统应从厂用低压配电装置及直流网络，取得可靠的交流与直流电源，并构成独立的仪表配电回路，电源主进线宜采用双电源自动切换开关（A.T.S），切换时间应不会使控制系统或保护系统因为电源的瞬断而导致数据丢失或系统误动。仪表和控制系统用电容量应按照其耗电总容量的1.5倍以上计算。

普通电源质量指标如下，供工程设计中参考：

1 交流电源

电压：$220V\pm10\%$，$24V\pm10\%$；

频率：$50\pm1Hz$；

波形失真率：小于10%。

2 直流电源（直流电源屏或直流稳压电源提供）

电压：$24V^{+10}_{-5}\%$；

纹波电压：小于5%；

交流分值（有效值）：小于100mV。

3 电源瞬断时间应小于用电设备的允许电源瞬断时间。

4 电压瞬间跌落：小于20%。

不间断电源（UPS）的技术指标可参照《火力发

电厂、变电所二次接线设计技术规程》DL/T 5136 中的有关规定。不间断（UPS）电源质量指标如下，供工程设计中参考：

电压稳定度：稳态时不大于±2%，动态过程中不大于±10%。

频率稳定度：稳态时不大于±1%，动态过程中不大于±2%。

波形失真度：不大于5%。

备用电源切换时间：不大于5ms。

厂用交流电源中断的情况下，不间断（UPS）电源系统应能保持连续供电30min。

配电箱两路电源分别引自厂用低压母线的不同段。在有事故保安电源的焚烧厂中，其中一路输入电源应引自厂用事故保安电源段。

10.7.3 本条是对仪表气源品质的规定，如有特殊要求，应与有关各方协调解决。

10.7.4 本条是对仪表气源消耗量等的具体规定。

10.8 中央控制室

10.8.1 控制室内可采用防静电活动地板，其下部空间高度不小于150mm；控制室位于一层地面时，其基础地面应高于室外地面300mm以上；控制室宽度超过6m时，应两端有门；控制室应有适度的工作照明、事故照明和检修电源插座。

10.8.2 控制室的净空高度宜不小于3.2m；电缆夹层的高度不小于3m且净高一般不小于1.8m，且应有两个出口。

控制室的空调要求：控制室应由空调设施保证室内温度在18～25℃范围，温度变化率应不大于5℃/h；相对湿度应在45%～65%范围内，任何情况下不允许结露。当空调设备故障时，应维持室温在24h内不超过制造厂允许值。

11 给水排水

11.1 给　水

11.1.1 本条文规定的垃圾焚烧余热锅炉补给水水质标准为《工业锅炉水质》GB/T 1576 和《火力发电机组及蒸汽动力设备水汽质量标准》GB/T 12145。对引进国外的垃圾焚烧余热锅炉所采用的给水水质，应按锅炉制造商规定的标准并不低于国家现行标准的有关规定执行。我国尚未制定垃圾焚烧余热锅炉给水相关标准，可借鉴国内相关标准与引进技术设备国家规定的本行业规定又存在差距（部分对比项目见表7）。考虑垃圾焚烧余热锅炉的特殊性，本规范规定按现行电站锅炉汽水标准提高一个等级确定。

表 7　水质标准对照表

项目名称	单 位	Von Roll 公司标准	德国标准 1988	欧洲标准 prEN 12952—12—1998	《火力发电机组及蒸汽动力设备水汽质量标准》GB/T 12145	
压力范围	MPa		≤6.8	total range	3.8～5.8	5.9～12.6
电导率 (25℃)	μs/cm	<0.2	<0.25	<0.2		
溶解 O_2	mg/L	<0.1	0.05～0.25	<0.1	≤0.015	≤0.007
总硬度	mg/L (μmol/L)	—	Ca+Mg 0.003mol/l	Ca+Mg—	(≤2.0)	(≤2.0)
pH 值 (25℃)		>9.0	7.0～9.0	>9.2	8.8～9.2	8.8～9.3
SiO_2	mg/L	<0.02	<0.02	<0.02	应保证蒸汽二氧化硅符合标准	
Fe	mg/L	<0.02	<0.02	<0.02	<0.050	<0.03
Cu	mg/L	<0.003	<0.003	<0.003	<0.010	<0.005

11.1.2 本条文是对厂区给水设计的一般规定。

11.1.3 生活垃圾焚烧厂生活用水量较小且集中，当厂区内设置给水调节设施时，生活用水如果和生产用水联合供给，存在二次污染的可能性，如有可能宜采用市政给水系统直接供给。

11.2 循环冷却水系统

11.2.1 本条是对循环冷却水系统的一般规定。

11.2.2 由于焚烧发电厂循环水补水量较大，若用地下水或城市自来水，成本很大，因此本条要求水源宜采用自然水体或城市污水处理厂处理后的中水，以降低成本，节约水资源。

11.2.4 对于不同的地表水源，其枯水流量应按下列要求确定：

　　1 从河道取水时，应取取水点频率为95%的最小流量；

　　2 从受水库调节的河道取水时，取水库频率为95%的最小放流量减去沿途的用水量；

　　3 从水库取水时，应取频率为95%的枯水年水量。

11.2.8 根据《中小型热电联产工程设计手册》工业水的水质要求内容：pH值应不小于6.5，不宜大于9.5。在我国南方地区，当水源为地表水时，相当一部分地表水的pH值小于7.0，根据有关文献，国内外对直流冷却水pH值的下限一般定为6，故参照《中小型热电联产工程设计手册》。由于凝汽器的换热部分的材质一般为铜，氨氮与溶解氧的标准值宜根据《中小型热电联产工程设计手册》凝汽器对冷却水质的要求确定。

11.3 排水及废水处理

11.3.1 本条文是对厂区排水系统设计的基本规定。

11.3.2 室外排水采用雨水和污水分流是基本的要求，对于缺水地区，采用雨水回收利用对节约用水是很必要的。

11.3.4 生活垃圾焚烧厂各生产系统对工业用水的水质要求均不相同，焚烧炉除渣系统的灰渣冷却水对水质要求不高，一般生产性废水水质均能满足要求。宜将焚烧工房的地面冲洗水，除盐水制备系统的浓缩液等废水收集、回收，用于对灰渣的冷却。

11.3.5 目前我国生活垃圾的含水量普遍较高，垃圾在垃圾池内储存过程中有垃圾渗沥液产生，及时将垃圾池内的渗沥液导排出去，既可以增加入炉垃圾的热值，又能减少臭味散发，因此应特别重视对渗沥液的导排和收集。由于垃圾渗沥液是高浓度有机废水，收集池可能产生一些沼气，因此需要对收集池进行排风，防止沼气集聚，产生安全隐患，电气设备采用防爆产品可有效防止爆炸隐患。

11.3.6 生活垃圾焚烧厂所产生的垃圾渗沥液污染物浓度非常高，根据已建成运行的企业经验，其产生量高达进厂垃圾量的10%～20%，因此对渗沥液进行妥善处理是焚烧厂运行的一项重要内容。

12 消　防

12.1 一般规定

12.1.1 本条文是对焚烧厂消防系统的一般规定。

12.1.3 生活垃圾焚烧厂垃圾储存间内除储存有大量的生活垃圾外，焚烧炉垃圾进料口处也存在有一定量的生活垃圾，在特定的状况下，存在焚烧炉回火的可能性，为保证焚烧炉的运行，垃圾进料处的防回火措施一般采用水雾隔绝。

12.1.4 Ⅱ类及以上焚烧厂一般情况下综合厂房体量和高度较大，消防用水流量比生产用水流量大，若采用消防和生产给水合并的供水方式，则给水管网要按消防的水流量计算管径，这就造成正常生产时给水管网的管内流速过小；另外由于消防水流量大而出现消防给水的使用影响生产给水的稳定。因此对于大型焚烧厂（Ⅱ类及以上）消防给水系统和生产给水系统宜分开设置。对于Ⅱ类以下的焚烧厂可采用消防给水系统和生产给水系统合用的方式。

12.2 消防水炮

12.2.1 垃圾池间相对封闭，空气污染极其严重，且通道不畅，不适合人工消防，国内建成的生活垃圾焚烧厂，目前多采用远距离遥控操作固定消防水炮灭火系统。

12.2.2 本条是对设计消防水流量的要求。

12.2.3 由于消防水炮所需的水流量和压力较大，因此需要独立的环状管网来保证。

12.2.4 本条要求主要是为了保证消防水炮的可靠性。

12.2.6 本条是对消防水炮设计的规定。

12.2.7 由于生活垃圾的平均储存周期一般在5d左右，底部的垃圾储存时间更长，部分垃圾发酵难以避免。垃圾池间内有一定的发酵气体，发酵气体的主要成分为甲烷，在正常运行情况下，由于一次风机与二次风机从垃圾池间抽吸大量的空气，即使有微量的甲烷产生，会被及时地从垃圾池间排出，不会造成甲烷的富集，当停炉或部分停炉的情况下，由于储存间的排风量降低或不排风，不排除空气中有甲烷存在，故要求消防水炮装置的配套电机防爆。

12.3 建筑防火

12.3.1 根据现行国家标准《建筑设计防火规范》GB 50016规定，焚烧厂房的生产火灾危险性属于丁类，但由于主厂房体量较大，所以建筑物的耐火等级不应低于二级。垃圾池间内储存有大量的可燃固体，以日处理规模为 1000t 的生活垃圾焚烧厂为例，平均储存量约为 5000t，按《建筑设计防火规范》第 3.1.1 条，垃圾池间宜按丙类设防。

12.3.2 油箱间和油泵间一般采用轻柴油作为点火和辅助燃料，属于丙类生产厂房，其建筑物耐火等级不应低于二级。上述房间布置在焚烧厂房内时，应设置防火墙与其他房间隔开。

12.3.3 天然气主要成分是甲烷（CH_4），相对密度为 0.415（-164℃），在空气中的爆炸极限浓度为 5%～15%，按规定爆炸极限浓度下限小于 10% 的可燃气体的生产类别为甲类，故天然气调压间属甲类生产厂房。其设置应符合现行国家标准《城镇燃气设计规范》GB 50028 中的有关要求。

12.3.4 本条为新增条文。

1 垃圾焚烧厂房功能的基本划分

工业厂房在工具书中的解释，亦称"厂房或厂房建筑"，是用于从事工业生产的各种房屋。故垃圾焚烧厂主体建筑应称为垃圾焚烧厂房。从主要使用功能看，垃圾焚烧厂房划分为：

1）垃圾卸料与储存间，其中垃圾卸料厅多采用单层或二层布置方式，其中一层功能根据设计，布置有污水处理、维修、储存、压缩空气、渗沥液收集与输送等不同设施；二层为卸料间，该部分多采用钢筋混凝土结构形式，屋面下弦标高多在 15～20m 之间。垃圾池为单层布置，主要设置有垃圾抓斗起重机、垃圾料斗等设施。该部分为钢筋混凝土结构，池底标高-5～-8m 左右，屋面下弦标高根据垃圾进料斗高度确定，多在 28～40m 之间。

此功能区间与毗邻的垃圾焚烧间采用防火墙隔断且结构上互相独立。另考虑进料斗及溜管需要跨越此防火墙，应从工艺上考虑进料斗底部设置隔断挡板，正常运行期间，靠有足够高度的溜管及进料斗内的垃圾实现动态密封，同时在进料斗上部设置消防喷淋装置，以及在垃圾池处设置消防水炮措施解决防火墙两侧密封及消防问题。

2）垃圾焚烧间与烟气净化间，其中焚烧间以焚烧炉及余热锅炉为主体并布置液压站、燃烧空气、炉渣收运、锅炉清灰、启停与辅助燃烧及其他辅助设施；烟气净化间布置有烟气净化、引风机、石灰与活性炭储存、飞灰稳定化等设施。烟气净化间与焚烧间主体设施大多为单层布置，但焚烧间根据工艺过程需布置有局部 2～4 层建筑平台或 2～3 层隔间，

其建筑面积一般不超过焚烧与烟气净化间建筑面积的 20%。该部分建筑结构形式目前较多采用钢结构，建筑地面标高 ±0.000m，焚烧间下弦标高多在 42～55m，烟气净化间下弦标高多在 28～45m 之间。考虑到有些焚烧厂的烟气净化间采用多层钢筋混凝土布置方式，此时的防火分区需要分层考虑。

3）辅助生产间与汽机间，其中辅助生产间主要包括中央控制室、电气设备间、高/低压电气、公用设施及生产办公等，为多层布置，建筑地面标高 ±0.000m，下弦标高多在 24～32m；汽机间主要包括大量汽机辅助设施、热力系统设施、给水设施等，为二层布置且汽轮发电机组为孤岛布置，建筑地面标高 ±0.000m，下弦标高多为 16～24m。辅助间与汽机间用防火墙及符合消防规定的防火门隔断。辅助间与汽机间和焚烧及烟气净化间相邻时，应用防火墙及符合消防规定的防火门隔断。

2 关于垃圾焚烧厂房的界定问题

综上所述，垃圾焚烧发电厂的特殊工艺决定其垃圾焚烧厂房不同于工业装配厂房等其他类别的高层厂房，且以单层为主，局部设有操作平台及隔间，楼层的概念不强烈，因此在以往设计中垃圾焚烧厂房多按单层局部多层界定。在《建筑设计防火规范》GB 50016 第 3.2.1 条防火分区最大允许占地面积中按单层、多层与高层及厂房地下室和半地下室划分，但对这种特殊情况没有更加详细的规定。高层建筑在学术文献中定义为层数多、高度高的民用与工业建筑，1972 年国际高层建筑会议规定出四类：第一类高层 9～16 层（最高到 50m）、第二类高层 17～25 层（最高到 75m）、第三类高层 26～40 层（最高到 100m）、第四类高层 40 层以上（最高到 100m 以上）。世界各国对高层建筑的划分不一，如英国为 22m，法国为 50m，日本则以 8 层及 31m 两个指标界定。根据我国《高层建筑混凝土结构技术规程》JGJ 3 规定，10 层及 10 层以上或高度超过 28m 的建筑称为高层建筑。为此，按以往设计界定为单层局部多层建筑，在执行《建筑设计防火规范》时，显得不是十分严谨。但从垃圾焚烧厂基本功能考虑，按建筑高度界定焚烧厂房为高层厂房，因回避了层数问题，仍似有瑕疵。并且由于工艺要求，整个厂房被工艺管道联系为一个整体，对这种特殊情况，如执行《建筑设计防火规范》GB 50016 第 3.2.1 条中的高层厂房规定，应按照 4000m² 作分区划分，在实际工程中又不十分吻合；但如前所述，烟气净化间采用多层钢筋混凝土布置方式时不在此列。总之，按上述条款的基本规定不能完

全涵盖垃圾焚烧工程的各种情况。

3 关于垃圾焚烧厂房防火分区的划分规定

根据《建筑设计防火规范》GB 50016—2006 第1.0.3条规定，并考虑垃圾焚烧厂的垃圾焚烧、烟气净化与发电功能，本规范参照《火力发电厂与变电站设计防火规范》GB 50229—2006 第3.0.3条规定，并根据新建垃圾焚烧厂宜设置2~4条焚烧线的规定，制定本条防火分区规定。

按照本规定并结合焚烧工艺特点，可划分防火分区为：卸料大厅与垃圾池间、焚烧与烟气净化间、汽机间、生产辅助间，以及其他处理间（如有），其中汽机间与生产辅助间可按多层考虑。若实际设计面积超过本条规定，设置防火墙有困难时，按《建筑设计防火规范》GB 50016—2006 第3.0.1条规定处理。

12.3.5 本条文根据现行国家标准《建筑设计防火规范》GB 50016—2006 第3.5.4条制定。

12.3.6 本条规定是考虑发生事故时，运行人员能迅速离开事故现场。

12.3.7 本条规定门的开启方向是当配电室发生事故时，值班人员能迅速通过房门，脱离危险场所。

12.3.8 厂房内部装修使用易燃材料进行装修，极易引起火灾事故发生，特作此规定。

12.3.9 由于中央控制室、电子设备间、各单元控制室及电缆夹层内是焚烧厂控制的关键部位，如这些地方引起火灾，将给全厂造成很大损失，因此这些部位应设消防报警和消防设施。汽水管道、热风道及油管均是具有火灾隐患的设施，因此不能穿过这些消防重点部位。

13 采暖通风与空调

13.1 一般规定

13.1.1 本条文是确定生活垃圾焚烧厂采暖通风和空气调节室外空气计算参数、计算方法和确定设计方案等的依据。

13.1.2 本条文列出的垃圾焚烧厂各建筑物冬季采暖室内计算温度数据，是根据现行国家标准《采暖通风与空气调节设计规范》GB 50019，并参照《小型火力发电厂设计规范》GB 50049制定的。

13.1.3 本条文是根据现行国家标准《工业企业设计卫生标准》GBZ 1，并参照现行国家标准《小型火力发电厂设计规范》GB 50049而制定的。

13.1.4 本条文规定主要是考虑当单台汽轮机组故障时，为满足设备维护、检修的采暖热负荷，应设置备用热源。

13.2 采暖

13.2.1 冬季计算采暖热负荷不考虑垃圾焚烧炉、汽轮发电机组、除氧器、管道等设备的散热量，即不按热平衡法而用"冷态"方法设计采暖。所谓"冷态"，是指在设备停运时保持室温为5℃，以保护设备和冷水管不被冻坏。

13.2.2 本条文是垃圾焚烧厂建筑物采暖的基本规定。

13.2.3 因垃圾卸料平台等环境的粉尘浓度较高，造成采暖设备积尘，影响采暖效果，特作此规定。

13.3 通风

13.3.1 本条文是垃圾焚烧厂建筑物通风的基本规定。

13.3.2 本条文规定了焚烧厂房自然通风的计算原则。由于太阳辐射热的热量要比设备散热量少得多，故在计算焚烧厂房的通风量时可忽略不计。

13.4 空调

13.4.1 本条文是垃圾焚烧厂建筑物空气调节的基本规定。

13.4.2 中央控制室与垃圾抓斗起重机控制室分别是全厂与垃圾储运系统的控制中心。在调查的几个生活垃圾焚烧厂中，焚烧线、汽机及热力、给水系统等的控制均设在中央控制室内，为了满足室内温、湿度的要求，控制室里基本都安装了空气调节装置。为改善控制室的运行条件，本条文规定设置空气调节装置。由于垃圾抓斗起重机控制室周围空气污染较严重，保持室内正压可防止受污染空气侵入控制室。

13.4.3 据调查，通信室、不停电源室等这些工作场所环境的温度、湿度，均需要满足工艺和卫生的要求，当机械通风装置不能满足要求时，应设空气调节装置。

14 建筑与结构

14.1 建筑

14.1.1 垃圾焚烧厂建筑物体量大，形状复杂，通常会成为一个地段的突出性建筑。因而，建筑风格和整体色调应该与周围环境协调统一。厂房在生产运行时，要进行经常性的维护保养，一些设备部件也需要维修更换。因此，在厂房的设计布置时，应该考虑到设备的安装、拆换与维护的要求。

14.1.2 垃圾的运输、堆放、焚烧、出渣及垃圾车进出路线都属于垃圾作业区，与垃圾地磅房及物流大门等处联系密切。汽轮发电机房及中央控制室属于清洁区，与厂部办公楼及人流大门联系密切。清洁区与垃圾作业区合理分隔，避免交叉，以改善操作人员的工作环境。

14.1.3 厂房围护结构的基本热工性能，应根据工艺生产的特征在不同的地区和不同的部位，选择适合的围护结构形式和材料，并应合理地组织开窗面积，满足生产和工作环境的需要。

14.1.4 楼（地）面的设计应根据生产特征和使用功能，并应符合现行国家标准《建筑地面设计规范》GB 50037 的要求。根据工艺需要在地坪上适当部位设置排水坡度、地漏，以及开设各类地沟，所以要求分门别类接入不同的下水道以便于收集和处理。

14.1.5 由于焚烧厂房大多采用组合厂房，厂房面积和跨度大，单侧面采光不能满足天然采光要求，所以除采用侧面采光外，还需要增加屋顶采光，才能满足采光要求。

14.1.6 主厂房焚烧部分是热车间，设计时要组织好自然通风，可利用穿堂风将室内的余热带走，改善车间内的生产环境。

14.1.7 本条文是对严寒地区建筑结构的基本规定。

14.1.8 为适应焚烧工艺设备的布置要求，对大面积的屋盖系统宜采用钢结构。屋顶承重结构的结构层及保温（隔热）层，应采用非燃烧体材料。对保温（隔热）屋面，应经过热工计算确定其材料厚度，并应有防止水汽渗透和结露的措施。

14.1.9 中央控制室和其他控制室应设吊顶，便于管线的敷设和创造完整、舒适的操作环境。

14.1.10 垃圾池内壁因垃圾中含有大量水分及其他腐蚀性介质会腐蚀池壁，并且垃圾抓斗在运行过程中可能会撞击池壁，所以在垃圾池设计时，内壁应考虑耐腐蚀、耐冲击、防渗水的问题。

14.1.11 垃圾池是厂区的主要污染源，为保证其密闭，围护体系采用密实墙体比采用轻型墙体更能保证密封效果。垃圾间与其他房间的连通口，为防止气味逸出，通常采用双道门（气闸间）。

14.2 结　　构

14.2.1 本条规定是厂房结构必须满足的基本要求，结构构件必须满足承载力、变形、耐久性等要求。对稳定、抗震、裂缝宽度有要求的结构，尚应进行以上内容的复核验算。

14.2.2 H_1 为柱脚底面至吊车梁顶面的高度，H 为柱脚底面至柱顶的高度。

焚烧厂房内的抓斗起重机为重级工作制，应对其排架柱在吊车轨顶标高处的横向变形作出限制。对无起重机的厂房，当柱顶高于 30m 时，已经相当于高层建筑物。

14.2.3 焚烧和垃圾热能利用厂房都有垃圾的气相或液相介质腐蚀，其工作条件类似于露天或室内高湿度环境。

14.2.4 现行国家标准《建筑抗震设计规范》GB 50011 只对高层框架结构和框架-剪力墙结构的抗震等级作了规定，对层高特殊的工业建筑则酌情调整。垃圾焚烧厂房等一般都采用排架、框排架或框架-剪力墙结构，当设有重级工作制起重机时，柱顶高度超过 30m 的特别高大的主厂房结构，当采用框架结构体系的结构和采用框架-剪力墙结构体系的框架部分，宜按照同类结构的抗震等级提高一级设计。但对框架-剪力墙结构体系中的剪力墙部分，则不要求提高抗震等级。

14.2.5 对不良地基、荷载差异大、建筑结构体形复杂、工艺要求高等情况，除进行地基承载力和变形计算外，必要时尚应进行稳定性计算。

14.2.6 通常，生活垃圾焚烧厂的烟囱形式是根据工艺专业的要求选择。目前，砖烟囱、单筒钢筋混凝土烟囱、套筒式和多管式烟囱等形式在实际工程中均有应用，鉴于现行国家标准《烟囱设计规范》GB 50051 中已有详尽规定，按规范执行即可。

14.2.7 由于垃圾抓斗起重机和炉渣抓斗起重机的环境条件比较差，且开停次数频繁，所以要求按重级工作制设计。

14.2.8 在近些年的垃圾焚烧厂设计中，由于工艺专业的布局要求，垃圾池与主体结构经常是无法分开设计的，且考虑到生活垃圾的特点，重度较轻，安息角较大，在设计中已有一定的工程实践经验，故本条取消了原规范中要求分开设计的规定。

14.2.9 为了防止垃圾池内的垃圾渗沥液污染环境，应对垃圾池有较高的防渗要求，而变形缝的处理要做到这一点困难比较大，一般不宜设置变形缝，但如果有经实践证明确实可靠的处理方法，也可以设置变形缝。

14.2.10 焚烧厂房、烟囱、汽轮机基座与垃圾焚烧炉基座等建筑物或构筑物体形大，且荷载大，所以该建筑物或构筑物应设沉降观测点，以便校验设计荷载与实际荷载之间的差异对地基沉降的影响，以及根据沉降变形的速率，控制和调整工艺设备、管道及起重机轨顶标高的偏差值在允许范围以内，从而保证设备运行和土建结构使用的安全和可靠。

14.2.11 卸料平台的室外运输栈桥跨度一般较小，用途单一，不完全等同于公共交通桥梁，因此在结构选型时可以采用与建筑物类似的形式，有条件时也可以采用与普通桥梁类似的形式，但无论采用何种结构形式，主梁设计均应符合现行国家《公路钢筋混凝土及预应力混凝土桥涵设计规范》JTG D 62 中的有关要求。

14.2.12 由于焚烧工艺路线和处理技术的不同，对活荷载的要求也不一样，应根据工艺、设备供货商所提的活荷载进行设计。如无明确规定时，对一般性生产区域的活荷载可按照本规定选用。

15　其他辅助设施

15.1 化　　验

15.1.1 化验室定期做以下化验、分析：

1 应定期对原水（自来水）、锅炉给水、锅水和蒸汽进行化验分析。分析的项目有悬浮物、硬度、碱度、pH值、溶氧、含油量、溶解固形物（或氯化物）、磷酸盐、亚硫酸盐等。

2 垃圾分析的项目有：垃圾物理成分（包括垃圾含水量）、垃圾热值等。飞灰分析的项目有：固定碳、重金属。煤和油的分析项目有：水分、挥发分、固定碳、灰分、发热量、黏度等。

3 污水分析项目有：BOD_5、COD_{cr}、$HN_3\text{-}N$、SS等。

15.1.2 常用的水汽、污水分析仪器参见表8。

表8 部分水汽、污水分析仪器表

序号	设 备 名 称	单位	数量
1	分析天平	台	2
2	工业天平	台	1
3	普通电炉	台	1
4	酸度计	台	2
5	水浴锅	台	1
6	溶解氧测定仪	台	1
7	干燥计	台	1
8	比重计	支	5
9	钠度计	台	1
10	分光光度计	台	1
11	微量硅比色计	台	1
12	BOD分析仪	台	1
13	一氧化碳D分析仪	台	1
14	电子生物显微镜	台	1
15	台式离心机	台	1

垃圾、飞灰、烟气、燃油分析项目的主要设备和仪器参见表9。

表9 主要垃圾、飞灰、烟气、燃油分析设备和仪器

序号	设 备 名 称	单位	数量
1	分析天平	台	1
2	高温炉	台	1
3	电热恒温干燥箱	台	1
4	气体分析仪	台	1
5	氧弹热量计	台	1
6	挥发分坩埚	个	2

续表9

序号	设 备 名 称	单位	数量
7	白金蒸发皿和坩埚	克	60
8	标准筛	节	2
9	奥式气体分析仪	台	1
10	马沸炉	台	1
11	红外线吸收光谱仪	台	1
12	开口闪点测定仪	台	1
13	闭口闪点测定仪	台	1
14	紫外线吸收光谱仪	台	1
15	比重计	套	1
16	恩式黏度计	台	1
17	运动黏度计	台	1
18	凝固点测定仪	套	1
19	通风柜	台	1
20	原子吸光光度仪	台	1

注：以上仪器设备项目可根据生活垃圾焚烧厂的规模进行选用。

15.2 维修及库房

15.2.1 垃圾焚烧厂的技术含量比较高，设备较多，设备运行环境差，因此发生故障的可能性高，这就要求有必需的日常维护、保养工作。

15.2.2 Ⅲ类及Ⅲ类以上垃圾焚烧厂的机修间一般设置钳工台、普通车床、铣床、普通钻床、砂轮机、手动试压泵及电焊机等基本设备。

15.2.3 本条文是对库房建设的一般规定。

15.3 电气设备与自动化试验室

15.3.1 一般情况下，厂区不设变压器检修间，原因是利用率低，增加投资及占地面积。变压器检修时可在汽机间或就地进行，若在汽机间检修时，应考虑变压器运输通道及进出大门方便。

15.3.2 该条规定实验室的功能、任务，即应配备相应的设备及仪器。如厂区已有相应设备满足各项实验要求时，可不另设电气试验室。

15.3.3 本条文是对自动化试验室功能、任务的规定。

15.3.4 本条文是对自动化试验室布置的基本规定。

16 环境保护与劳动卫生

16.1 一般规定

16.1.1 垃圾焚烧处理工程既是一项市政环卫工程，也是一项环保工程，因此必须严格执行国家和地方的各项环保法规，更不能在处理垃圾的同时，造成对环境的二次污染。

16.1.2 本条文是垃圾焚烧处理工程中的职业卫生与劳动安全方面的基本规定。

16.1.3 由于垃圾具有不稳定性，因此必须根据垃圾特性确定烟气、残渣、渗沥液等污染源的特性和产生量。

16.2 环境保护

16.2.1 本条文是烟气污染物分类的基本规定。

16.2.2 垃圾焚烧控制是抑制和减少烟气有害成分产生的重要措施之一，当垃圾在焚烧炉内助燃氧气满足燃烧工况要求并保持垃圾焚烧炉内烟气温度大于850℃，烟气在该温度条件下在炉膛内停留时间不少于2s，可使二噁英类和有机物充分进行分解，因而必须严格进行燃烧控制。

生活垃圾焚烧烟气中含有烟尘、氯化氢、氟化氢、硫氧化物、氮氧化物、汞、铬、铅、镉等金属，气溶胶以及二噁英类等多种有害成分。应依据现行国家标准《生活垃圾焚烧污染物控制标准》GB 18485进行治理。另外当地环保部门有相应规定的，一般都要严于国家标准，故应同时满足地方标准。对国外引进的技术设备，应同时满足我国和引进国家的标准。垃圾焚烧烟气污染物排放应符合现行国家标准《生活垃圾焚烧污染物控制标准》GB 18485 的有关规定。

16.2.3 为节约水资源，并减少对环境的影响，特作本条规定。回用水可用于残渣处理用水、烟气净化、冲洗地面及绿化等用水。

16.2.4 由于渗沥液中有害物具有浓度高、不稳定的特点，如要达污水排放标准，其处理难度很大。由于垃圾渗沥液产生量与城市污水量相比很小，预处理达到城市污水管网的纳管标准后送入城市污水管网或城市污水厂是较为经济的方法。

16.2.5 由于垃圾成分具有不确定性，因此炉渣和飞灰的组成成分也具有不确定性的特点，其处理效果的稳定性可能会受到影响。飞灰由于含有一定量的重金属等有害物质，若未经有效处理直接排放，会污染土壤和地下水，因此要注意防止处理过程中的二次污染。

16.2.6 炉渣应尽可能因地制宜地加以利用。目前，国内已有如制造灰渣砖等成功的经验可以借鉴。

16.2.7 本条文是对噪声污染控制的基本规定。

16.2.8 噪声源控制应考虑如厂址与周围环境之间噪声影响的适应性；厂区工艺合理布置与高噪声设施相对集中的协调性；设备选择的低噪声与小振动的原则性等。

设备选择中对噪声的要求一般应不大于 85dB (A)，确实不能达要求的设备，应以隔声为主并根据设备噪声特性与应达到的噪声控制标准，采取适宜的消声、隔振及吸声的综合噪声控制措施。噪声控制设备选择应以噪声级、噪声频率为基本条件，并注意混响声的影响。

16.2.9 本条文是对恶臭污染控制与防治的基本规定。

16.2.10 本条为强制性条文。控制、隔离恶臭的重要措施有：采用封闭式的垃圾运输车；在垃圾池上方抽气作为燃烧空气，使池内区域形成负压，以防恶臭外溢；设置自动卸料门，使垃圾池密闭等。

生活垃圾所产生的恶臭主要成分为硫化物、低级脂肪胺等。防治方法主要有：吸附、吸收、生物分解、化学氧化、燃烧等。按治理的方式分成物理、化学、生物三类。主要防治措施有：

1 药液吸收法处理

药液吸收法应针对不同恶臭物质成分采用不同的药液。恶臭中的碱性成分如氨、三甲胺可用 pH 值为 2～4 的硫酸、盐酸溶液来处理；酸性成分如硫化氢、甲基硫醇可用 pH 值为 11 的氢氧化钠来处理；中性成分如硫化甲基、二硫化甲基、乙醛可用次氯酸钠来氧化，次氯酸钠也可用于胺、硫化氢等气体的处理。

药物处理中，药物量随着吸收反应的进行而下降，需要不断更新或补充。脱臭效率还取决于气液接触效率、液气比、循环液的 pH 值及生成盐的浓度，同时要防止塔内结垢以及游离硫析出的堆积。

气液接触设备设计时必须考虑如下几点：处理量；气体温度；气体中水分量；粉尘浓度及其形状；气体中主要恶臭物质及其浓度；嗅觉测得臭气浓度；处理气体浓度；装置运行时间；当地环境保护有关法规及恶臭排放标准；工业用水的质量；排放废水的处理；了解处理装置排放量最高情况及对周围环境影响。

2 燃烧法处理

高温燃烧法适用于高浓度、小气量的挥发性有机物场合，且净化效率在99%以上。高温燃烧法要求焚烧设备设计必须遵守"3T"原则：焚烧温度应高于850℃，臭气在焚烧炉内的停留时间应大于 0.5s，臭气和火焰应充分混合，这三个因素决定了高温燃烧净化脱臭效率。

催化燃烧流程是将含有恶臭的气体加热至大约300℃，然后通过催化剂发生高温氧化还原反应而脱臭。由于利用了催化剂表面强烈的活性，恶臭的氧化分解降低到 250～300℃就能反应，其燃料费用只有高温燃烧法的 1/3，而且缩短反应时间，比高温燃烧快 10 倍。

3 生物法处理

填充式生物脱臭装置一般由填充式生物脱臭塔、水分分离器、脱臭风机、活性炭吸附塔构成。在填充塔内喷淋水可将填充层生成的硫酸洗净排除；也可将氨、三甲胺等氨系恶臭物质被硝化菌氧化分解生成的亚硝酸铵或者硝酸铵等排除，同时喷淋也补充由于臭气干燥填充层水分的损失。

目前国内在运行的垃圾焚烧厂在停运检修期间，垃圾池内的恶臭污染物对周围环境影响较大，应采取有效措施尽可能减小其影响。

16.3 职业卫生与劳动安全

16.3.1 本条文是对垃圾焚烧厂劳动卫生的基本规定。

16.3.2 垃圾焚烧厂的卫生设施主要有：可设置值班宿舍，厂区应设置浴室、更衣间、卫生间等。建筑物内应设置必要的洒水、排水、洗手盆、遮盖、通风等卫生设施。不应采用对劳动者健康有害的技术、设备，确需采用可能对劳动者健康有害的技术、设备时，应在有关设备的醒目位置设置警示标识，并应有可靠的防护措施。在垃圾卸料平台等场所，宜采取喷药消毒、灭蚊蝇等防疫措施。

16.3.3、16.3.4 本条文是根据《中华人民共和国职业病防治法》制定的。

16.3.5 生活垃圾焚烧厂劳动安全措施主要包括：

1 道路、通道、楼梯均应有足够的通行宽度、高度与适当的坡度；应有必要的护栏、扶手等。一般不应有障碍物，必须设置管线穿行时，应有保证通行安全的措施。

2 高空作业平台应有足够的操作空间，应设置可吊挂的安全带及防止坠落的安全设施。大型槽罐类的设备内应有安全梯等紧急安全措施。

3 机电设备周围留有足够的检修场地与通道。旋转设备裸露的运动部位应设置网、罩等防护设施。

4 堆放物品之处，应有明显标记。重要场所、危险场所应设置明显的警示牌等标记。

5 进入工作场所的所有人员应佩带安全帽。

6 高噪声、明显振动的设备采取隔声、隔振、消声、吸声等综合治理措施，以及人员防护措施。

7 对人员可以接触到的，表面温度高于 50℃的设施，应采取保温或隔离措施。

8 需要进行内部人工维护修理的槽、罐类，应有固定或临时通风措施，并根据需要于出入口处设置供吊挂安全带的挂钩。垃圾焚烧炉检修时，应待炉内含氧量大于 19% 后，检修人员方可进入，且现场应有专门人员监护。

9 电气设备应尽可能设置在干燥场所，避免漏电。

10 对遥控设施，应设有紧急停车按钮。

11 人员疏散通道及其他重要通道处设置应急照明设施。

12 设备控制尽可能自动化，并设置设备故障或操作不当时的可靠安全装置。

13 设置电话、广播等通信设施，实现与各岗位迅速联系。

14 垃圾卸料平台外端设置护栏或护壁，以及操作人员安全工作地带。

15 为防止垃圾车辆坠落到垃圾池内，垃圾卸料门与垃圾池连接部位应设置车挡或其他安全措施。

16 吊车控制室位于垃圾池上方时，控制室的监视窗或窗前应设置金属框、护栏等安全防护设施。

17 应设置垃圾抓斗与钢缆绳维修场地，并不影响其他抓斗运行。

18 垃圾进料斗的进口处应高于楼板面，并可在其周围设置不影响抓斗运行的护栏。进料斗应有解除如"架桥"等故障的措施。进料斗下部溜管如受炉内热辐射影响产生高温，应采取水冷却措施。

19 各种管道、阀门应采取易于操作和识别的措施。烟囱检测口处设置采样平台与护栏。

20 飞灰排放、输送设施应采取防止飞灰扩散的密闭措施。

21 发生误操作时，系统可保证在安全范围运行与多余信息排除。异常信息及故障应准确传递给操作人员。

22 使用酸碱等化学品时，防止对人员伤害措施。

23 压力容器应严格按照《压力容器安全监察规程》的规定执行。

24 其他必要的安全措施。

17 工程施工及验收

17.1 一般规定

17.1.1 本条文是工程施工及验收的基本规定。

17.1.2 本条文是保证设备安装质量的基本规定。

17.1.3 本条文是蒸汽锅炉安全技术监察规程及锅炉安装施工许可证制度的基本规定。

17.1.4 根据工程设计文件进行施工和安装是工程建设的基本原则，当设计单位按技术经济政策和现场实际情况进行设计变更时，应有设计变更通知，作为设计文件的组成部分。

17.1.5 本条文是根据我国锅炉安装工程施工及验收的基本要求制定的，是确保垃圾焚烧余热锅炉安装工程质量，防止继续施工造成更大损失，消除事故隐患的重要措施之一。当发生受压部件存在影响安全使用的质量问题，在停止安装的同时，应及时与有关部门研究解决和处理的办法。

17.2 工程施工及验收

17.2.4 根据目前国家关于生活垃圾焚烧厂建设的技术政策，以及国内工程建设经验和相应制定的技术规范、标准，制定本条规定。

17.3 竣 工 验 收

本节条文是按《建设项目（工程）竣工验收办法》（计建设［1990］1215号）文件精神制定的。

中华人民共和国行业标准

生活垃圾卫生填埋场运行维护技术规程

Technical specification for operation and maintenance
of municipal solid waste sanitary landfill

CJJ 93—2011

批准部门：中华人民共和国住房和城乡建设部
施行日期：2 0 1 1 年 1 2 月 1 日

中华人民共和国住房和城乡建设部
公　告

第 992 号

关于发布行业标准《生活垃圾
卫生填埋场运行维护技术规程》的公告

现批准《生活垃圾卫生填埋场运行维护技术规程》为行业标准，编号为 CJJ 93-2011，自 2011 年 12 月 1 日起实施。其中，第 3.1.6、3.3.4、3.3.7、3.3.8、3.3.11、5.1.18、5.3.1、6.3.4、6.3.5、8.3.5、9.1.1、9.3.6、9.3.8、10.0.2、11.0.1 条为强制性条文，必须严格执行。原行业标准《城市生活垃圾卫生填埋场运行维护技术规程》CJJ 93-2003 同时废止。

本规程由我部标准定额研究所组织中国建筑工业出版社出版发行。

中华人民共和国住房和城乡建设部
2011 年 4 月 22 日

前　　言

根据住房和城乡建设部《关于印发〈2008 年工程建设标准规范制订、修订计划（第一批）〉的通知》（建标〔2008〕102 号）的要求，规程编制组经广泛调查研究，认真总结《城市生活垃圾卫生填埋场运行维护技术规程》CJJ 93-2003 的执行情况和国内外生活垃圾卫生填埋场运行维护的实践经验，并在广泛征求意见的基础上，修订了本规程。

本规程的主要技术内容是：1. 总则；2. 术语；3. 一般规定；4. 垃圾计量与检验；5. 填埋作业及作业区覆盖；6. 填埋气体收集与处理；7. 地表水、地下水、渗沥液收集与处理；8. 填埋作业机械；9. 填埋场监测与检测；10. 劳动安全与职业卫生；11. 突发事件应急处置；12. 资料管理。

本次修订的主要技术内容是：1. 修改了规程的名称；2. 增加了"术语"一章；3. 细化了生活垃圾填埋场填埋作业及阶段性封场要求；4. 补充了渗沥液收集与处置要求；5. 调整了部分章节内容，将生活垃圾填埋场"虫害控制"与"填埋场监测"合并为"填埋场监测与检测"一章，并对原内容进行了细化；6. 增加了"劳动安全与职业卫生"一章；7. 增加了"突发事件应急处置"一章；8. 增加了"资料管理"一章。

本规程中以黑体字标志的条文为强制性条文，必须严格执行。

本规程由住房和城乡建设部负责管理和对强制性条文的解释，由华中科技大学负责具体技术内容的解释。执行过程中如有意见与建议，请寄送华中科技大学（地址：武汉市武昌珞喻路 1037 号；邮政编码：430074）。

本 规 程 主 编 单 位：华中科技大学

本 规 程 参 编 单 位：杭州市固体废弃物处理有限公司
深圳市下坪固体废弃物填埋场
城市建设研究院
宁波市鄞州区绿州能源利用有限公司
上海野马环保设备工程有限公司
武汉华曦科技发展有限公司
深圳胜义环保有限公司
泰安市泰岳环卫设备制造有限公司

本规程主要起草人员：陈海滨　周靖承　梁顺文
王敬民　夏小洪　俞觊觎
周晓晖　姜　俊　张倚马
汪俊时　卢传功　郑学娟
冯向明　毛乾光　张　黎
宋　军　范唯美　刘晶昊
刘　涛　左　钢　王　辉
刘芳芳　杨　禹　张豪兰
胡　洋　任　莉

本规程主要审查人员：陶　华　张　益　吴文伟
张进锋　朱青山　胡康民
孟繁柱　熊　辉　徐　勤
陈增丰

目 次

Contents

1 总　则

1.0.1 为加强生活垃圾卫生填埋场（以下简称"填埋场"）的科学管理、规范作业、安全运行，提高效率、降低成本、有效防治污染，达到生活垃圾无害化，制定本规程。

1.0.2 本规程适用于填埋场的运行、维护及安全管理。

1.0.3 填埋场的运行、维护及安全管理除应执行本规程外，尚应符合国家现行有关标准的规定。

2 术　语

2.0.1 填埋场场区 landfill site

指垃圾填埋场（红线以内）的全部范围，不仅包括填埋场区（填埋库区），还包括配套设施、公用设施、其他设施占地范围。

2.0.2 填埋场区 landfill area

指填埋场中用于填埋垃圾的区域，又称填埋库区。填埋场区（库区）可以由一个或几个填埋区构成。

2.0.3 填埋区 landfill operation district

指进行垃圾填埋作业的范围。

3 一般规定

3.1 运行管理

3.1.1 填埋场管理人员应了解有关处理工艺和与之相关的质量、环境、安全规定；作业人员应掌握本岗位工作职责与任务要求，熟悉本岗位设施、设备的技术性能和运行维护、安全操作规程。

3.1.2 填埋场应建立完善的运行管理制度，并应符合下列要求：

　　1 应按照工艺技术路线设置岗位；

　　2 各岗位应制定操作规程和建立相应的安全制度；

　　3 应对各类作业人员进行岗前体检和分岗位培训，经培训考核合格后方可持证上岗。

3.1.3 填埋场管理人员应掌握填埋场主要技术指标及运行管理要求，并具备执行填埋场基本工艺技术要求和使用有关设施设备的技能，明确相关设施设备的主要性能、使用年限和使用条件的限制等。

3.1.4 填埋场作业人员应熟悉本岗位的主要技术指标及运行要求，遵守安全操作规程，并符合以下要求：

　　1 具备操作本岗位机械、设备、仪器、仪表的技能；

　　2 应坚守岗位，按操作要求使用各种机械、设备、仪器、仪表，认真做好当班运行记录；

　　3 应定期检查所管辖的设备、仪器、仪表的运行状况，认真做好检查记录；

　　4 运行管理中发现异常情况，应采取相应处理措施，登记记录并及时上报。

3.1.5 填埋场场区道路运输应符合现行国家标准《工业企业厂内铁路、道路运输安全规程》GB 4387的要求，交通标志标识应符合现行国家标准《图形符号 安全色和安全标志 第1部分：工作场所和公共区域中安全标志的设计原则》GB/T 2893.1和国家现行标准《环境卫生图形符号标准》CJJ/T 125的规定，确保各类气候条件下全天安全通行条件并保持畅通。

3.1.6 填埋场严禁接纳未经处理的危险废物。

3.1.7 填埋场可根据填埋处理工艺的需要，接收适量的建筑垃圾作为修筑填埋场工作平台和临时道路的建筑材料，但应使其与生活垃圾分开存放。

3.1.8 垃圾作业车辆离场时应保持干净，特殊时期应对车辆进行消毒处理。

3.1.9 填埋场场区应绿化、美化，保持整洁，无积水。场内的各种建筑物、构筑物，凡有可能积存雨水处应加盖板或及时疏通、排干。作业车辆和场地的冲洗水不得随意排放，应单独收集，经预处理后排入填埋场附近的市政污水管网。

3.2 维护保养

3.2.1 填埋场场区内设施、设备维护应符合下列规定：

　　1 定期检查维护，发现异常应及时修复；

　　2 供电设施、电器、照明、监控设备、通信管线等应由专业人员定期检查维护；

　　3 各种处理机械、设备及作业车辆均应进行必要的日常维护保养，并应按有关规定进行大、中、小修；

　　4 道路、排水设施等应定期检查维护；

　　5 避雷、防爆等装置应由专业机构进行定期检测维护；

　　6 各种消防设施、设备应进行定期检查、维护，发现失效或缺失应及时更换或增补。

3.2.2 所有计量设备、仪器、仪表应委托计量部门定期核定，出具检验核定证书。使用过程中，应定期核定计量系统，校对精度和误差范围，确保计量结果准确。

3.2.3 填埋场场区内各种交通、警示标志应定期检查、维护或更换。

3.3 安全操作

3.3.1 填埋场作业过程安全卫生管理应符合现行国

家标准《生产过程安全卫生要求总则》GB/T 12801 的有关规定。

3.3.2 各岗位安全作业规章制度应落实到每个岗位的操作人员。

3.3.3 填埋场作业人员应配备和使用有效的劳动保护及卫生防疫用品、用具，填埋场区现场的生产作业人员应着反光背心、佩戴安全帽；填埋场夜间作业时应设置必要的照明设施。

3.3.4 填埋场场区内应设置明显的禁止烟火、防爆标志。填埋区等生产作业区严禁烟火，严禁酒后上岗。

3.3.5 严禁非本岗位人员启、闭机械设备，管理人员不得违章指挥。

3.3.6 场内电器操作、机电及控制设备检修应严格执行电工安全有关规定。电源电压超出额定电压±10%时，不得启动机电设备。

3.3.7 维修机械设备时，不应随意搭接临时动力线。因确实需要，必须在确保安全的前提下，方可临时搭接动力线；使用过程中应有专职电工在现场管理，并设置警示标志。使用完毕应立即拆除临时动力线，移除警示标志。

3.3.8 皮带传动、链传动、联轴器等传动部件必须有防护罩，不得裸露运转。机罩安装应牢固、可靠。

3.3.9 场内的消防设施应分别按中危险级和轻危险级设置，其中填埋区应按中危险级考虑，并应符合国家现行标准《生活垃圾卫生填埋技术规范》CJJ 17 的有关规定。

3.3.10 消防器材设置应符合现行国家标准《建筑灭火器配置设计规范》GB 50140 的有关规定。

3.3.11 填埋场场区内的封闭、半封闭场所，必须保证通风、除尘、除臭设施和设备完好，正常运行。

3.3.12 填埋场场区发生火灾时，应根据火情及时采取相应灭火对策。

3.3.13 当填埋区需动火时，应遵循动火审批制度，采取相应的灭火措施，并监测动火区填埋气体情况。动火作业完成后必须进行场地清理与检查，防止自燃。

3.3.14 场内防火隔离带应定期检查维护，每年不少于2次。

3.3.15 场内应配备必要的防护救生用品及药品，存放位置应有明显标志。备用的防护用品及药品应按相关规定应定期检查、更换、补充。

3.3.16 在急弯、陡坎等易发生事故地方和机械、电气设备安装、修理现场必须设置安全警示标志。

3.3.17 应根据实际情况分别制定防火、防爆、防冻、防雪、防汛、防风、防滑坡、防塌方、防溃坝、防运输通道中断等针对应急事件的相关措施。

3.3.18 在进场入口处应对出入填埋场场区的车辆和人员进行登记。

3.3.19 外来人员不得随意出入填埋场区（填埋库区）。参观人员应经安全教育并配备必要的安全防护用品（安全帽、口罩等）后方可进入填埋区（填埋作业区）。

3.3.20 运行维护人员进入存在安全隐患（如有甲烷气体的密闭空间）的场所之前，应采取下列防范措施：

1 通风；

2 测试气体成分、气体温度；

3 测试水深；

4 佩戴防护用具；

5 多人协同作业；

6 其他必要措施。

4 垃圾计量与检验

4.1 运行管理

4.1.1 进场垃圾应称重计量和登记，宜采用计算机控制系统。

4.1.2 垃圾计量、登记应符合下列规定：

1 进场垃圾信息登记内容应包括垃圾运输车车牌号、运输单位、进场日期及时间、垃圾来源、性质、重量等情况；

2 垃圾计量系统应保持完好，计量站房内各种设备应保持使用正常；

3 垃圾计量作业人员应做好每日进场垃圾资料备份和每月统计报表工作；

4 作业人员应做好当班工作记录和交接班记录；

5 计量系统出现故障时，应立即启动备用计量方案，保证计量工作正常进行；当全部计量系统均不能正常工作时，应采用手工记录，待系统修复后及时将人工记录数据输入计算机，保证记录完整准确。

4.1.3 进场垃圾检验应符合下列规定：

1 填埋场入口处操作人员应对进场垃圾适时观察、随机抽查；

2 应定期抽取垃圾来进行理化成分检测；

3 不符合现行国家标准《生活垃圾填埋场污染控制标准》GB 16889 中规定的填埋处置要求的各类固体废物，应禁止进入填埋区，并进行相应处理、处置。

4.1.4 填埋作业现场倾卸垃圾时，一旦发现生活垃圾中混有不符合填埋处置要求的固体废物，应及时阻止倾卸并做相应处置，同时对其做详细记录、备案，按照安全作业制度及时上报。

4.2 维护保养

4.2.1 应及时清除地磅表面、地磅槽内及周围的污水和异物。

4.2.2 应根据使用情况定期对地磅进行维护保养和校核工作。

4.2.3 应定期检查维护计量系统的计算机、仪表、录像、道闸和备用电源等设备。

4.3 安全操作

4.3.1 地磅前后方应设置醒目的限速标志。

4.3.2 地磅前方5m～10m处应设置减速装置。

5 填埋作业及作业区覆盖

5.1 运行管理

5.1.1 应按设计要求和实际条件制定填埋作业规划，内容应包括：

　　1 填埋场分期分区作业规划；

　　2 分单元分层填埋作业规划；

　　3 分阶段覆盖以及终场覆盖作业规划；

　　4 填埋场标高、容量和时间控制性规划等。

5.1.2 应按填埋作业规划制定的阶段性填埋作业方案，确定作业通道、作业平台，绘制填埋单元作业顺序图，并实施分区分单元逐层填埋作业。

5.1.3 填埋区作业面（填埋单元）面积不宜过大，可根据填埋场类型按下列要求分类控制作业区面积：

　　1 Ⅰ、Ⅱ类填埋场作业区面积（m²）与日填埋量（t）比值为0.8～1.0，暴露面积与作业面积之比不应大于1:3；

　　2 Ⅲ、Ⅳ类填埋场作业区面积（m²）与日填埋量（t）比值为1.0～1.2，暴露面积与作业面积之比不应大于1:2。

5.1.4 垃圾卸料平台和填埋作业区域应在每日作业前布置就绪，平台数量和面积应根据垃圾填埋量、垃圾运输车流量及气候条件等实际情况分别确定。

5.1.5 垃圾卸料平台的设置应便于作业并满足下列要求：

　　1 卸料平台基底填埋层应预先压实；

　　2 卸料平台的构筑面积应满足垃圾车回转倒车的需要；

　　3 卸料平台整体应稳定结实，表面应设置防滑带，满足全天候车辆通行要求。

5.1.6 垃圾卸料平台可以是建筑垃圾、石料构筑的一次性卸料平台，也可由特制钢板基箱多段拼接、可延伸并重复使用的专用卸料平台或其他类型的专用平台。

5.1.7 填埋作业现场应有专人负责指挥调度车辆。

5.1.8 填埋作业区周边应设置固定或移动式防飞散网（屏护网）。

5.1.9 填埋机械操作人员应及时摊铺垃圾，压实前每层垃圾的摊铺厚度不宜超过60cm；单元厚度宜为2m～4m；最厚不得超过6m。

5.1.10 宜采用填埋场专用垃圾压实机分层连续碾压垃圾，碾压次数不应少于2次；当压实机发生故障停止使用时，应使用大型推土机替代碾压垃圾，连续碾压次数不应少于3次。压实后应保证层面平整，垃圾压实密度不应小于600kg/m³。作业坡度宜为1:4～1:5。

5.1.11 填埋作业区应按照填埋的不同阶段适时覆盖，应做到日覆盖、中间覆盖和终场覆盖，日覆盖或阶段性覆盖层厚度均应符合国家现行标准《生活垃圾卫生填埋技术规范》CJJ 17的规定。

5.1.12 垃圾填埋区日覆盖可采用土、HDPE膜、LDPE膜、浸塑布或防雨布等材料进行覆盖。采用土覆盖，其覆盖厚度宜为20cm～25cm；斜面日覆盖宜采用膜或布覆盖。用其他散体材料作覆盖替代物时，宜参照土的覆盖厚度和性能要求确定其覆盖厚度。

5.1.13 中间覆盖宜采用厚度不小于0.5mm的HDPE膜或LDPE膜覆盖为主，也可用黏土，并应符合下列要求：

　　1 当采用HDPE膜、LDPE膜、防雨布等材料进行中间覆盖时，应采取有效的气体导排措施，检查覆盖物与雨水边沟的有效搭接，并留有雨水沿坡向流向边沟的坡度；

　　2 当采用黏土进行平面中间覆盖时，其覆盖层应摊平、压实、整形，厚度不宜小于30cm，不宜使用黏土进行斜面中间覆盖。

5.1.14 膜覆盖材料的选用应符合下列规定：

　　1 覆盖膜宜选用厚度0.5mm及以上、幅宽为6m以上的黑色HDPE膜或厚度5mm以上的膨润土垫（GCL），日覆盖亦可用LDPE膜；

　　2 日覆盖时膜裁剪长度宜为20m左右，中间覆盖时应根据实际需要裁剪长度，不宜超过50m。

5.1.15 膜覆盖作业程序应符合下列规定：

　　1 进行膜覆盖时，膜的外缘应拉出，宜开挖矩形锚固沟并在护道处进行锚固；应通过膜的最大允许拉力计算，确定沟深、沟宽、水平覆盖间距和覆土厚度；

　　2 日覆盖时应从当日作业面最远处的垃圾堆体逐渐向卸料平台靠近，中间覆盖时宜采取先上坡后下坡顺序覆盖；

　　3 日覆盖时膜与膜搭接的宽度宜为0.20m左右，中间覆盖时为0.08m～0.10m左右，盖膜方向应顺坡搭接（图5.1.15-1）；

　　4 填埋场边坡处的膜覆盖，应使膜与边坡接触

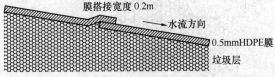

图5.1.15-1 膜覆盖方向示意图

并有 0.5m～1m 宽度的膜盖住边坡，并铺至其上的锚固沟；

5 中间覆盖时，膜搭接处宜采取有效的固定措施；

6 覆盖后的膜应平直整齐，膜上需压放有整齐稳固的压膜材料；压膜材料应压在膜与膜的搭接处，摆放的直线间距 1m 左右；当日作业气候遇风力比较大时，也可在每张膜的中部摆上压膜袋，直线间距 2m～3m 左右（图 5.1.15-2、图 5.1.15-3）。

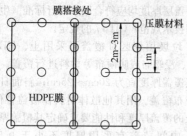

图 5.1.15-2 压膜材料摆放示意

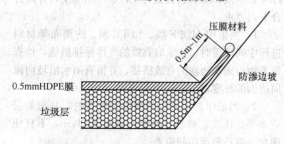

图 5.1.15-3 覆盖膜在防渗边坡上的示意

5.1.16 膜覆盖作业应符合下列规定：

1 裁膜场地应宽敞、平整，不允许有碎石、树枝等尖锐物；

2 覆盖前应先对垃圾堆体进行整平、压实，堆体坡度控制在不大于 1∶3；

3 覆盖结束后，人员不宜在膜上行走；

4 压膜材料应选择软性、不易风化的材料；膜覆盖作业及压膜作业应顺风操作；

5 破损的压膜材料应及时修复或更换，并保持覆盖后的膜表面干净无杂物；

6 垃圾堆体平整时，可根据实际情况开挖垃圾沟或填筑垃圾坝（图 5.1.16-1、图 5.1.16-2）。

5.1.17 达到设计终场标高的堆体应按照国家现行标准《生活垃圾卫生填埋场封场技术规程》CJJ 112 的

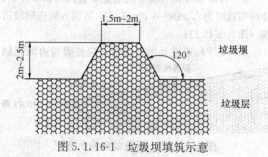

图 5.1.16-1 垃圾坝填筑示意

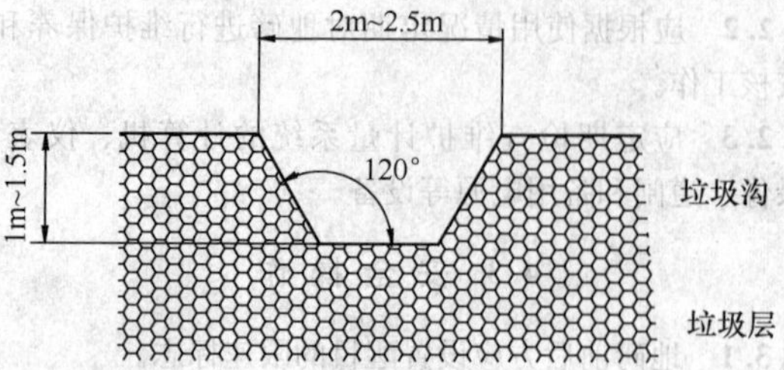

图 5.1.16-2 垃圾沟开挖示意

规定及时进行终场覆盖。

5.1.18 单元层垃圾填埋完成后，应保持雨污分流设施完好。

5.1.19 采取土工合成材料防渗的填埋场，填埋作业时应注意对防渗结构及填埋气体收集系统的保护，并符合下列规定：

1 垃圾运输车倾倒垃圾点与压实机压实点的安全距离不应小于 10m；

2 场底填埋作业应在第一层垃圾厚度 3m 以上时方可采用压实机作业；

3 靠近场底边坡作业时，填埋作业机械距边坡的水平距离应大于 1m；

4 压实机不应在填埋气体收集管周边 1m 范围内通过。

5.1.20 填埋场作业区臭气的控制应采取下列措施：

1 减少和控制垃圾暴露面，及时覆盖；

2 对渗沥液调节池进行封闭；

3 提高填埋气体收集率；

4 及时清除填埋场积水；

5 对作业面及时进行消杀。

5.2 维 护 保 养

5.2.1 填埋场场区内应有专人负责道路、截洪沟、排水渠、截洪坝、垃圾坝、洗车槽等设施的维护、保洁、清淤、除杂草等工作。

5.2.2 对场内边坡保护层、尚未填埋垃圾区域内防渗和排水等设施应定期进行检查、维护。

5.2.3 填埋单元阶段性覆盖乃至填埋场封场后，应对填埋场区（填埋库区）覆盖层及各设施定期进行检查、维护。

5.3 安 全 操 作

5.3.1 填埋场区（填埋库区）内严禁捡拾废品，并严禁畜禽进入。

5.3.2 进场车辆倾倒垃圾时应有专人指挥，车辆后方 3m 内不得站人。

5.3.3 填埋区内作业车辆应服从调度人员指挥或按照规定路线及相关标识行驶，做到人车分流、车车分流，保证通行顺畅、有序。

5.3.4 当再次进行后续填埋作业、掀开已覆盖膜，布时，作业人员不应直接面对膜掀开处，应穿戴好劳动防护用品（必要时佩戴防护面具），同时依据具体情况采取局部喷洒水雾、除臭或灭虫药剂等处理措施。

5.3.5 填埋场区（填埋库区）应按规定配备消防器材，储备消防沙土，并应保持器材和设施完好。

5.3.6 填埋场区（填埋库区）发现火情应按安全应急预案及时灭火，事后应分析原因并重新评估应急预案，有针对性地改进预防措施。

5.3.7 当气温降至零度以下并出现冰冻现象时，应在填埋区坡道、弯道等处采取防滑措施。

6 填埋气体收集与处理

6.1 运行管理

6.1.1 单元式填埋作业在垃圾堆体加高过程中，应及时增高填埋气体收集井竖向高度，并应保持垂直。应在垃圾层达到 3m 以上厚度时，开始建设填埋气体收集井，并确保井内管道位置固定、连接密闭顺畅，避免填埋作业机械对填埋气体收集系统产生损坏。

6.1.2 填埋气体应合理利用；不具备利用条件的，应进行燃烧处理。

6.1.3 对各气体收集井、填埋分区干管及填埋场总管内的气体压力、流量、组分等基础数据定期进行检测；填埋气体监测应符合现行国家标准《生活垃圾填埋场污染控制标准》GB 16889 的规定，所得数据应及时记录和存档。

6.2 维护保养

6.2.1 填埋气体收集井、管、沟应定期进行维护，清除积水、杂物，检查管道沉降，防止冷凝水堵塞，保持设施完好、管道畅通。

6.2.2 填埋气体燃烧和利用设施、设备应定期检查和维护。

6.3 安全操作

6.3.1 应保持填埋气体导排设施完好；应检查气体自然迁移和聚集情况，防止引起火灾和爆炸。

6.3.2 竖向收集管顶部应设顶罩；与填埋区临时道路交叉的表层水平气体收集管应采取加固与防护措施。

6.3.3 填埋气体收集井安装及钻井过程中应采用防爆施工设备。

6.3.4 填埋场区（填埋库区）上方甲烷气体浓度应小于 5%，临近 5% 时应立即采取相应的安全措施，及时导排收集甲烷气体，控制填埋区气体含量，预防火灾和爆炸。

6.3.5 填埋场区（填埋库区）及周边 20m 范围内不

得搭建封闭式建筑物、构筑物。

7 地表水、地下水、渗沥液收集与处理

7.1 运行管理

7.1.1 填埋场场外积水应及时排导，场内应实行雨污分流，排水设施应定期检查维护，确保完好、畅通。

7.1.2 填埋场区未经污染的地表水应及时通过排水系统排走。

7.1.3 覆盖区域雨水应通过填埋场区内排水沟收集，经沉淀截除泥沙、杂物，水质达到填埋场所在区域水污染物排放要求后，汇入地表水系统排走。排水沟应保持坡度，确保排水畅通。

7.1.4 对非填埋区地表水应定期进行监测，被污染的地表水不得排入自然水体，也不得滞留进入填埋区，应及时排走。

7.1.5 填埋场区地下水收集系统应保持完好，地下水应顺畅排出场外。

7.1.6 填埋场应按照设计要求铺设竖向和水平渗沥液导排收集系统，层间导排收集沟（管）应保持大于 2% 的最小坡度，确保渗沥液及时导排。

7.1.7 应及时检查、评估，并疏通渗沥液导排系统。

7.1.8 填埋场渗沥液处理系统的运行管理应按照国家现行标准《城市污水处理厂运行、维护及安全技术规程》CJJ 60 的相关规定执行。

7.1.9 渗沥液处理后出水水质应符合现行国家标准《生活垃圾填埋场污染控制标准》GB 16889 的相关规定。

7.1.10 渗沥液处理系统产生的浓缩液及污泥应按照现行国家标准《生活垃圾填埋场污染控制标准》GB 16889 的相关规定进行处理。

7.1.11 应按照设计要求运行维护污水调节池，污水调节池产生的气体宜集中处理或利用。

7.1.12 大雨和暴雨期间，应有专人值班和巡查排水系统的排水情况，发现设施损坏或堵塞应及时组织人员处理。

7.2 维护保养

7.2.1 应定期全面检查、维护地表水、地下水、渗沥液导排收集系统，保持设施完好。

7.2.2 对场区内管、井、池、沟等难以进入的狭窄场所，应定期进行检查、维护，维护人员应配备必要的维护、检测与防护器具。

7.2.3 冬季场区内的管道所处环境温度降至 0℃ 以下时，应采取适当的保护措施，防止系统管道堵塞。

7.3 安全操作

7.3.1 填埋场场内贮水和排水设施竖坡、陡坡高差

超过 2m 时，应设置安全护栏和警示标志。

7.3.2 在检查井的入口处应设置警示或安全告示牌，设置踏步、扶手。人员进入前应先采取有效措施测试，在满足安全作业和通风条件下，配备有安全帽、救生绳、挂钩、吊带等安全用具时方可进入作业。

8 填埋作业机械

8.1 运 行 管 理

8.1.1 作业前应对作业机械进行例行检查、保养。

8.1.2 作业机械操作前应观察各仪表指示是否正常；运转过程一旦发现异常，应立刻停机检查。

8.1.3 作业机械在斜面作业时宜使用低速挡，应避免横向行驶。

8.1.4 填埋作业机械应实行定车、定人、定机管理，并应执行交接班制度。

8.1.5 应对作业机械实行油耗定额管理，管理内容包括：

  1 根据机具的实际特点制定油耗定额，定期统计全场油料使用情况，并实行油耗考核制度；

  2 合理安排作业任务，准确核算机械行驶里程和燃油消耗情况，宜对生产用机械按任务完成量加油并计算日均作业油耗，非生产用车辆按月行驶里程（以百公里计）计算用油量；

  3 对机械或车辆实行定点加油，加油后驾驶人员应如实填写表单记录油料使用情况；

  4 提高驾驶人员节油意识，养成良好的驾驶习惯，监控防止高油耗的驾驶行为；

  5 各种废、旧油料应在指定的收集地点存放，不得随意倾倒。

8.2 维 护 保 养

8.2.1 填埋作业机械设备应按要求进行日常或定期检查、维护、保养。

8.2.2 填埋作业机械停置期间，应对其定期清洗和保护性处理，履带、压实齿等易腐蚀部件应进行防腐、防锈。

8.2.3 作业机械的压实齿、履带磨损后应及时更换。

8.2.4 冬季填埋场场区环境温度低于 0℃ 时，应采取必要的防冻措施保护作业机械设备。

8.2.5 填埋作业完毕，应及时清理填埋作业机械上卡滞的垃圾杂物。

8.3 安 全 操 作

8.3.1 作业人员应严格遵守填埋作业机械安全操作手册的规定，按照工序熟练进行操作。

8.3.2 失修、失保或有故障的填埋作业机械不得使用。

8.3.3 对填埋作业机械不宜拖、顶启动。

8.3.4 两台填埋作业机械在同一作业单元作业时，机械四周均应保证必要的安全作业间距。

8.3.5 填埋作业机械前、后方 2m、侧面 1m 范围内有人时，不得启动、行驶。

9 填埋场监测与检测

9.1 运 行 管 理

9.1.1 填埋场开始运行前，应进行填埋场的本底监测，包括环境大气、地下水、地表水、噪声；填埋场运行过程中应依据现行国家标准《生活垃圾填埋场污染控制标准》GB 16889 进行环境污染、环境质量的监测以及填埋场运行情况的检测。

9.1.2 委托监测应由具备专业资质的环保、环卫监测部门（机构）进行并出具结果报告；委托监测项目应包括地下水、地表水、渗沥液、填埋气体、大气和场界噪声等内容；定期监测可选地表水、渗沥液、填埋气体等单一项目，每年宜进行 1 次全部项目的监测。

9.1.3 填埋场自行检测是以强化日常管理和污染控制为目的。自行检测项目应包括气象条件、填埋气体、臭气、恶臭污染物、降水、渗沥液、垃圾特性、堆体沉降、垃圾堆体内渗沥液水位、防渗衬层完整性、边坡稳定性、苍蝇密度等内容。检测项目与监测项目相同时，以监测为主，检测为辅；填埋场运营单位可根据运行需要选择检测项目和增减检测频次。

9.1.4 填埋场检测采用的采样、测试的内容、方法、仪器设备、标准物质等应符合国家现行相关标准的规定。

9.1.5 检测样品的采样点、样品名称、采样时间、采样人员、天气情况等有关信息应进行翔实记录。环境检测过程中还应有样品的唯一性标识和检测状态标识。

9.1.6 填埋场监测及检测报告宜按照年、季、月、日逐一分类整理归档。

9.1.7 已铺设的防渗衬层在其投入使用前，应对其进行防渗结构防漏探测，其检测方法应符合国家相关标准的规定。

9.1.8 渗沥液处理过程中应按下列要求进行工艺运行参数检测。

  1 渗沥液从进入调节池前至处理后外排，应进行流量、色度、pH 值、化学需氧量、生化需氧量、悬浮物、氨氮、大肠菌值的检测；应进行垃圾堆体渗沥液水位和调节池水位的检测；

  2 检测项目和方法应按照现行国家标准《生活垃圾卫生填埋场环境监测技术要求》GB/T 18772 的有关规定执行；

3 检测频率每月应不少于1次。

9.1.9 封场后渗沥液检测应按现行国家标准《生活垃圾卫生填埋场环境监测技术要求》GB/T 18772 和国家现行标准《生活垃圾卫生填埋场封场技术规程》CJJ 112 及封场设计文件的有关规定执行。

9.1.10 填埋场投入使用后应进行连续监测，直至填埋场封场后产生的渗沥液中水污染物浓度连续2年低于现行国家标准《生活垃圾填埋场污染控制标准》GB 16889 中水污染物排放限值时为止。

9.1.11 地下水检测应符合下列规定：

1 采样点的布设：上游本底井（1个），以及下游污染监视井（2个）、污染扩散井（2个）和填埋库区防渗层下地下水导排口（排水井，1个）；大型填埋场可适当增加监测井的数量；

2 检测方法：应按照现行国家标准《生活垃圾卫生填埋场环境监测技术要求》GB/T 18772 的有关规定执行；

3 检测项目：pH、肉眼可见物、浊度、嗅味、色度、总悬浮物、五日生化需氧量、硫酸盐、硫化物、总硬度、挥发酚、总磷、总氮、铵、硝酸盐、亚硝酸盐、大肠菌群、细菌总数、铅、铬、镉、汞、砷，及地下水水位变化；

填埋场运行过程中对地下水的自行检测，其检测项目则可以结合各地区地下水实际变化或影响情况适当选择；

4 检测频率：每年按照丰水期、枯水期、平水期各至少检测1次；地下水检测项目出现异常变化的，应对其增加检测频率，污染扩散井和污染监视井的检测不少于每月1次。

9.1.12 地表水检测应符合下列规定：

1 采样点：场界排放口；

2 检测方法：应按照现行国家标准《生活垃圾卫生填埋场环境监测技术要求》GB/T 18772 的有关规定执行；

3 检测项目：pH、总悬浮物、色度、五日生化需氧量、化学需氧量、挥发酚、总氮、硝酸盐氮、亚硝酸盐氮、大肠菌群、硫化物；

填埋场运行过程中对地表水的自行检测，其检测项目则可结合各地区地表水实际变化或影响情况适当选择；

4 检测频率：每季度不少于1次；水处理后若出现连续外排不符合现行国家标准《生活垃圾填埋场污染控制标准》GB 16889 规定时，每10日检测1次。

9.1.13 甲烷气体检测应符合下列规定：

1 填埋场应每天进行一次填埋区、填埋区构筑物、填埋气体排放口的甲烷浓度检测；

2 对甲烷的每日检测可采用符合现行国家标准《便携式热催化甲烷检测报警仪》GB 13486 要求或具

有相同效果的便携式甲烷测定器进行测定，对甲烷的监督性检测应按照国家现行标准《固定污染源排气中非甲烷总烃的测定 气相色谱法》HJ/T 38 中甲烷的测定方法进行测定。

9.1.14 场界恶臭污染物检测应符合下列规定：

1 采样点：在填埋作业上风向设1点，下风向至少布设3点，采样方法应按现行国家标准《生活垃圾卫生填埋场环境监测技术要求》GB/T 18772 和《恶臭污染物排放标准》GB 14554 的有关规定执行；

2 检测项目：臭气浓度、氨气、硫化氢；

3 检测频率：应对场界恶臭污染物浓度每月检测1次。

9.1.15 总悬浮颗粒物检测应符合下列规定：

1 采样点：在填埋作业上风向布设1点，下风向布设4点，填埋场大气检测不应少于4点，采样方法应按现行国家标准《生活垃圾卫生填埋场环境监测技术要求》GB/T 18772 的有关规定执行；

2 检测频率：应对场界总悬浮颗粒物浓度每季度检测1次。

9.1.16 填埋场应每季度对场界昼间和夜间噪声进行一次噪声检测。

9.1.17 苍蝇密度应符合下列要求：

1 检测点：填埋场内检测点总数不应少于10点，在作业面、临时覆土面、封场面设点检测，宜每隔30m～50m设点；每测面不应少于3点；用诱蝇笼采样检测；

2 检测方法：笼应离地1m，晴天监测，日出放笼，日落收笼，用杀虫剂杀死苍蝇，分类计数；

3 检测频率：应根据气候特征，在苍蝇活跃季节，一般4月～10月每月测2次，其他时间每月1次。

9.1.18 垃圾压实密度宜每2个月检测1次。

9.1.19 填埋作业覆土厚度应每月检测2次。取样部位和检测时间宜根据填埋作业实际制定，并注意垃圾沉降速率随填埋时间的非均匀性变化。

9.1.20 填埋作业区暴露面面积大小及其污染危害应每月检测2次。

9.1.21 填埋场区（填埋库区）边坡稳定性宜每月检测1次。

9.1.22 从填埋作业开始到封场期结束，对垃圾堆体沉降应每6个月检测1次。

9.1.23 降水、气温、气压、风向、风速等宜进行常年监测。

9.1.24 每月应对场区内的蚊蝇、鼠类等情况进行检查，并应对其危险程度和消杀效率进行评估，及时调整消杀方案。

1 鼠洞周围及鼠类必经之处应定期置放捕鼠器或灭鼠药，24h之后应及时回收捕鼠器和清理死鼠。

2 填埋区及其他蚊蝇密集区应定期进行消杀，

灭蝇应使用低毒、高效、高针对性药物,且定期调整灭蝇药物和施药方法。

9.2 维护保养

9.2.1 取样、检测仪器设备应按规定进行日常维护和定期检查,应有仪器状态标识。

9.2.2 检测仪器设备出现故障或损坏时,应及时检修。

9.2.3 贵重、精密仪器设备应安装电子稳压器,并由专人保管。

9.2.4 强制检定仪器应按规定要求检定。

9.2.5 仪器的附属设备应妥善保管,并应经常进行检查。

9.2.6 对填埋场区(填埋库区)监测井等设施应定期检查维护,监测井清洗频率不宜少于半年一次。

9.2.7 填埋场场区内设施、路面及绿地应定期进行卫生检查。

9.2.8 消杀机械设备应定期进行维护保养。

9.3 安全操作

9.3.1 填埋场区(填埋库区)各检测点应有可靠的安全措施。

9.3.2 填埋场场区内的易燃、易爆物品应置于通风处,与其他可燃物和易产生火花的设备隔离放置。剧毒物品管理应按有关规定执行。

9.3.3 化验带刺激性气味的项目必须在通风橱内进行,避免检测项目之间干扰。

9.3.4 测试、化验完毕,应及时关闭化验室的水、电、气、火源、门窗。

9.3.5 灭蝇、灭鼠消杀药物应按危险品规定管理。

9.3.6 消杀人员进行药物配备和喷洒作业应穿戴安全卫生防护用品,并应严格按照药物喷洒作业规程作业。

9.3.7 监测或检测人员进行样品采集和检验时应配备安全卫生防护用品。

9.3.8 各检测点以及易燃易爆物、化学品、药品等储放点应设置醒目的安全标示。

10 劳动安全与职业卫生

10.0.1 填埋场劳动安全与职业卫生工作应坚持预防为主的方针和防治结合的原则,应采取有效措施,消除或者减少有害生产人员安全和健康的因素,创造良好的劳动条件。

10.0.2 填埋场应建立健全劳动安全与职业卫生管理机制,确定专(兼)职管理人员,管理填埋场的劳动安全和卫生工作。应对新招收的人员进行健康检查,凡患有职业禁忌症的,不得从事与该禁忌症相关的有害作业;定期组织全场人员进行体检和复查工作;定

期组织全场安全隐患的排查工作。

10.0.3 填埋场的劳动安全和职业卫生的防治工作应符合国家现行相关标准的规定。

10.0.4 填埋场管理人员应定期检查各部门的劳动安全与职业卫生的防治工作。

10.0.5 生产过程中有害因素控制应符合国家现行相关标准的规定。出现超过国家安全或卫生标准的,应制定治理规划,限期达标。治理规划及达标状况应按规定履行呈报程序并存档。

10.0.6 填埋场应将有害因素监控数据、生产事故记录情况及时报告当地安全监察部门;应将人员健康检查结果和职业性伤害的发生情况及时报告当地卫生防疫机构。遇有职业性严重伤害、中毒死亡或三人以上急性职业中毒情况的,以及重大安全事故造成严重伤亡情况的,应立即上报,并采取有效应对措施。

10.0.7 作业人员不得独自到存在安全隐患场所进行作业,应佩带安全防护用品、采取有效措施预防或对隐患进行安全处理之后方可进入。

10.0.8 填埋场应做好卫生清洁和免疫预防工作。工作结束后,各类人员应及时更换和清理工作服,将自己的日常服装、工作服装和个人的防护用品、设备分开存放。

10.0.9 填埋场应统一管理和配备工作服装与个人劳动防护用品、设备。各岗位作业人员应根据需要配备不同的劳动保护用品、设备,并按照要求正确使用和保管好劳动保护用品、设备。

11 突发事件应急处置

11.0.1 填埋场应建立健全突发事件应急处置制度,组建相应管理机构,制定应急预案及应急程序,落实专项费用、专职(或兼职)人员。

11.0.2 填埋场应根据其服务区(或所在城市)的社会经济情况与自然条件,对生活垃圾处理与管理系统可能遭遇的突发事件进行预判,根据自然灾害、事故灾难、公共卫生事件和社会安全事件等不同突发事件的性质、规模及可能的影响,制定多套应急预案及处置措施。

11.0.3 填埋场应根据危险分析和应急能力评估的结果,针对可能发生的灾害、事故和突发事件,参照《生产经营单位安全生产事故应急预案编制导则》AQ/T 9002 的要求,划分应急级别,制定应急响应程序,明确参与应急处置的相应职能部门名称,以及在应急工作中的具体职责,编制应急预案。

11.0.4 填埋场应公布与社会相关突发事件报案联系方法,公告社会相关突发事件报告、处置的程序、方法及有关常识。

11.0.5 应定期组织管理和作业人员进行安全教育和应急演习,并进行检查、考核。

11.0.6 填埋场区内应划定一定面积的区域，以便在社会相关突发事件发生时作为接纳特种垃圾的临时堆存区。

填埋场本身出现事故或故障（如防渗层破裂、污水调节池漫坎、失火、爆炸，以及主要设备损毁等）而导致填埋场正常功能失效时，经上级批准后可以暂时关闭填埋场，在进场附近地点设置垃圾应急填埋区。

11.0.7 发生突发事件时，填埋场应立即启动应急预案，积极组织抢救、抢修等活动，防止事态扩大，最大限度减少人员伤亡、财产损失与环境污染，并及时向上级主管部门汇报和向相关部门通报突发事件性质、规模及处置情况。

11.0.8 场内突发事件处置完毕，填埋场应立即组织事故调查和受损程度评估，重新核定产能，积极恢复生产。

11.0.9 填埋场应通过签订协议、联合组队等形式与有关机构或单位建立突发事件协同处置机制。

12 资料管理

12.0.1 填埋场应建立运行维护技术档案，系统地记载填埋场运行期的全过程及主要事件。

12.0.2 填埋场应建立运行维护资料台账，主要内容应包括：

1 垃圾特性、类别及进场垃圾量；

2 填埋作业规划及阶段性作业方案进度实施记录；

3 填埋作业记录（倾卸区域、摊铺厚度、压实情况、覆盖情况等）；

4 污水收集、处理、排放记录；

5 填埋气体收集、处理记录；

6 环境监测与运行检测记录；

7 场区消杀记录；

8 填埋作业设备运行维护记录；

9 机械或车辆油耗定额管理和考核记录；

10 填埋场运行期工程项目建设记录；

11 环境保护处理设施污染治理记录；

12 上级部门与外来单位到访记录；

13 岗位培训、安全教育及应急演习等的记录；

14 劳动安全与职业卫生工作记录；

15 突发事件的应急处理记录；

16 其他必要的资料、数据。

12.0.3 应建立运行管理日报、月报和年报制度，系统、全面、及时进行数据、资料的收集、整理和报送工作。不得虚报、瞒报、迟报或伪造篡改。

12.0.4 归档文件资料保存形式应包括图表、文字数据材料、照片等纸质或电子载体。

12.0.5 工程建设的资料整理和保存应符合现行国家标准《城市建设档案著录规范》GB/T 50323 和《建设工程文件归档整理规范》GB/T 50328 的相关规定。运营管理的资料整理和保存应符合相关档案管理的要求。

本规程用词说明

1 为便于在执行本标准条文时区别对待，对于要求严格程度不同的用词说明如下：

1）表示很严格，非这样做不可的：
正面词采用"必须"；反面词采用"严禁"；

2）表示严格，在正常情况下均应这样做的：
正面词采用"应"；反面词采用"不应"或"不得"；

3）表示允许稍有选择，在条件许可时首先应这样做的：
正面词采用"宜"；反面词采用"不宜"；
表示有选择，在一定条件下可以这样做的，采用"可"。

2 条文中指明应按其他有关标准执行的写法为："应符合……的规定（要求）"或"应按……执行"。

引用标准名录

1 《建筑灭火器配置设计规范》GB 50140

2 《城市建设档案著录规范》GB/T 50323

3 《建设工程文件归档整理规范》GB/T 50328

4 《图形符号 安全色和安全标志 第1部分：工作场所和公共区域中安全标志的设计原则》GB/T 2893.1

5 《工业企业厂内铁路、道路运输安全规程》GB 4387

6 《生产过程安全卫生要求总则》GB/T 12801

7 《便携式热催化甲烷检测报警仪》GB 13486

8 《恶臭污染物排放标准》GB 14554

9 《生活垃圾填埋场污染控制标准》GB 16889

10 《生活垃圾卫生填埋场环境监测技术要求》GB/T 18772

11 《生活垃圾卫生填埋技术规范》CJJ 17

12 《城市污水处理厂运行、维护及安全技术规程》CJJ 60

13 《生活垃圾卫生填埋场封场技术规程》CJJ 112

14 《环境卫生图形符号标准》CJJ/T 125

15 《生产经营单位安全生产事故应急预案编制导则》AQ/T 9002

16 《固定污染源排气中非甲烷总烃的测定 气相色谱法》HJ/T 38

中华人民共和国行业标准

生活垃圾卫生填埋场运行维护技术规程

CJJ 93—2011

条 文 说 明

修　订　说　明

《生活垃圾卫生填埋场运行维护技术规程》CJJ 93-2011,经住房和城乡建设部 2011 年 4 月 22 日以第 992 号公告批准、发布。

本规程是在《城市生活垃圾卫生填埋场运行维护技术规程》CJJ 93-2003 的基础上修订而成,上一版的主编单位是华中科技大学环境科学与工程学院,参编单位是深圳市下坪固体废弃物填埋场、建设部城市建设研究院、ONYX 环境技术服务有限公司、中山市环境卫生科技研究所、武汉华曦科技发展有限公司;主要起草人员是陈海滨、冯向明、李辉、王敬民、徐文龙、黎汝深、刘培哲、黎军、黄中林、张彦敏、汪俊时、钟辉、陈石、刘晶昊、刘涛。

本次修订的主要技术内容是:1. 修改了规程的名称;2. 增加了“术语”一章;3. 细化了生活垃圾填埋场填埋作业及阶段性封场要求;4. 补充了渗沥液收集与处置要求;5. 调整了部分章节内容,将生活垃圾填埋场“虫害控制”与“填埋场监测”合并为“填埋场监测与检测”一章,并对原内容进行了细化;6. 增加了“劳动安全与职业卫生”一章;7. 增加了“突发事件应急处置”一章;8. 增加了“资料管理”一章。

为便于广大设计、施工、科研等单位和学校有关人员在使用本标准时能正确理解和执行条文规定,《生活垃圾卫生填埋场运行维护技术规程》编制组按章、节、条顺序编制了本标准的条文说明,对条文规定的目的、依据以及执行中需注意的有关事项进行了说明。还着重对强制性条文的强制性理由作了解释。但是,本条文说明不具备与标准正文同等的法律效力,仅供使用者作为理解和把握标准规定的参考。

目　次

1 总　则

1.0.1 编制本规程的目的在于加强和规范生活垃圾填埋场运行管理，提升管理人员和作业人员的业务水平，保证安全运行，规范作业，以提高效率，实现生活垃圾无害化处置的目的。

1.0.2 本条规定了规程的适用范围，即适用于生活垃圾卫生填埋场，并且包括城市垃圾综合处理厂中的填埋场；暂未达到卫生填埋场建设标准的一般垃圾填埋场和简易垃圾堆场应参照本规程执行。

1.0.3 本条规定了生活垃圾填埋场的运行、维护及安全管理除应执行本规程外，尚应执行现行国家和行业的有关标准。

2 术　语

本章对规程涉及的填埋场场区、填埋场区（填埋库区）、填埋区（填埋作业区）三个主要专业术语做出了定义。其他术语在《市容环境卫生术语标准》CJJ/T 65 等相关标准中已作定义或解释。

3 一 般 规 定

3.1 运 行 管 理

3.1.1 本条对填埋场各管理和生产人员完成本岗位工作提出了基本要求。

根据工作性和任务的不同，填埋场的人员可以划分为二类：（1）管理人员；（2）作业人员。其中，管理人员又可以划分为：行政管理人员与技术管理人员；作业人员可按照一线与二线进行划分，一线作业人员主要负责具体的岗位作业和设备操作，统称为生产作业人员；二线作业人员则主要负责设施设备的维护以及后勤辅助工作，统称为维护及后勤人员。考虑到填埋场实际的岗位划分，以及一部分人员配置时身兼多岗的需要，鼓励一专多能、办事责任心强和效率高的人员上岗。本规程对人员的划分不针对某一具体的填埋场，亦不涉及劳动工种划分，而只是强调人员及岗位的分配原则，同时为使本规程对人员及岗位划分的行文表述一致而在此说明。

3.1.2 本条对填埋场的运行管理制度提出要求，要以其工艺技术路线为主明确岗位需求，根据实际情况设定各岗位的操作手册和安全守则，建立健全操作规程和安全制度。同时，为了较好地完成填埋场的垃圾处理、处置工作，要对各岗位人员进行上岗培训，明确提出考核和持证上岗的要求。

3.1.3 本条对管理人员完成本职工作提出了基本要求，突出了掌握填埋场主要技术指标、熟悉和操纵设

施、设备技能运行管理的要求。管理人员包括行政管理人员和技术管理人员，当然也包括填埋场负责人。

3.1.4 本条规定作业人员应按规定（如使用说明、操作规程、岗位责任制等）的要求，具备操作使用各种机械、设备、仪器、仪表的技能，也包括推土机、挖掘机、装载机、垃圾压实机等特种机械；应保持机械设备完好、整洁。

作业人员要坚守岗位，做好记录；记录应及时，记录内容应准确；并应定期检查管辖的设施设备及仪器仪表的运行状况。

不论是管理人员还是作业人员发现异常，应及时采取相应处理措施，并及时逐级上报。上报内容主要包括运行异常具体情况与原因、已采取的处理措施及效果、进一步的对策及请示上级解决的问题等。特殊或紧急情况可同时向多级领导部门报告。

3.1.5 本条规定填埋场场区道路应畅通，交通标志规范清楚，方便垃圾车辆快速进出。现行国家标准《工业企业厂内铁路、道路运输安全规程》GB 4387 就厂内道路、车辆装载、车辆行驶、装卸等各方面安全操作作出了具体规定。场区及填埋库区内运输管理，应符合该规程的要求。交通标志同时应符合现行国家标准《图形符号 安全色和安全标志 第1部分：工作场所和公共区域中安全标志的设计原则》GB/T 2893.1 和《环境卫生图形符号标准》CJJ/T 125 的规定。

对于垃圾填埋场而言，控制进场垃圾车的车速非常重要。道路坡度大于6％或转弯半径小于30m时，车速不宜大于15km/h。考虑到南北地理和气候差异，填埋场应根据具体情况，具备全天候安全通行条件并保持畅通运行的条件。

3.1.6 进入填埋场的固体废弃物应满足《生活垃圾填埋场污染控制标准》GB 16889 的相关规定。《国家危险废物名录》列入的各类危险废物均不得进入生活垃圾填埋场。此条为强制性条文。

家庭日常生活中产生的废药品及其包装物、废杀虫剂和消毒剂及其包装物、废油漆和溶剂及其包装物、废矿物油及其包装物、废胶片及废相纸、废荧光灯管、废温度计、废血压计、废镍镉电池和氧化汞电池以及电子类危险废物等，虽未列入《国家危险废物名录》，但也应尽量控制其不进入或少进入生活垃圾填埋场。不在控制危险废物名录下的家庭日常生活中所产生的废电池、化妆品等废品，应按照环保部门相关规定，进入符合要求的消纳场所。

3.1.7 因修筑填埋工作平台、临时道路、临时覆盖等需要，可允许接收适量建筑垃圾，但要与进场生活垃圾分开存放。

3.1.8 本条对出场垃圾车作出了规定，应进行必要冲洗以保持干净。在特殊时期，如有疫病控制要求时，为防止病毒、病菌传染扩散应进行消毒处理。

3.1.9 本条规定应保持填埋场场区干净整齐，绿化

美化，消除蚊蝇滋生源，保持环境卫生，树立文明生产形象。并对填埋场内产生的积水和冲洗水的处理分别提出了要求，冲洗水不宜进入渗沥液处理设施，避免加重渗沥液处理的负荷。

3.2 维护保养

3.2.1 本条规定所指的设施、设备主要有各种路面、沟槽、护栏、爬梯、盖板、挡墙、挡坝、井管、监控系统、气体导排系统、渗沥液处理系统和其他各类机电装置等。各岗位人员负责辖区设施日常维护，部门及场部定期组织人员抽查。

各种供电设施、电器、照明设备、通信管线等应由专业人员定期检查维护；各种车辆、机械和设备日常维护保养及部分小修应由作业人员负责，中修或大修应由厂家或专业人员负责；避雷、防爆装置应由专业人员定期按有关行业标准检测。填埋场区内的各种消防设施、设备应由岗位人员做好日常管理和场部专职人员定期检查。

3.2.2 地磅（或计量桥）应按要求定期由计量部门校核、检定，确保计量结果准确无误。操作人员应每日检查检验地磅的误差，保障称量准确。

3.2.3 本条规定对填埋场场区内各种交通告示或标志应定期进行检查，主要包括进场道路以及场区内交通标志、构筑物指示与安全告示或标志等。

3.3 安全操作

3.3.1 本条规定为达到实施全过程安全管理的目标，应严格按照现行国家标准《生产过程安全卫生要求总则》GB/T 12801 的基本要求，建立和完善全场范围内安全监督机制。

3.3.2 填埋场应根据本场实际情况和各岗位特点，制定具体明确的作业人员和管理人员安全与卫生管理规定，保障人员的安全和身体健康，如消杀岗位人员应规定连续工作 2 年需换岗；消杀时不得面对有人的方向近距离喷洒；不得在下风位置进行消杀作业；定期组织身体检查等。各岗位人员必须严格执行本岗位安全操作规程，这是防止安全事故的关键。

3.3.3 本条规定作业人员的劳动保护措施主要有：穿工作服、戴安全帽、佩戴口罩、使用卫生药品用具等；为保障夜间安全作业，现场的生产作业人员必须穿反光背心，并且要有必要的照明设施；女性作业人员不得穿裙子、披长发、穿高跟鞋等进行作业。

3.3.4 场内控制室、变电室、污水处理区、填埋区等区域是安全防范的重点区域，严禁烟火、严禁酒后上岗是安全生产的基本保证，所以作为强制性条文予以规定。

3.3.5 不熟悉本岗位机械设备性能和运行情况，易发生事故；管理人员违规指挥，也易损坏机械设备，甚至造成安全事故。作业人员有权拒绝执行管理人员的违规指挥。

3.3.6 启、闭电器开关、检修电器控制柜及机电设备操作不当，易发生事故，本条规定应按电工安全规定操作。

电机工作电源电压波动范围为±10％，因电压不稳会降低设备寿命，甚至烧毁电机。故此，机电设备的开机和使用时，应有安全运行保护措施。

3.3.7 本条规定维修机械设备时，不应随意搭接临时动力线，若确实需要，必须在安全前提下临时搭接动力线，并在使用过程应有专职电工在现场管理并设置临时警示标志，使用完毕应立即拆除。这是安全生产的基本保障措施之一，因而作为强制性条文予以规定。

3.3.8 本条规定皮带传动、链传动、联轴器等传动部件须有机罩安全措施，防止工伤事故；机罩安装应牢固、可靠，以防振脱、碰落。这是安全生产的基本保障措施之一，因而作为强制性条文予以规定。

3.3.9 填埋场运行阶段，应执行现行国家标准《建筑灭火器配置设计规范》GB 50140。根据规定的工业建筑灭火器配置场所的危险等级，应根据其生产、使用、储存物品的火灾危险性，可燃物数量，火灾蔓延速度，扑救难易程度等因素，划分为以下三级：

严重危险级：火灾危险性大，可燃物多，起火后蔓延迅速，扑救困难，容易造成重大财产损失的场所；

中危险级：火灾危险性较大，可燃物较多，起火后蔓延较迅速，扑救较难的场所；

轻危险级：火灾危险性较小，可燃物较少，起火后蔓延较缓慢，扑救较易的场所。

对于生活垃圾填埋场而言，填埋区填埋气体中甲烷气含量高，化验室因有化学药品，火灾危险性较大，两者均按中危险级考虑。

火灾种类则根据《建筑灭火器配置设计规范》GB 50140 的要求，依其物质及其燃烧特性划分为 A、B、C、D、E 五类：

A 类火灾：固体物质火灾；

B 类火灾：液体火灾或可熔化固体物质火灾；

C 类火灾：气体火灾；

D 类火灾：金属火灾；

E 类火灾（带电火灾）：物体带电燃烧的火灾。

填埋场场区的消防措施应按 A、B、C、D、E 五类火灾考虑，其中填埋场（填埋库区）应按 C 类火灾隐患考虑，而化验室可能涉及多类火灾隐患。

3.3.10 本条规定填埋场应按现行国家标准《建筑灭火器配置设计规范》GB 50140 的有关规定选择、设置消防器材，并应由专职人员负责日常维修管理和定期检查，及时更换失效或损坏的消防器材。

3.3.11 填埋场场区内的半封闭、封闭间都应该有通风措施，处于填埋场区（填埋库区）的半封闭、封闭场所易积聚甲烷气体，必须有良好通风措施，并保持通风设施和设备完好。这是根据填埋场特征提出的强制性条文。

在本规程第6章还规定了填埋场区（填埋库区）甲烷含量的安全浓度。

3.3.12 本条规定场区发生火灾应根据火灾性质、类别与着火地点，采用相应灭火对策，尤其是要重视气体火灾危害，做好预防工作。对于填埋区发生的气体火灾和非气体火灾，应采用不同的灭火方案进行处理。

3.3.13 本条明确了填埋区如因生产、施工等原因需动火时，动火前需要办理动火审批手续，做好相应动火准备，动火作业完成后必须对场地进行清理与检查。

3.3.14 本条明确应有必要措施防止填埋场火灾对周边树林的危害，如设置并维护防火隔离带（特别是顺风方向），或必要时设置起防火隔离作用的挡墙。

3.3.15 应在指定的、有明显标志的位置配备防护用品及药品，按照使用有效期限及时更换，以备突发事故或意外事故急用。备用的防护用品及药品应定期检查，必要时应更换、补充。

3.3.16 安全警示标志应符合《图形符号 安全色和安全标志 第1部分：工作场所和公共区域中安全标志的设计原则》GB/T 2893.1和《环境卫生图形符号标准》CJJ/T 125的相关规定。不同颜色可传递禁止、警告、指令、提示等信息，由安全色、几何图形和图形符号可构成表达特定安全信息的安全标志。安全标志不能代替安全操作规程和必要的防护措施，但可作为安全辅助措施，起到提醒和警示作用。

3.3.17 填埋场应根据《中华人民共和国突发事件应对法》、《突发公共卫生事件应急条例》、《生活垃圾应急处置技术导则》RISN-TG005-2008等相关法规、标准，结合实际情况制订防火、防爆、防冻、防雪、防汛、防风、防滑坡、防塌方、防溃坝、防运输通道中断等方面应急方案和措施，如台风暴雨期间应有人员值班，应有应急抢险队员和器材。确保意外情况下将损失控制到最小。

3.3.18 本条规定了对进出填埋场场区的车辆进行管理的基本要求，有条件时应建立相应的自动记录归档系统，并与上级管理机构联网。

3.3.19 此条为保障外来人员和参观人员安全和填埋场安全的必要措施。应对参观人员进行必要的严禁烟火等安全教育。

3.3.20 本条所指存在安全隐患的场所包括：狭窄空间、封闭空间、有甲烷气体的容器（或密闭空间）、有溺水危险的地方等。

4 垃圾计量与检验

4.1 运 行 管 理

4.1.1 由计算机自动计算和统计出进场垃圾重量及

其他信息，提高智能化程度和作业效率。

4.1.2 本条规定应对进入填埋场的垃圾进行计量统计。

1 应登记进场垃圾运输车车牌号、运输单位、进场日期及时间、离场时间、垃圾来源、性质、重量等基本资料，及时掌握垃圾处理量和便于运输单位运输量查询，并为垃圾处理收费以及安全管理提供切实可靠数据。

2 垃圾计量系统主要设备有地磅（或计量桥）、仪表、传感器、计算机、录像机、道闸监控器等。

3 要求应做好每日记录资料备份工作，包括每日资料打印和计算机数据备份，同时做好每月统计报表工作。

4 应有当班工作记录和交换班记录，主要记录当班异常情况及注意事项，还应明确交接班人员及时间。

5 地磅系统出现故障应立即采取应急措施，如启动备用第二套磅桥、计算机或不间断电源等设备，保障系统正常使用。

全部计量系统发生故障时，应采用人工记录，同时由专职人员马上维修，系统修复后及时将人工记录数据录入计算机，保证记录完整准确。

4.1.3 本条规定定期进行生活垃圾的理化成分进行检测分析，必须参照《生活垃圾卫生填埋场环境监测技术要求》GB/T 18772的规定，记录理化成分和变化，以保证填埋场的安全稳定运行。并且，对进入填埋场的固体废物（直接填埋的生活垃圾除外）也应符合《生活垃圾填埋场污染控制标准》GB 16889的相关规定。

填埋场应对进入填埋场的垃圾，随时观察、随机抽查、检验，如发现混有违反国家相关标准规定的填埋固体废物时，应拒绝垃圾进场。生活垃圾中混有不满足进场要求的固体废物时，应经预处理后满足进场要求并经有资质的监测机构检测，在获得填埋场运营管理部门特许后，方可进入填埋区填埋。

4.2 维 护 保 养

4.2.1 地磅（或汽车衡）的标准配置主要由承重传力机构（秤体）、高精度称重传感器、称重显示仪表三大主件组成。地磅上及周围有异物时会影响计量的准确度，因此要求作业人员应定期检查维护地磅，及时清除计量桥下面及周围的异物。

4.2.2 地磅易被腐蚀，需要定期维护保养，以保证其计量的准确。

4.2.3 除对在用计算机、仪表、录像、道闸等设施、设备开展日常维护外，还要定期对备用系统进行维护保养。

4.3 安 全 操 作

4.3.1 地磅前后方设置过磅称量、出入通行、行车限速标志及车辆出入磅桥注意事项等标志说明，防止车辆碰撞地磅及附属设施。提示标识应符合《图形符号 安全色和安全标志 第1部分：工作场所和公共区域中安全标志的设计原则》GB/T 2893.1和《环境卫生图形符号标准》CJJ/T 125等现行国家标准的规定。

4.3.2 地磅前方设置减速装置，如减速带等，以便控制上磅车速不至于过快而影响正常称重。

5 填埋作业及作业区覆盖

5.1 运 行 管 理

5.1.1 本条强调应有填埋作业规划。对大型填埋场应实行分区域填埋作业，利于实现科学管理，有效利用库容，实行雨污分流措施，减少渗沥液产生量。作业规划要依据填埋场设计、施工和实际情况制定，对于部分大型填埋场，会出现按照分区和分阶段要求建设和运行同时进行的情况，此时应对填埋作业制定更具针对性的规划要求。

5.1.2 本条强调应有填埋作业方案。对大型填埋场应实行分区域填埋作业，利于实现雨污分流措施，减少渗沥液产生量。作业方案依据填埋区分期分区要求，主要包括：作业通道、作业平台（含平台的设置数量、面积、材料、长度、宽度等参数要求）、场内运输、工作面转换、边坡（HDPE膜）保护、排水沟修筑、填埋气井安装、渗沥液导渗，还包括垃圾的摊铺、压实、覆盖等内容。

5.1.3 尽可能控制较小作业单元面积，有利于减少渗沥液量，减少作业暴露面，减轻臭气产生，提高压实效率。作业单元的大小主要依据每日进场垃圾量、推土机推运距等条件确定。对于Ⅰ、Ⅱ类填埋场，宜按照作业区面积与日填埋量两者数值之比0.8～1.0进行作业区面积的控制，并且按照暴露面积与作业面积之比不大于1∶3进行暴露面积的控制；对于Ⅲ、Ⅳ类填埋场，宜按照作业面积与日填埋量之比1.0～1.2进行作业区面积的控制，并且可按照暴露面积与作业面积之比不大于1∶2进行暴露面积的控制。控制最小作业单元面积并做好当天及时覆盖，也是减少空气污染，控制虫害的关键。雨、雪季填埋区作业单元易打滑、陷车，应选择在填埋库区入口附近设置备用填埋作业区，以应对突发事件。

5.1.4 垃圾卸料平台和填埋区（填埋作业区）的大小主要依据垃圾运输车高峰期最大车流量和每日垃圾量以及气候等情况确定，在保障垃圾运输车及时卸料的前提下，尽可能控制较小作业平台，以节省费用，减轻污染。

5.1.5 本条明确规定了垃圾卸料平台设置时必须考虑的要求，目的是确保垃圾卸料作业安全、通畅。

5.1.6 垃圾作业平台的结构形式及其修筑材料可根据具体情况选用，而由钢板基箱拼装的专用卸料作业平台除了可重复使用，还具有较好的防沉陷能力，雨、雪期使用更能展现其特点和优势。

5.1.7 本条强调在填埋作业现场应有专人现场指挥垃圾定点倾倒工作，防止堵车和乱倒垃圾现象。

5.1.8 填埋作业区周边设置固定或移动式防飞散网（屏护网），目的是防止纸张、塑料等轻质垃圾的飘散，也降低大风天气对填埋作业的影响。

5.1.9 摊铺作业方式有由上往下、由下往上、平推三种，由下往上摊铺比由上往下摊铺难度大，但压实效果好。应依现场和设备情况选用，每层垃圾厚度为0.4m～0.6m为宜，单元厚度宜为2m～4m，最厚不得超过6m。

5.1.10 本条文明确了垃圾填埋压实作业具体要求。对于日填埋量小于200t的Ⅳ类填埋场，可采取推土机替代专用垃圾压实机完成压实垃圾作业，但应达到规定的压实密度。小型推土机来回碾压次数则按照垃圾压实密度要求，以大型推土机连续碾压的次数（不少于3次）进行相应的等量换算。

5.1.11 适时对填埋作业区进行覆盖的主要作用是防臭，防轻质、飞扬物质，减少蚊蝇及改善不良视觉环境。

日覆盖即每日填埋作业完成后应及时覆盖；中间覆盖即完成一个填埋单元或一个作业区作业时进行的阶段性覆盖；终场覆盖即填埋库区使用完毕，进行封场处理前对全部填埋堆体进行的覆盖。

《生活垃圾卫生填埋技术规范》CJJ 17中规定了日覆盖或阶段性覆盖层厚度。此外，冬季覆盖层厚度应保证掩埋好垃圾即可，夏季的日覆盖厚度适应当增加，以便掩盖住部分臭味，同时增加堆体的承托能力。

挖掘土和建筑渣土都可以用来作为覆盖材料（经建筑渣土的渗沥液由于其钙离子含量较高，导致处理更困难，因而一般不提倡使用），使用可降解塑料或可重复使用的聚乙烯膜进行覆盖也是经济可行的方法。日覆盖用土量应按计划要求，在尽可能接近工作面的位置卸车，不影响到垃圾摊铺和压实作业。可以在工作面的附近预备一些覆盖用土，以备在垃圾燃烧时隔绝空气灭火用或临时使用。

5.1.12 根据国内填埋场经验，采用黏土覆盖容易在压实设备上黏结大量土，对压实作业产生影响。因此日覆盖宜采用沙性土、堆肥产品甚至建筑垃圾（经筛选后）或其他能达到同等效果的材料。实践还表明，斜面日覆盖采用浸塑布或防雨布覆盖更合适。

5.1.13 中间（阶段）覆盖的主要目的是避免因较长时间垃圾暴露进入大量雨水，产生大量渗沥液，建议采用HDPE膜、LDPE膜、黏土或其他防渗材料进行中间（阶段）覆盖，黏土覆盖层厚度不小于30cm。

布、膜（特别是 HDPE、LDPE 膜）的拼装、覆盖应考虑其尺寸和理化特性。

5.1.14 本条是对膜覆盖所选用材料的类型、厚度，以及日覆盖与中间覆盖适宜的长、宽度分别作出了说明。

5.1.15 本条对生活垃圾填埋的膜覆盖作业的程序作出了规定，特别是对日覆盖、中间覆盖过程中覆膜顺序、搭接宽度、锚固和压膜等方面提出了具体要求，并采用图 5.1.15-1、图 5.1.15-2、图 5.1.15-3 分别对膜覆盖方向、压膜材料摆放位置及其在防渗边坡上作业方式进行了直观描述。

5.1.16 本条针对膜覆盖作业过程的注意事项提出了明确规定。

5.1.17 终场覆盖应按照《生活垃圾卫生填埋场封场技术规程》CJJ 112 的有关章节的要求执行。

5.1.18 保持填埋单元乃至场区雨污分流设施完好是实现雨污分流的前提与保证，所以将此内容作为强制性条文予以规定。

5.1.19 本条明确了采用土工合成材料防渗的填埋场，对库底首层和边坡作业时，应按设计文件、实际作业需要采取保护措施，尤其是注意场底首层垃圾的摊铺、填埋、压实作业，以防止后续若干层进行压实机（或其他作业车辆）作业时对场底防渗和填埋气体收集系统带来破坏，也要注意防止作业机械进场地边坡作业给边坡防渗层和相应作业层带来的破坏。

5.1.20 本条明确了场区作业时对臭气进行防治的若干具体措施。

5.2 维 护 保 养

5.2.1 本条强调应有专人负责各种设施日常维护保养工作，保持设施完好，正常发挥其功能。

5.2.2 边坡 HDPE 膜保护层、尚未填垃圾区域防渗和排水设施易损坏，应进行日常检查、维护管理。

5.2.3 本条规定即使完成填埋单元阶段性覆盖乃至封场后，也要对填埋场区（填埋库区）各种设施设备按设计要求定期检查、维护。

5.3 安 全 操 作

5.3.1 当捡拾废品人员出现在填埋场区（填埋库区）或畜禽进入填埋场区，不仅影响填埋作业，而且还会损坏设施，甚至会产生人员安全事故，应对上述行为（现象）予以禁止，并作为强制性条文予以规定。

5.3.2 本条明确要求为保障作业人员安全，防止车辆倒车倾倒垃圾时出现工伤事故的措施。

5.3.3 本条规定了填埋区（填埋作业区）内车辆行驶作业要服从统一调度指挥，使人员和车辆分流，并遵守警示标识的限制要求。

5.3.4 本条规定了作业人员进行掀膜作业的安全操作要求。由于在使用 HDPE 膜、防雨布等覆盖的垃圾堆体中，会产生甲烷气、硫化氢等有害健康的气体。因此将其掀开时，必须有相应的防范措施。应注意覆盖材料的使用和回收，减低消耗。

5.3.5 填埋场区（填埋库区）应根据填埋场潜在火灾特性（参见本规程第 3.3.9 条）配备适用的消防器材，配备消防设施和消防材料，以备紧急情况下使用。

5.3.6 填埋场区（填埋库区）火情有不同类别与成因，如填埋气体收集井着火、垃圾体表层着火、垃圾体深层着火等情况，应按场内制订的安全应急预案采取有针对性地改进处理措施。

5.3.7 在坡道、弯道等处铺设砖石或建筑垃圾等都是冬季行车防滑的有效措施。

6 填埋气体收集与处理

6.1 运 行 管 理

6.1.1 填埋气体收集井内管道连接顺畅是气体顺畅收集的基本保证，填埋作业过程中应对填埋气体收集系统及时加以保护。如设计中的气体收集系统的建设是在填埋过程中进行的，那么应在垃圾填埋层达到一定高度之后开始建设填埋气体收集系统，同时要确保垃圾层加高过程中及时增加气体收集井的竖向高度。

6.1.2 根据国外经验，填埋垃圾总量达 200 万 t 以上和填埋厚度达 20m 以上，具备利用条件可考虑回收利用。利用形式有发电、民用或充当汽车燃料等形式，有一定经济效益。不能利用的，应收集集中后燃烧处理，可采用火炬法。填埋气体中 50%～60% 是甲烷，30%～40% 是二氧化碳，还含有少量其他气体。甲烷和二氧化碳是产生温室效应的有害气体。

6.1.3 对填埋气体收集系统气压、流量等基础数据定期检测可找出产生气体的规律，为改进和完善气体收集系统提供依据。

6.2 维 护 保 养

6.2.1 填埋气体收集井、管、沟易积杂物而堵塞，应定期检查维护，确保完好，清除积水、杂物，防止冷凝水堵塞；定期检查管道的沉降。

6.2.2 本条是对气体燃烧、利用设施或设备的维护保养所提出的要求，如开放式火炬、封闭式火炬、气体与处理系统、内燃式发电机等。由于填埋气体腐蚀性大、杂质多，维护保养是很重要的。

6.3 安 全 操 作

6.3.1 填埋场区（填埋库区）应设置有效的填埋气体导排设施，并确保其运行安全有效。根据填埋场是否具备填埋气体利用条件的不同，填埋气体应及时采用主动或被动导排的方式，进行收集利用或集中燃烧处理。未达到卫生填埋安全稳定运行条件的旧填埋场，也应设置有效的填埋气体导排和处理设施，可以选择有效的被动控制的方式进行导排、燃烧处理。

6.3.2 为防止垃圾掉入或堵塞或雷击或阳光直射，引起燃烧、爆炸等事故，应在竖向收集管顶部设顶罩；表层水平方向气体收集管有重型机械设备通过易造成损坏，应采取加套钢管或加铺钢板等临时加固措施。

6.3.3 为防止填埋气体收集井加高、延伸及钻井施工过程发生火灾或爆炸，填埋气体收集井安装及钻井过程中应采用防爆施工设备。

6.3.4 填埋场区（填埋库区）内甲烷气体浓度大于5%时，应马上采取控制甲烷气体逸出或其他应对安全措施，预防发生火灾和爆炸事故。此条为强制性条文。

6.3.5 为避免填埋气体积聚并爆炸、着火，填埋场区（填埋库区）内及周边 20m 内不能建造封闭式建（构）筑物（如休息室、储物间等）。此条为强制性条文。

7 地表水、地下水、渗沥液收集与处理

7.1 运行管理

7.1.1 本条规定填埋场区（填埋库区）外及时实行积水排导，场内排水应实行雨污分流，并要求保持排水设施完好。填埋区渗沥液由收集系统收集后汇入调节池。填埋场区（填埋库区）覆盖面雨水由专门收集系统收集经沉沙后排入地表水系统。

7.1.2 进入填埋场区（填埋库区）后的任何水质，在不清楚其中成分的情况下，不得随意排放，必须经过严格的监测达标后方能外排，若不达标的可按渗沥液处理。填埋场区内地表水也可通过各级台阶的排水沟和竖向排走。雨期时必要情形下可以考虑增加排水沟导排。

7.1.3 本条规定覆盖区地表水收集方式、排走途径等具体措施。

7.1.4 本条规定应定期对非填埋区地表水水质进行定期监测，地表水水质达到填埋场所在区域水污染物排放限值要求后，宜直接汇入地表水系统排走；地表水水质未达到填埋场所在区域水污染物排放限值要求的，不得排入自然水体，应经相应处理后排走；地表水有较多泥沙、杂物的，要经沉砂处理。

7.1.5 填埋场区（填埋库区）的地下水应通过场底收集系统排出场外，不得与渗沥液混流，以减少渗沥液处理量。地下水水质达到填埋场所在区域水污染物排放限值要求后，宜直接汇入地表水系统排走；地下水水质未达到填埋场所在区域水污染物排放限值要求的，不得排入自然水体，应经相应处理后排走。

7.1.6 为保证渗沥液导排收集系统的效果，水平导渗收集沟（管）应保持大于 2%的坡度。

7.1.7 本条是对渗沥液收集和处理工作出现异常情况时应采取的措施提出了要求，有效解决导排沟管堵塞、流量不足等问题。

7.1.8 目前国内规模化处理达标的渗沥液处理厂很少，采用的工艺、设备、自动化程度差别较大，尚难统一操作规程，在填埋场渗沥液处理技术标准正式颁布之前，填埋场渗沥液处理系统宜参照《城市污水处理厂运行、维护及安全技术规程》CJJ 60 运行管理。

7.1.9 鉴于填埋渗沥液处理工艺的多样化和复杂性，且国内已稳定运行的填埋渗沥液处理厂不多，本规程不对这部分内容作具体规定。填埋场附属渗沥液处理设施可按其设计文件并参照《生活垃圾填埋场污染控制标准》GB 16889 要求和其他相关标准规定，达到出水水质标准。

7.1.10 对于渗沥液处理站产生的浓缩液和污泥，应明确后续处理措施，如渗沥液回灌、污泥再填埋等处理方式，须确保处理效果，尽可能降低整个填埋处理系统负荷。

7.1.11 本条规定，对污水调节池应按设计要求进行运行管理，做好安全记录，对加盖的污水调节池产生的气体应及时收集处理，暂时不能资源化利用的也应经燃烧处理。

7.1.12 大雨和暴雨期间，排水系统易出现问题，应安排专人值班，来回巡查，发现问题及时报告并组织人员处理，确保排水畅通。

7.2 维护保养

7.2.1 本条所指的地表水、地下水系统设施主要有总截洪沟、各层锚固 HDPE 膜平台截洪沟、排水渠、沉沙池、检查井、急流槽、涵洞、格栅等。

7.2.2 本条所要求配备的器具和设备主要包括铁铲、编织袋、疏通管道专用工具及绳梯、安全带、安全帽、呼吸器等用具。

7.2.3 本条规定管道在环境温度降至零度以下时须有防冻的措施，如将其安装在室内、加裹保温层、排空管道等。

7.3 安全操作

7.3.1 沉砂池、调节池、储水池、集液井等贮水设施和竖坡、陡坡高差超过 2m 的，易发生安全事故，应设置安全护栏和警示标志。

7.3.2 检查井入口处设置的警示、告示牌应符合《图形符号 安全色和安全标志 第 1 部分：工作场所和公共区域中安全标志的设计原则》GB/T 2893.1 和《环境卫生图形符号标准》CJJ/T 125 等现行国家标准的规定；备有的安全器具的型号、规格及质量均应符合国家相关标准的规定或要求，必要时必须佩戴

防毒面具方可进入。

8 填埋作业机械

8.1 运行管理

8.1.1 压实机、推土机、挖掘机、装载机、自卸车等填埋作业机械工作前重点检查内容是：各系统管路有无裂纹或泄漏；各部分螺栓连接件是否紧固；各操纵杆和制动踏板的行程、履带的松紧程度是否符合要求；压实机的压实齿有无松动现象；制动装置的可靠性等。

8.1.2 仪表是标示启动和运转过程中机械设备状态的直接标志。

8.1.3 斜面作业有较大坡度，使用高速挡易损坏机械，摊铺和压实作业过程中，横向作业易发生翻车事故，应尽可能避免横向行驶。

8.1.4 填埋作业机械实行定人、定机管理和执行交接班制度，有利于落实责任，减少故障。每班作业完毕应记录当班机械使用情况、异常情况、注意事项、作业时间、操作人员等基本情况。

8.1.5 加强车辆油耗定额的制定、考核及管理，各单位应根据自身的实际特点制定定额，不断修订完善定额，保持定额处于合理水平，可以节约能源，可以降低运输成本，减少能耗和环境污染，提高车辆使用性能。

油耗定额水平的制定，定额过高而考核标准较松，容易出现跑、冒、滴、漏，导致油耗升高和浪费；定额过低，可能造成服务质量的下降或车辆机件设备的损坏，导致考核难于执行。合理的定额水平应是在正常的运行使用下，使大多数车辆低于或接近控制线，少数超过或略超控制数的水平。这样的定额水平才能促进生产，及时发现车辆或人员的不正常使用状况，有效控制消耗。

实践证明，一般采用的"经验估工法"对企业制定油耗定额具有很强的借鉴作用，这种方法的优点是简单易行，工作量小，制订定额比较快。缺点是对组成定额的各种因素（如车辆、驾驶人、实载率、气候等）不能仔细分析和计算，技术根据相对不足，受估工人员主观的因素影响大，容易使定额出现偏高或偏低的现象，因而定额的准确性较差。为提高估工的准确性，则可采用"概率估工"法，计算公式为：

$$P = M + \lambda \cdot \sigma \tag{1}$$

式中，P 为估算的消耗定额；M 为平均消耗定额；λ 为标准偏差系数；σ 为标准偏差。

平均消耗定额 M 的计算公式为：

$$M = (a + 4c + b)/6 \tag{2}$$

式中，a 为先进消耗；b 为保守消耗；c 为有把握消耗。

标准偏差系数 λ 在通常情况下，可取值 1.5～2 较为适宜。

标准偏差 σ 的计算公式为：

$$\sigma^2 = (b-a)^2/6 \tag{3}$$

消耗定额的有效实施，要有与定额相配套的生产技术条件和组织措施：(1) 以一定的生产技术条件为基础，加强生产技术和装备水平。(2) 合理安排运输任务，协调好生产组织和劳动组织。(3) 定点加油，收集废油，按时保养，定期检测是定额有效实施的前提条件。(4) 加强驾驶人员技术培训，推广先进节油经验和节油常识。(5) 加强定额执行情况的统计、检查和分析，同时积累资料，为进一步修订定额提供参考依据。

8.2 维护保养

8.2.1 填埋机械设备的日常维护、保养由操作设备的作业人员完成，定期检修、维护和零部件更换应有专业机械师会同作业人员完成。

8.2.2 填埋场内机械易腐蚀，停置时间较长的，要做好机械清理工作，对履带、压实齿等易蚀部件必须进行防腐、防锈处理。

8.2.3 履带、压实齿等磨损到一定程度，会影响压实效果，是维修保养乃至更换的重点。

8.2.4 有条件时宜将填埋机械设备停放在车库内（包括临时工棚），否则也应采取覆盖（覆裹）保暖层、排空机械设备自带水循环管路等措施。

8.2.5 填埋作业环境恶劣，作业完毕，应及时清理作业机械上杂物，保持干净，并做日常保养工作，如打黄油、检查部件有无松脱等。

8.3 安全操作

8.3.1 鉴于垃圾填埋场的特殊环境、填埋作业的特定工艺技术，以及填埋机械设备的专业性，作业人员应严格遵守安全操作手册的要求。

8.3.2 失修、失保、带故障的机械易发生机械和人身安全事故。

8.3.3 作业机械功率大，拖、顶启动易损坏机械。

8.3.4 本条规定多台机械在同一作业面作业时的安全距离。

8.3.5 此条作为强制性条文予以规定是为了保护现场作业人员。

9 填埋场监测与检测

监测与检测均是环境污染控制的重要措施，两者既有联系又有区别——前者通常是环境保护主管部门为了实施监督管理对项目进行环境背景条件、排污情况或环境质量等进行的检验、测试，而后者是环境管理的主体或客体为了掌握项目的环境背景条件、排污情况或环境质量等进行的测试。从技术层面看，监测与检测的内容（指标）总体上应是一致的，采用的方法、标准及其仪器设备应是相同的。

垃圾填埋场运行过程中污染控制涉及的环境检测属后者，即通过对特定项目（指标）检测，了解、判断填埋场各环节、各方面运行是否正常、稳定，进而采取正确的调控措施。因此，检测工作可由填埋场自行完成，也可委托专业机构完成。无论由谁承担特定项目（指标）的检测，都必须采用同样的测试方法与标准，符合国家现行法规、标准的有关规定。

9.1 运行管理

9.1.1 全过程监测与检测是掌控垃圾填埋场运行状态的必要措施，这需要以填埋垃圾前的本底监测作为参照，因而将本底监测、过程监测及检测的相关要求作为强制性条文予以规定。填埋过程检测要求见本节，封场后相关检测参见国家现行标准《生活垃圾卫生填埋场封场技术规程》CJJ 112 的规定。

9.1.2 本条对填埋场应进行的委托监测提出了总体要求，并进行了区分。监测是为了对填埋场运行进行监管，具有管理控制性。填埋全过程应控制的环境指标非常多，本条从垃圾填埋场涉及的环境影响诸方面内容，包括地下水、地表水、渗沥液、填埋气体、大气和场界噪声等提出监测的要求。具体指标应按照现行相关国家标准执行。

9.1.3 本条对填埋场应进行的自行检测提出了总体要求。填埋场自行检测是为了对填埋场的日常运行进行监控，具有生产指导性。自行检测项目规定的是填埋过程应检测的内容，便于随时掌握填埋作业情况，保证填埋场运行质量。本条列举了检测的内容，包括气象条件、填埋气体、臭气、恶臭污染物、降水、渗沥液、垃圾特性、堆体沉降、垃圾堆体内渗沥液水位、防渗衬层完整性、边坡稳定性、苍蝇密度等，根据需要还可增加覆土厚度、垃圾暴露面、边坡坡度、垃圾堆体高程、垃圾堆体沉降等检测项目。本条还指出检测项目与监测项目相同时，要以监测为主，检测为辅；填埋场运营单位可根据运行需要选择检测项目和增减检测频次。

9.1.4 本条规定所采用采样、测试的内容、方法、仪器设备、标准物质等都应符合本规程引用标准名录中所列相关标准的要求。按照标准执行次序的规则，有强制性标准（或条文）时，应首先选择国家、行业或地方强制标准（或条文）中的内容、方法；无强制性标准时，宜参考选择国际标准或国外标准，以及国家推荐性标准、行业标准、地方标准、企业标准中的内容、方法。对非标准方法、自行设计（制定）的方法、超出其预定范围使用的标准方法、扩充和修改过的标准方法进行确认，以证实该方法适用于预期的用途。

9.1.5 本条规定所采样品以及在样品流转时所应标明的具体内容。

9.1.6 本条规定编制检测报告及规范管理的具体要求，检测项目年报应上交场部资料室保存。

9.1.7 保持防渗衬层完整性是防止渗漏、保护地下水的基本条件，对其进行防漏探测非常必要。

对于生活垃圾填埋工程项目，一次铺设的防渗层达数千甚至数万平方米，但其防渗功能则在防渗膜铺设后的数年内分区分单元受纳垃圾时才逐步得以体现。因此，在填埋垃圾前应该再次进行防漏探测。

目前国内外已经开发了填埋场防渗结构潜在渗漏破损电学探测技术，并且有效地用于填埋场建设和运行。这一技术的检测原理是利用土工膜的电绝缘性和垃圾的导电性。如果土工膜没有被损坏，则由于土工膜的绝缘性不能形成电流回路，检测不到信号；如果土工膜破损，电流将通过破损处（漏洞）而形成电流回路，从而可以检测到电信号，根据检测信号的分布规律定位漏洞。目前用于 HDPE 土工膜电学渗漏检测主要两种方式：双电极法和水枪法。

9.1.8 本条规定了应对渗沥液检测的项目、采样量和采样方法的执行标准，以及渗沥液的检测频率。要求按照工艺控制要求进行，可利用在线监测系统进行检测或进行专门采样检测。

9.1.9 本条明确了封场后进行渗沥液检测的依据。

9.1.10 本条规定对渗沥液的监测应连续进行。按照监测期限，直至封场稳定出水达标排放，符合《生活垃圾填埋场污染控制标准》GB 16889 中水污染物排放限值的要求。

9.1.11 本条规定了检测项目采样点的布设点位应包含的地点和位置；规定了检测应按何种方法执行；规定应对地下水进行的检测项目（不同质量类型地下水监测项目应参照《地下水质量标准》GB/T 14848 中的规定）；规定了检测频率。

9.1.12 本条规定地表水监测采样点一般为场界排放口，但为了掌握场内地表水情况，也可根据情况和需要选择其他部位进行采样分析；规定了采样方法应按照何种标准执行；规定了地表水应检测项目及其频率。

9.1.13 本条规定应对填埋场甲烷进行定期检测的位置和应采用的检测方法。有条件的填埋场，在填埋气发电车间、泵房等密闭设施空间应设填埋气监测报警系统。

9.1.14 本条规定了场界恶臭污染物检测的采样点、检测项目和检测频率。

9.1.15 本条规定了对填埋场总悬浮颗粒物进行检测的采样点和检测频率。

9.1.16 本条规定对填埋场噪声的检测频率。

9.1.17 本条规定苍蝇密度检测点的布设方法、苍蝇密度检测采样方法以及苍蝇密度检测频率。

9.1.18 本条规定了填埋作业垃圾压实密度的检测频率。

9.1.19 本条规定了填埋覆土厚度的检测频率。垃圾沉降可以布点设置沉降标志，经沉降仪的对沉降标志刻度的测定，通过前后对同一地点的对比测定结果反映沉降变化情况。

9.1.20 本条规定了垃圾填埋作业区暴露面检测频率。

9.1.21 本条规定了垃圾填埋区边坡坡度检测频率。

9.1.22 本条规定了垃圾堆体沉降监测点的设置和监测频率。所用的沉降标志应用低碳钢钢桩埋入耐硫酸盐腐蚀混凝土桩管内，也可用水准仪设点测量。

9.1.23 填埋场在运行期应常年进行降水、气温、气压、风向、风速的监测，为填埋场的安全运行提供基础数据。

9.1.24 各填埋场可根据自身要求及地理、气候等多方面条件，摸清蚊蝇、鼠类繁衍规律并制定切实有效的消杀方案。提出了灭鼠具体措施，规定在24h之后应及时回收捕鼠器和清理死鼠是为了防止出现人员误伤和环境污染。经验表明，蚊蝇卵未成蝇前消杀（如在傍晚时分，在蚊蝇生长繁殖区域有针对性消杀，一周2次～3次）能达到较好消杀效果。应采用低毒、高效、高针对性环保型药物灭蝇，以减少对生态环境的负面影响。由于存在抗药性问题，一般需半年左右调整药物，可取得较好消杀效果。

9.2 维护保养

9.2.1 应按有关要求对取样、分析化验及检测仪器设备进行日常维护保养和定期检查，确保正常使用和必要精度。

9.2.2 仪器设备出现故障或损坏时，应及时查明原因，并进行维修，不得带故障使用。设备维修后，应检定合格方可使用。

9.2.3 贵重、精密仪器设备安装电子稳压器确保正常使用。专人保管，有利于落实责任。

9.2.4 强制检定的监测仪器，应送有检定资质的机构定期检定。

9.2.5 本条规定仪器的附属设备应妥善保管，并进行经常性检查维护。

9.2.6 本条规定监测井等监测设施应定期检查维护，监测设施清洗频率不少于半年一次。

9.2.7 从消除蚊蝇孳生地考虑，应定期对场区内设施、路面、绿地等范围进行环境卫生检查，消除积水。

9.2.8 消杀机械主要有消杀车、台式和背式消杀罐，各填埋场应根据情况选用。一般来说，小范围的用背式消杀罐较好，大范围的用消杀车或台式消杀罐可减轻劳动强度，提高效率。

9.3 安全操作

9.3.1 各检测点的安全措施包括防止检测点被破坏，采样过程防火、防爆、防滑等措施。

9.3.2 各种易燃易爆物的使用保存都应注意控制火源及起火的另外两个条件——氧和起燃温度，应将易燃易爆物置于阴凉通风处，与其他可燃物和易产生火花的设备隔离放置。剧毒物品严格履行审批手续。

9.3.3 带有刺激性气味的有害气体，会影响人体健康，应在通风橱中进行分析化验。避免检测项目之间有干扰。

9.3.4 本条规定在测试、化验结束后应进行的常规性工作。

9.3.5 目前所采用的灭蝇、灭鼠药物均对人体有不同程度影响，药物管理应符合远离办公、生活场所，单独房屋存放、专人保管等危险品管理规定。

9.3.6 本条规定了消杀人员在配药和劳动保护的具体措施。喷洒药物过程应与现场填埋作业人员保持20m以上距离，药物不得喷洒到人体和动物身上，并注意天气条件，如气温、风向等，遇大风、暴雨等特殊气候条件时不宜进行消杀作业。此条作为强制性条文予以规定是为了保护作业现场工作人员。

9.3.7 本条规定了监测人员在样品采集和检验中劳动保护的具体措施。

9.3.8 本条是强制性条文，强调应在各种监测点和各类检测仪器设备旁以及易燃易爆物、化学品、药品等储放点设置醒目警示标志。

10 劳动安全与职业卫生

10.0.1 本条规定了填埋场劳动安全和卫生保护工作遵循的原则。

10.0.2 本条作为强制性条文提出，是为了强化填埋场劳动安全和卫生管理，以保障人员健康。劳动卫生管理机构、专（兼）职管理人员的职责是：

1 制定劳动安全和卫生方面的长期规划和年度计划；

2 对作业场所有害因素进行监控；

3 对人员的健康进行监护；

4 负责劳动安全和卫生工作人员的培训和劳动卫生知识的宣传教育；

5 负责劳动卫生与职业病的体检组织和报告工作；

6 负责劳动安全措施监督实行，开展安全隐患排查工作，以及安全防护用具的配备、检查和更替等工作；

7 负责所属填埋场的卫生防疫、医疗保健机构，开展劳动卫生与职业病防治工作。

10.0.3 本条规定了填埋场的劳动安全和卫生防治工

作应接受上级部门的业务管理和认可。

10.0.4 本条明确了填埋场的管理人员在劳动安全与卫生方面的责任。

10.0.5 本条指出填埋场对超过国家安全或卫生标准的有害因素要实行分期治理，限期整改。治理工作规划要得到上级主管部门的批准。

10.0.6 本条规定填埋场应实行安全和卫生的报告制度。对于出现的重大安全事故或健康危害，应立即上报，实行突发事件的应急预案，及时采取有针对性的措施进行处理，保障人员安全健康，保障资产安全。

10.0.7 本条规定了为确保人员安全，禁止作业人员在存在安全隐患场所单独作业。所指存在安全隐患的主要场合：自然通风不足或产生缺氧环境的、可能有危险气体的、进出通道可能受限制的、存在被洪水淹没危险的、存在失足落水危险的、存在触电危险的。

10.0.8 由于垃圾卫生填埋场会产生一些有害物质，因而在填埋场注意卫生清洁和免疫工作是保障人员健康安全的一个重要部分。

10.0.9 填埋场应配备必要的劳动防护用品、设备，进行统一管理，按照不同岗位需要分配到个人。应特别注意的是，作业人员在进入收集渗沥液的管道竖井或深井泵房时，要注意安全，由于渗沥液含有大量的有害物质，也会散发出强烈刺激性气味，容易造成人体伤害。另外，沼气也有可能进入这些部位。因此，除常规的急救用品，防护用品之外，还应戴上防毒面具，防止爆炸的便携照明灯，便携式的气体感应器等。

11 突发事件应急处置

11.0.1 本条作为强制性条文，明确要求填埋场应具备应对及处置突发事件引发的相关问题的能力。

垃圾填埋场涉及的突发事件包括场内突发事件和社会相关突发事件。场内突发事件主要是运行过程中出现的安全、环保、卫生事故，或机械设备故障等情况；社会相关突发事件则是与填埋场乃至生活垃圾处理系统有关的、存在潜在环境污染危害等负面影响的事件、事故、状况，包括特殊气候、洪灾、火灾、地质灾害、生产事故、公共卫生、社会安全等多种类型突发事件时出现的相关问题。

11.0.2 制定填埋场突发事件应急预案及处置措施的基本依据有《中华人民共和国突发事件应对法》、《国家突发环境事件应急预案》、《环境保护行政主管部门突发环境事件信息报告办法（试行）》、《突发公共卫生事件应急条例》、《生产经营单位安全生产事故应急预案编制导则》AQ/T 9002、《生活垃圾应急处置技术导则》RISN-TG005-2008 等。

制定填埋场突发事件应急预案及处置措施应考虑的主要因素有灾害性质、类别（自然灾害、事故灾难、公共卫生事件和社会安全事件）及影响、服务范围及生活垃圾排放情况、所在地区的气候条件（降雨、洪水、台风、潮汐、地震等）、重大社会活动、市政设施设备条件（道路、交通条件等）、相关垃圾处理设施布局、规模及工艺特征等。

11.0.3 本条规定，为预防重大自然灾害和作业事故，降低灾害或事故的危害，需要制定符合填埋场运行实际的应急预案并根据应急级别，建立应急响应体系，按照计划定期组织人员培训和应急演练。应急预案的编制和实施要明确各部门以及各岗位作业人员的具体职责。应急预案应按照综合预案、专项预案、现场预案三个层次进行编制，应急程序应分为基本应急程序和专项应急处置程序。

11.0.4 填埋场公布的社会相关突发事件报案联系方法应包括：受理机构名称、联系电话以及必要的其他信息。

11.0.5 定期组织进行防火、防爆、防雷安全教育和演习，适时进行考核，可有效提高管理和操作人员的安全意识和专业技能，及时防止安全事故发生。同时能够应对雨雪、雷电等恶劣天气条件，及时采取相关安全措施保障填埋作业及场区安全。

11.0.6 本条所说的特种垃圾是指突发事件中产生的非生活垃圾，其中部分垃圾理化性状不明或特别，不宜直接填埋处置，需做进一步处理。突发事件特种垃圾临时堆场的规模、结构及占地面积应因地制宜，根据备选应急预案及其工艺技术路线确定。

填埋场因本身的事故或设备故障导致其功能失效的情况出现时，同样应该有应急处置对策。在这种情况下，应就近设置应急填埋场临时堆存垃圾。在填埋场完全恢复运行后，再将垃圾转移至就近的填埋场进行处置。

11.0.7 本条强调填埋场在对发生的突发事件作应急处置时，应及时向上级部门、相关部门报告或通报相关情况，必要时还可向社会公布事态进展情况。

11.0.8 事故调查应尊重科学、实事求是，按照"四不放过"的原则进行，且应符合《生产安全事故报告和调查处理条例》（中华人民共和国国务院令第493号）的有关规定。

11.0.9 大部分突发事件单靠填埋场一家是难以应对的，因此建立协同应急处置机制非常必要。要明确填埋场场内、场外的协同措施，也要明确自然危害下或人为因素下的协同措施。协同组织形式包括与相关部门、机构共享信息资料；与专业运输企业统一运输工具调度；与其他垃圾处理设施互补产能、互换设备等。

12 资料管理

12.0.1 将各类原始记录（如机械、设备、仪器、仪表等）和技术资料分门别类归档有助于填埋场规范化管理和稳定运行，同时为新填埋场的设计、建设和运行管理提供依据。资料文献管理既要注意原始台账保留；又要进行必要的归纳、汇总处理。

12.0.2 本条对资料管理台账的范围和内容提出了基本要求。

垃圾填埋统计量：包括垃圾特性、类别及填埋量，既是反映处理场产能、产量的基础数据，又是核准完成任务量、计算处理费的依据，必须确保统计的准确性。垃圾填埋处理量须由主管（监管）部门（或其代理人）认可。有条件时，填埋场处理量统计系统应与上级主管（监管）部门（或其代理人）管理系统联网。

填埋作业规划及阶段性作业方案进度实施记录：

填埋作业记录：作业记录首先要说明填埋场作业按填埋规划和作业计划要求展开的，做好倾卸区域、摊铺厚度、压实情况、覆盖情况等日工作记录，保持记录清晰，易于识别和检索。记录应字迹清晰、真实、准确、完整、记录及时、签名齐全、不得涂改；记录不得用铅笔和圆珠笔书写，记录空白栏目应划去。

污水收集、处理、排放记录：包括污水收集的数量、水质，处理设施的运行情况、进水和出水水质，排放的水量和排放管道的运行维护情况等。

填埋气体收集、处理记录：包括填埋气体的收集设施运行情况、收集数量和气体组成分析，气体处理设施运行情况等。

环境监测与运行检测记录：监测与检测内容（项目）参见本规程第9章的相关条文。

场区消杀记录：主要是定期对蚊蝇进行喷洒药剂，除虫除害这一环节及其实施效果的记录。

填埋作业设备运行维护记录：包括各种填埋设备和机械的运行、维修记录。

机械或车辆油耗定额管理和考核记录：针对作业机械或车辆实施油耗定额管理的记录，包括实际油耗使用明细、油料库存量、废旧油料回收量、油料盈亏量、油料定额变更情况、油料使用奖惩考核情况等。

填埋场运行期工程项目建设记录：指填埋场正式投入运行之后，对增加的建设项目进行管理的记录。

环境保护处理设施污染治理记录：主要是指填埋场为达到环境保护控制指标，各种处理设施的污染治理情况以及运行、改造等的记录。

上级部门与外来单位到访记录：包括来访部门（单位）、人员（头衔、数量），来访主题（参观、考察项目、内容），陪同人员，交流记录（特别是提出的意见与建议）。

岗位培训、安全教育及应急演习等的记录：包括岗位培训、安全教育及应急演习的参加对象、内容、时间、地点、效果及评价等的记录。

劳动安全与职业卫生工作记录：包括劳动安全和卫生方面的长期规划和年度计划，安全与卫生重大事故情况报告，劳动安全工作日志，体检及复查记录，有害因素治理规划和实施记录等。

突发事件的应急处理记录等：填埋场处置（涉及）的各种突发事件的发生时间、处理过程和结果的记录。

12.0.3 运行管理日报文件（表）应在三天内整理完毕，并由当事人和报告人（或制表人）签名。

运行管理月报文件（表）应在第二个月的第一周内整理完毕，并由报告人（或制表人）签名。

运行管理年报文件（表）应在第二年度的第一个月内整理完毕，并由报告人（或制表人）签名。

12.0.4 特殊情况下，也可将少量实物样品归档保存，如理化特性稳定的膜、管等重要材料或零部件。

12.0.5 本条规定了工程建设项目资料管理和保存应执行的标准，并且应符合档案管理的具体要求。

中华人民共和国行业标准

城市生活垃圾分类及其评价标准

Classification and evaluation standard
of municipal solid waste

CJJ/T 102—2004

批准部门：中华人民共和国建设部
施行日期：2004年12月1日

中华人民共和国建设部
公　告

第 262 号

建设部关于发布行业标准
《城市生活垃圾分类及其评价标准》的公告

现批准《城市生活垃圾分类及其评价标准》为行业标准，编号为 CJJ/T 102—2004，自 2004 年 12 月 1 日起实施。

本标准由建设部标准定额研究所组织中国建筑工业出版社出版发行。

中华人民共和国建设部
2004 年 8 月 18 日

前　言

根据建设部建标〔2002〕84 号文的要求，标准编制组在广泛调查研究，认真总结各地实践经验，参考国外有关标准，并在广泛征求意见的基础上，制定了本标准。

本标准的主要技术内容是：1. 总则；2. 分类方法；3. 评价指标。

本标准由建设部负责管理，由主编单位负责具体技术内容的解释。

本标准主编单位：广州市市容环境卫生局（地址：广州市东风西路 140 号东方金融大厦 8 楼；邮政编码：510170）

本标准参编单位：深圳市环境卫生管理处
　　　　　　　　广州市环境卫生研究所
　　　　　　　　北京市市政管理委员会
　　　　　　　　上海市废弃物管理处

本标准主要起草人：郑曼英　张立民　吕志毅
　　　　　　　　　梁培长　林少宏　姜建生
　　　　　　　　　吴学龙　刘泽华　梁顺文
　　　　　　　　　邓　俊　张志强

目 次

1 总 则

1.0.1 为了进一步促进城市生活垃圾的分类收集和资源化利用，使城市生活垃圾分类规范、收集有序、有利处理，制定本标准。

1.0.2 本标准适用于城市生活垃圾的分类、投放、收运和分类评价。

城市生活垃圾中的建筑垃圾不适用于本标准。

1.0.3 城市生活垃圾（以下称垃圾）的分类、投放、收运和分类评价除应符合本标准外，尚应符合国家现行有关强制性标准的规定。

2 分 类 方 法

2.1 分 类 类 别

2.1.1 城市生活垃圾分类应符合表 2.1.1 的规定：

表 2.1.1 城市生活垃圾分类

分类	分类类别	内　　容
一	可回收物	包括下列适宜回收循环使用和资源利用的废物。 1. 纸类　未严重玷污的文字用纸、包装用纸和其他纸制品等； 2. 塑料　废容器塑料、包装塑料等塑料制品； 3. 金属　各种类别的废金属物品； 4. 玻璃　有色和无色废玻璃制品； 5. 织物　旧纺织衣物和纺织制品
二	大件垃圾	体积较大、整体性强，需要拆分再处理的废弃物品。 包括废家用电器和家具等
三	可堆肥垃圾	垃圾中适宜于利用微生物发酵处理并制成肥料的物质。 包括剩余饭菜等易腐食物类厨余垃圾，树枝花草等可堆沤植物类垃圾等
四	可燃垃圾	可以燃烧的垃圾。 包括植物类垃圾，不适宜回收的废纸类、废塑料橡胶、旧织物用品、废木料等
五	有害垃圾	垃圾中对人体健康或自然环境造成直接或潜在危害的物质。 包括废日用小电子产品、废油漆、废灯管、废日用化学品和过期药品等
六	其他垃圾	在垃圾分类中，按要求进行分类以外的所有垃圾

2.2 分 类 要 求

2.2.1 垃圾分类应根据城市环境卫生专业规划要求，结合本地区垃圾的特性和处理方式选择垃圾分类方法。

1 采用焚烧处理垃圾的区域，宜按可回收物、可燃垃圾、有害垃圾、大件垃圾和其他垃圾进行分类。

2 采用卫生填埋处理垃圾的区域，宜按可回收物、有害垃圾、大件垃圾和其他垃圾进行分类。

3 采用堆肥处理垃圾的区域，宜按可回收物、可堆肥垃圾、有害垃圾、大件垃圾和其他垃圾进行分类。

2.2.2 应根据已确定的分类方法制定本地区的垃圾分类指南。

2.2.3 已分类的垃圾，应分类投放、分类收集、分类运输、分类处理。

2.3 分 类 操 作

2.3.1 垃圾分类应按本地区垃圾分类指南进行操作。

2.3.2 分类垃圾应按规定投放到指定的分类收集容器或地点，由垃圾收集部门定时收集，或交废品回收站回收。

2.3.3 垃圾分类应按国家现行标准《城市环境卫生设施设置标准》CJJ 27 的要求设置垃圾分类收集容器。

2.3.4 垃圾分类收集容器应美观适用，与周围环境协调；容器表面应有明显标志，标志应符合现行国家标准《城市生活垃圾分类标志》GB/T 19095 的规定。

2.3.5 分类垃圾收集作业应在本地区环卫作业规范要求的时间内完成。

2.3.6 分类垃圾的收集频率，宜根据分类垃圾的性质和排放量确定。

2.3.7 大件垃圾应按指定地点投放，定时清运，或预约收集清运。

2.3.8 有害垃圾的收集、清运和处理，应遵守城市环境保护主管部门的规定。

3 评 价 指 标

3.0.1 根据本地区城市环境卫生规划和垃圾特性，制定垃圾分类实施方案，明确垃圾分类收集进度和垃圾减量化目标。

3.0.2 垃圾分类收集应实行信息化管理。

3.0.3 垃圾分类评价指标，应包括知晓率、参与率、容器配置率、容器完好率、车辆配置率、分类收集率、资源回收率和末端处理率。

1 知晓率应按公式（3.0.3-1）计算：

$$\gamma_c = \frac{R_i}{R} \times 100\% \qquad (3.0.3\text{-}1)$$

式中 γ_c——知晓率（%）；

R_i——居民知晓垃圾分类收集的人口数（或户数）；

R——评价范围内居民总人口数（或总户数）。

2 参与率应按公式（3.0.3-2）计算：

$$\gamma_p = \frac{R_j}{R} \times 100\% \qquad (3.0.3\text{-}2)$$

式中 γ_p——参与率（%）；

R_j——居民参与垃圾分类的人口数（或户数）；

R——评价范围内居民总人口数（或总户数）。

3 容器配置率应按公式（3.0.3-3）计算：

$$\gamma_{ed} = \frac{N_i}{N} \times 100\% \qquad (3.0.3\text{-}3)$$

式中 γ_{ed}——容器配置率（%）；

N_i——实际容器数；

N——应配置容器数。

应配置容器数的计算宜符合附录 A 第 A.0.1 条的规定。

容器配置率应在 100%±10% 范围内。

4 容器完好率应按公式（3.0.3-4）计算：

$$\gamma_{id} = \frac{N_j}{N_i} \times 100\% \qquad (3.0.3\text{-}4)$$

式中 γ_{id}——容器完好率（%）；

N_j——容器完好数；

N_i——实际容器数。

容器完好率不应低于 98%。

5 车辆配置率应按公式（3.0.3-5）计算：

$$\gamma_{ev} = \frac{P_i}{P} \times 100\% \qquad (3.0.3\text{-}5)$$

式中 γ_{ev}——车辆配置率（%）；

P_i——实际车辆数；

P——应配置车辆数。

应配置车辆数的计算宜符合附录 A 第 A.0.2 条的规定。

6 分类收集率应按公式（3.0.3-6）计算：

$$\gamma_s = \frac{w_s}{W} \times 100\% \qquad (3.0.3\text{-}6)$$

式中 γ_s——分类收集率（%）；

w_s——分类收集的垃圾质量（t）；

W——垃圾排放总质量（t）。

垃圾排放总质量的计算宜符合附录 A 第 A.0.3 条的规定。

7 资源回收率应按公式（3.0.3-7）计算：

$$\gamma_r = \frac{w_1}{W} \times 100\% \qquad (3.0.3\text{-}7)$$

式中 γ_r——资源回收率（%）；

w_1——已回收的可回收物的质量（t）；

W——垃圾排放总质量（t）。

8 末端处理率应按公式（3.0.3-8）计算：

$$\gamma_t = \frac{w_2}{W} \times 100\% \qquad (3.0.3\text{-}8)$$

式中 γ_t——末端处理率（%）；

w_2——填埋处理的垃圾质量（t）；

W——垃圾排放总质量（t）。

附 录 A

A.0.1 应配置容器数量应按下式计算：

$$N = \frac{RCA_1A_2}{DA_3} \times \frac{A_4}{EB} \qquad (A.0.1)$$

式中 N——应配置的垃圾容器数量；

R——收集范围内居住人口数量（人）；

C——人均日排出垃圾量（t/人·d）；

A_1——人均日排出垃圾量变动系数，$A_1 = 1.1 \sim 1.5$；

A_2——居住人口变动系数，$A_2 = 1.02 \sim 1.05$；

D——垃圾平均密度（t/m³）；

A_3——垃圾平均密度变动系数，$A_3 = 0.7 \sim 0.9$；

A_4——垃圾清除周期（d/次）；当每天清除 1 次时，$A_4 = 1$；每日清除 2 次时，$A_4 = 0.5$；当每 2 日清除 1 次时，$A_4 = 2$，以此类推；

E——单只垃圾容器的容积（m³/只）；

B——垃圾容器填充系数，$B = 0.75 \sim 0.9$。

A.0.2 应配置车辆数量应按下式计算，根据各区垃圾产量的预测值以及每辆垃圾车的日均垃圾清运量，确定垃圾收集车的配置规划。

$$P = \frac{W_p}{Q \times F \times K \times T \times \delta} \qquad (A.0.2)$$

式中 P——应配置车辆数；

W_p——垃圾排放总质量预测值（t）；

Q——每辆车载重量（t）；

F——每辆车载重利用率；

K——每辆车每班运输次数；

T——每日班次；

δ——车辆使用率。

注：参数 F、K、δ 一般根据各地的实际采用经验值。

A.0.3 垃圾排放总质量应按下式计算：

$$W = w_1 + w_2 + w_3 \qquad (A.0.3)$$

式中 W——垃圾排放总质量（t）；

w_1——已回收的可回收物质量（t）；

w_2——填埋处理的垃圾质量（t）；

w_3——采用综合处理、堆肥或焚烧等方法处理的垃圾质量（t）。

本标准用词说明

1 为便于在执行本标准条文时区别对待，对于要求严格程度不同的用词说明如下：

    1）表示很严格，非这样做不可的：
        正面词采用"必须"；反面词采用"严禁"；
    2）表示严格，在正常情况下均应这样做的：
        正面词采用"应"；反面词采用"不应"或"不得"；
    3）表示允许稍有选择，在条件许可时首先应这样做的：
        正面词采用"宜"；反面词采用"不宜"；
        表示有选择，在一定条件下可以这样做的，采用"可"。

2 条文中指明应按其他有关标准执行时的写法为："应按……执行"或"应符合……的规定（或要求）"。

中华人民共和国行业标准

城市生活垃圾分类及其评价标准

CJJ/T 102—2004

条 文 说 明

前　　言

《城市生活垃圾分类及其评价标准》CJJ/T 102—2004，经建设部 2004 年 8 月 18 日以第 262 号公告批准发布。

为便于广大设计、施工、科研、学校等单位的有关人员在使用本标准时能正确理解和执行条文规定，标准编制组按章、节、条的顺序编制了本标准的条文说明，供使用者参考。在使用过程中如发现本标准条文说明有不妥之处，请将意见函寄广州市市容环境卫生局。

目 次

1 总　则

1.0.1 本条明确了制定本标准的目的。城市生活垃圾分类收集是减少垃圾产出量最经济有效的手段之一，符合我国城市生活垃圾管理的基本策略。本标准给出了垃圾分类的要求，以及管理评价的指标，为促进城市生活垃圾（以下称垃圾）分类收集工作的开展，规范分类和收集的操作，加强监督管理提供了必要的依据。

1.0.2 本条规定了本标准的适用范围。本标准适用于指导城市开展垃圾分类收集。

城市建筑垃圾的收运处理，国家另有规定，不在本标准涵盖范围内。

城市居民装修垃圾属建筑类垃圾，因此也不适用于本标准。

1.0.3 本条规定了垃圾的分类、投放、收运和分类评价除应执行本标准外，尚应执行国家现行有关标准。

本标准引用的国家和行业相关规范、标准和法规主要有：

1. 《城市生活垃圾分类标志》GB/T 19095；
2. 《环境卫生术语标准》CJJ/T 65；
3. 《城市环境卫生设施规划规范》GB 50337；
4. 《城市环境卫生设施设置标准》CJJ 27；
5. 《生活垃圾卫生填埋技术规范》CJJ 17。

2 分类方法

2.1 分类类别

2.1.1 生活垃圾依据现存状况和处理方式主要分为六大类，可回收物、大件垃圾、可堆肥垃圾、可燃垃圾、有害垃圾和其他垃圾。

一、可回收物：是指可直接进入废旧物资回收利用系统的生活废物，主要包括以下五类：1. 纸类；2. 塑料；3. 金属；4. 玻璃；5. 织物。在日常生活中又称为"可回收垃圾"。

1. 纸类指的是没有因包装物或其他原因造成发霉、发臭、变质、腐烂，以及被污染的废纸，包括饮料和食品的纸包装盒。

2~5. 不同类别的废金属、废塑料、废玻璃制品可根据废旧物资回收的指引细分。对于被严重污染，并且不能冲洗干净的废塑料、废玻璃制品和织物不在此范围内。

二、大件垃圾：所指的废弃物品是混合型的，既可以有塑料、金属，如废旧电冰箱、空调、洗衣机等，也可以有木料、织物，如大件家具；既有可回收物质，也有不可回收物质，有的甚至含有有害物质，

如微波炉等。因此这类垃圾在分类操作中不能随意拆分和抛弃，须按要求整体投放，由不同类别的专业公司进行拆分处理。

三、可堆肥垃圾：指的是可以进行发酵生化处理的垃圾，与处理后是否做堆肥无关。

四、可燃垃圾：本条强调的是适宜焚烧处理的垃圾，而不仅仅是可以燃烧的垃圾。在焚烧处理垃圾的地区，进入焚烧处理系统的还会有部分厨余垃圾或其他垃圾等。

五、有害垃圾：指的是日常生活和活动中产生的有毒有害垃圾，它们包括国家环保局发布的《危险废物污染防治技术政策》、《废电池污染防治技术政策》有关条款中规定的固体危险废物，如钮扣电池等，但目前日常使用的干电池不在此范围内；也包括废油漆（桶、罐）、小收音机、计算器、日用杀虫剂等。根据国家有关法规，这些垃圾大多属城市环境保护部门管理。因此本标准中我们只对由居民产生的此类垃圾作分类界定。

六、其他垃圾：各地在开展垃圾分类收集过程中，由于受资源再生利用技术、市场、垃圾处理方法、处理设施等条件的限制，不可能将垃圾的每个类别都细分，也没有这个必要。因此除按分类要求，指定进行分类的垃圾外，剩余的垃圾一般可倒在一起，对于这部分可混装在一起的垃圾，我们统称为其他垃圾。

2.2 分类要求

2.2.1 我国的垃圾处理主要有资源化综合处理、焚烧法、卫生填埋法和堆肥法。各地应根据本地区城市环境卫生设施专业规划的目标，结合垃圾处理和处置方式，选择适合的垃圾分类方法。

1 在垃圾焚烧厂服务区域，为了满足垃圾焚烧对热值的要求，可回收物宜以回收再生利用价值高的报纸、杂志、废塑料和不可燃的废金属、废玻璃为主，其余的废纸如包装纸、广告纸、贺卡等，废塑料袋、包装膜等可不必分出。

对于大件垃圾不论采用何种垃圾处理方式，都应将其分类，并分类投放，以便于后续的收运和拆分处理。

有害垃圾的分类收集应与城市环境保护部门取得一致，其投放、收运和处理按国家环境保护总局的《危险废物污染防治技术政策》、《废电池污染防治技术政策》中有关规定执行，并由环境保护部门给予监督管理和检查。

2 我国大多数城市采用"资源回收＋卫生填埋"方式处理垃圾，在分类时应尽量按可回收物、有害垃圾、大件垃圾和其他垃圾分拣干净，分类投放、分类收集、分类处理，以减少填埋场对环境产生的污染。

3 采用堆肥处理垃圾的区域，应将可堆肥垃圾单

独分类投放和收集，不可与其他垃圾混装混收，否则会降低堆肥处理成效。

2.2.2 当确定了分类方法以后，应据此制定相应的实施方案和操作指南，使其一方面可用于指导垃圾源头分类，另一方面可指导企业参与分类收集运营。垃圾是人们在日常生活和活动中产生的，因此垃圾分类的行为人应是所有垃圾产生者。居民垃圾应由居民进行分类，商业垃圾、机关团体单位产生的垃圾应由商铺、机关团体单位进行分类。

2.2.3 在开展垃圾分类收集的时候，应同时建立一系列与之相适应的分类处理环节，这包括分类垃圾投放箱、投放点，分类垃圾收集点，分类运输工具、器具，以及不同类别垃圾的处理设施。这样才能保证垃圾分类收集行之有效地推行。

2.3 分 类 操 作

2.3.1 开展分类收集的地区应按当地制定的分类细则进行分类。其中可回收物还应按照当地废旧物资回收部门的要求进行细分，提高这些废物的回收利用价值。

2.3.2 分类出来的可回收物可交废品回收站回收。对于废品回收站不回收的可回收物，应与其他分类垃圾一样，投到指定的分类收集容器或地点，由垃圾收集部门收集。

2.3.3 公共场所与道路两侧的分类收集容器的设置应与废物箱的设置相结合，做到合理设置，方便投放。

居住区、市场等产生垃圾量大的设施或垃圾收集点的分类收集容器可与垃圾容器的设置相结合，并考虑便于垃圾的投放和收集。

2.3.4 分类收集容器的设计一定要坚持实用为主的原则，容器上的分类标志应突出醒目，并应符合国家标准的规定，以方便公众投放垃圾。

2.3.5 本条是对收集作业的基本要求。垃圾运营单位应根据当地制定的分类收集实施细则的要求，结合分类垃圾收集的作业特点，制定具体明确的作业规范和管理规定，保证分类垃圾分类收集，收运作业不污染周围环境。

2.3.6 垃圾运营单位应根据不同类别垃圾的排放情况，制定不同的收集频率。

2.3.7 本条规定了大件垃圾的排放要求。

2.3.8 有害垃圾的收集、清运、处理，应按照国家有关危险废物的管理法规和标准执行。

3 评 价 指 标

3.0.1 垃圾分类收集是实现垃圾减量化、资源化的重要手段之一，因此各城市在编制城市环境卫生规划时，应为推行垃圾分类收集提供充足的条件。

垃圾分类收集实施方案应结合本地区的实际情况，明确推行工作的进度和垃圾减量的目标，方案中还应包括垃圾分类收集的组织、管理、运营、监督和统计，实施的细则应包括分类、投放、收集等，使方案成为指导和确保本地区开展垃圾分类收集，逐步实现垃圾减量化的重要依据。

3.0.2 经济实力较强的大中城市，城市环境卫生部门可借助当地政府的信息网络，建立垃圾分类收集信息化管理系统，实现信息化管理的目标；经济实力较弱的城市可根据实际情况制定逐步实现计算机化管理的规划。

3.0.3 对垃圾分类的评价，可以有多种不同的评价标准。根据推行垃圾分类必须循序渐进的特点，为了促进该项工作的开展，本标准选用了可操作性较强的八个评价指标。

1 知晓率（cognition rate）：指评价范围内居民知晓垃圾分类的人数（或户数）占总人数（或总户数）的百分数。

公众知晓指的是居民对垃圾分类收集的意义是否了解，对本地分类收集的方法和要求是否熟悉。通过本项调查也可考核统计区域宣传教育的效果。

知晓率的统计范围由调查的目的决定，可以是开展垃圾分类收集的地区，也可以是一个生活小区。统计对象可以户为单位，也可以人为单位。

2 参与率（participation rate）：指评价范围内参加垃圾分类的人数（或户数）占总人数（或总户数）的百分数。

参与率统计的是开展垃圾分类收集的区域，按要求将垃圾分类投放的个体数。如居住区对象可以是居民户数，商业区可以是商铺数等。

3 容器配置率（dustbin equipment rate）：指垃圾分类收集实际配置容器数占应配置容器数的百分数。

容器指公共场所及居住区供市民投放分类垃圾的容器。

4 容器完好率（dustbin intact rate）：指标志清晰、外观无缺损的容器数占实际容器数的百分数。

本条是对分类收集容器的基本要求。

5 车辆配置率（vehicle equipment rate）：指分类收集实际车辆数占应配置车辆数量的百分数。

车辆指进行分类垃圾收集清运的车辆。

6 分类收集率（sorted refuse collected）：指垃圾分类投放后，分类收集的垃圾质量占垃圾排放总质量的百分数。

分类收集率指垃圾分类收集地区分类收集的垃圾量与垃圾排放总量的比，它主要是评价垃圾运营部门是否按要求分类收集清运。

当要评价居民分类操作和投放的情况或垃圾分类处理的状况时，也可用本公式计算分类投放率和分处理率。

计算分类投放率时，分子表示居民分类投放的垃圾质量：

$$\gamma_s = \frac{w_s}{W} \times 100\%$$

式中 γ_s——分类投放率（%）；

w_s——分类投放的垃圾质量（t）；

W——垃圾排放总质量（t）。

计算分类处理率时，分子表示按分类结果分别处理的垃圾质量：

$$\gamma_s = \frac{w_s}{W} \times 100\%$$

式中 γ_s——分类处理率（%）；

w_s——分类处理的垃圾质量（t）；

W——垃圾排放总质量（t）。

7 资源回收率（resource recovery rate）：指已回收的可回收物的质量占垃圾排放总质量的百分数。

回收垃圾中可回收物，把垃圾直接转化为资源是垃圾分类收集的重要目标之一。本指标主要用于评价由城市环境卫生部门管理的垃圾中可回收物回收的情况。

应用本公式时应注意，由于居民直接卖给废旧物资回收部门的可回收物的量，不在城市环境卫生部门统计的垃圾总量中，所以本公式的分子中也不应包括这部分可回收物。

8 末端处理率（end-treatment rate）：指进入卫生填埋处理系统的垃圾质量占垃圾排放总质量的百分数。

本指标主要用于评价垃圾终处理的状况，它间接地反映了垃圾减量的效果。

应用分类收集率（公式 3.0.3-6）、资源回收率（公式 3.0.3-7）、末端处理率（公式 3.0.3-8）等公式时应注意分子分母取值的一致性。以分类收集率（公式 3.0.3-6）为例，评价时间段为一年，则分子表示一年分类收集的垃圾质量，分母表示一年垃圾排放的总质量；评价时间段为一个季度，则分子表示一季度的分类收集的垃圾质量，分母表示一季度垃圾排放的总质量。余类推。

中华人民共和国行业标准

生活垃圾填埋场无害化评价标准

Standard of assessment on municipal solid waste landfill

CJJ/T 107—2005
J 477—2005

批准部门：中华人民共和国建设部
实施日期：2005年12月1日

中华人民共和国建设部
公 告

第 368 号

建设部关于发布行业标准《生活垃圾
填埋场无害化评价标准》的公告

现批准《生活垃圾填埋场无害化评价标准》为行业标准，编号为 CJJ/T 107—2005，自 2005 年 12 月 1 日起实施。

本标准由建设部标准定额研究所组织中国建筑工业出版社出版发行。

中华人民共和国建设部

2005 年 9 月 16 日

前 言

根据建设部建标〔2004〕66 号文的要求，标准编制组在深入调查研究，认真总结国内外生活垃圾填埋场科研、设计和建设实践经验，并在广泛征求意见的基础上，制定了本标准。

本标准的主要内容是：1. 评价内容；2. 评价方法；3. 评价等级。

本标准由建设部负责管理，由主编单位负责具体技术内容的解释。

本标准主编单位：中国城市环境卫生协会（地址：北京市海淀区三里河路 9 号，邮政编码：100835）

本标准参编单位：城市建设研究院
深圳市环境卫生管理处
华中科技大学

本标准主要起草人：郭祥信　刘京媛　徐文龙
王敬民　卢英方　吴学龙
徐海云　廖 利　李 力

目　次

1 总　　则

1.0.1 为规范生活垃圾填埋场（以下简称垃圾填埋场）的工程建设和运行管理的评价，考核垃圾填埋场的实际建设和运行状况，提高我国生活垃圾（简称垃圾）无害化处理的水平并为今后发展决策提供依据，制定本评价标准。

1.0.2 本标准适用于对垃圾填埋场进行无害化评价。

1.0.3 对垃圾填埋场无害化评价时，除应执行本标准的规定外，尚应符合国家现行有关标准的规定。

2 评价内容

2.0.1 垃圾填埋场无害化评价内容应包括垃圾填埋场工程建设和垃圾填埋场运行管理评价。

2.0.2 垃圾填埋场工程建设评价内容应包括垃圾填埋场设计使用年限、选址、防渗系统、渗沥液导排及处理系统、雨污分流、填埋气体收集及处理、监测井、设备配置等。

2.0.3 垃圾填埋场运行评价内容应包括垃圾填埋场进场垃圾检验、称重计量、分单元填埋、垃圾摊铺压实、每日覆盖、垃圾堆体、场区消杀、飘扬物污染控制、运行管理、渗沥液处理、环境监测、环境影响、安全管理、资料等。

3 评价方法

3.0.1 垃圾填埋场无害化评价应采用资料评价与现场评价相结合的评价方法。

3.0.2 被评价的垃圾填埋场应提供下列文件：

1 项目建议书及其批复；
2 可行性研究报告及其批复；
3 环境影响评价报告及其批复；
4 工程地质和水文地质详细勘察报告；
5 设计文件、图纸及设计变更资料；
6 施工记录及竣工验收资料；
7 运行管理资料（如垃圾量、覆土、消杀、管理手册等）；
8 环境监测资料；
9 特许经营协议或委托经营合同；
10 其他需要提供的资料。

3.0.3 垃圾填埋场无害化的评分标准应符合本标准附录 A 的规定。

3.0.4 评价分值计算方法应按下式计算：

$$M = \Sigma [(100 - X_子) \times f_子] \quad (3.0.4)$$

式中　M——垃圾填埋场评价总分值，为各子项得分加权值之和；

　　　$X_子$——子项实际扣分值；

　　　$f_子$——子项权重，见附录 A。

3.0.5 垃圾填埋场评价应符合下列规定：

1 各子项的实际扣分不应高于规定的最高扣分。
2 若提供的资料或现场考察无法判断某项的水平，则该子项分值为 0 分。

4 评价等级

4.0.1 垃圾填埋场评价等级应按评价总分值划分，并应符合表 4.0.1 的规定。

表 4.0.1　垃圾填埋场评价等级划分

填埋场等级	Ⅰ 级	Ⅱ 级	Ⅲ 级	Ⅳ 级
评价总分值 M	$M \geqslant 85$	$70 \leqslant M < 85$	$60 \leqslant M < 70$	$M < 60$

4.0.2 垃圾填埋场等级对应的无害化水平应符合下列规定：

Ⅰ级：达到了无害化处理要求；
Ⅱ级：基本达到了无害化处理的要求；
Ⅲ级：未达到无害化处理要求，但对部分污染施行了集中有控处理；
Ⅳ级：简易堆填，污染环境。

4.0.3 进行垃圾无害化处理量的统计时，Ⅰ、Ⅱ级垃圾填埋场的垃圾填埋量计入无害化处理量；Ⅲ、Ⅳ级垃圾填埋场的垃圾填埋量不应计入无害化处理量。

4.0.4 垃圾填埋无害化处理率应按下列公式计算：

$$a = \frac{m_1 + m_2}{m_总} \quad (4.0.4)$$

式中　a——垃圾填埋无害化处理率（%）；

　　　m_1——Ⅰ级垃圾填埋场的垃圾填埋量；

　　　m_2——Ⅱ级垃圾填埋场的垃圾填埋量；

　　　$m_总$——垃圾总产生量。

附录 A　垃圾填埋场评价内容及评分表

表 A.0.1　垃圾填埋场评价内容及评分

评价分项及得分	评价子项	子项权重	子项评价内容	最高扣分	子项实际扣分	子项满分分值	子项实际得分
A 工程建设	设计使用年限	0.01	10年以上	0		100	
			8~10年	40			
			8年以下	100			
	选址	0.05	符合选址标准要求	0		100	
			不符合选址标准要求	100			

评价分项及得分	评价子项	子项权重	子项评价内容	最高扣分	子项实际扣分	子项满分分值	子项实际得分
A 工程建设	防渗系统	0.30	采用厚度不小于1.5mm的HDPE膜作为主防渗层，并按有关标准和工程需要铺设地下水导流层、膜上膜下保护层等辅助层	0			
			采用天然黏土或改良土里衬防渗，渗透系数满足不大于$1.0×10^{-7}$ cm/s的要求，场底及四壁衬里厚度不小于2m	0		100	
			只采用垂直防渗措施	60			
			无防渗措施或采取的防渗措施不能满足标准要求	100			
	渗沥液导排及处理系统	0.08	场底铺设有连续的渗沥液导流层并具有完善的渗沥液收集系统	0			
			场底无连续的渗沥液导流层只有导流盲沟	30		100	
			无任何渗沥液导排、收集设施	100			
	雨污分流	0.02	具有雨污分流设施和功能	0		100	
			无雨污分流设施和功能	100			
	填埋气体收集及处理	0.05	按规范要求设置了气体导排设施，填埋气体导出后集中燃烧或利用	0			
			设置了气体导排设施，填埋气体导出后直接排空	60		100	
			未采取措施控制填埋气体	100			
	监测井	0.01	布设五点监测井，地下水流向上游30~50m处设本底井一眼；填埋场两旁各30~50m处设污染扩散井两眼；填埋场地下水流向下游30m、50m处各设一眼污染监视井	0		100	
			布设了监测井，但数量或设置方位不满足上述要求	70			
			未设置监测井	100			
	设备配置	0.03	机械设备按标准要求配套齐全，并有垃圾压实机	0			
			其他机械设备配套齐全，但无垃圾压实机	50		100	
			其他机械设备配套不齐全，无垃圾压实机	100			
B 运行管理	进场垃圾检验	0.01	有垃圾检验措施且能有效控制有害垃圾进场	0		100	
			无检验措施或未能有效控制有害垃圾进场	100			

评价分项及得分	评价子项	子项权重	子项评价内容	最高扣分	子项实际扣分	子项满分分值	子项实际得分
B 运行管理	称重计量	0.02	有称重计量设施，统计记录资料完整	0			
			有称重计量设施，统计记录资料不全	50		100	
			无称重计量	100			
	分单元填埋	0.03	场内分区、分单元作业，未填埋区和作业单元雨水进行单独导排	0		100	
			未分作业区，雨水、污水混合	100			
	垃圾摊铺压实	0.03	使用专用压实机械，按标准分层摊铺、压实	0			
			用专用压实机械，但未分层压实	30		100	
			未用压实机械对垃圾进行压实	90			
	每日覆盖	0.02	做到每日覆盖	0		100	
			未做到每日覆盖	100			
	垃圾堆体	0.02	堆体边坡不大于1:3，终场边坡及时覆盖	0			
			堆体边坡大于1:3，终场边坡未及时覆盖	100		100	
	场区消杀	0.01	有消杀（蚊、蝇、鼠等）措施且效果良好	0			
			无消杀（蚊、蝇、鼠等）措施或有措施但效果不好	100		100	
	飘扬物污染控制	0.03	有防飞散设施及措施，并管理良好，周围无飘扬物	0			
			无防飞散设施及措施或防飞散效果不好，周围存在飘扬物	100		100	
	运行管理	0.02	有运行作业手册和设备操作维护保养手册，规章制度、岗位职责健全；场内标识齐全、规范	0		100	
			规章制度、岗位职责不健全；标识不齐全、不规范	100			

评价分项及得分	评价子项	子项权重	子项评价内容	最高扣分	子项实际扣分	子项满分分值	子项实际得分
B运行管理	渗沥液处理	0.10	渗沥液处理后出水监测数据全部达标或进入城市污水厂处理	0		100	
			渗沥液处理后出水监测不达标次数占总监测次数的比例小于20%	40			
			处理后出水监测不达标次数占20%以上，或简易处理，出水基本不能达标	80			
			渗沥液未经处理，直接排入水体	100			
	环境监测	0.02	配备较完善的环境监测设备，能定期对大气、渗沥液、地下水、地表水及噪声等项目的主要指标进行监测，能提供连续、完整、准确的监测资料和报告	0		100	
			能监测主要污染指标，但不能按标准定期进行	50			
			未采取任何监测措施	100			
	环境影响	0.06	所有排放指标监测数据均达标（包括自测和权威部门监测）	0		100	
			排放指标监测数据达标率大于50%小于100%	50			
			排放指标监测数据达标率小于50%	100			
	安全管理	0.03	安全设施配备齐全，安全制度健全，从未发生过安全事故	0		100	
			安全设施配备不齐全，安全制度不健全，未发生过安全事故	50			
			曾发生过安全事故或存在安全事故隐患	100			

评价分项及得分	评价子项	子项权重	子项评价内容	最高扣分	子项实际扣分	子项满分分值	子项实际得分
B运行管理	资料	0.05	资料齐全、正规	0		100	
			资料不齐全、不正规	100			

注：雨污分流——阻止填埋区汇水面积内的雨水进入填埋垃圾体的方法和措施。

场区消杀——垃圾填埋场内进行的杀灭老鼠、苍蝇、蚊虫等有害动物和昆虫的过程和措施。

飘扬物——指从垃圾填埋场中被风刮起、飘扬在场区或周围空中的塑料袋、废纸等轻物质。

本标准用词说明

1 为了便于在执行本标准条文时区别对待，对要求严格程度不同的用词说明如下：

1）表示很严格，非这样做不可的：

正面词采用"必须"，反面词采用"严禁"；

2）表示严格，在正常情况下均应这样做的：

正面词采用"应"，反面词采用"不应"或"不得"；

3）表示允许稍有选择，在条件许可时首先应这样做的：

正面词采用"宜"，反面词采用"不宜"；

表示有选择，在一定条件下可以这样做的，采用"可"。

2 条文中指明应按其他有关标准执行的写法为"应符合……的规定"或"应按……执行"。

中华人民共和国行业标准

生活垃圾填埋场无害化评价标准

Standard of assessment on municipal solid waste landfill

CJJ/T 107—2005

条 文 说 明

前　言

　　《生活垃圾填埋场无害化评价标准》CJJ/T 107—2005 经建设部 2005 年 9 月 16 日以 368 号公告批准发布。

　　为便于广大设计、施工、管理等单位的有关人员在使用本标准时能正确理解和执行条文规定，《生活垃圾填埋场无害化评价标准》编制组按章、节、条顺序编制了本标准的条文说明，供使用者参考。在使用中如发现本条文说明有不妥之处，请将意见函寄中国城市环境卫生协会。

目　次

1 总　　则

1.0.1 生活垃圾填埋场（以下简称垃圾填埋场）的无害化水平是衡量垃圾填埋场建设及运行成功与否的关键。本标准制定的主要目的就是对已建成运行的垃圾填埋场进行评价，以检验其是否在建设和运行方面均达到了无害化标准，为我国生活垃圾无害化处理率的统计和垃圾处理行业发展提供决策依据。

1.0.2 本标准适用于所有规模的生活垃圾填埋场。

1.0.3 本条是说明垃圾填埋场在选址、设计、建设及运行管理过程中除应执行本标准的规定外，还应遵守国家有关法律法规、国家及行业标准。本标准是检验所建垃圾填埋场是否符合有关法规和标准以及填埋场实际运行效果。

本标准引用的国家法规、标准主要有：

1 《城市生活垃圾处理及污染防治技术政策》（建城［2000］120 号）；

2 《生活垃圾填埋污染控制标准》GB 16889；

3 《生活垃圾卫生填埋技术规范》CJJ 17；

4 《城市生活垃圾卫生填埋处理工程项目建设标准》（建标［2001］101 号）；

5 《城市生活垃圾卫生填埋场运行维护技术规程》CJJ 93；

6 《垃圾填埋场环境监测技术要求》GB 18772。

2 评价内容

2.0.1 本条规定了垃圾填埋场无害化评价的内容。评价内容的设置是考虑到填埋场选址、设计、建设、运营等各个方面，以便评价填埋场的综合无害化水平。

2.0.2 本条说明了填埋场设计和建设应包括的内容。主要是对无害化水平影响较大的工程和设施：包括填埋场防渗、渗沥液导排与处理、雨水导排与雨污分流、设备配置、环境监测设施、气体导排处理设施等。

2.0.3 本条规定了填埋场运行管理的评价内容。主要是考虑这些内容对垃圾填埋场的无害化运行影响较大。

3 评价方法

3.0.1 本条说明填埋场无害化评价既要进行资料评价，也要进行现场评价，以便使评价结果真实、可靠、公正。

3.0.2 本条要求被评价的填埋场应提供填埋场从立项到运行管理的所有技术资料，以便评价人员进行资料评价。

3.0.3 本条说明填埋场无害化评价应按照附录 A 所列的内容和打分方法进行评分。

3.0.4 本条说明了填埋场评价的分值计算方法。

4 评价等级

4.0.1 本条说明了填埋场无害化评价每个级别对应的分值。

4.0.2 本条是对各级别垃圾填埋场的无害化程度进行的概念性定义。

4.0.3 本条规定对垃圾填埋进行无害化处理量统计时，Ⅰ、Ⅱ级填埋场的填埋量总和计入无害化处理量，Ⅲ、Ⅳ级填埋场的填埋量不应计入无害化处理量。即认为Ⅰ、Ⅱ级填埋场达到了无害化处理标准，Ⅲ、Ⅳ级填埋场未达到无害化处理标准。

4.0.4 本条列出了垃圾填埋无害化处理率的计算公式。

附录 A 垃圾填埋场评价内容及评分表

表 A.0.1《垃圾填埋场评价内容及评分》列出了填埋场评价的内容及其指标以及具体扣分分值。评分时实际扣分可以根据该项的实际达到水平掌握，可以等于或低于表中所列的最高扣分。有关子项的评分说明如下：

选址：如果选址严重违反标准规定，该项目可取消评价资格或列为Ⅳ级填埋场。

防渗系统：如有以下情况，本子项可以适当扣分：①应铺设地下水导流层而未铺；②虽然采用了不小于 1.5mm 厚的 HDPE 膜，但辅助保护层不完善。

渗沥液导排：如山谷型填埋场，其山坡坡度较大，谷底宽度较小，场底铺一条导流盲沟即可满足要求，则不铺连续的渗沥液导流层也不扣分。

雨污分流：场底具有雨污分流设施和功能是指场底未填垃圾单元的雨水能够单独导排，避免与已填垃圾单元的渗沥液混合。

垃圾摊铺压实：分层摊铺压实是指将厚度不大于500mm 的垃圾摊铺在操作斜面上（斜面坡度小于压实机械的爬坡坡度），然后进行压实，该层压实完成后再进行上一层的摊铺压实。若采用平推法使操作面前部形成陡峭的垃圾断面，则此项分数应全扣。

场区消杀：此项可以根据现场效果适当扣分。

飘扬物污染控制：此项可根据现场效果适当扣分。

渗沥液处理：可以根据不达标次数比例在最高扣分值以下进行扣分。

环境影响：可以根据排放指标监测数据达标率在最高扣分值以下进行扣分。

中华人民共和国行业标准

生活垃圾转运站运行维护技术规程

Technical specification for operation and maintenance
of municipal solid waste transfer station

CJJ 109—2006
J 512—2006

批准部门：中华人民共和国建设部
施行日期：２００６年８月１日

中华人民共和国建设部
公　告

第 421 号

建设部关于发布行业标准
《生活垃圾转运站运行维护技术规程》的公告

现批准《生活垃圾转运站运行维护技术规程》为行业标准，编号为 CJJ 109－2006，自 2006 年 8 月 1 日起实施。其中第 2.1.3、2.1.6、2.1.12、2.3.1、2.3.3、2.3.4、4.1.6、4.1.8、4.1.9、4.1.13 条为强制性条文，必须严格执行。

本标准由建设部标准定额研究所组织中国建筑工业出版社出版发行。

中华人民共和国建设部
2006 年 3 月 26 日

前　言

根据建设部建标［2002］84 号文的要求，编制组经广泛调查研究，认真总结实践经验，参考有关标准，并在广泛征求意见的基础上，制定了本规程。

本规程的主要内容是：1. 总则；2. 运行管理；3. 维护保养；4. 安全操作；5. 环境监测。

本规程由建设部负责管理和对强制性条文的解释，由主编单位负责具体技术内容的解释。

主 编 单 位：城市建设研究院（地址：北京市朝阳区惠新南里 2 号院，邮政编码：100029）

参 编 单 位：深圳市宝安区城市管理办公室环卫处

青岛市环境卫生科学研究所

华中科技大学

上海中荷环保有限公司

北京航天长峰股份有限公司长峰弘华环保设备分公司

主要起草人：徐文龙　王敬民　戴有斌　谢瑞强

孟宝峰　林　泉　卓照明　李美蓉

陈海滨　郭祥信　徐海云　王丽莉

赵树青　张来辉　江燕航　王泽其

胡佳玥

目　次

1 总　则

1.0.1 为规范生活垃圾转运站（以下简称转运站）的运行维护及安全管理，加强其控制及环境保护与监测，提高管理人员和操作人员的技术水平，充分发挥其功能，达到使生活垃圾安全、高效转运的目的，制定本规程。

1.0.2 本规程适用于转运站的运行、维护、安全管理、控制及环境保护与监测。

1.0.3 转运站的运行、维护、安全管理、控制及环境保护与监测除应符合本规程外，尚应符合国家现行有关标准的规定。

2 运行管理

2.1 一般规定

2.1.1 转运站运行管理人员应掌握转运站的工艺流程、技术要求和有关设施、设备的主要技术指标及运行管理要求。

2.1.2 转运站运行操作人员应具有相关工艺技能，熟悉本岗位工作职责与质量要求；熟悉本岗位设施、设备的技术性能和运行、维护、安全操作规程。

2.1.3 转运站运行管理人员和操作人员必须进行上岗前的培训，经考核合格后持证上岗。

2.1.4 转运站运行操作人员应坚守岗位，认真做好运行记录；管理人员应定期检查设施、设备、仪器、仪表的运行情况；发现异常情况，应及时采取相应处理措施，并按照分级管理的原则及时上报。操作人员应做好当班工作记录和交接班记录。

2.1.5 转运站运行操作人员应按规定要求操作使用各种机械设备、仪器、仪表。

2.1.6 现场电压超出电气设备额定电压±10%时，不得启动电气设备。

2.1.7 转运站应保持通风、除尘、除臭设施设备完好。

2.1.8 转运站应建立各种机械设备、仪器仪表使用、维护技术档案，并应规范管理各种运行、维护、监测记录等技术资料。

2.1.9 站内交通标志应规范清楚，通道应保持畅通。

2.1.10 车辆的使用、维修应规范管理，并应做好记录。

2.1.11 外来车辆和人员进站均应登记。

2.1.12 操作人员应随机检查进站垃圾成分，严禁危险废物、违禁废物进站。

2.1.13 转运站应保持文明整洁的站容、站貌。

2.2 计　量

2.2.1 垃圾计量系统应保持完好，各种设备应保持正常使用。

2.2.2 应按有关规定定期检验地磅计量误差，并挂合格证。

2.2.3 进站垃圾应登记其来源、性质、重量、运输单位和车号。

2.2.4 操作人员应做好每日进站垃圾资料备份和每月统计报表工作。

2.2.5 计量系统出现故障时，应采取应急手工记录，当系统修复后应将有关数据输入计量系统，保持记录完整准确。

2.3 卸　料

2.3.1 设备保护装置失灵或工作状态不正常时，严禁操作设备，以避免人员伤亡和设备损坏。

2.3.2 倾倒垃圾前必须检查卸料区域和设备运转区域，确保无异常情况。

2.3.3 垃圾收集运输车辆必须按指定路线到达卸料平台，并应在工作人员的调度下，将垃圾卸入指定区域内。

2.3.4 卸料时，必须同时启动通风、除尘、除臭系统。

2.3.5 发现大件垃圾，应及时清除处理；发现违禁废物，应及时报告，妥善处理。

2.3.6 垃圾收集运输车卸料完毕后，应及时退出作业区。

2.3.7 卸料平台应保持清洁。

2.3.8 站区内应防止蚊蝇、鼠类等滋生，并应定期消杀。

2.4 填装与压缩

2.4.1 垃圾压缩设备应保持正常工作状态。

2.4.2 操作人员应按填装与压缩工艺技术要求操作，并保证工艺流程的稳定性和各工艺步骤的协调性。

2.4.3 转运站内垃圾渗沥液收集设施应做好日常维护工作。

2.5 转运容器装卸

2.5.1 转运站应做好垃圾转运车的指挥调度工作。

2.5.2 转运车到达垃圾接受场所后，应按规定倾倒垃圾。倒空的容器应运回转运站备用。车体及容器必须清理干净。

2.5.3 垃圾推（压）入垃圾转运容器前，应将转运容器与压缩机对接好。转运容器装满后，应将容器封板关好。

2.5.4 操作完毕后应及时清理作业区。

2.6 污水收集

2.6.1 转运站污水收集系统应保持完好，并应加强雨污分流管理。

2.6.2 转运站生活污水、洗车污水、地坪冲洗污水和垃圾填装、压缩及转运过程中产生的渗沥液的收集、贮存、运输、处理,必须符合国家有关规定。

2.6.3 转运站污水的排放应按国家与地方标准的有关要求预处理后排入城市污水管网或单独处理达标后排放。

3 维护保养

3.0.1 转运站供电设施、设备,电气、照明设备,通信管线等应定期检查维护。

3.0.2 转运站内通道、给水、排水、除尘、脱臭等设施应定期检查维护,发现异常及时修复。

3.0.3 转运站内各种机械设备应进行日常维护保养,并应按照有关规定进行大、中、小修。

3.0.4 转运站避雷、防爆等装置应按有关规定进行检测维护。

3.0.5 转运站消防设施、设备应按有关消防规定进行检查、更换。

3.0.6 转运站内各种交通、警示标志应定期检查、更换。

3.0.7 贵重、精密仪器设备应由专人管理。

3.0.8 计量仪器的检修和核定应定期进行,并挂合格证。

3.0.9 监测仪器及取样器具应保持清洁。

4 安全操作

4.1 一般规定

4.1.1 转运站应制定操作和管理人员安全与卫生管理规定;并应严格执行各岗位安全操作规程。

4.1.2 生产作业过程安全卫生管理应符合现行国家标准《生产过程安全卫生要求总则》GB 12801 的有关规定。

4.1.3 运输管理应符合现行国家标准《工业企业厂内运输安全规程》GB 4387 的有关规定,转运车辆应保持完好。

4.1.4 转运站操作人员必须穿戴必要的劳保用品,做好安全防范工作;夜间作业现场应穿反光背心。

4.1.5 生产作业区严禁吸烟,严禁酒后作业。

4.1.6 皮带传动、链传动、联轴器等传动部件必须有机罩,不得裸露运转。

4.1.7 电气设备的操作与检修应严格执行电工安全的有关规定。

4.1.8 维修机械设备时,不得随意搭接临时动力线。

4.1.9 机械设备的使用、维修必须由受过专业训练的人员进行,严禁非专业人员操作、使用相关设备。

4.1.10 操作人员应严格遵守机械设备安全操作规

程,对违章指挥,有权拒绝操作。

4.1.11 作业区必须按照现行国家标准《建筑设计防火规范》GBJ 16、《建筑灭火器配置设计规范》GB 50140 的规定配备消防器材,并应保持完好。

4.1.12 转运站应制订防火、防爆、防洪、防风、防滑、防疫等方面的应急预案和措施。

4.1.13 严禁带火种车辆进入作业区,站区内应设置明显防火标志。

4.1.14 在事故易发地点应设置醒目标志,并应符合国家现行标准的有关规定。

4.1.15 转运站内应配备必要的防护救生用品和药品,存放位置应有明显标志。

4.2 计 量

4.2.1 地磅前后方应设置醒目具有反光效果的提示标志,并应保持完好。

4.2.2 在地磅前方设置的减速装置应保持完好。

4.2.3 地磅照明设施应保持完好。

4.3 卸 料

4.3.1 卸料平台道路入口处必须设置减速标志。

4.3.2 卸料时,无特殊情况,卸料平台上不得有无关人员停留。

4.3.3 当卸料槽或专用容器辅助装置损坏时,不得进行卸料作业。

4.3.4 卸料槽或专用容器入口堆满垃圾时,不得继续卸料。待垃圾被推入压缩箱或专用容器,入口处有空间后方可卸料。

4.3.5 卸料槽或专用容器中发现大件垃圾及危险废物时,应及时清理。

4.4 填装与压缩

4.4.1 采用直接进料工艺的压缩机,在压缩垃圾时不得往压缩机料斗口进料。

4.4.2 卸料时,压缩机对接与锁紧机构应保持完好。

4.4.3 在填装作业时压缩机的推头或压头和滑动支架必须缩回到最末端时,才能进料。在填装或压缩作业时,工作人员不得靠近转运容器。

4.5 转运容器装卸

4.5.1 转运容器在开启、装料和关闭过程中,容器后面严禁站人。

4.5.2 转运容器出站时,应密闭完好。

4.6 污水收集

4.6.1 渗沥液收集、贮存、运输过程中不得泄漏。

4.6.2 污水池检查入口处应锁定并悬挂有关的警示及安全告示牌,并应备有安全带、踏步、扶手、救生绳、挂钩、吊带等附件。

4.6.3 对存在安全隐患的场所，应在采取有效防护措施后方可进入。

4.7 消杀作业

4.7.1 灭蝇、灭鼠药物应按危险品规定管理。

4.7.2 消杀人员必须穿戴安全防护用品后方可进行药物配制和喷洒作业。

4.7.3 消杀人员应严格按照药物喷洒操作规程作业。

5 环境监测

5.0.1 转运站运行中应定期进行环境监测和环境影响分析。

5.0.2 转运站运行前应进行转运站的本底环境质量监测。

5.0.3 取样监测人员应按有关规定采取个人保护措施。

5.0.4 环境监测采用的仪器设备和取样方法，样品的贮存及分析应符合国家现行标准《城市生活垃圾采样和物理分析》CJ/T 3035、《生活垃圾填埋场环境监测技术要求》GB/T 18772 的有关规定。

5.0.5 易燃、易爆、有毒物品应由专人保管，领用时应办理有关手续。

5.0.6 带刺激性气体和有毒气体的化验、检测应在通风橱内进行。

5.0.7 化验、检测完毕后应关闭化验室水、电、气、火源。

5.0.8 环境监测分析记录和报告应分类整理、归档管理。

5.0.9 大气监测频率每季度不应少于一次，监测点不应少于4个；大气监测采样方法应符合国家现行标准《生活垃圾填埋场环境监测技术要求》GB/T 18772 的有关要求。监测项目应包括飘尘量、臭气、总悬浮物和硫化氢。

5.0.10 转运站应在站内污水处理排水口处设排水取样点，监测频率每季度不应少于一次，监测项目应包括 pH、总悬浮物、五日生化需氧量、化学需氧量和氨氮。

5.0.11 渗沥液水质监测频率每季度不应少于 1 次。监测项目应包括 pH、总悬浮物、氨氮、五日生化需氧量和化学需氧量。

5.0.12 应根据当地气候特征，在苍蝇活跃期每月监测苍蝇密度不应少于 2 次。

本规程用词说明

1 为便于在执行本规程条文时区别对待，对于要求严格程度不同的用词说明如下：

  1）表示很严格，非这样做不可的：

    正面词采用"必须"；反面词采用"严禁"。

  2）表示严格，在正常情况下均应这样做的：

    正面词采用"应"；反面词采用"不应"或"不得"。

  3）表示允许稍有选择，在条件许可时首先应这样做的：

    正面词采用"宜"；反面词采用"不宜"。

    表示有选择，在一定条件下可以这样做的，采用"可"。

2 条文中指明应按其他有关标准、规范执行的，写法为："应符合……的规定"或"应按……执行"。

中华人民共和国行业标准

生活垃圾转运站运行维护技术规程

CJJ 109—2006

条 文 说 明

前　言

《生活垃圾转运站运行维护技术规程》CJJ 109 - 2006 经建设部 2006 年 3 月 26 日以第 421 号公告批准发布。

为便于广大设计、施工、科研、学校等单位有关人员在使用本规程时能正确理解和执行条文规定，《生活垃圾转运站运行维护技术规程》编制组按章、节、条顺序编制了本规程的条文说明，供使用者参考。在使用中如发现本条文说明有不妥之处，请将意见函寄城市建设研究院（地址：北京市朝阳区慧新南里 2 号院，邮政编码：100029）。

目　次

1 总 则

1.0.1 说明制定本规程的宗旨目的。

生活垃圾转运站（以下简称转运站）的运行维护管理直接关系到城市人民身体健康与生活环境质量。本规程是在国家有关基本建设方针、政策和法令的指导下，借鉴发达国家的先进经验，总结我国近年来转运站的运行维护管理经验与教训，并考虑今后我国转运站工程建设发展、运行维护管理的需要和方向而制定的。本规程编制目的在于推动科学管理与技术进步，提高转运站的工作效率，为转运站的安全运行维护管理提供科学依据。

1.0.2 说明本规程的适用范围。

1.0.3 说明本规程与国家现行有关标准、规范和规定的关系。

转运站的运行、维护、安全管理、控制及环境保护与监测除应执行本规程外，尚应同时执行国家现行的有关强制性标准、规范和规定。

2 运 行 管 理

2.1 一 般 规 定

2.1.1 为提高转运站管理的效率，防止乱指挥、瞎指挥，加强科学管理，管理人员应掌握转运站的主体工艺流程、主要技术指标以及运行管理的基本要求。

2.1.2 为提高转运站的生产效率，保障安全生产，防止错误操作，操作人员应掌握有关工艺技能、本岗位的设施、设备技术性能及操作规程。

2.1.3 转运站必须实行岗前培训和持证上岗，对各岗位操作人员和运行管理人员进行岗前培训可使员工了解本职工作的任务与职责，熟悉各种设施、设备的安全操作规程，掌握各种设施、设备的使用技术，是保障安全生产的重要手段。持证上岗可明确划分各员工的任务与责任，有利于提高劳动生产率。

2.1.4 管理人员对设施、设备、仪器、仪表的运行情况进行定期检查的时间间隔可根据各转运站的自动化程度、设备质量、投入使用时间长短而定。操作人员日常工作中应做好运行记录、当班工作记录和交接班记录，一方面是对操作人员工作情况的监督；另一方面以便收集运行管理的基础数据，为提高劳动生产效率和管理效率提供依据。

2.1.5 为保障安全生产，应根据各设备、仪器、仪表的使用说明按要求启闭、使用和停车。

2.1.6 当现场电压超出电气设备额定电压±10％时，严禁启动电气设备，一方面避免损坏设备或仪器、仪表，另一方面保证员工人身安全。

2.1.7 通风、除尘、除臭设施设备作为转运站的重要环境保护措施，为防止对周围环境产生不良影响，在运行管理过程中应保持这些设施设备完好。

2.1.8 对各种机械设备、仪器、仪表的使用、维护技术资料归档管理，有利于提高工作效率，做到有案可查，有理可据。

2.1.9 转运站内交通标志设置应规范清楚，按现行有关标准、规范执行。通道包括双车道、单车道、人行道、扶梯和人行天桥。由于转运站车流量较大，为保证转运工作的顺利进行，应保持通道畅通。

2.1.10 转运站车辆维护、维修、保养应根据"专业化与社会化"相结合的原则，可移动的机械设备及汽车等的大修、维护保养应尽量由专业维修机构进行，一般机械设备则可考虑在站内配置必要的维修技术力量、专用维修设备及相应的配套设施。转运站应具备各类设备的小修和日常维护保养的能力，同时应做好每辆车辆的修理与维护保养记录。

2.1.11 对外来出入人员及车辆进行登记管理有利于控制人流、物流，有利于收集相关的基础资料，为站内调度工作的改进提供依据。

2.1.12 危险废物不得进入生活垃圾收运系统。现场管理及操作人员应随机检查进站垃圾的成分，一旦发现危险垃圾，请原运输单位负责外运、处置。

2.1.13 文明整洁的站容、站貌不仅涉及转运站自身的形象问题，也涉及到转运站在周围居民心目中的形象问题。宜配备专职保洁人员，每天应定时洒水，定时清扫路面，定期杀虫灭鼠，进行站内的美化、绿化。

2.2 计 量

2.2.1 计量系统主要作用是自动读取垃圾运输车辆的相关资料，并记录过磅垃圾的重量与时间。计量系统记录的数据是转运量统计及转运收费计算的主要依据，日常运行中应保持其处于正常状态，出现问题时应按本章第2.2.5条要求处理。

2.2.2 操作人员应定期检查地磅，确定其计量误差范围，并对地磅进行调整，也可对比每天的进站垃圾量确定是否要检查地磅。另外，应按有关规定要求定期向当地计量监督部门提出申请，请有关权威部门对地磅进行调校，出据合格证明材料。

2.2.3 此条所述登记进站垃圾的来源和性质主要是对进站垃圾进行定性评价，比如居民生活区垃圾、商业区垃圾、路面清扫垃圾等；进站垃圾的重量、运输单位和车号主要由计量系统自动记录。这就要求计量系统在设计时就应考虑收集这些信息，转运车辆上也应配备自动读取这些信息的设备。

2.2.4 为防止资料丢失，操作人员应做好每日进站垃圾资料的备份工作，每月填写统计分析报表，上报有关领导审阅并存档管理。

2.2.5 当计量系统出现故障，不能实现自动记录时，应采取手工方式记录有关数据。为防突发故障，应在日常工作中备有记录相关数据的表格。为保持基础数据的完整性与准确性，当系统修复后应及时将手工记录的数据输入计量系统。

2.3 卸 料

2.3.1 由于卸料时存在安全防护问题，卸料前应检查各保护装置，当保护装置失灵或工作状态不正常时，不能进行卸料操作，以防出现安全事故。

2.3.2 为保证每次卸料作业的正常进行与安全操作，每次卸料前应检查卸料区域和设备运转区域，确保无异常情况后才能进行卸料作业。

2.3.3 垃圾运输车应在现场工作人员的指挥下按序进入卸料区域，并沿指定路线行进，以免造成拥堵，保证高效卸料与安全卸料。

2.3.4 为保持卸料区域良好的工作环境，减轻卸料作业对现场工作人员的身体影响，在卸料时必须同时启动通风、除尘、除臭系统。目前有些转运站为了节省运行费用，在卸料作业时并不启动通风、除尘、除臭系统，现场工作环境恶劣，粉尘量大、臭气浓度高、空气质量差，既对现场工作人员的身体健康产生严重影响，也对转运站在周围民众心目中的形象产生不良影响。为此，此条被定为强制性条文。

2.3.5 由于大件垃圾会影响转运效率，另外某些大件垃圾在转运过程中会损坏转运设备，因此发现大件垃圾时应及时清除处理。违禁物料是不允许进入生活垃圾转运系统的废物，比如医疗垃圾、有毒垃圾等；对相关设施设备存在潜在危害的物料，如未熄灭的煤球、煤气罐等。发现违禁物料时，现场工作人员应及时汇报，并妥善处理，以防事故发生。

2.3.6 垃圾运输车卸料完后，应在现场工作人员的指挥下沿指定路线行进，以便尽快腾出卸料空位，同时顺畅驶出转运站。

2.3.7 卸料时应保持平台干净、平整、无积水，以防蚊蝇等滋生，也为现场工作人员提供较好的工作环境。

2.3.8 对蚊蝇应定期进行消杀，在蚊蝇活跃期或密集区还需适当加大消杀频率，每月应对全站的蚊蝇、鼠类等进行监测，发现数量较多时应及时消杀。若发现蚊蝇和鼠类产生耐药性时，应及时更换消杀药物。

2.4 填装与压缩

2.4.1 对于压缩转运工艺，压缩机的性能及工作状态直接关系到转运站的运行费用、生产效率与正常生产。压缩设备的各线路应连接正确，压缩机工作区域应无其他物体妨碍设备运转，以保证压缩转运设备的正常运行。

2.4.2 由于转运站有压缩式转运与非压缩式转运，而压缩式转运又有垂直压缩与水平压缩两种类型，

因此转运站在进行垃圾埋装与压缩时，应根据各转运方式的工艺技术要求进行操作，并保证工艺流程的稳定性和各种工艺步骤的协调性。此处稳定性主要是讲面对冲击负荷时流程运行的稳定性，协调性主要是讲流程前后工段处理能力及运行状态的协调性。

2.4.3 关于填装与压缩垃圾时防止渗沥液二次污染的要求。由于各地区气候及垃圾成分的不同，在填装与压缩垃圾时有可能产生垃圾渗沥液，为防止渗沥液产生二次污染，必须设置渗沥液收集和导排设施，日常中应做好垃圾渗沥液收集设施的维护工作，以保证其能正常发挥作用。

2.5 转运容器装卸

2.5.1 为了保证转运站正常高效地运行，避免出现拥堵现象，应有完善的转运车辆调度计划，在每天转运高峰时段尤其应注意转运车辆的调度问题。

2.5.2 转运车辆及容器在完成转运工作后，轮空的容器应运回转运站备用，存放在转运站的车辆及容器应清理干净，清理的主要部位为轮胎、车辆外壳、容器内表面等处。

2.5.3 在压缩转运工艺中，将垃圾推（压）入转运容器时，压缩机与转运容器的配合至关重要，若两者对接不好，可能会出现漏料、机械碰撞等情况。因此在将垃圾推（压）入垃圾转运容器前，应将两者对接好，以保证正常工作。

2.5.4 由于目前国内转运车辆以及转运容器的多样性，在实际操作中较难保证完全避免垃圾洒落的情况发生，在转运操作完毕后应及时清理干净，既保持较好的工作环境，也防止蚊蝇等滋生。

2.6 污 水 收 集

2.6.1~2.6.3 转运站的污水来源较多，来源不同，性质不同，收集与处理方式也不同。按照各自的来源，转运站污水包括生活污水、洗车污水、地坪冲洗污水和垃圾渗沥液。其中生活污水为转运站工作人员在日常生活、工作中产生的污水；洗车污水为转运车辆及容器清洗过程中产生的污水；地坪冲洗污水为工作面冲洗时产生的污水；垃圾渗沥液为垃圾填装、压缩及转运过程中从垃圾中渗出的液体。

转运站污水是转运站产生二次污染的主要原因之一，保持污水收集系统正常工作，及时顺畅地将转运站污水导排至收集点，对于防止污水产生二次污染是必须的。另外，由于垃圾渗沥液处理的高难度，加强雨污分流，尽量减少渗沥液的产生量，对于降低转运站污水管理的难度是有益的。

由于转运站位置及规模的不同，各地对污水处理的要求也不同，转运站污水处理方式应根据各转运站的具体情况而定。可以依据国家与地方标准进行预处理后排入城市污水管网，也可单独处理达标后排放。

某些城市的地方标准比国家标准更为严格，在选择排放或者预处理标准时应加注意。

国家目前关于污水管理的各个环节均有较完善的规定，制定了一系列的标准和规范，转运站污水的收集、贮存、运输、处理、排放等环节必须符合有关规定的要求。与此相关的现有主要标准和规范有《污水综合排放标准》GB 8978、《污水排入城市下水道水质标准》CJ 3082、《地表水环境质量标准》GB 3838 等。

3 维护保养

3.0.1、3.0.2 关于站内辅助生产设施、设备等维护保养的要求。对于站内的通道、给水、排水、除尘、脱臭、供电等辅助生产设施，以及站内电气、照明设备、通信管线等辅助生产设备应定期检查维护，这些设施设备的正常工作直接关系到转运工作的正常运行以及对二次污染的有效防治。此处的定期所指的时间间隔应根据各设施设备的特点确定，检查维护的方法也应根据各设施设备的特点确定。发现异常时应及时修复，做到任务明晰、责任明确。

3.0.3 对于各种生产机械设备，应进行日常维护保养，并按照有关规定进行大、中、小修。此处的有关规定除了国家关于机械设备维护保养的标准、规范外，还包括设备提供厂家针对转运设备维护保养的特殊规定。

3.0.4 避雷、防爆等装置是避免转运站发生事故的重要保护设备，国家关于这些装置、设备检测、维护保养有着非常严格的标准和规范。除了日常维护保养外，定期应请国家相关检测机构对装置的有效性进行检测，并按检测结果作出适当调整。与此相关的现有主要标准和规范有《建筑物防雷设计规范》GB 50057、《爆炸和火灾危险环境电力装置设计规范》GB 50058、《火灾自动报警系统设计规范》GB 50116、《电气装置安装工程 接地装置施工验收规范》GB 50169 和《电气装置安装工程 电缆线路施工及验收规范》GB 50168 等。

3.0.5 本条规定应根据《消防法》及有关规范的要求对各种消防设施、设备进行定期检查，对超过使用有效期的灭火器和消防水带，以及压力达不到要求的灭火器要及时更换。

3.0.6 各种交通、警示标志发挥着引导交通、警示安全的作用，应定期检查，发现破损及时更换。

3.0.7 为防止贵重、精密仪器的丢失或损坏，应该设专人进行保管和保养。

3.0.8 转运站计量仪器收集的数据是转运量、转运收费、转运效率、运行成本计算的主要依据，为保证数据的准确性，计量仪器的检修和核定应由质量技术监督部门负责，并挂合格证。

3.0.9 保持监测仪器及取样器具清洁主要是从延长其使用寿命和保证其准确性方面考虑的，在使用后应按相关操作规程对其进行清洗，以保持清洁。

4 安全操作

4.1 一般规定

4.1.1 本条规定了生产作业过程与国家现行标准《生产过程安全卫生要求总则》GB 12801 的关系。为了保证安全卫生生产，应制定操作和管理人员安全与卫生管理规定；各岗位应根据其工作的任务、设备的运行特点制定相应的安全操作规程，并严格执行，操作规程应具体、详尽，具有可操作性和针对性。

4.1.2 国家现行标准《生产过程安全卫生要求总则》GB 12801 是所有生产过程关于安全卫生要求的总规定，任何生产过程均应满足其要求，转运站生产作业过程也应满足其要求。

4.1.3 本条规定了转运站运输管理与国家现行标准《工业企业厂内运输安全规程》GB 4387 的关系。

国家现行标准《工业企业厂内运输安全规程》GB 4387 是关于所有工业企业厂内运输管理的总规定，任何工业企业均应满足其要求，转运站内运输管理也应满足其要求。

4.1.4 本条是关于操作人员在日常工作中安全卫生保障的基本要求。

操作人员作为一线工作人员，为了保障其安全与健康，工作时必须穿戴必要的劳保用品，比如手套、口罩等；由于转运站内车辆较多，夜间作业现场应穿反光背心。

4.1.5 由于转运站工作作业区内情况复杂，垃圾物料成分多种多样，有些员工吸烟后将燃烧的烟头扔入卸料槽或转运容器中，易造成安全隐患，从保证员工身体健康与安全生产的角度出发，严禁在生产作业区内吸烟；酒后作业一直是造成安全生产事故的重要原因，必须严禁酒后作业。

4.1.6 各种传动部件在运行时存在潜在危险，必须设有机罩，以防杂物或工作人员头发、衣服、肢体等卷入其中而发生事故。

4.1.7 国家关于电气设备操作与检修有非常严格的安全操作规定，相关标准、规范齐全，对带电设备的检修必须严格执行现行有关规定，以防安全事故发生。与此相关的标准、规范主要有《电力系统安全稳定控制技术导则》DL/T 723 等。

4.1.8 维修机械设备需要搭接动力线时，切不能随意搭接，由于随意搭接动力线引发的事故时有发生，因此制订此条文。临时动力线的搭接必须严格按本章第 4.1.7 的要求执行。

4.1.9 转运站机械设备多为重型设备，使用、维修必须是专业人员进行，以防安全事故发生。

4.1.10 操作人员日常工作中应严格按操作规程执行，对于他人的违章指挥，应拒绝操作，以杜绝违章操作。

4.1.11 为保证站内消防安全，须按现行国家标准《建筑设计防火规范》GBJ 16 和《建筑灭火器配置设计规范》GB 50140 配备消防器材，并保持完好。

4.1.12 在不同的地理位置，要根据当地气候、气象特点制定防火、防爆、防洪、防风、防滑、防疫等方面的应急预案和措施。防火、防爆、防洪、防风意思明确；防滑主要是考虑北方地区冬季降水后，站内通道表面可能会结冰，因此应考虑防滑方面的应急预案和措施；防疫主要是考虑可能发生类似非典的突发疫情，因此应考虑防疫方面的应急预案和措施。

4.1.13 若有带火种车辆进入作业区，会对转运站安全生产造成很大的安全隐患，尤其像煤气罐、燃烧的煤球等。

4.1.14 为保证安全生产，在存在安全隐患的地方、在事故易发地点应设置标志，标志的设置须符合国家现行有关标准的规定，并定期维护，发现破损及时修复。与此相关的国家标准主要有《安全色》GB 2893、《安全标志》GB 2894 等。

4.1.15 为了处理日常工作的一些小伤、小病，以及发生危险的紧急救护，须配备必要的防护救生用品和药品。

4.2 计　量

4.2.1 地磅前应设置醒目的提示标志，并有反光效果，以提示过磅车辆及时减速，安全通过地磅。

4.2.2 在地磅前方应设减速标志、限速标志和减速装置，并维护保持完好，以保证车辆安全通过地磅以及地磅准确计量。

4.2.3 转运站有可能会在夜间运行，由于地磅的重要性，其周围应具备良好的照明设施，并维护保持完好。

4.3 卸　料

4.3.1 在卸料平台道路入口前方应设减速标志，并维护保持完好，以提示车辆及时减速，安全平稳进入卸料平台。

4.3.2 由于卸料时，卸料平台上车辆行驶频繁，无特殊情况时，不得有无关人员停留，以免发生事故。

4.3.3 当卸料槽或专用容器辅助装置损坏时，一方面可能影响卸料作业的正常运行，另一方面可能存在安全隐患，因此应暂停卸料作业。

4.3.4 为防止漏料，当卸料槽或专用容器入口堆满垃圾时，不可继续卸料；待垃圾被推入压缩箱或专用容器，入口处有空间后方可卸料。

4.3.5 卸料槽或专用容器中如发现大件垃圾时，须及时清理；发现危险废物，应及时上报管理部门，并

作出相应处理。

4.4 填装与压缩

4.4.1 对于直接进料工艺，当压缩机工作时，不得往压缩机料斗口进料。制订此条的目的一方面是为了防止漏料，另一方面是为了防止垃圾被带入压缩机头而损坏压缩机。

4.4.2 卸料时，为防止漏料并保证安全生产，对接与锁紧机构应保持完好。

4.4.3 制订此条主要目的是防止漏料并保证人员、设备安全。

4.5 转运容器装卸

4.5.1 由于转运站容器尺寸较大，其后面容易产生视角死角，因此在转运容器开启、装料和关闭过程中，容器后面严禁站人，以免出现事故。

4.5.2 为防止垃圾或渗沥液从转运容器中漏出，转运容器出站时，应密闭完好。

4.6 污水收集

4.6.1 在渗沥液收集、贮存、运输过程中要采取密封措施，以防渗沥液泄漏产生二次污染。

4.6.2 由于以前出现过工作人员进入污水池而发生事故的事件，为防类似事件发生，特制订此条文。

4.6.3 此条文是对前条条文的补充，转运站内除污水池存在安全隐患外，某些场所，比如卸料槽、集水池、污水管道等也存在一定的安全隐患，当需要进入这些场所时，必须采取有效的防护措施。

4.7 消杀作业

4.7.1 各种消杀药物的使用管理应执行现行有关标准，按危险品规定管理。

4.7.2、4.7.3 为了保护消杀人员的身体健康，保证药物喷洒作业的效果，消杀人员应穿戴安全防护用品，严格按照药物喷洒操作规程作业。

5 环境监测

5.0.1 对转运站的各个运行环节应定期进行环境监测与环境影响分析，一方面做到对潜在二次污染心里有数，另一方面可针对潜在的二次污染采取相应的预防或处理措施，防患于未然。

5.0.2 对转运站进行本底环境质量监测的目的是对转运站的原始环境质量进行全面了解，为以后运行管理过程的污染控制提供对比数据。

5.0.3 取样监测人员应根据所监测分析项目的有关规定采取相应个人保护措施。比如进入污水池取样时应该事先对池中的空气质量进行分析，确定是否穿戴氧气面罩等。

5.0.4 在监测分析各单项指标时，所用监测方法及监测仪器设备均应按现行有关标准执行。样品的贮存和分析也应按有关标准的要求和规定执行。与此相关的标准主要有《城市生活垃圾采样和物理分析》CJ/T 3039、《生活垃圾填埋场环境监测技术标准》CJ/T 3037 等。

5.0.5 易燃、易爆、有毒物品应由专人保管，保管办法应按现行有关标准执行，领用须办理相关手续。

5.0.6 为了保证分析化验人员的身体健康，在对刺激性气体和有毒气体化验、检测时应在通风橱内进行。

5.0.7 为了保证化验室安全，在化验、检测完毕后应关闭化验室水、电、气、火源。

5.0.8 为了规范管理环境监测分析记录和报告，方便查阅，应对环境监测分析记录和报告分类整理、归档管理。

5.0.9 大气监测是转运站环境监测的重要部分，监测频率不低于每季度一次。监测项目有 4 项，包括飘尘量、臭气、总悬浮物和硫化氢。

5.0.10 污水处理出水监测是转运站环境监测的重要部分，主要看出水水质是否达到排放标准的要求。监测频率不低于每季度一次，取样点应设在污水处理排水口。监测项目有 5 项，包括 pH、总悬浮物、五日生化需氧量、化学需氧量和氨氮。

5.0.11 渗沥液监测是转运站环境监测的重要部分，主要对水质进行分析，监测频率不低于每季度一次。监测项目有 5 项，包括 pH、总悬浮物、五日生化需氧量、化学需氧量和氨氮。

5.0.12 关于苍蝇密度的监测也是转运站环境监测的重要部分，一方面是对苍蝇密度进行监测，另一方面是若发现苍蝇密度有所增加时，应及时采取消杀措施。当现场成蝇达到 4～6 只/m²，或幼虫达到 2～3 只/m² 时，应进行喷药消杀，当成蝇和幼虫密度低于 2 只/m² 时，可采用定时、定点施放苍蝇毒饵来控制作业现场苍蝇的密度。

中华人民共和国行业标准

生活垃圾卫生填埋场封场技术规程

Technical code for municipal solid waste
sanitary landfill closure

CJJ 112—2007
J 657—2007

批准部门：中华人民共和国建设部
施行日期：２００７年６月１日

中华人民共和国建设部
公　　告

第 550 号

建设部关于发布行业标准《生活垃圾
卫生填埋场封场技术规程》的公告

现批准《生活垃圾卫生填埋场封场技术规程》为行业标准，编号为 CJJ 112 - 2007，自 2007 年 6 月 1 日起实施。其中第 2.0.1、2.0.7、3.0.1、4.0.1、4.0.5、4.0.8、5.0.1、6.0.6、6.0.7、7.0.1、7.0.4、8.0.6、8.0.17、8.0.18、9.0.3 条为强制性条文，必须严格执行。

本规程由建设部标准定额研究所组织中国建筑工业出版社出版发行。

中华人民共和国建设部
2007 年 1 月 17 日

前　　言

根据建设部建标 [2004] 66 号文的要求，规程编制组经广泛调查研究，认真总结实践经验，参考有关国际标准和国外先进标准，并在广泛征求意见基础上，制定了本规程。

本规程的主要技术内容是：1. 总则；2. 一般规定；3. 堆体整形与处理；4. 填埋气体收集与处理；5. 封场覆盖系统；6. 地表水控制；7. 渗沥液收集处理系统；8. 封场工程施工及验收；9. 封场工程后续管理。

本规程由建设部负责管理和对强制性条文的解释，由主编单位负责具体技术内容解释。

本规程主编单位：深圳市环境卫生管理处（地址：深圳市新园路 33 号；邮政编码 518101）

本规程参编单位：华中科技大学
深圳市玉龙坑固体废弃物综合利用中心
武汉市环境卫生研究设计院
中国城市建设研究院

本规程主要起草人员：吴学龙　刘泽华　梁顺文
姜建生　廖　利　王松林
王　辉　郭祥信　冯其林
田学根　王芙蓉　黄建东
郑　尧　张斯奇　陈　亮

目　次

1 总 则

1.0.1 为规范生活垃圾卫生填埋场封场工程的设计、施工、验收、运行维护，实现科学管理，达到封场工程及封场后的填埋场安全稳定、生态恢复、土地利用、保护环境的目标，做到技术可靠、经济合理，制定本规程。

1.0.2 本规程适用于生活垃圾卫生填埋场。简易垃圾填埋场可参照执行。

1.0.3 填埋场封场工程的规划、设计、施工、管理除应符合本规程外，尚应符合国家现行有关标准的规定。

2 一般规定

2.0.1 填埋场填埋作业至设计终场标高或不再受纳垃圾而停止使用时，必须实施封场工程。

2.0.2 填埋场封场工程必须报请有关部门审核批准后方可实施。

2.0.3 填埋场封场工程应包括地表水径流、排水、防渗、渗沥液收集处理、填埋气体收集处理、堆体稳定、植被类型及覆盖等内容。

2.0.4 填埋场封场工程应选择技术先进、经济合理，并满足安全、环保要求的方案。

2.0.5 填埋场封场工程设计应收集下列资料：

　　1 城市总体规划、区域环境规划、城市环境卫生专业规划、土地利用规划；

　　2 填埋场设计及竣工验收图纸、资料；

　　3 填埋场及附近地区的地表水、地下水、大气、降水等水文气象资料，地形、地貌、地质资料以及周边公共设施、建筑物、构筑物等资料；

　　4 填埋场已填埋的生活垃圾的种类、数量及特性；

　　5 填埋场及附近地区的土石料条件；

　　6 填埋气体收集处理系统、渗沥液收集处理系统现状；

　　7 填埋场环境监测资料；

　　8 填埋场垃圾堆体裂隙、沟坎、鼠害等情况；

　　9 其他相关资料。

2.0.6 填埋场封场工程的劳动卫生应按照有关规定执行，并应采取有利于职业病防治和保护作业人员健康的措施。

2.0.7 填埋场环境污染控制指标应符合现行国家标准《生活垃圾填埋污染控制标准》GB 16889 的要求。

3 堆体整形与处理

3.0.1 填埋场整形与处理前，应勘察分析场内发生火灾、爆炸、垃圾堆体崩塌等填埋场安全隐患。

3.0.2 施工前，应制定消除陡坡、裂隙、沟缝等缺陷的处理方案、技术措施和作业工艺，并宜实行分区域作业。

3.0.3 挖方作业时，应采用斜面分层作业法。

3.0.4 整形时应分层压实垃圾，压实密度应大于 800kg/m³。

3.0.5 整形与处理过程中，应采用低渗透性的覆盖材料临时覆盖。

3.0.6 在垃圾堆体整形作业过程中，挖出的垃圾应及时回填。垃圾堆体不均匀沉降造成的裂缝、沟坎、空洞等应充填密实。

3.0.7 堆体整形与处理过程中，应保持场区内排水、交通、填埋气体收集处理、渗沥液收集处理等设施正常运行。

3.0.8 整形与处理后，垃圾堆体顶面坡度不应小于5%；当边坡坡度大于10%时宜采用台阶式收坡，台阶间边坡坡度不宜大于 1∶3，台阶宽度不宜小于2m，高差不宜大于 5m。

4 填埋气体收集与处理

4.0.1 填埋场封场工程应设置填埋气体收集和处理系统，并应保持设施完好和有效运行。

4.0.2 填埋场封场工程应采取防止填埋气体向场外迁移的措施。

4.0.3 填埋场封场时应增设填埋气体收集系统，安装导气装置导排填埋气体。

4.0.4 应对垃圾堆体表面和填埋场周边建（构）筑物内的填埋气体进行监测。

4.0.5 填埋场建（构）筑物内空气中的甲烷气体含量超过 5%时，应立即采取安全措施。

4.0.6 对填埋气体收集系统的气体压力、流量等基础数据应定期进行监测，并应对收集系统内填埋气体的氧含量设置在线监测和报警装置。

4.0.7 填埋气体收集井、管、沟以及闸阀、接头等附件应定期进行检查、维护，清除积水、杂物，保持设施完好。系统上的仪表应定期进行校验和检查维护。

4.0.8 在填埋气体收集系统的钻井、井安装、管道铺设及维护等作业中应采取防爆措施。

5 封场覆盖系统

5.0.1 填埋场封场必须建立完整的封场覆盖系统。

5.0.2 封场覆盖系统结构由垃圾堆体表面至顶表面顺序应为：排气层、防渗层、排水层、植被层，如图5.0.2所示。

5.0.3 封场覆盖系统各层应从以下形式中选择：

　　1 排气层

　　　1）填埋场封场覆盖系统应设置排气层，施加于防渗层的气体压强不应大于 0.75kPa。

植被层

排水层

防渗层

排气层

图 5.0.2 封场覆盖系统结构示意图

2）排气层应采用粒径为 25～50mm、导排性
能好、抗腐蚀的粗粒多孔材料，渗透系数
应大于 $1×10^{-2}$ cm/s，厚度不应小于
30cm。气体导排层宜用与导排性能等效
的土工复合排水网。

2 防渗层

1）防渗层可由土工膜和压实黏性土或土工聚
合黏土衬垫（GCL）组成复合防渗层，也
可单独使用压实黏性土层。

2）复合防渗层的压实黏性土层厚度应为 20～
30cm，渗透系数应小于 $1×10^{-5}$ cm/s。单独
使用压实黏性土作为防渗层，厚度应大于
30cm，渗透系数小于 $1×10^{-7}$ cm/s。

3）土工膜选择厚度不应小于 1mm 的高密度聚
乙烯（HDPE）或线性低密度聚乙烯土工膜
（LLDPE），渗透系数应小于 $1×10^{-7}$ cm/s。
土工膜上下表面应设置土工布。

4）土工聚合黏土衬垫（GCL）厚度应大于
5mm，渗透系数应小于 $1×10^{-7}$ cm/s。

3 排水层顶坡应采用粗粒或土工排水材料，边
坡应采用土工复合排水网，粗粒材料厚度不应小于
30cm，渗透系数应大于 $1×10^{-2}$ m/s。材料应有足够
的导水性能，保证施加于下层衬垫的水头小于排水层
厚度。排水层应与填埋库区四周的排水沟相连。

4 植被层应由营养植被层和覆盖支持土层组成。
营养植被层的土质材料应利于植被生长，厚度应
大于 15cm。营养植被层应压实。
覆盖支持土层由压实土层构成，渗透系数应大于
$1×10^{-4}$ cm/s，厚度应大于 450cm。

5.0.4 采用黏土作为防渗材料时，黏土层在投入使
用前应进行平整压实。黏土层压实度不得小于 90%。
黏土层基础处理平整度应达到每平方米黏土层误差
不得大于 2cm。

5.0.5 采用土工膜作为防渗材料时，土工膜应符合
现行国家标准《非织造复合土工膜》GB/T 17642、

《聚乙烯土工膜》GB/T 17643、《聚乙烯（PE），土工
膜防渗工程技术规范》SL/T 231、《土工合成材料应
用技术规范》GB 50290 的相关规定。
土工膜膜下黏土层，基础处理平整度应达到每平
方米黏土层误差不得大于 2cm。

5.0.6 铺设土工膜应焊接牢固，达到规定的强度和
防渗漏要求，符合相应的质量验收规范。

5.0.7 土工膜分段施工时，铺设后应及时完成上层
覆盖，裸露在空气中的时间不应超过 30d。

5.0.8 在垂直高差较大的边坡铺设土工膜时，应设
置锚固平台，平台高差不宜大于 10m。

5.0.9 在同一平面的防渗层应使用同一种防渗材料，
并应保证焊接技术的统一性。

5.0.10 封场覆盖系统必须进行滑动稳定性分析，典
型无渗压流和极限覆盖土层饱和情况下的安全系数设
计中应采取工程措施，防止因不均匀沉降而造成防渗
结构的破坏。

5.0.11 封场防渗层应与场底防渗层紧密连接。

5.0.12 填埋气体的收集导排管道穿过覆盖系统防渗
层处应进行密封处理。

5.0.13 封场覆盖保护层、营养植被层的封场绿化应
与周围景观相协调，并应根据土层厚度、土壤性质、
气候条件等进行植物配置。封场绿化不应使用根系穿
透力强的树种。

6 地表水控制

6.0.1 垃圾堆体外的地表水不得流入垃圾堆体和垃
圾渗沥液处理系统。

6.0.2 封场区域雨水应通过场区内排水沟收集，排
入场区雨水收集系统。排水沟断面和坡度应依据汇水
面积和暴雨强度确定。

6.0.3 地表水、地下水系统设施应定期进行全面检
查。对地表水和地下水应定期进行监测。

6.0.4 对场区内管、井、池等难以进入的狭窄场所，
应配备必要的维护器具，并应定期进行检查、维护。

6.0.5 大雨和暴雨期间，应有专人巡查排水系统的
排水情况，发现设施损坏或堵塞应及时组织人
员处理。

**6.0.6 填埋场内贮水和排水设施竖坡、陡坡高差超
过 1m 时，应设置安全护栏。**

**6.0.7 在检查井的入口处应设置安全警示标识。进
入检查井的人员应配备相应的安全用品。**

6.0.8 对存在安全隐患的场所，应采取有效措施后
方可进入。

7 渗沥液收集处理系统

7.0.1 封场工程应保持渗沥液收集处理系统的设施

完好和有效运行。

7.0.2 封场后应定期监测渗沥液水质和水量，并应调整渗沥液处理系统的工艺和规模。

7.0.3 在渗沥液收集处理设施发生堵塞、损坏时，应及时采取措施排除故障。

7.0.4 渗沥液收集管道施工中应采取防爆施工措施。

8 封场工程施工及验收

8.0.1 封场工程前应根据设计文件或招标文件编制施工方案，准备施工设备和设施，合理安排施工场地。

8.0.2 应制定封场工程施工组织设计，并应制定封场过程中发生滑坡、火灾、爆炸等意外事件的应急预案和措施。

8.0.3 施工人员应熟悉封场工程的技术要求、作业工艺、主要技术指标及填埋气体的安全管理。

8.0.4 施工中应对各种机械设备、电气设备和仪器仪表进行日常维护保养，应严格执行安全操作规程。

8.0.5 场区内施工应采用防爆型电气设备。

8.0.6 场区内运输管理应符合现行国家标准《工业企业厂内运输安全规程》GB 4387 的有关规定，应有专人负责指挥调度车辆。

8.0.7 封场作业道路应能全天候通行，道路的宽度和载荷能力应能保证运输设备的要求。场区内道路、排水等设施应定期检查维护，发现异常应及时修复。场区内供电设施、电器、照明设备、通信管线等应定期检查维护。

8.0.8 场区内的各种交通告示标志、消防设施，设备等应定期检查。

8.0.9 场区内避雷、防爆等装置应由专业人员按有关标准进行检测维护。

8.0.10 封场作业过程的安全卫生管理应符合现行国家标准《生产过程安全卫生要求总则》GB 12801 的规定外，还应符合下列要求：

1 操作人员必须配戴必要的劳保用品，做好安全防范工作；场区夜间作业必须穿反光背心。

2 封场作业区、控制室、化验室、变电室等区域严禁吸烟，严禁酒后作业。

3 场区内应配备必要的防护救生用品和药品，存放位置应有明显标志。备用的防护用品及药品应定期检查、更换、补充。

4 在易发生事故地方应设置醒目标志，并应符合现行国家标准《安全色》GB 2893、《安全标志》GB 2894 的有关规定。

8.0.11 封场作业时，应采取防止施工机械损坏排气层、防渗层、排水层等设施的措施。

8.0.12 封场工程中采用的各种材料应进行进场检验和验收，必要时应进行现场试验。

8.0.13 封场施工中应根据实际需要及时构筑作业平台。

8.0.14 封场过程中应采取通风、除尘、除臭与杀虫等措施。

8.0.15 施工区域必须设消防贮水池，配备消防器材，并应保持完好。消防器材设置应符合国家现行相关标准的规定外，还应符合下列要求：

1 对管理人员和操作人员应进行防火、防爆安全教育和演习，并应定期进行检查、考核。

2 严禁带火种车辆进入场区，作业区严禁烟火，场区内应设置明显防火标志。

3 应配置填埋气体监测及安全报警仪器。

4 封场作业区周围设置不应小于 8m 宽的防火隔离带，并应定期检查维护。

5 施工中发现火情应及时扑灭；发生火灾的，应按场内安全应急预案及时组织处理，事后应分析原因并采取有针对性预防措施。

8.0.16 封场作业区周围应设置防飘散物设施，并定期检查维修。

8.0.17 封场作业区严禁捡拾废品，严禁设置封闭式建（构）筑物。

8.0.18 封场工程施工和安装应按照以下要求进行：

1 应根据工程设计文件和设备技术文件进行施工和安装。

2 封场工程各单项建筑、安装工程应按国家现行相关标准及设计要求进行施工。

3 施工安装使用的材料应符合国家现行相关标准及设计要求；对国外引进的设备和材料应按供货商提供的设备技术要求、合同规定及商检文件执行，并应符合国家现行标准的相应要求。

8.0.19 封场工程完成后，应编制完整的竣工图纸、资料，并应按国家现行相关标准与设计要求做好工程竣工验收和归档工作。

8.0.20 填埋场封场工程验收应按照国家规定和相关专业现行验收标准执行外，还应符合下列要求：

1 垃圾堆体整形工程应符合本规程第 3 章的要求；

2 填埋气体收集与处理系统工程应符合本规程第 4 章的要求；

3 封场覆盖系统工程应符合本规程第 5 章的要求；

4 地表水控制系统工程应符合本规程第 6 章的要求；

5 渗沥液收集处理系统工程应符合本规程第 7 章的要求。

9 封场工程后续管理

9.0.1 填埋场封场工程竣工验收后，必须做好后续维护管理工作。

9.0.2 后续管理期间应进行封闭式管理。后续管理工作应包括下列内容：

1 建立检查维护制度，定期检查维护设施。

2 对地下水、渗沥液、填埋气体、大气、垃圾堆体沉降及噪声进行跟踪监测。

3 保持渗沥液收集处理和填埋气体收集处理的正常运行。

4 绿化带和堆体植被养护。

5 对文件资料进行整理和归档。

9.0.3 未经环卫、岩土、环保专业技术鉴定之前，填埋场地禁止作为永久性建（构）筑物的建筑用地。

本规程用词说明

1 为便于在执行本规程条文时区别对待，对要求严格程度不同的用词说明如下：

 1） 表示很严格，非这样做不可的
  正面词采用"必须"；反面词采用"严禁"；

 2） 表示严格，在正常情况下应这样做的
  正面词采用"应"；反面词采用"不应"或"不得"；

 3） 表示允许稍有选择，在条件许可时首先应这样做的
  正面词采用"宜"，反面词采用"不宜"；
  表示有选择，在一定条件下可以这样做的，采用"可"。

2 条文中指明应按其他有关标准执行的写法为"应按……执行"或"应符合……的规定（或要求）"。

中华人民共和国行业标准

生活垃圾卫生填埋场封场技术规程

CJJ 112—2007

条 文 说 明

前　言

《生活垃圾卫生填埋场封场技术规程》CJJ 112－2007 经建设部 2007 年 1 月 17 日以第 550 号公告批准发布。

为便于广大设计、施工、管理等单位有关人员在使用本规程时能正确理解和执行条文规定，《生活垃圾卫生填埋场封场技术规程》编制组按章、节、条顺序编制了本规程的条文说明，供使用者参考。在使用中如发现条文说明有不妥之处，请将意见函寄深圳市环境卫生管理处（地址：深圳市新园路 33 号；邮政编码：518101）。

目　次

1 总 则

1.0.1 本条明确了制定本规程的目的。

随着我国经济水平的提高，我国各个城市的日产垃圾量已经大大超过原有垃圾填埋场的承受能力，使得很多城市的生活垃圾卫生填埋场、简易填埋场达到了设计库容，或者由于城市新建垃圾填埋场、堆肥场、焚烧厂使得原有垃圾填埋场被废弃，按照《城市生活垃圾卫生填埋技术规范》CJJ 17 的要求，需要进行封场处理和处置。为了更好地贯彻执行国家相关的技术经济政策，根据建设部建标〔2004〕号 66 文的要求，制定《生活垃圾卫生填埋场封场技术规程》CJJ 112—2007。编制本规程的目的在于为城市生活垃圾填埋场能够科学规范地通过封场工程实现安全稳定、生态恢复、土地利用、保护环境提供方法，统一封场工程技术规程，防止因封场工程的设计、施工不科学，运行管理不规范而造成环境污染、安全事故和土地资源浪费。

1.0.2 本条规定了规程的适用范围。

本规程定义为适用于生活垃圾卫生填埋场。但是目前我国简易垃圾填埋场和垃圾堆放场大量存在，这是一个不争的事实。所以在这里规定简易垃圾填埋场的封场工程可参照执行。简易填埋场是指在建设初期未按卫生填埋场的标准进行设计及建设，没有严格的工程防渗措施，渗沥液不收集处理，沼气不疏导或疏导程度不够，垃圾表面也不作全面的覆盖处理。垃圾堆放场是指利用自然形成或人工挖掘而成的坑穴、河道等可能利用的场地把垃圾集中堆放起来，一般不采用任何措施防止堆放污染的扩散与迁移，填埋气体及其他污染物无序排放，垃圾表面也不作覆盖处理。由于我国目前存在大量的简易垃圾填埋场和垃圾堆放场，其中相当一部分已经满容或废弃，必须封场处置，在封场设计和施工中参照本规程实施。

1.0.3 本条规定城市生活垃圾卫生填埋场封场工程的规划、设计、施工、管理除应执行本规程外，还应执行国家现行有关强制性标准的规定。

作为本标准和其他标准、规范的衔接，本规程引用的国家和行业标准主要有：

1. 《市容环境卫生术语标准》CJJ 65；
2. 《生活垃圾填埋场环境监测技术要求》GB/T 18772；
3. 《生活垃圾填埋污染控制标准》GB 16889；
4. 《生活垃圾卫生填埋技术规范》CJJ 17；
5. 《城市生活垃圾卫生填埋场运行维护技术规程》CJJ/T 93；
6. 《工业企业厂内运输安全规程》GB 4387；
7. 《工业企业厂界噪声标准》GB 12348；
8. 《大气环境质量标准》GB 3095；
9. 《作业场所空气中粉尘测定方法》GB 5478；
10. 《恶臭污染物排放标准》GB 14554；
11. 《污水综合排放标准》GB 8978；
12. 《生产过程安全卫生要求总则》GB 12801；
13. 《安全色》GB 2893；
14. 《安全标志》GB 2894。
15. 《地表水环境质量标准》GB 3838；
16. 《地下水质量标准》GB/T 14848；
17. 《城市生活垃圾卫生填埋工程项目建设标准》；
18. 《聚乙烯土工膜》GB/T 17643；
19. 《聚乙烯土工膜防渗工程技术规范》SL/T 231；
20. 《土工合成材料应用技术规范》GB 50290；
21. 《建筑设计防火规范》GB 50016；
22. 《工业企业设计卫生标准》GBZ 1 等。

2 一般规定

2.0.1 本条规定了填埋场实施封场工程的时间和原因。如果填埋作业至设计标高、填埋场服务期满、废弃或其他原因不再承担新的填埋任务时，应及时进行封场作业，促进生态恢复，减少渗沥液产生量，保障填埋场的稳定性，以利于进行土地开发利用。封场应该分为两个部分，一是填埋场在营运过程中的封场，如边坡、分区填埋等，不在填埋场表层再堆垃圾的部位均应随时封场，二是填埋场终场的封顶。

2.0.2 本条规定了卫生填埋场封场工程的建设和管理必须按照相关部门的建设管理程序进行。

2.0.3 本条规定了填埋场封场设计、施工时应该主要考虑的因素。地表水径流、排水防渗、填埋气体的收集、植被类型、填埋场的稳定性及土地利用等因素主要影响封场工程实施后的填埋场污染和生态恢复。

2.0.4 本条规定了封场工程设计、施工时，应充分掌握填埋场施工和运行过程中的各项技术资料。了解目前填埋场的场址状况、垃圾成分产量、填埋时间、封场原因等因素，掌握各方面的资料，准确把握实际状况，有利于进行技术经济比较，选择最佳方案，满足技术、经济、安全、环保各方面的要求。

2.0.5 本条规定了封场工程设计和施工时应先进行收集的各项资料。简易填埋场或垃圾堆放场基础资料难收集齐全时，设计人员应到现场观察，调查垃圾堆放之前的原始地形和垃圾堆放的年限，估算已填埋的垃圾数量；根据当地的降雨量，计算渗沥液产生量；勘查现场污染状况和垃圾堆体安全状况；根据填埋场对环境的污染程度采取必要的措施。

2.0.6 本条规定了封场工程施工运行中劳动卫生工作的基本要求和应采取的保护措施。

2.0.7 本条规定了环境污染控制指标应执行现行国

家有关标准的规定。

3 堆体整形与处理

3.0.1 本条规定了在封场之前应现场考察的工作。卫生填埋场可能在长时间沉降，简易垃圾填埋场和垃圾堆放场的填埋过程中施工不规范、压实程度不够、作业面设置不合理，容易出现陡坡、裂隙、沟缝，导致封场施工过程中发生火灾、爆炸、崩塌等安全事故，所以在封场设计和施工中必须仔细考察现场，及时采取措施消除隐患。

3.0.2 本条规定了在垃圾堆体整形过程之前应制定处理方案、技术措施和作业工艺，应实行分区域作业，以提高施工效率。

3.0.3 垃圾堆体的开挖有很多方法，在封场施工中，采用斜面分层作业，不易形成甲烷气体聚集的封闭或半封闭空间，防止填埋气体突然膨胀引发爆燃。

3.0.4 本条规定了垃圾堆放和压实工艺及压实强度的要求。垃圾层作为整个封场覆盖系统的基础，主要功能是尽量减少不均匀沉降，防止覆盖层物料进入垃圾堆体表面，为封场覆盖系统提供稳定的工作面积和支撑面。

3.0.5 垃圾堆体整形作业过程中，会产生污染大气的物质，所以应及时采用日覆盖处理。

3.0.6 对垃圾堆体整形作业过程中翻出的垃圾的回填作出的规定。

3.0.7 垃圾堆体整形作业过程中，场区内排水、导气、交通、渗沥液处理等设施必须正常运行，并定期进行检查、维护，防止发生环境污染、填埋气体导排不畅等事故。

3.0.8 本条规定了垃圾堆体整形后垃圾场顶面的坡度要求，保证及时排出降水。当边坡过大时应采用多级台阶收坡的措施，保证边坡的稳定性。

4 填埋气体收集与处理

4.0.1 封场之后垃圾顶部被植被覆盖，大部分简易填埋和堆放场没有气体导排设施，使得填埋气体出现向四周水平迁移，发生事故，所以对于简易填埋场和堆放场的封场工程，应在封场覆盖之前设置填埋气体的收集系统。填埋场封场过程中以及封场之后，直至垃圾填埋场达到稳定状态期间必须保持有效的填埋气体导排设施。在垃圾堆体整形过程中，由于存在机械设备在填埋区作业，很有可能碰撞到填埋气体的收集管道或者导气石笼，导致折断，影响填埋气体的收集，所以要在施工时注意对填埋气体收集系统的保护。

4.0.2 填埋气体向场外迁移会影响周边大气环境和安全，影响周边土壤质量等。

4.0.3 本条规定了填埋气体收集系统设置时的要求。

4.0.4 本条对垃圾堆体表面和填埋场周边建（构）筑物内的填埋气体进行监测作出了规定。

4.0.5 根据《生活垃圾卫生填埋技术规范》CJJ 17规定，本条规定填埋场在封场设计施工中，应设计相应安全措施，一旦超过规定值，应及时处理。

4.0.6 针对封场工程施工过程中填埋气体的收集与导排作出了明确的规定。由于填埋气体收集系统中的气体压力、流量等数据是基本资料数据，影响到观测填埋场稳定性和气体的利用价值，所以应定期监测。

4.0.7 对于填埋气体收集系统中的收集井、管沟、系统上的闸阀、接头等附件的检查、维护的规定。

4.0.8 本条为强制性条文。由于填埋气体易燃易爆，所以在施工中应使用防爆设备，防止发生事故。

5 封场覆盖系统

5.0.1 本条规定了填埋场封场必须进行封场覆盖系统的铺设，防止地表水进入填埋区。其中防渗层通常被看作封场覆盖系统中最重要的组成部分，使渗过封场覆盖系统的水分最少，同时控制填埋气体向上的迁移，收集填埋气体，以防止填埋气体无组织释放。

5.0.2 本条规定了填埋场封场覆盖系统的一般基本结构组成，在实际工程中可以根据实际情况进行增加，各层有着各层不同的功能。

5.0.3 本条规定了填埋场封场覆盖系统的各层结构组成形式。

条文中的排气层一般要求采用多孔的、高透水性的土层或土工合成材料，厚度不应小于30cm，通常采用含有土壤或土工布滤层的砂石或砂砾，也可以采用土工布排水结构以及包含土工布排水滤层的土工网排水结构，使用材料应能抵抗垃圾堆体散发的填埋气体的侵蚀，防止填埋气体中的杂质在排气层的沉积造成硬壳而影响排气性能。排气层给不透水层的铺设和安装提供了稳定的工作面和支撑面，施工质量好坏，与排水防渗的效果密切相关。在施工时，应严格按规范选择材料，除了其压实度应满足要求外，应彻底清理瓦砾、碎石、树根等坚硬、尖锐物，要保证良好的颗粒级配，防止由于填埋气体中的滤出物导致的积淀结成硬壳。

防渗层采用压实黏土是使用历史最悠久、最多的防渗材料，压实黏土作为不透水层，成本低，施工难度小，有成熟的规范和使用经验，被石子穿透的可能性小，也不易被植被层的根系刺穿，但渗透系数偏大，防渗性能较差，需要的土方量多，施工量大，施工速度慢，施工压实程度难以一致，容易干燥、冻融收缩产生裂缝，抗拉性能差。现代化的填埋场封场工程中，土工膜已经得到广泛应用。土工膜的优点是防渗性能好，具有流体（液体或气体）阻隔层的功能，而且施工工程量小，有一定的抗拉性能和对不均匀沉降的敏感性，但容易被尖锐的石子刺穿，本身存在老化的问题，焊接处易出现张口，抗剪切性能差，所以通常需要设置膜下保护层和膜上保护层。土工膜的选择标准通常包括结构耐久性、在填埋场产生沉降时仍能保持完整的能力、覆盖边坡时的稳定性以及所需费用等。除此以外，还应考虑铺设方便、施工质量容易得到保证、能防止动植物侵害、在极端冷热气候条件下也能铺设、耐老化以及为焊接、卫生、安全或环境的需要能随时将衬垫打开等。HDPE 土工膜具有厚度薄，不抗穿刺、剪切的缺点，因此在施工过程中，为了有效地控制质量，应选择焊接经验丰富的人员施工，在每次焊接（相隔时间为 2~4 h）之前进行试焊，同时必须对焊缝作破坏性检测和非破坏性检验。在施工其他的相关层时，必须注意对膜的保护，避免造成损坏。

排水层厚度直接铺在复合覆盖衬垫之上，它可以使降水离开填埋场顶部向两侧排出，减少寒流对压实土层的侵入，并保护柔性薄膜衬垫不受植物根系、紫外线及其他有害因素的损害。对这一层并无压实要求。在近代封场设计中，常将土工织物和土工网或土工复合材料置于土工膜和保护层之间以增加侧向排水能力。高透水的排水层应能防止渗入表面覆盖层的水分在不透水层上积累起来，防止在土工膜上产生超孔隙水应力并使表面覆盖层和边坡脱开。边坡的排水层常将水排至排水能力比较大的排水管渠中。

植被土层通常采用不小于 30cm 厚的土料组成，它能维持天然植被和保护封场覆盖系统不受风、霜、雨、雪和动物的侵害，虽然通常无需压实，但为避免填筑过松，土料要用施工机械至少压上两遍。为防止水在完工后的覆盖系统表面积聚，覆盖系统表面的梯级边界应能有效防止由于不均匀沉降产生的局部坑洼有所发展。对采用的表土应进行饱和密度、颗粒级配以及透水性等土工试验，颗粒级配主要用以设计表土和排水层之间的反滤层。封场绿化可采用草皮和具有一定经济价值的灌木，不得使用根系穿透力强的树种，应根据所种植的植被类型的不同而决定最终覆土层的厚度和土壤的改良。土层厚度的选择应根据当地土壤条件、气候降水条件、植物生长状况进行合理选择。

5.0.4 本条规定了黏土防渗时的平整压实要求。

5.0.5 本条对填埋场封场使用的土工膜作为防渗材料时做出了规定。应符合的现行国家标准包括《非织造复合土工膜》GB/T 17642、《聚乙烯土工膜》GB/T 17643、《聚乙烯（PE）土工膜防渗工程技术规范》SL/T 231、《土工合成材料应用技术规范》GB 50290 等。

5.0.6、5.0.7 对铺设土工膜的施工作出的基本规定。

5.0.8 在垂直高差较大时，铺膜必须采取一定的固定措施，而且边坡的坡度也要控制。

5.0.9 本条规定了在同一平面上应使用同一种防渗材料，并保证焊接技术的统一性，防止出现张口、裂缝等损伤。

5.0.10 封场覆盖系统的稳定性一直是封场工程设计施工中的一个关键问题，需要进行滑动稳定分析，需要分析典型无渗压流和极限的覆盖土层饱和情况下的安全系数，采取整体设计措施防止发生封场覆盖系统的破坏。

5.0.11、5.0.12 针对填埋场封场覆盖系统中局部接缝处的处理作出了规定。

5.0.13 规定了封场覆盖保护层、营养植被层与封场绿化的设计、植物选择、绿化带等的基本原则。

6 地表水控制

6.0.1 本条规定了垃圾堆体外地表水不得流入垃圾堆体。在填埋场封场后的管理和运行中，对渗沥液的处理投入相对较大，所以应采取截洪沟、排水沟等措施，防止垃圾区外的地表水进入场内，造成对封场覆盖系统的冲击或压力。

6.0.2 本条规定了封场区域内部的降水的收集。

6.0.3 对地表水和地下水的收集系统的检查、监测作出了基本规定。

6.0.4 本条规定了场区内存在的管、井、池等难以进入的狭窄场所，应配备必要的维护器具，并定期进行检查、维护，防止由于堵塞等问题造成事故隐患。

6.0.5 本条规定了在每年雨季，应有专人对排水系统的设施、运行情况进行检查和处理。

7 渗沥液收集处理系统

7.0.1 规定了填埋场封场工程应对已经建有的垃圾渗沥液导排系统和处理系统设施进行维护和完善，维护正常运行；对没有渗沥液导排系统和处理系统的简易垃圾填埋场，应采取措施和增加工程来保证渗沥液的导排和处理，简易垃圾场通常建在低洼地带，随着垃圾的填埋，常常会在最低的地方形成渗沥液的溪沟，施工时可以在此处进行收集。

7.0.2 本条规定了封场后应定期监测渗沥液水质和水量，并调整渗沥液处理系统的工艺和规模。由于封场后，随着垃圾的降解和封场覆盖系统的施工，垃圾渗沥液的水质会发生很大变化，水量也会减少，所以在封场后应该根据实际情况调整渗沥液处理系统的规模和工艺，以保证达标排放，减少运行费用。

7.0.3 本条规定了在渗沥液收集处理设施发生堵塞、损坏时，应及时采取措施排除故障，保证渗滤液收集和处理系统设施设备正常运行。

7.0.4 本条对收集管道施工中应采取防爆施工措施进行了规定，防止施工中发生填埋气体的安全事故。

8 封场工程施工及验收

8.0.1 本条规定了垃圾填埋场封场前应该做的步骤和程序，保证施工过程和工程监理的有序进行。

8.0.2 由于填埋场封场施工的特殊性，要求在施工方案设计中要制定封场过程中发生滑坡、火灾、爆炸等意外事件的应急预案。

8.0.3 本条规定了施工人员在上岗培训、运行操作、管理和检查维护过程中的职责和任务。

8.0.4、8.0.5 关于封场工程施工管理中的各类机械设备、电力电器设备使用、管理、操作、调度、防爆等的规定。

8.0.6～8.0.9 规定了场区内运输管理，车辆调度，作业道路、排水供电设施、电器照明设备、通信管线和交通标志、告示标志、消防设施、避雷防爆等设施的检查维护。

8.0.10 本条规定了封场作业过程的安全卫生管理工作。

8.0.11 本条规定了施工过程中应及时做好已竣工设施的保护，特别是排气层、防渗层、排水层的保护。

8.0.12 本条规定了工程采用的各种材料的检验和验收的要求，保证施工质量。

8.0.13 本条规定了在工程施工中应根据需要及时构建作业平台，防止发生工程事故。

8.0.14 本条规定了封场过程中应采取通风、除尘、除臭与杀虫等措施。

8.0.15 本条规定了在施工中消防方面的要求，包括消防器材设置，管理人员和操作人员的防火、防爆安全教育和演习，填埋气体监测及安全报警仪器、消防贮水池，储备干粉灭火剂和灭火砂土等消防器材、防火隔离带及安全应急预案。

8.0.16 本条规定了封场作业区周围应设置防飘散物设施，包括钢丝网、围墙等，防止塑料袋等轻质物对周边环境的污染。

8.0.17 本条规定了填埋场封场作业区严禁捡拾废品，设置封闭式建（构）筑物，防止人身事故发生。

8.0.18 本条规定了封场工程施工和安装的要求。

8.0.19 本条规定了封场工程完成后，应按国家相关标准与设计要求做好工程竣工验收和归档工作。

8.0.20 填埋场封场工程验收应按照国家规定和相关专业现行验收标准执行外，还应符合本规程的要求。

9 封场工程后续管理

9.0.1 本条规定了封场工程施工后必须继续维护管理，防止封场后填埋场无人管理，造成污染和安全事故。

9.0.2 本条规定了后续管理期间应进行封闭式管理和后续管理工作的主要内容。

9.0.3 规定了垃圾填埋场土地使用的原则以及使用前必须要经过各方面的专业技术人员进行技术鉴定。

中华人民共和国行业标准

生活垃圾卫生填埋场防渗系统
工程技术规范

Technical code for liner system of municipal solid waste landfill

CJJ 113—2007
J 658—2007

批准部门：中华人民共和国建设部
施行日期：２００７年６月１日

中华人民共和国建设部
公　　告

第 549 号

<hr/>

建设部关于发布行业标准《生活垃圾卫生填埋场防渗系统工程技术规范》的公告

现批准《生活垃圾卫生填埋场防渗系统工程技术规范》为行业标准，编号为 CJJ 113 - 2007，自 2007 年 6 月 1 日起实施。其中第 3.1.4、3.1.5、3.1.9、3.4.1（1、3、4、5）、3.5.2（1、2、3）、3.6.1、5.3.8 条（款）为强制性条文，必须严格执行。

本规范由建设部标准定额研究所组织中国建筑工业出版社出版发行。

中华人民共和国建设部
2007 年 1 月 17 日

前　　言

根据建设部建标〔2003〕104 号文的要求，规范编制组经广泛调查研究，认真总结实践经验，参考有关国际标准和国外先进标准，并在广泛征求意见的基础上，编制了本规范。

本规范的主要技术内容是：1. 总则；2. 术语；3. 防渗系统工程设计；4. 防渗系统工程材料；5. 防渗系统工程施工；6. 防渗系统工程验收及维护。

本规范由建设部负责管理和对强制性条文的解释，由主编单位负责具体技术内容的解释。

本规范主编单位：城市建设研究院（地址：北京市朝阳区惠新南里 2 号院；邮政编码：100029）

本 规 范 参 加 单 位：深圳市胜义环保有限公司

北京高能垫衬工程有限公司

北京博克建筑化学材料有限公司

深圳市环境卫生管理处

本规范主要起草人员：徐文龙　王敬民　周晓晖
刘晶昊　刘仲元　甄胜利
樋口壮太郎　　　颜廷山
刘继武　刘泽军　杨　辉
翟力新　刘　涛　王　凯
吴学龙　童　琳

目　次

1 总　则

1.0.1 为保证生活垃圾卫生填埋场（以下简称"垃圾填埋场"）防渗系统工程的建设水平、可靠性和安全性，防止垃圾渗沥液渗漏对周围环境造成污染和损害，制定本规范。

1.0.2 本规范适用于垃圾填埋场防渗系统工程的设计、施工、验收及维护。

1.0.3 防渗系统工程的设计、施工、验收及维护除应符合本规范外，尚应符合国家现行有关标准的规定。

2 术　语

2.0.1 防渗系统　liner system

在垃圾填埋场场底和四周边坡上为构筑渗沥液防渗屏障所选用的各种材料组成的体系。

2.0.2 防渗结构　liner structure

在垃圾填埋场场底和四周边坡上为构筑渗沥液防渗屏障所选用的各种材料的空间层次结构。

2.0.3 基础层　liner foundation

防渗材料的基础，分为场底基础层和四周边坡基础层。

2.0.4 防渗层　infiltration proof layer

在防渗系统中，为构筑渗沥液防渗屏障所选用的各种材料的组合。

2.0.5 渗沥液收集导排系统　leachate collection and removal system

在防渗系统上部，用于收集和导排渗沥液的设施。

2.0.6 地下水收集导排系统　groundwater collection and removal system

在防渗系统基础层下方，用于收集和导排地下水的设施。

2.0.7 渗漏检测层　leakage detection liner

用于检测垃圾填埋场防渗系统可靠性的材料层。

2.0.8 防渗系统工程材料　liner system engineering material

用于防渗系统工程的各种土工合成材料的总称，包括高密度聚乙烯（HDPE）膜、钠基膨润土防水毯（GCL）、土工布、土工复合排水网等。

3 防渗系统工程设计

3.1 一般规定

3.1.1 防渗系统工程应在垃圾填埋场的使用期限和封场后的稳定期限内有效地发挥其功能。

3.1.2 防渗系统工程设计应符合垃圾填埋场工程设计要求。

3.1.3 垃圾填埋场基础必须具有足够的承载能力，应采取有效措施防止基础层失稳。

3.1.4 垃圾填埋场的场底和四周边坡必须满足整体及局部稳定性的要求。

3.1.5 垃圾填埋场场底必须设置纵、横向坡度，保证渗沥液顺利导排，降低防渗层上的渗沥液水头。

3.1.6 防渗系统工程设计中场底的纵、横坡度不宜小于2%。

3.1.7 防渗系统工程应依据垃圾填埋场分区进行设计。

3.1.8 防渗系统工程应整体设计，可分期实施。

3.1.9 垃圾填埋场渗沥液处理设施必须进行防渗处理。

3.2 防渗系统

3.2.1 防渗系统的设计应符合下列要求：

1　选用可靠的防渗材料及相应的保护层；

2　设置渗沥液收集导排系统；

3　垃圾填埋场工程应根据水文地质条件的情况，设置地下水收集导排系统，以防止地下水对防渗系统造成危害和破坏；地下水收集导排系统应具有长期的导排性能。

3.2.2 防渗结构的类型应分为单层防渗结构和双层防渗结构。

1　单层防渗结构的层次从上至下为：渗沥液收集导排系统、防渗层（含防渗材料及保护材料）、基础层、地下水收集导排系统。单层防渗结构的设计应从图3.2.2-1a～图3.2.2-1d的形式中选择。

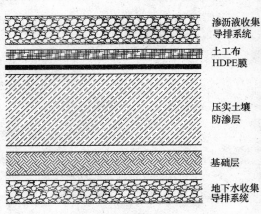

图3.2.2-1a　HDPE膜＋压实土壤
复合防渗结构示意图

（图右侧标注：渗沥液收集导排系统、土工布、HDPE膜、压实土壤防渗层、基础层、地下水收集导排系统）

2　双层防渗结构的层次从上至下为：渗沥液收集导排系统、主防渗层（含防渗材料及保护材料）、渗漏检测层（含防渗材料及保护材料）、次防渗层（含防渗材料及保护材料）、基础

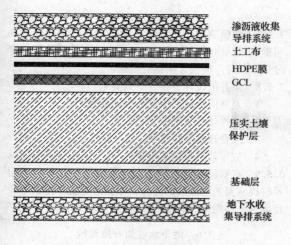

图 3.2.2-1b　HDPE 膜＋GCL
复合防渗结构示意图

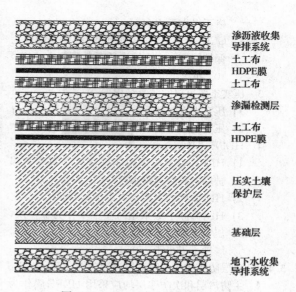

图 3.2.2-2　双层防渗结构示意图

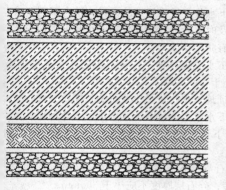

图 3.2.2-1c　压实土壤单层防渗
结构示意图

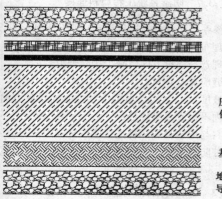

图 3.2.2-1d　HDPE 膜单层防
渗结构示意图

层、地下水收集导排系统。双层防渗结构应按图
3.2.2-2 形式设计。

3.3　基　础　层

3.3.1　基础层应平整、压实、无裂缝、无松土，表面应无积水、石块、树根及尖锐杂物。

3.3.2　防渗系统的场底基础层应根据渗沥液收集导排要求设计纵、横坡度，且向边坡基础层过渡平缓，压实度不得小于 93％。

3.3.3　防渗系统的四周边坡基础层应结构稳定，压实度不得小于 90％。边坡坡度陡于 1：2 时，应作出边坡稳定性分析。

3.4　防　渗　层

3.4.1　防渗层设计应符合下列要求：

　　1　能有效地阻止渗沥液透过，以保护地下水不受污染；

　　2　具有相应的物理力学性能；

　　3　具有相应的抗化学腐蚀能力；

　　4　具有相应的抗老化能力；

　　5　应覆盖垃圾填埋场场底和四周边坡，形成完整的、有效的防水屏障。

3.4.2　单层防渗结构的防渗层设计应符合下列规定：

　　1　HDPE 膜和压实土壤的复合防渗结构：

　　1)　HDPE 膜上应采用非织造土工布作为保护层，规格不得小于 600g/m²；

　　2)　HDPE 膜的厚度不应小于 1.5mm；

　　3)　压实土壤渗透系数不得大于 $1×10^{-9}$ m/s，厚度不得小于 750mm。

　　2　HDPE 膜和 GCL 的复合防渗结构：

　　1)　HDPE 膜上应采用非织造土工布作为保护层，规格不得小于 600g/m²；

　　2)　HDPE 膜的厚度不应小于 1.5mm；

　　3)　GCL 渗透系数不得大于 $5×10^{-11}$ m/s，规

格不得小于 4800g/m²；

    4) GCL 下应采用一定厚度的压实土壤作为保护层，压实土壤渗透系数不得大于 $1×10^{-7}$m/s。

  3 压实土壤单层的防渗结构：

    1) 压实土壤渗透系数不得大于 $1×10^{-9}$m/s；

    2) 压实土壤厚度不得小于 2m。

  4 HDPE 膜单层防渗结构：

    1) HDPE 膜上应采用非织造土工布作为保护层，规格不得小于 600g/m²；

    2) HDPE 膜的厚度不应小于 1.5mm；

    3) HDPE 膜下应采用压实土壤作为保护层，压实土壤渗透系数不得大于 $1×10^{-7}$m/s，厚度不得小于 750mm。

3.4.3 双层防渗结构的防渗层设计应符合下列规定：

  1 主防渗层和次防渗层均应采用 HDPE 膜作为防渗材料，HDPE 膜厚度不应小于 1.5mm。

  2 主防渗层 HDPE 膜上应采用非织造土工布作为保护层，规格不得小于 600g/m²；HDPE 膜下宜采用非织造土工布作为保护层。

  3 次防渗层 HDPE 膜上宜采用非织造土工布作为保护层，HDPE 膜下应采用压实土壤作为保护层，压实土壤渗透系数不得大于 $1×10^{-7}$m/s，厚度不宜小于 750mm。

  4 主防渗层和次防渗层之间的排水层宜采用复合土工排水网。

3.5 渗沥液收集导排系统

3.5.1 渗沥液收集导排系统应包括导流层、盲沟和渗沥液排出系统。

3.5.2 渗沥液收集导排系统设计应符合下列要求：

  1 能及时有效地收集和导排汇集于垃圾填埋场场底和边坡防渗层以上的垃圾渗沥液；

  2 具有防淤堵能力；

  3 不对防渗层造成破坏；

  4 保证收集导排系统的可靠性。

3.5.3 渗沥液收集导排系统中的所有材料应具有足够的强度，以承受垃圾、覆盖材料等荷载及操作设备的压力。

3.5.4 导流层应选用卵石或碎石等材料，材料的碳酸钙含量不应大于 10%，铺设厚度不应小于 300mm，渗透系数不应小于 $1×10^{-3}$m/s；在四周边坡上宜采用土工复合排水网等土工合成材料作为排水材料。

3.5.5 盲沟的设计应符合下列要求：

  1 盲沟内的排水材料宜选用卵石或碎石等材料；

  2 盲沟内宜铺设排水管材，宜采用 HDPE 穿孔管；

  3 盲沟应由土工布包裹，土工布规格不得小于 150g/m²。

3.5.6 渗沥液收集导排系统的上部宜铺设反滤材料，防止淤堵。

3.5.7 渗沥液排出系统宜采用重力流排出；不能利用重力流排出时，应设置泵井。渗沥液排出管需要穿过土工膜时，应保证衔接处密封。

3.5.8 泵井的设计应符合下列要求：

  1 泵井应具有防渗能力和防腐能力；

  2 应保证合理的井容积；

  3 应合理配置排水泵；

  4 应采取必要的安全措施。

3.5.9 在双层防渗结构中，应能够通过渗漏检测层及时检测到主防渗层的渗漏。渗沥液收集导排系统设计应符合本规范 3.5.1～3.5.8 的要求。

3.6 地下水收集导排系统

3.6.1 当地下水水位较高并对场底基础层的稳定性产生危害时，或者垃圾填埋场周边地表水下渗对四周边坡基础层产生危害时，必须设置地下水收集导排系统。

3.6.2 地下水收集导排系统的设计应符合下列要求：

  1 能及时有效地收集导排地下水和下渗地表水；

  2 具有防淤堵能力；

  3 地下水收集导排系统顶部距防渗系统基础层底部不得小于 1000mm；

  4 保证地下水收集导排系统的长期可靠性。

3.6.3 地下水收集导排系统宜选用以下几种形式：

  1 地下盲沟：应确定合理的盲沟尺寸、间距和埋深。

  2 碎石导流层：碎石层上、下宜铺设反滤层，以防止淤堵；碎石层厚度不应小于 300mm。

  3 土工复合排水网导流层：应根据地下水的渗流量，选择相应的土工复合排水网。用于地下水导排的土工复合排水网应具有相当的抗拉强度和抗压强度。

3.7 防渗系统工程材料连接

3.7.1 防渗系统工程材料连接设计应符合下列要求：

  1 合理布局每片材料的位置，力求接缝最少；

  2 合理选择铺设方向，减少接缝受力；

  3 接缝应避开弯角；

  4 在坡度大于 10% 的坡面上和坡脚向场底方向 1.5m 范围内不得有水平接缝；

  5 材料与周边自然环境连接应设置锚固沟。

3.7.2 各种防渗系统工程材料的搭接方式和搭接宽度应符合表 3.7.2 的要求。

表 3.7.2 土工合成材料搭接方式和搭接要求

材料	搭接方式	搭接宽度（mm）
织造土工布	缝合连接	75±15
非织造土工布	缝合连接	75±15
	热粘连接	200±25

续表 3.7.2

材料	搭 接 方 式	搭接宽度（mm）
HDPE 土工膜	热熔焊接	100±20
	挤出焊接	75±20
GCL	自然搭接	250±50
土工复合排水网	土工网要求捆扎； 下层土工布要求搭接； 上层土工布要求缝合	75±15

3.7.3 垃圾填埋场锚固沟的设置应符合下列要求：

　　1 符合实际地形状况；

　　2 垃圾填埋场四周边坡的坡高与坡长不宜超过表 3.7.3 的限制要求。

表 3.7.3　垃圾填埋场边坡坡高与坡长限制值

边坡坡度	>1：2	1：2～ 1：3	1：3～ 1：4	1：4～ 1：5	<1：5
限制坡高(m)	10	15	15	15	12
限制坡长(m)	22.5	40	50	55	60

3.7.4 锚固沟的设计应符合下列要求：

　　1 锚固沟距离边坡边缘不宜小于 800mm；

　　2 防渗系统工程材料转折处不得存在直角的刚性结构，均应做成弧形结构；

　　3 锚固沟断面应根据锚固形式，结合实际情况加以计算，不宜小于 800mm×800mm。典型锚固沟结构形式见图 3.7.4-1 和图 3.7.4-2。

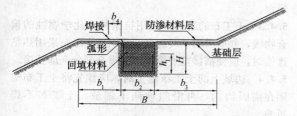

图 3.7.4-1　边坡锚固平台典型结构图
$b_1 \geqslant 800mm$；$b_2 \geqslant 800mm$；$b_3 \geqslant 1000mm$；
$b_4 \geqslant 250mm$；$B \geqslant 3000mm$；$H \geqslant 800mm$；
$h_1 \geqslant H/3$

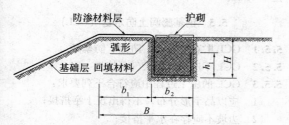

图 3.7.4-2　终场锚固沟典型结构图
$b_1 \geqslant 800mm$；$b_2 \geqslant 800mm$；$B \geqslant 2000mm$；
$H \geqslant 800mm$；$h_1 \geqslant H/3$

4 防渗系统工程材料

4.1 一般规定

4.1.1 垃圾填埋场防渗系统工程中应使用的土工合成材料：高密度聚乙烯（HDPE）膜、土工布、GCL、土工复合排水网等。

4.2 高密度聚乙烯（HDPE）膜

4.2.1 用于垃圾填埋场防渗系统工程的土工膜除应符合国家现行标准《填埋场用高密度聚乙烯土工膜》CJ/T 234 的有关规定外，还应符合下列要求：

　　1 厚度不应小于 1.5mm；

　　2 膜的幅宽不宜小于 6.5m。

4.2.2 HDPE 膜的外观要求应符合表 4.2.2 的规定。

表 4.2.2　HDPE 膜外观要求

项 目	要 求
切口	平直，无明显锯齿现象
穿孔修复点	不允许
机械（加工）划痕	无或不明显
僵块	每平方米限于 10 个以内
气泡和杂质	不允许
裂纹、分层、接头和断	不允许
糙面膜外观	均匀，不应有结块、缺损等现象

4.3 土 工 布

4.3.1 垃圾填埋场防渗系统工程中使用的土工布应符合下列要求：

　　1 应结合防渗系统工程的特点，并应适应垃圾填埋场的使用环境；

　　2 土工布用作 HDPE 膜保护材料时，应采用非织造土工布，规格不应小于 600g/m²；

　　3 土工布用于盲沟和渗沥液收集导排层的反滤材料时，规格不宜小于 150g/m²；

　　4 土工布应具有良好的耐久性能。

4.3.2 土工布各项性能指标应符合国家现行相关标准的要求。

4.4 钠基膨润土防水毯（GCL）

4.4.1 垃圾填埋防渗系统工程中钠基膨润土防水毯（GCL）的性能指标应符合国家现行相关标准的要求。并应符合下列规定：

　　1 垃圾填埋场防渗系统工程中的 GCL 应表面平整，厚度均匀，无破洞、破边现象。针刺类产品的针剩均匀密实，应无残留断针；

  2 单位面积总质量不应小于 $4800g/m^2$，其中单位面积膨润土质量不应小于 $4500g/m^2$；

  3 膨润土体积膨胀度不应小于 24mL/2g；

  4 抗拉强度不应小于 800N/10cm；

  5 抗剥强度不应小于 65N/10cm；

  6 渗透系数应小于 $5×10^{-11}m/s$；

  7 抗静水压力 0.6MPa/1h，无渗漏。

4.5 土工复合排水网

4.5.1 用于防渗系统工程的土工复合排水网应符合下列要求：

  1 土工复合排水网中土工网和土工布应预先粘合，且粘合强度应大于 0.17kN/m；

  2 土工复合排水网的土工网宜使用 HDPE 材质，纵向抗拉强度应大于 8kN/m，横向抗拉强度应大于 3kN/m；

  3 土工复合排水网的土工布应符合本规范第 4.3 节的要求；

  4 土工复合排水网的导水率选取应考虑蠕变折减因素、土工布嵌入折减因素、生物淤堵折减因素、化学淤堵折减因素和化学沉淀折减因素。

4.5.2 土工复合排水网性能指标应符合国家现行相关标准的要求。

5 防渗系统工程施工

5.1 一 般 规 定

5.1.1 垃圾填埋场的防渗系统工程施工应包括土壤层施工和各种防渗系统工程材料的施工。

5.1.2 防渗系统工程施工完成后应采取有效的保护措施。

5.2 土 壤 层

5.2.1 土壤层应采用黏土。当黏土资源缺乏时，可使用其他类型的土，并应保证渗透系数不大于 $1×10^{-9}m/s$ 的要求。

5.2.2 在土壤层施工之前，应对每种不同的土壤在实验室测定其最优含水率、压实度和渗透系数之间的关系。

5.2.3 土壤层施工应分层压实，每层压实土层的厚度宜为 150～250mm，各层之间应紧密结合。

5.2.4 土壤层施工时，各层压实土壤应每 500m² 取 3～5 个样品进行压实度测试。

5.3 高密度聚乙烯（HDPE）膜

5.3.1 HDPE 膜材料在进填埋场交接前，应进行相关的性能检查。

5.3.2 在安装前，HDPE 膜材料应正确地贮存，并应标明其在总平面图中的安装位置。

5.3.3 HDPE 膜的铺设量不应超过一个工作日能完成的焊接量。

5.3.4 在安装 HDPE 膜之前，应检查其膜下保护层，每平方米的平整度误差不宜超过 20mm。

5.3.5 HDPE 膜铺设时应符合下列要求：

  1 铺设应一次展开到位，不宜展开后再拖动；

  2 应为材料热胀冷缩导致的尺寸变化留出伸缩量；

  3 应对膜下保护层采取适当的防水、排水措施；

  4 应采取措施防止 HDPE 膜受风力影响而破坏。

5.3.6 HDPE 膜展开完成后，应及时焊接，HDPE 膜的搭接宽度应符合本规范表 3.7.2 的规定。

5.3.7 HDPE 膜铺设展开过程应按照附录 A 表 A.0.1 的要求填写有关记录，焊接施工应按附录 B 表 B.0.1、表 B.0.2 和表 B.0.3 的要求填写有关记录。

5.3.8 **HDPE 膜铺设过程中必须进行搭接宽度和焊缝质量控制。监理必须全过程监督膜的焊接和检验。**

5.3.9 施工中应注意保护 HDPE 膜不受破坏，车辆不得直接在 HDPE 膜上碾压。

5.4 土 工 布

5.4.1 土工布应铺设平整，不得有石块、土块、水和过多的灰尘进入土工布。

5.4.2 土工布搭接宽度应符合本规范表 3.7.2 的规定。

5.4.3 土工布的缝合应使用抗紫外和化学腐蚀的聚合物线，并应采用双线缝合。非织造土工布采用热粘连接时，应使搭接宽度范围内的重叠部分全部粘接。

5.4.4 边坡上的土工布施工时，应预先将土工布锚固在锚固沟内，再沿斜坡向下铺放，土工布不得折叠。

5.4.5 土工布在边坡上的铺放方向应与坡面一致，在坡面上宜整卷铺设，不宜有水平接缝。

5.4.6 土工布上如果有裂缝和孔洞，应使用相同规格材料进行修补，修补范围应大于破损处周边 300mm。

5.5 钠基膨润土防水毯（GCL）

5.5.1 GCL 贮存应防水、防潮、防暴晒。

5.5.2 GCL 不应在雨雪天气下施工。

5.5.3 GCL 的施工过程中应符合下列要求：

  1 应以品字形分布，不得出现十字搭接；

  2 边坡不应存在水平搭接；

  3 搭接宽度应符合本规范表 3.7.2 的要求，局部可用膨润土粉密封；

  4 应自然松弛与基础层贴实，不应褶皱、悬空；

5 应随时检查外观有无破损、孔洞等缺陷，发现缺陷时，应及时采取修补措施，修补范围宜大于破损范围200mm；

6 在管道或构筑立柱等特殊部位施工时，应加强处理。

5.5.4 GCL施工完成后，应采取有效的保护措施，任何人员不得穿钉鞋等在GCL上踩踏，车辆不得直接在GCL上碾压。

5.6 土工复合排水网

5.6.1 土工复合排水网的排水方向应与水流方向一致。

5.6.2 边坡上的土工复合排水网不宜存在水平接缝。

5.6.3 在管道或构筑立柱等特殊部位施工时，应进行特殊处理，并保证排水畅通。

5.6.4 土工复合排水网的施工中，土工布和排水网都应和同类材料连接。相邻的部位应使用塑料扣件或聚合物编织带连接，底层土工布应搭接，上层土工布应缝合连接，连接部分应重叠。沿材料卷的长度方向，最小连接间距不宜大于1.5m。

5.6.5 排水网芯复合的土工布应全面覆盖网芯。

5.6.6 土工复合排水网中的破损均应使用相同材料修补，修补范围应大于破损范围周边300mm。

5.6.7 在施工过程中，不得损坏已铺设好的HDPE膜。施工机械不得直接在复合土工排水材料上碾压。

6 防渗系统工程验收及维护

6.1 防渗系统工程验收

6.1.1 防渗系统工程验收前应提交下列资料：

1 设计文件、设计修改及变更文件和竣工图纸；

2 制造商的材料质量合格证书、施工单位的第三方材料检验合格报告；

3 监理单位的相关资料和记录；

4 预制构件质量合格证书；

5 隐蔽工程验收合格文件；

6 施工焊接自检记录。

6.1.2 防渗系统工程的验收应包括下列内容：

1 场底及边坡基础层；

2 地下水收集导排设施；

3 场底及边坡膜下保护层（土壤层或GCL）；

4 锚固沟槽及回填材料；

5 场底及边坡HDPE膜层；

6 场底及边坡膜上土工布保护层；

7 渗沥液收集导排设施（导流层或复合土工排水网）；

8 其他。

6.1.3 防渗系统工程质量验收应进行观感检验和抽样检验。

6.1.4 防渗系统工程材料质量验收观感检验应符合下列要求：

1 HDPE膜、GCL每卷卷材标识清楚，表面无折痕、损伤，厂家、产地、卷材性能检测报告、产品质量合格证、海运提单等资料齐全；

2 土工布、土工复合排水网包装完好，表面无破损，产地、厂家、合格证、运输单等资料齐全。

6.1.5 防渗系统工程材料质量抽样检验应符合下列要求：

1 应由供货单位和建设单位双方在现场抽样检查。

2 应由建设单位送到国家认证的专业机构检测。

3 防渗系统工程材料每10000m²为一批，不足10000m²按一批计。在每批产品中随机抽取3卷进行尺寸偏差和外观检查。

4 在尺寸偏差和外观检查合格的样品中任取一卷，在距外层端部500mm处裁取5m²进行主要物理性能指标检验。当有一项指标不符合要求，应加倍取样检测，仍有一项指标不合格，应认定整批材料不合格。

6.1.6 防渗系统工程施工质量观感检验应符合下列要求：

1 场底、边坡基础层、锚固平台及回填材料要平整、密实，无裂缝、无松土、无积水、无裸露泉眼，无明显凹凸不平、无石头砖块，无树根、杂草、淤泥、腐殖土，场底、边坡及锚固平台之间过渡平缓。

2 土工布无破损、无折皱、无跳针、无漏接现象，应铺设平顺，连接良好，搭接宽度应符合本规范表3.7.2的规定。

3 HDPE膜铺设规划合理，边坡上的接缝须与坡面的坡向平行，场底横向接缝距坡脚应大于1.5m。焊接、检测和修补记录标识应明显、清楚，焊缝表面应整齐、美观，不得有裂纹、气孔、漏焊和虚焊现象。HDPE膜无明显损伤、无折皱、无隆起、无悬空现象。搭接良好，搭接宽度应符合本规范表3.7.2的规定。

4 土工布、GCL、土工复合排水网等材料的搭接应符合本规范表3.7.2的规定。坡面上的接缝应与坡面的坡向平行。场底水平接缝距坡脚应大于1.5m。

5 防渗系统工程整体无渗漏。

6.1.7 防渗系统工程施工质量抽样检测应符合下列要求：

1 场底和边坡基础层按500m²取一个点检测密实度，合格率应为100%；锚固沟回填土按50m取一个点检测密实度，合格率应为100%。

2 土工布按200m接缝取一个样检测搭接效果，合格率应为90%。

3 HDPE膜焊接质量检测应符合下列要求：

1）对热熔焊接每条焊缝应进行气压检测，合格率应为100%；

2) 对挤压焊接每条焊缝应进行真空检测，合格率应为100%；

3) 焊缝破坏性检测，按每1000m焊缝取一个1000mm×350mm样品做强度测试，合格率应为100%；

4) 气压、真空和破坏性检测及电火花测试方法应符合附录C的规定。

4 HDPE膜施工工序质量检测评定，应按附录D表D.0.1的要求填写有关记录。

5 GCL铺设质量检测应符合下列要求：

1) GCL铺设完成后，应及时对施工质量进行检验；

2) 基础层应符合本规范第3.3节的要求；

3) 搭接宽度应符合本规范表3.7.2的要求；

4) GCL及其搭接部位应与基础层贴实且无褶皱和悬空；

5) GCL不得遇水而发生前期水化；

6) 修补的破损部位应符合本规范5.5.3条第5款的要求。

6.1.8 防渗系统工程施工质量检验应与施工同步进行，质检合格并报监理验收合格后，方可进行下道工序。

6.1.9 防渗系统工程施工完成后，在填埋垃圾之前，应对防渗系统进行全面的渗漏检测，并确认合格。

6.2 防渗系统工程维护

6.2.1 使用单位应及时制定防渗系统工程安全保障措施及管理办法。

6.2.2 防渗系统工程的正常维护应符合下列要求：

1 防渗系统工程区域内不允许未经使用单位同意的人员进入；

2 维护人员进入场区，应妥善携带和使用维护用具；

3 正常情况下应每月不少于一次巡查尚未使用的防渗系统工程区域；如遇暴雨、台风等特殊情况，应及时巡查。

6.2.3 防渗系统工程维修应符合下列要求：

1 防渗系统损坏时，应及时制定安全可靠的修复措施，并组织修复；

2 HDPE膜、GCL、土工布、复合土工排水网等主要防渗系统工程材料损坏时，应及时修补；

3 土壤层损坏时，应及时修复；

4 渗沥液收集系统堵塞时，应及时疏通。

6.2.4 分步施工边坡保护层时，应制定严格的施工组织计划。

6.2.5 防渗系统工程维修所采用的焊机、检验设备等机具设备应妥善保管，并定期维护、保养，确保正常使用。

附录A HDPE膜铺设施工记录

表A.0.1 HDPE膜铺设施工记录表

工程名称：								第 页共 页
铺设位置编号	日期 年 月 日	时间	卷材编号	长度 (m)	宽度 (m)	面积 (m²)		备注
							本页小计	
							累 计	

施工单位：　　　　　　　　　　　现场监理（签章）：
检测单位：　　　　　　　　　　　技术负责人（签章）：
填表日期： 年 月 日　　　　　记 录（签章）：

附录 B HDPE 膜试样焊接记录

表 B.0.1 HDPE 膜试样焊接记录表

工程名称：　　　　　　　　　　　　　　　　　　　　　　　　　　　　　第 页共 页

试样焊接单位：　　　　　　　检测单位：

试件编号	日期 年 月 日	时间	设备编号	技工编号	环境温度 （℃）	焊接温度 （℃）	预热温度 （℃）	时间	检测结果			
									撕 裂		剪 切	
									断裂	是否通过	断裂	是否通过

现场监理（签章）：　　　　　　技术负责人（签章）：　　　　　　记录（签章）：

填报日期：　　年　　月　　日

表 B.0.2 HDPE 膜热熔焊接检测记录表

工程名称：　　　　　　　　　　　　　　　　　　　　　　　　　　　　　第 页共 页

焊缝编号	日期 年 月 日	时间	设备编号	技工编号	长度 （m）	环境温度 （℃）	焊接温度 （℃）	焊接速度 （m/min）	气 压 检 测				
									日期	时间	开始压强 （kPa）	结束压强 （kPa）	是否通过

施工单位：　　　　　　　　　检测单位：

现场监理（签章）：　　　　　　技术负责人（签章）：　　　　　　记录（签章）：

填报日期：　　年　　月　　日

表 B.0.3 HDPE 膜挤压焊接检测记录表

项目名称： 　　　　　　　　　　　　　　　　　　　　　　　　　　　　　第 页共 页

焊缝编号	日期	时间	设备编号	技工编号	长度 (m)	环境温度 (℃)	预热温度 (℃)	焊接温度 (℃)	焊接速度 (m/min)	真空检测			
										日期	时间	压强 (kPa)	是否通过

施工单位： 　　　　　　　　　　检测单位：

现场监理（签章）： 　　　　　技术负责人（签章）： 　　　　　记录（签章）：

填报日期： 　　年　　月　　日

附录 C　气压、真空和破坏性检测及电火花测试方法

C.0.1 HDPE 膜热熔焊接的气压检测：针对热熔焊接形成双轨焊缝，焊缝中间预留气腔的特点，应采用气压检测设备检测焊缝的强度和气密性。一条焊缝施工完毕后，将焊缝气腔两端封堵，用气压检测设备对焊缝气腔加压至 250kPa，维持 3～5min，气压不应低于 240kPa，然后在焊缝的另一端开孔放气，气压表指针能够迅速归零方视为合格。

C.0.2 HDPE 膜挤压焊接的真空检测：挤压焊接所形成的单轨焊缝，应采用真空检测方法检测。用真空检测设备直接对焊缝待检部位施加负压，当真空罩内气压达到 25～35kPa 时，焊缝无任何泄漏方视为合格。

C.0.3 HDPE 膜挤压焊缝的电火花测试：等效于真空检测，适应地形复杂的地段，应预先在挤压焊缝中埋设一条 ϕ0.3～0.5mm 的细铜线，利用 35kV 的高压脉冲电源探头在距离焊缝 10～30mm 的高度探扫，无火花出现视为合格，出现火花的部位说明有漏洞。

C.0.4 HDPE 膜焊缝强度的破坏性取样检测：针对每台焊接设备焊接一定长度，取一个破坏性试样进行室内实验分析（取样位置应立即修补），定量地检测焊缝强度质量，热熔及挤出焊缝强度合格的判定标准应符合表 C.0.4 的规定。

每个试样裁取 10 个 25.4mm 宽的标准试件，分别做 5 个剪切实验和 5 个剥离实验。每种实验 5 个试样的测试结果中应有 4 个符合上表中的要求，且平均值应达到上表标准、最低值不得低于标准值的 80% 方视为通过强度测试。

如不能通过强度测试，须在测试失败的位置沿焊缝两端各 6m 范围内重新取样测试，重复以上过程直至合格为止。对排查出有怀疑的部位用挤出焊接方式加以补强。

表 C.0.4　热熔及挤出焊缝强度判定标准值

厚度 (mm)	剪切		剥离	
	热熔焊 (N/mm)	挤出焊 (N/mm)	热熔焊 (N/mm)	挤出焊 (N/mm)
1.5	21.2	21.2	15.7	13.7
2.0	28.2	28.2	20.9	18.3

注：测试条件：25℃，50mm/min。

附录 D　HDPE 膜施工工序质量检查评定

表 D.0.1　HDPE 膜施工工序质量检查评定表

工程名称： 　　承包单位： 　　检测单位： 　　共 页第 页

部位名称		工序名称	主要工程数量		桩号、位置	
序号	质 量 要 求				质 量 情 况	
1	土工膜和焊条的材料规格和质量符合设计要求和有关标准的规定					
2	基础层应平整、压实、无裂缝、无松土，表面无积水、石块、树根及其他任何尖锐杂物					
3	铺设平整，无破损和褶皱现象					

工程名称：		承包单位：		检测单位：			共 页第 页
部位名称		工序名称		主要工程数量		桩号、位置	

序号	质 量 要 求	质 量 情 况
4	HDPE膜在坡面上的焊缝应尽可能地减少，焊缝与坡度纵线的夹角不大于45°，力求平行	
5	在坡度大于10%的坡面上和坡脚1.5m范围内不得有横向焊缝	
6	焊缝表面应整齐、美观，不得有裂纹、气孔、漏焊或跳焊现象	
7	焊缝的焊接质量符合规范要求的检漏测试和拉力测试	
质量保证资料	质量保证资料必须满足相关管理法规和质量标准的要求	

序号	实测项目	规定值或允许偏差（mm）	实测值或实测偏差值															应检点数	合格点数	合格率（%）
			1	2	3	4	5	6	7	8	9	10	11	12	13	14	15			
1	热熔焊搭接宽度	100±20																		
2	挤出焊搭接宽度	75±20																		
3																				
4																				
5																				

承包单位自评意见	项目负责人（签章）： 年 月 日	监理意见	监理工程师（签章）： 年 月 日	平均合格率（%）
				评定等级

现场监理（签章）：	技术负责人（签章）：	记录人（签章）： 年 月 日

本规范用词说明

1 为便于在执行本规范条文时区别对待，对于要求严格程度不同的用词说明如下：

　1) 表示很严格，非这样做不可的：
　正面词采用"必须"；反面词采用"严禁"。

　2) 表示严格，在正常情况下均应这样做的：

正面词采用"应"；反面词采用"不应"或"不得"。

　3) 表示允许稍有选择，在条件许可时首先应这样做的：
　正面词采用"宜"；反面词采用"不宜"。
　表示有选择，在一定条件下可以这样做的用词采用"可"。

2 规范中指定应按其他有关标准执行时，写法为"应符合……的规定或要求"或"应按……执行"。

中华人民共和国行业标准

生活垃圾卫生填埋场防渗系统
工程技术规范

CJJ 113—2007

条 文 说 明

前　　言

《生活垃圾卫生填埋场防渗系统工程技术规范》CJJ 113—2007 经建设部 2007 年 1 月 17 日以 549 号公告批准发布。

本规范的主编单位是城市建设研究院，参加单位是深圳市胜义环保有限公司、北京高能垫衬工程有限公司、北京博克建筑化学材料有限公司、深圳市环境卫生管理处。

为便于广大设计、施工、科研、学校等单位的有关人员在使用本规范时能正确理解和执行条文规定，《生活垃圾卫生填埋场防渗系统工程技术规范》编制组按章、节、条顺序编制了本规范的条文说明，供使用者参考。在使用中如发现本条文说明有不妥之处，请将意见函寄城市建设研究院（地址：北京市朝阳区惠新南里 2 号院，邮政编码：100029）。

目 次

1 总　则

1.0.1 本条明确了制定本规范的目的。

1.0.2 本条规定了本规范的适用范围。

1.0.3 垃圾填埋场防渗系统工程是垃圾填埋场工程中的一个重要组成部分，其设计、施工、验收、维护除执行本规范的规定外，还应当符合国家现行相关标准和规范的有关规定。

2 术　语

2.0.1~2.0.7 对垃圾填埋场防渗系统中的名词加以规范。

2.0.8 本规范中的土工合成材料方面的材料术语和材料性能术语定义参照了《土工合成材料应用技术规范》GB 50290 的定义。

3 防渗系统工程设计

3.1 一般规定

3.1.1 垃圾填埋场在使用期间和垃圾填满封场后，由于降雨、垃圾自身含水及其他因素，会产生垃圾渗沥液和填埋气体，填埋垃圾达到稳定化需要一个较长的时期，在稳定期限内仍有垃圾渗沥液和填埋气体产生，防渗系统都应有效地发挥其功能。

由于我国的卫生填埋场建设起步较晚，目前还没有封场后稳定化的卫生填埋场。参考国外卫生填埋场运营经验，卫生填埋场的稳定期限通常为封场后的20~30年。

3.1.2 防渗系统是垃圾填埋场的一个重要组成部分，防渗系统工程设计应符合垃圾填埋场总体设计的要求。

3.1.3 为充分利用填埋库容，垃圾填埋场堆填垃圾的高度通常应尽可能高，从而对场底形成较大强度的荷载，应保证垃圾填埋场基础具有足够的承载能力，在垃圾堆填后不会产生不均匀沉降。在进行防渗系统工程设计之前，应进行防渗系统工程的稳定性计算。

3.1.4 防渗系统工程涉及大面积的土石方工程，不仅要保证垃圾填埋场基础整体结构稳定，还应保证垃圾填埋场不会出现滑坡、垮塌、倾覆等影响局部稳定性的情况。

3.1.5、3.1.6 垃圾填埋场场底的坡度对及时导排渗沥液有重要意义。经验证明，垃圾填埋场底纵、横坡度大于2%时，能够较好的实现渗沥液导排；但是另一方面，实践工程经验也表明，在一些利用天然沟壑或平原地区建设垃圾填埋场时，纵向坡度和横向坡度同时大于2%的条件难以满足，会造成大量不必要

的挖方和填方。因此，防渗系统工程设计中场底的纵、横坡度不宜小于2%，各地可因地制宜，但必须保证渗沥液能够顺利导排。

在美国等国家将防渗层上的渗沥液水头作为垃圾填埋场设计的基本要求。考虑到由于产品质量和施工质量等因素，绝对不渗漏的垃圾填埋场是很难实现的，而控制膜上渗沥液水头有助于显著减少渗沥液的渗漏，对于防渗工程有重要意义。如美国要求防渗层的最大渗沥液水头不得超过1英尺（0.3m），最大渗沥液水头 h_{max} 可参考下式计算（见图1）：

$$h_{max} = \frac{L\sqrt{c}}{2}\left[\frac{\tan^2\alpha}{c}+1-\frac{\tan\alpha}{c}\sqrt{\tan^2\alpha+c}\right]$$

式中　c——q/k；

q——渗沥液流入通量；

k——渗透系数；

α——坡度。

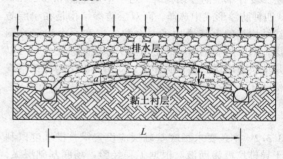

图 1　最大渗沥液水头示意图

3.1.7 垃圾填埋场的占地面积通常较大，有较大的汇水面积，为了有效地减少渗沥液产生，以及便于操作管理，应对垃圾填埋场进行合理分区。防渗系统工程设计应根据垃圾填埋场总体分区要求进行。

3.1.8 垃圾填埋场的使用期限通常较长，如果一次性建成全部垃圾填埋场防渗系统，防渗系统工程材料受到日光照射、冷热冻融等自然条件影响，材料的性能会逐渐降低甚至丧失。因此，防渗系统工程应整体设计，宜分期实施。

3.1.9 垃圾渗沥液处理设施是渗沥液集中贮存和处理的构筑物，一旦发生渗漏，对环境的污染会十分严重，应进行防渗处理。

3.2 防　渗　系　统

3.2.1 本条规定了防渗系统工程设计的基本要求。

1 人工合成的防渗材料渗透系数小，防渗性能好，垃圾渗沥液渗透量很小；但是一旦破损，会造成渗漏量的显著增加，因此防渗材料上、下保护层的设置都非常重要。

2 渗沥液收集导排系统是防渗系统的重要组成部分。渗沥液积累在土工膜上，会加快渗沥液的渗漏，因此应及时导排。渗沥液收集导排系统设计中应考虑物理作用、化学作用、生物作用等因素，使系统

具有长期的导排性能。

3 在垃圾填埋场场区地下水水位较高的情况下,应设计地下水收集导排系统,防止地下水对防渗系统造成不利影响和破坏。在垃圾填埋场场区地下水水位较低,但是地表水下渗较快,会从侧面影响边坡防渗材料层时,也应该设计地下水收集导排系统。当没有地下水对防渗系统产生危害时,可不设置地下水收集导排系统。

3.2.2 本规范将各种防渗结构概括为两大类,即单层防渗结构和双层防渗结构。就起防渗作用的材料层而言,防渗材料可以是一层防渗材料形成的单层防渗层,或者几层紧密接触的防渗材料形成复合防渗层。无论采用单层防渗层还是复合防渗层,其防渗结构并无显著差异,只是防渗的性能有所差异。单层防渗结构中的防渗层可以是单层防渗层,也可以是复合防渗层。设计单层防渗结构时,可从本规范图 3.2.2-1a～d 四种防渗形式中选择。而双层防渗结构是在单层防渗结构基础上又增加了一个防渗层和一个渗漏检测层。双层防渗结构中的主防渗层和次防渗层分别可以是单层防渗层或复合防渗层。双层防渗结构可按本规范图 3.2.2-2 的防渗形式设计。

3.3 基 础 层

3.3.2 本条要求场底基础层应设置纵、横坡度以利于导排垃圾渗沥液。根据工程经验,场底基础层纵、横坡度宜大于 2%,但在特殊地形条件下,可在满足渗沥液收集导排要求的情况下适当调整。

3.3.3 根据实践经验,当边坡缓于 1:2 时其稳定性通常较好,但在地质情况不佳时,应作出稳定性分析;当边坡坡度陡于 1:2,其稳定可靠性通常较差,应作出边坡稳定性分析。

3.4 防 渗 层

3.4.1 防渗层设计应对防渗系统工程材料的物理性质、化学性质以及抗老化性质加以要求,并且保证防渗层在防渗区域覆盖完整。

3.4.2 垃圾填埋场场底和边坡可采用不同的防渗结构和防渗形式。HDPE 膜是世界通用的垃圾填埋场防渗材料,具有施工方便、节省库容、防渗性能好等优点,但是容易破损,应在上下设置保护层,通常膜上采用非织造土工布作为保护材料,膜下采用压实土壤等材料加以保护。

1 HDPE 膜和压实土壤复合防渗能充分发挥 HDPE 膜和压实土壤的优点,在 HDPE 膜破损时,仍能有效地防止渗漏,国内外已广泛采用。

2 GCL 作为一种土工合成材料,施工较压实土壤容易,且节省填埋库容,由于具有遇水膨胀的特性和一定的防水性能,在 HDPE 膜破损后,也能起到辅助的防渗作用。GCL 属于片状材料,其下应有压

实土壤作为保护层,该种防渗结构很有应用前景。参考欧盟的标准,当地质屏障的自然条件不能满足防渗要求时,可以采用人工改造和增强地质屏障来形成同等保护,人工建设的地质屏障厚度不得低于 0.5m。

3 采用压实土壤防渗是传统的防渗形式,防渗性能好,但施工难度较大,对天然地质条件和土源的要求较高。

4 HDPE 膜单层防渗相对于前三种防渗形式,防渗可靠性相对较差,主要依靠 HDPE 防止渗沥液渗漏,膜下的压实土壤防渗性能较弱,但是施工较容易,在我国有一定的实际应用。

本规范不限制新的防渗技术和防渗材料的应用,新技术的应用应慎重,在得到有效证明后,方可应用到实际工程中。本规范提出的垃圾填埋场防渗层设计的典型防渗形式,并不涵盖所有防渗形式,实际工程设计中可参照本规范防渗形式予以改进。

3.4.3 双层防渗结构防渗等级高,造价也相对较高,在我国实际工程中使用很少,在对环境保护要求很高的地区可选择使用。

3.5 渗沥液收集导排系统

3.5.3 渗沥液收集导排系统上部需要承受多种压力和荷载,为使系统能够长久有效地发挥作用,故本条强调了系统内设施的强度要求。

3.5.4 若采用卵石或碎石等材料时,其粒径分布宜在 15～40mm 范围内。由于垃圾渗沥液含有腐殖酸,通常呈酸性,故不得选用易被渗沥液腐蚀的石料。土工复合排水网可以应用于垃圾填埋场底部和边坡的渗沥液收集系统,使用在垃圾填埋场的边坡上优势更为明显。

3.5.5 由于垃圾渗沥液含有腐殖酸,故盲沟内的排水材料不得选用易被渗沥液腐蚀的石料。设计中宜对排水管材的抗压能力和变形程度进行计算。

3.5.6 本条明确了防渗系统设计应考虑防淤堵的因素。反滤材料要求具有相当的孔隙和垂直渗透系数,宜采用土工布作为反滤材料,具体要求可参照现行国家标准《土工合成材料应用技术规范》GB 50290执行。

3.5.7 渗沥液排出管需要穿过土工膜时,应采取有效的强化密封措施,确保管道和土工膜紧密结合,防止穿膜处破损,产生渗沥液渗漏。穿膜管道应使用 HDPE 管材。设计和施工中应为穿膜处的非破坏性质量控制测试留出空间。

3.5.8 渗沥液泵井的设计应注意以下要求:

1 渗沥液具有腐蚀性,应采取措施保护泵井。

2 泵井容积过小,会导致泵井经常被抽干,泵频繁启动和停止,增加泵出现故障的几率。

3 泵用于将渗沥液从泵井排出,其规格应该能保证在渗沥液最大产生率时能够及时将渗沥液排出。

泵应该具有足够的扬程，保证能将渗沥液提升到足够的高度，从出口排出。泵井宜设计为具有液位控制功能，且应配备备用泵。泵井应安装故障警示装置。

4 泵井内易聚集沼气，产生安全隐患，应采取必要的安全措施。

3.6 地下水收集导排系统

3.6.1 本条明确了地下水收集导排系统的设置条件。在地下水水位较低、降雨少的地区，地下水对防渗系统不造成危害时，可不设地下水收集导排系统。

3.7 防渗系统工程材料连接

3.7.3 表 3.7.3 中的限制坡高和限制坡长均是推荐的最大坡高和最大坡长。

4 防渗系统工程材料

4.1 一般规定

4.1.1 本条规定了防渗系统工程中常用的土工合成材料名称。

4.2 高密度聚乙烯（HDPE）膜

4.2.1、4.2.2 规定了 HDPE 膜应符合国家现行标准《填埋场用高密度聚乙烯土工膜》CJ/T 234 中关于 HDPE 膜的外观要求、光面 HDPE 膜和糙面 HDPE 膜的性能指标要求。

4.3 土工布

4.3.1 土工布不能尽快被填充物遮盖而需要长久暴露时，应充分考虑其抗老化性能。土工布作为反滤材料时，应充分考虑其防淤堵性能。

4.3.2 应参照的有关土工布的国家相关标准主要包括：

1 《短纤针刺非织造土工布》GB/T 17638；
2 《长丝纺粘针刺非织造土工布》GB/T 17639；
3 《长丝机织土工布》GB/T 17640；
4 《裂膜丝机织土工布》GB/T 17641；
5 《塑料扁丝编织土工布》GB/T 17690 等。

4.4 钠基膨润土防水毯（GCL）

4.4.1 本条对 GCL 的性能指标提出了要求，垃圾填埋场防渗系统工程中的 GCL 主要应用于 HDPE 膜下作为防渗层或保护层。

4.5 土工复合排水网

4.5.1 本条对土工复合排水网的性能提出了要求，土工复合排水网主要用于渗沥液收集导排系统，渗沥

液检测系统，地下水收集导排系统。

5 防渗系统工程施工

5.1 一般规定

5.1.2 边坡保护层主要是维护边坡材料层不被填埋机具作业时损坏，可用袋装土、废旧轮胎等加以保护。

5.2 土壤层

5.2.1 经验证明，黏土是最合适的土壤层防渗材料，应作为优先使用的土源，当黏土资源缺乏时，也可使用其他类型的土，但是应保证能达到渗透系数不大于 1.0×10^{-9} m/s 的要求。

5.2.2 应使压实度达到最小渗透系数。能否达到最小渗透系数取决于衬层施工中的土壤类型、土壤含水率、土壤密度、压实度、压实方法等。一般地，当压实土壤的含水率略高于最优含水率时（通常高出 1%～7%），可达到最小渗透系数。

5.2.3 本条规定了土壤层应该由一系列压实的土层组成，即分层压实，各土层之间应该紧密衔接。每层压实土层的厚度宜为 150～250mm。

5.2.4 本条规定了各层压实土壤层测试应每 500m² 取一组样品进行压实度测试，每组样品宜为 3～5 个样。

5.3 高密度聚乙烯（HDPE）膜

5.3.1 HDPE 膜的产品质量是防渗系统工程质量的基本保证，故在材料进场时就应该检查外观和有关的性能指标，从而保证产品质量。HDPE 膜的检测频率宜保证每一批次 HDPE 膜至少取一个样，同一批次 HDPE 膜宜按每 50000m² 增加一个取样。

5.3.2 防渗系统工程施工期间，HDPE 膜应该按照产品说明书的要求进行贮存。HDPE 膜对紫外光比较敏感，在铺设前应避免阳光直射，防止因为自然或人为条件影响产品的质量和性能。用于连接 HDPE 膜的粘合剂或焊接材料也应该以适当的方式加以贮存。

5.3.3 每日 HDPE 膜铺设完成应当日焊接，以免被风吹起或被其他外力破坏。

5.3.5 HDPE 膜铺设的要求如下：

1 HDPE 膜铺设时应一次展开到位，不宜展开后再拖动 HDPE 膜。

2 HDPE 膜的热胀冷缩会影响其安装和使用性能，故在施工中应为材料的热胀冷缩留出一定余地。HDPE 膜不宜拉得过紧，否则会因局部应力过大而造成 HDPE 膜破坏。

3 HDPE 膜下保护层被雨淋、水冲刷后，会破坏表层的平坦度，可将 HDPE 膜下保护层的施工期

安排在比 HDPE 膜铺设稍前一点的时间。

5.3.6 焊接方法包括热熔焊接和挤压焊接。焊接之前应先检查铺设是否完好，搭接宽度是否符合要求，并且每台焊机均须试焊合格后方可焊接。应对焊接过程进行质量控制和进行相关的质量保证检测，以便及时发现不合格焊接。

5.3.7 本条要求 HDPE 膜铺设和焊接施工中应按附录 A 表 A.0.1 和附录 B 表 B.0.1～表 B.0.3 规定的内容进行记录，以保证施工质量。

5.3.8 HDPE 膜的搭接和焊接对防渗系统工程质量非常重要。施工过程中，监理必须全程监督 HDPE 膜的焊接和检验工作。

焊接质量测试应该在现场环境下模拟进行，并且对所有焊缝均需要进行气密性检测。

现场焊接质量的稳定性对于防渗系统的性能非常关键。在施工中，应该监测和控制可能影响焊接质量的各种条件。为了符合施工质量保证计划，应对施工过程进行检查，并完整的记录现场焊接情况。影响焊接过程的主要因素包括以下内容：

1 焊接面的清洁程度；

2 焊接处周围的温度；

3 焊接处周围的湿度；

4 焊缝处的基础层条件，如含水率；

5 天气情况，如风力影响。

5.3.9 HPDE 膜铺设后工作人员穿钉鞋、高跟鞋在 HDPE 膜上踩踏和车辆在 HDPE 膜上行驶易造成膜破坏；当需要车辆作业时，应在 HDPE 膜上铺设保护材料。

5.4 土 工 布

5.4.1 有石头、土块、水和过多的灰尘和进入土工布时，容易破坏土工膜或堵塞土工布。

5.4.5 土工布在边坡上的铺设方向应与坡面一致，以减少接缝的受力。坡面上的水平接缝易造成土工布的脱落。

5.5 钠基膨润土防水毯 (GCL)

5.5.1 GCL 贮存时地面应采取架空方法垫起，以免受潮或被地表水浸泡，影响其性能。

5.5.2 由于 GCL 具有遇水膨胀的特性，故 GCL 施工时应考虑天气因素。

5.5.3 GCL 宜按照以下要求铺设：

1 应按规定顺序和方向，分区分块铺设 GCL。GCL 应以品字形分布，尽量避免十字搭接。宽幅、大捆 GCL 的铺设宜采用机械施工；条件不具备及窄幅、小捆 GCL，也可采用人工铺设。

2 GCL 不应在坡面水平搭接，而应在坡顶开挖

锚固沟进行锚固。

3 搭接 GCL 时，应在搭接底层 GCL 的边缘 150mm 处撒上膨润土粉状密封剂，其宽度宜为 50mm、重量宜为 0.5kg/m²。在大风天气施工时，可将粉状密封剂用等量清水调成膏状，再按上述要求涂抹于 GCL 上。

4 坡面铺设完成后，应在底面留下不少于 2m 的 GCL，并在边缘用塑料薄膜进行临时保护。遇有大风天气时，可将膨润土粉用适量清水调成膏状连接。

5 可施用膨润土粉或用 GCL 进行局部覆盖修补。

6 在圆形管道等特殊部位施工时，可首先裁切以管道直径加 500mm 为边长的方块 GCL；再在其中心裁剪直径与管道直径等同的孔洞，修理边缘后使之紧密套在管道上；然后在管道周围与 GCL 的接合处均匀撒布或涂抹膨润土粉。方形构筑物处的施工可参照上述方法执行。

5.5.4 对已施工的 GCL 应妥善保护，不得有任何人为损坏。

5.6 土工复合排水网

5.6.3 在铺设土工复合排水网的过程中遇到障碍物，如排出管或测视井时，应裁开土工复合排水网，在障碍物周围铺设，保证障碍物和材料之间没有缝隙，且下层土工布和土工网芯应接触到障碍物。上层土工布要有足够的长度，折回到土工复合排水网下面，保护露出的土工网芯，防止小土粒进入土工网芯。

5.6.4 覆盖连接排水网芯的土工布应密封，可以防止回填料或其他可能造成堵塞的物质进入土工网芯。

6 防渗系统工程验收及维护

6.1 防渗系统工程验收

6.1.1 本条规定了防渗系统工程验收的相关资料清单。

6.1.2 HDPE 膜施工工序是防渗系统工程中最重要的工程之一。验收资料中须包括 HDPE 膜的铺设、焊接和检测方面的施工记录。真实地记载每片 HDPE 膜材料的卷材信息，每条焊缝的施工人员、设备和焊接参数信息，每条焊缝的检测人员、设备、检测结果和不合格处理意见。

6.1.6 本条规定了防渗系统工程施工质量观感检验的要求。

6.1.7 本条规定了防渗系统工程施工质量抽样检测及焊接质量检测方法的要求。

中华人民共和国行业标准

环境卫生图形符号标准

Standard for figure symbols of environmental sanitation

CJJ/T 125—2008

J 825—2008

批准部门：中华人民共和国住房和城乡建设部
施行日期：２００９年５月１日

中华人民共和国住房和城乡建设部
公　告

第 148 号

关于发布行业标准
《环境卫生图形符号标准》的公告

现批准《环境卫生图形符号标准》为行业标准，编号为 CJJ/T 125‐2008，自 2009 年 5 月 1 日起实施。原《环境卫生设施与设备图形符号　设施标志》CJ/T 13‐1999、《环境卫生设施与设备图形符号　设施图例》CJ/T 14‐1999、《环境卫生机械与设备图形符号　机械与设备》CJ/T 15‐1999 同时废止。

本标准由我部标准定额研究所组织中国建筑工业出版社出版发行。

中华人民共和国住房和城乡建设部
2008 年 11 月 13 日

前　言

根据建设部《关于印发〈2006 年工程建设标准规范制订、修订计划（第一批）〉的通知》（建标［2006］77 号）的要求，标准编制组经广泛调查研究，认真总结实践经验，参考有关的国家标准和国外先进标准，并在广泛征求意见的基础上，对《环境卫生设施与设备图形符号　设施标志》CJ/T 13‐1999、《环境卫生设施与设备图形符号　设施图例》CJ/T 14‐1999 和《环境卫生机械与设备图形符号　机械与设备》CJ/T 15‐1999 进行了修订。

本标准的主要技术内容是：1. 总则；2. 环境卫生公共图形标志；3. 环境卫生设施图例；4. 环境卫生机械与设备图形符号；5. 环境卫生应急图形标志。

修订的主要内容是：对原标准进行系统的补充、修改，将三个标准整合修订为一个标准，修订后标准名称为"环境卫生图形符号标准"；对环境卫生公共图形标志部分、环境卫生设施图例部分和环境卫生机械与设备图形符号部分进行了删减、增加、修改；将原标准 CJ/T13‐1999 附录部分"环境卫生行业标志"、"图形标志应用示例"整合编排为第二章环境卫生公共图形标志的内容；将原标准 CJ/T15‐1999 附

录部分"其他符号"、"环境卫生机械设备图形符号应用示例"整合编排为第四章环境卫生机械与设备图形符号的内容；新增了第五章"环境卫生应急图形标志"。

本标准由住房和城乡建设部负责管理，由主编单位负责具体技术内容的解释。

本标准主编单位：华中科技大学（地址：武汉市洪山区珞瑜路 1037 号；邮政编码：430074）

本标准参编单位：贵阳市环境卫生科学研究所
海沃机械（扬州）有限公司
武汉华曦科技发展有限公司
广州环境卫生机械设备厂
南京晨光集团有限责任公司

本标准主要起草人员：陈海滨　王宗平　李大年
谈　浩　侯世游　汪俊时
张兴如　张建成　汪玉梅
韦　华　张后亮　华广美
张小江　张　黎　王　茜
吴　超

目 次

1 总　则

1.0.1 为统一城镇环境卫生图形符号，适应环境卫生设施的建设与管理，制定本标准。

1.0.2 本标准适用于城镇环境卫生设施的规划、设计和管理。

1.0.3 环境卫生公共图形标志、设施图例、机械与设备图形符号、应急图形标志，除应符合本标准外，尚应符合国家现行有关标准的规定。

2　环境卫生公共图形标志

2.1　一般规定

2.1.1 环境卫生公共图形标志是指识别或指示环境卫生公共场所、公共设施使用的环境卫生图形标志。

2.1.2 环境卫生公共图形标志的长宽比例应为4:3，应根据识读距离和设施大小确定相应尺寸，必须保持图形标志构成要素之间的比例。

2.1.3 环境卫生公共图形标志应采用蓝色（c100m60y20k15，PANTONE 647 C/U）和白色（k0）为基本色。除样图中蓝色图形和边框、白色背景外，也可为白色图形和边框、蓝色背景。

2.1.4 环境卫生公共图形标志的中文字体应为大黑简体，英文字体应为 Impact 体。文字颜色应与图形标志统一，以蓝色和白色为基本色。

2.1.5 使用环境卫生公共图形标志时，可根据需要标示文字说明，不得在图形符号的边框内标示。

2.1.6 图形标志必须保持清晰、完整。当发现形象损坏、颜色污染或有变化、褪色而不符合本标准有关规定时应及时修复或更换。

2.2　环境卫生公共图形标志

2.2.1 环境卫生公共图形标志由基本图形符号、辅助图形符号和中英文符号组合而成。

2.2.2 公共厕所基本图形应符合表2.2.2的规定。

2.2.3 环境卫生公共图形标志应符合表2.2.3的规定。

表 2.2.2　公共厕所基本图形

序号	名称	基　本　图　形	说　明
1	公共厕所		图形：男性正面全身剪影，女性正面全身剪影，中间竖线表示隔墙。 序号1~3基本图形的长宽比例为1:1。 作用：表示供男性、女性使用的厕所

续表 2.2.2

序号	名称	基　本　图　形	说　明
2	男厕所	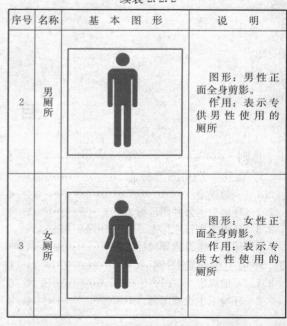	图形：男性正面全身剪影。 作用：表示专供男性使用的厕所
3	女厕所		图形：女性正面全身剪影。 作用：表示专供女性使用的厕所

表 2.2.3　环境卫生公共图形标志

序号	名称	图　形　标　志	说　明
1	公共厕所	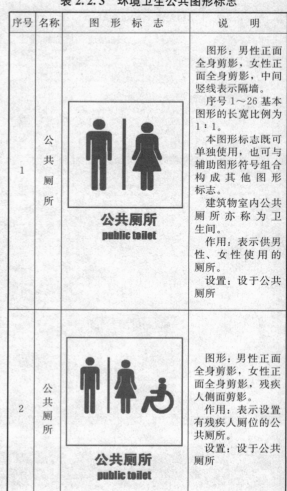	图形：男性正面全身剪影，女性正面全身剪影，中间竖线表示隔墙。 序号1~26基本图形的长宽比例为1:1。 本图形标志既可单独使用，也可与辅助图形符号组合构成其他图形标志。 建筑物室内公共厕所亦称为卫生间。 作用：表示供男性、女性使用的厕所。 设置：设于公共厕所
2	公共厕所		图形：男性正面全身剪影，女性正面全身剪影，残疾人侧面剪影。 作用：表示设置有残疾人厕位的公共厕所。 设置：设于公共厕所

序号	名称	图 形 标 志	说 明
3	公共厕所	**公共厕所** **public toilet**	图形：男性正面全身剪影，女性正面全身剪影，母亲和婴儿的侧面剪影。 作用：表示设置有母婴厕位的公共厕所。 设置：设于公共厕所
4	男厕所	**男** **male**	图形：男性正面全身剪影。 作用：表示专供男性使用的厕所。 设置：设于男厕所入口处
5	女厕所	**女** **female**	图形：女性正面全身剪影。 作用：表示专供女性使用的厕所。 设置：设于女厕所入口处
6	坐便器	**坐便器** **toilet bowl**	图形：坐便器侧面剪影。 作用：提示厕所的厕位中有坐便器。 设置：设于厕位门上
7	蹲便器	**蹲便器** **squatting pan**	图形：蹲便器侧面剪影。 作用：提示厕所的厕位中有蹲便器。 设置：设于厕位门上

序号	名称	图 形 标 志	说 明
8	老年人设施	**老年人设施** **facility for eld person**	图形：挂拐杖者正面全身剪影。 作用：指示供老年人使用的设施。如老年人专用厕位、老年人健身设施，老年人活动中心等。 设置：设于老年人设施及场所
9	洗手处	**洗手处** **hand-washing**	图形：水龙头和手掌。 作用：指示供人们洗手的设施，公共卫生设施中均可使用。 设置：设于洗手设施处
10	踏板放水	**踏板放水** **pedal-operated facility**	图形：脚和踏板。 作用：指示脚踏放水设施，公共卫生设施中均可使用。 设置：设于踏板放水设施处
11	废物箱	**废物箱** **litter bin**	图形：站立的人，一只手臂外伸，近旁为废物箱，废物正掉入箱内。 作用：表示供人们丢弃废物的容器。 设置：设于废物箱上或设置废物箱处

序号	名称	图 形 标 志	说　明
12	垃圾容器	**垃圾容器** refuse container	图形：垃圾桶和一个正在倒垃圾的人。 作用：表示供人们倒垃圾的容器。 设置：直接绘于该容器上或设于倒垃圾处
13	垃圾倒口	**垃圾倒口** refuse dumping site	图形：一个正在向垃圾倒口处倒垃圾的人。 作用：表示供人们倒垃圾的倒口或垃圾倒口间。 设置：设于垃圾倒口处
14	垃圾收集点	**垃圾收集点** refuse collecting spot	图形：垃圾桶和垃圾箱侧视图，地面。 作用：表示垃圾收集场所。 设置：设于垃圾收集设施或场所
15	垃圾转运	**垃圾转运** MSW transfer	图形：转运符号——两个首尾相接的半圆形箭头构成的环状，垃圾车。 作用：表示垃圾转运设施。 设置：设于垃圾转运设施处

序号	名称	图 形 标 志	说　明
16	粪便转运	**粪便转运** nightsoil transfer	图形：转运符号，粪车。 作用：表示粪便转运设施。 设置：设于粪便转运设施处
17	车辆冲洗站	**车辆冲洗站** vehicle cleaning station	图形：轿车正面视图，车身上方喷水示意。 作用：表示冲洗车辆的场所。 设置：设于车辆冲洗设施入口处
18	环卫停车场	**环卫停车场** parking area for sanitation vehicle	图形：停车场标志，垃圾车。 作用：表示停放环卫车辆的场所。 设置：设于环卫停车设施入口处
19	环卫加油站	**环卫加油站** sanitation petrol station	图形：附有环卫标志的加油机和软管。 作用：表示为环卫车辆加油的场所。 设置：设于环卫车辆加油设施处

序号	名称	图 形 标 志	说 明
20	环卫计量站	环卫计量站 sanitation metrical station	图形：带有环卫标志的衡器。 作用：表示废物计量场所。 设置：设于计量装置入口处
21	环卫车辆供水点	环卫车辆供水点 water supply station	图形：供水栓，带有环卫标志的车辆。 作用：表示为洒水（冲洗）等环卫车辆供水的场所。 设置：设于环卫车辆供水设施处
22	环卫工人休息室	环卫工人休息室 sanitation worker's retiringroom	图形：屋顶标志，一个坐在座椅上的人和环卫标志。 作用：表示供环卫工人休息的场所。 设置：设于环卫工人休息场所
23	垃圾电梯	垃圾电梯 refuse elevator	图形：电梯、垃圾袋。 作用：表示垃圾专用电梯。 设置：设于该电梯口

序号	名称	图 形 标 志	说 明
24	禁止倒垃圾	禁止倒垃圾 no dumpage	图形：一个正在倒垃圾的人，红色"禁止"标志。 作用：表示该处禁止倒垃圾。 设置：设于需要告诫公众禁止倒垃圾的场所。 序号24～26为禁止标志，应符合GB 2894《安全标志》和 GB 2893《安全色》的规定。本表其他禁止标志同此例
25	禁止入内	禁止入内 no entry	图形：一个欲进门的人，红色"禁止"标志。 作用：表示该处禁止公众入内。 设置：设于环卫设施中禁止进入的场所
26	禁止饮用	禁止饮用 no drinking	图形：水龙头和水杯，红色"禁止"标志。 作用：表示该处的水禁止饮用。 设置：设于对应设施处

2.3 环境卫生行业标志

2.3.1 环境卫生行业标志应符合表2.3.1的规定。

表2.3.1 环境卫生行业标志

序号	名称	基本图形	说 明
1	环境卫生行业标志		图形：环卫二字汉语拼音字母"HW"构图。 作用：表示环境卫生行业属性。 设置：设于环境卫生设施、机械设备、服饰、纪念品及其具有环境卫生行业特征的场所

2.4 环境卫生设施导向标志牌

2.4.1 环境卫生设施导向标志牌应包括图形符号、中英文符号和方向符号，设计尺寸比例应为：长度 $1.8L$，宽度 L，圆周半径 $0.05L$。

2.4.2 公共厕所导向标志牌应符合图 2.4.2 的规定。

图 2.4.2 公共厕所导向标志牌

2.4.3 洗手处导向标志牌应符合图 2.4.3 的规定。

图 2.4.3 洗手处导向标志牌

2.4.4 环卫停车场导向标志牌应符合图 2.4.4 的规定。

图 2.4.4 环卫停车场导向标志牌

3 环境卫生设施图例

3.1 一 般 规 定

3.1.1 环境卫生设施图例可用于环境卫生设施分布图、规划图，也可用于系统图等。

3.1.2 环境卫生设施图例应分为一般图例和分类图例。

3.1.3 环境卫生设施图例的大小、线条的粗细可按实际需要选用适当比例，方位不得旋转。

3.1.4 环境卫生设施图例应采用红色（m100y100，PANTONE RED 032 C/U）和黑色（k100，PANTONE BLACK 6 C/U）为基本色。

3.1.5 环境卫生设施图例用单一黑色表示时，在规划（新建）图例下面加一横线，表示规划（改扩建）图例。

3.2 环境卫生设施图例

3.2.1 公共厕所和倒粪站点图例应符合表 3.2.1 的规定。

表 3.2.1 公共厕所和倒粪站点图例

序号	名称	图 例		说 明
		规划（新建）	建成（运行）规划（改扩建）	
1	公共厕所			一般图例
2	水冲式厕所			序号 2～5 为公共厕所分类图例
3	旱式公共厕所			
4	临时厕所			
5	活动厕所			

序号	名称	图 例		说 明
		规划(新建)	建成(运行)规划(改扩建)	
6	倒粪站点			
7	化粪池			

注：红色空心图表示规划(新建)图，红色实心图表示规划(改扩建)图，黑色实心图表示建成(运行)图，表3.2.2～表3.2.5相同。

3.2.2 垃圾收集站(点)图例应符合表3.2.2的规定。

表 3.2.2 垃圾收集站(点)图例

序号	名称	图 例		说 明
		规划(新建)	建成(运行)规划(改扩建)	
1	垃圾收集站(点)			

3.2.3 垃圾转运站图例应符合表3.2.3的规定。

表 3.2.3 垃圾转运站图例

序号	名称	图 例		说 明
		规划(新建)	建成(运行)规划(改扩建)	
1	垃圾转运站			一般图例(不单独使用)

序号	名称	图 例		说 明
		规划(新建)	建成(运行)规划(改扩建)	
2	生活垃圾转运站			序号 2～8 为分类图例
3	垃圾铁路转运站			
4	垃圾水路转运站			又称"垃圾码头"
5	生活垃圾管道输送终点站			
6	粪便转运站			"贮粪池"、"贮粪库"也可用此图例
7	粪便水路转运站			又称"粪便码头"

序号	名称	图例		说　明
		规划（新建）	建成（运行）规划（改扩建）	
8	废弃物水路综合转运站			又称"水路垃圾粪便综合码头"

3.2.4 环境卫生场所图例应符合表 3.2.4 的规定。

表 3.2.4　环境卫生场所图例

序号	名称	图例		说　明
		规划（新建）	建成（运行）规划（改扩建）	
1	环境卫生场所			一般符号（不单独使用）。序号 1～7、序号 11～20 长宽比例为 2：1
2	生活垃圾堆放场			序号 2～20 为分类图例
3	生活垃圾分选场（厂）			
4	生活垃圾综合处理场（厂）			泛指，未明确工艺技术。是指有两种或两种以上的处理方式的处理场
5	生活垃圾填埋场			

序号	名称	图例		说　明
		规划（新建）	建成（运行）规划（改扩建）	
6	生活垃圾填埋气发电厂			
7	生活垃圾堆肥处理厂			
8	生活垃圾焚烧厂			序号 8～10 长宽比例为 1：2
9	生活垃圾焚烧发电厂			
10	垃圾焚烧热电联产厂			
11	建筑垃圾堆放场			

序号	名称	图 例		说 明
		规划(新建)	建成(运行)规划(改扩建)	
12	建筑垃圾处置场			
13	餐厨垃圾处理厂			
14	粪便处理厂			泛指,未明确工艺技术
15	垃圾渗滤液处理厂			
16	特殊废弃物处理厂	TF	TF TF	指"死畜病畜"等处理设施
17	环卫停车场			
18	环卫船舶停泊码头			

序号	名称	图 例		说 明
		规划(新建)	建成(运行)规划(改扩建)	
19	环卫机械修造厂			
20	废弃物综合利用工厂			

3.2.5 其他环境卫生设施图例应符合表 3.2.5 的规定。

表 3.2.5 其他环境卫生设施图例

序号	名称	图 例		说 明
		规划(新建)	建成(运行)规划(改扩建)	
1	车辆冲洗站			
2	洒水(冲洗)车供水站			
3	环卫加油站			

序号	名称	图 例		说 明
		规划(新建)	建成(运行)规划(改扩建)	
4	环卫工人休息室			

3.2.6 环境卫生作业线路图例应符合表 3.2.6 的规定。

表 3.2.6 环境卫生作业线路图例

序号	名 称	图 形 符 号	说 明
1	机动垃圾车辆收运路线及方向		序号 1 ~3 在规划图中使用时,可选择其他的颜色
2	洒水冲水车辆作业路线及方向		
3	垃圾气力输送管道及输送方向		

4 环境卫生机械与设备图形符号

4.1 一 般 规 定

4.1.1 环境卫生机械与设备图形符号可用于环境卫生工程的简图、原理图、系统图、工艺流程图等。

4.1.2 环境卫生机械与设备图形符号尺寸未作具体规定的,使用时应按实际需要选用适当比例。

4.1.3 环境卫生机械与设备图形符号的方位可按需要旋转。

4.1.4 环境卫生机械与设备图形符号的颜色,除采用红色(m100y100,PANTONE RED 032 C/U)之外,可按需要采用黑色(k100,PANTONE BLACK 6 C/U)或其他颜色。

4.2 环境卫生机械与设备图形符号

4.2.1 环卫车辆图形符号应符合表 4.2.1 的规定。

表 4.2.1 环卫车辆图形符号

序号	名 称	图 形 符 号	说 明
1	垃圾车		需指明类型时在"※"处加注字母符号 S：收集车 Z：转运车
2	环卫人力车		
3	洒水(冲洗)车		
4	清洗车		
5	厕所车		
6	环卫监测车		
7	吸粪(吸污)车		
8	扫路车		需指明类型时在"※"处加注字母符号 S：纯扫式 X：纯吸式 H：扫吸结合式
9	除雪机		需指明类型时在"※"处加注字母符号 L：犁板式 Z：转子式 X：螺旋式 H：联合式

续表 4.2.1

序号	名 称	图形符号	说 明
10	盐粉撒布机		

4.2.2 环卫船舶图形符号应符合表 4.2.2 的规定。

表 4.2.2 环卫船舶图形符号

序号	名 称	图形符号	说 明
1	垃圾运输船		
2	粪便运输船		
3	垃圾清扫船		

4.2.3 容器图形符号应符合表 4.2.3 的规定。

表 4.2.3 容器图形符号

序号	名 称	图形符号	说 明
1	垃圾斗		
2	垃圾箱		
3	垃圾桶		
4	垃圾集装箱		
5	废物箱		

4.2.4 分离机械图形符号应符合表 4.2.4 的规定。

表 4.2.4 分离机械图形符号

序号	名 称	图形符号	说 明
1	固定格筛		
2	振动筛		
3	链筛		
4	滚筒筛		
5	悬挂式磁选机		可作磁选机通用图形符号
6	滚筒式磁选机		
7	磁鼓		
8	气流分离机		
9	有色金属分离机		
10	弹力分选机		
11	静电分选机		

序号	名　称	图形符号	说　明
12	气液分离器		原理图
13	固液分离器		

4.2.5 破碎、搅拌机械图形符号应符合表4.2.5的规定。

表 4.2.5　破碎、搅拌机械图形符号

序号	名　称	图形符号	说　明
1	锤击式破碎机		可作单轴卧式破碎机通用图形符号
2	反击式破碎机		
3	单齿辊破碎机		
4	双光辊破碎机		可作辊式破碎机通用图形符号
5	双齿辊破碎机		
6	剪切式破碎机		

序号	名　称	图形符号	说　明
7	颚式破碎机		
8	球磨机（磨碎机通用）	※	必要时在"※"处加注字母符号 Q：球磨机 B：棒磨机 G：管磨机 Z：自磨机
9	立式搅拌机		可作立式搅拌机通用图形符号
10	卧式搅拌机（单轴）		可作卧式搅拌机通用图形符号
11	卧式搅拌机（双轴）		
12	混合滚筒		

4.2.6 输送、装料、给料机械图形符号应符合表4.2.6的规定。

表 4.2.6　输送、装料、给料机械图形符号

序号	名　称	图形符号	说　明
1	皮带输送机		可作带式输送机通用图形符号
2	钢带输送机		

序号	名 称	图形符号	说 明
3	刮板输送机		
4	螺旋输送机		
5	步进地板		
6	提升机（通用）		
7	斗式提升机		
8	刮板式提升机		
9	抓斗		
10	桥式抓斗起重机		

序号	名 称	图形符号	说 明
11	悬臂式抓斗起重机		
12	料斗（料仓）		
13	水平活塞式压缩装置（液压式挤压装置）		可作活塞式压缩装置通用图形符号
14	可移动水平活塞式压缩装置		
15	垂直活塞式压缩装置		
16	刮板式压缩装置		
17	环卫叉车		
18	压实机		

序号	名 称	图形符号	说 明
19	装载机		
20	推土机		
21	布土(布料)机		
22	挖掘机		

4.2.7 垃圾焚烧、热解、气化设备图形符号应符合表 4.2.7 的规定。

表 4.2.7 垃圾焚烧、热解、气化设备图形符号

序号	名 称	图形符号	说 明
1	垃圾焚烧炉(通用)		
2	流化床式焚烧炉		
3	多段焚烧炉		
4	往复炉排焚烧炉		

序号	名 称	图形符号	说 明
5	辊式炉算焚烧炉		
6	医用焚烧炉		
7	旋转窑式焚烧炉		
8	热解气化炉		

4.2.8 除尘、除臭、过滤、脱水设备图形符号应符合表 4.2.8 的规定。

表 4.2.8 除尘、除臭、过滤、脱水设备图形符号

序号	名 称	图形符号	说 明
1	除尘器		
2	活性炭净化装置		
3	除臭装置		

序号	名 称	图形符号	说 明
4	洗涤塔	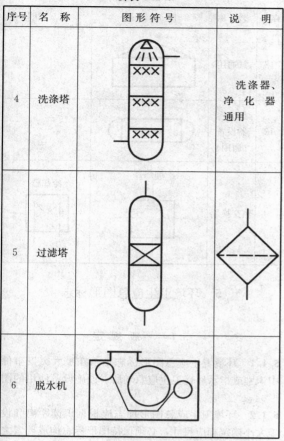	洗涤器、净化器通用
5	过滤塔		
6	脱水机		

4.2.9 堆肥发酵、翻堆设备图形符号应符合表4.2.9的规定。

表4.2.9 堆肥发酵、翻堆设备图形符号

序号	名 称	图形符号	说 明
1	立式发酵塔		
2	回转式发酵筒（达诺滚筒）		
3	静态堆肥		

序号	名 称	图形符号	说 明
4	悬挂式翻堆机		
5	自行式翻堆机		

4.2.10 计量、打包设备图形符号应符合表4.2.10的规定。

表4.2.10 计量、打包设备图形符号

序号	名 称	图形符号	说 明
1	计量装置		
2	打包装置		

4.2.11 其他机械与设备图形符号应符合表4.2.11的规定。

表4.2.11 其他机械与设备图形符号

序号	名 称	图形符号	说 明
1	池		
2	密封池		
3	烟囱		

序号	名称		图形符号	说明
4	管路	油	Ⓨ	在符号中加介质类别代号：Ⓢ：水 Ⓨ：油 Ⓚ：空气 Ⓩ：蒸气 Ⓛ：垃圾 Ⓕ：粪便 在规划图上表示时，为了和底图颜色区别开来，可采用其他颜色
		水	Ⓢ	
		空气	Ⓚ	
		蒸气	Ⓩ	
		垃圾	Ⓛ	
		粪便	Ⓕ	
5	废物移送路线和方向		➡	用于工艺流程图
6	阀门（通用）		▷◁	需指明类型和连接形式时参照 GB 6567.4
7	电动机电动执行机构		Ⓜ	需指明电流是直流或交流时表示为 Ⓜ 或 Ⓜ
8	活塞执行机构（液气通用）			
9	电磁执行机构			
10	手动启动			
11	塔（通用）			

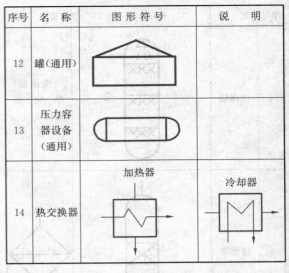

序号	名称	图形符号	说明
12	罐（通用）		
13	压力容器设备（通用）		
14	热交换器	加热器 冷却器	

5 环境卫生应急图形标志

5.1 一般规定

5.1.1 环境卫生应急图形标志是指在重大突发事件中识别或指示环境卫生应急场所、设施设备使用的图形标志。

5.1.2 环境卫生应急图形标志应根据识读距离和设施大小确定相应尺寸，必须保持图形标志构成要素之间的比例。

5.1.3 环境卫生应急图形标志矩形部分的长宽比例应为 4∶1，等腰三角形部分顶角应为 120 度。

5.1.4 环境卫生应急图形标志应采用红色（m100y100，PANTONE RED 032 C/U）和白色（k0）为基本色。

5.1.5 环境卫生应急图形标志中文字体应为大黑简体，英文字体应为 Impact 体。文字颜色应与图形标志统一，以白色和红色为基本色。

5.2 环境卫生应急图形标志

5.2.1 环境卫生应急图形标志应符合表 5.2.1 的规定。

表 5.2.1 环境卫生应急图形标志

序号	名称	图形标志	说明
1	应急公共厕所	应急公共厕所 Emergency toilet	指示应急公共厕所的方向
2	应急污水排放	应急污水排放 Emergency sewage vent	指示应急污水排放地点的方向

续表 5.2.1

序号	名 称	图 形 标 志	说 明
3	应急垃圾存放	应急垃圾存放 Emergency waste stacking	指示应急垃圾集中存放地点的方向
4	应急垃圾焚烧	应急垃圾焚烧 Emergency waste incineration	指示应急垃圾焚烧地点的方向
5	应急垃圾填埋	应急垃圾填埋 Emergency waste landfill	指示应急垃圾填埋地点的方向
6	不准投放垃圾	不准投放垃圾 No dumping	表示此处不允许投放垃圾

本标准用词说明

1 为便于在执行本标准条文时，对于要求严格程度不同的用词说明如下：

1）表示很严格，非这样做不可的：

正面词采用"必须"，反面词采用"严禁"；

2）表示严格，在正常情况下均应这样做的：

正面词采用"应"，反面词采用"不应"或"不得"；

3）表示允许稍有选择，在条件许可时首先应这样做的：

正面词采用"宜"，反面词采用"不宜"；

表示有选择，在一定条件下可以这样做的，采用"可"。

2 条文中指明应按其他有关标准执行的写法为："应符合……的规定"或"应按……执行"。

中华人民共和国行业标准

环境卫生图形符号标准

CJJ/T 125—2008

条 文 说 明

前　言

《环境卫生图形符号标准》CJJ/T 125 - 2008，经住房和城乡建设部 2008 年 11 月 13 日以第 148 号公告批准发布。

本标准第一版的主编单位是贵阳市环境卫生科学研究所。

为便于广大设计、施工、科研、学校等单位有关人员在使用本标准时能正确理解和执行条文规定，《环境卫生图形符号标准》编制组按章、节、条顺序编制了本标准的条文说明，供使用者参考。在使用中如发现本条文说明有不妥之处，请将意见函寄华中科技大学。

目　次

1 总 则

1.0.1 本条阐明制定本标准的目的和意义。随着人民生活水平的提高及环境卫生建设事业的发展,有必要制定环境卫生图形符号标准,以统一城镇环境卫生图形符号的使用,规范环境卫生设施的建设和管理。

1.0.2 本条阐明了本标准的适用范围。

1.0.3 本条规定了环境卫生图形符号除应符合本标准外,还应符合国家现行有关标准的规定和要求。

本标准在修订过程中,涉及的相关标准有:

GB/T 10001.1 - 2006 标志用公共信息图形符号 第一部分:通用符号

GB/T 10001.3 - 2004 标志用公共信息图形符号 第三部分:客运与货运

GB/T 19095 - 2003 城市生活垃圾分类标志

GB 2894 - 1996 安全标志

GB 2893 - 2001 安全色

GB/T 15562 - 1995 环境保护图形标志

CJJ/T 65 - 2004 市容环境卫生术语标准

2 环境卫生公共图形标志

2.1 一般规定

2.1.1 本条给出环境卫生公共图形标志的定义,明确了环境卫生公共设施图形标志的作用。

2.1.2～2.1.4 规定了环境卫生公共图形标志的比例、大小、颜色和字体。本标准采用国际标准色——潘通色(PANTONE),作为图形颜色。

2.1.5 本条对在使用环境卫生公共图形标志时,如何添加必要的文字说明作了具体的规定。

2.1.6 本条阐明了在使用环境卫生公共图形标志过程中的注意事项,以及在何种情况下对环境卫生公共图形标志进行修复或更换。

2.2 环境卫生公共图形标志

2.2.1 本条规定了环境卫生公共图形标志由基本图形符号、辅助图形符号和中英文符号三个部分组成。

2.2.2 本条规定了公共厕所的基本图形,并对图形的含义和作用作出说明。

2.2.3 本条列出了 26 个环境卫生公共图形标志。这些标志代表了城镇生活中最为常见的环境卫生设施。

利用环境卫生公共图形标志可对环境卫生公共设施进行标示,也可为城镇环境卫生设施的规划、设计和管理提供依据。

2.3 环境卫生行业标志

2.3.1 本条对环境卫生行业标志的含义、作用和设置方法做出说明。用环卫二字汉语拼音首字母 H、W 来构图。该标志可与其他环境卫生设施标志结合使用,表示该设施的环境卫生属性。

2.4 环境卫生设施导向标志牌

2.4.1 环境卫生设施导向标志牌是城镇生活中使用最为广泛的环卫标志之一。本条规定了环境卫生设施导向标志牌的组成,设计尺寸和比例。第 2.4.2～2.4.4 条给出了三种环卫设施导向标志牌的示例,在实际的设计过程中,可根据本标准的规定,设计其他环境卫生设施的导向标志牌。

2.4.2 本条规定了由公共厕所图形标志和方向标志构成的导向标志牌——公共厕所导向标志牌。

2.4.3 本条规定了由洗手处图形标志和方向标志构成的导向标志牌——洗手处导向标志牌。

2.4.4 本条规定了由环卫停车场图形标志和文字说明构成的导向标志牌——环卫停车场导向标志牌。

3 环境卫生设施图例

3.1 一般规定

3.1.1 本条阐明了环境卫生设施图例的应用范围。

3.1.2 本条规定了环境卫生设施图例的类别。

3.1.3 本条规定了环境卫生设施图例在作图和使用过程中的注意事项。

3.1.4 本条规定了环境卫生设施图例的基本颜色。

3.1.5 考虑到实际使用中,经常在单色图上表示环境卫生设施图例,这时候为了区别建成运行图和规划改扩建图,本条规定在规划(新建)图例下面加一横线,表示规划改扩建图例。

3.2 环境卫生设施图例

3.2.1～3.2.5 分别列出了公共厕所和倒粪站点图例、垃圾收集站(点)图例、垃圾转运站图例、环境卫生场所图例以及车辆冲洗站、洒水车供水站等环境卫生设施图例。这部分图例有红色空心、红色实心和黑色实心三种,其中红色空心图表示规划(新建)图,红色实心图表示规划(改扩建)图,黑色实心图表示建成(运行)图。

3.2.6 列出了机动垃圾车辆收运路线及方向图例、洒水冲水车辆作业路线及方向图例、垃圾气力输送管道及输送方向图例等三种环境卫生作业路线图例。在设计过程中,可根据需要,按照本条所列图例的设计思路,设计其他环境卫生作业路线图例。在使用过程中，如需在规划图中添加环卫作业路线图例时，可根据需要选用适当的颜色表示该图例。

4 环境卫生机械与设备图形符号

4.1 一般规定

4.1.1 本条阐明了环境卫生机械与设备图形符号的使用途径。

4.1.2 本条规定了环境卫生机械与设备图形符号的尺寸和比例。

4.1.3 本条规定环境卫生机械与设备图形符号的方位可按照作图的需要进行旋转。

4.1.4 本条对环境卫生机械与设备图形符号的颜色作了规定。

4.2 环境卫生机械与设备图形符号

4.2.1~4.2.11 依次列出环卫车辆图形符号，环卫船舶图形符号，容器图形符号，分离机械图形符号，破碎、搅拌机械图形符号，输送、装料、给料机械图形符号，垃圾焚烧、热解、气化设备图形符号，除尘、除臭、过滤、脱水设备图形符号，堆肥发酵、翻堆设备图形符号，计量、打包设备图形符号，烟囱、阀门等其他机械与设备图形符号。这些机械与设备图形符号都具有环卫属性，在环卫设施设计过程中发挥着重要的作用。

环境卫生机械与设备图形符号可结合使用，表示各种工艺流程。图1为堆肥工艺流程图。在环境卫生工艺流程设计过程中，可根据需要，选用相应的环境卫生机械与设备图形符号及管路符号，构造工艺流程图。

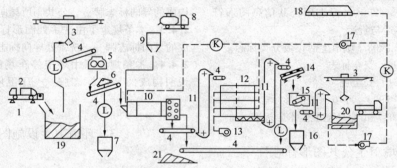

图1 堆肥工艺流程图

1—地磅；2—垃圾车；3—桥式抓斗起重机；4—带式输送机；5—破碎机；6—磁选机；7—料斗（料仓）（废金属）；8—吸粪（污）车；9—料斗（料仓）（粪便污泥）；10—回转式发酵筒；11—提升机；12—立式发酵塔；13—送风机；14—振动筛；15—弹力分选器；16—料斗（料仓）（废玻璃）；17—抽风机；18—除臭装置；19—垃圾贮料槽；20—堆肥贮料槽；21—填埋物

5 环境卫生应急图形标志

5.1 一般规定

5.1.1 本条阐明了环境卫生应急图形标志的用途和适用范围。环境卫生应急是突发公共事件应急的重要一环，制订环境卫生应急图形标志，可在重大突发性环境事故中，准确及时地提示环境卫生临时场所和设施设备的位置，最大限度地减轻一次污染和次生污染，减少因污染带来的环境卫生问题。

5.1.2 本条对环境卫生应急图形标志的尺寸和比例提出了要求。

5.1.3 本条规定了环境卫生应急图形标志的绘制方法。

5.1.4 本条规定了环境卫生应急图形标志的颜色。

5.1.5 本条规定了环境卫生应急图形标志中使用的中英文文字的字体和颜色。

5.2 环境卫生应急图形标志

5.2.1 本条列出了应急公共厕所、应急污水排放、应急垃圾存放、应急垃圾焚烧、应急垃圾填埋、不准投放垃圾等6个环境卫生应急图形标志，并对各个标志的含义进行了说明。

中华人民共和国行业标准

生活垃圾焚烧厂运行维护
与安全技术规程

Technical specification for operation maintenance
and safety of municipal solid waste incineration plant

CJJ 128—2009
J 854—2009

批准部门：中华人民共和国住房和城乡建设部
施行日期：２００９年７月１日

中华人民共和国住房和城乡建设部
公　告

第 239 号

关于发布行业标准《生活垃圾焚烧厂
运行维护与安全技术规程》的公告

现批准《生活垃圾焚烧厂运行维护与安全技术规程》为行业标准，编号为 CJJ 128 - 2009，自 2009 年 7 月 1 日起实施。其中，第 2.1.4、2.3.3、3.1.3、3.1.4、3.3.2、3.3.3、4.1.1、4.1.3、11.3.2、11.3.3 条，为强制性条文，必须严格执行。

本标准由我部标准定额研究所组织中国建筑工业出版社出版发行。

2009 年 3 月 15 日

前　言

根据原建设部《关于印发〈二〇〇四年度工程建设城建、建工行业标准制订、修订计划〉的通知》（建标〔2004〕66 号）的要求，规程编写组经过广泛调研，认真总结实践经验，参考国内外相关标准，并在广泛征求意见的基础上，制定本规程。

本规程的主要技术内容是：1. 总则；2. 一般规定；3. 垃圾接收系统；4. 垃圾焚烧锅炉系统；5. 余热利用系统；6. 电气系统；7. 热工仪表与自动化系统；8. 烟气净化系统；9. 残渣收运系统；10. 污水处理系统；11. 化学监督；12. 公用系统；13. 劳动安全卫生防疫与消防。

本规程中以黑体字标志的条文为强制性条文，必须严格执行。

本规程由住房和城乡建设部负责管理和对强制性条文的解释，由主编单位负责具体技术内容的解释。

本规程主编单位：深圳市市政环卫综合处理厂（地址：深圳市红岗路 1233 号；邮政编码：518029）。

本规程参编单位：上海浦城热电能源有限公司

宁波枫林绿色能源开发有限公司

深圳市宏发垃圾处理工程技术开发中心

杭州绿能环保发电有限公司

重庆三峰卡万塔环境产业有限公司

城市建设研究院

本规程主要起草人：
龚佰勋	曹学义	姜宗顺
崔德斌	郑奕强	雷钦平
沈文泽	徐文龙	吴 立
李兆球	陈红忠	杨海根
潘绍文	汪世伟	沈金健
林桂鹏	任庆玖	易 伟
卢 忠	朱履庆	陈天军
周大伦	王定国	陈跃华
郭祥信		

目　次

1 总 则

1.0.1 为加强生活垃圾（以下简称垃圾）焚烧厂的科学管理，保障垃圾焚烧处理设施的安全、正常、稳定运行，达到节约能源、减少污染、科学管理的目的，制定本规程。

1.0.2 本规程适用于采用炉排式垃圾焚烧锅炉作为焚烧设备的垃圾焚烧厂的运行维护与安全。

1.0.3 垃圾焚烧厂的运行、维护与安全除应符合本规程外，尚应符合国家现行有关标准的规定。

2 一 般 规 定

2.1 运 行 管 理

2.1.1 垃圾焚烧厂应按本规程和设备技术要求编制本单位运行维护与安全的操作规程。

2.1.2 运行管理人员应掌握垃圾焚烧处理工艺设备的运行管理要求、技术指标和安全操作规程。

2.1.3 运行人员应熟悉本单位垃圾焚烧处理工艺设备的运行要求，掌握本岗位运行维护技术要求，遵守安全操作规程。

2.1.4 运行人员必须进行上岗前培训，并持证上岗。

2.1.5 工艺设备系统启、停前应充分做好检查和准备工作，启、停过程应严格执行操作票制度。

2.1.6 运行人员应定时巡视，做好运行记录，认真履行交接班制度。

2.1.7 运行人员应及时报告、记录工艺系统和设备运行中出现的故障、问题和异常现象，采取相应措施处理；运行管理人员应及时分析、报告、通知相关人员进一步处理。涉及安全的紧急情况果断采取紧急措施，并应及时向上级部门汇报。

2.1.8 垃圾焚烧厂各项环保指标应符合现行国家标准《生活垃圾焚烧污染控制标准》GB 18485 等的要求。

2.1.9 工艺系统和设备的大修、小修作业安排应征求运行管理人员和运行人员的意见。

2.1.10 特种设备的使用和运行管理应按国家和行业对特种设备的相关要求执行。

2.1.11 稳定运行三年期内应通过质量、环境和职业健康安全等相关管理体系的认证。

2.1.12 垃圾焚烧厂生产设施、设备完好率应达到95%以上。

2.1.13 垃圾焚烧厂年垃圾焚烧处理量应达到设计处理能力。

2.2 维 护 保 养

2.2.1 特种设备的维护保养应按国家和行业的有关规定执行，并应建立操作规程。

2.2.2 垃圾焚烧厂各类设施、设备应保持清洁、完好。

2.3 安 全

2.3.1 运行人员作业时应遵守安全作业和劳动保护规定，并应采取卫生防疫措施，穿戴劳保用品，做好安全、卫生防疫工作。

2.3.2 作业场所应设置安全警示标志。

2.3.3 严禁接触正在运行设备的运动部位。

2.3.4 作业场所应按规定配置和检验消防器材，并保持完好。

2.3.5 应急系统设备应保证完好。

2.3.6 应制定防火、防爆、防洪、防风、防汛、防疫等方面的应急预案。

2.3.7 作业场所应保持通风良好。

3 垃圾接收系统

3.1 运 行 管 理

3.1.1 垃圾接收系统运行管理应符合下列要求：

　　1 垃圾接收系统的通道应保持整洁、畅通，交通标志应符合现行国家标准《安全色》GB 2893、《安全标志及其使用导则》GB 2894 的要求。

　　2 垃圾接收过程中，应防止垃圾污水、臭气、粉尘污染周边环境。

　　3 应监督垃圾运输车车容车貌，并及时对其进行清洗。

　　4 垃圾焚烧厂处理特殊垃圾时应采取确保特殊垃圾的安全隔离和焚毁的特殊措施。

3.1.2 称重运行管理应符合下列要求：

　　1 进厂垃圾应称重。进厂垃圾量、运输车辆信息等应统计、存档。

　　2 垃圾运输车在称重过程中应低于限定速度，匀速通过汽车衡。

3.1.3 危险垃圾严禁进入垃圾贮坑，大件垃圾应破碎后进入焚烧炉。

3.1.4 卸料区严禁堆放垃圾和其他杂物，并应保持清洁。

3.1.5 卸料运行管理应符合下列要求：

　　1 垃圾运输车在卸料区内卸料时应服从指示信号或运行人员的现场指挥。

　　2 垃圾卸料门在卸料后应及时关闭。

　　3 卸料区应有相关卫生防疫措施。

　　4 检修期间卸料区进出口应常关隔臭。

3.1.6 垃圾贮坑运行管理应符合下列要求：

　　1 应监控垃圾贮存量和渗沥液积聚状况。

　　2 垃圾贮坑新老垃圾应分开堆放，并应形成进料、堆酵、投料的动态过程。

3 应采取措施避免垃圾渗沥液排泄口堵塞。

3.1.7 垃圾抓斗起重机运行管理应符合下列要求：

1 运行人员应按操作规程操作垃圾抓斗起重机，并应防止碰撞、惯冲、切换过快、泡水、侧翻等。

2 运行人员应按垃圾接收设备要求及时清门、堆垛、排水、均匀供料，不得将未拆散的捆包垃圾投送入炉。

3 配备两台以上垃圾抓斗起重机的应合理分配工作量。

4 自动计量与记录装置应保持完好。

3.2 维护保养

3.2.1 称重设备应定期检查、维护，应按计量管理部门要求进行校验。

3.2.2 卸料区设施维护保养应符合下列要求：

1 破损的地面、墙面或损坏的设施应及时修复。

2 损坏、堵塞的排水设施应及时修复、清理。

3.2.3 垃圾贮坑维护保养应符合下列规定：

1 设备大修时应清空垃圾贮坑内垃圾，并检查垃圾贮坑构筑物磨损、裂纹、渗沥液排液口堵塞、车挡损坏和卸料门损坏等情况，并应及时保养与修复。

2 临时停炉期间应密闭卸料门，并应在贮坑内垃圾表面撒石灰控制蚊虫孳生。

3.2.4 垃圾抓斗起重机维护保养应符合下列要求：

1 应例行检查、保养。

2 发生运行状况异常时，应停机检查。

3 配备两台以上起重机时，应合理安排运行和维护保养时间，应保证至少有一台起重机保持良好的运行工况，且单台起重机运行状态仅限于短期。

3.3 安　全

3.3.1 汽车衡安全应符合下列要求：

1 汽车衡前方限速标志应清晰，减速带完好。

2 汽车衡防雷接地应完好，接地电阻应达标。

3.3.2 垃圾运输车卸料时严禁越过限位装置卸料。

3.3.3 严禁将带有火种的垃圾卸入垃圾贮坑。

3.3.4 卸料区应做好地面、坡道安全防滑措施。

3.3.5 垃圾贮坑安全应符合下列要求：

1 渗沥液汇集区应通风防爆。

2 运行人员进入垃圾贮坑和附属构筑物作业前，应进行有毒有害气体检测，检测超标时，不得进入垃圾贮坑。

3 运行人员进入垃圾贮坑作业时，应采取安全措施，并应佩戴防护用具。

3.3.6 运行人员在操作垃圾抓斗起重机时应严格按操作规程执行，不得违规作业。

4　垃圾焚烧锅炉系统

4.1　运　行　管　理

4.1.1 余热锅炉投入运行前必须取得有效使用登记证。

4.1.2 垃圾焚烧锅炉系统运行管理应符合下列要求：

1 投入运行前应对汽、水、油、风、电磁、液压、垃圾进料、吹灰、出渣、排灰、保温、密封、点火、热力表计、膨胀指示、视官监督、消声等各子系统进行检查、核定，阀、门、孔、口、挡板调节等应密闭完好。

2 垃圾焚烧锅炉及安全附件应要求实施检验。

3 余热锅炉的给水、蒸汽质量应符合现行国家标准《生活垃圾焚烧锅炉及余热锅炉》GB/T 18750的要求。

4.1.3 余热锅炉受压元件经重大修理或改造后，必须进行水压试验，并应在合格后投入运行。

4.1.4 垃圾焚烧锅炉点火启炉应符合下列要求：

1 点火前应进行全面检查。

2 点火升温过程应符合升温曲线的要求。

4.1.5 垃圾焚烧锅炉运行应符合下列要求：

1 垃圾料斗应保持料位正常。

2 应保持炉膛微负压运行工况。

3 应根据垃圾特性、燃烧状况调整燃烧空气温度及风室风压、风量。

4 应根据垃圾特性、燃烧状况调整一、二次风量配比。

5 应根据垃圾特性、燃烧状况调整给料行程和炉排速度。

6 观察垃圾焚烧床层火焰状况，调整垃圾焚烧工况，防止垃圾焚烧床层前段黑区过长、横向火焰不均、后段火焰距落渣口过近等现象发生。

7 当垃圾燃烧工况不稳定、垃圾焚烧锅炉炉膛温度无法保持在850℃以上时，应投入助燃器助燃。

8 应避免发生料斗架空、落渣井堵塞等运行故障。

9 炉渣热灼减率应达标。

10 垃圾焚烧锅炉运行应与烟气净化系统、余热利用系统协调配合，调整优化工况。

11 应巡查汽、水、油、风等系统及相关工艺设备运行工况。

12 对余热锅炉，应进行连续排污与定时排污。

13 垃圾焚烧锅炉应定时吹灰、清灰、除焦。

14 垃圾焚烧锅炉的运行参数应符合设备技术要求。

15 余热锅炉出口蒸汽参数应达到额定值，汽水品质经化验合格后应对其他系统供汽。

4.1.6 垃圾焚烧锅炉正常停炉应符合下列要求：

1 停炉前应进行吹灰。

2 应按照降温曲线停炉。

3 应关闭垃圾焚烧炉料斗挡板。

4 余热锅炉采用湿法保养时，停炉前一天，调节炉水 pH 值应至上限。

4.2 维护保养

4.2.1 余热锅炉的维护保养应按相关标准和规定的要求执行。

4.2.2 日常维护保养应符合下列要求：

1 应定时巡视，发现问题应及时处理、报告。

2 应定期检查各运行设备的动作部件，并应按设备技术要求维护。

3 应保证炉墙和各类管道、阀门保温状况良好。

4 应检查炉墙门孔、视镜，保证状况良好。

4.2.3 停炉后应及时清灰、除焦、清渣、消缺、保养。

4.3 安　全

4.3.1 垃圾焚烧锅炉系统的安全附件应按国家有关规定进行检查。

4.3.2 在生产区域内进行作业，当通过观测孔检查炉内燃烧工况时应注意安全。

4.3.3 垃圾焚烧锅炉系统发生运行事故时，应及时采取防止事故扩大的措施。

5 余热利用系统

5.1 运行管理

5.1.1 垃圾焚烧厂产生的余热用于热力发电时，应结合焚烧厂实际情况，并应按国家电力行业规定，编制本单位管理规程。

5.1.2 汽轮机组启动前，旁路冷凝器系统应调整到备用状态。

5.1.3 汽轮机正常运转和停机过程中，旁路冷凝系统均应处于热备用状态。

5.1.4 汽轮机组完成停机程序后应调整旁路冷凝器，撤出热备用状态。

5.1.5 运行人员应定时巡视旁路冷凝器热备用工况，全面检查每天不得少于一次。

5.1.6 汽机停机时，应确认进入主冷凝器的电动常闭阀关闭严密。

5.1.7 主蒸汽由旁路进入主冷凝器时，应及时投入自动盘车装置。

5.1.8 垃圾焚烧厂产生的余热用于供热时，供热系统运行管理应按国家现行标准《城镇供热系统安全运行技术规程》CJJ/T 88 的有关规定执行。

5.2 维护保养

5.2.1 应严格执行发电设备运行维护保养和事故处理等有关标准的规定。

5.2.2 应按要求做好辅助设备的保养和定期切换工作。

5.2.3 垃圾焚烧厂产生的余热用于供热时，供热系统的设备维护保养应按行业相关标准和设备技术要求执行。

5.3 安　全

5.3.1 汽轮发电机组启动前所有保护和主要指示仪表应正常。

5.3.2 应按要求做好透平机油、振动、金属等各项监督工作。

6 电气系统

6.1 运行管理

6.1.1 电气系统的运行管理应按国家现行标准的相关规定执行，并应制定本单位电气设备运行管理规程。

6.1.2 电气设备启动前应确保绝缘合格，对备用的电气设备，应定期测量。

6.1.3 运行人员进行倒闸操作时应严格执行操作票制度，每张操作票应仅填写一个操作任务。

6.1.4 应定期检测接地电阻值，接地应良好，接地电阻值应合格。

6.1.5 应按规定的周期和项目对电气设备进行外部检查。

6.1.6 备用的设备应按要求检查、试验或轮换运行。应能保证及时启动。应急备用发电机应定期运行，间隔周期不应超过 10d。

6.1.7 应定期检验备用电源或备用设备的自动投入装置。

6.1.8 备用电源不得在工作电源被切断前自动投入。

6.1.9 电气设备发生事故、故障或不能正常运行时，应根据现场运行规程的要求采取相应的处理措施。

6.1.10 运行中应密切观察发电机铁芯温度、线圈温度、轴承温度、冷却系统风温、电流、电压及其他电气设备的运行参数，当发现运行参数不正常时，应根据运行规程的规定进行相应操作并及时查明原因。

6.1.11 发电机水灭火装置水压应保持在规定范围内。

6.1.12 对采用空气冷却的发电机，其通风系统应保持严密，空气室和空气道内应清洁无杂物。

6.1.13 室内安装的变压器应有足够的通风。

6.1.14 油浸式变压器储油池排水设施应保持完好

状态。

6.1.15 不得将三芯电缆中的一芯接地运行。

6.1.16 对继电保护动作时的掉牌信号、灯光信号，运行人员应准确记录清楚。

6.1.17 未经批准，运行人员不得更改保护装置的整定值，定值通知单应妥善保管。

6.1.18 发现保护装置误动作时，应及时报告，并应及时查明原因。

6.1.19 对应急照明系统应定期进行检查、试验，应保持完好。

6.1.20 电气设备交接、大修或更换线圈后的试验，应按交接和预防性试验的操作规程要求进行。

6.1.21 垃圾焚烧厂余热利用发电，应符合国家的有关规定。

6.2 维护保养

6.2.1 电气系统的维护保养应按国家现行标准的相关规定执行，并应制定和执行本单位电气设备维护操作规程。

6.3 安　　全

6.3.1 发电机开始转动后，应防止触电。

6.3.2 当发电机着火时，应使用水灭火装置或其他灭火装置扑灭火灾，不得使用泡沫式灭火器或砂子灭火。

6.3.3 变压器着火时应立即切断电源灭火，变压器上部顶盖着火，应先打开下部事故放油门放油至着油坑中，变压器油位应低于着火处；变压器内部着火时不得放油。

6.3.4 电动机着火时应先切断电源，进行灭火处理，不得将大股水注入电动机内。

6.3.5 遇有其他电气设备着火时，应立即切断电源，进行灭火。对带电设备应使用干式灭火器、二氧化碳灭火器等灭火，不得使用泡沫灭火器或砂子灭火。

6.3.6 在电气设备上工作时，应有保证安全的措施，应执行操作票制度、工作许可制度、工作监护制度、工作间断、转移和终结制度。

6.3.7 在全部停电或部分停电的电气设备上工作，应完成停电、验电、装设接地线、悬挂标示牌和装设遮栏措施后，方可进行工作。

6.3.8 进入垃圾焚烧炉、烟气脱酸塔、袋式除尘器、渗沥液收集器内部工作时，应使用安全电压照明。

7 热工仪表与自动化系统

7.1 运行管理

7.1.1 应根据焚烧厂实际情况和设备技术要求制定本单位热工仪表与自动化系统的运行维护操作规程。

7.1.2 现场仪表应建立标准操作规程，定时巡检。对于重要参数仪表，应建立巡检、维护记录。

7.1.3 需定时清洗内部的就地仪表，应按操作规程执行。

7.1.4 对于设置在外界温度可能达冰点以下的仪表或传感器，应有保温防范措施。

7.1.5 热工测量及自动调节、控制、保护系统中的电气仪表与继电器的运行维护，应按照电气仪表及继电保护规程的有关规定进行。

7.2 维护保养

7.2.1 主要热工仪表与自动化装置，应定期进行现场运行质量检查。

7.2.2 应定期维护计算机、网络通信，备份数据库。

7.2.3 仪表及其附件应保持清洁。

7.2.4 应检查管路及阀门接头，保证无腐蚀、裂缝及渗漏等现象。

7.2.5 仪表应定期校准。

7.2.6 应检查和消除仪表的记录故障，保持记录清晰正确。

7.2.7 应定期检查信号报警情况。

7.2.8 应定期进行热工信号与安全保护系统试验。

7.2.9 应每天了解自动调节系统的运行情况，并应定期进行定值扰动试验。

7.3 安　　全

7.3.1 应按设备技术要求定期检测、标定、校验计量和指示表计，确保热工仪表与自动化系统运行安全。

7.3.2 应保障不间断电源备量符合检测仪表和控制系统的供电要求，并应定期进行充放电试验。

8 烟气净化系统

8.1 运行管理

8.1.1 烟气净化系统运行管理应符合下列要求：

1 应根据烟气净化系统工艺和设备的技术要求，编制本单位运行操作规程。

2 运行工况应与垃圾焚烧锅炉运行工况相匹配，并调整优化。

8.1.2 烟气脱酸系统运行管理应符合下列要求：

1 石灰品质应符合设备技术要求，充装时应避免扬撒。

2 石灰浆配制用水应满足设备水质性能要求。

3 应防止石灰堵管和喷嘴堵塞。

4 应保证中和剂当量用量，根据烟气排放在线检测结果调整中和剂流量或（和）浓度。

8.1.3 袋式除尘器运行管理应符合下列要求：

1 投运前应按滤袋技术要求进行预喷涂。

2 检查风室差压，根据运行工况调整、优化反吹频率。

3 保持排灰正常，防止灰搭桥、挂壁、粘袋。

4 停止运行前去除滤袋表面的飞灰。

8.1.4 活性炭喷入系统运行管理应符合下列要求：

1 应严格控制活性炭品质及当量用量。

2 应防止活性炭仓高温。

8.1.5 应定期检查烟囱和烟囱管，防止腐蚀和泄漏。

8.2 维护保养

8.2.1 烟气净化系统停止运行，应清洗石灰浆贮罐、管路及喷入设备。

8.2.2 反应塔内结垢应及时清理。

8.2.3 临时停运期间，袋式除尘器外壳及灰斗应保持加热状态，内部滤袋应保持与外界隔绝，防止飞灰吸湿受潮。

8.2.4 停运检修时应检查滤袋破损情况，并应及时更换破损滤袋。

8.2.5 应定期检查活性炭喷入系统管道磨损和堵塞情况，并应及时处理。

8.2.6 定期检查、维护在线监测系统，并应保证其正常运行。

8.3 安　全

8.3.1 应保持消石灰浆配置区的清洁。

8.3.2 活性炭贮存及输送过程中应采取防爆措施，活性炭输送管线应考虑设置静电消除设备。

9 残渣收运系统

9.1 运行管理

9.1.1 炉渣、飞灰应分开，并应及时收集与清运。

9.1.2 炉灰、炉渣收集与清运场区，应保持卫生、畅通，交通标志规范清晰。

9.1.3 应巡视、检查炉渣收运设备和飞灰收集与贮存设备，确保运行正常。

9.1.4 飞灰输送管道和容器应保持密闭，防止飞灰吸潮堵管。

9.1.5 应做好出厂炉渣量、车辆信息的记录、存档工作。

9.1.6 炉渣运输车辆应密闭带盖，不得沿途撒漏。

9.1.7 自备炉渣填埋场，炉渣填埋作业的运行管理应符合国家现行标准《城市生活垃圾卫生填埋场运行维护技术规程》CJJ 93规定。

9.1.8 以炉渣为主辅料制作建筑材料，应符合国家现行标准的相关要求。

9.2 维护保养

9.2.1 残渣收集、贮存设施应进行日常维护保养，易磨易损零件应防磨并定期更换。

9.2.2 应定期检查残渣收运设施设备的易结垢部位，并应及时清除。

9.3 安　全

9.3.1 运行人员不得直接与飞灰接触，并应有安全防护措施。

9.3.2 飞灰应作安全处理，防止污染。

10 污水处理系统

10.1 运行管理

10.1.1 垃圾渗沥液及其产生的有害气体应及时收集、处理。

10.1.2 污水收集、处理过程中应采取防止泄漏和恶臭污染措施。

10.1.3 生化处理污水应按城市污水处理运行管理的相关规定执行。

10.1.4 出水排放应符合现行国家标准的要求，并应优先循环利用。

10.1.5 污水处理系统的处理量应满足污水量波动的要求。

10.2 维护保养

10.2.1 应定期检查污水处理系统设施设备的易结垢部位，并应及时清除结垢。

10.2.2 应及时更换腐蚀部件，并应定期作防腐处理。

10.3 安　全

10.3.1 应定期巡视垃圾渗沥液处理区域的有害气体监测仪，对潮湿环境应做好防范措施，对有害气体的工作环境应采取有效的安全保障措施。

10.3.2 垃圾渗沥液处理区域应有通风防爆措施。

10.3.3 污水处理系统压力管道、容器的安全运行维护应符合有关规定，污水处理设施的安全运行维护应符合国家现行标准《城市污水处理厂运行、维护及其安全技术规程》CJJ 60 的规定。

11 化学监督

11.1 运行管理

11.1.1 化验室运行管理应符合下列要求：

1 应建立化验室管理规程，并应按规程要求监督、检测。

2 应建立健全各类分析质量保证体系。

3 检测数据应准确。

4 各种仪器、设备、标准试剂及检测样品应按产品的特性及使用要求固定摆放整齐,并应有明显的标志。

5 化验报表应按日、周、月、年整理、报送和存档。

11.1.2 化学水处理系统运行管理应符合下列要求:

1 根据化学水水质、蒸汽品质检测及锅炉用水量对系统工况进行调节处理。

2 当补给水水质不合格时,应立即切换备用设备,并应对失效设施及时进行处理。

3 热力设备在停(备)用期间,应采取有效的防腐蚀措施。

11.1.3 分析仪器应经过国家法定计量部门认证,并应在有效期内使用。

11.2 维 护 保 养

11.2.1 化验室维护保养应符合下列要求:

1 垃圾热值分析仪、物料成分分析仪、汽水油分析仪器、环保检测设备等应定期由国家法定计量部门作技术检查、校核合格。

2 化验室仪器设备应进行维护和检验,保持实验室卫生清洁。化验室仪器的附属设备应妥善保管。

3 精密仪器的电源应安装电子稳压器。不应随意搬动大型检测分析仪器,必须搬动时应做好记录;搬动后应经过国家法定计量部门签定合格后方能使用。

11.2.2 化学水处理系统维护保养应符合下列要求:

1 检查泵的运转情况和出入口阀门的开闭状况。

2 检查过滤器运行情况。

3 检查各类水处理介质的工作状况,无法恢复的应及时更换。

11.3 安　全

11.3.1 化验室安全应符合下列要求:

1 化验室应配置各种安全防护用具,并应对运行人员进行安全防护教育。

2 各种精密仪器应专人专管,使用前应认真填写使用登记表,应按规定认真操作。

3 化验检测完毕,应对仪器开关、水、电、气源等进行关闭检查。

11.3.2 化验过程中的烘干、消解、使用有机溶剂和挥发性强的试剂的操作必须在通风橱内进行。严禁使用明火直接加热有机试剂。

11.3.3 对于易燃、易爆、剧毒试剂应有明显的标志,并应分类专门妥善保管。

11.3.4 化学水处理系统安全应符合下列要求:

1 危险化学品的贮存、使用和相关操作,应符合国家有关规定。

2 危险化学品罐应与其他设施应有明显的安全界线,四周应加挂危险化学品标志牌。

3 运行人员进行危险化学品操作时,应穿戴橡胶手套、防护眼镜和水鞋等,严密谨慎操作。

4 化学水处理区域应设置防滑地面,运行人员在现场工作时,应注意防滑。

5 失效设施设备的处理应严格按工艺要求操作。

12 公 用 系 统

12.1 运 行 管 理

12.1.1 压缩空气系统运行管理应按现行国家标准《固定的空气压缩机　安全规则和操作规程》GB 10892 的相关规定执行。

12.1.2 空调与通风系统的运行管理应按现行国家标准《采暖通风与空气调节设计规范》GB 50019 的相关规定执行。并应制订本单位设备运行管理规程。

12.1.3 循环水冷却系统运行管理应符合下列要求:

1 冷却水泵的运行管理应符合设备操作规程的要求,备用冷却水泵应进行试验和切换。

2 应根据具体情况建立冷却水塔运行管理规程,并应严格执行。

3 循环水水质、水温、水量应符合运行要求,各种设备应及时检查。

12.1.4 应定时巡视给水系统设备,确保压力和水位正常。

12.1.5 应建立辅助燃料供应系统运行管理规定,辅助燃料品质、储量应满足运行的要求。

12.1.6 无线通信系统的建立应符合国家的有关规定,确保通信畅通。

12.2 维 护 保 养

12.2.1 空压机系统应制定维护保养规程,并应进行日常维护保养。

12.2.2 空调暖通系统的维护保养应符合现行国家标准的相关要求。

12.2.3 循环水冷却系统维护保养应符合下列要求:

1 应进行日常维护保养。

2 应经常检查机械冷却水塔的运转情况,检查淋水填料、过滤填料和通流情况。

3 应定期清理,保持清洁。

4 应定期对管道、阀门进行检查,并应活动阀门门杆。

12.2.4 给水系统维护保养应符合下列要求:

1 给水泵、工业水泵、除氧水泵应进行日常维护保养。

2 对工业水池、工业水塔应经常检查和卫生清理。

3 应定期检查通往锅炉汽包、减温器的给水管道上的阀门组和给水泵再循环的管道阀门。

12.2.5 辅助燃料系统维护保养应符合下列要求：

1 应定期检查、维护辅助燃料储存设施。

2 应定期检查、维护管道阀门。

3 应定期检查、维护和试验连锁安全装置。

12.2.6 应定期检查维护通信系统，确保通信畅通。

12.3 安　　全

12.3.1 压缩空气系统安全应符合下列要求：

1 不得使用易燃液体清洗阀门、过滤器、冷却器的气道、气腔、空气管道以及正常条件下与压缩空气接触的其他零件。

2 不得使用四氯化碳、氯化烃类作为清洗剂。

12.3.2 空调暖通系统投入使用前应进行试压、检漏。

12.3.3 循环水冷却系统安全应符合下列要求：

1 循环水冷却系统运行时运行人员不得进入冷却水塔内部。

2 冷却水泵切换运行时，应在该切换泵运转正常后，才能停止原运转泵。

3 冷却系统应设有备用电源。

4 停用较长时间的水泵投入运转前，应进行试运行。

5 循环水泵因故障检修时，应关闭出口阀门，并停掉电源，挂上明示警告牌。

12.3.4 给水系统安全应符合下列要求：

1 工业水泵、除氧器给水泵、锅炉给水泵切换运行时，应在切换泵运转正常后，停止原运转泵。

2 工业水泵、除氧器给水泵、锅炉给水泵因故障停运检修时，应关闭出入口阀门，并切断电源，挂上明示警告牌。

12.3.5 辅助燃料系统安全应符合现行国家标准的相关要求和国家有关规定。

13 劳动安全卫生防疫与消防

13.0.1 劳动安全卫生防疫运行、维护与安全管理应

符合下列要求：

1 应定期安排运行人员体检，建立运行人员健康档案。

2 应建立定期灭虫消杀制度。

3 停炉检修期间应对垃圾贮坑消杀灭虫。

4 应建立公共卫生事件防疫制度，并应严格执行。

5 应定期检查和维护卫生防疫设施、消杀机械设备，并应保持完好。

13.0.2 消防运行、维护与安全管理应符合下列要求：

1 消防运行、维护与安全管理应符合国家现行有关标准的规定。

2 厂区内重点防火部位和场所应建立岗位防火责任制。

3 应建立动火票制度。

4 应建立消防设施设备运行维护管理制度，划分责任区域，专人负责，定期检查维护。

本规程用词说明

1 为便于在执行本规程条文时区别对待，对要求严格程度不同的用词说明如下：

1) 表示很严格，非这样做不可的：

正面词采用"必须"，反面词采用"严禁"；

2) 表示严格，在正常情况下均应这样做的：

正面词采用"应"，反面词采用"不应"或"不得"；

3) 表示允许稍有选择，在条件许可时首先应这样做的：

正面词采用"宜"，反面词采用"不宜"；

表示有选择，在一定条件下可以这样做的，采用"可"。

2 条文中指明应按其他有关标准、规范执行的写法为"应符合……的规定"或"应按……执行"。

中华人民共和国行业标准

生活垃圾焚烧厂运行维护
与安全技术规程

CJJ 128—2009

条 文 说 明

前　言

《生活垃圾焚烧厂运行维护与安全技术规程》CJJ 128－2009 经住房和城乡建设部 2009 年 3 月 15 日以第 239 号公告批准、发布。

为便于广大设计、施工、科研、学校等单位有关人员在使用本规程时能正确理解和执行条文规定，

《生活垃圾焚烧厂运行维护与安全技术规程》编制组按章、节、条顺序编排了本规程的条文说明，供使用者参考。在使用中如发现本条文说明有不妥之处，请将意见函寄深圳市市政环卫综合处理厂（地址：深圳市红岗路 1233；邮政编码：518029）。

目　次

1 总 则

1.0.1 本条文明确了制订本规程的目的。生活垃圾（以下简称垃圾）焚烧行业近年来在国内取得迅猛发展，各地已建成、在建和计划兴建的垃圾焚烧厂不断涌现。有关部门针对垃圾焚烧技术制订了一系列标准和规范，包括《生活垃圾焚烧炉及余热锅炉》GB/T 18750、《生活垃圾焚烧污染控制标准》GB 18485、《城市生活垃圾焚烧处理工程项目建设标准》（中华人民共和国建设部、中华人民共和国国家发展计划委员会 2001 年颁发）和《生活垃圾焚烧处理工程技术规范》CJJ 90 等，这些标准和规范只涉及垃圾焚烧厂的设备选择、设计、建设和污染控制等内容，垃圾焚烧厂的运行维护与安全管理参考有关水利（火力）发电厂的运行维护规程，显然不利于垃圾焚烧技术的健康发展。本规程编制目的在于推动科学管理与科技进步，提高垃圾焚烧厂的工作效率，为垃圾焚烧厂的运行、维护、安全管理提供科学依据。

1.0.2 本条文规定了本规程的适用范围。

1.0.3 本条文规定了垃圾焚烧厂的运行、维护、安全管理除应执行本条文规定外，还应执行环境保护、环境卫生、消防、节能、劳动安全及职业卫生防疫等方面的国家现行有关标准的规定。

2 一 般 规 定

2.1 运 行 管 理

2.1.1 本条文规定垃圾焚烧厂应制定符合自身要求的设备运行维护与安全技术规程，规程的制定应符合本规程的规定，应满足设备使用说明书的技术要求，使垃圾焚烧厂运行、维护、安全管理有章可循。

2.1.2 本条文规定运行管理人员应具备一定的管理知识和基本技术知识，提高垃圾焚烧厂管理效率，加强科学管理。

2.1.3 本条文规定运行人员应具备基本技术知识和操作技能，提高垃圾焚烧厂生产效率，保障安全生产，防止错误操作。

2.1.4 本条文规定垃圾焚烧厂必须实行岗前培训和持证上岗，对各岗位运行人员进行岗前培训可使员工了解本职工作的任务与职责，熟悉各种设施设备的安全要求，掌握各种设施设备的使用技术，是保障安全生产的重要手段。持证上岗可明确划分各员工的任务与责任，有利于提高劳动生产率。

2.1.5 本条文规定运行人员在工艺设备系统启、停前应对设备进行检查，做好必要的准备工作，并按操作票制度的规定操作，是安全生产的基本保障。

操作票是指需要运行人员在运行方式、操作调整上采取保障人身、设备运行安全措施的制度。垃圾焚烧厂可根据具体条件制定出需要执行操作票的工作项目一览表（如：启、停炉操作票，电气操作票等），对应制定操作票，并严格执行。

2.1.6 按时巡视、抄表，记录设备运行数据、掌握设备状况、提供统计和分析数据，交接班过程中认真说明使接班人员明了设备的运行状况，指导接班后的运行工作，避免系统运行不稳定和发生事故。

2.1.7 运行人员发现设备运行异常应及时采取相应措施处理并报告、通知有关人员，以便及时进一步处理。涉及安全的紧急情况应果断采取紧急措施并及时向上级部门汇报。

2.1.8 本条文规定垃圾焚烧厂运行中各项排放指标应符合《生活垃圾焚烧污染控制标准》GB 18485 和国家及行业有关标准的规定，避免造成二次污染。

2.1.9 本条文规定设备检修应征求运行管理人员和运行人员的意见，是为设备的检修提供运行中积累的信息和建议，有利于提高设备检修质量，进一步保障设备的稳定运行。

2.1.10 本条文规定垃圾焚烧厂特种设备的运行管理应符合《特种设备安全监察条例》（国务院第 549 号令）的要求。

2.1.11 本条文规定垃圾焚烧厂应规范管理，在运行的三年时间内通过 ISO 9001《质量管理体系》、ISO 14001《环境管理体系》和 OHSAS 18001《职业健康安全管理体系》等质量、环境、职业健康方面的认证。

2.1.12 垃圾焚烧厂应根据各自情况制定设备日常和年度检修计划，对设施、设备完好率应达到 95% 以上的要求是设备正常运行的重要保证。

2.1.13 垃圾焚烧厂应按照设备设计要求组织生产，垃圾焚烧处理量按照设备设计处理能力的要求严格管理。

2.2 维 护 保 养

2.2.1 本条文规定垃圾焚烧厂特种设备的维护保养应按《特种设备安全监察条例》（国务院第 549 号令）的要求执行。

2.2.2 垃圾焚烧厂保持整洁的环境卫生，有利于营造良好的工作环境，树立环卫行业的良好形象。

2.3 安 全

2.3.1 本条文规定运行人员作业时应遵守《中华人民共和国安全生产法》（中华人民共和国 2002 年第 70 号主席令）相关规定，穿戴必要的劳动用品，为确保人身安全、健康。

2.3.2 本条文规定作业场所应设置安全警示牌，保障安全生产。

2.3.3 本条文规定垃圾焚烧厂进行卫生清洁工作时，应遵守安全管理制度，杜绝事故发生。

2.3.4 本条文规定垃圾焚烧厂作业场所应按规定配置消防器材，要检查保持完好，以便发生火情时，各器材设备能正常运行。

2.3.5 本条文规定保持厂房、车间生产运行现场应急系统设备特别是应急照明系统的完好有效，提供良好的运行条件，保障安全生产。

2.3.6 本条文规定了垃圾焚烧厂应制定在厂区发生异常紧急情况时的安全紧急预案，以便在发生突然停水、停电、设备重大故障、事故、火灾、特大暴雨、雷击、疫情、突发性群体事件等异常紧急情况时能够按预定程序紧急采取相应措施，把损失控制到最小。与此相关的法规、标准有：《中华人民共和国安全生产法》（中华人民共和国第 70 号主席令）、《特种设备安全监察条例》（国务院第 549 号令）、《国家电网公司电力安全工作规程（火电厂动力部分）》、《中华人民共和国消防法》（中华人民共和国 1998 年第 4 号主席令）、《中华人民共和国防洪法》（中华人民共和国 1997 年第 88 号主席令）、《防雷减灾管理办法》（中国气象局令第 8 号）、《中华人民共和国传染病防治法实施办法》（卫生部令第 17 号）等。

2.3.7 本条文规定垃圾焚烧厂厂房、生产现场应保持通风、整洁，为创造和保持健康良好的工作条件，形成良好的安全生产环境。

3 垃圾接收系统

3.1 运 行 管 理

3.1.1 本条文对垃圾接收系统运行管理提出了下列要求：

1 垃圾接收系统的道路应畅通，交通标志应规范清楚，方便垃圾车辆进出，交通标志应清晰、明了，符合《安全色》GB 2893 和《安全标志及其使用导则》GB 2894 的要求。

2 从环保角度出发，要求在垃圾接收过程中，避免垃圾或污水影响环境，避免臭气扩散影响空气质量。要求垃圾接收系统的通道保持整洁，垃圾车所经之处应经常冲洗，冲洗水必须全部收集排入污水收集井中，不得外排。

3 避免垃圾运输车辆因垃圾水、车辆垃圾外挂在运输过程中洒在路面影响市容和污染市政路面。

4 特殊垃圾的接收和处理，垃圾焚烧厂应根据提供特殊垃圾的政府相关部门的特定要求采取措施，制定相应的处理方法，保证特殊垃圾的安全消除，防止外流丢失。

3.1.2 称重管理系统应储存所有进厂垃圾运输车辆的相关资料，包括所属单位、车牌号、统一编号等，以便垃圾运输车辆称重时直接调用或有其他需要时查询，并为安全管理提供确切资料。

3.1.3 危险垃圾指有毒有害的工业垃圾、医疗垃圾、建筑垃圾等废物。大件垃圾主要是指外形完整的大件废旧家具，包括桌、椅、衣柜、书橱、沙发、席梦思床垫等。大件垃圾不破碎，进入焚烧炉有困难，还会有堵塞垃圾溜槽的危险；突发公共卫生事件中产生的垃圾必须由政府相关部门统一协调，严格控制，办理相关手续才能进厂，并作特殊处理，其处理过程必须符合《医疗废物管理条例》（国务院第 380 号令）要求。

3.1.4 要求卸料区不应堆放垃圾，掉落在垃圾卸料区的垃圾应及时清理，以保持卸料区的畅通、清洁。

3.1.5 卸料区应有指挥垃圾运输车驾驶员进行卸料的指引电子信号或运行人员指挥协调垃圾车有序卸料；室内布置的应安装紫外线杀菌设施；关闭卸料门和进出口门是为了避免臭气外溢和扩散，影响空气质量。

3.1.6 本条文对垃圾贮坑运行管理提出了下列要求：

1 监控垃圾储量和渗沥液积聚状况。垃圾量多，影响进料，垃圾量少，影响堆酵效果；渗沥液积聚状态直接影响入炉垃圾品质。

2 垃圾贮坑新老垃圾应分开堆放，并形成良性的动态循环，保障最先进仓的垃圾脱水率最高，并作为投料，保证焚烧的稳定。

动态循环示例：

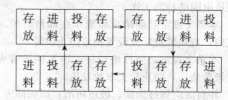

3 应避免在垃圾渗沥液排水口上方长时间堆放垃圾，而因垃圾压实影响排水。如出现堵塞可采用潜水式污水泵临时排水。

3.1.7 本条文对垃圾抓斗起重机运行管理提出了下列要求：

1 根据配合设备规模、生产状况选择合适的运行速度，尽量保持定速、稳定运行，以降低起重机的故障率。

2~4 垃圾抓斗起重机的合理、规范、稳定运行可以避免单台起重机负荷过重；及时计量是为了避免统计数据不完整或缺失。

3.2 维 护 保 养

3.2.1 本条文规定称重设施应定期检查，及时清理磅桥下或周围的异物，应由计量管理部门专职人员进行调校，保障准确计量。

3.2.2 本条文对卸料区设施维护保养提出了下列

要求：

　　1 卸料区的路面及承重结构应定期检查，避免影响通行和发生坍塌事故。

　　2 排水设施应畅通，防止污水外溢。

3.2.3 本条文规定设备大修时应清空垃圾贮坑，维护检查垃圾贮坑的破损状况，因垃圾贮坑是垃圾焚烧厂恶臭污染源，在停炉检修期间，极易造成对周围环境的污染，垃圾贮坑破漏会影响垃圾贮坑负压的维持，同时导致臭气外逸。

3.2.4 本条文对垃圾抓斗起重机维护保养提出了下列要求：

　　1 垃圾抓斗重点检查部位：抓斗液压管路、抓斗钢丝绳接头部位，抓斗电缆接头部位，抓瓣活动插销，升降电机，行走电机，刹车装置等。

　　2 操作过程中发现异常，应立即停车检查，以免事故扩大或设备损坏。

　　3 在生产运行中确保一台起重机保持良好工况以保证垃圾焚烧厂的正常生产。

3.3 安　　全

3.3.1 本条文对汽车衡安全提出了下列要求：

　　1 汽车衡前方 10m 应设置减速装置，以控制上磅车速不得大于 5km/h，以匀速通行，车速过快会影响正常称重。

　　2 计量系统各种信号线路多，防雷设施损坏后，雷雨季节易造成计量系统遭雷击，影响生产作业。应做好接地电阻的检测工作。

3.3.2 本条文规定必须防止垃圾车在卸料时掉入垃圾贮坑内，垃圾焚烧厂应设置相应防止设施。

3.3.3 本条文规定必须杜绝垃圾运输车辆携带火种进入垃圾焚烧厂，防止起火事故发生。

3.3.4 卸料区应做好地面、坡道防滑，以保障安全，避免发生事故。

3.3.5 本条文对垃圾贮坑安全提出了下列要求：

　　1 堆放垃圾的贮坑内容易产生（如甲烷、H_2S 等）有毒有害气体，应通风以防止爆炸。

　　2、3 保障运行人员身体健康和生命安全的措施。

3.3.6 本条文规定运行人员在操作垃圾抓斗起重机时应遵守《国家电网公司电力安全工作规程（火电厂动力部分）》和《特种设备安全监察条例》（国务院第549号令）的相关规定，避免事故发生。

4 垃圾焚烧锅炉系统

4.1 运 行 管 理

4.1.1 根据《特种设备安全监察条例》（国务院第549号令）的规定，垃圾焚烧厂在垃圾焚烧锅炉使用前必须向当地锅炉压力容器安全监察机构申报登记，取得使用证，才能投入运行。

4.1.2 本条文对垃圾焚烧锅炉系统的运行管理提出了下列要求：

　　1 按设备操作规程在垃圾焚烧锅炉投入运行前进行全面、系统的检查，保证系统和各项设备状况良好。

　　2 垃圾焚烧锅炉出厂时，对设备使用寿命有明确说明，垃圾焚烧厂在设备正常运行寿命期内的检验应按《蒸汽锅炉安全技术监察规程》（劳部发〔1996〕276号）第十章要求执行。

　　3 本款是余热锅炉给水、蒸汽质量要求的一般规定。

4.1.3 根据《蒸汽锅炉安全技术监察规程》（劳部发〔1996〕276号）第十章第206条的规定，锅炉除一般六年进行一次水压试验外，锅炉受压元件经重大修理或改造后，也需要进行水压试验。超压试验的压力选择应按《蒸汽锅炉安全技术监察规程》（劳部发〔1996〕276号）第十章第207条的规定执行。

4.1.4 本条文对点火起炉提出了下列要求：

　　1 垃圾焚烧锅炉点火前应进行严格的检查和充分的准备工作，以确保点火后垃圾焚烧锅炉的正常稳定运行。主要包括下列内容：

　　　1）炉膛内无焦渣和杂物，炉墙完整，二次风口完好无堵塞。

　　　2）水冷壁管、过热器管、省煤器管、空气预热器管表面清洁，各烟道及除尘器灰斗内无积灰。

　　　3）炉膛、过热器、省煤器、空气预热器等各处检查门及各人孔门经检查确认内部无人后关闭。

　　　4）清灰装置内加水至正常水位，确认无泄漏。

　　　5）垃圾料斗水冷套加水至正常水位。

　　　6）各风门、挡板开关灵活，无卡涩现象，开度指示正确，就地控制、遥控传动装置良好。

　　　7）汽包、过热器、再热器各安全门完整良好，无杂物卡住，压缩空气系统严密完整可用。

　　　8）燃烧辅助系统状况良好，可投用。

　　　9）吹灰器作冷态试转，应动作灵活，工作位置正确，程序操作正常。

　　　10）水位计清晰，正常水位线与高低水位线标志正确。

　　　11）汽、水、油等各管道的支吊架完整，锅炉本体刚性良好。

　　　12）汽包、联箱、管道、阀门、烟风道保温完整良好，高温高压设备保温不全时不得启动。

13）露天各电动机的防雨罩壳齐全。

14）操作平台上、楼梯上、设备上无杂物和垃圾，脚手架已拆除，各通道畅通无阻，现场整齐清洁，照明（包括事故照明）良好。

15）除尘系统完整良好。

16）各阀门、风门、挡板位置正确，各仪表和报警保护装置投入运行。

17）炉内确已无人停留。

18）在锅炉点火前的检查工作完毕后，应立即进水至点火水位（一般在正常水位线下100mm）。进水过程中应检查管道阀门处是否发生泄漏。

19）锅炉点火前应先将燃油装置（包括燃油点火装置）及燃油附属蒸汽系统启动。检查油压稳定正常，波动范围不大于98kPa，检查各点火装置完整良好。

20）投入空气预热器和压缩空气系统。

2　每一种垃圾焚烧锅炉出厂时都随机配备各自的操作规程，其中都对各自的升温曲线有明确规定，点火升温过程中必须遵守这些规定，严格控制升温过程。

4.1.5　本条文对垃圾焚烧锅炉运行提出了下列要求：

1　保持垃圾料斗的料位正常，避免烟气泄漏。

2　根据《生活垃圾焚烧锅炉及余热锅炉》GB/T 18750的规定，垃圾焚烧锅炉应有可靠的密封和保温性能，从垃圾料斗入口至排烟出口，运行时应处于负压密闭状态，不应有气体和粉尘泄漏。

3　按焚烧设备要求建立风室风压。由于入炉垃圾组分变化较大，垃圾低位热值波动也较大，对于垃圾低位热值较高的垃圾，可适当降低燃烧空气温度以防止炉内温度过高导致发生结焦，对于垃圾低位热值较低的垃圾，可适当提高燃烧空气温度以保证炉内燃烧工况的稳定。

4　根据《生活垃圾焚烧锅炉及余热锅炉》GB/T 18750的规定，一次风的配置与调节应满足垃圾焚烧处理的需要，宜设置二次风。

5　垃圾的组成复杂，结构多变，特别是含水量和灰分含量变化幅度较大，对于性状各异的垃圾应当灵活调节垃圾焚烧锅炉的运动机构以保证垃圾在炉内稳定燃烧。对于含水量高的垃圾，需要酌情减少给料行程以降低给料速度，并保证湿度大的垃圾在炉内有充分的干燥时间，从而保证垃圾焚烧锅炉内燃烧工况的稳定。

6　按焚烧设备要求确保燃料正常燃烧工况。

7　本款根据《生活垃圾焚烧锅炉及余热锅炉》GB/T 18750的规定，低位发热量不大于4.18MJ/kg时，可用其他燃料助燃，助燃热量应满足垃圾焚烧锅

炉炉膛烟气温度大于850℃等要求。

8　料斗架空和落渣井堵塞都会严重影响垃圾焚烧锅炉的稳定运行，严重的还会导致被迫封炉、停炉等事故，应严禁此类事故的发生。

9　炉渣热灼减率是垃圾焚烧锅炉的重要环保参数之一，《生活垃圾焚烧锅炉及余热锅炉》GB/T 18750的规定，垃圾焚烧灰渣的热灼减率不应大于5%；额定垃圾焚烧处理量不小于200t/d的垃圾焚烧炉不应大于3%。实践证明炉渣的热灼减率与垃圾焚烧锅炉内料层厚度有直接关系，料层过厚会导致垃圾无法燃尽，炉渣热灼减率偏高；料层太薄则垃圾越易燃尽，但料层过薄会造成炉内热负荷不足，影响垃圾焚烧锅炉的稳定运行。

10　锅炉的运行应与烟气净化系统、余热利用系统互相匹配，信息及时传递。

11　垃圾焚烧厂应建立锅炉运行巡查制度，检查和记录各运行参数。

12　对锅炉进行连续排污与定时排污，保障锅炉正常运行。

13　为防止积灰影响锅炉热交换效率，对锅炉受热面定期清灰，主要包括下列内容：

1）每一运行班应进行一次清灰操作。

2）清灰方式为蒸汽吹灰时，必须使用过热蒸汽，在保证锅炉运行正常、燃烧稳定时方可进行清灰操作。清灰前应适当增加炉膛负压。

3）蒸汽吹灰时会对入汽机蒸汽量造成一定冲击，应适当降低汽机负荷。焚烧炉炉膛中心温度一般可达1000℃以上，燃料中的灰分大多呈熔融状态，而四周水冷壁附近烟温较低，如果烟气中携带的灰粒在接触壁面时仍呈熔融或黏性状态，则会逐渐粘附在管壁上形成紧密的灰渣层。焚烧锅炉结焦由许多复杂的因素引起，如炉内空气动力场、炉型、燃烧器布置方式及结构特性、垃圾的尺寸等都将影响炉内结焦状况。保证空气和燃料的良好混合，避免在水冷壁附近形成还原性气氛，合理而良好的炉内空气动力工况可防止锅炉内结焦，如果焚烧炉结焦严重应及时清除，确保焚烧炉正常运行。

14　垃圾焚烧锅炉运行时必须确保在炉内存在同时满足以下条件的气相空间高温燃烧区域：

a）烟气温度不应低于850℃；

b）烟气停留时间不应短于2s；

c）烟气含氧量不应低于6%；

d）有足够的湍流强度，确保均匀混合。

垃圾焚烧锅炉运行控制项目和要求见表1。

表1 垃圾焚烧锅炉运行控制项目和要求

序号	项 目	单位	控 制 要 求
1	垃圾处理量	t/h	控制在额定处理量70%～110%的范围内
2	炉膛温度	℃	≥850
3	蒸发量	t/h	控制在额定处理量70%～110%的范围内
4	汽包压力	MPa	不得超过垃圾焚烧锅炉操作手册的相关规定
5	汽包水位	mm	±75
6	过热器出口蒸汽压力	MPa	执行垃圾焚烧锅炉操作手册的相关规定
7	过热器出口蒸汽温度	℃	执行垃圾焚烧锅炉操作手册的相关规定
8	炉膛压力	Pa	保持微负压状态
9	炉渣热灼减率	%	额定处理量200t/d以上（含200t/d）的应控制在3%以内；额定处理量200t/d以下的垃圾焚烧炉应控制在5%以内

15 根据《蒸汽锅炉安全技术监察规程》（劳部发〔1996〕276号）第199条的规定，额定蒸汽压力小于或等于2.5MPa的锅炉的水质，应符合《工业锅炉水质》GB/T 1576的规定。额定蒸汽压力大于或等于3.8MPa的锅炉的水质，应符合《火力发电机组及蒸汽动力设备水汽质量》GB/T 12145的规定。没有可靠的水处理措施，不得投入运行。

4.1.6 本条文对正常停炉提出了下列要求：

1 保证垃圾焚烧锅炉在停炉过程中和停炉期间免遭腐蚀。

2 垃圾焚烧锅炉停炉后，其锅炉受热面上的积灰易吸收空气中的水分形成难以清除的结垢，因此在停炉前必须进行吹灰。

3 停炉过程中由于炉水温度降低，其中的无机盐溶解度下降后会析出形成结垢，需通过多次排污将这些结垢排出炉外。

4 垃圾焚烧锅炉停炉过程时若降温过快，酸性物质如HCl等易在受热面上结露析出，对受热面造成低温腐蚀，因此每一种垃圾焚烧锅炉都对各自的降温过程有明确规定，停炉过程中必须遵守这些规定，严格控制降温过程。

4.2 维 护 保 养

4.2.1 余热锅炉设备有很多保养方法，热法、干法、湿法、充气法等。但保养的原则都是避免和减少锅炉水中的空气和防止外界漏入氧气，减少氧气与焚烧锅炉等承压元件接触，避免或减少受压元件的腐蚀（受

热面外部高温区结渣、结焦、腐蚀，受热面外部低温区积灰、腐蚀。受热面内部结垢、腐蚀）。炉墙是锅炉的外壳，它起着保温、密封、引导烟气气流等作用。如果不完好，对垃圾在炉膛里的着火、稳定燃烧、燃料燃尽等都是不利的，不仅会影响锅炉的经济性、安全性，严重的会导致锅炉停炉等事故发生。尾部烟道积灰会使烟道的通流能力下降，积灰严重形成堵塞的，还会破坏炉内负压状态，进而影响炉内垃圾焚烧工况的稳定，须及时清理尾部烟道积灰。

4.2.2 本条文对垃圾焚烧锅炉维护保养提出了下列要求：

1 维护人员应每日定时巡视焚烧锅炉车间，确保设备完好，正常运行。

2 确保易损部件的正常工作。

3 维护管道阀门，保证炉墙和各类管道、阀门保温状况良好，发现保温层被破坏的应及时恢复。

4 检查炉墙门孔、视镜的完好状况。

4.2.3 本条文是垃圾焚烧锅炉停炉时维护保养的一般规定。

4.3 安 全

4.3.1 垃圾焚烧锅炉安全附件安全阀、压力表、水位表、排污和放水装置、温度计、保护装置等的安全要求按《蒸汽锅炉安全技术监察规程》（劳部发〔1996〕276号）第七章的相关规定执行。

4.3.2 垃圾焚烧锅炉运行时虽然内部基本保持微负压状态，但因垃圾投入波动或其他原因会导致出现瞬间正压，此时若运行人员正通过观测孔检查炉内燃烧工况，炉膛内的高温烟气和灰尘就会从观测孔喷出，对人身安全造成危害。因此在通过观测孔检查炉内燃烧工况时应侧身斜视，防止炉内发生正压造成烟气外逸造成人身伤害。

4.3.3 垃圾焚烧锅炉运行中的安全要求按《蒸汽锅炉安全技术监察规程》（劳部发〔1996〕276号）第九章第194条的规定执行。

5 余热利用系统

5.1 运 行 管 理

5.1.1 垃圾焚烧厂余热利用是指热能直接利用或热电联供。热能直接利用是指将垃圾焚烧产生的烟气通过余热锅炉或其他热交换设备将热量转换为低压蒸汽或高压蒸汽、热水或热空气直接供给自身系统或外界热用户。热电联供是指在热能直接利用系统的基础上增加一套发电系统，其保留了原有的热利用功能，并将余下的蒸汽全部送入汽轮发电机发电。

汽轮机组运行规程依照现行行业标准《汽轮机组

运行规程（试行）（全国地方小型火力发电厂）》SD 251-1988的规定执行。汽轮机组的设备监督、维护、保养应按《电力工业技术管理法规》的规定执行。

5.1.2～5.1.7 汽轮机是垃圾焚烧厂的重要设备之一，它是把蒸汽的热能转变为机械能的回转式原动机，具有功率大、转速高、运转平稳、尺寸小、重量轻以及效率高等优点，因此在动力、交通运输及国防工业等部门获得了广泛的应用。由于汽轮机的可靠性和可用性均高于焚烧炉，因此，一般垃圾电站是两台或三台焚烧炉配置一台汽轮发电机组。汽轮机组的设备运行根据生产厂家的使用说明以及相关规定编制操作规程，并严格执行。

5.1.8 本条文规定垃圾焚烧厂余热用于供热时运行管理按国家现行标准《城镇供热系统安全运行技术规程》CJJ/T 88第六章的相关规定执行。

5.2 维护保养

5.2.1、5.2.2 严格执行本单位制定的汽轮机组维护保养操作规程。

5.2.3 汽轮机运行人员应熟练掌握汽轮机组运行规程中制定的参数标准，认真检查、巡视，运行参数应每小时记录一次。对汽轮机运行中出现的故障应及时进行处理。根据汽轮机设备的运行情况合理安排大修、小修工作。

5.3 安　　全

5.3.1、5.3.2 余热利用系统安全条文是根据《国家电网公司电力安全工作规程（火电厂动力部分）》第七章、《城镇供热系统安全运行技术规程》CJJ/T 88第六章的相关规定制定。对生产事故处理是根据《电力生产事故调查暂行规定》（电监会4号令）制定的。

6 电　气　系　统

6.1 运行管理

6.1.1～6.1.21 垃圾焚烧厂电气设备主要包括汽轮发电机、变压器、电动机、直流电源装置、应急备用发电机、继电保护装置及配电装置。电气系统的运行管理是根据《国家电网公司电力安全工作规程（火电厂动力部分）》、《汽轮发电机运行规程》（国电发［1999］579号）、《电力变压器运行规程》DL/T 572-1995、《民用建筑电气设计规范》JGJ 16-2008、《电力系统用蓄电池直流电源装置运行与维护技术规程》DL/T 724-2000、《微机继电保护装置运行管理规程》DL/T 587-2007、《高压断路器运行规程》（电供［1991］30号）等相关规定制定。

应急备用发电机应遵照设备技术要求进行维护保养，并制定相应的试运行操作规程，进行试运行，其周期不超过10d。

6.2 维护保养

6.2.1 本条文是根据《国家电网公司电力安全工作规程（火电厂动力部分）》、《汽轮发电机运行规程》（国电发［1999］579号）、《电力变压器运行规程》DL/T 572-1995的相关规定制定。

6.3 安　　全

6.3.1～6.3.8 电气系统安全是根据《国家电网公司电力安全工作规程（火电厂动力部分）》第三、四、十三章的相关规定制定。

7 热工仪表与自动化系统

7.1 运行管理

7.1.1 本条文要求垃圾焚烧厂应在遵守本规程规定的原则下，根据各自实际情况，制定热工仪表与自动化系统的检修调校和运行维护规程的实施细则。

7.1.2 现场仪表应建立标准操作规程，定时巡检。对于重要参数仪表，应建立巡检、维护记录。

7.1.3 本条文是就地仪表运行管理的一般要求。

7.1.4 对于外界温度可能达冰点以下的仪表或传感器，应有应变措施。

7.1.5 热工测量及自动调节、控制、保护系统中的电气仪表与继电器的检修调校和运行维护，应按照电气仪表及继电保护检修运行规程中的有关规定进行。

7.2 维护保养

7.2.1 主要热工仪表与自动化系统，应进行现场运行质量检查，其检查周期一般为三个月，最长周期不应超过半年。

7.2.2 应定期维护计算机，备份数据库，检查网络通信良好。

7.2.3 应经常保持仪表及其附件清洁。

7.2.4 应经常检查管路及阀门接头处有无腐蚀、裂缝，防止渗漏等现象。

7.2.5 应现场校准仪表的指示值，自检仪表准确度，使仪表保持正常工况。

7.2.6 应经常检查和消除仪表的记录故障，保持仪表记录清晰正确。

7.2.7 应检查信号报警情况，保持报警动作正确。

7.2.8 应进行热工信号与安全保护系统试验，保持正常工况。

7.2.9 运行管理人员每天应向运行人员了解自动调节系统的运行情况，如发现问题应及时消除；并定期进行定值扰动试验。

7.3 安　　全

7.3.1 本条文规定热工仪表与自动化系统安全运行应按设备技术要求定期检测、标定、校验计量和指示表针，保证安全。

7.3.2 本条文是对不间断电源安全的一般规定。

8　烟气净化系统

8.1 运行管理

8.1.1 本条文是对烟气净化系统运行管理的要求：

1 根据设备、仪器、仪表的使用说明和操作规程编制系统的操作规程，建立巡视和维护保养制度，并严格执行。制定日常巡检路线、记录表和故障解决预案，重点设备包括除尘器，在线监测仪表等，定时查看记录，发现设备隐患及时处理。

2 按去除有害成分区分，烟气净化系统包括以下几个系统的设备、仪器、仪表：酸气（HCl、SO$_x$）去除系统、NO$_x$ 去除系统、粉尘去除系统及重金属和 Dioxin 去除设备、烟气在线监测装置等。根据这些系统的设备、仪器、仪表出厂说明书以及已有的操作规程，编制成一套系统的烟气净化系统的操作规程，包含正常启停程序、紧急停止程序等，并严格执行。国内垃圾焚烧厂采用酸气去除系统主要有半干式洗烟塔及干式洗烟塔，使用化学药品多为消石灰（Hydrated Lime），使用湿式洗烟塔并不常见；粉尘去除系统多为滤袋集尘器，使用静电集尘器及文氏洗尘器并不常见；重金属和 Dioxin 去除设备多使用活性炭喷入方式；NO$_x$ 去除系统有选择性非触媒还原法（SNCR）及选择性触媒还原法（SCR）两大类别，多以排放标准选定，以国内目前排放标准，尚无需设置 SNCR 或 SCR。根据以上要求，应做好烟气系统和焚烧系统的工况优化调整。

8.1.2 本条文是对酸性气体净化系统运行管理的要求：

1 石灰的购置，其品质应满足设备技术要求，石灰运输和装卸应尽量密闭，防止扬撒造成环境污染。

2 确定石灰浆浓度，运行时可调整石灰浆的喷入量去除酸性气体。配置石灰浆用水水质应满足要求，水中杂质中若含有 SO$_4^{2-}$ 离子，会产生 CaSO$_4$ 堵塞管线，所以须对水进行预处理，除去杂质和离子。

3 干法工艺在运行中，因石灰粉在管道中会出现搭桥现象，堵塞管道应及时疏通；半干法工艺中，其石灰浆喷入设备（雾化装置或喷嘴）若操作不当，特别是紧急停机时，易堵塞。故要求严格执行操作规程，防止石灰浆喷入装置造成堵塞。

4 一般采用 SNCR、SCR 工艺去除 NO$_x$。中和剂的喷入量应根据烟气分析仪的 NO$_x$ 进行控制。中和剂的浓度应每天检测并做好统计。

8.1.3 本条文是对袋式除尘器运行管理的要求：

1 袋式除尘器投运前按设备要求进行预喷涂，保证布袋表面对灰尘的吸附作用。

2 运行人员根据压差调整反吹频率，既要确保在滤袋表面形成适当厚度的灰层，保证除尘效果，同时提高消石灰的利用效率；又要防止风阻过大。

3 灰斗积灰发生搭桥报警时，应立即处理，防止飞灰累积过高直接接触滤袋，造成损坏。

4 及时清理布袋表面集灰。

8.1.4 本条文是对活性炭喷入系统运行管理的要求：
采用喷入活性炭粉末吸附重金属及二噁英时，活性炭宜使用比表面积大及碘吸附值高的产品，其中含有挥发有机物的成分不可过高。

8.1.5 本条文是垃圾焚烧厂烟囱的一般规定。

8.2 维护保养

8.2.1 石灰浆贮存槽、管路及喷入设备应清洗积垢，检查管路转弯及阀体的磨损情况。

8.2.2 中和剂配置槽至少每一年清洗一次，并检查反应塔箱体的腐蚀情况，清除反应塔内结垢。

8.2.3 在停炉期间，袋式除尘器外壳及灰斗应保持加热状态，而且袋式除尘器内部滤袋应随时保持与外界隔绝，防止飞灰吸湿受潮。

8.2.4 在锅炉检修时，可根据烟气连续监测仪烟尘含量的指针检查袋式除尘器的破损情况和滤袋破损情况，并及时更换破损滤袋。

8.2.5 应检查活性炭喷入系统管道磨损情况，并及时更换磨损管道；应检查活性炭喷入系统是否有堵塞现象，如有堵塞应及时疏通。

8.2.6 按照烟气在线检测系统的设备技术要求定期检查、维护。

8.3 安　　全

8.3.1 保持消石灰浆配置区的清洁，避免其他杂物混入石灰浆。

8.3.2 活性炭贮存及输送设备（包含区域内电灯、开关、消防侦测器报警等）应考虑防爆，活性炭输送管线应考虑设有静电消除装置等。

9　残渣收运系统

9.1 运行管理

9.1.1 根据《生活垃圾焚烧污染控制标准》GB 18485 的规定，焚烧炉与除尘设备收集的焚烧飞灰应分别收集、储存和运输；焚烧炉渣按一般固体废物处理，焚烧飞灰应按危险废物处理。本条对炉渣和飞灰的处理要求分别收集、储存、运输和处理。在储存、运输和处理中为防止对环境的二次污染，对相应的设备应有密封措施。

9.1.2 本条文规定了灰、渣处理场区的道路应畅通，交通标志应规范清楚，方便运送灰、渣车快速、安全进出。交通安全标志应符合国家标准《安全色》GB 2893 和《安全标志及其使用导则》GB 2894 的要求。灰渣处理的场区应干净、畅通，绿化美化，树立文明生产的形象。

9.1.3 本条文是炉渣收运和飞灰收集的一般规定。

9.1.4 应防止飞灰吸潮堵管，飞灰输送管道和容器应保持密闭。

9.1.5 垃圾焚烧厂运行管理的重要数据，应妥善管理。炉渣运输车辆的管理好坏直接影响运输途中的环境卫生。

9.1.6 本条文是对炉渣运输车辆运行管理的一般规定。

9.1.7 炉渣填埋场的运行管理是根据《城市生活垃圾卫生填埋场运行维护技术规程》CJJ 93 制定的。

9.1.8 以炉渣为主辅料制作建筑材料，应符合《建筑材料放射性核素限量》GB 6566、《中华人民共和国固体废物污染环境防治法》(中华人民共和国 2004 年第 58 号主席令) 等国家、行业标准及法规的规定。

9.2 维护保养

9.2.1、9.2.2 残渣处理设备要做好日常保养，转动设备和冲洗设施要有防堵和防卡涩的措施，特别是一些易磨、易损件应防磨并定期更换，易结垢部位应及时清除。

9.3 安 全

9.3.1 飞灰属于危险废物，应采取有效措施防止运行人员直接接触，避免人员伤害。

9.3.2 飞灰安全是根据《危险废物填埋污染控制标准》GB 18598 的要求制定。

10 污水处理系统

10.1 运 行 管 理

10.1.1～10.1.4 国内垃圾渗沥液的处理因各地、各厂的具体情况不同，采用的方法各不相同，按原理来分大致可分为物理、化学以及生化处理为主的三种模式。渗沥液处理系统采取的处理模式不同，其工艺流程、设施设备有很大的区别，各厂应根据各自工艺上的设计要求，以及设施、设备、仪器、

仪表的设计参数、使用说明和操作规程编制系统的操作规程，严格执行。依照《生活垃圾焚烧污染控制标准》GB 18485，垃圾焚烧厂所产生垃圾渗沥液浓度高、成分复杂、变化大，可根据垃圾焚烧厂实际情况直接喷入炉内焚烧处理，或采用其他工艺处理，达标排放。

10.1.5 污水处理系统的处理量应符合设计要求，根据污水量的变化及时调整以达到相关环保指标要求。

10.2 维 护 保 养

10.2.1、10.2.2 污水处理系统的设施设备要定期检查，及时清除结垢。由于垃圾渗沥液的高腐蚀性，相关部件应及时更换，做好设备定期检查，做好防腐处理。保证现场环境卫生。

10.3 安 全

10.3.1～10.3.3 按照《城市污水处理厂运行、维护及其安全技术规程》CJJ 60 的要求做好垃圾渗沥液处理设施的安全运行维护，做好潮湿环境的防范措施，做好有害气体工作环境的安全保障措施。

11 化 学 监 督

11.1 运 行 管 理

11.1.1 本条文对化验室运行管理提出了下列要求：

1 垃圾焚烧厂正常运转检测涉及的项目、内容、周期：

1) 进厂垃圾和进炉垃圾按《城市生活垃圾采样和物理分析方法》CJ/T 3039 采样，参照《煤中全水分的测定方法》GB/T 211、《煤的工业分析方法》GB/T 212、《煤的发热量测定方法》GB/T 213 进行工业分析和热值测定，进厂垃圾和进炉垃圾的工业分析、热值检测周期见表 2。

表 2 进厂垃圾和进炉垃圾的工业分析、热值检测周期

序 号	项 目	内 容	检测周期
1	进厂垃圾	工业分析	每月一次
2	进炉垃圾	热值分析	每月一次

2) 垃圾焚烧炉技术性能指标测定周期见表 3。

表 3 垃圾焚烧炉技术性能指标测定周期

序 号	项 目	检测周期
1	炉渣热灼减率	每 8 小时一次
2	焚烧炉出口烟气氧含量	每 4 小时一次

3）垃圾焚烧炉大气污染物检测周期见表4。

表4　垃圾焚烧炉大气污染物检测周期

序　号	项　目	检测周期
1	烟尘	每季度一次
2	烟气黑度	每季度一次
3	一氧化碳	每季度一次
4	氮氧化物	每季度一次
5	二氧化硫	每季度一次
6	氯化氢	每季度一次
7	汞	每季度一次
8	镉	每季度一次
9	铅	每季度一次
10	二噁英类	每年一次

4）垃圾焚烧厂恶臭厂界检测周期见表5。

表5　垃圾焚烧厂恶臭厂界检测周期

序　号	项　目	检测周期
1	氨	每季度一次
2	硫化氢	每季度一次
3	甲硫醇	每季度一次
4	臭气浓度	每季度一次

5）垃圾焚烧厂工艺废水检测周期见表6。

表6　垃圾焚烧厂工艺废水检测周期

序　号	项　目	检测周期
1	按《污水综合排放标准》GB 8978 规定执行	每季度一次

6）垃圾焚烧厂噪声按《生活垃圾焚烧污染控制标准》GB 18485 进行采样和检测，垃圾焚烧厂噪声检测周期见表7。

表7　垃圾焚烧厂噪声检测周期

序　号	项　目	检测周期
1	按《工业企业厂界环境噪声排放标准》GB 12348 规定执行	每月一次

7）运行中变压器油的质量按《电力用油（变压器油、汽轮机油）取样方法》GB/T 7597 进行取样，按《运行中变压器油质量》GB/T 7595 进行检测，运行中变压器油检验项目和周期见表8。

表8　运行中变压器油检验项目和周期

设备等级分类		检测项目										检测周期
		水溶性酸	酸值	闪点	机械杂质	游离碳	水分	界面张力	介质损耗因数	击穿电压	含气量	体积电阻率	
互感器	≥220kV	√			√		√		√	√		√	每年一次
	35～110kV												3 年一次
油开关	≥110kV			√						√			每年一次
	<110kV	√								√		√	3 年一次
	少油开关												3 年一次或换油
套管	110kV 及以上	√					√		√	√			3 年一次
电力变压器	220～500kV												半年一次
	≤110kV 或 >630kV·A	√	√	√	√		√	√	√	√			每年一次
配电变压器	≤630kV·A	√	√	√	√								3 年一次
厂所用变压器	≥35kV 或 1000kV·A 及以上											√	每年一次

8）运行中汽轮机油的质量按《电力用油（变压器油、汽轮机油）取样方法》GB/T 7597 进行取样，按《电厂运行中汽轮机油质量》GB/T 7596 进行检测，运行中汽轮机油检验项目和周期见表9。

表9　运行中汽轮机油检验项目和周期

检测项目								检测周期
外状	运动黏度	闪点	机械杂质	酸值	液相锈蚀	破乳化度	水分	
√							√	每周一次①
√	√	√	√	√	√	√	√	半年一次

注：①机组运行正常，可以适当延长检验周期，但发现汽轮机油中混入水分时，应增加检验次数，并及时采取措施。

9）化学水水质、蒸汽质量按《火力发电机组及蒸汽动力设备水汽质量》GB/T 12145 进行检测。化学水水质、蒸汽质量检验项目和周期见表10。

表10　化学水水质、蒸汽质量检验项目和周期

过热蒸汽饱和蒸汽		锅炉水水质			给水水质		凝结水水质			检测周期
钠	二氧化硅	pH	磷酸根	总碱度	硬度	溶解氧	pH	硬度	溶解氧	电导率	钠
		√	√	√						√	每4小时一次
√	√	√	√	√		√	√	√	√	√	每8小时一次

2~5 化验室内部应建立健全各类分析质量保证制度，包括"化验室基本规程"、"仪器、仪表操作维护规程"、"化学试剂存储和使用规程"、"检测样品保存和处理规程"等。

11.1.2 本条文对化学水处理系统运行管理提出了下列要求：

1 本款规定化学水处理系统运行中应根据化学水水质、蒸汽质量检测情况及锅炉用水量对系统工况进行调节。当锅炉及其热力系统中某种水、汽样品的监测结果表明其水质或汽质不良时，应首先检查其取样和测定操作是否正确，必要时应再次取样测定，进行核对。当确证水质、汽质劣化时，应研究原因，并采取措施，使其恢复正常。水质、汽质与锅炉及其热力系统的设备结构和运行工况等有关，各种情况下造成劣化的原因不一，常见的原因及处理方法见表11～表15。

1）蒸汽汽质劣化的原因及其处理方法见表11。

表11 蒸汽汽质劣化的原因及处理方法

劣化现象	一般原因	处理方法	备注
含钠量或含硅量不合格	锅炉水的含钠量或含硅量超过极限值	见表12中与"劣化现象"栏2相对应的"处理方法"	
	锅炉的负荷太大，水位太高，蒸汽压力变化过快	根据热化学试验结果，严格控制锅炉的运行方式	
	喷雾式蒸汽减温器的减温水质不良	见表14	
	锅炉加药浓度过大或加药速度太快	降低锅炉加药的浓度或速度	
	汽水分离器效率低或各分离元件的结合不严密	消除汽水分离器的缺陷	
	洗汽装置不水平或有短路现象	消除洗汽装置的缺陷	

2）锅炉水水质劣化的原因及处理方法见表12。

表12 锅炉水水质劣化的原因及处理方法

劣化现象	一般原因	处理方法	备注
外状浑浊	给水浑浊或硬度太大	见表13中与"劣化现象"栏1相对应的"处理方法"	
	锅炉长期没有排污或排污量不够	严格执行锅炉的排污制度	
	新或检修后锅炉在启动的初期	增加锅炉排污量直至水质合格为止	

续表12

劣化现象	一般原因	处理方法	备注
含硅量、含钠量（或电导率）不合格	给水水质不良	见表13中与"劣化现象"栏3相对应的"处理方法"	
	锅炉排污不正常	增加锅炉排污量或消除排污装置的缺陷	
磷酸根不合格	磷酸盐的加药量过多或不足	调整磷酸盐的加药量	锅炉水磷酸根过高时，应注意加强蒸汽汽质监督并加大排污，直至锅炉水磷酸根合格
	加药设备存在缺陷或管道被堵塞	检修加药设备或疏通堵塞的管道	如因锅炉给水硬度过高，引起锅炉水磷酸根不足时，应首先降低给水硬度
炉水pH值低于标准	给水夹带酸性物质进入锅内	增加磷酸盐的加药量，必要时投加化学纯NaOH溶液	查明凝汽器是否泄漏，再生系统酸液是否漏入除盐水中，除盐水是否夹带树脂等，杜绝酸性物质的来源
	磷酸盐的加药量过低或药品错用	调整磷酸盐的加药量或药品配比，检查药品是否错用	
	锅炉排污量太大	调整锅炉排污	

3）给水水质劣化的原因及处理方法见表13。

表13 给水水质劣化的原因及处理方法

劣化现象	一般原因	处理方法	备注
硬度不合格或外状浑浊	组成给水的凝结水、补给水、疏水或生产返回水的硬度太大或浑浊	查明硬度高或浑浊的水源，并将此水源进行处理或减少其使用量	应加强锅炉水和蒸汽汽质的监督
	生水渗入给水系统	消除生水渗入给水系统的可能性	
溶解氧不合格	除氧器运行不正常	调整除氧器的运行	
	除氧器内部装置存在缺陷	检查除氧器	

劣化现象	一般原因	处理方法	备　注
含钠量（或电导率）、含硅量不合格	组成给水的凝结水、补给水、疏水或生产返回水的含钠量或电导率、含硅量不合格	查明不合格的水源，并采取措施使此水源水质合格或减少其使用量	应加强锅炉水质和蒸汽汽质的监督

4）喷水式减温器减温水水质劣化的原因及处理方法见表 14。

表 14　喷水式减温器减温水水质劣化的原因及处理方法

劣化现象	一般原因	处理方法	备　注
含钠量、含硅量不合格	作减温水用的凝结水水质不良	见表 15 中与"劣化现象"相对应的"处理方法"	如因给水系统运行方式不当而造成减温水质量劣化时，应调整给水系统的运行方式
	生水或不合格水漏入减温水系统	查明漏入原因，并采取措施消除	

5）凝结水水质劣化的原因及处理方法见表 15。

表 15　凝结水水质劣化的原因及处理方法

劣化现象	一般原因	处理方法	备　注
硬度或电导率不合格	凝汽器铜管泄漏	查漏和堵漏	
溶解氧不合格	凝汽器真空部分漏气	查漏和堵漏	
	凝汽器的过冷却度太大	调整凝汽器的过冷却度	
	凝结水泵运行中有空气漏入（如盘根漏气时）	换用另一台凝结水泵，并检修有缺陷的凝结水泵	

2　本款是补给水系统运行管理的一般规定，焚烧锅炉化学补给水系统包括水的预处理和除盐处理，可选择的工艺较多，各焚烧厂应根据实际情况确定具体的运行规程。

3　在锅炉停用时期，不采取保护措施，锅炉水汽系统的金属内表面会遭到溶解氧的腐蚀。停用腐蚀的危害性不仅是它在短期内会使大面积的金属发生严重损伤，而且会在锅炉投入运行后延续。

在锅炉停用期间，必须对其水汽系统采取保护措

施，防止锅炉水汽系统发生停用腐蚀的方法较多，其基本原则有以下几点：

　　1）不让空气进入停用锅炉的水汽系统内；

　　2）保持停用锅炉水汽系统金属内表面干燥。实际证明，当停用设备内部相对湿度小于 20% 时，就能避免腐蚀；

　　3）使金属表面浸泡在含有除氧剂或其他保护剂的水溶液中；

　　4）在金属表面形成具有防腐蚀作用的薄膜（即钝化膜）。

停用保护的方法大体上可分成：满水保护和干燥保护两类。满水保护有联氨法和保持压力法；干燥保护有烘干法和干燥剂法。各焚烧厂应根据实际情况确定具体的运行规程。

11.1.3　本条文规定对各类分析仪表仪器应经过国家法定部门计量检测合格、认证，确保各类分析仪器计量、分析可靠、准确。

11.2　维护保养

11.2.1　本条文对化验室维护保养提出了下列要求：

　　1　垃圾热值分析仪、物料成分分析仪、汽水油分析仪器、环保检测设备等应由技术监督部门技术检测、校核，并应保持卫生清洁。

　　2、3　化验室仪器的附属设备应妥善保管，并应经常安全检查。贵重精密的仪器使用的电源应安装电子稳压器。不应随意搬动大型检测分析仪器，必须搬动时应做好记录，搬动后必须经过国家法定计量部门检定后方能使用。

11.2.2　本条文是化学水处理系统维护保养的一般规定。

11.3　安　　全

11.3.1　本条文对化验室安全提出了下列要求：

　　1、2　各种精密仪器由专人专管，可以责任到人。运行人员在使用精密仪器之前应填写使用登记表，应仔细阅读操作说明书，熟悉该仪器各部分的性能，按仪器说明书的规定操作。对仪器性能和使用方法还不熟悉的人员不能操作仪器。

　　3　本款规定化验检测完毕，应对仪器开关、水、电、气源等进行关闭检查，确定全部处于关闭状态，才能离开。

11.3.2　本条文规定化验过程中的烘干、消解以及带刺激气味的化验操作必须在通风橱内进行。严禁使用明火直接加热有机试剂，以确保人员安全。

11.3.3　本条文规定对于易燃、易爆、剧毒试剂应有明显的标志，分类专门妥善保管。易爆试剂应存放在阴凉通风的地方；剧毒试剂应加锁存放，有专人保管，并须经化学监督负责人批准，方可使用，使用时两人共同称量，登记用量。

11.3.4 本条文对化学水处理系统安全提出了下列要求：

1 本款规定危险化学品的贮存、使用和相关操作要满足《中华人民共和国安全生产法》（中华人民共和国 2002 年第 70 号主席令）、《危险化学品安全管理条例》（国务院第 344 号令）等国家相关规定的要求。

2 本款规定危险化学品罐应与其他设施有明显的安全界线，其四周应加危险化学品标志牌，危险化学品标志牌应符合现行国家标准《常用危险化学品的分类及标志》GB 13690 的规定。

3 本款规定运行人员进行危险化学品操作时，应穿戴必要的橡胶手套、防护眼镜和水鞋等，操作必须严密谨慎，保证人身安全。

4 由于化学药品和水的关系，化学水处理系统的现场比较湿滑，必须注意防滑，防止意外事故的发生。

5 本款规定垃圾焚烧厂失效设备的再生处理必须严格按工艺要求进行操作，否则将危及设备的安全、浪费资源。

12 公用系统

12.1 运行管理

12.1.1 本条文是压缩空气系统运行管理的一般规定。

12.1.2 本条文是空调与通风系统运行管理的一般规定。

12.1.3 本条文规定垃圾焚烧厂应建立循环水冷却系统运行规程，冷却水泵的运行应按设备操作规程进行管理，并检查各种设备的运行状况，使水质、水温、水量符合系统要求。

12.1.4 本条文规定运行人员应定时巡视工业水系统、除氧水系统、锅炉给水系统等系统各种设备，严格按设备运行操作规程和电业安全工作规程的规定进行操作，进行试验和切换。应定时检查、严格控制水压力和水位及除氧器参数，及时调整和处理除氧器参数的变化，防止事故发生，保证安全运行。

12.1.5 辅助燃料从目前情况来讲，国内各垃圾焚烧厂所使用的各不相同（如：柴油、燃气等），各垃圾焚烧厂应根据自身的助燃燃料建立相应的运行管理规定，并遵照执行。

12.1.6 本条文是通信系统运行管理的一般规定。

12.2 维护保养

12.2.1 空压机的日常维护保养要保证电流、电压、声音、振动、温度、出口压力等运行指标正常。空压机内部的油过滤器、空气过滤器应及时清理或更换。

12.2.2 本条文是空调暖通系统维护保养的一般规定。

12.2.3、12.2.4 条文对循环水冷却系统的维护保养提出下列要求：

1 循环水冷却系统、给水系统设施设备及部件应进行日常维护保养，保持正常运行。

2 循环水冷却系统的冷却塔、给水系统的工业水池、工业水塔等设施应及时检查清理，保持水质清洁卫生。

12.2.5 本条文是辅助燃料系统维护保养的一般规定。

12.2.6 本条文是通信系统维护保养的一般规定。

12.3 安 全

12.3.1 空气压缩机的设备清洗要求使用安全可靠的清洗剂。压力表定期校准，确保安全阀和压力调节器动作可靠。

12.3.2 本条文是空调暖通系统安全的一般规定。

12.3.3 本条文对循环水冷却系统安全作了规定，在清理冷却水塔、冷却水池等设施前应在设备停止运转才能进行，并挂上警告牌，防止人身或设备事故。循环水泵切换运行时，必须在该切换泵一切正常后，才能停止运转泵，保证设备和系统的正常安全运行。

12.3.4 本条文对给水系统安全作了规定，应按操作规程进行操作，防止设备、系统故障或运行事故。工业水泵、除氧器给水泵、锅炉给水泵切换运行时，应在切换泵运转正常后，才能停止运转泵，保证设备和系统正常的安全运行；故障停用检修时，应关闭出入口阀门，并切断电源，挂上警告牌，防止出现人身或设备事故。应对除氧器的振动和排汽带水严格监控，避免发生故障。

12.3.5 本条文是辅助燃料系统安全的一般规定。

13 劳动安全卫生防疫与消防

13.0.1 本条文对劳动安全卫生防疫运行、维护与安全管理提出了下列要求：

1 应定期安排运行人员体检，宜一年一次，根据体检统计资料建立健康档案，专人管理，制定劳动卫生健康防护措施。

2 应定期清理厂区内蚊虫孳生场地，消除蚊虫的孳生条件。合理采用环境、化学、生物、遗传等各种防治手段相结合的方法，提高防治效果，可采用紫外线、化学药剂、强制通风、用水清洗结合的方式对垃圾卸料区等病菌孳生场所进行消毒。

3 停炉检修期间，垃圾贮坑极易孳生蚊虫，应采取灭虫杀蚊措施，一般采取喷洒石灰的方法进行消杀。

4 有效预防、及时控制和消除突发公共卫生事件及其危害，认真做好各类突发性公共卫生事件的应急处理工作，最大限度地减少突发公共卫生事件对职工健康造成的危害，保障人员身心健康与生命安全。

5 本条款是对卫生防疫设施设备检查维护的一般要求。

13.0.2 本条文对消防运行、维护与安全管理提出了下列要求：

1 贯彻执行国家、地方消防管理的相关法律、法规、标准以及规程，包括《中华人民共和国消防法》（中华人民共和国 2008 年第 6 号主席令）、《建筑灭火器配置设计规范》GB 50140、《机关、团体、企业、事业单位消防安全管理规定》（公安部第 61 号令）、《消防监督检查规定》（公安部第 73 号令）等。

2 确定厂区内重点防火区域。防火重点部位一般指燃料油罐区、控制室、通信机房、档案室、锅炉燃油系统、汽轮机油系统、变压器、电缆层及隧道、继保室、蓄电池室、易燃易爆物品存放场所及单位安全责任人认定的其他部位和场所。防火重点部位或场所应建立岗位防火责任制、消防管理制度和落实消防措施，并制定本部位或场所的灭火方案，做到定点、定人、定任务。防火重点部位或场所应有明显标志，并在指定的地方悬挂特定的标牌，其主要内容是：防火重点部位或场所的名称及防火责任人。建立防火重点部位或场所检查制度。防火检查制度应规定检查形式、内容、项目、周期和检查人。防火检查应有组织、有计划，对检查结果应有记录，对发现的火险隐患应限期整改。

3 建立健全动火工作票制度，动火工作时，应根据火灾"四大"原则划分动火级别执行动火工作票制度。在划分动火级别管理的垃圾焚烧厂动火审批应根据动火级别不同而由相关责任人签发。应按动火级别严格责任人的培训和管理。一、二级动火在首次动火时，各级审批人和动火工作票签发人均应到现场检查防火安全措施是否正确完备，测定可燃气体含量或粉尘浓度是否合格，并在监护下做明火试验，确认无误方可动火作业。动火工作在次日动火前必须重新检查防火安全措施并检测可燃气体含量或粉尘浓度，合格后方可重新动火。一级动火工作的过程中，应每隔 2～4h 测定现场可燃性气体含量或粉尘浓度是否合格，当发现不合格或异常时应立即停止动火，在未查明原因或排除险情前不得重新动火。

4 现场消防系统及消防设施、器材宜实行责任区域划分，专人负责，定期检查维护的管理原则。消防设施不得挪作他用、任意拆除，不得任意开启和关闭消防阀门，非火警不准动用消防报警按钮。因检修工作需要拆卸消防设施、关闭消防阀门等，必须事先提出书面申请，经批准后方可进行。消防自动报警系统应有经过培训的人员负责操作、管理和维护，消防自动报警系统应保持连续正常运行，不得随意中断。消防自动报警系统必须经当地消防监督机构验收，方可使用，不得擅自使用。相关人员应熟悉掌握该系统的工作原理及操作要求，应清楚了解本单位报警区域和探测区域，消防自动报警系统的报警部位号。为保证消防自动报警系统应保持连续正常运行和可靠性，使用单位应根据本单位具体情况，制定出定期检查试验规定，并依照规定对系统进行检查和试验。固定式消防设施的检查和试验由安监（保卫、消防）部门负责组织，专人检查，并填写检查试验记录。消防泵半月试验并切换，其系统管线及其附件，应专人巡检，半月填写一次记录。维修部门负责维护、检修。常用移动灭火器的日常管理应由安全员或义务消防员进行日常检查、管理。灭火器检修及再充装应委托专业单位进行。灭火器经检修后，其性能应符合有关标准的规定，并在灭火器的明显部位贴上不易脱落的标志。水枪使用后要将水渍擦净晾干，存放于阴凉处，不要长期置于日晒和高温的环境中。

中华人民共和国行业标准

生活垃圾填埋场填埋气体
收集处理及利用工程技术规范

Technical code for projects of landfill gas collection
treatment and utilization

CJJ 133—2009

批准部门：中华人民共和国住房和城乡建设部
施行日期：２０１０年７月１日

中华人民共和国住房和城乡建设部
公　告

第 426 号

关于发布行业标准《生活垃圾填埋场填埋气体
收集处理及利用工程技术规范》的公告

现批准《生活垃圾填埋场填埋气体收集处理及利用工程技术规范》为行业标准，编号为 CJJ 133-2009，自 2010 年 7 月 1 日起实施。其中，第 3.0.1、3.0.7、5.2.10、6.1.12、7.3.1、7.3.5、7.3.7、8.6.2、9.2.4、9.4.3、9.4.5、9.5.1 条为强制性条文，必须严格执行。

本规范由我部标准定额研究所组织中国建筑工业出版社出版发行。

中华人民共和国住房和城乡建设部
2009 年 11 月 9 日

前　言

根据原建设部《关于印发〈2007 年工程建设标准规范制订、修改计划（第一批）〉的通知》（建标 [2007] 125 号）的要求，规范编制组经广泛调查研究，认真总结实践经验，参考有关国际标准和国外先进标准，并在广泛征求意见的基础上，制定本规范。

本规范的主要技术内容是：1. 总则；2. 术语；3. 基本规定；4. 填埋气体产气量估算；5. 填埋气体导排；6. 填埋气体输气管网；7. 填埋气体抽气、处理和利用系统；8. 电气系统；9. 仪表与自动化控制；10. 配套工程；11. 环境保护与劳动卫生；12. 工程施工及验收。

本规范中以黑体字标志的条文为强制性条文，必须严格执行。

本规范由住房和城乡建设部负责管理和对强制性条文的解释，由城市建设研究院负责具体技术内容的解释。执行过程中如有意见或建议，请寄送城市建设研究院（地址：北京市朝阳区惠新里 3 号；邮编：100029）。

本 规 范 主 编 单 位：城市建设研究院
广州工程总承包集团有限公司

本 规 范 参 编 单 位：中国光大集团
杭州市固体废弃物处理有限公司
北京时代桃源环境科技有限公司

本规范主要起草人员：郭祥信　徐文龙　梁湖清
周岳峰　牛志光　俞觊觎
龙吉生　杨军华　吴建虹
钱晓东　吕德斌　夏兴邦
赵树青　欧远洋　白　力
冯　波

本规范主要审查人员：冯其林　倪久成　马人熊
王元达　陈汉明　李湛江
黄晓文　严小亚　万　晓

目 次

Contents

1 总　则

1.0.1 为贯彻国家有关生活垃圾处理的法规和技术政策，保证填埋气体收集、处理及利用工程的质量，确保生活垃圾填埋场（以下简称填埋场）的安全运行，使填埋气体收集、处理及利用工程的设计、施工规范化，制定本规范。

1.0.2 本规范适用于新建、扩建、改建的填埋气体收集、处理及利用工程的设计、施工及验收。

1.0.3 本规范规定了生活垃圾填埋场填埋气体收集、处理及利用的基本技术要求。当本规范与国家法律、行政法规的规定相抵触时，应按国家法律、行政法规的规定执行。

1.0.4 填埋气体收集、处理及利用工程的设计、施工及验收除应符合本规范的规定外，尚应符合国家现行有关标准的规定。

2 术　语

2.0.1 被动式导排　passive ventilation
利用填埋气体自身压力和渗透性导排气体的方式。

2.0.2 主动式导排　initiative guide and extraction
利用抽气设备对填埋气体进行导排的方式。

2.0.3 产气速率　gas generation rate
单位时间内的产气量。

2.0.4 产气量　gas generation volume
一定重量的垃圾在一定时间内在填埋场中厌氧发酵产生的气体体积。

2.0.5 产气模型　gas generation model
预测生活垃圾在填埋场中产气量或产气速率的数学公式。

2.0.6 导气井　extraction well
中间为多孔管，周围为过滤材料的竖向圆柱状导气设施。

2.0.7 导气盲沟　extraction trench
中间为多孔管，周围为过滤材料的水平棱柱状导气设施。

2.0.8 排放管　emission pipe
向大气中排放填埋气体的管道。

2.0.9 开孔率　ratio of hole area
管道表面开孔总面积与管道外表总面积之比。

2.0.10 气体收集率　ratio of landfill gas collection
填埋气体抽气流量与填埋气体预测产生速率之比。

2.0.11 气体利用率　ratio of landfill gas utilization
填埋气体利用设备消耗的气体量与填埋气体收集量之比。

3 基本规定

3.0.1 填埋场必须设置填埋气体导排设施。

3.0.2 设计总填埋容量大于或等于 100 万吨，垃圾填埋厚度大于或等于 10m 的生活垃圾填埋场，必须设置填埋气体主动导排处理设施。

3.0.3 设计总填埋容量大于或等于 250 万吨，垃圾填埋厚度大于或等于 20m 的生活垃圾填埋场，应配套建设填埋气体利用设施。

3.0.4 设计总填埋容量小于 100 万吨的生活垃圾填埋场宜采用能够有效减少甲烷产生和排放的填埋工艺。

3.0.5 填埋气体导排设施应与填埋场工程同时设计；垃圾填埋堆体中设置的气体导排设施的施工应与垃圾填埋作业同步进行。

3.0.6 主动导排设施及气体处理（利用）设施的建设应于垃圾填埋场投运 3 年内实施，并宜分期实施。

3.0.7 填埋场运行及封场后维护过程中，应保持全部填埋气体导排处理设施的完好和有效。

4 填埋气体产气量估算

4.0.1 对某一时刻填入填埋场的生活垃圾，其填埋气体产生量宜按下式计算：

$$G = ML_0(1 - e^{-kt}) \qquad (4.0.1)$$

式中：G——从垃圾填埋开始到第 t 年的填埋气体产生总量，m^3；

M——所填埋垃圾的重量，t；

L_0——单位重量垃圾的填埋气体最大产气量，m^3/t；

k——垃圾的产气速率常数，1/a；

t——从垃圾进入填埋场时算起的时间，a。

4.0.2 对某一时刻填入填埋场的生活垃圾，其填埋气体产气速率宜按下式计算：

$$Q_t = ML_0 k e^{-kt} \qquad (4.0.2)$$

式中：Q_t——所填垃圾在时间 t 时刻（第 t 年）的产气速率，m^3/a。

4.0.3 垃圾填埋场填埋气体理论产气速率宜按下式逐年叠加计算：

$$G_n = \sum_{t=1}^{n-1} M_t L_0 k e^{-k(n-t)} (n \leqslant 填埋场封场时的年数 f)$$

$$= \sum_{t=1}^{f} M_t L_0 k e^{-k(n-t)} (n > 填埋场封场时的年数 f)$$

$$(4.0.3)$$

式中：G_n——填埋场在投运后第 n 年的填埋气体产气速率，m^3/a；

n——自填埋场投运年至计算年的年数，a；

M_t——填埋场在第 t 年填埋的垃圾量，t；

f——填埋场封场时的填埋年数，a。

4.0.4 填埋场单位重量垃圾的填埋气体最大产气量（L_0）宜根据垃圾中可降解有机碳含量按下式估算：

$$L_0 = 1.867C_0\varphi \qquad (4.0.4)$$

式中：C_0——垃圾中有机碳含量，%；

φ——有机碳降解率。

4.0.5 垃圾的产气速率常数（k）的取值应考虑垃圾成分、当地气候、填埋场内的垃圾含水率等因素；有条件的可通过试验确定产气速率常数（k）值。

4.0.6 填埋气体回收利用工程设计，应估算出利用期间每年的填埋气体产气速率。

4.0.7 在填埋气体回收利用工程实施前，宜进行现场抽气试验，验证填埋气体产气速率。

5 填埋气体导排

5.1 一般规定

5.1.1 填埋场垃圾堆体内应设置导气井或导气盲沟；两种气体导排设施的选用，应根据填埋场的具体情况选择或组合。

5.1.2 新建垃圾填埋场，宜从填埋场使用初期铺设导气井或导气盲沟。导气井基础与底部防渗层接触时应做好防护措施。

5.1.3 对于无气体导排设施的在用或停用填埋场，应采用钻孔法设置导气井。

5.1.4 用于填埋气体导排的碎石不应使用石灰石，粒径宜为 10mm～50mm。

5.2 导气井

5.2.1 用钻孔法设置的导气井，钻孔深度不应小于垃圾填埋深度的 2/3，但井底距场底间距不宜小于 5m，且应有保护场底防渗层的措施。

5.2.2 导气井宜采用下列结构：

　　1 主动导排导气井结构应按下图（图 5.2.2-1）设计。

　　2 被动导排导气井结构应按下图（图 5.2.2-2）设计。

5.2.3 导气井直径（Φ）不应小于 600mm，垂直度偏差不应大于 1%。

5.2.4 主动导排导气井井口应采用膨润土或黏土等低渗透性材料密封，密封厚度宜为 3m～5m。

5.2.5 导气井中心多孔管应采用高密度聚乙烯等高强度耐腐蚀的管材，管内径不应小于 100mm，需要排水的导气井管内径不应小于 200mm；穿孔宜用长条形孔，在保证多孔管强度的前提下，多孔管开孔率不宜小于 2%。

5.2.6 导气井应根据垃圾填埋堆体形状、导气井作用半径等因素合理布置，应使全场导气井作用范围完

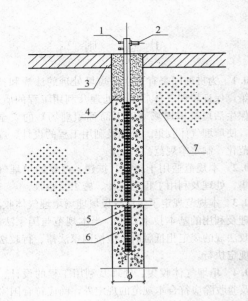

图 5.2.2-1　主动导排导气井结构
1—检测取样口；2—输气管接口；
3—具有防渗功能的最终覆盖（具体结构由设计确定）；4—膨润土或黏土；
5—多孔管；6—回填碎石滤料；
7—垃圾层

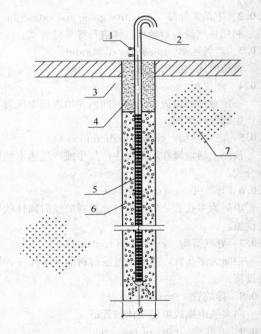

图 5.2.2-2　被动导排导气井结构
1—检测取样口；2—输气管接口；3—具有防渗功能的最终覆盖（具体结构由设计确定）；4—膨润土或黏土；
5—多孔管；6—回填碎石滤料；7—垃圾层

全覆盖垃圾填埋区域；垃圾堆体中部的主动导排导气井间距不应大于 50m，沿堆体边缘布置的导气井间距不宜大于 25m；被动导排导气井间距不应大于 30m。

5.2.7 被动导排的导气井，其排放管的排放口应高于垃圾堆体表面2m以上。

5.2.8 导气井与垃圾堆体覆盖层交叉处，应采取封闭措施，减少雨水的渗入。

5.2.9 主动导排系统，当导气井内水位过高时，应采取降低井内水位的措施。

5.2.10 导气井降水所用抽水设备应具有防爆功能。

5.3 导气盲沟

5.3.1 填埋气体导气盲沟断面宽、高均不应小于1000mm。

5.3.2 导气盲沟中心管应采用柔性连接的管道，管内径不应小于150mm；当采用多孔管时，在保证中心管强度的前提下，开孔率不宜小于2%；中心管四周宜用级配碎石填充。

5.3.3 导气盲沟水平间距可按30m～50m设置，垂直间距可按10m～15m设置。

5.3.4 被动导排的导气盲沟，其排放管的排放口应高于垃圾堆体表面2m以上。

5.3.5 垃圾堆体下部的导气盲沟，应有防止被水淹没的措施。

5.3.6 主动导排导气盲沟外穿垃圾堆体处应采用膨润土或黏土等低渗透性材料密封，密封厚度宜为3m～5m。

6 填埋气体输气管网

6.1 管网的布置与敷设

6.1.1 填埋气体输气管应设不小于1%的坡度，管段最低点处应设凝结水排水装置，排水装置应考虑防止空气吸入的措施，并应设抽水装置。

6.1.2 填埋气体收集管道应选用耐腐蚀、柔韧性好的材料及配件，管路应有良好的密封性。

6.1.3 每个导气井或导气盲沟的连接管上应设置调节阀门，调节阀应布置在易于操作的位置。导气井数量较多时宜设置调压站，对同一区域的多个导气井集中调节和控制。

6.1.4 输气管道不得在堆积易燃、易爆材料和具有腐蚀性液体的场地下面或上面通过，不宜与其他管道同沟敷设。

6.1.5 输气管道沿道路敷设时，宜敷设在人行道或绿化带内，不应在道路路面下敷设。

6.1.6 输气管地面或架空敷设时，不应妨碍交通和垃圾填埋的操作，架空管应每隔300m设接地装置，管道支架应采用阻燃材料。

6.1.7 地面与架空附设的塑料管道应设伸缩补偿设施。

6.1.8 输气管与其他管道共架敷设时，输气管道与其他管道的水平净距不应小于0.3m。当管径大于300mm时，水平净距不应小于管道直径。

6.1.9 架空敷设输气管与架空输电线之间的水平和垂直净距不应小于4m，与露天变电站围栅的净距不应小于10m。

6.1.10 寒冷地区，输气管宜采用埋地敷设，管道埋深宜在土壤冰冻线以下，管顶覆土厚度还应满足下列要求：

    1 埋设在车行道下时，不得小于0.8m；

    2 埋设在非车行道下时，不得小于0.6m。

6.1.11 地下输气管道与建筑物、构筑物或相邻管道之间的最小水平净距和垂直净距应满足现行国家标准《城镇燃气设计规范》GB 50028和《输气管道工程设计规范》GB 50251的有关规定。

6.1.12 输气管道不得穿过大断面管道或通道。

6.1.13 输气管道穿越铁路、河流等障碍物时，应符合现行国家标准《输气管道工程设计规范》GB 50251的有关规定。

6.1.14 在填埋场内敷设的填埋气体管道应做明显的标志。

6.2 管 道 计 算

6.2.1 填埋气体输气总管的计算流量不应小于最大产气年份小时产气量的80%。

6.2.2 各填埋气体输气支管的计算流量应按各支管所负担的导气井（或导气盲沟）数量和每个导气井（或导气盲沟）的流量确定。

6.2.3 填埋气体输气管道内气体流速宜取（5～10）m/s。

6.2.4 填埋气体输气管道单位长度摩擦阻力损失宜按下式计算：

$$\frac{\Delta P}{l} = 6.26 \times 10^7 \lambda \rho \frac{Q^2}{d^5} \frac{T}{T_0} \qquad (6.2.4)$$

式中：ΔP——输气管道摩擦阻力损失，Pa；

    λ——输气管道的摩擦阻力系数；

    l——输气管道的计算长度，m；

    Q——输气管道的计算流量，m^3/h；

    ρ——填埋气体的密度，kg/m^3；

    T——填埋气体温度，K；

    T_0——标准状态的温度，273.16K。

7 填埋气体抽气、处理和利用系统

7.1 一 般 规 定

7.1.1 填埋气体抽气、处理和利用系统应包括抽气设备、气体预处理设备、燃烧设备、气体利用设备、建（构）筑物、电气、输变电系统、给水排水、消防、自动化控制等设施。

7.1.2 抽气、处理和利用设施和设备应布置在垃圾堆体以外。

7.1.3 填埋气体处理和利用设施宜靠近抽气设备布置。

7.1.4 填埋气体抽气、预处理及利用设施应具有良好的通风条件，不得使可燃气体在空气中聚集。

7.1.5 抽气、气体预处理、利用和火炬燃烧系统应统筹设计，从填埋场抽出的气体应优先满足气体利用系统的用气，利用系统用气剩余的气体应能自动分配到火炬系统进行燃烧。

7.2 填埋气体抽气及预处理

7.2.1 填埋气体抽气设备应选用耐腐蚀和防爆型设备。

7.2.2 填埋气体抽气设备应设调速装置，宜采用变频调速装置。

7.2.3 填埋气体抽气设备应至少有1台备用。

7.2.4 抽气设备最大流量应为设计流量的1.2倍。抽气设备最小升压应满足克服填埋气体输气管路阻力损失和用气设备进气压力的需要。

7.2.5 填埋气体主动导排系统的抽气流量应能随填埋气体产气速率的变化而调节，气体收集率不宜小于60%。

7.2.6 抽气系统应设置流量计量设备，并可对瞬时流量和累积量进行记录。

7.2.7 抽气系统应设置填埋气体氧（O_2）含量和甲烷（CH_4）含量在线监测装置，并应根据氧（O_2）含量控制抽气设备的转速和启停。

7.2.8 预处理工艺和设备的选择及处理量应根据气体利用方案、用气设备的要求和烟气排放标准来确定。

7.3 火炬燃烧系统

7.3.1 设置主动导排设施的填埋场，必须设置填埋气体燃烧火炬。

7.3.2 填埋气体收集量大于100m³/h的填埋场，应设置封闭式火炬。

7.3.3 填埋气体火炬应有较宽的负荷适应范围，应能满足填埋气体产量变化、气体利用设施负荷变化、甲烷浓度变化等情况下填埋气体的稳定燃烧。

7.3.4 火炬应能在设计负荷范围内根据负荷的变化调节供风量，使填埋气体得到充分燃烧，并应使填埋气体中的恶臭气体完全分解。

7.3.5 填埋气体火炬应具有点火、熄火安全保护功能。

7.3.6 封闭式火炬距地面2.5m以下部分的外表面温度不应高于50℃。

7.3.7 火炬的填埋气体进口管道上必须设置与填埋

气体燃烧特性相匹配的阻火装置。

7.4 填埋气体利用

7.4.1 填埋气体利用方式及规模的选择应符合下列规定：

  1 填埋气体利用方式应根据当地的条件，经过技术经济比较确定，宜优先选择效率高的利用方式。

  2 填埋气体利用规模，应根据填埋气体收集量，经过技术经济比较确定，气体利用率不宜小于70%。

7.4.2 填埋气体用于内燃机发电应符合下列规定：

  1 内燃机发电的总规模应在合理预测各年填埋气体收集量的基础上确定。

  2 内燃机发电机组应选择技术成熟、可靠性好的产品。

  3 有热、冷用户的情况下，宜选择热、电、冷三联供的工艺方案回收内燃机烟气和冷却液带出的热能。

  4 额定负荷下，内燃机发电机组的发电效率不应低于30%。

  5 内燃机发电机组的技术性能应符合现行行业标准《气体燃料发电机组 通用技术条件》JB/T 9583.1的规定。

7.4.3 填埋气体用于锅炉燃料应符合下列规定：

  1 应确保填埋气体燃烧系统稳定、安全运行。

  2 锅炉出力的选择应根据用热负荷和填埋气体收集量及热值确定。

  3 锅炉排放烟气各项指标应满足现行国家标准《锅炉大气污染物排放标准》GB 13271的要求。

  4 锅炉房的设计、施工和运行应符合现行国家标准《锅炉房设计规范》GB 50041的有关规定。

7.4.4 填埋气体制造城镇燃气或汽车燃料应符合下列规定：

  1 填埋气体处理及甲烷提纯工艺应根据城镇燃气或汽车燃料质量标准要求确定。

  2 填埋气体提纯处理设施的设计、施工与运行应符合国家现行有关标准的规定。

8 电 气 系 统

8.1 一 般 规 定

8.1.1 填埋气体发电并网时，接入系统设计应符合电力行业的有关规定。

8.1.2 高压配电装置、继电保护和安全自动装置、过电压保护、防雷和接地的技术要求，应符合国家现行标准《3～110kV 高压配电装置设计规范》GB 50060、《电力装置的继电保护和自动装置设计规范》GB/T 50062、《交流电气装置的过电压保护和绝缘配合》DL/T 620、《建筑物防雷设计规范》GB 50057和

《交流电气装置的接地》DL/T 621 的有关规定。

8.2 电气主接线

8.2.1 发电机电压母线及厂用高压母线，宜采用单母线或单母线分段接线方式。

8.2.2 发电上网的填埋气体发电厂应至少有一条与电网连接的双向受、送电线路。发电自用的填埋气体发电厂应至少有一条与电网连接的受电线路；当该线路发生故障时，应有能够保证安全停机和启动的内部电源或其他外部电源。

8.3 厂用电系统

8.3.1 填埋气体发电厂厂用电接线设计应符合下列要求：

1　厂用电电压宜采用 380/220V。

2　厂用电母线宜采用单母线或单母线分段接线方式。当设有保安柴油发电机组等备用电源时，可设保安公用段。

3　发电机与变压器为单元连接时，厂用电分支上应装设断路器。

4　接有Ⅰ类负荷的厂用母线，应设置备用电源。备用电源采用专用备用方式时应装设自动投入装置。备用电源采用互为备用方式时，宜手动切换。接有Ⅱ类负荷的厂用母线，备用电源宜采用手动切换方式。Ⅲ类用电负荷可不设备用电源。

5　厂用变压器接线组别的选择，应使厂用工作电源与备用电源之间相位一致，接线组别宜为 D，yn11，低压厂用变压器宜采用干式变压器。

6　低压厂用电接地形式宜采用 TN-C-S 或 TN-S 系统，路灯配电系统的接地形式宜采用 TT 系统。

7　厂用电源正常切换时宜采用手动切换。在确认切换的电源合上后，应尽快手动断开或自动连锁切除被解列的电源。在需要的情况下，厂用电源的切换操作应设置同期闭锁。

8.4 二次接线及电测量仪表装置

8.4.1 电气网络的电气元件控制宜采用计算机监控系统。控制室的电气元件控制宜采用与工艺自动化控制相同的控制水平及方式。填埋气体收集处理及利用厂采用分散控制系统时，电气元件的监控宜进入计算机控制系统。

8.4.2 0.4kV、6kV 或 10kV 室内配电装置到各用户的线路，宜采用就地控制方式。

8.4.3 采用强电控制时，控制回路应设事故报警装置。断路器控制回路的监视宜采用灯光或音响信号。

8.4.4 隔离开关与相应的断路器和接地刀闸应设连锁装置。

8.4.5 电气测量仪表装置的设计应符合现行国家标准《电力装置的电测量仪表装置设计规范》GB/T

50063 中的有关规定。

8.4.6 与电力网连接的线路的出口处应设置能满足电网要求的关口电度表。

8.4.7 备用电源自动投入装置的接线应符合下列规定：

1　宜采用慢速自动切换，应保证在工作电源断开后，方可投入备用电源。

2　厂用母线保护动作、工作分支断路器过电流保护动作、工作电源断路器由手动分闸或 DCS 分闸时，应闭锁备用电源自动投入装置。

3　工作电源供电侧断路器跳闸时，应联动其负荷侧断路器跳闸。

4　装设专门的低电压保护，当厂用工作母线电压降低至 0.25 倍额定电压以下，而备用电源电压在 0.7 倍额定电压以上时，应自动断开工作电源负荷侧断路器，并应启用备用电源自动投入。

5　应设有切除备用电源自投功能的选择开关。

6　备用电源自动投入装置应保证只动作一次。

8.5 照 明 系 统

8.5.1 照明设计应符合现行国家标准《建筑照明设计标准》GB 50034 和《建筑设计防火规范》GB 50016 中的有关规定。

8.5.2 正常照明和事故照明宜采用下列供电方式：

1　正常照明电源，当发电机输出电压为 400/230V 的低压时，可从发电机母线直接引接。当低压厂用电引自厂用变压器，且中性点为直接接地系统时，应由动力和照明网络共用的厂用变压器供电。事故照明应采用蓄电池供电（或自带蓄电池）的应急灯。

2　生产工房内安装高度低于 2.2m 的照明灯具及管沟、通道内的照明灯具，宜采用 24V 电压供电。当采用 220V 供电时，应有防止触电的措施。

8.5.3 照明灯具宜采用发光效率较高的灯具。有填埋气泄露可能的场所，灯具应采用防爆型；环境温度较高的场所，宜采用耐高温的灯具。

8.6 电缆选择与敷设

8.6.1 电缆选择与敷设，应符合现行国家标准《电力工程电缆设计规范》GB 50217 的有关规定。

8.6.2 填埋气体发电厂房及辅助厂房的电缆敷设，应采取有效的阻燃、防火封堵措施。

8.6.3 厂房及厂区电缆应敷设在专用电缆沟内或电缆桥架上，少量电缆可直接埋设。

8.6.4 有化学腐蚀环境的区域应采取防腐措施，防腐等级应根据工艺要求确定。

8.7 通 信

8.7.1 利用填埋气体发电并与地区电力网联网时，

宜装设专用通信设施。

9 仪表与自动化控制

9.1 一般规定

9.1.1 填埋气体收集、处理及利用工程的自动化控制应适用、可靠、先进，并应根据填埋气体利用设施特点进行设计；应满足设施安全、经济运行和防止对环境二次污染的要求。

9.1.2 填埋气体收集处理及利用工程的自动化控制系统，应采用成熟的控制技术和可靠性高、性能价格比适宜的设备和元件。

9.2 自动化水平

9.2.1 填埋气体利用工程应有较高的自动化水平，应能在少量就地操作和巡回检查配合下，由分散控制系统实现对气体预处理、气体利用及辅助系统的集中监视、分散控制及事故处理等。

9.2.2 抽气系统、预处理系统和气体利用系统应能实现连锁安全控制。

9.2.3 填埋气体利用场站和车间应设置工业电视监视系统。工业电视系统的设置应符合现行国家标准《工业电视系统工程设计规范》GB 50115 中的有关规定。

9.2.4 自动控制系统应设置独立于主控系统的紧急停车系统。

9.3 分散控制系统

9.3.1 填埋气体处理系统、利用系统、变压器组、厂用电气设备及辅助系统，应以操作员站为监视控制中心，对全厂进行集中监视管理。当设备供货商提供独立控制系统时，应与分散控制系统通信，实现集中监控。

9.3.2 分散控制系统的功能，应包括数据采集和处理功能、模拟量控制功能、顺序控制功能、保护与安全监控功能等。

9.3.3 分散控制系统应按监控级、控制级、现场级分层分散设计。分散控制系统的控制级应有冗余配置的控制站，且控制站内的中央处理器、通信总线、电源，应有冗余配置；监控级应具有互为热备的操作员站。

9.3.4 分散控制系统的响应时间应能满足设施安全运行和事故处理的要求。

9.4 检测与报警

9.4.1 填埋气体收集、处理及利用工程的检测仪表和系统应满足安全、经济运行的要求，应能准确地测量、显示工艺系统各设备的技术参数。

9.4.2 填埋气体收集、处理及利用工程的检测应包括下列内容：

1 工艺系统和主体设备在各种工况下安全、经济运行的参数；

2 辅机的运行状态；

3 电动、气动执行机构的状态及调节阀的开度；

4 仪表和控制用电源、气源及其他必要条件的供给状态和运行参数；

5 必要的环境参数；

6 主要电气系统和设备的运行参数和状态。

9.4.3 填埋气体处理和利用车间应设置可燃气体检测报警装置，并应与排风机联动。

9.4.4 重要检测参数应选用双重化的现场检测仪表，应装设供运行人员现场检查和就地操作所必需的就地检测与显示仪表。

9.4.5 测量油、水、蒸汽、可燃气体等的一次仪表不应引入控制室。

9.4.6 填埋气体收集、处理及利用工程的报警应包括下列内容：

1 填埋气体中氧（O_2）含量超标；

2 填埋气体中甲烷含量过低；

3 工艺系统主要工况参数偏离正常运行范围；

4 保护和重要的连锁项目；

5 电源，气源发生故障；

6 监控系统故障；

7 主要电气设备故障；

8 辅助系统及主要辅助设备故障。

9.4.7 重要工艺参数报警的信号源应直接引自一次仪表。对重要参数的报警可设光字牌报警装置。当设置常规报警系统时，其输入信号不应取自分散控制系统的输出。

9.4.8 分散控制系统功能范围内的全部报警项目应能在显示器上显示并打印输出。

9.5 保护和连锁

9.5.1 保护系统应有防误动、拒动措施，并应有必要的后备操作手段。

9.5.2 保护系统输出的操作指令应优先于其他任何指令。

9.5.3 各工艺系统、设备保护用的接点宜单独设置发讯元件，不宜与报警等其他功能合用。

9.5.4 经常运行并设有备用的水泵、风机或工艺要求根据参数控制的电动门、电磁阀门等设备应设有连锁功能。

9.6 电源与气源

9.6.1 仪表和控制系统用的电源应由不间断电源（UPS）供给。其电压等级不应大于 220V，应引自互为备用的两路专用的独立电源并能互相自动切换。

9.6.2 采用气动仪表时，气源品质和压力应符合现行国家标准《工业自动化仪表气源压力范围和质量》GB/T 4830 中的有关规定。

9.6.3 仪表气源应有专用贮气罐。贮气罐容量应能维持10min～15min 的耗气量。仪表气源的耗气量应按总仪表额定耗气量的2倍估算。

9.7 控制室

9.7.1 填埋气体收集处理及利用工程宜设一个中央控制室。

9.7.2 控制室内的设备布置应既紧凑、合理，又方便运行和检修。控制室内宜保持微正压，其温度和湿度应符合仪表控制专业的要求。

9.8 防雷接地与设备安全

9.8.1 电气设备外壳、不要求浮空的盘台、金属桥架、铠装电缆的铠装层等应设保护接地，保护接地应牢固可靠，不应串联接地。

9.8.2 各计算机系统内不同性质的接地应分别通过稳定可靠的总接地板（箱）接地，其接地网按计算机厂家的要求设计。

9.8.3 仪表与控制系统的防雷应符合现行国家标准《建筑物电子信息系统防雷技术规范》GB 50343 中的有关规定。

9.8.4 现场布置的控制设备应根据需要采取必要的防护措施。

9.8.5 在危险场所装设的电气设备（包括现场仪表和控制装置），应符合现行国家标准《爆炸和火灾危险环境电力装置设计规范》GB 50058 的有关规定。

10 配 套 工 程

10.1 工程总体设计

10.1.1 填埋气体收集范围应根据填埋场已填垃圾的范围和填埋操作规划确定。

10.1.2 填埋气体导排系统的设计应结合垃圾填埋堆体设计和实际堆体形状进行。

10.1.3 填埋气体抽气、处理、利用厂区的总图设计，应根据厂址地形条件并结合主体工艺设施、辅助设施以及厂内运输的要求，经多方案综合比较后确定。

10.1.4 厂区道路的设置应满足交通运输、消防、绿化及各种管线的敷设要求。道路设计应符合现行国家标准《厂矿道路设计规范》GBJ 22 的有关规定。

10.1.5 厂区的绿化布置应符合总图设计要求，合理安排绿化用地。绿化设计应根据当地的自然条件选择适宜的植物。

10.2 建筑与结构

10.2.1 填埋气体处理和利用的建筑物高度应符合设备拆装起吊和通风的要求，其净高不宜低于4m。在炎热地区，机间跨度大于9m时应设天窗。

10.2.2 机器间通向室外的门应保证安全疏散、便于设备出入和操作管理。

10.2.3 机器间宜采用混凝土地面，并宜设置排水沟，表面应抹平压光。噪声大的机器间应根据防噪要求在墙体内部采取吸声措施。

10.2.4 发电机房应采用耐火极限不低于2h 的隔墙和1.5h 的楼板与其他部位隔开。

10.2.5 发电机房应有两个出入口，其中一个出口的大小应满足搬运机组的要求，门应采取防火、隔声措施，并应向外开启。

10.2.6 有扩建可能的机器间的发展端，宜预先设置屋架。

10.2.7 隔声值班室应设观察窗，其窗台标高不宜高于0.8m。

10.2.8 车间的围护结构应满足基本热工性能和使用的要求。

10.2.9 中央控制室应设吊顶。

10.2.10 卫生间、浴室和易积水房间不应布置在发电机房、重要设备间、电气设备间及控制室的上方。

10.2.11 车间的防雷设计应符合现行国家标准《建筑物防雷设计规范》GB 50057 的要求。

10.2.12 地基基础的设计应按现行国家标准《建筑地基基础设计规范》GB 50007 中的有关规定进行地基承载力和变形计算，必要时尚应进行稳定性计算。

10.2.13 发电机组基础的设计应符合设备对减震的要求，基础承载力计算应考虑静、动两种荷载。

10.3 给 水 排 水

10.3.1 厂内给水工程设计应符合现行国家标准《室外给水设计规范》GB 50013 和《建筑给水排水设计规范》GB 50015 的有关规定。

10.3.2 生活饮用水应符合现行国家标准《生活饮用水卫生标准》GB 5749 的水质要求，用水标准及定额应满足现行国家标准《建筑给水排水设计规范》GB 50015 的有关要求。

10.3.3 厂内排水工程设计应符合现行国家标准《室外排水设计规范》GB 50014 和《建筑给水排水设计规范》GB 50015 的规定。

10.3.4 抽气站及气体利用厂区的雨水量设计重现期应符合现行国家标准《室外排水设计规范》GB 50014 的有关规定。

10.3.5 气体导排井排出的污水应排入填埋场渗沥液收集导排系统或渗沥液处理设施。

10.3.6 污水应进行有效处理，不得污染地下水和地表水。

10.4 消 防

10.4.1 填埋气体利用厂房应设置室内、室外消防系统，其设计应符合现行国家标准《建筑设计防火规范》GB 50016 和《建筑灭火器配置设计规范》GB 50140 的相关规定和要求。

10.4.2 填埋气体处理和利用厂房应属于甲类生产厂房，其建筑耐火等级不应低于二级，并应符合现行国家标准《城镇燃气设计规范》GB 50028 的有关规定。

10.4.3 设置在厂房内的中央控制室、电缆夹层和长度大于 7m 的配电装置室，应设两个安全出口。

10.4.4 疏散用的门及配电装置室和电缆夹层的门应向疏散方向开启；当门外为公共走道或其他房间时，应采用丙级防火门。配电装置室的中间门应采用双向弹簧门。

10.4.5 厂房内部的装修设计应符合现行国家标准《建筑内部装修设计防火规范》GB 50222 的有关规定。

10.4.6 集装箱式填埋气体发电机组应有良好的通风措施，箱体应使用阻燃材料。

10.5 采暖通风

10.5.1 建筑物冬、夏季热、冷负荷计算用的室外计算参数，应符合现行国家标准《采暖通风与空气调节设计规范》GB 50019 的有关规定。

10.5.2 设置采暖的各建筑物冬季采暖室内计算温度的确定，应符合下列要求：

　　1 气体处理间、发电机房、库房、工具间、水泵房 5℃～10℃；

　　2 中央控制室、化验室、试验室、值班室、办公室 16℃～18℃。

10.5.3 当工艺无特殊要求时，车间内经常有人工作地点的夏季空气温度应符合表 10.5.3 的规定。当受条件限制，在采用通风降温措施后仍不能达到表 10.5.3 要求时，允许温差可加大 1℃～2℃。

表 10.5.3 工作地点的夏季空气温度（℃）

夏季通风室外计算温度	≤22	23	24	25	26	27	28	29～32	≥33
允许温差	10	9	8	7	6	5	4	3	2
工作地点温度	≤32			32				33～35	35

10.5.4 采暖热源采用发电机余热时，发电供热机组小于两套时应设备用热源。

10.5.5 建筑物的采暖设计应符合现行国家标准《采暖通风与空气调节设计规范》GB 50019 的有关规定。

10.5.6 气体处理车间的通风换气设备应具有防爆功能。

10.5.7 填埋气体发电机房及发电机集装箱的通风方式和通风量应满足发电机组的要求。

10.6 空 调

10.6.1 建筑物的空调设计应符合现行国家标准《采暖通风与空气调节设计规范》GB 50019 的有关规定。

10.6.2 中央控制室宜设置空调装置。

10.6.3 当建筑物或车间机械通风不能满足工艺对室内温度、湿度要求时，该建筑物或车间应设空调装置。建筑物的空调设计应符合现行国家标准《采暖通风与空气调节设计规范》GB 50019 的有关规定。

11 环境保护与劳动卫生

11.1 一般规定

11.1.1 填埋气体收集与利用过程中产生的烟气、恶臭、废水、噪声及其他污染物的防治与排放，应执行国家现行的环境保护法规和标准的有关规定。

11.1.2 填埋气体收集、处理及利用场站工作环境和条件应符合国家职业卫生标准的要求。

11.1.3 应根据污染源的特性和合理确定的污染物产生量制定污染物治理措施。

11.2 环境保护

11.2.1 填埋气体燃烧烟气污染物排放限值应符合现行国家标准《锅炉大气污染物排放标准》GB 13271 中有关燃气锅炉的排放限值要求。

11.2.2 填埋气体内燃式发电机组的烟气污染物排放限值应满足项目环境影响评价的批复要求。

11.2.3 填埋气体收集、处理及利用场站的生活污水和工艺污水宜并入垃圾填埋场污水处理站。无污水处理设施的，填埋气体收集、处理及利用工程应考虑设置污水处理设施，污水处理设施的设计排放标准应符合项目环境影响评价报告批复的要求。

11.2.4 厂站噪声治理应符合现行国家标准《工业企业厂界环境噪声排放标准》GB 12348 的有关规定。对建筑物的直达声源噪声控制，应符合现行国家标准《工业企业噪声控制设计规范》GBJ 87 的有关规定。

11.2.5 厂站内各类地点的噪声控制宜采取以隔声为主，辅以消声、隔振、吸声等综合措施。

11.2.6 填埋气体收集、处理及利用工程的恶臭污染物控制与防治，应符合现行国家标准《恶臭污染物排放标准》GB 14554 的有关规定。

11.3 职业卫生与劳动安全

11.3.1 填埋气体收集、处理及利用场站的职业卫生，应符合国家现行标准《工业企业设计卫生标准》GBZ 1 的有关规定。

11.3.2 填埋气体收集、处理及利用工程建设应采取有利于职业病防治和保护劳动者健康的措施。

11.3.3 设备应在醒目位置设置警示标志，并应有可靠的防护措施。

11.3.4 职业病防护设备、防护用品应确保处于正常工作状态，不得擅自拆除或停止使用。

11.3.5 填埋气体收集利用厂站应采取劳动安全措施。

12 工程施工及验收

12.1 一 般 规 定

12.1.1 建筑、安装工程应符合施工图设计文件、设备技术文件的要求。

12.1.2 施工安装使用的材料、预制构件、器件应符合国家现行有关标准及设计要求，并应取得供货商的合格证明文件。

12.2 工程施工及验收

12.2.1 施工准备应符合下列要求：

　　1 应具有经审核批准的施工图设计文件和设备技术文件，并有施工图设计交底记录。

　　2 施工用临时建筑、交通运输、电源、水源、气（汽）源、照明、消防设施、主要材料、机具、器具等应准备充分。

　　3 应编制施工组织设计，并应通过评审。

12.2.2 设备安装前，除必须交叉安装的设备外，土建工程墙体、屋面、门窗、内部粉刷应基本完工，设备基础地坪、沟道应完工，混凝土强度应达到不低于设计强度的75%。用建筑结构作起吊或搬运设备承力点时，应核算结构承载力，以满足最大起吊或搬运的要求。

12.2.3 垃圾堆体上施工前，应制定详细的安全施工方案和应急预案。

12.2.4 在垃圾堆体上进行挖方、导气井钻孔、管道连接等施工时，应有防爆和防止人员中毒的措施。

12.2.5 设备及材料的验收应包括下列内容：

　　1 到货设备、材料应在监理单位监督下开箱验收并作记录。

　　2 被检查的设备或材料应符合本规范第12.1.2条的规定并满足供货合同规定的技术要求，应无短缺、损伤、变形、锈蚀，必要时应进行现场检验。

　　3 钢结构构件应有焊缝检查记录及预装检查记录。

12.2.6 设备、材料保管应根据其规格、性能、对环境要求、时效期限及其他要求分类存放。

12.2.7 竣工验收应具备下列条件：

　　1 生产性建设工程和辅助性设施、消防、环保工程、职业卫生与劳动安全、环境绿化工程已经按照批准的设计文件建设完成，具备运行、使用条件和验收条件。

　　2 填埋气体收集、处理和利用设施已经安装配套，带负荷试运行合格。填埋气体收集率、气体利用率、发电机组发电效率、锅炉热媒参数和热效率、烟气污染物排放指标、设备噪声级、原料消耗指标等均达到设计规定。

　　3 引进的设备、技术，按合同规定完成负荷调试、设备考核。

12.2.8 重要结构部位、隐蔽工程、地下管线，应按工程设计要求和施工验收标准，及时进行中间验收。

本规范用词说明

　　1 为便于在执行本规范条文时区别对待，对于要求严格程度不同的用词说明如下：

　　　1）表示很严格，非这样做不可的：
　　　　正面词采用"必须"，反面词采用"严禁"；

　　　2）表示严格，在正常情况下均应这样做的：
　　　　正面词采用"应"，反面词采用"不应"或"不得"；

　　　3）表示允许稍有选择，在条件许可时首先应这样做的：
　　　　正面词采用"宜"，反面词采用"不宜"；

　　　4）表示有选择，在一定条件下可以这样做的，采用"可"。

　　2 条文中指明应按照其他有关标准、规范执行的写法为"应符合……的规定"或"应按……执行"。

引用标准名录

　　1 《工业企业设计卫生标准》GBZ 1

　　2 《厂矿道路设计规范》GBJ 22

　　3 《工业企业噪声控制设计规范》GBJ 87

　　4 《建筑地基基础设计规范》GB 50007

　　5 《室外给水设计规范》GB 50013

　　6 《室外排水设计规范》GB 50014

　　7 《建筑给水排水设计规范》GB 50015

　　8 《建筑设计防火规范》GB 50016

　　9 《采暖通风与空气调节设计规范》GB 50019

　　10 《城镇燃气设计规范》GB 50028

　　11 《建筑照明设计标准》GB 50034

　　12 《锅炉房设计规范》GB 50041

　　13 《建筑物防雷设计规范》GB 50057

　　14 《爆炸和火灾危险环境电力装置设计规范》GB 50058

　　15 《3～110kV 高压配电装置设计规范》GB 50060

16 《电力装置的继电保护和自动装置设计规范》GB/T 50062

17 《电力装置的电测量仪表装置设计规范》GB/T 50063

18 《工业电视系统工程设计规范》GB 50115

19 《建筑灭火器配置设计规范》GB 500140

20 《电力工程电缆设计规范》GB 50217

21 《建筑内部装修设计防火规范》GB 50222

22 《输气管道工程设计规范》GB 50251

23 《建筑物电子信息系统防雷技术规范》GB 50343

24 《工业自动化仪表气源压力范围和质量》GB/T 4830

25 《工业企业厂界环境噪声排放标准》GB 12348

26 《锅炉大气污染物排放标准》GB 13271

27 《恶臭污染物排放标准》GB 14554

28 《交流电气装置的过电压保护和绝缘配合》DL/T 620

29 《交流电气装置的接地》DL/T 621

30 《气体燃料发电机组 通用技术条件》JB/T 9583.1

中华人民共和国行业标准

生活垃圾填埋场填埋气体
收集处理及利用工程技术规范

CJJ 133—2009

条 文 说 明

制 订 说 明

《生活垃圾填埋场填埋气体收集处理及利用工程
技术规范》CJJ 133 - 2009，经住房和城乡建设部
2009 年 11 月 9 日以第 426 号公告批准、发布。

本规范编制过程中，编制组进行了广泛深入的调
查研究，总结了我国生活垃圾填埋场填埋气体收集处
理及利用工程建设的实践经验，同时参考了国外先进
技术法规、技术标准，通过多次试验取得了填埋气体
收集利用的重要技术参数。

为便于广大设计、施工、科研、学校等单位有关

人员在使用本规范时能正确理解和执行条文的规定，
《生活垃圾填埋场填埋气体收集处理及利用工程技术
规范》编制组按章、节、条顺序编制了本规范的条文
说明，对条文规定的目的、依据以及执行中需注意的
有关事项进行了说明，还着重对强制性条文的强制性
理由作了解释。但是，本条文说明不具备与标准正文
同等的法律效力，仅供使用者作为理解和把握标准规
定的参考。在使用中如果发现本条文说明有不妥之
处，请将意见函寄城市建设研究院。

目　次

1 总　　则

1.0.1 随着经济的发展和环保标准的不断提高，填埋气体收集、处理及利用工程越来越多，但到目前为止尚无一个专业的技术规范来指导填埋气体收集、处理及利用工程的设计、施工及验收。因此本规范的制定是非常必要的。

1.0.2 新建、改建和扩建工程在技术上的要求应该是一样的，因此本条规定本规范适用于新建、改建与扩建工程。

3　基本规定

3.0.1 填埋气体的主要成分是甲烷，同时还有二氧化碳、一些少量的恶臭气体、有毒气体和其他有机气体。填埋气体是一种易燃、易爆的气体，也是一种大气污染物，同时也是一种能源。为了有效消除填埋气体的安全隐患，减轻其对周围环境的污染，设置填埋气体导排设施对于生活垃圾填埋场来说是必须的。

3.0.2 本条对设置填埋气体主动导排处理设施进行了规定。当垃圾填埋量大，且垃圾填埋深度较大时，填埋气体产生量大而且气体较难从垃圾表面排出。如果不设置气体主动导排设施，则填埋气体有可能从其他途径迁移，造成安全隐患。主动导排系统采用抽气风机，通过管网和导气设施对垃圾堆体抽气，这样可以有效地将填埋气体及时抽出，避免其无序迁移而出现安全隐患。由于主动导排抽出的气体量大而集中，因此需要对气体进行燃烧处理或利用，避免填埋气体直接排往大气而造成污染。

3.0.3 垃圾填埋总量大于或等于 250 万吨，垃圾填埋厚度大于或等于 20m 的填埋场，其填埋气体产生量大且能够比较稳定地收集到一定流量的气体，具有较高的经济利用价值，因此从节能和资源利用的角度作了本条的规定。

3.0.4 垃圾填埋总量小于 100 万吨的填埋场，垃圾量少，易于实行好氧或准好氧填埋等减少甲烷气体产生的工艺。本条规定旨在鼓励从源头避免和减少填埋气体的产生。

3.0.5 对于新建垃圾填埋场，一般是在场底铺竖向导气井，在填垃圾之前，一般是将导气井装至 2m 高左右，与填埋场工程同时施工。在填埋垃圾的过程中，由于垃圾填埋高度逐渐增加，原来在场底铺设的导气井就需要随垃圾填埋高度的增加而逐渐往上延伸。

3.0.6 由于垃圾在填埋场中的厌氧反应，产甲烷稳定期约在 1 年左右，在填埋场运行初期，垃圾填埋量较少，且产气中甲烷含量尚没有稳定，采用自然导排即可有效消除安全隐患，也不会造成较大的污染。一般较大型填埋场在运行 3 年以后，填埋气体产生量逐年增加，且甲烷含量也趋于稳定，这时，只靠自然导排难以有效控制填埋气体的无序迁移，需要实施主动导排。

3.0.7 有些垃圾填埋场的填埋操作比较粗放，经常将填埋气体导排设施损坏，有的甚至将填埋气体导排设施全部埋没。本条旨在避免此类事情发生，以确保填埋气体导排的有效性。

4　填埋气体产气量估算

4.0.1 本条推荐使用 $G = ML_0(1 - e^{-kt})$ 公式估算填埋气体产生量。本公式来源于美国环保局制定的《城市固体废弃物填埋场标准》的背景文件所用的 Scholl Canyon 模型。该公式是对某一重量的垃圾估算其填埋后在某年以前产生的填埋气体总量。其含义也能反映垃圾填埋后在某年以前，其中被降解的有机碳总量。式中的 k 值反映垃圾的降解速度，k 值越大，垃圾降解越快，产气也越快，产气的持续年限越小。

4.0.2 本条推荐使用 $Q_t = ML_0 k e^{-kt}$ 公式估算所填垃圾产气速率随填埋时间的变化关系。该公式来源于美国环保局制定的《城市固体废弃物填埋场标准》的背景文件所用的 Scholl Canyon 模型。该式是基于以下假设：垃圾厌氧开始至产气速率达到最大值的时间与产气总时间相比很短，可以忽略不计，即垃圾在填埋后产气速率很快达到最大，随后产气速率以指数规律下降。此公式对于估算每一年的填埋气体产生量和产气速率是非常有用的，也是比较简单实用的。

4.0.3 本条推荐了每一年填埋气体产气速率的估算公式。此公式把 1 年的填埋垃圾作为一个估算单元，假设某 1 年的填埋垃圾在以后的各年产气速率与填埋年数有关，即公式中的时间是以年来计算的。填埋场某一年的填埋气体产气速率是过去各年所填垃圾在该年填埋气体产气速率的总和。

4.0.4 由于填埋气体主要是由 CH_4 和 CO_2 组成，其他气体很少，因此可以近似认为填埋气体由 CH_4 和 CO_2 组成，而 CH_4 和 CO_2 中的碳元素来自垃圾中的可降解有机碳，因此理想状态下，填埋气体最大产生量应是垃圾中可降解有机碳全部转化为 CH_4 和 CO_2 的气体量总和。由于实际情况比较复杂，不可能所有可降解有机碳均能转化为 CH_4 和 CO_2，因此估算垃圾最大产气量时取一个有机碳降解率。

垃圾中的有机碳含量可以通过取样测定。没有条件测定的可参照表 1 和表 2 的各垃圾成分有机碳含量推荐值测算：

表1 湿基状态下生活垃圾中可降解
有机碳含量参考值

垃圾成分	可降解有机碳含量 （重量%）
纸类	25.94
竹木	28.29
织物	30.2
厨余	7.23
灰土（含有无法捡出的有机物）	3.71

表2 干基状态下生活垃圾中可降
解有机碳含量参考值

垃圾成分	可降解有机碳含量 （重量%）
纸类	38.78
竹木	42.93
织物	47.63
厨余	32.41
灰土（含有无法捡出的有机物）	5.03

注：上面两表中的数据摘自《中国城市生活垃圾可降解有机碳含量测定及估算方法的研究》，"中国城市生活垃圾温室气体排放研究"课题组，2003.2。

4.0.5 垃圾的产气速率常数 k 反映垃圾中有机物厌氧降解的速度。实验表明，有机物厌氧降解速度与垃圾成分（有机物种类和比例）、含水率、温度等因素有关系。因此，垃圾产气速率常数 k 值与上述因素有关系。上述因素又与垃圾填埋场的实际情况有关系，因此对于不同的垃圾填埋场，其 k 值均是不同的。国外有人通过大量实验总结出了不同条件下的 k 值取值范围，见表3。

表3 垃圾填埋场产气速率常数 k
在不同气候条件下的取值

气候条件	k 值范围
湿润气候	0.10～0.36
中等湿润气候	0.05～0.15
干燥气候	0.02～0.10

　　通过对填埋场进行抽气试验可以得出填埋场的产气速率常数，因此本条提出有条件的可以通过试验确定产气速率常数 k 值。

4.0.6 由于填埋气体的产气速率每年都在变化，估算出每年的气体产气速率有利于确定填埋气体抽气设备和利用设备的规模。

4.0.7 由于垃圾填埋场中影响填埋气体产生的因素很多，理论计算的填埋气体产气速率与实际可能差别较大。因此为使填埋气体利用工程的建设规模更准

确，本规范建议在填埋气体利用工程实施前，在现场进行抽气试验，利用抽气试验结果对理论预测的填埋气体产气速率进行修正。

5 填埋气体导排

5.1 一般规定

5.1.1 导气井和导气盲沟均是收集、导排垃圾堆体内部气体的有效设施，其各自的适用条件和特点不同。为了达到较好的气体收集、导排效果，同一个填埋场中采用两种设施相结合的方案是比较好的。

5.1.2 本条是对新建填埋场提出的气体导排设施建设要求。当导气井基础直接与底部防渗系统接触时，应采取有效措施，防止导气井加高后，对防渗系统造成破坏。

5.1.3 本条是对无气体导排设施的在用或停用填埋场提出的气体导排设施建设要求。

5.1.4 由于石灰石在垃圾体中会与酸性物质发生反应而逐渐溶解，因此本条规定不能使用石灰石碎石进行填埋气体的导排，以保证填埋气体导排的长期效果。

5.2 导 气 井

5.2.1 本条主要是为了防止钻孔时场底防渗层被破坏。对于场底无防渗层的填埋场，由于无破坏防渗层的风险，因此钻孔深度可以大一些，以利于提高气体导排效果。

5.2.2 本条推荐了导气井的结构设计。

5.2.3 本条对导气井外径和垂直度进行了要求。导气井外径过小，导气井的作用范围小，导气能力差，因此本条规定导气井外径不应小于600mm。

5.2.4 本条是对导气井井口封闭层厚度进行了规定。如果井口密封不好，空气易于从井口进入气体导排管，给导排系统的安全带来隐患。

5.2.5 本条是对导气井做法的具体技术要求。长条孔与圆孔相比不易被堵塞，因此导气井中心花管宜用长条孔。

5.2.6 本条是对导气井布置的技术要求。由于垃圾堆体边缘导气井在抽气时空气比较容易从堆体边缘吸入，因此对边缘导气井宜采用小流量抽气，导气井的作用范围小，井距也要小些。另外在垃圾堆体边缘填埋气体较易向外扩散，边缘导气井布置密一些也容易控制气体从边缘向外扩散。

5.2.7 排气管高出垃圾堆体表面2m，主要是防止排气口直接对着人的呼吸区。

5.2.8 导气井中心管要穿过垃圾堆体覆盖层，为了减少雨水从交叉处渗入，要采取密封措施。

5.2.9 导气井内水位高时，填埋气体难以从导气井

内排出，为了有效导出气体，需要将导气井内的水导出。

5.2.10 由于导气井内充满甲烷气体，难以避免有空气进入，如果使用电动抽水设备，存在电火花引爆井内甲烷气体的隐患，因此本条作为强制性条文，禁止使用电动设备抽取导气井内的积水。

5.3 导气盲沟

5.3.1 导气盲沟也是一种有效的填埋气体导排设施，一般是在两层垃圾之间设置。本条要求导气盲沟宽、高不应小于 1000mm，是为了保证排气效果。

5.3.2 由于导气盲沟是在垃圾堆体中水平埋设，而垃圾在有机物降解过程中容易出现不均匀沉降，为使导气盲沟在垃圾发生不均匀沉降时不被破坏，导气盲沟中心管应具有一定的防不均匀沉降能力。中心管四周用级配碎石填充主要是减轻导气盲沟孔隙被颗粒物堵塞。

5.3.3 一般情况下导气盲沟在垂直方向上承担上下两层垃圾的填埋气体导排，而一般每层垃圾的厚度是5m，因此，本条要求导气盲沟之间的垂直间距不应大于 15m。导气盲沟的水平间距是导气盲沟水平作用距离的 2 倍，据实验，在规范的垃圾压实下，导气盲沟的水平作用距离在 15m～25m。

5.3.5 垃圾堆体下部易积水而导致导气盲沟被水淹没，影响正常导气，因此需要有排水措施才能使导气盲沟有效导气。

6 填埋气体输气管网

6.1 管网的布置与敷设

6.1.1 从垃圾堆体中排出的填埋气体湿度很大，温度也较高。气体在管内流动过程中温度会逐渐降低，气体中的水蒸气会慢慢凝结成水，为防止凝结水堵塞管道，设置一定的管道坡度，并在最低点处设排水装置是需要的。由于整个抽气管网处于负压状态，因此排水装置应能防止空气吸入。为了排气管畅通，排水装置应分段设置，间距不宜过大。

6.1.2 由于填埋气体含有一些酸性气体，对金属有较大的腐蚀性，因此要求气体收集管道耐腐蚀。由于垃圾堆体易发生不均匀沉降，因此要求管道柔韧性好，防止断裂。

6.1.3 由于填埋气体产气速率随时间变化较大，每个导气井或导气盲沟需要用阀门调节其抽气量，使抽气量与产气速率基本保持平衡。如果抽气量大于产气速率，易造成空气的吸入，发生危险。在导气井或导气盲沟数量很多的情况下，将临近的导气井或导气盲沟阀门集中布置在调压站内便于对导气井或导气盲沟的调节，提高效率。

6.1.4 本条是出于安全考虑而提出的。

6.1.5 路面一般为硬性材料，且是重要的交通设施，管道如沿路面下敷设，在管道施工时，需要将整个路面挖开，使交通完全中断，且经济损失大；在管道检修时也需要挖掘路面，施工难度很大，因此本条规定不应沿路面下方敷设管道。

6.1.6 本条主要是对输气管地面和架空敷设时的安全要求。

6.1.7 由于塑料管道热膨胀量较大，地面敷设时昼夜温差会使管道伸缩量大，易造成管道破坏，因此需要考虑防伸缩措施。

6.1.8 本条是输气管与其他管道共架敷设时的基本要求。

6.1.9 本条是对输气管与输电线和变电站安全距离的要求。

6.1.10 本条是对输气管在寒冷地区埋地敷设的基本要求。

6.1.11 由于填埋气体是一种可燃气体，因此本条要求输气管道与建筑物、构筑物或相邻管道之间的最小净距应满足城市燃气管道的有关规范要求。

6.1.12 若输气管道穿过其他大断面管道或通道，当气体泄漏时，易聚集在大断面管道或通道内，形成爆炸气体，因此作出本条规定，且作为强制性条文。

6.2 管道计算

6.2.1 垃圾填埋场填埋气体产生量在填埋场封场之前是逐年增加的，在封场后是逐年减小的，填埋场填埋气体输气总管的输气能力应能满足最大产气年份的气体量，考虑到填埋场的复杂情况，产生的填埋气体不可能完全收集，输气总管的输气流量按年最大产气量 80% 计算比较合理。

6.2.2 每一个导气井或导气盲沟都有一定的作用范围，在作用范围内垃圾的产气速率即是本导气井或导气盲沟的气体流量。某管段的计算流量即是其所负担导气井或导气盲沟的流量总和。

6.2.3 本条给出的管内流速是经济流速。流速过高，管网压损大，风机耗电大；流速过低，管网投资大，因此在设计时应选择一个比较合适的管内流速，使管网投资和风机耗电费用总和最小。

7 填埋气体抽气、处理和利用系统

7.1 一般规定

7.1.1 本条是对填埋气体抽气、处理和利用系统构成的基本要求。

7.1.2 由于垃圾堆体在有机物降解过程中处于不稳定状态，因此，抽气、处理和利用设施和设备不能放在垃圾堆体上，出于安全考虑，应与垃圾堆体保持一定的距离。

7.1.3 本条的要求旨在避免管路过长而易于造成气体泄漏，另外管路长，启动时管道内空气不易排干净。

7.1.5 本条的规定旨在要求将抽出的气体首先保证气体利用系统的用气，当气体不能全部利用时，剩余的气体不要直接排空，要能够自动分配至火炬烧掉。

7.2 填埋气体抽气及预处理

7.2.1 由于填埋气体具有腐蚀性和易燃、易爆性，因此作出本条规定。

7.2.2 由于填埋气体产量随时间变化较大，为了保持抽气流量和产气速率的基本平衡，需要调节抽气设备的转速来调节抽气流量。变频调速是成熟、可靠的技术，故本条要求优先采用变频调速。

7.2.3 对于已安装填埋气体主动导排系统的填埋场，如果抽气设备不运行，则气体将无法从垃圾堆体中导排出来，因此本条要求设置备用抽气设备。

7.2.4 本条是对抽气设备流量、升压参数选择的基本要求。

7.2.5 填埋气体是垃圾填埋场的主要臭味源，通过调节抽气流量，使得抽气流量尽可能接近产气速率，即气体收集率尽可能大，是控制填埋场臭味的有效措施。同时也可以使更多的气体得到利用。由于填埋场内情况复杂，影响气体收集的因素很多，做到很高的气体收集率是不易的，因此本条要求气体收集率不宜小于60％。

7.2.6 气体流量是调节抽气的重要参照数据，为提高气体收集效果和收集率，调节抽气流量是很重要的，因此本条要求应安装流量计量设备，并要求可记录瞬时流量和累积量，以便于抽气调节时参照。

7.2.7 填埋气体氧（O_2）含量和甲烷（CH_4）含量是抽气系统和处理利用系统安全运行和控制的重要参数，需要时时监测。当气体中氧（O_2）含量高时，说明空气进入了填埋气体，应该降低抽气设备转速，当氧（O_2）含量达到设定的警戒线时，要立即停止抽气。

7.2.8 气体利用方案不同、用气设备不同对进气质量要求也不同。气体质量不同，其燃烧后的烟气污染物浓度也不相同，因此对填埋气体预处理工艺和设备选择作出本条规定。

7.3 火炬燃烧系统

7.3.1 由于主动导排是将气体抽出，集中排放，如果不用火炬燃烧，则大量可燃气体排放会有安全隐患。本条为强制性条文。

7.3.2 气体量大时，燃烧产生的火焰很大，采用封闭式火炬使外界看不到燃烧的火焰，同时也避免受气候的影响，保证安全运行。

7.3.3 填埋气体产生量随时间变化比较大，另外气体中的甲烷含量波动也比较大，为了能使填埋气体火炬保持稳定燃烧，特作出本条规定。

7.3.4 本条要求的目的是使填埋气体在火炬中燃烧完全。

7.3.5 燃气在点火和熄火时比较容易产生爆炸性混合气体，因此填埋气体火炬应具有此类的安全保护措施。本条为强制性条文。

7.3.6 本条要求主要是处于安全的考虑，使火炬外表面不伤害到人。

7.3.7 阻火装置是防止回火的设备，因此本条为强制性条文。

7.4 填埋气体利用

7.4.1 本条是对填埋气体利用方式和利用规模确定的基本要求。

7.4.2 本条各款说明如下：

1 由于填埋气体收集量随时间变化较大，而内燃发电机的额定功率是有一定系列的，而且用于填埋气体的内燃发电机型号不多，因此，内燃机发电的总规模确定应考虑各年的填埋气体收集量和内燃发电机的成熟型号等因素。

2 本款为对内燃机发电机组选择的基本要求。

3 目前，燃气内燃机发电的效率还比较低，为了提高填埋气体的热能利用效率，可以考虑热电联产或热、电、冷三联供技术。

4 本款是对所选填埋气体内燃机发电机组发电效率的基本要求。

7.4.3 本条各款说明如下：

2 有两种可能的情况，一种是用热负荷大于填埋气体总热负荷，一种是用热负荷小于填埋气体总热负荷，因此对锅炉出力的选择要考虑用热负荷和填埋气体总热负荷两种因素。

4 本款是对填埋气体锅炉房设计、施工和运行的一般要求。

8 电 气 系 统

8.1 一 般 规 定

8.1.1 填埋气体发电工程一般规模相对较小，项目设计中，应该以填埋气体处理及利用为主，电气系统的一、二次接线和运行方式可能与小型发电厂有所区别。

8.1.2 本条文是高压配电装置、继电保护和安全自动装置、过电压保护、防雷和接地等的一般规定。

8.2 电气主接线

8.2.1 根据填埋气体发电机组单机容量小、出线回路较少、发电机出口电压往往为 230/400V 低压的特点，采用单元制接线不经济，故本条推荐发电机电压母线采用单母线或单母线分段接线方式。

8.2.2 发电机启动必须使用外部电源，当几台发电机同时工作时，发电机之间可以互为备用，这种情况下不需备用电源。当只有一台发电机运行时，如在外网断电的时候发电机启动，则需要备用电源。

8.3 厂用电系统

8.3.1 本条各款说明如下：

2 目前国内运行和在建的填埋气体发电厂厂用系统，多为单母线或单母线分段接线。当发电机出口电压为 400/230V 的低压时，厂用母线与发电机电压母线可为同一母线。

对接入系统、主接线及厂用电系统综合考虑，当设有二台及二台以上发电机时，可采用单母线分段接线。为方便填埋气发电厂的运行管理，简化电气接线，不推荐双母线或双母线分段接线方式。

3 发电机的厂用电分支线上装设断路器，可以提高填埋气发电厂用电的独立性，从而提高其可靠性，当发电机退出运行，填埋气体收集系统可通过备用电源继续运行。

5 厂用变压器接线组别应一致，以利工作电源与备用电源并联切换的要求。低压厂用变压器建议采用 D，yn11 接线组别，考虑其零序阻抗小，单相短路电流大，提高保护开关动作灵敏度及提高承受三相不平衡负荷的能力。

8.4 二次接线及电测量仪表装置

8.4.1 本条是对电气网络自动控制水平和控制方式的一般规定。

8.4.2 本条为室内配电装置到各用户线路与厂用变压器控制方式的一般规定。

8.4.3 控制回路也可装设能重复动作并能延时自动解除音响的事故信号和预告信号装置。

8.4.4 本条文按《防止电气误操作装置管理规定》（试行）中第十六条的规定，高压开关柜及间隔式配电装置有网门时，应满足"五防"的功能要求。

8.4.5 本条文是对电气测量仪表装置设计的一般规定。

8.4.7 本条规定说明：

2 本款规定是指在母线存在故障或人为分闸时，应保证备用电源不自动投入。

8.5 照明系统

8.5.1 本条是填埋气体发电厂照明设计的一般规定。

8.5.2 本条规定说明：

1 目前国内外填埋气体发电机的出口电压等级大多为 400/230V，为此照明电源及动力电源均可直

接从低压母线上引接。当发电机停机，从市网引来高压电源或发电机出口电压为 6.3kV 及以上时，厂用变压器采用中性点直接接地系统，正常照明由动力、照明共用的厂用变压器供给。全厂事故停电时，采用自带蓄电池的应急灯作为事故照明。

8.5.3 本条文为照明灯具选型的一般规定。填埋气体发电厂内部场所空气中可能含有一定量的甲烷和硫化氢等易爆气体，在通风情况不好的情况下，甲烷气体有可能积聚，从安全的角度出发，此处的灯具应选用防爆灯具，防爆等级的确定应符合现行国家标准《爆炸和火灾危险环境电力装置设计规范》GB 50058。另外，硫化氢气体具有腐蚀性，灯具应根据气体浓度确定防腐等级。

8.6 电缆选择与敷设

8.6.1 本条文是对电缆选择与敷设的一般规定。

8.6.2 本条规定考虑填埋气体发电厂为易燃、易爆场所，防火、阻火十分重要，除采取防火的相应措施外，对电缆敷设应采取阻燃、防火封堵，目前普遍用的有防火包、防火堵料、涂料及隔火、阻火设施，这些措施和设施已在电力部门、电厂、变电站广泛使用，效果良好。

8.7 通 信

8.7.1 利用填埋气体发电并与地区电力网联网时，是否需要设置专用调度通信设施及调度方式应与地方供电部门协商解决。

9 仪表与自动化控制

9.1 一 般 规 定

9.1.1 自动化控制对填埋气体收集、处理及利用工程的安全、稳定运行是非常重要的，因此自动化控制系统应具有较高的可靠性和安全性。

9.1.2 为确保填埋气体收集、处理及利用工程稳定、经济运行并严格达到环境保护的要求，本条规定自动化系统应采用成熟的控制技术和可靠性高、性能价格比适宜的设备和元件，包括对引进的自动化系统和软件的基本要求，对无成功运行经验的技术，不应使用。

9.2 自动化水平

9.2.1 由于填埋气体收集、处理及利用工程的主要介质是可燃气体，且此可燃气体的气体成分及流量变化较大，要实现工程的稳定安全运行，较高的自动化控制水平是非常重要的。

9.2.2 填埋气体中 O_2 和 CH_4 的含量与抽气流量有较大关系。当 CH_4 的含量低于一定值时，气体就无

法利用，甚至有时会出现安全隐患，因此需要将抽气设备的控制与 O_2 和 CH_4 含量监测仪及气体利用设备控制元件连锁，以保证整个系统的稳定、安全运行。如当 O_2 含量增加时自动减小抽气设备转速，O_2 含量超过安全线时立即停止抽气；当气体利用设备故障时自动停止抽气等。

9.2.3 工业电视系统的设置主要是随时掌握厂站各工段的运行状况，便于值班人员及时发现问题。工业电视系统摄像头安装位置与画面监视器位置一览表（详见表 4），供工程设计参考。

**表 4 工业电视系统摄像头安装位置
与画面监视器位置一览表**

监视对象	摄像头安装位置	数量	监视器位置	备注
人员及车辆出入	厂站大门	1个	中央控制室	
填埋场气体收集设施	填埋场垃圾堆体上	2～3个	中央控制室填埋场值班室	
抽气及气体预处理系统	抽气及气体预处理区	1个	中央控制室	
填埋气体火炬	火炬上方	1个	中央控制室	
填埋气体锅炉燃烧情况	锅炉炉膛	1～2个	中央控制室	对于利用填埋气体作为锅炉燃料的利用方式而言
填埋气体内燃发电机运行状况	填埋气体内燃发电机房	1～2个	中央控制室	对于利用填埋气体发电的利用方式而言
填埋气体净化处理运行状况	填埋气体净化处理车间	1～2个	中央控制室	对于利用填埋气体制作车用或民用燃料的利用方式而言

9.2.4 本条的要求旨在保证系统安全运行，一旦系统发生故障或需紧急停车时，紧急停车系统将确保设施和人员的安全。

9.3 分散控制系统

9.3.1、9.3.2 分散控制系统可实现：

　1　现场有效数据和测量值的采集；

　2　连续动态模拟流程图显示装置各部分运行状态、报警和模拟量参数等；

　3　数据的存储、复原和事故追忆；

　4　报表编辑，历史和实时曲线记录；

　5　报警编辑和实时信息编辑；

　6　程序框图显示；

　7　组和点的控制和设定值控制；

　8　自动执行所有程序，管理功能和维护行为（操作指导，运行维护，操作步骤）；

　9　发生重大故障时通过操作进行系统的调整和变更；

　10　提供开放性的数据链接口。

9.3.3 控制系统的冗余配置应符合下列要求：

　1　操作员站和工程师站的通信总线应为冗余配置；

　2　I/O 接口要有 10%～15% 的备用量，机柜内应留有 10% 的卡件安装空间并装有 10% 的备用接线端子；

　3　控制器的冗余配备原则为：

　　1）重要控制回路 1∶1；

　　2）次重要控制回路 $n∶1$（n 为实际回路数）；

　　3）控制回路和后备控制回路之间应有自动无扰动切换的功能。

　4　控制系统内部应配置冗余电源单元，每个电源单元的容量应不小于实际最大负载的 125%，两套电源应能自动切换，切换时间应满足控制系统的要求。

9.4 检测与报警

9.4.1 仪表及计算机监视系统功能的设置原则：

　1　反映主设备及工艺系统在正常运行、启停、异常及事故工况下安全、经济运行的主要参数和需要经常监视的一般参数，应在计算机监视系统中设置指示功能，用于就地操作或巡回检查时，设置就地指示仪表；

　2　反映主设备及工艺系统安全、经济运行状况并在事故时进行分析的主要参数和用以进行经济分析或核算的重要参数，应在计算机监视系统中设置记录功能；

　3　经济核算、效率核算及计算设备出力用的流量参数应在计算机监视系统中设置积算功能或单设流量积算仪表。

检测与报警项目见表 5。

表 5　检测与报警一览表

抽气及预处理系统

检测参数	控制检测对象	就地指示	指示	记录	累计	报警	备注
温度	抽气风机入口填埋气体		✓	✓			
	抽气风机出口填埋气体	✓	✓	✓			
	风冷却器出口填埋气体	✓	✓	✓			
	深度冷却器出口填埋气体	✓	✓	✓			根据需要
压力	抽气风机入口填埋气体	✓	✓	✓			
	抽气风机出口填埋气体	✓	✓	✓			
	脱 H_2S 设备入口填埋气体	✓	✓	✓			
	脱 H_2S 设备出口填埋气体	✓	✓	✓			
	气体预处理出口	✓	✓	✓			
流量	气体预处理出口		✓	✓	✓		
液位	气水分离器	✓	✓			✓	
	填埋气体总管凝结水排水井	✓	✓			✓	
其他	抽气风机入口填埋气体 O_2 浓度	✓	✓	✓		✓	
	气体预处理出口 CH_4 浓度	✓	✓	✓		✓	

填埋气体火炬系统

检测参数	控制检测对象	就地指示	指示	记录	累计	报警	备注
温度	火炬燃烧室入口		✓	✓			
	火炬燃烧室出口		✓	✓			
压力	火炬燃烧器入口填埋气体	✓	✓	✓			
流量	火炬燃烧器入口填埋气体		✓	✓	✓		
温度	炉膛烟气		✓	✓			
	排放烟气		✓	✓			
	炉膛入口烟气	✓	✓	✓		✓	
	炉膛出口烟气	✓	✓	✓		✓	
	锅炉给水（回水）					✓	
	锅炉出水（对热水锅炉）	✓	✓	✓			
	锅炉出口蒸汽（对蒸汽锅炉）	✓	✓	✓		✓	
压力	炉膛		✓				
	锅炉给水（回水）母管		✓	✓			
	锅炉出水管（对热水锅炉）	✓	✓	✓			
	锅炉相关泵进出口	✓	✓	✓			
	锅炉蒸汽出口（对蒸汽锅炉）	✓	✓	✓			
流量	填埋气体进口		✓	✓	✓		
	二次风		✓	✓			
	排放的烟气		✓	✓			
	锅炉给水（回水）		✓	✓	✓		
	锅炉补给水		✓	✓			
	锅炉出水（对热水锅炉）		✓	✓	✓		
	锅炉出口蒸汽（对蒸汽锅炉）		✓	✓	✓		

填埋气体锅炉								
检测参数	控制检测对象	就地指示	计算机监视系统功能				备注	
			指示	记录	累计	报警		
液位	汽包	√	√	√				
	除氧器	√					根据需要	
烟气成分	烟囱出口烟气 SO_2 浓度		√	√			O_2 11% 换算，根据环评要求确定是否设置	
	烟囱出口烟气 NO_x 浓度		√	√				
	烟囱出口烟气 CO 浓度		√	√				
	烟囱出口烟气 CO_2 浓度		√	√				
	烟囱出口烟气 O_2 浓度		√	√				
	烟囱出口烟尘浓度		√	√				
其他	锅炉间 CH_4 监测报警		√	√		√		

注：1 发电机组、气体预处理设备等系统的设计应对设备生产商配套的显示、调节控制仪表、报警、保护装置元件进行统一考虑，避免重复设置。

2 重要报警参数可设置光字牌报警装置；重要显示参数可设置数字显示仪。

3 对检测仪表的精度要求具体规定如下：

1）运行中对额定值有严格要求的参数，其检测仪表的精度等级应优于 0.5 级；

2）为计算效率或核收费用的经济考核参数，其检测仪表的精度等级应优于 0.5 级；

3）一般参数仪表可选 1.5 级，就地指示仪表可选 1.5～2.5 级。

4）分析仪表或特殊仪表的精度，可根据实际情况选择。

9.4.3 由于填埋气体属于可燃气体，一旦管路漏气，车间内很容易形成爆炸性混合气体，因此本条规定填埋气体处理和利用车间必须安装可燃气体检测报警装置，并在报警的同时开启排风机，避免产生爆炸性混合气体。本条为强制性条文。

9.4.5 由于油、水、蒸汽及可燃气体等的一次仪表均存在介质泄露的可能，如在控制室安装，一旦泄露易造成安全事故。

9.4.6 填埋气体收集、处理及利用工程需报警的主要有填埋气体中 O_2 含量超标、CH_4 含量过低、管路堵塞（流量急剧下降）、火炬熄火、设备故障等。

9.4.7 填埋气体中 O_2 含量超标、火炬熄火等情况会引起安全事故，因此这类参数的报警信号源应直接引自一次仪表，以免误报或延时报警造成事故。

9.5 保护和连锁

9.5.1 保护的目的在于消除异常工况或防止事故发生和扩大，保证工艺系统中有关设备及人员的安全。这就决定了保护要按照一定的规律和要求，自动地对个别或一部分设备，以至一系列的设备进行操作。保护用的接点信号的一次元件应选用可靠产品，保护信号源取自专用的无源一次仪表。接点可采用事故安全型触点（常闭触点）。保护的设计应稳妥可靠。按保护作用的程度和保护范围，设计可分下列三种保护：①停机保护；②改变系统运行方式的保护；③进行局部操作的保护。

9.5.2、9.5.3 系统停止运行的保护宜包括：发电机组事故停机保护、锅炉事故停炉保护、锅炉燃烧器熄火保护、火炬熄火保护、O_2 含量超标保护、CH_4 含量过低保护、蒸汽压力超高保护。

9.5.4 本条说明的具体内容包括：

1 工作泵（风机）事故跳闸时，应自动投入备用泵（风机）；

2 相关工艺参数达到规定值时自动投入（切除）相应的设备，如气体流量大于使用量时，自动投入火炬将多余气体烧掉，当气量小于使用量时，自动切断火炬；

3 相关工艺参数达到规定值时自动打开（关闭）相应的电动门、电磁阀门等。如当气体中甲烷含量高于45%时，自动打开通往发电机的阀门。

9.6 电源与气源

9.6.1 仪表和控制系统应从厂用低压配电装置及直流网络取得可靠的交流与直流电源，并构成独立的仪表配电回路，电源主进线宜采用双电源自动切换开关（A.T.S），切换时间应不会使控制系统或保护系统因为电源的瞬断而导致数据丢失或系统误动。仪表和控制系统用电容量应按照其耗电总容量的1.5倍以上计算。

9.7 控 制 室

9.7.1 填埋气体收集、处理及利用工程主要包括气体收集系统、气体处理系统和气体利用系统。这三个系统需要统一控制和协调，才能保证整个工程的顺利运行，因此需要一个中央控制室对三个系统实行集中控制，其中气体处理系统需要与气体利用系统实现设备的连锁。

10.7.2　本条是对控制室设计的一般要求。

9.8　防雷接地与设备安全

本节主要是对填埋气体收集、处理及利用设施的防雷和电气设备安全作出的基本规定。由于垃圾填埋场一般位于较空旷的地方，容易发生雷击现象，因此必须做好防雷措施。

10　配 套 工 程

10.1　工程总体设计

10.1.1　本条是对填埋气体收集范围确定的基本要求。为了有效控制填埋场臭味，垃圾填埋后应尽快进行填埋气体的收集。

10.1.2　由于填埋气体导排系统主要是在垃圾堆体上设置，因此填埋气体导气井、导气盲沟及导排管网等必须结合垃圾堆体的形状进行设计。

10.1.3　本条是对填埋气体抽气、处理及利用厂区总图设计的基本要求。

10.2　建筑与结构

10.2.1　由于填埋气体处理和利用设备一般比较大，车间高度应足够，以满足设备的安装和运行维护。在炎热地区车间的自然通风很重要，因此在车间高度允许时应设置天窗加强自然通风。

10.2.2　本条是对机器间外门设计的一般要求。

10.2.3　本条是对机器间建筑内部设计的基本要求。

10.2.4　由于发电机房内有填埋气体管道及其他油品等易燃物，因此本条要求发电机房间具有一定耐火特性的墙和楼板与其他部分隔开。

10.2.5　本条要求主要是考虑机组的搬运安装和安全问题。

10.3　给 水 排 水

10.3.1　本条是对厂区给水设计的一般规定。

10.3.2　本条是生活饮用水设计的一般规定。

10.3.3　本条是对厂区排水设计的一般规定。

10.3.5　气体导排井排出的水就是填埋区渗沥液，因此应该排入渗沥液处理厂或渗沥液输送系统。

10.3.6　由于从填埋气体中凝结下来的水含有一些有机物，因此需要处理后才能排放。

10.4　消　防

10.4.1　本条是对厂区消防设计的一般规定。

10.4.2　填埋气体的主要成分是甲烷（CH_4），相对密度为 0.415（－164℃），在空气中的爆炸极限浓度为 5%～15%，按规定爆炸极限浓度下限小于 10%的可燃气体的生产类别为甲类，故填埋气体净化和利用厂房属甲类生产厂房。其设计应符合现行国家规范《城镇燃气设计规范》GB 50028 中的有关要求。

10.4.3　本条文是根据现行国家标准《建筑设计防火规范》GB 50016 制定的。

10.4.4　本条规定门的开启方向是为了当配电室发生事故时，值班人员能迅速通过房门，脱离危险场所。

10.4.5　厂房内部装修使用易燃材料进行装修，极易引起火灾事故发生，特作此规定。

10.4.6　集装箱式发电机组是将内燃发电机组安装在集装箱内，进气管与内燃机的连接处存在漏气的可能，集装箱安装通风设备并保持通风良好可以防止泄露的气体在集装箱内聚集引起爆炸。箱体采用阻燃材料可以避免可燃气体引燃箱体而发生火灾。

10.5　采 暖 通 风

10.5.3　本条文是参照现行国家标准《工业企业设计卫生标准》GBZ 1 制定的。

10.5.4　由于填埋气体发电机组检修、保养周期较短，且发电机备用机组余热量小于采暖总用热量时，为了保证采暖的可靠性提出本条要求。

10.5.6　由于气体处理、利用车间存在有可燃气体泄漏的可能性，因此通风换气设备应考虑防爆。

10.5.7　发电机组在运行过程中散热量较大，如所散发热量不能有效排出，则机房内温度会升高，若温度超过发电机工作环境温度要求，则会影响发电机的正常运行。因此需要设置有效的通风系统将发电机的散热有效地排出室外，并从室外吸入新鲜空气补充室内。在北方冬季室外温度较低时，还要考虑减小室外空气吸入量，增加室内空气吸入量，以避免吹向发电机组的空气温度过冷而影响发电机组的正常运行。

10.6　空　调

10.6.1　建筑物的空调设计应符合现行国家标准《采暖通风与空气调节设计规范》GB 50019 的有关规定。

11　环境保护与劳动卫生

11.1　一 般 规 定

11.1.1　在填埋气体收集、处理及利用过程中不可避免地会产生一些环境污染物，在工程设计、施工和运行过程中应执行国家有关环境保护法规和标准，做到废气、污水、渣、噪声等污染物的达标排放。

11.1.2 本条是对填埋气体收集、处理及利用工程中的职业卫生与劳动安全方面的基本规定。

11.2 环 境 保 护

11.2.1 由于目前尚无填埋气体火炬和锅炉的烟气排放标准，本条要求按《锅炉大气污染物排放标准》GB 13271 中燃气锅炉的排放限值控制填埋气体火炬和锅炉的烟气排放。

11.2.2 目前尚无填埋气体内燃式发电机组的烟气污染物排放限值标准，类似的标准有《重型车用汽油发动机与汽车排气污染物排放限值及测量方法（中国Ⅲ、Ⅳ阶段）》GB 14762 和《车用压燃式、气体燃料点燃式发动机与汽车排气污染物排放限值及测量方法（中国Ⅲ、Ⅳ、Ⅴ阶段）》GB 17691。对于填埋气体内燃发电机组的烟气排放限值应参照类似标准由环境影响评价确定。

11.2.3 由于填埋气体收集、处理及利用工程产生的生活污水和生产污水比较少，为节省投资，填埋气体收集、处理及利用工程的生活污水和生产污水尽量并入垃圾填埋场管理区生活污水或渗沥液处理站处理，如果填埋场的污水是排往城市污水处理厂处理的，则填埋气体收集、处理及利用工程的生活污水和生产污水也排入城市污水处理厂处理。

11.2.4 本条文是对噪声污染控制的基本规定。

11.2.5 噪声源控制应考虑厂址与周围环境之间噪声影响、高噪声设施相对集中布置、设备选择的低噪声与小振动等因素和措施。

设备选择中对噪声的要求一般应不大于 85dB（A），确实不能达到要求的设备，应采取以隔声为主并根据设备噪声特性与应达到的噪声控制标准采取适宜的消声、隔振或吸声的综合噪声控制措施。噪声控制设备选择应以噪声级、噪声频率为基本条件，并注意混响声的影响。

11.2.6 由于填埋气体臭味很大，在收集、处理及利用过程中应注意恶臭的控制，为此作出本条规定。

11.3 职业卫生与劳动安全

11.3.1 本条文是对填埋气体收集、处理及利用工程劳动卫生的基本规定。

11.3.2、11.3.3 填埋气体收集、处理及利用工程可设置值班宿舍、浴室、更衣间、卫生间等。建筑物内应设置必要的洒水、排水、洗手盆、遮盖、通风等卫生设施。不应采用对劳动者健康有害的技术、设备，采用可能对劳动者健康有害的技术、设备时，在有关的设备醒目位置设置警示标志，并应有可靠的防护措施。如填埋气体管道、抽气设备、气体预处理设备、火炬、发电机组、锅炉等设备和设施应

有明显的警告标志和防护措施。

11.3.5 填埋气体收集、处理及利用工程的劳动安全措施主要包括：

1 在垃圾堆体上作业时应有防火和防中毒措施。

2 道路、通道、楼梯均应有足够的通行宽度、高度与适当的坡度；应有必要的护栏、扶手等。一般不应有障碍物，必须设置管线穿行时，应有保证通行安全的措施。

3 高空作业平台应有足够的操作空间，应设置可吊挂的安全带及防止坠落的安全设施。

4 机电设备周围应留有足够的检修场地与通道。旋转设备裸露的运动部位应设置网、罩等防护设施。

5 堆放物品之处，应有明显标记。重要场所、危险场所应设置明显的警示牌等标记。

6 进入工作场所的所有人员应佩戴安全帽。

7 高噪声、明显震动的设备应采取隔声、隔震、消声、吸声等综合治理措施，以及人员防护措施。

8 对人员可以接触到的，表面温度高于 50℃的设施，应采取保温或隔离措施。

9 需要进行内部人工维护修理的槽、罐类，应有固定或临时通风措施，并根据需要于出入口处设置供吊挂安全带的挂钩。填埋气体火炬检修时，应等火炬停止冷却至环境温度后，检修人员可进入，且现场应有专门人员监护。

10 电气设备应尽可能设置在干燥场所，避免漏电。

11 对遥控设施，应设有紧急停车按钮。

12 人员疏散通道及其他重要通道处应设置应急照明设施。

13 设备控制尽可能自动化，并设置设备故障或操作不当时的可靠的安全装置。

14 各种管道、阀门应采取易于操作和识别的措施。

15 发生误操作时，系统可保证在安全范围运行和多余信息排除。异常信息及故障应准确传递给操作人员。

16 使用酸碱等化学品时，应有防止对人员产生伤害的措施。

17 压力容器应严格按照《压力容器安全监察规程》的规定执行。

12 工程施工及验收

12.1 一 般 规 定

12.1.1 本条文是工程施工及验收的基本规定。

12.1.2 本条文是保证设备安装质量的基本规定。

12.2 工程施工及验收

12.2.1 本条是对施工准备的要求。施工前主要做三个方面的准备：

1 技术方面应准备好施工图设计文件、设备技术文件（设备安装说明书）及设计交底记录。

2 施工用临时设施、设备及材料的准备。

3 具有通过评审的施工组织设计。

12.2.2 本条是对安装设备的建（构）筑物土建施工的基本要求。对于填埋气体利用工程，重点考虑发电机组的起吊、搬运和安装与土建施工的关系。

12.2.3 由于垃圾堆体内始终在产生填埋气体，堆体内基本保持一定的正压，因此在堆体上挖方、钻孔等作业时不可避免要有填埋气体逸出。填埋气体与空气接触可能会在某些部位形成 CH_4 含量为 5%

～15%的爆炸性气体，因此本条要求在垃圾堆体上施工前，应制定详细的安全施工方案和紧急预案，以防止事故的发生。

12.2.4 在垃圾堆体上进行挖方、导气井钻孔、管道连接等施工时，施工人员和设备易于直接接触逸出的填埋气体，因此施工设备应有防爆措施，施工人员应有防止中毒的措施。

12.2.5 对于填埋气体的处理及利用设备和材料的质量直接与工程安全有关，因此设备与材料的验收应严格执行有关程序和规定，避免不合格设备和材料的使用。

12.2.8 对于填埋气体收集处理及利用工程需要做中间验收的工程主要包括直埋敷设的气体导排管道、钻孔施工的气体导排井、在垃圾堆体上铺设的导气盲沟、垃圾堆体上设置的直排式凝结水井、大型设备和厂房的基础等。

中华人民共和国行业标准

建筑垃圾处理技术规范

Technical code for construction and
demolition waste treatment

CJJ 134—2009

批准部门：中华人民共和国住房和城乡建设部
施行日期：２０１０年７月１日

中华人民共和国住房和城乡建设部

公　告

第 427 号

关于发布行业标准
《建筑垃圾处理技术规范》的公告

现批准《建筑垃圾处理技术规范》为行业标准，编号为 CJJ 134－2009，自 2010 年 7 月 1 日起实施。其中，第 4.2.1、8.0.3、8.0.13、9.0.1 条为强制性条文，必须严格执行。

本规范由我部标准定额研究所组织中国建筑工业出版社出版发行。

中华人民共和国住房和城乡建设部

2009 年 11 月 9 日

前　　言

根据原建设部《关于印发〈2007 年工程建设标准规范制订、修订计划（第一批）〉的通知》（建标［2007］125 号）的要求，规范编制组经广泛调查研究，认真总结实践经验，参考有关国际标准和国外先进标准，并在广泛征求意见的基础上，制定本规范。

本规范的主要技术内容是：1. 总则；2. 术语；3. 基本规定；4. 收集与运输；5. 转运调配；6. 再生利用；7. 回填；8. 填埋；9. 环境保护与安全卫生。

本规范中以黑体字标志的条文为强制性条文，必须严格执行。

本规范由住房和城乡建设部负责管理和对强制性条文的解释，由上海市环境工程设计科学研究院负责具体技术内容的解释。执行过程中如有意见或建议，请寄送上海市环境工程设计科学研究院有限公司（地址：上海市石龙路 345 弄 11 号，邮政编码：200232）。

本 规 范 主 编 单 位：上海市环境工程设计科学研究院有限公司

本 规 范 参 编 单 位：江苏中兴建设有限公司
上海市建筑材料工业设计研究院
中国建筑科学研究院建筑材料研究所
同济大学
广州市环境卫生研究所

本规范主要起草人员：秦　峰　王　雷　张雪梅
张卫东　黄　海　冷发光
赵由才　郭树波　许碧君
杨德志　李　露　倪道仁
何更新　柴晓利　陈伟锋
王新文　徐雄增　周永祥
牛冬杰

本 规 范 审 查 人 员：陶　华　陈朱蕾　冯其林
钱光人　邹　华　陈家珑
陈炜炜　陈钧颐　袁宏伟

目 次

Contents

1 总 则

1.0.1 为贯彻国家有关建筑垃圾处理的法律法规和技术政策，促进建筑垃圾统一管理、集中处理、综合利用，提升建筑垃圾处理的减量化、资源化和无害化水平，保证建筑垃圾处理全过程的规范化，制定本规范。

1.0.2 本规范适用于建筑垃圾的收集、运输、转运、利用、回填、填埋的规划、设计和管理。

1.0.3 本规范规定了建筑垃圾处理的基本技术要求，当本规范与国家法律、行政法规相抵触时，应按国家的法律、行政法规的规定执行。

1.0.4 建筑垃圾处理除应符合本规范规定外，尚应符合国家现行有关标准的规定。

2 术 语

2.0.1 建筑垃圾 construction and demolition waste
对各类建筑物和构筑物及其辅助设施等进行建设、改造、装修、拆除、铺设等过程中产生的各类固体废物，主要包括渣土、废旧混凝土、碎砖瓦、废沥青、废旧管材、废旧木材等。

2.0.2 转运调配 transfer and distribution
将建筑垃圾集中在特定场所临时分类堆放，待根据需要定向外运的行为。

2.0.3 回填 backfill
利用现有低洼地块或即将开发利用但地坪标高低于使用要求的地块，以符合条件的建筑垃圾替代部分土方，弥补地坪标高的行为。

2.0.4 建筑垃圾处理 construction and demolition waste treatment
对建筑垃圾的收集、运输、转运、调配、处置的全过程。

3 基 本 规 定

3.0.1 建筑垃圾处理设施的设置应纳入当地城镇环境卫生专业规划。

3.0.2 建筑垃圾应按不同的产生源、种类、性质进行分别堆放、分流收运，分别处理。建筑垃圾收运、处置全过程严禁混入生活垃圾与危险废物。

3.0.3 建筑垃圾运输车辆应按核准的路线和时间行驶，并应行驶至核准的地点处理、处置建筑垃圾。

3.0.4 建筑垃圾类型与处置方式宜按表3.0.4的规定确定。

表 3.0.4 建筑垃圾类型与处置方式

建筑垃圾类型	处 置 方 式
工程渣土	回填；作为生活垃圾填埋场中间覆盖用土；填埋
其他建筑废物	分类并用于生产再生建筑材料；填埋

注：其他建筑废物包括废旧混凝土、碎砖瓦、废沥青、废旧管材、废旧木材等。

3.0.5 建筑垃圾处理场所均应配备计量设施。

4 收集与运输

4.1 源头减量、收集

4.1.1 建筑垃圾减量应从源头实施，并宜就地利用和回收。

4.1.2 建筑垃圾宜按不同的种类和特性逐步实现分类收集。收集方式应与末端处置方式相适应。

4.2 运 输

4.2.1 建筑垃圾运输应采用封闭方式，不得遗洒、不得超载。

4.2.2 建筑垃圾运输车厢盖宜采用机械密闭装置，开启、关闭时动作应平稳灵活，并应符合下列要求：

　　1 厢盖与厢盖、厢盖与车厢侧栏板缝隙不应大于30mm；

　　2 厢盖与车厢前、后栏板缝隙不应大于50mm；

　　3 卸料门与车厢栏板、底板结合处缝隙不应大于10mm。

4.2.3 建筑垃圾运输工具应外观整洁、标志齐全，车辆底盘、车轮应无大块泥沙等附着物。

4.2.4 建筑垃圾水上运输宜采用集装箱运输形式。集装箱的环保措施应符合下列要求：

　　1 集装箱后盖门应能够紧密闭合、防止垃圾散落；

　　2 集装箱内壁应保持平整，减少垃圾残余量，便于清洁。

4.2.5 建筑垃圾采用散装水上运输形式时，应在运输工具表面有效苫盖，垃圾不得裸露和散落。

4.2.6 建筑垃圾转运码头宜与生活垃圾转运码头合建，并宜根据船舶运输形式选择装卸工艺及配置设备。此外，尚应符合下列要求：

　　1 当采用集装箱运输形式时，应配备集装箱桥式起重机、专用叉车和专用运输车等；

　　2 当采用散装运输形式时，宜配备卸料平台和散装卸料机构等。

5 转 运 调 配

5.0.1 暂时不具备回填出路，且具有回填利用或资源化再生价值的建筑垃圾可进入转运调配场。

5.0.2 转运调配场的配置应符合城镇环境卫生专业规划的规定,选址应根据当地建筑垃圾产量及资源化利用要求确定。

5.0.3 转运调配场建设规模应根据服务区域内建筑垃圾产生量、场址自然条件、地形地貌特征、服务年限及技术、经济合理性等因素综合确定,并可按设计总调配量与设计日处理能力分为大、中、小型三类。

5.0.4 新建的转运调配场用地应符合表5.0.4的规定。

表5.0.4 转运调配场用地指标

类型	设计总调配量（m³）	设计日处理能力（t/d）	用地面积（m²）	与相邻建筑间隔（m）	绿化隔离带宽度（m）
大型	≥20000	≥2000	≥18000	≥50	≥20
中型	≥5000,<20000	≥500,<2000	≥6000,<18000	≥30	≥15
小型	≥2000,<5000	<500	≥3000,<6000	≥20	≥10

注:1 表内用地不应含垃圾分类、资源回收等其他功能用地;
　　2 用地面积应含转运调配场周边专门设置的绿化隔离带,但不应含兼具绿化隔离作用的市政绿化和园林用地;
　　3 与相邻建筑间隔应自转运调配场边界起计算。

5.0.5 转运调配场堆放区应符合下列要求:

1 建筑垃圾可采取露天或室内堆放方式,露天堆放的建筑垃圾应及时苫盖;

2 建筑垃圾堆放区宜保证5d以上的建筑垃圾临时贮存能力,建筑垃圾堆放高度高于周围地坪不宜超过3m;

3 建筑垃圾堆放区地坪标高应高于周围地坪标高不小于15cm,堆放区四周应设置排水沟,并应满足场地雨水导排要求;

4 堆放区应设置明显的分类堆放标志。

5.0.6 生产管理区应布置在分类堆放区的上风向,并宜设置办公用房等设施。中、大型规模的转运调配场宜设置作业设备与运输车辆的维修车间等设施。

5.0.7 转运调配场应配备装载机、推土机等作业机械,配备机械数量应与作业需求相适应。

5.0.8 转运调配场总平面布置及绿化应符合现行国家标准《工业企业总平面设计规范》GB 50187的有关规定,中、大型规模的转运调配场可根据需要增设资源化利用设施。

6 再 生 利 用

6.0.1 建筑垃圾作为生产再生建筑材料的原料时,

应符合相应的再生建筑材料标准。

6.0.2 分选处理可根据需要选择在施工现场、转运调配场、填埋场或资源化处理厂进行。

6.0.3 分选工艺应根据后续处理功能要求和处理对象特点合理选用不同组合的设备。分选工艺宜以机械分选为主、人工分选为辅。

6.0.4 分选工艺根据原料品质,可采用单级或多级串联方式,也可采用多条生产线并联方式。

6.0.5 废旧建筑混凝土生产混凝土用再生骨料应符合下列要求:

1 建筑垃圾中的废旧建筑混凝土可用于生产再生骨料,主要产品应包括混凝土用再生细骨料和混凝土用再生粗骨料;

2 废旧建筑混凝土生产再生混凝土骨料的工艺可包括破碎、分选、清洗等环节;

3 再生混凝土骨料质量宜符合现行行业标准《普通混凝土用砂、石质量及检验方法标准》JGJ 52的有关规定。

6.0.6 废旧道路水泥混凝土生产再生骨料应符合下列要求:

1 废旧道路水泥混凝土块可用于生产公路路面和桥涵工程用再生骨料;

2 废旧道路水泥混凝土生产再生骨料的工艺宜按照本规范第6.0.5条的有关规定选用;

3 废旧道路水泥混凝土再生骨料用于公路工程时,应预先按照现行行业标准《公路工程集料试验规程》JTG E42的有关规定进行试验。其性能指标应符合下列要求:

1) 用于路面混凝土时,应符合现行行业标准《公路水泥混凝土路面设计规范》JTG D40和《公路水泥混凝土路面施工技术规范》JTG F30的规定;

2) 用于桥涵混凝土时,应符合现行行业标准《公路桥涵施工技术规范》JTJ 041的规定。

6.0.7 再生砖和砌块生产应符合下列要求:

1 建筑垃圾中废砖瓦及混凝土可用于制造再生砖和砌块,基本生产工艺可包括分选、破碎、计量配料、搅拌、振压成型、养护、检验出厂等环节;

2 生产再生砖和再生砌块的胶凝材料宜选用水泥;

3 再生砖的性能及用途应符合国家现行标准《非烧结垃圾尾矿砖》JC/T 422、《蒸压灰砂砖》GB 11945、《蒸压灰砂空心砖》JC/T 637的有关规定;

4 再生砌块的性能及用途应符合国家现行标准《普通混凝土小型空心砌块》GB 8239、《轻集料混凝土小型空心砌块》GB/T 15229、《蒸压加气混凝土砌块》GB 11968、《装饰混凝土砌块》JC/T 641的规定。

6.0.8 再生沥青混合料生产应符合下列要求：

1 建筑垃圾中废沥青可用于生产再生沥青混合料；再生沥青混合料生产过程中，骨料温度应控制在180℃～190℃，沥青温度应控制在145℃～155℃，搅拌时间应为32s～37s；生产过程中，应将新旧骨料混合后再加入新沥青拌合至颜色均匀一致后出料，再生沥青混合料出厂温度应为140℃～160℃；

2 沥青路面资源化再生时，应保证再生沥青混合料的稳定，旧沥青的比例应小于25%；

3 使用再生沥青铺路时，沥青产品应符合国家现行标准《重交通道路石油沥青》GB/T 15180、《道路石油沥青》SH 0522、《建筑石油沥青》GB/T 494 的规定。

6.0.9 其他建筑垃圾资源化再生应符合下列要求：

1 建筑垃圾微粉可作为原材料取代石英砂，并可按照相关工艺制备蒸压加气混凝土砌块，其各项性能应符合现行国家标准《蒸压加气混凝土砌块》GB 11968 的相关规定；

2 废木材再生前应分离附着在木材上的金属、玻璃、塑料等物质；经防腐处理的木材，应视防腐剂毒性及含量进行妥善处理；

3 废弃的管道应按材质分类，金属（含复合管中金属）应进入金属回收利用途径；化学化合物管道、管件应进入塑料回收利用途径；

4 钢架、钢梁、钢屋面与钢墙体宜按拆除后的板、型材分类，板类（去除可能混杂的保温夹层）可直接送有关部门处理；

5 建筑垃圾中碎砖、碎混凝土块、碎石及水泥拌合物等可用作载体桩原材料，载体桩设计、施工应符合现行行业标准《载体桩设计规程》JGJ/T 135 的规定。

7 回 填

7.0.1 局部标高低于规划使用要求的地坪可用建筑垃圾回填，回填宜优先选择开挖土方。

7.0.2 回填地块应根据规划用途选用适宜的回填原料和采用相应的压实措施。

7.0.3 回填前宜对低洼地进行清理，当低洼地含水量大时，宜采取排水、清淤等处理措施以利于加固基底土体。

7.0.4 雨期作业时，应采取措施防止地面水流入回填点内部，并应避免边坡塌方。

7.0.5 在回填现场主要出入口宜设置洗车台，外出车辆宜冲洗干净后进入城市道路。

8 填 埋

8.0.1 建筑垃圾填埋场选址前应收集当地建设规划、周边社会发展情况、地形地貌、水文、地质、气象、道路、交通运输、给水排水及供电条件等基础资料。

8.0.2 建筑垃圾填埋场选址应符合国家有关法律、行政法规和标准规范的要求，并应符合当地城镇环境卫生专项规划要求。建筑垃圾填埋场应选择具有自然低洼地势的山坳、采石场废坑等地点，并应满足交通方便、运距合理的要求。

8.0.3 建筑垃圾填埋场选址严禁设在下列地区：

1 地下水集中供水水源地及补给区；

2 洪泛区和泄洪道；

3 活动的坍塌地带，尚未开采的地下蕴矿区、灰岩坑及溶岩洞区。

8.0.4 建筑垃圾填埋场选址不应设在下列地区：

1 珍贵动植物保护区和国家、省级自然保护区；

2 文物古迹区，考古学、历史学、生物学研究考察区；

3 军事要地、基地，军工基地和国家保密地区。

8.0.5 填埋场主体设施可包括：计量设施、填埋库区设施、防渗系统、雨水污水分流设施、场区道路、垃圾坝、污水处理设施。

8.0.6 填埋场配套设施可包括：进场道路、备料场、供配电设施、给水排水设施、生活和管理设施、设备维修设施、消防和安全卫生设施、车辆冲洗设施、通信及监控设施、停车场等。

8.0.7 建筑垃圾填埋区应根据规划限高、地基承载力、车辆作业要求等因素，合理确定分层厚度、堆高高度、边坡坡度，并应进行整体稳定性核算。

8.0.8 填埋场应配备推铺及降尘洒水设备，作业时宜洒水防止扬尘污染。

8.0.9 工程泥浆经干化后含水率低于40%时方可进入建筑垃圾填埋场填埋。

8.0.10 工程渣土、装修垃圾宜分区填埋。

8.0.11 工程渣土填埋区设计应采取雨水导排、污水收集与处理、封场利用等措施。

8.0.12 装修垃圾填埋区设计宜按照现行行业标准《生活垃圾卫生填埋技术规范》CJJ 17 的规定，采取地基与防渗处理、雨水导排、污水收集与处理、封场利用等措施。

8.0.13 填埋场地应在填埋前、后取得水、气、噪声等环境本底数据。

8.0.14 填埋场在作业期间应进行环境质量监测，监测要求应按照现行国家标准《生活垃圾填埋场污染控制标准》GB 16889 的有关规定执行。

8.0.15 填埋场地在作业期间应进行地质沉降监测。

8.0.16 填埋场封场工程应包括堆体稳定、地表水导排、植被类型选择与分布等内容，并应符合现行行业标准《生活垃圾卫生填埋场封场技术规程》CJJ 112 的有关规定。

9 环境保护与安全卫生

9.0.1 生活垃圾、危险废物不得进入建筑垃圾回填点、建筑垃圾填埋场和建筑垃圾资源化处理厂。

9.0.2 建筑垃圾转运调配、处理、处置场所应有雨水、污水分流设施，并应采取有效措施防止污染周边环境。

9.0.3 建筑垃圾处理全过程粉尘污染控制应符合下列要求：

1 建筑垃圾运输、倾倒、填埋、压实等过程产生的灰尘，可通过配备洒水车、在堆体表面覆盖塑料布及绿化等方式来控制粉尘产生量；

2 建筑垃圾资源化厂处理车间中，宜采用密封设备系统、局部抽吸的方式控制粉尘外泄。

9.0.4 建筑垃圾处理全过程噪声控制应符合下列要求：

1 建筑垃圾收集、运输、处理系统应选取低噪声运输车辆，车辆在车厢开启、关闭、卸料时产生的噪声不应超过82dB（A）；

2 宜通过建立缓冲带、设置噪声屏障控制转运调配场、填埋场和资源化处理厂噪声；

3 噪声大的建筑垃圾资源化处理车间，宜采取隔声罩、隔声间或者在车间建筑内墙附加吸声材料等方式降低噪声。

9.0.5 从事建筑垃圾收集、运输、处理的单位应对作业人员进行安全卫生专业培训。

9.0.6 建筑垃圾处理场所应按照作业需求配置作业机械，并应配备必要的劳动工具和职业病防护用品。

9.0.7 建筑垃圾处理作业现场应设置劳动防护用品贮存室，并应定期进行盘库和补充；对使用过的劳动防护用品应定期进行清洗和消毒；有破损的劳动防护用品应及时更换。

9.0.8 建筑垃圾处理场所应设道路行车指示、安全标志及环境卫生设施标志。

9.0.9 建筑垃圾收集、运输、处理系统的环境保护与安全卫生除应满足以上规定外，尚应满足国家有关法律、行政法规和标准规范的规定。

本规范用词说明

1 为便于在执行本规范条文时区别对待，对于要求严格程度不同的用词说明如下：

　　1）表示很严格，非这样做不可的：

　　　　正面词采用"必须"，反面词采用"严禁"；

　　2）表示严格，在正常情况下均应这样做的：

　　　　正面词采用"应"，反面词采用"不应"或"不得"；

　　3）表示允许稍有选择，在条件许可时首先应这样做的：

　　　　正面词采用"宜"，反面词采用"不宜"；

　　4）表示有选择，在一定条件下可以这样做的，采用"可"。

2 条文中指明应按其他有关标准执行的写法为："应按……执行"或"应符合……的规定（要求）"。

引用标准名录

1 《生活垃圾填埋污染控制标准》GB 16889

2 《工业企业总平面设计规范》GB 50187

3 《建筑石油沥青》GB/T 494

4 《普通混凝土小型空心砌块》GB 8239

5 《蒸压灰砂砖》GB 11945

6 《蒸压加气混凝土砌块》GB 11968

7 《重交通道路石油沥青》GB/T 15180

8 《轻集料混凝土小型空心砌块》GB/T 15229

9 《生活垃圾卫生填埋技术规范》CJJ 17

10 《普通混凝土用砂、石质量及检验方法标准》JGJ 52

11 《生活垃圾卫生填埋场封场技术规程》CJJ 112

12 《载体桩设计规程》JGJ/T 135

13 《公路水泥混凝土路面施工技术规范》JTG F30

14 《公路水泥混凝土路面设计规范》JTG D40

15 《公路桥涵施工技术规范》JTJ 041

16 《公路工程集料试验规程》JTG E42

17 《非烧结垃圾尾矿砖》JC/T 422

18 《蒸压灰砂空心砖》JC/T 637

19 《装饰混凝土砌块》JC/T 641

20 《道路石油沥青》SH 0522

中华人民共和国行业标准

建筑垃圾处理技术规范

CJJ 134—2009

条 文 说 明

制 订 说 明

《建筑垃圾处理技术规范》CJJ 134—2009，经住房和城乡建设部 2009 年 11 月 9 日以第 427 号公告批准、发布。

本规范制订过程中，编制组进行了广泛的调查研究，总结了我国建筑垃圾处理工程建设的实践经验，同时参考了国外先进技术法规、技术标准，通过试验取得了建筑垃圾再生利用的重要技术参数。

为便于广大设计、施工、科研、学校等单位有关人员在使用本规范时能正确理解和执行条文规定，《建筑垃圾处理技术规范》编制组按章、节、条顺序编制了本规范的条文说明，对条文规定的目的、依据以及执行中需注意的有关事项进行了说明，还着重对强制性条文的强制性理由作了解释。但是，本条文说明不具备与规范正文同等的法律效力，仅供使用者作为理解和把握标准规范的参考。

目　次

1 总 则

1.0.1 本条主要说明了制定本规范的指导思想和目的。本规范的提出，是为了落实《城市建筑垃圾管理规定》，使政府职能部门能够准确地指导和监控城市建筑垃圾处理工程的设计、建设和运营，以保护环境，提高建筑垃圾减量化、资源化和无害化处置率，并实现可持续发展。

1.0.2 本条阐明本规范的适用范围，本规范内容覆盖了建筑垃圾从产生到最终处置所有环节。

1.0.3 本条阐明建筑垃圾处理技术规范应与时俱进，结合实践，不断完善。对于新工艺、新技术、新材料和新设备，应积极推广，并同时保持审慎的态度。既不可故步自封，也不能盲目应用，避免造成资金和资源的浪费。

1.0.4 本条强调了建筑垃圾处理全过程除了应符合本规范的规定外，还应同时执行国家现行有关标准的规定。

2 术 语

2.0.1 本条定义了建筑垃圾，强调了建筑垃圾的性状。

2.0.2 本条定义了建筑垃圾转运调配。转运调配场属于建筑垃圾中转场所，在条件允许的情况下，可增加建筑垃圾预处理功能，以利于建筑垃圾资源化。

2.0.3 本条定义了建筑垃圾回填。建筑垃圾回填为建筑垃圾处理的一种类型，既满足了城市建设对土方的需求，也节省了处置建筑垃圾所需的土地资源。

3 基 本 规 定

3.0.1 本条阐明建筑垃圾管理应有专业规划指导。

3.0.2 本条阐明在收运、处置的全过程中，建筑垃圾应与其他固体废弃物分类管理，做到源头分类、分别收集、分流运输。

3.0.3 本条阐明建筑垃圾运输车辆的运输时间、路线、处置地点的要求。建筑垃圾主管部门应与交通部门共同确定中心城区范围内允许、限制和禁止建筑垃圾运输车辆通行的道路；建筑垃圾主管部门按照规定路线核发准运证；建筑垃圾运输车辆必须携带准运证，按准运证规定路线、时间行驶。管理部门在具体执行时，可参考采用联单制，即分别由建筑垃圾产生单位、建筑垃圾运输单位、建筑垃圾填埋或处置单位填写确认，并由建筑垃圾移出地、移入地相关单位及运输单位保管，以便日后主管单位检查该建筑垃圾的产生源、运输去向、接受或处理单位。

3.0.4 本条阐明建筑垃圾依成分不同宜采取的处理措施。

4 收集与运输

4.1 源头减量、收集

4.1.1 本条阐明建筑垃圾处理应符合减量化原则。它要求从建设活动的源头节约资源、减少污染。

 1 通过提高设计和施工质量，保证建筑物耐久性，延长使用年限；

 2 通过改进和采用先进施工工艺，减少建筑垃圾产量；

 3 提高建筑垃圾源头分类收集程度，实现建筑垃圾减量。

4.1.2 不同种类建筑垃圾的成分、性质有很大差异，应分类收集、分流收运。特别是装修垃圾，有害成分较为集中，应集中收集、运输、堆放、处理。

4.2 运 输

4.2.1 本条规定建筑垃圾运输应采用封闭方式，对于条件不具备的应采取有效的苫盖措施，避免运输过程中的环境污染。

4.2.2 本条规定对建筑垃圾运输车辆的车厢密闭性作了技术要求。未安装使用密闭机械装置的运输车辆，应到国家发展和改革委员会发布的《车辆生产企业及产品公告》中的汽车生产、改装企业进行加盖改装。

4.2.3 本条阐明了建筑垃圾运输工具的外观要求。

 建筑垃圾运输车辆厢盖两侧应统一印刷建筑垃圾专用运输车字样，挡风玻璃右侧显眼处应贴有建筑垃圾准运证，并应随车携带其他有关许可证件，接受相关部门查验；建筑垃圾运输船舶应在船舷两侧附有专门标志。

 建筑垃圾运输车辆开出施工工地应车容整洁，以不污染沿途市政道路环境为标准。特别是运输开挖的黏质渣土，或者在雨天运输作业，宜配置轮胎冲洗装置，对车辆轮胎冲洗后方可驶出作业场地。这一点对中心城区尤为重要。

4.2.4 集装箱运输形式的环保可行性、技术进步性都优于散装运输形式，因此推荐建筑垃圾水上运输采用集装箱运输形式。

4.2.5 建筑垃圾采用散装运输，运输过程若不能有效地做到封闭化，运输过程、码头装卸过程中会出现垃圾散落的现象，因此应尽可能避免建筑垃圾污染沿途道路、河道。

4.2.6 建筑垃圾的产量与城市建设进程密切相关，具有较大波动性，单独建设建筑垃圾码头容易造成资源浪费，因此推荐建筑垃圾转运码头与生活垃圾转运码头合建，配备必要的设施即可。

5 转运调配

5.0.1 本条阐明进入转运调配场的建筑垃圾种类，对于无法再利用的建筑垃圾可以直接运往填埋场填埋处置。

5.0.2 本条阐明转运调配场的设置应纳入城镇环境卫生专业规划，应根据实际情况，明确是否设置建筑垃圾转运调配场；如果设置，应根据选址要求明确选址规划。

5.0.3、5.0.4 阐明确定转运调配场建设规模的相关因素，以及与建设规模相应的用地指标。

5.0.5 本条阐明分类堆放区及转运区的基本设置，对建筑垃圾堆放方式、地坪标高、雨水导排等作了规定。

5.0.6 本条阐明转运调配场内生产管理区的布置及附属设施设置要求。

5.0.7 本条阐明转运调配场内作业机械的配备要求。

5.0.8 本条对转运调配场总平面布置及绿化提供了设计依据，对规模较大的转运调配场可以考虑实现建筑垃圾分类、破碎等初步的资源化处理。

6 再生利用

6.0.1 本条阐明建筑垃圾可生产再生产品，产品应经国家有关部门审核后方可进入市场。由于大众的畏惧和抵触心理，建筑垃圾资源化再生产品的安全性、实用性受到怀疑，建筑垃圾资源化再生产品只有通过国家相关部门审核认证合格，才能得以继续推广。

6.0.2 本条阐明建筑垃圾分选地点应根据实际情况，因地制宜选择。

6.0.3 本条阐明选择建筑垃圾分选工艺的相关因素。

6.0.4 本条阐明确定建筑垃圾分选工艺设计处理能力的相关因素。对于多条分选生产线并联设计，单线的最大处理能力主要取决于建筑垃圾产量的波动情况，如缺乏相应资料，宜取为设计处理能力的1.2倍。

6.0.5 本条阐明废旧建筑混凝土生产再生骨料的工艺、产品及产品应用的技术要求。

生产工艺可根据产品要求，结合生产实际采用适当的工艺组合，必要时可设置多级破碎、多种分选及清洗。

再生混凝土细骨料，即小于或等于5mm的混凝土再生砂；再生混凝土粗骨料，可以根据实际生产情况和实际需求选择生产连续粒级的产品或单粒级的产品，如5mm～25mm的连续粒级再生粗骨料和10mm～20mm的单粒级再生粗骨料。此外，也可根据具体情况，利用几种单粒级再生粗骨料产品依照有关标准规定配置所需的连续粒级的再生粗骨料。

6.0.6 本条阐明废旧道路水泥混凝土生产再生骨料的工艺、产品及产品应用的技术要求。

6.0.7 本条阐明建筑垃圾生产再生砖、砌块的原料、工艺、产品的技术要求。

6.0.8 本条阐明建筑垃圾再生沥青混合料的原料、工艺、产品的技术要求。

6.0.9 本条对其他类型的建筑垃圾资源化再生作了规定。随着社会的发展和科技的进步，建筑垃圾的种类日益增多，资源化处理途径也会相应增加，本规范无法尽数列举，仅列出目前较为常见、应用比例较高的建筑垃圾的资源化处理方式。

7 回 填

7.0.1、7.0.2 当地建筑垃圾管理部门结合城市建设总体规划，确定和调整回填点分布。管理部门尚应做好回填点分布的信息收集和信息发布工作，为满足回填及资源利用等需求提供信息服务。建筑垃圾回填应采取必要的压实措施，具体应根据回填地点规划用途确定。因开挖土方的性状适用于地基回填土，因此推荐开挖土方为回填的优先选择材料。

7.0.3 本条对建筑垃圾回填作了技术规定，强调加固基底。

7.0.4 本条强调雨期作业应做好排水措施，防止地表滞水流入基底，浸泡地基，造成基底土下陷及边坡塌方。

7.0.5 本条阐明车辆应及时冲洗，避免污染城市道路。

8 填 埋

8.0.1～8.0.4 阐明建筑垃圾填埋场的选址要求。

8.0.5 本条阐明建筑垃圾填埋场的主体设施内容。

8.0.6 本条阐明建筑垃圾填埋场的配套设施内容。

8.0.7 本条阐明建筑垃圾填埋区的垃圾堆体的设计要求。

8.0.8 本条阐明填埋场的作业设备配置要求。

8.0.9 根据以往填埋场运行经验，低于40%含水率的泥土不会造成作业困难或者发生溃坝。工程泥浆持水性较差，经过简单的风干或日晒处理，含水率即可降到40%以下。

8.0.10～8.0.12 工程渣土和装修垃圾在建筑垃圾中占有相当大的比例，但二者成分存在差异。采用填埋处置方式，应分别采取相应的环保措施。

8.0.13、8.0.14 明确填埋场在运行前及作业期间的环境监测要求。

8.0.15 本条阐明填埋场应进行作业期的地质沉降监测，避免因填埋库区地质沉降给周围地质环境造成破坏。地质沉降监测技术要求可参照中国地质调查局颁布的相关标准。

8.0.16 本条阐明填埋场封场工程内容,对堆体稳定、覆盖土层、绿化等作了技术规定。

9　环境保护与安全卫生

9.0.1 本条规定了进入处理场所建筑垃圾的性质。

9.0.2 本条阐明建筑垃圾转运调配、处理、处置场所污水排放要求。建筑垃圾转运调配、处理、处置场所污水排放应满足环境评价报告批复的要求,宜采取雨水污水分流、污水调蓄、污水处理等措施,雨水排放应经过沉淀等处理,确保达到受纳水体排放标准要求。

9.0.3 本条阐明建筑垃圾处理过程中粉尘污染的控制要求,这也是大气污染控制的主要方面。

9.0.4 本条阐明建筑垃圾收运、处理过程中对噪声的控制要求。

9.0.5 本条阐明建筑垃圾处理场所应采取的职业健康与劳动卫生宣传教育要求。

9.0.6 作业机械、劳动工具和职业病防护用品根据作业需要可以包括铲车、压实机、专用防尘口罩、工作服、安全帽、劳防手套等。

9.0.7 本条阐明建筑垃圾作业单位应采取有效措施,保证劳防用品保质保量及时供应。

9.0.8 本条阐明建筑垃圾转运调配、处理、处置场所区域内应设置必要的指示性标志。标志设置方法可参照《道路交通标志和标线》GB 5678.1～GB 5678.3、《安全标志及其使用导则》GB 2894的相关规定,及中国标志网公布的最新国家标准标志。

9.0.9 环境保护措施应按照《工业企业厂界环境噪声排放标准》GB 12348、《声环境质量标准》GB 3096、《大气污染物综合排放标准》GB 16297、《环境空气质量标准》GB 3095、《地表水环境质量标准》GB 3838、《地下水质量标准》GB/T 14848、《污水综合排放标准》GB 8978 等的有关规定执行;劳动安全与卫生措施应按照《工业企业设计卫生标准》GBZ 1,《工作场所有害因素职业接触限值》GBZ 2/T 2.1～GBZ 2/T 2.2,《职业健康安全管理体系规范》GB/T 28001,《生产过程安全卫生要求总则》GB/T 12801等的有关规定执行。

中华人民共和国行业标准

生活垃圾焚烧厂评价标准

Standard for assessment on municipal solid waste
incineration plant

CJJ/T 137—2010

批准部门：中华人民共和国住房和城乡建设部
施行日期：２０１０年８月１日

中华人民共和国住房和城乡建设部
公　告

第 539 号

关于发布行业标准《生活垃圾
焚烧厂评价标准》的公告

现批准《生活垃圾焚烧厂评价标准》为行业标准，编号为 CJJ/T 137－2010，自 2010 年 8 月 1 日起实施。

本标准由我部标准定额研究所组织中国建筑工业出版社出版发行。

中华人民共和国住房和城乡建设部

2010 年 4 月 14 日

前　言

根据原建设部《关于印发〈2006 年工程建设标准规范制订、修改计划（第一批）〉的通知》（建标 [2006] 77 号文）的要求，标准编制组经广泛调查研究，认真总结实践经验，参考有关国际标准，并在广泛征求意见的基础上，制定了本标准。

本标准的主要内容是：1　总则；2　评价内容；3　评价方法。

本标准由住房和城乡建设部负责管理，城市建设研究院负责具体技术内容的解释。执行过程中如有意见或建议，请寄送城市建设研究院（地址：北京市朝阳区惠新里 3 号院；邮政编码：100029）。

本 标 准 主 编 单 位：城市建设研究院
本 标 准 参 编 单 位：中国城市环境卫生协会
晋江创冠环保资源开发有限公司
深圳绿色动力环境工程有限公司
伟明集团有限公司
重庆三峰卡万塔环境产业有限公司

本标准主要起草人员：郭祥信　徐文龙　刘晶昊
　　　　　　　　　　陶　华　龙吉生　王禄河
　　　　　　　　　　杨宏毅　卢巨流　项光明
　　　　　　　　　　雷钦平　刘京媛　滕　清
　　　　　　　　　　卜亚明　赖剑波　朱善银
　　　　　　　　　　刘思明　黄晓文　翟兆舟
　　　　　　　　　　梁怡侃　翟力新　赵树青

本标准主要审查人员：徐振渠　聂永丰　白良成
　　　　　　　　　　施　阳　刘申伯　刘忠义
　　　　　　　　　　吴文伟　程　平　方建华
　　　　　　　　　　姜宗顺　陈朱蕾

目　次

Contents

1 总　　则

1.0.1 为规范生活垃圾焚烧厂项目(以下简称"焚烧厂")的工程建设和运行管理,保障社会公众利益,提高我国焚烧厂的建设和运行水平,促进垃圾焚烧处理行业的健康发展,制定本评价标准。

1.0.2 本标准适用于新建及改扩建,并正式投入运行满一年以上的焚烧厂。分期建设的焚烧厂,可对已建成并投入运行满一年的分期工程进行评价。

1.0.3 对焚烧厂的评价应以公正客观、真实可靠、技术适用、装备先进、管理科学、运行规范、污染控制、资源节约、安全保障、环境卫生、垃圾无害化处理为原则。

1.0.4 对焚烧厂评价时,除应执行本标准的规定外,尚应符合国家现行有关标准的规定。

2 评 价 内 容

2.0.1 焚烧厂评价内容应包括焚烧厂工程建设水平和运行管理评价。

2.0.2 焚烧厂工程建设水平评价内容应包括以下主要方面:

  1 焚烧厂总体设计;

  2 垃圾计量和卸料系统;

  3 垃圾焚烧系统;

  4 余热利用系统;

  5 烟气净化系统;

  6 污水处理;

  7 自动控制。

2.0.3 焚烧厂运行管理评价内容应包括以下主要方面:

  1 运行时间及垃圾处理量;

  2 垃圾焚烧效果;

  3 烟气净化与污染控制;

  4 制度管理与安全管理。

3 评 价 方 法

3.0.1 焚烧厂评价应采用资料查阅和现场考察核实相结合的评价方法。

3.0.2 焚烧厂评价应在分别对工程建设水平和运行管理评价的基础上,根据工程建设水平和运行管理的不同权重计算出综合评价得分,根据综合评价得分和关键项得分最后确定评价等级。

3.1 工程建设水平评价

3.1.1 焚烧厂应提供下列(包括但不限于)文件和资料

  1 项目建议书及其批复文件;

  2 可行性研究报告(或项目申请报告)及其批复(核准)文件;

  3 环境影响评价报告及其批复文件;

  4 主要设计文件、图纸及设计变更资料;

  5 施工记录及竣工验收资料;

  6 其他反映建设水平的资料;

  7 被评价焚烧厂信息数据统计表,其内容和格式应符合附录 A 的要求。

3.1.2 焚烧厂工程建设水平评价打分应符合表3.1.2的要求。

表 3.1.2　焚烧厂工程建设水平评价打分表

分项编号	分项名称	子项编号	子项名称	满分分值	子项水平描述	相应分值	实际给分
1-1	垃圾计量与卸料系统(满分10分)	1-1-1	汽车衡	3	规格、数量、布置合理	3	
					规格、数量、布置有缺陷	1~2	
					汽车衡设置不能满足要求	0	
		1-1-2	卸料大厅	3	封闭式,清洗、照明、安全等设施齐全	3	
					半封闭式	1~2	
					敞开式	0	
		1-1-3	垃圾池间排风除臭	4	有独立机械排风除臭系统	4	
					无机械排风除臭系统	0	
1-2	垃圾焚烧系统(满分30分)	1-2-1	自动燃烧控制系统(ACC)	5	有ACC	5	
					无ACC	0	
		1-2-2	炉膛温度保障设计	13	温度测量点完善、助燃系统完善、一二次风供给系统合理	13	
					温度测量点、助燃系统和一二次风供给系统等炉温保障措施有欠缺	0~12	
		1-2-3	炉膛烟气停留时间(炉膛设计)	12	炉膛设计有利于烟气的扰动,满足烟气停留2s以上	12	
					炉膛设计不易满足烟气停留2s以上	0~11	
1-3	余热利用系统(满分10分)			10	热能全部用于发电或供热	10	
					热(冷)电联产	10+2	
					不发电,只有部分热能得到利用	6	
					无余热利用	0	

分项编号	分项名称	子项编号	子项名称	满分分值	子项水平描述	相应分值	实际给分
1-4	烟气净化（满分35分）	1-4-1	采用（设计）烟气排放标准	5	采用国家标准①	5	
					全部指标优于国家标准	5+2	
					部分指标优于国家标准	5+1	
		1-4-2	烟气净化系统	10	净化设施设备配置齐全，设备参数计算资料齐全，使用业绩多	10	
					净化设施设备配置齐全，但设备参数计算资料不全，使用业绩少	8	
					净化设施设备配置齐全，但无设备参数计算资料，无使用业绩	5	
					净化设施设备缺失	0	
		1-4-3	烟气在线监测（CEMS）	10	在线监测指标数量满足标准②要求，监测数据与监管部门联网	10	
					在线监测指标数量满足标准要求，监测数据未与监管部门联网	6	
					在线监测指标数量不满足标准要求，监测数据与监管部门联网，缺1项扣1分，扣完为止	4～6	
					无在线监测	0	
		1-4-4	飞灰处理	10	稳定化处理系统、储存设施、运输防漏设（措）施、处置设（措）施符合标准②要求	10	
					上述设（措）施不全	0～9	
					无任何处理设（措）施	0	

分项编号	分项名称	子项编号	子项名称	满分分值	子项水平描述	相应分值	实际给分
1-5	污水处理（满分10分）	1-5-1	渗沥液处理	6	满足环评要求，达标排放或处理后进城市下水道或城市污水处理厂	6	
					有处理设施，但工艺不满足达标排放要求，且无进入城市污水处理厂的措施	3	
					无任何处理措施直接排入环境	0	
		1-5-2	生活污水、冲洗水、炉渣冷却水处理	4	达标排放或进城市污水管网	4	
					处理后回用	4+1	
					无处理设施，直接排入环境	0	
1-6	焚烧厂总体设计（满分5分）		焚烧厂总体设计	5	平面、竖向布置合理，物流顺畅，建筑造型及绿化与周围环境协调	5	
					平面、竖向布置较合理，物流较顺畅，建筑造型及绿化设计一般	3	
					平面、竖向布置、物流有欠缺	0	
合计				100		100	

注：①此处是指现行国家标准《生活垃圾焚烧污染控制标准》GB 18485；
　　②此处是指国家现行行业标准《生活垃圾焚烧处理工程技术规范》CJJ 90。

3.1.3 应用表 3.1.2 实际打分时应符合下列要求：

1 依据资料信息或数据评价打分时，所依据的资料信息或数据应经过核实，真实可靠；

2 各评价子项（允许加分的评价子项除外）的实际得分不得高于表中所列的满分分值；

3 可根据评价子项的实际水平在表中建议分值之间给出适当的分值。

3.2 运行管理评价

3.2.1 焚烧厂应提供下列（包括但不限于）文件和资料：

1 全年垃圾进厂计量资料；

2 全年炉温记录资料；

3 全年辅助燃料消耗量和单位辅助燃料消耗量（处理每吨垃圾的辅助燃料消耗量）；

4 全年分月炉渣热灼减率的检测资料；

5 全年余热锅炉出力和蒸汽参数记录资料；

6 全年烟气排放指标在线监测记录资料;

7 环保部门对焚烧厂排放指标的监测资料,包括烟气、炉渣、飞灰、污水、厂界大气、臭气浓度、噪声等监测资料;

8 全年分日中和剂、吸附剂和飞灰稳定剂(包括固化剂和螯合剂等)消耗量;

9 全年渗沥液排放在线监测资料;

10 年运行时间记录资料;

11 全年停炉检修及启炉、停炉记录资料;

12 焚烧厂管理制度;

13 其他能反映焚烧厂运行管理水平的资料。

3.2.2 焚烧厂运行管理评价打分应符合表3.2.2的要求。

表3.2.2 垃圾焚烧厂运行管理评价打分表

分项编号	分项名称	子项编号	子项名称	满分分值	子项水平描述	相应分值	实际给分
2-1	运行时间及垃圾处理量(满分20分)	2-1-1	年垃圾处理量	10	达到设计(额定)处理量	10	
					达到设计(额定)处理量的80%及以上	8	
					低于设计(额定)处理量的80%	3	
		2-1-2	每条焚烧线年运行小时数	10	8000h及以上	10	
					大于7600h小于8000h	5~9	
					大于7200h小于7600h	1~4	
					小于7200h	0	
2-2	垃圾焚烧效果(满分30分)	2-2-1	炉渣热灼减率(对每条焚烧线)	12	炉渣月平均热灼减率≤3%,最高值不大于5%	12	
					3%<炉渣月平均热灼减率≤5%,最高值不大于6%	1~11	
					炉渣月平均热灼减率>5%	0	
		2-2-2	炉膛温度(对每条焚烧线)	18	全年每一正常运行日炉膛上断面平均温度均在850℃以上	18	
					全年炉膛上断面平均温度出现小于850℃的情况	0~17	

续表3.2.2

分项编号	分项名称	子项编号	子项名称	满分分值	子项水平描述	相应分值	实际给分
2-3	污染控制(满分40分)	2-3-1	烟尘与酸性气体处理效果	10	全年所有正常运行日厂内监测指标全部达标,环保部门定期监测指标全部达标(按标准要求时间均值考核)	10	
					全年正常运行日厂内监测指标有不达标、环保部门定期监测指标全部达标	3~8	
					全年所有正常运行日厂内监测指标全部达标、环保部门定期监测指标有不达标	2~6	
					全年正常运行日厂内监测指标和环保部门定期监测指标均有不达标	0~4	
		2-3-2	重金属与二恶英去除	10	全年正常运行日活性炭实际喷射量均达到设计需要量,全年烟气重金属及二恶英监测值全部达标	10	
					全年烟气重金属及二恶英监测值全部达标,但全年存在活性炭实际喷射量与设计需要量相比有明显偏低的正常运行日	5~8	
					全年正常运行日活性炭实际喷射量均达到设计需要量,但全年重金属及二恶英监测值未全部达标	2~5	
					全年正常运行日活性炭实际喷射量有未达到设计需要量,全年重金属及二恶英监测值未全部达标	0	

续表 3.2.2

分项编号	分项名称	子项编号	子项名称	满分分值	子项水平描述	相应分值	实际给分
2-3	污染控制（满分40分）	2-3-3	飞灰处理	6	飞灰稳定化系统运行可靠，飞灰能得到完全稳定化处理，飞灰稳定化后的浸出毒性检测结果满足进入垃圾卫生填埋场处理要求后填埋处理或采用环保部门批准的处理方式处理	6	
					飞灰稳定化系统可靠性差，飞灰不能完全稳定化处理，但有暂存措施	1~5	
					无处理措施或运出但无去向证明或只有与危险废物处理厂的处理协议但无处理记录证明且处理方式未得到环保部门批准	0	
		2-3-4	炉渣处理	2	炉渣得到综合利用或无害化处理	2	
					炉渣未得到无害化处理	0	
		2-3-5	渗沥液处理	5	全年排放指标监测数据全部达标或进入城市污水厂处理或喷炉焚烧（需提供记录）	5	
					全年排放监测数据主要指标（COD_{cr}、BOD_5、SS、NH_3-N）达标，但其他指标有未达标	3	
					全年排放监测数据主要指标（COD_{cr}、BOD_5、SS、NH_3-N）有未达标	1~2	
					全年排放监测数据主要指标（COD_{cr}、BOD_5、SS、NH_3-N）均未达标		
		2-3-6	生活污水、渣冷却水与冲洗水处理	2	全年排放监测数据指标全部达标或全部回用	2	
					全年排放监测数据指标（或回用水指标）有未达标	1	
					全年排放监测数据指标（或回用水指标）均未达标	0	
		2-3-7	臭气控制	3	厂内臭味不明显，厂界恶臭气体浓度满足环保标准要求	3	
					厂内臭味明显，厂界恶臭气体浓度满足环保标准要求	2	
					厂内臭味明显，厂界恶臭气体浓度不满足环保标准要求	0	
		2-3-8	噪声控制	2	厂界噪声满足环保标准要求	2	
					厂界噪声不满足环保标准要求	0	
2-4	厂内管理（满分10分）	2-4-1	安全管理	6	安全管理制度完善，安全标识规范，具有ISO 18000认证，工作票制度完善，从未发生安全事故	6	
					安全管理制度和安全标识有欠缺，无ISO 18000认证，工作票制度有欠缺，有轻微安全事故	1~3	
					1年内曾发生过较大安全事故	0	
		2-4-2	综合管理	4	管理制度完善，厂区环境良好，1年内未发生过有效投诉事件	4	
					厂区环境一般，1年内未发生过有效投诉事件	2	
					1年内发生过有效投诉事件	0	
合计				100		100	—

3.2.3 应用表 3.2.2 实际打分时应符合下列要求：

　　1 评价子项的实际分值不得高于表中所列的满分分值；

　　2 评价者可根据评价子项的实际水平在满分分值以下给出适当的分值；

　　3 若实际排放指标或要求未达到表 3.1.2 中加分子项的采用标准或要求，则表 3.1.2 中的加分取消；

　　4 对于 2-1-2 子项，如果任一焚烧生产线的年运行时间小于 6500h，则该焚烧厂不予评价。

3.3 综合评价

3.3.1 焚烧厂的综合评价得分应按下式计算：

$$M = M_j \times f_j + M_y \times f_y \qquad (3.3.1)$$

式中：M——综合评价分值；

  M_j——工程建设水平评价得分；

  M_y——运行管理水平评价得分；

  f_j——工程建设权重系数，$f_j=0.4$；

  f_y——运行管理权重系数，$f_y=0.6$。

3.3.2 焚烧厂综合评价等级确定应同时依据综合评价分值和关键分项评价分值，并应符合表3.3.2的规定。综合评价分值达到表3.3.2中要求的B级以上分值，但表3.3.2中任一关键分项分数未达到该级别要求分值的，则按该关键分项分值达到的级别评定。

表3.3.2 焚烧厂综合评价等级划分及其分值要求

等级划分	综合评价分值要求	关键分项最小分值要求			
		1-2分项	1-4分项	2-2分项	2-3分项
AAA级	$M>95$	30	37	30	40
AA级	$90<M\leqslant95$	30	36	30	38
A级	$85<M\leqslant90$	27	34	28	36
B级	$75<M\leqslant85$	26	30	27	34
C级	$M\leqslant75$				

3.3.3 垃圾与化石燃料混烧的焚烧厂，化石燃料热量占全部燃料总热量比例低于20%的，可按正常程序参加评价；化石燃料重量占全部燃料总重量比例高于20%的，不得给予评价；化石燃料热量占比20%以上，重量占比20%以下的，综合评价最高不得高于B级。

3.3.4 对焚烧厂的无害化水平认定，应符合下列规定：

 1 AAA级：达到了无害化处理，处于国内领先水平；

 2 AA级：达到了无害化处理，处于国内较高水平；

 3 A级：达到了无害化处理；

 4 B级：基本达到了无害化处理，可计入垃圾无害化处理率，但尚需改善提高；

 5 C级：未达到无害化处理。

附录A 被评价垃圾焚烧厂信息数据统计表

表A 被评价垃圾焚烧厂信息数据统计表

序号	信息名称	单位	数据或信息	说明
1	焚烧厂建设信息			
1.1	焚烧厂全称			
1.2	设计处理规模	t/d		

续表A

序号	信息名称	单位	数据或信息	说明
1.3	近期实际处理规模（量）	t/d		
1.4	垃圾池容积	m³		
1.5	垃圾池间通风除臭系统情况			
1.6	焚烧线规模及数量	t/d		
1.7	焚烧炉类型			详细描述焚烧炉特点。如往复式炉排炉，逆推，二段，带剪切装置等
1.8	炉排尺寸（对炉排炉）			可按干燥段、燃烧段、燃烬段分别描述
1.9	炉膛尺寸（包括高度和断面）			自二次空气喷入口所在断面至耐火砖上端的部分
1.10	焚烧炉制造商			
1.11	自动燃烧控制系统（ACC）模式			数学模型控制或非数学模型控制；连续式或断续式
1.12	余热锅炉类型			立式或卧式
1.13	余热锅炉蒸汽参数			包括设计参数和实际运行参数
1.14	余热利用方式			是纯发电、热电联产或纯供热
1.15	采用的烟气排放标准			国家标准、国外标准或地方标准
1.16	烟气净化系统配置情况			包括脱酸、脱NOx、除尘、去除二恶英和重金属等设备
1.17	烟气净化设备及关键部件制造商			包括脱酸、脱NOx、除尘、去除二恶英和重金属设备及除尘布袋等
1.18	烟气在线监测设施情况			有无在线监测设施，有无与监管部门联网，可监测哪些成分

序号	信息名称	单位	数据或信息	说　明
1.19	烟气在线监测设备制造商和供货商			
1.20	飞灰处理处置情况（设计与实际实施）			稳定化（螯合、水泥固化等）工艺及稳定化后的处置工艺
1.21	渗沥液处理工艺类型及出水标准（设计和实际达到的）			
1.22	生活污水、冲洗水、炉渣冷却水处理工艺及出水标准			
2	焚烧厂运行管理信息			
2.1	实际年垃圾处理量	t/a		
2.2	各焚烧生产线年累计正常运行时间	h/a		
2.3	1号焚烧生产线年检修情况			包括小修、大修的内容和时间
2.4	2号焚烧生产线年检修情况			
2.5	3号焚烧生产线年检修情况			
2.6	4号焚烧生产线年检修情况			
2.7	年平均炉渣热灼减率	%		附炉渣热灼减率检测数据
2.8	烟气处理环保监测是否达标			说明指标是否全部达标，未全部达标的说明未达标指标
2.9	飞灰实际处理处置情况			包括稳定化量、最终处置量。如有资源化，则说明资源化的具体工艺，并提供环保部门有关批文
2.10	炉渣处理情况			卫生填埋或综合利用，综合利用方式
2.11	渗沥液处理结果			达到的标准和处理量

序号	信息名称	单位	数据或信息	说　明
2.12	生活污水、渣冷却水与冲洗水处理达标情况			达到的标准和处理量
2.13	臭气的环保监测结果			是否达标，具体数据
2.14	厂界噪声监测情况			是否达标，具体数据
2.15	有无 ISO18000 认证，有无安全事故			
2.16	有无有效投诉			
2.17	有无监管机构常驻厂内进行过程监管，监管的内容			
2.18	垃圾处理补贴费	元/t		每吨垃圾的费用，资金到位情况
2.19	发电上网电价	元/kWh		
2.20	项目建设总投资	万元		

本标准用词说明

1　为便于在执行本标准条文时区别对待，对要求严格程度不同的用词说明如下：

1）表示很严格，非这样做不可的：

正面词采用"必须"，反面词采用"严禁"；

2）表示严格，在正常情况下均应这样做的：

正面词采用"应"，反面词采用"不应"或"不得"；

3）表示允许稍有选择，在条件许可时首先应这样做的：

正面词采用"宜"，反面词采用"不宜"；

4）表示有选择，在一定条件下可以这样做的，采用"可"。

2　条文中指明应按照其他有关标准执行的写法为："应符合……的规定"或"应按……执行"。

中华人民共和国行业标准

生活垃圾焚烧厂评价标准

CJJ/T 137—2010

条 文 说 明

制 订 说 明

《生活垃圾焚烧厂评价标准》CJJ/T 137－2010，经住房和城乡建设部 2010 年 4 月 14 日以第 539 号公告批准发布。

本标准制定过程中，编制组进行了广泛深入的调查研究，总结了我国生活垃圾焚烧厂工程建设和运行管理的实践经验，同时参考了国外先进技术法规、技术标准，通过对生活垃圾焚烧厂的试评价，取得了评价等级的重要技术参数。

为便于广大设计、施工、科研、学校等单位有关人员在使用本标准时能正确理解和执行条文规定，《生活垃圾焚烧厂评价标准》编制组按章、节、条顺序编制了本标准的条文说明，对条文规定的目的、依据以及执行中需注意的有关事项进行了说明。但是，本条文说明不具备与标准正文同等的法律效力，仅供使用者作为理解和把握标准规定的参考。

目　次

1 总　　则

1.0.1　目前，卫生填埋技术依然是我国垃圾处理的主导技术，但是在经济发达城市，土地资源紧张，可利用的卫生填埋用地日益缺乏，垃圾焚烧减量以延长卫生填埋场使用年限成为一种重要选择。这决定了我国垃圾焚烧处理技术将在垃圾处理中逐渐占据重要地位。

近几年来，在国家投融资体制改革和可再生能源利用政策的推动下，我国垃圾焚烧处理的比重有了显著增加，直辖市、省会城市以及东部经济发达城市兴建了一批垃圾焚烧厂，极大地促进了我国垃圾无害化处理水平的提高。

垃圾焚烧技术在我国的应用发展迅速，技术水平也参差不齐。当前我国的垃圾焚烧厂以采用特许经营模式建设为主，因而政府对垃圾焚烧厂建设和运营的监管十分重要，必须保证垃圾焚烧处理达到国家相关标准规范的要求。

本标准的制定旨在通过对我国已建成运行的垃圾焚烧厂进行评价，对其工程建设和运行管理进行考核，并划分等级，从而促进垃圾焚烧厂的工程建设和运行管理。同时，也为我国生活垃圾处理率的统计奠定基础。

1.0.2　被评价的焚烧厂应该已经建成并且投入运营一定的时间。考虑到垃圾产生情况与垃圾成分以年为周期变化，故设定一年为基准。

正式投入运行不包括试运行阶段。

由于我国许多城市生活垃圾清运量呈增长趋势，因而有部分垃圾焚烧厂采用分期建设方式。对于这样的垃圾焚烧厂，一期工程建成并且正式运行一年后，可对一期工程进行评价。

1.0.3　本标准力求引导焚烧厂在工程建设和运营管理中向合理化、规范化方向发展。

　　1　所有评价过程中所需的资料都应该真实可靠。

　　2　评价的全过程应注重公平、公正的原则。

　　3　本标准鼓励垃圾焚烧厂以垃圾无害化处理为主，以发电为辅。

1.0.4　对垃圾焚烧厂评价时，除应执行本标准的规定外，尚应符合的国家现行有关标准主要包括：

　　1　《生活垃圾焚烧处理工程技术规范》CJJ 90

　　2　《城市生活垃圾焚烧处理工程项目建设标准》

　　3　《生活垃圾焚烧污染控制标准》GB 18485

　　4　《生活垃圾焚烧厂运行维护与安全技术规程》CJJ 128

　　5　《城市生活垃圾处理和给水与污水处理工程项目建设用地指标》

2 评价内容

2.0.1　垃圾焚烧能否达到无害化要求，一方面要看焚烧厂的建设是否符合国家有关技术规范和标准，另一方面要看焚烧厂的运行管理是否符合国家有关技术规范和污染控制标准。因此本条要求垃圾焚烧厂评价内容应包括垃圾焚烧厂工程建设水平和运行管理两部分。

2.0.2　本条要求了垃圾焚烧厂工程建设水平评价的主要内容。

2.0.3　本条要求了垃圾焚烧厂运行管理评价的主要内容。

3 评价方法

3.0.1　由于评价内容和项目比较多，而且很多内容需要在资料中才能看到，因此垃圾焚烧厂评价时先根据所提供资料进行评价打分，但提供的资料信息还需到现场考察核实，以确认其真实可靠性。

需查阅的资料包括（但不限于）：项目前期技术资料及有关批复文件、重要的设计资料（如物料平衡、热平衡、水平衡计算资料，设备选择计算资料，焚烧炉炉体设计资料等）、重要设备技术规格书及设备登录资料、检修记录（台账）、管理制度、物料消耗记录、检验报告、缺陷记录等。

现场考察的内容包括（但不限于）：垃圾进场计量系统、卸料储料系统、炉内燃烧状况、炉渣状况、烟气净化系统运行状况、飞灰处理设施运行状况、烟气排放在线监测系统状况、总控室显示的焚烧线数据信息、安全标识及设施状况、渗沥液处理状况、厂区及车间内环境状况等。

3.0.2　垃圾焚烧厂的工程建设和运行管理是既相互联系又具有相对独立性的两个方面。将二者分别评价并根据权重进行综合打分，更有助于掌握垃圾焚烧厂的实际状况。

3.1　工程建设水平评价

3.1.1　工程建设评价主要是评价工程建设的水平，应从工程前期方案、工程设计和施工等方面评价，因此需要工程前期、工程设计和施工等方面的资料。

3.1.2　由于反映工程建设水平的内容很多，表3.1.2列出了既能反映工程建设水平又容易量化打分的一部分主要内容作为评价打分的项目。表中相应分值一栏所列分值是对应前一栏相应分项水平的应得分，如果分项实际水平介于表中所述水平之间，则此项可在表中所列分值之间打分。

表3.1.2中部分评价子项说明如下：

1-1-2　本子项是考察垃圾卸料大厅的封闭性及

安全设施。由于卸料大厅的封闭性与臭气控制有直接关系，因此对全封闭式卸料大厅给满分，全敞开式卸料大厅不得分。

1-1-3 本子项评价内容主要目的是鼓励焚烧厂设置垃圾池机械排风除臭设施。主要是针对有部分焚烧线停运检修时，焚烧一次风的抽取量不足以保持垃圾池间的负压，容易使臭气逸出垃圾池间，影响焚烧厂的空气环境。如果设有机械排风除臭系统，则在部分焚烧线停运时可将该系统开启，有效防止臭气外逸。如果无此系统，则很难控制垃圾池臭气外逸。

1-2-1 由于自动燃烧控制系统对于垃圾焚烧炉的运行调节非常重要，因此将此项作为评价分项之一。目前有两种自动控制方式，数学模型方式和非数学模型方式。数学模型的控制方式是比较先进的控制方式，对于垃圾焚烧过程的控制相对比较细致准确。非数学模型的控制方式又分连续式和断续式，这种控制在目前应用也比较普遍，如果调试得好，运行效果也能达到较高水平。

1-2-2 此子项评价内容是考察焚烧炉的设计是否能够保证运行期间炉膛温度达到标准要求。炉温的保障主要在于助燃系统、一二次风的温度和配给方式、温度检测点的布置等是否合理完善。

一般情况下，为了使运行期间准确了解整个炉膛的温度，需要在炉膛的上、中、下三个断面安装9个温度测点，每个断面安装3个温度测点，简称"3×3布点"。如果满足此"3×3布点"要求，且助燃设备配置和一二次风供给系统配置符合要求，则本项可给满分；如果温度测点布置只满足"2×3布点"或"1×3布点"，或助燃设备不符合要求，或一二次风供给不符合要求，则可以根据不满足的程度给出本项得分。

1-2-3 此子项评价内容是考察焚烧炉的设计是否能够保证运行期间烟气停留时间满足标准要求。

烟气停留时间主要取决于炉膛的高度（或长度）、断面尺寸及焚烧规模（烟气流量），另外烟气停留时间还要看二次风喷射方向和炉膛结构设计是否有利于烟气的扰动。

可以根据焚烧炉设计图纸中显示的炉膛尺寸和实际运行的烟气量来估算烟气在炉膛内的停留时间。简易估算公式如下：

$$S=H/v$$

式中：S——烟气在炉膛内的停留时间，s；

H——炉膛的高度，即二次空气喷入口所在的炉膛断面至锅炉第一通道入口所在的炉膛断面（也可认为是焚烧炉炉膛耐火材料的上端所在的炉膛断面）的高度；对于热解炉和滚转窑炉应为二次燃烧室的烟气入口至烟气出口的长度，m；

v——烟气在炉膛内的平均流速，m/s；

v可以用下式估算：

$$v=Q/A$$

式中：Q——换算成炉膛温度下的烟气流量，m^3/s；

A——炉膛截面积，m^2。

1-3 此项评价内容是考察余热利用设施的配置水平。为了响应国家的节能政策，鼓励最大限度地进行余热利用，本条对于将垃圾焚烧热能全部用于发电或供热的焚烧厂给予满分，只有部分热能利用的焚烧厂给予60%的分数；对于热（冷）电联产的焚烧厂，是属于国家技术政策支持的，热能利用效率更高一些，为了鼓励节能，对于此种焚烧厂给予加分的奖励。

1-4-1 各焚烧厂设计采用的烟气排放标准不同，按要求最低必须满足现行国家标准《生活垃圾焚烧污染控制标准》GB 18485的要求，本子项对设计采用此标准的焚烧厂给满分。为了鼓励采用比国标更严格的标准，本子项对采用更严格标准的焚烧厂适当加分，对于全部指标都严于国家标准的焚烧厂，加2分，部分指标严于国家标准的加1分。

1-4-2 本子项是对烟气处理系统配置水平的评价，按照《生活垃圾焚烧工程技术规范》CJJ 90的要求配置完整、成套的烟气处理系统，且具有完整的设备参数计算资料、设备应用业绩多的焚烧厂得满分；处理设施设备配置齐全，但设备参数计算资料不全、使用业绩少的焚烧厂给8分；处理设施设备配置齐全，但无设备参数计算资料、无使用业绩的焚烧厂给5分；设施设备有缺失的焚烧厂本项不给分；本项提到的主要设施设备是指酸性气体去除设备及其关键部件、布袋除尘器及关键部件、吸附系统及关键部件。

1-4-3 本子项是对烟气监测水平的评价。烟气在线监测是监督焚烧厂日常运行质量的关键。按照《生活垃圾焚烧工程技术规范》CJJ 90的要求，在线监测参数应包括流量、温度、压力、湿度、烟尘（颗粒物）浓度、HCl、SO_2、CO、NO_x、O_2十项。无在线监测的焚烧厂本项不得分。

1-4-4 本子项是对飞灰处理设施的评价。目前垃圾焚烧厂对飞灰的处理方案差别较大。本标准对飞灰的储存、稳定化、运输防漏措施（如密封包装、密闭罐车运输等）、最终处置4种主要设施进行评价。有的焚烧厂根据特许权协议飞灰的最终处置由当地政府负责，有的焚烧厂则由投资运营商负责。对于前一种情况，首先评价飞灰储存和运输，然后再评价政府负责的飞灰处理设施的情况。

1-6 本项是对垃圾焚烧厂总体设计的评价，主要是评价平面布置、竖向设计、交通组织设计、建筑设计、厂区绿化设计等。

3.1.3 对本条第2、3款说明如下：

2 各评价分项和子项的满分分值是根据该分项和子项对工程建设水平的影响权重和工程建设水平评

价总分100分（有加分时除外）确定的，因此评价分项和子项的实际分值不得高于表中所列的满分分值（有加分时除外）。

3 由于评价子项的实际水平是多种的，为了使分值充分反映子项水平，因此本条规定可以在满分以下适当给分。

3.2 运行管理评价

3.2.1 运行管理评价主要是评价焚烧厂运行管理过程中的垃圾无害化处理、二次污染控制、安全管理等水平，因此应提供运行管理方面相应的证明性材料。

3.2.2 由于反映运行管理水平的内容很多，表3.2.2列出了既能反映运行管理水平又容易量化打分的一部分主要内容作为评价打分的项目。表中相应分值一栏所列分值是对应前一栏相应分项水平的应得分，如果分项实际水平介于表中所述水平之间，则此项可在表中所列分值之间打分。

表3.2.2中部分评价子项说明如下：

2-1-1 本子项是评价焚烧厂年垃圾处理量，实际年垃圾处理量能否达到设计（额定）量是衡量焚烧厂是否对生活垃圾进行了有效处理的标志，因此对于未达到设计（额定）处理量的焚烧厂应扣分。

2-1-2 本子项是评价焚烧线年累计运行时间，焚烧线年累计运行时间是焚烧厂运行可靠性的重要标志。如焚烧线可靠性差，检修频繁，则年运行时间小，影响垃圾的正常焚烧处理。因此本标准对焚烧线年累计运行时间达不到规范要求的焚烧厂给予扣分，运行时间越小，扣分越多。

2-2-1 炉渣热灼减率是衡量焚烧炉燃烧效果的重要标志，炉渣热灼减率越低说明焚烧炉焚烧效果越好，炉渣热灼减率越高说明焚烧炉焚烧效果越差，因此本项根据炉渣热灼减率的高低进行打分，对热灼减率高于规范要求的焚烧厂给予扣分。

2-2-2 本子项是评价焚烧炉正常运行时炉膛温度能否稳定达到标准要求。本项是按照炉膛温度低于850℃的时间来评分。全年每个正常运行日炉膛上断面平均温度均在850℃以上的得满分；全年炉膛上断面平均温度出现低于850℃的情况的按照低于850℃的时间长短给予扣分，时间长多扣分，时间短少扣分。

2-3-1 本子项是对烟尘和酸性气体去除效果的评价。主要以厂内监测数据和环保部门定期监测数据为依据。如有不达标数据，则要扣分，不达标数据多则扣分多，反之则少扣分。评价时可考查主要指标，即烟尘、HCl、CO、SO_2、NO_x等。

烟尘和酸性气体是焚烧烟气中的主要污染物，也是对空气质量影响最大的污染物，因此本项是焚烧厂评价的关键性内容。

2-3-2 本子项是针对烟气中重金属和二恶英去

除工艺运行状况的评价。由于重金属和二恶英目前无法进行在线监测，且取样监测费用昂贵，因此运行过程中监测数据较少。若只根据少量的监测结果评价重金属和二恶英去除的效果是不足的。本条将二恶英和重金属去除工艺中活性炭喷射量是否达到设计用量结合二恶英和重金属监测结果作为评分参照，是由于目前烟气中重金属和二恶英的去除主要靠活性炭的吸附，如果活性炭喷射量不足，则会影响重金属和二恶英的去除效果。当存在活性炭实际喷射量与设计需要量相比有明显偏低的正常运行日时，可根据偏低的程度或偏低的运行天数确定扣分的多少。当全年重金属及二恶英监测值未全部达标时，可根据监测值与排放标准值的差距大小确定扣分多少。

由于重金属和二恶英的产生量与垃圾成分（具体反映在热值上）关系较大，焚烧烟气处理系统供货商提供的活性炭喷射量设计值一般是在设计热值下的活性炭喷射量，由于目前国内生活垃圾的热值比设计热值低，因此目前需要的活性炭喷射量比设计喷射量小。根据目前一些焚烧厂的运行经验和国内外设计测算，焚烧1t垃圾的活性炭喷射量一般为0.30kg～0.60kg，垃圾热值在较低时取低值，垃圾热值较高时取高值。此范围可作为本项设计需要量的判断参考。目前国内生活垃圾热值在4186kJ/kg（1000kcal/kg）到5000kJ/kg（1200kcal/kg）时，焚烧1t垃圾的活性炭设计需要喷射量可取0.30kg～0.40kg；垃圾热值在5000kJ/kg（1200kcal/kg）至6688kJ/kg（1600kcal/kg）时，焚烧1t垃圾的活性炭设计需要喷射量可取0.40kg～0.50kg；垃圾热值在6688kJ/kg（1600kcal/kg）至8360kJ/kg（2000kcal/kg）时，焚烧1t垃圾的活性炭设计需要喷射量可取0.50kg～0.60kg。以上垃圾热值是针对入炉垃圾而言。上述的活性炭粉质量应达到如下标准：灰分和水分应小于10%；细度大于200目（目数越大，粒径越小）的比例应大于95%；比表面积应大于900m²/g；四氯化碳吸附率大于60%；烟化温度大于450℃，燃烧温度大于700℃。如活性炭粉指标低于上述要求可适当扣分。

由于焚烧烟气量和污染物浓度是不稳定的，活性炭的实际喷射量也不易在线控制，因此活性炭的实际喷射量应考虑一定的富裕。本条参照活性炭设计需用量并结合全年内的二恶英监测数据达标情况进行评分。评分时可参考活性炭全年使用总量和逐月使用量。

重金属和二恶英是焚烧烟气中的微量、高毒性污染物，因此本项也是焚烧厂评价的关键性内容。

2-3-3 本子项是对飞灰处理设施运行状况的评价。目前各垃圾焚烧厂对飞灰的处理方式差别较大，有相当一部分焚烧厂的飞灰没有得到妥善处理。有的是简单固化后暂存或进行利用，有的是直接用于做建材，有的进入生活垃圾填埋场填埋，只有少数运至安全填埋场处理。本项对飞灰没有得到妥善处理的焚烧厂进行了扣分。有些焚烧厂根据特许权协议投资运营商不负责飞灰的处理，飞灰处理由当地政府负责，这种情况下要看当地政府是否对飞灰进行了无害化处理和处置，如未进行无害化处理和处置，则本项仍将扣分。

2-3-4 本子项是对炉渣处理的评价。炉渣是焚烧厂产生的主要固体废弃物之一，因此将炉渣的处理也作为一项评价内容。

2-3-5 本子项是对渗沥液处理效果的评价。将全年的污水排放主要指标是否全部达标作为评分参照。这里的污水排放主要指标是指 COD_{cr}、BOD_5、SS、NH_3-N。

2-3-6、2-3-7、2-3-8 生活污水、臭气和噪声也是焚烧厂的污染项目，因此这三项的治理效果也作为评价的项目。

2-4-1、2-4-2 此两子项是对焚烧厂管理效果的评价。安全管理对于焚烧厂来说是很重要的，因此其分值比综合管理稍大。综合管理中的有效投诉事件是指已认定投诉的问题确实存在，并且是厂方的责任。

焚烧厂工作票制度的考察应重点考查焚烧炉、锅炉、烟气净化系统、重点电气设备、自动控制系统、消防系统等的运行管理。

3.2.3 对本条第1、2、3、4款说明如下：

1 各评价分项和子项的满分分值是根据该分项或子项对运行管理水平的影响权重和运行管理评价总分100分确定的，因此评价分项和子项的实际分值不得高于表中所列的满分分值。

2 由于评价子项的实际水平是多种的，为了使分值充分反映子项水平，因此本条规定可以在满分以下适当给分。

3 表3.1.2中对设计烟气排放标准严于国家标准的焚烧厂给予了加分，但是如果运行期间烟气排放指标没有达到设计指标，则设计采用的标准便失去意义，因此表3.1.2中的有关加分项就不能加分。

4 对于运行时间非常短的焚烧厂，尽管其炉温、烟气处理等指标很好，能得较高的分数，但由于运行时间过短，不能有效处理全年的生活垃圾，没能起到垃圾处理设施的作用，因此对于焚烧线年累计运行时间小于6500h的焚烧厂应看焚烧线有无备用能力，如无备用能力，则不予评价。

3.3 综 合 评 价

3.3.1 由于大部分垃圾焚烧厂的建设均是按照国家相关标准和规范进行的，因此焚烧厂的工程建设大部分能达到要求。而各焚烧厂的运行管理则相差较大，因此本条将运行管理权重加大，定为0.6，工程建设权重定为0.4。

3.3.2 工程建设水平评价表3.1.2中1-2与1-4分项和运行管理水平评价表3.2.2中2-2与2-3分项均是垃圾焚烧厂建设和运行的关键内容，因此本条对B级以上焚烧厂认定时，除了要求综合评价分值满足要求外，上述四个关键分项的分值也同时满足表3.3.2中的最小分值要求，其中对AAA级的焚烧厂要求四个关键项均要得满分或以上。

3.3.3 本条的规定旨在区别垃圾焚烧厂和垃圾—化石燃料混合焚烧厂。有的垃圾焚烧厂靠掺烧大量化石燃料来稳定炉温和余热锅炉蒸发量，这种焚烧厂不利于节能减排，与国家的政策不相符。因此本条对化石燃料掺烧比例较高的焚烧厂进行了评级限制。

中华人民共和国行业标准

生活垃圾渗沥液处理技术规范

Technical code for leachate treatment of
municipal solid waste

CJJ 150—2010

批准部门：中华人民共和国住房和城乡建设部
施行日期：２０１１ 年 １ 月 １ 日

中华人民共和国住房和城乡建设部
公　告

第 702 号

关于发布行业标准《生活垃圾渗沥液
处理技术规范》的公告

现批准《生活垃圾渗沥液处理技术规范》为行业标准，编号为 CJJ 150-2010，自 2011 年 1 月 1 日起实施。其中，第 5.5.2、6.2.2、6.2.3、6.3.1、6.4.8、6.4.9、8.1.5 条为强制性条文，必须严格执行。

本规范由我部标准定额研究所组织中国建筑工业出版社出版发行。

中华人民共和国住房和城乡建设部
2010 年 7 月 23 日

前　言

根据原建设部《关于印发 2006 年工程建设标准规范制定、修订计划（第一批）的通知》（建标〔2006〕77 号）的要求，规范编制组经广泛调查研究，认真总结实践经验，参考有关国际标准和国外先进标准，并在广泛征求意见的基础上，制定了本规范。

本规范主要技术内容是：1. 总则；2. 术语；3. 水量与水质；4. 渗沥液处理工艺；5. 总体布置及配套工程；6. 环境保护与劳动卫生；7. 工程施工及验收；8. 工艺调试与运行管理；9. 应急处理措施。

本规范中以黑体字标志的条文为强制性条文，必须严格执行。

本规范由住房和城乡建设部负责管理和对强制性条文的解释，由城市建设研究院负责具体技术内容的解释。执行过程中如有意见或建议，请寄送至城市建设研究院（地址：北京市朝阳区惠新里 3 号，邮政编码：100029）、上海环境卫生工程设计院（地址：上海市石龙路 345 弄 11 号，邮政编码：200232）。

本规范主编单位：城市建设研究院
　　　　　　　　上海环境卫生工程设计院
本规范参编单位：北京东方同华科技有限公司

维尔利环境工程（常州）有限公司
北京天地人环保科技有限公司
西门子（天津）水技术工程有限公司

本规范参加单位：北京国环莱茵环境工程技术有限公司
　　　　　　　　北京轩昂环保科技有限公司

本规范主要起草人员：翟力新　徐文龙　陈　刚
　　　　　　　　　　熊向阳　蔡　辉　秦　峰
　　　　　　　　　　张　益　陈　喆　王敬民
　　　　　　　　　　王　晶　王　雷　郭祥信
　　　　　　　　　　刘庄泉　姚念民　杨宏毅
　　　　　　　　　　王声东　李月中　康振同
　　　　　　　　　　骆建明　赵义武

本规范主要审查人员：徐振渠　聂永丰　赵爱华
　　　　　　　　　　杨书铭　赵由才　王　琪
　　　　　　　　　　梁晓琴　施　阳　程　伟

目　次

Contents

1 总　则

1.0.1 为贯彻《中华人民共和国固体废物污染环境防治法》和《中华人民共和国水污染防治法》，规范生活垃圾渗沥液处理，做到保护环境、技术可靠、经济合理，制定本规范。

1.0.2 本规范适用于新建、改建及扩建的各类生活垃圾处理设施产生的渗沥液处理工程的建设和运行管理。

1.0.3 渗沥液处理工程的使用年限和处理规模应根据生活垃圾填埋场、焚烧厂、堆肥厂、厌氧消化处理厂、中转站等各类处理设施的使用年限、建设规模等确定。

1.0.4 渗沥液处理工程的建设应在总结生产实践经验和科学试验的基础上，采用新技术、新工艺、新材料和新设备。提高处理效率，优化运行管理，节约能源，降低工程造价和运行成本。

1.0.5 渗沥液处理工程建设与运行过程应保护好周边的环境，并应采取有效措施防止对土壤、水环境和大气环境的污染。

1.0.6 渗沥液处理工程的建设、运行管理，除应符合本规范外，尚应符合国家现行有关标准的规定。

2 术　语

2.0.1 渗沥液处理系统　the system of treatment of leachate

渗沥液处理从调节池到处理水排放的各个工艺处理单元的总称，包括预处理、生物处理、深度处理和污泥及浓缩液处理。

2.0.2 初期渗沥液　initial leachate

填埋（0～5）年的垃圾产生的渗沥液。

2.0.3 中期渗沥液　medium-term leachate

填埋（5～10）年的垃圾产生的渗沥液。

2.0.4 后期渗沥液　anaphase leachate

填埋 10 年以上的垃圾产生的渗沥液。

2.0.5 封场后渗沥液　closed landfill leachate

垃圾填埋场封场后产生的渗沥液。

3 水量与水质

3.1 水　量

3.1.1 填埋场渗沥液的产生量应充分考虑当地降雨量、蒸发量、地面水损失、地下水渗入、垃圾的特性、雨污分流措施、表面覆盖和渗沥液导排设施状况等因素综合确定。

注：新建填埋场渗沥液在没有实测数据的情况下，可参

照同地区同类型的垃圾填埋场实际产生量综合确定。

3.1.2 垃圾填埋场渗沥液产生量的计算宜按下式计算：

$$Q = \frac{I \times (C_1 A_1 + C_2 A_2 + C_3 A_3)}{1000} \quad (3.1.2)$$

式中：Q——渗沥液产生量，m^3/d；

I——多年平均日降雨量，mm/d；

A_1——作业单元汇水面积，m^2；

C_1——作业单元渗出系数，宜取 0.5～0.8；

A_2——中间覆盖单元汇水面积，m^2；

C_2——中间覆盖单元渗出系数，宜取（0.4～0.6）C_1；

A_3——终场覆盖单元汇水面积，m^2；

C_3——终场覆盖单元渗出系数，宜取 0.1～0.2。

注：I 计算，数据充足时，宜按 20 年的数据计取；数据不足 20 年时，按现有全部年数据计取。

3.1.3 生活垃圾填埋场渗沥液处理规模宜按垃圾填埋场平均日渗沥液产生量计算，并应与调节池容积计算相匹配。

3.1.4 垃圾焚烧厂渗沥液的日产生量应考虑集料坑中垃圾的停留时间、主要成分等因素。垃圾渗沥液的日产生量宜按垃圾量的 10%～40%（重量比）计；降雨量较少地区垃圾渗沥液的日产生量宜按垃圾量的 10%～15%（重量比）计。

3.1.5 垃圾堆肥厂、厌氧消化处理厂渗沥液的日产生量应考虑垃圾生物处理方式、垃圾成分等因素确定。干法厌氧消化处理厂渗沥液日产量宜按垃圾量的 25%～50%（重量比）计；好氧堆肥处理厂渗沥液日产生量宜按垃圾量的 0～25%（重量比）计。

3.1.6 垃圾中转站渗沥液的日产生量应考虑垃圾压缩装置的类型（水平或垂直）、压缩的程度、垃圾的主要组成成分、垃圾的密度等因素。渗沥液日产生量可按垃圾量的 5%～10%（重量比）计；降雨量较少的地区垃圾渗沥液日产生量可按垃圾量的 3%～8%（重量比）计。

3.1.7 垃圾焚烧厂、垃圾堆肥厂、垃圾厌氧消化处理厂、垃圾中转站渗沥液处理规模宜以日产生量确定。

3.2 水　质

3.2.1 垃圾填埋场渗沥液的设计水质应考虑垃圾填埋方法、垃圾成分、压实密度、填埋深度、填埋时间、填埋场区域的降水、防渗系统、渗沥液的收集系统等因素。

3.2.2 按垃圾的填埋年限及渗沥液水质，可将垃圾填埋场渗沥液分为初期渗沥液、中后期渗沥液和封场后渗沥液。填埋渗沥液具体水质确定应以实测数据为

准，并应考虑未来水质变化趋势。在无法取得实测数据时，可参考同地区、同类型的垃圾填埋场实际情况确定。

3.2.3 垃圾焚烧厂、垃圾堆肥厂、垃圾厌氧消化处理厂、垃圾中转站等生活垃圾处理设施改建和扩建工程，渗沥液水质应根据实际检测数据确定；新建工程渗沥液水质可参考同地区、同类型的垃圾处理设施实际情况确定。

4 渗沥液处理工艺

4.1 一般规定

4.1.1 渗沥液处理工艺应在对渗沥液处理工程相关数据进行调研和评估后确定。

4.1.2 渗沥液处理工艺应根据渗沥液的日产生量、渗沥液水质和达到的排放标准等因素，通过多方案技术经济比较确定。

4.1.3 渗沥液处理宜采用组合处理工艺，组合处理工艺应以生物处理为主体工艺。

4.1.4 垃圾填埋场渗沥液处理工艺应考虑垃圾填埋时间及渗沥液的水质变化等因素。

4.1.5 渗沥液处理产生的污泥，宜经脱水后进入垃圾填埋场填埋或与城市污水厂污泥一并处理，也可单独处理。膜系统产生的浓缩液宜单独处理，垃圾焚烧厂的浓缩液宜均匀回喷至垃圾贮坑或焚烧炉。

4.1.6 建设在垃圾填埋场附近的垃圾焚烧厂、垃圾堆肥厂、垃圾厌氧消化处理厂产生的渗沥液宜与填埋场渗沥液合并处理。

4.1.7 渗沥液处理系统的主要设备应有备用，且应具有防腐性能。

4.2 工艺流程

4.2.1 渗沥液处理工艺可分为预处理、生物处理和深度处理。渗沥液的处理工艺应根据渗沥液的进水水质、水量及排放要求综合选取。宜选用"预处理+生物处理+深度处理"组合工艺（图4.2.1），也可用下列工艺流程：

   1 预处理+深度处理

   2 生物处理+深度处理

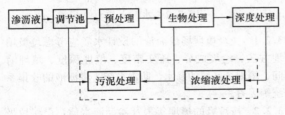

图 4.2.1 常规工艺流程

4.2.2 渗沥液处理工程应设调节池，并宜采取有效

措施均化水质、水量。

4.2.3 各处理单元工艺方法应根据进水水质、水量、排放标准、技术可靠性及经济合理性等因素确定。

4.2.4 深度处理应根据渗沥液水质和排放标准选择纳滤、反渗透等膜分离深度处理工艺，或选择吸附过滤、混凝沉淀、高级氧化等深度处理工艺。

4.3 工艺设计

4.3.1 调节池设置应符合下列要求：

   1 垃圾填埋场渗沥液调节池容积确定宜符合现行行业标准《生活垃圾卫生填埋技术规范》CJJ 17的有关规定；

   2 垃圾焚烧厂、垃圾堆肥厂、垃圾厌氧消化处理厂、垃圾中转站等生活垃圾处理设施的渗沥液调节池水力停留时间不宜小于24h；

   3 调节池宜设计为2个或分格设置；

   4 渗沥液调节池宜采取加盖导气措施及臭气处理设施。

4.3.2 选择水解酸化技术作为预处理工艺时，应符合下列要求：

   1 水力停留时间宜为(2.5～5.0)h；

   2 pH宜为6.5～7.5。

4.3.3 混凝沉淀预处理药剂的种类、投加量和投加方式应根据渗沥液混凝沉淀的工艺情况、实验结果等因素确定。

4.3.4 厌氧生物处理可采用上流式厌氧污泥床法(UASB)及其变形、改良工艺等，并应符合下列要求：

   1 常温范围宜为(20～30)℃，中温范围宜为(33～38)℃；

   2 容积负荷宜为(5～15)kgCOD/(m³·d)；

   3 pH宜为6.5～7.8；

   4 厌氧处理产生的沼气应利用或安全处置。

4.3.5 好氧生物处理宜选择氧化沟、纯氧曝气反应器、膜生物反应器、序批式生物反应器、生物滤池、接触氧化池、生物转盘等。

4.3.6 氧化沟的设计应符合下列要求：

   1 氧化沟进水化学需氧量(COD)宜为(2000～5000)mg/L；

   2 污泥负荷宜为(0.05～0.2)kgBOD₅/kgMLSS；

   3 混合液污泥浓度(MLSS)宜为(3000～5500)mg/L；

   4 污泥龄宜为(15～30)d；

   5 氧化沟池深宜为(3.5～5)m。

4.3.7 纯氧曝气工艺的设计应符合下列要求：

   1 氧气浓度不宜低于90%；

   2 溶解氧(DO)宜为(10～20)mg/L；

   3 混合液污泥浓度(MLSS)宜为(10000～20000)mg/L；

4 进水化学需氧量（COD）宜为（1000～6000）mg/L；

5 水力停留时间宜为（12～24）h。

4.3.8 膜生物反应器的设计应符合下列要求：

1 膜生物反应器分为内置式和外置式两种，内置膜宜选用板式、中空纤维微滤或超滤膜，外置膜宜选用管式超滤膜；

2 进水化学需氧量（COD）宜为（1000～20000）mg/L；

3 温度宜为（20～35）℃；

4 混合液污泥浓度（MLSS）：内置式宜为（8000～10000）mg/L，外置式宜为（10000～15000）mg/L；

5 污泥负荷：内置式宜为（0.08～0.3）kgBOD$_5$/（kgMLSS·d），（0.05～0.25）kgNO$_3$-N/（kgMLSS·d）；外置式宜为（0.2～0.6）kgBOD$_5$/（kgMLSS·d），（0.05～0.3）kgNO$_3$-N/（kgMLSS·d）；

6 剩余污泥产泥系数：（0.1～0.3）kgMLSS/kg-COD。

4.3.9 沉淀池的设计应符合下列要求：

1 沉淀时间宜为（1.5～2.5）h；

2 表面水力负荷不宜大于 0.8m^3/（m^2·h）；

3 出水堰最大负荷不宜大于 1.7L/（m·s）。

4.3.10 深度处理工艺应采用可靠的预处理措施，确保进水符合纳滤和反渗透系统的要求。

4.3.11 纳滤系统的设计应符合下列要求：

1 进水悬浮物不宜大于 100mg/L；

2 进水电导率（20℃）不宜大于 40000μS/cm；

3 温度宜为（8～30）℃；

4 pH 宜为 5.0～7.0；

5 纳滤膜通量宜为（15～20）L/（m^2·h）；

6 水回收率不得低于 80%。

4.3.12 反渗透系统的设计应符合下列要求：

1 进水悬浮物不宜大于 50mg/L；

2 进水电导率（20℃）不宜大于 25000μS/cm；

3 温度宜为（8～30）℃；

4 pH 宜为 5.0～7.0；

5 反渗透膜通量宜为（10～15）L/（m^2·h）；

6 水回收率不得低于 70%。

4.3.13 吸附过滤工艺的设计应符合下列要求：

1 吸附剂种类应根据前段处理出水水质、排放要求、吸附剂来源等多种因素综合选择，宜优先选择活性炭作为吸附剂；

2 选用粒状活性炭吸附处理工艺，宜进行静态选炭及炭柱动态试验，确定用炭量、接触时间、水力负荷与再生周期等。

4.3.14 污泥和浓缩液处理应符合下列要求：

1 渗沥液处理中产生的污泥宜与城市污水厂污泥一并处理，当进入垃圾填埋场填埋处理或单独处理

时，含水率不宜大于 80%；

2 纳滤和反渗透工艺产生的浓缩液宜单独处理，可采用焚烧、蒸发或其他适宜的处理方式。

5 总体布置及配套工程

5.1 总体布置

5.1.1 生活垃圾渗沥液处理工程总体布置应符合下列原则：

1 应满足国家现行的消防、卫生、安全等有关标准的规定，综合考虑地形、地貌、周围环境、工艺流程、建构筑物及设施相互间的平面和空间关系，各项设施整体应协调统一。

2 工程附属生产、生活服务等辅助设施，应与垃圾处理主体工程统筹考虑，避免重复建设。

5.1.2 总平面布置应符合现行国家标准《工业企业总平面设计规范》GB 50187 的有关要求。

5.1.3 总体布置应充分考虑渗沥液收集与外排条件，符合排水通畅、降低能耗、平衡土方的要求。

5.1.4 渗沥液处理厂（站）宜单独设置在垃圾填埋场管理区的下风向，并宜满足施工、设备安装、各类管线连接简洁、维修管理方便等要求。

5.1.5 总平面布置应根据功能合理分区，曝气设施、厌氧反应设施、污泥脱水设施等主要恶臭产生源宜集中布置。

5.1.6 渗沥液处理主体设施四周宜采取有效的绿化隔离措施。

5.1.7 渗沥液处理区域内应有必要的通道，应有明显的车辆行驶方向标志，并应符合消防通道要求。

5.2 建筑工程

5.2.1 建筑设计应满足功能要求，并与周围建筑物和环境相协调。

5.2.2 渗沥液处理建筑工程应符合国家现行标准《建筑地面设计规范》GB 50037、《建筑设计防火规范》GB 50016、《民用建筑设计通则》GB 50352、《工业企业设计卫生标准》GBZ 1、《办公建筑设计规范》JGJ 67、《建筑采光设计标准》GB/T 50033、《汽车库建筑设计规范》JGJ 100 等的有关规定。

5.2.3 渗沥液处理构筑物的防腐设计可按照现行国家标准《工业建筑防腐蚀设计规范》GB 50046 有关规定执行。

5.3 结构工程

5.3.1 渗沥液处理结构工程应符合现行国家标准《建筑地基基础设计规范》GB 50007、《建筑结构荷载规范》GB 50009、《混凝土结构设计规范》GB 50010、《建筑抗震设计规范》GB 50011、《给水排水工程构筑物

结构设计规范》GB 50069、《构筑物抗震设计规范》GB 50191 等的有关规定。

5.3.2 处理构筑物采用钢制设备的,其加工、制作宜按现行国家标准《立式圆筒形钢制焊接储罐施工及验收规范》GB 50128 执行。

5.4 电 气 工 程

5.4.1 渗沥液处理工程的供电方式应与垃圾处理主体工程相协调,做到统筹规划,合理布局。

5.4.2 渗沥液处理工程用电负荷等级宜为二级。电气工程设计内容应包括用电设备的配电及控制、电缆敷设、设备及构筑物的防雷与接地以及处理车间与厂区道路的照明等。

5.4.3 渗沥液处理电气设计应符合现行国家标准《供配电系统设计规范》GB 50052、《10kV及以下变电所设计规范》GB 50053、《低压配电设计规范》GB 50054、《建筑照明设计标准》GB 50034、《建筑物防雷设计规范》GB 50057 等的有关规定。

5.5 检测与控制工程

5.5.1 渗沥液处理厂(站)应配置废水、废气、噪声等环境检测设施。

5.5.2 调节池、厌氧反应设施应设置硫化氢、沼气浓度监测和报警装置;曝气设施应设置氨浓度监测和报警装置。

5.5.3 渗沥液各处理单元应设置生产控制、运行管理所需的检测和监测装置。

5.5.4 渗沥液处理工程根据实际情况,可选用自动控制或现场手动控制,或几种方式相结合的控制方式。

5.5.5 采用成套设备时,设备本身控制应纳入系统控制。

5.5.6 渗沥液处理自控设计应符合国家现行标准《控制室设计规定》HG/T 20508、《信号报警、安全连锁系统设计规定》HG/T 20511、《分散型控制系统工程设计规定》HG/T 20573、《自动化仪表工程施工及验收规范》GB 50093、《仪表供电设计规定》HG/T 20509 等的有关规定。

5.6 给水排水和消防工程

5.6.1 渗沥液处理工程的给水和排水工程,应与垃圾处理主体工程相协调,做到统筹规划,合理布局。

5.6.2 给水排水及消防工程设计应符合现行国家标准《室外给水设计规范》GB 50013、《室外排水设计规范》GB 50014、《建筑给水排水设计规范》GB 50015、《建筑设计防火规范》GB 50016、《汽车库、修车库、停车场设计防火规范》GB 50067、《建筑灭火器配置设计规范》GB 50140 等的有关规定。

5.7 采暖通风与空气调节工程

5.7.1 渗沥液处理工程的采暖通风与空气调节工程应与垃圾处理主体工程相协调,做到统筹规划、合理布局。

5.7.2 采暖通风与空气调节工程应符合现行国家标准《采暖通风与空气调节设计规范》GB 50019、《大气污染物综合排放标准》GB 16297、《恶臭污染物排放标准》GB 14554、《公共建筑节能设计标准》GB 50189 等的有关规定。

5.8 辅 助 工 程

5.8.1 渗沥液处理区道路工程设计应符合国家现行标准《厂矿道路设计规范》GBJ 22、《公路水泥混凝土路面设计规范》JTG D40、《公路沥青路面设计规范》JTG D50 的有关规定。

5.8.2 渗沥液处理区围墙及挡土墙的设计应按照场地的实际情况确定围墙及挡土墙的结构和形式,并应符合现行国家标准《工业企业总平面设计规范》GB 50187 的有关规定。

6 环境保护与劳动卫生

6.1 一 般 规 定

6.1.1 渗沥液处理工程的排放标准应按现行国家标准《生活垃圾填埋场污染控制标准》GB 16889、《污水综合排放标准》GB 8978 等国家标准和其他相关排放标准执行。

6.1.2 渗沥液处理过程中产生的臭气、废水、残渣、噪声及其他污染物的防治与控制,应执行环境保护法规和国家现行标准的有关规定。

6.1.3 渗沥液处理应具有符合国家职业卫生标准的工作环境和条件。

6.2 环 境 监 测

6.2.1 渗沥液处理工程进水和出水应设置相关项目的监测设备。

6.2.2 应建立垃圾渗沥液产生量、排出量计量系统,以及水量日报表和年报表制度。

6.2.3 处理后尾水排放的,应按照国家现行标准规定设置规范化排水口。

6.3 环 境 保 护

6.3.1 调节池、污泥脱水设施等主要恶臭产生源应采取密闭、局部隔离及抽吸等措施,臭气应经集中处理后有组织排放;并应符合下列要求:

　　1 厌氧反应设施应设置沼气回收或安全燃烧装置。

　　2 处理后气体的排放应符合现行国家标准《恶臭污染物排放标准》GB 14554 和《大气污染物综合排放标准》GB 16297 的有关规定。

6.3.2 曝气池等好氧生物反应设施宜加盖并配备气体导排设施。

6.3.3 对于各个环节产生的噪声，应按其产生的状况，分别采取有效的控制措施。厂界噪声应符合现行国家标准《工业企业厂界环境噪声排放标准》GB 12348 的规定。

6.3.4 渗沥液处理曝气过程中产生的泡沫，宜采用喷淋水或消泡剂等方式抑制。

6.3.5 处理区内应优化构造绿化空间格局，提高绿化抗御自然环境和环境污染能力，并应增加通风能力，发挥绿化系统生态调控作用。

6.4 职业卫生与劳动安全

6.4.1 垃圾渗沥液处理的职业安全卫生应符合现行国家标准《生产过程安全卫生要求总则》GB/T 12801 的有关规定。

6.4.2 渗沥液处理工程的建设和运营应采取有利于职业病防治和保护劳动者健康的措施，职业病防护设备、防护用品应处于正常工作状态，不得擅自拆除或停止使用。

6.4.3 工作人员应强化安全防护意识，工作人员应进行职业卫生、劳动安全培训。

6.4.4 对工作人员应定期进行健康检查并建立健康档案。

6.4.5 在指定的、有标志的明显位置应配备必要的防护救生用品及药品，防护救生用品及药品应有专人管理，并应及时检查和更换。

6.4.6 厂内应设道路行车指示，标识设置应按现行国家标准《道路交通标志和标线 第 2 部分：道路交通标志》GB 5768.2 和《道路交通标志和标线 第 3 部分：道路交通标线》GB 5768.3 的有关规定执行。

6.4.7 应在所有存在安全事故隐患的场所设置明显的安全标志及环境卫生设施设置标志，其标志设置应符合现行国家标准《安全色》GB 2893、《安全标志及其使用导则》GB 2894 的相关规定。

6.4.8 沼气和硫化氢等危险气体应采取控制与防护措施。

6.4.9 厌氧处理设施，沼气贮存、利用设施以及输送管道等应采取防火措施。

6.4.10 敞开的构筑物应加设护栏。

7 工程施工及验收

7.1 工程施工

7.1.1 渗沥液处理工程的设计和施工单位应具有国家规定的相应资质。

7.1.2 渗沥液处理工程应按工程设计文件、设备技术文件等组织施工，对工程的变更应在取得设计单位的设计变更文件后实施。

7.1.3 施工前应做好技术准备和临建设施准备。施工准备过程中应进行质量控制。

7.1.4 施工单位在工程施工前应制定切实可行的施工组织设计。

7.1.5 构（建）筑物中使用的材料应有技术质量鉴定文件或合格证书。

7.1.6 钢制设备加工、制作应符合现行国家标准《立式圆筒形钢制焊接储罐施工及验收规范》GB 50128 的有关规定。钢制设备防腐做法应考虑环境条件和垃圾渗沥液的特点，并应符合现行行业标准《工业设备、管道防腐蚀工程施工及验收规范》HGJ 229 的相关规定。

7.2 工程验收

7.2.1 渗沥液处理工程竣工完成后，应及时对整体工程进行验收，验收工作应按本规范，并应符合现行国家标准《城市污水处理厂工程质量验收规范》GB 50334 的相关规定。

7.2.2 施工验收时应有齐全的工艺概述及工艺设计说明、设计图纸、竣工图纸、调试报告等工程验收技术资料。

7.2.3 钢制设备验收应符合现行国家标准《立式圆筒形钢制焊接储罐施工及验收规范》GB 50128 的有关规定。

8 工艺调试与运行管理

8.1 工艺调试

8.1.1 工艺调试应由水处理专业人员进行，调试前应编制调试报告。

8.1.2 调试应按下列顺序进行：

机电设备调试与测试→生化系统的清水调试→生化系统的污水调试→全系统的串联调试→调试与测试验收。

8.1.3 生物处理系统调试过程中，应进行营养条件的控制与生物环境的控制。

8.1.4 厌氧调试包括上流式厌氧污泥床、动态厌氧反应器、复合厌氧反应器等采用厌氧生物法处理垃圾渗沥液的污泥培养与反应器调试。

8.1.5 厌氧调试应注意沼气的生产安全，应及时监测沼气的产生量，发现漏气现象，应及时排除。

8.1.6 好氧生物法调试包括氧化沟、膜生物反应器、序批式生物反应器、纯氧曝气等用于处理垃圾渗沥液的活性污泥法的运行启动及污泥培养等。

8.1.7 纳滤和反渗透系统调试应按设备调试、清水调试、盐水调试、联动调试的顺序进行。

8.1.8 工艺调试完成后，应在水质达到设计标准后方可进入试运行，应经有关部门验收合格后进入正式运行。

8.2 运行管理

8.2.1 渗沥液处理厂（站）应有工艺概述及工艺设计说明、设计图纸、竣工图纸、调试报告等工程技术资料。

8.2.2 渗沥液处理厂（站）应有环保部门的验收合格文件，工艺操作说明书及操作规程，工艺、设备使用、维护说明书。

8.2.3 渗沥液处理厂可按现行行业标准《城市污水处理厂运行、维护及其安全技术规程》CJJ 60 的有关规定建立运行维护安全操作规程。

8.2.4 渗沥液处理厂（站）运行人员作业时应遵守安全作业和劳动保护规定。

8.2.5 渗沥液处理系统的运行操作人员应经过专业培训、持证上岗。

8.2.6 渗沥液处理厂（站）应按本规范和操作技术要求编制人员组织关系图、人员岗位职责说明、各工艺设备操作规程、安全运行管理规定。

8.2.7 渗沥液处理系统操作人员必须熟知渗沥液处理工艺流程、各处理单元的处理要求、确保污泥浓度达到设计指标；工艺技术人员应根据水质条件变化适时调整运行参数使之满足排放标准的要求。

8.2.8 渗沥液处理厂（站）建成运行的同时，应保证安全和卫生设施同时投入使用，并应制定相应的操作规程。

8.2.9 渗沥液处理厂（站）日常运行应建立水质、水量监测制度；监测指标应包括：渗沥液产生量、处理量、色度（稀释倍数）、化学需氧量（COD）、生化需氧量（BOD_5）、悬浮物、总氮、氨氮、总磷以及进出水的总汞、总镉、总铬、六价铬、总砷、总铅等重金属浓度和粪大肠菌群数（个/L）等。

8.2.10 膜深度处理阶段，应采用可靠的预处理措施，并应按膜系统运行操作要求进行。

8.2.11 渗沥液处理厂（站）应制定大、中检修计划和主要设备维护和保养规程，并应及时更换损坏设备及部件，提高设备的运行可靠性。

9 应急处理措施

9.0.1 应急处理应贯彻预防和应急相结合的方针。应制订应急预案，并应配备相应的应急设备或设施。

9.0.2 垃圾渗沥液处理厂（站）应健全管理机制、加强应急能力的建设，并应定期组织应急培训和演练。

本规范用词说明

1 为便于在执行本规范条文时区别对待，对要求严格程度不同的用词说明如下：

1) 表示很严格，非这样做不可的：
正面词采用"必须"，反面词采用"严禁"；

2) 表示严格，在正常情况下均应这样做的：
正面词采用"应"，反面词采用"不应"或"不得"；

3) 表示允许稍有选择，在条件许可时首先应这样做的：
正面词采用"宜"；反面词采用"不宜"；

4) 表示有选择，在一定条件下可以这样做的，采用"可"。

2 条文中指明应按其他有关标准执行的写法为"应符合……的规定"或"应按……执行"。

引用标准名录

1 《建筑地基基础设计规范》GB 50007
2 《建筑结构荷载规范》GB 50009
3 《混凝土结构设计规范》GB 50010
4 《建筑抗震设计规范》GB 50011
5 《室外给水设计规范》GB 50013
6 《室外排水设计规范》GB 50014
7 《建筑给水排水设计规范》GB 50015
8 《建筑设计防火规范》GB 50016
9 《采暖通风与空气调节设计规范》GB 50019
10 《厂矿道路设计规范》GBJ 22
11 《建筑采光设计标准》GB/T 50033
12 《建筑照明设计标准》GB 50034
13 《建筑地面设计规范》GB 50037
14 《工业建筑防腐蚀设计规范》GB 50046
15 《供配电系统设计规范》GB 50052
16 《10kV 及以下变电所设计规范》GB 50053
17 《低压配电设计规范》GB 50054
18 《建筑物防雷设计规范》GB 50057
19 《汽车库、修车库、停车场设计防火规范》GB 50067
20 《给水排水工程构筑物结构设计规范》GB 50069
21 《自动化仪表工程施工及验收规范》GB 50093
22 《立式圆筒形钢制焊接储罐施工及验收规范》GB 50128
23 《建筑灭火器配置设计规范》GB 50140
24 《工业企业总平面设计规范》GB 50187
25 《公共建筑节能设计标准》GB 50189
26 《构筑物抗震设计规范》GB 50191
27 《城市污水处理厂工程质量验收规范》GB 50334
28 《民用建筑设计通则》GB 50352
29 《工业企业设计卫生标准》GBZ 1

30 《安全色》GB 2893

31 《安全标志及其使用导则》GB 2894

32 《道路交通标志和标线 第 2 部分：道路交通标志》GB 5768.2

33 《道路交通标志和标线 第 3 部分：道路交通标志》GB 5768.3

34 《污水综合排放标准》GB 8978

35 《工业企业厂界环境噪声排放标准》GB 12348

36 《生产过程安全卫生要求总则》GB/T 12801

37 《恶臭污染物排放标准》GB 14554

38 《大气污染物综合排放标准》GB 16297

39 《生活垃圾填埋场污染控制标准》GB 16889

40 《办公建筑设计规范》JGJ 67

41 《汽车库建筑设计规范》JGJ 100

42 《生活垃圾卫生填埋技术规范》CJJ 17

43 《城市污水处理厂运行、维护及其安全技术规程》CJJ 60

44 《工业设备、管道防腐蚀工程施工及验收规范》HGJ 229

45 《控制室设计规定》HG/T 20508

46 《仪表供电设计规定》HG/T 20509

47 《信号报警、安全连锁系统设计规定》HG/T 20511

48 《分散型控制系统工程设计规定》HG/T 20573

49 《公路水泥混凝土路面设计规范》JTG D40

50 《公路沥青路面设计规范》JTG D50

中华人民共和国行业标准

生活垃圾渗沥液处理技术规范

CJJ 150—2010

条 文 说 明

制 订 说 明

《生活垃圾渗沥液处理技术规范》CJJ 150－2010经住房和城乡建设部 2010 年 7 月 23 日以第 702 号公告批准、发布。

本规范制订过程中，编制组进行了大量的调查研究，总结了我国渗沥液处理工程建设的实践经验，同时参考了国外先进技术法规、技术标准，通过试验取得了重要的技术参数。

为方便广大设计、施工、科研、学校等单位的有关人员在使用本规范时能正确理解和执行条文规定，《生活垃圾渗沥液处理技术规范》编写组按章、节、条顺序编写了本规范的条文说明，对条文规定的目的、依据以及执行中需注意的有关事项进行了说明还着重对强制性条文的强制性理由作了解释。但是，本条文不具备与标准正文同等的法律效力，仅供使用者作为理解和把握标准规定的参考。

目　次

1 总　则

1.0.1 本条明确了制定本规范的目的。

1.0.2 本条规定了本规范的适用范围。生活垃圾处理设施包括填埋场、焚烧厂、堆肥厂、厌氧消化处理厂、中转站等设施。

1.0.3 渗沥液处理设施的使用年限和处理规模应与垃圾处理设施相适应。

1.0.4 为提高处理效率，优化运行管理，节约能源，降低工程造价和运行成本，鼓励采用可靠适用的新技术、新工艺、新材料和新设备。

1.0.5 本条文是对渗沥液处理过程与环境保护的基本规定。

3　水量与水质

3.1　水　量

3.1.1 本条文给出了影响垃圾填埋场渗沥液产生的基本因素。由于渗沥液产生量具有不稳定的特点，因此在确定渗沥液产生量时，可借鉴同类型垃圾填埋场实际运行经验。

3.1.2 本条给出常用的经验公式法即浸出系数法计算公式和参数取法说明。

垃圾填埋场渗沥液的计算方法还有水量平衡法和经验统计法。

水量平衡法综合考虑产生渗沥液的各种影响因素，以水量平衡和损益原理而建立，该法准确但需要较多的基础数据，而我国现阶段相关资料不完整的状况限制了该法的应用。

经验统计法是以相邻相似地区的实测渗沥液产生量为依据，推算出本地区的渗沥液产生量，该法不确定因素太多，计算的结果较粗糙，不能作为渗沥液计算的主要手段，通常仅用来作为参考，不用作主要计算方法。

3.1.3 本条给出垃圾填埋场渗沥液处理规模的确定方法。

3.1.4 垃圾焚烧厂渗沥液的产生量通常按垃圾量的10%～30%（重量比）计，如果有些垃圾中转站采用垂直压缩方式的，将渗沥液带入焚烧厂的，可达垃圾量的40%。

3.2　水　质

3.2.1～3.2.3 垃圾填埋场、焚烧厂、堆肥厂、中转站产生的渗沥液水质受多种复杂因素影响，若无实际数据，表1、表2、表3、表4为典型水质范围，可供参考。

表1　国内生活垃圾填埋场（调节池）渗沥液典型水质

类别 项目	初期渗沥液	中后期渗沥液	封场后渗沥液
五日生化需氧量(mg/L)	4000～20000	2000～4000	300～2000
化学需氧量(mg/L)	10000～30000	5000～10000	1000～5000
氨氮(mg/L)	200～2000	500～3000	1000～3000
悬浮固体(mg/L)	500～2000	200～1500	200～1000
pH	5～8	6～8	6～9

表2　国内垃圾焚烧厂渗沥液典型水质范围

项目	COD_{cr}(mg/L)	BOD_5(mg/L)	NH_3-N(mg/L)	SS(mg/L)	pH
指标	20000～60000	10000～30000	500～2000	10000～20000	5～8

表3　国内垃圾堆肥厂渗沥液典型水质范围

项目	COD_{cr}(mg/L)	BOD_5(mg/L)	NH_3-N(mg/L)	SS(mg/L)	pH
指标	10000～30000	4000～18000	300～1500	5000～15000	7～9

表4　国内垃圾中转站渗沥液典型水质范围

项目	COD_{cr}(mg/L)	BOD_5(mg/L)	NH_3-N(mg/L)	SS(mg/L)	pH
指标	20000～60000	8000～30000	400～1800	2500～20000	5～8

4　渗沥液处理工艺

4.1　一　般　规　定

4.1.3 渗沥液水质的特性决定了渗沥液处理不可能采用单一工艺进行处理，必须采用组合处理工艺，组合包括各种方法的组合，也包括同种方法中不同工艺的组合，组合的主体工艺应为生物处理工艺，以达到从环境中去除大部分污染物的目的。

4.1.6 提倡各种生活垃圾处理设施产生的渗沥液合并处理，一方面可以改善水质，另一方面可以资源共享，发挥设施效益。

4.2　工　艺　流　程

4.2.1 本条文规定生活垃圾渗沥液处理应采用的常规处理流程。流程中明确列出调节池，以强调调节池在渗沥液处理过程中的作用。除常规工艺流程的工艺组合外，还给出另外两种不同的组合方式，其中：

　　1 适用于填埋后期或封场后渗沥液；

　　2 适用于早、中期填埋场渗沥液或几种不同生活垃圾处理设施产生的渗沥液的混合废水。

近几年国内垃圾渗沥液处理运行的工程实例详见表5。

表5　垃圾渗沥液处理典型实例

编号	工艺流程	处理规模	排放标准	建设地点	建成时间
1	水解沉淀＋两级碟管式反渗透(DTRO)	67.5m³/d	《生活垃圾填埋污染控制标准》GB 16889－1997一级排放标准	北京某堆肥厂	2003年
2	膜生物反应器＋纳滤	200m³/d	《生活垃圾填埋污染控制标准》GB 16889－1997二级排放标准	山东某垃圾综合处理厂	2003年
3	膜生物反应器＋纳滤/反渗透	200m³/d	《生活垃圾填埋污染控制标准》GB 16889－1997一级排放标准，部分中水回用绿化	北京某垃圾填埋场	2004年
4	膜生物反应器＋单级碟管式反渗透(DTRO)	300m³/d	《生活垃圾填埋污染控制标准》GB 16889－1997二级排放标准	上海某垃圾焚烧厂	2005年
5	复合生物反应器＋催化氧化＋反渗透	120m³/d	《生活垃圾填埋污染控制标准》GB 16889－1997一级排放标准	山东某垃圾填埋场	2006年
6	立环式生物反应器＋纯氧曝气＋超滤＋反渗透	100m³/d	《生活垃圾填埋污染控制标准》GB 16889－1997一级排放标准	安徽某垃圾填埋场	2006年
7	膜生物反应器＋纳滤	860m³/d	《生活垃圾填埋污染控制标准》GB 16889－1997一级排放标准	广东某垃圾填埋场	2006年
8	膜生物反应器	400m³/d	《生活垃圾填埋污染控制标准》GB 16889－1997三级排放标准	上海某垃圾焚烧厂	2006年
9	厌氧反应器＋膜生物反应器＋纳滤	100m³/d	《生活垃圾填埋污染控制标准》GB 16889－1997一级排放标准	四川某垃圾填埋场	2006年
10	厌氧反应器＋膜生物反应器＋纳滤	60m³/d	《北京市水污染排放标准》排入城镇污水处理厂的水污染物排放标准	北京某垃圾中转站	2007年
11	厌氧反应器＋膜生物反应器＋纳滤＋反渗透	600m³/d	《北京市水污染排放标准》二级	北京某垃圾综合处理中心	2008年

4.2.2　规定渗沥液处理应设调节池，并应采取有效措施均化水质、水量。调节池应该加盖以避免臭味发散。另外，加盖调节还可大幅度降低渗沥液污染物浓度，为后续处理设施创造有利条件。

4.3　工艺设计

4.3.1　规定了设计调节池的要求，调节池容积计算方法参考《生活垃圾卫生填埋技术规范》CJJ 17。

4.3.3　混凝沉淀法药剂的选择应考虑三个方面因素：药剂投加是否方便、处理效果是否可靠、经济是否合理。

湿投法包括重力投加法和压力投加法；湿投法需要有一套配制溶液及投加溶液的设备，包括溶药、搅拌、定量控制、投药等部分；干投法是将易于溶解的药剂经过破碎后直接投入渗沥液处理系统中，本工艺对药剂的粒度要求严格。

重力投加法需要建设高位溶液池，利用重力将药剂投加到渗沥液处理系统中。

压力投加法包括水射器法和加药泵法。压力投加法利用高压水在水射器喷嘴处形成负压将药液吸入，并将药剂射入压力管道内。

加药泵法是利用加药泵直接从溶液池吸取药液加入压力管线。

常用的药剂有硫酸铝、聚合氯化铝、硫酸亚铁、三氯化铁和聚丙烯酰胺（PAM）等药剂。

4.3.4　厌氧生物处理包括上流式厌氧污泥床法、动态厌氧法、厌氧复合床法等。

4.3.5　好氧生物处理包括活性污泥法和生物膜法，活性污泥法宜选择氧化沟（含立环式生物反应器）、纯氧曝气反应器、膜生物反应器、序批式生物反应器；生物膜法可选择生物滤池、接触氧化池、生物转盘（含复合生物反应器）等。

4.3.6　本条规定了氧化沟的设计要求。

渗沥液处理工程案例中还有使用氧化沟的变形工艺，如立式氧化沟，也叫立环式生物反应器。

立环氧化沟是从 ORBAL 氧化沟发展而来。立环氧化沟由一个混凝土或钢制的池子组成（依处理规模及场地限制等因素灵活选择材质及形式），池内设有一个水平隔板，隔板的宽度与池子等宽，长度比池子长度略短。其特点是混合液绕水平隔板环流，由一个位于水平隔板下面的中气泡扩散器和一个位于曝气池表面的曝气转碟供氧。该工艺为递进式完全混合反应器，每一至三分钟上层反应池的混合液就会在转碟曝气机的推动下迅速落入下层反应池，使得混合液不断"循环回流"连续流动。这种布置使整池达到理想混合状态，并帮助提高了整套工艺系统的充氧效率，能调整溶解氧量达到生物除磷脱氮的目的。

立环氧化沟进水化学需氧量宜为（5000～10000）mg/L；深宜为：（6～8.5）m。

4.3.8 根据膜组件的设置位置，固液分离膜生物反应器可分为外置式膜生物反应器和内置式膜生物反应器两大类。

外置式膜生物反应器是把膜组件和生物反应器分开设置。生物反应器中的混合液经循环泵增压后打至膜组件的过滤端，在压力作用下混合液中的液体透过膜，成为系统处理出水；固形物、大分子物质等则被膜截留，随浓缩液回流到生物反应器内。

内置式膜生物反应器中，膜组件置于生物反应器内部。原水进入膜生物反应器后，其中的大部分污染物被混合液中的活性污泥分解，再在抽吸泵或水头差（提供很小的压差）作用下由膜过滤出水。

系统中所用超滤膜，采用孔径 $0.02\mu m$ 的 PVDF 材质管式超滤膜，一个膜组件由膜壳、膜管及封装材料制成，膜管直径（8～12）mm，具有装填密度高、强度高、抗污染、抗氧化、耐酸碱能力强、易清洗、膜通量大、膜壳可重复使用等优点。

平板式微滤膜，以聚氯乙烯或 PVDF 为原料制成，孔径为（0.08～0.8）μm，属于微滤范畴。单片板式膜为信封状，膜组件是由多片板式膜组装而成，设膜分离池或在曝气池内设膜分离区，将膜组件浸没在池中，处理水在抽吸泵或液位形成的压差作用下通过膜片进入"信封"中，从"信封"的出水口排出形成透过液，生化污泥则被截留在膜分离池中。

4.3.9 沉淀池出水堰最大负荷要求参考《室外排水设计规范》GB 50014 - 2006 中相关要求。

4.3.10 深度处理工艺可选择膜分离、吸附、高级氧化等。实际工程应根据渗沥液水质和排放标准合理选择。渗沥液膜分离常选择纳滤和反渗透。

卷式反渗透膜通常有 4 寸膜和 8 寸膜，4 寸膜直径 100mm，长 1000mm；8 寸膜直径 200mm，长 1000mm。

碟管式膜柱通常为两种，小膜柱（DTS）直径为 200mm，长为 1000mm；大膜柱（DTG）直径为 214mm，长为 1200mm。

用于渗沥液处理的活性炭，应具有吸附性能好、中孔发达、机械强度高、化学性能稳定、再生后性能恢复好等特点。

活性炭吸附装置可采用吸附池，也可采用吸附罐。

选择过滤工艺应根据渗沥液的进水水质、排放要求等因素综合确定。滤料的选择宜根据不同的工艺及试验确定。

高级氧化方法可选择技术包括电解氧化法、光催化氧化法、Fenton 试剂氧化等。

4.3.14 本条给出污泥及浓缩液的处理要求

纳滤和反渗透工艺产生的浓缩液，COD 通常在 5000mg/L 以上，氨氮浓度在（100～1000）mg/L，电导率为（40000～50000）$\mu S/cm$。

浓缩液直接回灌至垃圾填埋场随着时间的积累可能导致垃圾填埋场含盐量增加，盐分有再次回到处理系统的风险。

5 总体布置及配套工程

5.1 总体布置

5.1.2 场地标高的确定还需考虑以下因素：

1 方便生产联系，满足道路运输及排水条件；

2 减少土（石）方工程量，保持填挖平衡；

3 防止地下水对建筑物基础和道路路基产生不良影响；

4 与所在城镇的总体规划相适应；

根据以上决定场地标高的因素，并要经过多方案技术经济比较，确定场地最低点的设计标高。

5.1.4 这种布置方式不仅使其各功能区与主要生产区之间有方便的交通及工艺联系，减少相互间管线连接的长度，降低投产后的运营费用，而且整个处理区组合重点突出，主次分明，各组成要素之间相互依存，相互制约，具有良好的条理性和秩序感。

5.5 检测与控制工程

5.5.1 根据渗沥液处理系统运行后的"三废"产生情况，应建立环境监测计划，定期监测厂内污染物排放情况和厂区周围环境质量状况。渗沥液处理工程废气的监测项目主要包括 H_2S、NH_3，监测频次应根据影响情况具体确定。渗沥液处理系统正常运行后，对废水的排放应建立相关的监测制度。厂区的噪声应按相关的环境标准进行监测。

5.5.2 调节池、厌氧反应设施等厌氧过程会产生硫化氢、沼气等气体，浓度超过一定的限值有爆炸危险，应在调节池、厌氧反应设施相应位置设置监测和报警装置；渗沥液氨氮浓度高，曝气过程中会有氨气的释放，应在曝气设施相应位置设置氨气浓度监测和报警装置。

6 环境保护与劳动卫生

6.1 一般规定

6.1.1 生活垃圾填埋场、焚烧厂、堆肥厂、厌氧消化处理厂、中转站等垃圾设施配套的渗沥液处理工程的排放标准，应根据垃圾处理设施的不同执行《生活垃圾填埋场污染控制标准》GB 16889、《污水综合排放标准》GB 8978 等国家标准或地方的相关排放标准，具体要求按照项目环境影响评价报告的批复执行。

6.1.2 制定垃圾渗沥液处理工程污染治理措施前应落实污染源的特征和产生量；执行标准应该按现行的环境保护法规和标准的有关规定执行。

6.2 环境监测

6.2.1 规定垃圾渗沥液进出水监测的规定，渗沥液出水通常需要设置的监测仪表包括：流量、温度、pH、COD、SS 等，环境保护部门会根据进水水质和排放水体要求增加一些必要的监测仪表，BOD、总氮仪表价格较高，应慎重选用。

6.2.2 规定垃圾处理设施渗沥液产生量、排放量应建立检测、计量系统，并应建立日报表和年报表制度。

6.2.3 根据环境保护部《关于加强城镇污水处理厂污染减排核查核算工作的通知》（环办〔2008〕90号）的要求，各地方环保部门为统一管理核查污染排放数据，制订了排污口的建设和管理措施，渗沥液处理工程应根据当地环保部门要求设置排污口。

6.3 环境保护

6.3.1 规定渗沥液处理系统产生臭气及沼气必须经过处理后有组织排放。

6.3.3 对于各个环节产生的噪声，应按其产生的状况，分别采取有效的控制措施。厂界噪声应符合《工业企业厂界环境噪声排放标准》GB 12348 的要求，作业车间噪声应符合《工业企业设计卫生标准》GBZ 1 的要求。噪声控制措施包括：

1 应选用低噪声的机械和设备；

2 合理规划布置总平面，高噪声设备宜集中布置，并利用建筑物和绿化隔离带减弱噪声的影响；

3 合理布置通风管道，采用正确的结构，防止产生振动和噪声；

4 对于声源上无法根治的生产噪声，分别按不同情况采取消声、隔振、隔声、吸声等措施，并着重控制声音强高的噪声源。

6.4 职业卫生与劳动安全

6.4.1 垃圾渗沥液处理的职业安全卫生还应符合《工业企业设计卫生标准》GBZ 1、《关于生产性建设工程项目职业安全卫生监察的暂行规定》的有关规定。

6.4.8 沼气是易燃气体，有爆炸危险，硫化氢是腐蚀性气体，所以本条规定了要求对上述危险气体进行控制和防护。

6.4.9 因厌氧设施、沼气贮存和管道等内有沼气，为防止火灾及爆炸，要求有防火措施。

7 工程施工及验收

7.1 工程施工

7.1.1 规定垃圾渗沥液处理工程的施工安装单位必须具有相应的资质。

7.1.3 施工准备工作包括技术准备和临建设施准备。施工准备过程中应进行质量控制。

技术准备包括：图纸会审；建立测量控制网；做好原材料检验工作和钢筋混凝土的试配工作；做好前期各类技术交底工作等。临建设施准备包括：临建搭设要求；临时用水电进行标准计量等。

施工准备过程中的质量控制包括：优化施工方案和合理安排施工程序；严格控制进场原材料的质量；合理配备施工机械；采用质量预控措施等。

7.1.4 施工单位在工程施工前应制定切实可行的施工组织设计，内容要详细、全面、合理。

施工组织设计的主要内容包括：工程概况；施工部署；施工方法、材料、主要机械的供应、质量保证、安全、工期、成本控制的技术组织措施；施工计划、施工总平面布置及周边环境的保护措施等。

渗沥液处理工程施工前应由设计单位进行技术交底。

工程施工在地下水位较高时应采取相应的排水、抗浮措施。

对于北方地区和南方地区，应根据当地气候条件，制定相应的冬季、夏季、雨季、旱季施工措施。

7.2 工程验收

7.2.1～7.2.3 渗沥液处理工程全部按设计要求和质量标准完成后，应及时对整体工程进行验收，验收工作应按现行国家标准《城市污水处理厂工程质量验收规范》GB 50334 执行。渗沥液处理流程中有圆筒钢制设备的，施工验收按现行国家标准《立式圆筒形钢制焊接储罐施工及验收规范》GB 50128 执行。

8 工艺调试与运行管理

8.1 工艺调试

8.1.1 规定工艺调试应由水处理专业人员进行，调试前应编制详细的调试报告。

8.1.2 规定调试的一般顺序。

8.1.3 垃圾渗沥液的特性表现为含高浓度的有机物（COD 和 BOD_5 值都很高，且变化大），氨氮浓度高、而可生化性差。因此生物处理系统调试过程中营养条件的控制与生物环境的控制是关键。

8.1.4 厌氧调试包括污泥培养与反应器调试。

影响厌氧运行效果的主要因素有：水质、负荷、温度、pH、挥发酸、氮、磷营养等。

调试应控制以下条件：

1 根据厌氧池的反应温度、水质状况、工艺要求确定最佳的有机负荷；

2 pH 应维持在 6.5～7.8 范围，最佳范围是在

6.8～7.2之间；

    3 有机酸（挥发性）浓度宜在 2000mg/L 以下；

    4 总碱度宜控制在（2000～3500）mg/L；

    5 为满足厌氧发酵微生物营养要求，碳、氮、磷宜控制在 300～500∶5∶1（其中碳以 COD 表示）；

    6 厌氧反应器启动较慢，有条件的地方最好采用同性质的或性质相近的污泥进行接种；接种污泥量宜大于 $15kgVSS/m^3$，挥发性悬浮固体（VSS）宜大于 60%；

    7 启动宜采用间歇式增加负荷、分阶段的启动方式，启动时严格控制前述厌氧条件，初始负荷从（0.5～1.0）$kgCOD/(m^3 \cdot d)$ 或污泥负荷（0.05～0.1）$kgBOD_5/(kgVSS \cdot d)$ 开始。一次投料负荷应控制在（0.1～0.5）$kgBOD_5/(kgVSS \cdot d)$ 左右，待产气高峰之后再进料，逐步缩短进料间隔时间逐步达到设计负荷至稳定运行；

    8 厌氧池或罐内应根据运行情况排泥。

8.1.5 规定沼气的生产安全要求。应采取有效措施保证沼气生产、利用系统的安全、稳定。

8.1.6 好氧活性污泥法调试包括氧化沟、MBR 生物反应池、序批式生物反应器、纯氧曝气等用于处理垃圾渗沥液的活性污泥法的运行启动及活性污泥培养等。

调试内容包括：

    1 启动准备

启动前应保证各处理设备正常运转。

    2 生物接种

条件允许的话宜从城市污水处理厂采取较新鲜的剩余污泥，用泵打入处理池中；若采用脱水后的污泥，应注意其脱水前剩余污泥所占比例，保证菌种投加的质量。

接种步骤包括：

    1）新鲜渗沥液注满生物处理池；

    2）鼓风机或其他曝气充氧设备连续运行；

    3）生物处理池溶解氧达到（2～3）mg/L（具体参数根据具体设计参数）以上。

    3 负荷定向驯化

负荷定向驯化步骤包括：

    1）生化处理池进水，控制低流量进水（20%负荷）；

    2）监测反应池内的营养状态和菌种生长、增殖环境；必要时可考虑投加营养液或 pH 调节药剂；

    3）进行不小于 10 天的低负荷定向驯化。

    4 系统观测

系统观测内容包括：

    1）观测生物反应池活性污泥浓度和形态特性；

    2）确保生物反应池形成高浓度活性污泥菌胶团；

    3）确保生化池混合液具备较强的生物活性和较好的沉降性。

    5 工艺检测

检测内容包括：

    1）检测生物反应池混合液 pH、温度、MLSS 等；

    2）检测生物反应池各段 DO 值；

    3）检测生物反应池进出水 COD 值；

    4）检测污泥的生物相，了解菌胶团及指示微生物的生长情况；

若生化处理系统出水 COD、氨氮不达设计标准，继续进行控制条件、低负荷定向驯化。

若生化处理系统出水 COD、氨氮达到设计标准进入生产试运行阶段。

活性污泥培养阶段调试参数根据具体工艺流程、工艺设备而定，大致框架可参考表 6。

表 6　活性污泥培养阶段运行表

周期节点	运行方式	运行内容	运行数据
阶段 1	生物反应池充水	进渗沥液污水	至半池或满池
15 天左右	曝气设备运行	曝气	DO>2.0mg/L
		作报表记录	作 SV 的观察和 pH、温度、DO 的测定
阶段 2	好氧反应池和污泥回流系统连续运行	连续进、出水和回流污泥	水量和空气量适时调整
15 天左右	从 30%～70%流量	继续进水曝气	DO>2.0mg/L
		作报表记录	作 SV 的观察和 pH、温度、DO 的测定
20 天左右	按设计水量运行	继续进水曝气	污泥回流比、DO 作适时调整
	可以适量的排泥	作报表记录	增加分析项目和镜检
阶段 3	好氧反应池和污泥回流系统连续运行	连续进、出水和回流污泥	污泥回流比、DO 作适时调整
	按设计水量运行	进水曝气	
	转入运行阶段	控制回流污泥的分配	转入常规分析项目

8.1.7 纳滤和反渗透系统应按以下顺序进行调试：设备调试、清水调试、盐水调试、联动调试。

纳滤和反渗透系统调试内容包括：

1 按照设备安装图、工艺图、电器原理图、接线图，对设备系统进行全面检查，确认其安装正确无误。

2 应分四个阶段调试：一、设备调试；二、清水调试；三、盐水调试；四、联动调试。

3 根据运行情况，调整系统调节阀，达到设计参数，运行期间检查供水泵、高压泵运转是否平稳，产水与浓缩水情况是否正常，自动控制是否灵敏，电气是否安全，自动保护是否可靠。

4 调试时应注意分析数据、记录系统的运行参数：系统加药的变化及变化的状态、每一段膜组件前后的压降、各段膜组件进出水与浓水压力、各段膜组件进水与产水流量、各段膜组件进水、产水与浓水的电导率或含盐量、进出水和浓水的 pH 等。

5 投入运行时应进行进水和产水水质：COD、BOD_5、NH_3-N、氧化剂、SS、含盐量、电导率（根据不同的膜厂家资料制定完整的指标化验系统）等的检测，并定期进行完整的水质分析，确保渗透水的电导率，设备脱盐率、原水回收率、COD 去除率、NH_3-N 去除率达到设计要求。

6 膜的清洗应根据污染物及污染状况综合分析，制定化学清洗方案。在清洗前应做清洗试验。

8.1.8 工艺调试完成后，水质达到设计标准进入试运行，待系统试运行稳定后，应申请当地环保部门进行环保验收。环保验收前应按现行环保规定提交相应的文件资料。

8.2 运行管理

8.2.1 规定投入正式运行应具备的相应资料。

8.2.2 本条是环保项目运行必须具备的条件，应具备环保部门的验收合格文件，同时应具有工艺操作说明书及操作规程，工艺、设备使用、维护说明书。

8.2.3 规定渗沥液处理设施正常运行应制定运行维护及其安全操作规程等。

8.2.7 规定对操作人员的执业要求。操作人员及维修人员必须熟知渗沥液处理工艺流程及水质水量的适时变化。

8.2.8 本条是对运行管理的基本规定，要求安全和卫生设施同时投入使用，其中包括消防、用电及设备、设施运行维护维修等安全运行管理规定以及如暴雨、雷击、不可控因素导致的火灾、管道泄漏、危险气体的外泄等突发事件应急预案。

8.2.10 膜深度处理阶段，应采用可靠的预处理措施，确保进水条件符合膜组件要求（不同的膜组件形式差异较大）；运行参数应符合膜组件要求。

根据膜厂家及型号不同，膜系统操作参数不同。膜系统运行操作要点主要包括：

1 距上次清洗后运转的时间，设备投入运行总时间；

2 多介质过滤器、保安过滤器与每一段膜组件前后的压降；

3 各段膜组件进水、产水与浓水压力；

4 各段膜组件进水与产水流量；

5 各段膜组件进水、产水与浓水的电导率或含盐量 TDS；

6 进水、产水和浓水的 pH；

7 进水 SDI 和浊度值。

根据水质变化，膜系统应采取必要措施如 pH 调节，投加阻垢剂、杀菌剂、还原剂等化学品，合理控制运行参数等，以有效控制膜的结垢及污染。膜应定期进行化学清洗，当达到清洗条件时应及时进行化学清洗。

9 应急处理措施

9.0.1 应急处理措施内容应包括建立渗沥液处理厂（站）区易发事故点、危险点和面的档案及事故发生的分布图，并配备相应的应急处理设施、设备。垃圾处理设施是维系现代城市功能与区域经济功能的基础性工程设施之一，应具备一定的防灾能力。根据实际情况合理设置应急设施和设备。

9.0.2 对有关应急人员进行培训和演习，可检验和促进应急反应的速度和质量的提高。

中华人民共和国行业标准

生活垃圾转运站评价标准

Standard for assessment on municipal solid waste
transfer station

CJJ/T 156—2010

批准部门：中华人民共和国住房和城乡建设部
施行日期：２０１１年８月１日

中华人民共和国住房和城乡建设部
公　告

第 799 号

关于发布行业标准
《生活垃圾转运站评价标准》的公告

现批准《生活垃圾转运站评价标准》为行业标准，编号为 CJJ/T 156-2010，自 2011 年 8 月 1 日起实施。

本标准由我部标准定额研究所组织中国建筑工业出版社出版发行。

2010 年 11 月 4 日

前　言

根据住房和城乡建设部《关于印发〈2008 年工程建设标准制订、修订计划（第一批）〉的通知》（建标〔2008〕102 号）的要求，标准编制组经广泛调查研究，认真总结实践经验，并在广泛征求意见的基础上，制订本标准。

本标准的主要技术内容是：1. 总则；2. 评价内容；3. 评价方法；4. 评价等级。

本标准由住房和城乡建设部负责管理，由华中科技大学负责具体技术内容的解释。执行过程中如有意见与建议，请寄送华中科技大学（地址：武汉市武昌珞瑜路 1037 号，邮政编码：430074）。

本标准主编单位：华中科技大学

本标准参编单位：海沃机械（扬州）有限公司
上海市浦东新区环境监测站
上海中荷环保有限公司
武汉华曦科技发展有限公司
上海环境卫生工程设计院
深圳市龙澄高科技环保有限公司

本标准主要起草人员：陈海滨　谈　浩　周靖承
张来辉　张　涉　夏越青
汪俊时　吴标彪　张后亮
张　黎　陆卫平　谭和平
刘利人　陆晓春　顾庆龙
钟　凯　左　钢　杨新海
张德华

本标准主要审查人员：吴文伟　冯其林　陶　华
朱青山　赵东平　张　范
于　铭　盛金良　戴新征

目次

Contents

1 总 则

1.0.1 为规范生活垃圾转运站（以下简称垃圾转运站）的建设和运行管理，评价垃圾转运站的生产运行状况、污染控制和节能减排情况，提高我国生活垃圾（简称垃圾）中转运输环节的技术水平，制定本标准。

1.0.2 本标准适用于新建及改扩建的大、中型（Ⅰ类、Ⅱ类、Ⅲ类）和小型（Ⅳ类、Ⅴ类）的垃圾转运站评价。

1.0.3 待评价的新建垃圾转运站的正常运行时间：大、中型垃圾转运站不应低于 12 个月；小型垃圾转运站不应低于 6 个月；改扩建的各类垃圾转运站其正常运行时间不应低于 6 个月。

1.0.4 对垃圾转运站进行评价时，除应执行本标准的规定外，尚应符合国家现行有关标准的规定。

2 评价内容

2.0.1 垃圾转运站的评价应包括下列内容。
1 工程建设评价；
2 生产运行评价；
3 污染控制与节能减排评价；
4 总体印象评价。

2.0.2 垃圾转运站评价内容的权重分配应符合下列规定：
1 大、中型（含Ⅰ类、Ⅱ类、Ⅲ类）垃圾转运站应对工程建设、生产运行现状、污染控制与节能减排、总体印象按照 30%、30%、30%、10% 的分值权重进行评价；
2 小型（含Ⅳ类、Ⅴ类）垃圾转运站应对工程建设、生产运行现状、污染控制与节能减排、总体印象按照 25%、25%、25%、25% 的分值权重进行评价。

2.0.3 垃圾转运站工程建设评价应符合下列规定：
1 大、中型垃圾转运站评价内容应包括：选址、转运工艺与建设规模、建设用地、主体工程设施、配套工程设施、生产管理与生活服务设施、转运车间作业系统、污染控制设备与设施配置、雨污分流；
2 小型垃圾转运站评价内容应包括：选址、转运工艺与建设规模、建设用地、主体工程设施、配套工程设施、转运车间作业系统、污染控制设备配置。

2.0.4 垃圾转运站生产运行现状的评价应符合下列规定：
1 大、中型垃圾转运站评价内容应包括：技术资料及存档、称重计量作业、收集和运输作业、站内卸装料、压实、装车等转运作业、站区清理消杀、运行管理、设备维护、应急处置；
2 小型垃圾转运站评价内容应包括：收集和运输作业、站内卸装料、压实、装车等转运作业、站区清理消杀、运行管理、应急处置。

2.0.5 垃圾转运站污染控制与节能减排的评价应符合下列规定：
1 大、中型垃圾转运站的评价内容应包括：通风降尘与除臭、隔声降噪、运输途中二次污染控制、污水处理、节能减排、环境检测；
2 小型垃圾转运站的评价内容应包括：站内污染控制、运输途中二次污染控制、污水处理、节能减排、环境检测。

2.0.6 垃圾转运站总体印象的评价应符合下列规定：
1 大、中型垃圾转运站评价内容应包括：劳动安全与卫生管理、信息反馈、主观印象；
2 小型垃圾转运站评价内容应包括：劳动安全与卫生管理、技术资料及存档、信息反馈、主观印象。

3 评价方法

3.0.1 垃圾转运站的评价应采用资料评价与现场评价相结合的评价方法。

3.0.2 被评价的垃圾转运站应提供下列文件：
1 环境卫生规划及其批复；
2 项目建议书及其批复；
3 可行性研究报告及其批复；
4 环境影响评价报告及其批复；
5 工程地质勘察报告；
6 设计文件、图纸及设计变更资料；
7 施工记录和竣工验收资料；
8 运行管理资料（垃圾量日、月、年记录；燃油料消耗记录；车辆和设备运行维护记录；事故及其处理记录；消杀记录；管理手册等）；
9 环境监测与检测报告；
10 特许经营协议或委托经营合同；
11 其他反映建设与运行管理水平的资料。

注：1 大型转运站应至少提供第 1~9 项文件；
2 中型转运站应至少提供第 1~4、6~9 项文件；
3 小型转运站应至少提供第 1~2、6~9 项文件及其相关的主要建设期技术资料。

3.0.3 垃圾转运站的评价指标体系，应划分为关键指标和一般指标二类：
1 关键指标决定级别，应具有优否决性，垃圾转运站评价关键指标项目应为：选址、转运工艺与建设规模、运行管理、应急处置、节能减排、环境检测。

其中，环境检测项目与检测频率，应按照本标准附录 A 的要求执行。
2 一般指标应为按照内容和权重分配而设置的评分项目。

3.0.4 大、中型垃圾转运站的评分项目、内容和分值应符合表 3.0.4 的规定。

表 3.0.4　大、中型(Ⅰ类、Ⅱ类、Ⅲ类)垃圾转运站评价表

评价类别	评价子项序号	评价子项	子项权重(%)	子项评价内容	子项分值范围	子项实际得分	备注
A 工程建设 30 分	1	选址*	3	选址符合标准要求,服务范围合理	2~3		
				选址不符合标准要求,服务范围不符实际需求	0~1		
	2	转运工艺与建设规模*	4	建设规模合理,垃圾转运为封闭式、压缩工艺,技术先进,满足近期需求,兼顾长远发展	3~4		
				建设规模不合理,垃圾转运工艺落后,甚至是淘汰工艺	0~2		
	3	建设用地	4	转运站建设用地、建筑面积、绿地率、防护距离等指标均满足标准规定;站区布局合理	3~4		用地面积不应低于工程建设标准值的70%
				用地指标未能满足标准规定;站区布局不合理	0~2		
	4	主体工程设施	5	主体工程设施齐备,工艺技术合理,符合相关标准的要求	3~5		
				主体工程设施不齐备,工艺技术有较大缺陷,不符合相关标准的要求	0~2		
	5	配套工程设施	3	配套工程设施齐备,符合垃圾转运站建设标准的要求	2~3		
				配套工程设施不符合垃圾转运站建设标准的要求	0~1		
	6	生产管理与生活服务设施	2	站内生产管理与生活服务设施完善,符合标准,或方便借用周边条件	1~2		若借用站外设施,需考察其容量及便利性
				站内无生产管理和生活服务设施,周边无借用条件	0~1		
	7	转运车间作业系统	4	设备模块化、自动化水平高;具有封闭卸料、压实(压缩)、装箱启运等功能,各接口连接配合好;液压设备连接牢固、工作可靠;配置2个及以上作业单元	3~4		
				设备通用化程度低、型号、规格混乱,无填装压实;仅有1个作业单元	0~2		
	8	污染控制设备与设施配置	3	污染控制设备、设施配置齐全,符合标准要求	2~3		
				污染控制设备设施配置欠缺,设备、设施利用率低,未达到标准要求	0~1		
	9	雨污分流	2	具有雨污分流设施和功能	1~2		
				无雨污分流设施和功能	0		

评价类别	评价子项序号	评价子项	子项权重（%）	子项评价内容	子项分值范围	子项实际得分	备注
B 生产运行 30 分	10	技术资料及存档	3	转运量、进站车辆、设备运行、维修等技术资料档案齐全、规范	2～3		
				转运量、进站车辆、设备运行、维修等资料不齐全、归档不规范	0～1		
	11	称重计量作业	4	有称重及自动计量记录，进站物料记录资料完整	3～4		
				无称重及自动计量记录，进站物料人工记录资料不完整	0～2		
	12	收集和运输作业	4	转运车辆型号规格统一，底盘和箱体配套，箱体与压缩或压实填装设备对接良好，车型及载重量合理，作业效率高，运输过程中封闭性好，易于维护；收运车辆线路顺畅无误，收集、运输车辆排队等待时间较短	3～4		
				箱体与压缩或压实填装设备对接较差，作业效率低下，运输过程中封闭性差，转运车辆车型及载重量均不合要求；收运车辆线路混乱，排队等待现象严重，无法顺利完成垃圾转运作业	0～2		
	13	站内转运作业	5	垃圾卸车、压实（压缩）、装车过程规范，工作效率高，能够有效应对垃圾转运高峰和紧急状况；仅生活垃圾进入	4～5		
				垃圾卸车、装车过程不规范，现场较混乱，无压实（压缩）功能；无法应对垃圾转运高峰和紧急状况，垃圾易积压、堵塞；有其他垃圾混入，未及时处理	0～3		
	14	站区清理消杀	4	进站垃圾均当日清运完毕，不堆积过夜；消杀（蚊、蝇、鼠等）措施有效，每日作业完毕及时冲洗站区地面	3～4		
				缺乏或无消杀措施，站内垃圾堆积过夜，未能每日冲洗站区地面	0～2		
	15	运行管理*	5	中控系统管理控制得当、调配有效；有运行作业手册及设备操作维护保养手册，规章制度和岗位职责明确、健全，实施到位；场内标识齐全、规范	4～5		
				未设置中控系统；规章制度、岗位职责不明确、不健全；标识不齐全、不规范	0～3		
	16	设备维护	3	备件充足，定期进行设备维护，无设备损坏事故，有详细点检、维修记录	2～3		
				未能及时有效维护设备，出现设备损坏事故，无点检、维修记录，影响作业	0～1		
	17	应急处置*	2	具备有效的应急预案和应急处置设施设备	1～2		
				无任何应急处置预案或措施	0		

评价类别	评价子项序号	评价子项	子项权重（%）	子项评价内容	子项分值范围	子项实际得分	备注
C 污染控制与节能减排 30分	18	通风降尘与除臭	8	通风、降尘、除臭设备连续稳定运行，污染控制效果好；作业车间有全面的污染控制	6～8		检测因子包括：降尘、臭气浓度、TSP（总悬浮颗粒物）、H_2S
				设备闲置未能运行，未采取通风、降尘除臭措施或有措施但实际效果差	0～5		
	19	隔声降噪	3	站区边界按标准设置绿化隔离带；作业区有降噪设备或措施，控制得当；有权威检测报告	2～3		检测因子包括：厂界噪声、作业区噪声
				未设置绿化隔离带；无隔声降噪控制措施	0～1		
	20	运输途中二次污染控制	4	转运车辆在运输垃圾过程中无"跑冒滴漏"现象，无二次污染	3～4		
				未采取措施，转运车辆在运输垃圾过程中存在"跑冒滴漏"现象	0～2		
	21	污水处理	4	污水处理后出水检测数据达标或进入城市污水厂处理，有权威监测报告或环保部门批文	3～4		检测项目包括：pH、化学需氧量、五日生化需氧量、总悬浮物、总磷、总氮和氨氮
				污水处理后出水检测未达标次数占总检测次数的比例占20%以上，或污水未经处理直接外排	0～2		
	22	节能减排*	3	有节能减排要求与措施。垃圾转运作业按垃圾量负荷分班次、时段作业，作业过程中对照明、油泵、冲洗水、机电设备、环保设备等有节约能耗、减少废料排放措施，效果较好，吨垃圾转运能耗指标低于国内平均水平	2～3		
				无节约能耗、减少废料排放措施，存在资源浪费现象	0～1		
	23	环境检测*	8	环境检测综合评价达标率≥90%，有权威部门检测报告	6～8		环境检测项目详见附录A
				环境检测综合评价达标率60%～90%，有权威部门检测报告	3～5		
				环境检测综合评价达标率＜60%，有权威部门检测报告	0～2		
D 总体印象 10分	24	劳动安全与卫生管理	3	安全制度完善，劳动防护保障全面有效；达到卫生作业条件，未发生安全、卫生事故	2～3		
				未执行安全制度，无必要的劳动防护保障措施；曾发生过安全、卫生事故	0～1		

评价类别	评价子项序号	评价子项	子项权重（%）	子项评价内容	子项分值范围	子项实际得分	备注
D 总体印象 10 分	25	信息反馈	3	投诉问题轻微、年度信访现象无	2～3		
				年度信访>3 次，投诉严重	0～1		
	26	主观印象	4	现场感官印象好	3～4		评估专家现场判断
				现场感官印象差	0～2		

注：1 雨污分流——转运站内汇水面积内的雨水与转运车间垃圾污水液、冲洗水分流的方法和措施。
    2 日产日清——生活垃圾转运站内作业应保证垃圾不存留过夜，当天完成实际的垃圾转运量。
    3 站区消杀——垃圾转运站内进行的杀灭蚊虫、苍蝇、老鼠等有害动物和昆虫的过程和措施。
    4 降尘除臭——转运站内主体作业设施（转运车间）出于环境保护目的而进行的作业，包括运用设备来除尘降尘、通风除臭、喷洒药剂等。
    5 二次污染控制——对生活垃圾在转运站内卸料、填装、起运作业过程，以及在站外运输过程中，造成的垃圾撒落、污水溢漏、粉尘、臭气、噪声等污染现象的控制。站内喷洒除臭剂只算简单的二次污染控制措施。
    6 技术资料及存档——包括建设期技术文件和运行期垃圾转运量的日、月、年统计量，水电、油料的消耗量，设备、车辆运行维护记录，环保、安全事故（事件）及其他相关事件记录或资料汇总。
    7 子项实际得分——应参照"子项评价内容"的要求和对应的"子项分值范围"，给予客观的评分，评分值取整数值。
    8 扣分及处罚——发现技术资料存在缺损、涂改甚至作假现象时，应给予总分扣除 5 分以上直至取消参评资格的处罚。
    9 ＊表示关键指标。

3.0.5 小型垃圾转运站的评分项目、内容和分值应 符合表 3.0.5 的规定。

表 3.0.5 小型（Ⅳ类、Ⅴ类）垃圾转运站评价表

评价类别	评价子项序号	评价子项	子项权重（%）	子项评价内容	子项分值范围	子项实际得分	备注
A 工程建设 25 分	1	选址＊	3	选址符合标准要求，服务范围合理	2～3		
				选址不符合标准要求，服务范围不符实际需求	0～1		
	2	转运工艺与建设规模＊	3	转运工艺适用；建设规模合理，实际转运量误差为±20％以内	2～3		
				建设规模不合理，垃圾实际转运量误差大于±40％	0～1		
	3	建设用地	3	转运站建设用地、建筑面积、绿地率、防护距离等指标均满足标准规定；站区布局合理	2～3		用地面积不应低于工程建设标准值的70％
				用地指标未能满足标准规定；站区布局不合理	0～1		
	4	主体工程设施	4	主体工程设施齐备，工艺技术合理，符合相关标准的要求	3～4		
				主体工程设施不齐备，工艺技术有较大缺陷，不符合相关标准的要求	0～2		

评价类别	评价子项序号	评价子项	子项权重（%）	子项评价内容	子项分值范围	子项实际得分	备注
A 工程建设 25分	5	配套工程设施	3	配套工程设施齐备，符合垃圾转运站建设标准的要求	2~3		
				无配套工程设施，或无兼具相关辅助功能的措施	0~1		
	6	转运车间作业系统	5	设备模块化、自动化水平高，互换性好，具有封闭卸料、填装压实（压缩）、装箱启运等功能，各接口连接配合好；液压设备连接牢固、工作可靠；配置2个及以上作业单元	4~5		
				设备通用化程度低、型号混乱、规格落后；严重影响垃圾转运；仅有1个作业单元	0~3		
	7	污染控制设备与设施配置	4	污染控制设备、设施配置齐全，符合标准要求	3~4		
				污染控制设备、设施配置欠缺，设备、设施利用率低，未达到标准要求	0~2		
B 生产运行 25分	8	收集和运输作业	8	转运车辆型号和载重量满足转运作业要求，密闭运输，车况良好	6~8		
				转运车辆型号规格混乱，载重量低于功能需求，非密闭运输	0~5		
	9	站内转运作业	5	垃圾卸车、压实（压缩）、装车过程规范，工作效率高，能够有效应对垃圾转运高峰和紧急状况；仅生活垃圾进入	4~5		
				垃圾卸车、装车过程不规范，现场较混乱，无压实（压缩）功能；无法应对垃圾转运高峰和紧急状况，垃圾易积压、堵塞；有其他垃圾混入，未及时处理	0~3		
	10	站区清理消杀	5	进站垃圾均能做到当日清运完毕，不堆积过夜；消杀（蚊、蝇、鼠等）措施有效，每日作业完毕及时冲洗站区地面	4~5		
				缺乏或无消杀措施，站内垃圾堆积过夜，未能每日冲洗站区地面	0~3		
	11	运行管理*	5	专人管理，有运行作业手册及设备操作维护保养手册，规章制度和岗位职责明确、健全，实施到位；场内标识齐全、规范	4~5		
				规章制度、岗位职责不明确、不健全；标识不齐全、不规范	0~3		
	12	应急处置*	2	具备有效的应急处置预案或措施	1~2		
				无任何应急处置预案或措施	0		

评价类别	评价子项序号	评价子项	子项权重（%）	子项评价内容	子项分值范围	子项实际得分	备注
C 污染控制与节能减排 25分	13	站内污染控制	6	降噪、通风、降尘、除臭等污染控制效果好，站内进行全面污染控制	5～6		
				环保设备无或未运行，污染严重	0～4		
	14	运输途中二次污染控制	6	转运车辆在运输垃圾过程中无"跑冒滴漏"现象，无二次污染	5～6		
				未采取措施，转运车辆在运输垃圾过程中存在"跑冒滴漏"现象	0～4		
	15	污水处理	4	垃圾污水经许可（有批文）接入市政管网或集中外运处理，无污水渗漏现象	3～4		检测项目包括：pH、化学需氧量、五日生化需氧量、总悬浮物、总磷、总氮和氨氮
				垃圾污水未经许可（无批文）或未经处理直接外排	0～2		
	16	节能减排*	3	有节能减排要求与措施。垃圾转运作业按垃圾量负荷分班次、时段作业，作业过程中对照明、油泵、冲洗水、机电设备、环保设备等有节约能耗及减少废料排放措施，效果较好；吨垃圾转运能耗指标低于国内平均水平	2～3		
				无节约能耗、减少废料排放措施，存在资源浪费现象	0～1		
	17	环境检测*	6	环境检测综合评价达标率≥90%，有权威部门检测报告	5～6		环境检测项目详见附录 A
				环境检测综合评价达标率 60%～90%，有权威部门检测报告	3～4		
				环境检测综合评价达标率<60%，有权威部门检测报告	0～2		
D 总体印象 25分	18	劳动安全与卫生管理	5	安全制度完善，劳动防护保障全面有效；达到卫生作业条件，未发生安全、卫生事故	5～6		
				未执行安全制度，无必要的劳动防护保障措施；发生过安全、卫生事故	0～4		
	19	技术资料及存档	2	技术档案齐全、规范	2		
				资料不齐全、不规范	0～1		

评价类别	评价子项序号	评价子项	子项权重（%）	子项评价内容	子项分值范围	子项实际得分	备注
D 总体印象 25分	20	信息反馈	3	投诉问题轻微、年度信访现象无	2～3		
				年度信访＞3 次，投诉严重	0～1		
	21	主观印象	15	现场感官印象好	10～15		评估专家现场判断
				现场感官印象一般	5～9		
				现场感官印象差	0～4		

注：1 雨污分流——转运站内汇水面积内的雨水与转运车间垃圾污水、冲洗水分流的方法和措施。

2 日产日清——生活垃圾转运站内作业应保证垃圾不存留过夜，当天完成实际的垃圾转运量。

3 站区消杀——垃圾转运站内进行的杀灭蚊虫、苍蝇、老鼠等有害动物和昆虫的过程和措施。

4 降尘除臭——转运站内主体作业设施（转运车间）出于环境保护目的而进行的作业，包括运用设备来除尘降尘、通风除臭、喷洒药剂等。

5 二次污染控制——对生活垃圾在转运站内卸料、填装、起运作业过程，以及在站外运输过程中，造成的垃圾撒落、污水溢漏、粉尘、臭气、噪声等污染现象的控制。站内喷洒除臭剂只算简单的二次污染控制措施。

6 技术资料及存档——包括建设期技术文件和运行期垃圾转运量的日、月、年统计量，水电、油料的消耗量，设备、车辆运行维护记录，环保、安全事故（事件）及其他相关事件记录或资料汇总。

7 子项实际得分——应参照"子项评价内容"的要求和对应的"子项分值范围"，给予客观的评分，评分值取整数数值。

8 扣分及处罚——发现技术资料存在缺损、涂改甚至作假现象时，应给予总分扣除 5 分以上直至取消参评资格的处罚。

9 ＊表示关键指标。

3.0.6 评价分值计算方法应按照下列公式计算：

$$M_G = \sum M_i \qquad (3.0.6\text{-}1)$$
$$M_C = \sum M_i{}^* \qquad (3.0.6\text{-}2)$$

式中：M_G——垃圾转运站评价总分值，为全部子项得分值之和；

M_C——垃圾转运站关键指标综合评分值，为各关键指标的子项得分值之和；

M_i——垃圾转运站评价子项分值；

$M_i{}^*$——垃圾转运站关键指标的子项分值。

3.0.7 垃圾转运站评价应采用实际得分制进行，并应符合下列规定：

1 大、中型垃圾转运站各子项的实际得分可按本标准表 3.0.4 取值，小型垃圾转运站各子项的实际得分可按本标准表 3.0.5 取值，评分分值均取整数数值；

2 当提供的资料或现场考察无法判断某项的水平时，该子项得分值可为 0 分。

4 评 价 等 级

4.0.1 垃圾转运站评价对应的等级划分应符合下列规定：

1 大、中型垃圾转运站评价等级划分为 5 个等级：AAA 级、AA 级、A 级、B 级、C 级；

2 小型垃圾转运站评价等级划分为 3 个等级：A 级、B 级、C 级。

4.0.2 垃圾转运站评价等级应根据评价总分值 M_G 确定，且应符合下列规定：

1 大、中型垃圾转运站评价总得分及对应等级应符合表 4.0.2-1 的规定；

表 4.0.2-1 大、中型（Ⅰ类、Ⅱ类、Ⅲ类）垃圾转运站评价等级及分值

转运站等级	AAA 级	AA 级	A 级	B 级	C 级
评价总分值 M_G	$M_G \geq 95$	$90 \leq M_G < 95$	$80 \leq M_G < 90$	$60 \leq M_G < 80$	$M_G < 60$
关键指标综合评分值 M_C	$M_C \geq 22$	$18 \leq M_C < 22$	$14 \leq M_C < 18$	$10 \leq M_C < 14$	$M_C < 10$

2 小型垃圾转运站评价总得分及对应等级应符合表 4.0.2-2 的规定；

表 4.0.2-2 小型垃圾转运站（Ⅳ类、Ⅴ类）评价等级及分值

转运站等级	A 级	B 级	C 级
评价总分值 M_G	$M_G \geq 85$	$60 \leq M_G < 85$	$M_G < 60$
关键指标综合评分值 M_C	$M_C > 16$	$10 \leq M_C \leq 16$	$M_C < 10$

3 评价总分值 M_G 达到某一等级，关键指标综

合评分值 M_C 不低于表 4.0.2-1 或表 4.0.2-2 中该等级对应规定分值的，应按照评价总分值 M_G 所在对应等级确定垃圾转运站的最终评价等级；评价总分值 M_G 达到某一等级，但关键指标综合评分值 M_C 达不到表 4.0.2-1 或表 4.0.2-2 中该等级对应规定分值的，应按照比总分值 M_G 所在对应等级降低一个级别来确定垃圾转运站的最终评价等级。

4.0.3 垃圾转运站评价等级应符合下列规定：

A 级以上（含 A 级）：设施、设备配置齐备，运行正常，环保达标。若评价总分值和关键指标综合评分值符合本标准第 4.0.2 条的规定，可评为 A 级、AA 级或 AAA 级；

B 级：设施、设备基本齐备，运行正常，有一定的污染控制措施且效果明显；

C 级：设施、设备不齐备，不能持续正常运行，无污染控制措施或措施严重不当，污染明显。

4.0.4 垃圾转运系统设施合格率应按照下式计算：

$$a = \frac{m_1 + 0.80 m_2}{m_G} \times 100\% \qquad (4.0.4)$$

式中：a——垃圾转运系统设施合格率（%）；

m_1——全部被评价垃圾转运站中，A 级及以上级别垃圾转运站的合计垃圾转运量（t/d）；

m_2——全部被评价垃圾转运站中，B 级垃圾转运站的合计垃圾转运量（t/d）；

m_G——全部被评价垃圾转运站中的垃圾总转运量（t/d）。

附录 A 生活垃圾转运站环境检测项目与频率

表 A 生活垃圾转运站环境检测项目与频率

设施类别	检测项目	检测频率
臭气、粉尘	总悬浮颗粒物、可吸入颗粒物、硫化氢、氨、臭气浓度	大型、中型站每季度一次；小型站每年至少一次，不定期检测

续表 A

设施类别	检测项目	检测频率
噪声	作业区噪声、厂界噪声	大型、中型站每季度一次；小型站每年至少一次，不定期检测
污水处理	pH、化学需氧量、五日生化需氧量、总悬浮物、总磷、总氮和氨氮	大型、中型站每季度一次
污水排放	pH、化学需氧量、五日生化需氧量、总悬浮物、总磷、总氮和氨氮	大型、中型站每季度一次；小型站每年至少一次，不定期检测

注：1 小型站一般只对"污水排放"进行检测，因其主要是垃圾污水和场地冲洗水混合。
    2 大型、中型站有污水处理设施则需对垃圾污水进行检测；无污水处理设施、但有接入市政管网或送到城市污水处理厂处理的批文或证明，可免除对垃圾污水的检测，并视作合格。

本标准用词说明

1 为便于在执行本标准条文时区别对待，对于要求严格程度不同的用词说明如下：

1) 表示很严格，非这样做不可的：
   正面词采用"必须"；反面词采用"严禁"；

2) 表示严格，在正常情况下均应这样做的：
   正面词采用"应"；反面词采用"不应"或"不得"；

3) 表示允许稍有选择，在条件许可时首先应这样做的：
   正面词采用"宜"；反面词采用"不宜"；

4) 表示有选择，在一定条件下可以这样做的，采用"可"。

2 条文中指明应按其他有关标准执行的写法为："应符合……的规定（要求）"或"应按……执行"。

中华人民共和国行业标准

生活垃圾转运站评价标准

CJJ/T 156—2010

条 文 说 明

制 定 说 明

《生活垃圾转运站评价标准》CJJ/T 156－2010，经住房和城乡建设部 2010 年 11 月 4 日以第 799 号公告批准、发布。

本标准制定过程中，编制组进行了广泛深入的调查研究，总结了我国生活垃圾转运站工程建设的实践经验，同时参考了国外先进技术法规，技术标准，通过对生活垃圾转运站运行情况的实地调研，取得了评价等级的重要技术参数。

为便于广大设计、施工、科研、学校等单位的有关人员在使用本标准时能正确理解和执行条文规定，《生活垃圾转运站评价标准》编制组按章、节、条顺序编制了本标准的条文说明，对条文规定的目的、依据以及需注意的有关事项进行了说明。但是，本条文说明不具备与标准正文同等的法律效力，仅供使用者作为理解和把握标准规定的参考。在使用中如果发现本条文说明有不妥之处，请将意见函寄华中科技大学。

目　次

1 总　则

1.0.1　生活垃圾转运站（以下简称垃圾转运站）的建设与运行的标准化对于实现项目功能、提高投资效益、安全稳定运行至关重要。本标准制定的主要目的就是为垃圾转运站的评价提供依据，以检验其建设和运行等方面是否达到要求，进而促进生活垃圾转运系统发展及其建设与运行水平提高。

1.0.2　本标准适用于对新建、改扩建的大型、中型、小型各类垃圾转运站进行评价。本标准亦可作为对其他类型固体废物转运站（或收集站）进行评价的参考。本标准制定评价内容的主要依据是《生活垃圾转运站工程项目建设标准》建标117-2009、《生活垃圾转运站技术规范》CJJ 47、《生活垃圾转运站运行维护技术规程》CJJ 109中的相关规定和要求。

垃圾转运站评价工作由省级及以上的环境卫生主管部门（或委托专业机构）组织实施，并在评估后对合格的垃圾转运站颁发等级评价证明。

小型（Ⅳ类、Ⅴ类）转运站可采取随机抽样的方式进行评估。地级及以上级城市的Ⅳ类转运站的样本比例不宜小于接受评估地区垃圾转运站总数的30%；Ⅴ类转运站的样本比例不宜小于总数的10%；县和县级市的Ⅳ类转运站的样本比例不宜小于接受评估地区垃圾转运站总数的50%；Ⅴ类转运站的样本比例不宜小于总数的30%。

1.0.3　本条明确了待评价垃圾转运站设置运行时间视作其参评的资格，即需要满足"运行时间"的具体要求。

根据实际调研情况，许多新建垃圾转运站一般要求到货验收并试运行3个月以上才能交付使用。因此，对于不同类型的垃圾转运站，规定了"运行时间"的要求内容。

另外，对于20世纪末及以前的、未经改扩建且一次建设投入运行的垃圾转运站，超过了服务期限，原则上不纳入评价的对象范围。

对于大型、中型垃圾转运站，应全部接受考评；对于其符合参评资格的小型垃圾转运站，宜组成待评对象库，按一定比例并由专家组随机抽样评价（样本比例数参见1.0.2条的条文说明）。

1.0.4　本条明确在进行垃圾转运站选址、设计、建设及运行管理，以及二次污染控制评价时，除应执行本标准的规定外，还应遵守国家有关法律法规和现行标准的规定。

本标准依据有关法规和标准检验垃圾转运站及其实际运行效果。

2 评价内容

2.0.1　本条规定了垃圾转运站标准化评价的基本内容，即按照项目工程建设、生产运行现状、二次污染控制与节能减排、总体印象四部分开展评价工作。

2.0.2　考虑到不同规模转运站的实际情况，并保持与现行生活垃圾转运站工程建设标准和技术规范的一致性，分为大、中型和小型两大类，设置不同的权重对相应内容进行评价。鉴于小型转运站数量较多，但建设规模小、站内布局与工艺技术相对简单、设备相对少等特点，较大幅度增加了"总体印象"部分的分值权重，以保证评估工作的针对性与可操作性。

2.0.3　本条规定了转运站设计及建设阶段评价的主要内容，涵盖对转运站功能、质量以及标准化水平影响较大的几个方面，如站址选择、规模设定、工艺选择、设备配套，具体表现在主体工程设施、附属工程设施、生产管理与生活服务设施、转运车间作业系统、污染控制设备配置等专项设施的设计与建设。其中，大型Ⅰ类、Ⅱ类、中型Ⅲ类垃圾转运站必须配套雨污分流设施，小型Ⅳ类、Ⅴ类垃圾转运站原则上可以不设置雨污分流设施，但应按要求排入城镇污水管网汇入城市污水处理厂集中处理。

2.0.4　本条规定了垃圾转运站运行阶段评价的主要内容，包括称重计量、收运车辆作业、站内转运作业等各个环节。不同类型的转运站设置项目上有所不同，技术资料存档、称重计量作业对于大、中型垃圾转运站是重要的。由于在设计和建设中，大、中型站具有设备维护设施和功能，因而增加了"设备维护"的评价子项，对于小型站，设备维护在"运行管理"中相应体现。

2.0.5　上述环节在生活垃圾转运的同时不可避免的产生一定程度的二次污染。因此，对通风降尘除臭、隔声降噪、运输途中二次污染控制（如"跑"、"冒"、"滴"、"漏"现象等），以及节能减排、环境检测、安全与卫生等进行评价都是必不可少的。大、中型和小型的垃圾转运站评价子项略有不同，由于许多小型垃圾转运站以一幢主体设施为主，因而，相应合并"通风降尘除臭"、"隔声降噪"为"站内污染控制"，使得评价内容更加适用。

对垃圾转运站臭气、噪声、大气颗粒物、渗沥液等项目的环境检测，应符合《工业企业厂界环境噪声排放标准》GB 12348、《工业企业设计卫生标准》GBZ 1、《恶臭污染物排放标准》GB 14554、《污水排入城市下水道水质标准》CJ 3082、《城市环境卫生质量标准》建城〔1997〕21号等相关标准的规定。环境检测的结果，宜采用综合指标评价的方法。

2.0.6　本条规定了进行垃圾转运站现场评价时，专家需现场考评的基本项目。通过考察和了解站内安全和卫生管理状况、技术资料记载和保存情况、信访和居民满意度情况，管理部门反馈情况，再加上专家个人的感官印象，便于在综合考虑社会和环境两个方面的基础上，来整体评价垃圾转运站。本条中"主观印象"即评估专家的对垃圾转运站现场评价时的个人主观感受。

考虑实际重要性，部分指标设置意义不同，对于大、中型垃圾转运站，将"技术资料及存档"作为"生产运行"不可缺少的部分；对于小型垃圾转运站，则作为"总体印象"中的一个子项。

3 评 价 方 法

3.0.1 本条明确了进行垃圾转运站评价的基本方法。资料评价与现场评价相结合，是为了保证评价过程规范、可操作，评价结果公正、可信。

3.0.2 本条规定了被评价的垃圾转运站应提供转运站从项目规划、立项到当前运行管理的所有技术资料，以便评价人员进行资料评价。鉴于不同规模转运站的投资、占地以及环境影响差异较大，对大型（Ⅰ类、Ⅱ类）、中型（Ⅲ类）、小型（Ⅳ类、Ⅴ类）转运站提出不同资料审查的要求，以保证评价工作的可操作性。垃圾转运站类型及其规模等指标参见《生活垃圾转运站技术规范》CJJ 47 的规定（表1）。

若待评价的垃圾转运站进行了特许或委托经营，需提供相应的特许经营协议或委托经营合同及相关资料。

表 1 转运站主要用地指标

类　　型		设计转运量 （t/d）	用地面积 （m²）	与相邻 建筑间隔 （m）	绿化隔离 带宽度 （m）
大型	Ⅰ类	1000～3000	≤20000	≥50	≥20
	Ⅱ类	450～1000	15000～20000	≥30	≥15
中型	Ⅲ类	150～450	4000～15000	≥15	≥8
小型	Ⅳ类	50～150	1000～4000	≥10	≥5
	Ⅴ类	≤50	≤1000	≥8	≥3

注：1　表内用地不含垃圾分类、资源回收等其他功能用地。
2　用地面积含转运站周边专门设置的绿化隔离带，但不含兼起绿化隔离作用的市政绿地和园林用地。
3　与相邻建筑间隔自转运站边界起计算。
4　对于临近江河、湖泊、海洋和大型水面的城市生活垃圾转运码头，其陆上转运站用地指标可适当上浮。
5　以上规模类型Ⅱ类、Ⅲ类、Ⅳ类含下限值不含上限值，Ⅰ类含上下限值。

3.0.3 本条指出对垃圾转运站的评价，从指标的意义上划分，分为两类：即关键指标和一般指标。由于本标准采用专家评分的方法，为便于专家评判，关键指标和一般指标并未按照评价项目进行划分，而统一在以技术评价指标为主的评分表上，并且，关键指标和一般指标以"＊"进行区分。

本条规定的垃圾转运站关键指标包括："选址"、

"转运工艺与建设规模"、"运行管理"、"应急处置"、"节能减排"、"环境检测"。关键指标对于垃圾转运站评价等级的最终确定，相比于一般指标而言，有优先级。为了更好地使垃圾转运站服务于民，作好垃圾转运站的环境保护工作日益重要，因此，本标准加入了"环境检测"这一关键指标，在具体进行垃圾转运站环境检测评价时，评价依据内容为附表 A 中所列的检测项目，并由专家组综合考虑"环境检测"项目达标情况及检测项目环境影响程度加以给分。

等级认定时，若关键指标严重不达标，实际严重影响了转运作业，污染严重，可以实行一票否决，作为 C 等级（即不合格）处理（参见4.0.3条）。

3.0.4、3.0.5 分别以表格的形式明确了大、中型和小型垃圾转运站标准化评价涉及的内容和评分方法。

表 3.0.4 和表 3.0.5 均按"工程建设"、"生产运行"、"污染控制与节能减排"和"总体印象"四部分建立相对独立的技术评价体系并设置相应评价项目，设定评价内容、分值，以确保评价工作的科学性与可操作性。

考虑到不同规模的垃圾转运站在建设投资、占地、功能以及环境影响等方面的差异，对大、中型（Ⅰ类、Ⅱ类、Ⅲ类）转运站和小型（Ⅳ类、Ⅴ类）转运站分别提出评估要求，并在评估指标和计分权重上予以区别。表 3.0.4（适用于大、中型站）四部分的分值权重分别为 30％、30％、30％和 10％；表 3.0.5（适用于小型站）四部分的分值权重分别为 25％、25％、25％和 25％。

3.0.6 本条说明了转运站评价的分值计算方法。根据专家评价的可操作性来看，基于百分制的打分方法，简单有效，操作性强。多位专家的打分评判结果，宜采用平均分作为最终结果（平均分值应保留小数点后一位）。

3.0.7 本条规定了计分过程中采用累计得分制，各子项评分满分分值为表 3.0.4 或表 3.0.5 中对应分值范围的上限；同时明确了因资料缺乏或现场无法进行给分判断时的计分原则（以零分计）。

4 评 价 等 级

4.0.1 垃圾转运站的等级划分按照 A 级、B 级、C 级设定，A 级、B 级为合格，C 级为不合格，其中，A 级优于 B 级。对于大型、中型转运站，增加设置 AAA 级和 AA 级，设置为较优的等级。因为大、中型站相对于小型站而言，设施设备更加完善，各项内容的评价能够划分细致，并体现技术的科学性、设备的先进性，管理更加规范，能够作为行业评价的发展导向。因此，有必要对大、中型垃圾转运站设置 5 个等级。同时，考虑到小型转运站现状和未来发展之间还有很大的灵活性，只对其设定 3 个评价等级，即 A

级、B级、C级。

4.0.2 本条说明了垃圾转运站评价不同级别对应的分值范围。垃圾转运站等级评价按照大、中型和小型两大类分别对应不同的等级和分值。评价总分值 M_G，均对应表3.0.4与表3.0.5中评分子项的总分和，包含关键指标和一般指标两大类评分子项之和；关键指标综合评分值 M_C，对应关键指标评分子项之和。垃圾转运站考虑评价总分值 M_G 和关键指标综合评分值 M_C 两项指标后，最终由评价总分值 M_G、关键指标综合评分值 M_C 共同确定垃圾转运站等级。所设置的关键指标的作用和意义就在于，引导垃圾转运站的标准化建设以及规范化管理，评价总分值 M_G 达到某一级别，而关键指标达不到对应级别（及以上级别）对应 M_C 分值范围的，则按对应级别降一级处理，以提请重视垃圾转运站建设及运行的各重要环节，促进提升垃圾转运站的管理水平。

4.0.3 本条是对转运站评价等级的概念性定义。

设施、设备配置齐备，是指按照《生活垃圾转运站工程项目建设标准》建标117-2009和《生活垃圾转运站技术规范》CJJ 47的相关规定配置；运行有序，管理规范，主要是指针对垃圾转运站内收集和运输车辆作业、站内垃圾装卸和转运作业、设备运行和人员规范操作等方面而言，合理地运行和管理应达到安全、卫生、环保和运行顺畅的要求，达到设计转运量。环保达标，主要是指垃圾转运站内污染控制和衍生的二次污染（车辆作业引发的）控制有效、措施得当，臭气、粉尘、厂界噪声、污水处理方式科学合理，并配备（采取）了相应的环境保护和安全生产设施（措施）。设施、设备配置齐备，运行正常，环保达标，作为A级及以上垃圾转运站的一般综合性要求；为适当区分AAA级和AA级的级别层次，管理规范、节能减排作为更进一步的要求提出。B级、C级则依次降低要求而规定。

AAA级、AA级、A级和B级垃圾转运站分别属于优、较优、良以及一般的城镇环境卫生基础设施，从行业的角度认定其均属于合格的等级，宜颁发等级证书或铭牌。而被评为C级的垃圾转运站属于不合格的城镇环境卫生基础设施，直接影响相应的统计考评，且有必要采取有效措施对其进行整顿和改造，不颁发等级证书或铭牌。

4.0.4 本条列出了垃圾转运系统设施合格率的计算公式。考虑到B级转运站的技术水平和实际功能与A级、AA级、AAA级转运站的差别，给B级转运站的垃圾转运量设定0.80的当量转换系数。

中华人民共和国行业标准

生活垃圾堆肥厂评价标准

Standard for assessment on municipal
solid waste compost plant

CJJ/T 172—2011

批准部门：中华人民共和国住房和城乡建设部
施行日期：2012年5月1日

中华人民共和国住房和城乡建设部
公　告

第 1194 号

关于发布行业标准
《生活垃圾堆肥厂评价标准》的公告

　　现批准《生活垃圾堆肥厂评价标准》为行业标准，编号为 CJJ/T 172 - 2011，自 2012 年 5 月 1 日起实施。

　　本标准由我部标准定额研究所组织中国建筑工业出版社出版发行。

中华人民共和国住房和城乡建设部

2011 年 12 月 6 日

前　言

　　根据原建设部《关于印发〈2007 年工程建设标准规范制订、修订计划（第一批）〉的通知》建标〔2007〕125 号文的要求，标准编制组经广泛调查研究，认真总结实践经验，参考有关国际标准，并在广泛征求意见的基础上，编制了本标准。

　　本标准的主要内容是：1　总则；2　评价内容；3　评价方法。

　　本标准由住房和城乡建设部负责管理，城市建设研究院负责具体技术内容的解释。执行过程中如有意见或建议，请寄送城市建设研究院（地址：北京市西城区德胜门外大街 36 号 A 座 1118 室　邮编：100120）。

本标准主编单位：城市建设研究院

本标准参编单位：华中科技大学
　　　　　　　　　北京市环境卫生科学研究所
　　　　　　　　　百玛仕环境工程有限公司

本标准主要起草人员：郭祥信　徐文龙　王丽莉
　　　　　　　　　　　陈朱蕾　吴文伟　高根树
　　　　　　　　　　　黄文雄　张　波　张　俊
　　　　　　　　　　　陆榆萍　施　剑　徐长勇

本标准主要审查人员：陈海滨　李国学　施　阳
　　　　　　　　　　　邵立明　张　范　陈光荣
　　　　　　　　　　　宫勃海　张　健　徐忠新

目　次

Contents

1 总　　则

1.0.1 为规范生活垃圾堆肥厂（以下简称"堆肥厂"）工程的建设和运行管理，考核堆肥厂的实际建设和运行状况，提高我国堆肥厂的建设和运行水平，促进垃圾堆肥处理行业的健康发展，制定本标准。

1.0.2 本标准适用于新建及改扩建，并正式投入运行满一年以上的堆肥厂。分期建设的堆肥厂，可对已建成并正式投入运行满一年以上的分期工程进行评价。

1.0.3 堆肥厂的评价应以公正客观为原则，以工艺技术、装备水平、处理效果、污染控制、安全管理、资源利用等为重点。

1.0.4 堆肥厂的评价除应执行本标准的规定外，尚应符合国家现行有关标准的规定。

2 评价内容

2.0.1 堆肥厂评价对象应包括堆肥厂工程建设和运行管理。

2.0.2 堆肥厂工程建设水平评价应针对下列内容：

1　堆肥厂总体设计；

2　卸料进料系统；

3　垃圾分选系统；

4　垃圾发酵系统（包括主发酵设施、次级发酵设施）；

5　后处理设施；

6　通风除尘及除臭系统；

7　渗沥液处理设施。

2.0.3 堆肥厂运行管理水平评价应针对下列内容：

1　垃圾处理量；

2　垃圾分选效果；

3　垃圾发酵效果（包括主发酵、次级发酵）；

4　堆肥产品质量；

5　通风除尘除臭系统运行；

6　残余物处理；

7　环境监测；

8　综合管理；

9　运行费用到位情况。

3 评价方法

3.1 一般规定

3.1.1 堆肥厂评价应采用资料评价和现场核实相结合的方法。

3.1.2 堆肥厂评价应在分别对工程建设和运行管理评价的基础上，根据工程建设和运行管理的不同权重计算出综合评价得分，并根据综合评价得分和关键项得分最后确定评价等级。

3.2 工程建设水平评价

3.2.1 在对工程建设水平进行评价时，堆肥厂应提供（但不限于）下列文件和资料：

1　项目建议书及其批复；

2　可行性研究报告（或项目申请报告）及其批复（核准）文件；

3　环境影响评价报告及其批复文件；

4　厂址地质勘探资料；

5　设计文件、图纸（包括初步设计和施工图设计）及设计变更资料；

6　施工记录及竣工验收资料；

7　其他反映建设水平的资料。

3.2.2 堆肥厂工程建设水平评价打分应符合表3.2.2的要求。

3.2.3 堆肥厂工程建设水平评价实际打分应符合下列要求：

1　各评价子项的实际得分不得高于表3.2.2中所列的满分分值；

2　应根据评价子项的实际水平在表3.2.2中建议分值之间给出适当的分值。

表 3.2.2　堆肥厂工程建设水平评价打分

分项编号	分项名称	子项编号	子项名称	满分分值	子项水平描述	相应分值	实际打分
1-1	总体设计（10分）	1-1-1	工艺模式及流程	4	合理、顺畅、成熟、易控制污染、成功案例较多	4	
					不够合理、成功案例不多、过于简单、污染不易控制	2～3	
					有明显缺陷	0～1	
		1-1-2	车间布置	4	平面和竖向布置均合理	4	
					设备间过于紧凑或间距过大	1～3	
					有明显缺陷	0	

分项编号	分项名称	子项编号	子项名称	满分分值	子项水平描述	相应分值	实际打分
1-1	总体设计（10分）	1-1-3	厂区总平面布置	2	充分利用地形、平面和竖向布置均合理、符合规范	2	
					平面或竖向布置有欠缺	1	
					有明显缺陷/有违反规范强制性条文	0	
1-2	卸料进料系统（4分）	1-2-1	卸料大厅	2	有封闭的卸料大厅	2	
					有卸料大厅，但不封闭	1	
					无卸料大厅	0	
		1-2-2	垃圾储坑（槽）	2	垃圾储坑（槽）有封闭措施	2	
					垃圾储坑（槽）无封闭措施	0	
1-3	垃圾分选系统（12分）	1-3-1	机械分选	8	粗、精分选设备配置齐全，设备组合合理，可以较好适应垃圾特性及其变化	8	
					分选设备配置基本齐全，设备组合基本合理，对垃圾特性变化的适应性有欠缺	4～7	
					分选设备配置有缺陷	0～3	
		1-3-2	人工分拣	4	人工分拣设施满足垃圾分类的需要，数量、工位设置合理	4	
					人工分拣设施数量、工位设置不能充分满足垃圾分类的需要	1～4	
					无人工分拣设施	0	
1-4	主发酵设施（30分）	1-4-1	主发酵设施（设备）配置	15	主发酵设施（设备）配置符合规范要求，设施可满足垃圾发酵周期和处理负荷调节的要求，其他成功案例较多	15	
					主发酵设施（设备）在处理负荷和发酵周期调节方面有欠缺，有其他成功案例但不多	6～14	
					主发酵设施（设备）有较大缺陷，无其他成功案例	0～5	
		1-4-2	供氧系统	10	供氧系统设计合理，设备配置先进，可实现自动控制	10	
					供氧系统设备配置水平一般，不能实现自动控制	5～9	
					供氧系统设备配置水平较差，有较大缺陷	0～4	
		1-4-3	水分调节设施	5	有水分调节设施	5	
					无水分调节设施	0	
1-5	次级发酵设施（15分）			15	工艺先进、设施设备能力充足、设计发酵周期满足堆肥物料腐熟的要求	15	
					工艺和设备配置有欠缺	5～14	
					工艺和设备配置有明显缺陷	0～5	

分项编号	分项名称	子项编号	子项名称	满分分值	子项水平描述	相应分值	实际打分
1-6	后处理设施（4分）			4	有堆肥产品精加工设施和残余物处理设施，且配置合理	4	
					堆肥产品精加工设施和残余物处理设施不够完善	1～3	
					无堆肥产品精加工设施和残余物处理设施	0	
1-7	通风除尘除臭（15分）	1-7-1	通风	5	机械通风系统设计、设备配置合理，局部排风及空间全面排风布局合理，所选风机的风量和风压足够	5	
					机械通风系统设计、设备配置有欠缺，所选风机的风量或风压不能完全满足要求	1～4	
					无机械通风	0	
		1-7-2	除尘	5	除尘设施、设备处理能力充足，配置水平高	5	
					除尘设施、设备配置水平一般	1～4	
					无除尘设施	0	
		1-7-3	除臭	5	除臭设施、设备处理能力充足，工艺及设备配置合理	5	
					除臭设施、设备处理能力不完全满足要求，工艺及设备配置有欠缺	1～4	
					无除臭设施	0	
1-8	渗沥液处理（10分）			10	厂内建有渗沥液处理设施，设计排放标准符合规范要求或进入其他渗沥液处理设施	10	
					根据物料平衡和水平衡计算不产生渗沥液（渗沥液在调节水分时全部消纳），且符合实际	10	
					有渗沥液简易处理设施或处理工艺有缺陷	1～5	
					无可靠的渗沥液处理设施和消纳措施	0	
合计				100		100	—	—

3.3 运行管理评价

3.3.1 对运行管理进行评价时，堆肥厂应提供（但不限于）下列文件和资料：

1 全年垃圾进厂计量资料；
2 全年设备运行记录资料；
3 全年垃圾发酵温度记录资料；
4 全年电耗资料；
5 全年油耗记录资料；
6 全年除臭药剂使用记录资料；

7 全年环境监测资料；
8 全年渗沥液排放在线监测资料；
9 年运行时间记录资料；
10 全年停产检修记录资料；
11 各月份或季度的堆肥产品品质测定报告；
12 堆肥厂管理制度；
13 其他能反映堆肥厂运行管理水平的资料。

3.3.2 堆肥厂运行管理评价打分应符合表 3.3.2 的要求。

表 3.3.2 垃圾堆肥厂运行管理评价打分

分项编号	分项名称	子项编号	子项名称	满分分值	评价分项水平描述	相应分值	实际打分
2-1	垃圾处理量（5分）			5	年处理垃圾量不小于设计值的90%	5	
					年处理垃圾量大于设计值的60%，小于90%	3	
					年处理垃圾量低于设计值的60%	0	
2-2	分选效果（5分）			5	分选设备运行正常可靠，分选效果良好，无撒落物	5	
					设备故障较多，运行不够正常，分选效果一般	3～5	
					设备运行不正常，分选效果较差	0～3	
2-3	主发酵（15分）	2-3-1	好氧堆肥垃圾体内温度	10	达到55℃以上并持续5d以上，或达到65℃以上并持续3d以上	10	
					达不到上述温度和时间，或无测试数据而无法判断	0～9	
		2-3-2	发酵感观效果	5	发酵后水分明显减少，物料较松散，臭味较小	5	
					物料水分有所减少，有臭味	2～4	
					与发酵前的物料比改变不大，尚有较大臭味	0～2	
2-4	次级发酵（12分）	2-4-1	发酵后物料含水率	6	<35%	6	
					≥35%～<40%	4	
					≥40%	0	
		2-4-2	发酵后物料感观效果	6	松散、无臭、感观良好	6	
					松散性稍差，有轻微臭味	2～5	
					感观较差，有臭味	0～2	
2-5	堆肥产品质量（15分）	2-5-1	杂物含量	4	≤3%	4	
					>3%～<5%	2	
					≥5%	0	
		2-5-2	粒度	3	≤12mm	3	
					>12mm	0	
		2-5-3	NPK及有机质指标	4	全部符合《城镇垃圾农用控制标准》GB 8172要求	4	
					1项不符合标准要求	3	
					2项不符合标准要求	2	
					3项不符合标准要求	1	
					全都不符合标准要求	0	
		2-5-4	卫生指标（蛔虫卵死亡率及粪大肠菌值）	4	均符合《城镇垃圾农用控制标准》GB 8172要求	4	
					1项不符合标准要求	2	
					均不符合标准要求	0	
2-6	通风除尘除臭系统运行（12分）	2-6-1	通风除尘除臭系统运行情况	6	有完整的通风系统运行记录，车间内无粉尘、无臭味，除尘除臭设备运行良好，排放指标达标	6	
					通风系统运行记录不完整，通风及除尘除臭系统运行基本正常，排放指标有少量不达标	4～5	
					通风除尘除臭系统运行不够正常，较多排放指标不达标	0～3	

分项编号	分项名称	子项编号	子项名称	满分分值	评价分项水平描述	相应分值	实际打分
2-6	通风除尘除臭系统运行（12分）	2-6-2	通风除尘除臭效果	6	车间内无扬尘、臭味轻微	6	
					车间内无扬尘、臭味明显	3	
					车间内有扬尘、有臭味	0～2	
2-7	残余物处理（8分）	2-7-1	不可堆肥可燃物处理	4	进入大型焚烧发电厂焚烧或综合利用	4	
					进入卫生填埋场处理	3	
					简易处理	0	
		2-7-2	不可堆肥无机物处理	4	综合利用	4	
					进入卫生填埋场处理	3	
					简易堆放	0	
2-8	环境监测（8分）	2-8-1	监测数据完整性	4	监测数据齐全，符合标准要求	4	
					监测数据不齐全	1～3	
					无监测数据	0	
		2-8-2	监测结果	4	监测结果全部达标	4	
					监测结果不达标率小于或等于20%	3	
					监测结果不达标率大于20%小于或等于50%	2	
					监测结果不达标率大于50%	0	
2-9	厂内综合管理（5分）			5	安全标志规范，管理制度完善，未发生过事故	5	
					安全标志不够规范，制度不够完善，未发生过事故	3	
					一年内发生过事故	0	
2-10	运行费用到位情况（15分）			15	达到设计成本的90%以上	15	
					达到设计成本的80%～90%	10～14	
					达到设计成本的80%以下	0～9	
合计	100			100	—		

3.3.3 堆肥厂运行管理评价的实际给分应符合下列要求：

1 评价子项的实际分值不得高于表 3.3.2 中分项名称所列的各项满分分值；

2 应根据评价子项的实际水平在满分分值以下给出适当的分值；

3 表 3.3.2 中所述的监测数据，应包括运行过程的日常监测数据和有资质的第三方监测数据。

3.4 综 合 评 价

3.4.1 应根据堆肥厂的工程建设水平评价得分和运行管理评价得分及各自权重按下式计算堆肥厂的综合评价得分：

$$M = M_j \times f_j + M_y \times f_y \qquad (3.4.1)$$

式中：M——综合评价分值；

M_j——工程建设水平评价得分；

M_y——运行管理评价得分；

f_j——工程建设权重系数，$f_j = 0.4$；

f_y——运行管理权重系数，$f_y = 0.6$。

3.4.2 堆肥厂综合评价等级确定应同时依据综合评价分值和关键分项评价分值，并应符合表 3.4.2 的要求：

表 3.4.2 堆肥厂综合评价等级划分及其分值要求

等级划分	综合评价分值要求	关键分项最小分值要求				
		1-4 分项	1-7 分项	2-3 分项	2-5 分项	2-6 分项
A 级	$M \geqslant 85$	27	14	14	14	11
B 级	$75 \leqslant M < 85$	25	12	12	13	10
C 级	$60 \leqslant M < 75$	—	—	—	—	—
D 级	$M < 60$					

综合评价分值应达到表 3.4.2 中要求的 A 级或 B 级分值，但任一个或多个关键分项分数未达到该级别

要求分值的，则应按关键分项分值达到的最低级别评定。

3.4.3 堆肥厂的无害化水平认定，应符合下列要求：

　1 A级：达到了无害化处理；

　2 B级：基本达到了无害化处理；

　3 C级：未达到无害化处理，通过改进有希望达到无害化处理；

　4 D级：未达到无害化处理，需关闭。

本标准用词说明

　1 为便于在执行本标准条文时区别对待，对于要求严格程度不同的用词说明如下：

　　1）表示很严格，非这样做不可的：

　　　　正面词采用"必须"，反面词采用"严禁"；

　　2）表示严格，在正常情况下均应这样做的：

　　　　正面词采用"应"，反面词采用"不应"或"不得"；

　　3）表示允许稍有选择，在条件许可时首先应这样做的：

　　　　正面词采用"宜"，反面词采用"不宜"；

　　4）表示有选择，在一定条件下可以这样做的，采用"可"。

　2 条文中指明应按照其他有关标准执行的写法为"应符合……的要求"或"应按……执行"。

引用标准名录

《城镇垃圾农用控制标准》GB 8172

中华人民共和国行业标准

生活垃圾堆肥厂评价标准

CJJ/T 172—2011

条　文　说　明

制 定 说 明

《生活垃圾堆肥厂评价标准》CJJ/T 172 - 2011 经住房和城乡建设部 2011 年 12 月 6 日以第 1194 号公告批准、发布。

为便于广大设计、施工、科研、学校等单位有关人员在使用本标准时能正确理解和执行条文规定，《生活垃圾堆肥厂评价标准》编制组按章、节、条顺序编制了本标准的条文说明，对条文规定的目的、依据以及执行中需注意的有关事项进行了说明。但是本条文说明不具备与标准正文同等的法律效力，仅供使用者作为理解和把握标准规定的参考。

目　次

1 总　则

1.0.1 堆肥是对生活垃圾中易腐有机垃圾无害化处理的有效方式之一。近些年国内建设了一批垃圾堆肥厂，所建的这些堆肥厂水平不一，对垃圾处理的无害化程度也有较大差别。有的堆肥厂不能正常运行，有的堆肥厂不能达到无害化处理要求。对这些堆肥厂进行全面评价，可以寻找差距，督促堆肥厂增加投入、提高运行水平，促进垃圾堆肥行业的健康发展。

1.0.2 由于堆肥厂评价内容包括建设水平和运行管理水平，而运行管理水平要靠长期的运行记录数据才能进行评价，一般来说，正式投入运行满一年以上的堆肥厂才能满足评价所需的数据，因此本条要求运行满一年以上的堆肥厂才能参加评价。

1.0.3 本条是堆肥厂评价应遵循的原则。

1.0.4 堆肥厂评价过程中要对照国家现行有关垃圾堆肥的标准规范，对相关内容的水平进行判断。主要标准规范如下：

1 《城市生活垃圾堆肥处理工程项目建设标准》

2 《城镇垃圾农用控制标准》GB 8172

3 《城市生活垃圾好氧静态堆肥处理技术规程》CJJ/T 52

4 《城市生活垃圾堆肥处理厂运行维护及其安全技术规程》CJJ/T 86

5 《环境卫生专用设备　垃圾堆肥》CJ/T 19

6 《城市生活垃圾堆肥处理厂技术评价指标》CJ/T 3059

7 《垃圾滚筒筛技术条件》CJ/T 5013.1

2 评价内容

2.0.1 垃圾堆肥能否达到无害化要求，一方面要看堆肥厂的建设是否符合国家有关技术规范和标准，另一方面要看堆肥厂的运行管理是否符合国家有关技术规范、运行维护技术规程和污染控制标准。因此本条要求垃圾堆肥厂评价内容应包括垃圾堆肥厂工程建设水平和运行管理两部分。

2.0.2 本条规定了堆肥厂工程建设水平评价的内容。由于垃圾堆肥工艺模式很多，各工艺差别较大，各工艺间的工程建设水平可比性较差，因此本条只选择具有可比性、对堆肥处理比较重要的 7 项内容进行评价。

2.0.3 本条规定了堆肥厂运行管理水平评价的内容。堆肥厂运行管理是堆肥厂成功与否的关键，因此，本条对堆肥厂运行管理水平评价内容的要求较多。

3 评价方法

3.1 一般规定

3.1.1 由于评价内容和项目比较多，而且项目建设和日常运行的一些内容需要查阅设计、运行记录等资料，因此垃圾堆肥厂评价时先根据所提供资料进行评价打分，但提供的资料信息需要到现场考察核实。

3.1.2 垃圾堆肥厂的工程建设和运行管理是既相互联系又具有相对独立性的两个方面。将二者分别评价并根据权重进行综合打分，有助于全面反映垃圾堆肥厂的实际水平。

3.2 工程建设水平评价

3.2.1 工程建设评价主要是评价工程建设的水平，需从工程前期方案、工程设计和施工等方面评价，因此需要工程前期、工程设计和施工等方面的资料。

3.2.2 由于反映工程建设水平的内容较多，表3.2.2列出了既能反映工程建设水平又容易量化打分的一部分主要内容作为评价打分的项目。表中相应分值一栏所列分值是对应前一栏相应分项水平的应得分或打分范围，如果分项实际水平介于表中所述水平之间，则此项可在表中所列分值或打分范围之间打分。

表 3.2.2 中部分评价子项说明如下：

1-1　本项主要评价堆肥厂的总体设计，分三个子项进行考察，分别是工艺模式及流程、车间布置和厂区总平面布置。

工艺模式及流程子项主要是评价堆肥厂所选的堆肥工艺是否合理。堆肥工艺要根据垃圾成分、处理规模、当地经济及产业结构等情况选择。如某地实行了垃圾分类收集，大部分厨余垃圾实现了单独收集，则堆肥工艺中就不必设很多分选设备。如设了分选设备而很少使用，就是工艺流程设计不合理。

车间布置子项主要是评价堆肥车间布置是否合理或存在缺陷，包括平面布置和竖向布置。主要考察设备连接及衔接是否顺畅、物料输送及流向是否合理、设备间距是否符合规范要求等。如果有违反规范强制性条文的，按有明显缺陷考虑。

厂区总平面布置主要是考察堆肥厂全厂总平面布置。主要考察厂区各建（构）筑物及设备的平面和竖向布置是否合理，是否满足安全间距，是否违反规范一般条款和强制性条文。

本项需要评价专家根据有关标准及国内外普遍做法，结合自己的经验判断被评价堆肥厂总体设计是否合理或是否存在缺陷。

1-2　由于堆肥厂卸料进料阶段易于散发臭味，如控制不好会影响整个堆肥厂的形象和水平，因此本项对卸料进料系统进行评价。主要评价卸料大厅和垃坂储坑（槽）的封闭性。

1-3 本项是对垃圾分选系统的评价。主要评价机械筛分、人工分拣和精分选三类设施和设备。

机械筛分设备是指滚筒筛、振动筛、圆盘筛等粒度筛分设备，这些设备配置合理性主要是考察是否根据工艺要求、垃圾成分特点等配置设备；如垃圾中灰土较多，则配置细、粗两孔径筛分较为合理，细筛孔将灰土去除，粗孔径将不可堆肥物筛出，介于细筛孔和粗筛孔之间的物料（中粒度物料）则是堆肥物料。如果对于灰土较多的垃圾配置一种孔径的筛分，则筛分设备配置不够合理。

人工分拣是指配置的人工分拣设施情况，其配置合理性主要是考察人工分拣工位和人工分拣平台数量是否合理、通风系统是否配套、合理等。

精分选指对可回收物和堆肥产品进行分选。对可回收物的分选包括塑料、纸张、金属、玻璃等物质的分选；堆肥产品的分选是指通过细筛将杂质分选出去，使堆肥产品的粒度符合规范要求。

1-4 本项是评价主发酵设施的配置水平，主要从三个方面评价：

一是主发酵设施，不同的堆肥工艺具有不同的主发酵设施或设备。如静态好氧堆肥工艺的主发酵设施是发酵仓；动态好氧堆肥工艺的主发酵设施是达诺滚筒；半动态好氧堆肥工艺的主发酵设施是条形堆和翻堆机。主发酵设施（设备）配置的合理性主要考察设施（设备）的处理能力是否与全厂处理能力相匹配，设备或生产线数量是否具有备用性，设施或设备运行是否可靠，这种工艺模式的成功案例多少等。

二是供氧系统，好氧堆肥主要靠通风向垃圾供氧，不同的堆肥工艺具有不同的通风方式，通风系统的合理性主要考察通风设施供风量是否足够，是否能够做到均匀供风，供风量是否可以调节等。

三是水分调节设施，水分调节对垃圾的主发酵是比较重要的，因此本项把水分调节设施作为一个评价子项。

1-5 本项是对次级发酵设施的评价。次级发酵设施和设备配置的合理性主要考察发酵设施或设备的处理能力是否与全厂垃圾处理能力相匹配、设计发酵周期是否能满足堆肥物腐熟的要求等。

1-6 本项对后处理设施的评价主要是针对堆肥产品精加工和堆肥残余物处理。堆肥产品精加工只要求对堆成品进行细筛分，使产品粒度满足标准要求即可得满分。残余物处理是考察配置的处理设施是否能够将所有残余物进行有效的无害化处理。

1-7 通风除尘除臭对堆肥厂是很重要的，本项是对全厂的通风除尘除臭的合理性进行评价。主要是考察以下几个方面：

1）是否配备机械通风系统？通风设备能力是否充足？

2）通风设施的布置是否与堆肥工艺相匹配？

3）吸风口的布置是否与产尘（臭）部位相匹配？

4）车间内通风气流组织是否合理？

5）是否配备除尘除臭设施？

6）除尘除臭设施的处理能力和效率是否满足要求？

1-8 本项是对渗沥液处理设施的评价，对于渗沥液处理存在几种情况：第一种是堆肥厂有完善的渗沥液处理设施；第二种是堆肥厂的渗沥液输送到附近填埋场的渗沥液处理站去处理，且填埋场的渗沥液处理站符合规范要求；第三种是将渗沥液送往城市污水处理厂或与城市污水处理厂连接的污水管网。这三种情况均给满分，但对于后两种情况要核实渗沥液出堆肥厂和进处理厂（站）厂的记录，确认渗沥液被有效处理，否则本项不能得分。对于一些北方地区的垃圾堆肥厂，由于气候干燥，垃圾渗沥液较少，在堆肥过程中渗沥液能够完全消纳，不必建设渗沥液处理设施。这种堆肥厂即使无渗沥液处理设施也不扣分，但这类堆肥厂在评价时要详细核实其渗沥液是否完全消纳。

3.2.3 本条提出堆肥厂工程建设水平评价时每项给分的原则：

1 各评价分项和子项的满分分值是根据该分项和子项对工程建设水平的影响权重和工程建设水平评价总分 100 分确定的，因此评价分项和子项的实际分值不得高于表中所列的满分分值。

2 由于评价子项的实际水平是多种的，为了使分值充分反映子项水平，因此本条规定可以在满分以下根据评价专家的判断给分。由于垃圾堆肥工艺模式较多，各工艺间差异较大，因此对于不同堆肥工艺的堆肥厂难以设定统一、具体的评价指标或条件，因此表 3.2.2 中有相当一部分评价子项要靠专家对该项的合理性、可靠性、安全性等进行评判打分。

3.3 运行管理评价

3.3.1 运行管理评价主要是评价堆肥厂运行管理过程中的垃圾无害化处理、二次污染控制、安全管理等水平，因此需提供运行管理方面相应的证明性材料。

3.3.2 由于反映运行管理水平的内容很多，表 3.3.2 列出了既能反映运行管理水平又容易量化打分的一部分主要内容作为评价打分的项目。表中相应分值一栏所列分值是对应前一栏相应分项水平的应得分，如果分项实际水平介于表中所述水平之间，则此项可在表中所列分值之间打分。

表 3.3.2 中部分评价子项说明如下：

2-1 实际垃圾处理量是考核堆肥厂是否正常运行的标志，本项将堆肥厂实际年垃圾处理量是否达到设计年垃圾处理量作为评分依据。

2-2 本项是评价分选系统分选效果的。由于不同堆肥厂所配套的分选工艺不同，对分选效果难以用统一的量化指标来评判，因此本项采用定性判断的方法进行打分。对于直接接收分选后垃圾或分类收集垃圾的堆肥厂，该项的评价根据进厂垃圾质量进行评价。本项需要评价专家根据自己的经验和国内外类似项目能够达到的最高水平来比较、判断、打分。

2-3 本项评价主发酵的效果，分两个子项进行评价，一个是垃圾堆体内温度是否达到规范要求，一是发酵后的物料感观效果。后者需要评价专家根据经验和国内外类似项目能够达到的最高水平来比较、判断、打分。

2-4 次级发酵主要目的就是将主发酵过程中未降解的一部分有机物进一步发酵。次级发酵的效果可以通过测试发酵后物料的腐熟度进行判断，但测试腐熟度的方法比较繁琐，且需要时间较长。因此，本项采用物料含水率和感观效果来判断次级发酵的效果。物料感观效果主要从粒度、色泽、气味等方面来判断。

2-5 本项从杂质含量、粒度、肥效指标及卫生指标四个方面评价堆肥产品的质量，其中杂质含量需符合《城镇垃圾农用控制标准》GB 8172 的要求，粒度、肥效指标及卫生指标三项需符合《城镇垃圾农用控制标准》GB 8172 和《城市生活垃圾堆肥处理厂技术评价指标》CJ/T 3059 要求。标准对于肥效指标的要求如下：总氮（以 N 计）$\geqslant 0.5\%$；总磷（以 P_2O_5 计）$\geqslant 0.3\%$；总钾（以 K_2O 计）$\geqslant 1\%$；有机质（以 C 计）$\geqslant 10\%$。对于卫生指标的要求如下：蛔虫卵死亡率 $95\% \sim 100\%$；大肠菌值 $10^{-1} \sim 10^{-2}$。

2-6 本项分两方面评价通风除尘除臭系统。一方面是评价通风除尘除臭系统有无正常运行；另一方面是通风除尘除臭的效果。

2-7 本项评价堆肥残余物的处理，主要是两种残余物，一种是不可堆肥可燃物，主要是一些塑料、橡胶、纸张、木块、织物等；另一种是不可堆肥无机物，主要是砖瓦块、金属、玻璃、陶瓷、灰土等。前者较好的处理办法就是综合利用或进入大型垃圾焚烧发电厂处理；后者较好的处理方法就是综合利用或卫生填埋。

2-8 本项是对堆肥厂环境监测水平的评价，一方面评价监测数据是否齐全，一方面评价监测结果的达标情况。

2-9 厂内综合管理是堆肥厂运行水平的重要体现，主要从管理制度、安全标识、厂区整洁和是否发生过事故等方面进行评价。

2-10 本项是对运行费落实情况进行的评价。垃圾堆肥厂主要是以处理垃圾为目的而非以生产肥料赚钱为目的。实践证明垃圾堆肥物的肥效是有限的，出售也是比较困难的，因此堆肥厂靠出售堆肥产品来维持堆肥厂运行是不可能的。堆肥厂的运行要靠政府的垃圾处理费才能维持。如果垃圾处理费不到位是很难保证堆肥厂良好运行的。本条提到的运行费到位率是指实际所花费用与设计时测算的或实际正常运行所需的运行费用之比。

3.3.3 本条提出堆肥厂运行管理水平评价时每项给分的原则：

1 各评价分项和子项的满分分值是根据该分项和子项对运行管理水平的影响权重和运行管理水平评价总分 100 分确定的，因此评价分项和子项的实际分值不得高于表 3.3.2 中所列的满分分值。

2 由于评价子项的实际水平是多种的，为了使分值充分反映子项水平，因此本条规定可以在满分以下根据评价专家的判断给分。

3.4 综 合 评 价

3.4.1 由于垃圾堆肥厂的建设均是纳入国家和地方政府的计划，按照国家相关标准和规范进行的，因此堆肥厂的工程建设大部分能达到要求。而各堆肥厂的运行管理则相差较大，因此本条将运行管理权重加大，定为 0.6，工程建设权重定为 0.4。

3.4.2 工程建设水平评价表 3.2.2 中 1-4 与 1-7 分项和运行管理水平评价表 3.3.2 中 2-3、2-5 与 2-6 分项均是垃圾堆肥厂建设和运行的关键内容，因此本条对 B 级以上堆肥厂认定时，除了要求综合评价分值满足要求外，上述四个关键分项的分值也应同时满足表 3.4.2 中的最小分值要求。

中华人民共和国行业标准

生活垃圾卫生填埋气体收集处理及利用工程运行维护技术规程

Technical specification for operation and maintenance of
landfill gas collection treatment and utilization projects

CJJ 175—2012

批准部门：中华人民共和国住房和城乡建设部
施行日期：２０１２年５月１日

中华人民共和国住房和城乡建设部
公　告

第 1239 号

关于发布行业标准《生活垃圾卫生填埋气体收集处理及利用工程运行维护技术规程》的公告

现批准《生活垃圾卫生填埋气体收集处理及利用工程运行维护技术规程》为行业标准，编号为 CJJ 175-2012，自 2012 年 5 月 1 日起实施。其中，第 3.3.2、3.3.3、3.3.5、3.3.7、4.3.1、4.3.3、4.3.4、4.3.6、5.1.2、6.1.5、6.2.8、8.3.1、8.3.3 条为强制性条文，必须严格执行。

本规程由我部标准定额研究所组织中国建筑工业出版社出版发行。

中华人民共和国住房和城乡建设部
2012 年 1 月 6 日

前　言

根据住房和城乡建设部《关于印发 2009 年工程建设标准规范制订、修订计划的通知》（建标〔2009〕88 号）的要求，规程编制组在广泛调查研究，认真总结实践经验，参考有关国际标准和国外先进标准，并在广泛征求意见的基础上，编制了本规程。

本规程的主要技术内容是：1. 总则；2. 术语；3. 一般规定；4. 填埋气体收集系统；5. 填埋气体预处理系统；6. 填埋气体利用系统；7. 自动化控制系统；8. 辅助设施。

本规程中以黑体字标志的条文为强制性条文，必须严格执行。

本规程由住房和城乡建设部负责管理和对强制性条文的解释，由中国科学院武汉岩土力学研究所负责技术内容的解释。执行过程中如有意见或建议，请寄送武汉市中国科学院武汉岩土力学研究所固体废弃物安全处置与生态高值化工程技术研究中心（地址：湖北武昌小洪山 2 号；邮编：430071）。

本 规 程 主 编 单 位：中国科学院武汉岩土力学研究所
杭州市环境集团有限公司

本 规 程 参 编 单 位：华中科技大学
深圳市下坪固体废弃物填埋场
上海百川畅银实业有限公司
广州市固体废弃物管理中心
武汉环境投资开发集团有限公司
北京高能时代环境技术股份有限公司
北京时代桃源环境科技有限公司

本规程主要起草人员：薛　强　陈朱蕾　陆海军
刘　磊　戴瑞钢　熊　辉
郑学娟　黄中林　董　毅
杨　桦　张　雄　刘　勇
杨军华　李智勤　冯向明
黄文雄

本规程主要审查人员：郭祥信　马人熊　冯其林
施　阳　张榕林　陶　华
邓志光　齐长青　张进峰
李先旺　潘四红

目　次

Contents

1 总　则

1.0.1 为保证生活垃圾填埋气体收集、处理及利用工程的安全运行，实现运行管理科学化、规范化，提高填埋气体收集、处理及利用效率，降低运营维护成本，保护环境，制定本规程。

1.0.2 本规程适用于生活垃圾填埋气体收集、处理及利用工程的运行、维护及安全管理。

1.0.3 生活垃圾填埋气体收集、处理及利用工程的运行、维护及安全管理除应符合本规程的要求外，尚应符合国家现行有关标准的要求。

2 术　语

2.0.1 填埋气体收集系统　landfill gas collection system

用于收集生活垃圾填埋场填埋气体的系统，主要包括导气井（导气盲沟）、输气管网和抽气设备。

2.0.2 填埋气体预处理系统　landfill gas pre-treatment system

填埋气体利用前对填埋气体进行处理的设施和设备的组合系统，一般包括脱水、稳压、过滤、脱硫化氢等。

2.0.3 填埋气体发电系统　landfill gas-to-energy system

利用填埋气体作为一次能源进行发电的系统。

2.0.4 填埋气体火炬　landfill flare

对填埋气体实施燃烧处理，使其中的可燃气体完全燃烧、恶臭气体有效去除的装置。

2.0.5 清洁发展机制（CDM）　clean development m-echanism

发达国家通过提供资金和技术的方式，与发展中国家开展项目级的合作，通过项目所实现的"经核证的减排量"，用于发达国家缔约方完成减少本国二氧化碳等温室气体排放的承诺。英文缩写为CDM。

3 一 般 规 定

3.1 运 行 管 理

3.1.1 场区内甲烷气体浓度允许值应符合现行行业标准《生活垃圾卫生填埋场运行维护技术规程》CJJ 93中的相关规定。

3.1.2 生活垃圾填埋气体收集、预处理及利用系统出现填埋气体泄漏，应停用检查，及时排除。

3.1.3 场区内应设置人员疏散标识和指示路线图，并在重要通道处设置应急照明设施。

3.1.4 车间内明显部位应贴有工作图表、工艺系统流程图及相关运行维护的操作规程等。

3.1.5 应定期检查填埋气体收集、处理及利用工程的相关设施、设备、仪器、仪表的运行状况，填写运行记录表；出现异常，应采取相应处理措施并及时上报主管部门。

3.1.6 应掌握填埋气体收集、处理及利用工程的基本工艺流程及相关设施设备的主要技术指标和运行维护管理要求。

3.1.7 应按设备、仪器的使用说明、操作规程及岗位责任制等规定的要求进行操作，应保持机械设备完好、整洁。

3.1.8 填埋气体收集、处理及利用工程运行过程中，应对大气、噪声进行监测。噪声标准应符合现行国家标准《工业企业厂界环境噪声排放标准》GB 12348的规定；大气污染物、臭气浓度外排应符合现行国家标准《煤炭工业污染物排放标准》GB 20426和《恶臭污染物排放标准》GB 14554的相关规定。

3.2 维 护 保 养

3.2.1 设备、仪表应有备品备件，备品备件应按计划进行检查备存。

3.2.2 设备、仪表应进行必要的日常维护保养。日常维护保养及部分小修应由相关操作人员负责；中修及大修应由厂家或专职人员负责。

3.2.3 电气安全、监测报警、防爆、环境监测等设备及仪表的维护、检修周期应分别符合电业、消防和环保等部门的相关要求。

3.2.4 应建立设施设备、仪器仪表的日常维护技术档案。

3.2.5 应制定预防性维护计划和大修计划，并应按计划进行维护和停机大修；维修方案内容应包括设备损坏情况、维修方法评估、人员及工期要求、预期达到的效果、应急处理办法。

3.3 安 全 操 作

3.3.1 启闭电气开关、检修电气控制柜及机电设备时，应严格按操作说明进行。

3.3.2 在使用仪器仪表时，必须采取静电防护措施，严禁徒手接触仪器仪表。

3.3.3 清理机电设备及其周围环境时，严禁擦拭设备运转部位，冲洗水不得溅到电缆头和电机带电与润滑部位。

3.3.4 设备维修时，开关处应悬挂维修标牌。

3.3.5 维修设备时，不得随意搭接临时动力线。

3.3.6 设备设施的维修与维护过程中，应设有固定或临时的通行措施，维护人员应佩戴防护耳罩等劳保用品。

3.3.7 维修设备时，维修人员严禁穿戴化纤类工作服，在密闭室内严禁携带通信设备。

3.3.8 擦洗设备时，应防止烫伤。

3.3.9 应制定防火、防爆、防洪、防风、防震等的应急预案和措施。

3.3.10 应在指定的、有明显标志的位置配备必要的防护用品及药品，并应定期检查、更换、补充。

3.3.11 应根据设备使用要求制定相应的安全操作管理制度、定期维护制度，组织相关人员认真学习，并将其挂于设备周围醒目处。

3.3.12 应加强运行管理与职工培训，并采取有效措施保护环境健康及职工劳动安全。

3.3.13 应具有完整的组织结构，设置完善的岗位，运行维护人员应接受培训，持证上岗。

3.3.14 职工教育和培训的形式与内容应符合下列要求：

1 作业人员应接受公司、项目、班组的三级安全教育，教育内容包括安全生产方针、政策、法规、标准及安全技术知识、设备性能、操作规程、安全制度、严禁事项及本工种的安全操作规程；

2 特种作业人员还应按国家、地方和企业要求进行本工种的专业培训、资格考核，取得《特种作业人员操作证》后方可上岗；

3 采用新工艺、新技术、新设备维修施工和调换工作岗位时，应对作业人员进行新技术、新岗位的安全培训。

3.3.15 填埋气体收集、处理及利用工程的劳动卫生应符合现行国家标准《生产过程安全卫生要求总则》GB/T 12801、《工业企业设计卫生标准》GBZ 1 的有关规定，并应结合作业特点采取有利于职业病防治和保护作业人员健康的措施。作业人员应每年体检一次，并建立职工健康登记卡。

4 填埋气体收集系统

4.1 运 行 管 理

4.1.1 应根据垃圾填埋场填埋作业进度，及时设置填埋气体收集与输送系统。

4.1.2 应根据填埋气体产气速率调节导气井阀门开度，使导气井的抽气量与导气井作用范围内垃圾的产气量基本相等。

4.1.3 宜采用多参数一体化气体分析仪同时监测导气井中主要气体成分（甲烷、氧气、二氧化碳）浓度，导气井内甲烷浓度明显下降，且氧气浓度明显升高，应减少该导气井的抽气量。

4.1.4 应定期测量导气井内的水位，并记录。导气井中积水过多影响抽气时，应及时排水。

4.1.5 应根据垃圾填埋进度和需要在垃圾填埋区设置水平导气盲沟。

4.1.6 垃圾堆体上铺设的临时输气管道出现下弯造

成水堵，应调整管道坡度，消除水堵。

4.1.7 应实时监测填埋气体抽气系统的压力，出现异常，应查明原因并及时处理。

4.1.8 输气管网和导气井正常运行时，出现抽气压力过高，应检查预处理管道滤网是否堵塞。

4.1.9 甲烷浓度及氧气浓度异常时，应及时调整抽气流量，查明原因并及时处理。

4.1.10 垃圾堆体内滞留水过多而影响气体收集时，应采用压缩空气泵对导气井实施抽水；若导气井不具备抽水条件，应打井抽水，抽出的水（渗沥液）应输送至场内渗沥液处理站。

4.1.11 应每天检查导气井和导气盲沟的运行状态，并作好记录。

4.1.12 抽气系统的检测项目应符合现行行业标准《生活垃圾填埋场填埋气体收集处理及利用工程技术规范》CJJ 133 中的相关规定。

4.1.13 应每天检查或检测输气总管中的气体成分浓度（主要是甲烷和氧气）、填埋气体流量及抽气压力，并与前一日的数据作对比，分析有无异常。

4.1.14 每周至少应检测一次导气井和导气盲沟的气体成分浓度（主要是甲烷和氧气）、填埋气体流量及压力，并对检测数据进行分析，对有问题的导气井或导气盲沟应及时处理。

4.1.15 抽气风机启动前，应进行盘车，并对风机前后管路进行气密性检查，确认管道无泄漏后才能启动抽气风机。

4.1.16 抽气风机启动初期，在保持气体总管中氧气浓度不超过 2% 的情况下，应由低到高调整风机转速，直至最大。

4.2 维 护 保 养

4.2.1 应做好导气井和导气盲沟的维护保养，其维护保养应符合下列规定：

1 应在导气井和导气盲沟处树立警示标志；

2 应定期检查导气井（导气盲沟）与输气管道之间的连接处，发现损坏及时修复；

3 对失去导气作用的导气井和导气盲沟，应及时关闭其连接支管上的阀门。

4.2.2 应定期对导气井附近覆土层进行检查，出现沉降或裂缝，应及时修补。

4.2.3 应做好填埋气体输气管网的维护和保养，保证输气管网的畅通，其维护和保养应符合下列要求：

1 定期检查地面敷设的管道，发现弯曲变形、折断或悬空情况，应及时修复；

2 定期检查管道焊接、法兰连接及丝扣连接处，发现漏气，应及时堵漏；

3 定期检查管网中设置的排水井，发现排水不畅，应及时疏通。

4.2.4 应定期对凝结水排水装置和控制垃圾堆体水

位的排水装置进行维护，维护工作主要包括清除淤积污物、控制元器件检查检测、密封性检查、导线检查等。

4.2.5 风机的维护保养应符合下列要求：

1 风机使用三个月后，应更换齿轮油，调整皮带张力，检查安全阀，清洗皮带；风机使用超过一年，应更换皮带；风机使用超过三年，应更换油封和轴承；

2 风机长期不用，每两天应盘车一次；

3 每天应检查风机的油量、电流值及出口压力；

4 每三个月应至少更换一次风机的润滑油，润滑油应加注至油镜中央线以上，不应过满；

5 变频调速风机应按变频器随机手册的要求做好日常维护和定期维护。

4.3 安 全 操 作

4.3.1 导气井井口氧气浓度超过 2% 时，应减少阀门开度。当查明存在进氧点时，应视情况关闭导气井阀门直至进氧故障排除。

4.3.2 导气井运行过程中应避免出现过抽现象。

4.3.3 风机启动前，风机正压管段所有管道和设备必须进行氮气冲扫。

4.3.4 风机和变频器检修必须在切断电源的情况下进行。

4.3.5 风机启动前，应检查进出管段上各阀门是否打开。

4.3.6 风机运行时，严禁全部关闭出口阀，操作人员不得贴近风机旋转部件；满载时，禁止突然停机。

5 填埋气体预处理系统

5.1 运 行 管 理

5.1.1 对于填埋气体发电项目，其预处理系统出口处填埋气体应符合表 5.1.1 的要求。

表 5.1.1 预处理系统出口处填埋气体要求

序号	符号	名　称	数　据
1	P	压力	8kPa～35kPa
2	T	温度	10℃～60℃
3	O_2	氧气	≤2%
4	H_2S	硫化物总量	≤300ppm
5	Cl^-	氯化物	≤48ppm
6	NH_3	氨水	<33ppm
7	Tar	残机油和焦油	<5ng/Nm^3
8	Dust	固体粉尘	<5μm
			<3mg/Nm^3
9	φ	相对湿度	<60%

5.1.2 预处理系统启动前必须进行氮气冲扫。

5.1.3 预处理系统启动前应检查各设备、仪表是否正常，是否具备启动运行条件。

5.1.4 预处理系统运行中应至少每天检查一次各设备的运行状况。

5.1.5 填埋气体应缓慢进入过滤器，并逐步增大过滤量至正常额定状态。

5.1.6 冷却器启动后，冷凝水放水阀门应间断打开；冷却器临时停机时，冷凝水放水阀门应全开。

5.1.7 冷水机组首次运行应检查电源电压及相数、相序是否符合型号规格；冷冻水喉及冷却循环水喉是否接通管路；阀门是否打开；冷冻水箱是否已加满水或其他冷冻介质；冷却水泵运行方向及水塔风机是否逆转。

5.1.8 冷凝器散热不良，应检查冷却塔循环水是否正常、冷却水温是否过高、冷却塔风扇是否运转、冷却水阀门是否完全打开。

5.1.9 冷媒不足，应检查是否存在冷媒泄漏，并及时补漏；冷媒泄漏处浸于水中，应立即停止运行冷冻机，并排除水箱内积水。

5.1.10 压缩机运行期间出现压差减小，应立即停止运转。

5.1.11 压缩机不能正常启动，应检查开关、过载保护器、电磁继电器线圈是否损坏，水箱内液位是否过低。

5.2 维 护 保 养

5.2.1 冬季温度较低时，填埋气体预处理系统停机检修，应将冷水机组整个水路、冷却器与汽水分离器等设备及预处理系统和发电机组之间的积水排空，伴热装置应持续运行。

5.2.2 应定期清洗冷却器、冷凝器、蒸发器、过滤器、散热器及冷却塔，保持表面洁净。

5.2.3 过滤器的维护保养应符合下列要求：

1 应定期检查过滤系统，确认气体压力在过滤器设计工作压力范围内；

2 过滤器前后压差过大时，应停止运行过滤器，并进行排污、清洗或更换滤芯；

3 过滤器不用时，应打开排污口，排尽残液；长期不用时，应清洗过滤器，取出滤芯，存于阴凉干燥处；

4 每三个月应拆下过滤器滤芯检修一次，过滤器密封圈、垫片损坏时，应及时更换；

5 过滤器排水口出现堵塞，应及时冲洗疏通。

5.2.4 冷却器的维护保养应符合下列要求：

1 冷却器长期停用，应排净冷凝水，封闭各进出口，并保持干燥；

2 应定期清洗冷却器换热面；

3 冷却器出现填埋气体泄漏现象，应立即停止使用，并采取防漏措施。

5.2.5 阻火器的维护保养应符合下列要求：

1 定期清除阻火器内的积水；

2 每六个月应检查和清洗阻火器一次，不得采用坚硬的刷子清洗阻火器芯件，应及时更换变形或腐蚀的阻火层；

3 重新安装阻火器时，应更新垫片并确认密封面清洁无损伤，保证阻火器的密封性；

4 阻火器停用时，应存放在干燥、通风处。

5.3 安全操作

5.3.1 预处理系统停机后，应及时排除冷凝水，关闭进气阀门及设备电源。

5.3.2 拆卸清洗或更换过滤器滤芯时，应注意安全。

5.3.3 操作冷水机组时应符合下列要求：

1 冷冻水泵不得在水箱内无水的情况下运转；

2 操作开关应避免连续切换；

3 冷冻水温度应设定在5℃以上。

6 填埋气体利用系统

6.1 运行管理

6.1.1 填埋气体发动机的润滑油应具有热稳定性、氧化稳定性、抗酸性及抗腐蚀性。

6.1.2 应定期检查发电设备及仪器仪表的运行状况。

6.1.3 填埋气体发电机工作电源、电压及频率偏差允许值应符合国家现行标准《燃气轮发电机通用技术条件》JB/T 7074、《气体燃料发电机组通用技术条件》JB/T 9583.1 中的相关规定。

6.1.4 填埋气体发电机处于额定功率运行时，各部分的温度和温升限值应符合国家现行标准《燃气轮发电机通用技术条件》JB/T 7074 中的相关规定。

6.1.5 **机油液面超过允许位置时，严禁启动发动机。**

6.1.6 填埋气体发动机应停机至少5min后，方可检查机油油位。

6.1.7 填埋气体发动机正常运行时，应检查散热风扇是否运行正常、运转声音是否正常。

6.1.8 填埋气体发动机长时间停机再次启动时，应对散热风扇盘车，并检查轴承是否卡滞。

6.1.9 通过加水装置调整冷却水系统压力时，应避免空气进入冷却水系统。

6.1.10 在寒冷地区的冬季，填埋气体发动机的冷却液中应加入不低于30%的防冻剂。

6.1.11 启动点火系统前，应关闭发动机并防止违规启动；发动机处于停机状况下方可设置点火系统参数。

6.1.12 填埋气体发电机组启动前应检查下列内容：

1 空气滤清器、蓄电池、冷却液液位、驱动皮带及排烟系统等的状况；

2 确定所有机件是否上紧，支架、管夹是否定位；

3 传动皮带、风扇等转动件的护盖是否盖好；

4 电压自动调节器和辅助接线柱的连接是否可靠；

5 整流二极管是否被腐蚀；

6 主输出接线柱是否松动。

6.1.13 填埋气体发电机组运行时应检查确认以下情况：

1 运行参数正常；

2 电压、电流、频率处于允许范围内；

3 发电机本体各部分无异常声、无异常振动、无异味；

4 发电机进、出风口滤网保持清洁，无异物堵塞；

5 发电机外壳接地铜刷辫与接地铜排接触良好，无过热、颤振及放电现象。

6.1.14 出现轴承室温度、发电机振动及轴声噪声异常，应检查发电机轴承是否正常运转。

6.1.15 发电机长时间不用、发电机进水、发电机绕组受灰尘污染或受潮时，应检查绕组绝缘是否正常。

6.1.16 填埋气体成分浓度变化或流量不足导致发电机组临时停机，应立即检查抽气系统，确定发生问题的原因及区段，并采取应急措施。

6.1.17 干式变压器的运行管理应符合国家现行标准《干式电力变压器技术参数和要求》GB/T 10228、《电力变压器运行规程》DL/T 572 的相关规定。

6.1.18 填埋气体用作锅炉与汽车燃料及城镇燃气，应保证填埋气体供给的持续性及甲烷的浓度的稳定性。

6.2 维护保养

6.2.1 应定期检查填埋气体正压管段的气密性，重点排查法兰连接、密封圈、伸缩接头、焊接等关键部位。

6.2.2 应及时更换填埋气体发动机受损或老化的管路、密封圈、软管等配件。

6.2.3 填埋气体发电机组的日常维护保养应符合下列要求：

1 调节填埋气体供气压力，使其保持在正常范围；

2 应检查油底壳内机油液面及油质状况，及时补充机油至规定值；

3 检查散热器水位，及时补充冷却水；

4 定时放净油水分离器内的残留物，冬季应防止出现冻结现象；

5 检查并排除发电机组的漏油、漏水、漏气现象，保持机组外观及工作环境清洁；

6 检查发电机本体各部分有无异常声、异常振动、异味及机组排烟有无异常，有异常现象应及时查找原因并排除；

7 检查仪表读数是否正确；

8 检查发电机组各个附件的安装及各处机械连接情况。

6.2.4 填埋气体发电机组每隔一个月应做小保养一次，保养应符合下列要求：

1 检查发电机内接线是否可靠；

2 对蓄电池进行保养，并添加补充液、充电；

3 清洗发电机进、出风口滤网、空气滤清器及冷却水散热器；

4 更换油底壳中的机油，向发电机组各油嘴加润滑油。

6.2.5 填埋气体发电机组每隔六个月应做中保养一次，保养应符合下列要求：

1 检查进、排气门及缸套封水圈的密封情况；

2 检查机油冷却器和冷却水散热器是否存在漏油、漏水情况；

3 检查电器设备是否存在烧损现象，各电线接头是否牢固；

4 检查火花塞，清理积炭；

5 检查气门间隙和点火时间，必要时应作出调整；

6 清洗机油管路及冷却系统水道。

6.2.6 填埋气体发电机组每隔一年应进行全面保养一次，保养应符合下列要求：

1 检查气缸盖组件、活塞连杆组件中各零部件的磨损情况；

2 检查曲轴组件、传动机构和配气相位、机油泵和淡水泵、启动电机、防护罩与安全装置；

3 校验报警系统；

4 检查发动机与发电机的连接。

6.2.7 每年应至少更换一次轴承润滑油，并清洗轴承。

6.2.8 严禁采用密封添加剂阻止冷却系统泄漏。

6.2.9 绕组被灰尘、腐蚀性化学物质及发动机排放物严重污染或受潮时，应清洗绕组；不得采用含有腐蚀性物质的洗涤剂清洗铜线绕组。

6.2.10 填埋气体发动机排烟余热利用系统的日常维护保养应符合下列要求：

1 检查系统有无漏风、漏烟；

2 检查各主要阀门开关是否灵活，有无泄漏；

3 检查有无积尘。

6.2.11 可燃气体报警器校验时，探头周围环境应无可燃气体。有可燃气体时，应充入一定量的洁净空气后，再连续通入样气。

6.2.12 每两个月应检查标定一次报警器的零点和

量程。

6.3 安 全 操 作

6.3.1 皮带传动、链传动、联轴器等传动部件防护罩应保持完好。

6.3.2 填埋气体发电机组、高低压配电设备应按其操作规程使用。

6.3.3 检查发动机尾气排放系统时，应带隔热手套、穿防护服。

6.3.4 填埋气体发电机的排气输送部件应避免接触可燃性材料，且应保持设备整洁。

6.3.5 处理掺有防腐剂或防冻剂的冷却液时，应穿戴个人防护装备。

6.3.6 不应向热的发动机中添加冷的冷却液；发动机温度低于50℃时方可拆下散热器盖，加注冷却液。

6.3.7 不应穿戴宽松的衣服或金属饰物靠近转动的机件及电气设备。

6.3.8 填埋气体发电机组运转期间需调整机器时，应远离发烫机件或正在转动的部件。

6.3.9 处理电气故障时，应防止电击。

6.3.10 填埋气体发电机组及机房应保持清洁，不应放置杂物，保持地板清洁干燥。

7 自动化控制系统

7.1 运 行 管 理

7.1.1 应检查设备或系统的控制信号是否正常。

7.1.2 填埋气体预处理控制系统的运行管理应符合下列要求：

1 应根据冷水机组出入水压力、温度信号，自动启停冷水机组，控制气体出口温度稳定；

2 根据气体出口压力、出口流量、气体成分浓度信号，自动控制风机转速，开机供气压力不应有较大波动，运行中供气压力波动不应超过5%，甲烷浓度不应低于45%，氧气浓度不应高于2%；

3 检查阻火器温度信号是否正常，回火现象发生时应自动关闭主气阀；

4 检查阀门工作压力信号、风机轴承温度信号是否正常，出现异常应报警和停机保护。

7.1.3 填埋气体发电控制系统的运行管理应符合下列要求：

1 检查预处理系统气体出口压力、温度、甲烷浓度、氧气浓度信号是否正常，出现异常应报警和停机保护；

2 检查尾气温度信号是否正常，监测分析空燃比，调整预处理系统甲烷浓度和抽取流量。

7.1.4 火炬控制系统应采集预处理系统气体出口压力、温度、气体成分浓度、湿度信号，气体品质达到设备运行要求后方可点火。

7.1.5 综合自动化控制系统的运行管理应符合下列要求：

1 分析各子系统间相连接的气体压力、温度、甲烷浓度、氧气浓度对总系统的影响，确定停机保护的范围和优先级；

2 根据甲烷泄漏及现场火灾检测结果启动总停机保护。

7.2 维护保养

7.2.1 应保持中央控制室整洁及微机系统工作正常。

7.2.2 控制屏的维护保养应符合下列要求：

1 保持控制屏清洁，并及时清扫灰尘；

2 定期检查继电器的接触点，有损坏应及时更换；

3 定期检查电缆终端的夹钳；

4 保持电缆排列整齐，分类清晰。

7.2.3 仪器仪表的维护保养应符合下列要求：

1 保持各部件完整、清洁、无锈蚀；

2 定期清洗仪器仪表，仪表表盘标尺刻度应清晰可见；

3 铭牌、标记、铅封应完好；

4 定期检查更换防潮剂，仪表电气线路元件应完好无腐蚀；

5 仪表井应清洁，无积水。

7.2.4 应定期检查、清理控制仪器与显示仪表中的元器件、探头、变送器、转换器、传感器和二次仪表等，发现损坏应及时更换。

7.3 安全操作

7.3.1 仪表出现故障时，不得随意变动检测点及拆卸变送器和转换器。

7.3.2 检修仪器仪表时，应采取防护措施。

7.3.3 在阴雨天气检查现场仪表时，应注意防触电。

8 辅 助 设 施

8.1 运 行 管 理

8.1.1 应每天对泵房、报警阀、排风机房等设施进行检查，发现异常情况，应及时处理并上报。

8.1.2 消火栓箱不应被遮挡、圈占、埋压，应有明显标识；消火栓箱不应上锁，箱内器材应配置齐全，无生锈，衔接口应正常。

8.1.3 水带应卷紧放齐，衔接口应正常，水带箱玻璃应保持清洁。

8.1.4 自动灭火系统、消防排烟设备、防火门和消火栓应定期测试，损坏时，应及时维修或更换。

8.1.5 防雷设施应定期由有资质的专业防雷检测机构进行检测并评估。

8.1.6 每年雷雨季节前应检查接地系统连接处是否紧固、接触是否良好、接地引下线有无锈蚀、接地体附近地面有无异常。

8.1.7 接地网的接地电阻每年应进行一次测量。

8.1.8 应设立防雷电灾害责任人，建立各项防雷减灾管理规章。

8.1.9 应定期检测填埋气体利用工程周围的噪声，每年不应少于一次，并将检测结果归档，噪声发生变化时，应及时检查防噪设施的有效性。

8.1.10 购进新设备时，应根据设备噪声的大小重新调整防噪设施等级。

8.1.11 防噪设施维修后不能达到防噪要求时，应及时更换。

8.1.12 火炬的火焰稳定性、烟气排放和噪声应符合现行国家标准《声环境质量标准》GB 3096 及《煤炭工业污染物排放标准》GB 20426 等的相关规定，不达标应立即熄火整顿，直至符合要求。

8.1.13 填埋气体利用项目正常运行时，火炬燃烧气量不得超过总收集气量的 30%；填埋气体利用项目停运时，填埋气体应全部烧掉。

8.1.14 每月应对升压设备进行一次高压预试、仪表校验、绝缘油气监督；用电高峰期间，应增加检查频率。

8.1.15 外绝缘爬电比距应符合现行国家标准《污秽条件下使用的高压绝缘子的选择和尺寸确定》GB/T 26218 的相关规定。

8.2 维 护 保 养

8.2.1 消防设施的维护保养应符合下列要求：

1 移动式灭火器应由专人维护，每周应清洁一次；

2 手动报警按钮、末端放水每月应抽检 10%，一年应全检一次；

3 喷淋泵、水幕泵、消火栓泵及稳压泵每月应启动调试一次；

4 每月应对正压送风、排烟系统测试一次；

5 每三年应对烟（温）感进行一次全面清洗；

6 每半年应对消防水泵等消防设施进行一次全面维护保养。

8.2.2 火灾报警探测器等消防电子设备应根据产品的技术性能委托具有清洗资质的单位清洗保养；火灾报警探测器在投入运行两年后应首次清洗，以后每三年应清洗一次。

8.2.3 应保持灭火器铭牌完整清晰，保险销和铅封应完好且避免日光曝晒、强辐射热等环境影响。

8.2.4 应保持消防水管外表层油漆、消防提示语和警示语的有效和清晰。

8.2.5 应加强对防雷设施的检查维护，防雷设施损坏，应及时告知所在市（区）的防雷检测所。

8.2.6 应由专人对防噪设备定期进行维护，并应作好记录。

8.2.7 应每年对火炬塔体内外金属表面、塔外管道及火炬进行一次涂漆处理。

8.2.8 火炬零部件的维护保养应符合下列要求：

   1 下雨时不宜点火，雨后点火应断电并擦干点火间隙和高压瓷瓶上的水珠；

   2 电动阀门的工作温度应控制在产品正常使用范围内，超出正常工作范围时，应及时与厂家联系；

   3 每隔一周应检查紫外线探测器连线管，出现破损时，应及时更换；

   4 看火玻璃出现破裂时，应及时更换性能更优的新玻璃；

   5 应实时检查穿线管有无破损，若破损，应及时更换；

   6 每月应检查一次液化气罐、软管是否老化、漏气；出现漏气，应及时熄火并更换；每六个月应更换一次软管。

8.2.9 升压系统设备应逢停必扫，大雾天气时，应巡查设备；表面放电或电晕的瓷瓶和套管，应详细记录；瓷瓶应清扫、涂长效防污涂料、加装（更换）硅橡胶伞裙或更换防污闪瓷瓶。

8.2.10 照明设施的维护保养应符合下列要求：

   1 应急照明设备应设置特殊标志，应定期检查灯泡是否损坏，禁止取用应急照明系统的灯泡；

   2 每周应全面检查一次照明设施的灯头接线盒、控制电路和绝缘情况；

   3 每周应检查室外灯具水密封性、锈蚀情况及其接线盒水密封性，若损坏，应立即更换；

   4 每周应检查照明灯功能、开关、线路是否正常，应急灯是否安全；

   5 每周应对应急照明设施进行一次效能试验，对电源及控制电路应进行一次全面检查，发现故障应立即排除。

8.3 安 全 操 作

8.3.1 火炬维护检修时，人员不得在火炬内壁温度高于50℃的情况下进入，且现场应有专人监护。

8.3.2 机动车辆不应随意进入升压系统区域，必须进入时，车辆的进出、行驶、操作应有专人监护。

8.3.3 升压系统内严禁使用铝合金等金属梯子。

8.3.4 应避免非专业人员在升压系统内工作；必需进行工作时，应向其交代安全注意事项，落实有关安全措施。

8.3.5 安装灯具时，应注意灯具规格、电压等级；灯泡功率不得超过灯具所允许容量，不应带电更换灯泡及附件。

本规程用词说明

1 为便于在执行本规程条文时区别对待，对于要求严格程度不同的用词说明如下：

   1）表示很严格，非这样做不可的：
   正面词采用"必须"，反面词采用"严禁"；

   2）表示严格，在正常情况下均应这样做的：
   正面词采用"应"，反面词采用"不应"或"不得"；

   3）表示允许稍有选择，在条件许可时，首先应这样做的：
   正面词采用"宜"，反面词采用"不宜"；

   4）表示有选择，在一定条件下可以这样做的，采用"可"。

2 条文中指明应按其他有关标准执行的写法为："应符合……的规定（或要求）"或"应按……执行"。

引用标准名录

   1 《声环境质量标准》GB 3096

   2 《污秽条件下使用的高压绝缘子的选择和尺寸确定》GB/T 26218

   3 《干式电力变压器技术参数和要求》GB/T 10228

   4 《工业企业厂界环境噪声排放标准》GB 12348

   5 《生产过程安全卫生要求总则》GB/T 12801

   6 《恶臭污染物排放标准》GB 14554

   7 《煤炭工业污染物排放标准》GB 20426

   8 《工业企业设计卫生标准》GBZ 1

   9 《生活垃圾卫生填埋场运行维护技术规程》CJJ 93

   10 《生活垃圾填埋场填埋气体收集处理及利用工程技术规范》CJJ 133

   11 《电力变压器运行规程》DL/T 572

   12 《燃气轮发电机通用技术条件》JB/T 7074

   13 《气体燃料发电机组通用技术条件》JB/T 9583.1

中华人民共和国行业标准

生活垃圾卫生填埋气体收集处理及利用工程运行维护技术规程

CJJ 175—2012

条 文 说 明

制 订 说 明

《生活垃圾卫生填埋气体收集处理及利用工程运行维护技术规程》CJJ 175－2012 经住房和城乡建设部 2012 年 1 月 6 日以第 1239 号公告批准、发布。

为便于广大设计、施工、科研、学校等单位有关人员在使用本规程时能正确理解和执行条文规定，《生活垃圾卫生填埋气体收集处理及利用工程运行维护技术规程》编制组按章、节、条顺序编制了本规程的条文说明，对条文的目的、依据以及执行中需注意的有关事项进行了说明，还着重对强制性条文的强制性理由作了解释。但是，本条文说明不具备与规程正文同等的法律效力，仅供使用者作为理解和把握规程规定的参考。

目　次

1 总　则

1.0.1 本条规定了本规程制定的目的及必要性。

1.0.2 本条规定了本规程的适用范围。

1.0.3 本条规定了生活垃圾填埋气体收集、处理及利用工程的运行与维护管理除应符合本规程外，尚应符合国家现行有关标准的规定。相关的主要标准包括：

1 《工业企业设计卫生标准》GBZ 1

2 《干式电力变压器技术参数和要求》GB/T 10228

3 《工业企业厂界环境噪声排放标准》GB 12348

4 《生产过程安全卫生要求总则》GB/T 12801

5 《恶臭污染物排放标准》GB 14554

6 《煤炭工业污染物排放标准》GB 20426

7 《声环境质量标准》GB 3096

8 《污秽条件下使用的高压绝缘子的选择和尺寸确定》GB/T 26218

9 《生活垃圾填埋场填埋气体收集处理及利用工程技术规范》CJJ 133

10 《生活垃圾卫生填埋场运行维护技术规程》CJJ 93

11 《电力变压器运行规程》DL/T 572

12 《燃气轮机发电机通用技术条件》JB/T 7074

13 《气体燃料发电机组通用技术条件》JB/T 9583.1

2 术　语

2.0.1~2.0.5 列举了本标准中出现的部分涉及填埋气体收集、处理及利用工程运行维护的术语，其他相关专业术语可查阅国家现行标准《市容环境卫生术语标准》CJJ/T 65-2004、《生活垃圾填埋场填埋气体收集处理及利用工程技术规范》CJJ 133-2009。

3 一般规定

3.1 运行管理

3.1.1 本条对场区内甲烷气体浓度的允许值进行了规定。《生活垃圾卫生填埋场运行维护技术规程》CJJ 93-2003 中第 5.3.3 条规定"场区内甲烷气体浓度大于 1.25% 时，应立即采取相应的安全措施"。

3.1.2 填埋气体收集、处理及利用系统中一旦出现气体泄漏事故，必然无法保证气体供给的稳定性与持续性，造成气体利用工程无法正常运行；同时，气体泄漏将会引起大气环境的污染，对场区内的安全造成威胁，因此本条规定一旦出现填埋气体泄漏，立刻停

用，检查泄漏处，并采取有效措施予以排除。

3.1.3 为预防火灾等紧急情况，厂区内设紧急疏散通道，并配指示路线图或挂安全通道指示灯，重要通道设有应急照明设施，且该设施具有防火和防振动等功能。

3.1.4~3.1.7 对填埋气体收集、处理及利用工程运行管理提出了相关要求，主要包括管理人员、工作人员、车间规程等。工作人员应是熟练工，需持证上岗，新上岗的员工在熟练工的指导下进行操作；管理人员应熟知相关规定，对各规定特别是强制性条文应有较深刻的理解；按规定对员工和设备进行检查，不得徇私舞弊，且承担相应责任；车间内的图表、流程图和操作规程等不能随意拆除、移位，并定期进行打扫和改换。

3.1.8 本条针对填埋气体收集、处理及利用工程运行过程中的噪声、大气污染物及臭气浓度作了相关要求。

3.2 维护保养

3.2.1 本条要求的目的是保证备品备件供应，减少非计划的故障停机。

3.2.2 本条对设备、仪器仪表的检查、维护保养提出了具体要求，明确了日常维护保养、小修、中修、大修的具体负责人。

3.2.3 本条要求电气安全、监测报警、防爆、环境监测等仪器设备、仪表的维护及检修周期需符合电业、消防和环保等部门的规定。设备、仪表维修中应注意消防安全，且对于存在消防安全隐患的设施需及时维修。维修中产生的废水、废物以及有毒物等需妥善处理，以免污染环境。

3.2.4 设施设备、仪器仪表的日常维护管理要作好记录并归档，档案需有专门人员管理。

3.2.5 本条对填埋气体收集、处理及利用工程的设备维修方案提出了具体要求。

3.3 安全操作

3.3.1 启闭电气开关、检修电气控制柜及机电设备时，若操作不当，易发生事故，工作人员需按电工安全规定操作。

3.3.2 本条为强制性条文，主要是为了防止静电对仪器仪表等设备造成损坏。

3.3.3 本条为强制性条文，擦拭设备运转部位会造成设备参数的偏差；水溅到电缆头或电机带电部位会导致漏电，造成工作人员安全隐患；水溅到电机润滑部位会稀释润滑剂而降低润滑效果。

3.3.4 为确保维修人员安全，维修设备时，需悬挂维修标牌。

3.3.5 本条为强制性条文，维修发电设备时，若确实需要临时动力线，必须在保证安全的前提下搭接，

使用过程中需有专职电工在现场管理，使用完毕需立即拆除。

3.3.6 设备出现故障时，为保证工作人员的安全，需将原来正常通道关闭，并挂维修警示牌。维修及维护工作人员经专门的通道进入，且需穿戴劳保用品，该通道可固定也可临时。

3.3.7 本条为强制性条文，主要是为保护工作人员人身安全。化纤类工作服易燃，且燃烧后会融化，粘附在身体表面不易脱掉，会对身体造成严重的烧烫伤。填埋气体泄漏后，密闭空间中的甲烷浓度较大，使用手机等通信设施引起爆炸的可能性较大。

3.3.8 填埋气体收集、处理及利用工程的相关设备在运行过程中会散发大量的热，导致设备表面温度较高，工作人员在擦洗设备时，需小心谨慎，待设备表面温度降低之后，再进行维护保养，以免烫伤。

3.3.9 为了应对火灾、爆炸、洪水、飓风、地震等突发性灾害，减少损失，本条要求需制定相应的应急预警方案和具体防护措施及补救措施。

3.3.10 为保证工作人员在紧急情况下能受到及时的保护和治疗，规定了本条内容。

3.3.11 本条是针对设备的安全操作与维护、操作人员培训而提出的。

3.3.12 环境健康和劳动安全是保证职工生命安全和填埋气体收集、处理及利用工程安全运行的关键因素，职工需定期接受专门培训，填埋气体收集、处理及利用工程需加强管理，责任落实到人。

3.3.13 本条对填埋气体收集、处理及利用工程的组织结构、岗位设置及维护人员提出了要求。

3.3.14 本条对职工培训提出了相关要求。作业人员必须接受三级安全教育；特种作业人员危险性大，需取得《特种作业人员操作证》后方能上岗；工作环境改变时，工作人员需接受相应培训以适应新的工作要求，保证作业安全。

3.3.15 本条对保证填埋气体收集、处理及利用工程的劳动卫生和职工身体健康作了相关要求。

4 填埋气体收集系统

4.1 运 行 管 理

4.1.1 本条要求目的是提高垃圾填埋过程中填埋气体收集率，减少填埋气体扩散对环境的污染。

4.1.2 本条的要求对于保持抽气量稳定、提高气体收集率、防止过量抽气是必要的。由于填埋气体产气速率随时间变化较大，每个导气井应设置阀门，并通过调节阀门开度达到产气量和抽气量平衡。若抽气量大于产气量，易造成空气的吸入，发生危险。因此，本条规定实时监测导气井的产气流量和压力，一旦发现产气量和抽气量失去平衡，需立即调节井口阀门开度，重新达到产气量与抽气量平衡。调节阀门开度时，注意分阶段加大开关开度，不能一次打开过大，否则会出现导气井过抽现象。

4.1.3 采用多参数一体化气体分析仪监测导气井中气体成分浓度，实现填埋气体多组分（甲烷、氧气、二氧化碳等）同步检测，一旦发现井内甲烷浓度明显下降，而氧气浓度明显升高，则说明抽气量超过了产气量，造成了空气的渗入，需要通过减少该导气井的抽气量来减少空气的渗入。

4.1.4 本条提出了工作人员对导气井水位检测的具体要求。导气井内积水过多，说明垃圾堆体中水位过高，会影响填埋气体的收集。因此，一旦发现导气井中水位过高，要及时采取有效措施排除积水，降低垃圾堆体水位。为了安全，排水时需采用压缩空气自动排水系统。

4.1.5 为了提高填埋气体收集率，根据设计文件与现场实际情况设置导气盲沟。

4.1.6 由于垃圾堆体的沉降极易引起填埋气体输气管道弯曲，冷凝水极易在管道局部聚集，造成输气管道阻塞，影响填埋气体的正常输送，因此，为保证管道排水顺畅及输气正常，需要及时调整管道坡度。

4.1.7 抽气系统的压力直接影响填埋气体的收集，为保证填埋气体收集的稳定性，在监测过程中，一旦发现压力出现异常，需及时查明原因，并采取有效措施进行处理，尽快恢复原有压力。

4.1.8 若在抽气系统运行过程中出现抽气压力过高，但经检测发现输气管网和导气井处于正常运行状态，很可能是由于预处理管道滤网发生堵塞引起的，为维护抽气系统的正常运行，工作人员需采取有效措施排除滤网堵塞或更换滤网。

4.1.9 工作人员在监测填埋气体浓度及流量时，若发现甲烷及氧气浓度出现异常，为保证填埋气体利用工程的正常运行，需及时调整抽气系统的抽气流量，维护填埋气体收集的连续性及稳定性。

4.1.10 经长期运行，垃圾填埋场渗沥液导排系统易被细小颗粒堵塞，造成垃圾堆体内的水下渗困难，使其长期保持高水位，影响气体的收集。本条要求采用压缩空气泵抽水是出于安全的考虑，避免电泵可能产生火花而引起甲烷爆炸。抽出的渗沥液需要排放到填埋场内的渗沥液处理站进行处理，以防止渗沥液污染环境。

4.1.11 本条对导气井和导气盲沟的日常检查工作提出了具体要求，工作人员需在收集日志中记录导气井的气体成分浓度、阀门开度、导气井排水情况、天气情况、环境温度等数据，以便以后分析。

4.1.12 本条对填埋气体收集系统的检测项目提出了要求。《生活垃圾填埋场填埋气体收集处理及利用工程技术规范》CJJ 133-2009 中 7.2.7 条规定"抽气系统应设置填埋气体氧（O_2）含量和甲烷（CH_4）含量在线监测装置，并应根据氧（O_2）含量控制抽气设备的转速和启停。"

4.1.13 本条对工作人员每天的检查项目提出了具体要求。检查填埋气体各成分浓度、气体流量和抽气压力状况，判断是否出现氧气浓度过高、甲烷浓度过低等异常情况，一旦出现异常情况，需巡视填埋气体收集系统，检查导气井和输气管网有无损坏或异常。损坏轻微应立即修复；损坏较严重时，如管道破裂漏气等，先关闭相关的控制阀门停止抽气，并采取临时性维修措施，再安排作永久性修复。

4.1.14 导气井和导气盲沟是直接从垃圾堆体中收集气体的设施，检测导气井和导气盲沟的气体流量、压力和气体成分浓度是判断其集气效果的重要手段。

4.1.15 负压段管道漏气，则会吸入空气，影响填埋气体收集量并可能发生危险；正压段管道漏气也可能发生危险，因此本条要求在抽气之前要检查风机前后管路的气密性。

4.1.16 抽气风机启动前需将风机转速调至设计额定流量对应转速的50%，风机启动后，若氧气浓度始终保持在2%以下，则继续调高风机转速，若氧气浓度逐步上升，超过2%时，则将风机转速调低，检查管路密封性，将漏气点封堵后继续提高风机转速并监测氧气浓度变化。依此方法，在氧气浓度保持在2%以下的情况下，逐步调高风机转速，直至转速达到最大为止，此转速下的填埋气体流量即为填埋气体最大抽气量。

4.2 维护保养

4.2.1 导气井和导气盲沟的维护是填埋气体收集工程运行维护的重要内容。由于垃圾堆体沉降持续时间比较长，导气井和导气盲沟随垃圾堆体的沉降而不断变化，其与管道的连接处容易松动甚至断裂，因此需要经常检查维护。

4.2.2 本条要求主要是防止氧气从裂缝中吸入。

4.2.3 输气管网是气体收集系统的重要设施，本条要求的维护内容是保证管网畅通、有效输送填埋气体应做的基本工作。

4.2.4 凝结水排水装置一般安装在输气主干管的凝结水排水井中，控制垃圾堆体水位的排水装置一般安装在导气井或渗沥液导排井中。井中工作环境差，排水装置易淤积污泥或被腐蚀，因此需要定期维护。

4.2.5 本条对风机的维护保养作出规定：

1～4 为风机及其辅助设备维护的基本要求；

5 变频器的日常维护主要包括：检查进线电压是否正常、变频器所处的环境温度和湿度是否正常、散热器温度是否正常、冷却风机的声音是否正常、控制板上大功率电阻是否变色。变频器定期维护主要包括：清除电路板及散热器上的灰尘、检查引出线及电动机的绝缘电阻、更换连续运行时间超过设计值的冷

却风机。

4.3 安全操作

4.3.1 本条为强制性条文，导气井中氧气浓度明显增加，超过2%，说明导气井有空气吸入，需及时采取措施降低填埋气体中氧气浓度，保证导气井抽气正常，避免发生事故。

4.3.2 导气井过抽会造成甲烷浓度下降，氧气浓度升高，易发生危险。

4.3.3 本条为强制性条文，风机启动前正压侧的管道和设备内充满了空气，风机启动初期，负压段的填埋气体会与正压段的空气形成具有爆炸性的混合气体，出于安全考虑本条要求必须进行氮气冲扫，将内部空气置换。

4.3.4 本条为强制性条文，是风机和变频器安全检修的基本要求。

4.3.5 如在进出口管段阀门关闭的情况下启动风机，易造成风机的损坏。

4.3.6 本条为强制性条文，是风机运行期间安全操作的基本要求。

5 填埋气体预处理系统

5.1 运行管理

5.1.1 本条对填埋气体发电项目中填埋气体经预处理系统处理后应达到的指标提出了具体要求。

5.1.2 本条为强制性条文，采用氮气对预处理系统进行冲扫，主要是为了置换预处理系统管道内的空气，防止空气与填埋气体混合，形成爆炸气体。

5.1.3 本条对填埋气体预处理系统启动前的检查工作提出了具体的要求。预处理系统启动前的检查可参考以下内容：（1）确定阀门状态，内容包括从气源进入预处理管路上的阀门打开；通往气体利用设备的管路阀门全开；冷干机冷却器进口阀门和出口阀门全开，旁路全关；备用初级过滤器前后端阀门全关，冷却器前端初级过滤器前后端阀门全开；精密过滤器进口阀门和出口阀门全开；风机入口前阀门全开；预处理主管路流量计前后阀门全开，旁路流量计阀门全关；初级过滤器、冷却器下端排水阀全开，精密过滤器下端排水阀全关；（2）确定排水口的积水全部排空，内容包括冷干机冷却器的排污阀排水；填埋气体预处理系统入口前过滤器排水；精密过滤器排水；（3）检查其他主要设备，内容包括罗茨风机油位正常；顺工作方向拉动风机皮带，检查转子转动灵活，无摩擦和碰撞；罗茨风机皮带松紧度适合；冷水机组的液位处于正常位置；系统供电正常；控制柜内部相应开关均已闭合；仪表指示正常；各按钮处于"远控"档位；（4）检查操作系统的参数设置，内容包括

预处理系统出口压力设定值；系统报警参数设定值；系统停机参数设定值；电动调节阀流量上限值；排空阀压力值；制冷器启动温度。

5.1.4 本条对填埋气体预处理系统运行中的检查工作提出了具体要求。若发现填埋气体预处理系统运行出现异常，应立即停机，并及时采取有效措施排除故障，以保证填埋气体预处理系统的正常运行。预处理系统运行中的检查可参考以下内容：手动、电动阀门全部开、关到位；风机运转声音及轴承处温度正常；机构动作符合程序要求；现场仪表指示正常；系统排水正常，自动排水泵运转正常；系统管道、静设备排水阀关闭，无漏气；过滤器前后压差正常。

5.1.5 本条对预处理系统中填埋气体进入过滤器的状态提出了要求。

5.1.6 因填埋气体湿度较大，气侧将有大量冷凝水产生，因此，本条规定出气风筒下方的冷凝水放水阀门需间断打开，以便冷凝水顺利排出。冷却器临时停机时，要求打开出气风筒下方的冷凝水放水阀门，其目的是将残存的冷凝水完全排出。

5.1.7 本条是为了保护冷水机组，对首次启动冷水机组时工作人员需检查的相关事项提出了具体的要求。

5.1.8 当冷凝器散热不良时，压缩机效率会降低，运转电流将提高，当风冷式高压压力升至 2.4MPa，水冷式高压压力升至 2.0MPa，压缩机受高压开关保护跳脱，压缩机停止运转。因此一旦出现冷凝器散热不良，需及时检查冷却塔循环水是否正常、冷却水温是否过高、冷却塔风扇是否运转、冷却水阀门是否完全打开，并及时处理，保证散热良好。

5.1.9 当水温在 5℃ 以上时，低压表压力显示低于 0.2MPa 时，即表示冷媒不足，此时需先对漏冷媒的地方进行补漏处理，再更换干燥过滤器重新抽真空，并充入适当冷媒。如发现漏冷媒部分浸入水中，需立即停止冷冻机运行，速将水箱内积水排除掉，尽快通知设备生产商派人员处理维修，以免压缩机将水吸入系统中造成更严重损坏。

5.1.10 当压缩机运行时高压和低压两者压差减小时，即表示压缩机本身阀片破损或断裂，需立即停止运转并通知维修人员进行处理。

5.1.11 本条对压缩机无法正常启动时工作人员应检查的事项提出了具体的要求。压缩机不能正常启动，需检查的事项可参考下列内容：温度开关是否调得过高或损坏；切换开关是否损坏；防冻开关是否损坏；压力开关是否跳脱或损坏；压缩机过载保护器是否损坏或跳脱；电磁继电器线圈和过载保护器是否损坏；水箱内液位是否过低；冷冻水流量开关是否损坏。

5.2 维护保养

5.2.1 在冬季气温较低的情况下，填埋气体预处

理系统一旦停机检修，在冷水机组、冷却器、过滤器、汽水分离器等设备以及预处理系统与发电机组之间必然存在积水，若积水不被排除，积水将会在预处理系统中结冰，会对预处理系统造成损坏，因此，为了保证预处理系统的安全运行，本条要求在预处理系统停机检修时需将积水排空。

5.2.3 本条对填埋气体预处理系统中过滤器的维护保养提出了具体要求，旨在维护过滤器的正常使用，保证填埋气体的过滤效果。

5.2.4 本条对冷却器的维护保养作出规定：

    1 本款是为了延长冷却器的使用寿命；

    2 如果发现冷却器的冷却效果下降，同时进出水压力损失明显增大，说明填埋气体冷却器的水侧出现阻塞，此时需清洗冷却器的水侧，恢复冷却效果；如果冷却器的气侧压力损失明显增大，说明气侧出现阻塞，此时需清洗冷却器的气侧，恢复气压；

    3 本款是为了维护填埋气体利用工程的安全运行，且防止填埋气体大量泄漏污染环境。

5.2.5 本条对填埋气体预处理系统的阻火器维护保养提出了具体要求。

5.3 安 全 操 作

5.3.1 本条对填埋气体预处理系统停机后的安全操作提出了具体要求。填埋气体预处理系统停机后，需关闭预处理入口端的手动阀，避免填埋气体在系统停机后继续进入预处理系统中，此外，系统停机后，需及时排除管路与设备中的冷凝水，并关闭设备电源，以保证填埋气体预处理系统的安全。

5.3.2 过滤器易伤人，为了保护工作人员的人身安全，本条要求工作人员在清洗或更换过滤器滤芯时，需小心谨慎，防止受伤。

5.3.3 本条对工作人员操作冷水机组时应注意的事项提出了具体的要求，旨在维护冷水机组的安全运行。

6 填埋气体利用系统

6.1 运 行 管 理

6.1.1 本条对填埋气体发动机的润滑油提出了要求。

6.1.3 本条对填埋气体发电机电源、电压及频率的允许偏差值提出了要求。

6.1.4 本条对填埋气体发电机在额定功率运行时，各部分的温度及温升限值提出了要求。

6.1.5 本条为强制性条文，机油液面超过允许位置时，强行启动发动机会对发动机造成损害。

6.1.6 发动机停机后至少 5min 才能检查机油油位，这段时间内机油会流回油底壳。检查机油油位时，发动机必须水平以确保测量准确。

6.1.7 本条对填埋气体发动机正常运行时的检查工作提出了要求。

6.1.8 本条对填埋气体发动机长时间停机再次启动前的准备工作提出了要求。

6.1.9 通过加水装置调整冷却水系统压力时，需注意在排除加水软管中的空气后，再将其连接到加水装置上，以避免将空气带入冷却水系统中降低冷却效果。加水过程中，排气旋塞阀保持打开状态，直至只有水从排气装置中流出为止，其后关闭加水装置，将软管与加水装置断开。每次加注或补充冷却水之后，需反复执行加水操作，直至将冷却水系统中的空气完全排出。

6.1.10 寒冷地区的冬季，由于气温过低，发动机的冷却液中需加入适当比例的防冻剂，一般不应低于30%，主要为了防止冷却液冻结。

6.1.11 启动点火系统前，如果没有断电关闭发动机，电流脉冲会给工作人员带来生命危险，因此，启动前应检查是否已无电压。此外，发动机运行中禁用点火系统参数设置，只能在下次停机时，才能设置参数。

6.1.12 本条对填埋气体发电机组启动前应进行的检查项目提出了具体要求。在高湿度地区、空气中含有腐蚀性化学物质或机组振动较大时，发电机组的接头和导线可能会腐蚀、损坏或松动，因此，在发电机组启动前，需检查电压自动调节器和辅助接线柱的连接、整流二极管、主输出接线柱是否完好。

6.1.13 对运行中的发电机组进行正常的巡视检查是保证发电机组长期安全运行的必要条件。本条对发电机组正常运行中需检查确认的内容提出了具体要求。

6.1.14 出现轴承室温度高于正常温度或温度突然上升、发电机振动增加、轴承产生的噪声异常时，很有可能是轴承出现了问题，此时需对轴承进行检查。

6.1.15 在防冷凝加热器没开情况下，发电机长时间不用、发电机进水、发电机绕组被空气中的灰尘污染或受潮时，绕组绝缘可能受到损坏，此时需检查绕组绝缘。

6.1.16 本条要求对填埋气体浓度、流量进行不定期的检测，若发现由于填埋气体浓度变化、流量不足导致发电机临时停机，此时需立即检查抽气系统，采取有效措施及时恢复气体成分浓度、流量，继续发电。

6.1.17 本条对变压器的运行提出了具体要求。

6.1.18 本条对填埋气体用作锅炉燃料、城镇燃气、汽车燃料提出了基本要求。

6.2 维护保养

6.2.1 填埋气体正压管段如存在漏气，易造成甲烷在室内聚集而发生危险，因此本条对工作人员检查填埋气体正压管段密封性提出了具体要求。

6.2.2 当达到运行温度时，发动机冷却水的温度很高，并且存在压力。受损或老化的管路、密封圈、软管和软管卡箍以及其他配件需立即更换，这些部件如果破裂，高温冷却水可能会对人员造成伤害，并且可能引起火灾。

6.2.3 本条对填埋气体发电机组的日常维护保养提出了要求。

6.2.4 本条对填埋气体发电机组每隔一个月的维护保养提出了要求。

6.2.5 本条对填埋气体发电机组每隔六个月的维护保养提出了要求。

6.2.6 本条对填埋气体发电机组每隔一年的维护保养提出了要求。

6.2.7 本条旨在维护轴承的安全运行，对轴承润滑油的更换提出了要求。

6.2.8 本条是强制性条文，如采用密封添加剂来阻止冷却系统泄漏，会导致冷却系统阻塞或冷却液流动不畅，从而导致发动机过热，对发动机造成损坏。

6.2.9 绕组被灰尘、腐蚀性化学物质及发动机排放物严重污染或受潮时，造成绝缘电阻暂时降低，此时需立即清洗绕组。清洗绕组时，可以采用喷雾水清洗，并可加入无腐蚀性的洗涤剂；含有腐蚀性物质的洗涤剂不能用于清洗铜线绕组，以防止绕组被腐蚀破坏。

6.2.10 本条对填埋气体发动机排烟余热利用系统的日常维护保养提出了要求。

6.2.11 本条对可燃气体报警器的校验提出了要求，以保证报警器校验的准确性。

6.2.12 本条对报警器的零点和量程的检查标定提出了要求，以保证报警器的灵敏性。

6.3 安全操作

6.3.1 本条要求的目的是防止皮带传动、链传动、联轴器等造成工伤事故。机罩安装需牢固、可靠，以防振脱、碰落。

6.3.3 填埋气体发动机排气温度高达650℃，没有隔离的废气输送部件具有极高的温度，人员不慎触碰，会受到严重烫伤。因此，运行人员工作时需带隔热手套，穿防护服。

6.3.4 由于填埋气体发电机的排气输送部件具有极高的温度，要求避免其接触可燃性材料，谨防起火。

6.3.5 防腐剂或防冻剂对健康有害，在处理防腐剂、防冻剂和冷却液时，工作人员需穿戴个人防护装备，避免身体受到危害。

6.3.6 向热的发动机中添加冷的冷却液，会损坏发动机铸件，需等到发动机冷却到50℃以下时再加注冷却液。不能从热的发动机上拆下散热器盖，要等到发动机温度低于50℃才能拆下散热器盖，否则喷出的冷却液或蒸汽会造成人身伤害。

6.3.7 工作人员穿着宽松衣服在转动机件上工作会

被卷入，金属饰物会使电气接点短路，从而使人员休克或灼伤。

6.3.8 本条旨在保障工作人员的安全，防止烫伤等事故的发生。

6.3.9 处理电气故障时，首先应关闭电力电源，在电气设备周围的金属或钢筋结构的地板上放置干燥的木板，再垫上橡胶绝缘垫之后，才可处理故障。处理时，不可以在穿湿的衣服或鞋子、非绝缘鞋及皮肤潮湿时去处理电气故障，以防止触电。

7 自动化控制系统

7.1 运行管理

7.1.1 中央控制室可以控制大部分设备的运行。若发现设备或系统的控制信号出现异常，可根据控制显示屏的警告信号，判断故障设备或参数问题，通知检修人员予以处理。

7.1.2 本条对填埋气体预处理控制系统的信号检查、气体处理要求、防火安全和报警功能提出了具体要求。

7.1.3 本条要求根据填埋气体发电项目的特点对发电控制系统的运行管理提出了具体要求，目的是实现燃气发电机利用填埋气高效稳定地运行发电。

7.1.4 火炬控制系统主要负责残余气体燃烧系统的点火/灭火、安全保护等流程控制，实现对各流程运行状态的实时监测和自动控制。本条要求火炬控制系统应能采集预处理系统气体出口压力、温度、气体成分浓度、湿度信号，实现气体品质监测，并对点火提出了具体要求。

7.1.5 综合自动化控制系统由预处理、发电、火炬等子控制系统构成，各子系统以通信形式与主系统连接，实现主系统对各子系统的监测与控制。综合自动化控制系统信号由预处理、发电、火炬控制系统采集的所有模拟量、开关量信号构成。本条对综合自动化控制系统的运行提出了具体要求。

7.2 维护保养

7.2.1 本条对中央控制室的维护提出了要求。

7.2.2 本条对控制屏的维护保养提出了要求。

7.2.3 本条对仪器仪表的维护保养提出了要求。

7.2.4 检查并清理仪器仪表的元器件、探头、变送器、转换器、传感器及二次仪表等，主要目的是消除污垢造成的干扰，保证信号的灵敏度、准确度。在清理时，应根据各类仪表的自身特点与要求进行。

7.3 安全操作

7.3.1 仪表出现故障时，若随意变动已布设的检测点会对工艺的正常运行造成影响；若随意拆卸变送器

和转换器可能带来一系列的问题，应首先检查可能出现且易于维修的问题。

7.3.2、7.3.3 检修仪器仪表时，工作人员应小心，并采取保护措施，以防止触电等危及人身安全的事故发生。

8 辅助设施

8.1 运行管理

8.1.1 本条对消防值班人员的日常检查工作及异常情况的处理办法提出要求。

8.1.2、8.1.3 针对室内外消火栓及水带管理提出的要求，以便应急时消火栓及水带可立即投入使用。

8.1.4 本条要求定期检查和测试自动灭火系统、消防排烟设备、防火门和消火栓，以保证其安全运行。

8.1.6 本条对雷雨季节前接地系统的检查提出了要求，以防止接地系统出现漏电等危及人身安全的事故发生。

8.1.7 本条对接地网的接地电阻的测量提出了要求，接地电阻的测量有助于雷雨季节做好防雷措施，维护填埋气体发电厂安全。

8.1.8 本条要求设立防雷责任人，建立管理制度，明确工作人员职责及日常工作要求，保证填埋气体利用工程有效防雷。

8.1.9 定期检测噪声，是为了防治噪声扰民，保护填埋气体利用工程的周边环境。

8.1.10 新设备引进易引起初始设计的防噪设施效果欠佳，为维护填埋气体利用工程内外环境，确保工作人员及周边居民免受噪声伤害，必须及时增添新的防噪设施，调整设备的防噪等级。

8.1.11 由于防噪设施易老化及磨损，其防噪效果衰减，因此，应对防噪欠佳及失效的防噪设备进行评估及维修，对不能满足防噪要求的设施需更换。

8.1.12 本条对火炬的噪声、烟气排放提出了要求。

8.1.13 本条鼓励收集气体尽量用于发电和其他利用形式。

8.1.14 升压设备检测是保证填埋气体发电厂正常工作的必备工作，检测工作中包括电压表、电流表的校验、绝缘油气监督，观察是否出现异常及损坏。用电高峰时，升压设备等处于高负荷工作状态，此期间必须提高检查频率，出现异常时，需采取适宜措施防止危险发生。

8.1.15 绝缘部分表面附着污秽，使绝缘部分绝缘强度下降，空气潮湿时会发生爬电。为保障升压系统的安全运行，本条对外绝缘爬电比距提出了要求。

8.2 维护保养

8.2.1 本条要求是针对消防设施的维护保养，目的

是保证消防设施的正常使用，若填埋气体利用工程出现火灾，消防设施能及时投入使用，避免较大的财产损失及人员伤亡。

8.2.2 本条是针对火灾报警器等消防电子设备的维护要求提出的，包括设备清洗、保养及清洗单位资质要求。针对易损设备及有特殊清洗要求的设备，必须由有资质的专业人员清洗维护。易损、易锈蚀、易污设备应适当增加清洗次数。

8.2.3 本条是针对灭火器维护提出的。灭火器铭牌需保持完整清晰，以便于检查。为了确保操作人员安全使用灭火器，要求保险销和铅封完整、喷嘴通畅、压力值达到正常。此外，本条规定还提出了灭火器的储存要求，从而保证储存安全。

8.2.5 填埋气体利用工程属于易遭雷击的地区，必须做好防雷保护措施，确保填埋气体利用工程免遭雷击。

8.2.7 管道内外表面锈蚀，易造成设备强度的折损。铁锈易吸收水分，表面粗糙易集聚灰尘从而导致堵塞，引发事故。

8.2.8 本条对火炬零部件的维护保养作出规定：

　　1 火炬燃烧系统属于高危险操作区域，操作失误或防范意识低，易引发重大事故；高电压下，易导致水分电解成氢气和氧气，发生爆炸，造成火炬燃烧设备及设施损坏、工作人员伤亡，因此，本款规定对点火提出了要求，确保火炬燃烧系统的安全；

　　2 本款是针对电动阀门工作温度提出的具体要求，异常时要停止相关设备运营，并联系厂家及早

解决；

　　3 紫外线探测器连线管属于火炬预警系统重要部件，需定期维护，出现破损时，立即更换，从而确保预警系统的正常工作；

　　6 橡胶管老化及破损极易引起液化气泄漏，如遇明火则会发生火灾等事故。为此，应防微杜渐，定期更换软管；如发现软管老化、漏气，更换前，必须熄灭火源，防止火灾发生。

8.2.9 升压设备涉及高电压、高电流，具有极高的危险性，必须保持升压设备清洁，而且对于潮湿气候，还应防止导电而伤及工作人员，因此，必须对危险部位增设安全防护设施。

8.2.10 本条对照明设施的维护保养提出了要求。

8.3 安 全 操 作

8.3.1 本条为强制性条文，火炬运行期间表面温度极高，为避免工作人员被烫伤，待停机至火炬表面温度恢复到大气温度后，人员方能进入，现场需有专门人员进行温度检测和安全监督。

8.3.3 本条为强制性条文，升压系统区域内易形成高压电弧，使用金属攀爬工具，易发生电击事故，必须严令禁止。

8.3.5 灯具安装务必根据电压等级、电流限制选用，超负荷选用易造成安全隐患，低效率选用则不利于照明。而且，为防止线路烧毁，需设立支路熔断器。灯泡的选用及更换，务必力求安全，场区内更换应由专业人员操作。

中华人民共和国行业标准

生活垃圾卫生填埋场岩土工程技术规范

Technical code for geotechnical engineering of municipal solid
waste sanitary landfill

CJJ 176—2012

批准部门：中华人民共和国住房和城乡建设部
施行日期：2 0 1 2 年 6 月 1 日

中华人民共和国住房和城乡建设部
公　告

第 1243 号

关于发布行业标准《生活垃圾卫生填埋场岩土工程技术规范》的公告

现批准《生活垃圾卫生填埋场岩土工程技术规范》为行业标准，编号为 CJJ 176‑2012，自 2012 年 6 月 1 日起实施。其中，第 6.4.1、6.5.5 条为强制性条文，必须严格执行。

本规范由我部标准定额研究所组织中国建筑工业出版社出版发行。

中华人民共和国住房和城乡建设部
2012 年 1 月 11 日

前　　言

根据住房和城乡建设部《2009 年工程建设标准规范制订、修订计划》（建标〔2009〕88 号）的要求，规范编制组经广泛调查研究，认真总结实践经验，参考有关国内标准和国外先进标准，并在广泛征求意见的基础上，编制了本规范。

本规范的主要技术内容是：1 总则；2 术语和符号；3 基本规定；4 填埋场渗流及渗沥液水位控制；5 填埋场沉降及容量；6 填埋场稳定；7 填埋场治理及扩建；8 压实黏土防渗层及垂直防渗帷幕；9 填埋场岩土工程安全监测。

本规范中以黑体字标志的条文为强制性条文，必须严格执行。

本规范由住房和城乡建设部负责管理和对强制性条文的解释，由浙江大学负责日常管理，由浙江大学软弱土与环境土工教育部重点实验室负责具体技术内容解释。执行过程中如有意见或建议，请寄送浙江大学软弱土与环境土工教育部重点实验室（地址：浙江省杭州市余杭塘路 866 号浙江大学紫金港校区安中大楼 A425 室；邮政编码：310058）。

本规范主编单位：浙江大学
本规范参编单位：上海环境卫生工程设计院
　　　　　　　　上海市政工程设计研究总院（集团）有限公司
　　　　　　　　中国瑞林工程技术有限公司

中国市政工程华北设计研究总院
城市建设研究院
苏州市环境卫生管理处
深圳市下坪固体废弃物填埋场
浙江大学建筑设计研究院

本规范参加单位：北京环境卫生工程集团有限公司
　　　　　　　　杭州固体废弃物处理有限公司
　　　　　　　　成都市固体废弃物卫生处置场
　　　　　　　　宁波市鄞州区绿州能源利用有限公司

本规范主要起草人员：陈云敏　詹良通　杨新海
　　　　　　　　　　王艳明　袁永强　刘淑玲
　　　　　　　　　　屈志云　林伟岸　柯　瀚
　　　　　　　　　　李育超　朱　斌　兰吉武
　　　　　　　　　　朱水元　李智勤

本规范主要审查人员：张　益　顾国荣　包承纲
　　　　　　　　　　钱学德　陈朱蕾　何品晶
　　　　　　　　　　朱　伟　郭明田　齐长青
　　　　　　　　　　王志国　韩　煊

目　　次

Contents

1 总 则

1.0.1 为了防止和减少填埋场发生失稳滑坡、填埋气爆炸和火灾、渗沥液渗漏污染周边环境等危害，增加填埋场单位土地面积垃圾填埋量，节约填埋用地，减少渗沥液产量，提高填埋气收集及资源化利用水平，制定本规范。

1.0.2 本规范适用于填埋场库区工程的岩土工程设计、施工与运行安全监测。

1.0.3 填埋场库区工程设计、施工与运行应充分考虑我国各地区城市生活垃圾特性差异、填埋场工程特点、建设及运行水平，借鉴相关工程经验，做到因地制宜、安全可靠、技术先进、经济合理。

1.0.4 填埋场岩土工程设计、施工与运行安全监测，除应符合本规范规定外，尚应符合国家现行有关标准的规定。

2 术语和符号

2.1 术 语

2.1.1 垃圾含水率 water content of wastes
生活垃圾在 90℃±5℃ 条件下烘到恒量时所失去水分质量与原生活垃圾总质量的比值。

2.1.2 田间持水量 field capacity
饱和生活垃圾经长时间重力排水后所保持水的重量与总重量的比值。

2.1.3 水力渗透系数 hydraulic conductivity
单位水力梯度下垃圾中的渗流速度。

2.1.4 渗沥液导排层 leachate drainage layer
设置于填埋场底部、边坡或堆体中间，由天然材料或土工合成材料组成，用于导排渗沥液的层状设施。

2.1.5 最佳击实峰值曲线 peak line of optimum compaction
对同一种土料分别进行不同击实能量的击实试验，连接不同击实试验曲线顶点绘制形成的曲线。

2.1.6 排水单元 liquid drainage cell
填埋场内利用基底构建形成的，与周边区域相对分隔，内部地下水或渗沥液独立进行导排的区域。

2.1.7 渗沥液导排层水头 leachate head in leachate drainage layer
以导排层底面为基准面，导排层内渗沥液最大压力对应的水头。

2.1.8 垃圾堆体主水位 main leachate level
在填埋场深部低渗透性垃圾层以上渗沥液长期累积、壅高所形成的浸润面。

2.1.9 垃圾堆体滞水位 perched leachate level
垃圾堆体内局部低渗透材料以上独立且连续的饱和垃圾的浸润面。

2.1.10 中间水平导排盲沟 intermediate horizontal drainage trench
在填埋至一定高度的堆体表面挖槽建设，由颗粒导排材料、反滤材料、导排管等组成，利用重力流导排后续堆体产生渗沥液的设施，也可兼用于填埋气体收集。

2.1.11 淤堵 clogging
生物膜、化学沉积物、小颗粒材料（如粉粒或黏粒）沉积于渗沥液导排系统管道、颗粒材料或土工织物的过程，该过程降低渗沥液导排系统的导排能力。

2.1.12 主压缩 primary compression
生活垃圾在附加应力作用下短时间内产生的压缩变形。

2.1.13 次压缩 secondary compression
主压缩完成后，垃圾由于降解和蠕变所产生的缓慢而持久的压缩变形。

2.1.14 前期固结应力 preconsolidation stress
垃圾在填埋阶段受到的初始压缩应力，一般由初始压实引起。

2.1.15 土工合成材料允许应变特征值 allowable strain for geosynthetics
材料拉伸试验测得的最大拉力所对应的应变值，除以安全系数后所得的应变值。

2.1.16 土工材料界面 interfaces between geosynthetics
复合衬垫系统中相邻层材料之间的界面，一般包括：碎石/土工织物界面、土工织物/土工膜界面、土工膜/黏土界面、土工膜/土工复合膨润土垫界面、土工膜/土工复合排水网界面、土工复合膨润土垫/黏土界面等。

2.1.17 界面峰值抗剪强度 peak shear strength of interfaces
具有应变软化特性的土工材料界面所具有的最大抗剪强度值。

2.1.18 界面残余抗剪强度 residual shear strength of interfaces
土工材料界面的抗剪强度随变形量增大达峰值后，逐渐软化后的最低值。

2.1.19 警戒水位 warning leachate level
填埋场渗沥液水位上涨到该水位时，填埋场可能发生滑坡。

2.1.20 气体收集率 landfill gas collection ratio
单位时间填埋气收集量与单位时间理论产气量的比值。

2.1.21 中间衬垫系统 intermediate liner system
填埋场扩建工程中以老垃圾堆体为基层的衬垫系统。

2.1.22 垂直防渗帷幕　vertical barriers

利用防渗材料在填埋场周边设置，用于阻止污染物向填埋场外渗漏与扩散的竖向防渗结构。

2.2 符　号

2.2.1 渗沥液产量及水头

F_c——完全降解垃圾田间持水量；

k——导排层渗透系数；

L——允许最大水平排水距离；

M_d——日均填埋规模；

Q——渗沥液日均总量；

q_h——导排层的渗沥液入渗量；

W_c——垃圾初始含水率。

2.2.2 填埋气收集

C——填埋气收集设施单位时间填埋气收集量；

χ_i——对应于填埋场运行情况的填埋气收集率折减系数；

ξ——对应于填埋场渗沥液水位高度的填埋气收集率折减系数；

η——填埋气收集率；

β——填埋气收集设施影响范围面积占已填埋垃圾面积的比例。

2.2.3 填埋场沉降及容量

c——降解压缩速率；

C_c——垃圾主压缩指数；

C_a——垃圾次压缩指数；

$C_{c\infty}$——完全降解垃圾的主压缩指数；

S——垃圾堆体压缩量；

ΔS——垃圾堆体沉降；

V——填埋场容量；

γ_0——填埋垃圾初始容重；

e_0——初始孔隙比；

σ_0——前期固结应力。

ε_a——土工合成材料允许应变特征值。

ε_r——土工合成材料最大拉力所对应的应变。

2.2.4 填埋场稳定

c'——垃圾的有效黏聚力；

c'_p——土工材料界面的峰值抗剪强度对应的有效黏聚力；

c'_r——土工材料界面的残余抗剪强度对应的有效黏聚力；

u——孔隙水压力；

ϕ'_p——土工材料界面的峰值抗剪强度对应的有效摩擦角；

τ_r——土工材料界面的残余抗剪强度；

σ——法向总应力；

τ_f——垃圾的抗剪强度；

ϕ'——垃圾的有效内摩擦角；

τ_p——土工材料界面的峰值抗剪强度；

ϕ'_r——土工材料界面的残余抗剪强度对应的有效摩擦角。

2.2.5 其他

D_h——水动力弥散系数；

R_d——阻滞因子。

3　基本规定

3.0.1 生活垃圾卫生填埋场库区工程应包括：垃圾堆体、场底地基、水平与垂直防渗系统、场底渗沥液导排系统、中间渗沥液导排系统、填埋气收集系统、封场覆盖系统、扩建及治理工程。

3.0.2 填埋场库区工程应进行岩土工程设计和渗流、沉降、稳定验算，并应符合下列规定：

　　1　垃圾堆体设计应进行沉降及稳定验算；

　　2　水平防渗系统和封场覆盖系统设计应进行沉降及稳定验算；

　　3　场底渗沥液导排系统和垃圾堆体中间渗沥液导排系统设计应进行渗流及沉降验算。

3.0.3 填埋场库区治理和扩建工程中的基层处理、中间防渗系统、垂直防渗帷幕、中间渗沥液导排系统、扩建堆体等的岩土工程设计及验算应符合本规范第7章的相关规定。

3.0.4 填埋场库区工程设计前应进行岩土工程勘察，并应符合下列规定：

　　1　新建工程应符合现行国家标准《岩土工程勘察规范》GB 50021 的规定；

　　2　扩建和治理工程应符合本规范第7章的相关规定。

3.0.5 填埋场运行期间及封场后必须进行稳定安全控制，并应符合下列规定：

　　1　应按本规范第9章进行岩土工程安全监测；

　　2　填埋场稳定控制措施应符合本规范第6章的相关规定。

4　填埋场渗流及渗沥液水位控制

4.1　一般规定

4.1.1 填埋场设计和运行应采取措施控制渗沥液导排层水头，降低污染扩散风险；应控制垃圾堆体主水位和垃圾堆体滞水位，提高垃圾堆体边坡稳定性和填埋气收集率。

4.1.2 对于新建填埋场，应根据水位控制要求设计场底渗沥液导排系统、堆体中间渗沥液导排系统等设施；对于存在高水位问题的现有填埋场，应根据稳定控制要求建设抽排竖井、水平导排盲沟等应急和长期水位控制设施。

4.1.3 填埋场应设置有效的填埋气导排设施，控制垃圾堆体内气压，避免气压过大产生垃圾堆体失稳和爆炸。

4.1.4 建设填埋气收集利用工程时，应根据填埋场施工、运行和渗沥液水位评估填埋气收集量，并应采取有效措施提高填埋气收集率。

4.2 垃圾水气传导特性

4.2.1 填埋场渗沥液总量计算和渗沥液导排设计，应选用合理的初始含水率、田间持水量和渗透系数等水力特性参数。

4.2.2 垃圾水力特性参数宜根据当地或类似填埋场的测试数据选取。无测试数据时，垃圾初始含水率和田间持水量可根据表 4.2.2 选取。

4.2.3 Ⅰ类、Ⅱ类填埋场运行期间，宜定期测试垃圾初始含水率，Ⅰ类填埋场测试频率宜为 2 次/年，Ⅱ类填埋场测试频率宜为 1 次/年。

4.2.4 垃圾含水率测试方法应符合现行行业标准《生活垃圾采样和分析方法》CJ/T 313 的规定，烘干温度宜为 90℃±5℃。

表 4.2.2 垃圾初始含水率和田间持水量

（无机物含量＜30%时取值）						
所在地年降雨量（mm）	初始含水率（%）					田间持水量（%）
	春	夏	秋	冬	全年	
年降雨量 ≥800	45～60	55～65	45～60	40～55	50～60	30～45
400≤年降雨量 ＜800	35～50	50～65	35～50	30～45	40～55	30～45
年降雨量 ＜400	20～35	35～50	20～35	15～30	30～40	30～45
（无机物含量≥30%时取值）						
所在地年降雨量（mm）	初始含水率（%）					田间持水量（%）
	春	夏	秋	冬	全年	
年降雨量 ≥800	35～50	45～60	35～50	30～45	40～55	30～45
400≤年降雨量 ＜800	20～35	35～50	20～35	15～30	20～40	30～45
年降雨量 ＜400	15～25	25～40	15～25	15～25	30～30	30～45

注：1 垃圾无机物含量高或经中转脱水时，初始含水率取低值；
　　2 垃圾降解程度高或埋深大时，田间持水量取低值。

4.2.5 垃圾田间持水量宜采用压力板法测试，应以基质吸力 10kPa 对应的含水率作为田间持水量。

4.2.6 垃圾饱和水力渗透系数宜采用现场抽水试验

测定，试验方法应符合现行行业标准《水利水电工程钻孔抽水试验规程》SL 320 的规定；宜分层测试和计算不同埋深垃圾的渗透系数；抽水井成井直径不宜小于 800mm，井管直径不宜小于 200mm，井管宜外包反滤材料，井孔与井管之间宜充填洗净的粗砂或砾石。

4.2.7 垃圾饱和水力渗透系数可采用室内渗透试验测定，试样直径不宜小于 10cm。当采用现场钻孔试样测试时，宜在现场实际应力水平下测试；当采用人工配制试样测试时，宜在不同的应力水平下测试。

4.2.8 垃圾的气体固有渗透系数取值范围宜为 $1 \times 10^{-13} m^2 \sim 1 \times 10^{-9} m^2$，饱和度较大时宜取小值。

4.3 填埋场渗沥液总量计算

4.3.1 填埋场渗沥液日均总量应按下式计算：

$$Q = \frac{I}{1000} \times (C_{L1}A_1 + C_{L2}A_2 + C_{L3}A_3) + \frac{M_d \times (W_c - F_c)}{\rho_w}$$

(4.3.1)

式中：Q——渗沥液日均总量（m³/d）；
　　I——降雨量（mm/d），应采用最近不少于 20 年的日均降雨量数据；
　　A_1——填埋作业单元汇水面积（m²）；
　　C_{L1}——填埋作业单元渗出系数，一般取 0.5～0.8；
　　A_2——中间覆盖单元汇水面积（m²）；
　　C_{L2}——中间覆盖单元渗出系数，宜取 (0.4～0.6) C_{L1}；
　　A_3——封场覆盖单元汇水面积（m²）；
　　C_{L3}——封场覆盖单元渗出系数，一般取 0.1～0.2；
　　W_c——垃圾初始含水率（%）；
　　M_d——日均填埋规模（t/d）；
　　F_c——完全降解垃圾田间持水量（%），应符合本规范表 4.2.2 的规定；
　　ρ_w——水的密度（t/m³）。

4.4 场底渗沥液导排设计与水头控制

4.4.1 填埋场库底和边坡应建设有效的渗沥液导排系统，其结构形式应符合现行行业标准《生活垃圾卫生填埋技术规范》CJJ 17 的规定，填埋场渗沥液导排层水头不应大于 30cm。

4.4.2 填埋场场底应设置适宜的排水单元；排水单元中的渗沥液导排盲沟可设置为"直线形"或"树叉形"，有条件时宜采用"直线形"；排水单元内最大水平排水距离应小于允许最大水平排水距离 L。

4.4.3 允许最大水平排水距离 L 应按下列公式计算：

$$L = \frac{D_{max}}{j \cdot \frac{\sqrt{\tan^2\alpha + 4q_h/k} - \tan\alpha}{2\cos\alpha}}$$

(4.4.3-1)

$$j = 1 - 0.12\exp\left\{-\left[0.625\log\left(\frac{1.6q_h}{k\tan^2\alpha}\right)\right]^2\right\}$$
(4.4.3-2)

$$q_h = \frac{Q}{A \times 86400}$$
(4.4.3-3)

式中：L——允许最大水平排水距离（m）；

D_{max}——渗沥液导排层允许的最大水头高度（m），取 0.3m；

k——导排层渗透系数（m/s），宜取 1×10^{-3} m/s～1×10^{-4} m/s；

α——坡角（°），$\alpha = \arctan s$，s 为底部衬垫系统的坡度（%）；

j——无量纲修正系数；

q_h——导排层的渗沥液入渗量（m/s）；

A——场底渗沥液导排层面积（m²）。

4.4.4 填埋场所在地区年平均降雨量大于 800mm 时，填埋场场底渗沥液导排层厚度不应小于 500mm，其他情况下不应小于 300mm；渗沥液导排层与垃圾之间宜设置反滤层。

4.4.5 渗沥液导排层颗粒材料应符合下列要求：

1 应采用粒径 20mm～60mm 的卵石、砾石、碴石或碎石等硬质材料；

2 初始渗透系数不应小于 1×10^{-3} m/s；

3 岩石抗压强度应符合现行国家标准《建筑用卵石、碎石》GB/T 14685 的规定，压碎指标宜达到Ⅰ类指标要求；

4 碳酸钙含量不应大于 5%；

5 铺设前应洗净。

4.4.6 渗沥液导排系统采用土工复合排水网等材料时，宜验算其长期导排性能；库底边坡设置渗沥液导排层的上覆保护层不宜采用低渗透性材料。

4.4.7 渗沥液导排主管出口宜设置端头井等反冲洗维护通道。

4.5 垃圾堆体水位及控制

4.5.1 填埋场设计时，宜根据垃圾田间持水量、水力渗透系数和渗沥液导排层渗透系数等水力特性参数，采用水量平衡法或渗流分析法估算堆体水位；当垃圾堆体主水位的计算结果超过警戒水位时，应设置长期水位控制设施，包括中间渗沥液导排盲沟、抽排竖井等，警戒水位的确定应符合本规范第 6.4.1 条的规定。

4.5.2 现有高水位填埋场应设置长期水位控制设施，确保垃圾堆体主水位处于警戒水位以下。

4.5.3 垃圾堆体主水位接近警戒水位或存在堆体失稳隐患时，应及时采取应急降水措施，宜采用小口径抽排竖井。

4.5.4 中间渗沥液导排盲沟应符合下列要求：

1 宜随填埋堆高分层建设，竖向间距宜为 10m

～15m，横向间距宜为 50m～60m；靠近堆体边坡50m 范围内宜适当减小导排盲沟间距以加强渗沥液导排；

2 断面面积不宜小于 1m×1m，沟周边宜设置反滤层，内宜铺洗净颗粒材料，沟中宜设导排管，管径不宜小于 250mm；

3 应验算中间渗沥液导排盲沟沉降后排水坡度，避免产生倒坡；

4 宜设置端头井等反冲洗维护通道。

4.5.5 渗沥液抽排竖井宜符合下列要求：

1 井间距不宜大于 2 倍单井影响半径，需强化降水效果时可适当加密布置；

2 成井直径宜为 800mm～1000mm，井管直径宜为 200mm，管外应包反滤材料，井管与井壁间宜充填洗净碎石；

3 宜在井壁内设置钢筋笼并宜采用高强度刚性井管，以减少堆体侧向位移和沉降的影响；

4 宜采用压缩空气排水。

4.5.6 建设中间渗沥液导排盲沟及抽排竖井等设施时，在垃圾堆体开槽和钻孔应避免塌方、火灾、爆炸、中毒等安全事故。

4.6 填埋气收集及控制措施

4.6.1 填埋气收集量宜根据填埋场运行情况与渗沥液水位高度按下式计算：

$$C = Q_t\eta\beta$$
(4.6.1-1)

$$\eta = 85\% - \sum_{i=1}^{6}\chi_i - \xi$$
(4.6.1-2)

式中：C——填埋气收集设施单位时间填埋气收集量（m³/a）；

Q_t——填埋场单位时间理论产气量（m³/a），计算方法应符合现行行业标准《生活垃圾填埋场填埋气体收集处理及利用工程技术规范》CJJ 133 的规定；

η——填埋气收集率（%）；

β——填埋气收集设施影响范围面积占已填埋垃圾面积的比例（%）；

χ_i——对应于填埋场运行情况的填埋气收集率折减系数（%），按表 4.6.1 取值；

ξ——对应于填埋场渗沥液水位高度的填埋气收集率折减系数（%），按表 4.6.1 取值。

表 4.6.1 填埋气收集率折减系数

折减系数	填埋场运行情况和渗沥液水位高度	取值（%）
χ_1	填埋垃圾未定期压实	2～4
χ_2	填埋场无集中垃圾倾倒区域	4～8

折减系数	填埋场运行情况和渗沥液水位高度	取值（%）
χ_3	垃圾平均填埋厚度 10m 以下	6~10
χ_4	新填埋垃圾未临时覆盖	6~10
χ_5	已填埋至中期或设计标高的区域未实施中期或封场覆盖	4~6
χ_6	填埋场底部未铺设土工膜或黏土防渗层	3~5
ξ	渗沥液水位高度与垃圾填埋厚度比值<30%	0
	30%≤渗沥液水位高度与垃圾填埋厚度比值≤70%	0~25
	渗沥液水位高度与垃圾填埋厚度比值>70%	25~40

注：有配套渗沥液水位降低措施时，ξ 取小值。

4.6.2 填埋气收集利用工程设计时，宜进行现场抽气试验，测定当前填埋气收集量，预测未来填埋气收集量。填埋场渗沥液水位较高时，宜进行不同渗沥液水位降幅条件下的现场抽气试验，提出渗沥液水位降低要求。

4.6.3 渗沥液水位过高的填埋场，宜采取水位降低措施，增强垃圾堆体导气性能，提高填埋气收集率。渗沥液水位降低措施应符合本规范第 4.5 节的规定。

4.6.4 填埋气抽排竖井宜符合下列要求：

　　1 深度不宜小于垃圾填埋厚度的 2/3，井底距场底的距离不宜小于 5m；

　　2 平面布置应根据抽排竖井影响半径等因素确定，井间距宜为井深的（1.5~2.5）倍，且不应大于 50m；

　　3 渗沥液水位较高时，宜采用兼具抽水和集气功能的竖井。

4.6.5 应加强填埋作业管理与覆盖，提高填埋气收集率。

5 填埋场沉降及容量

5.1 一般规定

5.1.1 填埋场库区工程设计时，应验算堆体和场底地基沉降对封场覆盖系统、衬垫系统、渗沥液导排系统、地下水导排设施及导气系统服役性能的影响。堆体和场底地基沉降完成后，渗沥液导排系统和地下水导排设施应满足排水坡度要求，衬垫系统、封场覆盖系统及排水、排气管道应满足抗拉要求。

5.1.2 填埋场库区填埋量和运行年限计算时，应考虑垃圾堆体压缩的影响。

5.1.3 当填埋场位于可压缩地基上或现有填埋场竖向扩建时，应验算基层的沉降。

5.1.4 填埋场地基沉降计算方法应符合现行国家标准《建筑地基基础设计规范》GB 50007 的规定。

5.2 垃圾堆体沉降计算

5.2.1 垃圾堆体压缩量应按下式计算，计算过程应符合本规范附录 A 的规定：

$$S = \sum_{i=1}^{n} (S_{pi} + S_{si}) \qquad (5.2.1)$$

式中：S——垃圾堆体压缩量（m）；

　　n——垃圾分层总数，分层厚度宜为 2m~5m，堆体内浸润面应作为分层界面；

　　S_{pi}——第 i 层垃圾的主压缩量（m）；

　　S_{si}——第 i 层垃圾的次压缩量（m）。

5.2.2 垃圾主压缩量应按下列公式计算：

$$S_{pi} = H_i \frac{C_c}{1+e_0} \log \left(\frac{\sigma_i}{\sigma_0}\right) \qquad (5.2.2\text{-}1)$$

$$C_c = \frac{e_0 - e_1}{\log (1000/\sigma_0)} \qquad (5.2.2\text{-}2)$$

式中：H_i——第 i 层垃圾填埋时的初始厚度（m）；

　　σ_0——垃圾前期固结应力（kPa），无试验数据时取 30kPa；

　　σ_i——第 i 层垃圾所受上覆有效应力（kPa），即第 i 层及以上垃圾有效自重应力，计算应符合本规范附录 A 的规定；

　　C_c——垃圾主压缩指数，宜采用室内大尺寸新鲜垃圾压缩试验测定，无试验数据时，主压缩指数可采用式（5.2.2-2）计算；

　　e_1——在 1000kPa 压力下垃圾孔隙比，宜为 0.8~1.2，有机质含量高的垃圾取高值；

　　e_0——初始孔隙比，应符合本规范附录 A 的规定。

5.2.3 垃圾次压缩量应采用应力-降解压缩模型或 Sowers 次压缩模型计算。填埋场库区设施的不均匀沉降验算时，宜采用应力-降解压缩模型。

　　1 采用应力-降解压缩模型时，垃圾次压缩量应按下列公式计算：

$$S_{si} = H_i \varepsilon_{dc}(\sigma_i)(1 - e^{-ct_i}) \qquad (5.2.3\text{-}1)$$

$$\varepsilon_{dc}(\sigma_i) = \begin{cases} \varepsilon_{dc}(\sigma_0) & \text{当 } \sigma_i \leqslant \sigma_0 \\ \varepsilon_{dc}(\sigma_0) - \dfrac{C_c - C_{c\infty}}{1+e_0} \log \left(\dfrac{\sigma_i}{\sigma_0}\right) & \text{当 } \sigma_i > \sigma_0 \end{cases}$$

$$(5.2.3\text{-}2)$$

式中：$\varepsilon_{dc}(\sigma_i)$——上覆应力 σ_i 长期作用下垃圾降解压缩应变与蠕变应变之和；

　　$\varepsilon_{dc}(\sigma_0)$——前期固结应力 σ_0 长期作用下垃圾降解压缩应变与蠕变应变之和，宜采用室内压缩试验测定，无试验数据时宜取 20%~30%，有机质含量高的垃圾取高值；

C_∞——完全降解垃圾的主压缩指数，宜采用室内压缩试验确定，无试验数据时 $C_\infty/(1+e_0)$ 宜取 0.15；

c——降解压缩速率（1/月），宜取 0.005/月～0.015/月，有机物含量高的垃圾及适宜降解环境取高值；

t_i——第 i 层垃圾的填埋龄期（月）。

2 采用 Sowers 次压缩模型时，垃圾次压缩量应按下式计算：

$$S_{si} = H_i \frac{C_\alpha}{1+e_0} \log(t_i/t_0) \qquad (5.2.3-3)$$

式中：C_α——垃圾次压缩指数，无试验数据时修正次压缩指数 $C_\alpha/(1+e_0)$ 可取：新鲜垃圾 0.04～0.08，已填埋垃圾 0.02～0.05，有机质含量高的垃圾取高值；

t_0——垃圾主压缩完成时间（月），宜为 1 个月。

5.2.4 垃圾堆体沉降应按下式计算：

$$\Delta S = S_2 - S_1 \qquad (5.2.4)$$

式中：ΔS——垃圾堆体沉降（m）；

S_2——计算时刻下卧垃圾总压缩量（m），应按式（5.2.1）计算；

S_1——填埋至该点时下卧垃圾总压缩量（m），应按式（5.2.1）计算。

5.3 填埋量计算

5.3.1 填埋场的填埋量确定应考虑垃圾堆体的压缩量，并应按下列公式计算：

$$W = \sum_{i=1}^{n} \left(A_i \sum_{j=1}^{m} \gamma_{0ij} H_{ij} \right) \qquad (5.3.1-1)$$

$$\sum_{j=1}^{m} (H_{ij} - S_{ij}) = D_i \qquad (5.3.1-2)$$

式中：W——填埋场填埋量（t）；

n——填埋场被划分的区域总数；

A_i——区域 i 的平面面积（m²）；

m——区域 i 分层填埋的总层数；

γ_{0ij}——区域 i 第 j 层填埋垃圾初始容重（kN/m³），应符合本规范附录 A 的规定；

H_{ij}——不考虑压缩时区域 i 第 j 层垃圾的初始填埋厚度（m）；

D_i——区域 i 堆体的平均设计有效填埋高度（m），$D_i = V'_i / A_i$，其中 V'_i 为区域 i 的有效库容；

S_{ij}——区域 i 填埋至 D_i 高度时第 j 层垃圾的压缩量（m），计算应符合本规范附录 A 的规定。

5.3.2 填埋场平均单位库容填埋量宜按下式计算：

$$Q_w = \frac{W}{V} \qquad (5.3.2)$$

式中：Q_w——填埋场平均单位库容填埋量（t/m³）；

V'——填埋场有效库容（m³）。

5.4 填埋场库区设施不均匀沉降验算

5.4.1 下列填埋场库区设施应进行不均匀沉降验算：

1 可压缩地基上填埋场底部渗沥液导排系统和防渗系统；

2 垃圾堆体内部的水平集气井、渗沥液导排系统和中间衬垫系统；

3 封场覆盖系统。

5.4.2 不均匀沉降计算应沿若干条选定的沉降线进行，沉降线应沿填埋场库区设施布置，并应考虑下列位置：

1 填埋场底部高程及表面高程剧烈变化的位置；

2 填埋场基层下存在回填土、污泥库等特殊区域；

3 两个相邻填埋分区交界线附近。

5.4.3 沉降线上沉降点应符合下列布置要求：

1 宜均匀布置；

2 沉降点间距不宜大于 20m，总数不宜少于 5 个；

3 复杂地形处应增加沉降点。

5.4.4 沉降后两个相邻沉降点之间的最终坡度宜按下式计算：

$$\tan\alpha_{Fnl} = \frac{X \cdot \tan\alpha_{Int} - \Delta S'}{X} \qquad (5.4.4-1)$$

式中：α_{Fnl}——沉降后两个相邻沉降点之间的最终坡度（°）；

α_{Int}——两个相邻沉降点之间的初始坡度（°）；

X——两个相邻沉降点之间的水平距离（m）；

$\Delta S'$——两个相邻沉降点之间的沉降差（m）。

沉降后两个相邻沉降点之间的拉伸应变宜按下列公式计算：

$$\varepsilon = \frac{L_{Fnl} - L_{Int}}{L_{Int}} \cdot 100\% \qquad (5.4.4-2)$$

$$L_{Int} = (X^2 + X^2 \cdot \tan^2\alpha_{Int})^{1/2} \qquad (5.4.4-3)$$

$$L_{Fnl} = [X^2 + (X \cdot \tan\alpha_{Int} - \Delta S')^2]^{1/2}$$

$$(5.4.4-4)$$

式中：ε——沉降后两个相邻沉降点之间的拉伸应变（%）；

L_{Int}——两个相邻沉降点之间的初始距离（m）；

L_{Fnl}——沉降后两个相邻沉降点之间的最终距离（m）。

5.4.5 土工膜由不均匀沉降引起的拉伸应变应小于其允许应变特征值，允许应变特征值应按本规范附录 B 中的式（B.0.1）确定。土工膜还应进行由下卧堆体局部沉陷引起的拉伸应变验算，并应符合本规范附录 B 的规定。

5.4.6 填埋场库区设施初始坡度和沉降完成后的最终坡度宜符合下列规定：

1 底部渗沥液导排管的初始坡度不宜小于2%，沉降完成后的最终坡度不宜小于1%；

2 地下水导排设施的最终坡度不宜小于1%；

3 垃圾堆体内渗沥液导排管的最终坡度不宜小于1%；

4 封场覆盖系统的最终坡度不宜小于2%。

5.5 填埋场不均匀沉降控制和增容措施

5.5.1 当填埋场地基沉降导致底部渗沥液导排系统和防渗系统的坡度和拉伸应变不符合本规范第5.4.5条及第5.4.6条规定时，应对其地基进行处理以满足要求。

5.5.2 垃圾填埋应经过充分压实，压实后的容重不宜小于9kN/m³。

5.5.3 填埋场运行期间应尽量降低填埋场内渗沥液水位，其控制措施应符合本规范第4.5节的规定。

5.5.4 填埋场运行期间宜采取措施加速垃圾堆体的降解，以增加填埋量和减小封场后沉降。

5.5.5 垃圾堆体应控制填埋分区界面处的不均匀沉降，宜合理分区填埋。

5.5.6 堆体内部和表面的管线宜选取高密度聚乙烯管材。

6 填埋场稳定

6.1 一 般 规 定

6.1.1 应对填埋场施工、运行期间及封场后的下列边坡类型进行稳定验算：

1 地基及库区边坡；

2 垃圾坝；

3 垃圾堆体；

4 封场覆盖系统；

5 其他可能出现失稳隐患的边坡。

6.1.2 垃圾堆体边坡工程应根据坡高及失稳后可能造成后果的严重性等因素，按照表6.1.2的规定确定安全等级。

表6.1.2 垃圾堆体边坡工程安全等级

安全等级	堆体边坡坡高（m）
一级	$H \geqslant 60$
二级	$30 \leqslant H < 60$
三级	$H < 30$

注：1 山谷形填埋场的垃圾堆体边坡坡高是以垃圾坝底部为基准的边坡高度，平原形填埋场的垃圾堆体边坡坡高是指以原始地面为基准的边坡高度；

2 针对下列情况安全等级应提高一级：垃圾堆体失稳将使下游重要城镇、企业或交通干线遭受严重灾害；填埋场地基为软弱土或其他特殊土；山谷形填埋场库区顺坡向边坡坡度大于10°。

6.1.3 垃圾堆体边坡的运用条件应根据其工作状况、作用力出现的概率和持续时间的长短，分为正常运用条件、非常运用条件Ⅰ和非常运用条件Ⅱ三种：

1 正常运用条件为填埋场工程投入运行后，经常发生或长时间持续的情况，包括：（1）填埋场填埋过程；（2）填埋场封场后；（3）填埋场渗沥液水位处于正常水位；

2 非常运用条件Ⅰ为遭遇强降雨等引起的渗沥液水位显著上升；

3 非常运用条件Ⅱ为正常运用条件下遭遇地震。

6.1.4 填埋场边坡抗滑稳定最小安全系数应符合表6.1.4的规定。

表6.1.4 垃圾堆体边坡抗滑稳定最小安全系数

运用条件	安全等级		
	一级	二级	三级
正常运用条件	1.35	1.30	1.25
非常运用条件Ⅰ	1.30	1.25	1.20
非常运用条件Ⅱ	1.15	1.10	1.05

注：1 运用条件应符合本规范第6.1.3条的规定；

2 除垃圾堆体边坡外其他类型边坡的安全系数控制标准应符合现行国家标准《建筑边坡工程技术规范》GB 50330的相关规定；

3 当垃圾堆体边坡等级为一级且又符合表6.1.2中提级条件时，安全系数应根据表6.1.4相应的安全系数提高10%。

6.1.5 垃圾堆体边坡应防止由于垃圾堆体气压过高引起的失稳。

6.2 垃圾抗剪强度指标

6.2.1 垃圾的抗剪强度指标应采用现场试验、室内直剪试验、室内三轴试验、工程类比或反演分析等方法确定。无试验条件时，一级垃圾堆体边坡的垃圾抗剪强度指标可同时采用工程类比、反演分析等方法综合确定，二级和三级垃圾堆体边坡的垃圾抗剪强度指标可按工程类比等方法确定。

6.2.2 垃圾抗剪强度试验时，试样宜现场钻孔取样或人工配制；直剪试验的试样平面尺寸不宜小于30cm×30cm，三轴试验的试样直径不宜小于8cm；试验所施加的应力范围应根据边坡的实际受力确定。

6.2.3 垃圾抗剪强度宜采用有效黏聚力和有效内摩擦角表示，宜按下式计算：

$$\tau_f = c' + (\sigma - u)\tan\phi' \qquad (6.2.3)$$

式中：τ_f——垃圾的抗剪强度（kPa）；

σ——法向总应力（kPa）；

u——孔隙水压力（kPa）；

c'——垃圾的有效黏聚力（kPa）；

ϕ'——垃圾的有效内摩擦角（°）。

6.3 土工材料界面强度指标

6.3.1 土工材料界面的抗剪强度指标应采用大尺寸界面直剪试验或斜坡试验及工程类比等方法确定。一级垃圾堆体边坡的土工材料界面抗剪强度指标宜采用试验方法确定，二级和三级垃圾堆体边坡的土工材料界面抗剪强度指标可按工程类比确定。

6.3.2 试样应采用在填埋场工程中实际使用的土工材料，试样平面尺寸不宜小于 30cm×30cm，试验所施加的应力范围应根据土工材料界面的实际受力确定。

6.3.3 土工材料界面的抗剪强度指标应包括峰值抗剪强度指标及残余抗剪强度指标。

   1 峰值抗剪强度可按下式计算：

$$\tau_p = c'_p + (\sigma - u)\tan\phi'_p \qquad (6.3.3-1)$$

式中：τ_p——土工材料界面的峰值抗剪强度（kPa）；

    c'_p——土工材料界面的峰值抗剪强度对应的有效黏聚力（kPa）；

    ϕ'_p——土工材料界面的峰值抗剪强度对应的有效摩擦角（°）。

   2 残余抗剪强度可按下式计算：

$$\tau_r = c'_r + (\sigma - u)\tan\phi'_r \qquad (6.3.3-2)$$

式中：τ_r——土工材料界面的残余抗剪强度（kPa）；

    c'_r——土工材料界面的残余抗剪强度对应的有效黏聚力（kPa）；

    ϕ'_r——土工材料界面的残余抗剪强度对应的有效摩擦角（°）。

6.3.4 稳定分析时，复合衬垫系统中土工材料界面强度指标取值宜符合下列要求：宜取最小峰值强度界面对应的强度指标，库区基底坡度大于 10°区域宜采用其残余强度指标，库区基底坡度小于 10°区域宜采用其峰值强度指标。

6.4 填埋场边坡稳定验算

6.4.1 填埋场库区垃圾堆体必须进行边坡稳定验算，并应符合下列规定：

   1 应验算每填高 20m 后垃圾堆体边坡和封场后垃圾堆体边坡的稳定性；

   2 应验算的破坏模式包括通过垃圾堆体内部的滑动破坏、通过垃圾堆体内部与下卧地基的滑动破坏、部分或全部沿土工材料界面的滑动破坏；

   3 应采用摩根斯坦-普赖斯法验算，稳定最小安全系数应符合本规范第 6.1.4 条的规定；

   4 应确定每填高 20m 后垃圾堆体边坡和封场后垃圾堆体边坡的警戒水位，其所对应的边坡稳定最小安全系数应取表 6.1.4 中非正常运用条件 I 相应的值。

6.4.2 稳定计算方法应根据边坡类型确定，并应符合下列要求：

   1 填埋场地基边坡稳定的计算方法应符合现行行业标准《水利水电工程边坡设计规范》SL 386 的相关规定；

   2 垃圾坝的稳定计算方法应针对坝型采用相应的规范，坝后水压力和土压力取值应根据填埋场的实际运行情况和可能出现的最不利情况确定；

   3 垃圾堆体边坡稳定计算方法应符合本规范第 6.4.1 条的规定；

   4 封场覆盖系统的稳定分析宜采用无限边坡稳定分析法或双楔体法，验算无渗透水流和完全饱和时的安全系数；

   5 当边坡破坏机制复杂时，宜采用有限元法或上述合适的方法分析。

6.4.3 当填埋场存在垃圾堆体滞水位时，应验算滞水位引起的局部失稳。

6.4.4 当填埋场存在污泥库时，应对污泥库及其周边和上覆垃圾堆体边坡进行稳定分析。

6.4.5 处于设计地震水平加速度 0.1g 及其以上地区的一级、二级垃圾堆体边坡和处于 0.2g 及其以上地区的三级垃圾堆体边坡，应进行抗震稳定计算，宜采用拟静力法，并应符合现行行业标准《水利水电工程边坡设计规范》SL 386 的有关规定。

6.5 填埋场稳定控制措施

6.5.1 填埋场地基的稳定控制措施应符合现行行业标准《水利水电工程边坡设计规范》SL 386 的规定；存在软基、泉眼和岩溶等不良地质条件时，应采用有效措施进行地基处理。

6.5.2 垃圾堆体最大边坡坡度不应大于 1∶3，中间平台设置应符合现行行业标准《生活垃圾卫生填埋技术规范》CJJ 17 的规定，当不满足稳定安全要求时可调整中间平台的间隔及宽度。

6.5.3 当沿土工材料界面滑移的垃圾堆体边坡稳定验算不满足要求时，应优化基底形状、垃圾堆体体型及衬垫系统材料和结构。

6.5.4 填埋场运行过程中应选择合理的填埋次序，宜先填埋库区底部再填埋斜坡区，避免出现易失稳的边坡形式。

6.5.5 填埋场运行期间和封场后，必须监测垃圾堆体主水位并控制其在警戒水位之下。

6.5.6 当填埋场垃圾堆体主水位接近或超过警戒水位时，应采取下列降低渗沥液水位、提高边坡稳定性的措施：

   1 应应急降水，实施方法应符合本规范第 4.5 节的规定；

   2 滑移坡体表面应铺膜防渗及导排地表水；

   3 应坡顶减载与坡脚反压。

6.5.7 应采取有效措施降低垃圾堆体内的气体压力以减少垃圾堆体边坡失稳风险。

7 填埋场治理及扩建

7.1 一般规定

7.1.1 当填埋场存在安全隐患或未达到现行行业标准《生活垃圾卫生填埋技术规范》CJJ 17规定的污染控制要求时，应进行治理。

7.1.2 现有填埋场可进行水平向、竖向或两者兼有的扩建，扩建时应对现有填埋场进行治理和改造，扩建后的填埋场应符合现行行业标准《生活垃圾卫生填埋技术规范》CJJ 17的规定。

7.1.3 填埋场治理及扩建工程设计前，应对现有垃圾堆体进行岩土工程勘察。

7.2 填埋场治理及扩建岩土工程勘察

7.2.1 填埋场治理及扩建岩土工程勘察除应符合本规范的规定外，尚应符合现行国家标准《岩土工程勘察规范》GB 50021的规定。

7.2.2 填埋场治理及扩建岩土工程勘察等级应根据本规范表6.1.2的堆体边坡工程安全等级划分为三个等级：一级垃圾堆体边坡工程对应甲级，二级垃圾堆体边坡工程对应乙级，三级垃圾堆体边坡工程对应丙级。

7.2.3 填埋场治理及扩建岩土工程勘察的范围应包括垃圾堆体、垃圾坝、防渗系统、渗沥液导排系统、相关的管线、竖井等填埋场库区设施。当填埋场的原勘察报告不能满足治理及扩建工程设计要求时，应开展必要的补充勘察。

7.2.4 工程勘察前，应搜集下列技术资料：

1 现有填埋场原勘察、设计、施工相关资料，包括场底地基、垃圾坝、防渗系统、渗沥液导排系统、雨污分流系统、填埋气收集系统等勘察、设计与施工资料；

2 现有填埋场运行相关资料，包括填埋总量、填埋分区、填埋作业方式、堆体填埋过程及后期发展规划；

3 填埋场运行期间城市生活垃圾组分和填埋量及其变化，填埋的其他废弃物种类及填埋量；

4 填埋场垃圾降解环境和条件，填埋场各系统工作状况，填埋场环境监测结果和其他填埋场监测资料；

5 当地气候、气象条件，包括多年平均降雨量、年最大降雨量、月最大降雨量；

6 山谷形填埋场的汇水面积、地表径流和地下补给量、多年一遇洪峰流量；

7 活动断层和抗震设防烈度；

8 邻近的水源地保护区、水源开采情况和环境保护要求。

7.2.5 垃圾堆体的岩土工程勘察，应着重查明下列内容：

1 堆体地形、地貌特征、厚度、体积、下卧地基或基岩的埋藏条件；

2 堆体垃圾的组分、密实程度、堆积规律和成层条件；

3 填埋垃圾的工程特性和生化降解特性；

4 堆体内渗沥液水位分布形式及其变化规律；

5 当场内填埋了污泥、垃圾焚烧灰等废弃物时，应查明其体量、埋深及工程特性；

6 现状堆体的稳定性，继续扩建至设计高度的适宜性和稳定性；

7 堆体在地震作用下的稳定性；

8 堆体沉降及侧向变形，导致中间衬垫系统、封场覆盖系统及其他设施失效的可能性；

9 垃圾渗沥液产量、填埋气产量及压力；

10 填埋场扩建工程可能产生的环境影响。

7.2.6 垃圾堆体岩土工程勘察应配合工程建设分阶段进行，可分为初步勘察和详细勘察：

1 初步勘察应以工程地质测绘为主，并应进行必要的勘探工作，对拟扩建和治理工程的总平面布置、场地的稳定性、变形、废弃物对环境的影响等进行初步评价，并应提出建议；

2 详细勘察应采用勘探、原位测试和室内试验等手段进行，地质条件复杂地段应进行工程地质测绘，获取工程设计所需的参数，提出设计、施工和监测工作的建议，应评价不稳定地段和环境影响，应提出治理建议。

7.2.7 垃圾堆体工程地质测绘的比例尺，初步勘察宜为1∶2000～1∶5000，详细勘察不应小于1∶1000。

7.2.8 初步勘察的勘探线、勘探点间距可按表7.2.8确定，局部异常地段应加密。

表7.2.8 初步勘察的勘探线、勘探点间距

垃圾堆体复杂程度等级	勘探线间距	勘探点间距
复杂	100m	50m～100m
中等复杂	200m	100m～200m
简单	不少于5个勘探点	

注：1 简单垃圾堆体：填埋物为比较单一的城市生活垃圾且其组分变化不显著；

　　2 复杂垃圾堆体：填埋物种类较多，除城市生活垃圾以外还有城市污水污泥等废弃物，或垃圾填埋过程大量采用低渗透性的中间覆土；

　　3 中等复杂垃圾堆体：除1和2以外的情况。

7.2.9 垃圾堆体详细勘察应符合下列规定：

1 勘探线宜平行于现有堆体边坡走向、扩建堆体及其他关键填埋场库区设施的轴线布置，详细勘察勘探点间距可按表7.2.9确定，局部地形、地质条件异常地段应加密；

表 7.2.9　详细勘察勘探点间距

垃圾堆体复杂程度等级	勘探点间距
复杂	30m～50m
中等复杂	50m～100m
简单	不少于 5 个

注：垃圾堆体复杂程度等级应符合本规范第 7.2.8 条的规定。

2　勘探孔的深度应满足稳定、变形和渗漏分析的要求。对于场底无衬垫系统的填埋场，勘探孔的深度应穿透堆体；对于场底有衬垫系统的填埋场，勘探孔的最深处距离衬垫系统不应小于 5m；

3　与稳定、渗漏有关的关键地段，应加密加深勘探孔或专门布置勘探工作；

4　垃圾堆体的查明内容应符合本规范第 7.2.5 条的规定，垃圾堆体的水文地质勘察应符合本规范第 7.2.10 条的规定。

7.2.10　详细勘察应对垃圾堆体进行专门的水文地质勘察，并应包括下列内容：

1　查明堆体中含水层和隔水层的埋藏条件，包括渗沥液水位、承压情况、流向及这些条件的变化幅度，当堆体含多层滞水位时，必要时分层测量滞水位，并查明互相之间的补给关系；

2　查明垃圾填埋、覆土及渗沥液导排系统淤堵等对渗沥液赋存和流动状态的影响；必要时应设置观测孔，或在不同深度处埋设孔隙水压力计，量测水头随深度的变化；

3　查明堆体可能存在的碎石盲沟、粗粒料堆积体等形成的优势透水通道，以及渗沥液导排设施淤堵程度；

4　通过现场试验，测定不同埋深垃圾的水力渗透系数等水文地质参数。

7.2.11　勘方方法应根据填埋垃圾及覆盖层土的性质确定。对于含有建筑垃圾和杂填土的垃圾堆体，宜采用钻探取样和重型动力触探相结合的方法。勘探时应采取措施避免填埋气发生爆炸或火灾事故。

7.2.12　填埋场治理及扩建岩土工程勘察的工程评价应包括下列内容：

1　现有堆体及扩建堆体整体稳定性和局部稳定性；

2　现有堆体沉降及侧向变形，及其导致中间衬垫系统、封场覆盖系统及其他设施失效的可能性；

3　堆体渗沥液水位升高、填埋气产量及气压、渗沥液与场底岩土体相互作用、斜坡上衬垫系统土工材料界面抗剪强度软化、污泥库等不良地质作用及其影响；

4　渗沥液污染物的渗漏与扩散及其对水源、农业、岩土和生态环境的影响；

5　治理工程及扩建工程的适宜性。

7.2.13　填埋场治理及扩建岩土工程勘察报告，除应符合现行国家标准《岩土工程勘察规范》GB 50021 的规定外，尚应符合下列规定：

1　应按本规范第 7.2.12 条的要求进行岩土工程评价；

2　应提出保证堆体稳定安全控制措施的建议；

3　应提出减少堆体沉降和侧向变形的工程措施的建议；

4　应提出防渗系统改造及其他防止渗沥液渗漏和保护环境措施的建议；

5　应提出渗沥液导排系统改造及淤堵疏通措施的建议；

6　应提出避免填埋气爆炸、污泥涌出措施的建议；

7　应提出有关稳定、变形、水位、渗漏等监测工作的建议。

7.3　扩建垃圾堆体的基层处理

7.3.1　填埋场扩建时，应对扩建场地进行基层处理，主要包括扩建场底基层和四周边坡。

7.3.2　基层面地形构建及标高设计应基于垃圾堆体的沉降验算结果，堆体沉降验算应符合本规范第 5 章的规定。

7.3.3　应采取有效措施防止现有垃圾堆体中的竖向刚性设施破坏中间衬垫系统。

7.3.4　应对现有垃圾堆体中的污泥库进行处理。

7.3.5　现有垃圾堆体宜设置填埋气导排及收集设施，包括竖井、横管、盲沟等。

7.3.6　基层整形和处理还应符合现行行业标准《生活垃圾卫生填埋场封场技术规程》CJJ 112 的规定。

7.4　中间衬垫系统

7.4.1　现有填埋场防渗系统未达到现行行业标准《生活垃圾卫生填埋技术规范》CJJ 17 的规定时，应在现有填埋场和扩建填埋场交界面处增设中间衬垫系统。

7.4.2　中间衬垫系统从上至下宜包括渗沥液导排层、防渗层及其保护层、加筋层和导气层，并可在防渗层下设置压实土缓冲层。

7.4.3　渗沥液导排层应符合本规范第 4.4 节的规定。

7.4.4　中间衬垫系统防渗层及其保护层的结构形式应符合现行行业标准《生活垃圾卫生填埋技术规范》CJJ 17 的规定，其中高密度聚乙烯土工膜宜替换为线性低密度聚乙烯或极低密度聚乙烯等柔性土工膜。

7.4.5　中间衬垫系统加筋层宜采用双向土工格栅抵抗下卧堆体局部沉陷，并宜按本规范附录 B 计算和设计。

7.4.6　中间衬垫系统锚固沟设计应符合现行行业标准《生活垃圾卫生填埋场防渗系统工程技术规范》CJJ 113 的规定；基层坡度或堆体厚度变化较大处及

中间衬垫系统与天然边坡交界处的锚固沟宜采用柔性锚固方式；加筋层应锚固在锚固沟内。

7.5 填埋场治理及污染控制措施

7.5.1 现有未达标填埋场治理内容应包括：垃圾堆体、渗沥液收集系统、防渗系统、填埋气收集系统、封场覆盖系统、地表水导排系统等，治理后应符合下列技术要求：

　　1 填埋场边坡稳定性应达到本规范第6.1.4条规定的稳定安全控制标准；

　　2 渗沥液收集与导排系统应具有长期服役性能，堆体内渗沥液水位应低于本规范第6.4.1条规定的警戒水位；

　　3 防渗系统应达到与现行行业标准《生活垃圾卫生填埋技术规范》CJJ 17规定的水平防渗系统同等的防污效果；

　　4 填埋气收集系统应能有效收集填埋气，避免发生火灾、爆炸等安全事故，并应符合本规范第4.6节的相关规定；

　　5 封场覆盖与地表水导排系统应能有效控制降雨入渗，减少渗沥液产量及温室气体排放。

7.5.2 填埋场边坡稳定控制措施应符合本规范第6.5节的规定。

7.5.3 防渗系统未达标填埋场宜采用导排盲沟、抽排竖井等方式排出堆体中渗沥液，降低防渗系统上渗沥液水头，渗沥液导排方法应符合本规范第4.5节的规定；宜采用垂直防渗帷幕控制渗沥液污染物的渗漏与扩散，垂直防渗帷幕设计与施工应符合本规范第8.5~第8.7节的规定。

7.5.4 封场覆盖系统结构选型与设计应符合现行行业标准《生活垃圾卫生填埋技术规范》CJJ 17的有关规定，对于干旱及半干旱地区且封场坡度大于10%的斜坡区可选用毛细阻滞型覆盖层。

7.5.5 毛细阻滞型覆盖层宜采用图7.5.5规定的结构形式，并应满足下列要求：

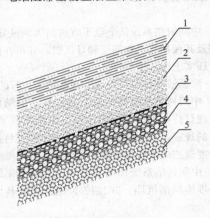

图7.5.5 毛细阻滞型覆盖层结构形式
1—植被层；2—细粒土层；3—无纺土工布；
4—粗粒土层；5—垃圾

　　1 植被层土质宜适合植物生长，厚度不应小于15cm；

　　2 细粒土层应采用储水性能良好的粉土、粉质黏土、细砂等，厚度宜为50cm~150cm；

　　3 粗粒土层应采用导气性能良好的粗砂、碎石等，厚度宜为20cm~30cm。

8 压实黏土防渗层及垂直防渗帷幕

8.1 一般规定

8.1.1 当压实黏土防渗层用于填埋场的底部防渗系统时，其饱和渗透系数不应大于1.0×10^{-7} cm/s。

8.1.2 垂直防渗帷幕可用于生活垃圾填埋场治理及扩建工程。

8.2 压实黏土防渗层的土料选择

8.2.1 压实黏土防渗层施工所用的土料应符合下列要求：

　　1 粒径小于0.075mm的土粒干重应大于土粒总干重的25%；

　　2 粒径大于5mm的土粒干重不宜超过土粒总干重的20%；

　　3 塑性指数范围宜为15~30。

8.2.2 宜先在填埋场当地查勘满足本规范第8.2.1条的土料场，料场查勘应符合下列规定：

　　1 应采用试坑和钻孔确定黏土料场的垂直和水平分布范围，宜选择厚度不小于1.5m的黏土料场；

　　2 拟采用的黏土料场中宜每100m²设置1个取样点，取样点总数不应少于5个。每个取样点的土料应进行颗粒分析和界限含水率试验，试验方法应符合现行国家标准《土工试验方法标准》GB/T 50123的规定。

8.3 压实黏土的含水率及干密度控制

8.3.1 压实黏土防渗层施工时应严格控制含水率和干密度，以达到防渗和抗剪强度的要求。

8.3.2 应对选用的土料分别进行修正普氏击实试验、标准普氏击实试验和折减普氏击实试验，在含水率和干密度图中应分别绘出以上三种试验的击实曲线，并应按照图8.3.2中三条击实曲线的顶点确定最佳击实峰值曲线。

8.3.3 应采用位于最佳击实峰值曲线湿边的每个击实试样进行渗透试验，试验方法应符合现行国家标准《土工试验方法标准》GB/T 50123的规定。应按图8.3.3的要求绘制含水率和干密度图，确定所有满足饱和渗透系数要求的区域。

8.3.4 对满足饱和渗透系数区域中的试样应进行无

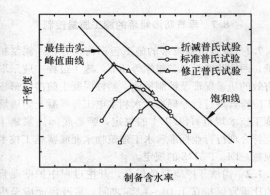

图 8.3.2 土样的最佳击实峰值曲线

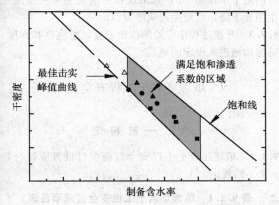

图 8.3.3 满足渗透系数设计标准的区域

注：1 实心符号表示满足饱和渗透系数的试样；
    2 空心符号表示不满足饱和渗透系数的试样；
    3 浅色阴影表示满足饱和渗透系数的区域。

侧限抗压强度试验，无侧限抗压强度不应小于
150kPa，试验方法应符合现行国家标准《土工试验方法标准》GB/T 50123 的规定。应按图 8.3.4 的要求

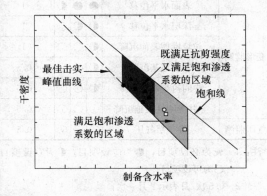

图 8.3.4 同时满足渗透系数和抗剪强度设计
标准的控制区域

注：1 实心符号表示满足抗剪强度的试样；
    2 空心符号表示不满足抗剪强度的试样；
    3 浅色阴影表示满足饱和渗透系数的区域；
    4 深色阴影表示既满足抗剪强度又满足饱和渗透系数的区域。

绘制含水率和干密度图，确定满足饱和渗透系数和抗剪强度的含水率和干密度控制指标。

8.3.5 经改性土料满足本规范第 8.3.4 条的规定时，可用作压实黏土防渗层材料。

8.4 压实黏土防渗层的施工质量控制

8.4.1 压实黏土防渗层的含水率与干密度施工控制指标应符合本规范第 8.3.4 条的规定。

8.4.2 填筑施工前应通过碾压试验确定达到施工控制指标的压实方法和碾压参数，包括含水率、压实机械类型和型号、压实遍数、速度及松土厚度等。

8.4.3 当压实黏土防渗层位于自然地基上时，基础层应符合现行行业标准《生活垃圾卫生填埋场防渗系统工程技术规范》CJJ 113 的规定。

8.4.4 当压实黏土防渗层铺于土工合成材料之上时，下卧土工合成材料应平展，并应避免碾压时被压实机械破坏。

8.4.5 压实黏土防渗层施工应符合下列要求：

    1 应主要采用无振动的羊足碾分层压实，表层应采用滚筒式碾压机压实；

    2 松土厚度宜为 200mm～300mm，压实后的填土层厚度不应超过 150mm；

    3 各层应每 500m² 取（3～5）个样进行含水率和干密度测试，应满足本规范第 8.4.1 条的规定；

    4 在后续层施工前，应将前一压实层表面拉毛，拉毛深度宜为 25mm，可计入下一层松土厚度。

8.5 垂直防渗帷幕及选型

8.5.1 用于生活垃圾填埋场渗沥液污染控制的垂直防渗帷幕的渗透系数宜在 10^{-7} cm/s 量级，其类型可选用水泥-膨润土墙、土-膨润土墙、塑性混凝土墙、HDPE 土工膜-膨润土复合墙等。

8.5.2 垂直防渗帷幕选型应综合考虑下列因素：

    1 场地隔水层条件、地形及稳定情况；

    2 渗沥液水质；帷幕需达到的渗透系数、深度及刚度；

    3 材料供应、施工技术与设备等。

8.5.3 当垂直帷幕顶部需承受上覆荷载时，宜采用水泥-膨润土墙或塑性混凝土墙；在特殊地质和环境要求非常高的场地，宜采用 HDPE 土工膜-膨润土复合墙。

8.5.4 当垂直防渗帷幕底部岩石裂隙发育，或存在断层、破碎带等强透水性的地质条件，宜采取帷幕灌浆等措施处理。

8.6 垂直防渗帷幕插入深度及厚度

8.6.1 垂直防渗帷幕的厚度不宜小于 60cm，不宜大于 150cm。当帷幕渗透系数不大于 1.0×10^{-7} cm/s

时，厚度可按下式计算：

$$\Delta L = F_r \times A \times H^B \quad (8.6.1)$$

式中：F_r——安全系数，考虑渗透破坏、机械侵蚀、
化学溶蚀、施工因素等，宜取 1.5；

H——垂直防渗帷幕上下游水头差（m），上
游水头取与帷幕上游面接触的渗沥液水
位，下游水头取与帷幕下游面接触的多
年平均地下水位；

A——与帷幕材料阻滞因子有关的系数，可按
图 8.6.1-1 取值；

B——与帷幕材料扩散系数有关的系数，可按
图 8.6.1-2 取值。

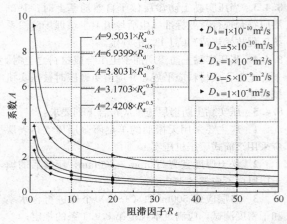

图 8.6.1-1　系数 A 取值

注：阻滞因子 R_d，重金属污染物可取 3～40；如无经验
数据，宜通过试验测定。

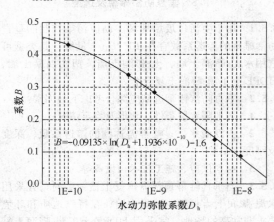

图 8.6.1-2　系数 B 的取值

注：水动力弥散系数 D_h，取值范围宜为 $1 \times 10^{-8}\,\text{m}^2/\text{s} \sim$
$1 \times 10^{-10}\,\text{m}^2/\text{s}$，如防渗帷幕两侧水头差较大时取大值；
无经验数据时，宜通过试验测定。

8.6.2　垂直防渗帷幕宜嵌入渗透系数不大于 $1 \times 10^{-7}\,\text{cm/s}$ 的隔水层中，嵌入深度不宜小于 1m；当隔水层埋深很大而无法嵌入时，可采用悬挂式帷幕，其深度不应小于临界插入深度。

8.7　垂直防渗帷幕的施工质量控制

8.7.1　垂直防渗帷幕的施工包括沟槽开挖、泥浆护壁、回填防渗材料、盖帽等环节，施工过程中应采取有效的质量保证及控制措施。塑性混凝土防渗帷幕施工应符合现行行业标准《水利水电工程混凝土防渗墙施工技术规范》SL 174 的规定，帷幕底部注浆施工应符合现行行业标准《水工建筑物水泥灌浆施工技术规范》DL/T 5148 的规定。

8.7.2　沟槽开挖应避免塌孔，开挖过程中护壁泥浆的比重宜保持在 1.10～1.25 之间，浆液顶面应至高出地下水位面 1m，施工过程中应避免浆液顶面发生明显下降，应避免泥浆静置 24h。

8.7.3　开挖过程中应检测沟槽宽度、垂直度和深度，确保沟槽进入设定的地层。

9　填埋场岩土工程安全监测

9.1　一　般　规　定

9.1.1　填埋场岩土工程安全监测项目设置应符合表 9.1.1 的规定。

表 9.1.1　填埋场岩土工程安全监测项目表

监测项目		安全等级			监测频率（次/月）
		一级	二级	三级	
渗沥液水位监测	渗沥液导排层水头	●	◑	◐	1
	垃圾堆体主水位	★	★	★	1
	垃圾堆体滞水位	◐	◑	◐	1
变形监测	表面水平位移	●	●	◑	1
	深层水平位移	◑	◑	○	1
	垃圾堆体表面沉降	●	◑	○	1
	软弱地基沉降	●	◑	○	0.5
	中间衬垫系统沉降	◑	○	○	0.5
	竖井等刚性设施沉降	●	◑	○	0.5
气压监测	导气层气压	◑	○	○	0.5

注：1　★为必设项目，●为应设项目，◑为宜设项目，
○为可设项目；

2　0.5 次/月表示 2 月一次；

3　安全等级应符合本规范第 6.1.2 条的规定；

4　当渗沥液水位超过警戒水位或垃圾堆体出现失稳征兆时，宜增设深层水平位移和垃圾堆体表面沉降监测；

5　遇暴雨等恶劣天气或其他紧急情况时，垃圾堆体主水位、滞水位、表面水平位移及深层水平位移的监测频次应适当提高。

9.1.2 填埋场位于软弱地基上时，地基土体中孔隙水压力和变形等监测应符合现行国家标准《建筑地基基础设计规范》GB 50007 的规定。

9.1.3 填埋场安全稳定状态应根据渗沥液水位、地表水平位移速率及现场踏勘等因素综合确定，必要时根据深层水平位移、沉降速率进一步判别安全稳定状态。

9.2 渗沥液水位监测

9.2.1 渗沥液水位监测方法应符合下列要求：

　　1 渗沥液导排层水头监测宜在导排层埋设水平水位管，采用剖面沉降仪与水位计联合测定的测试方法；

　　2 当堆体内无滞水位时，宜埋设竖向水位管采用水位计测量垃圾堆体主水位；当垃圾堆体内存在滞水位时，宜埋设分层竖向水位管，应采用水位计测量主水位和滞水位。

9.2.2 监测点布设应符合下列要求：

　　1 渗沥液导排层水头监测点在每个排水单元宜至少布置两个，宜布置在每个排水单元最大坡度方向的中间位置；

　　2 渗沥液主水位和滞水位应沿垃圾堆体边坡走向布置监测点，平面间距 30m～60m，应保证管底离衬垫系统不应小于 5m，总数不宜少于 3 个；分层竖向水位管底部宜埋至隔水层上方，各支管之间应密闭隔绝。

9.2.3 当垃圾堆体水位接近或达到按照本规范第 6.4.1 条所确定的警戒水位时应提高监测频次，并应立即采取应急措施。

9.3 表面水平位移监测

9.3.1 表面水平位移应设置标志点，采用测量平面坐标的方法监测。

9.3.2 监测点宜结合作业分区呈网格状布置，随垃圾堆体填埋高度发展逐步设置，平面间距宜为 30m～60m，在不稳定区域应适当加密。

9.3.3 表面水平位移监测的警戒值宜为连续两天的位移速率超过 10mm/d。

9.4 深层水平位移监测

9.4.1 当渗沥液水位超过警戒水位或垃圾堆体出现失稳征兆时，应监测深层水平位移。

9.4.2 垃圾堆体深层水平位移可通过在堆体中埋设测斜管，采用测斜仪测量。

9.4.3 监测点宜沿垃圾堆体边坡倾向布置，间距宜为 30m～60m，总监测点数量不宜少于 2 个；当垃圾堆体出现失稳征兆时，应在失稳区域设置监测点，监测点数量可根据边坡的具体情况确定；测斜管的埋设深度应足够深，且应保证管底离衬垫系统不应小于 5 米。

9.5 垃圾堆体沉降监测

9.5.1 当渗沥液水位超过警戒水位或垃圾堆体出现失稳征兆时，应监测垃圾堆体表面沉降；软弱地基沉降、中间衬垫系统沉降和竖井等刚性设施沉降宜根据具体情况进行监测。监测方法宜符合下列要求：

　　1 垃圾堆体表面沉降应设置标志点，并应通过测量标志点的高程监测；

　　2 软弱地基和中间衬垫系统沉降应埋设沉降管或沉降板，通过测量沉降管沿线或沉降板的高程监测；

　　3 竖井等刚性设施沉降应埋设沉降板，通过测量沉降板的高程监测。

9.5.2 监测点布设应符合下列要求：

　　1 地表沉降监测点宜布置成网格状，平面间距宜为 30m～60m，不均匀沉降大的区域宜适当加密。

　　2 软弱地基和中间衬垫系统监测的沉降管宜沿垃圾堆体主剖面方向布置，长度不宜小于 100m；若采用沉降板，间距宜为 50m～80m。

9.6 填埋气压监测

9.6.1 当覆盖系统发生土工膜鼓出或有失稳迹象时，宜进行气压监测。

9.6.2 气压预警值应符合现行行业标准《生活垃圾卫生填埋场封场技术规程》CJJ 112 的规定。

附录 A 填埋场堆体压缩量计算过程及参数确定

A.0.1 填埋场堆体压缩量应采用土柱法计算，应按图 A.0.1-1 将土柱分为 n 层，在 t 时刻第 i 层垃圾的压缩量应按图 A.0.1-2 的流程计算。

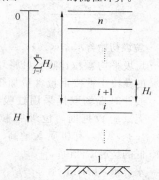

图 A.0.1-1　垃圾土柱分层示意图

　　1 确定第 i 层垃圾的填埋龄期

　　根据填埋规划确定在 t 时刻第 i 层垃圾的龄期 t_i，第 n 层垃圾的龄期 t_n。

　　2 计算第 i 层垃圾的上覆应力

　　第 i 层垃圾的上覆应力应按下式计算：

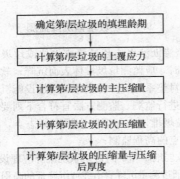

图 A.0.1-2 t 时刻第 i 层垃圾压
缩量的计算流程

$$\sigma_i = \sum_{j=i}^{n} \gamma_j H_j \qquad (A.0.1\text{-}1)$$

$$\gamma = \begin{cases} \gamma_0 + \dfrac{13.5 - \gamma_0}{30} H & (H \leqslant 30m) \\ 13.5 + 0.1(H - 30) & (H > 30m) \end{cases}$$

$$(A.0.1\text{-}2)$$

式中：H_j——第 j 层垃圾厚度（m）；

γ_j——第 j 层垃圾容重（kN/m³），宜现场钻
取大直径试样测定，无试验数据时，
可按式（A.0.1-2）计算；

γ_0——填埋垃圾初始容重（kN/m³），压实程
度不良宜为 5kN/m³～7kN/m³；压实
程度中等宜为 7kN/m³～9kN/m³；压
实程度良好宜为 9kN/m³～12kN/m³；

H——填埋垃圾埋深（m）。

3 计算第 i 层垃圾的主压缩量

第 i 层垃圾的主压缩量应按本规范式（5.2.2-1）
计算，初始孔隙比应按下式计算：

$$e_0 = \frac{d_s \gamma_w}{(1 - W_c)\gamma_0} - 1 \qquad (A.0.1\text{-}3)$$

式中：W_c——垃圾初始含水率（%）；

d_s——垃圾平均颗粒比重，可将垃圾各组分
的颗粒比重按重量含量加权平均计算
或针对现场取样采用虹吸筒法测定。
无试验数据时，垃圾颗粒比重可为
1.3～2.2，有机质含量高、降解程度
低的垃圾取低值；

γ_w——水容重（kN/m³）。

4 计算第 i 层垃圾的次压缩量

t 时刻第 i 层垃圾的次压缩量，采用应力-降解压
缩模型计算时，应按本规范式（5.2.3-1）计算；采
用 Sowers 次压缩模型计算时，应按本规范式
（5.2.3-3）计算。

5 计算 t 时刻第 i 层垃圾的压缩量与压缩后的厚度
第 i 层垃圾的压缩量按下式计算：

$$S_i = S_{pi} + S_{si} \qquad (A.0.1\text{-}4)$$

第 i 层垃圾压缩后厚度 H_i' 按下式计算：

$$H_i' = H_i - S_i \qquad (A.0.1\text{-}5)$$

A.0.2 t 时刻填埋场垃圾堆体压缩量应按下式计算：

$$S = \sum_{i=1}^{n} S_i \qquad (A.0.2)$$

附录 B 局部沉陷条件下土工膜应变
计算及加筋层设计

B.0.1 土工合成材料的允许应变特征值应根据现行
行业标准《土工合成材料测试规程》SL/T 235 的规
定进行拉伸试验，试验曲线如图 B.0.1 所示，并应按
下式计算：

$$\varepsilon_a = \frac{\varepsilon_r}{F_R} \qquad (B.0.1)$$

式中：ε_a——土工合成材料允许应变特征值（%）；

ε_r——土工合成材料最大拉力所对应的应
变（%）；

F_R——安全系数，取值不宜小于 1.5。

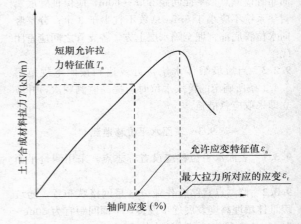

图 B.0.1 土工合成材料拉应力-应变关系示意图

B.0.2 土工合成材料短期允许拉力特征值应为土工
合成材料允许应变特征值对应的拉力，土工合成材料
长期允许拉力特征值应按下式计算：

$$T_l = T_a / (RF_{CR} \times RF_{ID} \times RF_{CBD}) \quad (B.0.2)$$

式中：T_l——土工合成材料长期允许拉力特征值
（kN/m）；

T_a——土工合成材料短期允许拉力特征值
（kN/m）；

RF_{CR}——蠕变折减系数，应按表 B.0.2-1 取值；

RF_{ID}——施工损伤折减系数，应按表 B.0.2-2
取值；

RF_{CBD}——生物或化学降解折减系数，可为1.1～
1.2。

表 B.0.2-1　蠕变折减系数 RF_{CR}

材料类型	HDPE	PVC	VLDPE	LLDPE
取值	2.5	2.0	2.0	2.0

表 B.0.2-2　施工损伤折减系数 RF_{ID}

衬垫系统下卧和上覆土层类型	施工机械类型（回填和压实）		
	轻型	中等重量	重型
光滑（无石子）	1.1	1.2	1.3
中等光滑	1.2	1.3	1.4
粗糙（含石子）	1.3	1.4	1.5

B.0.3　下卧堆体局部沉陷条件（图 B.0.3）作用下土工合成材料设计拉力 T 与拉伸应变之间的关系可按 Giroud（1990）公式和浙大简化公式计算：

1　Giroud（1990）公式：

$$T = 2\gamma_s r^2 (1 - e^{-0.5H/r})\Omega \qquad (B.0.3)$$

式中：T——土工合成材料设计拉力（kN/m）；

　　　H——上覆土体的厚度（m）；

　　　γ_s——上覆土体的平均容重（kN/m³）；

　　　r——圆形沉陷区域半径（m），宜为 0.9m；

　　　Ω——与土工合成材料拉伸应变 ε 对应的无量纲参数，按表 B.0.3-1 线性插值计算。

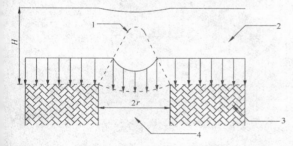

图 B.0.3　下卧垃圾堆体局部沉陷条件下土工膜和加筋层受力及变形示意图

1—土拱；2—上覆土；3—下卧土体；4—局部沉陷区域

表 B.0.3-1　无量纲参数 Ω 与拉伸应变关系表

拉伸应变 ε（%）	Ω	拉伸应变 ε（%）	Ω
6.00	0.90	8.43	0.78
6.69	0.86	9.00	0.76
7.00	0.84	9.36	0.75
7.54	0.82	10.00	0.73
8.00	0.80	10.35	0.72

2　浙大简化公式如表 B.0.3-2 所示，通过线性插值计算。

表 B.0.3-2　设计拉力与拉伸应变关系表

拉伸应变 ε（%）	设计拉力 T
7	$T = (-2.376 + 0.146H)\gamma_s$
8	$T = (-3.716 + 0.140H)\gamma_s$
9	$T = (-2.743 + 0.095H)\gamma_s$
10	$T = (-2.771 + 0.080H)\gamma_s$

B.0.4　下卧垃圾堆体局部沉陷引起土工膜拉伸应变的验算过程为：假定土工膜设计拉力 $T = T_l$，然后按 Giroud（1990）公式计算土工膜的拉伸应变 ε，应小于其允许应变特征值 ε_a。

B.0.5　对于用于抵抗下卧堆体局部沉陷的土工格栅加筋层，其设计层数的计算过程为：按式（B.0.1）确定中间衬垫系统中各种土工合成材料的最小允许应变特征值 ε_a，根据土工格栅拉伸试验曲线确定与 ε_a 相对应的短期允许拉力特征值 T_a，按式（B.0.2）计算单层土工格栅的长期允许拉力特征值 T_l；假定土工格栅拉伸应变 $\varepsilon = \varepsilon_a$，然后分别按 Giroud（1990）公式和浙大简化公式计算土工格栅的设计拉力 T，并取较大值；土工格栅加筋层的设计层数 n，应按下式计算：

$$n \geqslant T/T_l \qquad (B.0.5)$$

本规范用词说明

1　为便于在执行本规范条文时区别对待，对要求严格程度不同的用词说明如下：

　　1)　表示很严格，非这样做不可的：

　　　　正面词采用"必须"，反面词采用"严禁"；

　　2)　表示严格，在正常情况下均应这样做的：

　　　　正面词采用"应"，反面词采用"不应"或"不得"；

　　3)　表示允许稍有选择，在条件许可时首先应这样做的：

　　　　正面词采用"宜"，反面词采用"不宜"；

　　4)　表示有选择，在一定条件下可以这样做的，采用"可"。

2　条文中指明应按其他有关标准执行的写法为"应符合……的规定"或"应按……执行"。

引用标准名录

1　《建筑地基基础设计规范》GB 50007

2　《岩土工程勘察规范》GB 50021

3　《土工试验方法标准》GB/T 50123

4　《建筑边坡工程技术规范》GB 50330

5　《建筑用卵石、碎石》GB/T 14685

6　《生活垃圾卫生填埋技术规范》CJJ 17

7 《生活垃圾卫生填埋场封场技术规程》CJJ 112

8 《生活垃圾卫生填埋场防渗系统工程技术规范》CJJ 113

9 《生活垃圾填埋场填埋气体收集处理及利用工程技术规范》CJJ 133

10 《水工建筑物水泥灌浆施工技术规范》DL/T 5148

11 《水利水电工程混凝土防渗墙施工技术规范》SL 174

12 《土工合成材料测试规程》SL/T 235

13 《水利水电工程钻孔抽水试验规程》SL 320

14 《水利水电工程边坡设计规范》SL 386

15 《生活垃圾采样和分析方法》CJ/T 313

中华人民共和国行业标准

生活垃圾卫生填埋场岩土工程技术规范

CJJ 176—2012

条　文　说　明

制 定 说 明

《生活垃圾卫生填埋场岩土工程技术规范》CJJ 176 - 2012，经住房和城乡建设部 2012 年 1 月 11 日以第 1243 号公告批准、发布。

本规范制定过程中，编制组进行了广泛深入的调查研究，总结了我国生活垃圾卫生填埋场岩土工程建设的实践经验，同时参考了国外先进技术法规、技术标准，通过编制组系统的室内试验、现场测试和理论分析，在垃圾基本特性、渗沥液产量及填埋场沉降和稳定等方面取得了一批重要的技术参数。

为便于广大设计、施工、科研、学校等单位有关人员在使用本标准时能正确理解和执行条文规定，《生活垃圾卫生填埋场岩土工程技术规范》编制组按章、节、条顺序编制了本标准的条文说明，对条文规定的目的、依据以及执行中需注意的有关事项进行了说明。还着重对强制性条文的强制性理由作了解释。但是，本条文说明不具备与标准正文同等的法律效力，仅供使用者作为理解和把握标准规定的参考。

目　次

1 总　则

1.0.1 我国垃圾填埋场目前仍存在较为严重的环境岩土工程问题，包括垃圾堆体的失稳滑坡、填埋气体的爆炸与火灾、气体收集井等填埋场库区设施在垃圾堆体不均匀沉降作用下的失效和破坏、渗沥液渗漏造成的周边环境污染、填埋气收集率低等。本标准将有助于提高我国垃圾填埋场的设计、施工及运行水平。

1.0.3 我国城市生活垃圾的组分以厨余垃圾为主，有机质含量和含水率明显高于欧美发达国家。因此我国填埋场的设计、施工和运行不宜直接套用欧美国家的经验。我国幅员辽阔，各地气候、生活水平、地质条件差异较大，填埋场工程设计和建设应做到因地制宜。

4 填埋场渗流及渗沥液水位控制

4.1 一般规定

4.1.1 垃圾填埋场中渗沥液存在形式复杂，与填埋场的覆盖材料、渗沥液导排层性能、垃圾组分及运行阶段等有关。

图 1 为填埋场中一种可能的渗沥液存在形式：场底渗沥液导排层内存在一定高度的渗沥液饱和区域，其最大水头压力即为渗沥液导排层水头；渗沥液导排层与深部垃圾之间为非饱和区，之上存在一个显著、连续的饱和区，主要原因是深部垃圾渗透系数显著低于导排层，渗沥液难以向下渗流，导致水位在渗透系数较小的深部垃圾之上逐渐壅高，其浸润线即为垃圾堆体主水位；垃圾堆体内因填埋作业的要求常存在低渗透层，如由黏土组成的中间覆盖层、日覆盖层等，极易导致水位在该层之上壅高而形成局部而连续的饱和区，其浸润线即为垃圾堆体滞水位，广泛分布于堆

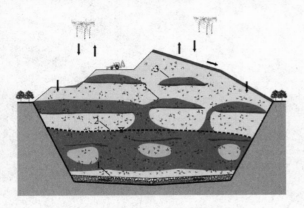

图 1　垃圾填埋场渗沥液存在形式一
1—渗沥液导排层水头；2—垃圾堆体主水位；
3—垃圾堆体滞水位

体中，如图 1 所示。此时，底部防渗层上渗沥液水头不高，填埋场污染扩散风险相对较低；较高的垃圾堆体主水位和滞水位显著影响垃圾堆体稳定和填埋气收集率。

图 2 为填埋场中另一种可能的渗沥液存在形式：当渗沥液导排层淤堵时，导排层中渗沥液水位壅高，与堆体中主水位连通，从场底渗沥液导排层至一定高度堆体完全饱和，防渗层上渗沥液水头很高，填埋场渗沥液污染扩散及堆体失稳风险高，填埋气收集难度大。

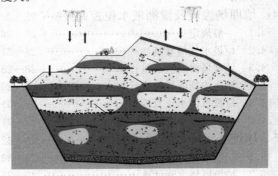

图 2　垃圾填埋场渗沥液存在形式二
1—垃圾堆体主水位；2—垃圾堆体滞水位

编制组研究了垃圾堆体主水位对堆体稳定影响规律，如图 3 所示。在堆体坡度一定时，主水位越高，堆体稳定安全系数越小。编制组研究表明，渗沥液导排层水头增加会显著提高污染物渗漏。如表 1 所示，渗沥液导排层水头 h_w 由 0.3m 提高至 10m，污染渗漏率提高了（5～30）倍。

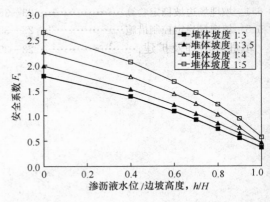

图 3　堆体坡度、堆体主水位相对高度与
安全系数的关系

表 1　不同渗沥液导排层水头下计算得到的渗漏率

衬垫系统结构	分配系数 θ (m²/s)	渗漏率（m/年）			
		$h_w=$ 0.3m	$h_w=$ 1.0m	$h_w=$ 3.0m	$h_w=$ 10.0m
1.5mmGM+750mmCCL	1.6× 10⁻⁸	3.8× 10⁻⁴	1.2× 10⁻³	3.2× 10⁻³	1.0× 10⁻²

衬垫系统结构	分配系数 θ (m²/s)	渗漏率（m/年）			
		$h_w=$ 0.3m	$h_w=$ 1.0m	$h_w=$ 3.0m	$h_w=$ 10.0m
1.5mmGM+ 750mmAL	1.6×10^{-8}	6.5×10^{-4}	1.9×10^{-3}	5.0×10^{-3}	1.6×10^{-2}
1.5mmGM+ 13.8mmGCL	6.0×10^{-12}	3.5×10^{-7}	1.1×10^{-6}	3.4×10^{-6}	1.1×10^{-5}
2mCCL	/	3.6×10^{-2}	4.7×10^{-2}	7.9×10^{-2}	1.9×10^{-1}

注：GM—土工膜；CCL—压实黏土防渗层；AL—压实黏土替代层；GCL—土工复合膨润土垫。

4.1.2 我国大多数渗沥液产量大、堆填高的填埋场运行实践表明，因深部垃圾渗透能力差、场底渗沥液导排系统淤堵等原因，易造成渗沥液导排不畅和堆体中渗沥液水位壅高（图 2）。此时除设置场底渗沥液导排系统外，还应考虑设置中间渗沥液导排设施。中间渗沥液导排设施在垃圾堆体内分层设置，可有效降低垃圾堆体主水位和滞水位。当垃圾堆体主水位较高，可能导致垃圾堆体发生失稳时，应采取应急措施进行水位迫降；采取应急降水措施缓解堆体滑坡险情后，应采取长期水位控制措施，使后续运行过程中堆体水位长期处于警戒水位以下。

4.1.3 填埋垃圾在生化降解作用下产生大量填埋气（主要成分为 CH_4 和 CO_2），易造成垃圾堆体内部气压过大，降低垃圾堆体稳定性可能导致物理爆炸。

4.1.4 我国大多数地区填埋场渗沥液水位普遍较高，导致垃圾堆体的导气性能低下，阻碍填埋气导排和收集。多个填埋场实测数据表明：填埋气收集率普遍低于 40%，严重影响填埋气收集利用工程的效益。填埋气收集利用工程设计时，应评估渗沥液水位高度对填埋气收集潜力的影响，采取合理作业方式和有效工程措施控制渗沥液水位高度，提高填埋气收集率。

4.2 垃圾水气传导特性

4.2.1 填埋场渗沥液总量计算及渗沥液导排系统设计与垃圾初始含水率、田间持水量及水力渗透系数等水力特性参数密切相关，应选取合适的参数。

4.2.2 如图 4 所示，生活垃圾中水分的存在形式与

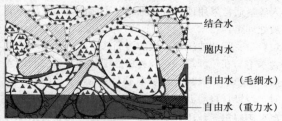

图 4 垃圾中水分存在形式

土体有所区别，除部分以结合水、自由水的形式存在外，还有大部分存在于有机质的细胞内部，以胞内水的形式存在。垃圾的有机质含量越高，胞内水的含量越大，初始含水率也越高。表 2 为编制组现场调研获得的我国垃圾初始含水率数据，我国城市生活垃圾有机质含量和初始含水率显著高于美国垃圾，如表 3 所示。垃圾填埋后胞内水由于生物降解逐渐析出形成渗沥液，垃圾的持水能力逐渐降低。如图 5 所示，我国经长期降解后垃圾的田间持水量与欧美国家的接近。

表 2 现场调研中国垃圾初始含水率数据

所在地年降雨量 (mm)	初始含水率（%）					样本数 (个)
	春	夏	秋	冬	全年	
年降雨量 ≥800	55.1	57.2	53.9	53.9	51.1	49
400≤年降雨量 <800	50.1	60.6	48.3	43.8	44.3	22
年降雨量 <400	—	—	—	—	25.5	2

表 3 中美垃圾典型组分及初始含水率对比（%）

地区	厨余垃圾	无机渣土	纸类	塑料	其他	初始含水率
中国	45～50	10～25	5～12	5～15	35	50
美国	22	5	47	5	21	27

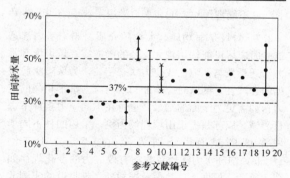

图 5 降解后垃圾的田间持水量

根据以上文献资料和现场调研资料，本规范推荐了表 4.2.2 中初始含水率和田间持水量取值。

4.2.3 填埋场的类别按《生活垃圾卫生填埋处理工程项目建设标准》建标 124-2009 划分，填埋场运行阶段，宜定期测试垃圾水力特性指标，积累数据，指导填埋场运行，并为以后新建填埋场设计提供基础数据。

4.2.4 现行行业标准《生活垃圾采样和分析方法》CJ/T 313 中规定的烘干温度为 105℃±5℃；现行国家标准《土工试验方法标准》GB/T 50123 规定烘干温度为 105℃～110℃，但只适用有机质含量不大于 10% 的土，不适用于生活垃圾；国外资料中推荐的烘

干温度包括 55℃、85℃ 或 105℃（Zekkos，2005）。进一步征求了国内测试部门的意见，最终确定烘干温度为 90℃±5℃。

4.2.5 一般土壤取 30kPa 基质吸力对应的含水率作为田间持水量；砂性土壤常取基质吸力 10kPa 对应的含水率；黏粒含量高的土壤宜取基质吸力 50kPa 对应的含水率。考虑到生活垃圾大孔隙的特点，结合相关研究资料，故取基质吸力 10kPa 对应的含水率作为田间持水量取值。

4.2.6 苏州七子山填埋场现场抽水试验表明，随抽水井降深增加，抽水流量逐渐减小，由最初的 1.9m³/h 逐渐减小至 1.0m³/h。根据抽水试验结果计算的垃圾饱和水力渗透系数，如图 6 所示，可见，垃圾饱和渗透系数随埋深增加明显减小。对于填埋厚度大的垃圾堆体，宜分层测试垃圾的渗透系数。

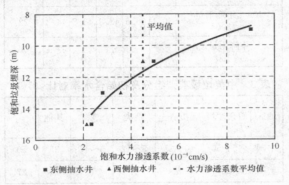

图 6 不同埋深垃圾饱和水力渗透系数现场测试结果

4.2.7 垃圾是非均质、大孔隙介质材料，室内渗透试验时应尽可能选取较大直径的渗透室。垃圾饱和水力渗透系数与孔隙比或应力状态相关，为保障实验数据的合理性，测试时应施加与现场应力水平相当的应力；如需更为全面的结果，也可在不同应力条件下进行测试。以苏州七子山填埋场为例，采用四种不同填埋深度的试样，分别为 2.5m、7.5m、12.5m、17.5m，饱和水力渗透系数随有效应力的变化规律如图 7 所示。根据上述数据及国内外文献报道的实测数

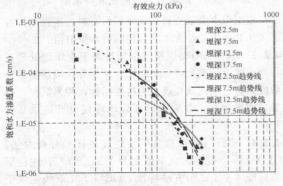

图 7 苏州七子山填埋场现场取样垃圾室内
渗透试验结果

据，浙江大学推荐了垃圾饱和水力渗透系数随深度的变化关系，如图 8 所示。

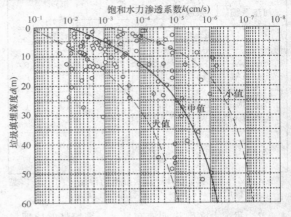

图 8 垃圾饱和水力渗透系数与填埋深度

4.2.8 浙江大学的室内试验结果表明：垃圾中填埋气渗透系数随饱和度或含水率增加而减少（图 9）。垃圾含水率对填埋气渗透系数影响较大，当含水率大于一定数值（约为田间持水量）填埋气渗透系数随含水率增大而急剧减小。渗沥液水位以下垃圾处于接近饱和或饱和状态，填埋气渗透系数小，阻碍了填埋气导排和收集，这也是高渗沥液水位填埋场填埋气收集率低下的重要原因。根据浙江大学的室内试验结果和国内外相关文献资料，本条推荐了填埋垃圾气体固有渗透系数取值范围。

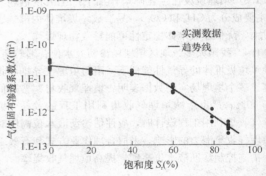

图 9 垃圾气体固有渗透系数与饱和度的关系曲线

4.3 填埋场渗沥液总量计算

4.3.1 填埋场渗沥液日均总量主要由降雨入渗量和垃圾自身降解或压缩产生渗沥液量两部分组成。降雨入渗量通常采用现行行业标准《生活垃圾填埋场渗滤液处理工程技术规范》HJ 564 中的浸出系数法计算。垃圾自身降解或压缩产生的渗沥液量取决于垃圾初始含水率与在填埋场降解及压缩后田间持水量之间的差值。当填埋垃圾初始含水率不大于降解后田间持水量时，垃圾自身渗沥液产量较低，可忽略，渗沥液产量可采用浸出系数法计算；而当填埋垃圾初始含水率较高时，垃圾自身降解或压缩产生渗沥液产量大，甚至

超过降雨入渗量，不能忽略。

填埋场渗沥液总量的一部分留在填埋场内形成填埋场的水位，其他的通过导排系统进入渗沥液调节池形成渗沥液产量（实测渗沥液产量）。后者的量一般情况下远大于前者。

编制组"垃圾渗沥液产量和调节池容积计算"专题研究对广州兴丰和上海老港四期填埋场渗沥液的各种计算量及实测量进行了比较，如图10、图11所示。可见，对于垃圾初始含水率较高的填埋场，浸出系数法得到的渗沥液产量明显偏小；采用本规范公式，使用实际逐月降雨量资料，在考虑了垃圾自身降解或压缩产生渗沥液产量后，可获得与实测数据比较接近的结果。

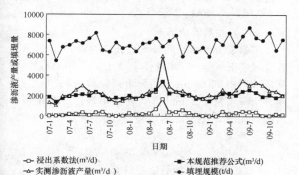

图10　广州兴丰填埋场渗沥液产量计算值与
实测值对比

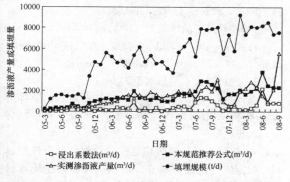

图11　上海老港四期填埋场渗沥液产量计算值与
实测值对比

4.4　场底渗沥液导排设计与水头控制

4.4.1　根据住房和城乡建设部《关于印发〈2008年工程建设标准规范制订、修订计划（第一批）〉的通知》（建标〔2008〕102号）的要求，现行行业标准《生活垃圾卫生填埋技术规范》CJJ 17-2004通过修定升级为国家标准，其送审稿已通过审查会专家组的审查。由于本规范在该国家标准前颁布，因此本规范目前条文中仍引用其CJJ 17-2004版本，一旦该标准作为国家标准发布，则按最新发布的标准执行。

4.4.2　根据实践，排水单元中的渗沥液导排盲沟可设置为"直线形"或"树叉形"。为使渗沥液导排层内最大水头小于30cm，不论采取何种设置形式，应保证最大水平排水距离L'不大于按本规范第4.4.3条中所示方法计算出的允许最大水平排水距离L。

最大水平排水距离L'是导排单元内最大坡度方向上排水起点（最高点）至排水终点（导排管或其他泄水点）水平投影的最大值。库底"直线形"和"树叉形"排水单元设置形式及其对应的最大水平排水距离L'分别如图12、图13所示。边坡排水单元的设置形式及其对应的L'如图14所示。

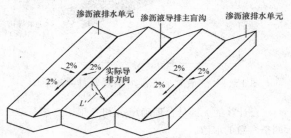

图12　库底"直线形"排水单元最大水平
排水距离L'示意图

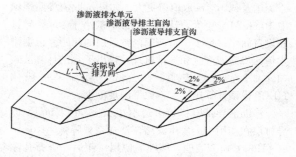

图13　库底"树叉形"排水单元最大水平
排水距离L'示意图

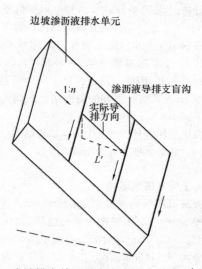

图14　边坡排水单元最大水平排水距离L'示意图

4.4.3 本公式为通用的 Giroud 公式，即根据导排层的渗沥液入渗量 q_h、导排层渗透系数 k、库底坡度、导排层最大允许渗沥液水头，可计算允许最大水平排水距离 L；若已知 L，也可反算导排层最大渗沥液水头。计算示意图见图 15。

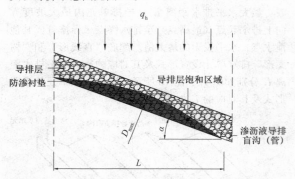

图 15 允许最大水平排水距离 L 计算示意图

L 计算的关键是合理确定 q_h 和导排层渗透系数 k 两个参数的取值。

德国规范推荐 q_h 取 10mm/d，美国规范推荐采用 HELP 模型计算结果或日均降雨量，取值一般不超过 5mm/d。根据类似填埋场的比较，我国渗沥液产量高于美国及德国，q_h 取值应更大。如果 q_h 取值参照德国取 10mm/d 或更大，计算出的 L 一般小于 15m，导排管设置间距将远小于目前国内常采用的间距。根据排水单元渗沥液产生和导排机理，提出了 q_h 的计算公式（4.4.3-3）。验算表明，该公式计算结果一般比 HELP 模型计算结果大，比德国规范小。

渗沥液导排层初始渗透不小于 1×10^{-3} m/s，但导排层在使用中会发生淤堵，渗透系数降低。Koerner（1995）研究表明，填埋场使用 1 年后，砾石孔隙减少很多，渗透系数从 2.5×10^{-1} m/s 降至 1.2×10^{-4} m/s。Fleming（1999）研究表明，填埋场使用 4 年后，导排层渗透系数从 1×10^{-1} m/s 降低到 1×10^{-4} m/s；土工布、导排管开口等局部位置等淤堵更严重。Craven（1999）研究表明，填埋场使用 6 年后，排水砂层渗透系数从 1.85×10^{-4} m/s 降低到 1.23×10^{-4} m/s。因此，建议计算 L 时，渗透系数 k 取 1×10^{-4} m/s，当有很好的防淤堵措施时，可适当提高。

以我国填埋容量较大的上海某填埋场和广州某填埋场为例，验算导排层的渗沥液入渗量 q_h 及允许最大水平排水距离 L。

一 上海某填埋场

上海某填埋场场底排水面积 800000m²，日填埋作业规模 8000t/d，填埋作业单元面积 50000m²；中间覆盖面积 650000m²，封场覆盖面积 100000m²；20 年日均降雨量 1116mm/年，初始填埋作业时垃圾含水率为 55%，完全降解后垃圾田间持水量为 38%。计算 q_h 及 L。

1 导排层的渗沥液入渗量 q_h

1）渗沥液日均总量 Q 计算

按式（4.3.1），$I = 1116$mm/年 $= 3.06$mm/d，$A_1 = 50000$m²，$A_2 = 650000$m²，$A_3 = 100000$m²，$C_{L1} = 0.8$，$C_{L2} = 0.48$，$C_{L3} = 0.1$，$M_d = 8000$t/d，$W_c = 55\%$，$F_c = 38\%$，计算得 $Q = 2467$m³/d。

2）导排层的渗沥液入渗量 q_h 计算

按式（4.4.3-3），$Q = 2467$m³/d，$A = 800000$m²，计算得 $q_h = 3.57\times10^{-8}$m/s，即 3.1mm/d。

2 允许最大水平排水距离 L

按式（4.4.3-1），$q_h = 3.57\times10^{-8}$ m/s，导排层渗透系数 k 取 1×10^{-4} m/s，计算得 $j = 0.881$，$L = 35.6$m。

二 广州某填埋场

广州某填埋场场底排水面积 470000m²，日填埋作业规模 10000t/d，填埋作业单元面积 50000m²；中间覆盖面积 320000m²，封场覆盖面积 100000m²；20 年日均降雨量 1735mm/年，初始填埋作业时垃圾含水率为 58%，完全降解后垃圾田间持水量为 38%。计算 q_h 及 L。

1 导排层的渗沥液入渗量 q_h

1）渗沥液日均总量 Q 计算

按式（4.3.1），$I = 1735$mm/年 $= 4.75$mm/d，$A_1 = 50000$m²，$A_2 = 320000$m²，$A_3 = 100000$m²，$C_{L1} = 0.8$，$C_{L2} = 0.48$，$C_{L3} = 0.1$，$M_d = 10000$t/d，$W_c = 58\%$，$F_c = 38\%$，计算得 $Q = 2968$m³/d。

2）导排层的渗沥液入渗量 q_h 计算

按式（4.4.3-3），$Q = 2968$m³/d，$A = 470000$m²，计算得 $q_h = 7.31\times10^{-8}$m/s，即 6.3mm/d。

2 允许最大水平排水距离 L

按式（4.4.3-1），$q_h = 7.31\times10^{-8}$ m/s，导排层渗透系数 k 取 1×10^{-4} m/s，计算得 $j = 0.881$，$L = 20.6$m。

4.4.4 美国规范要求颗粒导排层顶部宜铺设反滤材料；德国规范建议颗粒导排层顶部可不铺设反滤材料，但要加大颗粒导排层的厚度，一部分颗粒层在使用过程中充当反滤作用；结合我国垃圾渗沥液特性（细颗粒物质高）和渗沥液导排建设实践（颗粒导排层厚度较发达国家小），建议颗粒导排层顶部铺设反滤层，以减缓细颗粒物质进入导排层造成的淤堵，并应进行反滤计算。

4.4.6 土工复合排水网厚度较薄，长期使用过程中，在机械、化学、生物作用下，其导排性能显著降低，因此采用土工复合排水网排水时，应进行长期导排性能验算。库区边坡目前常用透水性较差的袋装黏土作为保护层，导致边坡区域渗沥液导排能力很低，应避免使用。

4.4.7 渗沥液导排系统使用过程中易发生淤堵，淤堵易发生于渗流能力较小或渗沥液流量负荷较大的位置，如导排反滤层及渗沥液导排管位置等。导排管内的淤堵物逐步由软变硬，若在结块变硬前进行反冲洗，可较大程度上减缓淤堵的发展。德国和国内导排管反冲洗实践均取得了良好效果。根据经验，若要进行反冲洗，需要在导排管末端设置端头井作为维护通道，运行过程中宜定期进行冲洗。

4.5 垃圾堆体水位及控制

4.5.3 小口径抽排竖井施工速度快，降水效率高，可作为填埋场应急降水措施。国内某填埋场因连降暴雨，渗沥液水位急剧上升，堆体滑动开裂，急需降水；在堆体边坡打设了 14 口小口径井，采用压缩空气降水，单井出水量 $20m^3/d \sim 30m^3/d$，日均总出水量 $300m^3 \sim 400m^3$，经过一段时间的降水，堆体水位显著下降，滑坡险情排除。小口径抽排竖井直径130mm，井管井径 110mm，具体做法如图 16 所示。

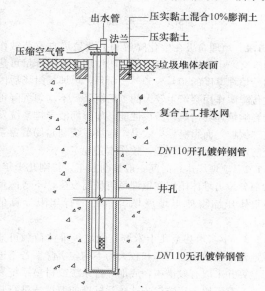

图 16　小口径抽排竖井结构详图

4.5.4 靠近堆体边坡 50m 范围内的渗沥液水位对边坡稳定安全影响大，有效控制该区域内水位，可显著提高堆体边坡稳定安全系数。该区域内加强排水的方法有：加密中间渗沥液导排盲沟和深层抽排竖井等。

4.5.5 抽排竖井内填埋气含量较高，使用电泵可能存在安全隐患；单井渗沥液产量低，电泵易干转损坏；填埋场侧向变形较大，抽排竖井井管易弯曲，电泵难以取出检修、维护，因此，建议采用压缩空气排水。

4.6 填埋气收集及控制措施

4.6.1 填埋气收集量评估是填埋气收集利用工程设计的重要依据。填埋气收集量与填埋场单位时间理论

产气量、填埋场施工、运行情况及渗沥液水位、填埋气收集设施影响范围面积等因素有关。

填埋场建设、运行情况及渗沥液水位对填埋气收集量的影响采用填埋气收集率 η 表征。参考美国环境保护局针对我国垃圾填埋场产气资料，认为无论填埋场设计多么合理和填埋气收集系统覆盖多么完整全面，至少 15% 填埋气无法收集（即填埋气收集率最高取 85%），在此基础上根据填埋场施工、运行与渗沥液水位高度情况做进一步折减。针对各种影响因素说明如下：

①彻底和及时压实、集中倾倒区域和及时覆盖，可减少空气（氧气）和地表水进入垃圾体，加快厌氧降解并产生可利用的填埋气，还可减少不均匀沉降，减少收集管线出现问题的可能性；②填埋厚度较小的填埋场，垃圾趋于好氧分解，甲烷比例下降；③覆盖可使填埋气收集系统更易达到所需的负压状态，扩大填埋气收集范围；④填埋场底部防渗层可减少填埋气从填埋场底部逃逸，并减小场外气体从填埋场底部进入填埋场；⑤因渗沥液水位以下垃圾气体渗透系数很小，填埋气难运移至收集系统。因此，结合我国填埋场现场调研及特点，建议了表 4.6.1 填埋场建设和运行情况的填埋气收集率折减系数。

4.6.2、4.6.3 填埋场渗沥液水位对填埋气收集率影响较大，因此规定高水位填埋场宜进行不同水位降低条件的现场抽气试验，根据现场抽气试验所得的渗沥液水位降幅与填埋气收集量关系，为填埋气收集利用工程设计和渗沥液水位降低措施提供基础，达到提高填埋气收集率的目的。现场抽气试验可按如下要点进行：

　1）抽气试验应进行 3 口以上单井试验与多井同步试验。已建竖井区域，宜选取既有竖井进行试验；尚未建设竖井区域，应选择代表性位置进行试验；

　2）抽气试验的导气竖井结构形式和施工应符合现行行业标准《生活垃圾填埋场填埋气体收集处理及利用工程技术规范》CJJ 133规定。竖井影响范围内垃圾表层应进行覆盖，井头留检测孔，用于检测填埋气成分、温度和压力；

　3）抽气试验分为被动（静态）试验和主动（动态）试验；被动试验和主动试验均宜先进行单井试验，后进行多井同步试验，各参数取连续运行三天试验的平均值；

　4）被动试验是指在风机不运行（即未抽气条件）情况下的试验，测试无抽气条件下填埋气收集量、井内压力、填埋气成分和温度等，作为主动抽气试验评价的补充；

　5）主动试验是指在风机连续运转（即抽气条件）情况下的试验；测试时，竖井周边应

设置 3 口气压监测井，离竖井距离宜取 0.5 倍、1.0 倍、1.5 倍井深，且宜呈直线布置；抽气量大小控制依据为在保证风机出口处填埋气中氧浓度低于 1% 条件下的最大抽气量；主动试验测试抽气条件下填埋气收集量、井内压力、填埋气成分和温度等；

6) 导气竖井影响半径宜通过主动抽气试验时气压监测井的气压结果确定；导气竖井与监测井的压力差 ΔP 与两者间距 R 存在以下关系：$\Delta P = a\ln\Delta P + b$，式中系数 a 和 b 可采用最小二乘法确定；一般认为导气竖井影响半径处气压力为 -0.25kPa，利用 $R = \exp\left[(\Delta P - b)/a\right]$ 确定导气竖井影响半径；

7) 主动试验可获得导气竖井影响半径内垃圾当前填埋气收集量 C，根据本规范第 4.6.1 条确定抽气时相应的填埋气收集率 η，可采用式（4.6.1-1）计算影响半径内垃圾当前单位时间理论产气量 Q_t（$\beta=1$），结合该填埋场所填埋垃圾的单位重量产气潜力，根据现行行业标准《生活垃圾填埋场填埋气体收集处理及利用工程技术规范》CJJ 133 单位时间理论产气量计算公式确定填埋垃圾产气速率常数；

8) 采用抽气试验确定的垃圾产气速率常数，并结合该填埋场所填埋垃圾的单位重量产气潜力，可分别采用现行行业标准《生活垃圾填埋场填埋气体收集处理及利用工程技术规范》CJJ 133 单位时间理论产气量计算公式和本规范式（4.6.1-1）预测未来填埋气产量和收集量，据此合理制定填埋气收集利用工程分期建设规划。

4.6.4 采用兼有降水和集气功能竖井能有效提高高水位填埋场的填埋气收集率，其抽排管内径不宜小于 200mm。渗沥液水位较低的填埋场，井深可尽量取大，但为防止钻孔破坏场底防渗系统，井底距场底间距不宜小于 5m。导气竖井间距过小，会造成导气竖井间影响范围重叠而降低效率；导气竖井间距过大，难以有效收集导气竖井影响范围外垃圾所产填埋气。编制组研究表明（图 17）以气压为 5% 和 10% 抽气压力作为竖井抽气影响范围标准，影响深度达垃圾堆体底部的竖井影响半径范围分别为（1.35～1.53）倍和（0.76～1.0）倍井深，故建议井间距取井深的（1.5～2.5）倍。

4.6.5 填埋作业应设立垃圾集中倾倒区域，减小填埋作业面。对于新填埋垃圾区域，应及时进行临时覆盖；对非填埋作业或已达设计标高的区域，应及时做好中间或封场覆盖。

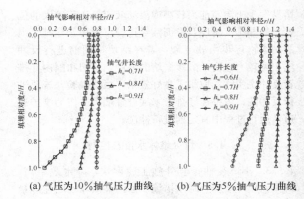

(a) 气压为 10% 抽气压力曲线　(b) 气压为 5% 抽气压力曲线

图 17　导气竖井影响半径

H＝填埋垃圾厚度；h_w＝导气竖井深度；

r＝导气竖井轴向坐标；z＝深度坐标

5　填埋场沉降及容量

5.1　一　般　规　定

5.1.1 填埋垃圾在生化降解和上覆垃圾自重荷载作用下会产生压缩，大量资料表明垃圾堆体沉降量可达初始填埋厚度的 30%～50%。而且，填埋场封场后因生化降解作用会产生较大的工后沉降。不均匀沉降可能影响填埋场构筑物服役性能，如渗沥液导排系统发生"倒坡"而影响导排效果，衬垫系统和封场覆盖系统防渗层因张拉而开裂，故作本条规定。

5.1.2 填埋场运行时间一般短则数年，长则几十年，大部分垃圾堆体压缩在填埋场封场前发生，不考虑垃圾堆体压缩将使得填埋场容量和运行年限计算值偏小。

5.1.3 十多米甚至几十米堆高的垃圾堆体荷载可造成地基产生数米的沉降和较大的不均匀沉降。若不进行验算并采取有效措施，底部导排系统或衬垫系统易失效。对于原场底防渗未达防污标准的填埋场进行竖向扩容时，通常需设置中间衬垫系统，若下卧堆体厚度和竖向扩建高度较大，中间衬垫系统沉降可达数米。

5.2　垃圾堆体沉降计算

5.2.2 垃圾堆体沉降计算时上覆垃圾自重应力小于前期固结应力时垃圾主压缩量较小，可忽略不计。钱学德（2001）建议垃圾前期固结应力取 48kPa。根据我国填埋场的压实现状及测试结果，本条建议无试验数据时前期固结应力取 30kPa。

垃圾主压缩指数可选取新鲜垃圾或填埋垃圾的试验结果，国内外垃圾的室内压缩试验结果总结如图 18 所示，可见高应力条件（如 1000kPa）下垃圾孔隙比趋于稳定值（0.8～1.2）。

5.2.3 填埋场实际沉降-时间对数曲线通常呈现初始

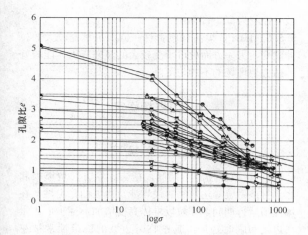

图 18　城市生活垃圾 e-$\log\sigma$ 曲线

平缓、后续较陡的特点。Sowers 次压缩模型易高估初期沉降、低估后期沉降 [图 19 (a)]；应力-降解压缩模型能较好预测填埋场整个沉降发展历程 [图 19 (b)]。因此，对后期沉降计算精度要求较高的设施（如中间渗沥液导排系统与土工膜），其次压缩沉降验算建议采用应力-降解压缩模型。

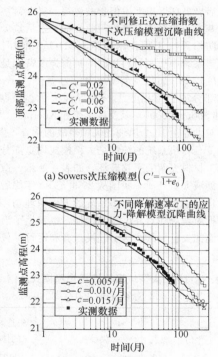

(a) Sowers 次压缩模型 $\left(C'=\dfrac{C_a}{1+e_0}\right)$

(b) 应力-降解压缩模型

图 19　某填埋场垃圾堆体沉降实测与
模型分析结果比较

式 (5.2.3-2) 中 $\varepsilon_{dc}(\sigma_0)$ 和 $\varepsilon_{dc}(\sigma_i)$ 分别是 σ_0 和 σ_i 作用下新鲜垃圾和完全降解垃圾压缩应变的差，如图 20 所示。编制组所开展的室内降解压缩试验表明：初始孔隙比为 3.93 的垃圾试样，在 150kPa 压力作用下应力引起的应变为 33.8%，降解引起的应变为 24%。

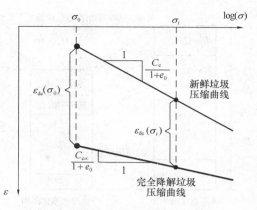

图 20　新鲜垃圾与完全降解垃圾压缩曲线

垃圾降解压缩速率与材料易降解程度和填埋环境有关，其取值范围较广。例如，Lu (1981) 和 Suflite 等 (1993) 建议垃圾降解压缩速率分别为 0.235/年和 0.055/年～0.087/年。编制组对杭州天子岭填埋场表层垃圾进行了取样测试，测得该填埋场垃圾降解压缩速率为 0.095/年。

修正次压缩指数 $C_a/(1+e_0)$ 建议取值范围主要基于大量的国内外试验成果 (Sharma 等，2007)。

5.2.4　式 (5.2.1) 是垃圾堆体内任意点在某一时刻其下卧垃圾的总压缩量，该点沉降应不包括填埋该点时其下卧垃圾的压缩总量 S_1，故采用式 (5.2.4) 计算。

5.3　填埋量计算

5.3.1、5.3.2　国内通常采用填埋库容和"单位库容填埋量"的乘积来估算填埋量，但"单位库容填埋量"取值往往依据经验，易出现与实际差异较大的情况。本规范计算方法考虑了填埋场运行期间的堆体压缩，经上海老港、苏州七子山、广州新丰、成都和长安等 10 余个填埋场验证，该方法可有效提高填埋场填埋量的计算精度。

填埋场填埋量可按照下列步骤进行分析：

1　将整个填埋场库区按照场底地形和封场形状分为 n 个较规则的区域，计算每个区域的平面面积，某区域 i 堆体的平均设计有效填埋高度 D_i 为该区域的有效库容 V'_i 除以该区域的平面面积 A_i；

2　根据预期的填埋场单位时间垃圾进场量预估填埋速率，并确定各区域垃圾的分层厚度，一般取 2m～5m；填埋速率和分层厚度均不考虑垃圾压缩的影响；

3　如图 21 所示，对任一填埋区域 i，垃圾体通过逐层添加的方式模拟堆填过程，每堆填一层垃圾，根据本规范沉降分析方法计算其下每一层垃圾的压缩量 S_{ij} 以及压缩后的填埋厚度 $H_{ij}-S_{ij}$，如果 m 层垃圾压缩后的总填埋厚度 $\sum\limits_{j=1}^{m}(H_{ij}-S_{ij})$ 小于平均设计

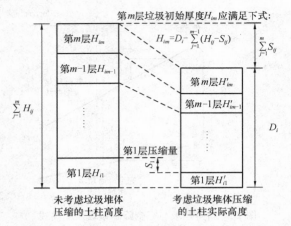

第m层垃圾初始厚度H_{im}应满足下式：

$$H_{im}=D_i-\sum_{j=1}^{m-1}(H_{ij}-S_{ij})$$

未考虑垃圾堆体
压缩的土柱高度

考虑垃圾堆体压缩
的土柱实际高度

图 21　填埋场某一填埋区域填埋量计算示意图

有效填埋高度 D_i 时，则该区域继续填埋；当 $\sum_{j=1}^{m}(H_{ij}-S_{ij})$ 与 D_i 的差值接近分层厚度时，最后一层堆填垃圾的初始填埋厚度则取 D_i 与 $\sum_{j=1}^{m}(H_{ij}-S_{ij})$ 的差值；

4　该区域的填埋量即为各层垃圾填埋量之和，按式 (5.3.1-1) 计算填埋量。

5.4　填埋场库区设施不均匀沉降验算

5.4.5　土工膜在不均匀沉降和下卧堆体局部沉陷条件下可能产生过大的拉伸应变，因此本条规定土工膜在上述两种条件下的拉伸应变都应小于其允许应变特征值，以确保填埋场底部防渗系统、中间衬垫系统和封场覆盖系统的有效运行。防渗系统可能由一种以上的土工材料组成，其允许应变特征值应取这些土工材料的允许应变特征值的最小值。HDPE 土工膜的允许应变特征值在 8% 左右，GCL 的允许应变特征值一般为 1%～10%，压实黏土防渗层的允许拉伸应变值一般仅为 0.1%～1.0%，建议通过试验确定。

5.5　填埋场不均匀沉降控制和增容措施

5.5.2～5.5.5　充分压实可降低垃圾初始孔隙比，提高垃圾容重，增加填埋垃圾上覆应力；垃圾容重较小，在水位以下其有效容重仅为 1kN/m³～4.5kN/m³，降低渗沥液水位，可大幅提高垃圾堆体的有效自重应力。渗沥液回灌等措施可加快降解压缩。以上方法在国外已被广泛采用，我国对这方面重视不够。还可采取强夯、堆载预压、深层动力压实与加速固结措施减小沉降，但值得注意的是对于场底有衬垫层的填埋场，应慎用强夯、堆载预压、深层动力压实，防止破坏衬垫层；细化填埋区作业计划及规划，可有效降低堆体不均匀沉降和变形。根据编制组对若干填埋场的专题分析，各增容措施增加填埋量幅度如下：提高填埋作业压实度为 10%～15%；降低渗沥液水位为 2%～5%；加速堆体降解稳定为 2%～5%；合理分区填埋和填埋

坡度控制为 1%～3%。

5.5.6　HDPE 柔性材质管材一方面可承受较大的拉伸应变，另一方面也可承受较大的竖向压力，能较好地适应填埋场的不均匀沉降。

6　填埋场稳定

6.1　一般规定

6.1.1　在填埋场施工期间，挖方、填方、垃圾坝和底部衬垫系统等构筑物建设均涉及边坡的稳定性；在填埋场运行期间，随垃圾堆体高度增加，逐步形成永久边坡和临时边坡，其中临时边坡的稳定性常被忽视；填埋场封场后，垃圾堆体边坡高度达到最大，存在较大失稳风险。

国内外垃圾堆体失稳事故调查发现，垃圾堆体一般有以下三种失稳模式（钱学德，2000）：通过垃圾堆体内部的滑动破坏；因下卧地基破坏引起的通过堆体内部与下卧地基的滑动破坏；因土工材料界面强度不足引起的部分或全部沿土工材料界面的滑动破坏。其中，后者破坏后果严重但常被忽视。复合衬垫系统已作为基本防渗系统被现行行业标准《生活垃圾卫生填埋场防渗系统工程技术规范》CJJ 113 推荐使用，复合衬垫系统中土工材料界面的抗剪强度特别是残余抗剪强度较低（如其残余摩擦角仅为 7°～18°），易导致堆体部分或全部沿土工材料界面失稳。根据 Koerner 和 Soong（2000）以及钱学德和 Koerner（2007，2009）对世界上 15 个填埋场失稳事故的调查，发现 8 个设置复合衬垫系统的填埋场失稳模式均是部分或全部沿土工材料界面的平移破坏，如表 4 所示，造成垃圾与渗沥液大量外泄。我国从 20 世纪 90 年代后期开始陆续建设了含有复合衬垫系统的卫生填埋场，近几年这批填埋场随着高度逐步增加，也发生了沿土工材料界面的失稳事故，应引起设计者和运行单位的高度重视。

表 4　15 个大型垃圾填埋场失稳模式总结
（Qian and Koerner，2007；2009）

案例	年份	地点	失稳模式	失稳垃圾的体积（m³）
U-1	1984	北美洲	单圆弧滑动破坏	110000
U-2	1989	北美洲	多圆弧滑动破坏	500000
U-3	1993	欧洲	平移破坏	470000
U-4	1997	北美洲	平移破坏	1100000
U-5	1997	北美洲	单圆弧滑动破坏	100000
U-6	1998	北美洲	平移破坏	13000

案例	年份	地点	失稳模式	失稳垃圾的体积（m³）
U-7	2000	亚洲	单圆弧滑动破坏	16000
L-1	1988	北美洲	平移破坏	490000
L-2	1994	欧洲	平移破坏	100000
L-3	1997	北美洲	平移破坏	300000
L-4	1997	非洲	平移破坏	300000
L-5	1997	南美洲	平移破坏	1200000
L-6	1998	非洲	平移破坏	50000
L-7	2000	北美洲	平移破坏	100000
L-8	2002	欧洲	平移破坏	200000

注：U 表示无衬垫的工程。

L 表示含土工膜或复合衬垫系统（GM/GCL/CCL）的工程。

6.1.2 垃圾堆体边坡工程安全等级是设计、施工中根据不同的场地条件及工程特点加以区别对待的重要标准，从高到低分三级，一级最高，三级最低。填埋场位于城市周边，是城市功能的重要组成部分，其失稳造成的危害较大；且从垃圾堆体边坡工程事故原因分析看，高度较大填埋场发生失稳事故的概率较高，造成的损失较大，因此本条主要以垃圾堆体边坡高度作为安全等级的划分标准。在规范编制过程中，对国内省会城市现有大型填埋场形式和设计高度进行了总结，平原形填埋场垃圾堆体高度在 45m～80m 之间，山谷形填埋场在 60m～130m 之间。因此将边坡高度≥60m 的垃圾堆体边坡工程划入一级。

以下对安全等级应提高一级的情况进行说明：填埋场下游有重要城镇、企业或交通干线时，失稳会造成人民生命财产的大量损失，灾害严重；修建在软弱地基上的填埋场，沿软弱地基失稳的概率较高，且失稳往往造成场底衬垫系统破坏，或当填埋场修建在现有填埋场及污泥坑等特殊土之上时，其失稳概率也将增加；山谷形填埋场底部库区顺坡向边坡坡度大于10°时，易发生部分或者全部沿底部土工材料界面的失稳，该失稳模式将造成大量垃圾堆体和渗沥液的外泄。

6.1.3 三种运用条件主要按可能出现的频度高低划分。一种运用条件往往包含多种工况，但由于垃圾堆体边坡工程的复杂性，条文中难以将不同运用条件下的所有工况全部列出，条文中指明的仅是部分典型的工况，而非所有工况。

1 正常运用条件

在划分正常运用条件时，考虑垃圾堆体边坡工程的特点，明确了正常运用条件包括填埋场填埋过程以

及封场后。编制组"渗沥液水位对填埋场稳定影响"专题研究结果发现：由于我国垃圾含水率高、垃圾渗透系数随填埋深度降低及导排层易淤堵等原因，现有填埋场的垃圾堆体主水位和滞水位随堆体边坡高度增加而增加，有些埋深在垃圾堆体表面以下 4m～10m。对于这些现有填埋场，上述逐步壅高的渗沥液水位应属于正常运用条件。

2 非常运用条件Ⅰ

根据钱学德和 Koerner（2007，2009）的 15 个填埋场事故原因调查，有 10 个垃圾堆体边坡失稳与渗沥液水位相关。在我国南方，在正常运用条件下渗沥液水位经常处于较高水平，一旦发生强降雨和其他原因易引起渗沥液水位显著上升，但该工况持续时间较短，发生频度较低，故将此工况划为非常运用条件Ⅰ。

3 非常运用条件Ⅱ

非常运用条件Ⅱ主要根据现行行业标准《碾压式土石坝设计规范》SL 274 和《水利水电工程边坡设计规范》SL 386 的规定，确定正常运用条件遭遇地震作为非常运用条件Ⅱ，与非常运用条件Ⅰ相区别。

6.2 垃圾抗剪强度指标

6.2.1 在工程实践中，垃圾抗剪强度指标的确定方法很多，主要有现场试验（现场直剪试验、SPT、CPT 等现场试验方法均可建立与垃圾抗剪强度指标的相关关系）、室内直剪试验、室内三轴试验、工程类比或反演分析等。一般来说，现场试验方法取得的垃圾抗剪强度指标较为可靠，但是有的现场试验（如现场直剪试验）费用高、周期长、难度较大；室内试验相对简单易行，费用较低，室内试验应选取有代表性的垃圾试样。

垃圾强度与龄期及破坏应变标准有关，如图 22 所示。由图 22 可知，随填埋龄期增加，垃圾内摩擦角增大，黏聚力降低；随破坏应变取值增加，垃圾内摩擦角和黏聚力均增加。鉴于垃圾强度的复杂性，及新建填埋场与一般岩土工程勘察工程不同，无法从现场取得垃圾试样进行试验，因此条文要求一级垃圾堆

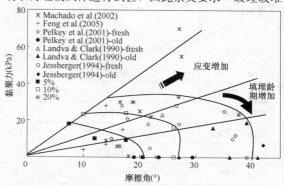

图 22 垃圾抗剪强度参数

体边坡同时采用工程类比和反演分析进行综合分析，确定垃圾抗剪强度指标。对于二级和三级垃圾堆体边坡，也可采用工程类比方法确定抗剪强度指标。Kavazanjian 等（1995）推荐美国垃圾抗剪强度参数按下列原则取值：在深度 3m 以内，黏聚力 $c' = 24$kPa，内摩擦角 $\phi' = 0°$；在深度 3m 以下，黏聚力 $c' = 0$kPa，内摩擦角 $\phi' = 33°$；Dixon 和 Jones（2005）推荐英国垃圾抗剪强度参数取值为：黏聚力 $c' = 5$kPa，内摩擦角 $\phi' = 25°$；编制组对垃圾抗剪强度进行了大量研究，总结了垃圾抗剪强度指标参考值，如表 5 所示（10% 应变），供设计人员参考使用，其中：①无经验时取表中的低值；②当加筋含量较多时，内摩擦角取低值，黏聚力取高值；③当土粒含量较多时，内摩擦角取高值，黏聚力取低值；④浅层垃圾抗剪强度参数与压实程度有关，压实程度不良时取小值，压实程度良好时取大值。

表 5　垃圾抗剪强度指标参考值

垃圾类型	内摩擦角 ϕ'（°）	黏聚力 c'（kPa）
浅层垃圾（埋深小于 10m）	12～25	15～30
深层垃圾（埋深大于 10m）	25～33	0～10

6.2.3　垃圾表现出应变硬化的特征，在利用莫尔库伦理论确定强度参数时应选择合适的应变作为破坏标准。根据浙江大学的研究成果，采用 10% 应变作为破坏标准得到的强度参数，可满足边坡变形及稳定控制的双要求，在苏州七子山填埋场及深圳下坪填埋场工程的稳定分析中得到了验证，因此推荐垃圾破坏标准的应变建议为 10%。

6.3　土工材料界面强度指标

6.3.1　与填埋垃圾相比，土工材料界面抗剪强度较低，是垃圾堆体稳定的薄弱环节。根据美国规范、欧洲规范以及现有研究成果，确定土工材料界面抗剪强

度指标的方法主要有两种，对于正应力较大的土工材料界面，为获得残余强度，应采用具有剪切位移达到 100mm 的大尺寸界面直剪仪；对于正应力较小的封场覆盖系统可采用斜坡试验。土工合成材料因生产厂家、生产工艺、种类及在现场应用条件不同，其强度指标差距较大，因此条文要求一级、二级垃圾堆体边坡采用试验方法确定土工材料界面抗剪强度指标，三级垃圾堆体边坡可采用工程类比确定抗剪强度指标。表 6 列出了土工材料界面参数的取值范围，供设计人员参考采用，其中：①无经验时取表中的低值；②封场覆盖系统，摩擦角宜取高值；③当 GCL 水化时，土工膜/GCL 界面摩擦角和黏聚力均应取低值。如果土工材料种类和材质已经确定，还可参考 Koerner 和 Narejo（2005）的总结结果，如表 7 所示。该表是统计和分析了 3260 个各种土工材料界面直剪试验数据。

表 6　各种典型土工材料界面的抗剪强度指标取值范围

界面类型	峰值强度指标		残余强度指标	
	有效摩擦角 ϕ'_p（°）	有效黏聚力 c'_p（kPa）	有效摩擦角 ϕ'_r（°）	有效黏聚力 c'_r（kPa）
光滑土工膜/土工织物	9～11	0	7～8	0
粗糙土工膜/土工织物	20～30	0～5	12～15	0～2
光滑土工膜/黏土	9～12	2	7～9	1
粗糙土工膜/黏土	22～32	0～20	12～18	0～10
光滑土工膜/GCL	9～10	0	8～9	0
粗糙土工膜/GCL	22～32	0～5	9～16	0
土工织物/土工网	12～27	0	10～14	0
土工织物/土工织物	15～20	0～2	9～12	0～1

表 7　土工材料界面剪切强度汇总表（Koerner and Narejo，2005）

界面材料 1	界面材料 2	峰值强度指标				残余强度指标			
		ϕ'_p（°）	c'_p（kPa）	试验数	R^2	ϕ'_r（°）	c'_r（kPa）	试验数	R^2
光面 HDPE	砂性土	21	0.0	162	0.93	17	0.0	128	0.92
光面 HDPE	非饱和黏性土	11	7.0	79	0.94	11	0.0	59	0.95
光面 HDPE	无纺针刺土工布	11	0.0	149	0.93	9	0.0	82	0.96
光面 HDPE	土工网	11	0.0	196	0.90	9	0.0	118	0.93
光面 HDPE	土工复合排水网	15	0.0	36	0.97	12	0.0	30	0.93
糙面 HDPE	砂性土	34	0.0	251	0.98	31	0.0	239	0.96
糙面 HDPE	非饱和黏性土	19	23.0	62	0.91	22	0.0	35	0.93
糙面 HDPE	无纺针刺土工布	25	8.0	254	0.96	17	0.0	217	0.95

界面材料1	界面材料2	峰值强度指标				残余强度指标			
		ϕ'_p (°)	c'_p (kPa)	试验数	R^2	ϕ'_r (°)	c'_r (kPa)	试验数	R^2
糙面 HDPE	土工网	13	0.0	31	0.99	10	0.0	27	0.99
糙面 HDPE	土工复合排水网	26	0.0	168	0.95	15	0.0	164	0.94
糙面 HDPE	无纺土工布 GCL	23	8.0	180	0.95	13	0.0	157	0.90
糙面 HDPE	编织土工布 GCL	18	11.0	196	0.96	12	0.0	153	0.92
光面 LLDPE	砂性土	27	0.0	6	1.00	24	0.0	9	1.00
光面 LLDPE	黏性土	11	12.4	12	0.94	12	3.7	9	0.93
光面 LLDPE	无纺针刺土工布	10	0.0	23	0.63	9	0.0	23	0.49
光面 LLDPE	土工网	11	0.0	9	0.99	10	0.0	9	1.00
糙面 LLDPE	砂性土	26	7.7	12	0.95	25	6.2	12	0.95
糙面 LLDPE	黏性土	21	6.8	12	1.00	13	7.0	9	0.98
糙面 LLDPE	无纺针刺土工布	26	8.1	9	1.00	17	9.5	9	0.96
糙面 LLDPE	土工网	15	3.6	6	0.97	11	0.0	6	0.98
光面 PVC	砂性土	26	0.4	6	0.99	19	0.0	6	0.99
光面 PVC	黏性土	22	0.9	11	0.88	15	0.0	9	0.95
光面 PVC	无纺针刺土工布	20	0.0	89	0.91	16	0.0	83	0.74
光面 PVC	无纺热胶土工布	18	0.0	3	1.11	12	0.1	3	1.00
光面 PVC	编织型土工布	17	0.0	6	0.54	7	0.0	6	0.93
光面 PVC	土工网	18	0.1	3	1.00	16	0.6	3	1.00
毛面 PVC	无纺针刺土工布	27	0.2	26	0.95	23	0.0	26	0.95
毛面 PVC	无纺热胶土工布	30	0.0	8	0.97	27	0.0	8	0.90
毛面 PVC	编织型土工布	15	0.0	6	0.78	10	0.0	6	0.76
毛面 PVC	土工网	25	0.0	11	1.00	19	0.0	11	0.99
毛面 PVC	土工复合排水网	27	1.1	5	1.00	22	5.7	6	1.00
加筋型 GCL	GCL 内部强度	16	38.0	406	0.85	6	12.0	182	0.91
土工网	无纺针刺土工布	23	0.0	52	0.97	16	0.0	32	0.97
砂性土	无纺针刺土工布	33	0.0	290	0.97	33	0.0	117	0.96
砂性土	无纺热胶土工布	28	0.0	6	0.99	16	0.0	6	0.91
砂性土	编织型土工布	32	0.0	81	0.99	29	0.0	28	0.98
砂性土	土工复合排水网	27	14.0	14	0.86	21	8.0	10	0.92
黏性土	无纺针刺土工布	30	5.0	79	0.96	21	0.0	28	0.79
黏性土	无纺热胶土工布	29	0.9	15	0.71	10	0.0	15	0.83
黏性土	编织型土工布	29	0.0	34	0.94	19	0.0	16	0.86

6.3.3 土工材料界面的抗剪强度一般具有应变软化特征，因此根据现场剪切位移可能发生的大小，分别规定了峰值抗剪强度指标及残余抗剪强度指标，可参照表7取值。

6.3.4 复合衬垫系统一般包含多个土工材料界面，每个土工材料界面均具有不同的峰值抗剪强度指标及残余抗剪强度指标，选择峰值抗剪强度指标还是残余抗剪强度指标将显著影响填埋场沿土工材料界面的稳定计算结果。Filz 等（2001）和林伟岸（2009）通过数值分析研究填埋场库底和边坡上土工材料界面随填埋高度不断增加而发生应变软化的可能性，分析结果表明即使在填埋高度不大的情况下，位于库区边坡（坡度大于10°）上的土工材料界面应力易越过峰值强度，处于大变形或残余强度的状态，而库底近水平段（坡度小于10°）土工材料界面大部分还未超过峰值强度。因此，在应用极限平衡理论进行填埋场稳定分析时，可以假定库底土工材料界面处于峰值强度状态而边坡上土工材料界面处于大变形或残余强度的状态来选择界面强度参数。另外，因为垃圾体在自重作用下的沉降可达初始填埋高度的30%～50%，在堆体如此大的沉降作用下，易引起封场覆盖系统中土工材料的相对位移，从而降低界面上的剪切强度，因此封场覆盖系统中的土工材料界面均宜采用残余强度指标值。

当利用残余强度来进行填埋场稳定分析时，通常容易犯的错误把所有界面中具有最低残余强度的界面作为复合衬垫系统的最危险界面（Gilbert，2001）。由于一个界面残余强度只有在达到了峰值强度之后才能够发生，所以具有最低峰值强度的界面才是多层复合衬垫系统的最危险界面。以糙面土工膜/加筋GCL/土工复合排水网组成的复合衬垫系统为例，说明如何确定复合衬垫系统残余抗剪强度的选取。对以上三个界面分别进行直剪试验，其结果如图 23 所示，GCL 内部的残余强度是该复合衬垫系统中最小的残余强度，而 GCL/土工复合排水网界面的峰值强度是该复合衬垫系统中的最小峰值强度，较小于 GCL 内部的峰值强度。该复合衬垫系统的最危险界面是GCL 与土工复合排水网之间的界面，应取该界面的残余强度作为该复合衬垫系统的残余强度，而不是取GCL 内部的残余强度。可见，要确定复合衬垫系统的残余强度，应进行不同应力状态下所有界面的直剪试验，再根据得到的应力应变曲线确定峰值强度最低的界面，即是该系统的最危险界面，然后，取该界面的残余强度来进行填埋场稳定计算。

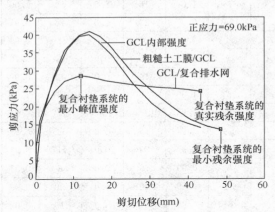

图 23　复合衬垫系统各界面应力-位移曲线

6.4　填埋场边坡稳定验算

6.4.1　本条为强制性条文，是关于稳定验算和警戒水位确定的规定。垃圾堆体失稳滑坡不仅造成严重的地表环境污染，处理难度大、费用高，而且影响填埋场正常消纳垃圾的功能，易造成城市中垃圾没有出路而引发严重的社会危机，因此要求所有等级的垃圾堆体必须进行边坡稳定验算，以下对各条说明如下：

　　1　考虑到填埋是一个长期的过程，应取每填高20m 的各填埋阶段进行验算；

　　2　垃圾堆体最常见的三种失稳模式详见本规范第 6.1.1 条的条文说明，该三种模式均可能产生失

稳，因此要求都要验算；

　　3　摩根斯坦-普赖斯法可计算沿垃圾内部的圆弧形滑动或非圆弧滑动以及部分或全部沿土工材料界面的折线滑动，因此规定采用该方法进行验算；

　　4　编制组根据大量工程事故分析及"渗沥液水位对填埋场稳定影响"专题研究，垃圾堆体主水位上升将显著降低填埋场稳定性。某填埋场稳定性分析模型如图 24 所示，其中 h 表示垃圾堆体主水位与垃圾坝顶面的高差，H 表示垃圾堆体边坡最高处与垃圾坝顶面的高差，h/H 表示主水位的相对位置。H 为 60m，是一级垃圾堆体边坡，垃圾强度参数按照表 6 选取，黏聚力为 5kPa，内摩擦角为 28°，边坡坡度为 1：3.5。垃圾堆体主水位上升对填埋场稳定安全系数的影响如图 25 所示。可见，随主水位的升高，稳定安全系数降低显著，并在达到 0.6 时，其安全系数降低到非正常条件Ⅰ对应的稳定安全系数 1.3，此时为警戒水位。值得注意的是，根据"渗沥液水位对填埋场稳定影响"专题研究的结果，对于不同的垃圾强度、边坡高度及边坡坡度，计算获得的警戒水位并不相同。因此，以第 6.1.4 条规定的非正常条件Ⅰ对应的稳定安全系数为标准可确定各填埋阶段的警戒水位，要求设计时必须给出各填埋阶段的警戒水位，并作为填埋场运行时垃圾堆体主水位监测稳定安全的预警值。

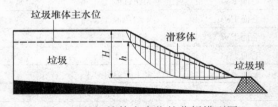

图 24　垃圾堆体主水位的分析模型图

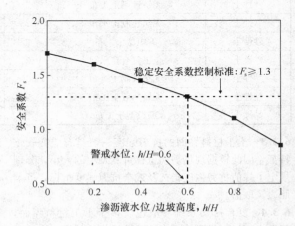

图 25　垃圾堆体主水位上升对
填埋场安全系数的影响

6.4.2　垃圾坝根据坝体用材不同，常见有土石坝、浆砌石坝及混凝土坝三种坝型，其稳定分析应分别采用现行行业标准《碾压式土石坝设计规范》SL 274、

《砌石坝设计规范》SL 25 或《碾压混凝土坝设计规范》SL 314 等规范的稳定计算方法。垃圾坝体承担的荷载与水利水电工程坝体只承担水压力不同，还需承担垃圾的侧向土压力。另外由于垃圾坝上游面常铺设有防渗层，以致垃圾坝中浸润线的形状与水利工程中土石坝不同。因此，本条除了规定垃圾坝稳定的计算方法，还规定了水压力和土压力取值应根据填埋场的实际运行情况和可能出现的最不利情况确定。

　　封场覆盖系统可采用 Koerner 等（1988，1990）提出的双楔体法，并应考虑水头对稳定的影响。

6.4.3 垃圾堆体滞水位的形成详见本规范第 4.1.1 条的条文说明，特别是采用黏土作为中间覆盖层的填埋场极易形成滞水位，如苏州七子山、深圳下坪、成都长安、上海老港等填埋场均存在滞水位。近年来由滞水位引起的浅层局部失稳事故时有发生，因此要求进行滞水位引起的局部稳定性验算，其稳定验算模型可参考图 26。

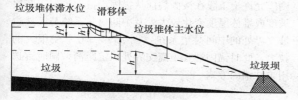

图 26　垃圾堆体主水位与滞水位并存的分析模型图

6.4.4 我国一部分填埋场在库区直接填埋污泥，形成了污泥库，严重影响填埋场边坡稳定及后续填埋作业。因污泥的抗剪强度极低，约为 0.5kPa～4kPa，渗透系数分布范围为（10^{-7}～10^{-9}）cm/s，固结系数在 10^{-5} cm^2/s 量级。在污泥库上填埋垃圾时，污泥如不经处理而直接在上方填埋，易导致垃圾堆体沿污泥库失稳或污泥产生管涌，将引发严重的污染事故。污泥可采用原位固化或软基加固等工程措施进行处理，提高其抗剪强度及减少其压缩性。采用软基加固措施时，应充分考虑其固结系数较小的特点。

6.5　填埋场稳定控制措施

6.5.2 本条规定了垃圾堆体最大边坡坡度，根据工程经验垃圾堆体坡度小于 1∶3 较为稳定。但在一些特殊情况下，如渗沥液水位很高或下卧软弱地基时，坡度小于 1∶3 边坡仍可能存在失稳风险，此时应根据实际情况进行稳定验算，稳定性不足时可设置中间平台减少边坡整体坡度提高边坡整体稳定性。

6.5.3 本条是关于避免沿土工材料界面滑移稳定控制措施的规定。自填埋场开始采用复合衬垫系统以来，沿土工材料界面的失稳事故较多，产生失稳的原因主要是对土工材料界面强度特性以及对易产生沿土工材料界面失稳的位置了解不足。根据工程经验和沿土工材料界面稳定的研究结果，提出了三条措施，各

条规定说明如下：①优化基底形状是指根据填埋场场地情况对库底边坡削坡降低坡度，减少滑动力，或延长库区水平段长度，增加其抗滑力，根据林伟岸（2009）的研究结果，以上优化是提高沿土工材料界面稳定最有效的措施；②堆体体型优化是指根据实际情况在不影响库容的前提下，增加库区底部上方的垃圾填埋量，适当减少库区边坡上垃圾的填埋量；③当库区边坡坡度大于 10°时（大于光滑土工膜/土工织物界面摩擦角），易导致垃圾堆体失稳，建议采用双糙面土工膜提高界面抗剪强度；而在库区底部，因其坡度较缓（约 2% 的排水坡度），常使用光滑土工膜，易导致该处产生如图 27 所示的部分沿土工材料界面的失稳事故，故也建议采用双糙面土工膜；土工复合膨润土垫的水化作用易导致土工膜/土工复合膨润土垫界面的峰值剪切强度特别是残余剪切强度显著降低（Chen Yunmin，2010），施工过程中应采用及时覆盖土工膜等措施减少土工复合膨润土垫的水化和采用加筋土工复合膨润土垫。总之，填埋场设计应以稳定验算为基础。

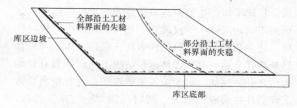

图 27　沿土工材料界面的失稳模式

6.5.5 本条为强制性条文，是关于填埋场运行后垃圾堆体主水位控制的规定。基于填埋场已有的失稳教训和理论分析成果，控制好填埋场渗沥液水位能有效防止填埋场的失稳事故。一旦垃圾堆体主水位超过警戒水位，垃圾堆体失稳概率显著增大，因此规定各填埋阶段的垃圾堆体主水位必须进行监测，并控制在警戒水位之下，警戒水位具体确定方法可参照本规范第6.4.1 条的条文说明。

6.5.6 当水位接近或超过警戒水位时，应进行应急抢险，建议采用小口径抽排竖井快速迫降渗沥液水位，参考本规范第 4.5.3 条的条文说明。

7　填埋场治理及扩建

7.1　一般规定

7.1.1 我国早期建设的填埋场大多为简易填埋场。根据现行行业标准《生活垃圾卫生填埋技术规范》CJJ 17 的规定，目前有大量简易填埋场未能达标，应根据实际情况进行治理。

7.1.2 在经济发达、人口密集的城市，新建填埋场选址困难，在老填埋场址进行水平向、竖向或两者兼

23—39

有的扩建，是缓解城市垃圾处置问题最有效方式之一。

7.1.3 竖向扩建工程及治理工程的部分或全部对象为尚未稳定的垃圾堆体，压缩性大，还产生渗沥液及填埋气，对竖向扩建工程及治理工程建设影响较大，应进行岩土工程勘察。

7.2 填埋场治理及扩建岩土工程勘察

7.2.11 由于堆体中常含有建筑垃圾、铺设进场道路所用碎石土及其他坚硬填埋物，钻探宜采用带有合金钻头岩芯管或大直径旋挖钻。另外，根据以往勘探经验，静力触探易遇到坚硬障碍物，成功概率比较低，设备易损坏。结合钻孔实施重型动力触探成功率较高，触探结果可为垃圾土分层、软弱夹层鉴别等提供依据。

7.3 扩建垃圾堆体的基层处理

7.3.2 对于未建设水平防渗系统的现有填埋场，竖向扩建工程通常要在新老堆体之间设置中间衬垫系统。扩建堆体产生的荷载将导致现有垃圾堆体产生显著的不均匀沉降，不仅改变中间衬垫系统中导排层坡度，还会造成防渗材料拉伸破坏。根据堆体沉降验算结果构建合适的基层面地形是解决上述问题最有效的方法之一。例如，对于山谷形填埋场，现有垃圾堆体沉降后往往形成中间深、四周浅的"小盆地"形状，可相应地将扩建工程的基层面设计成"穹窿"状，该"穹窿"状基层面有利于解决导排层倒坡、防渗层被拉坏等问题。

7.3.3 现有垃圾堆体中的竖向刚性设施和中间衬垫系统竖向间距过小时，可破坏衬垫系统防渗层，竖向刚性设施（如竖井）顶部与中间衬垫系统应留有一定缓冲距离，一般3m以上。

7.3.4 如图28所示，污泥的压缩性高，压缩系数 a_{1-2} 高达 $8MPa^{-1}$，存在污泥库的填埋区域会使填埋场产生较大的不均匀沉降，故作本条规定。

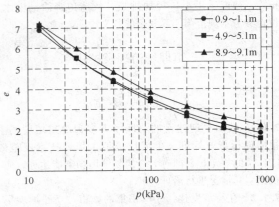

图28 成都长安污泥库不同深度污泥的 e-$\log p$ 曲线

7.3.5 填埋气收集导排设施能有效避免气压蓄积顶托防渗层甚至爆炸的现象。

7.4 中间衬垫系统

7.4.2 防渗层下设置压实土缓冲层能增加中间衬垫系统的刚度，有利于抵抗下卧堆体不均匀沉降对防渗层的影响。加筋层能有效降低中间衬垫系统防渗层的挠曲变形和应变，其层数可根据本规范附录B计算确定。

7.4.5 与封顶覆盖系统的防渗层相比，中间衬垫系统防渗层所承受的上覆应力更大，下卧堆体局部沉陷更易引起中间衬垫系统防渗材料被拉裂，因而宜设置双向土工格栅加筋层抵抗下卧堆体局部沉陷。无试验数据时，土工格栅的允许应变特征值可取7%。

7.4.6 中间衬垫系统锚固沟设计一般应满足：$T_{req} < T < T_{allow}$，即锚固沟所能提供的锚固力 T 大于中间衬垫系统实际承受的拉力 T_{req}，但小于中间衬垫系统的允许拉力 T_{allow}。如果中间衬垫系统承受的拉力过大，则应允许土工膜在被撕裂前从锚固沟拔出。位于基层坡度或堆体厚度变化较大处及中间衬垫系统与天然边坡交界处的中间衬垫系统（图29）一般承受很大的拉力，此时锚固端宜距离交界处一定距离，同时宜选用柔性锚固方式。

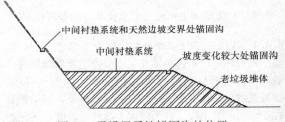

图29 需设置柔性锚固沟的位置

7.5 填埋场治理及污染控制措施

7.5.1 我国早期建设的一些填埋场由于技术、经济等因素，没有达到现行行业标准《生活垃圾卫生填埋技术规范》CJJ 17 的污染控制和安全稳定标准。编制组调查了全国20多个填埋场，发现现有填埋场存在以下主要问题，以下对相应的解决措施说明如下：

1 垃圾堆体渗沥液水位普遍偏高，垃圾堆体稳定安全隐患严重。对于渗沥液水位高于警戒水位的填埋场，应在现有垃圾堆体上采取有效导排措施降低渗沥液水位，一方面提高垃圾堆体的稳定性，另一方面有利于增加垃圾导气性能、提高填埋气收集率。

2 渗沥液渗漏对周边地下环境造成极大威胁。可采用垂直防渗帷幕对现有填埋场进行围封，其防污效果应达到与现行行业标准《生活垃圾卫生填埋技术规范》CJJ 17 规定的水平防渗系统同等效果。

3 填埋气收集及资源化利用水平低，常发生火灾、爆炸等事故。应根据现场条件建设有效的填埋气导排和收集系统。

4 缺乏有效的封场覆盖系统和地表水导排系统，造成渗沥液产量高、臭气大，影响周边居民等。应采用有效的雨污分流措施。

7.5.4、7.5.5 毛细阻滞型覆盖层与现行行业标准《生活垃圾卫生填埋技术规范》CJJ 17 中的标准结构相比，可采用当地土体，具有取材方便、耐久性好、工程造价较低、施工难度小等优点，且不存在沿土工合成材料防渗层（土工膜、GCL 等）失稳。毛细阻滞型覆盖层在美国、德国等国家广泛应用于干旱半干旱地区，具有良好的防渗效果，如表 8 所示。

毛细阻滞型覆盖层防渗基于水分存储与释放原理，即降雨时通过覆盖层土体存储入渗水分，不降雨时通过植被蒸腾作用与地表水分蒸发作用释放存储水分。细粒土层与粗粒土层之间存在毛细阻滞作用：粗粒土层非饱和渗透系数随含水率降低而衰减的速率较细粒土层快，因此当含水率较小时粗粒土层渗透性显著小于细粒土，从而产生毛细阻滞效应，阻滞水分进入粗粒土层，并显著增加细粒土层存水能力。

毛细阻滞型覆盖层土层厚度应根据当地降水特点、极端气象条件（如暴雨等）来综合确定。美国 EPA 建议细粒土层厚度为 45cm～150cm，粗粒土层厚为 15cm～30cm。根据浙江大学的研究成果，结合我国干旱半干旱地区的气象特点，本条文建议细粒土层厚度介于 50cm～150cm，粗粒土层厚度应介于 20cm～30cm。工程应用时应保证粗粒土层粒径明显大于细粒土层。覆盖层结构中细粒土层具有一定闭气效果，粗粒土层还同时兼作排气层。

植被层提供植被生长场所，并保护覆盖层不受风蚀、雨蚀与动物生活的影响。植被层材料宜采用当地适宜植物生长的土壤，土层厚度应根据植被类型、当地降水特点综合确定，但不得小于 15cm。植被宜选用蒸腾能力强的植物，如草皮、灌木等，植被根系宜深入细粒土层内。

表 8 干旱半干旱地区毛细阻滞型覆盖层应用情况

地 区	年降雨量	覆盖层结构层厚度			年渗漏量占总降雨量比例
		植被层	细粒土层	粗粒土层	
Altamoat CA	358	—	0.6m 粉土		0.4%
Apple Valley CA	119	—	1.1m 细砂		0%
Boardman OR	225	—	1.8m 粉土		0%
			1.15m 粉土		0%

续表 8

地 区	年降雨量	覆盖层结构层厚度			年渗漏量占总降雨量比例
		植被层	细粒土层	粗粒土层	
Polson	380	0.15m	0.5m 粉土	0.6m 粉砂	0%
Helena	289	0.15m	1.2m 粉质砂土	0.3m 碎石	0%
Monticello	385	0.20m	0.6m 粉质黏土	0.3m 碎石	0%
Frankfurt A. M.	650	—	0.6m 粉土	0.2m 砂土	0%
Texas	311	—	2.0m 粉质黏土	0.2m 碎石	0%
New Mexico	226	0.20m	1.0m 砂土		0%

8 压实黏土防渗层及垂直防渗帷幕

8.1 一般规定

8.1.1 根据编制组对我国现有四种典型衬垫系统被污染物击穿时间研究发现，衬垫系统中的压实黏土具有非常重要的防污作用，当渗透系数大于 1×10^{-7} cm/s 时，防污效果显著降低。

8.1.2 垂直防渗帷幕可用来控制渗沥液污染地下环境。对于地下水位很高的填埋场，垂直防渗帷幕也可用于防止场外地下水进入填埋场库区。

8.2 压实黏土防渗层的土料选择

8.2.1 压实黏土防渗层需满足渗透系数小于 1.0×10^{-7} cm/s 的要求，可初步通过下列特征来鉴别黏土料场的土料能否达到低渗透性，以下对各条要求说明如下：

1 细粒土含量过低，低渗透性很难达到要求；

2 砾石含量不宜过高，砾石会影响细粒土的压实，过高会导致砾石之间孔隙难以被黏土填满，形成连续通道，造成渗透系数急剧增大；

3 一般来说，塑性指数小于 15 的土料，其黏粒含量较低，通常不易压实到 1.0×10^{-7} cm/s 的渗透系数；当土料的塑性指数大于 30～40 时，干燥时会形成硬块，潮湿时又易形成黏团，造成现场施工困难，还具有潜在的高收缩性、高膨胀性及较差的体积稳定性。因此，土料的塑性指数宜在 15 到 30 之间。

8.2.2 试坑或钻孔的位置应均匀分布于同一网格图上。地质图上应标明地质成因、试验结果、土的分类以及每一主要土层的描述。为保障土料充分及质量稳定，应尽可能选择厚度大于1.5m的黏土料场。

8.3 压实黏土的含水率及干密度控制

8.3.1～8.3.4 在进行压实黏土防渗层施工时，最重要的就是对土进行含水率和干密度的合理控制。因此，设计合格的压实黏土防渗层关键是建立所选土料的干密度、含水率和饱和水力渗透系数的关系。确定上述关系主要采用击实试验和渗透试验。其中击实试验采用修正普氏击实试验、标准普氏击实试验和折减普氏击实试验三种击实试验，标准普氏击实试验即为现行国家标准《土工试验方法标准》GB/T 50123的轻型击实试验，折减普氏击实试验与轻型击实试验基本相同，不同在于以每层15击代替了每层25击，修正普氏击实试验采用与标准普氏击实试验同样的击实筒，不同在于锤重为4.5kg，落距为45.7cm，层数为5层，以上三种试验的技术指标比较如表9所示。采用修正普氏击实试验、标准普氏击实试验和折减普氏击实试验三条击实曲线顶点连接而成的曲线就是最佳击实峰值曲线。

表9 三种击实试验的比较

试验类型	锤重（kg）	落高（cm）	击实分层数	每层锤击数
修正普氏试验	4.5	45.7	5	25
标准普氏试验	2.5	30.5	3	25
折减普氏试验	2.5	30.5	3	15

通过40多年大量试验研究发现，击实曲线上由偏干到偏湿得到的压实黏土，其水力渗透系数可相差几个数量级。因此，压实含水率对水力渗透系数具有很大的影响。为了确保压实黏土防渗层具有很低的渗透系数，现有国外施工技术规范要求含水率必须落在一个指定范围内（通常为湿于最优含水率的0%～4%），压实黏土的干容重应大于或等于击实试验求出的最大干密度的某一百分数，称为压实度（图30）。

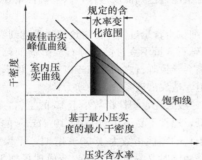

图30 常规压实度和最优含水率的质量
控制示意图（Benson等，1999）

若采用以标准普氏击实试验求得的最大干密度，压实黏土应至少达到95%的压实度；若采用以修正普氏击实试验求得的最大干密度，压实黏土则应至少达到90%的压实度。而现有很多试验数据都证明该压实度的规定会导致工程压实的数据点处于最佳击实峰值曲线以下的干燥区而造成渗透系数不满足要求，但目前该标准仍被广泛使用。因此，为了避免这种情况，应保障压实后的含水率和干密度始终位于最佳击实峰值曲线之上。

采用位于最优含水率湿边（即大于最优含水率）的击实试样做渗透试验，确定其饱和渗透系数，根据渗透试验结果重绘正文图8.3.2中的含水率-干密度试验点，用不同符号代表不同饱和渗透系数的击实试验点，空心符号表示饱和渗透系数大于1.0×10^{-7} cm/s的试样，实心符号表示饱和渗透系数小于等于1.0×10^{-7} cm/s的试样，如正文图8.3.3所示，所绘的阴影区域应包括所有达到或超过设计标准（$k \leqslant 1.0 \times 10^{-7}$ cm/s）的试验点。

黏土防渗层除了要达到规定的低饱和渗透系数外，还应确保压实后黏土具有足够的抗剪强度。为了增加单位土地面积填埋量，节约土地，大部分现代卫生填埋场的高度都相当高，普遍超过60m。有许多大型填埋场的破坏由黏土防渗层或压实黏土防渗层/土工膜界面的抗剪强度不足引起。高于最优含水率的黏土其抗剪强度较低，但这一点往往还没有引起人们的足够关注。为了保证压实后的黏土防渗层具有足够的抗剪强度，在确定了满足规定的饱和渗透系数的区域后，还需再确定所选土料的抗剪强度满足堆体稳定要求。

无侧限抗压强度选取150kPa为控制值，该强度可满足在短时间内一次性堆填20m～30m垃圾的要求。对于填埋高度较高的填埋场，应采取分区分期填埋的作业步骤，保证压实黏土防渗层有足够的时间消散孔压和增加强度，避免在同一填埋区域因加载速度过快和一次性堆填过高造成压实黏土防渗层破坏。

8.3.5 当土料的干密度和含水率不能满足本规范8.3.4条的规定时，可通过添加膨润土等添加剂达到要求。

8.4 压实黏土防渗层的施工质量控制

8.4.2 碾压试验的目的是检验拟采取的施工方法和标准，确定压实方法和碾压参数，保证压实黏土防渗层达到设计要求。以下对施工中几个重要参数说明如下：

1) 含水率。在施工现场，要使符合第8.3.3条规定范围内的含水率与压实功能配合好是十分困难的（钱学德，1999）：①含水率较高时，产生的湿软土块在一般的压实能量下易被重塑成没有大孔隙的土体，但应注意不能影响施工；②含水率较低时，需超重碾压机才能压碎土块，消除土块之间的大孔隙。

2）压实功能是控制黏土防渗层质量的另一个重要因素。压实功能增加，干密度增加，渗透性减小。压实功能是通过碾压机重量、碾压遍数、速度及松土厚度实现的。Benson（1999）推荐碾压机重量为 19t，并认为 32t 的超重型碾压机并未有更突出的优势。松土厚度应根据填土层压实完成后达到 150mm 进行控制，一般为 200mm～300mm。碾压机在一定的面积上应碾压足够的遍数才能保证达到所需的干密度，最小的碾压遍数不是固定的，但一般认为（USEPA，1991）应至少碾压 5～10 遍，才能施加足够的压实能量并保证施工质量。

以上参数均应通过碾压试验进行最终的确定。

8.5　垂直防渗帷幕及选型

8.5.1　HDPE 土工膜-膨润土复合墙是在土-膨润土槽中插入 HDPE 膜，并通过特殊的接缝及嵌固工艺形成的复合墙。各种类型垂直防渗帷幕特点及比较见表 10。

表 10　不同类型垂直防渗帷幕特点

类　型	特　点
水泥-膨润土墙	强度高，压缩性低，可用于斜坡场地，渗透性低，约为 10^{-6} cm/s
土-膨润土墙	与水泥-膨润土垂直帷幕相比，渗透性更低，通常为 10^{-7} cm/s，有时可低至 5.0×10^{-9} cm/s
土-水泥-膨润土墙	强度与水泥-膨润土相当，渗透性与土-膨润土相当
塑性混凝土墙	比水泥-膨润土刚度大、强度高，渗透系数一般不大于 1×10^{-6} cm/s，适合作为深垂直帷幕
HDPE 土工膜-膨润土复合墙	防渗性和耐久性较高，渗透性低，可达 10^{-8} cm/s
注浆帷幕	可密封孔洞或不透水层裂隙

8.5.2　垂直防渗帷幕较适合于隔水层埋深较浅的场地，帷幕插入隔水层，形成封闭的防渗系统。在垂直防渗帷幕设计前，应对场地隔水层条件进行勘察，埋深浅、厚度大、连续性好、透水性差、不存在裂隙等优势流通道的土层是比较理想的隔水层，另外隔水层岩体不宜太硬，以便帷幕嵌入。垂直防渗帷幕材料应具有抗渗沥液侵蚀性能和耐久性，欧美发达国家规定在帷幕材料选择时应针对渗沥液水质开展化学相容性

试验加以检验。

8.5.3　水泥-膨润土墙和塑性混凝土墙的强度较高，水泥-膨润土墙的抗压强度可达 140kPa～350kPa，因此当帷幕顶部需承受上覆荷载时，宜采用水泥-膨润土墙或塑性混凝土墙。然而，当地基发生明显侧向变形时，水泥-膨润土墙和塑性混凝土墙易开裂，此时宜采用柔性的土-膨润土墙。在特殊地质和环境要求高的场地，如填埋场库区和污水处理厂的边界距居民居住区、人畜供水点、河流、湖泊较近，填埋场下存在浅埋高渗透性岩土层等情况时，采用具有较可靠低渗透性的 HDPE 土工膜-膨润土复合墙，有利于防止填埋场污染物扩散影响周边地下环境。

8.6　垂直防渗帷幕插入深度及厚度

8.6.1　专题研究分析表明，防渗帷幕渗透系数为 1×10^{-7} cm/s，且底端密封到不透水层或渗透系数不大于 1×10^{-7} cm/s 土层中时，可在土体中形成近似一维水平向渗流和扩散。根据半无限空间一维对流-弥散解析解（Ogata，1961），垂直防渗帷幕厚度设计可简化为公式（8.6.2），该简化公式的适用条件：①帷幕渗透系数为 1×10^{-7} cm/s，底端密封到不透水层或渗透系数不大于 1×10^{-7} cm/s 土层中；②帷幕击穿标准为下游边界污染物浓度达到上游边界的 10%；③防渗帷幕的服役时间（即填埋场治理后运行时间与垃圾稳定化所需时间之和）按 50 年考虑。如填埋场所要求的服役时间短于 50 年，帷幕厚度可适当折减。当帷幕渗透系数大于 1×10^{-7} cm/s 时，可采用等效性分析确定帷幕厚度。

水动力弥散系数 D_h 和阻滞因子 R_d 的取值与帷幕材料类型、污染物种类有关。防渗帷幕厚度设计，应根据初步拟定选用的帷幕材料类型，参考相关工程的经验数据，选择最危险、污染风险最大、最不利的污染物类型对应的参数和数据。

8.6.2　与水利工程的防渗墙相比，填埋场垂直防渗帷幕不仅需减小地下水渗流量，还应控制通过垂直防渗帷幕扩散的污染物浓度，因此填埋场垂直防渗帷幕标准更高。根据国外工程经验，垂直防渗帷幕用于污染控制时，通常要求渗透系数小于 1×10^{-7} cm/s。当隔水层埋深过大而采用悬挂式帷幕时，应通过污染物渗流-扩散分析确定临界插入深度，垂直防渗帷幕临界插入深度为污染物从帷幕顶部竖向运移到达帷幕底部所需时间等于污染物水平扩散击穿浅部帷幕时间所对应的深度。

9　填埋场岩土工程安全监测

9.1　一般规定

9.1.1　渗沥液水位监测主要是监测渗沥液导排层水

头、垃圾堆体主水位以及垃圾堆体滞水位，以上三种水位的存在形式对堆体边坡的稳定性影响互不相同，其影响规律见本规范第 4.1.1 条的条文说明。垃圾堆体主水位是影响垃圾堆体整体稳定的关键因素，故将其设为所有等级垃圾堆体的必测项目；渗沥液导排层水头是监控渗沥液污染地下水土环境的重要因素，故一级垃圾堆体边坡设为应测项目；考虑到垃圾堆体滞水位监测较为复杂，均设为宜测项目，可根据情况进行监测。

表面水平位移反映填埋场地表位移状况，深层水平位移监测可以体现堆体沿深度方向上不同点的水平位移状况，可确定堆体沿深度方向最大水平位移值点及其位置；两者结合可掌握填埋场平面和空间的位移及边坡稳定状况，鉴别潜在失稳模式及滑动面位置。鉴于深层水平位移监测的工作量较大，需埋设测斜管，表面水平位移监测相对简便易行，因此，将表面水平位移监测设为一级和二级垃圾堆体边坡的应测项目，深层水平位移可在水位超过警戒水位，填埋场存在滑移失稳风险时采用。

垃圾堆体沉降监测包括垃圾堆体表面沉降监测、软弱地基沉降监测、中间衬垫系统和竖井等刚性设施沉降监测。垃圾堆体表面沉降既可能是垃圾降解压缩产生，也可能是堆体失稳滑移的征兆。当渗沥液水位超过警戒水位、堆体失稳风险较高时，应进行沉降监测。软弱地基沉降反映填埋场底部地基的变形，可根据监测结果判断软弱地基的固结、强度增长及地基稳定状况，建设于软弱土地基上的一级垃圾堆体边坡填埋规模大，加载速率快，其软弱地基沉降设为宜测项目；中间衬垫系统位于老填埋场上，其沉降较大，为预测其拉伸破坏，设为一级垃圾堆体边坡的宜测项目；竖井等刚性设施沉降关系到衬垫系统的安全，可根据情况设置。

导排层气压影响封场覆盖系统稳定及防渗层的安全，可根据情况进行监测。

监测项目的监测频次是建议值，监测频次不是一成不变的，应该根据降雨和填埋场的安全稳定状况适当地进行调整。当监测数据达到预警值、变化量较大、变化速率加快或遇到特殊情况，如暴雨、台风等恶劣天气及其他紧急事件，应适当加密观测，必要时跟踪监测；当监测值相对稳定时，可按正常监测频次进行监测。

9.1.3 根据渗沥液水位、表面水平位移速率及沉降速率等测试数据可进行堆体稳定的定性分析，以目测为主的现场踏勘及时直观反映现场状况，可起到补充判断的作用。例如，地表裂纹的发展规律，对于判断地表裂纹是由于失稳还是沉降引起，有着非常重要的作用。另外，深层水平位移为判断堆体沿土工材料界面失稳或是沿堆体内部失稳提供直接的依据。因此，以上监测手段是判断填埋场安全稳定状态的重要依据，可在不同的情况下选用。

9.2 渗沥液水位监测

9.2.1～9.2.3 渗沥液导排层水头监测一般采用孔隙水压力计测试，孔隙水压力计在渗沥液浸泡中的长期耐久性难以保障，水头变化范围大，正常应在 30cm 以下，而一旦导排层发生淤堵易造成水头壅高，可达几十米，导致难以选择合适量程的孔隙水压力计。

编制组通过某填埋场的现场实践，提出了一种新测试方法：即采用剖面沉降仪与水位计联合测定法，其测试原理如下：测量导管在导排层施工完成之后，垃圾填埋之前埋设，在监测点处导管开孔，并采用复合土工排水网包裹，其余段焊接密封。测试时，通过测量导管将剖面沉降仪送入监测点，测试监测点的高程，如图 31 所示，拔出剖面沉降仪后再将水位计送入导管，测出管内水面的高程，如图 32 所示，将水位面高程与监测点高程相减即可得到监测点的渗沥液导排层水头，如图 33 所示。导管材质宜选用 PPR 或 HDPE 管，管径宜为 50mm～75mm。

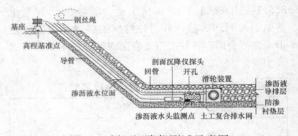

图 31 剖面沉降仪测试示意图

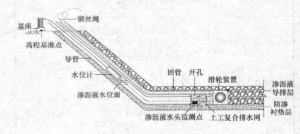

图 32 水位计测试示意图

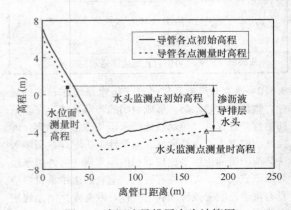

图 33 渗沥液导排层水头计算图

垃圾堆体内部渗沥液水位分布复杂，存在主水位及多个滞水位，常规的水位管测试无法测试多层水位。浙江大学提出了多重水位管测试渗沥液水位的方法，并在苏州七子山、深圳下坪等填埋场成功应用。多重水位管宜钻孔敷设，钻孔时应记录隔水层的埋深。水位管宜选用 PVC 或 PPR 管，管径宜为 40mm～75mm，管底部开孔段长度宜为 1m～3m，开孔段外包土工织物，并在埋设多重水位管时在隔水层位置加入膨润土进行密封，防止上下渗沥液水位贯通而影响测试结果，如图 34 所示。井筒四周填卵石或粗砂，井口四周用黏土或掺适量膨润土的黏土封闭，管口应盖管帽。

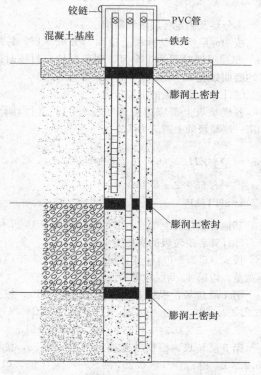

图 34 用于主水位和滞水位监测的
多重水位管结构图

9.3 表面水平位移监测

9.3.1 表面水平位移监测方法及监测点可参照现行行业标准《水利水电工程边坡设计规范》SL 386，表面位移工作基点宜布设在边坡附近、边坡变形影响的范围之外，且不受外界干扰、交通方便的部位。监测点布设成网格状可根据测试方法进行优化，比如可按照准直线法或前方交会法的监测要求布设，也可按照边角网法或收敛法布设，还可按照 GPS 法布设。

9.3.3 由于垃圾含塑料、布条等加筋材料，具有应变硬化特性，垃圾堆体失稳前能承受的位移量较一般的土质边坡大。根据浙江大学对某填埋场两次堆体滑移事件前后的水平位移监测及统计分析结果（表

11），当垃圾堆体边坡的位移速率大于 10mm/d 时，堆体处于不稳定的状态，因此提出了垃圾堆体边坡表面水平位移监测的警戒值为连续两天位移超过 10mm/d。

表 11 活跃区监测点位移速率平均值
统计结果（mm/d）

2008 年	过渡期 （3～5 月）	非稳定期 （6～8 月）	稳定期 （9～10 月）
	7.5	19.8	1.8
2009 年	非稳定期 （2 月）	过渡期 （3 月）	稳定期 （4 月）
	10.0	4.4	2.8

9.4 深层水平位移监测

9.4.1、9.4.2 深层水平位移监测建议采用活动式测斜仪。先埋设测斜管，导槽方向应和边坡滑移方向一致；每隔一定的时间将探头放入管内沿导槽滑动，通过量测测斜管斜度变化推算水平位移。监测点沿边坡倾向布置，特别是当出现滑坡征兆时应根据现场踏勘的结果设置在滑坡体位置。

9.5 垃圾堆体沉降监测

9.5.2 垃圾堆体表面沉降既可用水准法测量也可用水位连通管法测量，标志点可与表面水平位移监测的标志点共用。软弱地基沉降一般通过在渗沥液导排层中埋设沉降管，采用剖面沉降仪进行测量，该方法可测试整个断面的沉降。当剖面沉降仪难以贯通整个断面时，可在远离边界的位置增设沉降板。

附录 A 填埋场堆体压缩量
计算过程及参数确定

A.0.1 垃圾的初始容重和比重是沉降计算中的重要参数。国外很多研究者提出了垃圾初始容重取值建议。例如，Sowers（1958）提出根据压实程度垃圾初始容重可在 5.7kN/m³～9.4kN/m³ 范围取值；Zekkos（2006）针对美国垃圾提出，根据压实程度从低到高垃圾初始容重可分别取为 5kN/m³、10kN/m³、15.5kN/m³。钱学德（2001）建议填埋垃圾容重可取 7.7kN/m³～13.8kN/m³。编制组总结了大量国内工程实测数据，垃圾容重随埋深变化可采用双折线表示。结合我国填埋场压实情况，本条建议了无试验数据时垃圾初始容重的取值方法。新鲜垃圾颗粒比重宜采用现场取样测定，亦可将垃圾各组分颗粒比重按含量加权平均进行估算，表 12 为我国某城市生活垃圾主要组分的颗粒比重。新鲜垃圾颗粒比重一般在

1.6～2.4 范围内，有机质含量高于 25% 时建议取 1.6 ～2.2；低于 25% 时建议取 1.8～2.4。

表 12　我国某城市生活垃圾主要组分颗粒比重

组分	菜叶	肉骨	纸类	塑料	橡胶	纤维	煤渣石土	玻璃	金属	陶瓷	果核	草木
颗粒比重	0.9	2.0	1.2	1.4	0.9	1.2	2.4	2.5	5.0	2.3	1.0	1.1

下面通过实例介绍填埋场封场后沉降和容量的计算过程。

某填埋场位于中等湿润气候地区，根据运行单位的压实机械以及填埋作业规划，确定场地压实程度为中等压实。拟计算：

1　封场覆盖系统上某点封场 2 年后的沉降量，该点封场时的有效填埋高度为 10m，在 5 个月内堆填完成；

2　填埋场某区域的填埋量，该区域平面面积为 5m×5m，填埋高度为 10m，填埋速率为 2m/月。

计算时不考虑堆体内部水位的影响，不考虑场底防渗系统、中间覆盖系统、封场覆盖系统以及填埋区域地基的压缩沉降，堆体次压缩沉降采用应力-降解压缩模型进行计算。计算该点封场后沉降时，其沉降量为该点土柱各层垃圾的次压缩量之和；计算该区域的填埋量时，通过逐层添加的方式模拟堆填过程，计算每新填一层垃圾后在堆填时间内各层垃圾的总压缩量，直至达到填埋高度 10m，该区域的填埋量即为各层垃圾填埋量之和。具体计算过程如下：

根据 A.0.1 的要求，中等压实程度下初始容重 γ_0 取为 8kN/m³，垃圾平均颗粒比重 d_s 取为 1.7。根据规范第 4.2 节的建议，对中等湿润气候地区垃圾初始含水率取 50%。

垃圾初始孔隙比

$$e_0 = \frac{d_s \gamma_w}{(1-W_c)\gamma_0} - 1 = \frac{1.7 \times 10}{(1-50\%) \times 8} - 1 = 3.3$$

按式（5.2.2-2），1000kPa 压力下垃圾孔隙比取 1.0，新鲜垃圾主压缩指数：

$$C_c = \frac{e_0 - e_1}{\log(1000/\sigma_0)} = \frac{3.3 - 1.0}{\log(1000/30)}$$
$$= 1.51, \frac{C_c}{1+e_0} = 0.35$$

完全降解垃圾修正主压缩指数 $C_\infty/(1+e_0)$ 取 0.15，主压缩指数 C_∞ 为 0.645。

考虑中等湿润的气候条件，在应力-降解模型中，前期固结应力 σ_0 取 30kPa，σ_0 长期作用下垃圾降解压缩应变与蠕变应变之和 $\varepsilon_{dc}(\sigma_0) = 25\%$，降解速率 c 取 0.01/月。

一、封场后沉降量计算

封场后沉降计算流程见图 35。

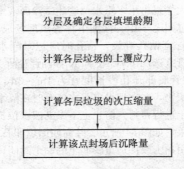

图 35　封场后沉降量计算流程

①分层及确定各层填埋龄期

按 2m/层将该点所在土柱均匀分成 5 层，每层 2m，每层填埋时间为 1 个月，则各层垃圾封场时的平均龄期如表 13 所示。

②计算各层垃圾的上覆应力

各层垃圾上覆应力按式（A.0.1-1）进行计算，如第一层垃圾的上覆应力为：

$$\sigma_1 = \sum_{j=1}^{5} \gamma_j H_j = 9.65 \times 2 + 9.28 \times 2 + 8.92 \times 2 + 8.55 \times 2 + 8.18 \times 2$$
$$= 89.17\text{kPa}$$

其他各层垃圾上覆应力的计算结果如表 13 所示。

③计算各层垃圾的次压缩量

按式（5.2.3-1）计算各层垃圾封场后 2 年内次压缩量，以第 4、5 层垃圾为例：

第 4 层垃圾，根据其上覆应力 33.47kPa，按式（5.2.3-2）得 $\varepsilon_{dc}(\sigma_i) = 0.24$，则 $S_{s4} = 2 \times 0.24 \times (1-e^{-0.01 \times 25.5}) - 2 \times 0.24 \times (1-e^{-0.01 \times 1.5}) = 0.101\text{m}$

第 5 层垃圾，根据其上覆应力 16.37kPa，按式（5.2.3-2）得 $\varepsilon_{dc}(\sigma_i) = 0.25$，则 $S_{s5} = 2 \times 0.25 \times (1-e^{-0.01 \times 24.5}) - 2 \times 0.25 \times (1-e^{-0.01 \times 0.5}) = 0.106\text{m}$

④计算该点封场后沉降量

按式（A.0.2）累积第 1 层到第 5 层垃圾的次压缩量，得该点封场后 2 年的沉降量为 0.428m。

表 13　各层垃圾上覆应力、平均龄期及压缩量

计算内容	层号 1	2	3	4	5
上覆应力（kPa）	89.17	69.87	51.30	33.47	16.37
封场时平均龄期（月）	4.5	3.5	2.5	1.5	0.5
封场 2 年后平均龄期（月）	28.5	27.5	26.5	25.5	24.5
封场 2 年后压缩量（m）	0.063	0.073	0.085	0.101	0.106

二、填埋量计算

取该区域的土柱进行分析，土柱的平面面积为 5m×5m，平均高度为 10m。其填埋量计算流程见图 36。

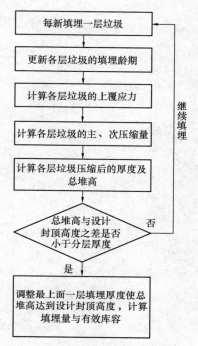

图 36　填埋量计算流程

1　确定分层厚度及填埋作业间隔

根据填埋速率 2m/月，取土柱每层垃圾的初始厚度为 2m，填埋作业间隔为 1 个月，假定填埋作业连续无间断直至封场。

2　计算第 2 层垃圾填埋后各层垃圾的上覆应力

根据填埋场封场后沉降计算过程，第 2 层垃圾填埋前第 1 层垃圾压缩后的厚度应为 1.998m。第 2 层垃圾填埋后，各层垃圾上覆应力计算如下：

第 1 层垃圾：

$$\sigma_1 = \sum_{j=1}^{2} \gamma_j H_j = 8.55 \times 1.998 + 8.18 \times 2$$
$$= 33.44 \text{kPa}$$

第 2 层垃圾：

$$\sigma_2 = \sum_{j=2}^{2} \gamma_j H_j = 8.18 \times 2 = 16.36 \text{kPa}$$

3　计算第 2 层垃圾填埋后各层垃圾的压缩量

①各层垃圾主压缩量按式（5.2.2-1）计算：

第 1 层垃圾：$S_{p1} = H_1 \dfrac{C_c}{1+e_0} \log\left(\dfrac{\sigma_1}{\sigma_0}\right) = 2 \times 0.35$

$\times \log\left(\dfrac{33.44}{30}\right) = 0.033$m

第 2 层垃圾：上覆应力小于 30kPa，主压缩量为 0

②各层垃圾次压缩量按式（5.2.3-1）计算：

第 1 层垃圾：$S_{s1} = H_1 \varepsilon_{dk}(\sigma_1)(1-e^{-ct}) = 2 \times 0.24 \times (1-e^{-0.01 \times 1.5}) = 0.007$m

第 2 层垃圾：$S_{s2} = H_2 \varepsilon_{dk}(\sigma_2)(1-e^{-ct}) = 2 \times 0.25 \times (1-e^{-0.01 \times 0.5}) = 0.002$m

按式（5.2.1）计算得：该两层垃圾的总压缩量为 0.042m

4　判别是否继续填埋

考虑压缩后的垃圾堆体厚度为 $\sum_{j=1}^{2}(H_{ij}-S_{ij}) = 3.958$m，与填埋高度 10m 相差 $10-3.958=6.042$m＞2m，应进行下一层填埋计算。

5　调整最后一层垃圾填埋厚度

其他层计算可按照第 2 层计算过程，封场时各层垃圾沉降计算结果如表 14 所示。土柱各层垃圾厚度（m）随填埋过程变化如表 15 所示。当填埋到第 5 层垃圾时堆体厚度为 9.198m，$10\text{m}-9.198\text{m}=0.802$m ＜2m，这时应调整第 5 层填埋厚度为 2.802m 达到设计封场标高。

表 14　封场时各层垃圾压缩量计算结果

层号	上覆应力（kPa）	主压缩（m）	次压缩（m）	各层垃圾压缩量（m）	压缩后各层垃圾厚度（m）
5	16.37	0.000	0.002	0.002	2.802
4	33.44	0.033	0.007	0.040	1.960
3	50.91	0.161	0.010	0.171	1.829
2	67.84	0.248	0.013	0.261	1.739
1	84.51	0.315	0.015	0.330	1.670
		$\Sigma S_p =$ 0.757	$\Sigma S_s =$ 0.047	$\Sigma S =$ 0.804	$\Sigma H =$ 10.000

表 15　各层垃圾厚度随填埋过程的变化（m）

层号 \ 时间	1 月	2 月	3 月	4 月	5 月
5					2.802
4				1.998	1.960
3			1.998	1.960	1.829
2		1.998	1.960	1.829	1.739
1	1.998	1.960	1.829	1.739	1.670
总高度	1.998	3.958	5.787	7.526	10.000

6　计算填埋量及平均单位库容填埋量

填埋量按式（5.3.1-1）计算得：

$$W = A_1 \sum_{j=1}^{5} \gamma_{0ij} H_{ij} = 25 \times 0.8 \times (2 \times 4 + 2.802)$$
$$= 216.04 \text{t}$$

土柱有效库容 $V' = 25 \times 10 = 250 \text{m}^3$

按式（5.3.2）得平均单位库容填埋量：$Q_w = \dfrac{W}{V'} = 216.04/250 = 0.864 \text{t/m}^3$

中华人民共和国行业标准

生活垃圾收集站技术规程

Technical specification for municipal solid
waste collecting station

CJJ 179—2012

批准部门：中华人民共和国住房和城乡建设部
施行日期：２０１２ 年 １１ 月 １ 日

中华人民共和国住房和城乡建设部
公　告

第 1380 号

关于发布行业标准《生活垃圾
收集站技术规程》的公告

现批准《生活垃圾收集站技术规程》为行业标准，编号为 CJJ 179-2012，自 2012 年 11 月 1 日起实施。其中，第 7.1.2、7.1.5、7.2.2、7.2.3、9.0.5 条为强制性条文，必须严格执行。

本规程由我部标准定额研究所组织中国建筑工业出版社出版发行。

中华人民共和国住房和城乡建设部
2012 年 5 月 16 日

前　言

根据原建设部《关于印发〈2007 年工程建设标准制订、修订计划（第一批）〉的通知》（建标 [2007] 125 号）的要求，规程编制组经广泛调查研究，认真总结实践经验，参考有关标准，并在广泛征求意见的基础上，编制本规程。

本规程的主要技术内容是：1. 总则；2. 基本规定；3. 规划选址与设置；4. 规模与类型；5. 工艺、设备及技术要求；6. 建筑、结构与配套设施；7. 环境保护、安全与劳动卫生；8. 工程验收；9. 运行与维护。

本规程中以黑体字标志的条文为强制性条文，必须严格执行。

本规程由住房和城乡建设部负责管理和对强制性条文的解释，由青岛市环境卫生科研所负责具体技术内容的解释。执行过程中如有意见或建议，请寄送青岛市环境卫生科研所（青岛市市南区岳阳路 11 号 11 号楼，邮政编码：266071）。

本规程主编单位：青岛市环境卫生科研所
本规程参编单位：城市建设研究院
　　　　　　　　北京市环境卫生设计科学研究所
　　　　　　　　海沃机械（扬州）有限公司
　　　　　　　　重庆耐德新明和工业有限公司
本规程主要起草人：林　泉　于　铭　宫渤海
　　　　　　　　　宋　霁　刘晶昊　庄　颖
　　　　　　　　　刘　竞　庞立习　张文勇
　　　　　　　　　邓　成　葛亚军　张后亮
　　　　　　　　　杨　冰
本规程主要审查人员：徐文龙　陈海滨　陶　华
　　　　　　　　　　赵爱华　吴文伟　张　范
　　　　　　　　　　冯其林　朱青山　邓　俊
　　　　　　　　　　陈　军　李湛江

目　　次

Contents

1 总 则

1.0.1 为规范生活垃圾收集站(以下简称"收集站")的规划、建设,提高收集站的运行与维护水平,减少生活垃圾收集过程对环境的影响,制定本规程。

1.0.2 本规程适用于新建、扩建和改建收集站(点)的规划、设计、建设、验收、运行及维护。

1.0.3 收集站的规划、设计、建设、验收、运行及维护除应执行本规程外,尚应符合国家现行有关标准的规定。

2 基 本 规 定

2.0.1 新建、扩建或旧城区域的改建收集站应与其他建筑统一规划、同步建设和同时投入使用,生活垃圾收集点(以下简称"收集点")也应一并规划设置。

2.0.2 原有收集站需改建或迁建时,应制定并落实改建或迁建计划后再实施。

2.0.3 收集站的设置、验收应征得当地环境卫生行政主管部门的同意。

2.0.4 收集站的设计应符合高效、节能、环保、安全、卫生等要求,设备选型应标准化、系列化。

3 规划选址与设置

3.1 规 划 选 址

3.1.1 收集站选址应符合环境卫生专业规划。

3.1.2 环境卫生专业规划应提出收集站的具体要求。

3.1.3 收集站宜设置在交通便利的地方,并应具备供水、供电、污水排放等条件。

3.1.4 有条件的居住区,可设置专门的垃圾运输通道。

3.2 设 置

3.2.1 大于5000人的居住区宜单独设置收集站;小于5000人的居住区,可与相邻区域提前规划,联合设置收集站。

3.2.2 大于1000人的学校、企事业等社会单位宜单独设置收集站;小于1000人的学校、企事业等社会单位,可与相邻区域提前规划,联合设置收集站。

3.2.3 成片区域采用收集站模式时,收集站设置数量不应少于1座/km²。

3.2.4 收集点的设置应符合下列规定:

1 收集点位置应固定,应方便居民投放垃圾,并应便于垃圾清运。人行道内侧或外侧可设置港湾式收集点。

2 垃圾收集点的服务半径不宜超过70m。

3 收集点应根据垃圾量设置收集箱或垃圾桶。每个收集点宜设2~10个垃圾桶。塑料垃圾桶应符合现行国家标准《塑料垃圾桶通用技术条件》CJ/T 280的要求。

4 分类垃圾收集点应根据分类收集要求设置垃圾桶,垃圾桶的色彩标志及分类标识应符合现行国家标准《生活垃圾分类标志》GB/T 19095的要求。

3.2.5 收集站服务半径应符合下列规定:

1 采用人力收集,服务半径宜为0.4km以内,最大不超过1km。

2 采用小型机动车收集,服务半径不应超过2km。

4 规模与类型

4.1 规 模

4.1.1 收集站的设计规模应考虑远期发展的需要,设计收集能力不宜大于30t/d。

4.1.2 设计规模和作业能力应满足其服务区域内生活垃圾"日产日清"的要求。采用分类收集的收集站,应满足其分类收运和简单分拣、储存的要求。

4.1.3 收集站的用地指标应符合表4.1.3的规定。

表4.1.3 收集站用地指标

规模 (t/d)	占地面积 (m²)	与相邻建筑 间隔 (m)	绿化隔离带 宽度 (m)
20~30	300~400	≥10	≥3
10~20	200~300	≥8	≥2
10以下	120~200	≥8	≥2

注: 1 带有分类收集功能或环卫工人休息功能的收集站,应适当增加占地面积;

2 占地面积含站内设置绿化隔离带用地;

3 表中的绿化隔离带宽度包括收集站外道路的绿化隔离带宽度;

4 与相邻建筑间隔自收集站外墙起计算。

4.1.4 收集站的设计规模可按下式计算:

$$Q = A \cdot n \cdot q / 1000 \qquad (4.1.4)$$

式中: Q——收集站日收集能力(t/d);

A——生活垃圾产量变化系数,该系数要充分考虑到区域和季节等因素的变化影响。取值时应按当地实际资料采用,无实测值时,一般可采用1~1.4;

n——服务区内实际服务人数;

q——服务区内人均垃圾排放量(kg/d),应按当地实测值选用;无实测值时,居住区可取 0.5～1，企事业等社会单位可取 0.3～0.5。

4.2 类　　型

4.2.1 收集站按建筑形式可分为独立式收集站、合建式收集站。

4.2.2 收集站按收集设备可分为压缩式收集站、非压缩式收集站。

5 工艺、设备及技术要求

5.1 工　　艺

5.1.1 站前垃圾收集系统应密闭，并应与收集站的工艺相匹配。

5.1.2 垃圾进入收集站，应直接倾倒在垃圾收集箱或卸料斗内。

5.1.3 宜采用压缩工艺，以提高收集和运输效率。

5.1.4 分类垃圾收集站，应设置分类收集的收集箱（桶），可回收物可在站内进行简单分拣。

5.2 设　　备

5.2.1 收集站设备应包括受料装置、收集箱、压缩机、提升装置等，有条件的收集站宜配备垃圾称重系统。

5.2.2 设备焊接应均匀、平直，美观、无缺陷。

5.2.3 所有外露黑色金属表面应作防锈处理。

5.2.4 压缩机、提升装置等应有自动安全保护措施。

5.2.5 受料装置应具备良好的防止垃圾扬尘、遗洒、臭味扩散等性能。

5.2.6 收集箱应符合下列要求：

　　1 后门应配备锁紧装置，保证后门锁紧严密；

　　2 应防止污水洒漏，可外置或利用自身结构存储污水；

　　3 采用高强度钢板，耐磨、耐腐蚀性好，不易变形，表面应采用防腐处理；

　　4 收集箱的焊接应无漏焊、裂纹、夹渣、气孔、咬边、飞溅等焊接缺陷。

5.2.7 压缩机应符合下列要求：

　　1 关键部件应采取耐磨、防腐等处理工艺；

　　2 应有垃圾满载提示装置；

　　3 液压、控制部件应运行可靠；

　　4 运动部件应设有安全防护罩和明显标志；

　　5 电气系统应为防水设计，并应配备紧急停机控制器。

5.2.8 提升装置应符合下列要求：

　　1 应具备限速、减速功能，保证运行平稳；

　　2 应有安全保护装置；

　　3 提升能力应满足收集箱满载后的荷载要求。

5.3 技术要求

5.3.1 受料装置的主要技术参数应符合下列要求：

　　1 卸料斗容积不应小于 $1.2m^3$；

　　2 料斗提升力不应小于 500kg。

5.3.2 压缩机的主要技术参数应符合下列要求：

　　1 压实密度不应小于 $0.65t/m^3$；

　　2 压填循环时间不应大于 50s；

　　3 宜选用低噪声设备。

5.3.3 收集箱的主要技术参数应：

　　1 箱体容积不应小于 $5m^3$；

　　2 密封性能：密封部位应做水密试验，30min 内不得有渗漏，且密封条正常使用寿命不应小于 6 个月；

　　3 收集箱上下车最大高度不应大于 5.5m。

5.3.4 提升装置的主要技术参数应符合下列要求：

　　1 提升高度距地面不应大于 5.5m；

　　2 升降循环时间不应大于 60s。

6 建筑、结构与配套设施

6.1 建筑与结构

6.1.1 建筑物、构筑物的建筑设计和外部装修应与周边环境相协调。

6.1.2 应满足垃圾收集工艺及配套设备的安装、维护要求。

6.1.3 建筑结构应保证良好的整体密闭性，有利于污染控制。

6.1.4 建筑物室外装修宜采用美观、耐用、易清洁的材料。

6.1.5 室内地面和墙面应便于保洁。地面宜采用防渗性好，易于清洁的材料。墙面宜采用满铺瓷砖或防水涂料。顶棚表面应防水、平整、光滑。

6.1.6 污水收集系统应满足耐腐蚀、防渗等要求。

6.1.7 防雷、抗震、消防、采光等应符合现行国家标准《民用建筑设计通则》GB 50352 及相关标准的规定。

6.2 配套设施

6.2.1 应按生产、生活要求确定供水方式与供水量。

6.2.2 应根据设备要求配置电源，有条件的收集站可配置备用电源。

6.2.3 收集作业过程产生的污水，应直接排入市政污水管网。

6.2.4 收集站内主要通道应符合进站车辆最大宽度及荷载要求。

6.2.5 应配置消防、防雷等设施。

6.2.6 有条件的收集站宜配置垃圾桶清洗装置。

6.2.7 宜设管理间及工人更衣、洗手、存放工具的场所，有条件的可设沐浴间。

7 环境保护、安全与劳动卫生

7.1 环境保护

7.1.1 收集站的环境保护配套设施应与收集站主体设施同步实施。

7.1.2 收集站应设置通风、除尘、除臭、隔声等环境保护设施，并应设置消毒、杀虫、灭鼠等装置。

7.1.3 除尘除臭效果应符合现行国家标准《环境空气质量标准》GB 3095、《恶臭污染排放标准》GB 14554 等有关标准规定。收集站除尘除臭标准宜符合表7.1.3规定的数值。

表7.1.3 收集站除尘除臭标准

污染物项目	限　值	
	室外	室内
硫化氢（mg/m³）	0.030	10
氨（mg/m³）	1.0	20
臭气浓度（无量纲）	20	—
总悬浮颗粒物 TSP（mg/m³）	0.30	—
可吸入颗粒物 PM10（mg/m³）	0.15	—

7.1.4 收集站作业时站内噪声不应大于85dB，站外噪声昼间不应大于60dB，夜间不应大于50dB。

7.1.5 收集箱应密封可靠，收集、运输过程中应无污水滴漏。

7.1.6 收集站周边应注意环境绿化，并应与周围环境相协调。

7.2 安全与劳动卫生

7.2.1 收集站安全与劳动卫生应符合现行国家标准《生产过程安全卫生要求总则》GB/T 12801 和《工业企业设计卫生标准》GBZ 1 的规定。

7.2.2 在收集站的相应位置应设置交通指示、烟火管制指示等安全标志。

7.2.3 机械设备的旋转件、启闭装置等处应设置防护罩或警示标志。

7.2.4 填装、起吊、倒车等工序的相关设施、设备上应设置警示标志、警报装置。

7.2.5 收集站现场作业人员应穿戴必要的劳保用品。

8 工 程 验 收

8.0.1 收集站的各项建筑、安装工程施工应符合国家现行有关标准和设计文件的要求。

8.0.2 从国外引进的设备及零部件或材料，还应符合下列要求：

　　1 应按商务、商检等部门的规定履行必要的程序与手续；

　　2 应符合我国现行政策、法规和技术标准的有关规定。

8.0.3 应按设计文件和相应国家现行标准的规定进行工程竣工验收。

8.0.4 工程竣工验收除应符合国家现行有关标准的规定外，还应符合下列要求：

　　1 机械设备验收应符合本规程第5章的相关要求。

　　2 建筑工程及配套设施验收应符合本规程第6章的相关要求。

　　3 环境保护、安全与劳动卫生工程验收应符合本规程第7章的相关要求。

8.0.5 收集站工程竣工验收前应做好必要的文件、资料的收集和准备工作，应包括下列文件、资料：

　　1 项目批复文件；

　　2 工程施工图等技术文件；

　　3 工程施工记录和工程变更记录；

　　4 设备安装、调试与试运行记录；

　　5 收集站环保检测数据；

　　6 其他必要的文件、资料。

9 运行与维护

9.0.1 收集站应制定运行、维护、安全操作规程。

9.0.2 应保持整洁的站容、站貌。

9.0.3 运行管理人员和操作人员应进行上岗前的培训。

9.0.4 收集站应按照规定时间作业。

9.0.5 操作人员应随机检查进站垃圾成分，严禁危险废物、易燃易爆等违禁物进站。

9.0.6 垃圾收集容器应无残缺、破损，封闭性好，并应及时清洗。

9.0.7 分类收集容器，应具有明显分类标识，并应保持标识的完整清洁。

9.0.8 设备保护装置失灵或工作状态不正常时，应及时停机检查维修。

9.0.9 收集站内各种设施、设备应进行定期检查维护。

本规程用词说明

1 为便于在执行本规程条文时区别对待，对于要求严格程度不同的用词说明如下：

　　1）表示很严格，非这样做不可的：

正面词采用"必须",反面词采用"严禁";

2）表示严格,在正常情况下均应这样做的:

正面词采用"应",反面词采用"不应"或"不得";

3）表示允许稍有选择,在条件许可时,首先应这样做的:

正面词采用"宜",反面词采用"不宜";

4）表示有选择,在一定条件下可以这样做的,采用"可"。

2 条文中指明应按其他有关标准执行的写法为:"应符合……的规定(要求)"或"应按……执行"。

引用标准名录

1 《民用建筑设计通则》GB 50352

2 《环境空气质量标准》GB 3095

3 《生产过程安全卫生要求总则》GB/T 12801

4 《恶臭污染排放标准》GB 14554

5 《生活垃圾分类标志》GB/T 19095

6 《工业企业设计卫生标准》GBZ 1

7 《塑料垃圾桶通用技术条件》CJ/T 280

中华人民共和国行业标准

生活垃圾收集站技术规程

CJJ 179—2012

条 文 说 明

制 订 说 明

《生活垃圾收集站技术规程》CJJ 179 - 2012，经住房和城乡建设部 2012 年 5 月 16 日以 1380 号公告批准、发布。

本规程编制过程中，编制组进行了广泛深入的调查研究，总结了我国生活垃圾收集站规划、建设和运行的实践经验，取得了生活垃圾收集站设置、管理的技术参数和要求。

为便于广大设计、施工、管理等单位有关人员在使用本规程时能正确理解和执行条文规定，《生活垃圾收集站技术规程》编制组按章、节、条顺序编制了本规程的条文说明，对条文规定的目的、依据以及执行中需注意的有关事项进行了说明。但是，本条文说明不具备与标准正文同等的法律效力，仅供使用者作为理解和把握标准规定的参考。

目 次

1 总 则

1.0.1 本条说明了制定本规程的目的。

生活垃圾收集站（以下简称"收集站"）是指将分散收集的垃圾集中后由运输车清运出去的小型垃圾收集设施，主要起到垃圾集中和暂存的功能。它数量大，分布广，收集站的建设管理水平直接影响到居民的生活环境。本规程借鉴其他国家的先进经验，结合我国实际和相关标准规范的内容而制定。

1.0.2 本条规定了本规程的适用范围。

本规程的适用范围包含城市、镇和村庄的所有新建、改建和扩建生活垃圾收集站。

1.0.3 本规程的"引用标准名录"列举了本规程正文已引用的相关标准，与收集站规划、设计、建设、验收、运行及维护相关的其他标准主要有：

1 《建筑设计防火规范》GB 50016
2 《厂矿道路设计规范》GBJ 22
3 《安全色》GB 2893
4 《安全标准》GB 2894
5 《声环境质量标准》GB 3096
6 《建筑抗震设计规范》GB 50011
7 《建筑采光设计标准》GB 50033
8 《建筑物防雷设计规范》GB 50057
9 《建筑灭火器配置设计规范》GB 50140
10 《城市环境卫生设施规划规范》GB 50337
11 《村庄整治技术规范》GB 50445
12 《城镇环境卫生设施设置标准》CJJ 27
13 《生活垃圾转运站技术规范》CJJ 47

2 基 本 规 定

2.0.1 为了解决收集站普遍存在的选址难、建设难问题，本条强调了收集站与其他建筑的"三同时"原则，即"同步规划、同步建设和同时投入使用"。按照现行国家标准《环境卫生术语标准》CJJ 65 的定义，生活垃圾收集点是按规定设置的收集垃圾的地点。生活垃圾收集点（以下简称"收集点"）是垃圾集中投放的地点，是垃圾收集系统最前端的环节，也是收集系统的重要组成部分，所以对收集点也一并作了要求。

2.0.2 本条是为了避免旧城改造中，被拆除的收集站还建不到位的现象而专门设立的。目的是要求城市的旧城改造中不仅要落实新收集站的建设，更要保证原有收集站的设置地点和数量。

2.0.3 收集站的建设方如房地产开发商等，经常在收集站的选址、设计、建设时未与环卫部门沟通，造成建成的收集站出现不能与环卫部门收集系统相匹配等问题，因此要求环卫主管部门参与收集站的审批与

验收，征得环卫部门的同意后方可实施。

2.0.4 本条明确了收集站的设计要求。标准化、系列化的设备有利于收集站的更新、维护，因此应鼓励选用。

3 规划选址与设置

3.1 规 划 选 址

3.1.1 收集站的建设要求列入城市的环境卫生专业规划并严格遵守，包括有条件的城市在编制专业性的控制性详规时。

3.1.2 本条要求各城市的环境卫生专业规划内容要包括收集站的具体要求，如位置、占地、工艺及数量等。

3.1.3、3.1.4 主要提出了收集站选址应满足作业方便，具备相应市政条件。居住区内由于道路停放车辆等原因，可能影响垃圾运输车辆收运作业，因此具备条件的居住区可以设置专门的通道方便生活垃圾收集作业。

3.2 设 置

3.2.1 5000 人的封闭式小区垃圾产生量一般在每日 4t 左右，按照日产日清要求，从车辆配置以及运输距离等因素考虑，建设收集站比较适宜。小于 5000 人的居住区，建议与相邻的区域联合设置收集站。

3.2.2 学校、企事业单位由于其独立封闭性，占地面积较大，垃圾成分比较特殊，适宜于单独收集，如果学校、企事业单位的规模较小，可与相邻的区域联合设置收集站。

3.2.3 成片区域是指人口较为密集的区域，参考《城市居住区规划设计规范》GB 50180 对居住区垃圾转运站的设置规定（0.7km² ～1km² 设置一座），同时考虑人工和简易机械收集半径，本规程规定收集站设置数量应不少于 1 座/1km²；垃圾产生量大的区域，则需根据垃圾产生量确定收集站设置数量。

3.2.4 对收集点的设置提出四点要求。港湾式收集点既能减少环境影响，也不影响车辆及行人行走，是一种比较好的形式。人行道内侧港湾式收集点要设置坡道，便于垃圾桶的来回移动；服务半径的规定参考了现行国家标准《城镇环境卫生设施设置标准》CJJ 27；垃圾产生量大的地点，尽量使用大容量塑料垃圾桶，每个收集点垃圾桶数量上限为 10，下限考虑到分类收集的需要，至少设置可回收、不可回收两类，因此数量为 2；分类垃圾桶采用不同的桶身颜色及容易识别的分类标志，便于市民识别和分类投放。

3.2.5 本条明确了收集站的服务半径。

4 规模与类型

4.1 规 模

4.1.1 综合考虑收集站的服务人口及收集范围，结合生活垃圾转运站的分级规定，收集站的设计收集能力应小于Ⅴ类生活垃圾转运站，即50t/d的规模，确定收集站设计收集能力不宜大于30t/d。

4.1.2 本条明确了收集站的设计规模和作业能力。分类收集的收集站要求根据分类收集的种类，设置相应的分类容器，满足分类收运的要求。部分类别的垃圾，如玻璃、塑料、纸张等可回收物有可能几天才需要外运一次，这种情况下，收集站应为可回收物设置存储空间。

4.1.3 本条结合城镇地区具体条件并参照转运站相关标准，对生活垃圾收集站用地指标提出了基本规定和要求。

4.1.4 本条列出了收集站设计规模的计算公式。主要参考了《城市环境卫生设施规划规范》GB 50337-2003 和《生活垃圾转运站技术规范》CJJ 47-2006 中的有关计算方法，并对生活垃圾产生量变化系数及服务区内人均垃圾排放量做了相应调整。影响垃圾产生量的主要因素有季节变化、人口波动及节庆活动等。影响最明显的是季节变化和节庆活动，波动最大的是节庆活动，其最大产生量为日常生活垃圾产生量的1倍以上，但持续时间很短。季节性变化持续时间较长，是生活垃圾产生量变化的主要考虑因素，通常季节变化的波动在0.8~1.4，考虑到收集站的设计实际，生活垃圾产生量变化系数为1~1.4。居住区的人均垃圾排放量为0.5~1，企事业单位的人均垃圾排放量为0.3~0.5，以上数据都是根据近几年的实测值确定。

4.2 类 型

4.2.1 本条明确了收集站的建筑形式。合建式收集站是指与公厕等公共服务设施建在一起，也可以是与其他建筑合建。

4.2.2 根据是否采用压缩设备，将收集站分为压缩式收集站和非压缩式收集站。压缩式收集站收集效率较高，节约运输成本，是主要发展方向。

5 工艺、设备及技术要求

5.1 工 艺

5.1.1、5.1.2 根据调研，站前垃圾收集存在露天收集、散装收运等问题，造成了垃圾落地、污水洒漏及臭气污染等现象；有些站前收集系统与收集站装、卸

料方式不匹配，造成垃圾多次倒出转运。为减少收运过程中的环境影响，这两条强调垃圾从投放至运输到收集站的全过程应密闭；同时站前运输车辆、容器等均要根据不同的垃圾收集站装、卸料方式进行选配，如采用挂桶装置装卸垃圾的收集站，采用机动车（或电瓶车）将收集桶运至收集站，直接倾倒在收集箱内，以减少中间环节。

5.1.3 根据一些城市的调研数据，我国目前垃圾容重大多在(250~400)kg/m³之间，通常压缩式收集站的垃圾压缩后容重可达600kg/m³以上，可以使垃圾达到脱水、减容、减重的效果，提高运输效率，节约运输成本。全过程密闭的压缩工艺，可以减少环境影响。

部分城市生活垃圾特性表

城 市	容重（kg/m³）	含水率（%）
北京	—	62.80
重庆	351.0	64.10
乌鲁木齐	324.9	47.02
武汉	257.0	47.72
大连	256.4	68.28
青岛	280.9	55.96
威海	329.0	51.42

5.1.4 要求根据分类收集的类别要求设置收集箱（或桶），收集箱（桶）的数量应根据分类的垃圾量确定。目前，我国大多采用"大类粗分"的垃圾分类方式，可回收物如塑料、纸张、玻璃、金属等都作为一类进入收集站，在收集站内进行简单分拣后进入废旧物资回收系统。

5.2 设 备

5.2.1 本条明确了收集站主要设备的组成。有些设备如移动式压缩收集站受料装置、收集箱、压缩机为一体，提升装置安装在运输车上。地坑式收集箱一般在站内设置提升装置。本条提出垃圾称重系统设置的建议，便于数据的采集，提高管理水平。

5.2.2 针对部分地区收集站配套设备简陋、损耗大、外观质量差的问题，本条对设备的制造提出了要求。

5.2.3 与上一条呼应，本条提出设备表面防锈处理的要求，包括设备的内、外，暴露在空气的所有表面。黑色金属主要指铁、锰、铬及其合金，如钢、生铁、铁合金、铸铁等。

5.2.4 压缩机、提升装置等可能涉及安全的地方，要求设置一些自动感应和紧急制动按钮，在有危险时能及时、自动停止操作。

5.2.5 减少垃圾倾倒时的受料面积，设置防止垃圾尘土及气味扩散的挡板，配合自动喷淋等装置，可以

较好防止垃圾扬尘、遗洒、臭味扩散。

5.2.6~5.2.8 这三条针对盛装垃圾的容器——收集箱和重要的功能设备提出主要的制造质量要求。

5.3 技术要求

根据调研的基础资料及设备厂商所提供的设备参数，本节提出了设备的功能技术要求。

6 建筑、结构与配套设施

6.1 建筑与结构

6.1.1 本条对收集站的建（构）筑物外观设计与装饰进行了规定。

6.1.2 根据所选收集工艺及设备的尺寸和安装要求，进行建筑及结构设计，以满足设备的安装、拆换、维护及日常作业等要求。

6.1.3 为减少收集站臭味扩散和作业时噪声扰民的问题，要求保证收集站建筑结构的整体密闭性，必要时可采用隔声减噪等工程措施，以降低和减少污染。

6.1.4 为了保持建筑物的良好外观，对室外装修材料提出要求。

6.1.5 收集站内的地面和墙壁频繁接受垃圾和渗沥液污染，需要及时冲洗。本条对地面和墙面的材料提出要求。通过调查了解，目前收集站普遍采用防渗性好，易于清洁的材料，主要有无溶剂型环氧树脂自流坪或聚脲涂层，本条文鼓励收集站采用新材料。

6.1.6 收集站产生的污水为高浓度有机废水，腐蚀性强，因此污水明渠、暗渠、管道、存储池等收集、排放系统要求耐腐蚀、防渗，防止污水渗漏对周围环境造成污染。

6.1.7 除《民用建筑设计通则》GB 50352 外，防雷设计应符合《建筑物防雷设计规范》GB 50057 的要求，抗震设计应符合《建筑抗震设计规范》GB 50011 的有关规定，消防设计应符合《建筑设计防火规范》GB 50016 和《建筑灭火器配置设计规范》GB 50140 的有关规定，采光设计应符合《建筑采光设计标准》GB 50033 的有关规定。

6.2 配套设施

6.2.1 生产用水主要包括收集箱、垃圾桶、地面和墙壁等清洗用水，除尘除臭等喷淋系统用水以及绿化等用水；生活用水主要包括洗浴、冲厕等用水。

6.2.2 本条明确了收集站电源的要求。有条件的地区，可按照每 3~5 个收集站配置一个移动式备用电源的形式，供应急使用。

6.2.3 收集站点多面广，收集作业过程产生的污水一般为当日垃圾中的污水，不具备集中处理的条件，属生活污水，要求直接纳入市政污水管网系统。

6.2.4 本条对收集站内通道提出了原则要求。具体要求在国家现行标准《厂矿道路设计规范》GBJ 22 中进行了规定。

6.2.5 收集站的配套设施中要求包括防雷、消防等安全设施。

6.2.6 要求有条件的收集站设置垃圾桶清洗间，配备垃圾桶自动清洗或人工清洗设备，对垃圾桶内侧、外侧进行清洗。所谓有条件是指建筑面积较大，有设置的空间和水电供应条件。

6.2.7 通过调查了解，部分收集站也是环卫工人休息或存放工具的场所，普遍具备环卫工人休息间的功能，应尽可能设置各种人性化附属设施，改善环卫工人工作条件。

7 环境保护、安全与劳动卫生

7.1 环境保护

7.1.1 环境保护配套设施是收集站运行的重要保障，按照环境保护"三同时"的原则，要求与收集站主体同步设计，同步建设，同步运行。

7.1.2 本条为强制性条文。收集站对周边环境影响最大的是作业时产生的粉尘、臭气、噪声等，因此强化收集站内的通风、降尘、除臭、隔声措施更显重要。垃圾中易滋生蚊、蝇、老鼠等病媒生物，应设置必要的消杀装置。

7.1.3 本条明确了收集站需达到的除尘除臭效果。

其中硫化氢室外限值采用《恶臭污染排放标准》GB 14554 厂界标准值一级标准，室内限值采用《工作场所有害因素职业接触限值》GBZ 2 最高容许浓度；氨室外限值采用《恶臭污染排放标准》GB 14554 厂界标准值一级标准，室内限值采用《工作场所有害因素职业接触限值》GBZ 2 时间加权平均容许浓度；考虑到已建成的收集站采取除臭措施的难度，臭气浓度采用《恶臭污染排放标准》GB 14554 厂界标准值二级新改扩建标准；总悬浮颗粒物及可吸入颗粒物的室外限值采取《环境空气质量标准》GB 3095 三级日平均值。

7.1.4 收集站的站内噪声标准值采用了《工作场所有害因素职业接触限值》GBZ 2 中的噪声限值；收集站的站外噪声标准采用《声环境质量标准》GB 3096 中的 2 类声环境功能区的噪声限值，该区域是以商业金融、集市贸易为主要功能，或者居住、商业、工业混杂，需要维护住宅安静的区域。

7.1.5 本条为强制性条文。在调研过程中发现，部分地区使用的收集箱由于密封性能差，造成在收集、运输过程中的污水滴漏，对周边环境和道路造成恶臭污染等影响。因此，本规程强调应采用密封性能较高的收集箱，避免在收集、运输环节中造成滴漏。

7.1.6 收集站周围，合理搭配、设置花木，并与周围环境协调的环保隔离与绿化带，可降低收集站对外界的影响，美化环境。

7.2 安全与劳动卫生

7.2.1 收集站安全与劳动卫生要求符合国家现行的有关技术标准的规定。

7.2.2 本条为强制性条文。要求按照现行国家标准《安全标准》GB 2894、《安全色》GB 2893 等的规定，在收集站的地面、墙壁等相应位置设置醒目的安全标志，如交通管制指示、烟火管制提示等。

7.2.3 本条为强制性条文。机械设备的旋转件、启闭装置等位置容易发生人身伤害事故，采取必要的防护措施可以避免事故的发生。

7.2.4 在容易引起安全事故的位置要求采取安全防护措施。

7.2.5 要求作业人员按规定配备和使用必要的劳保防护用品。

8 工 程 验 收

8.0.1 本条明确了收集站工程竣工验收的依据。

8.0.2 本条规定了从国外引进的设备除应符合国内设备的相关要求外还应符合的要求。

8.0.3、8.0.4 收集站工程竣工验收应满足《建筑项目（工程）竣工验收办法》、《建筑工程质量管理条例》、《机械设备安装施工验收通用规范》、设计文件和其他相应的国家现行标准的规定和要求，此外，还应符合本规程相关的内容要求。

8.0.5 本条提出收集站工程施工完成，竣工验收时应当出示的主要文件、资料。

9 运行与维护

9.0.1 为了保证收集站的正常运行，确保安全操作，根据收集站所采用的设备类型、技术性能等制定收集站运行、维护、安全操作规程，使收集站的运行管理做到有章可循。

9.0.2 各种设备、物品定位摆放，地面、墙面、垃圾容器等及时冲洗，花木定期养护，保持整洁的站容站貌。

9.0.3 要求根据收集站的工艺及设备要求，制定培训教材，并组织各岗位操作人员和运行管理人员进行岗前培训，掌握收集站的工艺流程、技术要求和有关设施、设备的主要技术指标和运行管理要求，减少不必要的人身、财产事故，切实提高工作效率，保障安全生产。

9.0.4 在调研中，我们了解到很多收集站周边居民对夜间作业扰民投诉以及不定时开放等问题。收集站的作业时间应综合考虑垃圾收集量、交通高峰、居民作息时间、居民投放垃圾习惯等因素，并与垃圾外运的时间相衔接，使收集站的作业时间固定，并在站外明显位置对外公示。

9.0.5 本条为强制性条文。现场管理及操作人员随机检查进站垃圾的成分，一旦发现违禁物，应进行妥善处理或请原运输单位负责外运、处置，避免进入生活垃圾收集系统。

9.0.6 垃圾收集容器长期暴露在室外，加之垃圾投放和翻到作业频繁，容易残缺、破损、造成垃圾暴露、蚊蝇滋生。因此要求经常检查、及时更换，保持其结构完好，具备封闭性能。每天垃圾和污物粘附在垃圾容器表面，如不及时清洗会散发臭味，因此要求及时对其进行清洗。

9.0.7 垃圾分类标识是指导居民进行垃圾分类投放的依据和宣传工具之一，本条要求在分类收集的容器上按照垃圾分类的要求进行标识，并保持其完整和清洁，便于投放垃圾者识别。

9.0.8 收集站装卸、压缩、提升等设备在运行时存在潜在危险，应设置保护装置，进行作业前应检查各种保护装置，当保护装置失灵或工作状态不正常时，及时进行检查维修，以防出现安全事故。

9.0.9 本条是关于站内生产及辅助设施、设备维护保养的要求，收集站生产设备、供电设施、电气照明设备、机械排风、给水排水设施、通信管线等设备的正常工作直接关系到收集站的正常运行，定期检查和维护保养，并按照有关规定进行大、中、小修可保证收集站的正常运行。设施设备的维护保养除了国家关于机械设备维护保养的标准、规范外，还包括提供设备厂家针对收集设备维护保养的特殊规定。除以上设施设备外，对除尘除臭、消防设施、避雷装置、交通警示标志等也应根据相应标准定期检查维护，发现问题，及时检修。

中华人民共和国行业标准

餐厨垃圾处理技术规范

Technical code for food waste treatment

CJJ 184—2012

批准部门：中华人民共和国住房和城乡建设部
施行日期：2 0 1 3 年 5 月 1 日

中华人民共和国住房和城乡建设部
公　告

第 1560 号

住房城乡建设部关于发布行业标准
《餐厨垃圾处理技术规范》的公告

现批准《餐厨垃圾处理技术规范》为行业标准，编号为 CJJ 184 - 2012，自 2013 年 5 月 1 日起实施。其中，第 3.0.1、3.0.2、7.5.5、7.5.6、9.0.5 条为强制性条文，必须严格执行。

本规范由我部标准定额研究所组织中国建筑工业出版社出版发行。

中华人民共和国住房和城乡建设部
2012 年 12 月 24 日

前　言

根据原建设部《关于印发〈2006 年工程建设标准规范制订、修订计划（第一批）〉的通知》（建标〔2006〕77 号）的要求，规范编制组经广泛调查研究，认真总结实践经验，参考有关国内外标准，并在广泛征求意见的基础上，编制了本规范。

本规范的主要内容是：1. 总则；2. 术语；3. 餐厨垃圾的收集与运输；4. 厂址选择；5. 总体设计；6. 餐厨垃圾计量、接受与输送；7. 餐厨垃圾处理工艺；8. 辅助工程；9. 工程施工及验收。

本规范中以黑体字标志的条文为强制性条文，必须严格执行。

本规范由住房和城乡建设部负责管理和对强制性条文的解释，由城市建设研究院负责具体技术内容的解释。执行过程中如有意见和建议，请寄送城市建设研究院（地址：北京市西城区德胜门外大街 36 号；邮政编码：100120）。

本 规 范 主 编 单 位：城市建设研究院

本 规 范 参 编 单 位：清华大学
北京嘉博文生物科技有限公司
青岛天人环境工程有限公司
重庆市环卫控股（集团）有限公司
上海市环境工程设计科学研究院有限公司
青海洁神环境能源产业有限公司
宁波开诚生态技术有限公司
北京弗瑞格林环境资源投资有限公司
北京时代桃源环境科技有限公司

本 规 范 参 加 单 位：中联重科股份有限公司
北京高能时代环境技术股份有限公司

本规范主要起草人员：郭祥信　徐文龙　黄文雄
王敬民　金宜英　于家伊
曹　曼　张　益　张兴庆
周德刚　朱华伦　吴长亮
杨军华　王丽莉　屈志云
刘晶昊　张　波　何永全
梁立宽　蔡　辉　吕德斌
徐长勇　冯幼平　刘　林
杨　韬　罗　博　沈炳国
王云飞　魏小凤　舒春亮
段建国　刘　勇　余昆朋

本规范主要审查人员：聂永丰　陶　华　陈朱蕾
冯其林　林　泉　李国学
汪群慧　黄亚军

目 次

Contents

1 总 则

1.0.1 为贯彻国家有关餐厨垃圾处理的法规和技术政策，保证餐厨垃圾得到资源化、无害化和减量化处理，使餐厨垃圾处理工程建设规范化，制定本规范。

1.0.2 本规范适用于新建、扩建、改建餐厨垃圾收集和处理工程项目的设计、施工及验收。

1.0.3 餐厨垃圾处理工程建设，应采用先进、成熟、可靠的技术和设备，做到工艺技术先进、运行可靠、消除风险、控制污染、安全卫生、节约资源、经济合理。

1.0.4 餐厨垃圾收集和处理工程的设计、施工及验收除应符合本规范外，尚应符合国家现行有关标准的规定。

2 术 语

2.0.1 餐饮垃圾 restaurant food waste

餐馆、饭店、单位食堂等的饮食剩余物以及后厨的果蔬、肉食、油脂、面点等的加工过程废弃物。

2.0.2 厨余垃圾 food waste from household

家庭日常生活中丢弃的果蔬及食物下脚料、剩菜剩饭、瓜果皮等易腐有机垃圾。

2.0.3 餐厨垃圾 food waste

餐饮垃圾和厨余垃圾的总称。

2.0.4 泔水油 oil in food waste

从餐厨垃圾中分离、提炼出的油脂。

2.0.5 煎炸废油 waste fried oil

餐馆、饭店、单位食堂等做煎炸食品后废弃的煎炸用油。

2.0.6 地沟油 oil made from restaurant drainage sewage

从餐饮单位厨房排水除油设施分离出的油脂和排水管道或检查井清掏污物中提炼出的油脂。

2.0.7 干热处理 dry thermal treatment

将餐厨垃圾预脱水后，利用热能进行干燥处理，同时杀灭细菌的处理过程。

2.0.8 湿热处理 hydrothermal treatment

基于热水解反应，在适当的含水环境中，利用热能对餐厨垃圾进行处理，并改变垃圾后续加工性能的餐厨垃圾处理过程。

2.0.9 含固率 ratio of dry solid to total material (TS)

物料中含有的干物质的重量比率。

2.0.10 反刍动物饲料 ruminant animal feed

用来喂养具有反刍消化方式动物的饲料。反刍动物一般包括牛、羊、骆驼、鹿、长颈鹿、羊驼、羚羊等。

3 餐厨垃圾的收集与运输

3.0.1 餐饮垃圾的产生者应对产生的餐饮垃圾进行单独存放和收集，餐饮垃圾的收运者应对餐饮垃圾实施单独收运，收运中不得混入有害垃圾和其他垃圾。

3.0.2 餐厨垃圾不得随意倾倒、堆放，不得排入雨水管道、污水排水管道、河道、公共厕所和生活垃圾收集设施中。

3.0.3 对餐饮单位的餐饮垃圾应实行产量和成分登记制度，并宜采取定时、定点的收集方式收集。

3.0.4 煎炸废油应单独收集和运输，不宜与餐饮垃圾混合收集。

3.0.5 厨余垃圾宜实施分类收集和分类运输。

3.0.6 餐厨垃圾应采用密闭、防腐专用容器盛装，采用密闭式专用收集车进行收集，专用收集车的装载机构应与餐厨垃圾盛装容器相匹配。

3.0.7 餐厨垃圾应做到日产日清。采用餐厨垃圾饲料化和制生化腐植酸的处理工艺时，其餐厨垃圾在存放、运输过程中应采取防止发生霉变的措施。

3.0.8 餐厨垃圾运输车辆在任何路面条件下不得泄漏和遗洒。

3.0.9 餐厨垃圾宜直接从收集点运输至处理厂。产生量大、集中处理且运距较远时，可设餐厨垃圾转运站，转运站应采用非暴露式转运工艺。

3.0.10 运输路线应避开交通拥挤路段，运输时间应避开交通高峰时段。

3.0.11 在寒冷地区使用的餐厨垃圾运输车，应采取防止餐厨垃圾产生冰冻的措施。

3.0.12 餐厨垃圾运输车装、卸料宜为机械操作。

4 厂 址 选 择

4.0.1 餐厨垃圾处理厂的选址应符合当地城市总体规划，区域环境规划，城市环境卫生专业规划及相关规划的要求。

4.0.2 厂址选择应综合考虑餐厨垃圾处理厂的服务区域、服务单位、垃圾收集运输能力、运输距离、预留发展等因素。

4.0.3 餐厨垃圾处理设施宜与其他固体废物处理设施或污水处理设施同址建设。

4.0.4 厂址选择应符合下列条件：

1 工程地质与水文地质条件应满足处理设施建设和运行的要求。

2 应有良好的交通、电力、给水和排水条件。

3 应避开环境敏感区、洪泛区、重点文物保护区等。

5 总 体 设 计

5.1 一 般 规 定

5.1.1 餐厨垃圾总产生量较大的城市可优先采用集

中处理方式处理餐厨垃圾。

5.1.2 餐厨垃圾处理厂的建设宜根据餐厨垃圾收集率预测或收集效果确定是否分期建设以及各期的建设规模。

5.1.3 餐厨垃圾处理生产线的数量及规模应根据所选工艺特点、设备成熟度，经技术经济比较后确定，并应考虑设备和生产线的备用性。

5.2 规模与分类

5.2.1 餐厨垃圾处理厂建设规模应根据该工程服务区域和用户的餐厨垃圾现状产生量及预测产生量确定。

5.2.2 餐饮垃圾产生量应根据实际统计数据确定，也可按人均日产生量进行估算，估算宜按下式计算：

$$M_c = Rmk \qquad (5.2.2)$$

式中：M_c——某城市或区域餐饮垃圾日产生量，kg/d；

R——城市或区域常住人口；

m——人均餐饮垃圾产生量基数，kg/（人·d）；人均餐饮垃圾日产生量基数 m 宜取 0.1kg/（人·d）；

k——餐饮垃圾产生量修正系数。经济发达城市、旅游业发达城市或高校多的城区可取 1.05～1.15；经济发达旅游城市、经济发达沿海城市可取 1.15～1.30；普通城市可取 1.00。

5.2.3 餐厨垃圾处理厂分类宜符合下列规定：

　　1 Ⅰ类餐厨垃圾处理厂：全厂总处理能力应为 300 t/d 以上（含 300 t/d）；

　　2 Ⅱ类餐厨垃圾处理厂：全厂总处理能力应为 150 t/d～300 t/d（含 150 t/d）；

　　3 Ⅲ类餐厨垃圾处理厂：全厂总处理能力应为 50 t/d～150 t/d（含 50 t/d）；

　　4 Ⅳ类餐厨垃圾处理厂：全厂总处理能力应为 50 t/d 以下。

5.3 总体工艺设计

5.3.1 餐厨垃圾处理主体工艺的选择应符合下列规定：

　　1 应技术成熟、设备可靠；

　　2 应做到资源化程度高、二次污染及能耗小；

　　3 应符合无害化处理要求。

5.3.2 生产线工艺流程的设计应满足餐厨垃圾资源化、无害化处理的需要，做到工艺完善、流程合理、环保达标，各中间环节和单体设备应可靠。

5.3.3 餐厨垃圾处理车间设备布置应符合下列规定：

　　1 物质流顺畅，各工段不应相互干扰；

　　2 应留有足够的设备检修空间；

　　3 进料和预处理工段应与主处理工段分开；

　　4 应有利于车间全面通风的气流组织优化和环境维护。

5.4 总图设计

5.4.1 餐厨垃圾处理厂总图布置应满足餐厨垃圾处理工艺流程的要求，各工序衔接应顺畅，平面和竖向布置合理，建构筑物间距应符合安全要求。

5.4.2 Ⅱ类以上餐厨垃圾处理厂宜分别设置人流和物流出入口，两出入口不得相互影响，且应做到进出车辆畅通。

5.4.3 餐厨垃圾处理厂各项用地指标应符合国家有关规定及当地土地、规划等行政主管部门的要求。

5.4.4 厂区道路的设置，应满足交通运输和消防的需求，并应与厂区竖向设计、绿化及管线敷设相协调。

5.4.5 当处理工艺中有沼气产生时，沼气产生、储存、输送等环节及相关区域的设备、设施应符合国家现行相应防爆标准要求。

6 餐厨垃圾计量、接受与输送

6.0.1 餐厨垃圾处理厂应设置计量设施，计量设施应具有称重、记录、打印与数据处理、传输功能。

6.0.2 餐厨垃圾卸料间应封闭，垃圾车卸料平台尺寸应满足最大餐厨垃圾收集车的卸料作业。

6.0.3 餐厨垃圾处理厂卸料口设置数量应根据总处理规模和餐厨垃圾收集高峰期车流量确定，Ⅰ类餐厨垃圾处理厂卸料口不得少于 3 个。

6.0.4 卸料间受料槽应设置局部排风罩，排风罩设计风量应满足卸料时控制臭味外逸的需要，卸料间的通风换气次数不应小于 3 次/h。

6.0.5 宜设置餐厨垃圾暂存、缓冲容器，缓冲容器的容积应与餐厨垃圾处理工艺和处理规模相协调，且应有防臭气散发的设施。

6.0.6 餐厨垃圾卸料间应设置地面和设备冲洗设施及冲洗水排放系统。

6.0.7 餐厨垃圾输送和卸料倒料过程中应避免飞溅和逸洒。

6.0.8 采用带式输送机输送餐厨垃圾时，应符合下列要求：

　　1 应有导水措施，防止污水横流。

　　2 带式输送机上方应设密封罩，并对密封罩实施机械排风。

　　3 设有人工分拣工位的带式输送机的移动速度宜为 0.1m/s～0.3m/s。

6.0.9 采用螺旋输送机输送餐厨垃圾时，应符合下列要求：

　　1 螺旋输送机的转速应能调节；

　　2 螺旋输送机应具有防硬物卡死的功能；

3 应具有自清洗功能。

7 餐厨垃圾处理工艺

7.1 一般规定

7.1.1 单位或居民区设置的小型厨余垃圾处理设备应做到技术可靠、排放达标，处理后的残余物应得到妥善处理。

7.1.2 餐厨垃圾处理残渣做有机肥时，其有机肥产品质量应符合国家现行标准《有机肥料》NY 525 的要求。

7.1.3 餐厨垃圾制肥中重金属、蛔虫卵死亡率和大肠杆菌值指标应符合现行国家标准《城镇垃圾农用控制标准》GB 8172 的要求。

7.2 预处理

7.2.1 餐厨垃圾处理厂应配置餐厨垃圾预处理工序，预处理工艺应根据餐厨垃圾成分和主体工艺要求确定。

7.2.2 餐厨垃圾预处理设施和设备应具有耐腐蚀、耐负荷冲击等性能和良好的预处理效果。

7.2.3 餐厨垃圾的分选应符合下列规定：

1 餐厨垃圾预处理系统应配备分选设备将餐厨垃圾中混杂的不可降解物有效去除。

2 餐厨垃圾分选系统可根据需要选配破袋、大件垃圾分选、风力分选、重力分选、磁选等设施与设备。

3 分选出的不可降解物应进行回收利用或无害化处理。

4 分选后的餐厨垃圾中不可降解杂物含量应小于 5%。

7.2.4 餐厨垃圾的破碎应符合下列规定：

1 餐厨垃圾破碎工艺应根据餐厨垃圾输送工艺和处理工艺的要求确定。

2 破碎设备应具有防卡功能，防止坚硬粗大物破坏设备。

3 破碎设备应便于清洗，停止运转后应及时清洗。

7.2.5 泔水油的分离应符合下列规定：

1 应根据餐厨垃圾处理主体工艺的要求确定油脂分离及油脂分离工艺。

2 餐厨垃圾液相油脂分离收集率应大于 90%。

3 应对分离出的油脂进行妥善处理和利用。

7.2.6 餐饮单位厨房下水道清掏物可用于提炼地沟油，地沟油的提炼应符合下列规定：

1 地沟油提炼过程中产生的废气应得到妥善处理，并应达标排放。

2 提炼出的地沟油和残渣均不得用于制作饲料或饲料添加剂。

3 提炼后的残渣和废液应进行无害化处理。

7.2.7 严禁将煎炸废油、泔水油和地沟油用于生产食用油或食品加工。

7.2.8 利用湿热处理方法对餐厨垃圾进行预处理时，湿热处理温度宜为 120℃～160℃，处理时间不应小于 20min。

7.2.9 利用干热处理方法对餐厨垃圾进行预处理时，物料温度宜为 95℃～120℃，此温度下物料的停留时间不应小于 25min。

7.2.10 应根据处理后产品质量的要求确定控制盐分措施。

7.3 厌氧消化工艺

7.3.1 厌氧消化前餐厨垃圾破碎粒度应小于 10mm，并应混合均匀。

7.3.2 餐厨垃圾厌氧消化的工艺应根据餐厨垃圾的特性、当地的条件经过技术经济比较后确定。

7.3.3 湿式工艺的消化物料含固率宜为 8%～18%，物料消化停留时间不宜低于 15d。

7.3.4 干式工艺的消化物含固率宜为 18%～30%，物料消化停留时间不宜低于 20d。

7.3.5 消化物料碳氮比（C/N）宜控制在（25～30）：1，pH 值宜控制在 6.5～7.8。

7.3.6 可采用中温厌氧消化或高温厌氧消化，中温温度以 35℃～38℃为宜，高温温度以 50℃～55℃为宜。厌氧消化系统应能对物料温度进行控制，物料温度上下波动不宜大于 2℃。

7.3.7 餐厨垃圾中钠离子含量高对厌氧发酵影响较大时，宜采取降低钠离子的措施。

7.3.8 餐厨垃圾厌氧消化器应符合下列规定：

1 应有良好的防渗、防腐、保温和密闭性，在室外布置的，应具有耐老化、抗强风、雪等恶劣天气的性能。

2 容量应根据处理规模、发酵周期、容器强度等因素确定。

3 厌氧消化器的结构应有利于物料的流动，避免产生滞流死角。

4 厌氧消化器应具有良好的物料搅拌、匀化功能，防止物料在消化器中形成沉淀。

5 应有检修孔和观察窗。

6 应配置安全减压装置，安全减压装置应根据安全部门的规定定期检验。

7.3.9 对厌氧产生的沼气应进行有效利用或处理，不得直接排入大气。

7.3.10 工艺中产生的沼液和残渣应得到妥善处理，不得对环境造成污染。

7.3.11 沼液做液体肥料时，其液体肥产品质量应符合国家现行标准《含腐植酸水溶肥料》NY 1106 的要求。

7.4 好氧生物处理

7.4.1 好氧堆肥应符合下列规定：

1 餐厨垃圾采用好氧堆肥方式处理时，应对餐厨垃圾进行水分调节、盐分调节、脱油、碳氮比调节等处理，物料粒径应控制在 50 mm 以内，含水率宜为 45%～65%，碳氮比宜为（20～30）：1。

2 餐厨垃圾宜与园林废弃物、秸秆、粪便等有机废弃物混合堆肥。

3 餐厨垃圾好氧堆肥应符合国家现行标准《城市生活垃圾好氧静态堆肥处理技术规程》CJJ/T 52 的有关规定。

4 餐厨垃圾好氧堆肥成品质量应符合现行国家标准《城镇垃圾农用控制标准》GB 8172 的要求。当堆肥成品加工制造有机肥时，制成的有机肥质量应符合国家现行标准《有机肥料》NY 525 和《生物有机肥》NY 884 的要求。

5 餐厨垃圾堆肥过程中产生的残余物应进行回收利用，不可回收利用部分应进行无害化处理。

7.4.2 制备生化腐殖酸应符合下列规定：

1 餐厨垃圾制生化腐殖酸时，应加入腐殖酸转化剂和碳源调整材，C/N 比宜控制在（25～30）：1，物料含水率宜控制在 60%±3%，并应经历复合微生物好氧发酵过程，发酵过程中物料温度宜控制在 75℃±3℃，并持续 8h～10h。

2 工艺过程使用的微生物菌剂应是国家相关部门允许使用的菌种，且应具有遗传稳定性和环境安全性。

3 发酵完成后，应将物料中大于 5mm 的杂物筛除。

4 餐厨垃圾制生化腐殖酸所使用的生化处理设备应符合国家现行标准《垃圾生化处理机》CJ/T 227 的有关规定。

5 生化腐殖酸成品质量应符合表 7.4.2 的要求

表 7.4.2　生化腐殖酸成品质量要求

项　目	指标
有机质含量，%	≥80.0
总腐植酸 HA_t，d%	≥45.0
游离腐植酸 HA_f，d%	≥40.0
pH	5.0～7.5
Na^+ 的质量分数，%	≤0.6
灰分，%	≤7.5
水分（H_2O）的质量分数，%	≤12.0
粪大肠菌群数，个/g（mL）	≤100
蛔虫卵死亡率，%	≥95
沙门氏菌	不得检出
黄曲霉毒素（ug/kg）	≤50

7.5 饲料化处理

7.5.1 饲料化处理的餐厨垃圾在处理前应严格控制存放时间，应确保存放和处理过程中不发生霉变。

7.5.2 应对饲料化处理的餐厨垃圾进行有效地预处理，将混杂其中的塑料、木头、金属、玻璃、陶瓷等非食物垃圾进行去除，去除后的杂物含量应小于 5%。

7.5.3 选择饲料化作为主处理工艺的餐厨垃圾处理，应考虑对霉变餐厨垃圾的无害化处理措施。

7.5.4 餐厨垃圾在进入饲料化处理系统前，应对其进行检测，发生霉变的餐厨垃圾及过期变质食品不得进入饲料化处理系统。

7.5.5 餐厨垃圾饲料化处理必须设置病原菌杀灭工艺。

7.5.6 对于含有动物蛋白成分的餐厨垃圾，其饲料化处理工艺应设置生物转化环节，不得生产反刍动物饲料。

7.5.7 用于处理餐厨垃圾的微生物菌应是国家相关部门列表允许使用的菌种，确保菌种的有效性和安全性。

7.5.8 采用加热工艺去除餐厨垃圾水分时，加热温度应得到有效控制，避免产生焦化和生成有毒物质。

7.5.9 生产工艺中任何接触物料的设备，在停运后应及时对残留的物料进行清理，防止残留物料霉变影响产品质量。

7.5.10 饲料成品质量应符合现行国家标准《饲料卫生标准》GB 13078 以及国家现行有关饲料产品标准的规定。

7.5.11 饲料化产品包装及标签应符合现行国家标准《饲料标签》GB 10648 的规定。

8 辅 助 工 程

8.1 电气与自控

8.1.1 餐厨垃圾处理厂的生产用电应从附近电力网引接，并根据处理工艺需要考虑保安电源，其接入电压等级应根据餐厨垃圾处理厂的总用电负荷及附近电力网的具体情况，经技术经济比较后确定。

8.1.2 餐厨垃圾处理工程的高压配电装置应符合现行国家标准《3～110kV 高压配电装置设计规范》GB 50060 的有关规定；继电保护和安全自动装置应符合现行国家标准《电力装置的继电保护和自动装置设计规范》GB/T 50062 的有关规定；过电压保护、防雷和接地应符合现行国家标准《建筑物防雷设计规范》GB 50057 和《交流电气装置的接地》DL/T 621 的有关规定；爆炸火灾危险环境的电气装置应符合《爆炸和火灾危险环境电力装置设计规范》GB 50058 中的有关规定。

8.1.3 对于餐厨垃圾厌氧发酵沼气发电工程，电气主接线应符合下列规定：

　　1 发电上网时，应至少有一条与电网连接的双向受、送电线路。

　　2 发电自用时，应至少有一条与电网连接的受电线路，当该线路发生故障时，应有能够保证安全停机和启动的内部电源或其他外部电源。

8.1.4 厂用电电压应采用 380/220V。厂用变压器接线组别的选择，应使厂用工作电源与备用电源之间相位一致，车间内安装的低压厂用变压器宜采用干式变压器。

8.1.5 电测量仪表装置设置应符合国家现行标准《电力装置的继电保护和自动装置设计规范》GB/T 50062、《电力装置的电气测量仪表装置设计规范》GB/T 50063 和《电测量及电能计量装置设计技术规程》DL/T 5137 有关规定。

8.1.6 照明设计应符合现行国家标准《建筑照明设计标准》GB 50034 中的有关规定。正常照明和事故照明应采用分开的供电系统。

8.1.7 电缆选择与敷设，应符合现行国家标准《电力工程电缆设计规范》GB 50217 的有关规定。

8.1.8 餐厨垃圾处理厂应设置中央控制室对全厂各工艺环节进行集中控制。

8.1.9 餐厨垃圾处理厂的自动化控制系统，宜包括进料系统、预处理系统、处理工艺系统、副产品加工系统、通风除臭系统和其他必要的控制系统。

8.1.10 自动化控制系统应采用成熟的控制技术和可靠性高、性能好的设备和元件。

8.2　给排水工程

8.2.1 厂内给水工程设计应符合现行国家标准《室外给水设计规范》GB 50013 和《建筑给排水设计规范》GB 50015 的规定。

8.2.2 厂内排水工程设计应符合现行国家标准《室外排水设计规范》GB 50014 和《建筑给排水设计规范》GB 50015 的规定。

8.3　消　防

8.3.1 餐厨垃圾处理厂应设置室内、室外消防系统，并应符合现行国家标准《建筑设计防火规范》GB 50016 和《建筑灭火器配置设计规范》GB 50140 的有关规定。

8.3.2 油脂储存间、燃料间和中央控制室等火灾易发设施应设消防报警设施。

8.3.3 设有可燃气体管道和储存设施的车间应设置可燃气体和消防报警设施。

8.3.4 餐厨垃圾处理厂的电气消防设计应符合现行国家标准《建筑设计防火规范》GB 50016 和《火灾自动报警系统设计规范》GB 50116 中的有关规定。

8.4　环境保护与监测

8.4.1 餐厨垃圾的输送、处理各环节应做到密闭，并应设置臭气收集、处理设施，不能密闭的部位应设置局部排风除臭装置。

8.4.2 车间内粉尘及有害气体浓度应符合国家现行有关标准的规定，集中排放气体和厂界大气的恶臭气体浓度应符合现行国家标准《恶臭污染物排放标准》GB 14554 的有关规定。

8.4.3 餐厨垃圾处理过程中产生的污水应得到有效收集和妥善处理，不得污染环境。

8.4.4 餐厨垃圾处理过程中产生的废渣应得到无害化处理。

8.4.5 对噪声大的设备应采取隔声、吸声、降噪等措施。作业区的噪声应符合国家有关标准的规定，厂界噪声应符合现行国家标准《工业企业厂界环境噪声排放标准》GB 12348 的规定。

8.4.6 餐厨垃圾处理厂应具备常规的监测设施和设备，并应定期对工作场所和厂界进行环境监测。

8.4.7 餐厨垃圾处理厂工作场所环境监测内容应包括：噪声、粉尘、有害气体（H_2S，NH_3等）、空气中细菌总数、苍蝇密度等。排气口监测内容应包括：粉尘、有害气体（H_2S，SO_2，NH_3等）。厂界环境监测内容应包括：噪声、总悬浮颗粒物（TSP）、有害气体（H_2S，SO_2，NH_3）等、苍蝇密度、排放污水水质指标（BOD_5，COD_{cr}，氨氮等）。

8.5　安全与劳动保护

8.5.1 餐厨垃圾处理厂的安全生产应符合现行国家标准《生产过程安全卫生要求总则》GB/T 12801 的规定。

8.5.2 餐厨垃圾处理厂的劳动卫生应符合国家现行有关标准的规定。

8.5.3 餐厨垃圾处理厂建设与运行应采取职业病防治、卫生防疫和劳动保护的措施。

8.6　采暖、通风与空调

8.6.1 各建筑物的采暖、空调及通风设计应符合现行国家标准《采暖通风与空气调节设计规范》GB 50019 中的有关规定。

8.6.2 易产生挥发气体和臭味的部位应设置通风除臭设施。散发少量挥发性气体和臭味的部位或房间，可采用全面通风工艺，全面通风换气次数不宜小于3/h。散发较多挥发性气体和臭味的部位或房间，应采用局部机械排风除臭的通风工艺。

9　工程施工及验收

9.0.1 建筑、安装工程应符合施工图设计文件、设备技术文件的要求。

9.0.2 对工程的变更、修改应取得设计单位的设计变更文件后再进行施工。

9.0.3 餐厨垃圾处理厂涉及的建（构）筑物、道路、设备、管道、电缆等工程的施工及验收均应符合相应的国家现行施工和验收规范或规程的要求。

9.0.4 餐厨垃圾处理专用设备应由设备生产商负责安装或现场指导安装和设备调试，调试不满足设计要求的不得通过设备验收。

9.0.5 餐厨垃圾处理厂竣工验收前，严禁处理生产线投入使用。

9.0.6 餐厨垃圾处理厂工程验收依据应包括（但不限于）下列内容：

 1 主管部门的批准文件；

 2 批准的设计文件及设计变更文件；

 3 设备供货合同及合同附件，设备技术说明书和技术文件；

 4 专项设备施工、安装验收规范；

 5 施工、安装纪录资料；

 6 设备调试及试运行纪录资料。

9.0.7 餐厨垃圾处理生产线的验收应具备下列条件：

 1 进料、储料、输送、预处理、主体处理、后处理、配套环保设施等均安装完毕，并带负荷试运行合格；

 2 处理量和各项技术参数均达到设计要求；

 3 电气系统和仪表控制系统均安装调试合格。

9.0.8 重要结构部位、隐蔽工程、地下管线，应按工程设计要求及验收标准，及时进行中间验收。未经中间验收，不得作覆盖工程和后续工程。

本规范用词说明

 1 为便于在执行本规范条文时区别对待，对于要求严格程度不同的用词说明如下：

 1）表示很严格，非这样做不可的：

 正面词采用"必须"，反面词采用"严禁"；

 2）表示严格，在正常情况下均应这样做的：

 正面词采用"应"，反面词采用"不应"或"不得"；

 3）表示允许稍有选择，在条件许可时首先应这样做的：

 正面词采用"宜"，反面词采用"不宜"；

 4）表示有选择，在一定条件下可以这样做的，采用"可"。

 2 条文中指明应按其他有关标准执行的写法为"应符合……的规定"或"应按……执行"。

引用标准名录

 1 《室外给水设计规范》GB 50013

 2 《室外排水设计规范》GB 50014

 3 《建筑给排水设计规范》GB 50015

 4 《建筑设计防火规范》GB 50016

 5 《采暖通风与空气调节设计规范》GB 50019

 6 《建筑照明设计标准》GB 50034

 7 《建筑物防雷设计规范》GB 50057

 8 《爆炸和火灾危险环境电力装置设计规范》GB 50058

 9 《3～110kV高压配电装置设计规范》GB 50060

 10 《电力装置的继电保护和自动装置设计规范》GB/T 50062

 11 《电力装置的电气测量仪表装置设计规范》GB/T 50063

 12 《火灾自动报警系统设计规范》GB 50116

 13 《建筑灭火器配置设计规范》GB 50140

 14 《电力工程电缆设计规范》GB 50217

 15 《城镇垃圾农用控制标准》GB 8172

 16 《饲料标签》GB 10648

 17 《工业企业厂界环境噪声排放标准》GB 12348

 18 《生产过程安全卫生要求总则》GB/T 12801

 19 《饲料卫生标准》GB 13078

 20 《恶臭污染物排放标准》GB 14554

 21 《城市生活垃圾好氧静态堆肥处理技术规程》CJJ/T 52

 22 《垃圾生化处理机》CJ/T 227

 23 《有机肥料》NY 525

 24 《交流电气装置的接地》DL/T 621

 25 《生物有机肥》NY 884

 26 《含腐植酸水溶肥料》NY 1106

 27 《电测量及电能计量装置设计技术规程》DL/T 5137

中华人民共和国行业标准

餐厨垃圾处理技术规范

CJJ 184—2012

条 文 说 明

制 订 说 明

《餐厨垃圾处理技术规范》CJJ 184 - 2012，经住房和城乡建设部 2012 年 12 月 24 日以第 1560 号公告批准、发布。

本规范在编制过程中，编制组进行了广泛深入的调查研究，了解和总结了我国餐厨垃圾处理厂设计、施工和验收的实际经验，对餐厨垃圾好氧和厌氧处理确定了合理的技术参数。

为便于广大设计、施工、科研、学校等单位的有关人员在使用本规范时能正确理解和执行条文规定，《餐厨垃圾处理技术规范》编制组按章、节、条顺序编制了本规范的条文说明，对条文规定的目的、依据以及执行中需注意的有关事项进行了说明。对强制性条文的强制理由作了解释。但是，本条文说明不具备与标准正文同等的法律效力，仅供使用者作为理解和把握规范规定的参考。

目 次

1 总 则

1.0.1 餐厨垃圾是我国城市的一种主要固体废弃物，由于我国居民生活习惯的原因，餐厨垃圾的产生量较大，餐厨垃圾含水率高、易腐烂发臭，不及时有效处理会给环境造成很大危害。由于利益的驱使，很多餐馆、饭店的餐厨垃圾出售给小商贩加工食用油和禽畜饲料，有的甚至直接喂猪，严重影响了居民的饮食安全。本技术规范的制定旨在规范餐厨垃圾的处理，使餐厨垃圾的处理真正达到无害化，避免饮食风险和环境污染。

1.0.2 新建、改建、扩建的餐厨垃圾处理项目在技术要求上应该一致，因此本技术规范对新建、改建、扩建的餐厨垃圾处理项目具有同等的约束作用。

1.0.3 餐厨垃圾处理有多种工艺，本条提出了在处理工艺选择时需要遵循的原则。

1.0.4 餐厨垃圾处理厂的建设除应遵守本规范及其引用的标准外，还应遵守垃圾堆肥、沼气工程、建筑结构（包括钢筋混凝土结构、钢结构、砖混结构等）、道路、污水处理、垃圾渗沥液处理、电气工程、自动控制、燃气工程、内燃机发电工程等方面的国家和行业标准。

3 餐厨垃圾的收集与运输

3.0.1 由于餐饮垃圾含水、含油量较大，如与其他垃圾混合收集，将为后续处理带来很大麻烦，因此本条要求餐饮垃圾单独收集，不得与其他垃圾混合。本条为强制性条文。

3.0.2 由于餐饮垃圾含有大量的有机物，随意倾倒、堆放和直接排入管道会造成环境的严重污染和管道的堵塞，因此本条为强制性条文。

3.0.3 大部分餐饮垃圾来自餐馆、饭店，其产生集中的时间是中午和晚上，为了减少餐厨垃圾存放时间、及时清运餐厨垃圾，在下午和晚间收集比较好。为便于政府监管，建立固定的餐厨垃圾收集点，并对各餐饮单位的餐厨垃圾产生量和成分进行长期跟踪登记是非常必要的，这可有效防止餐饮单位偷售或偷排餐厨垃圾。

3.0.4 煎炸废油一般不含其他杂质，处理时可节省预处理费用，如果与餐饮垃圾混合，处理时比较麻烦。另外煎炸废油的回收价值较高，单独收集有利于资源回收和降低回收成本。

3.0.5 厨余垃圾是易腐烂发臭的有机物，含水率高，如混在其他生活垃圾中会给后续处理带来很大难度。国内很多城市均在试点厨余垃圾的分类收集，本条旨在引导公众和垃圾收运机构逐步培养厨余垃圾分类收集的习惯。

3.0.6 由于餐厨垃圾含水量大、有异味，因此其收集容器应密闭，并应与餐厨垃圾收集车相匹配，以防装车时洒漏和异味散发。

3.0.7 餐厨垃圾腐烂速度快，为了避免腐烂变质，需要对每天产生的餐厨垃圾及时收集运输至处理厂进行处理。对于采用餐厨垃圾饲料化和制生化腐植酸的处理工艺，在不易保质的季节可采用加入微生物预处理菌的方法防止餐厨垃圾变质而产生有害菌、毒素等。

3.0.8 本条是对餐厨垃圾运输车辆的基本要求。

3.0.9 由于餐厨垃圾含水率高、有异味，如进行中间倒运，易对环境造成污染，因此尽量一次性运输。对于一些餐厨垃圾产生量很大且只有一个集中处理厂的城市，为了减少运输费用也可建设中间转运设施，但转运站尽量不使垃圾暴露。本条文中的非暴露式转运工艺包括垃圾容器直接换装（即直接将垃圾容器由小车换装至大车）和车与车直接对接换装（即小车的卸料口与大车卸料口直接对接将垃圾由小车卸入大车）两种。

3.0.10 本条是对餐厨垃圾运输的基本要求。

3.0.11 寒冷地区冬季含水多的餐厨垃圾在运输过程中易冻结，影响卸料，因此作本条要求。一般是通过保温来防止冻结。

3.0.12 由于餐厨垃圾异味较大，不宜人工装卸。

4 厂址选择

4.0.1 本条为餐厨垃圾处理厂选址的基本要求。

4.0.2 服务区域、服务单位、垃圾收集运输能力、运输距离、预留发展等因素是厂址选择时重点考虑的因素。

4.0.3 餐厨垃圾处理过程中会产生一些污水和残渣，如与其他固体废物处理设施或污水处理设施同址建设，则其污水和残渣处理可以节省投资和运输费用。同址建设也有利于污染物的集中处理，减少环境影响。

4.0.4 本条从工程地质、水文地质、交通、电力、给水排水及环境敏感性等方面提出了选址要求，这些因素直接影响工程的可行性。

5 总体设计

5.1 一般规定

5.1.1 对于餐厨垃圾总产生量较大的城市来说，建设集中餐厨垃圾处理设施在经济上是比较合理的，并有利于环境保护和资源利用。对于产生量较小的城市，可以采用分散的有机垃圾处理设备对餐厨垃圾进行处理。

5.1.2 餐厨垃圾收集难度较大。餐饮垃圾的收集需要政府部门有效的监管，居民厨余垃圾的分类收集需要居民的配合，如果两种垃圾收集率不高，易造成处理设施低负荷运行。因此本条要求根据餐厨垃圾分类收集实施效果确定餐厨垃圾处理厂规模。如果餐厨垃圾收集不能全面展开，则可分期建设处理设施，以免出现设备低负荷运行现象。

5.1.3 生产线数量及单条生产线规模是技术经济比较的重要内容。生产线数量越多，设备备用性越好，实际处理能力越强，但生产线数量多投资就大，工程经济性差。生产线数量越少，设备投资越小，工程经济性好，但设备备用性差，实际处理能力易受设备检修的影响。

5.2 规模与分类

5.2.1 本条是为餐厨垃圾处理厂规模确定提出的要求。餐厨垃圾的产生具有不确定性和地区差别，因此在确定餐厨垃圾处理规模前要对本厂服务区域内的餐厨垃圾产生特点和产生量进行细致调查，最好调查四季的数据。

5.2.2 餐饮垃圾产生量的最大相关因素就是人，人口越多，餐饮垃圾产生量越大，因此本条给出的餐饮垃圾产生量估算公式中的变量为城市人口，该公式是在大量餐饮垃圾产生量调查的基础上总结得出的。

本条给出了人均餐饮垃圾日产生量基数的取值，此值是在大量调查数据的基础上得出的。

本条还给出了不同城市餐饮垃圾产生量修正系数 k 的取值。根据调查统计，经济发达和旅游业发达的城市，餐饮垃圾产生量比普通城市大 5%～15%；经济发达旅游城市和经济发达沿海城市的餐饮垃圾产生量比普通城市大 15%～30%。另外，高等教育发达的城区，餐饮垃圾的产生量明显偏大，在城市餐厨垃圾产生量估算中也应考虑此情况。

5.2.3 本条根据处理能力将餐厨垃圾处理厂分为五类。

5.3 总体工艺设计

5.3.1 由于餐厨垃圾中可利用物质比较多，因此其处理工艺应充分考虑资源化利用的问题，同时要达到无害化处理。

5.3.2 生产线工艺流程需使各设备、各环节连接成有机的整体，如果有任何一个中间环节或设备发生故障，则整个生产线就要受到影响。

5.3.3 车间布置是餐厨垃圾处理工程设计的重要内容，本条从几个重点方面对餐厨垃圾车间布置进行了要求。

1 由于餐厨垃圾含水率大、含油量大、异味大、污染性强，因此物质流的组织应做到尽量减少交叉，以防各工段相互干扰，物质流组织应作为餐厨垃圾处

理车间布置的重点；

2 设备检修对于餐厨垃圾处理是经常的，因此设备间距应满足检修的需要；

3 进料和预处理段环境比较差，如不与主处理工段分开则易影响主处理设备的正常运行和主处理工段的清洁卫生，影响产品质量；

4 车间内清洁程度由高到低为成品加工工段—主处理工段—预处理工段—卸料工段。车间内全面通风的气流组织应避免由清洁程度低的工段流向清洁程度高的工段，或由清洁程度低的区域流向清洁程度高的区域。

5.4 总图设计

5.4.1 本条是对餐厨垃圾处理厂总平面布置的基本要求。

5.4.2 规模大的餐厨垃圾处理厂进厂餐厨垃圾量较大，特别是餐厨垃圾收集高峰时段，垃圾车辆可能会在厂门口集聚，影响人的通行，因此本条提出Ⅱ类以上规模较大的餐厨垃圾处理厂可以分别设置人流和物流出入口。

5.4.3 本条是对餐厨垃圾处理厂用地指标的基本要求。

5.4.5 沼气是可燃气体，其中的主要成分甲烷在空气中的爆炸浓度是 5%～25%，如果沼气泄漏到某个空间中极易引起爆炸。因此在可能有沼气泄漏的地方均要考虑防爆设计。防爆设计包括危险场所的划分、防爆等级的划分、防爆设备的选择等。

6 餐厨垃圾计量、接受与输送

6.0.1 本条是对计量设施的一般规定。

6.0.2 餐厨垃圾卸料时会散发一些臭味，垃圾卸料间是臭味主要产生源，因此本条规定卸料间应封闭，以防臭味散发至室外。另外垃圾车卸料需要一定的空间，在卸料间设计时需要考虑卸料间的大小，应满足最大车的卸料需要。

6.0.3 在餐厨垃圾收集高峰期进厂垃圾车数量较多，如卸料门过少，容易造成车辆排队等候时间过长。因此本条要求根据餐厨垃圾量和收集高峰期车流量确定卸料门数量，以避免高峰期车辆排队等候时间过长为原则。

6.0.4 受料槽在卸料时臭味散发强度最大，这时应将排风罩的风量调至最大，使散发的臭气能被有效控制。卸料时垃圾车也散发一些臭味，这些臭味要通过卸料间的全面排风系统进行控制。

6.0.5 餐厨垃圾产生量变化较大，为了使处理生产线负荷均匀，需要考虑设置暂存容器。对于餐厨垃圾饲料化工艺，由于餐厨垃圾存放时间不能过长，暂存容器不宜过大。

6.0.6 餐厨垃圾卸料时，不可避免会发生一些撒漏，如不及时冲洗，就容易使污物粘沾在地面上，因此需要有冲洗设施对卸料间地面进行及时冲洗，接受设备作业完毕也同样要及时清洗。

6.0.7 餐厨垃圾含水率高、含油量大，易污染环境，因此在输送和卸料过程中需重点防止飞溅和逸洒。

6.0.8 采用带式输送机输送餐厨垃圾时，应符合下列要求：

1 餐厨垃圾含水率高，带式输送时水易于外流，需要有导水措施，防止污水横流。

2 餐厨垃圾易发臭，设置密封罩并实施机械排风是控制臭气散发的有效措施。

3 人工分拣工位的带式输送机移动速度不能过快，否则分拣效率降低，且分拣人员会因长时间注视皮带而感到眩晕。

6.0.9 采用螺旋输送机输送餐厨垃圾时，应符合下列要求：

1 螺旋输送机转速不同，其输送能力不同，为适应餐厨垃圾收集量的波动，本条要求螺旋输送机转速可调。

2 当餐厨垃圾中有硬物时，螺旋输送机易被卡住，为使设备运行可靠，需要考虑螺旋输送机的防卡功能。

3 输送设备一般为间歇运行，停运后残留物易于粘结在设备表面，因此在设备停运后需及时用水清洗，本条要求具有自清洗功能即是保证螺旋输送机停运后的及时清洗。

7 餐厨垃圾处理工艺

7.1 一般规定

7.1.1 本条是对分散设置的小型垃圾处理设施的要求。由于分散处理设施一般设在人口较密的地方，因此要确保处理设施的排放不影响人的身体健康，处理后的残渣也要妥善处理。

7.1.2 本条是对餐厨垃圾制有机肥的基本要求。

7.1.3 重金属含量、蛔虫卵死亡率和大肠杆菌值指标是衡量肥料安全性的重要指标，餐厨垃圾制成的肥料必须符合标准才能使用。

7.2 预处理

7.2.1 餐厨垃圾杂质较多，需要预处理将杂质去除。另外根据不同的处理工艺，也需要将其中的水、油、盐分等物质去除。

7.2.2 本条是对预处理设施和设备的基本要求。

7.2.3 本条对分选提出了较具体的要求。分选的主要目的就是将餐厨垃圾中的杂质去除，因此分选设备应将不可降解物有效去除。本条要求分选后的餐厨垃圾中不可降解物的含量小于5%，主要考虑保证餐厨垃圾处理工艺的可靠性和资源化产品的质量。如杂质过多，一方面影响物料的输送性能，另一方面也影响资源化产品的质量。

7.2.4 餐厨垃圾破碎的粒度可根据后续处理工艺的不同有所不同，如采用湿式厌氧工艺，则需将餐厨垃圾破碎至较小粒度，以利于提高物料的流动性。如采用干式厌氧工艺，则不需将餐厨垃圾破碎至太小粒度，以节省运行费用。餐厨垃圾黏性较大，易于在表面粘连、结垢，因此本条要求破碎设备要便于清洗、及时清洗，防止长期结垢造成清洗困难。

7.2.5 餐厨垃圾含有较多的食用油脂，不同的餐厨垃圾处理工艺对油脂的要求不同。如油脂加工产品的市场较好，价格较高，且总量较大，则应尽可能将餐厨垃圾中的油脂分离出来单独加工。如油脂总量较小，单独加工不划算，就可以不做油脂分离。油脂的综合利用方式有多种，生产生物柴油、工业用油或用于化工原料，但不能生产食用油或食品加工油。

7.2.6 餐馆和单位食堂厨房污水中含油较多，油脂易于在排水管道和沉淀池（检查井）中凝固结块而造成管道堵塞，因此需要定期清掏。由于清掏的污物中含有较多凝固油脂，可以将其中的油脂通过加热提炼出来加以利用。由于清掏污物中同时含有脏物和霉变毒素等，提炼出的油脂不可避免要受到一定程度的污染，因此本条提出提炼出的地沟油不得用于制作饲料或饲料添加剂。

7.2.7 煎炸废油、泔水油和地沟油均含有一些有害物，不能再用于食品加工和食用油，以保证饮食安全。

7.2.8 湿热处理即利用高温蒸汽对餐厨垃圾进行加热蒸煮处理，湿热处理可将其中的大分子难降解的有机物水解为易于被动植物吸收的小分子易溶性物质，也可杀灭病原菌，同时也有利于餐厨垃圾脱油和脱水性能的提高。但湿热处理的温度不宜过高，否则会产生有害物。本条提出的处理温度120℃～160℃，时间不少于20min是在国内试验中得出的数据，主要目的是杀灭各种病原菌。

7.2.9 干热处理主要是对餐厨垃圾进行干燥脱水、加热灭菌，由于干热处理为间接加热，物料温度的上升需要一定时间，干热设备在设计和运行中应满足物料的温度和停留时间，以满足灭菌的要求。为防止有机物焦糊，干热温度不宜超过120℃。

7.2.10 餐厨垃圾含盐量较高，制作饲料和肥料时需考虑对盐分进行控制。

7.3 厌氧消化工艺

7.3.1 厌氧消化要求物料流动性好，如果消化物料中颗粒粗大，则易发生沉淀而影响物料的流动性。另外颗粒粗大也影响厌氧消化速度和效果。

7.3.2～7.3.4 餐厨垃圾厌氧消化工艺按照消化物料含固率不同可分为湿式和干式，按照物料温度分为高温和中温。湿式工艺的物料含固率一般控制在8%～18%，干式工艺物料含固率控制在18%～30%。控制含固率是厌氧发酵工艺的关键技术之一，物料含固率控制的效果好坏直接影响厌氧发酵工艺的稳定性和可靠性。物料停留时间湿式工艺控制在15d以上，干式工艺20d以上可保证有机物降解率。

湿式和干式厌氧发酵工艺各有优缺点：

湿式的优点有：①物料流动性好，易于输送；②易于搅拌，设备耗电量较小；③物料在反应器的停留时间较短。缺点有：①处理负荷较小；②对于含水率低的垃圾需要额外加水，增加污水处理负担；③物料在反应器中重质易沉淀，轻质易漂浮，使得物料匀化较困难；④耗水耗热量较大；⑤物料在反应器中易发生短流；⑥对物料预处理要求高。

干式的优点有：①有机物负荷高，抗负荷冲击能力较强；②系统稳定性较好；③对物料预处理要求较低，物料不易发生短流。缺点有：①物料流动性较差，输送耗电较大；②物料均匀性控制较难，需停留时间较长；③宜堵塞而造成停产。

7.3.5 餐厨垃圾中的碳氮比（C/N）对消化过程影响很大。大部分产甲烷菌可以利用二氧化碳作为碳源，形成甲烷；氮源方面只能利用氨态氮，而不能利用复杂的有机氮化合物。据有关研究，当氮的含量很高时，高浓度的氨态氮抑制了厌氧发酵产甲烷，在消化过程中，当氨增加到2000mg/L以上时，甲烷产量降低。而当氮的含量适当时，这些氮经分解产生的氨可以调节酸碱度，防止酸积累，利于产甲烷菌发挥其活性。一般情况下，随着C/N比的增加，产气量增加，但C/N比达到30左右后产气量增加趋于平稳。本条提出了物料碳氮比（C/N）和碱度的要求是为了使厌氧发酵达到最佳状态，保证厌氧发酵的效果。

7.3.6 厌氧消化是一个微生物的作用过程，温度作为影响微生物生命活动过程的重要因素，主要通过影响酶活性来影响微生物的生长速率和对基质的代谢速率。在厌氧消化应用的三个温度范围［常温（20～25）℃，中温（30～40）℃，高温（50～60）℃］中，中温和高温消化是生化速率最高和产气率最大的区间。对于干式发酵工艺，含固率大于20%时，在25℃温度下基本不产气，发酵停止，中温发酵速度也较慢，随着含固率（TS）的增加，中温发酵也慢慢停止，只有高温发酵还可以继续进行。表1反映了不同含固率与不同物料温度组合下的厌氧发酵情况。

表1 不同温度和含固率的发酵情况

TS（%）	25℃	35℃	45℃	55℃
15	产气	产气	产气	产气
20	基本不产气	产气稍慢	产气	产气

续表1

TS（%）	25℃	35℃	45℃	55℃
25	不产气	产气慢	产气	产气
30	不产气	基本不产气	产气	产气
35	不产气	停止	产气慢	产气

7.3.7 钠离子对甲烷菌有抑制作用，一般餐厨垃圾中含盐量较高，致使钠离子含量较高，甲烷菌受到抑制而降低厌氧发酵的效率。可以向餐厨垃圾中加入膨润土、白云石粉、粉煤灰、轻烧MgO等矿物材料来降低钠离子含量。

7.3.8 本条是对厌氧消化器的基本规定。物料的搅拌是厌氧消化器的技术关键，搅拌可以使消化物质均一化，提高物料与细菌的接触，加速消化器底物的分解。与污水的厌氧消化相比，餐厨垃圾的含固率高，一部分沼气产生后滞留在消化物料中，通过搅拌可及时释放滞留的沼气。餐厨垃圾的干式消化虽然处理量大，高峰期产气速度也快，但是消化时间较长，良好的搅拌也是解决这一问题的有效措施之一。在干式厌氧消化处理系统中，搅拌是一个技术上的难点，这是因为高的含固率给搅拌装置的选择和动力的配置带来了困难。目前，在厌氧消化中主要的搅拌方式有机械搅拌、发酵液回流搅拌和沼气回流搅拌。

厌氧消化器的检修和安全减压装置是保证厌氧消化器稳定、安全运行的重要因素，因此本条对厌氧消化器的检修和安全减压装置提出了要求。

7.3.9 沼气是含有大量甲烷的可燃气体，甲烷既是温室气体，又是一种能源，如果沼气不进行利用而排向大气，既浪费了能源，又污染了环境。因此本条要求厌氧产生的沼气要加以利用。如量小不值得利用，也要将其燃烧后排放。

7.3.10 本条是对沼液和残渣处理的基本规定。

7.3.11 本条是对沼液作叶面肥的基本规定。

7.4 好氧生物处理

7.4.1 好氧堆肥应符合下列规定：

1 由于含水、盐、油等物质较多，因此餐厨垃圾直接好氧堆肥可行性较差。但在对餐厨垃圾中的水分、盐分等影响堆肥工艺和堆肥质量的物质进行适当调节后可以进行好氧堆肥。餐厨垃圾也可以混入其他有机废物堆肥物料中进行堆肥处理。

2 由于餐厨垃圾含水率高、含氮较高，与园林废弃物、秸秆等物质混合堆肥可节省水分调节和碳氮比调节的费用，且可实现其他有机废弃物的集中共处理，有利于资源节约和二次污染控制。

3 生活垃圾好氧堆肥执行《城市生活垃圾好氧静态堆肥处理技术规程》CJJ/T 52，此规范可适用于餐厨垃圾的好氧堆肥。

4 本款是对堆肥成品和精加工有机肥品质的基本要求。

5 本款是对餐厨垃圾堆肥残余物处理的基本要求。

7.4.2 制备生化制腐殖酸应符合下列规定：

1 本款是对餐厨垃圾制腐殖酸工艺的基本要求。微生物好氧发酵过程是餐厨垃圾无害化处理的需要，发酵过程中物料达到较高的温度并保持一定的时间，是杀灭病原菌的需要。本条要求发酵过程中物料温度达到75℃，并保持（8～10）h，是在工程实践中总结出的数据。

2 菌种的遗传稳定性是保证微生物菌有效繁殖和发酵效果的重要因素，环境安全性是保证微生物菌使用安全的重要因素，本款要求所使用的微生物菌要同时具有遗传稳定性和环境安全性。

3 本款是保证产品质量的基本规定。

4 本款是对制生化腐殖酸所用生化处理设备的基本要求。

5 本款提出了生化腐殖酸成品质量的要求。

7.5 饲料化处理

7.5.1 餐厨垃圾易于腐烂变质，如果用餐厨垃圾制作饲料，餐厨垃圾应尽量减少存放时间，并及时处理，以防其发生霉变，产生黄曲霉毒素等有害物，影响饲料产品质量。

7.5.2 本条是对饲料化的餐厨垃圾预处理的基本要求。

7.5.3 由于食品的霉变易产生黄曲霉素等有毒物质，对于一个城市，产生过期食品和霉变餐厨垃圾等不适于进行饲料化的有机物是不可避免的，因此本条要求选择饲料化作为主处理工艺的餐厨垃圾处理厂同时要考虑不适于进行饲料化处理的餐厨垃圾和过期食品的无害化处理措施。

7.5.4 发生霉变的餐厨垃圾易产生黄曲霉，黄曲霉是一种常见霉菌，广泛存在于自然界，潮湿易发霉的植物和食品中都会存在。同时，一些发酵食品因为发酵过程本身就易产生黄曲霉毒素。但在一般状态下，黄曲霉本身毒性并不大，高温即可杀灭。但在黄曲霉达到一定浓度后，其产生的代谢物就会产生毒素，该毒素会破坏人体免疫系统，引起肝脏病变甚至致癌。黄曲霉毒素是霉菌的二级代谢产物，1993年就被世界卫生组织的癌症研究机构划定为1类致癌物。其中黄曲霉毒素B1毒性和致癌性最强，而黄曲霉毒素M1是黄曲霉毒素B1的代谢物。为防止黄曲霉毒素对饲料的污染，本条要求餐厨垃圾在进入饲料化处理系统前对其进行检测，对发生霉变的部分餐厨垃圾和过期食品采取其他处理措施，而不能用于制作饲料。

7.5.5 病原菌是餐厨垃圾中的主要有害物，必须将病原菌杀灭以防饲料中的病原菌感染所饲喂的动物。

此条关系到饲料的安全性，因此作为强制性条文。

7.5.6 生物转化环节可使动物肉蛋白转化为菌体蛋白，降低动物同源性风险。反刍动物食用动物蛋白制成的饲料的风险比非反刍动物高，为安全起见，本条要求餐厨垃圾不能生产反刍动物饲料。

7.5.7 本条是对生物菌种使用的基本要求。

7.5.8 餐厨垃圾中的有机物属于碳水化合物并伴有少量碳氢化合物，这些物质过热熔化后会产生有毒物质，将影响饲料的质量和安全性。

7.5.9 设备中残留的物料在设备停运后极易产生霉变，如不及时清理，等设备恢复生产时霉变的残留物就会混进新的物料中，造成对新物料的污染。

7.5.10、7.5.11 此两条是对餐厨垃圾制作饲料产品质量和包装的基本要求。

8 辅 助 工 程

8.1 电气与自控

8.1.1 本条是对餐厨垃圾处理厂生产用电接入的基本规定。

8.1.2 本条是对餐厨垃圾处理工程的高压配电装置、继电保护和安全自动装置、过电压保护、防雷和接地、爆炸火灾危险环境的电气装置的基本规定。

8.1.3 餐厨垃圾厌氧发酵产生的沼气一般是用于内燃机发电，发出的电可自用，可输入电网。两种情况受、送电线路的连接要求有所不同。

8.1.4 厂用变压器接线组别一致，以利于满足工作电源与备用电源并联切换的要求。

8.1.5 本条是电测量仪表装置设置的基本要求。

8.1.6 本条是对照明设计的基本要求。

8.1.7 本条是对电缆选择与敷设的基本要求。

8.1.8 中央控制室可对全厂工艺环节进行集中控制和监视，有利于全厂的安全运行。

8.1.9 为了保证运行安全、可靠，餐厨垃圾处理厂各主要工艺系统的运行由自动化控制系统集中控制是必要的。

8.1.10 本条是对自动化控制系统的基本要求。

8.2 给排水工程

8.2.1 本条是对厂内给水工程设计的基本规定。

8.2.2 本条是对厂内排水工程设计的基本规定。

8.3 消 防

8.3.1 本条是对餐厨垃圾处理厂消防设计的基本规定。

8.3.2 油脂储存间、燃料间和中央控制室均为火灾易发场所，要求设消防报警设施是为了及时发现和消除险情。

8.3.3 本条是对有可燃气体泄漏可能场所消防的基本要求。

8.3.4 本条是对餐厨垃圾处理厂电气消防设计的基本规定。

8.4 环境保护与监测

8.4.1 由于餐厨垃圾有机物含量和水分较大，易于腐烂发臭，因此处理各环节应重视密闭和排风除臭。餐厨垃圾处理车间臭味（异味）散发源较多，因此应根据臭味散发点的情况和车间总体布置情况设置局部通风和全面通风设施，并配置除臭设施。

8.4.2 本条是对车间内污染物浓度、有组织排放口排放浓度及厂界污染物浓度的要求。

8.4.3 餐厨垃圾含水量大，处理过程中污水产生量也大，餐厨垃圾处理过程的二次污染控制应以污水处理为重点，防止污水的不达标排放。

8.4.4 餐厨垃圾处理过程不可避免要产生一些废渣，废渣的无害化处理也是餐厨垃圾无害化处理的一部分。

8.4.5 本条是对噪声控制的基本要求。

8.4.6 常规的监测设施和设备包括化验室及用于日常化验和监测的设备，这些设施和设备是对厂内环境指标进行日常监测所需要的。

8.4.7 本条对厂内环境监测内容提出了要求，这些内容是反映餐厨垃圾环境状况的重要指标。

8.5 安全与劳动保护

8.5.1 本条是对餐厨垃圾处理厂安全生产的基本规定。

8.5.2 本条是对餐厨垃圾处理厂劳动卫生的基本规定。

8.5.3 职业病防治、卫生防疫和劳动保护是保护厂内管理人员和操作人员需要考虑的问题。

8.6 采暖、通风与空调

8.6.1 本条是对采暖、空调及通风设计的基本规定。

8.6.2 局部机械排风可根据臭味散发的强度调整排风量，从而有效地控制臭味向外散发，因此，本条要求散发较多挥发性气体和臭味的部位或房间采用局部机械排风除臭的通风工艺。本条所述的全面通风包括自然通风和机械全面通风。对于散发轻微臭味的车间，可采用自然通风，将轻微臭味排出室外。对于臭味较重而散发点散乱的车间，宜采用机械全面通风的方式，将车间内臭味排出，当排放气体臭味较大时，要配置集中除臭设施。

9 工程施工及验收

9.0.1 本条是对建筑、安装工程施工的基本要求。

9.0.2 本条是施工过程中对工程变更、修改的基本要求。

9.0.3 我国具有较为完善的工程施工及验收规范，餐厨垃圾处理厂涉及土建、电气、设备、管道等多种专业工程，在施工过程中不同专业的施工应遵守不同专业的规范或规程。

9.0.4 餐厨垃圾处理设备一般为非标设备，该种设备无标准化的安装图集和程序，安装施工应根据设备制造商的有关资料，在厂家技术人员的指导下进行或直接由设备制造商负责安装。

9.0.5 未进行竣工验收的餐厨垃圾处理厂，无法确认所有设备和设施能否正常运转，如投入使用容易引起安全和污染事故，因此本条作为强制性条文。

9.0.6 本条提出了餐厨垃圾处理厂工程验收应依据的主要资料，这些资料是直接反映工程内容、装备水平、建设水平、施工质量的文件，是验收时需要查阅的材料。

9.0.7 餐厨垃圾处理生产线是餐厨垃圾处理厂的核心，生产线的验收是工程验收的前提，本条提出了餐厨垃圾处理生产线验收前须具备的条件。

9.0.8 本条是对地下隐蔽工程验收的基本规定。

中华人民共和国行业标准

生活垃圾土土工试验技术规程

Technical specification for soil test of landfilled
municipal solid waste

CJJ/T 204—2013

批准部门：中华人民共和国住房和城乡建设部
施行日期：２０１４年３月１日

中华人民共和国住房和城乡建设部
公　告

第 157 号

住房城乡建设部关于发布行业标准
《生活垃圾土土工试验技术规程》的公告

现批准《生活垃圾土土工试验技术规程》为行业标准，编号为 CJJ/T 204 - 2013，自 2014 年 3 月 1 日起实施。

本规程由我部标准定额研究所组织中国建筑工业

出版社出版发行。

中华人民共和国住房和城乡建设部

2013 年 9 月 25 日

前　言

根据住房和城乡建设部《关于印发〈2010 年工程建设标准规范制订、修订计划〉的通知》（建标〔2010〕43 号）的要求，规程编制组经广泛调查研究，认真总结实践经验，参考有关国际标准和国外先进标准，并在广泛征求意见的基础上，制定本规程。

本规程主要技术内容是：1. 总则；2. 术语和符号；3. 基本规定；4. 土样采集与试样制备；5. 物理特性试验；6. 力学特性试验；7. 化学特性试验；8. 生物特性及环境特性试验。

本规程由住房和城乡建设部负责管理，由中国科学院武汉岩土力学研究所负责具体技术内容的解释。执行过程中如有意见或建议，请寄送中国科学院武汉岩土力学研究所固体废弃物安全处置与生态高值化利用工程技术研究中心（地址：武汉市武昌区小洪山 2 号；邮编：430071）。

本规程主编单位：中国科学院武汉岩土力学

研究所

本规程参编单位：华中科技大学
北京理工大学
中国市政工程中南设计研究总院有限公司
上海环境卫生工程设计院
北京高能时代环境技术股份有限公司

本规程主要起草人员：薛　强　李江山　赵　颖
陈朱蕾　冯夏庭　马少鹏
邓志光　刘　勇　陆海军
刘晓丽　陈晓艳　谢文刚

本规程主要审查人员：龚壁卫　郭祥信　施建勇
冯其林　詹良通　杜延军
黄仁华　潘四红　熊　辉

目　次

Contents

1 总 则

1.0.1 为统一和规范生活垃圾土基本工程性质的试验方法，提供生活垃圾填埋场建设、运营和安全评价参数，制定本规程。

1.0.2 本规程适用于生活垃圾填埋堆体中生活垃圾土的基本工程性质试验。

1.0.3 生活垃圾土土工试验除应符合本规程外，尚应符合国家现行有关标准的规定。

2 术语和符号

2.1 术 语

2.1.1 生活垃圾土 landfilled municipal solid waste
生活垃圾填埋场内的填埋物在物理、化学和生物作用下形成的特殊土。

2.1.2 浸提液 leaching liquor
将生活垃圾土浸泡于氯化钾溶液中，使生活垃圾土中有效成分浸出后形成的液体。

2.1.3 湿基成分含量 component content on wet weight basis
生活垃圾土试样中某成分烘干前的质量与烘干前生活垃圾土总量的比值，以百分数表示。

2.1.4 干基成分含量 component content on dry weight basis
生活垃圾土试样中某成分烘干后的质量与烘干后生活垃圾土总量的比值，以百分数表示。

2.1.5 高位热值 gross calorific value
单位质量生活垃圾土试样在充有过量氧气的氧弹内燃烧，燃烧产物冷却至燃烧前温度后，其组成为氧气、氮气、二氧化碳、二氧化硫、液态水以及固态灰时放出的热量。

2.1.6 低位热值 low calorific value
单位质量生活垃圾土试样在充有过量氧气的氧弹内燃烧，燃烧产物冷却至燃烧前温度后，其组成为氧气、氮气、二氧化碳、二氧化硫、气态水以及固态灰时放出的热量。

2.1.7 田间持水率 field capacity
饱和生活垃圾土在重力作用下排水完成后，其毛细管和材料内部所能维持的最大体积含水率。

2.1.8 体积含水率 volumetric water content
生活垃圾土中含水的体积占包括孔隙在内的生活垃圾土总体积的百分比。

2.1.9 质量含水率 mass water content
生活垃圾土中水分的质量与相应固相物质质量的比值。

2.1.10 化学需氧量 chemical oxygen demand（COD）
采用强氧化剂氧化生活垃圾土中还原性物质时所消耗氧化剂的量，以折算为单位质量生活垃圾土全部被氧化后需要的氧的质量表示。

2.1.11 含固量 solid-containing content
生活垃圾土试样中干固体质量占试样总质量的百分比。

2.1.12 总大肠菌群值 total coliforms value
平均含有一个总大肠菌的生活垃圾土的克数。

2.2 符 号

2.2.1 物理特性指标

C_i —— i 成分湿基成分含量；

C_{di} —— i 成分干基成分含量；

e —— 孔隙比；

G_s —— 生活垃圾土比重；

G_{0T} —— $T℃$ 时煤油液体的比重；

H' —— 干基氢元素含量；

m —— 湿土质量；

m_d —— 干土质量；

m_l —— 滤渣质量；

m_w —— 土中含水质量；

Q_h —— 湿基高位热值；

$Q'_{i(h)}$ —— 干基高位热值；

Q_l —— 湿基低位热值；

w —— 试样质量含水率；

w_l —— 滤渣质量含水率；

w_s —— 含固量；

X_i —— 小于某粒径的试样质量占试样总质量的百分比；

θ_v —— 体积含水率；

ρ —— 土的湿密度；

ρ_d —— 土的干密度；

ρ_w —— 4℃纯水的密度。

2.2.2 力学特性指标

a —— 初始剪应力比；

K_c —— 固结应力比；

Δh_d —— 动变形；

K_e —— 动变形传感器标定系数；

K_u —— 动孔隙水压力传感器标定系数；

K_σ —— 动应力传感器标定系数；

L_e —— 动变形指示位移；

L_u —— 动孔隙水压力指示位移；

L_σ —— 动应力指示位移；

u_0 —— 初始孔隙水压力；

u_d —— 动孔隙水压力；

ε_d —— 动应变；

σ'_0 —— 振前试样45°面上有效法向应力；

σ_d —— 动应力；

σ_{1c} —— 轴向固结应力；

σ₃c ——侧向固结应力；

σ_{3c} ——侧向固结应力；

τ_0 ——振前试样45°面上的剪应力；

τ_d ——动剪应力；

τ_{sd} ——总剪应力。

2.2.3 化学特性指标

COD ——化学需氧量；

COD_{Cr} ——采用重铬酸钾作为氧化剂测得的化学需氧量；

S_e ——610nm处吸光值。

2.2.4 生物特性及环境特性指标

D ——蝇密度；

k ——蛔虫卵死亡率；

N_1 ——镜检总卵数；

N_2 ——培养后镜检活卵数；

x_i ——个人嗅觉阈值；

$\bar{x}$ ——小组算术平均嗅觉阈值；

y ——试样臭气浓度。

3 基 本 规 定

3.0.1 生活垃圾填埋场现场土样采集和原位试验前应查明生活垃圾土的填埋时间、填埋深度、采样或原位试验区域内的填埋结构。

3.0.2 现场土样采集、原位试验和室内试验时，均应为操作人员配备工作服、乳胶手套、口罩、消毒药水等卫生及劳动用品，且不应将明火带入填埋场区。

3.0.3 生活垃圾土室内土工试验应配备专门的实验室，且实验室应具备通风设备和消毒、防护装置。

3.0.4 生活垃圾土土样的验收与管理应符合本规程附录A的规定。试验成果的分析整理与试验报告编制应符合本规程附录B的规定。室内土工试验仪器应符合本规程附录C的规定。

4 土样采集与试样制备

4.1 土 样 采 集

4.1.1 生活垃圾土样采集应制定采样方案。采样方案应包括采样目的和要求、采样方法和步骤、安全措施、记录表格等内容。

4.1.2 采样点应根据试验目的和生活垃圾填埋时间、成分等特性确定。

4.1.3 生活垃圾填埋场治理及改扩建岩土工程勘察时，采样点的布设尚应符合现行行业标准《生活垃圾卫生填埋场岩土工程技术规范》CJJ 176的相关规定。

4.1.4 采样作业环境应符合现行行业标准《生活垃圾采样和分析方法》CJ/T 313的相关规定。

4.1.5 浅部生活垃圾土样宜开挖采集，深部生活垃圾土样宜钻孔采集；钻孔取样时，取样桶直径不宜小于400mm，高度不宜小于500mm；每点至少应取2个完整的土样，各点的取样时间间隔不应超过1d。

4.1.6 取出的土样应立即在现场制备原状土试样，余下的土样应采用防渗膜密封好，贴上标签，运到实验室。

4.1.7 原状土试样运回实验室后应在24h内用于试验；暂不进行试验的扰动土样应摊铺在室内避风、阴凉、干净的铺有防渗塑胶布的地面上，厚度不应超过50mm，其上应铺盖塑料膜，扰动土样保存期不应超过48h。

4.2 试 样 制 备

4.2.1 本试样制备方法适用于颗粒尺寸小于60mm的原状生活垃圾土和扰动生活垃圾土。

4.2.2 同一组原状土试样间密度的允许差值应为±0.05g/cm³，每一组扰动土试样的密度与要求的密度之间的允许差值应为±0.03g/cm³；每一组扰动土试样的质量含水率与要求的质量含水率之间的允许差值应为±2%；每一组扰动土试样的孔隙比与要求的孔隙比之间的允许差值应为±0.02。

4.2.3 原状土试样制备应符合下列规定：

1 试样制备前，应先检查土样结构，土样不得受扰动，土样尺寸应大于拟制备试样尺寸，并应对土样的颜色、气味、夹杂物和均匀程度进行描述；

2 使用环刀取样时，应符合现行国家标准《土工试验方法标准》GB/T 50123的相关规定；

3 不用的土样应密封处理并放于养护室中。

4.2.4 不同质量含水率的扰动土试样制备应按下列步骤进行：

1 根据土样质量含水率、试样体积和干密度预估所需生活垃圾土样质量，将土样在干燥环境下风干或60℃～70℃温度下烘至所需质量含水率以下。

2 将风干或烘干的土样放在橡皮板上碾散，并破碎其中的大尺寸、坚硬状物质，拌和土样至均匀，称其质量。

3 根据试验所需要的质量含水率要求，按下式计算制样所需的加水量：

$$\Delta m_w = \frac{m_{d0}}{1+0.01w_0} \times 0.01(w_1 - w_0)$$

(4.2.4-1)

式中：Δm_w ——制备湿土样所需的加水量（g）；

m_{d0} —— 风干或烘干土样质量（g）；

w_0 ——风干或烘干土样质量含水率，完全烘干的土样取0（%）；

w_1 ——制样要求的质量含水率（%）。

4 称取土样并平铺于搪瓷盘内，将质量为Δm_w的水均匀喷洒于土样上，充分拌匀后装入盛土容器内并盖紧封闭，润湿24h。

5 测定润湿土样不同位置处的质量含水率，并不应少于三点，含水率允许偏差应符合本规程第4.2.2条的规定；对不符合本规程第4.2.2条规定的土样，应重新拌匀，重复第1款～5款步骤制备土样，直到符合含水率允许偏差要求。

6 根据试样体积及所需的干密度，按下式计算制样所需的湿土样量：

$$m = (1 + 0.01w_1)\rho_d V \quad (4.2.4\text{-}2)$$

式中：m——制样所需的湿土样量（g）；

w_1——制样要求的质量含水率（%）；

ρ_d——土的干密度（g/cm³）；

V——试样体积（cm³）。

7 采用成型筒制样，将土样平均分成不少于5等分，并分层填入成型筒中。当试样需要套于橡皮膜中时，应先将橡皮膜外翻在成型筒上，再将其顺直并紧贴成型筒内壁。应根据成型筒高度，计算每层预计高度。装入第一层土样后，应均匀抚平表面，用振捣法使土样达到预计高度，再以同样方法逐层填入土样，直至装完最后一层，整平表面。应采用游标卡尺测试试样高度和上、中、下部直径，并应按下式计算试样的平均直径：

$$D_0 = \frac{1}{4}(D_1 + 2 \cdot D_2 + D_3) - 2 \cdot t$$

$$(4.2.4\text{-}3)$$

式中：D_0——试样平均直径（mm）；

D_1——试样上部直径（mm）；

D_2——试样中部直径（mm）；

D_3——试样下部直径（mm）；

t——橡皮膜厚度（mm）。

8 对于需要用环刀盛装的试样，应按现行国家标准《土工试验方法标准》GB/T 50123中的规定，将土样分层填装于环刀内。

4.2.5 不同孔隙比的扰动土试样制备应按下列步骤进行：

1 按本规程第4.2.4条第1款和2款的规定准备土样，并按本规程第5.5节的规定确定其比重。

2 根据试验所需孔隙比和试样体积，按下式计算所需烘干或风干生活垃圾土样的总质量：

$$m_{dt} = V \cdot G_s \cdot \rho_w / (e + 1) \quad (4.2.5)$$

式中：m_{dt}——制样所需的烘干/风干土样质量（g）；

V——试样体积（cm³）；

G_s——生活垃圾土比重；

ρ_w——4℃时纯水的密度（g/cm³）；

e——试样孔隙比。

3 按本规程第4.2.4条第7款和8款的规定填装试样。

4.3 试样饱和

4.3.1 生活垃圾土试样可采用二氧化碳法、浸水法、毛细管法和抽气法等方法进行饱和。

4.3.2 采用二氧化碳法对生活垃圾土试样进行饱和时，应按下列步骤进行（图4.3.2）：

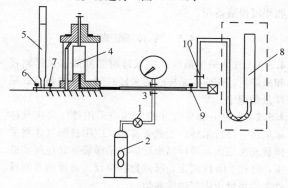

图4.3.2 二氧化碳饱和装置

1—减压阀；2—CO_2储气瓶；3—供气阀；4—试样；5—体变管；6—围压阀；7—体变管阀；8—量管；9—孔隙压力阀；10—量管阀

1 试样安装完成后，装上压力室罩，将各阀门关闭，开启围压阀对试样施加30kPa～40kPa的周围压力；

2 将减压阀调至20kPa，开启供气阀使CO_2气体由试样底部输入试样内；

3 开启体变管阀，当体变管内的水面无气泡时关闭供气阀；

4 开启孔隙压力阀及量管阀，升高量管内水面，使量管内水面保持高于体变管内水面200mm；

5 当量管内流出的水量等于体变管内上升的水量时，继续水头饱和后，关闭体变管阀及孔隙压力阀。

4.3.3 采用抽气饱和法、浸水饱和法和毛细管饱和法对生活垃圾土试样进行饱和时，应符合现行国家标准《土工试验方法标准》GB/T 50123的相关规定。

4.3.4 试样的饱和度计算应按现行国家标准《土工试验方法标准》GB/T 50123执行。

4.4 浸提液制备

4.4.1 制备生活垃圾土浸提液应主要采用下列仪器设备和试剂：

1 天平：称量200g，最小分度值0.01g；

2 烧杯：容积100mL；

3 玻璃棒、滤纸、蒸馏水；

4 0.1mol/L的氯化钾（KCl）溶液：称取7.45g经100℃～130℃干燥2h～3h并恒重的KCl，溶于适量蒸馏水中，定容至1000mL。

4.4.2 生活垃圾土浸提液的制备应按下列步骤进行：

1 将颗粒尺寸不大于10mm的100g生活垃圾土样置于烧杯中，加入浓度为0.1mol/L的KCl溶液500mL；

2 用玻璃棒搅拌1min～2min后放置30min，期

间每5min搅拌30s;

3 最后一次搅拌后,应立即对混合液进行过滤,收集浸提液备用。

4.5 气体采集

4.5.1 气体采集前应确定采样时间间隔、采样路径和采样量,并应在采样时对采样时间、采样地点、采样量做记录。

4.5.2 监测井和导气井的气体应采用排气筒内气体采集装置进行采样。正式采样前,应用被测气体将采样袋充洗三次,采样结束后应将采样袋避光运回实验室,并在24h内测定。所测数据应仅代表被测井深度处生活垃圾土中气体的参数。

4.5.3 表面生活垃圾土中的气体应采用采样瓶进行采样,并应符合下列规定:

1 取样前,应对使用过的采样瓶做无臭的预处理,且预处理可通过直接用水洗涤或用专用的洗涤剂洗涤后再晾干;

2 应采用真空排气处理系统将采样瓶排气至瓶内压力接近-1.0×10^5 Pa;

3 采样时,应使试样气体充入采样瓶内至常压后盖好瓶塞,避光运回实验室,并在24h内测定。

4.5.4 排气筒内气体采集装置应包括真空箱子、采样袋、抽气泵、气体导管和阀门(图4.5.4-1);采样瓶应包括进气口硅橡胶塞、充填衬袋口硅橡胶塞、采样瓶、真空泵、真空表或真空针和气量计(图4.5.4-2)。

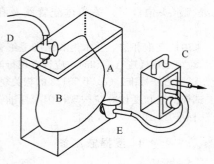

图4.5.4-1 排气筒内气体采集装置
A—真空箱子;B—采样袋;C—抽气泵;
D—气体导管;E—阀门

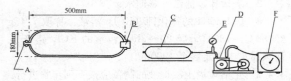

图4.5.4-2 采样瓶(左)与真空处理装置(右)
A—进气口硅橡胶塞;B—充填衬袋口硅橡胶塞;
C—采样瓶;D—真空泵;E—真空表或真空针;
F—气量计

5 物理特性试验

5.1 成分分析试验

5.1.1 进行生活垃圾土成分分析试验时,宜先采用机械分拣法对生活垃圾土进行粗分类,再采用人工分拣的方法对其进行细分。

5.1.2 生活垃圾土分类应按现行行业标准《生活垃圾采样和分析方法》CJ/T 313的相关规定执行。

5.1.3 生活垃圾土成分分析试验应采用下列仪器设备:

1 电热烘箱:温度可调;

2 台秤或天平:称量5000g,最小分度值1g;称量10kg,最小分度值5g;

3 手套:防水耐腐蚀。

5.1.4 生活垃圾土成分分析试验应按下列步骤进行:

1 用天平称取不少于5kg的生活垃圾土试样,对其进行分类后,称量各种成分的质量;

2 将各种成分分别破碎至粒径小于5mm;

3 将破碎后的各种成分分别放在干燥的容器内,置于电热烘箱中,在60℃~70℃的条件下烘4h~8h,待冷却0.5h后称重;重复烘1h~2h,冷却0.5h后再称重,直至两次称量之差小于试样量的1%;

4 用天平称取烘干后各成分的质量。

5.1.5 生活垃圾土干基和湿基情况下各成分含量应按下列公式计算:

$$C_i = 100 m_i / m_t \qquad (5.1.5-1)$$
$$C_{di} = 100 m_{di} / m_{dt} \qquad (5.1.5-2)$$

式中:C_i——i成分湿基成分含量(%);

C_{di}——i成分干基成分含量(%);

m_i——烘干前试样中i成分的质量(g);

m_{di}——烘干后试样中i成分的质量(g);

m_t——烘干前试样各成分质量之和(g);

m_{dt}——烘干后试样各成分质量之和(g)。

5.1.6 生活试样成分分析试验应至少进行两次平行测定,并取其平均值。允许偏差$|m_t - \Sigma m_i| > 5$ g时应重新试验。

5.1.7 生活垃圾土成分分析试验的记录宜按本规程附录D的表D.0.1填写。

5.2 质量含水率试验

5.2.1 生活垃圾土质量含水率试验应采用下列仪器设备:

1 电热烘箱:温度应可调;

2 天平:称量1000g,最小分度值0.1g;称量5000g,最小分度值1g;

3 台秤:称量10kg,最小分度值5g;

4 容器:体积大于10L,耐高温。

5.2.2 生活垃圾土质量含水率试验应按下列步骤

进行：

1 根据试样的质量选择合适的天平或台秤进行称量，当取具有代表性的生活垃圾土试样进行试验时，应采用四分法取不少于 5kg 的试样，将称重后的试样放入干燥的容器内，盖上容器盖；

2 称容器和湿土的总质量，并应精确至所使用天平的最小分度值；

3 打开容器盖，将装有生活垃圾土试样的容器置于电热烘箱中，在 60℃～70℃ 的条件下烘至 2h 内质量变化小于试样量的 1%；

4 将试样从烘箱中取出，盖上容器盖，冷却至室温，称容器加干土质量，并应精确至所用天平的最小分度值。

5.2.3 生活垃圾土的质量含水率应按下式计算：

$$w = \left(\frac{m}{m_d} - 1\right) \times 100 \qquad (5.2.3)$$

式中：w —— 试样质量含水率（%）；

m —— 湿土质量（g）；

m_d —— 干土质量（g）。

5.2.4 生活垃圾土质量含水率试验应至少进行两次平行测定，并取其平均值。

5.2.5 生活垃圾土质量含水率试验的记录宜按本规程附录 D 的表 D.0.2 填写。

5.3 密度试验

5.3.1 生活垃圾土密度试验可分为异位密度试验和原位密度试验。原位密度试验宜采用灌水法，异位密度试验宜采用盛样桶称重法。

5.3.2 灌水法测定生活垃圾土密度应按现行国家标准《土工试验方法标准》GB/T 50123 执行。

5.3.3 盛样桶称重法测定生活垃圾土密度应采用下列仪器设备：

1 台秤：称量 10kg～40kg，最小分度值 1g；

2 盛样桶：体积不应小于 120L；

3 修土刀、钢丝锯。

5.3.4 盛样桶称重法测定生活垃圾土密度应按下列步骤进行：

1 将盛样桶从钻机上取下，用修土刀将桶周围的生活垃圾土清理干净，用钢丝锯削去上端余土，使土样与桶口面齐平，并用剩余土样按本规程第 5.2 节规定测定含水率；

2 用台秤称桶与土样总质量 m_1，精确至 1g；

3 湿密度应按下式计算：

$$\rho = (m_1 - m_b)/V_0 \qquad (5.3.4)$$

式中：ρ —— 试样的湿密度（g/cm³），精确至 0.01 g/cm³；

m_1 —— 桶与土总质量（g）；

m_b —— 桶质量（g）；

V_0 —— 桶体积（cm³）。

5.3.5 生活垃圾土干密度的计算应按现行国家标准《土工试验方法标准》GB/T 50123 执行。

5.3.6 生活垃圾土密度试验应至少进行两次平行测定，并取其平均值。

5.3.7 生活垃圾土密度试验的记录宜按本规程附录 D 的表 D.0.3 填写。

5.4 颗粒分析试验

5.4.1 本试验方法适用于颗粒状生活垃圾土的分析试验。

5.4.2 生活垃圾土颗粒分析试验应采用下列仪器设备：

1 分析筛：孔径分别为 60mm、40mm、20mm、10mm、5mm、2mm、1mm；

2 天平：称量 200g，最小分度值 0.01g；称量 1000g，最小分度值 0.1g；称量 5000g，最小分度值 1g；

3 振筛机：筛析过程中应能上下振动；

4 毛刷。

5.4.3 生活垃圾土颗粒分析试验应按下列步骤进行：

1 试验用生活垃圾土试样应铺开风干 48h，充分混合后再按四分法取不少于 3kg 风干试样，并应精确至 1g；

2 将称好的试样倒入依次叠好的分析筛中，在振筛机上进行 15min～20min 的振筛；

3 按由上到下的顺序将筛取下，称各级筛上及底盘内试样的质量，并用毛刷将筛和底盘清理干净，精确至 0.1g。筛分后各级试样质量之和与筛前总质量的差值，不应大于试样总质量的 1%。

5.4.4 小于某粒径的试样质量占试样总质量的百分比应按下式计算：

$$X_i = \frac{m_i}{m_t} \times 100 \qquad (5.4.4)$$

式中：X_i —— 小于某粒径的试样质量占试样总质量的百分比（%）；

m_i —— 小于某粒径的试样质量（g）；

m_t —— 所取风干试样总质量（g）。

5.4.5 生活垃圾土颗粒级配指标的计算应按现行国家标准《土工试验方法标准》GB/T 50123 执行。

5.4.6 生活垃圾土颗粒分析试验的记录宜按本规程附录 D 的表 D.0.4 填写。

5.5 比重试验

5.5.1 生活垃圾土比重应采用真空抽气法测定。

5.5.2 生活垃圾土比重试验应采用下列仪器设备：

1 容量瓶：500mL，最小分度值 1mL；

2 天平：称量 200g，最小分度值 0.001g；

3 移液管：50mL，100mL，最小分度值 1mL；

4 真空干燥器：真空度可调。

5.5.3 真空抽气法测定生活垃圾土比重应按下列步骤进行：

  1 将生活垃圾土试样在60℃～70℃的条件下烘干，取干燥的试样200g，破碎至粒径小于5mm，充分混合后备用；

  2 用容量瓶称取500mL经抽气后的煤油，精确至1mL，称煤油和容量瓶总质量 m_{bo}，精确至0.001g；

  3 用移液管将容量瓶中煤油移出；

  4 按四分法将生活垃圾土试样缩分至50g，称其质量 m_s，精确至0.001g，置于容量瓶中；

  5 向容量瓶中注入煤油，使煤油完全浸没试样；

  6 将容量瓶置入真空干燥器内进行真空抽气，真空度应接近当地1个大气负压值，并应保持1h以上；

  7 取出容量瓶，将经抽气后的煤油注入容量瓶刻度处，称容量瓶、煤油和试样总质量 m_{bos}，精确至0.001g；并应测定瓶内的温度，精确到0.5℃。

5.5.4 生活垃圾土比重应按下式计算：

$$G_s = \frac{m_s}{m_{bo} + m_s - m_{bos}} \cdot G_{0T} \quad (5.5.4)$$

式中：G_s——生活垃圾土比重；

    m_s——干燥试样的质量（g）；

    m_{bo}——容量瓶、煤油总质量（g）；

    m_{bos}——容量瓶、煤油、试样总质量（g）；

    G_{0T}——T℃时煤油液体的比重，精确至0.001。

5.5.5 生活垃圾土比重试验应至少进行两次平行测定，并取其平均值。

5.5.6 生活垃圾土比重试验的记录宜按本规程附录D的表D.0.5填写。

5.6 热值试验

5.6.1 生活垃圾土热值试验应采用下列仪器设备：

  1 数显式氧弹式热量计：测温精度大于0.002K；

  2 天平：称量200g，最小分度值0.0001g。

5.6.2 生活垃圾土热值试验应按下列步骤进行：

  1 称取生活垃圾土试样50g，在60℃～70℃恒温下烘干，测定其质量含水率，并破碎至0.5mm；

  2 采用四分法将待测试样缩分至2g～3g，称其重量，精确至0.0001g；

  3 用数显式氧弹式热量计测缩分后试样的热值，测试方法应符合现行国家标准《煤的发热量测定方法》GB/T 213的相关规定。

5.6.3 生活垃圾土热值试验至少进行三次平行测定，并取其平均值。

5.6.4 氧弹式热量计直接测定的热值可作为生活垃圾土试样干基高位热值，并应按下列公式换算成湿基高位热值和湿基低位热值：

$$Q_h = \frac{1}{N}\sum_{i=1}^{N} Q'_{i(h)} \times \frac{100-w}{100} \quad (5.6.4\text{-}1)$$

$$Q_l = Q_h - 24.4 \times \left(w + 9H' \times \frac{100-w}{100}\right)$$
$$(5.6.4\text{-}2)$$

式中：Q_h——湿基高位热值（kJ/kg）；

    Q_l——湿基低位热值（kJ/kg）；

    $Q'_{i(h)}$——干基高位热值（kJ/kg）；

    w——试样质量含水率（%）；

    N——平行试验的次数；

    H'——干基氢元素含量（%）。

5.6.5 生活垃圾土干基氢元素含量的计算应按现行行业标准《生活垃圾采样和分析方法》CJ/T 313执行。

5.6.6 生活垃圾土热值试验的记录宜按本规程附录D的表D.0.6填写。

5.7 气体成分分析试验

5.7.1 生活垃圾土气体成分分析试验应测定的气体包括甲烷（CH_4）、二氧化碳（CO_2）、氨气（NH_3）、硫化氢（H_2S）、氧气（O_2）、一氧化碳（CO）、二氧化硫（SO_2）和氢气（H_2）。

5.7.2 生活垃圾土气体采集方法应按本规程第4.5节的规定进行。

5.7.3 生活垃圾土中的气体成分应按表5.7.3的规定进行测定。

表5.7.3 生活垃圾土中的气体成分测试方法

序号	气体	测 试 标 准
1	CH_4	《人工煤气和液化石油气常量组分气相色谱分析法》GB/T 10410
2	CO_2	《人工煤气和液化石油气常量组分气相色谱分析法》GB/T 10410
3	NH_3	《环境空气 氨的测定 次氯酸钠-水杨酸分光光度法》HJ 534
4	H_2S	《空气质量 硫化氢、甲硫醇、甲硫醚和二甲二硫的测定 气相色谱法》GB/T 14678
5	O_2	《人工煤气和液化石油气常量组分气相色谱分析法》GB/T 10410
6	CO	《空气质量 一氧化碳的测定 非分散红外法》GB/T 9801
7	SO_2	《环境空气 二氧化硫的测定 甲醛吸收-副玫瑰苯胺分光光度法》HJ 482
8	H_2	《人工煤气和液化石油气常量组分气相色谱分析法》GB/T 10410

5.7.4 进行生活垃圾土气体成分分析试验时，各气体成分应至少进行两次平行测定，并取其平均值。

5.7.5 生活垃圾土气体成分分析试验的记录宜按本规程附录 D 的表 D.0.7 填写。

6 力学特性试验

6.1 直 剪 试 验

6.1.1 生活垃圾土直剪试验应采用下列仪器设备：

1 直剪仪：组成应符合现行国家标准《土工试验方法标准》GB/T 50123 的相关规定，剪切盒应为圆柱形或方柱形，直径或边长不宜小于 300mm，且不应小于高度，直径或边长与试样最大颗粒粒径之比不应小于 8；

2 位移量测设备：量程为 100mm，分度值为 0.01mm 的百分表，或精度为全量程 0.2%的传感器。

6.1.2 生活垃圾土固结慢剪试验应按下列步骤进行：

1 按本规程第 4.2 节的规定制备试样；

2 对准剪切盒的上下盒，插入固定销，在剪切盒底部依次放入透水板和滤纸；

3 向剪切盒内装入试样，对于原状土试样，将装有试样的环刀平口向下，对准剪切盒口，在试样顶面放不透水板，然后将试样缓慢推入剪切盒内，移去环刀；对于扰动土试样，往剪切盒里倒入扰动土样后压实，并应至少分三层装样，压实荷载不应大于 25kPa。当试样需要饱和时，应按本规程第 4.3 节的步骤进行；

4 施加竖向荷载进行固结，竖向荷载应分为四级，并宜为 25kPa、50kPa、100kPa、200kPa，施加竖向荷载后，应每 1h 测读垂直变形一次，直至试样固结变形每小时不大于 0.05mm；

5 拔去固定销，以小于 0.5mm/min 的剪切速度进行剪切，当试样每产生剪切位移 1.0mm 时应测记一次测力计读数；测力计读数稳定或明显下降时，应记录破坏位移值；破坏后宜继续剪切至剪切位移为 60mm 时再停机；当剪切过程中测力计读数无峰值时，宜剪切至剪切位移为直径的 30%时再停机；剪切盒恢复原位，改变施加荷载，重复剪切，直到第四级荷载试验结束；

6 每组试样在完成所有分级荷载剪切后，描述剪切面破坏情况，卸载时，应先水平卸载，然后下剪切盒复位，最后竖向荷载卸载；卸载完成后，掏出试样，清理试验设备。

6.1.3 生活垃圾土固结快剪试验应按下列步骤进行：

1 试样制备、填装、竖向加载和固结应按本规程第 6.1.2 条第 1 款~第 4 款的步骤进行；

2 试样固结后拔去固定销，按本规程 6.1.2 款的步骤进行剪切，固结快剪试验的剪切速度宜为

10mm/min~20mm/min，并应使试样在 4min~8min 内剪损；

3 卸载应按本规程第 6.1.2 条第 6 款规定进行。

6.1.4 生活垃圾土不固结快剪试验应按下列步骤进行：

1 试样制备和填装应按本规程第 6.1.2 条第 1 款~第 3 款的步骤进行，仪器可不安装垂直位移量测装置，剪切盒底部应放置不透水板；

2 施加竖向荷载，拔去固定销，立即以 10mm/min~20mm/min 的剪切速度按本规程第 6.1.2 条第 5 款的步骤进行剪切，使试样在 4min~8min 内剪损；

3 卸载应按本规程第 6.1.2 条第 6 款的规定进行。

6.1.5 生活垃圾土剪切试验数据处理应按现行国家标准《土工试验方法标准》GB/T 50123 执行。

6.1.6 生活垃圾土直剪试验的记录宜按本规程附录 D 的表 D.0.8 填写。

6.2 反复直剪试验

6.2.1 生活垃圾土反复直剪试验应采用下列仪器设备：

1 反复直剪仪：组成应符合现行国家标准《土工试验方法标准》GB/T 50123 的相关规定，剪切盒尺寸应与本规程第 6.1.1 条第 1 款的规定相同；

2 位移量测设备：量程为 100mm，分度值为 0.01mm 的百分表，或精度为全量程 0.2%的传感器。

6.2.2 生活垃圾土反复直剪试验应按下列步骤进行：

1 试样制备、填装、竖向加载和固结应按本规程第 6.1.2 条第 1 款~第 4 款的步骤进行；

2 拔去固定销，启动电动机正向开关，以 2mm/min 的剪切速率进行剪切，同一试样在每级竖向荷载作用下应反复剪切 5 次，在同一级竖向荷载作用下，试样每产生剪切位移 2mm 时应记录测力计读数，当剪应力超过峰值后，按剪切位移 3mm 读测一次；当剪切位移达到直径的 30%时，停止加载，启动反向开关，反推速率应小于 5mm/min，使下剪切盒回复到初始位置，静置 20min 后进行下一次剪切；每一级荷载剪切完成后，加载下一级竖向荷载，持荷 2h 后进行下一级荷载试验；

3 卸载应按本规程第 6.1.2 条第 6 款的规定进行。

6.2.3 生活垃圾土反复直剪试验数据处理应符合现行国家标准《土工试验方法标准》GB/T 50123 的规定。

6.2.4 生活垃圾土反复直剪试验的记录宜按本规程附录 D 的表 D.0.9 填写。

6.3 固 结 试 验

6.3.1 生活垃圾土固结试验所采用的固结仪应符合

下列规定：

　　1　固结容器宜为内径不小于 300mm 的圆柱形，高度与直径比宜为 1.0～1.5，直径与试样最大颗粒粒径之比不应小于 8，底部应安装排水管；

　　2　加载装置的最大加压不应小于 2000kPa，且不得有冲击力，压力精度应符合现行国家标准《岩土工程仪器基本参数及通用技术条件》GB/T 15406 的规定；

　　3　位移量测装置的量程应为 200mm，且应配备最小分度值为 0.01mm 的百分表或精度为全量程 0.2% 的位移传感器。

　　6.3.2　生活垃圾土固结试验应按下列步骤进行：

　　1　按本规程第 4.2 节的规定制备试样；

　　2　在固结容器底部依次放入透水板和滤纸；

　　3　向固结容器内装入试样，对于原状土试样，应先将装有试样的环刀平口向下，对准固结容器口，再在试样顶面放薄型滤纸和透水板，然后将试样缓慢推入剪切盒内，移去环刀；对于扰动土试样，应分层轻微捣实装入待测土样，捣实力应小于第一级压力，试样上应依次放上薄型滤纸、透水板；

　　4　盖上加压上盖，并将固结容器置于加压框架正中，调整杠杆水平，安装百分表或位移传感器，当试样需要饱和时应按本规程第 4.3 节的规定进行；

　　5　施加 1kPa 的预压力，使试样与仪器上下各部件之间接触，加荷后，应将杠杆调平衡，并将百分表或位移传感器调零；

　　6　荷载等级宜分别为 12.5kPa、25kPa、50kPa、100kPa、200kPa、400kPa、800kPa 和 1600kPa，第一级压力宜为 12.5kPa 或 25kPa，最后一级压力应根据生活垃圾土的埋深确定，荷载间隔应为 24h；

　　7　卸去预压荷载，施加第一级荷载，加载后 1h 内应每 10min 记录 1 次沉降变形和渗沥液流出体积；1h～6h 内，应每 30min 记录 1 次；6h～24h 内应每 1h 记录 1 次，逐级加压至试验结束；

　　8　试验结束后吸去容器中的水，拆除仪器各部件并清洗，取出整块试样，测定质量含水率。

　　6.3.3　生活垃圾土试样的初始孔隙比应按下式计算：

$$e_0 = \frac{(1 + 0.01w_0)G_s\rho_w}{\rho_0} - 1 \quad (6.3.3)$$

式中：e_0 ——试样的初始孔隙比；

　　　　w_0 ——风干或烘干土样质量含水率，用完全烘干的土样时应取 0（%）；

　　　　G_s ——生活垃圾土比重；

　　　　ρ_w ——4℃时纯水的密度（g/cm³）；

　　　　ρ_0 ——试样初始湿密度（g/cm³）。

　　6.3.4　各级压力下试样固结后的孔隙比及某一压力范围内的主压缩系数、压缩模量、体积压缩系数和压缩（回弹）指数的计算应按现行国家标准《土工试验方法标准》GB/T 50123 执行。

　　6.3.5　生活垃圾土固结试验完成后，应以孔隙比为纵坐标，压力为横坐标绘制孔隙比与压力的关系曲线；应以孔隙比为纵坐标，压力的对数为横坐标绘制孔隙比与压力的对数关系曲线；应以渗沥液体积为纵坐标，压力为横坐标绘制渗沥液体积与压力的关系曲线。

　　6.3.6　生活垃圾土试样固结系数的计算应按现行国家标准《土工试验方法标准》GB/T 50123 执行。

　　6.3.7　生活垃圾土固结试验的记录宜按本规程附录 D 的表 D.0.10-1 和表 D.0.10-2 填写。

6.4　蠕 变 试 验

　　6.4.1　生活垃圾土蠕变试验宜采用分别加载法。

　　6.4.2　生活垃圾土蠕变试验所采用的蠕变试验仪应符合下列规定：

　　1　蠕变仪应由圆桶状容器、百分表、承载板、渗滤层、沉降观测板和渗沥液收集装置组成（图 6.4.2）；

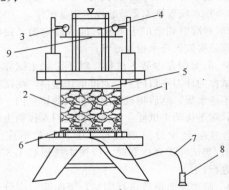

图 6.4.2　蠕变仪
1—生活垃圾土样；2—圆桶状容器；3—百分表；
4—砝码；5—承载板；6—渗滤层；7—导管；
8—量瓶；9—沉降观测板

　　2　圆桶状容器内径不宜小于 300mm，高度与直径比宜为 1.0～1.5，直径与试样最大颗粒粒径之比不应小于 8，底部应安装排水管。

　　6.4.3　生活垃圾土蠕变试验加荷等级应分四级，并应分别为 100kPa、200kPa、300kPa 和 400kPa，且分别加压宜在 4 台蠕变仪上同时进行；不能同时进行时，应保持试验条件完全一致。

　　6.4.4　生活垃圾土蠕变试验应按下列步骤进行：

　　1　按本规程第 4.2 节的规定制备试样；

　　2　将试样填装于金属圆筒内，对于扰动试样，应至少分 3 层击实装样，击实压力不应大于各级加荷荷载；

　　3　开始加荷，记录室温、渗沥液产生量、纵向变形，加载后 1h 内应每 10min 记录 1 次；1h～6h 内，应每 30min 记录 1 次；6h～24h 内，应每 1h 记录 1 次；24h 后，应每 24h 记录 1 次；当 3d 的总沉降量小于 0.1mm 时，可停止试验。

6.4.5 生活垃圾土蠕变试验完成后，应计算纵向应变，并应以应变为纵坐标，时间为横坐标，绘制应变与时间关系曲线。

6.4.6 生活垃圾土蠕变试验的记录宜按本规程附录 D 的表 D.0.11 填写。

6.5 渗 透 试 验

6.5.1 生活垃圾土渗透试验应采用常水头法。

6.5.2 生活垃圾土常水头渗透装置的组成应符合现行国家标准《土工试验方法标准》GB/T 50123 中的规定，金属圆筒内径不宜小于 200mm，且与试样最大颗粒粒径之比不应小于 8，高度与直径之比不宜小于 2.0，水力梯度应可调节。

6.5.3 生活垃圾土渗透试验应符合下列规定：

    1 应按现行国家标准《土工试验方法标准》GB/T 50123 的相关规定进行试验；

    2 当需要考虑孔隙比对渗透系数影响时，应至少选择 3 个孔隙比试样；

    3 水力梯度值不应少于 3 个，并应取其对应渗透系数的平均值。

6.5.4 常水头渗透系数和标准温度下渗透系数的计算应按现行国家标准《土工试验方法标准》GB/T 50123 执行。

6.5.5 生活垃圾土渗透试验完成后，应以不同水力梯度作用下的平均渗透系数的对数为横坐标，孔隙比为纵坐标，绘制关系曲线。

6.5.6 生活垃圾土渗透试验的记录宜按本规程附录 D 的表 D.0.12 填写。

6.6 持 水 试 验

6.6.1 生活垃圾土持水试验应采用下列仪器设备：

    1 压力板仪系统：由 5bar 压力板仪、空气加湿过滤器、压缩空气供气装置、气压调节装置和容量瓶组成；

    2 环刀：直径 79.8mm，高度 40mm；

    3 容量瓶：250mL。

6.6.2 生活垃圾土持水试验应按下列步骤进行：

    1 采用环刀按本规程第 4.2 节的规定制备试样；

    2 将带环刀的试样放入饱和缸内饱和；

    3 用无气水将陶瓷板饱和后，将饱和的试样放入压力板仪中，使试样与陶瓷板紧密接触；

    4 安装仪器，确定仪器的密封性，称取容量瓶质量；

    5 分级施加气压，气压宜分 10kPa、20kPa、50kPa、100kPa、300kPa、500kPa 六级，各级气压下，在 24h 内，当容量瓶质量变化小于 0.2% 时，立即释放仪器中的气压，然后再施加下一级气压；

    6 完成最后一级压力测试且排水稳定后，将试样取出，测定试样体积和质量；

    7 将试样放在烘箱内并在 60℃～70℃条件下烘干，测定试样烘干后质量，计算含水质量、干密度和体积含水率。

6.6.3 生活垃圾土体积含水率应按下式计算：

$$\theta_v = \frac{m_w \times \rho_d}{m_d \times \rho_w} \times 100 \qquad (6.6.3)$$

式中：θ_v ——体积含水率（%）；

    m_w ——土中含水质量（g）；

    m_d ——干土质量（g）；

    ρ_d ——土的干密度（g/cm³）；

    ρ_w —— 4℃时纯水的密度（g/cm³）。

6.6.4 生活垃圾土持水试验完成后，应根据各级气压力下容量瓶质量变化，反推各级气压力下的生活垃圾土体积含水率。

6.6.5 生活垃圾土持水试验完成后，应绘制气压力与体积含水率关系曲线（生活垃圾土持水曲线）。

6.6.6 生活垃圾土持水曲线上气压力为 10kPa 对应的体积含水率应为生活垃圾土田间持水率。

6.6.7 生活垃圾土持水试验应至少进行两次平行测定，并取其平均值。

6.6.8 生活垃圾土持水试验的记录宜按本规程附录 D 的表 D.0.13 填写。

6.7 三轴压缩试验

6.7.1 生活垃圾土三轴压缩试验宜采用分别加载法进行加载，也可采用连续多级加载法进行加载，且周围压力宜取 50kPa、100kPa、200kPa 和 300kPa 四个级别。

6.7.2 生活垃圾土三轴压缩试验应采用下列仪器设备：

    1 应变控制式大三轴仪：应由压力室、轴向加压设备、周围压力系统、反压力系统、孔隙水压力量测系统、轴向变形和体积变化量测系统组成，大压力室直径不应小于试样直径的 2 倍；

    2 成型筒：内径不宜小于 200mm，高度与直径之比宜为 2.0～2.5，直径与试样中最大颗粒粒径之比不应小于 8；

    3 橡皮膜：厚度宜为 0.2mm～0.3mm；

    4 透水板：直径应与成型筒内径相同，渗透系数应大于试样渗透系数。

6.7.3 生活垃圾土试样应先采用水头饱和，然后再用反压饱和，并应符合现行国家标准《土工试验方法标准》GB/T 50123 的相关规定。

6.7.4 生活垃圾土不固结不排水剪切试验应按下列步骤进行：

    1 按本规程第 4.2 节的规定制备试样，并按现行国家标准《土工试验方法标准》GB/T 50123 的相关规定安装试样；

2 施加第一级周围压力，开始剪切，剪切应变速率宜为每分钟应变 0.5%～1.0%，试样每产生 1mm 变形值时应记录一次测量数据，当轴向应变大于 5% 时，试样每产生 2mm 的变形值时应记录一次；

3 当测力计读数达到稳定或出现倒退时，记录测量数据，关电动机，将测力计调整为零；

4 施加第二级周围压力，将测力计读数调至零位，转动手轮使测力计与试样帽接触，开始剪切，直到测力计读数稳定或出现倒退，然后依次进行第三级、第四级周围压力下的剪切，累计的轴向应变不宜超过 30%；

5 试验结束后，应按现行国家标准《土工试验方法标准》GB/T 50123 的相关规定拆除试样，称试样质量并测定质量含水率；

6 生活垃圾土不固结不排水剪试验的应力-应变关系计算及绘图应符合现行国家标准《土工试验方法标准》GB/T 50123 的相关规定。

6.7.5 生活垃圾土固结不排水剪切试验应按下列步骤进行：

1 安装试样，并应符合现行国家标准《土工试验方法标准》GB/T 50123 的相关规定；

2 先施加第一级周围压力，固结后再加轴向压力，并应符合现行国家标准《土工试验方法标准》GB/T 50123 的相关规定，然后将测力计轴向变形指示计及孔隙水压力读数均调整至零；

3 剪切应变速率宜为每分钟应变 0.5%～1.0%；测力计、轴向变形、孔隙水压力应按本规程第 6.7.4 条的第 2 款和第 3 款的规定进行测定；剪切完后，退除轴向压力，待孔隙水压力稳定后，再施加第二级周围压力；

4 待固结后再施加第二级轴向压力，按同样的方法施加第三级和第四级荷载，累计的轴向应变不宜超过 30%；

5 试验结束后，拆除试样，称试样质量并测定质量含水率；

6 生活垃圾土固结不排水剪试验的应力-应变关系计算及绘图应符合现行国家标准《土工试验方法标准》GB/T 50123 的相关规定；试样的轴向变形应以前一级剪切终了并退去轴向压力后的试样高度作为后一级的起始高度，计算各级周围压力下的轴向应变。

6.7.6 生活垃圾土固结排水剪切试验试样的安装、固结、剪切应按本规程第 6.7.5 条第 1 款～第 5 款进行，计算及绘图应符合现行国家标准《土工试验方法标准》GB/T 50123 的相关规定，剪切速率宜为每分钟应变 0.1%～0.5%。

6.7.7 生活垃圾土三轴压缩试验的记录宜按本规程附录 D 的表 D.0.14-1～表 D.0.14-6 填写。

6.8 振动三轴试验

6.8.1 生活垃圾土振动三轴试验应采用下列仪器设备：

1 振动三轴仪：可采用惯性力式、电磁式、电液伺服式及气动式等振动三轴仪。仪器使用前应根据说明书要求进行检查和标定。振动三轴仪应包括下列组成部分：

    1） 主机：包括压力室和激振器等，压力室直径不应小于试样直径的 2 倍；

    2） 静力控制系统：包括储气罐调压阀、放气阀、压力表和管路等；

    3） 动力控制系统：包括交流稳压电源、超低频信号发生器、超低频峰值电压表、电源、功率放大器、超低频双线示波器等，或采用振动控制器和测量放大器；

    4） 量测系统：包括周围压力系统、轴向压力量测系统、反压力量测系统、孔隙水压力量测系统、轴向变形和体积变化量测系统等；

    5） 数据采集和处理系统：包括数据采集卡、计算机、数据采集和处理程序、绘图和打印设备等，应编制控制、数据采集和处理程序、绘图和汇总试验成果程序和打印程序，且系统的各部分均应有良好的频率响应，性能稳定，不应超过允许误差范围。

2 成型筒：内径不宜小于 200mm，高度与直径之比宜为 2.0～2.5，直径与试样中最大颗粒粒径之比不应小于 8。

3 橡皮膜：厚度宜为 0.2mm～0.3mm。

4 透水板：直径应与成型筒内径相同，渗透系数应大于试样渗透系数。

6.8.2 生活垃圾土试样制备应符合本规程第 4.2 节的规定。

6.8.3 生活垃圾土试样的饱和应符合本规程第 4.3 节的相关规定。

6.8.4 试样安装前应进行排气处理，并应在溢出的水不含气泡时再按现行国家标准《土工试验方法标准》GB/T 50123 的相关规定进行安装。

6.8.5 生活垃圾土试样的固结比宜为 1.0～2.0，并应按下列步骤进行固结：

1 对试样进行等向固结，即先施加 20kPa 的周围压力，然后逐级施加均等的周围压力和轴向压力，直到周围压力和轴向压力相等并达到预定的周围压力值，等向固结周围压力可取 50kPa、100kPa、200kPa 和 300kPa；

2 当 5min 内轴向变形不大于 1mm（等向固结变形稳定）时，逐级增加轴向压力，直到预定的轴向压力；

3 固结完成后关闭排水阀，并按下式计算振前干密度：

$$\rho_d = \frac{m_d}{V_1 + \Delta V - \Delta V_c} \quad (6.8.5)$$

式中：ρ_d ——干密度（g/cm³）；

m_d ——干土质量（g）；

V_1 ——试样初始体积（cm³）；

ΔV ——消除负压后进入试样的水量（cm³）；

ΔV_c ——固结时的排水量（cm³）。

6.8.6 生活垃圾土动强度试验应在固结不排水条件下按下列步骤进行：

1 按本规程第 6.8.2 条~第 6.8.5 条进行试样制备、饱和、安装和固结；

2 检查管路各个开关的状态，拆下活塞轴上、下锁定；

3 根据数据采集和处理系统界面提示，选择试验类型、波型等，并逐项设置试验参数；

4 对试样施加动应力，记录动应力、动应变和动孔隙水压力的时程曲线，破坏应变值宜取 10%~15%，当应变达破坏应变时，再振 10 周~20 周后停机，测记振后的排水量和轴向变形量；

5 振动结束后卸去压力，拆除试样，描述试样破坏形状，称试样质量；

6 对同一质量含水率或孔隙比的试样选择 2 个~3 个固结比，同一固结比下选择 2 个~3 个不同的周围压力，在同一周围压力下采用 3 个~4 个试样，分别选择不同的振动破坏周次重复试验，振动破坏周次宜选择 10 周、20 周、30 周和 100 周；

7 进行数据处理、绘图和汇总结果。

6.8.7 生活垃圾土的动弹性模量和阻尼比试验应按下列步骤进行：

1 施加动应力前的准备工作应按本规程第 6.8.6 条的第 1 款~第 3 款的规定进行；

2 对某一试样，宜采用 5 级~6 级动应力连续进行试验，当第一级动应力选择好后，在不排水条件下对试样施加动应力，开机振动，同时测记动应力、动变形和动孔隙水压力，同时绘制动应力和动应变滞回圈，达到预定振次后停机，并立即打开排水阀消除孔隙水压力；然后再关阀进行下一级加荷试验。试验中每级荷载振动不宜大于 10 次；

3 同一条件的试样应选择 2 个~3 个固结比，其值宜为 1.0~2.0，在同一固结应力比下，应在 2 个~3 个不同的周围压力下进行试验。

6.8.8 生活垃圾土试样在静应力状态下的指标应按下列公式计算：

1 固结应力比应按下式计算：

$$K_c = \frac{\sigma_{1c} - u_0}{\sigma_{3c} - u_0} \quad (6.8.8-1)$$

式中：K_c ——固结应力比；

σ_{1c} ——轴向固结应力（kPa）；

σ_{3c} ——侧向固结应力（kPa）；

u_0 ——初始孔隙水压力（kPa）。

2 初始剪应力比应按下式计算：

$$a = \frac{\sigma_{1c} - \sigma_{3c}}{\sigma_{1c} + \sigma_{3c} - 2u_0} \quad (6.8.8-2)$$

式中：a ——初始剪应力比；

σ_{1c} ——轴向固结应力（kPa）；

σ_{3c} ——侧向固结应力（kPa）；

u_0 ——初始孔隙水压力（kPa）。

6.8.9 生活垃圾土的动应力、动应变和动孔隙水压力应按下列公式计算：

1 动应力应按下式计算：

$$\sigma_d = \frac{K_\sigma L_\sigma}{A_c} \times 10 \quad (6.8.9-1)$$

式中：σ_d ——动应力（kPa），取初始值；

K_σ ——动应力传感器标定系数（N/cm）；

L_σ ——动应力指示位移（cm）；

A_c ——试样固结后面积（cm²）。

2 动应变应按下列公式计算：

$$\varepsilon_d = \frac{\Delta h_d}{h_c} \times 100 \quad (6.8.9-2)$$

$$\Delta h_d = K_e L_e \quad (6.8.9-3)$$

式中：ε_d ——动应变（%）；

Δh_d ——动变形（cm）；

K_e ——动变形传感器标定系数（cm/cm）；

L_e ——动变形指示位移（cm）；

h_c ——固结后试样高度（cm）。

3 动孔隙水压力应按下式计算：

$$u_d = K_u L_u \quad (6.8.9-4)$$

式中：u_d ——动孔隙水压力（kPa）；

K_u ——动孔隙水压力传感器标定系数（kPa/cm）；

L_u ——动孔隙水压力指示位移（cm）。

6.8.10 生活垃圾土的动剪应力、总剪应力、液化应力比应按下列公式计算：

1 动剪应力应按下式计算：

$$\tau_d = \frac{1}{2}\sigma_d \quad (6.8.10-1)$$

式中：τ_d ——动剪应力（kPa）；

σ_d ——动应力（kPa）。

2 总剪应力应按下式计算：

$$\tau_{sd} = \frac{\sigma_{1c} - \sigma_{3c}}{2} + \sigma_d \quad (6.8.10-2)$$

式中：τ_{sd} ——总剪应力（kPa）；

σ_{1c} ——轴向固结应力（kPa）；

σ_{3c} ——侧向固结应力（kPa）；

σ_d ——动应力（kPa）。

3 液化应力比应按下式计算：

$$\frac{\tau_d}{\sigma_0'} = \frac{\sigma_d}{2\sigma_0'} \quad (6.8.10-3)$$

式中：τ_d ——振前试样 45°面上的剪应力（kPa）；

σ_0' ——振前试样 45°面上有效法向应力（kPa）；

σ_d ——动应力（kPa）。

6.8.11 生活垃圾土振动三轴试验完成后，应以动剪应力为纵坐标，破坏振次的对数为横坐标，绘制不同固结比时不同周围压力下的动剪应力和振次关系曲线。

6.8.12 生活垃圾土振动三轴试验完成后，应以振动破坏时试样 45°面上的总剪应力为纵坐标，振前试样 45°面上的有效法向应力为横坐标，绘制给定振次下，不同初始剪应力比时的总剪应力与有效法向应力关系曲线。

6.8.13 生活垃圾土振动三轴试验完成后，应以液化应力比为纵坐标，破坏振次的对数为横坐标，绘制不同固结应力比时的液化应力比与破坏振次关系曲线。

6.8.14 生活垃圾土振动三轴试验完成后，应以动孔隙水压力比为纵坐标，破坏振次的对数为横坐标，绘制动孔隙水压力比与振次关系曲线。

6.8.15 生活垃圾土的动弹性模量和阻尼比应按下列公式计算：

1 动弹性模量应按下式计算：

$$E_d = \frac{\sigma_d}{\varepsilon_d} \qquad (6.8.15\text{-}1)$$

式中：E_d ——动弹性模量；

σ_d ——动应力（kPa）；

ε_d ——动应变（%）。

2 阻尼比应按下式计算：

$$\lambda_d = \frac{1}{4\pi}\frac{A}{A_s} \qquad (6.8.15\text{-}2)$$

式中：λ_d ——阻尼比；

A ——滞回圈 ABCDA 的面积（cm²）（图 6.8.15）；

A_s ——三角形 OAE 的面积（cm²）。

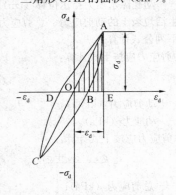

图 6.8.15　滞回圈

6.8.16 生活垃圾土振动三轴试验完成后，应以阻尼比为纵坐标，动应变为横坐标，绘制不同固结应力的阻尼比与动应变关系曲线。

6.8.17 生活垃圾土动强度（液化）试验的记录宜按

本规程附录 D 的表 D.0.15-1 和表 D.0.15-2 填写。

6.8.18 生活垃圾土动弹性模量和阻尼比试验的记录宜按本规程附录 D 的表 D.0.15-3～表 D.0.15-5 填写。

7　化学特性试验

7.1　有机质试验

7.1.1 生活垃圾土有机质试验应采用下列仪器设备：

1 马弗炉：最高温度不应小于 1000℃；

2 瓷坩埚：25mL；

3 天平：称量 200g，最小分度值 0.0001g；

4 干燥器。

7.1.2 生活垃圾土有机质试验前，应先将待测试样在 60℃～70℃的条件下烘干，再剔除其中的橡胶、化纤、塑料等有机高分子物质，并计算非活性物质在试样干基中的百分比，然后将烘干的试样研磨后过 0.1mm 筛，混合均匀后储藏于干燥容器中。

7.1.3 生活垃圾土有机质试验应按下列步骤进行：

1 将瓷坩埚置于马弗炉中，在 600℃高温下空烧 2h 至恒重；

2 在按本规程第 7.1.2 条制备的备用样中按四分法称取 2g 试样，精确至 0.0001g，置于已恒重的瓷坩埚中；

3 将瓷坩埚放入马弗炉中升温至 600℃，恒温 6h～8h 后取出瓷坩埚，并移入干燥器中，冷却后称重，精确至 0.0001g；

4 将瓷坩埚再次放入马弗炉中，在 600℃温度下灼烧 10min，冷却称重，反复进行，直到恒重。

7.1.4 生活垃圾土中有机质含量的计算应按现行行业标准《生活垃圾化学特性通用检测方法》CJ/T 96 执行。

7.1.5 生活垃圾土有机质试验应至少进行三次平行测定，并取其平均值。

7.1.6 生活垃圾土有机质含量试验的记录宜按本规程附录 D 的表 D.0.16 填写。

7.2　酸碱度（pH 值）试验

7.2.1 生活垃圾土酸碱度（pH 值）试验应采用下列仪器设备和试剂：

1 pH 计（配电极）：测量范围 0～14，精度 0.01；

2 温度计：测量范围 0℃～50℃；

3 烧杯：容量 500mL；

4 pH 标准溶液：pH 值分别为 4.008、6.865、9.180；

5 蒸馏水：新煮沸并放冷；

6 量筒、洗瓶、玻璃棒、滤纸。

7.2.2 生活垃圾土酸碱度（pH值）试验应按下列步骤进行：

1 将玻璃电极放入蒸馏水中浸泡24h以上；

2 按仪器使用说明书检查仪器；

3 pH计开启0.5h后，进行调零，用pH标准溶液对pH计进行校核，使用温度计测量试剂温度，按仪器使用说明书中规定的方法进行pH值定位；

4 按本规程第4.4节的规定制备试验用浸提液，用量筒取生活垃圾土浸提液20mL于烧杯中，按pH计使用说明书的要求操作，待读数稳定后直接从仪器上读取pH值。

7.2.3 生活垃圾土酸碱度（pH值）试验过程中更换标准溶液或试样时，应先用蒸馏水将电极清洗干净，并用滤纸吸去电极上的水滴，再用待测溶液淋洗。

7.2.4 生活垃圾土酸碱度（pH值）试验应至少进行两次平行测定，并取其平均值。

7.2.5 生活垃圾土酸碱度（pH值）试验的记录宜按本规程附录D的表D.0.17填写。

7.3 化学需氧量（COD）试验

7.3.1 生活垃圾土化学需氧量（COD）试验应采用下列仪器设备：

1 分光光度计；

2 离心机：最高转速不应小于1500rpm；

3 恒温加热器：温度可调，最高温度不应小于200℃。

7.3.2 生活垃圾土COD试验应采用下列试剂：

1 氯掩蔽剂：20g硫酸汞（$HgSO_4$），加入5.5mL浓硫酸（H_2SO_4），蒸馏水定容至100mL；

2 氧化剂：2.5mol/L的重铬酸钾（$K_2Cr_2O_7$）溶液：$K_2Cr_2O_7$在130℃烘至恒重冷却至室温，精确称取24.5150g，溶于100mL蒸馏水中，加入11mL浓硫酸（H_2SO_4），定容至200mL；

3 催化剂：1g/100mL的硫酸银（Ag_2SO_4）溶液；

4 邻苯二甲酸氢钾标准溶液：邻苯二甲酸氢钾在105℃～110℃条件下干燥2h后，精确称取4.2510g并溶于蒸馏水，定容至500mL，现用现配。

7.3.3 COD标准曲线的绘制应按下列步骤进行：

1 向7个试管中分别加入0mL、0.20mL、0.50mL、1.00mL、1.50mL、2.00mL和2.50mL邻苯二甲酸氢钾标准溶液，定容至2.5mL，并依次标号1～7，按下式换算各试管溶液COD值：

$$COD_i = 10 \times V_i \qquad (7.3.3)$$

式中：COD_i——第i个试管溶液化学需氧量（mg）；

V_i——第i个试管中邻苯二甲酸氢钾标准溶液的体积（mL）。

2 向各试管中依次加入5滴氯掩蔽剂，2mL氧

化剂，5mL催化剂后，置于165℃±0.5℃恒温加热器内消化10min，冷却至室温，定容至12mL；

3 摇匀试管中的液体后，将8mL液体倒入离心管，采用离心机在1500rpm转速下离心10分钟后取上清液1mL，并稀释10倍，采用分光光度计在610nm波长下测定稀释液体的吸光值；

4 每个梯度重复3次，吸光度取3次所测平均值，以吸光值（S_e）为横坐标，COD值为纵坐标绘制COD标准曲线。

7.3.4 应根据标准曲线拟合得到线性方程，并按下式拟合得出生活垃圾土分光光度法测定COD的计算公式：

$$COD = (b_1 S_e - b_2) \qquad (7.3.4)$$

式中：COD——化学需氧量（mg）；

b_1、b_2——拟合系数；

S_e——610nm处吸光值。

7.3.5 生活垃圾土COD的测定应按下列步骤进行：

1 试样的预处理：先将试样在60℃～70℃温度下烘干至恒重，并破碎塑料、砖石等大块状物质，再研磨并过0.2mm筛，然后混合均匀，冷却至室温，置于干燥器中备用；

2 消化：按四分法称取（50±5）mg的试样，依次加入5滴氯掩蔽剂、5mL Ag_2SO_4、2mL $K_2Cr_2O_7$，在（165±0.5）℃条件下消化10min；

3 测定：试样冷却后，定容至12mL后倒入离心管，摇匀，采用离心机在1500rpm转速下离心10min后，取上清液1mL，并稀释10倍，摇匀，采用分光光度计在610nm波长下测定吸光值。

7.3.6 生活垃圾土COD_{Cr}值应按下式计算：

$$COD_{Cr} = 1000(b_1 S_e - b_2)/m_d \qquad (7.3.6)$$

式中：COD_{Cr}——采用重铬酸钾作为氧化剂测得的化学需氧量（mg/g）；

b_1、b_2——拟合系数；

S_e——610nm处吸光值；

m_d——干土质量（mg）。

7.3.7 生活垃圾土COD试验应至少进行两次平行测定，并取其平均值。

7.3.8 生活垃圾土COD试验的记录宜按本规程附录D的表D.0.18-1和表D.0.18-2填写。

7.4 浸出试验

7.4.1 生活垃圾土浸出试验应采用下列仪器设备：

1 振荡设备：频率可调的往复式水平振荡装置；

2 过滤器：加压过滤或真空过滤装置，滤膜为0.45μm微孔；

3 天平：称量200g，最小分度值0.01g；称量1000g，最小分度值0.1g；称量5000g，最小分度值1g；

4 提取瓶：2L 具旋盖和内盖的广口瓶，由不能浸出或吸附试样所含成分的惰性材料制成。

7.4.2 生活垃圾土浸出试验前，应先取试样 2kg，并破碎其中的大块状土样，试样颗粒最大尺寸不应大于 3mm，再过筛，取筛下细试样，混合均匀后待测。

7.4.3 生活垃圾土浸出试验时，应先按四分法取样 500g，用过滤器和滤膜对试样进行压力过滤，再称取滤渣质量，然后按本规程第 5.2 节的规定测定滤渣的质量含水率，并按下式计算试样的含固量：

$$w_s = \frac{m_l}{500(0.01w_l + 1)} \times 100 \quad (7.4.3)$$

式中：w_s ——含固量（%）；

m_l ——滤渣质量（g）；

w_l ——滤渣质量含水率（%）。

7.4.4 当含固量小于或等于 5% 时，可判定所得到的过滤液体即为浸出液，并可直接进行分析；当含固量大于 5% 时，应将滤渣继续浸出，并应按现行行业标准《固体废物 浸出毒性浸出方法 醋酸缓冲溶液法》HJ/T 300 执行，多次浸出得到的浸出液混合后进行分析。

7.4.5 生活垃圾土浸出液的检测项目与方法应按表 7.4.5 执行。

表 7.4.5 检测项目与方法

序号	项目	检 测 方 法
1	总硬度	《水质 钙和镁总量的测定 EDTA 滴定法》GB/T 7477
2	挥发酚	《水质 挥发酚的测定 4-氨基安替比林分光光度法》HJ 503
3	总磷	《水质 总磷的测定 钼酸铵分光光度法》GB/T 11893
4	总氮	《水质 总氮的测定 碱性过硫酸钾消解紫外分光光度法》HJ 636
5	铵	《水质 氨氮的测定 蒸馏-中和滴定法》HJ 537
6	铅	《水质 铅的测定 双硫腙分光光度法》GB/T 7470
7	总铬	《水质 总铬的测定》GB/T 7466
8	六价铬	《水质 六价铬的测定 二苯碳酰二肼分光光度法》GB/T 7467
9	镉	《水质 镉的测定 双硫腙分光光度法》GB/T 7471
10	汞	《水质 总汞的测定 冷原子吸收分光光度法》HJ 597
11	砷	《水质 痕量砷的测定 硼氢化钾-硝酸银分光光度法》GB/T 11900

7.4.6 生活垃圾土浸出试验中的质量保证和质量控制应符合现行行业标准《固体废物 浸出毒性浸出方法 醋酸缓冲溶液法》HJ/T 300 的相关规定。

7.4.7 生活垃圾土浸出试验应至少进行两次平行测定，并取其平均值。

7.4.8 生活垃圾土浸出试验的记录宜按本规程附录 D 的表 D.0.19 填写。

7.5 化学分析试验

7.5.1 生活垃圾土化学分析试验试样制备应按下列步骤进行：

1 取生活垃圾土样 200g，破碎其中的大块物质至粒径小于 5mm，在 60℃～70℃ 恒温下烘干；

2 将烘干土样研磨至粒径小于 0.1mm，密封备用。

7.5.2 生活垃圾土化学分析试验应按四分法取样，且化学分析项目和方法应按表 7.5.2 执行。

表 7.5.2 生活垃圾土化学分析项目和方法

序号	项目	分 析 方 法
1	总铬	《生活垃圾化学特性通用检测方法》CJ/T 96
2	六价铬	《固体废物 六价铬的测定 二苯碳酰二肼分光光度法》GB/T 15555.4
3	汞	《生活垃圾化学特性通用检测方法》CJ/T 96
4	镉	
5	铅	
6	砷	
7	全氮	
8	全磷	
9	全钾	

7.5.3 生活垃圾土化学分析试验应至少进行两次平行测定，并取其平均值。

7.5.4 生活垃圾土化学分析试验的记录宜按本规程附录 D 的表 D.0.20 填写。

8 生物特性及环境特性试验

8.1 总大肠菌群试验

8.1.1 生活垃圾土总大肠菌群试验应采用下列主要仪器设备和试剂：

1 仪器设备：无菌小铲、无菌广口瓶、灭菌搪瓷盘、电子天平、三角瓶、1mL 灭菌吸管；

2 试剂：无菌水、单料乳糖胆盐发酵培养基、碱性品红亚硫酸钠琼脂培养基、乳糖发酵培养基、革兰氏染色液。

8.1.2 生活垃圾土总大肠菌群试验试样采集应按下列步骤进行：

1 用无菌小铲从生活垃圾土试样堆的不同地点取 3 铲～5 铲试样并放置于灭菌搪瓷盘内；

2 破碎试样中的大块状物体，混合后制成 200g 的均样；

3 再破碎至 5mm 以下，置于无菌广口瓶内。

8.1.3 混悬液应按下列步骤制备：

1 按四分法取 10g 试样，放于无菌的 250mL 带玻璃珠的三角瓶内，加无菌水至 100mL；

2 置于摇床上并以 200r/min 的速度振荡 30min。

8.1.4 接种过程应按现行国家标准《粪便无害化卫生要求》GB 7959 的相关规定执行。

8.1.5 生活垃圾土总大肠菌群值的确定应按现行国家标准《粪便无害化卫生要求》GB 7959 的相关规定执行。

8.1.6 生活垃圾土总大肠菌群试验应至少进行两次平行测定，并取其平均值。

8.2 蛔虫卵死亡率试验

8.2.1 生活垃圾土蛔虫卵死亡率试验应采用下列仪器设备和试剂：

1 仪器设备：往复式振荡器、天平、离心机、金属丝圈（直径约 1.0cm）、高尔特曼氏漏斗、微孔火棉胶滤膜（直径 3.5cm，孔径 0.65μm～0.80μm）、抽滤瓶、真空泵、显微镜、恒温培养箱及其他实验室常用仪器、物品等；

2 试剂：浓度为 50.0g/L 的氢氧化钠（NaOH）溶液、密度为 1.38g/cm³～1.40g/cm³ 的饱和硝酸钠溶液、浓度为 500mL/L 的甘油溶液、浓度为 20mL/L～30mL/L 的甲醛溶液或甲醛生理盐水。

8.2.2 生活垃圾土蛔虫卵死亡率试验试样的采集应按下列步骤进行：

1 用无菌小铲从生活垃圾土试样堆的不同地点取 3 铲～5 铲试样并放置于搪瓷盘内；

2 破碎试样中的大块状物体，混合后制成 500g 的均样；

3 破碎至 2mm 以下，置于无菌广口瓶内。

8.2.3 生活垃圾土蛔虫卵死亡率试验过程应按现行国家标准《粪便无害化卫生要求》GB 7959 的相关规定执行。

8.2.4 当观察到蛔虫卵时，应按下列步骤将含有蛔虫卵的滤膜进行培养：

1 先在培养皿的底部平铺一层厚度为 1cm 的脱脂棉，再在脱脂棉上铺一张直径与培养皿相适的普通滤纸，然后加入甲醛溶液或甲醛生理盐水，并宜浸透滤纸和脱脂棉；

2 将含蛔虫卵的滤膜平铺在滤纸上，培养皿加盖后置于恒温培养箱中，在 28℃～30℃ 条件下培养，培养过程中应滴加蒸馏水或甲醛溶液，使滤膜保持潮湿状态。

3 培养 10d～15d 后，自培养皿中取出滤膜置于载玻片上，滴加甘油溶液，使其透明后，应在低倍显微镜下查找蛔虫卵，并应在高倍镜下根据形态，鉴定卵的死活，并加以计数。

8.2.5 含有幼虫的，应判为活卵；未孵化或单细胞的均应判为死卵。蛔虫卵死亡率应按下式计算：

$$k = 100(N_1 - N_2)/N_1 \qquad (8.2.5)$$

式中：k——蛔虫卵死亡率（%）；

N_1——镜检总卵数（个）；

N_2——培养后镜检活卵数（个）。

8.2.6 生活垃圾土蛔虫卵死亡率试验应至少进行两次平行测定，并取其平均值。

8.2.7 生活垃圾土蛔虫卵死亡率试验的记录宜按本规程附录 D 的表 D.0.21 填写。

8.3 臭味试验

8.3.1 生活垃圾土臭气应按排放源臭气进行测定。

8.3.2 生活垃圾土臭味试验应采用下列仪器设备：

1 聚酯无臭袋：10L 聚酯无臭袋 1 个、3L 聚酯无臭袋 18 个，选择无臭袋时应由嗅辨员进行嗅觉尝试；

2 注射器：量程 100mL，最小分度值 1mL。

8.3.3 生活垃圾土臭味试验嗅辨员应符合下列规定：

1 应符合现行国家标准《空气质量 恶臭的测定 三点比较式臭袋法》GB/T 14675 的相关规定；

2 患感冒或嗅觉器官不适的嗅辨员不应参加当天的测定，参加测试的嗅辨员不应携带和使用有气味的香料和化妆品，不应食用有刺激气味的食物；

3 嗅辨小组应按性别比例和年龄比例进行搭配，男女比例宜为 2∶1；18 岁～30 岁与 30 岁～45 岁阶段嗅辨员比例宜为 2∶1；

4 正式嗅辨前，应让每个嗅辨员对未经稀释的试样进行嗅辨记忆，对同一试样应选用同一组嗅辨小组，中间不应更换嗅辨员；

5 嗅辨员在连续测试 45min 后应到无臭环境中休息 15min。

8.3.4 生活垃圾土臭味试验嗅辨室应符合下列规定：

1 嗅辨室应远离臭源，不应使用新装修的房间，室内应能通风换气，并应保持室温在 17℃～25℃；

2 带有异味的试验用品不应在嗅辨室存放；

3 配气室和嗅辨室应相邻或者相对。

8.3.5 高浓度臭气试样的稀释梯度应按表 8.3.5 执行。

表 8.3.5 高浓度臭气试样的稀释梯度

在 3L 无臭袋中注入试样的量（mL）	100.0	30.0	10.0	3.0	1.0	0.3	0.1
稀释倍数	30	100	300	1000	3000	1 万	3 万

8.3.6 生活垃圾土臭味试验应按下列步骤进行：

 1 采样袋运回实验室后，直接用注射器由采样袋小孔处抽取袋内气体，配制供嗅辨的气袋；

 2 采样瓶运回实验室后，先取下瓶上的大塞，并迅速从该瓶口装入带通气管瓶塞的 10L 聚酯衬袋，再用注射器由采样瓶小塞处抽取瓶内气体，配制供嗅辨的气袋；

 3 由配气员先对采集试样在 3L 无臭袋内按表 8.3.5 稀释梯度配制不同稀释倍数的试样，进行嗅辨尝试，从中选择一个既能明显嗅出气味又不强烈刺激的试样，并以该试样的稀释倍数作为配制小组嗅辨试样的初始稀释倍数；

 4 配气员将 18 只 3L 无臭袋分成 6 组，每一组中的 3 只无臭袋分别标上 1、2、3，将其中一只按确定的初始稀释倍数定量注入取自采样瓶中的试样后，充满清洁空气，其余两只仅充满清洁空气，然后将 6 组气袋分发给 6 名嗅辨员嗅辨；

 5 6 名嗅辨员对分配的 3 袋进行嗅辨；嗅辨过程中，回答错误的，应终止嗅辨；全员嗅辨结束后，应进行下一级稀释倍数试验；当有 5 名嗅辨员回答错误时，试验应全部终止。

8.3.7 生活垃圾土臭味试验结果应按下列步骤进行计算：

 1 按下式计算个人嗅觉阈值：

$$x_i = \frac{\lg a_1 + \lg a_2}{2} \qquad (8.3.7\text{-}1)$$

式中：x_i——个人嗅觉阈值，i 取 1, 2, 3……，n；

  n——小组人数；

  a_1——个人正解最大稀释倍数；

  a_2——个人误解稀释倍数。

 2 舍去小组个人嗅觉阈值中最大值和最小值后，按下式计算小组算术平均嗅觉阈值：

$$\bar{x} = \frac{1}{n-2}\sum_{i=1}^{n-2} x_i \qquad (8.3.7\text{-}2)$$

式中：$\bar{x}$——小组算术平均嗅觉阈值；

  x_i——个人嗅觉阈值；

  n——小组人数。

 3 按下式计算试样臭气浓度：

$$y = 10^x \qquad (8.3.7\text{-}3)$$

式中：y——试样臭气浓度；

  $\bar{x}$——小组算术平均嗅觉阈值。

8.3.8 生活垃圾土臭味试验的记录宜按本规程附录 D 的表 D.0.22 填写。

8.4 蝇密度试验

8.4.1 本试验方法适用于室外测试蝇密度。

8.4.2 生活垃圾土蝇密度试验应在晴朗的天气下进行，环境温度宜为 27℃～30℃，试验地点周围不应有其他异味物质，试验时间宜在上午 9 点至下午 3 点

之间。

8.4.3 生活垃圾土蝇密度试验所用捕蝇笼应符合现行国家标准《病媒生物密度监测方法 蝇类》GB/T 23796 的相关规定。

8.4.4 生活垃圾土蝇密度试验应按下列步骤进行：

 1 按四分法称取待测试样 50g 放置于捕蝇笼诱饵盘中，诱饵盘与捕蝇笼下沿的间隙不应大于 20mm；

 2 将装有试样的捕蝇笼放入指定的试验地点，开始计时，试验时间不应小于 5h，同时记录温度、湿度和风速等环境条件；

 3 将捕获蝇类用杀虫剂杀灭后计数。

8.4.5 生活垃圾土蝇密度应按下式计算：

$$D = \frac{N_b}{T} \qquad (8.4.5)$$

式中：D——蝇密度（只/h）；

  N_b——捕获蝇总数（只）；

  T——试验时间（h）。

8.4.6 生活垃圾土蝇密度试验应至少进行三次平行测定，试验环境应相同，当同时进行时，应保持各捕蝇笼间距不小于 100m。

8.4.7 生活垃圾土蝇密度试验的记录宜按本规程附录 D 的表 D.0.23 填写。

附录 A 土样验收与管理

A.0.1 土样验收应符合下列规定：

 1 土样送达实验室时，应附送样单、试验委托书；

 2 送样单应由送样人签字，内容应包括生活垃圾填埋场名称、土样编号、取土位置、取土方法、取土日期及时间，并宜附钻孔柱状图和取土位置生活垃圾土层剖面图；

 3 试验委托书的内容应包括生活垃圾填埋场名称、试验目的、试验项目、试验方法、技术条件和技术要求、提交试验成果方式及时间等；

 4 土样应按送样单和试验委托书进行验收，且验收时，应检查土样包装的完整性和密封性、土样数量、包装内标签填写的内容；原状土样应检查其中土样结构，确定土样未受扰动，并应标明土样方向；土样编号及数量应相符；所送土样应满足试验项目和试验方法的要求，并宜抽验土样质量；

 5 验收合格后，试验方应签字盖章；见证取样的土样，应由见证人员参与验收并签名。

A.0.2 土样管理应符合下列规定：

 1 经验收合格后的土样，实验室应进行登记，登记的内容应包括生活垃圾填埋场名称、委托单位、送样日期、土样编号、取土位置、试验项目、验收

人、提交成果时间等；

　　2　试验后剩余的试样和余土，应储存在适当的容器内，并标记土样编号；对于一般性试验，报告经委托单位验收后且未提出任何疑义时，可处理掉土样；当委托单位事先提出特殊要求时，应根据具体情况协商确定土样保存时间；

　　3　试验用过的生活垃圾土试样应送回生活垃圾填埋场进行填埋处理。

附录 B　试验成果分析整理与试验报告编制

B.0.1　试验成果整理时，对试验资料中不合理的数据，应通过研究，分析原因，对可疑数据，在有条件的情况下，应进行一定的补充试验后，再决定其取舍或更正。

B.0.2　舍弃试验数据时，应根据误差分析或概率的概念，结合试验数据数量并采用相关试验数据处理理论确定舍弃标准，然后再对余下的数据重新计算整理。

B.0.3　生活垃圾土工试验测得的特性指标，可按其在工程设计中的实际作用分为一般特性指标和主要计算指标。一般特性指标应为生活垃圾土的物理、化学和生物特性；主要计算指标应为生活垃圾土的力学特性。

B.0.4　对于同一土体单元的一般特性指标，可采用试验数据进行成果整理，并通过计算样本标准差和变异系数等，反映实际测定值对算术平均值的变化程度，判别采用算术平均值的可靠性。试验成果整理、统计应包括下列内容：

　　1　样本平均值应按下式计算：

$$\bar{x} = \frac{1}{n}\sum_{i=1}^{n} x_i \qquad (B.0.4\text{-}1)$$

式中：$\bar{x}$——样本平均值；

　　　x_i——样本值；

　　　n——样本数。

　　2　样本标准差应按下式计算：

$$s = \sqrt{\frac{1}{n-1}\sum_{i=1}^{n}(x_i - \bar{x})^2} \qquad (B.0.4\text{-}2)$$

式中：s——样本标准差；

　　　$\bar{x}$——样本平均值；

　　　x_i——样本值；

　　　n——样本数。

　　3　变异系数应按下式计算：

$$c_v = \frac{s}{\bar{x}} \qquad (B.0.4\text{-}3)$$

式中：c_v——变异系数；

　　　s——样本标准差；

$\bar{x}$——样本平均值。

　　4　绝对误差应按下式计算：

$$m_x = \pm\frac{s}{n} \qquad (B.0.4\text{-}4)$$

式中：m_x——绝对误差；

　　　s——样本标准差；

　　　n——样本数。

　　5　精度指标应按下式计算：

$$p_x = \frac{m_x}{\bar{x}} \qquad (B.0.4\text{-}5)$$

式中：p_x——精度指标；

　　　m_x——绝对误差；

　　　$\bar{x}$——样本平均值。

B.0.5　变异性评价应符合表 B.0.5 的规定。

表 B.0.5　变异性评价

变异系数	<0.1	0.1~0.2	0.2~0.3	0.3~0.4	≥0.4
变异性评价	很小	小	中等	大	很大

B.0.6　设计计算不同深度或区域生活垃圾土体单元土性参数的综合值时，可按各土体单元在设计计算中的实际影响，判断确定其加权系数，并应按下式计算样本平均值：

$$\bar{x} = \sum_{i=1}^{n} \omega_i x_i \qquad (B.0.6)$$

式中：$\bar{x}$——样本平均值；

　　　x_i——样本值；

　　　n——样本数；

　　　ω_i——各土体单元的加权系数，$\sum \omega_i = 1$。

B.0.7　对于主要计算指标的成果整理，当测定的组数较多，且试验指标的最佳值接近于样本平均值时，可按一般特性指标的方法进行整理。

B.0.8　对于不同条件下测得的某种主要计算指标，可采用图解法或最小二乘法求取试验参数的最佳值。对于其他符合线性方程求取最佳值的试验，也可采用图解法或最小二乘法。

B.0.9　生活垃圾土土性参数的标准值和设计值可按下列方法选取：

　　1　根据给定的置信概率，可按下列公式计算试验参数标准值：

$$p = (1 - a) \qquad (B.0.9\text{-}1)$$

$$\gamma_s = 1 \pm \frac{t_a(n-1)}{n}s \qquad (B.0.9\text{-}2)$$

$$f_k = \gamma_s \bar{x} \qquad (B.0.9\text{-}3)$$

式中：p——置信概率；

　　　a——风险率，一般取 0.05；

　　　γ_s——统计修正系数，其正负按不利组合考虑；

$t_a(n-1)$——置信概率为 p，自由度为 $n-1$ 的 t 分布单值置信区间系数值；

   s——样本标准差；

   f_k——试验参数标准值；

   $\bar{x}$——样本平均值。

   2 设计计算值可按下式计算，且其正负应按不利组合考虑：

$$f_d = |\bar{x} \pm s| \qquad (B.0.9-4)$$

式中：f_d——试验参数设计计算值；

   $\bar{x}$——样本平均值；

   s——样本标准差。

   3 标准值和设计值也可按已建填埋场的经验对试验参数经折减后选用。

B.0.10 试验报告的编写和审核应符合下列规定：

   1 试验报告所依据的试验数据，应进行整理、检查、分析，经确定无误后再采用；

   2 试验报告的内容应包括填埋场概况、试验目的与任务、取样位置、试验项目和试验条件、试验成果总结与分析、各类参数的最佳值、标准值或设计值、主要结论和存在的问题等，且报告应附试验原始数据、试验成果汇总表和各项试验成果关系曲线图；

   3 试验报告中应采用国家颁布的法定计量单位，试验数据中有效数据的采纳应一致；

   4 试验报告应审查下列内容：

   1）试验项目的齐全性；

   2）试验方法的正确性；

   3）各指标间的关系的合理性；

   4）数据统计分析方法的合理性、结果的正确性；

   5）报告书写和排版的规范性。

附录 C 室内土工试验仪器

C.0.1 室内土工试验仪器应符合下列规定：

   1 试验仪器的基本参数应满足各类特性指标试验的要求；

   2 试验仪器的基本参数和技术要求应符合现行国家标准《岩土工程仪器基本参数及通用技术条件》GB/T 15406 的相关规定；

   3 试验仪器与生活垃圾土试样或所产生的填埋气体和渗沥液直接接触的部件、管线应具有抗腐蚀能力。

C.0.2 试验仪器的校准应符合下列规定：

   1 试验仪器在试验前应按国家现行有关标准的规定进行检查和校准；

   2 试验仪器配置有计量器具时，应按检定周期的要求送交具有检定资质的单位进行检定；

   3 对专用性强、结构和原理较复杂、不宜进行拆卸、自行研制的试验仪器，可按现行行业标准《国家计量检定规程编写规则》JJF 1002 的相关规定，编写校准方法，按程序审批后，再作为对试验仪器进行校准的依据。

C.0.3 对不合格试验仪器的处置应符合下列规定：

   1 当仪器出现下列情况时应判定为不合格试验仪器：铅封完整性被破坏；超过规定的确认间隔时间；功能出现可疑；操作严重不规范；工作不正常；基本参数已无法满足试验要求；已经损坏；

   2 不合格试验仪器，应立即停止使用，隔离保存，并作出明显标识；

   3 不合格试验仪器在检查、调整、修复后，经检定或校验合格后，可继续使用；

   4 对具有多功能和多量程的试验仪器，经检证实能在一种或多种功能或量程内正常使用时，应标明限制使用的范围，并可在正常功能和量程内使用；

   5 无法修复的试验仪器应予以报废。

C.0.4 试验仪器的保管应符合下列规定：

   1 每个试验仪器应指定专门保管人，并应落实责任职责；

   2 每个试验仪器应固定在专门的位置上，同种仪器宜集中，试验仪器的位置应便于使用、养护和维修；

   3 保存环境应满足试验仪器对温度、湿度、防晒、防振等的要求；环境变化时应及时做好仪器防护工作；

   4 应定期对试验仪器进行养护，需要注油的仪器，应定期检查油液的高度并及时注油。

C.0.5 试验仪器管理应符合下列规定：

   1 应设立试验仪器台账，内容应包括仪器名称、型号、主要技术指标、制造厂家、购置日期、编号、安放位置、保管人；

   2 应编制试验仪器检定周期表，内容应包括仪器名称、型号、编号、检定周期、检定单位、最近检定日期、有效期、下次检定日期、送检负责人；

   3 所有试验仪器的使用状态应有明确的标识，且标识的格式应统一，内容应填写完整；标识应分为"合格"、"准用"、"停用"三种，并宜分别以绿、黄、红三种颜色表示；

   4 使用仪器的使用说明书应妥善保存，原件应归档保存，保管人和使用人应持有复印件；

   5 应建立试验仪器的使用记录，内容应包括使用日期、使用时间、使用人、故障及维修情况等。

附录 D 生活垃圾土土工试验记录

D.0.1 生活垃圾土成分分析试验记录表宜按表 D.0.1 执行。

表 D.0.1 生活垃圾土成分分析试验记录表

类别	A				B				平均值	
	M_i (g)	A_i (%)	M'_i (g)	A'_i (%)	M_i (g)	A_i (%)	M'_i (g)	A'_i (%)	$\overline{A_i}$ (%)	$\overline{A'_i}$ (%)
厨余										
纸张										
橡塑										
纺织										
木竹										
灰土										
陶瓷砖瓦										
玻璃										
金属										
其他										
混合										
Σ										

D.0.2 生活垃圾土质量含水率试验记录表宜按表 D.0.2 执行。

表 D.0.2 生活垃圾土质量含水率试验记录表

盒/桶号	盒/桶质量 (g)	盒/桶加湿土质量 (g)	盒/桶加干土质量 (g)	湿土质量 (g)	干土质量 (g)	质量含水率 (%)	平均含水率 (%)

D.0.3 生活垃圾土密度试验记录表宜按表 D.0.3 执行。

表 D.0.3 生活垃圾土密度试验记录表
（盛样桶称重法）

桶号	桶质量 (g)	湿土质量 (g)	桶容积 (cm³)	湿密度 (g/cm³)	干密度 (g/cm³)	平均干密度 (g/cm³)

D.0.4 生活垃圾土颗粒分析试验记录表宜按表 D.0.4 执行。

表 D.0.4 生活垃圾土颗粒分析试验记录表

筛号	孔径 (mm)	留筛土质量 (g)	小于该孔径土的质量 (g)	小于该孔径的土质量分数 (%)
1	60			
2	40			
3	20			
4	10			
5	5			
6	2			
7	1			
底盘				

D.0.5 生活垃圾土比重试验记录表宜按表 D.0.5 执行。

表 D.0.5 生活垃圾土比重试验记录表

试样编号	容量瓶号	温度 (℃)	煤油比重	容量瓶质量 (g)	干土质量 (g)	瓶加煤油质量 (g)	瓶加煤油加干土总质量 (g)	比重	平均值
		(1)	(2)	(3)	(4)	(5)	(6)	$\dfrac{(4)\times(2)}{(4)+(5)-(6)}$	(8)
1									
2									

D.0.6 生活垃圾土热值试验记录表宜按表 D.0.6 执行。

表 D.0.6 生活垃圾土热值试验记录表

序号	干基高位热值 (kJ/kg)	平均干基高位热值 (kJ/kg)	湿基高位热值 (kJ/kg)	湿基低位热值 (kJ/kg)
1				
2				
3				

D.0.7 生活垃圾土气体成分分析试验记录表宜按表 D.0.7 执行。

表 D.0.7 生活垃圾土气体成分分析试验记录表

序号	气体	浓度(mg/m³)	平均值
1	CH_4		
2	CO_2		
3	NH_3		
4	H_2S		
5	O_2		
6	CO		
7	NH_3		
8	H_2		

D.0.8 生活垃圾土直剪试验记录表宜按表 D.0.8 执行。

表 D.0.8　生活垃圾土直剪试验记录表

荷载 (kPa)	剪切位移 (mm)	量力环系数 (N/0.01mm)	剪应力 (kPa)	垂直位移 (0.01mm)
25				
50				
100				
200				

注：仅采用百分表作为位移量测设备时需记录量力环系数。

D.0.9　生活垃圾土反复直剪试验记录表宜按表 D.0.9 执行。

表 D.0.9　生活垃圾土反复直剪试验记录表

荷载 (kPa)	剪切次数	剪切位移 (0.01mm)	测力计读数 (0.01mm)	量力环系数 (0.01mm)	剪应力 (kPa)	垂直位移 (0.01mm)
	1					
	2					
	3					
	4					
	5					

D.0.10　生活垃圾土固结试验记录表宜按表 D.0.10-1 和表 D.0.10-2 执行。

表 D.0.10-1　生活垃圾土固结试验记录表 1

压力 时间	kPa		kPa		kPa		kPa	
	变形 (mm)	渗沥液 (mL)	变形 (mm)	渗沥液 (mL)	变形 (mm)	渗沥液 (mL)	变形 (mm)	渗沥液 (mL)
总变形/总渗沥 液量								

表 D.0.10-2　生活垃圾土固结试验记录表 2

历时 (h)	压力 (kPa)	变形量 (mm)	压缩后 试样高度 (mm)	孔隙比	压缩系数 (kPa⁻¹)	压缩模量 (kPa)	固结系数 (cm²/s)

D.0.11　生活垃圾土蠕变试验记录表宜按表 D.0.11 执行。

表 D.0.11　生活垃圾土蠕变试验记录表

100kPa			200kPa			300kPa			400kPa		
时间 (d)	变形量 (mm)	应变 (%)	时间 (d)	变形量 (mm)	应变 (%)	时间 (d)	变形量 (mm)	应变 (%)	时间 (d)	变形量 (mm)	应变 (%)

D.0.12　生活垃圾土渗透试验记录表宜按表 D.0.12 执行。

表 D.0.12　生活垃圾土渗透试验记录表

孔隙比	渗透 时间 (s)	水位差 (cm)	水力 梯度	渗水量 (cm³)	渗透 系数 (cm/s)	水温 (℃)	标准渗透 系数 (cm/s)	平均渗透 系数 (cm/s)

D.0.13 生活垃圾土持水试验记录表宜按表 D.0.13 执行。

表 D.0.13 生活垃圾土持水试验记录表

试验编号	气压力(kPa)	容量瓶质量(g)	质量变化(g)	体积含水率(%)
A	10			
	20			
	50			
	100			
	300			
	500			
B	10			
	20			
	50			
	100			
	300			
	500			

D.0.14 生活垃圾土三轴压缩试验记录表宜按表 D.0.14-1～ 表 D.0.14-6 执行。

表 D.0.14-1 生活垃圾土三轴压缩试验试样基本信息记录表

土样编号：		试验者：
仪器名称及编号：		计算者：
试验日期：		校核者：
试样形状描述		试样物理状态描述
直径(cm)： 高度(cm)： 面积(cm²)： 体积(cm³)： 最大粒径：		质量(kg)： 密度(kg/m³)： 干密度(kg/m³)： 质量含水率(%)： 比重： 初始孔隙比：
备注		

表 D.0.14-2 生活垃圾土三轴压缩试验反压饱和过程记录表

土样编号：						试验者：	
仪器名称及编号：						计算者：	
试验日期：						校核者：	
时间	周围压力 σ_3 (kPa)	孔隙压力 u (kPa)	反压力 u_σ (kPa)	周围压力增量 $\Delta\sigma_3$ (kPa)	孔隙压力增量 Δu (kPa)	孔隙水压力增量与周围压力增量之比 $\Delta u / \sigma_3$	试样体积变化
							读数(cm³) | 体变量(cm³)

表 D.0.14-3 生活垃圾土三轴压缩试验固结过程记录表

土样编号：		试验者：
仪器名称及编号：		计算者：
试验日期：		校核者：
周围压力(kPa)：		反压(kPa)：
时间	量管读数(mL)	孔隙压力(kPa) | 排出水量(mL)

表 D.0.14-4 生活垃圾土不固结不排水剪切三轴压缩试验加载过程记录表

土样编号：		试验者：
仪器名称及编号：		计算者：
试验日期：		校核者：
试验方法：		温度：
周围压力(kPa)：		反压(kPa)：
剪切应变速率(mm/min)：		测力计率定系数 C(N/0.01mm)：
轴向变形 Δh_l (0.01mm)	轴向应变 $\varepsilon_l = \dfrac{\Delta h_l}{h_0} \times 100$ (%)	校正面积 $A_\sigma = \dfrac{A_0}{1-\varepsilon_l}$ (cm²)	测力计表读数 R (0.01mm)	主应力差 $\sigma_1 - \sigma_3 = \dfrac{CR}{A_\sigma} \times 10$ (kPa)

表 D.0.14-5 生活垃圾土固结不排水剪切三轴压缩试验加载过程记录表

土样编号：							试验者：			
仪器名称及编号：							计算者：			
试验日期：							校核者：			
试验方法：							温度：			
周围压力(kPa)： 反压(kPa)： 剪切应变速率(mm/min)： 测力计率定系数C(N/0.01mm)：						固结下沉量 Δh (cm)： 固结后高度 h_0 (cm)： 固结后面积 A_σ (cm²)：				

轴向变形 Δh_l (0.01mm)	轴向应变 ε_l (%)	校正面积 $\dfrac{A_0}{1-\varepsilon_l}$ (cm³)	测力计表读数 R (0.01mm)	$\sigma_1-\sigma_3$ (kPa)	孔隙压力 (kPa)	σ_1' (kPa)	σ_3' (kPa)	$\dfrac{\sigma_1'}{\sigma_3'}$	$\dfrac{\sigma_1-\sigma_3}{2}$ (kPa)	$\dfrac{\sigma_1'+\sigma_3'}{2}$ (kPa)

表 D.0.14-6 生活垃圾土固结排水剪切三轴压缩试验加载过程记录表

土样编号：								试验者：			
仪器名称及编号：								计算者：			
试验日期：								校核者：			
试验方法：								温度：			
周围压力(kPa)： 反压(kPa)： 剪切应变速率(mm/min)： 测力计率定系数C(N/0.01mm)：							固结下沉量 Δh (cm)： 固结后高度 h_0 (cm)： 固结后面积 A_σ (cm²)：				

轴向变形 Δh_l (0.01mm)	轴向应变 ε_l (%)	校正面积 $\dfrac{V_c-\Delta V_i}{h_c-\Delta h_i}$ (cm²)	测力计表读数 R (0.01mm)	主应力差 $\sigma_1-\sigma_3$ (kPa)		量管读数 (cm³)	排水量 (cm³)	体应变 ε_v (%)	径向应变 ε_r (%)	$\dfrac{\varepsilon_r}{\varepsilon_v}$	$\dfrac{\sigma_1}{\sigma_3}$
				ε_a	$\sigma_1-\sigma_3$						

D.0.15 生活垃圾土三轴压缩试验记录表宜按表 D.0.15-1～表 D.0.15-5 执行。

表 D.0.15-1 生活垃圾土动强度(液化)试验记录表

固结前	固结后	固结条件	试验及破坏条件
试样直径 mm	试样直径 mm	固结应力比	振动频率 Hz
试样高度 mm	试样高度 mm	轴向固结应力 kPa	给定破坏振次 次
试样面积 cm²	试样面积 cm²	侧向固结应力 kPa	—
试样体积 cm³	试样体积 cm³	固结排水量 mL	—
试样干密度 g/cm³	试样干密度 g/cm³	固结变形量 mm	应变破坏标准 %

表 D.0.15-2 生活垃圾土动强度(液化)试验记录表

振次 (次)	动应变			动应力				动孔隙水压力			
	指示位移 (cm)	标定系数 (cm/cm)	动应变 (%)	指示位移 (cm)	标定系数 (N/cm)	动应力 (kPa)	液化应力比	指示位移 (cm)	标定系数 (cm/cm)	动孔压 (kPa)	动孔压比

注："指示位移"是仪器测量系统的指示值。

表 D.0.15-3 生活垃圾土动弹性模量和阻尼比试验记录表 1

固结前	固结后	固结条件
试样直径 mm	试样直径 mm	固结应力比
试样高度 mm	试样高度 mm	轴向固结应力 kPa
试样面积 cm²	试样面积 cm²	侧向固结应力 kPa
试样体积 cm³	试样体积 cm³	固结排水量 mL
试样干密度 g/cm³	试样干密度 g/cm³	固结变形量 mm

表 D.0.15-4 生活垃圾土动弹性模量和阻尼比试验记录表 2

动应力			动应变			动孔隙水压力		
指示位移 (cm)	标定系数 (N/cm)	动应力 (kPa)	指示位移 (cm)	标定系数 (cm/cm)	动应变 (%)	指示位移 (cm)	标定系数 (cm/cm)	动孔压 (kPa)

表 D. 0. 15-5　生活垃圾土动弹性模量和阻尼比试验记录表 3

动模量		阻尼比		
动模量(MPa)	$\frac{1}{E_d}$ (MPa^{-1})	滞回圈面积(cm²)	三角形面积(cm²)	阻尼比

D. 0. 16　生活垃圾土有机质试验记录表宜按表 D. 0. 16 执行。

表 D. 0. 16　生活垃圾土有机质含量试验的记录表

序号	试样质量(g)	瓷坩埚和烘干试样重(g)	瓷坩埚和灼烧后试样重(g)	有机高分子物质在垃圾干基中的百分比(%)	试样中有机质的含量(%)	平均值
1						
2						
3						

D. 0. 17　生活垃圾土酸碱度(pH 值)试验记录表宜按表 D. 0. 17 执行。

表 D. 0. 17　生活垃圾土 pH 值试验的记录表

序号	试验温度(℃)	pH 值	平均值
1			
2			

D. 0. 18　生活垃圾土化学需氧量(COD)试验记录表宜按表 D. 0. 18-1、表 D. 0. 18-2 执行。

表 D. 0. 18-1　生活垃圾土 COD 标准曲线绘制记录表

试管编号	试管溶液 COD 值(mg)	610nm 处吸光值 s_e	b_1	b_2	R^2
1					
2					
3					
4					
5					
6					
7					

表 D. 0. 18-2　生活垃圾土 COD 试验记录表

序号	b_1 值	b_2 值	610nm 处吸光值 s_e	COD(mg/g)	平均值
1					
2					

D. 0. 19　生活垃圾土浸出试验记录表宜按表 D. 0. 19 执行。

表 D. 0. 19　生活垃圾土浸出试验记录表

序号	项目	平行测定值(mg/L)		平均值
		A	B	
1	总硬度			
2	挥发酚			
3	总磷			
4	总氮			
5	铵			
6	铅			
7	总铬			
8	六价铬			
9	镉			
10	汞			
11	砷			

D. 0. 20　生活垃圾土化学分析试验记录表宜按表 D. 0. 20 执行。

表 D. 0. 20　生活垃圾土化学分析试验记录表

序号	项目	浓度(mg/kg)	平均值
1	总铬		
2	六价铬		
3	汞		
4	镉		
5	铅		
6	砷		
7	全氮		
8	全磷		
9	全钾		

D.0.21 生活垃圾土蛔虫卵死亡率试验记录表宜按表 D.0.21 执行。

表 D.0.21　生活垃圾土蛔虫卵死亡率试验记录表

序号	N_1	N_2	蛔虫卵死亡率 (%)	平均值

D.0.22 生活垃圾土臭味试验记录表宜按表 D.0.22 执行。

表 D.0.22　生活垃圾土臭味试验记录表

稀释倍数(a)		30	100	300	1000	3000	1万	3万	个人嗅阈值 (x_i)	平均阈值 ($\bar{x}$)
对数值(lg$a$)		1.48	2.00	2.48	3.03	3.48	4.00	4.48		
嗅辨员	A									
	B									
	C									
	D									
	E									
	F									

D.0.23 生活垃圾土蝇密度试验记录表宜按表 D.0.23 执行。

表 D.0.23　生活垃圾土蝇密度试验记录表

笼号	时间 (d, h)	蝇总数 (只)	蝇密度 (只/h)	温度 (℃)	湿度 (%)	风速 (m/s)
1						
2						
3						

本规程用词说明

1　为便于在执行本规程条文时区别对待,对要求严格程度不同的用词说明如下:

　1)　表示很严格,非这样做不可的用词:

　　正面词采用"必须",反面词采用"严禁"。

　2)　表示严格,在正常情况下均应这样做的用词:

　　正面词采用"应",反面词采用"不应"或"不得"。

　3)　表示允许稍有选择,在条件许可时首先应这样做的用词:

　　正面词采用"宜",反面词采用"不宜"。

　4)　表示有选择,在一定条件下可以这样做的用词,采用"可"。

2　条文中指明应按其他有关标准执行的写法为:"应符合……规定"或"应按……执行"。

引用标准名录

1　《土工试验方法标准》GB/T 50123

2　《煤的发热量测定方法》GB/T 213

3　《水质　总铬的测定》GB/T 7466

4　《水质　六价铬的测定　二苯碳酰二肼分光光度法》GB/T 7467

5　《水质　铅的测定　双硫腙分光光度法》GB/T 7470

6　《水质　镉的测定　双硫腙分光光度法》GB/T 7471

7　《水质　钙和镁总量的测定　EDTA 滴定法》GB/T 7477

8　《粪便无害化卫生要求》GB 7959

9　《空气质量　一氧化碳的测定　非分散红外法》GB/T 9801

10　《人工煤气和液化石油气常量组分气相色谱分析法》GB/T 10410

11　《水质　总磷的测定　钼酸铵分光光度法》GB/T 11893

12　《水质　痕量砷的测定　硼氢化钾-硝酸银分光光度法》GB/T 11900

13　《空气质量　恶臭的测定　三点比较式臭袋法》GB/T 14675

14　《空气质量　硫化氢、甲硫醇、甲硫醚和二甲二硫的测定　气相色谱法》GB/T 14678

15　《岩土工程仪器基本参数及通用技术条件》GB/T 15406

16　《固体废物　六价铬的测定　二苯碳酰二肼分光光度法》GB/T 15555.4

17　《病媒生物密度监测方法　蝇类》GB/T 23796

18　《生活垃圾卫生填埋场岩土工程技术规范》CJJ 176

19　《生活垃圾化学特性通用检测方法》CJ/T 96

20　《生活垃圾采样和分析方法》CJ/T 313

21　《固体废物　浸出毒性浸出方法　醋酸缓冲溶液法》HJ/T 300

22　《环境空气　二氧化硫的测定　甲醛吸收-副玫瑰苯胺分光光度法》HJ 482

23　《水质　挥发酚的测定　4-氨基安替比林分

光光度法》HJ 503

24 《环境空气 氨的测定 次氯酸钠-水杨酸分光光度法》HJ 534

25 《水质 氨氮的测定 蒸馏-中和滴定法》HJ 537

26 《水质 总汞的测定 冷原子吸收分光光度法》HJ 597

27 《水质 总氮的测定 碱性过硫酸钾消解紫外分光光度法》HJ 636

28 《国家计量检定规程编写规则》JJF 1002

中华人民共和国行业标准

生活垃圾土土工试验技术规程

CJJ/T 204—2013

条 文 说 明

制 订 说 明

《生活垃圾土土工试验技术规程》CJJ/T 204 - 2013 经住房和城乡建设部 2013 年 9 月 25 日以第 157 号公告批准、发布。

本规程编制中，编制组经过认真调研、分析，结合我国生活垃圾填埋实际，进行了生活垃圾土相关土工特性试验研究；收集并吸收了国外相关工作经验及其标准化方面的进展。重点对生活垃圾土土样采样与试样制备、物理特性试验、力学特性试验、化学特性试验、生物特性及环境特性试验方法进行了规定，明确了存在的问题和相关解决措施。

为便于广大设计、施工、科研、学校等单位有关人员在使用本规程时能正确理解和执行条文规定，《生活垃圾土土工试验技术规程》编制组按章、节、条顺序编制了本规程的条文说明，对条文的目的、依据以及执行中需注意的有关事项进行了说明。但是，本条文说明不具备与标准正文同等的法律效力，仅供使用者作为理解和把握规程规定的参考。

目　次

1 总　则

1.0.1 本条明确了制订本规程的目的。随着我国城市生活垃圾产量与日俱增，生活垃圾扰民围城现象屡见不鲜。卫生填埋作为生活垃圾处理的最主要方式，使生活垃圾处理难题得到了一定程度的缓解。但是，生活垃圾填埋场存在占用土地，环境风险大等缺点。近年来，部分生活垃圾填埋场相继发生了污染渗漏、滑坡、塌方等灾害，造成了巨大的经济损失，人民的生命与财产安全受到威胁。掌握生活垃圾土土工特性是实现生活垃圾填埋场安全运行的重要前提。根据生活垃圾土工程特性的变化，可以分析填埋堆体的稳定性、环境污染风险的大小以及填埋气体的产量等，从而设计出合理的填埋施工方案和确定有效的安全控制手段。生活垃圾填埋场的设计和审批均需进行广泛的土工分析以验证填埋场能否满足长期安全运行的要求。同时，大量的生活垃圾填埋场封场后面临着二次利用的难题，二次开发时必须清楚地了解填埋场生活垃圾土土工特性。目前，国内外大量学者对生活垃圾土的工程特性进行了相关研究，并取得了一些成果，但生活垃圾土的试验方法多采用现行土工试验的方法，国内外尚没有专门的生活垃圾土特性测试方法标准。由于生活垃圾土的不均匀性、多孔性和可降解性等特点，现有的土工试验方法和原理不能满足生活垃圾土工程特性测试的要求，因此，制定出适合生活垃圾土测试方法的标准，对于规范生活垃圾填埋场安全运行、实现生活垃圾的无害化处理和土地资源的二次利用意义重大。

1.0.2 本条阐述了本规程的适用范围。生活垃圾在入场前如需做相应的土工特性测试，亦可按本规程执行。

1.0.3 本条阐述了执行本规程与执行相关标准的关系。相关的标准主要包括：

1 《土工试验方法标准》GB/T 50123
2 《煤的发热量测定方法》GB/T 213
3 《水质　总铬的测定》GB/T 7466
4 《水质　六价铬的测定　二苯碳酰二肼分光光度法》GB/T 7467
5 《水质　总汞的测定　冷原子吸收分光光度法》HJ 597
6 《水质　铅的测定　双硫腙分光光度法》GB/T 7470
7 《水质　镉的测定　双硫腙分光光度法》GB/T 7471
8 《水质　钙和镁总量的测定　EDTA 滴定法》GB/T 7477
9 《水质　氨氮的测定　蒸馏-中和滴定法》HJ 537
10 《水质　挥发酚的测定　4-氨基安替比林分光光度法》HJ 503
11 《粪便无害化卫生要求》GB 7959
12 《空气质量　一氧化碳的测定　非分散红外法》GB/T 9801
13 《人工煤气和液化石油气常量组分气相色谱分析法》GB/T 10410
14 《水质　总磷的测定　钼酸铵分光光度法》GB/T 11893
15 《水质　总氮的测定　碱性过硫酸钾消解紫外分光光度法》HJ 636
16 《水质　痕量砷的测定　硼氢化钾-硝酸银分光光度法》GB/T 11900
17 《空气质量　恶臭的测定　三点比较式臭袋法》GB/T 14675
18 《空气质量　硫化氢、甲硫醇、甲硫醚和二甲二硫的测定　气相色谱法》GB/T 14678
19 《环境空气　氨的测定　次氯酸钠-水杨酸分光光度法》HJ 534
20 《环境空气　二氧化硫的测定　甲醛吸收-副玫瑰苯胺分光光度法》HJ 482
21 《岩土工程仪器基本参数及通用技术条件》GB/T 15406
22 《固体废物　六价铬的测定　二苯碳酰二肼分光光度法》GB/T 15555.4
23 《病媒生物密度监测方法　蝇类》GB/T 23796
24 《生活垃圾卫生填埋场岩土工程技术规范》CJJ 176
25 《生活垃圾化学特性通用检测方法》CJ/T 96
26 《生活垃圾采样和分析方法》CJ/T 313
27 《固体废物　浸出毒性浸出方法　醋酸缓冲溶液法》HJ/T 300
28 《国家计量检定规程编写规则》JJF 1002

2　术语和符号

本章列举了本规程中出现的部分术语和符号，其他常用相关土工试验术语和符号可查阅国家标准《土工试验方法标准》GB/T 50123 及其他相关国家标准。本规程的术语是从本规程的角度赋予其涵义的。

3　基 本 规 定

3.0.1 现场土样采集和原位试验前，需要查明生活垃圾土的填埋时间、填埋深度，以明确采样点、采样量和土样的相关信息，采样或原位试验区域内的填埋结构，以避免对填埋区域内防渗系统产生不必要的破坏。

3.0.2、3.0.3 生活垃圾土土工试验不同于一般工程土的试验，它具有臭味、有毒、污染环境等特点，有时还可能有放射性物质。因此，为保证试验环境安全和实验员身体健康，开展生活垃圾土土工室内试验时，应设置专门的实验室。现场土样采集、原位试验和室内试验均应为操作人员配备劳动保护措施。同时，运行期内场内填埋气体有可能发生泄漏，因此要避免将明火带入填埋场区，以免发生爆炸等事故。

3.0.4 生活垃圾土土样的管理、土工试验成果的分析与整理分别为土工试验的前处理和后处理环节，对于提供准确可靠的土性指标是十分重要的。为此列入附录 A 和附录 B。试验结果的分析和整理内容涉及成果整理、土性指标的选择，并计算相应的标准差、变异系数或绝对误差与精度指标，以及根据误差分析，确定不合理数据产生的原因等。本条还明确了关于生活垃圾土土工试验仪器的要求。

4 土样采集与试样制备

4.1 土样采集

4.1.1 土样是指暂未制备成可直接用于试验的试样前的生活垃圾土。试样是指采用土样制备的可直接用于试验的样品。有原状土样与扰动土样及原状土试样和扰动土试样之分。原状土试样是由原状土样制备而成，扰动土试样是由扰动土样制备而成。本条规定了土样采集前的准备工作，使土样采集目的性更强，满足后续试样制备要求，并保障采样安全。

4.1.2 生活垃圾土不均匀性强，各向异性，不同地区、不同填埋时间的生活垃圾土成分和特性各异，生活垃圾土性质随地域、填埋时间和填埋深度变化较大，因此，应根据不同的试验目的和具体的填埋条件进行定点采样。

4.1.3 生活垃圾填埋场治理及改扩建岩土工程勘察，特别是详细勘察时，需要借助原位试验和室内试验等方法详细掌握生活垃圾土的土工特性，获得工程设计所需的参数，因此，对其采样点的布设有更为详细的要求，现行行业标准《生活垃圾卫生填埋场岩土工程技术规范》CJJ 176 对采样点布设做了相关规定。

4.1.4 本条规定采样作业环境要求，是为了保证采样工作人员人身安全，提高所采试样质量。

4.1.5 生活垃圾填埋场一般建于峡谷中，生活垃圾土埋深大，钻孔取样能够保证较深土样的完整采集。盛样桶尺寸的规定考虑到试样的代表性，美国相关标准要求在测试生活垃圾土密度时采用 1m 直径的旋挖钻孔设备获取大体量的样品，考虑到国内钻机实际情况和具体试验对试样尺寸的要求，建议钻孔取样时，取样桶直径不小于 400mm，高度不小于 500mm。取样的数量应满足试验项目的要求，各点处所采土样的

性质仅代表该点该时间段下生活垃圾土的性质，因此，要求一次性采完。

4.1.6 对于原状土试样，应立即在现场制备，是为了保证原状土试样的质量。生活垃圾土含水率高，且污染环境，因此要做好防渗工作。

4.1.7 本条规定了生活垃圾土样的保存方法。土样在试验前不能降解变质。

4.2 试样制备

4.2.1 本规程所规定的试验方法仅适用于颗粒尺寸小于 60mm 的原状生活垃圾土和扰动生活垃圾土，对颗粒尺寸等于或大于 60mm 的生活垃圾土，要按试验项目的要求，对其破碎。制样前，需要确定好试样的数量和密度、尺寸、孔隙度等参数要求，避免土样浪费。

4.2.2 本条规定了同组试样间的参数要求，保证试样具有代表性和测试结果的准确性与可对比性。

4.2.3 本条规定了原状土试样的制备要求。原状土试样应在现场制备，制样前检查生活垃圾土样结构时，需要着重检查是否存在缺损或砖石等大块状物体。

4.2.4 本条规定了不同质量含水率扰动土样的制备方法。由于生活垃圾土中的有机质含量较高，为避免过高温度造成有机质的分解，生活垃圾土样需在较低的温度下烘干。对降解时间较短或设计的含水率较高的生活垃圾土，建议采用风干法降低含水率，对降解时间较长或设计的含水率较低的土样，建议采用烘干法。所加的水要求均匀喷洒在土样上，润湿一昼夜，目的是使制备样含水率均匀，密度差异性小。

4.2.5 本条规定了不同孔隙比扰动土试样的制备方法。生活垃圾土随深度增加孔隙比变小。制样时尽量多层分装，目的是保证试样的均匀性，试样中各处的孔隙比离散性小。

4.3 试样饱和

4.3.1 由于生活垃圾土颗粒尺寸和渗透性较大，试样的饱和可采取多种方法。试验时，需要根据实验室条件和饱和度要求，选取适当的饱和方法。

4.4 浸提液制备

本节规定了生活垃圾土浸提液的制备方法，采用盐浸法，大体上反映生活垃圾土的潜在酸等性质，在浸提生活垃圾土时，其中的 K^+ 与胶体表面吸附的 Al^{3+}、NH_4^+ 和 H^+ 等发生交换，使其相当部分被交换进入溶液。

4.5 气体采集

4.5.2 新建生活垃圾填埋场和具有沼气采集装置的填埋场一般都有监测井和导出井，收集气体前充洗三

次气袋是为了保证气体的纯度，避光运回避免了气体在光作用下发生化学反应。

4.5.3 对于暴露于大气中的生活垃圾土，采用采样瓶收集气体，为避免收集气体污染和纯度降低，采样瓶应事先进行清理。

5 物理特性试验

5.1 成分分析试验

5.1.1 生活垃圾土成分的复杂性是导致其工程性质复杂的主要原因。为了避免纯人工分选带来的误差和困难，最好先采用生活垃圾分拣机对生活垃圾土进行分拣，再人工精选。若没有生活垃圾分拣机，可以进行纯人工分选。

5.1.2 生活垃圾土成分可以细分为11类，与现行行业标准《生活垃圾采样和分析方法》CJ/T 313 保持一致，也可以根据实际情况适当减少分类类别。

5.1.4 在烘干前对生活垃圾土进行分类和称重，可以分别获得干基和湿基情况下各种成分的含量。同时，不同成分干燥所需时间也不同，烘干前将生活垃圾土进行分类可以提高烘干效率，降低能源消耗。此外，生活垃圾土含水率较高，且其中的有机成分含有大量的组织水，不易干燥，因此需进行破碎后再烘干。

5.2 质量含水率试验

5.2.2 测定生活垃圾土的质量含水率，可以获得生活垃圾土的含水情况。它是计算孔隙比、饱和度以及其他一些生活垃圾土力学性质的一个重要指标。生活垃圾土质量含水率的试验应采用原样进行，对于扰动土样，应保证土样没有失水。为保证扰动土样的代表性，测试含水率时至少应取5kg生活垃圾土。因为本试验是测室温下生活垃圾土的含水率大小，烘干后的试样应冷却至室温。

5.2.3 本规程规定的质量含水率计算公式是基于岩土工程学科，与环境学科定义的湿基含水率存在区别。

5.3 密度试验

5.3.1 生活垃圾土密度是生活垃圾土的工程性质中一项重要的指标。根据生活垃圾土的密度，可以确定土的疏密及干湿状态和推算生活垃圾土的其他相关物理指标，是进行工程设计和控制质量的主要依据之一。为避免人为扰动对试验结果的影响，密度试验应尽可能原位进行，且采用灌水法。在无法开展原位试验的情况下，再采用盛样桶称重法测定生活垃圾土的密度。

5.3.2 现行国家标准《土工试验方法标准》GB/T 50123 对灌水法测定土的密度进行了详细的规定，可

遵照执行。

5.3.3、5.3.4 盛样桶称重法的密度试验主要针对现场取回的未扰动的生活垃圾土样。对土工试验完成后需要测定密度的试样，可按本规程执行。由于生活垃圾土的不均匀性，需采用整桶样测试其密度，盛样桶体积要大于120L，以满足试样的代表性要求。测试前检查整桶样的结构，只有无孔洞且饱满的试样才适合作为密度试验用样。

5.4 颗粒分析试验

5.4.1 本条规定了生活垃圾土颗粒分析试验的适用范围。仅颗粒状生活垃圾土测试颗粒级配才具有实际工程意义，而颗粒状生活垃圾土是生活垃圾在长期生化作用下形成的。

5.4.3 本条规定颗粒分析试验采用风干生活垃圾土样，是因为生活垃圾土有机质含量较高，烘干会造成胶体颗粒和黏粒胶结在一起，试验中影响分散，使测试结果有差异。筛析法颗粒分析试验在选用分析筛的孔径时，可以根据试样颗粒的粗细情况灵活选用。

5.5 比重试验

5.5.1 本条规定了生活垃圾土比重试验所应采用的方法。测试土壤比重的方法还有比重瓶法、浮称法和虹吸筒法。比重瓶法主要适用于粒径小于5mm的土粒，而生活垃圾土的一些颗粒尺寸比较大，一些成分容易上浮，含有不可以煮沸的有机质成分。因此，比重瓶法难以直接用于测试生活垃圾土比重。浮称法适用于粒径不小于5mm的各类土，且其中粒径大于20mm的土质量不小于土总质量的10%。对于生活垃圾土来说，一方面含有很小颗粒，被清洗时很多细小颗粒将流失；另一方面气泡难以通过摇动完全消除，因此存在较大误差。对于虹吸筒法，由于生活垃圾土含有很多孔隙，虹吸过程中排水不稳定，误差较大。真空抽气法克服了以上方法的缺陷，能准确测试生活垃圾土的比重。

5.5.3 由于生活垃圾土中含有大量有机质、可溶性盐及亲水性胶体，因此，比重试验采用煤油作为中性液体。采用真空抽气法进行抽气处理，避免了煮沸对生活垃圾土中有机质的影响，同时，消除了煮沸时土粒容易跳出所导致的误差。因为煤油的挥发性和比重对温度较敏感，在试验过程中，应保持环境温度及煤油、比重瓶、试样的温度恒定，且不宜过高。为避免不同容量瓶之间重量差造成的试验误差，试验过程中应使用同一个容量瓶，因此，测定煤油和容量瓶总质量 m_{bo} 后，采用移液管将煤油移出，用该容量瓶再继续测容量瓶、煤油和试样总质量 m_{bos}。若采用倾倒方式将煤油移出容量瓶，则会使煤油粘附于容量瓶壁刻度线以上部位，造成后续质量测量的误差，因此，应

采用移液管进行移液。因后续还需要注入煤油，故移液时不需将全部煤油移出。

5.6 热值试验

随着生活垃圾焚烧技术的发展，生活垃圾土热值成为必不可少的参数，本试验采用氧弹式热量计法，为了满足测试准确度，采用至少三次平行测定。将所测生活垃圾土干基高位热值换算成湿基热值，是为了给实际工程需要提供有用参数。

5.7 气体成分分析试验

我国生活垃圾填埋场沼气利用项目日益增多，填埋气体成分含量的监测对于合理布局气体收集管网，提高填埋气体采集率意义重大。因为生活垃圾土产气是一个不断变化的过程，气体成分分析试验数据仅反映该点该时刻生活垃圾土中气体的参数。

6 力学特性试验

6.1 直剪试验

6.1.1 本条规定了生活垃圾土直剪试验用直剪仪。与普通直剪仪的主要区别在于其直剪盒采用大尺寸，原因在于生活垃圾土颗粒较大，不均匀性明显，小尺寸直剪试验采用的试样不具有代表性，测试结果离散性大，不能用于实际工程。考虑到生活垃圾土颗粒粒径变化范围极大，很难对试样尺寸做出统一的规定。目前，国内外学者开展的生活垃圾土直剪试验所采用的剪切盒尺寸各异，但大部分直径或边长均在300mm以上，因此，本规程建议剪切盒直径或边长不宜小于300mm。

6.1.2 土体的应力状态对其抗剪强度影响巨大，考虑到实际工程中生活垃圾土不同受荷和排水情况，本试验分别采用固结慢剪、固结快剪和不固结快剪试验。固结慢剪试验用来模拟生活垃圾土已充分固结后才开始逐步缓慢地承受上部荷载的情况，所测定的强度指标可用于生活垃圾土有效应力分析。考虑到不同埋深的生活垃圾土受荷情况，建议取 25kPa、50kPa、100kPa、200kPa 四级荷载，也可根据试样软硬和受荷状态确定起始压力。同时，也可根据具体填埋情况另取它值。本规程建议采用连续多级加载，一是由于生活垃圾土的不均匀性，不同试样间的强度具有离散性；二是大尺寸试验所需要试样量较大，分别加载费时费力；三是生活垃圾土强度的灵敏性不高，连续多级加载能有效地反映生活垃圾土的强度。装样时在剪切盒底部放透水板和滤纸，是为了让试样在荷载作用下快速排水。装样时应分层击实，目的是保证试样均匀，击实力要小于第一级荷载，防止超固结对测试结果带来影响。本条也规定了慢剪试验的剪切速率，因

为剪切盒尺寸较大，规定剪切速率为 0.5mm/min，同时规定了停剪的标准和卸载方法。

6.1.3 本条规定了固结快剪试验的测试方法。此试验用于模拟生活垃圾土在自重和正常荷载作用下已达到完全固结状态，以后由于填埋场扩容等原因，又遇到突然施加的荷载，或因上层生活垃圾土较薄、渗透性较小、填埋速度较快。规定剪切速率为 10mm/min～20mm/min，目的是使试样在较短的时间内被破坏。

6.1.4 本条规定了不固结快剪试验的测试方法。此试验用来模拟生活垃圾土渗透性小、上部填埋速度较快，基本上来不及固结就因上部生活垃圾土迅速加载而受剪切的情况。

6.2 反复直剪试验

6.2.1 反复直剪试验的目的是测定生活垃圾土试样残余强度，残余强度是指生活垃圾土试样在有效应力作用下进行排水剪切，当强度达到峰值强度以后，随着剪切位移的增大，强度逐渐减小，最后达到稳定值。生活垃圾土反复直剪试验是在生活垃圾土长期经受上部填埋物反复剪切作用下，研究填埋场长期稳定的基础上提出的。本条对反复直剪试验用仪器进行了规定。生活垃圾土反复直剪仪较一般反复直剪仪的主要区别在于采用大尺度剪切盒，因为生活垃圾土的颗粒大、离散性等性质，只能做大直尺度剪切实验才能准确反映其力学性质。美国缅因州中心填埋场就曾在现场采用 4.9m² 的混凝土剪切盒对生活垃圾土进行大直径直剪试验，我国一些学者也做过类似的试验，效果较好。

6.2.2 本条规定了生活垃圾土反复直剪试验的操作步骤。生活垃圾土为大颗粒状腐殖土，需剪切 5 次～6 次，剪应力才可能达到稳定值。规定反推速率小于5mm/min，是为了防止速率过快对试样造成破坏。让下剪切盒回复到初始位置后，静置 20min 后再进行下一次剪切，目的是让试样内部的变形达到稳定。改变荷载后应持荷 2h，等待生活垃圾土沉降的完成。

6.3 固结试验

6.3.1 本条规定了生活垃圾土固结试验用仪器的标准。生活垃圾填埋场的容量分析以及填埋场内的衬垫系统、气体收集系统、渗沥液收集系统和封场覆盖系统的安全运行与生活垃圾土的沉降及不均匀沉降密切相关。生活垃圾土固结试验的目的是掌握生活垃圾土的压缩性及其压缩规律性，为计算生活垃圾土的压缩变形量及分析压缩稳定提供参数支持，对于准确评估填埋场的容量，提出减少沉降速率和时间的措施是非常有意义的。与传统固结仪的主要区别在于大尺寸和大的高径比。大尺寸是为了满足生活垃圾土不均匀性和大颗粒性而提出的。传统的大固结仪径高比为 2～2.5，即高径比为 0.4～0.5。考虑到生活垃圾土具有

较强的压缩性，在固结过程中产生较大的轴向变形，因此，参考国内外学者开展的相关试验，本规程将高径比确定为 1.0～1.5。同时，位移量测装置量程也大于传统大固结仪。

6.3.2 本条对生活垃圾土固结试验的步骤进行了规定。每次加荷后，杠杆容易异位，需将杠杆调平衡。试验建议采用 8 级加载，根据生活垃圾土实际的填埋深度，可以适当调整分级等级。试验中加入了测试渗沥液量，是为了满足填埋场工程实际需要。

6.4 蠕 变 试 验

6.4.1 生活垃圾填埋后就开始发生变形，而且是一个持续发展的过程。生活垃圾土变形机理十分复杂，包括理化反应、生物降解等，掌握生活垃圾土蠕变特性是生活垃圾填埋场沉降计算、容量计算和沉降规律研究的根本前提。本条规定了生活垃圾土蠕变试验的加载方式，目的在于测试生活垃圾土在特定荷载作用下的长期变形，目前国内外的室内蠕变试验一般采用分级加载方法。但是，这种方法的根据是假定材料满足线性叠加原理，即认为材料是线性流变体。任一时刻的变形量为前面时刻每级荷载增量在此时刻的变形量的总和。而生活垃圾土不均匀性强，离散性大，不满足线性叠加原理。

6.4.2 本条规定了生活垃圾土蠕变试验用仪器的要求。蠕变试验仪需采用大尺寸容器，并带有渗沥液收集装置。目前，国内还没有统一的大尺寸蠕变试验仪，试验者可以根据仪器的功能自行设计蠕变仪，但精度应满足要求。与固结试验类似，考虑到生活垃圾具有较强的压缩性，在蠕变过程中产生较大的轴向变形，因此，参考国内外学者开展的相关试验，本规程将高径比确定为 1.0～1.5。

6.4.3 试验采用 4 级荷载进行分别加压，可以根据生活垃圾土的实际受力，改变蠕变仪加载荷载。对于分别加压试验，需保证试样、试验条件完全一致，否则试验结果会出现较大的离散性。

6.5 渗 透 试 验

6.5.1 渗透性是生活垃圾土的重要特性之一。生活垃圾填埋场渗沥液收集与排放系统的设计、渗沥液回灌计划以及对填埋场进行整体的水力学分析都必须基于生活垃圾填埋体渗透系数的确定。本条规定了生活垃圾土渗透试验所应采用的方法。传统的试验方法还包括现场抽水试验、试坑试验，这些试验方法仅适用于填埋较浅的生活垃圾土。生活垃圾土为粗粒土，孔隙率和渗透系数较大，因此，采用常水头更能准确、快速地测得生活垃圾土的渗透系数。

6.5.2 本条对生活垃圾土渗透装置的要求进行了规定。与传统渗透装置的最大区别在于金属圆筒采用大尺寸和大高径比。为避免大尺寸组分占有过大断面而

对试验结果造成较大影响，建议金属圆筒内径不小于 200mm。考虑到生活垃圾土渗透性较强、颗粒较松散，为避免在较低水力梯度下就出现颗粒流动和湍流现象，建议采用较大的高径比。目前生活垃圾土渗透试验的试样高径比大部分在 2.0 以上，因此，本规程建议试样高度与直径之比不小于 2.0。要求渗透装置梯度可调，旨在满足准确测试生活垃圾土渗透性的要求。试验仪器的结构也可以自行设计，国内外大量学者根据试验要求自行设计了满足试验要求的渗透仪。

6.5.3 本条规定了生活垃圾土渗透试验的操作步骤。为提高试验结果的准确性，规定水力梯度值不少于 3 个。

6.5.4 常水头渗透系数的计算公式是根据达西定律推导的，求得的渗透系数为测试温度下的渗透系数。计算时需要校正到标准温度下的渗透系数。

6.6 持 水 试 验

6.6.1 生活垃圾填埋场水气运移分析是研究填埋场的水头高度、填埋气体的收集以及填埋场稳定性的基础。生活垃圾填埋场水气运移分析需要两组参数，即持水曲线和渗透系数。生活垃圾土的持水曲线指体积含水率与吸力(或气压)的关系，是衡量垃圾的持水能力的重要曲线，也是生活垃圾填埋场的水分平衡分析的必要参数。本条规定了生活垃圾土持水试验所用的主要仪器设备。

6.6.2 本条规定了生活垃圾土持水试验的操作步骤。采用的陶土板要事先饱和，这是为了确保试样的底端和陶土板完好接触。由于生活垃圾的孔隙比较大，孔隙水在气压作用下很快排出，因此试验中一般在 24h 内就达到排水稳定，生活垃圾土试样的质量含水率变化小于 0.2%为该级气压力试验的终点。为了获得完美的持水曲线，采用六级气压力。

6.6.6 生活垃圾土田间持水率有体积持水率、干重持水率和湿重持水率等 3 个表达方式。本规程定义的田间持水量为体积持水量。田间持水量一般采用持水曲线上气压力为 0.10bar～0.33bar(10kPa～33kPa)吸力对应的体积含水率。考虑到生活垃圾孔隙较大，本规程规定 10kPa 对应的体积含水率为生活垃圾土田间持水率。

6.7 三轴压缩试验

6.7.1 本条规定了生活垃圾土三轴压缩试验的加载方法。分级加载方法的根据是假定材料满足线性叠加原理，即认为材料是线性流变体。而生活垃圾土大都不满足线性叠加原理，因此宜采用分别加载方法进行加载。但是，三轴试验采用大尺寸试样，一个试验需使用大量的生活垃圾土样。若采用分别加载方法，则需要多个试样，制样和试验过程费时费力。同时，由于生活垃圾土不均匀性强，具有显著的离散性，分别

加载会导致试验结果的离散性。因此，试验时需要根据具体的试验条件和试样性质选择最为合适的加载方法。目前，国内外学者大多采用分别加载方法进行加载。根据目前国内生活垃圾填埋工程实际情况，建议采用50kPa、100 kPa、200 kPa和300 kPa四个级别的围压，针对生活垃圾土实际埋深，试验时可以适当增加或减小。

6.7.2 本条规定了生活垃圾土三轴压缩试验用三轴仪的要求。与传统三轴仪的主要区别在于采用了大尺寸试样，满足生活垃圾土不均匀性的需求。在分析国内外学者开展的相关试验基础上，本规程建议成型筒内径不小于200mm，试样高度与直径之比为2.0～2.5。

6.7.3 生活垃圾土试样采用水头饱和和反压饱和两种饱和方式，实现试样的充分饱和。

6.7.4 本条规定了持续多级加载时生活垃圾土不固结不排水三轴试验的操作步骤。分别加载时，采用4个试样分别加载4个等级荷载，即可。该试验适用于浅层生活垃圾土，密实度大或突受上部偶然荷载的生活垃圾土强度的测定。轴向加荷速率不仅影响到试验的历时，而且也影响试验结果，不固结不排水剪试验因不测孔隙水压力，在通常的速率范围内对强度影响不大，故可根据试验方便来选择剪切应变速率，由于采用大尺寸试样，本条规定采用的加载应变为每分钟0.5%～1.0%。试样剪切完后须退除轴向压力，使试样恢复到等向受力状态再施加下一级周围压力，这样可消除固结时偏应力的影响，不致产生轴向蠕变形，以保持试样在等向压力下固结。

6.7.5 本条规定了生活垃圾土固结不排水试验的操作步骤。该试验适用的实际工程条件为正常固结生活垃圾土层受到大量、快速的活荷载或新增荷载的作用下所对应的受力情况。为使剪切过程中形成的孔隙水压力均匀增长，能测得比较符合实际的孔隙水压力，因此，建议剪切应变速率为每分钟应变0.5%～1.0%。

6.7.6 对于排水条件下的三轴压缩试验，剪切速率对试验结果的影响主要反映在剪切过程是否存在孔隙水压力。当剪切速率较快时，孔隙水压力不能完全消散，不能得到真实的有效强度指标。因此，对于排水条件下，最好采用较小的剪切应变速率。本规程建议固结排水剪试验剪切速率为0.1%～0.5%

6.8 振动三轴试验

6.8.1 振动三轴试验是测定饱和生活垃圾土在动应力作用下的应力、应变和孔隙水压力的变化过程，从而确定生活垃圾土在动应力作用下的破坏强度，动弹性模量和动阻尼比等生活垃圾土的动力特性参数。由于生活垃圾土和一般工程土一样易受动荷载作用，近几年地震不断，研究生活垃圾土动力破坏效应意义重

大。生活垃圾土的动强度，是指其在动荷载一定的循环作用次数下，但尚未发生液化时产生破坏应变所需的动应力，动强度指标用生活垃圾土在动荷载作用下，产生破坏应变时所具有的内摩擦角和粘结力表示。本条规定了生活垃圾土动三轴试验用动三轴仪的要求。推荐采用电磁式振动三轴仪，压力室采用大尺寸，对于其他形式的动三轴仪，只要符合本规程的基本功能要求，且满足精度要求，均可以采用。

6.8.3 生活垃圾土适合多种饱和方法，试验时根据实验室条件，选择合理的饱和方法即可，为提高试件的饱和度，可以采取向试样内反复通入脱气水、二氧化碳气体或施加反压等措施。

6.8.5 对于运行期的生活垃圾填埋场，生活垃圾土所受上部荷载在时刻的变化，因此，试验中选择不等向固结符合实际工程情况，根据生活垃圾土填埋情况，选择多个侧向压力和固结比进行试验，对于填埋场实际情况，固结比在1.0～2.0范围内取。

6.8.6 在振动幅值和振动次数确定的条件下，如果生活垃圾土的破坏应变标准不同，相应的动强度也就不同，因此，合理确定破坏应变是讨论生活垃圾土动强度的基础，考虑到填埋场稳定性要求，从生活垃圾土所能经受的破坏应变出发，规定应变值10%～15%为生活垃圾土破坏应变，试验时，可以根据需要取范围内的2个～3个破坏应变值，分析破坏应变值对生活垃圾土动强度的影响，再根据实际情况或最不利条件确定试验测试值。

6.8.7 本试验规定动弹性模量和阻尼比的测定是在不排水条件下施加动荷载，但其前提条件是在施加动荷载过程中，试样上的有效应力不变。因此，振动次数不宜过多，否则产生孔隙水压力使测得的动弹性模量偏低，本规程规定振动次数低于10次。为了减小工作量，采用一个试样进行连续多级加载试验。

6.8.8～6.8.14 在整理动强度的试验成果时，首先应对一定的质量含水率（或孔隙比）、一定的固结比、不同的侧向压力，绘制达到破坏标准时的循环次数与动剪应力比关系曲线，然后在此关系曲线的基础上，根据不同要求对动强度进行整理。由于生活垃圾土的动抗剪强度与静抗剪强度不同，不仅与法向应力大小有关，而且与振次、初始剪压力有关，所以在整理试验成果时，采用绘制某一振次下不同初始剪应力比的总剪应力与法向应力的关系曲线，由此确定给定振次时土体中任一面的动强度。

目前，砂土液化试验的结果，常用液化应力比同达到液化标准时的循环振次 N 的关系表示。对于不含黏粒的砂土，此种关系曲线表明：在同一固结应力比下，不管振前试样45°面上有效法向应力的大小，试验点基本都在同一条动应力比与破坏振次的关系曲线上。这说明在通常的固结压力范围内，液化应力比与循环振动次数有关，而与固结压力无关。利用这一

特点，在某一固结应力比下，可只选用一个侧向固结压力进行液化试验。

6.8.15 地震荷载作用时，生活垃圾土体上反复作用着剪应力，使生活垃圾土体产生动应变，而生活垃圾土具有非线性和滞后性。在一个循环振动周期内的应力应变关系曲线，将是一个狭长的封闭滞回圈。对于这种特性，广泛采用等效割线动弹性模量和阻尼比来表示生活垃圾土的应力应变关系。在振动三轴试验中，施加轴向动力，测定轴向动应变时，同样可以绘制出每一周的滞回曲线，以此求得动性模量和阻尼比。振动三轴试验不适用于小应变范围。

7 化学特性试验

7.1 有机质试验

7.1.1 生活垃圾土中有机质含量是分析生活垃圾填埋场水分迁移和评价生活垃圾无害化处理的重要指标，同时，生活垃圾土的有机质在土中具有加筋作用，有机质含量对研究生活垃圾土工程性质也有重要作用。生活垃圾土中有机质含量可以通过两种方法进行测定，一种是重铬酸钾容量法——稀释热法，这是比较严格的有机质含量测定方法，但在岩土工程领域中使用得较少，不便于同其他工程中的问题进行比较分析；另一种方法是灼烧法，这是一种土工试验中常用的方法，在600℃高温下灼烧至恒重时的灼烧失重与烘干土重的比值，即为生活垃圾土有机质含量。

7.1.2 本条规定了生活垃圾土有机质试验中试样的要求，计算非活性物质在生活垃圾土干基中的比值是为了方便后面的计算。

7.1.3 本条规定了生活垃圾土有机质试验的操作步骤。坩埚在作用前空烧2h的目的是清理坩埚，防止坩埚上的残留物对试验产生影响。生活垃圾土中的有机质在600℃高温下可充分灼烧失重，对于已部分分解的陈生活垃圾土，灼烧温度可以适当降低至550℃左右。带试样的坩埚放入马弗炉中6h～8h是排除非有机质高温失重对试验结果的影响。

7.1.5 生活垃圾土有机质试验结果离散性较大，采用多次测定可以减小误差。

7.2 酸碱度(pH值)试验

7.2.1 生活垃圾土pH值的测定对于分析生活垃圾土的状态(有氧降解、无氧降解等)，从而得到其产气和渗沥液情况十分重要，在对生活垃圾土进行改良处理时，pH值也是不可或缺的主要参考参数。生活垃圾土pH值的测定采用玻璃电极法，本条规定了试验用仪器的要求。

7.2.2 玻璃电极在使用前用蒸馏水浸泡24h，这是界面问题，在水的作用下玻璃被浸润(活化)，能更好

地与氢离子响应。pH计开启后要先预热，更换标准溶液或样品时，为避免溶液交叉影响，要进行充分淋洗，用滤纸擦拭时要小心玻璃球不要被擦坏。

7.3 化学需氧量(COD)试验

7.3.1、7.3.2 化学需氧量(COD)是生活垃圾土有机物含量评价的重要化学指标，是生活垃圾填埋场环境检测的主要测试项目之一。生活垃圾土中COD的变化是反映生活垃圾土有机碳变化、腐熟度、生物转化等过程的一项重要指标。本条规定了生活垃圾土COD试验所需的仪器和试剂。本试验用邻苯二甲酸氢钾标准溶液的理论COD_{cr}值为10000mg/L。氯掩蔽剂的作用是排除氯离子的干扰，生活垃圾土中氯离子含量普遍偏低，快速COD_{cr}法中加入几滴硫酸汞，即可作用2.5mg氯离子，本试验所要求的氯掩蔽剂加量足以排除生活垃圾土样品中因氯离子而引起的干扰。硫酸银在样品消化过程中起催化作用，由于生活垃圾土成分复杂，催化剂对结果影响显著，多次重复研究表明，本试验催化剂适用量是50mg。

7.3.3 该试验建立的方法，需将反应的消化液10倍稀释后才可测COD值，故仅需将污水快速COD_{cr}方法中的邻苯二甲酸氢钾标准溶液浓度扩大10倍，即可建立起相应固体操作方法的标准过程。

7.3.5 生活垃圾土属非均相土，若直接进行COD_{cr}测定，颗粒性样品消化难度大，同一样品测定结果重复性差。为克服这一缺陷，对样品进行充分研磨。在COD_{cr}测定中，氧化剂量应大于样品中可被氧化的有机物的量。样品量与氧化剂量之间存在制约关系。在污水的快速COD_{cr}法中，COD_{cr}速测仪的测量范围是0mg/L～1000mg/LCOD_{cr}。由于加样量为3mL，即每消化反应管中实际的COD_{cr}为0mg～3mg。而固体生活垃圾土有机物含量为20%～70%左右，即1g生活垃圾样品COD_{cr}值在159mg～558mg之间，故若直接测1g样品，则远远超过COD_{cr}速测仪的测量范围。因此解决方法有两种：减少生活垃圾样品量或增加氧化剂用量。样品量太少，则称量难度增加、误差增大，又因样品均一性差，亦会增加试验误差，故选择样品范围在20mg～70mg之间(相应的COD_{cr}为3mg～40mg之间)，实际测定时取50mg左右。同时提高氧化剂浓度为2.5mol/L(进一步增高将会出现溶解困难)，受反应管体积限制，加入体积为2mL，其理论COD_{cr}测量范围为0mg～40mg。

本试验方法以污水处理中采用较多的催化快速COD_{cr}测定方法为基础，选择不同生活垃圾填埋场的生活垃圾土样品，其有机物含量差别较大。应用本试验方法与标准的回流滴定法做对比实验，以检验本方法的可靠性与可行性(表1)。结果显示本方法结果具有比较好的重复性，与回流滴定法测定结果总体上比较接近，故本规程所建议方法是能够满足需要的。该

方法具有快速、简便特点，可直接用于生活垃圾土样品的 COD 测定。

表 1 不同生活垃圾土样品应用本规程方法和标准方法的对比试验结果（mg/g）

样品序号	武汉长山口		北京六里屯		杭州天子岭	
	标准方法	规程方法	标准方法	规程方法	标准方法	规程方法
1	264.1	259.7	127.8	130.5	615.8	621.6
2	274.8	269.7	136.9	137.4	701.7	711.5
3	285.6	278.6	118.5	118.2	688.5	690.4
4	247.3	244.5	120.8	126.1	601.8	605.3
5	255.5	255.4	127.4	129.5	623.7	623.9
均值	265.54	261.58	126.28	128.34	646.30	650.54

7.4　浸　出　试　验

7.4.1、7.4.2　本条规定了生活垃圾土浸出试验用主要仪器和试样要求。

7.4.3　本条规定了浸出试验操作步骤，与《固体废物 浸出毒性浸出方法 醋酸缓冲溶液法》HJ/T 300 的规定类似，由于生活垃圾土的不均匀性，规定了试样为 500g，同时增加了含固量的概念及计算公式。

7.4.4　选用《固体废物 浸出毒性浸出方法 醋酸缓冲溶液法》HJ/T 300 标准的目的是模拟生活垃圾土中的有害组分在填埋场渗沥液的影响下，从生活垃圾土中浸出的过程。

7.5　化学分析试验

7.5.1　本试验的目的在于分析生活垃圾土中的主要化学成分，特别是有害重金属的含量，意在为生活垃圾填埋场环境风险评价和生活垃圾土二次利用提供可靠的参数。本条规定了化学分析试验用生活垃圾土的要求。

7.5.2　化学成分的测试方法引用了现有国家标准关于生活垃圾的测试方法。

8　生物特性及环境特性试验

8.1　总大肠菌群试验

8.1.1　生活垃圾土总大肠菌群值是评价生活垃圾无害化处理和生活垃圾填埋场环境风险评价的重要指标，本条规定了总大肠菌群试验所需的主要仪器和试剂。

8.1.2　本条规定了试样的采集方法，由于生活垃圾土的不均匀性，生活垃圾土中的总大肠菌群分布极不均匀，采取不同地方取样再混合的方法，可以使试样更具有代表性，测试的结果更准确。

8.2　蛔虫卵死亡率试验

8.2.2　蛔虫卵死亡率是评价粪便、生活垃圾无害化处理的一项重要卫生监测指标，本条规定了试样的制备方法，与总大肠菌群试验类似。

8.2.3　生活垃圾土蛔虫卵死亡率的测试方法同样采用现行国家标准《粪便无害化卫生要求》GB 7959 规定的方法，该方法已被生活垃圾填埋场实际工程所认可和广泛应用。

8.2.4　本条规定了含有蛔虫卵滤膜的培养方法，在培养过程中，为防止霉菌和原生动物的繁殖，可加入甲醛溶液或甲醛生理盐水，以浸透滤纸和脱脂棉为宜。镜检时若感觉视野的亮度和膜的透明度不够，可在载玻片上滴一滴蒸馏水，用盖玻片从滤膜上刮下少许含卵滤渣，与水混合均匀，盖上盖玻片进行镜检。

8.3　臭　味　试　验

8.3.1　环境空气质量评价是生活垃圾填埋场环境影响评价中的重要工作，其中臭味是评价指标之一。臭气在测试时分为环境臭气和排放源臭气，生活垃圾土臭气浓度较高，因此，规定生活垃圾土臭味的测定按排放源臭气对待。

8.3.3　本条对嗅辨员的要求进行了规定。在标准方法中规定，嗅辨员应为 18 岁～45 岁，不吸烟、嗅觉器官无疾病的男性或女性，经嗅觉检测合格者，如无特殊情况，可连续三年承担嗅辨员工作。虽然嗅辨员是经过挑选并经嗅觉检测合格的实验人员，但人的嗅觉在不同情况下仍然会受到来自性别、年龄等各个因素的影响。通常情况下，女性的嗅觉敏感度要比男性低，气味的辨认及敏感度也会随着年龄的增长而降低，年龄越大，嗅觉灵敏度就会越低。因此，在进行嗅辨员挑选时，应充分考虑性别比例和年龄比例的合理搭配问题。在组织进行样品测定时，应尽可能安排由合适的性别比例和年龄比例组成的嗅辨小组，保证测试结果更符合实际。同时，挑选了合格的嗅辨员，还要加强嗅辨员的技术培训，使嗅辨员了解典型恶臭物质的气味特性，提高对各种臭气的嗅辨能力。正式嗅辨前，让每个嗅辨员对未经稀释的样品进行嗅辨记忆，做到心中有数；对同一样品尽可能选用同一组嗅辨小组，中间不更换嗅辨员，保证监测数据的完整性、代表性和可比性。臭气浓度是根据人的嗅觉器官试验对臭气气味的大小予以量化的指标。嗅辨员的嗅觉阈值直接影响到测试结果。但是，嗅觉阈值受人为干扰因素很多，因此嗅辨员在监测当天应有良好的身体状况和情绪，不能携带和使用有气味的香料和化妆品，不能食用有刺激气味的食物，患感冒或嗅觉器官不适的嗅辨员不能参加当天的测定。还须注意的是，参加监测人员不能在测试前洗头、洗澡，不能用香皂洗手，尽可能避免人为的主观因素影响测试结果。人的嗅觉在长时间嗅辨气味时，嗅觉敏感度会随着时间的增长而降低。若长时间连续不断地对样品进行测定，后面样品的准确性可能会在一定程度上受到影响。为保证质量，嗅辨员在连续测试45min后要到无臭环境中休息15min，以解除嗅觉疲劳。待嗅觉恢复正常后再继续进行测试，不能因为赶时间而长时间连续嗅辨。

8.3.4 本条对嗅辨室进行了规定。嗅辨室环境对恶臭测定结果的影响不容忽视。嗅辨室要远离臭源，不要使用新装修房间，室内能通风换气并保持室温在17℃～25℃。凡是能带入异味的试验用品均不能在嗅辨室存放，例如酸试剂、氨水等，避免交叉污染。此外，配气室和嗅辨室最好相邻或者相对，这样可以避免配气员在气袋转移过程中污染样品或将样品顺序颠倒等情况的发生从而影响测定结果。

8.4 蝇密度试验

8.4.1 生活垃圾土蝇密度是评价其环境污染程度的重要指标，本条规定了生活垃圾土蝇密度试验的适用范围。

8.4.2 本条规定了生活垃圾土蝇密度试验的环境要求，充分考虑了蝇的生存条件和最适环境要求，周围应无其他异味物质，防止相互影响对测试结果带来误差。

8.4.4 本条规定了生活垃圾土蝇密度试验的操作步骤。用生活垃圾土作为诱饵，为保证蝇类大量进入捕蝇笼，诱饵盘与捕蝇笼下沿的间隙不应大于20mm。

8.4.6 为减小试验误差，采用平行测定，要求测试环境一致，同时进行平行测定时，为避免相互影响，取得对照性结果，要求测试地点间应相隔相当远的距离。

中华人民共和国行业标准

生活垃圾收集运输技术规程

Technical specification for collection and transportation of
municipal solid waste

CJJ 205—2013

批准部门：中华人民共和国住房和城乡建设部
施行日期：２０１４　年　６　月　１　日

中华人民共和国住房和城乡建设部
公　　告

第 220 号

住房城乡建设部关于发布行业标准
《生活垃圾收集运输技术规程》的公告

现批准《生活垃圾收集运输技术规程》为行业标准，编号为 CJJ 205 - 2013，自 2014 年 6 月 1 日起实施。其中，第 3.0.8、4.0.3 条为强制性条文，必须严格执行。

本规程由我部标准定额研究所组织中国建筑工业出版社出版发行。

中华人民共和国住房和城乡建设部
2013 年 11 月 8 日

前　　言

根据住房和城乡建设部《关于印发〈2008 年工程建设标准规范制订、修订计划（第一批）〉的通知》（建标 [2008] 102 号）的要求，规程编制组经深入调查研究，认真总结实践经验，参考有关国际标准和国外先进标准，并在广泛征求意见的基础上，编制本规程。

本规程的主要技术内容是：1 总则；2 术语；3 基本规定；4 生活垃圾投放；5 生活垃圾收集设施；6 生活垃圾收集运输；7 生活垃圾收运配套机械设备；8 污染控制、安全生产与劳动卫生；9 生活垃圾收运的应急处置。

本规程中以黑体字标志的条文为强制性条文，必须严格执行。

本规程由住房和城乡建设部负责管理和对强制性条文的解释，由华中科技大学负责具体技术内容的解释。执行过程中如有意见与建议，请寄送华中科技大学（地址：武汉市武昌珞喻路 1037 号；邮政编码：430074）。

本 规 程 主 编 单 位：华中科技大学
城市建设研究院

本 规 程 参 编 单 位：深圳市龙澄高科技环保有限公司

上海野马环保设备工程有限公司
中山市环境卫生管理处
武汉华曦科技发展有限公司
中国市政工程中南设计研究院
海沃机械（扬州）有限公司
厦门市环境卫生管理处
柳州市环境保护局

本规程主要起草人员：陈海滨　杨　禹　张　涉
黄巧洁　屈志云　张倚马
黄艳梅　简德武　张后亮
姜　维　杨　龑　陆卫平
黄文雄　左　钢　陈惜曦
冯铁君　张月亮　魏　炜
彭义林　胡　洋　张豪兰
刘金涛

本规程主要审查人员：陶　华　刘　竞　冯其林
何品晶　梁顺文　赵东平
宫渤海　熊　辉　钟　辉

目 次

Contents

1 总　则

1.0.1 为规范生活垃圾的收集运输（以下简称"收运"），促进生活垃圾处理的无害化、减量化和资源化，制定本规程。

1.0.2 本规程适用于城市和村镇生活垃圾收运系统的规划、建设与运行。

1.0.3 生活垃圾收运系统的技术选择应以本地区的社会经济发展水平和自然条件为基础，并应考虑其科学技术的发展水平，按服务范围和人口规模合理确定，做到安全卫生、保护环境、技术先进、经济合理。

1.0.4 生活垃圾收运系统的规划、建设与运行除应执行本规程外，尚应符合国家现行有关标准的规定。

2 术　语

2.0.1 收运 collection and transportation

将分散的生活垃圾用机动车或非机动车集中到收集点或收集站，再用专用运输车把生活垃圾从收集点或收集站运输到转运站或直接运往末端处理场（厂）的过程。

2.0.2 巡回收集 itinerant collection

按一定路线到各个收集点循环收集垃圾。

2.0.3 定点收集 refuse collection at appointed place

在指定地点收集垃圾。

2.0.4 站点收集 site collection

将专门指定或设置的垃圾收集站（点）的垃圾进行统一收集。

2.0.5 庭院堆肥 household composting

将日常生活产生的家庭厨余垃圾等有机垃圾单独收集，盛于桶等容器内或在庭院、菜地、苗圃、果园等地挖坑填埋沤腐处理。

2.0.6 袋装收集模式 packaged MSW collection

在垃圾产生源用袋存放垃圾，袋装垃圾需定时投放到指定的垃圾收集点，垃圾收集人员采用密闭式收集容器定时定点收集。

2.0.7 桶装收集模式 collection from containers

用桶类容器储放收集垃圾，并应放置在收集车辆可停靠的路边等位置。

2.0.8 直运模式 direct transportation

收运车辆将生活垃圾从垃圾收集点或收集站收集后至垃圾处理场所，不需经过垃圾转运站。

3 基本规定

3.0.1 生活垃圾的收运应执行国家现行法律、法规的规定，贯彻环境保护、节约土地、劳动卫生、安全生产和节能减排等有关规定。

3.0.2 生活垃圾收运系统的建设应在区域环境卫生专业规划的指导下，统筹规划、分期实施、远近结合、近期为主。收运设施的数量、规模、布局和选址应通过对技术、经济、社会和环境影响的综合分析确定。收运设施设备应与后续转运系统和处理系统相协调。

3.0.3 生活垃圾收运应坚持专业化协作和社会化服务相结合的原则，合理确定配套项目，提高运行管理水平，降低运行成本。有条件的地区宜建立垃圾收运信息化管理系统。

3.0.4 城市生活垃圾应实行分类收集，垃圾分类收集方式应与后续运输、处理方式相协调。

3.0.5 镇（乡）村生活垃圾宜推行分类收集，统筹运输和处理。农业废物不宜混入生活垃圾收运系统。

3.0.6 垃圾收运设施、设备及容器上的标志应符合国家现行标准《图形符号　安全色和安全标志　第1部分：安全标志和安全标记的设计原则》GB/T 2893.1 和《环境卫生图形符号标准》CJJ/T 125 的有关规定。

3.0.7 应在垃圾收集、运输车辆（容器）明显位置标明环卫专用车、新能源标志、商标和使用（作业）单位名称等标识；应在垃圾收集设施设备显著位置标明环卫标志和使用单位名称。

3.0.8 建筑垃圾、工业废物、医疗废物、生活垃圾中的危险物及其他类别危险废物严禁混入生活垃圾收运系统；粪便应单独收集、运输及处理处置。

4 生活垃圾投放

4.0.1 生活垃圾应投放到指定垃圾容器或投放点，不得乱丢乱倒。

4.0.2 生活垃圾应定时定点投放、收集。

4.0.3 严禁任何单位和个人向河流、湖泊、沟渠、水库等水体及河道倾倒生活垃圾。

4.0.4 农村地区，应实施有机垃圾庭院堆肥；灰土垃圾应就地就近填埋处置。

5 生活垃圾收集设施

5.1 废　物　箱

5.1.1 道路两侧，各类交通客运设施、公共设施、广场、社会停车场等的出入口附近应设置废物箱。

5.1.2 实施生活垃圾分类收集的城市、镇（乡）、村庄应按分类方式设置相应的废物箱。分类废物箱应有明显标识并应易于识别和分类投放。

5.1.3 废物箱外观应美观、卫生，并应防雨、防腐、耐用、阻燃、抗老化。

5.1.4 废物箱的设置间距应按现行行业标准《环境卫生设施设置标准》CJJ 27 的有关规定执行。

5.1.5 村镇中心区外的其他区域，废物箱宜与收集点合并设置。单独设置的废物箱应保持箱体密闭、整洁，布局合理。

5.2 垃圾收集点

5.2.1 城市、镇（乡）村生活垃圾收集点应符合下列规定：

1 城市生活垃圾收集点的服务半径不宜超过 70m，生活垃圾收集点可放置垃圾容器或设垃圾容器间；市场、交通客运枢纽等生活垃圾产生量较大的公共设施附近应单独设置生活垃圾收集点。

2 镇（乡）生活垃圾收集点宜设置在垃圾收集车易于停靠的路边等地，其服务半径不宜大于 100m。

3 村庄生活垃圾收集点宜设置在村口或垃圾收集车易于停靠的路边等地，其服务半径不宜大于 200m。

5.2.2 垃圾收集点应满足服务范围内的生活垃圾及时清运的要求。非袋装垃圾不应敞开存放。

5.2.3 实施生活垃圾分类收集的城市、镇（乡）、村庄，生活垃圾收集点设置及运行应满足日常生活垃圾的分类收集要求，并应与后续分类运输、分类处理方式相适应。

5.2.4 生活垃圾收集点[垃圾桶（箱）、固定垃圾池、袋装垃圾投放点]的设置应符合国家现行有关标准的规定，其主要指标应符合表 5.2.4 的规定。

表 5.2.4 生活垃圾收集点主要指标

类型	占地面积(m²)	与相邻建筑间隔(m)	绿化隔离带宽度(m)
垃圾桶（箱）	5~10	≥3	—
固定垃圾池	5~15	≥10	≥2
袋装垃圾投放点	5~10	≥5	—

注：1 占地面积不含垃圾分类、资源回收等其他功能用地。
2 占地面积含绿化隔离带用地。
3 表中的绿化隔离带宽度包括收集点外道路的绿化隔离带宽度。
4 与相邻建筑间隔自收集容器外壁起计算。
5 袋装垃圾投放点仅用于不适合设置垃圾桶（箱）、垃圾池等的地区；垃圾袋的材质应统一、标准化。

5.2.5 垃圾收集点应合理设置。垃圾收集点位置应固定，应便于分类投放和分类清运，方便居民使用。

5.2.6 垃圾收集点用于集中收集的垃圾容器应根据各服务区实际需求进行购置，其类型、规格的选取应符合国家现行有关标准的规定。农村居民住宅单独收集点的垃圾桶应满足桶体密封、加盖的基本要求。

5.2.7 收集点的各类垃圾收集容器的容量应按其服务人口的数量、垃圾分类的种类、垃圾日排出量及清运周期计算，并宜采用标准容器计量。垃圾收集容器的总容纳量应满足使用需要，垃圾不得超出收集容器的上口平面，垃圾日排放量及垃圾容器设置数量的计算方法应符合下列规定：

1 垃圾容器收集范围内的垃圾日排出重量应按下式计算：

$$Q = RCA_1A_2/1000 \quad (5.2.7-1)$$

式中：Q——垃圾日排出重量（t/d）；

R——收集范围内服务人口数量（人）；

C——预测的人均垃圾日排出重量[kg/（人/d）]，一般取 0.5~1.0，城市可取偏大值，村镇及偏远地区可取偏小值；

A_1——垃圾日排出重量不均匀系数，城市取 1.10~1.30，村镇取 0.80~1.20；

A_2——居住人口变动系数，城市取 1.00~1.15，村镇取 0.90~1.00。

2 垃圾容器收集范围内的垃圾日排出体积应按下式计算：

$$V_{ave} = \frac{Q}{D_{ave}A_3} \quad (5.2.7-2)$$

$$V_{max} = KV_{ave} \quad (5.2.7-3)$$

式中：V_{ave}——垃圾平均日排出体积（m³/d）；

D_{ave}——垃圾平均密度（t/m³），混合生活垃圾自然堆积的典型密度为（0.3~0.6）t/m³；

A_3——垃圾密度变动系数，$A_3=0.7~0.9$；

V_{max}——垃圾高峰时日排出最大体积（m³/d）；

K——垃圾高峰时日排出体积的变动系数，取 1.5~1.8。

3 收集点所需的垃圾容器数量应按下式计算：

$$N_{ave} = \frac{V_{ave}A_4}{EB} \quad (5.2.7-4)$$

$$N_{max} = \frac{V_{max}A_4}{EB} \quad (5.2.7-5)$$

式中：N_{ave}——平均所需设置的垃圾容器数量；

A_4——垃圾清除周期（d/次）；当每日清除 2 次时，$A_4=0.5$；每日清除 1 次时，$A_4=1$；每 2 日清除 1 次时，$A_4=2$，以此类推；

E——单只垃圾容器的容积（m³/只）；

B——垃圾容器填充系数，取 0.75~0.9；

N_{max}——垃圾高峰时所需设置的垃圾容器数量。

5.2.8 垃圾收集容器的类别标志应符合现行国家标准《生活垃圾分类标志》GB/T 19095 的有关规定。

5.3 垃圾收集站

5.3.1 垃圾收集站应符合下列规定：

1 收集站应考虑与居住区景观和周围环境的协调，有利于保护环境；

2 独立式收集站建筑外墙与相邻建筑物的间距应符合国家现行相关标准的规定，并宜设置绿化隔离带；

3 收集站通道应畅通，应便于安排垃圾收集和运输线路。

5.3.2 改、扩建收集站尚应符合现行行业标准《生活垃圾收集站技术规程》CJJ179 的有关规定。

5.3.3 人力收集方式的最大服务半径不宜超过 1km；小型机动车收集方式的服务半径不宜超过 2km。镇（乡）和村庄的收集站的服务半径可适当增大。

5.3.4 收集站不应敞开作业。现有的敞开式收集站应规范卫生防护措施，并应通过技术改造或改扩建使其实现密闭收集作业。

5.3.5 收集站的最大接收能力，应根据服务区域内的生活垃圾产生量的最高月平均日产生量来确定。无实际数据时，可按本规程公式（5.2.7-1）计算。

6 生活垃圾收集运输

6.0.1 生活垃圾收集方式可分为袋装收集和散装收集；也可分为桶装收集和车载容器收集。

6.0.2 应结合辖区社会经济条件与收集设施配置情况等选用投放形式与收集容器的不同组合；并应根据当地人口数量、服务半径、经济条件等因素确定收集方式。

6.0.3 垃圾不得裸露，收集运输设备应密闭，防止尘屑洒落和垃圾污水滴漏。

6.0.4 垃圾收集应实施分类收集，餐饮垃圾不得混入生活垃圾收运系统。

6.0.5 垃圾应采用不落地的收集方式，散装垃圾不得投入各类固定容器或堆场作临时存储。

6.0.6 清扫垃圾宜单独收集、运输及处理。农村地区的灰土宜就地填埋处理。

6.0.7 农贸市场宜建垃圾收集站或采用大容积密闭容器收集垃圾，应由收集车定时定点收集，并应日产日清。

6.0.8 垃圾运输模式应根据收集点、收集站的分布及运距、运输量，并应结合地形、路况等因素确定。

6.0.9 当垃圾实际运输距离小于 10km 时，宜采用直接运输模式。

7 生活垃圾收运配套机械设备

7.1 收集车辆配置

7.1.1 生活垃圾宜采用机动车与非机动车相结合的方式收集；应按生活垃圾产生量和收运距离相应配置非机动车或 1t 左右的小型机动收集车，小型机动收集车辆配置数量应按下式计算：

$$N = \frac{Q_d}{q \times m \times \eta} \qquad (7.1.1)$$

式中：N——收集车数量（车）；

Q_d——日均垃圾清运量（t/d）；

q——单车额定载荷 [t/（车·次）]；

m——单车清运频率（次/d）；

η——装载系数，取 0.85～0.95。

7.1.2 非机动车及其他吨位机动车的数量也可按本规程公式（7.1.1）进行相应的换算确定。

7.1.3 垃圾收集车除应满足密闭运输的基本要求外，还应符合节能减排、低噪、防止二次污染等整体性能要求。

7.2 收集站设施设备

7.2.1 生活垃圾收集站设施设备的配置应高效、环保、节能、安全、卫生。

7.2.2 同一行政区域内的垃圾收集站设施宜统筹规划建设，宜选用统一型号、规格的机械设备等。

7.2.3 收集站机械设备的工作能力应按日有效运行时间和高峰时段垃圾量综合确定，并应使其与收集站工艺单元的设计规模（t/d）相匹配，保证其可靠的收集能力并应留有调整余地。

7.3 运输车辆及装载容器

7.3.1 垃圾收集站应按收运工艺要求及特点采用相应的运输方式及装载容器。

7.3.2 应依据垃圾装载容器（箱）的类型和规模选择匹配的运输车辆。将垃圾运往末端处理设施的运输车辆额定载荷不宜小于 5t。

7.3.3 收集站配套运输车辆数的计算方法应符合下列规定：

1 收集站配套运输车辆数应按下列公式计算：

$$n_V = \left[\frac{\eta \cdot Q}{n_T \cdot q_V} \right] \qquad (7.3.3-1)$$

$$Q = m \cdot Q_U \qquad (7.3.3-2)$$

式中：n_V——配备的运输车辆数量；

η——运输车辆备用系数，取 $\eta = 1.1～1.3$；若同服务区的收集站配置了同型号规格的运输车辆时，η 可取下限值；

Q——收集站的收集能力（t/d）；

n_T——运输车日运输次数；

q_V——运输车实际载运能力 [t/（车·次）]；

m——收集单元数；

Q_U——单个收集单元的收集能力（t/d）。

2 对于装载容器与运输车辆可分离的收集单元，装载容器数量可按下式计算：

$$n_C = m + n_V - 1 \qquad (7.3.3-3)$$

式中：n_C——收集容器数量；

m——收集单元数；

n_V——配备的运输车辆数量。

8 污染控制、安全生产与劳动卫生

8.1 污染控制

8.1.1 垃圾收集站设置的绿化隔离带应进行经常性维护、保养。

8.1.2 垃圾收集站设置的通风、降尘、除臭、降噪等装置应进行及时维护、保养。

8.1.3 应保持垃圾收集站地面平整，不得残留垃圾、积水；收集车（容器）应完好，严禁洒落垃圾、滴漏污水。

8.1.4 作业过程中应保持收集运输车辆的整体密闭性能。

8.1.5 应采取合理有效措施，减轻收集车辆作业过程中产生的噪声对周围生活环境的影响。

8.1.6 收集站中产生的污水宜直接排入市政污水管网。对不能排入污水管网的，站内应设置污水收集装置。

8.2 安全生产与劳动卫生

8.2.1 垃圾收集运输设施设备及运行的安全卫生措施应符合现行国家标准《生产过程安全卫生要求总则》GB/T 12801 的有关规定。

8.2.2 垃圾卸料平台等危险位置的安全警示标志应完好、清晰，并应符合现行国家标准《图形符号 安全色和安全标志 第 1 部分：安全标志和安全标记的设计原则》GB/T 2893.1 的规定。

8.2.3 应设置垃圾收集站作业人员更衣、洗手和工具存放的专用场所，并应保持其完好、整洁。

8.2.4 垃圾收集作业人员上岗应穿戴（佩戴）劳动保护用具、用品。

8.2.5 收集站内应做好卫生防疫工作，应定期对蚊、蝇、鼠进行消杀。

9 生活垃圾收运的应急处置

9.0.1 垃圾收运单位应根据区域生活垃圾应急处置预案具备相应的应急处置能力。

9.0.2 垃圾收运单位应对生活垃圾产生源的类别、数量、分布进行调查、评估。

9.0.3 对于洪水、暴雨等灾害产生的特殊垃圾（水面漂浮垃圾等），应结合自然条件、垃圾性状，因地制宜地制定处置对策。

9.0.4 在突发环境、公共卫生事件中，生活垃圾不应按常规程序和方法收集运输，应按危险废物考虑，并应会同环保、卫生防疫部门进行检测、甄别，由专业机构进行适当处置。

9.0.5 生活垃圾应急清扫、收集、存放应符合下列规定：

1 人群滞留和避难等场所的垃圾应及时清扫、清理、收集；应减少生活垃圾暴露，防止蚊蝇和鼠类孳生；应避免雨水直接浇淋生活垃圾。

2 灾民安置点、救援基地、广场、主要街道等人群聚集场地，应设置具备防雨水措施的生活垃圾临时投放点和收集站。临时投放点和收集站应避开易倒塌建筑物等有潜在危险的场所和饮用水源。

3 当采用非专用容器临时收集生活垃圾时，垃圾投放点和收集站应设置应急垃圾收集容器（图 9.0.5-1）。

图 9.0.5-1　垃圾收集容器标志

4 应急垃圾存放地和不准投放垃圾的地点应设置应急垃圾存放地标志（图 9.0.5-2）和不准投放垃圾标志（图 9.0.5-3）。

图 9.0.5-2　应急垃圾存放地标志

图 9.0.5-3　不准投放垃圾标志

9.0.6 生活垃圾应急收集运输过程中应采取卫生防疫消杀、降尘除臭等措施。

9.0.7 生活垃圾应进行密闭运输。采用敞口式运输车辆（容器）时，必须用苫布、网布等进行遮盖。当征用社会车辆运输生活垃圾时，应进行必要的改装、改造、加固，并应采取防护措施，定期清洗消杀。

图 9.0.8　环卫停车场标志

9.0.8 生活垃圾运输车

应有停放场所，不得随处乱停乱放。车辆停放点与临时安置点应保持100m以上的卫生防护距离，与过渡居住区宜保持200m以上的卫生防护距离。车辆应定期清洗消杀。应急环卫车辆停车场应设置环卫停车场标志（图9.0.8）。

本规程用词说明

1　为便于在执行本规程条文时区别对待，对要求严格程度不同的用词说明如下：

1）表示很严格，非这样做不可的：

正面词采用"必须"，反面词采用"严禁"；

2）表示严格，在正常情况下均应这样做的：

正面词采用"应"，反面词采用"不应"或"不得"；

3）表示允许稍有选择，在条件许可时首先应这样做的：

正面词采用"宜"，反面词采用"不宜"；

4）表示有选择，在一定条件下可以这样做的，采用"可"。

2　条文中指明应按其他有关标准执行的写法为："应符合……的规定（要求）"或"应按……执行"。

引用标准名录

1　《图形符号　安全色和安全标志　第1部分：安全标志和安全标记的设计原则》GB/T 2893.1

2　《生产过程安全卫生要求总则》GB/T 12801

3　《生活垃圾分类标志》GB/T 19095

4　《环境卫生设施设置标准》CJJ 27

5　《环境卫生图形符号标准》CJJ/T 125

6　《生活垃圾收集站技术规程》CJJ 179

中华人民共和国行业标准

生活垃圾收集运输技术规程

CJJ 205—2013

条 文 说 明

制 订 说 明

《生活垃圾收集运输技术规程》CJJ 205—2013，经住房和城乡建设部 2013 年 11 月 8 日以第 220 号公告批准、发布。

本规程编制过程中，编制组进行了广泛深入的调查研究，总结了我国生活垃圾收集运输的实践经验，同时参考了国外先进技术法规、技术标准，通过生活垃圾收运的具体案例，取得了收运系统工程需要的主要技术参数。

为便于广大设计、施工、科研、学校等单位有关人员在使用本规程时能正确理解和执行条文规定，《生活垃圾收集运输技术规程》编制组按章、节、条顺序编制了本规程的条文说明，对条文规定的目的、依据以及执行中需注意的有关事项进行了说明，还着重对强制性条文的强制性理由作了解释。但是，本条文说明不具备与规程正文同等的法律效力，仅供使用者作为理解和把握规程规定的参考。

目 次

1 总　则

1.0.1 收集与运输（简称"收运"）是生活垃圾处理全过程的两个重要环节，直接关系到居民的生活与环境保护。本规程是在国家有关基本建设方针、政策、法规和国家现行技术标准指导下，借鉴、总结国内生活垃圾收运的经验，并考虑社会经济发展需要而编制的。本规程编制目的在于为垃圾收运规范化管理提供科学依据，推动垃圾收运技术进步，提高经济效益与社会效益。

1.0.2 本规程的适用范围概括为城市和村镇两个层面，并分别提出相应要求。城市范畴包括设市城市和县城镇，村镇范畴包括建制镇（乡）和村庄等。

1.0.3 收运体系建设应适合城乡建设与社会经济发展的具体情况，并考虑发展需求。收运体系在技术上应当是先进、可行、安全可靠的，并能适应当地的社会经济条件和自然条件。

1.0.4 本条规定了生活垃圾的收运除应按本规程执行外，还应符合国家现行相关标准的规定和要求。

2 术　语

2.0.1 本条对本规程中的生活垃圾收集运输及其设备作了明确定义。收集点或收集站前端是以收集为主的人力车和小型机动车，其中小型机动车辆指额定载荷1t左右的电动车、柴油车和汽油车等；运输车的额定载荷不小于5t。本规程中的生活垃圾运输是指从收集站（点）到转运站或末端处理场（厂）的直运过程，不涉及从转运站到末端处理场（厂）的转运过程。

2.0.2～2.0.4 本规程条文中所涉及的基本技术用语大部分已在《城市规划基本术语标准》GB/T 50280、《市容环境卫生术语标准》CJJ/T 65、《城市环境卫生设施规划规范》GB 50337 等标准中给出。基于使用方便和不能重复引用的原则，对本规程条文中涉及的部分关键术语，当其在相关专业术语标准中已有的，则不在本章中出现，而是放在其他章节的有关条文说明中作出解释；对于其他标准规范中尚未明确定义的专用术语，但在我国环境规划领域中已成熟的惯用技术用语，加以肯定、纳入，以利于对本规程的正确理解和使用。

2.0.5 用于"庭院堆肥"的垃圾主要是指厨余等有机垃圾，如拣剩的蔬菜茎叶、豆壳、瓜果皮、蛋壳、鱼鳞、动物内脏、剩饭、剩菜、草药渣、家禽羽毛与杂草、落叶等可生物降解的垃圾。庭院堆肥的特点是规模小、方便，无需专门的处理设施设备，较适用于村镇单户或若干户居民家庭就近处理易腐有机垃圾，是适合农村地区处理有机垃圾的一种简易方式。为防止臭味外溢，要求采用泥土或塑料薄膜封盖。

2.0.6 袋装收集模式可能产生居民不按规定投放垃圾，或因垃圾袋不封口或破损等原因导致的垃圾散落、污水流出等现象，不利于后续的垃圾收运。

2.0.7 桶装收集模式的垃圾收集容器应设置在收集车辆易于停靠的路边等地且位置基本固定，以保证垃圾的定点投放。桶装模式的优点是垃圾投放不定时且可以有效防止垃圾的分散和洒落。

2.0.8 直运模式又称一次运输模式，即用垃圾收运车将生活垃圾由垃圾收集站（点）直接运往垃圾处理设施，适合于离垃圾处理设施较近的地区，其运距一般为10km以内。

3 基本规定

3.0.1 生活垃圾收运系统建设是区域城乡建设的重要组成部分，因此其系统及设施建设必须首先遵守国家有关经济建设的一系列法律、法规，符合社会主义市场经济的基本原则。

环境保护、节约用地和节约能源是我国的基本国策。垃圾收运设施是环境保护的重要基础设施之一，如果建设不当，会对人民生活和生态环境构成严重危害，尤其易对居住环境造成严重污染，所以必须加强环境保护的意识。我国现已发布了一系列环境保护法规、条例、规定和标准，以保护环境和生态平衡。本标准第8章对污染控制提出了相应要求。

我国人多地少，人均耕地面积正逐年减少，环境卫生设施的用地应该遵循节约用地的原则。国家已经颁布了有关土地的法令和建设用地指标的规定，收运设施的选址和规模设定对垃圾收运工作效率影响较大，必须合理设定收运设施的位置和规模。本标准第5章对选址及用地提出了要求。

3.0.2 本条强调垃圾收运系统建设必须符合区域环境卫生专业规划的要求。对于目前尚未编制环境卫生专项规划的镇（乡）和村庄，应征求当地生活垃圾主管部门的意见。

所谓统筹规划，是指既要考虑当地的局部需求，又要兼顾城乡全局平衡；既要满足近期的实际需求，又要考虑远期发展前景。从时序上考虑，远近期相结合，应以近期（5年规划）为主，并为中远期发展留有余地。

鉴于收运设施的社会与环境影响较大而且直接，因此，其建设及运行均应作多方案比较，不但要进行技术经济论证，而且需进行社会与环境影响评价。应根据使用需求与筹资能力，从发挥效能出发，作好技术选型和经济分析。新建项目应与现有的垃圾转运及处理系统相协调，改扩建工程应充分利用原有设施。

3.0.3 在垃圾收运系统中的专业化协作是将收运体系相对独立的各个环节联合起来，进行整体协调形成一个有机整体；社会化服务是指由专业公司负责收运体系中需要的设施设备等的加工制作，按市场要求运作，其优点是节省硬件投入，节省人力，加工速度快，成品质量及设备维护能得到保障。应充分利用现有条件，合理确定项目内容，"不搞大而全或小而全"是垃圾收运体系建设和运行的基本原则和基本要求。有条件的地区是指经济较发达地区，其建立信息化管理系统，有利于实现垃圾收运高效管理。

3.0.4　分类方式应简单易行，如按厨余垃圾、大件垃圾、有害废物及其他废物四类实施生活垃圾分类收集。各城市可根据具体条件与自身需求对垃圾分类的类别进行调整或细化。

3.0.5　本规程所指村镇是除县人民政府驻地以外的镇、乡和村庄及其他人口相对集中的集镇。

推行分类收集，统筹垃圾运输和处理，有利于降低收运成本和提高收运效率。目前村镇生活垃圾处理基本有3种模式："村收集、镇运输、县处理"的城乡一体化模式，"村收集与就地部分处理、镇部分转运、县部分集中处理"的城乡协同模式和"户分类、村（户）处理及镇收集与自行处理"的城乡独立处理模式。村镇应根据当地条件选择合适的处理技术模式。

农业垃圾是各种农业生产活动产生的垃圾，与各种工业活动产生的垃圾是工业垃圾的划分原则相同；农业垃圾以有机物为主，更适合采用资源利用或生化的处理方式，不适宜混入生活垃圾进行处理；从垃圾分类处理、资源化等角度出发，农业垃圾也应单独收集，便于采用合理的后续处理工艺。

3.0.6　本条强调垃圾收运设施、设备及容器上的标志应规范化，即符合现行国家标准《图形符号　安全色和安全标志　第1部分：安全标志和安全标记的设计原则》GB/T 2893.1和现行行业标准《环境卫生图形符号标准》CJJ/T 125的有关规定。

3.0.7　本条规定在垃圾收集、运输车辆（容器）显著位置标明是环卫用车和新能源标志及相关标志、标识，标明使用单位名称等各项标识是为了对其产品质量和作业质量进行监管；规定在垃圾收集设施设备显著位置标明环卫标志及使用单位名称（或标明制造单位名称）也是便于对其进行监管。

3.0.8　建筑垃圾由城镇建设部门归口管理，由具有资质的专业机构运至建筑垃圾处理场专门处理。

工业废物应按"谁排放谁负责、谁污染谁治理"的原则，在环保部门的监督管理下由排放单位按规定处理或排放。对无毒无害类工业废物要酌情考虑，如果工业废物相对生活垃圾较少，则可经其产生单位向辖区环卫主管部门申请，获得批准后，由环卫部门有偿收运，工业废物产生量较多则应单独组织收运、处理。具有生活垃圾属性的工业废物、生产边角料可与生活垃圾一并收运处理。

医疗废物应交由具有专业资质的企业单独收集，密闭运输，送至医疗废物处理设施集中处置。

生活垃圾中的危险废物（如废药品、废电池等）、其他类别危险废物（包括病家禽等）必须在地方环保部门的监督下依照国家有关规定和技术要求由排放企业自行或委托有资质的专业机构进行安全处理。

粪便与生活垃圾在理化性质上有较大差异，故要求单独收集、运输及处理处置。

4　生活垃圾投放

4.0.1　目前，我国城市在生活垃圾的污染防治管理上日趋成熟完善，但部分镇（乡）及农村地区还存在不足，由于缺乏固定的垃圾收集点且缺少专人管理，有些居民习惯于将生活垃圾任意倾倒在街头巷尾、房前屋后，甚至倒入河涌等水体，影响了当地的环境质量，带来了水、大气和土壤等多种环境污染问题。设定固定的垃圾收集点，有助于居民集中投放生活垃圾，避免过于分散的点源污染，同时也有助于后续的垃圾集中清理、运输和处理处置。

4.0.2　本条推行定时定点投放/收集制度旨在规范生活垃圾的投放行为与收集作业，以控制污染、提高收集效率。定时定点投放/收集制度的关键是定点（不强调定时）投放和定时收集，以求既方便群众，又便于管理。

4.0.3　本条为强制性条款。一部分单位、居家及个人随意向临近水体倾倒生活垃圾的现象时有发生，这也是导致水环境恶化与水道淤塞的主要原因之一，当水体的环境容量较小时这种危害尤其严重。

4.0.4　将家庭厨余垃圾等可生物降解的有机垃圾单独收集，埋至庭院、菜地、苗圃、果园等地，兼有制作有机肥、减少垃圾排放量和改善垃圾收运环节作业条件等若干好处，综合效益显著。这是农村地区因地制宜消纳生活垃圾的有效途径之一。灰土成分单一，结合农村地区土地资源条件及垃圾处置方式特点等，宜就地就近填埋处理。

5　生活垃圾收集设施

5.1　废　物　箱

5.1.1　废物箱是设置于道路和公共场所等处供人们丢弃废物的容器。主要用于收集行人的生活垃圾，行人的生活垃圾与其他生活垃圾有一定差异，废物箱与居民生活垃圾收集点的垃圾容器也有一定差异。除了行人必经的道路外，在交通客运站、公共建筑、广场、社会停车场等人流量较大的出入口处，对废物箱的需求程度也较高。在居住区域内、商业文化大街、城镇道路以及商场、影剧院、体育场（馆）、车站、客运码头、街心花园等附近及其他群众活动频繁处，均应设置废物箱。

5.1.2 与分类收集制度配套的废物箱与常规收集的废物箱不完全一致，应与分类处理方式相适应，有针对性地设置明显易懂的标志。

5.1.3 废物箱由于设在路旁等公共场所，其造型美观、风格与周围环境协调就很重要，本条提出了废物箱的基本要求。

5.1.4 本条对设置在道路两侧的废物箱分类提出了设置间隔要求。

一般情况下，人流密度与道路的功能有关，快速路和支路人流量相对较少一些，商业、金融业及客运公交设施附近的街道人流密度相对较高。因此本条对废物箱的设置间距按道路功能而给出不同值。

有辅道的快速路一般均设置人行道，这样在快速路上将有机动车、非机动车及行人三类交通，其对废物箱的需求类似于主、次干路。快速路无辅道而有人行道，则只有机动车和行人交通，且行人交通量不会大，可以按支路对待。若快速路无人行道则不需设置废物箱。旅游景点、步行街、交通站、体育场（馆）、广场等人流集散场所，废物箱的设置应较密集。

本规程涉及的镇（乡）是指有建制的镇和乡。村镇中心区和自然形成的集镇是农村地区社会经济发展和基础设施建设的基层地区，也是城乡一体化的过渡地区。因此其街道、广场、车站等公共活动场合可参照城市设置废物箱等环卫公共设施。

城市道路两侧的废物箱的设置间隔宜符合下列规定：

商业、金融业街道：50m～100m；

主干路、次干路、有辅道的快速路：100m～200m；

支路、有人行道的快速路：200m～400m。

镇（乡）中心区道路两侧以及各类交通客运设施、公共设施、广场、社会停车场等的出入口附近等应设置废物箱，其间隔宜参照城市要求并乘以1.2～1.5的调整系数计算。

广场等休闲场所宜按每 $300m^2 \sim 1000m^2$ 设置一处。

村庄和集镇的公共活动区域和集镇可参照镇（乡）相似区域设置。

5.1.5 村镇除中心区外的其他区域行人丢弃的生活垃圾相对较少，如果没有特殊要求，宜将废物箱和垃圾收集点合并设置。若单独设置，则箱体应密闭，周围应保持环境的整洁卫生。

5.2 垃圾收集点

5.2.1 生活垃圾收集点是指按照规定存放垃圾桶（箱）、构建固定垃圾池或投放袋装垃圾的垃圾集散地。收集点主要适用于人工直接投放，所以其服务半径不宜太大。城市居民区住宅集中，人口密度大，为方便垃圾的收集和投放，收集点的服务半径不宜超过70m；镇（乡）居民住宅较分散，人口密度较城市小，垃圾收集点的服务半径放大至100m；农村地区多为独立住宅，人口密度更小，垃圾收集点的服务半径放大至200m。为方便收集作业，收集点应该设置在垃圾收集车易于停靠的路边等地。

5.2.2 本条是对垃圾收集点的基本要求，强调收集点垃圾不应裸露存放。

5.2.3 根据生活垃圾应逐步做到分类收集、储存、运输和处置这一原则，凡实施分类收集制度的地区，垃圾收集点的设置应考虑满足分类收集要求，或考虑向分类收集过渡。

5.2.4 本条明确提出了垃圾收集点不同类型容器的占地、间隔距离、隔离带宽度等主要指标。

5.2.5 本条明确要求垃圾收集点位置应固定，便于分类投放和分类清运，方便居民使用；并应符合城镇容貌景观要求，不影响环境卫生和景观环境。

5.2.6 本条规定垃圾桶应符合国家现行有关标准的规定，如现行行业标准《塑料垃圾桶通用技术条件》CJ/T280，但对于农村地区可放宽要求。

5.2.7 本条提出了垃圾日排出重量、垃圾日排出体积和收集点所需的垃圾容器数量的计算公式。

5.2.8 本条提出了关于垃圾收集容器标志的基本要求，并明确其设置依据是现行国家标准《生活垃圾分类标志》GB/T 19095。

5.3 垃圾收集站

5.3.1 本条强调了收集站在隔离带、通道等方面的要求。

5.3.2 本条明确改扩建收集站亦应符合现行行业标准《生活垃圾收集站技术规程》CJJ 179 的有关规定。

5.3.3 本条规定了收集站的服务半径不宜过大，以便于生活垃圾的收集和投放，简易的垃圾屋应逐步淘汰。人力收集包括人力板车、三轮车等。小型机动车包括电动车、汽油或柴油机动车等。

5.3.4 垃圾收集站由于其规模小、数量多，防护隔离距离短，露天设置且敞开作业更易造成环境污染，所以应杜绝。

5.3.5 本条对收集站需容纳的生活垃圾量的确定方法作了规定。

6 生活垃圾收集运输

6.0.1 垃圾收集模式按产生源垃圾投放形式可分为袋装收集和散装收集；按收集容器可分为桶装收集和车载容器收集。

6.0.2 按上述两种基本排放形式和两种收集容器的组合可分为四种基本收集模式：袋装-桶装收集、散装-桶装收集、袋装-车载容器收集和散装-车载容器收集。此外还可根据实际情况派生出更多的垃圾收运模式。

本规程所指散装垃圾是指在产生源由非标小型容器进行收集，然后直接倒入垃圾桶或车载容器的生活垃圾。生活垃圾宜采用袋装收集模式，应限制或逐步取消散装收集模式。

1 桶装收集模式及设备配置的要点：

桶装收集模式是指用桶类容器储放收集垃圾，并应放置在收集车辆可停靠的路边等，其位置应基本固定，以保证垃圾的定点投放。

对于城市居民区、企事业单位、乡镇中心区等，收集点应设置标准垃圾桶，收运机构采用与标准垃圾桶配套的平板式收集车进行收集，垃圾桶服务半径宜为150m；对于村镇独门独户的院落，采用小桶储放收集，收集桶类型、规格可根据条件统一选用，环卫收运人员采用箱式人力（或机械）收集车沿街收集，服务半径不宜大于100m。

袋装-桶装收集模式应符合下列要求：

1）垃圾在产生源实行袋装储放，然后投放至垃圾桶；

2）结合当地人口数量、服务半径、经济条件等因素，灵活选用定时收集或巡回收集方式；

3）平板式收集车的载桶数量不少于6个。

散装-桶装收集模式应符合下列要求：

1）垃圾在产生源由小型容器进行储放，然后直接倒入封闭式垃圾桶；

2）定时定点收集；

3）平板式收集车的载桶数量不少于6个。

2 车载容器收集模式及设备配置的要点：

车载容器收集模式是指用固定式或可分离式车载容器储放收集垃圾。

对城市居民区、企事业单位、乡镇中心区等，环卫收运队伍采用配置固定容器的人力或机械收集车进行收集，人力收集车服务半径宜为300m，机械收集车服务半径宜为1000m；对农村地区，收集点应设置可分离式车载容器，收集车定时清运，服务半径可适当加大。

袋装收集-车载容器收集模式应符合下列要求：

1）垃圾在产生源实行袋装储放，然后直接投放至与收集车配套的车载容器；

2）结合当地人口数量、服务半径、经济条件等因素，灵活选用定时收集或巡回收集方式；

3）人力垃圾收集车有效容积为$0.5m^3 \sim 1m^3$，有效装载量约$0.2t \sim 0.5t$；机械式收集车的有效容积为$2m^3 \sim 5m^3$，有效装载量$1t \sim 2t$。

散装收集-车载容器收集模式应符合下列要求：

1）垃圾在产生源由小型容器进行储放，然后直接倒入封闭式车载容器；

2）定时定点收集；

3）人力垃圾收集车有效容积为$0.5m^3 \sim 1m^3$，有效装载量约$0.2t \sim 0.5t$；机械式收集车的有效容积为$2m^3 \sim 5m^3$，有效装载量$1t \sim 2t$。

6.0.3 本条对垃圾收集、清运过程作出具体要求，尤其是要保证垃圾储放、收集密闭，避免溅洒渗漏，杜绝二次污染。

6.0.4 本条明确应推行"分类收集"。企事业单位、商店、饭店等单位的垃圾收集只适用其排放的一般生活垃圾，不包括餐饮垃圾；餐饮垃圾必须单独收运和处置。

6.0.5 本条明确应推行"垃圾不落地"的收集方式。"垃圾不落地"指垃圾自产生源排放经 袋装 — 投放点 — 收集车 ，或 散装 — 垃圾桶 — 收集车 ，其要点是不得将散装垃圾投入各类固定容器或堆场作临时存储，再将其装入收集车等容器，以最大程度地防止与减少二次污染。因此，应逐步改造、更换，拆除现有的垃圾池、垃圾屋。

6.0.6 本条对街道街面的清扫垃圾（渣土）的收集、运输方式作出规定。

6.0.7 菜市场、农产品市场等农贸市场的垃圾产生量较大，且多为瓜果菜叶、鱼肉禽毛皮内脏等，含水量较高，易腐烂污染环境，应采用较大收集容器专门收集与运输且保证日产日清。收集作业可安排在菜场当日售菜完毕之后进行。

6.0.8 生活垃圾收集站运输模式主要适用于小型运载工具（人力车、机动三轮车等）收集的垃圾，部分垃圾收集站兼有垃圾转运功能，其进行垃圾收运的流程见图1。

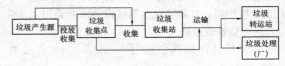

图1 生活垃圾收集运输流程图

6.0.9 垃圾直接运输模式（简称"直运模式"）可分为"巡回收集-直接运输"模式和"定点收集-直接运输"模式。其中，"定点收集-直接运输"模式又可分为"站点收集-直接运输"模式和"定点集装箱收集-直接运输"模式。

其中，"巡回收集-直接运输"模式适用于生活垃圾产生源不太分散，人口集中，收集服务半径一般不超过1km，需要巡回收集的城市、乡镇中心等地区，"定点收集-直接运输"模式适用于"大分散、小集中"（即生活垃圾产生源在各个片区内相对集中，但片区之间相距较远，各片区垃圾服务范围一般不超过500m，垃圾产生量不大）的村镇地区。"大分散、小集中"指各村（居委会）内产生源相对集中，但各村（居委会）之间较分散。

　　1　"巡回收集-直接运输"模式的基本要求：

　　　1）运输车按规定线路巡回收集居民定点投放的垃圾，然后运送到垃圾转运站或直接运送至末端处理场（厂）；

　　　2）垃圾收集车应与收集站中的相应设备装置对接匹配；

　　　3）垃圾收运车额定载荷以5t～8t为宜；

　　2　"站点收集-直接运输"模式是以收集站（点）为基础，将收集的垃圾直接运往末端处理设施：

　　　1）"站点"即传统的垃圾收集站（点），其结构应为封闭式（由墙、门、顶）结构，应有必要的通风除臭措施和防雨措施。"站点收集"的工艺流程为：

垃圾产生源 — 收集站/收运车 — 处理场（厂）

　　　2）与"站点收集"模式相匹配的收运车可以是后装式垃圾车或专用集装箱，额定荷载为8t～12t；

　　　3）"站点收集"对居民投放垃圾的时间以及对上游收集环节的作业方式、作业时间应无严格要求；

　　　4）上游为人力作业的站点收集的服务半径不宜超过0.8km；上游为机械作业的服务半径不宜超过1.5km。对村镇地区，服务半径可适当加大。

　　3　"定点集装箱收集-直接运输"模式是以固定位置的移动式垃圾收集容器（通常是垃圾集装箱）为基础，将收集的垃圾直接运往末端处理场（厂）。

　　　1）"定点集装箱收集"即在固定地点放置一个移动式垃圾集装箱作为垃圾收集站。"定点集装箱收集"的工艺流程为：

垃圾产生源 — 移动式垃圾集装箱 — 处理场（厂）

　　　2）与"定点集装箱收集-直接运输"模式相匹配的车辆通常是钩臂或举升或摆臂式运输车；

　　　3）垃圾集装箱应采用压缩式装箱，容积宜为8m³～20m³，与其配套的钩臂或举升车或摆臂车的额定荷载为5t～12t；

　　　4）"定点集装箱收集"模式的垃圾集装箱的服务半径以500m为宜；

　　　5）设置一体化压缩式垃圾集装箱的地方必须有电源；

　　　6）放置垃圾集装箱的地方宜采用防雨措施。

"站点收集"和"定点集装箱收集"的共同点是有固定的垃圾收集点，根本区别在于前者主体是一个不可移动的专用设施（构筑物），后者是一个可移动的专用设备。

　　定点收集还需考虑分类收集，收集点的容器配备应与分类方式匹配。

7　生活垃圾收运配套机械设备

7.1　收集车辆配置

7.1.1　本条明确了收集站上游收集车辆的类型及其发展趋势，并给出了1t左右小型机动收集车辆数目的计算公式。

　　收集站上游，是指由人力或小型机动车将生活垃圾从产生源或收集点收集运输至收集站的作业阶段。

　　机动收集车行驶稳定、操作方便、效率高，可取代部分人力收集车。其中电动车更有灵活轻便、噪声低、无废气排放等特点，较传统的各类收集车更具优势，适应两型（资源节约型、环境友好型）社会建设和发展低碳经济的需要，应根据实际需求推广应用。

7.1.2　本条明确了收集站上游非机动收集车和其他吨位收集车数量应与小型机动车做相应的换算。

7.1.3　本条强调了对收集车二次污染控制的具体要求——防止运输途中垃圾污水滴漏应作为选购垃圾收集运输车的主要评价指标，另外应优先选用节能减排、低噪的车辆，如电动收运车等。

7.2　收集站设施设备

7.2.1　收集站的工艺和设备的选择较多，应根据各地的地理环境、社会经济基础、技术可行性及未来发展需求等条件，尽可能选择收集和存储效率高、环保措施到位、运行安全的工艺设备。

7.2.2　垃圾收集站投资偏低、规模较小，应急能力有限，为保证在收集站设施设备不能正常运行或局部垃圾产生量过大等特殊情况下，其所服务区域的生活垃圾能正常清运出去，则需要与邻近区域协调借用垃圾收运车辆和设备，故宜采用统一规格设施设备以保证其相互间的通用性，提高垃圾收运系统的整体可靠性与稳定性，避免资源浪费。

7.2.3　虽然收集站服务范围内的垃圾收集作业时间可能全天候（从几小时到十几小时），但基于环境条件和交通条件的限制甚至制约（如垃圾收集与运应避开上下班时间，也不宜安排在深夜），以及为了提高单位时间内的工作效率，收集站机械设备的收运工作量不能按常规的单班工作时间6h～8h分摊，而应在较集中的时段内不大于4h。因此，与收集站工艺单元的设计日运输能力（t/d）相匹配的是配套机械设备的时收集运输能力（t/h）。

7.3 运输车辆及装载容器

7.3.1 运输车辆配置的装载容器大致可分为两类，一种是常规集装箱，另一种是带压缩和卸料装置的。前者的特点是箱体有效容积大，操作简单，更适合大吨位、长距离运输；后者的特点是简化了收集（转运）站或方便卸料，但装载效率和运输效率有所削弱。装载容器的装卸方式大致也可分为两类，一种是钩臂式，另一种是举升式。就目前情况看，前者应用得更多。

7.3.2 我国的垃圾运输车都是以现有标准车底盘为基础改装的。用于垃圾运输的车辆，按额定载荷分，主要有5t、8t、12t、15t、24t等。

对于垃圾收运系统而言，收集站配置的运输车辆额定载荷不宜小于5t。

7.3.3 本条给出了收集站配套运输车辆数目的计算公式。考虑到不同收集工艺的实际情况，容器数量可适当增加。

8 污染控制、安全生产与劳动卫生

8.1 污 染 控 制

8.1.1 垃圾收集站周边的绿化隔离带应定期维护、保养，以保持其隔离、防治污染的功能。

8.1.2 垃圾收集站内配备的各类污染防治设施和设备应定期维护、保养，以保持其防治污染的功能。

8.1.3 只有保持收集站地面平整，才能有效控制积水污染。

8.1.4 收运车辆的整体密封性能，必须满足避免污水滴漏和防止尘屑洒落、臭气散逸几方面的要求。车辆箱体密封性应该是运输设备招标投标的主要控制指标。

8.1.5 收集运输车辆在清运生活垃圾过程中可能会产生噪声影响居民正常生活学习，因而必须采取调整垃圾清运时间和路线或安装减振降噪设备等积极措施来降低噪声的影响。

8.1.6 根据污染集中控制原则、规模效益原则及相关规定，收集站内作业产生的垃圾污水及清洗车辆、设备、器具的生产污水，经有关主管部门审批后可排入临近市政排水管网集中处置。主管部门不同意直接排入市政管网的，或者附近没有市政管网的情况下，收集站内应设置污水收集装置。

8.2 安全生产与劳动卫生

8.2.1 本条强调垃圾收集、运输安全与劳动卫生应符合现行国家标准《生产过程安全卫生要求总则》GB/T 12801的规定和有关规定的要求。

8.2.2 垃圾收集作业区的各种指示标牌、警示标志，以及报警装置等不仅是安全环保的需要，对于规范化作业和提高生产效能也是非常重要的。在收集站相应位置设置醒目的专用设施标志牌和安全标志应符合《图形符号 安全色和安全标志 第1部分：安全标志和安全标记的设计原则》GB/T 2893.1和《环境卫生图形符号标准》CJJ/T 125的规定。

8.2.3 本条强调收集站应保持作业人员更衣、洗手和工具存放等场所的完好。

8.2.4 本条强调收集作业人员上岗应该佩戴防噪耳塞、手套等劳动保护用具。

8.2.5 本条规定收集站内应该采取消杀、灭虫等有效措施保障工作区环境卫生。垃圾收运作业环境容易导致蚊蝇鼠的孳生，在进行日常作业时，须考虑灭杀蚊、蝇、鼠的措施。

9 生活垃圾收运的应急处置

9.0.1 本条强调垃圾应急收运工作必须纳入区域城乡生活垃圾应急处置体系，不宜单独开展。

9.0.2 对相关区域生活垃圾产生源进行调查、评估，是制定生活垃圾应急处置实施计划的基础。

预估生活垃圾产生量以现场实测为基础，也可按以下经验数据估算：灾区的人均生活垃圾产生量较正常生活状态下的产生量小，而临时安置点相对过渡居住区的人均垃圾产生量也较小，所以在无法进行现场实测的情况下，可取人均生活垃圾产生量约为0.5kg/d～0.7kg/d（人口基数为辖区总人数，包括临时安置点或过渡居住区人员和管理、服务人员等）。

预估同一地区人均生活垃圾产生量，临时安置阶段取偏小值，过渡安置阶段取偏大值。

9.0.3 海湾、河湾、山区、湖区及水网平原等地区的城市，在遭遇台风、洪水、暴雨等灾害时，其辖区水域（主要集中在海湾、海口、河湾、河口、海岸边、湖边）会在短时间内产生大量水面漂浮垃圾。这类特殊垃圾类别、形态、性状均很不规范（如形态很大的树干、木板，或单体形态不大但数量众多的水生植物），清捞方法不同，处置难度较大，必须由多部门协同配合才能有效应对、解决其产生的问题。

9.0.4 本条规定对于混入建筑垃圾、医疗垃圾等危险废物的混合垃圾，不能贸然进行收集运输，应该首先由卫生防疫等部门进行必要的检测、甄别。

9.0.5 本条对生活垃圾应急清扫、收集、存放作出规定。

及时清扫清理垃圾是有效处理处置垃圾的首要环节，是有序开展后续各项工作的基础。减少垃圾暴露、避免雨水浇淋垃圾则是减少和防治污染的有效措施。

临时投放点是设置在临时安置点旁、救援基地、广场、主要街道等人群聚集地的移动式垃圾收集容器；垃圾收集站是距离安置点的边缘有一定距离，方便垃圾收集车通行和收集垃圾作业的固定收集站。

本条所说的非专用容器包括塑料桶、废油桶、竹筐，乃至塑料袋等。放置上述容器的临时收集站应设明显标志，所设标志应符合本条规定。

应急垃圾存放地和不准投放垃圾的标志应符合本条规定。

9.0.6 本条规定进行生活垃圾应急收集运输过程中应做好卫生防疫消杀、降尘除臭等工作，以防止二次污染甚至次生灾害。

9.0.7 本条对临时产生源生活垃圾的应急运输作出规定。

生活垃圾应选用密闭式运输车辆。不得已采用敞口式运输车辆（容器）时，必须用苫布、网布等进行遮盖，以避免二次污染。

社会车辆不一定具备密闭性等环卫车辆的条件与特性。因此，将其用于垃圾运输等环卫作业时应作必要的处理（如加高墙板等），以防止或减少环境污染。

9.0.8 本条规定了生活垃圾运输车在作业过程中统一停放点与临时安置点和过渡居住区（以板房等设施构成）的最小间距，是为了方便管理并减少对周边环境的污染。作业结束后生活垃圾运输车应相对集中停放。应急专用停车场所的标志应符合本条规定。

中华人民共和国行业标准

生活垃圾焚烧厂运行监管标准

Standard for supervision on operation of
municipal solid waste incineration plants

CJJ/T 212—2015

批准部门：中华人民共和国住房和城乡建设部
施行日期：2 0 1 5 年 1 0 月 1 日

中华人民共和国住房和城乡建设部
公 告

第 749 号

住房城乡建设部关于发布行业标准
《生活垃圾焚烧厂运行监管标准》的公告

现批准《生活垃圾焚烧厂运行监管标准》为行业标准，编号为 CJJ/T 212－2015，自 2015 年 10 月 1 日起实施。

本标准由我部标准定额研究所组织中国建筑工业

出版社出版发行。

中华人民共和国住房和城乡建设部

2015 年 2 月 10 日

前 言

根据住房和城乡建设部《关于印发〈2010 年工程建设标准规范制订、修订计划〉的通知》（建标〔2010〕43 号文）的要求，标准编制组经广泛调查研究，认真总结实践经验，参考有关国际标准和国外先进标准，并在广泛征求意见的基础上，编制本标准。

本标准的主要技术内容是：1. 总则；2. 基本规定；3. 监管内容和方法；4. 焚烧厂运行效果考核。

本标准由住房和城乡建设部负责管理，由中国城市建设研究院有限公司负责具体技术内容的解释。执行过程中如有意见或建议，请寄送中国城市建设研究院有限公司（地址：北京市西城区德胜门外大街 36 号；邮政编码：100120）。

本 标 准 主 编 单 位：中国城市建设研究院有限公司

本 标 准 参 编 单 位：上海市环境工程设计科学研究院

深圳市能源环保有限公司

深圳市环境卫生管理处

北京市朝阳区循环经济产业园

上海环境集团有限公司

创冠环保（中国）有限公司

重庆三峰环境产业集团有限公司

广州市生活废弃物管理中心

杭州市生活固体废弃物处置中心

杭州新世纪能源环保工程股份有限公司

中国恩菲工程技术有限公司

本标准主要起草人员：郭祥信 徐文龙 白良成
王敬民 翟力新 张 益
刘晶昊 吴 剑 卜亚明
吴燕琦 吴学龙 吴选辉
邵 军 龚佰勋 刘思明
杨 桦 赖剑波 王 柯
张 媛 刘海威 姜宗顺
张 龙 余 毅 蹇瑞欢
方 朴 李 晖 沈卓心
白贤祥 李祖伟 余 兵
吴 立 张星群 云 松
蒲志红 彭孝容

本标准主要审查人员：聂永丰 陶 华 施 阳
刘申伯 魏金华 吴文伟
夏 明 颜 勃 方建华
缪 磊 王革非

目　　次

Contents

1 总 则

1.0.1 为加强生活垃圾焚烧厂（以下简称焚烧厂）的运行过程监管，规范监管行为，提高运行水平，保障公众利益，制定本标准。

1.0.2 本标准适用于对焚烧厂的运行监管。

1.0.3 对焚烧厂的运行监管全过程应遵循独立、公正、公开的原则。

1.0.4 焚烧厂的运行监管除应符合本标准的规定外，尚应符合国家现行有关标准的规定。

2 基本规定

2.0.1 监管单位在实施焚烧厂监管前应制定监管方案，监管方案的编制应针对焚烧厂的实际情况，明确监管的工作目标，并应确定具体的监管工作制度、程序、方法和措施。

2.0.2 监管方案应包括下列内容：

1　焚烧厂概况；

2　焚烧工艺特点及关键环节分析；

3　监管工作范围；

4　监管工作依据；

5　监管工作目标；

6　监管工作内容；

7　焚烧厂监管的组织形式；

8　焚烧厂监管的人员配备计划；

9　焚烧厂监管的人员岗位职责；

10　监管工作程序；

11　监管工作方法及措施；

12　监管成本核算；

13　监管总结与考核。

2.0.3 监管工作应包括下列内容：

1　现场监督检查；

2　发现问题，与焚烧厂运行方沟通确认，并按照本标准附录 A 的要求填写问题记录表；

3　提出整改建议；

4　运行方对整改建议有异议时，监管人员上报政府主管部门，并研究解决方案；

5　督促整改落实并复查；

6　进行月考核并按照本标准附录 B 的要求向政府主管部门提交月度监管报告；

7　进行年度运行监管总结，并按照本标准附录 C 的要求向政府主管部门提交年度监管报告。

2.0.4 从事监管工作的人员，应具备与垃圾焚烧监管工作相适应的专业知识和业务工作经验，并应定期接受专业培训。

2.0.5 焚烧厂运行监管岗位配置及其所需专业宜符合表 2.0.5 的规定。

表 2.0.5　焚烧厂运行监管岗位配置及其所需专业要求

监管岗位	综合监管（包括垃圾计量、臭味控制、安全生产、废水废渣处理与厂内环境等）	焚烧工况及重要参数保障（包括垃圾焚烧系统调节、炉温保障等）	烟气净化系统、在线监测系统、运行工况
所需专业知识	环境工程/热能工程	热能工程/工业炉/锅炉	环境工程（大气污染控制/通风除尘）/热能工程

2.0.6 各监管岗位人员进入焚烧厂现场应遵守现场各项运行和安全管理制度。

3 监管内容和方法

3.1 一般规定

3.1.1 焚烧厂运行监管的范围应为所有焚烧线的设备和设施，包括进料系统、垃圾焚烧系统、燃烧空气与辅助燃烧系统、余热锅炉系统、控制系统、烟气净化系统、烟气在线监测系统、渗沥液及灰渣输送处理系统。

3.1.2 对焚烧厂运行的下列情况应实施重点监管：

1　垃圾进厂计量；

2　垃圾焚烧炉燃烧工况；

3　垃圾焚烧炉的启炉和停炉；

4　炉渣的取样和热灼减率检测；

5　烟气净化系统运行工况；

6　烟气净化中和剂、吸收剂和吸附剂消耗量；

7　焚烧工况参数、烟气及其他污染物排放在线监测；

8　各重要监测与计量仪器的校验、标定及有效性检查；

9　渗沥液处理；

10　厂区臭味控制；

11　飞灰处理；

12　焚烧厂运行数据储存；

13　全厂安全管理制度执行状况及是否存在安全隐患。

3.1.3 对焚烧厂的下列情况可实施一般性监管：

1　厂区总体环境；

2　卸料大厅环境；

3　焚烧生产线停产检修；

4　锅炉受热面清灰；

5　锅炉受热面管壁腐蚀程度检查；

6　汽轮发电机维护检修；

7 焚烧厂发电上网电量。

3.1.4 监管人员在监管过程中应对焚烧线运行情况进行随机巡视和核查，对发现的问题监管人员应及时向运行方提出，并应进行日常监管问题记录。监管人员日常监管问题记录应符合本标准附录A的要求。

3.1.5 焚烧厂运行方应对监管人员提出的整改意见及时反馈，具备立即整改条件的应立即整改，不具备立即整改条件的，应向监管人员提交整改计划。对监管单位提出的整改意见有异议时，可向监管单位提出。

3.2 垃圾进厂车辆管理及垃圾计量的监管

3.2.1 监管人员应对垃圾进厂车辆管理及垃圾计量环节实施监管并应符合下列规定：

1 每天的垃圾进厂计量记录资料应显示各车次的车辆编号和净载量，计量记录资料应由现场监管人员审核、签字；

2 应建立进场垃圾车辆登记台账，记录各车辆的详细信息；详细信息应包括所属单位、车辆型号特点、载重、所运垃圾来源及性质等；

3 对新增或替换更新的日常垃圾运输车辆应及时补充至垃圾车辆登记台账中；

4 对未进入登记台账的进场垃圾车辆应重点检查、检验；

5 垃圾计量设备应根据有关规定定期校验、标定，校验、标定的有效期应标于设备明显位置；

6 垃圾计量设备发生故障期间，进厂垃圾量可按故障前最近时间每辆车计量的装载率估算，估算数据应经监管人员签字确认。

3.2.2 监管人员应每天（运行日）检查垃圾进厂计量是否正常，正常的签字确认，不正常的应要求运行方整改并修正数据。

3.2.3 监管人员每月应对垃圾计量记录资料进行审核确认，对计量误差不符合要求的应给予修正，并按修正后的垃圾进厂量签署结算单。

3.3 垃圾卸料储料环节的监管

3.3.1 对卸料大厅运行管理的监管应以臭味控制和安全操作为重点，并应符合下列规定：

1 地面应及时冲洗，并应及时排走冲洗水；

2 卸料大厅内的安全标识和设施应保持完好；

3 通风除臭系统应保持良好的工作状态。

3.3.2 对垃圾储坑（池）运行管理的监管应以排风除臭和渗沥液导排为重点，并应符合下列规定：

1 卸料门应保持密封良好，卸料完毕应及时关闭；

2 焚烧炉停运后垃圾储坑（池）排风除臭系统应及时投入使用，并应根据停运焚烧炉台数调节排风机风量，保证垃圾储坑（池）臭味不外逸；

3 全部焚烧炉停运前宜清空垃圾池，无法清空时，焚烧炉停运后应关闭所有卸料门，并应及时启动垃圾储坑（池）排风除臭系统；

4 垃圾池排风除臭系统应保持良好工作状态，并应定期检查除臭药剂或材料是否失效，若失效应及时更换；

5 垃圾池底部应保持渗沥液导排畅通。

3.3.3 每周应至少检查两次垃圾卸料储料系统的安全设施、消杀和臭味控制效果，夏季可增加检查次数，督促安全、消杀和除臭措施的实施。

3.4 垃圾焚烧炉运行监管

3.4.1 监管人员应对焚烧炉烘炉和启炉阶段实施监管，并应符合下列规定：

1 应使用点火燃烧器和助燃燃烧器进行烘炉，并应调节燃烧器的负荷，按焚烧炉设计要求的升温曲线逐渐加热炉膛；

2 炉膛内任一点温度达不到850℃，不得向炉内投入垃圾；

3 投入垃圾前应先启动烟气净化系统。

3.4.2 监管人员应对焚烧炉给料系统的运行工况进行监管，并应符合下列规定：

1 下料喉管内的垃圾不得发生闷烧现象；

2 应注意调节推料器运动速度，使其根据垃圾特点、锅炉负荷、炉渣热灼减率等情况对料层高度实施调节，保证炉排料层高度均匀合理；

3 应按焚烧炉设计小时处理能力向炉内给料，不宜长期过度超负荷和过度低负荷运行；

4 推料器下存在污水渗漏时，应及时将渗漏污水清理或收集，并应采取除臭措施。

3.4.3 监管人员应对炉排上垃圾燃烧工况作重点监管，并应符合下列规定：

1 炉排上干燥段、燃烧段和燃烬段（以下简称"三段"）的长度应控制合理，确保垃圾燃烧完全，炉渣热灼减率应符合现行行业标准《生活垃圾焚烧处理工程技术规范》CJJ 90 的有关要求；

2 应避免炉排料层出现大面积漏风现象；

3 应结合推料速度、炉排移动速度的调节，控制料层高度和"三段"长度；

4 "三段"的一次风风量、风压应根据各段的需要合理分配和控制。

3.4.4 应对焚烧厂运行管理方进行的炉渣热灼减率日常检测过程实施监管，并应符合下列规定：

1 焚烧厂运行方对炉渣热灼减率的日常检测频次不宜小于每周3次；

2 应对每台焚烧炉渣分别取样和检测；

3 炉渣热灼减率检测所用炉渣样品应在出渣输送机上或落渣口处获取，采样时应截取炉渣流的全截面，且应在一天的焚烧炉渣中等时均匀获取；

4 取样炉渣中含有的塑料、橡胶、纸、织物、木块、砖块等有机和无机物品不得从样品中拣出；

5 炉渣热灼减率试验室检测应符合现行国家标准《生活垃圾焚烧污染控制标准》GB 18485 的有关规定。

3.4.5 监管人员应对炉膛燃烧工况进行重点监管，并应符合下列规定：

1 炉膛应保持设计规定的微负压；

2 炉膛内每一温度测点的测量仪表、元件及数据传输设备状态应正常、有效，数据真实、可靠，计算烟气停留 2s 的炉膛空间内测点温度均应达到 850℃以上；

3 焚烧炉（或锅炉）出口烟气氧含量测量仪表、元件及数据传输设备状态应正常、有效，数据真实、可靠，焚烧炉（或锅炉）出口烟气氧含量应保持在 6%～10%之间；

4 应将焚烧炉炉膛压力、炉膛每一温度测点的温度和焚烧炉或锅炉出口烟气氧含量的在线监测数据以表格和曲线两种形式储存至电脑中，并应储存大于 1 年的运行数据；

5 助燃系统应保持良好备用状态，保证炉膛温度低于规定下限时能自动启动助燃。

3.4.6 应经常检查炉膛各测点的温度变化曲线，对低于 850℃的时间段应进行记录分析，并告知运行方采取稳定炉温的措施。

3.4.7 监管人员应对焚烧炉停炉过程实施监管，并应符合下列规定：

1 停炉前，将炉排上的所有垃圾燃尽，垃圾燃尽前炉膛温度应保持 850℃以上；

2 应按焚烧炉设计的降温曲线逐渐降低炉膛温度；

3 炉膛降温期间，烟气净化系统应保持正常运行。

3.4.8 应监督运行方定期启动助燃燃烧器，使其始终保持热备用状态，并应检查助燃燃烧器能否自动投入运行。

3.4.9 对流化床焚烧炉的监管，应符合下列规定：

1 应控制入炉垃圾的性状，防止大件垃圾进入炉内影响燃烧工况；

2 带预处理系统的流化床焚烧厂，应对预处理车间臭味控制作为重点监管内容；

3 对助燃用煤投加量实施重点监管，日常加煤量应使炉膛温度保持 850℃以上；

4 对每条焚烧线的锅炉灰或飞灰进行热灼减率（含碳量）的检测，检测频次每周不应少于 3 次。

3.5 烟气净化系统的监管

3.5.1 焚烧线运行过程中，宜根据实际运行数据，在石灰浆（粉）、尿素（或氨水）和活性炭品质达到

要求的情况下，确定使排放烟气指标达到该焚烧厂设计限值的最低石灰浆（粉）、尿素（或氨水）和活性炭的施加量，作为考核基准值，用于石灰浆（粉）、尿素或氨水和活性施加量的监管和考核。

3.5.2 烟气净化系统、设备应得到良好维护，可用系数应达到 100%。

3.5.3 对半干法脱酸系统的监管应符合下列规定：

1 使用消石灰制浆时，消石灰质量应符合表3.5.3-1 的要求；

表 3.5.3-1　消石灰质量

项　　目	要　求　数　值
纯度	≥95%
比表面积	≥18m²/g
粒度	≥325 目

2 使用生石灰制浆时，生石灰质量应符合表3.5.3-2 的要求；

表 3.5.3-2　生石灰质量

项　目	要　求　数　值
纯度	≥90%
密度	700kg/m³～1100kg/m³
比表面积	1.5m²/g～2.5m²/g
粒度	≥80 目
活性	150g CaO 与 600g 水混合，3min 内温升大于 70℃，10min 内温升大于 73℃
S 含量	<0.1%

3 石灰浆的喷射量（Ca（OH）₂浓度一定）不应小于基准值，并应保证烟气中氯化氢和二氧化硫达标排放；

4 石灰浆供应系统应得到良好维护，防止发生堵塞现象；

5 应保持石灰浆喷射设备的性能良好，喷嘴清洗时应及时投入备用喷嘴，以保证脱酸塔中和反应的连续性；

6 石灰浆雾化效果应能保证石灰浆雾滴的完全气化；

7 应及时清理反应塔内壁的结垢。

3.5.4 对干法脱酸系统的监管应符合下列规定：

1 氢氧化钙粉纯度应大于 95%，比表面积不应小于 15m²/g，喷射量应能保证烟气中酸性气体达标排放；

2 氢氧化钙粉供应系统应得到良好维护，防止输送管道发生堵塞现象；

3 氢氧化钙粉喷射应具有连续性，喷射前的烟气温度宜控制在 140℃～160℃。

3.5.5 对活性炭喷射系统的监管应符合下列规定：

1 活性炭粉的品质应符合表 3.5.5 的要求；

2 活性炭粉的喷射量不应小于基准值，并应能保证烟气中重金属和二噁英达标排放；

3 活性炭粉供应系统应得到良好维护，防止发生输送管道堵塞现象；

表 3.5.5 活性炭粉的品质

项目	单位	要求数值
pH 值		5～7.5
灰分	％	＜8～10
水分	％	＜3
填充密度	kg/m³	400～500
比表面积	m²/g	＞900
碘吸附值		＞800
粒径 0.150mm 0.074mm 0.044mm 0.010mm	％	＞97 ＞87 ＞72 ＞40

4 活性炭粉喷射系统应保持连续工作，备用系统应保持备用工作状态。

3.5.6 布袋除尘器的监管应符合下列规定：

1 布袋材料应选用耐高温、耐腐蚀的产品；

2 应定期清灰，清灰时应避免损坏布袋材料；

3 应有布袋损坏的监控手段，并应做到及时发现及时更换。

3.5.7 选择性非催化还原（SNCR）脱氮氧化物系统的监管应符合下列规定：

1 所采购的尿素、液氨和氨水的品质应分别符合国家现行标准《尿素》GB 2440、《液体无水氨》GB 536 和《氨水》HG 1-88 的有关要求；

2 尿素溶液、液氨或氨水喷射区的炉膛温度宜控制在 900℃～1000℃；

3 应在焚烧厂运行期间，分不同季节和月份，根据氮氧化物（NOₓ）排放浓度和炉膛温度的变化，寻找适宜的尿素溶液或氨水喷射量，并应确定尿素溶液或氨水喷射量的控制措施。

3.5.8 选择性催化还原（SCR）脱氮氧化物系统的监管应符合下列规定：

1 应在焚烧厂运行期间，分不同季节和月份、不同负荷，根据氮氧化物（NOₓ）排放浓度的变化，寻找适宜的尿素溶液、液氨或氨水喷射量，并应以此作为运行控制及监管依据；

2 还原剂宜采用尿素溶液；采用液氨或氨水作为还原剂的，应定期检查液氨或氨水储存系统的安全性；

3 进入反应器的烟气温度宜控制在 300℃～420℃；

4 应及时清除反应器中的积灰；

5 反应器中的催化剂失效后应及时更换。

3.5.9 应对运行方购买的每批次消石灰（生石灰）、尿素（液氨或氨水）和活性炭的抽检结果进行确认。

3.5.10 应每天检查石灰浆（粉）、尿素或氨水液氨和活性炭的用量是否在合理范围。

3.5.11 应每天检查烟气排放在线监测指标值曲线或记录数据，确认是否有超标或数据异常现象，并应及时分析超标和数据异常的原因，提出整改意见。当在线监测系统出现故障时，应准确记录故障情况、出现时间和排除时间。

3.5.12 在线监测系统应由政府监管人员或政府委托的管理单位人员操作和管理，焚烧厂运行方不得干预。烟气在线监测仪表应定期使用标准气标定，人工标定频次不宜小于 2 次/月，并应做好标定记录，确保监测仪表显示数据和传输数据的真实性。

3.5.13 应将烟气在线监测数据以表格和曲线两种形式储存在电脑中，并应储存大于 1 年的监测数据。

3.5.14 飞灰处理系统的监管应符合下列规定：

1 飞灰应密闭收集、密闭存放，不得泄漏于环境中；

2 厂内配备飞灰稳定化处理系统的，应保证飞灰稳定化处理系统的正常运行，确保稳定化处理后的各项指标满足最终处置的技术要求；

3 厂内未配备飞灰稳定化处理系统的，应建立飞灰运输、暂存和处理处置登记制度，对飞灰的去向和处理处置情况应进行详细记录。

3.5.15 对于厂内配备飞灰稳定化处理系统的焚烧厂，应根据稳定化后的飞灰浸出液污染物浓度限值找出飞灰稳定化药剂的使用量和有关工艺参数，以此作为飞灰稳定化日常监管的依据。

3.5.16 厂内未配备飞灰稳定化处理系统的焚烧厂，应每天检查飞灰的运出或暂存登记，定期核查在厂外的处理情况，并记录运出飞灰量和在处理厂的处理量。

3.6 渗沥液处理监管

3.6.1 渗沥液收集处理系统运行管理重要环节的监管应符合下列规定：

1 渗沥液导排系统应保持畅通，避免渗沥液在垃圾池内聚集；

2 应根据渗沥液产生量和水质的变化及时调整渗沥液处理设施的运行工况，确保渗沥液处理系统正常运行，出水水质满足要求；

3 送往厂外处理的渗沥液，应对出厂渗沥液量和厂外处理量的记录资料进行核查；

4 采用膜处理工艺处理渗沥液的焚烧厂，应定期核查浓缩液的处理情况，发现违规排放应及时处理。

3.6.2 应每天至少一次现场检查渗沥液处理系统运行情况。

3.6.3 应每周对渗沥液排放水质指标进行核对，发现有超标现象时，应分析原因，提出整改意见。

3.6.4 应将排放污水水质的在线监测数据以表格和曲线两种形式储存在电脑中，并应储存大于1年的监测数据。

3.7 安全管理

3.7.1 监管人员应监督焚烧厂运行方对下列操作执行操作票制度：

1 焚烧炉的启停操作；
2 汽轮机的启停操作；
3 发电机并网与解列；
4 烟气净化系统的启停操作；
5 主变压器及主要电气设备开关停送电操作。

3.7.2 监管人员应监督焚烧厂运行方对以下工作执行工作票制度：

1 电气设备的检修；
2 垃圾抓斗及行车的检修；
3 焚烧炉及其辅助设备检修；
4 锅炉受热面的清理及检修；
5 主蒸汽管路及其部件的检修；
6 汽轮发电机及其辅助设备检修；
7 循环冷却水系统检修；
8 空气预热器及烟道的清理和检修；
9 送、引风机及烟气净化设备检修。

3.7.3 监管人员应定期检查操作票和工作票执行情况。

3.7.4 应定期检查焚烧厂内重要安全标识和设施的有效性。

3.8 运行数据和情况核填与记录

3.8.1 监管人员在日常监管过程中应对关键运行数据和情况进行核填和记录，日常监管核填数据和情况记录宜符合表3.8.1的规定。

表 3.8.1 日常监管核填数据和情况记录表

序号	考核内容	代表符号	日期				当月数据	备注
			1	2	3	…		
1	月平均日垃圾处理量							根据记录数据计算当月平均日处理量低于0.7倍额定日处理量的百分数 η_1；或月平均日处理量高于1.2倍额定处理量的百分数 η_2

续表 3.8.1

序号	考核内容	代表符号	日期				当月数据	备注
			1	2	3	…		
2	厂区内有明显臭味的天数	r						被确认是来自焚烧车间的臭味
3	卸料大厅环境不清洁的天数	τ						—
4	炉膛压力出现微正压的小时数	φ						—
5	炉膛温度低于850℃的小时数	ψ						烟气停留2s的空间内任一温度测点的温度低于850℃计算
6	焚烧炉（锅炉）出口烟气氧含量在6%~10%范围以外的小时数	σ						—
7	炉渣热灼减率大于标准限值的次数	λ						一个月内每条焚烧线炉渣热灼减率的测定次数不得小于12
8	排放烟气烟尘浓度超过排放限值的小时数	ρ						—
9	排放烟气HCl浓度超过排放限值的个数	ω						指浓度小时均值
10	排放烟气SO₂浓度超过排放限值的个数	t						指浓度小时均值
11	排放烟气CO浓度超过排放限值的个数	μ						指浓度小时均值
12	排放烟气NOₓ浓度超过排放限值的个数	θ						指浓度小时均值
13	活性炭用量（kg）							—
14	消石灰或生石灰用量（kg）							—
15	仪表标定和检验情况记录							—

左表：续表 3.8.1

序号	考核内容	代表符号	日期 1	日期 2	日期 3 …	当月数据	备注
16	飞灰稳定化物质不满足浸出毒性要求的次数	κ					一个月内稳定化飞灰浸出毒性检验次数不得小于 4 次
17	危险废物处理厂飞灰登记量	ξ					—
18	焚烧厂出厂飞灰登记量	χ					—
19	渗沥液处理出水在线监测 COD 不达标的小时数（无在线监测时，记录环保监测的不达标次数）	υ					
20	接纳地渗沥液登记量	ζ					
21	焚烧厂出厂渗沥液登记量	s					
22	操作票与工作票填写合格率						

注：对于表中焚烧线运行关键数据和情况的核填记录项，需对所有焚烧线分别进行核填和记录。

4　焚烧厂运行效果考核

4.0.1　应每月对垃圾焚烧厂进行一次月度考核，月度考核结果可作为该月垃圾处理补贴费拨付的参考依据。

4.0.2　月度考核应采用综合评分的方式进行，垃圾焚烧厂监管月度综合评分应符合表 4.0.2 的要求。

表 4.0.2　垃圾焚烧厂监管月度考核评分表

序号	考核项目	满分分值	运行情况	应得分值	备注
1	垃圾计量	5	垃圾计量符合本标准第 3.2 节的要求	5	—
			垃圾计量与本标准第 3.2 节的要求有差距	5×(0.1~0.99)	

右表：续表 4.0.2

序号	考核项目	满分分值	运行情况	应得分值	备注
2	垃圾处理量	5	月平均日处理量介于 0.7 倍和 1.2 倍额定日处理量	5	按月均日进厂垃圾量-渗沥液量计或按抓斗起重机计量入炉垃圾重量计
			月平均日处理量低于 0.7 倍额定日处理量的 η_1（%）	5×(1−η_1)	大修期不参加日平均计算
			月平均日处理量高于 1.2 倍额定日处理量的 η_2（%）	5×(1−η_2)	
3	垃圾池臭味控制	6	全月每天臭味控制效果良好，厂区无明显臭味	6	—
			有 r 个运行日厂区有明显臭味	6×(d−r)/d	d 为当月焚烧厂运行天数
4	卸料大厅环境	3	所有运行日均保持清洁	3	—
			有 τ 个运行日不清洁	3×(d−τ)/d	
5	炉膛负压控制	3	炉膛每天均保持微负压	3	—
			任一焚烧线存在 φ 个小时微正压	3×(24d′−φ)/24d′	d′ 为当月焚烧线正常运行日（除去停炉检修日）
6	炉膛温度	10	始终保持 850℃	10	—
			任一焚烧线存在 φ 个小时低于 850℃的情况	10×(24d′−φ)/24d′	按最差焚烧线
7	锅炉省煤器出口烟气氧含量	6	始终保持 6%~10%	6	—
			任一焚烧线在 6%~10% 范围以外的时间是 σ 小时	6×(24d′−σ)/24d′	按最差焚烧线
8	炉渣热灼减率	8	始终小于标准限值	8	—
			大于标准限值的次数为 λ	12×(γ−λ)/γ	γ 为一个月内炉渣热灼减率的测定次数，γ 不得小于 12
9	排放烟气烟尘浓度	6	始终低于排放限值	6	—
			有 ρ 个小时均值超过排放限值	6×(24d′−ρ)/24d′	按最差焚烧线

续表4.0.2

序号	考核项目	满分分值	运行情况	应得分值	备注
10	排放烟气HCl浓度	5	始终低于排放标准	5	—
			有ω个小时均值超过排放标准	$5\times(24d'-\omega)/24d'$	按最差焚烧线
11	排放烟气SO_2浓度	5	始终低于排放标准	5	—
			有t个小时均值超过排放标准	$5\times(24d'-t)/24d'$	按最差焚烧线
12	排放烟气CO浓度	6	始终低于排放标准	6	—
			有μ个小时均值超过排放标准	$6\times(24d'-\mu)/24d'$	按最差焚烧线
13	排放烟气NO_x浓度	3	始终低于排放标准	3	—
			有θ个小时均值超过排放标准	$3\times(24d'-\theta)/24d'$	按最差焚烧线
14	月度活性炭用量	6	月平均处理每吨垃圾（入炉量）所用活性炭量达到或超过基准用量	6	基准用量即按照本标准第3.5.1条要求确定的能使重金属和二噁英排放浓度达标的活性炭喷射量；按最差焚烧线考核
			月平均处理每吨垃圾（入炉量）所用活性炭量是基准用量的δ倍($\delta<1$)	$6\times\delta$	
15	月度消石灰或生石灰用量	5	月平均处理每吨垃圾（入炉量）所用消石灰或生石灰量达到或超过基准用量	5	基准用量即按照本标准第3.5.1条要求确定的能使酸性气体排放浓度达标的消石灰或生石灰用量；按最差焚烧线考核
			月平均处理每吨垃圾（入炉量）所用消石灰或生石灰量是基准用量的w倍($w<1$)	$5\times w$	
16	计量、测量仪表标定和检验	3	按规定周期标定、检验，并及时维修或更换	3	包括垃圾量、炉腔温度、氧含量、排放污染物浓度等计量仪表
			未按规定周期标定、检验	0	
17	飞灰处理：17.1 飞灰稳定化 17.2 去危险废物处理厂处理	6	17.1 稳定化后全部满足进入生活垃圾卫生填埋场的浸出毒性要求；17.2 危险废物处理厂登记量与焚烧厂出厂登记量相等	6	—

续表4.0.2

序号	考核项目	满分分值	运行情况	应得分值	备注
17	飞灰处理：17.1 飞灰稳定化 17.2 去危险废物处理厂处理	6	17.1 稳定化物质不满足进入生活垃圾卫生填埋场浸出毒性要求的次数是κ	$6\times(\zeta-\kappa)/\zeta$	ζ为一个月内稳定化飞灰浸出毒性检验次数，ζ不得小于4次
			17.2 危险废物处理厂飞灰入厂登记量ξ小于焚烧厂出厂飞灰登记量χ	$6\times\xi/\chi$	—
18	渗沥液处理 18.1 厂内处理 18.2 直接运往其他地方处理	5	18.1 出水在线监测COD全部达标；18.1 接纳地渗沥液登记量与出厂渗沥液登记量相等	5	①包括出水排放指标执行城市污水管网纳管标准的情况；②若无在线监测，则可按环保监测不达标次数占总次数比例扣减分
			18.1 出水在线监测COD不达标的小时数为υ	$5\times(24d'-\upsilon)/24d'$	
			18.2 接纳地渗沥液月累计登记量ζ小于出厂渗沥液月累计产生量s	$5\times\zeta/s$	—
19	操作票与工作票填写合格率	4	合格率达到100%	4	—
			合格率未达到100%	0	—

注：表中以焚烧线指标进行评分的项，均以最差焚烧线数据评分。

4.0.3 监管单位每月应向政府主管部门提交月度监管考核报告，月度监管报告的内容应符合本标准附录B的要求。年终根据每月的考核结果综合评价全年的运行效果，并应向政府主管部门提交年度监管报告，年度监管报告的内容应符合本标准附录C的要求。

附录A 监管人员日常监管问题记录表

A.0.1 监管人员日常监管问题记录表应符合表A.0.1的规定。

表 A.0.1 监管人员日常监管问题记录表

日期：　　年　　月　　日

问题描述					
问题发现时间（精确到分）：					
问题持续时间（查看运行记录或询问运行操作人员）：					
解决方案或整改建议：（内容包括：解决方案或整改建议，要求完成时间，应达到的效果）					
运行方意见及签字：					
监管人员签字：					

附录 B　月度监管报告内容要求

B.0.1 焚烧厂月度监管报告应符合表 B.0.1 的内容要求。

表 B.0.1 ××月度监管报告

	垃圾进厂量(t)	垃圾入炉量(t)	渗沥液产生量(t)	炉渣产生量(t)	飞灰产生量(t)
	月度总计( ) 平均每天( )	月度总计( ) 平均每天( )	月度总计( ) 平均每天( )	月度总计( ) 平均每天( )	月度总计( ) 平均每天( )
焚烧厂运行基本情况	燃油(气)消耗量	消石灰(生石灰)消耗量(kg)	活性炭消耗量(kg)	尿素(氨水或液氨)消耗量(kg)	水消耗量(kg)
	月度总计( ) 平均每吨垃圾( )	月度总计( ) 平均每吨垃圾( )	月度总计( ) 平均每吨垃圾( )	月度总计( ) 平均每吨垃圾( )	月度总计( ) 平均每吨垃圾( )
	螯合剂消耗量(kg)	水泥消耗量(kg)	总发电量(kWh)	总上网电量(kWh)	耗电量(kWh)
	月度总计( ) 平均每吨飞灰( )	月度总计( ) 平均每吨飞灰( )	月度总计( ) 平均每吨垃圾( )	月度总计( ) 平均每吨垃圾( )	月度总计( ) 平均每吨垃圾( ) 厂用电率( )%

	焚烧线累计运行时间(h)	焚烧线检修时间(h)	炉膛温度任一测点低于850℃的最大累计时间(h)	烟气 CO 浓度小时均值/日均值高于限值的个数	烟尘浓度高于限值的个数
焚烧厂运行基本情况	1#（　） 2#（　） 3#（　）	1#（　） 2#（　） 3#（　）		1#（　）/（　） 2#（　）/（　） 3#（　）/（　）	1#（　） 2#（　） 3#（　）
	烟气 HCl 浓度小时均值/日均值高于限值的个数	烟气 SO₂ 浓度小时均值/日均值高于限值的个数	烟气 NOₓ 浓度小时均值/日均值高于限值的个数		
	1#（　）/（　） 2#（　）/（　） 3#（　）/（　）	1#（　）/（　） 2#（　）/（　） 3#（　）/（　）	1#（　）/（　） 2#（　）/（　） 3#（　）/（　）		
	烟气排放数据	渗沥液排放数据	臭气排放浓度	炉渣（飞灰）热灼减率(%)	厂界大气污染物浓度
环保监测机构的环境监测数据	烟尘（　） HCl（　） SO₂（　） CO（　） NOₓ（　） 二噁英（　） 重金属（　）	COD（　） BOD（　） NH₃－N（　） T－N（　）	NH₃（　） H₂S（　）		可吸入颗粒物（　） 臭气浓度（　） SO₂（　） HCl（　） NOₓ（　）
月度监管工作总结	监管人员投入情况				
	运行管理问题与不足				
	运行管理亮点				
	公众调查与公众反映情况				
	月度考核分数				

B.0.2 监管报告后应以附录的形式列出当月焚烧厂运行的记录资料，内容应包括当月垃圾进厂记录表、监管问题记录、日常监管核填数据和情况记录表、监管月度考核评分表、本月分日炉膛各测温点温度曲线（每台焚烧炉）、本月分日烟气排放指标监测曲线（每条焚烧线）（包括烟尘、氯化氢、二氧化硫、一氧化碳、氮氧化物等，数据应换算成标准状态下、O₂ 含量为 11％时的数据）、本月炉渣热灼减率检测数据记录单和检测报告（包括厂内自测和第三方检测）、飞灰处理产物浸出毒性检测资料或飞灰运出与接收记录清单、渗沥液处理出水水质监测报告（包括厂内自测和第三方监测）或渗沥液输出与接收记录清单、本月其他必要的原始记录资料和环境监测资料。

附录 C 年度监管报告内容要求

C.0.1 焚烧厂年度监管报告应符合表 C.0.1 的内容要求。

表 C.0.1　××年度监管报告

	垃圾进厂量(t)	垃圾入炉量(t)	渗沥液产生量(t)	炉渣产生量(t)	飞灰产生量(t)
年度焚烧厂运行基本情况	年度总计( ) 平均每天( )	年度总计( ) 平均每天( )	年度总计( ) 平均每天( )	年度总计( ) 平均每天( )	年度总计( ) 平均每天( )
	燃油(气)消耗量	消石灰(生石灰)消耗量(kg)	活性炭消耗量(kg)	尿素(氨水或液氧)消耗量(kg)	水消耗量(kg)
	年度总计( ) 平均每吨垃圾( )	年度总计( ) 平均每吨垃圾( )	年度总计( ) 平均每吨垃圾( )	年度总计( ) 平均每吨垃圾( )	年度总计( ) 平均每吨垃圾( )
	螯合剂消耗量(kg)	水泥消耗量(kg)	总发电量(kWh)	总上网电量(kWh)	耗电量(kWh)
	年度总计( ) 平均每吨飞灰( )	年度总计( ) 平均每吨飞灰( )	年度总计( ) 平均每吨垃圾( )	年度总计( ) 平均每吨垃圾( )	年度总计( ) 平均每吨垃圾( ) 厂用电率( )%
年度焚烧厂运行基本情况	焚烧线年累计运行时间	焚烧线年检修时间(h)	炉膛温度任一测点低于850℃的最大累计时间(h)	烟气CO浓度小时均值/日均值高于限值的个数	烟尘浓度高于限值的个数
	1#( ) 2#( ) 3#( )	1#( ) 2#( ) 3#( )		1#( )/( ) 2#( )/( ) 3#( )/( )	1#( ) 2#( ) 3#( )
	烟气HCl浓度小时均值/日均值高于限值的个数	烟气SO₂浓度小时均值/日均值高于限值的个数	烟气NOₓ浓度小时均值/日均值高于限值的个数		
	1#( )/( ) 2#( )/( ) 3#( )/( )	1#( )/( ) 2#( )/( ) 3#( )/( )	1#( )/( ) 2#( )/( ) 3#( )/( )		
环保监测机构的环境监测情况	烟气排放监测次数及超标情况	渗沥液排放监测次数及超标情况	臭气排放浓度监测次数及超标情况	炉渣(飞灰)热灼减率监测次数及超标情况	厂界大气污染物浓度监测次数及超标情况
	二噁英监测次数及数据	重金属监测次数及超标情况			
对焚烧厂年度运行情况的评述	运行管理亮点				
	问题与不足				
	改进建议				

本标准用词说明

1　为便于在执行本标准条文时区别对待，对于要求严格程度不同的用词说明如下：

1) 表示很严格，非这样做不可的：
正面词采用"必须"，反面词采用"严禁"；

2) 表示严格，在正常情况下均应这样做的：
正面词采用"应"，反面词采用"不应"或"不得"；

3) 表示允许稍有选择，在条件许可时首先应这样做的：
正面词采用"宜"，反面词采用"不宜"；

4) 表示有选择，在一定条件下可以这样做的，采用"可"。

2　条文中指明应按照其他有关标准执行的写法为"应符合……的规定"或"应按……执行"。

引用标准名录

1　《液体无水氨》GB 536
2　《尿素》GB 2440
3　《生活垃圾焚烧污染控制标准》GB 18485
4　《生活垃圾焚烧处理工程技术规范》CJJ 90
5　《氨水》HG 1-88

中华人民共和国行业标准

生活垃圾焚烧厂运行监管标准

CJJ/T 212—2015

条 文 说 明

制 订 说 明

《生活垃圾焚烧厂运行监管标准》CJJ/T 212 - 2015，经住房和城乡建设部 2015 年 2 月 10 日以第 749 号公告批准、发布。

本标准编制过程中，编制组进行了大量的调查研究，总结了我国生活垃圾焚烧厂运行管理和监管领域的实践经验，同时参考了国外先进技术法规、技术标准。

为便于广大设计、施工、监管、科研、学校等单位的有关人员在使用本标准时能正确理解和执行条文规定，《生活垃圾焚烧厂运行监管标准》编制组按章、节、条顺序编制了本标准的条文说明，对条文规定的目的、依据以及执行中需注意的有关事项进行了说明。但是，本条文说明不具备与标准正文同等的法律效力，仅供使用者作为理解和把握标准规定的参考。

目　次

1 总 则

1.0.1 随着经济的发展和城市化进程的加快,我国城镇生活垃圾的产生量越来越大。近十年来,我国经济较发达的大中城市陆续建成了100多座焚烧厂。这些焚烧厂绝大多数是采用BOT方式建设和运行的。由于缺乏对焚烧厂运行过程规范、有效的监管,有些焚烧厂出现不规范运行的现象。本标准的制定将为焚烧厂的监管提供规范化的技术依据。

2 基 本 规 定

2.0.1 监管方案是顺利实施监管的重要保障,有针对性地编制具有可操作性的监管方案是监管单位需要做的工作。

2.0.2 本条提出了监管方案应该包括的内容。在监管工作内容中,应根据焚烧厂工艺特点,提出针对焚烧工艺关键环节的监管具体做法和内容。

2.0.3 本条提出了焚烧厂运行期间监管工作的主要内容。焚烧厂运行期间的监管主要是对焚烧厂的关键环节进行监督,防止运行操作不规范,运行数据不真实、不达标,将运行过程中出现的问题及时解决、及时纠正,以免造成超标排放和安全事故。

2.0.4 垃圾焚烧专业性强,且技术更新较快,因此监管人员也应具备一定的专业知识和工作经验,才有可能监督好焚烧厂的运行。为使监管人员及时了解和掌握行业最新技术,定期培训是不可缺少的。

2.0.5 本条提出了3个焚烧厂监管岗位和人员应具有的专业背景要求,这3个岗位是保证垃圾焚烧厂正常、安全、达标运行的关键。由于焚烧厂运行管理专业性很强,因此监管人员要对所监管部分的技术掌握、了解,这样才能发现运行管理中的问题,并及时提出,有时还需要与操作方探讨解决方案。

2.0.6 垃圾焚烧厂运行安全要求高,管理制度严密,监管人员在进厂监管过程中不能影响焚烧厂的正常运行和安全操作,要遵守厂内的一切运行安全管理制度,且要督促运行操作人员严格遵守制度。

3 监管内容和方法

3.1 一 般 规 定

3.1.1 本条是对焚烧厂运行监管范围的基本规定。

3.1.2 本条提出的13个方面内容均是焚烧厂运行的关键内容和环节,因此需要重点监管。

3.1.3 本条提出的7项内容主要是反映焚烧厂环境和安全状况,日常变化不大,因此将其列为一般监管内容,要求在监管过程中对这些内容进行定期检查。

关于锅炉受热面管壁腐蚀程度的检查,主要是在焚烧线停产检修时对受热面管壁厚度进行检测,根据检测结果确定管道更换的时间。目前国内尚无管道更换的标准,电力行业的锅炉受热面管道更换的标准要求是管壁厚度3.5mm,但由于垃圾焚烧的烟气腐蚀速度快,为了有效避免爆管事故的发生,对垃圾焚烧余热锅炉受热面管道需要提前更换。

3.1.4 焚烧厂过程监管的主要目的就是避免日常运行的不规范操作,以免造成环境污染和安全事故。在监管过程中对不符合要求的方面及出现的问题及时向运行方提出,可以提醒运行人员及时发现问题,尽快整改,将环境污染和安全隐患降低到最低限度。

3.1.5 本条要求焚烧厂运行方对监管人员提出的整改意见及时落实,以利于焚烧厂保持良好的运行状况。如果焚烧厂运行方对监管人员提出的整改意见有异议,运行方可向监管单位提出,监管单位可以组织技术专家详细讨论和论证。

3.2 垃圾进厂车辆管理及垃圾计量的监管

3.2.1 本条是关于垃圾进厂车辆管理及垃圾计量的重点技术要求,是垃圾进厂计量及垃圾类别控制的关键,监管人员需要根据这些重点技术要求,结合其他有关标准规范,对垃圾进厂车辆管理及垃圾计量环节实施监管。

    1 垃圾进厂计量资料需要监管人员签字后才能作为垃圾处理费支付的凭据。

    2 由于每天的生活垃圾运输车辆相对固定,每个垃圾车的来源和归属也固定,因此记录、了解进厂的垃圾车辆,对于防止违规垃圾进厂是非常有效的。

    3 本款的规定是防止垃圾车辆登记遗漏。

    4 未进入登记台账的进厂垃圾车一般是环卫系统以外的车辆,有可能不是生活垃圾,因此应重点检查、检验。

    5 本款是为保证计量准确性而提出的要求。

3.2.2、3.2.3 这两条是对垃圾计量监管工作的要求。

3.3 垃圾卸料储料环节的监管

3.3.1 焚烧厂卸料大厅运行管理的重点是臭味控制和安全操作,因此监管工作也应以臭味控制和安全操作为重点。监管人员需要按照1~3款的技术要求对臭味控制的工作实施监管。

    1~3款提出了保持卸料大厅清洁、防止臭味散发和安全事故发生的有效措施。

3.3.2 垃圾池对环境影响较大的是垃圾散发的臭味和池底产生的渗沥液。由于生活垃圾含水量较大,池底易积存渗沥液,如不及时将渗沥液从垃圾池中导排出去,既影响垃圾热值又会散发出大量臭味。因此本条要求对垃圾池运行管理的监管以排风除臭和渗沥液导排为重点，按照1～5款的要求对垃圾池运行管理实施监管。

1～5款提出的五项措施是监管人员应该重点检查的内容，它们是防止垃圾池臭味外逸的有效措施，焚烧厂运行人员应对其加以重视。

3.3.3 本条是对卸料储料系统运行管理监管方法的要求。

3.4 垃圾焚烧炉运行监管

3.4.1

1 焚烧炉启炉时为了保护炉内耐火材料和隔热材料，炉膛温度不能上升太快，只能缓慢升高。

2 在炉膛温度达到850℃之前如果进垃圾，则会造成燃烧不完全而使排放超标。如果焚烧炉所配燃烧器最大负荷不足以使炉膛温度加热至850℃，则可以用劈柴、破碎的树枝或其他植物性废弃物作为前置焚烧物作为补充燃料。

3 启炉的燃料虽然不是垃圾，烟气中也含有有害物，因此启炉过程的烟气也要净化处理。

3.4.2

1 下料喉管内发生闷烧时，烟气易从进料口冒出，污染环境，因此下料喉管闷烧是需要避免的。

如果焚烧炉进料系统和燃烧系统调整不好，就容易使燃烧段前移，使下料喉管温度过高而发生自燃，影响垃圾的正常焚烧。解决方法就是调整好推料系统、炉排系统和供风系统，使之协调统一。

2 由于垃圾成分和热值始终在变化，其燃烧速度也在变化，当变化较大时，就需要调整垃圾层厚度，使炉膛热负荷和温度保持稳定。调整推料器运动速度是调整炉排上垃圾层厚度的重要手段，因此操作人员要重视推料器运动速度的控制。

3 由于焚烧炉的炉排额定机械负荷是按照额定处理量确定的，如机械负荷超过额定值太多或超负荷运行时间太长，会造成炉排损坏和垃圾不完全燃烧。

4 在垃圾含水率高的季节，推料器下易渗漏污水，散发臭味，本款要求监管人员注意对此处的监管。

3.4.3 由于我国混合收集的生活垃圾含水率大，热值低，而且在尺寸、密度、热值、燃点、燃烧速度等方面均不均匀，因此生活垃圾在炉排上焚烧时一般分三个阶段。第一阶段是干燥段，在这一段上，主要是通过下部的热风、上部的炉拱辐射热和热烟气对流使垃圾中的水分逐渐蒸发而得到干燥。本段的供风主要是为干燥垃圾用。第二阶段是燃烧段，垃圾通过干燥段的干燥后进入本段进行燃烧，该段是垃圾释放热能的主要阶段，也是火焰的产生阶段。在这一阶段，垃圾中的大部分可燃物质被燃烧分解，产生的大量挥发性气体进入上部炉膛继续燃烧、燃烬。该段的供风主要是用于垃圾的燃烧，因此需要的供风量大。第三阶段是燃烬段，垃圾中尺寸大、密度大、燃烧速度慢的物质在燃烧段未完全燃烧，进入本段后，通过炉排底部少量的供风，这些未完全燃烧的物质继续缓慢燃烧、挥发，至燃烬段尾部基本燃烧完全。本段的外表特征是火焰少，到尾部基本看不到火焰。

在焚烧炉运行过程中，"三段"的长度不是一成不变的，而是需要根据垃圾的水分、成分的变化调整的。干燥段过长主要是由于干燥效果不好造成的，干燥段过长容易使燃烧段和燃烬段不够而导致垃圾燃烧不完全；燃烧段火焰不均主要是垃圾层厚度不均或底部供风不均造成的，此现象易造成燃烧工况恶化和不完全燃烧；燃烬段过短主要是燃烧段供风不够、干燥效果差或垃圾层过厚造成的，此现象易造成垃圾燃烧不完全，使炉渣热灼减率升高。

3.4.4 炉渣热灼减率是反映垃圾是否完全燃烧的重要指标，因此需要经常检测。但是炉渣热灼减率的检测数据是否能真实反映焚烧炉的燃烧工况，取决于炉渣取样是否有代表性。目前炉渣热灼减率的取样普遍存在随意性，因此监管人员需要对炉渣热灼减率的检测过程进行监督，主要监督取样、样品制备和仪器操作。为了使取样和检测数据有代表性，现场一次取样量不能太少。根据《工艺固体废物采样制样技术规范》HJ/T 20的要求，垃圾焚烧炉炉渣采样应采用系统采样法，份样量根据炉渣最大粒径确定，本标准根据经验取炉渣最大粒径为100mm，因此份样量应为6kg。最少份样数应为5，为了使24小时均匀采样，本条份样数要求为6，即4小时取样一次。这样每个运行日取样总量就是不小于36kg。为了使检测数据有代表性，要求炉渣在24小时内在出渣输送带上均匀获取。应使检测样品尽量混合均匀，需要将一次取样的炉渣破碎、匀化后再利用四分法进行缩分。

3.4.5 炉膛是垃圾焚烧炉重要的燃烧空间，其主要作用是为来自垃圾的挥发性气体和细小颗粒的完全燃烧提供足够的温度和停留时间。根据长期的实践证明温度在850℃以上、停留时间在2s以上时，才可使挥发性气体和细小颗粒完全燃烧，因此炉膛的设计、运行控制均围绕"850℃以上、停留2s"的要求进行。本条主要是为了实现这个要求而提出的。保持炉膛微负压主要是避免炉膛中的高温烟气向炉外泄漏。

3.4.6 焚烧炉炉膛内一般安装二至三个温度监测断面，各断面的温度均应超过850℃。监管时需要对各断面每天的温度记录曲线进行审核。

3.4.7 本条提出了停炉的监管和操作要求。本条要求对避免停炉过程中的超标排放具有重要作用。

3.4.8 助燃燃烧器是确保炉膛温度保持850℃以上的关键。在垃圾热值高的季节，助燃燃烧器可能长时间不需要投入运行，但为了防止助燃燃烧器长时间不用造成自动启动失灵，本条要求无论是否需要助燃，都要定期启动助燃燃烧器，使其始终处于良好的状态。

3.4.9

1 大尺寸垃圾在流化床焚烧炉内易恶化流化工况，造成不完全燃烧；大尺寸无机垃圾（如砖头、石块等）落入排渣口易造成排渣口堵塞，使焚烧炉无法正常运行。因此流化床焚烧炉稳定运行的关键是控制入炉垃圾的尺寸，对于目前国内混合收集的生活垃圾，有时需要进行筛分和破碎。

2 为流化床焚烧炉配套的垃圾预处理系统主要是筛分、输送、破碎（根据需要）设备，由于生活垃圾中厨余成分较多，处理过程中会散发一些臭味，控制臭味扩散和排放对于改善周边环境、减小对周围居民的影响是非常重要的。

3 由于流化床焚烧炉燃烧空间较小，要求垃圾在炉内的停留时间短，当垃圾含水量较高时，水分蒸发吸热使炉膛温度迅速下降，为了维持炉膛温度的稳定，需要不断加入一定量的煤。在日常运行中，加煤量应根据炉膛温度是否稳定达到850℃以上为标准，不能以加煤比例20%控制，因为当垃圾水分高时（一般为夏季），加煤比例20%不足以使炉膛温度保持850℃以上，这时就需要多加煤用于维护炉温。当垃圾水分较低时（一般为春秋冬季），加煤比例可以低于20%。从全年的加煤量考虑，总加煤量应按20%的比例控制，以符合国家政策要求。

4 流化床焚烧炉渣少，飞灰多，因此需要对飞灰进行热灼减率的检测，以判断焚烧炉的燃烧完全程度。

3.5 烟气净化系统的监管

3.5.1 不同焚烧厂垃圾成分不同，污染物的产生量不同，烟气净化所需的吸收剂和吸附剂用量也不同。对烟气净化系统运行过程监管的有效方法之一就是考核烟气净化所用的吸收剂和吸附剂用量是否足够，因此需要寻找一个吸收剂和吸附剂基准量。一般做法是通过一年的运行实践探索正常焚烧工况下石灰浆（粉）、尿素（液氨或氨水）和活性炭喷射量与烟气污染物排放浓度的关系（石灰浆（粉）、尿素（液氨或氨水）和活性炭的品质不变），由此找出使排放烟气指标达到该焚烧厂限值的最低石灰浆（粉）、尿素（液氨或氨水）和活性炭的施用量（以单位垃圾处理量计），该施用量即是基准值。在垃圾成分随季节变化较大时，可分季节确定吸收剂和吸附剂用量的基准值。

3.5.2 烟气净化系统是保证焚烧厂污染物排放达标的关键，需要所有烟气净化设备全天候地投入运行。

3.5.3 本条设立的主要目的是确保半干法脱酸的效果，其中消石灰和生石灰品质、石灰浆浓度、石灰浆喷射量、石灰浆供应与喷射系统可靠性、喷嘴替换、石灰浆雾化效果等因素均直接影响脱酸效果，是监管

人员重点监管的内容。

3.5.4 本条是对干法脱酸系统的监管和操作要求。条文所列的三款是保证脱酸效果的关键因素，需要重点监管。

3.5.5 活性炭喷射是去除重金属和二噁英的有效方法。由于重金属和二噁英均不能在线监测，因此活性炭质量及喷射系统的连续性和可靠性就十分重要。

3.5.6 布袋除尘器是烟气净化系统中最重要的设备，是烟气达标排放的保障。由于垃圾焚烧烟气温度较高、腐蚀性较大，布袋除尘器的滤料容易损坏，一旦损坏，滤料起不到除尘作用，烟气排放指标中的烟尘、重金属、二噁英等极易超标，因此本条要求布袋除尘器应有滤料损坏监测手段，发现哪个风室滤料损坏应立即关闭该风室并实施更换。监管人员需重点监管滤料损坏的监测和更换。

3.5.7 选择性非催化（SNCR）脱NO_x技术主要是向炉膛喷射尿素溶液或氨水（液氨），若尿素溶液或氨水（液氨）喷射量过大，易对锅炉受热面产生腐蚀，因此喷射系统需要具备可靠的自动控制系统，以便严格控制尿素溶液或氨水（液氨）喷射量，使其在满足NO_x排放标准的情况下不过量喷射。

3.5.8 SCR脱NO_x系统是在催化剂的作用下，利用NH_3作为还原剂，将焚烧烟气中的NO_x还原成N_2。SCR系统运行的关键就是还原剂的喷射量控制。由于氨水储存安全性较差，因此选择尿素溶液作为还原剂的较多。尿素在烟气中先被转化成NH_3，然后NH_3再与NO_x反应生成N_2。由于催化剂的活性在300℃～420℃的温度区间较好，因此烟气的温度需要控制在此温度范围。

3.5.9 消石灰、尿素（液氨或氨水）和活性炭是用来去除烟气中酸性气体、重金属和二噁英等主要有害物的材料，其质量直接影响反应效率和净化效果，因此监管人员要对采购的消石灰、尿素（液氨或氨水）和活性炭把好质量关。

3.5.10 石灰浆（粉）、尿素（液氨或氨水）和活性炭的用量是烟气净化的关键，监管人员需根据焚烧烟气流量和每天的垃圾焚烧量审核全天的石灰浆（粉）、尿素（液氨或氨水）和活性炭的用量。

3.5.11 烟气排放超标累计时间是衡量焚烧线运行稳定性的重要标志，因此本条要求监管人员每天检查烟气排放记录，当发现超标时，记录超标指标及其超标累计时间，以此作为监管依据。对于小时均值标准，记录的烟气排放超标累计时间是针对排放标准按小时均值要求的污染物。本项监管需要监管人员调取当日的各排放污染物的所有小时均值，若一个小时均值超标，则该污染物超标累计时间为1小时；若两个小时均值超标，则该污染物超标累计时间为2小时，以此类推。若系统无计算小时均值的功能，则需要由监管人员查看每一烟气排放指标的曲线，根据曲线计算小

时均值。

对于排放标准按日均值要求的污染物，本项监管需要监管人员调取当日的相应排放污染物的日均值，若日均值超标，则该污染物超标累计时间为 1 天；若两个日均值超标，则该污染物超标累计时间为 2 天，以此类推。

在运行过程中有时会出现可疑的数据，比如 CO 显示为 0，在无 SNCR、SCR 系统和其他低 NO_x 燃烧措施时，NO_x 浓度却很低，这时应该检查仪表或数据传输系统是否有问题。

3.5.12 在线监测系统包括一次仪表（烟道上安装的传感器、取样器等）、取样管、信号传输线路、二次仪表（分析仪、数据处理及运算设备、变送器、记录仪、数据储存设备等）、标准气、监测小室等。在线监测系统主要是为了监督焚烧厂运行方的运行结果，为了确保在线监测数据的准确性，本系统不能由焚烧厂运行方来管理，应该由政府监管部门来管理。一般是由政府环保部门的监管人员进行管理，也可由政府行业主管部门监管人员进行管理。

仪表显示数据和传输数据的真实性是在线监测的关键，一般情况下仪表工作一定时间，其零点就会产生飘移，测试数据误差会加大，因此现场需要准备标准气，采用标准气对仪表进行定期标定。仪表零点用标准零气（一般采用纯 N_2）标定，测试点一般采用浓度与日常监测浓度相近的标准气（如日常 CO 监测浓度为 $20mg/m^3$，则标定 CO 的标准气浓度宜为 $20mg/m^3$ 左右）进行标定。除在厂内现场标定外，还要定期到有资质的计量部门对仪表进行标定。另外还需要对数据运算和传输设备进行检查，确认是否存在错误。如是否将烟气指标由工作状态换算为标准状态及 O_2 含量为 11% 下（与排放标准一致）的数据。

烟气指标由工作状态换算为标准规定状态（标准状态及 O_2 含量为 11%）下的换算公式为：

$$C_H = C_S \frac{273}{t+273} \cdot \frac{21-11}{21-O_S} \cdot \frac{P_0}{P} \qquad (1)$$

式中：C_H——标准规定的状态下污染物浓度；

C_S——实测状态下污染物浓度；

t——测定时的烟气温度；

O_S——测定时的烟气中的 O_2 浓度；

P_0——标准大气压；

P——测定时的大气压。

3.5.13 储存一年以上的数据便于监管人员查询历史数据，判断一年来的焚烧厂运行情况，也便于焚烧厂后评估和评价定级时查询历史数据。

3.5.14 飞灰属于危险废物，目前主要有两种处理方式属于标准允许的。一种是稳定化处理满足《生活垃圾填埋场污染控制标准》GB 16889 - 2008 第 6.3 条的要求后可进入生活垃圾填埋场进行填埋处理，另一种是运往危险废物处理厂处理。目前大部分是采用第

一种处理方式。这种处理方式的关键是飞灰的稳定化效果，即处理后能否满足《生活垃圾填埋场污染控制标准》GB 16889 - 2008 第 6.3 条的要求。在监管时应重点检查稳定化飞灰的浸出液污染物浓度检测值。

3.5.15 飞灰稳定化的目的是使其中的重金属和二噁英等有害物尽可能少地在水或酸性液体中溶出，满足《生活垃圾填埋场污染控制标准》GB 16889 - 2008 第 6.3 条的要求。药剂施加量及飞灰与药剂的混炼工艺是决定稳定化效果的关键，因此，通过实测得出使稳定化飞灰满足《生活垃圾填埋场污染控制标准》GB 16889 - 2008 第 6.3 条要求的药剂施加量及飞灰与药剂的混炼工艺参数，对于日常运行和监管是非常必要的。

3.5.16 本条规定了焚烧厂内无飞灰处理设施时监管人员也要检查飞灰的去向和场外处理情况，如在厂外处理不符合规定的也要提出整改意见。

3.6 渗沥液处理监管

3.6.1 本条的 1～4 款是渗沥液导排和处理的关键技术要求，监管人员需按照此技术要求，结合其他有关渗沥液处理的技术规范和标准对渗沥液处理系统实施监管。

1 由于国内垃圾中灰土含量较高，垃圾池底部容易积存灰土，这些积存灰土与垃圾中的水分混合形成泥浆，容易造成渗沥液导排管沟的堵塞，因此需经常对渗沥液导排设施进行疏通。

2 垃圾中含水率每天都在变化，因此焚烧厂的垃圾渗沥液产生量和水质每天也在变化，渗沥液处理系统的运行也应随水量和水质变化进行调整，以保证渗沥液处理出水稳定达标。

3 有些垃圾焚烧厂未在厂内建设渗沥液处理设施，渗沥液是运往厂外的处理设施去处理，监管人员对这种情况也需要实施监管。每周检查出厂渗沥液量和厂外处理量记录，核实两者是否一致，以避免渗沥液偷排。

4 膜处理主要是超滤、纳滤和反渗透，其中纳滤和反渗透处理的透水率在 $70\% \sim 80\%$，还有 $20\% \sim 30\%$ 的浓缩液无法通过，这部分浓缩液的处理方法有直接喷炉焚烧、浓缩蒸发后污泥进炉焚烧、运往垃圾填埋场回灌至垃圾填埋堆体和运往其他地方处理等。由于浓缩液中污染物浓度高，处理不当会造成较大环境污染，因此监管人员需要重视对浓缩液处理处置的监管，防止未经处理的浓缩液排入环境。

3.6.2 渗沥液是垃圾焚烧厂主要污染物，渗沥液处理系统运行是否正常，决定焚烧厂的无害化处理水平的高低，因此本条要求监管人员每天检查一次渗沥液处理系统的运行情况，确保渗沥液处理系统的连续正常运行。

3.6.3 排放水质指标是衡量渗沥液处理系统运行是

否成功的标志。按照技术规范要求，主要排放指标应实行在线监测，监测的数据应储存在电脑数据库中。监管人员每周核对排放指标，可以及时发现问题，避免超标排放。

3.6.4 储存1年以上的数据便于监管人员查询历史数据，判断1年来的渗沥液处理设施运行情况，也便于焚烧厂后评估和评价定级时查询历史数据。

3.7 安全管理

3.7.1 操作票制度是重要设备安全操作和重点工作安全进行的保证，本条要求执行操作票制度的工作均是保证垃圾焚烧厂安全运行的关键。

3.7.2 工作票制度是焚烧厂电气、热力等设备安全检修所必需的，监管人员需对本条所列的检修工作的工作票执行情况进行监督检查。

3.7.3 操作票和工作票执行情况决定焚烧厂安全生产是否能够保证，定期检查操作票和工作票执行情况是保证焚烧厂安全运行、有效监管的手段。

3.7.4 安全设施是保证焚烧厂安全生产的基础，但只有保证安全设施的有效性时才能保证安全生产。垃圾焚烧厂的重点安全设施包括卸料大厅（平台）防车辆坠落设施、渗沥液储存间可燃气体报警设施、消防自动报警及启动设施、锅炉有关安全报警设施、电气安全自动报警及开闭设施、燃料储存设施的安全设施、有关安全护栏、安全标识等。

3.8 运行数据和情况核填与记录

3.8.1 本条要求监管人员在日常监管过程中，对一些关键数据和情况进行核实、填写和记录，以便于月考核的量化打分。

4 焚烧厂运行效果考核

4.0.1 垃圾焚烧厂的垃圾处理费结算多为每月结算一次，为使焚烧厂运行单位自觉按规范运行，本条要求监管人员每月对焚烧厂进行一次考核，考核结果与该月垃圾处理补贴费拨付挂钩。

4.0.2 月考核主要针对焚烧线的关键运行环节，包括进料、焚烧、烟气净化、飞灰处理、渗沥液处理、安全生产制度执行等情况，考核评分全量化。

4.0.3 监管考核报告是监管机构对监管工作的总结，也是监管成果，向政府主管部门提供月监管考核报告和年度监管报告对于政府主管部门全面、充分了解焚烧厂运行状况是非常必要的。

中华人民共和国行业标准

生活垃圾填埋场防渗土工膜渗漏破损探测技术规程

Technical specification for leak location surveys
of geomembrane in municipal solid waste landfill

CJJ/T 214—2016

批准部门：中华人民共和国住房和城乡建设部
施行日期：２０１６年９月１日

中华人民共和国住房和城乡建设部
公　告

第 1059 号

住房城乡建设部关于发布行业标准
《生活垃圾填埋场防渗土工膜渗漏
破损探测技术规程》的公告

现批准《生活垃圾填埋场防渗土工膜渗漏破损探测技术规程》为行业标准，编号为 CJJ/T 214-2016，自 2016 年 9 月 1 日起实施。

本规程由我部标准定额研究所组织中国建筑工业出版社出版发行。

中华人民共和国住房和城乡建设部
2016 年 3 月 14 日

前　言

根据住房和城乡建设部《关于印发 2008 年工程建设标准规范制订、修订计划（第一批）的通知》（建标〔2008〕102 号）的要求，规程编制组经过广泛调查研究，认真总结实践经验，参考有关国际标准和国外先进标准，并在广泛征求意见的基础上，编制了本规程。

本规程主要技术内容是：1. 总则；2. 术语；3. 基本规定；4. 施工结束后探测；5. 运行期和封场后污染范围探测；6. 记录、分析与报告书编写。

本规程由住房和城乡建设部负责管理，由武汉市环境卫生科学研究院负责技术内容的解释。执行过程中如有意见或建议，请寄送武汉市环境卫生科学研究院（地址：武汉市江岸区云林街 69 号；邮编：430015）。

本规程主编单位：武汉市环境卫生科学研究院
　　　　　　　　中国科学院武汉岩土力学研究所
本规程参编单位：上海甚致环保科技有限公司

华中科技大学
上海市环境工程设计科学研究院有限公司
北京高能时代环境技术股份有限公司
浙江大学
武汉市江环市政环境设计中心

本规程主要起草人：冯其林　高　康　薛　强
　　　　　　　　　田　宇　陈朱蕾　陈云敏
　　　　　　　　　张　益　刘　勇　梁林峰
　　　　　　　　　李江山　兰吉武　张　洁
　　　　　　　　　褚　岩　刘　磊　张耀钧
　　　　　　　　　俞瑛健　邹云鸿

本规程主要审查人：吴文伟　郭祥信　张　范
　　　　　　　　　黄仁华　邓志光　肖尚德
　　　　　　　　　王克虹　潘四红　郭建林

目　次

Contents

1 总 则

1.0.1 为提高生活垃圾卫生填埋场（以下简称填埋场）人工防渗系统的建设和运营管理水平，及时发现和修补防渗系统中高密度聚乙烯（HDPE）土工膜（以下简称土工膜）存在的渗漏破损，保障其可靠性和安全性，制定本规程。

1.0.2 本规程适用于对填埋场建成后填埋库区与渗沥液处理设施防渗土工膜的破损孔洞探测，填埋场运行期及封场后渗沥液渗漏污染范围的探测。

1.0.3 填埋场防渗土工膜渗漏破损探测除应符合本规程外，尚应符合国家现行有关标准的规定。

2 术 语

2.0.1 破损 leak
填埋场防渗土工膜因各种原因形成的任意形状的开口、穿孔、缝隙、撕裂、穿刺、裂纹、孔洞、切口或者类似破裂，能够造成液体或固体通过。

2.0.2 渗漏点 leak location
填埋场土工膜由于破损而导致渗沥液渗漏的位置。

2.0.3 渗漏破损探测 leak location surveys
使用适用的技术手段探测和定位垃圾填埋场防渗土工膜存在的渗漏破损的技术与方法。

2.0.4 孔洞 holes
土工膜中向下或向上突起的圆形破损。

2.0.5 撕裂 tears
土工膜中具有不规则边缘的线性或面状破损。

2.0.6 线性切口 linear cuts
土工膜中具有整齐闭合边缘的线性破损。

2.0.7 焊接缺陷 seam defects
因焊接施工质量差造成的土工膜一定区域部分或完全脱开。

2.0.8 烧通区域 burned through zones
土工膜焊接时因操作不当造成的熔化贯通区域。

3 基 本 规 定

3.0.1 渗漏破损探测应能准确探测并定位在填埋场内填埋库区、渗沥液调节池、集液井、封场覆盖等区域土工膜的破损孔洞位置和渗漏污染区域。

3.0.2 填埋库区底部土工膜上铺设粒状渗沥液导排层或砂（土）保护层区域，采用土工膜防渗的渗沥液调节池、集液井等渗沥液处理设施，在施工完成后应进行渗漏破损探测。

3.0.3 采用土工膜封场的填埋场封场系统，可进行渗漏破损探测。

3.0.4 渗漏破损探测及修复工作程序应按图3.0.4所示步骤进行：

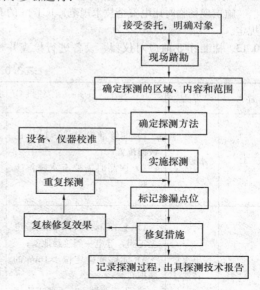

图 3.0.4 渗漏破损探测工作程序

3.0.5 现场踏勘内容应符合下列规定：
1 应收集工程的施工图、设计变更、施工记录，防渗膜的规格、品牌和产地，防渗结构及材料种类、性能参数、铺设作业方式等资料；
2 应了解场地的地形地貌、工程地质和水文地质等情况；
3 应了解探测区域的交通、电力供应等基础设施情况。

3.0.6 对填埋场的渗漏破损探测不得使用放射性同位素示踪法等对环境存在潜在威胁的探测方法。

3.0.7 应结合工程现场实际情况和仪器设备特点，合理设置探测网、线、点，并应绘制探测作业图。

3.0.8 填埋场内探测到的防渗土工膜破损处应及时修补，破损修补和结构层恢复应符合现行行业标准《生活垃圾卫生填埋场防渗系统工程技术规范》CJJ 113 的有关规定。修复后污染区域应再进行该区域渗漏破损复测。

3.0.9 检测技术报告应作为填埋库区和渗沥液调节池工程竣工验收的依据。

3.0.10 对于运行前未进行渗漏破损探测的填埋库区，当垃圾填埋初期发现有渗漏时，可先对未填埋区域进行探测。检测完成并确认未填埋区域没有破损缺陷后，将已填埋区生活垃圾搬迁至该区域，再对已填埋区域进行探测，并按本规程第3.0.8条规定进行修补。

3.0.11 可根据土工膜渗漏破损探测结果，对土工膜及其施工质量进行评价。

3.0.12 探测过程中作业人员安全用电，作业现场应设置警示标志，并应符合国家现行标准《特低电压（ELV）限值》GB/T 3805、《电业安全作业规程》DL 408、《施工现场临时用电安全技术规范》JGJ 46 的有关规定。

3.0.13 探测作业前应对仪器、设备进行检查并校准。雨天和冰冻天气不应进行探测作业。

3.0.14 探测到的渗漏破损点应进行标记、拍照和记录，并应分析、判断渗漏破损形成的原因。

3.0.15 探测方法应根据探测的目的、内容和范围，按照表 3.0.15 规定选取。

表 3.0.15 探测方法

序号	方法	特点	用途	限制条件
1	水枪法	1）能够准确定位≥1mm 的破损位置； 2）探测时需要有水喷淋土工膜	定位没有铺设覆盖层的裸露土工膜上的破损孔洞	1）要求土工膜紧密贴合下层材料，下层材料要求能够导电； 2）土工膜的褶皱和隆起，会影响探测结果
2	电火花法	1）土工膜必须有一侧为导电土工膜，导电一侧接触地基； 2）能够准确定位≥1mm 的破损孔洞； 3）不需要洒水，不要求土工膜和地基紧密贴合	定位在没有覆盖层情况下裸露导电土工膜的破损孔洞	1）不能定位覆盖有保护层情况下土工膜的破损位置； 2）不能取代修补区域的电火花测试； 3）要求使用专用的导电土工膜
3	双电极法	1）能够准确确定孔洞位置，一般位置误差小于 50cm； 2）在土工膜上有 30cm 覆盖层的情况下，能够探测到≥6mm 的孔洞	定位防渗土工膜上覆盖有砂石或水情况下的渗漏破损点	1）要求土工膜和上、下层材料紧密贴合，上、下层材料具有导电性能； 2）探测区域不能有和场外连接的导体，如土堆、垃圾堆体等； 3）大型渗漏孔洞有可能屏蔽周围的小型孔洞
4	高密度电阻率法	1）数据量丰富且实现了自动化或半自动化采集； 2）受场地干扰小； 3）可形象直观地反映出地下不同性质介质变化及异常体的产状和深度	适用于运行期或封场后填埋场渗漏污染范围圈定，确定后续修复方案	1）填埋场周围地层具有导电性； 2）无法准确定位孔洞位置

4 施工结束后探测

4.1 一般规定

4.1.1 当填埋场防渗土工膜上覆盖砾石、砂或土等粒料层时，渗漏破损探测宜选用双电极法。

4.1.2 在填埋库区和调节池等区域裸露土工膜的渗漏破损探测宜选用水枪法或电火花法。

4.1.3 探测前应做好防渗土工膜上层的绝缘处理，并应排除被测区域内存在导电物体和其他连接场外电源的导电物体。

4.1.4 应根据校准的探测参数，结合仪器的覆盖宽度确定探测的线、点间距。

4.2 水枪法

4.2.1 水枪法探测应能探测防渗土工膜上不小于 1mm 的渗漏破损（图 4.2.1）。

4.2.2 采用水枪法探测时，被探测防渗土工膜下潮湿的砂、土等材料应具有导电性能。

4.2.3 水枪法探测，当存在下列情况时应采取人工措施使防渗土工膜与基础层贴合：

　　1 防渗土工膜铺设存在皱纹或波浪突起；

　　2 陡坡位置，土工膜自然贴合差；

　　3 其他防渗土工膜与基础层贴合差的情况。

4.2.4 水枪法探测设备应包括：电源转换器、水枪、埋地电极、导线、电流感应器和信号转换器等。

4.2.5 水枪法探测设备主要技术指标应符合表

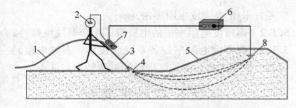

图 4.2.1 水枪法防渗土工膜渗漏破损探测工况图
1—供水水管；2—声音报警耳机；3—水枪；
4—破损孔洞；5—土工膜；6—供电电源；
7—探测仪；8—接地电极

4.2.5 的要求。

表 4.2.5 水枪法探测设备主要技术指标

项目	指标
输入电压（AC，V）	220
输出电压（DC，V）	0～36 可调
探测宽度（m）	≤1

4.2.6 水枪法的探测步骤应包括：场地绝缘、埋放电极、设备试验校准、实际探测、渗漏点分析、复测、报告整理。

4.2.7 水枪法破损探测前应清理探测区域的杂物，确保探测区域没有连接到场外的导电物体。用于水枪供水的水源不得和场外相连接。

4.2.8 水枪法探测前，可采用直径不大于 1mm 的金属导电体进行校准，将导电体刺穿防渗土工膜，一端与防渗土工膜下的导电基础层连接，另一端置于防渗土工膜之上。然后进行仪器校准，并应以信号最清晰时的参数作为探测基准。

4.2.9 在防渗土工膜下的基础层贴合良好条件下，应向土工膜上喷淋水，观测探测仪发出的声光报警信号，进行仪器实验校准，确定设备的测试参数。

4.3 电火花法

4.3.1 电火花法探测，应能探测定位防渗土工膜上不小于 1mm 的渗漏破损（图 4.3.1）。

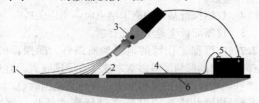

图 4.3.1 水枪法防渗土工膜渗漏破损探测工况图
1—土工膜；2—破损孔洞；3—测试棒；
4—接地垫；5—供电电源；6—土工膜导电层

4.3.2 电火花法探测设备应包括：蓄电池、探测仪、埋地电极、导线、电容器、感应器和信号转换器等。

4.3.3 电火花法探测设备主要技术指标应符合表 4.3.3 的要求。

表 4.3.3 电火花法探测设备主要技术指标

项目	指标
输入电压（V）	220
输出电压（V）	15000～35000
探测宽度（m）	根据现场实验确定

4.3.4 电火花法探测步骤应包括：场地准备、设备试验校准、实际探测、复测、报告整理。

4.3.5 电火花法渗漏破损探测时，土工膜上表面应平整、干燥、裸露、无杂物，并应处于绝缘状态。土工膜应为导电土工膜专用材料，导电层向下铺设。

4.3.6 电火花法探测前设备校准可使用直径约 1mm 的实际破损孔洞或人工模拟破损孔洞。人工模拟渗漏破损孔洞做法宜采用直径不大于 1mm 的金属导电体刺穿防渗土工膜，使导电体一端与防渗土工膜之下基础层连接，一端置于防渗土工膜之上。

4.3.7 电火花法探测应在供电电压范围 15000V～35000V 内调整输出电压，确认探测设备可灵敏探测到人工试验破损漏洞时，为最佳探测参数。

4.3.8 按拟定的探测网络布置进行逐点探测，同时观测电火花和探测仪发出的声音信号，确定渗漏破损位置。

4.4 双电极法

4.4.1 双电极法探测应可探测定位防渗土工膜上不小于 6mm 的渗漏破损（图 4.4.1）。

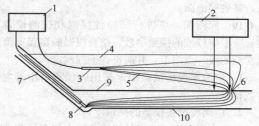

图 4.4.1 双电极渗漏破损探测工作状况
1—供电励磁电源；2—移动测量仪；3—主电极；
4—覆盖水/砂/土层；5—电势线；6—渗漏孔洞；
7—中间层（土工复合排水网或 GCL）；8—反馈电极；
9—上层土工膜；10—下层土工膜

4.4.2 探测时应确保防渗土工膜上铺设的砾石、砂或土与防渗膜紧密贴合，并应处于湿润导电状态。

4.4.3 探测设备应包括：电源转换器、电势测量仪、埋地电极、导线等。

4.4.4 探测设备主要技术指标应符合表 4.4.4 的要求。

表 4.4.4 双电极法探测设备主要技术指标

项　　目	指　　标
输入电压（V）	AC 220
输出电压（V）	DC 0～1000 可调
探测电压（V）	DC 0～1000V
偶极间距（m）	根据现场实验确定

4.4.5　双电极法探测步骤应包括：场地绝缘、埋放电极、设备试验校准、实际探测、渗漏点分析、复测、报告整理。

4.4.6　渗漏破损探测前应进行防渗土工膜上、下层的绝缘准备，包括排除被探区域内存在的导电物体和与其他电源接触的物体，确保防渗边坡与外界电场阻隔，土工布、粒料层及可能连接到场外的任何导电物体都应隔离。必要时应采取开挖沟槽等措施，对该区域进行绝缘处理。

4.4.7　应根据预先确定的待测区，安放设备，电源的负极应埋放在防渗土工膜下面，正极应置于防渗土工膜上面。

4.4.8　探测作业前，应进行渗漏探测设备校准和探测间距的确定。设备校准和确定探测的间距实验可使用现场实际破损孔洞或实验室人工模拟破损孔洞。

4.4.9　人工模拟渗漏破损孔洞应按下列程序操作：

　　1　开挖防渗土工膜上的覆盖材料，在防渗土工膜上切割 6mm 以上的孔洞；

　　2　采用直径不小于 6mm 的金属导体作为电极，埋入防渗土工膜上，覆盖层内，保持与防渗土工膜的接触；

　　3　同样方法将另一金属导体埋设到防渗土工膜下，基底层上面。

4.4.10　探测前，应进行试验性探测和探测设备校准。应根据校准的探测参数，结合仪器的覆盖宽度确定探测的线、点间距，并应符合下列规定：

　　1　应根据现场试验确定采用的探测电压等主要参数；

　　2　应调校设备仪器的灵敏度；

4.4.11　应根据校准确定的间距放线，划分检测单元格和探测网络，布设探测线、点。

4.4.12　应根据仪器记录的数据，使用光栅数据格式或轮廓图分析数据，绘制出各区域线、点的数据曲线图，根据曲线图查找并确定渗漏点的位置。

4.4.13　破损孔洞修补完成后应对 5m 半径范围内的防渗土工膜复测，直至确认没有渗漏破损为止。

5　运行期和封场后污染范围探测

5.1　一般规定

5.1.1　运行期和封场后垃圾填埋场出现渗漏污染的

探测宜采用高密度电阻率法。

5.1.2　高密度电阻率法的电极应采用防腐蚀性材料。

5.1.3　高密度电阻率设备系统应包括：多路电极转换器、测控主机、电缆、电极和电法处理软件等。

5.2　探测步骤

5.2.1　高密度电阻率设备系统测控主机最大供电电压不应小于450V，最大供电电流不应小于5A，测试精度范围应为±1%。

5.2.2　采用高密度电阻率法进行填埋场渗漏破损探测前的准备工作应符合下列规定：

　　1　探测区域应事先平整，地面起伏不应过大；

　　2　应根据填埋场的渗漏点设计多条测线，粗测时可延长测线和电极距；

　　3　应根据防渗层深度设计探测线的长度。

5.2.3　高密度电阻率设备系统电极布设应符合下列规定：

　　1　电极应等间距布置；

　　2　电极距不宜大于10m，且不应大于电缆上的电极间距长度。

5.2.4　应按照仪器使用说明正确连接探测设备系统。

5.2.5　采用高密度电阻率法进行填埋场渗漏污染范围确定，测控主机的操作应按下列步骤进行：

　　1　选择系统工作方式，确定系统工作模式后不应随意更改；

　　2　进行仪器硬件检测、电极接地电阻检测、电池电压检测，确保仪器检测正常后方可进行探测；

　　3　设置工作参数，工作参数应包括：断面号、装置、滚动数、电极数、极距、剖面数。

5.2.6　采用高密度电阻率法进行填埋场渗漏污染范围确定，测控主机的操作应符合下列规定：

　　1　当仪器显示过流保护，应关掉电源，检查线路；

　　2　每测量完一个断面应检查一次电池电压；

　　3　对于新的工作断面，在测量前，应设置正确的工作参数；

　　4　仪器执行某一功能未结束时，不应关机；

　　5　仪器面板应避免阳光直射。

5.2.7　应根据工作区的地形地质条件、勘探目的、勘探深度和勘探精度等因素来选择合适的装置。宜选取两种或两种以上的排极装置进行污染范围确定。

5.2.8　探测结束后应对数据进行格式转化、突变点剔除、滤波、编辑绘图和反演处理，高密度电阻率测量数据处理可按数据处理流程图（图5.2.8）进行。应结合图中电阻率异常区、场区内物质电性差异对数据进行解释，确定渗沥液渗漏区域及污染范围。

5.2.9　对渗漏污染区域的数据进行检验应采用改变装置或断面的方法。

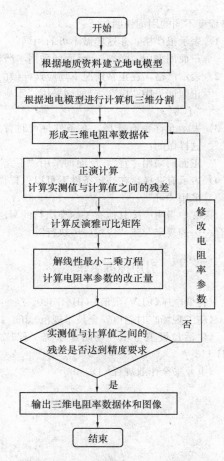

图 5.2.8 数据处理流程图

6 记录、分析与报告书编写

6.1 数据记录与分析

6.1.1 应对探测到的每个渗漏点的位置、大小、形状、修复和复测情况进行记录。

6.1.2 应对探测到的制造缺陷、线性裂口、焊接缺陷、烧通区域和机械损伤等破损进行分类统计和分析。

6.1.3 可根据仪表自动记录的探测数据，采用软件分析探测的结果。

6.1.4 探测工作状态的记录应符合本规程附录 A 的要求。

6.2 报告书编写

6.2.1 渗漏破损探测报告应在对原始记录资料进行检查、分析，确认无误的基础上，结合防渗工程设计、施工等资料完成。

6.2.2 渗漏破损探测报告应包括下列内容：

　　1 项目简述；

　　2 防渗系统结构和探测范围；

　　3 渗漏破损探测技术方案；

　　4 渗漏破损探测过程描述；

　　5 渗漏破损探测结果描述，包括破损数量、位置、尺寸以及照片；

　　6 统计分析各种破损孔洞的数量、成因和分布，评价防渗系统施工质量；

　　7 破损修复与复测情况；

　　8 结论和建议。

附录 A　生活垃圾填埋场防渗土工膜渗漏破损探测记录表

A.0.1 生活垃圾填埋场防渗土工膜渗漏破损探测记录表宜按表 A.0.1 执行。

表 A.0.1　生活垃圾填埋场防渗土工膜渗漏破损探测记录表

工程名称：					第　页	共　页
探测区域：		面积：			探测方法：	
序号	探测时间	位置	原因	形状与尺寸（mm）	数量	说明
合计						

注：1 探测区域指实施探测的区域：填埋库区、调节池等，并标注总面积；
　　2 位置可标注孔洞的坐标位置：经纬度或相对某个特征点的位置；
　　3 破损原因描述破损可能的原因：机械碾压破损、施工机械直接破损、碎石压迫破损、焊缝缺陷等；
　　4 破损形状和尺寸，描述破损的孔洞大致形状，并给出近似形状的几何尺寸；
　　5 孔洞数量指某一破损区域的孔洞数量，一些破损区域孔洞数量超过2个。

探测：　　　　　　　　　　防渗施工：
监理：　　　　　　　　　　委托方：
　　　　　　　　　　　　　日期：　　年　月　日

A.0.2 生活垃圾填埋场防渗土工膜渗漏破损修复记录表宜按表表 A.0.2 执行。

表 A. 0. 2　生活垃圾填埋场防渗土工膜
渗漏破损修复记录表

工程名称：				第　页		共　页
探测对象 (m²)：		作业区域 (m²)：		探测方法：		
编号	位置	修复时间	修复方式	复测结果		说明

注：1　当复测仍有渗漏时，应重复在渗漏点记录，记录编号在原编号的基础上加"复测1、2……"；

　　2　编号和位置要求应和本表一致；

　　3　修复方式可表示为覆盖土工膜单轨焊修补或单轨点焊。

探测：　　　　　　　　　防渗施工：

监理：　　　　　　　　　委托方：

　　　　　　　　　　　日期：　　年　月　日

本规程用词说明

1　为便于在执行本规程条文时区别对待，对要求严格程度不同的用词说明如下：

　　1）表示很严格，非这样做不可的用词：

　　　正面词采用"必须"，反面词采用"严禁"；

　　2）表示严格，在正常情况下均应这样做的：

　　　正面词采用"应"，反面词采用"不应"或"不得"；

　　3）表示允许稍有选择，在条件许可时首先应这样做的：

　　　正面词采用"宜"，反面词采用"不宜"；

　　4）表示有选择，在一定条件下可以这样做的，采用"可"。

2　条文中指明应按其他有关标准执行的写法为："应符合……的规定"或"应按……执行"。

引用标准名录

1　《特低电压(ELV)限值》GB/T 3805

2　《施工现场临时用电安全技术规范》JGJ 46

3　《生活垃圾卫生填埋场防渗系统工程技术规范》CJJ 113

4　《电业安全作业规程》DL 408

中华人民共和国行业标准

生活垃圾填埋场防渗土工膜渗漏破损探测技术规程

CJJ/T 214—2016

条 文 说 明

制 订 说 明

《生活垃圾填埋场防渗土工膜渗漏破损探测技术规程》CJJ/T 214-2016 经住房和城乡建设部 2016 年 3 月 14 日以第 1059 号公告批准发布。

本规程编制中，编制组总结了我国生活垃圾填埋场防渗土工膜渗漏破损探测及应用的实践经验，同时参考了国外先进技术法规与标准，通过试验和监测，取得了填埋场防渗土工膜渗漏破损检测的重要技术参数。

为便于广大设计、施工、科研、学校等单位有关人员在使用本规程时能正确理解和执行条文规定，《生活垃圾填埋场防渗土工膜渗漏破损探测技术规程》编制组按章、节、条顺序编制了本规程的条文说明，供使用者参考。但是，本条文说明不具备与规程正文同等的法律效力，仅供使用者作为理解和把握规程规定的参考。

目　次

1 总　则

1.0.1　《生活垃圾卫生填埋技术规范》GB 50869 和《生活垃圾卫生填埋场防渗系统工程技术规范》CJJ 113 都明确提出了填埋场基底和边坡应采用土工膜防渗系统；《生活垃圾填埋场污染控制标准》GB 16889 更是明确提出在工程建设和验收中采用渗漏检测的要求，以防止垃圾填埋过程中渗沥液外渗污染周边土壤和地下水。目前我国的填埋场普遍使用以防渗土工膜为主的防渗系统，防渗土工膜在生产、供货和安装的过程中，因各种原因造成破损。因此，本条提出了在防渗系统施工完成后对其完整性进行检测，及时发现和修补防渗系统中土工膜存在的渗漏破损缺陷，保障其可靠性和安全性，减少渗沥液渗漏对周围环境造成污染和损害。

1.0.2　本条规定了本规程的适用范围。填埋场防渗系统施工完成后，按照本规程进行检测。检测是否合格，是对施工建设进行验收的重要依据。填埋库区与渗沥液处理设施（含调节池）防渗土工膜的破损探测可以采用双电极法、水枪法、电火花法确定破损孔洞位置；在运行期间和封场后，对于出现渗沥液渗漏的填埋场，可以采用高密度电阻率法圈定污染区域。

1.0.3　本条规定了填埋场渗漏破损探测除应符合本规程外，尚应执行现行的国家和行业标准，作为本规程同其他标准、规范的衔接。本规程涉及的主要标准有：《生活垃圾填埋场污染控制标准》GB 16889、《生活垃圾卫生填埋场环境监测技术要求》GB/T 18772、《生活垃圾卫生填埋处理技术规范》GB 50869、《市容环境卫生术语标准》CJJ 65、《生活垃圾卫生填埋场运行维护技术规程》CJJ 93、《生活垃圾填埋场无害化评价标准》CJJ/T 107、《生活垃圾卫生填埋场防渗系统工程技术规范》CJJ 113、《垃圾填埋场用高密度聚乙烯土工膜》CJ/T 234 等。

3　基本规定

3.0.2　根据国内外文献报道，以及国内相关统计显示，超过 97% 的土工膜破损是在施工阶段造成的，而超过 73% 的破损是在铺设渗沥液导排粒料层时造成的。实际探测过程中，发现的孔洞小到由 GCL 断针所刺穿针孔，大到几十平方米的巨型孔洞。因此，有必要对填埋库区铺设粒料层的区域进行渗漏破损探测。调节池、集液井等区域存放渗沥液水头较高，任何一个很小的破损都可能在长时间内产生很大的渗漏量，同样需要进行渗漏破损探测。库区边坡在施工过程中也会造成破损，破损主要来自于石头滚落或者其他异物的冲击，库区边坡在保护层施工完成后，也需要渗漏破损探测，探测方法可以选用经验证有效的电

弧漏洞检测法。

3.0.3　若封场防渗的土工膜破损，填埋气体会自破损处外溢，雨水也可能沿破损处渗入垃圾堆体，增加封场后渗沥液的产生量。但与底部防渗的土工膜破损相比，它不会造成库区地下水的污染。因此，封场覆盖系统施工完成以后，可选择性的对防渗土工膜进行渗漏破损探测。

3.0.4　本条规定了探测工作的一般步骤。此处提出工作流程主要出于以下目的：

　　1　设置委托程序，有利于明确检测的场所，需要收集相关的资料和明确双方的法律责任；

　　2　现场踏勘是探测工作必要的前期工作，通过踏勘了解被测区域的地形、施工进度和环境状况，进而明确是否具备探测的条件，为制定探测方案奠定基础；

　　3　根据现场踏勘的情况，结合设计文件确定探测的区域，包括总的面积范围，边坡和库底的面积范围，防渗结构、施工质量、探测方案的选择和技术路线、安全措施的确定。

　　4　在以上前期工作完成的基础上，结合本规程的具体要求，才能最终确定探测采用的方法。并准备好探测的人员和装备。

　　5　探测的过程包括仪器校准、探测、标记、修复、复测等过程，直至确认被测区域没有潜在的渗漏为止。

　　6　在完成了前期准备和实测过程以后，探测的实施单位需要根据本规程的相关规定，按照探测过程的记录文件编制出探测分析报告。该报告将作为防渗膜铺设施工作业和未来防渗效果评估的依据。

3.0.5　本条列举了破损探测前现场踏勘的一般内容，这些要素是探测所必需的基本条件。

3.0.6　由于放射性同位素示踪法无法做到准确定位，且对人体和环境具有辐射危害，存在很大的环境风险，禁止采用。

3.0.7　仪器经过实地校准后，会得到一个较为准确、有效的检测半径，根据这个参数可以确定探测移动的间距，进而建立起实测的探测网络。既保障了探测的有效性，又有效减少重复探测和漏测的情况发生。

3.0.8　本条明确了渗漏破损探测发现漏洞和污染的修补及复测要求。明确了破损修补的方法和质量检测要求，在现行行业标准《生活垃圾卫生填埋场防渗系统工程技术规范》CJJ 113 中有详细规定，本规程引用了该规范。对于渗漏污染区域，建议采用注浆防渗帷幕进行紧急修复，以防止污染范围扩大。

3.0.10　本条适用于目前许多未进行渗漏破损探测的填埋场，在投入运行后发现有渗沥液渗漏时，要求先对未填埋垃圾的区域进行探测，确认安全后，将已填埋的垃圾转运到安全的区域，再探测倒空区域的防渗结构层，查找渗漏破损点并进行修复。探测和修复过

程要求符合本规程第 3.0.8 条的规定。根据实践经验，对于渗沥液浸泡区域，电学渗漏破损探测可能会出现没有电场信号的情况。对于无法使用电学破损探测的区域，可以采用其他方式进行检查。

3.0.11 根据探测的结果，对防渗土工膜及其施工质量进行评价。评价标准在参考美国环境保护局 1991 年提出的防渗系统施工质量评价标准的基础上，结合国内常规的评价做法提出。评价方法是根据伯努利方程（Bernoullis）和 Giround（1991）公式进行反复核算的基础上提出的。美国环境保护局在 1991 年给出防渗土工膜的施工质量的评判标准摘录，见表 1 所示。

表 1　美国环境保护局防渗土工膜施工质量评判标准（1991）

衬垫形式	防渗系统质量总体评价	主要参数变量	水头=0.3m 下的渗漏量 [L/（m²·d）]
单一土工膜	差	75 孔洞/hm²，单个孔洞面积=0.1cm²	9.35
土工膜+黏土复合衬垫		土工膜下层黏土渗透系数 $k=1\times10^{-6}$ cm/s，75 孔洞/hm²，单个孔洞面积=0.1cm²	9.35×10^{-2}
单一土工膜	好	2.5 孔洞/hm²，单个孔洞面积=1cm²	3.09
土工膜+黏土复合衬垫		土工膜下层黏土渗透系数 $k=1\times10^{-7}$ cm/s，2.5 孔洞/hm²，单个孔洞面积=1cm²	7.48×10^{-4}
单一土工膜	优秀	2.5 孔洞/hm²，单个孔洞面积=0.1cm²	0.309
土工膜+黏土复合衬垫		土工膜下层黏土渗透系数 $k=1\times10^{-8}$ cm/s，2.5 孔洞/hm²，单个孔洞面积=0.1cm²	9.35×10^{-5}

3.0.12 本条规定了探测过程中的用电安全要求。由于双电极法、点火花法均采用高电压，必须做到安全用电。

3.0.13 由于下雨天气可能会有用电危险，不应在下雨天气进行勘测。冰冻天气使得水和土体冰冻，导电性能变差，不能进行探测。

3.0.14 本条是对探测作业的记录和资料保存的要求，包括对探测到的渗漏破损点进行标记、拍照和记录，分析、判断渗漏破损形成的原因并记录等项内容。要求对探测到的渗漏破损点进行分析，目的是判断渗漏破损形成的原因。破损形成的原因主要有四种：一是膜本身的孔洞，包括膜在生产和运输过程产生的破损；二是土工膜铺焊过程引起的破损，由于硬物顶破或者焊接造成的破损；三是摊铺渗滤液导排层过程机械碾压或拉、挂所致的破损，这种情况有可能产生巨大的破损；四是运行过程引起的破损，在运行期间，堆填垃圾的机械会造成土工膜的破损，垃圾堆

体的失稳，也会造成土工膜破损。因此要求进行标记、拍照和记录，为进一步的分析，为评价施工质量提供依据。

3.0.15 本条归纳了适用于防渗土工膜破损探测的几种方法的适用性、特点和限制条件，在实际探测中，根据工程条件选择适用的方法进行探测。

4　施工结束后探测

4.1　一　般　规　定

4.1.1、4.1.2 规定了两种工况条件下破损探测可选用的方法。对于土工膜上有覆盖水、砂石土料的情况，可以使用双电极法；裸露土工膜使用水枪法；使用导电土工膜的裸露情况下，使用电火花法。边坡覆盖保护土工布的土工膜，可以使用电火花类似的电弧法。

水枪法和电火花法适合探测无砂石覆盖工况，如调节池、集液井和填埋库区的边坡，为此，本条建议填埋库区边坡和调节池等区域的渗漏破损探测选用水枪法或电火花法。

双电极法适用于防渗土工膜上有覆盖水或砂石土的防渗结构破损探测，该方法具有较好的适用性，是现今最为成熟和有效的方法。根据国内外的实践经验，采用双电极渗漏破损探测法，在覆盖 30cm 粒料层的情况下，能够发现不小于 6mm 的破损孔洞。国内探测实践表明，这种探测方法可以发现小于 6mm 的微小孔洞。对于覆盖材料超过 1m 的情况，所能够发现的孔洞尺寸加大，定位精度降低。

4.1.3 本条规定了渗漏破损探测前被探测的土工膜的绝缘的要求。其目的是防止场地绝缘不好时，电信号产生误差的可能性大，对正确识别渗漏点造成不利的影响。根据探测的原理，探测区域内存在的导电物体（如金属的工具、材料等）和其他与电源接触的物体，会严重影响探测的准确性，因此场地准备时应排除这些异物。场地施工期间，可能需要铺设临时用电或其他与电源接触的物体，探测前应予以切断或排出，必要时应进行绝缘处理。

4.1.4 在实际探测过程中，要根据试验校准的参数来确定合适的检测的间距。如果间距过大，有可能会造成破损点的遗漏。

4.2　水　枪　法

4.2.1 本条介绍了水枪法的工况，并明确了探测可达到的精度要求。

4.2.2 本条给出了水枪法渗漏破损探测的应用条件。要求被探测的防渗土工膜下材料应具有导电性能，包括潮湿的砂、土或土工布，也可使用专用的导电土工布。

4.2.3 水枪法探测的一个重要条件是防渗土工膜与基础层贴合良好。水枪法作业时，对于三个常见的防渗土工膜与基础层贴合不实的现象，在探测时要采用人工手段，确保防渗土工膜与其下土层贴合，保证其探测的精度不会受到影响。如果是由于热胀冷缩引起的膜褶皱，可以选择气温相对较低的上午或者晚上进行探测。

4.2.4 本条文规定了水枪法渗漏破损探测使用的主要探测设备。

4.2.5 本条提出了水枪法探测主要仪器的技术参数。

4.2.6 本条规定了水枪法渗漏破损探测的主要步骤，在实际工程实践中，尚需根据当地的具体实际情况选择适合的方式完成每一个步骤。

4.2.7、4.2.8 本条提出了水枪法探测前要求先进行场地准备、仪器设备的校准的具体方法。该方法以仪器的特点结合探测的实践经验提出，一是校准时采用的金属导电体要求；二是该导电体的连接和安装；三是校准时电信号的捕获和判断要求。

4.2.9 本条提出水枪法的探测前的仪器校准、确定测试参数的要求。在膜下具有一定的导电性能材料与膜附着良好的条件下，用水枪向膜上喷水，同时观察仪器发出的报警信号。

4.3 电火花法

4.3.5、4.3.6 电火花法渗漏破损探测前，需要进行场地准备、渗漏探测设备校准。要求土工膜保持平整、干燥、绝缘，且没有其他杂物，明确此方法的先决条件是使用导电土工膜，非导电土工膜不适用此方法。该方法的校准条件与前法相同的是可使用直径约1mm的实际破损孔洞或人工模拟破损孔洞；绝缘导线一端连接到防渗土工膜下层的导电材料，另一端连接到防渗土工膜上的金属导电体。不同的是需要采用圆形金属导体，导体尺寸宜为1mm。

4.3.7 本方法要求的探测电压是在15000V～35000V范围内，通过调整设备的输出电压，获得相应的信号。通过调整并确认探测系统设备可灵敏探测到试验破损漏洞时的参数作为实测的最佳参数。

4.3.8 电火花法是以看见火花的同时听到声音信号来判断的。本条要求按拟定的探测网络布置进行逐点探测，同时观测电火花和探测仪发出的声音信号，以确定渗漏破损位置。

4.4 双电极法

4.4.1 本条介绍了双电极法探测的工况，并明确了探测可达到的精度要求。

4.4.2 本条规定是对场地条件进行了规定。双电极法渗漏破损探测技术的基本原理是在防渗土工膜上施加电场，通过移动探测设备探测到形成电流回路的位置，从而找到渗漏点。将不同电势施加到防渗土工膜

上面及其下面，在没有孔洞的情况下，覆盖防渗膜的泥土或水的电势场相对均匀，防渗膜为一种极其有效的绝缘体，在存在孔洞时电场导通，通过移动探测仪探测导通点位置，精确定位产生渗漏孔洞的点。为能够准确地探测出破损孔洞的位置，要求防渗土工膜上没有大的导体连通到垃圾填埋场外围，土工膜上的覆盖粒料潮湿，具有良好的导电性。

4.4.3 本条规定了采用双电极法渗漏破损探测需要的仪器设备。

4.4.4 本条提出了双电极法的主要技术指标要求。在实际应用中，可以根据现场的情况选择合适的供电电场、偶极间距等。

4.4.5 本条规定了探测的一般步骤，实际探测中，根据场地地形、物料特性、湿润度等情况进行适当调整。

4.4.6 本条规定了场地绝缘的具体要求和办法。实际探测过程中，在不影响探测准确性的情况下，根据实际的工况，对绝缘进行相应处理。

4.4.7 本条规定了探测每个实际操作步骤的方法和具体要求。本条是设备安置的要求。重点是埋放电极，要求电源输出的负极要求埋放在防渗土工膜下面，正极则要置于防渗土工膜上面，进行实测。

4.4.8 本条针对探测作业前，进行渗漏探测设备校准和确定探测的间距提出要求。这是保证探测的准确性和有效性的保障。本条根据探测作业实况，允许使用实际破损孔洞作为校准点。但有时现场作业质量较高，可能不易找到合适的破损点作为仪器校准的点，这时设备校准和探测间距的确定可通过人为制造渗漏破损孔洞进行。

4.4.9 本条在第4.4.8条的基础上，进一步明确在未知是否存在破损前，采用人为破损空洞时的具体作业方法。包括：膜上覆盖材料开挖、切割造孔、埋设电极、实施探测。

4.4.10 本条首先规定了设备校准和确定探测的间距的场地条件，要求符合本规程第4.4.8条规定的条件下进行；其次规定了设备校准和确定探测的间距的确定包含的3个具体内容，包括探测电压等主要参数、设备仪器的灵敏度和根据调校核准的灵敏度得到适宜的探测间距。

4.4.11 本条要求根据校准确定的间距（偶极间距）放线，进而安排探测网络，布设探测线、点。

4.4.12 探测仪器记录的数据，要求使用光栅数据格式或轮廓图分析等软件进行数据分析，绘制出各区域的数据曲线图，再根据曲线图的指示确定渗漏点的位置。

4.4.13 由于破损孔洞产生的电讯号相互之间会出现影响，本条针对初次渗漏破损孔洞修补完成后，需要进一步探查该破损周边是否还存在其他破损孔洞。根据理论和实际经验，孔洞间的相互影响不会超过半径

为 5m 的范围，因此提出进一步探查范围应控制在 5m 半径的周边范围内进行复测，直至能确认没有渗漏破损点为止。

5 运行期和封场后污染范围探测

5.1 一般规定

5.1.1 本条规定了高密度电阻率法的适用范围，由于只需在地表布设电极即能探测到地下不同性质介质变化及异常体的产状和深度情况，此法的适用范围广，操作方便。但该方法受测试介质的影响较大，填埋场中含水量大，卫生填埋场底部还有不导电的人工防渗系统，这些因素会使该方法在精确探测填埋场底部防渗系统破损点方面失效。然而，通过高密度电阻率法探测填埋场区周围地质体的电阻率变化来定性分析填埋场防渗系统破损区域及渗沥液污染区域是一种高效准确的方法。

5.1.2 本条对高密度电阻率法中的电极作了规定。垃圾填埋场产生的渗沥液与气体中均含有腐蚀性化学物质，为防止电极腐蚀影响测试精度，应采用具有防腐蚀性的材料。

5.1.3 高密度电阻率系统由测控主机、多路电极转换器、电极系统三个部分组成。多路电极转换器通过电缆控制电极系统各电极的供电与测量状态。主机通过通信电缆、供电电缆向多路电极转换器发出工作指令，向电极供电并接收、存储测量数据。数据采集结果自动存入主机，主机通过通讯软件把原始数据传输给计算机，再通过软件对数据进行处理。

5.2 探测步骤

5.2.1 本条提出了高密度电阻率设备系统主要技术指标要求。指标值是根据我国现有技术和设备水平而确定的。仪器所能提供的最大电压值和电流值过小会使测试结果的分辨率底，最终导致结果分析难并会出现误差。

5.2.2 本条规定了探测前准备工作的要求，地面起伏太大会使电极的水平位置发生较大的偏差，一个电极的位置变化会对后续电极的位置有影响，电测曲线也很复杂，为数据的解释带来不便。同时，各装置对地形影响的敏感度也不一样，研究表明：偶极装置受地形影响最为剧烈，其次是三极装置，相比较而言，二极和四级装置受地形的影响较小，电测剖面形态易于判断。为提高探测效率，应在渗漏区域内布设测线，且粗探应先采用长剖面，确定渗漏点的大致位置后，再以确定的渗漏位置为中心布设电极，且应加密。各跑极装置探测最大深度一般可达到探测测线长度的 $1/6 \sim 1/3$，因此应根据探测深度合理选择装置及测线长度。

5.2.3 电极距不能太大，否则会导致探测结果的分辨率低，若实际的电极距大于电缆上的电极间隔长度，必须附加电线才能工作，工作效率会大大降低。

5.2.4 本条规定了探测系统连线方法，为了防止触电危险，应在仪器关机状态下连线，严禁混接，接头相互混接会导致仪器烧坏，数据混乱和错误。

5.2.5 本条规定了高密度电阻率法的探测步骤。探测前应进行仪器硬件检测，故障仪器应检修或更换，以免耽误探测计划或影响测试结果。接地电阻检测是为了检查电极接地是否良好，也是检查电极开关好坏的一种手段。应定时检测电池电压。因为电池电压过低时，影响测试精度。改变仪器工作模式时应特别慎重，因为模式改变后，可能会造成原存储数据丢失，而且是不可恢复的。

5.2.6 本条规定了探测过程中的注意事项。仪器显示"过流保护!"，会存在烧坏的危险；每次探测时检查电池电压是为了保证电压稳定，提高探测精度；仪器具有记忆功能，更换探测断面时应重新输入参数；执行某一功能未结束时，不应关机，是为了防止探测数据的丢失；仪器面板应避免阳光直射，是为了阳光直射影响大屏幕液晶显示器的显示对比度。

5.2.7 在三维电位法探测中，电极排列方式现已扩展到十几种，但最常用的是四极排列中的 α 排列、β 排列及 γ 排列。由于各种电极排列方式对异常体所表现的视电阻率特征各不相同，在探测中根据目标体选择适当的探测方式至关重要，这直接关系到探测结果的解译及可靠程度评价。各装置的优劣应以异常分辨能力、测试深度等为评判标准，研究结果表明：温纳装置对于深部垂向电性变化反应较灵敏，而偶极装置则对浅部水平分析的电性变化反应较灵敏。选择两种以上装置进行测试目的是通过不同方法进行综合判别与解释，提高评测精度。

5.2.8 探测后的数据应进行曲线绘制，色谱图反演，以便解释和分析。

5.2.9 本条规定是为了验证探测结果的准确性，以确保渗沥液渗漏区域判断正确，为补救措施提供详细的参考数据。

6 记录、分析与报告书编写

6.1 数据记录与分析

6.1.1 本条提出探测记录的要求。为便于今后查找、分析施工期间的问题和效果，适时、准确记录现场探测的情况十分重要。为此，本条进一步提出按探测网络逐条记录的工作状态，详细记录每个渗漏点在网络中的方位、大小、形状、修复和复测情况。

6.1.2 在记录的过程中，要求对探测到的防渗膜的破损性质进行分析并准确记录，包括制造缺陷、线性裂口、焊接缺陷、烧通区域和机械损伤等破损孔洞进行分类统计和分析。这些分析可以了解并得到探测到的破损是膜本身的问题、铺膜作业的问题还是膜上覆盖施工造成的问题，为今后总结施工经验，完善施工技术和提高膜的质量提供基础素材。

6.1.3 现代电脑技术的发展，使探测实现了电子自动化记录和分析，利用软件分析技术将仪表自动记录的探测数据进行归类、整理、分析，能够得到理想的分析探测的结果。本条提出，条件许可时采用先进技术的可能性。

6.1.4 本规程的附录 A 给出了探测工作作业的记录表。探测工作状态的记录要求符合附录 A 提出的内容和格式。

6.2 报告书编写

6.2.1 本条对报告书提出两点要求：一是要求垃圾

填埋场防渗土工膜渗漏破损探测的成果报告是在探测的原始记录资料进行检查、分析，确认无误的基础上完成的；二是在进行汇总整理资料的同时，要求结合防渗工程设计和施工情况（各项设计文件和施工记录），进行综合分析，得到真实可靠的结论的基础上，完成探测结果报告书的编写。

6.2.2 对于不同的地方，环境条件和施工要求可能不同，本条概括提出全部探测工作完成后的最终汇总报告的编制要求。包含施工期间和施工完成后的各项渗漏破损探测技术报告，并提出了渗漏破损探测技术报告的基本纲要。

中华人民共和国行业标准

生活垃圾焚烧厂检修规程

Specification for maintenance of municipal solid
waste incineration plant

CJJ 231—2015

批准部门：中华人民共和国住房和城乡建设部
施行日期：２０１６年５月１日

中华人民共和国住房和城乡建设部
公 告

第 902 号

住房城乡建设部关于发布行业标准
《生活垃圾焚烧厂检修规程》的公告

现批准《生活垃圾焚烧厂检修规程》为行业标准，编号为 CJJ 231-2015，自 2016 年 5 月 1 日起实施。其中，第 4.2.3、4.2.4、4.2.7、6.1.1、6.3.3、6.3.4、6.3.5 条为强制性条文，必须严格执行。

本规程由我部标准定额研究所组织中国建筑工业出版社出版发行。

中华人民共和国住房和城乡建设部
2015 年 8 月 28 日

前 言

根据住房和城乡建设部《关于印发〈2012 年工程建设标准规范制订修订计划〉的通知》（建标〔2012〕5 号）的要求，规程编制组经过广泛调查研究，认真总结实践经验，参考有关国际标准和国外先进标准，并在广泛征求意见的基础上，编制了本规程。

本规程的主要技术内容是：1. 总则；2. 术语；3. 基本规定；4. 分级检修；5. 检修计划及准备；6. 检修过程；7. 试运启动及检修后评估。

本规程中以黑体字标志的条文为强制性条文，必须严格执行。

本规程由住房和城乡建设部负责管理和对强制性条文的解释，由深圳能源集团股份有限公司负责具体技术内容的解释。执行过程中如有意见或建议，请寄送深圳能源集团股份有限公司（地址：深圳市福田区深南大道 4001 号时代金融中心 13 楼，邮编：518048）。

本规程主编单位：深圳能源集团股份有限公司
深圳市能源环保有限公司

本规程参编单位：重庆三峰环境产业集团有限公司
深圳市市政环卫综合处理厂
中国城市建设研究院有限公司
北京市朝阳循环经济产业园管理中心
无锡雪浪环境科技股份有限公司
广东博海昕能环保有限公司
杭州新世纪能源环保工程股份有限公司
上海环境集团有限公司
光大环保（中国）有限公司
中国环境保护公司
天津泰达环保有限公司
广州威立雅固废能源技术有限公司

本规程主要起草人员：
高自民　白贤祥　王慧农
秦士孝　马迎辉　李松涛
李倬舸　孙　涛　吴燕琦
魏　强　王　庆　白良成
刘思明　龚佰勋　皮　猛
郭祥信　吴　晓　潘永进
张小可　闵泽清　柴会平
朱九龙　付晨光　王　洋
杨芳全　邹全意　瞿敬伟
汪小青　王兴武　钟日钢
谭　劲　范　典　邓　军
朱　勇　李青峰　王国华
张玉刚　王德权　方　朴

韩学成　岳优敏　奚　强
宋　昕　李文旭　江　勇
王　薇　熊孝伟　姚　刚
赵开银　李　超

本规程主要审查人员：聂永丰　徐海云　方建华
　　　　　　　　　　　焦学军　刘彦博　涂银平
　　　　　　　　　　　谭卫东　常　光　徐　峰

目　次

目　　次

Contents

1 总 则

1.0.1 为提升生活垃圾焚烧厂（以下简称焚烧厂）检修的规范化水平，提高焚烧厂设备、系统及附属设施运行的可靠性，保障焚烧厂安全、环保、经济运行，制定本规程。

1.0.2 本规程适用于已投产运行的焚烧厂设备、系统及附属设施的检修。

1.0.3 焚烧厂设备、系统及附属设施检修应符合预防为主、计划检修的原则，保证检修安全和检修质量，保障焚烧厂设备、系统及附属设施处于良好可用状态。

1.0.4 焚烧厂的设备、系统及附属设施检修除应符合本规程外，尚应符合国家现行有关标准的规定。

2 术 语

2.0.1 主设备 primary equipments

垃圾抓斗起重机、垃圾焚烧炉及余热锅炉、烟气净化系统、汽轮发电机组、主变压器、分散控制系统（DCS）等能够完成焚烧厂基本功能的设备（系统）及附属设备。

2.0.2 辅助设备 auxiliary equipments

引风机、给水泵、空压机、采暖通风系统等焚烧厂主设备以外的生产设备（系统）。

2.0.3 主设备检修停用时间 outage time for primary equipment maintenance

垃圾焚烧炉及余热锅炉从焚烧炉停止垃圾投料开始，到检修结束后焚烧炉点火启动开始垃圾投料的总时间。

汽轮发电机组从电力系统解列开始，到检修工作结束后汽轮发电机组并网运行的总时间。

2.0.4 计划检修 scheduled maintenance

根据焚烧厂设备磨损和老化的统计规律，事先确定等级、间隔、项目、备品配件及材料等，进行预防性检修的方式。

2.0.5 状态检修 condition-based maintenance（CBM）

根据监测和诊断技术提供的设备信息，设备评估的状况，在故障发生前进行检修的方式。

2.0.6 检修等级 maintenance levels

按焚烧厂主设备和辅助设备的检修规模和停用时间，将焚烧厂的计划检修分为 A 级、B 级、C 级、D 级。

2.0.7 检修周期 maintenance interval of equipments

焚烧厂主设备从上次 A、B、C、D 级检修后运行开始至下一次相应等级检修开始时的时间。

2.0.8 质检点 inspection points during maintenance

在检修工序管理中根据某道工序的重要性和难易程度而设置的关键工序质量控制点（H、W 点），这些控制点不经质量检查签证不得转入下道工序。其中 H 点（hold point）为不可逾越的停工待检点，W 点（witness point）为见证点。

2.0.9 不符合项 non conformance

焚烧厂检修过程中由于检修人员、技术文件、检修工艺、质量控制等方面不足，使其检修质量变得不可接受或无法判断的项目。

2.0.10 三级验收 three level check for acceptance

根据检修项目的工艺和重要程度，在焚烧厂设备、系统及附属设施检修过程中对检修质量实行的检修班组、专业和焚烧厂三个级别的验收。

2.0.11 反事故措施 anti-accidence measures

通过事故调查、设备评估、技术监督、安全性评价及系统稳定性分析等活动，针对垃圾焚烧发电生产系统中存在的安全隐患制定的事故防范措施。

2.0.12 安全技术劳动保护措施 safety technical measures of labour protection

以改善劳动条件和作业环境、防止工伤事故、预防职业病和职业中毒等为主要目的的技术措施。

2.0.13 工作票 work order

准许在焚烧厂设备（系统）上进行相关检修并保障安全的书面命令，通过明确工作内容、范围、地点、时限、安全措施及相关责任人等，保证设备（系统）、人员及相关检修工作安全完成。

2.0.14 操作票 operation order

焚烧厂进行相关设备（系统）操作时明确操作任务及步骤、指示运行人员应严格按书面步骤内容及顺序进行操作且执行时运行人员应随时携带的书面命令。

3 基 本 规 定

3.0.1 焚烧厂 A、B、C、D 级检修应按国家相关法规和国家现行标准、设备制造厂的技术文件、同类型设备的检修经验及设备历史故障规律、设备状态评估结果等，合理安排设备、系统及附属设施检修。

3.0.2 焚烧厂 A、B、C 级检修应确定检修主线，合理安排各检修项目，确定检修工期，并应统筹考虑技术改造项目及反事故措施和安全技术劳动保护措施项目的实施，在规定的工期内，完成既定的全部检修作业，达到质量目标。

3.0.3 分级检修应做好各项技术监督工作，并应落实在标准检修项目中。

3.0.4 焚烧厂分级检修前应根据厂内生产技术管理实际情况和设备、系统及附属设施的状况，编制检修计划、检修项目、技术方案、检修作业指导书、检修人员需求、物资及工器具需求、质量控制和试运规定、检修过程管理措施及资料整理归档等检修指导性文件。

3.0.5 焚烧厂检修管理应符合现行国家标准《职业健康安全管理体系要求》GB/T 28001、《环境管理体系要求及使用指南》GB/T 24001 和《质量管理体系要求》GB/T 19001 的有关要求。

3.0.6 设备检修人员应熟悉焚烧系统、焚烧设备的工艺、工序、调试方法和质量标准及安全工作规程，并应具备检修操作的相关技能和相应资质。

3.0.7 检修施工中宜采用新技术、新方法，应用提高工作效率的新材料、新工具，并应确保焚烧厂设备、系统及附属设施的安全性、可靠性和经济性。

3.0.8 焚烧厂检修应按计划准备、施工管理、质量验收、启动试运、检修后评估等环节做好持续改进工作。

3.0.9 焚烧厂应根据本厂实际情况加强检修管理信息化建设，改进计划检修管理，逐步实施状态检修。

3.0.10 焚烧厂年度检修工作计划、实施及变更应向当地生活垃圾处理主管部门报批，并应在当地环境保护主管部门、电网公司等相关部门备案。检修开工/竣工报告单应符合本规程附录 A 的规定。

4 分级检修

4.1 分级检修周期和停用时间

4.1.1 焚烧厂检修分级应按检修规模和停用时间分为 A、B、C、D 四级，检修等级的划分及检修停用时间宜符合表 4.1.1 的规定。

表 4.1.1 焚烧厂检修等级及检修停用时间

检修等级	检修内容	主设备检修停用时间
A级	对焚烧厂主设备和辅助设备进行全面的解体检查和修理，以保持、恢复或提高设备性能	15d~25d
B级	重点对焚烧厂某些存在问题的主设备和辅助设备进行解体检查和修理	10d~18d
C级	根据主设备及辅助设备磨损、老化的规律，有重点地对其进行检查、评估、修理、清扫	7d~15d
D级	在焚烧厂设备总体运行状况良好时，只对其附属系统和辅助设备进行集中性消缺	3d~6d

4.1.2 焚烧厂主设备检修周期宜符合表 4.1.2 的规定。

表 4.1.2 焚烧厂主设备检修周期

设备名称	检修周期			
	A级	B级	C级	D级
垃圾焚烧炉及余热锅炉	根据炉型和运行情况确定，一般 2年~4年	在两次A级检修之间视情况安排	每年	3个月~6个月
汽轮发电机组	4年~6年	在两次A级检修之间视情况安排	每年	—
主变压器	根据运行情况和试验结果确定，一般 10年	—	—	—
烟气净化系统	2年~4年	—	每年	3个月~6个月
垃圾抓斗起重机	根据厂家规定确定			

注：焚烧厂可根据设备监控参数、技术监督项目及设备评估结果调整各主设备具体的检修周期。

4.1.3 新投产的焚烧厂主设备检修周期应符合下列规定：

　　1 焚烧厂主设备第一次 A 或 B 级检修的时间应根据设备制造厂家的要求、合同规定及主设备的具体情况确定。

　　2 当无明确规定时，垃圾焚烧炉及余热锅炉、汽轮发电机组和烟气净化系统应安排在正式投产运行 1 年后；主变压器应安排在正式投产运行 5 年后。

4.1.4 焚烧厂主设备分级检修的安排应符合下列规定：

　　1 焚烧厂应根据设备的运行状态，合理安排各分级检修时间，并应保障垃圾焚烧炉及余热锅炉年运行时间不少于 8000h。

　　2 当分级检修中含有施工量大、工期较长的项目或检修过程中发现重大缺陷，可调整检修天数和等级。

4.2 分级检修重点技术要求

4.2.1 垃圾抓斗起重机应进行外观、轨道、刹车及滚筒、抓斗液压缸及阀块等全面检修维护，并应做防腐处理。

4.2.2 焚烧厂分级检修应对垃圾焚烧炉及余热锅炉各部位耐火材料进行检查和修复，并应进行烘炉。

4.2.3 焚烧厂 A、B、C 级检修应满足下列要求：

　　1 A、B、C 级检修时，应进行余热锅炉受热面金属监督工作，应对水冷壁、过热器等管子检查并应抽样测厚，水冷壁管测厚抽检率不得低于 20%；

　　2 A 级检修时，余热锅炉受热面应割管送检；

3 A级检修时，应进行主蒸汽管道、受监压力管道金属监督检查工作。

4.2.4 余热锅炉受热面检查发现有变形、鼓包、胀粗等情况的受热管应立即更换；对因冲刷、磨损、高温腐蚀致使壁厚减薄量超过设计壁厚30%的受热管应更换。

4.2.5 对余热锅炉受热面检修时，割管作业应采用机械切割，不得使用火焊切割；检修焊口应作100%的无损检测；余热锅炉承压部件经重大检修或改造后，应进行超水压试验合格后方可投入运行，必要时应进行冲管。

4.2.6 焚烧炉、余热锅炉、脱酸反应塔及袋式除尘器灰斗应除焦、清灰。

4.2.7 焚烧厂检修过程中，应对袋式除尘器滤袋、仓室等部套进行检查，并应符合下列规定：

　1 应进行滤袋检漏试验、寿命评估；

　2 应更换破损、脱落的滤袋；

　3 应修复仓室泄漏点并应对仓室进行防腐维护；

　4 滤袋的每次检查和更换应做好记录。

4.2.8 锅炉、起重机械、压力容器等特种设备的各项目检查及检定应符合国家现行有关标准的规定。

4.2.9 汽轮机A级检修应进行汽门严密性、汽机超速保护等常规试验。

4.2.10 发电机组、变压器、开关等电气一次设备预防性试验应符合国家现行有关标准的规定。

4.2.11 电气继电保护、励磁调节器、备用电源投入装置、快切装置等电气二次设备应校验及试验。

4.2.12 热工仪表及自控设备应进行检修维护、校验，并应做好记录；检修完工后应对垃圾焚烧炉及余热锅炉的联锁保护及汽轮发电机组的联跳保护检查、试验。

4.2.13 应对垃圾焚烧炉及余热锅炉炉膛测温元件及回路检查、维护和校验。

4.2.14 应对烟气排放在线连续监测装置（CEMS）检修维护，主要部件检修后应重新校验，校验合格后方可投入运行。

4.2.15 应清理、检修除灰渣系统设备，根据磨损情况判定设备寿命并有计划更换。

4.2.16 应结合主设备A、B、C级检修，根据实际情况清空垃圾池，并应对池底、四壁做破损检查和防腐处理；卸料平台应做修复或防腐处理；渗沥液收集系统应清淤并疏通通道。

4.2.17 结合主设备A、B、C级检修，对渗沥液处理系统、飞灰处置设备及附属设施应同步全面检修。

4.2.18 分级检修实施前应对焚烧厂应急除臭设施全面检查维护，确保其在焚烧厂检修期间运行良好。

4.2.19 检修完成后应做好设备、管道等的油漆防腐和保温工作；对检修结束后停用或备用的热力设备应采取防锈蚀等保护措施。

5 检修计划及准备

5.1 年度检修计划

5.1.1 焚烧厂应在每年下半年根据本厂的主设备和辅助设备的运行状况、检修间隔、环保排放指标和生产技术指标，结合当地季节气候特点，垃圾处理任务等因素，编制下年度检修计划。

5.1.2 年度检修计划编制内容应包括：工程名称、检修级别、立项依据、主要检修项目、重点项目技术方案及措施、距上次检修的时间、检修工期及进度安排、人员需求计划、工时和费用等。

5.1.3 焚烧厂主设备和辅助设备检修可分开或统一进行；互为备用的设备、因季节特点运行的设备，应根据检修周期单独编制检修计划，并应避免与主设备同时检修。

5.1.4 年度检修项目应包括标准检修项目、特殊检修项目和重大检修项目，并应将技术改造项目、反事故措施和安全技术劳动保护措施项目及生产建（构）筑物检查维护项目统筹考虑。

5.1.5 结合年度检修拟实施的垃圾焚烧、烟气处理等设施的重大改动项目，应提前报当地相关主管部门。

5.1.6 年度检修计划的落实和调整应符合下列规定：

　1 焚烧厂检修计划一经批准应严格执行，并应落实备品配件、材料、人力需求和工器具等；

　2 对特殊检修项目、技术改造项目、反事故措施和安全技术劳动保护措施项目应做好技术方案论证，应制订施工技术和组织措施，并应做好内外协调工作；

　3 焚烧厂A、B、C级检修的实际开工时间不宜作调整。特殊情况需调整的，应提前报告当地生活垃圾处理主管部门、环境保护主管部门和电网调度部门，并应做好协调工作。

5.2 检修项目编制

5.2.1 焚烧厂检修项目应按下列依据进行编制：

　1 国家及行业相关标准；

　2 相关设备使用说明书；

　3 设备运行中发生的故障和存在的缺陷；

　4 检修前设备状态评估报告。

5.2.2 A级检修标准检修项目应包括下列内容：

　1 设备制造厂要求的项目；

　2 对设备全面解体、定期检查、清扫、测量、调整和修理；

　3 设备定期监测、试验、校验和鉴定；

　4 按需要定期更换零部件的项目；

5　按相关技术监督规定确定的检查项目；

6　消除设备和系统的缺陷和隐患。

5.2.3　焚烧厂可根据设备的状况调整各级检修的标准检修项目，在一个 A 级检修周期内所有的标准检修项目都应安排实施。

5.2.4　焚烧厂典型设备 A 级检修标准检修项目和特殊检修项目宜符合本规程附录 B 的规定。

5.2.5　B 级检修标准检修项目应根据焚烧厂主设备、主要辅助设备状态评价结果及系统特点和运行状况，在 C 级检修标准检修项目基础上有针对性地实施部分 A 级检修标准检修项目。

5.2.6　C 级检修标准检修项目应包括下列内容：

1　消除设备、系统及附属设施存在的缺陷和隐患；

2　清扫、检查和处理易损、易磨部件，必要时进行实测和试验；

3　按相关技术监督规定中确定的检查项目。

5.2.7　D 级检修标准检修项目主要内容应为消除设备和系统的缺陷，并应根据设备状态的评估结果安排部分 C 级检修项目。

5.2.8　技术改造项目、反事故措施和安全技术劳动保护措施项目可根据需要安排在各级检修中。

5.2.9　焚烧厂应定期对厂房、垃圾池、渗沥液收集池、循环水池、飞灰暂存场地、垃圾车运输通道和卸料大厅等生产建（构）筑物进行检查、维护，并应根据检查结果结合焚烧厂分级检修安排必要的检修项目。

5.3　检修物资、工器具及人员准备

5.3.1　年度检修物资准备应符合下列规定：

1　应提前计划采购检修过程中所需要的设备、备品配件和材料。

2　应编制物资需用计划、订货采购、验收入库、不符合项处理、保管和领用出库等检修物资管理制度。

3　检修物资需用计划应由专业人员编制，并应附技术要求和质量保证要求；应根据年度检修时间安排采购订货，满足焚烧厂检修进度要求。

4　特殊检修项目所需的机电产品、备品配件、大宗材料和特殊材料应编制专项计划，并应制定技术规范书进行采购。

5.3.2　检修工器具准备应符合下列规定：

1　检修工器具应包括：常用工器具、安全工器具、专用工器具、试验及计量仪器、特种设备和运输车辆等。

2　检修工器具的准备工作应包括工器具的清点、补充、维修、检验及试验。

3　安全工器具、试验仪器和特种设备等应按国家有关规定进行安全检查、试验，应有合格证书、试验报告和检验报告，并应由送检人员粘贴合格试验标识。

4　对检修承包方的自备工器具应按上一款要求进行检查和验证；检验不合格、超过规定使用期限的工器具严禁用于检修作业。

5.3.3　检修人员检修前准备工作应符合下列规定：

1　应根据检修项目、工艺要求、检修工期、项目工时安排，制定人力需求计划。

2　应对现场工作票签发人、工作票负责人、工作票许可人、施工人员、质量检验人员等进行安全和技术培训。

3　检修人员培训内容应包括：焚烧厂主要的设备、系统介绍及检修设备的运行状况和缺陷情况、检修安全及文明检修要求、检修质量和检修工艺规定、检修作业指导书等。

4　培训结束后应对所有参加培训的人员进行考核，考核内容应包括：安全操作规程、检修工艺规程和检修作业指导书等，合格后方可允许进厂从事相应检修工作，对工作票签发人、工作票负责人和工作票许可人的合格人选应公示，对特种作业人员应进行资格审查。

5.4　检修技术文件及作业指导书

5.4.1　焚烧厂应编制专业检修项目分册，检修分册的内容应包括工艺标准、质量标准、技术方案、检修作业指导书、组织管理措施、技术管理措施、安全环保管理措施和质量验收方案等。

5.4.2　检修作业指导书的编制应符合本规程附录 C 的规定。

5.4.3　检修作业指导书的使用应符合下列规定：

1　工作负责人应在设备检修前组织检修人员学习检修作业指导书，并应按要求做好设备检修前的各项准备工作。

2　设备检修时应严格执行检修作业指导书，按照检修工序进行设备检修，应防止发生漏项、跨项，并应按要求做好有关检修记录。

3　检修过程中遇到质量点验收时应提前通知质量检验人员进行验收，并应在检修作业指导书中签字确认。

4　检修作业指导书数据填写应前后一致，技术监督报告质检验收单、不符合项通知单等附件应齐全，使用后应及时验收、关闭和归档。

5.5　检修前组织与安排

5.5.1　焚烧厂检修开工前宜成立专门检修机构，应明确检修参与单位及人员的职责，协调检修过程中的重大问题。

5.5.2　焚烧厂分级检修开工前一个月应做好主设备、辅助设备性能试验和技术鉴定，并应组织生产运行管

理人员再次对设备和系统的运行情况、存在的缺陷（隐患）进行全面盘查和核实，提出检修消缺清单，优化检修项目。

5.5.3 焚烧厂在检修开工前一个月应组织完成对特殊检修项目和重大检修项目的技术方案、工艺方法、质量标准、施工组织和安全措施的审核论证工作。

5.5.4 焚烧厂分级检修开工前应建立检修质量保障体系，确定质量检验人员，汇编三级验收清单，组织完成检修质量验收培训。

5.5.5 焚烧厂分级检修应采用检修进度网络图统筹规划焚烧厂检修工期进度，并宜在检修开工前一个月根据实际项目、物资到位情况和检修人力需求细化各级施工网络图。

5.5.6 焚烧厂分级检修开工前应制定检修安全控制目标、质量控制目标和文明施工目标，并应组织学习。

5.5.7 检修开工前应组织检修人员学习检修任务、进度与工期、作业指导书及工艺标准等检修技术文件，应对重大检修项目、特殊检修项目做好安全、技术交底工作。

5.5.8 检修开工前应完成对所有检修人员入场的安全教育培训，明确焚烧厂检修期间的安全管理及考核规定；检修人员应熟悉全厂各系统布置情况和危险源分布情况，并应确保施工安全。

5.5.9 检修开工前应编制焚烧厂主设备停运方案，相关主设备及辅助设备应按计划停运，并应完成与仍在运行设备（系统）的安全隔离措施。

5.5.10 检修开工前应办理好相关工作票并应落实各项安全措施。

5.5.11 应制定检修期间物资领用、后勤保障和文明生产管理制度。

5.5.12 分级检修开工前应完成与当地生活垃圾处理主管部门、环境保护部门、电网公司等相关部门的各项协调工作。

5.6 检修外包

5.6.1 焚烧厂对外委托的检修项目应实行合同管理，合同中应明确检修项目、技术方案、质量验收标准、工期进度、专业人员要求和违约责任等条款。

5.6.2 检修承包方的生产许可证、资质等级证和安全资质证、检修人员的资质等应符合对应项目的安全、技术要求；现场作业的起重工、电焊工、架子工等作业人员和计量仪表检定人员应持有相应的资格证书。

5.6.3 检修承包方应对进场的机械、设备、工器具和安全防护装置进行全面安全检查；起重机械、电气工器具等应有相关部门出具的检验合格证等；大型起重机械作业前，应进行必要的荷载试验。

5.6.4 焚烧厂应与检修承包方签订安全、环保协议，

应明确双方责任，保障检修过程的人身和设备的安全，做好环境保护工作。

5.6.5 检修承包方在焚烧厂开展检修工作期间应遵守焚烧厂的有关规章制度。

6 检 修 过 程

6.1 检修实施阶段组织与管理

6.1.1 焚烧厂检修过程中必须执行工作票、操作票制度。

6.1.2 检修过程中每项检修作业开工前应完成人员、工器具、备品配件及材料的准备，并应做好技术、安全交底；每项检修作业结束前应完成质检验收、试运行及运行人员交底等工作。

6.1.3 各项检修作业应执行检修作业指导书，重大检修作业应按技术方案实施。

6.1.4 当检修项目在施工过程中与相关运行设备有冲突时，应通过检修机构和运行主管人员协商解决，检修人员不得擅自处理。

6.1.5 检修机构应每日组织召开检修调度例会，协调解决检修过程中出现的问题，控制检修安全、质量和工期。

6.1.6 检修过程中余热锅炉受热面大面积更换、汽轮机揭（扣）缸、发电机抽（穿）转子等的重大检修项目质量与进度控制和大型设备解体后出现难于修复的故障时，应及时组织专门会议协商解决。

6.1.7 焚烧厂应及时联系相关专业机构完成有关技术监督项目，并应做好检验检测、留样、数据记录和分析等工作。

6.1.8 焚烧厂应指定专人做好备品配件、材料领用及消耗记录。

6.1.9 焚烧厂检修应实行三级验收，检修项目的质量验收应实行签字负责制和质量追溯制；检修过程中发现的不符合项，应填写不符合项通知单，并应按相应程序处理。

6.1.10 质量检验人员的验收应符合焚烧厂分级检修质量验收方案及检修作业指导书的要求，并应及时对H点、W点进行签证验收。

6.2 设备检修工艺要求

6.2.1 设备解体应符合下列规定：

1 检修人员应准备好工器具与耗材，设备解体现场安全措施应符合要求。

2 应按检修作业指导书的规定拆卸需解体的设备，并应做到工序、工艺正确，使用工器具、仪器、材料正确，解体的设备应做好各部件之间的位置记号。

3 拆卸的设备、零部件应按检修现场定置管理

图摆放，并应封堵好与检修设备相连接的其他设备、管道的敞口部分。

6.2.2 设备检查应符合下列规定：

　　1 设备解体后应进行清理、检查，测量各项技术数据，并应查找设备缺陷，鉴定以往检修项目和技术改造项目的效果；检修前确认的设备缺陷（隐患）应进行重点检查，并应分析其原因。

　　2 应对设备进行全面评估，及时调整检修项目和进度。

6.2.3 设备修理和复装应符合下列规定：

　　1 设备的修理和复装应严格按照工艺要求、质量标准和技术措施进行。

　　2 设备经过修理，符合工艺要求和质量标准，缺陷确已消除，经验收合格后可进行复装。

　　3 复装的零部件应做防锈、防腐处理；复装时应做到不损坏设备、不装错零部件、不将杂物遗留在设备内。

　　4 设备铭牌、罩壳、标牌及因检修时拆除的栏杆、平台等，在设备复装后应及时恢复。

6.2.4 设备解体、检查、修理和复装应有技术检验及作业记录，作业记录应数据真实，完整准确。

6.3　检修过程安全环保重点要求

6.3.1 焚烧厂的分级检修应符合现行国家标准《电业安全工作规程　第 1 部分：热力和机械》GB 26164.1 和《电力安全工作规程　发电厂和变电站电气部分》GB 26860 的有关规定。

6.3.2 焚烧厂在分级检修开工前应完成各项检修作业的安全、环保风险点的辨识、分析，制定相应的控制措施，并应在检修作业过程中严格执行。

6.3.3 检修人员进入垃圾焚烧炉及余热锅炉炉膛、烟道内部进行检修时，应做好下列安全措施：

　　1 应对垃圾焚烧炉及余热锅炉炉膛、烟道进行通风冷却，温度高于 60℃ 时不应入内工作；若确有必要进入温度高于 60℃ 炉膛、烟道内进行短时间工作时，应制定组织措施、技术措施、安全措施和应急救援预案，并应经安全主管领导批准；

　　2 应将进行检修工作的余热锅炉炉膛、烟道与仍在运行的设备、系统、管道可靠隔离，并应悬挂相关警示标识牌，必要时应加装堵板；

　　3 清灰除焦人员必须采取有效个人防护措施后方可进入工作；

　　4 炉膛除焦作业前应进行检查，应将有坍塌危险的焦渣打落；清焦作业脚手架必须搭设牢固；清焦作业时应从上部开始向下进行；高处清焦作业时下方严禁有人通过或滞留。

6.3.4 焚烧厂检修过程中，进入垃圾池、渗沥液收集池、渗沥液厌氧处理系统、箱涵和垃圾焚烧锅炉等受限空间或存在有毒有害气体场所进行检修时应符合下列规定：

　　1 进入作业前必须采取事先通风、有害气体检测及佩戴个人防护用品等安全防护措施，并应办理工作票后方可进入；

　　2 作业时应在外部设有监护人员，并应与进入的检修人员保持联系；

　　3 进出人员应实行签进签出规定。

6.3.5 进入垃圾焚烧锅炉、脱酸塔、脱氮塔、袋式除尘器、渗沥液收集池及其他各类塔体、箱体、罐体内部工作时，必须使用安全电压照明。

6.3.6 渗沥液厌氧处理系统、助燃油油库等易燃易爆场所检修时，应检测易燃易爆安全浓度，并加强通风，使用防爆工器具，应做好防静电措施，禁止携带火种和电子设备。

6.3.7 检修过程中的各类废弃物应按国家现行有关标准的规定妥善处理；未燃尽的生活垃圾应及时清理和处理；废旧设备及阀门管材等废物应运到指定位置暂存，严禁随意堆放。

6.3.8 进行全面检修的渗沥液处理设施、飞灰处置设施如需排空，应对可能产生的未达标渗沥液、飞灰及污泥进行处置并应符合国家现行有关标准的规定。

6.3.9 焚烧厂检修期间应加强检修现场的安全保卫工作，汽轮机本体检修、发电机本体检修、袋式除尘器滤袋更换等检修作业现场应采用封闭式管理。

6.3.10 焚烧厂检修期间应实行检修现场定置图管理，检修设备时应做到工完、料尽、场地清。

6.3.11 焚烧厂停炉检修期间应加强卫生消杀及恶臭控制。

7　试运启动及检修后评估

7.1　分部试运及整体启动

7.1.1 设备检修结束后应对运行人员进行技术交底，并应在检修现场清理完毕、安全设施恢复正常后，方可进行分部试运。

7.1.2 当分部试运结束且试运状况良好时，应由焚烧厂生产负责人主持进行主设备的冷（静）态验收，应重点对检修项目完成情况和质量状况进行现场检查。

7.1.3 整体试运前应完成冷（静）态验收、保护校验、安全检查，并应合格；设备铭牌和标识应正确齐全；设备异动报告和运行注意事项应已向运行人员交底。

7.1.4 整体试运及检修竣工应符合下列规定：

　　1 整体试运应由焚烧厂生产负责人主持，运行人员应按试运大纲做好运行准备；

　　2 在试运期间，检修人员应协助运行人员检查设备运行状况；

3 焚烧厂 A 级检修完成后，应组织运行人员进行满负荷连续运行考核试验；

4 检修后经过整体试运和现场全面检查，确认正常后，应向当地生活垃圾处理主管部门、环境保护管理部门、电网公司等相关部门填报检修竣工报告，检修工作结束。

7.2 检修后评估

7.2.1 焚烧厂分级检修完成后，应对主设备和辅助设备进行修后性能测试、评估。

7.2.2 焚烧厂检修后对发生异动的设备、系统及附属设施的编号、名称、技术规程、系统图及设备台账等应及时进行修编，并应对修编后的技术规程、系统图进行审核。

7.2.3 检修承包方应在检修工作结束一个月内向焚烧厂提供完整的检修竣工报告；焚烧厂应及时组织各专业编写检修工作总结报告。焚烧厂专业检修工作总结报告应符合本规程附录 D 的要求。

7.2.4 焚烧厂应在 A、B、C 级检修完成 100d 后的第一个月内进行检修后评估。

7.2.5 垃圾焚烧炉及余热锅炉、汽轮发电机组、主变压器等主设备存在严重缺陷、长期或频繁偏离设计参数运行或运行超过 20 万 h，应结合 A 级检修对主设备及蒸汽管道、汽包、汽轮机转子叶片等部件进行寿命评估。

7.2.6 焚烧厂检修完成后对各类检修资料应及时整理、归档；检修资料的整理应实事求是、客观准确、全面完整，并应由相关人员审核。

附录 A 焚烧厂检修开工/竣工报告单

A.0.1 焚烧厂检修开工报告宜按表 A.0.1 的格式填写。

表 A.0.1 焚烧厂检修开工报告单

填报焚烧厂：　　　　　　　　　　　　　　　　　　　　　　　　　　　填报时间：

主设备名称	垃圾处理规模和发电装机容量	上次检修等级和检修竣工时间	本次检修等级和计划开/竣工时间	备注
主要检修项目			检修单位	

报送：有关主管部门

生活垃圾焚烧厂负责人：　　　　　　　　　审核人：　　　　　　　　　填报人：

A.0.2 焚烧厂检修竣工报告宜按表 A.0.2 的格式 填写。

表 A.0.2 焚烧厂检修竣工报告单

填报焚烧厂：   填报时间：

主设备名称	垃圾处理规模和发电装机容量	上次检修等级和检修竣工时间	本次检修等级和实际开/竣工时间	备注
本次检修简要总结：				

报送：有关主管部门

生活垃圾焚烧厂负责人：   审核人：   填报人：

附录 B 焚烧厂典型设备 A 级检修项目表

B.0.1 焚烧厂典型设备应包括垃圾抓斗起重机、垃圾焚烧炉及余热锅炉、烟气处理系统、汽轮发电机组、主变压器、母线和断路器等电气设备、热工仪表控制设备及系统、全厂公用系统。

B.0.2 垃圾抓斗起重机 A 级检修项目应符合表 B.0.2 的规定。

表 B.0.2 垃圾抓斗起重机 A 级检修项目

部件名称	标准检修项目	特殊检修项目
1. 垃圾抓斗起重机行车	（1）检查、维修垃圾抓斗起重机行车外观腐蚀、焊缝、螺栓连接和轨道磨损等结构性部件； （2）检查、维修垃圾抓斗起重机行车大小车缓冲器、防晃器、大小车刹车装置和钢丝绳滚筒抱闸等安全部件； （3）检查、维修垃圾抓斗起重机行车车轮磨损、轴承润滑、减速箱齿轮磨损和减速箱油位等动力部件； （4）检查、维修垃圾抓斗起重机行车钢丝绳、滚筒、导绳器、导绳板、索具和耦合器（包括油位）等功能性部件； （5）检查、维修大小车、提升电动机、变频器、电缆、电缆导轨、大车行走导轨	（1）按规定进行静载荷试验； （2）垃圾抓斗起重机行车整体防腐； （3）钢丝绳更换
2. 垃圾抓斗起重机抓斗	（1）检查加油及放油口、液压缸、阀块、液压油管和滤油器等液压设备部件渗油情况，视情况进行检修、更换； （2）检查抓瓣、抓尖有无腐蚀、磨损、变形，视情况进行检修、更换； （3）检查所有螺栓及销子连接	（1）更换抓斗电机； （2）更换抓瓣
2. 垃圾抓斗起重机抓斗	（4）检查抓斗外壳、延伸器及卡环链式吊索、钢丝绳锁扣； （5）检查抓斗电动机、电缆； （6）清洁所有轴承、液压零件、设备上的污垢； （7）检查液压缸上下销轴及抓瓣的骨架销轴，并加润滑油； （8）检查液压阀块及其他液压件工作状态（抓斗张开闭合动作是否正常，压力调节是否准确）； （9）检查液压油油质情况并更换滤芯； （10）检查、维修抓斗电源插头连接牢固、密封良好	（1）更换抓斗电机； （2）更换抓瓣

B.0.3 垃圾焚烧炉及余热锅炉 A 级检修项目应符合 表 B.0.3 的规定。

表 B.0.3 垃圾焚烧炉及余热锅炉 A 级检修项目

部件名称	标准检修项目	特殊检修项目
1. 汽包	(1) 检修人孔门，检查和清理汽包内部的腐蚀和结垢； (2) 检查内部焊缝和汽水分离装置； (3) 测量汽包倾斜和弯曲度； (4) 检查、清理水位表连通管、压力表管接头、加药管、排污管、事故放水管等内部装置； (5) 检查、清理支吊架、顶部波形板箱及多孔板等，校准水位指示计； (6) 拆下汽水分离装置，清洗和部分修理； (7) 检查汽包饱和主蒸汽管、安全阀连接管、下降管、给水管、排污管等连接管的焊缝	(1) 更换、改进或检修大量汽水分离装置； (2) 拆卸 50% 以上保温层； (3) 汽包补焊、挖补及开孔
2. 水冷壁管、蒸发器及联箱	(1) 清理管子表面焦渣和积灰，检查管子焊缝及鳍片； (2) 检查管子外壁的磨损、胀粗、裂纹、变形、腐蚀，管壁测厚，视检查情况更换； (3) 检查联箱吊杆、吊耳及支吊座，检查弹簧支吊架的弹簧弹力，检查联箱支座膨胀间隙，校正膨胀指示器； (4) 调整联箱支吊架紧力； (5) 检查、修理和校正管子、管排及管卡等； (6) 打开联箱手孔或割下封头，检查清理腐蚀、结垢，清理内部沉积物； (7) 割管取样	(1) 更换联箱； (2) 更换水冷壁管数量超过 5%； (3) 水冷壁管酸洗或冲管
3. 过热器及联箱	(1) 清扫管子表面焦渣和积灰； (2) 检查管子外壁的磨损、胀粗、裂纹、变形、腐蚀，管壁测厚，视检查情况更换； (3) 检查、修理管子支吊架、管卡、防磨装置等； (4) 检查联箱吊杆、吊耳及支吊座，检查弹簧支吊架的弹簧弹力，检查联箱支座膨胀间隙； (5) 打开联箱手孔或割下封头，检查腐蚀，清理结垢； (6) 测量在 450℃ 以上蒸汽联箱管段的蠕胀，检查联箱管座焊口； (7) 割管取样； (8) 校正管排； (9) 检查出口导汽管弯头、集汽联箱焊缝	(1) 更换管子数量超过 5%，或处理大量焊口； (2) 挖补或更换联箱； (3) 更换管子支架及管卡超过 25%； (4) 增加受热面 10% 以上； (5) 过热器酸洗或冲管
4. 省煤器及联箱	(1) 清扫管子表面焦渣和积灰； (2) 检查管子外壁的磨损、胀粗、裂纹、变形、腐蚀，管壁测厚，视检查情况更换； (3) 检修支吊架、管卡及防磨装置； (4) 检查、调整联箱支吊架； (5) 打开手孔，检查腐蚀结垢，清理内部； (6) 校正管排	(1) 处理大量有缺陷的蛇形管焊口或更换管子数量超过 5% 以上； (2) 省煤器酸洗或冲管； (3) 整组更换省煤器； (4) 更换联箱； (5) 增、减省煤器受热面超过 10%
5. 减温器	(1) 检查减温器进水管、内套筒、喷嘴； (2) 检查、修理支吊架	更换减温器内套筒

部件名称	标准检修项目	特殊检修项目
6. 汽水管道系统	(1) 更换阀门填料并校验灵活; (2) 解体检修排汽、疏放水等常用阀门; (3) 检修安全门、水位测量装置、水位报警器及其阀门; (4) 检修电动汽水门的传动装置; (5) 检查调整管道的膨胀指示器; (6) 测量高温高压蒸汽管道的蠕胀; (7) 检查主蒸汽管道法兰、螺栓、温度计插座的外观; (8) 检查调整支吊架; (9) 检查修理消声器及其管道; (10) 检查流量测量装置; (11) 检查、处理高温高压法兰、螺栓; (12) 抽查主汽管道、主给水管道焊口,测量三通、弯头壁厚; (13) 检查排污管、疏水管、减温水管的三通、弯头壁厚减薄情况; (14) 安全阀校验、整定试验	(1) 更换主蒸汽管、主给水管段及其三通、弯头,大量更换其他管道; (2) 更换电动主汽门或电动给水门、安全阀
7. 管式空气预热器	(1) 清理管式空气预热器各处积灰和堵灰; (2) 检查、更换部分腐蚀和磨损的管子; (3) 检查、修理进出口挡板、膨胀节; (4) 检查更换疏水阀门	更换整组换热管
8. 耐火材料	(1) 检查、清理炉膛结焦、积灰; (2) 检查、修补炉墙,检查墙体钢板腐蚀、磨损情况,必要时进行补焊、更换; (3) 检查、修补水冷壁耐火材料; (4) 检查、修补焚烧炉出渣口耐火材料; (5) 检查、修补 SNCR 和渗沥液喷口附近耐火材料; (6) 耐火材料膨胀缝填充	(1) 整段炉墙的砌筑、浇筑; (2) 水冷壁耐火材料整体敷设
9. 给料系统	(1) 检查、修补溜槽,反冲洗溜槽冷却水系统; (2) 检查溜槽灭火装置; (3) 检查溜槽盖板或插板及其附件; (4) 检查给料装置框架、滚轮、轨道等部件,修补或更换磨损严重的部位,并对给料装置仓室内设备作防腐处理; (5) 检查、调整各给料炉排片间隙,更换或修复损坏严重的炉排片; (6) 检查给料炉排片耐磨底板,更换磨损、腐蚀严重的螺栓并密封螺栓孔	更换给料炉排片1/2以上
10. 燃烧炉排	(1) 检查、调整各炉排片之间间隙,更换或修复损坏严重的炉排片,清理运动炉排间隙卡塞的杂物; (2) 检修炉排托滚、底板,磨损、腐蚀严重的进行更换; (3) 检查、调整炉排大轴位置、间隙;检查、更换两侧轴承及端盖并加润滑脂; (4) 检查、更换大轴穿墙处密封盘根; (5) 检查连杆机构,更换损坏的连杆	(1) 更换运动炉排片 1/3以上; (2) 更换固定炉排片 1/4以上

部件名称	标准检修项目	特殊检修项目
11. 液压系统	(1) 清洗液压站油箱，更换各滤芯； (2) 检修各液压泵、冷却泵、循环泵，更换弹性胶垫； (3) 检查、更换泵站、阀站各阀门； (4) 清洗液压站冷却器； (5) 检查蓄能装置的密封性； (6) 检查各液压管、液压缸及其接头，视检查情况进行更换或紧固； (7) 检查、更换各液压缸防护罩； (8) 检查各液压管管卡，脱落、松掉的进行更换或紧固	(1) 更换蓄能装置； (2) 更换液压泵； (3) 更换液压油
12. 输灰渣系统（包括各刮板输送机）	(1) 检查链条、刮板、导轨的磨损情况，视检查情况进行更换；检查推渣机耐磨衬板及推板的磨损情况； (2) 检查螺旋输送机输送轴的磨损、弯曲度； (3) 检修各锁气器、各轴承及轴承座； (4) 检查各输送机齿轮、链轮等传动机构的磨损情况，检查箱体磨损和腐蚀情况，视情况进行更换、补焊修复； (5) 检查、清理各灰仓、灰斗	(1) 链条、刮板更换 1/3以上； (2) 更换螺旋输送机输送轴； (3) 更换履带式捞渣机驱动轴、转向轴
13. 离心风机	(1) 检查、清扫、修补磨损的外壳、衬板、叶轮； (2) 检修进、出口挡板及其传动装置； (3) 检修轴、轴承、轴承箱、联轴器及冷却装置； (4) 风机叶轮校平衡	更换大轴、叶轮
14. 燃油系统	(1) 检修油枪及燃油雾化喷嘴、油管连接装置； (2) 检修进风调节挡板； (3) 油管及滤网清理； (4) 检修燃油调节门及进、回油门； (5) 检修燃油泵及加热装置； (6) 检查、修理燃油速断阀、放油门、电磁阀等； (7) 检查及标定油位指示装置； (8) 检查油管管系的跨接线及接地装置	清理油罐
15. 钢架、炉顶密封、本体保温	(1) 检修看火门、人孔门、膨胀节，更换损坏严重的门、孔，修补内衬脱落或开裂严重的门盖耐火材料，更换盘根，消除漏风； (2) 检查、修补冷灰斗、水冷壁及炉顶的密封； (3) 修复管道及设备保温； (4) 检查钢梁、横梁的下沉、弯曲情况； (5) 检查钢架焊缝（重点是和驱动液压缸连接受力处及易被腐蚀处）、局部钢架防腐	(1) 校正钢架； (2) 拆修保温层超过 20%； (3) 炉顶罩壳和钢架全面防腐； (4) 重做炉顶密封
16. 附属电气设备	(1) 检修电动机和开关； (2) 检查、校验有关电气仪表、控制回路、保护装置、自动装置及信号装置； (3) 检修配电装置、电缆、照明设备和通信系统； (4) 预防性试验	(1) 大量更换电力电缆或控制电缆； (2) 更换高压电动机绕组
17. 其他	(1) 进行锅炉整体水压试验，检查承压部件的严密性； (2) 进行本体漏风试验； (3) 进行垃圾焚烧及余热锅炉联锁保护试验； (4) 检修清灰装置； (5) 检修各支吊装置； (6) 检查、修补烟道、膨胀节； (7) 检查风道系统； (8) 按照金属、化学监督及锅炉压力容器监察的规定进行检查	(1) 锅炉超水压试验； (2) 烟囱检修； (3) 化学清洗； (4) 锅炉效率试验

B. 0. 4 烟气处理系统 A 级检修项目应符合表 B. 0. 4 的规定。

表 B. 0. 4 烟气处理系统 A 级检修项目

部件名称	标准检修项目	特殊检修项目
1. 石灰浆制备系统	(1) 检查、清理石灰储罐、消化罐、稀释罐等罐体及相关管道、弯头、三通、法兰，进行测厚防腐，消除漏点；更换石灰储罐底部膨胀节； (2) 检查石灰储罐排气除尘系统，更换破损的滤袋； (3) 检查计量输送系统、搅拌系统； (4) 检查石灰浆泵及其冷却水、压缩空气管路，保证无堵塞、无泄漏，清理、更换滤网； (5) 检查、更换石灰浆管路调节阀、手动阀门、逆止阀、调压阀	(1) 更换计量给料系统； (2) 更换石灰浆泵； (3) 整体更换石灰浆管路
2. 反应塔（半干式、干式）	(1) 检查反应塔进风口均流板、导流板和出风口阻流板腐蚀情况，修复或更换受损部件； (2) 反应塔内壁清焦、测厚，检查人孔门、膨胀节密封，更换老化的密封条，消除漏风； (3) 检修破碎机、锁气器、插板阀及其盘根和轨道； (4) 检查反应塔电伴热，修复破损保温层； (5) 干式反应塔检查配粉机、烟道文丘里管磨损腐蚀情况，检修磨损部位； (6) 检查循环流化式反应塔返料器磨损腐蚀情况，检查再循环通道	(1) 更换烟气均流板、导流板和阻流板； (2) 更换反应塔大件破碎机整体； (3) 大面积补焊或更换塔体
3. 雾化器（半干法、干法）	(1) 解体检修雾化器，进行转子平衡测量，检查内部水、气、浆液管路；检查电机线圈、绝缘，视情况检修或更换； (2) 清理、酸洗雾化器旋转雾化盘；进行旋转雾化盘动、静平衡测试，视情况进行修复或更换； (3) 检查各管道快速接头、电缆快速接头、控制电缆快速接头，视情况进行检修或更换； (4) 检查、清理雾化器吊装竖井； (5) 检查、清理雾化器润滑油系统、冷却系统及密封空气系统，消除漏点； (6) 清理、酸洗石灰浆/粉喷枪、喷嘴，检查磨损腐蚀情况，视情况检修或更换； (7) 喷嘴做雾化试验	更换雾化器吊装竖井
4. 袋式除尘器	(1) 检查、清理烟道、箱体、阀门，补焊有泄漏的箱体、烟道或更换有泄漏的阀门，更换各人孔门/箱体盖板密封； (2) 检查脉冲清灰装置，视情况检修或更换； (3) 袋式除尘器检漏，更换破损滤袋； (4) 检查袋笼，校正变形袋笼，补焊或更换脱焊袋笼； (5) 检查、清理灰斗，消除漏风点；检查灰斗电伴热及振打装置，视情况检修或更换； (6) 检查、检修各阀门、挡板驱动机构及密封性； (7) 检修热风循环加热器、风机、热风管道； (8) 按要求进行滤袋预涂层	(1) 整体更换滤袋； (2) 大面积整体更换袋笼； (3) 更换箱体或花板； (4) 更换灰斗
5. 活性炭系统	(1) 检查活性炭储罐、计量输送系统的严密性，消除泄漏，校验计量装置； (2) 检查、清理、调整活性炭储罐的破桥搅拌器、缓冲斗、气动蝶阀； (3) 检查、清理计量系统、螺旋轴、射流器、喷射嘴的磨损情况，视情况进行检修或更换； (4) 检查活性炭鼓风机本体、叶轮等磨损情况，更换相关备件； (5) 更换破损或堵塞严重的储罐除尘滤袋	—

部件名称	标准检修项目	特殊检修项目
6. SNCR 系统	(1) 检查储罐、阀门、管道、法兰、三通的严密性，按要求进行严密性试验； (2) 检查、检修溶液泵、输送泵； (3) 检查、清理过滤器，反冲洗氨液管路； (4) 检查、清理/更换 SNCR 喷嘴，检查、调整推进器； (5) 自检/送检氨气泄漏检测器； (6) 检修尿素溶液制备系统	—
7. 输灰系统	1. 埋刮板输灰系统 (1) 检查各锁气器，消除漏风和漏油； (2) 清理、检修各输送机，调整输送机头、尾驱动机构及链条松紧，更换磨损严重的链条、链轮、底板、导轨和刮板等； (3) 检查壳体变形及泄漏情况，视情况进行检修或更换。 2. 气力输送系统 (1) 解体仓泵底盖，检查喷嘴、沸腾板等磨损并进行修复或更换； (2) 检查仓泵内磨损件并补焊、更换； (3) 解体检修气动阀； (4) 复装仓泵并做严密性试验，消除泄漏点	壳体整体更换
8. 飞灰固化螯合系统	(1) 清理、检修飞灰螺旋输送机、螯合药剂输送机、水泥螺旋输送机，视情况更换部件； (2) 清理、检修螯合剂储罐、螯合剂稀释罐、混合搅拌机，视情况更换部件； (3) 校验、清理、检查飞灰、水泥称重装置、螯合剂计量装置，视情况更换部件	水泥仓、药剂仓、螯合剂储罐更换

B.0.5 汽轮发电机组 A 级检修项目应符合表 B.0.5 的规定。

表 B.0.5　汽轮发电机组 A 级检修项目

部件名称	标准检修项目	特殊检修项目
1. 汽缸	(1) 检查、修理汽缸及喷嘴，清理、检查汽缸螺栓、疏水孔、压力表孔及温度计套管； (2) 清理、检查隔板套、隔板及静叶片； (3) 清理、检查滑销系统； (4) 测量上、下汽缸结合面间隙及纵横向水平； (5) 测量、调整隔板套及隔板的洼窝中心； (6) 检查、更换防爆门膜片，检查去湿装置、喷水装置； (7) 进汽短管密封更换； (8) 修补汽缸保温层	(1) 更换部分喷嘴组； (2) 修刮汽缸结合面； (3) 更换汽缸全部保温层； (4) 补焊汽缸大量裂纹； (5) 更换隔板套、隔板； (6) 测量隔板挠度； (7) 吊开轴承箱，检查、修理滑销系统或调整汽缸水平； (8) 更换高温合金钢螺栓超过 30%
2. 汽封	(1) 清理、检查、调整、少量更换轴封、隔板汽封； (2) 清理、检查汽封套； (3) 测量轴封套变形，测量、调整轴封套的洼窝中心	更换汽封超过 30%

部件名称	标准检修项目	特殊检修项目
3. 转子	(1) 检查主轴、叶轮及其他轴上附件，测量及调整通流部分间隙、轴颈扬度及对轮中心（轴系）； (2) 检查测量轴颈锥度、椭圆度及转子弯曲，测量叶轮、联轴器、推力盘的瓢偏度、晃动度； (3) 修补研磨推力盘及轴颈； (4) 清理、检查动叶片、拉筋、复环、铆钉、硬质合金片，进行部分修理； (5) 叶片、叶根探伤检查； (6) 对需重点监视的叶轮键槽、对轮连接螺栓进行探伤检查； (7) 转子焊缝探伤检查	(1) 部分叶片测频、调频； (2) 末级叶片进行防蚀处理； (3) 对轮铰孔； (4) 更换全部联轴器螺栓； (5) 转子动平衡； (6) 大轴内孔探伤； (7) 直轴； (8) 重装或整级更换叶片； (9) 更换叶轮
4. 轴承	(1) 清理、检查支持轴承、推力轴承，必要时进行修理，测量、调整轴承及油挡的间隙、轴承紧力； (2) 清扫轴承箱	重浇轴承乌金或更换轴承
5. 盘车装置	检查和测量齿轮、蜗母轮、轴承、导向滑套等部件的磨损情况，必要时修理、更换	更换整套盘车装置
6. 调速系统	(1) 清洗、检查调速系统的所有部套，检查保护装置及试验装置，测量间隙和尺寸，必要时修理和更换零件； (2) 检查调速器、危急保安器及其弹簧，必要时作特性试验； (3) 检查配汽机构； (4) 调速系统静态特性、汽门严密性、危急保安器灵敏度等常规试验及调整	(1) 更换调速保安系统整组部套； (2) 机组调速系统甩负荷试验
7. 油系统	(1) 清理、检查调速油系统、润滑油系统及其设备部件，测量有关部件的间隙和尺寸，必要时修理及更换零件； (2) 清理、检查抗燃油系统及其设备部件，伺服阀性能试验； (3) 循环过滤透平油、抗燃油； (4) 对冷油器抽芯清理，进行压力试验	(1) 冷油器换芯； (2) 更换润滑油或抗燃油； (3) 清扫全部油管道； (4) 更换内油挡； (5) 更换伺服阀等
8. 汽水管道系统	(1) 检查、修理主汽门、旁路门、抽汽门、抽汽逆止门、调速汽门、安全门； (2) 检查、修理旁路系统管道和阀门； (3) 检查、修理空气门、滤网、减温减压器； (4) 主蒸汽管蠕胀测量； (5) 检查、调整管道支吊架、膨胀指示器； (6) 修理、调整阀门的驱动装置； (7) 检查、修理疏水扩容器和疏水门等； (8) 测量、更换部分汽水系统管道或弯头	(1) 更换 DN200 以上高压阀门； (2) 更换主蒸汽管、给水管及其三通、弯头； (3) 大量更换高、中、低压管道； (4) 调整、更换运行 20 万 h 以上的主蒸汽管道的支吊架

部件名称	标准检修项目	特殊检修项目
9. 凝汽器	(1) 清洗凝汽器，根据需要抽取冷凝管进行分析检查，必要时更换少量损坏的冷凝管； (2) 检查、修理凝汽器水位计、水位调整器等附件； (3) 凝汽器水室防腐处理； (4) 检查凝汽器喉部膨胀节、支撑弹簧座； (5) 检查真空系统，消除泄漏； (6) 凝汽器灌水查漏； (7) 检查、修理二次滤网和胶球清洗装置	(1) 更换冷凝管 20%以上； (2) 冷凝器酸洗
10. 抽气器及真空泵	(1) 检修主、辅抽气器和冷却器，并进行水压试验； (2) 清洗、检修真空泵、射水泵和抽气冷却器	(1) 更换真空泵转子； (2) 更换抽气器
11. 回热系统	(1) 检查、修理抽汽回热系统设备； (2) 检查、修理回热系统设备的附件； (3) 加热器筒体、疏水管弯头测厚，焊缝探伤； (4) 加热器水压试验，消除泄漏	更换热交换管子超过 10%
12. 水泵	(1) 检查、修理凝结水泵、疏水泵、给水泵以及其他水泵，必要时更换叶轮、密封、导叶； (2) 检查、修理或更换水泵出、入口门、止回门、入口滤网、润滑油泵； (3) 清理、检查润滑油系统及冷却系统； (4) 水泵组对轮找中心	更换水泵叶轮轴及轴瓦
13. 除氧器	(1) 检查、修理除氧器及其附件，进行水压试验，校验安全阀； (2) 检查、修理除氧头配水装置	(1) 除氧器超压试验； (2) 改造除氧头； (3) 处理大量焊缝； (4) 更换除氧器填料
14. 附属电气设备	(1) 检修电动机和开关； (2) 检查、校验有关电气仪表、控制回路、保护装置、自动装置及信号装置； (3) 检修配电装置、电缆、照明设备和通信系统； (4) 预防性试验	(1) 大量更换电力电缆或控制电缆； (2) 更换高压电动机绕组
15. 汽机其他	(1) 按照金属、化学监督及压力容器监察的规定进行检查； (2) 汽轮机效率试验； (3) 进行汽轮机联锁保护试验	—
16. 发电机定子	(1) 检查端盖、护板、导风板、衬垫； (2) 检查和清扫定子绕组引出线和套管； (3) 检查和清扫铁芯压板、绕组端部绝缘，并检查紧固情况，必要时绕组端部喷漆； (4) 检查、清扫铁芯、槽楔及通风沟处线棒绝缘，必要时更换槽楔； (5) 检查、校验测温元件； (6) 进行发电机腔内清污； (7) 进行电气预防性试验，包括直流耐压、交流耐压、定子绕组端部手包绝缘试验等	(1) 更换定子线棒或修理线棒绝缘； (2) 重新焊接定子端部绕组接头； (3) 更换 25%以上槽楔或端部隔木； (4) 修理局部铁芯或解体重装； (5) 定子绕组端部测振； (6) 定子铁芯试验

部件名称	标准检修项目	特殊检修项目
17. 发电机转子	(1) 测量空气间隙； (2) 抽出转子，检查和吹扫转子端部绕组，检查转子槽楔、护环、中心环、风扇及轴颈；检查转子上的螺栓、销子、平衡螺钉、平衡块有无松动； (3) 检查、清扫刷架、滑环、引线，必要时打磨或车削滑环； (4) 探伤检查大轴中心孔、风叶、转子表面、轴颈、护环； (5) 检查护环通风孔有无堵塞，测量转子风扇静频； (6) 电气预防性试验，包括膛内、外交流阻抗曲线测试等	(1) 拔护环、处理绕组匝间短路或接地故障； (2) 更换风扇叶片、滑环及引线； (3) 更换转子绕组绝缘； (4) 更换转子护环、中心环等重要结构部件； (5) 转子动平衡校验
18. 发电机冷却系统	(1) 清扫、检查风室、空气冷却器和气体过滤器； (2) 清除空气冷却器水管沉淀物，进行水压试验	更换冷却器
19. 发电机励磁系统	(1) 检查、修理交流励磁机定子、转子绕组和铁芯，必要时打磨或车削滑环； (2) 检查、清扫励磁变压器并进行相关试验； (3) 检查无刷励磁机定子、转子绕组和铁芯，测试整流元件及有关控制调节装置； (4) 检查、测试励磁系统的功率整流装置； (5) 检查、修理励磁开关及励磁回路的其他设备； (6) 检查、清理通风装置和冷却器； (7) 校验自动励磁调节装置，进行励磁系统性能试验； (8) 励磁系统空载和负载试验	(1) 更换励磁机定子、转子绕组或滑环； (2) 励磁变压器吊芯； (3) 更换功率整流元件超过30%； (4) 更换控制装置的插件
20. 发电机其他	(1) 检查油管道法兰和励磁机轴承座的绝缘件，必要时更换； (2) 检查、清扫和修理发电机的配电装置、母线、电缆； (3) 检查、校验监测仪表、继电保护装置、控制信号装置和在线监测装置； (4) 进行发电机外壳油漆； (5) 检查、清扫灭火装置； (6) 更换所有人孔门密封垫片； (7) 发电机空载、短路试验	更换配电装置、电缆、继电器或仪表

B.0.6 主变压器、母线和断路器等电气设备 A 级检 　 修项目应符合表 B.0.6 的规定。

表 B.0.6　主变压器、母线和断路器等电气设备 A 级检修项目

部件名称	标准检修项目	特殊检修项目
1. 主变压器	1. 外壳及绝缘油 (1) 检查和清扫外壳，包括本体、大盖、衬垫、油枕、散热器、阀门、喷油管、滚轮等，消除渗油、漏油； (2) 检查压力释放阀和气体继电器等安全保护装置； (3) 检查呼吸器，更换或补充硅胶； (4) 检查及清扫油位指示器； (5) 进行绝缘油的电气试验和化学试验，并根据油质情况，过滤绝缘油； (6) 检查外壳、铁芯接地	(1) 更换绝缘油； (2) 更换或焊补散热器； (3) 室外变压器外壳油漆

部件名称	标准检修项目	特殊检修项目
1. 主变压器	2. 铁芯和绕组 (1) 非密封式变压器第一次 A 级检修若不能利用打开大盖或人孔盖进入内部检查时，应吊罩（芯）检查，以后 A 级检修是否吊罩（芯），应根据运行、检查、试验等结果确定； (2) 吊罩（芯）后，应检查铁芯、铁壳接地情况及穿芯螺栓绝缘，检查及清理绕组及绕组压紧装置、垫块、引线各部分螺栓、接线板； (3) 测量油道间隙，检测绝缘材料老化程度； (4) 更换已检查部件的全部耐油胶垫	(1) 补焊外壳； (2) 修理或更换绕组； (3) 干燥绕组； (4) 修理铁芯； (5) 密封式变压器吊罩，更换绝缘材料
	3. 冷却系统 (1) 检查风扇电动机及其控制回路； (2) 检查、清理冷却器； (3) 消除漏油	(1) 更换泵或电动机； (2) 更换冷却器芯子
	4. 分接开关 (1) 检查并修理有载或无载分接头切换装置，包括附加电抗器、定触点、动触点及其传动机构； (2) 检查并修理有载分接头的控制装置，包括电动机、传动机械及其全部操作回路； (3) 有载调压开关解体大修、换油	更换切换装置部件
	5. 套管 (1) 检查、清扫全部套管； (2) 检查充油式套管的绝缘油质； (3) 清洁套管电流互感器，检查接线、绝缘，试验极性、变比、伏安特性	(1) 更换套管； (2) 解体、检修套管
	6. 其他 (1) 更换全部密封胶垫； (2) 进行预防性试验； (3) 检查及清扫与变压器一次系统配电的装置及电缆； (4) 检查、校验测量仪表、保护装置、在线监测装置及控制信号回路； (5) 检查和试验消防系统； (6) 清理排油坑	(1) 检查充氮保护装置； (2) 进行局部放电试验
2. 干式变压器	(1) 清扫变压器外箱内外灰尘、污垢等； (2) 进行预防性试验； (3) 清洁、检查绕组、引线、支持瓷瓶、分接板及外箱等； (4) 检查铁芯、铁芯紧固件（穿芯螺杆、夹件、拉带、绑带等）、压钉、压板、接地片等； (5) 检修冷却风机、测温显示及温度控制报警装置等； (6) 检查变压器接地可靠、引线位置正常、绝缘距离正常； (7) 变压器空载试验	(1) 修理或更换绕组； (2) 修理铁芯
3. 母线及绝缘子、套管	(1) 清除母线系统表面积尘； (2) 外观检查，外观整洁光滑无裂痕，母线连接螺栓紧固，导体接触部分无松动现象； (3) 检查绝缘材料是否老化，导电部分是否有溶化变形现象； (4) 绝缘电阻测量、整体工频耐压，必要时重新进行绝缘包覆处理	—

续表 B. 0. 6

部件名称	标准检修项目	特殊检修项目
4. SF6 断路器	(1) 清扫和检查断路器外观，瓷瓶无裂痕、箱体焊缝良好； (2) 根据需要进行修前电气试验和机械特性试验； (3) SF6 气体回收和处理； (4) 灭弧装置的分解检修； (5) 并联电容器、并联电阻的检修和试验； (6) 瓷柱式 SF6 断路器支柱装配的分解检修； (7) 检查或检修柱式 SF6 断路器传动机箱； (8) 分解检修操动机构，试验分/合闸动作电压、同期性能； (9) 校验密度继电器、压力开关、压力表； (10) 进行检修后的电气试验、机械特性试验和 SF6 气体试验； (11) 检查试验断路器的保护和控制回路	更换灭弧室
5. 高压真空断路器	(1) 清扫各部件，检查紧固各部件的螺栓； (2) 检查支持绝缘子和绝缘拉杆； (3) 检查真空灭弧室及其导电连接部分； (4) 检查、调整操作机构； (5) 测量分、合闸线圈电阻，试验分、合闸动作电压、同期性能，必要时进行调整；	更换真空灭弧室
5. 高压真空断路器	(6) 检查辅助开关、微动开关和二次回路； (7) 断路器进行预防性试验； (8) 过电压吸收装置的预防性试验； (9) 检查真空灭弧室的真空度； (10) 检查测量真空灭弧室触头的行程； (11) 继电保护联动试验。继电保护动作时，断路器动作正常，无误动、拒动、跳跃等现象	更换真空灭弧室
6. 开关柜	(1) 检查电流互感器接线、绝缘、试验极性、变比、伏安特性； (2) 检查电压互感器接线、绝缘、试验极性、变比、伏安特性； (3) 清扫避雷器，进行预防性试验； (4) 检查机构及附装的五防闭锁装置、机械闭锁装置可靠； (5) 检查断路器触头及接地装置	—
7. 继电保护、自动装置和二次回路	(1) 清洁、检查继电器，定值校验、调整； (2) 二次回路清扫、绝缘试验并校线； (3) 紧固接线端子； (4) 保护传动试验，断路器动作正常、声光信号正常； (5) 检查同期装置及回路，进行假同期试验	—

B. 0. 7 热工仪表控制设备及系统 A 级检修项目应符 合表 B. 0. 7 的规定。

表 B. 0. 7 热工仪表控制设备及系统 A 级检修项目

部件名称	标准检修项目	特殊检修项目
1. 热工设备外部检修	(1) 检查、吹扫、排污、测量管路及其阀门，对必要的设备进行更换； (2) 检查热工检测元件（如测温套管）； (3) 检查热工盘（台）底部电缆孔洞封堵情况，核对设备标志	—

部件名称	标准检修项目	特殊检修项目
2. 热工仪表	1. 压力检测仪表及回路 包括各种压力表、压力开关和压力变送器等。 (1) 一般性检查; (2) 主要机械部件的检查、清理; (3) 电接点检查、调校; (4) 电感式、变阻式和差动式远传压力表电气部分检查、调校; (5) 压力取样装置的检查; (6) 压力变送器检查和校准	(1) 更换大量表计或重要测量设备及元件; (2) 更换大量表管
	2. 温度检测仪表及回路 包括热电偶温度计、热电阻温度计、液体和双金属膨胀式温度计。 (1) 检查、校准感温元件; (2) 检查、校准各类温度指示仪表; (3) 检查、校准温度测量回路; (4) 检查、调校温度变送器	(1) 更换大量表计或重要测量设备及元件; (2) 更换大量补偿导线
	3. 流量检测仪表 包括节流装置(孔板、喷嘴、长径喷嘴等)及配套使用的测量仪表。 (1) 节流装置检查; (2) 差压式流量表检查、校准; (3) 其他表计检查、校准; (4) 流量取样装置的检查	(1) 更换节流装置; (2) 更换重要的流量表计
	4. 液位测量仪表 (1) 差压式液位表的检查与校准; (2) 电接点液位表的检查与校准; (3) 其他液位测量仪表的检查与校准; (4) 液位取样装置的检查	更换重要的液位表计
	5. 气体分析仪表 (1) 氧化锆或热磁式氧量分析器的检修和校准; (2) 二氧化碳分析器的检修与校准; (3) 氢纯度分析器的检修和校准; (4) 其他仪表的检修和校准	更换表计
3. 执行机构	1. 电动执行机构 (1) 电动执行机构控制设备清扫; (2) 动力电缆及控制电缆的紧固、检查; (3) 控制回路及执行机构的检查、调校和试验	更换执行器
	2. 气动执行机构 (1) 气动执行机构控制设备清扫; (2) 控制电缆的紧固、检查; (3) 控制回路及执行机构的检查、调校和试验; (4) 执行器控制气源装置检修	更换执行器
	3. 液动执行机构 (1) 液动执行机构控制设备清扫; (2) 控制电缆的紧固、检查; (3) 控制回路及热控装置的检查、调校和试验; (4) 控制伺服阀及电磁阀清洗和试验	—

部件名称	标准检修项目	特殊检修项目
4. 热工自动及监测系统	(1) 检查、校验热工自动及监测系统装置、部件,进行静态模拟试验,检查、校验执行机构,动态调整、扰动试验; (2) 进行声光报警系统检查、试验; (3) 进行数据采集系统(含巡测类系统)检修	更改软件组态、软件版本升级
5. 热工保护及联锁系统	(1) 检查、调校热工保护联锁系统的一、二次元件及通道;进行执行装置及其保护、控制、报警回路的动、静态模拟试验,包括压力保护、温度信号与保护、位移保护、振动保护、转速监视与保护、污染物排放控制及联锁(如焚烧炉 850℃ 2s 联锁)等; (2) 检查、调校保护定值、开关动作值,检查试验电磁阀、电动/气动/液动执行机构、挡板等设备和元件; (3) 进行保护及联锁系统逻辑功能试验	更换重要的测量、保护装置
6. 分散控制系统(DCS)	(1) 清扫、检查和测试系统硬件设备,必要时更换; (2) 检查、试验电源系统; (3) 检查、测试接地系统; (4) 检查系统软件备份,建立备份档案; (5) 检查、测试通信网络和组态软件; (6) 检查、清扫控制模件,进行输入/输出(I/O)通道试验和调校,进行控制器各项功能试验; (7) 检查、测试人机接口装置,检查操作画面、事故追忆(SOE)、报警、打印、记录等功能	更改软件组态、设定值、控制回路,软件版本升级
7. 汽轮机数字电液控制系统(DEH)	(1) 参照本表"6. 分散控制系统(DCS)"执行; (2) 检查执行机构动作情况; (3) 进行系统冷、热态整套调试	(1) 更换重要的测量、执行装置; (2) 更改软件组态、设定值、控制回路,软件版本升级
8. 汽轮机保护系统(ETS)	(1) 参照本表"6. 分散控制系统(DCS)"执行; (2) 进行 ETS 保护试验	更改保护逻辑、设定值、保护回路,应用软件版本升级
9. 汽轮机监测仪表系统(TSI)	(1) 检查、校验探头、前置器、传感器; (2) 校验二次表及各组件; (3) 检查示值,进行整定校验、系统成套调试和功能确认; (4) 检查电源装置、接地系统	(1) 更换重要的测量装置; (2) 更改软件组态、设定值,软件版本升级
10. 数据采集系统(DAS)	参照本表"6. 分散控制系统(DCS)"执行	软件版本升级或系统换型
11. 焚烧炉控制系统	(1) 焚烧炉控制系统; (2) 炉排液压系统检修参照"3. 执行机构 (3) 液动执行机构"执行; (3) 检修点火燃烧器和辅助燃烧器; (4) 检修火焰检测装置; (5) 检修余热锅炉清灰系统	(1) 更换重要的测量、执行装置; (2) 更改软件组态、设定值、控制回路,软件版本升级
12. 烟气净化控制系统	1. 测量系统参照本表"2. 热工仪表"执行,控制系统参照本表"6. 分散控制系统(DCS)"执行 2. 石灰浆及活性炭系统控制系统 (1) 检修石灰罐、灰罐、反应塔等料位开关; (2) 检查、调校超声波料位计; 3. 检修雾化器控制装置 4. 检修袋式除尘器控制装置	(1) 更换重要的测量、执行装置; (2) 更改软件组态、设定值,软件版本升级

部件名称	标准检修项目	特殊检修项目
13. 烟气排放连续监测系统（CEMS）	(1) 清理、检查尘度仪； (2) 分析仪系统滤网、各级滤芯检查并清洗； (3) 检查、测试分析运行软件； (4) 检查取样探头及取样管路； (5) 标定分析仪，标定二氧化硫、一氧化碳、氧、NOx 等成分； (6) 检查伴热管线及温控装置； (7) 检查取样线路切换装置； (8) 其他参照本表"2. 热工仪表"执行	(1) 更换取样探头装置； (2) 更换取样管路； (3) 更换分析仪； (4) 更改软件组态、软件版本升级
14. 垃圾抓斗起重机控制系统	(1) 参照本表"6. 分散控制系统（DCS）"执行； (2) 检查、校验称重传感器、位置解码器、位置开关等一次元件； (3) 进行垃圾抓斗起重机专项联锁保护试验，如防晃、超重、减速、急停等； (4) 进行垃圾斗喷水装置检修	(1) 更换重要的测量、执行装置； (2) 备份软件组态、各项参数设定值、控制回路，软件版本升级
15. 垃圾称量系统	(1) 参照本表"6. 分散控制系统（DCS）"执行； (2) 检查、校验称重传感器； (3) 检查、试验读卡系统、道闸、地感线圈、显示屏和红绿灯等装置	(1) 更换称重传感器； (2) 更换秤体； (3) 更改应用程序软件组态、软件版本升级
16. 外围控制系统	1. 工业电视监控系统 (1) 检修工业电视、控制主机、摄像头、视频分配器、解码器、现场中继箱、稳压电源、视频电缆及其接线清扫、清洁、端子紧固； (2) 检查工业电视电源及其他接线电气绝缘； (3) 检修汽包水位监视装置； 2. 检修捞渣机控制系统 3. 检修空压机控制系统	(1) 工业电视主机更换； (2) 大量视频电缆及控制电缆更换； (3) 更换重要控制装置
17. 电缆	(1) 检查、清扫、修补电缆槽盒、桥架； (2) 检查各类电缆敷设情况，检查接线、标志、绝缘； (3) 检查电缆封堵、防火； (4) 检查电缆接地情况； (5) 检查、试验电缆火灾报警监视装置系统	(1) 大量更换电缆； (2) 敷设电缆桥架
18. 其他	(1) 检修基地调节器； (2) 检修仪表伴热系统	—

B.0.8 全厂公用系统 A 级检修项目应符合表 B.0.8 的规定。

表 B.0.8 全厂公用系统 A 级检修项目表

部件名称	标准检修项目	特殊检修项目
1. 垃圾池	(1) 抽取、清理垃圾池残余渗沥液；清理残余垃圾； (2) 检查垃圾池池底、墙壁渗漏和破损，进行防腐修复； (3) 清理垃圾池各滤水口； (4) 检查、修复卸料门及其控制、传动系统； (5) 检查垃圾抓斗起重机检修口及检修盖板； (6) 检查垃圾池的密封情况，修补漏风部位； (7) 检查、修复垃圾池消防设施； (8) 检查垃圾池内钢结构，并防腐； (9) 检查垃圾池应急除臭系统； (10) 检查垃圾池照明	(1) 更换卸料门； (2) 垃圾池池底及侧墙整体防腐、防渗处理

続表 B.0.8

部件名称	标准检修项目	特殊检修项目
2. 垃圾卸料大厅	(1) 检查、维修卸料大厅风幕； (2) 检查、维修卸料大厅除臭系统； (3) 检查、维修卸料大厅消防设施、平台照明、视频监控系统及交通安全防护系统等设施； (4) 检查、维修卸料平台排水系统； (5) 卸料平台地面局部防腐、修复； (6) 检查、维修卸料大厅钢构架、房顶钢结构件； (7) 检查、维修卸料口	(1) 卸料平台地面修整； (2) 卸料大厅钢构架、房顶钢结构件防腐
3. 渗沥液收集系统	(1) 检查、修复渗沥液收集系统通风系统； (2) 检查、修复渗沥液导排系统； (3) 渗沥液收集池、沟道清淤； (4) 检查渗沥液沟道、渗沥液池、滤清池渗漏及防腐； (5) 检修渗沥液提升泵、液位计、输送管道	渗沥液收集池、沟道整体防渗、防腐
4. 垃圾称量系统	(1) 清理和修复称台表面腐蚀部位和构件； (2) 清理和修复称台底部称重传感器，调整或更换误差大的称重传感器； (3) 测量称台钢板厚度和调整四周定位间隙； (4) 检查、维修电缆桥架、线路、二次仪表	(1) 整体防腐； (2) 台板整体更换； (3) 按规定进行校验
5. 化学水处理系统	(1) 过滤器检查、整理内部填料及衬胶层，补充滤料，清理视镜玻璃，更换人孔门密封； (2) 阳床、阴床、混床检查、整理内部填料及衬胶，补充树脂，清理视镜玻璃，更换人孔门密封； (3) 除碳器内部检查，整理内部填料及衬胶，补充填料； (4) 水处理系统仪表校正，电极清洗，仪表线路检查、整理； (5) 检查、清理除盐水箱，中间水箱，修补损坏的防腐层； (6) 检查、维护中间水泵和除盐水泵润滑油、密封、中心	(1) 防腐层修补； (2) 过滤器填料更换； (3) 阳床、阴床、混床树脂更换； (4) 反渗透膜更换、清洗
6. 压缩空气系统	(1) 清洁空压机进气阀，加注润滑油脂； (2) 检查空压机连轴器； (3) 清洗空压机冷却器、冷冻干燥机冷却器； (4) 更换油细分离器、油过滤器、空气滤清器、螺杆油； (5) 更换精密过滤器滤芯； (6) 更换吸附剂； (7) 检查、校验储气罐安全阀、空压机安全阀	更换冷冻干燥机压缩机

附录 C 设备检修作业指导书的编制

C.0.1 焚烧厂应编制设备检修作业指导书并经焚烧厂技术负责人审核后发布执行，每次检修后应进行补充完善。

C.0.2 焚烧厂应依照设备检修作业顺序对每个检修步骤、作业内容、工艺要求、质量验收及安全要点进行明确规定。

C.0.3 每台设备应编制一份检修作业指导书。

C.0.4 热工控制、电气控制部分系统和设备可进行分类编制，每一类设备应编制一份检修作业指导书。

C.0.5 检修作业指导书应包括工作任务单、修前资源准备、安全和环境风险分析、检修程序、检修技术记录卡、设备试运行单、完工报告单和经验反馈等内容，并宜按表 C.0.5 的格式编制。

表 C.0.5 设备检修作业指导书

名称		检修作业指导书		
编写人		修订人		审核人	
批准人:				
发布实施日期:				

一、检修工作任务单

<table>
<tr><td colspan="5" align="center">检修工作任务单</td></tr>
<tr><td colspan="3" align="center">设备名称</td><td align="center">设备代码</td><td></td></tr>
<tr><td rowspan="2">检修计划</td><td>检修类别</td><td colspan="3">□ A 级检修　　□ B 级检修　□ C 级检修　□ 其他</td></tr>
<tr><td>计划工作
时间</td><td colspan="2">年　月　日至　年　月　日</td><td>计划工日</td></tr>
<tr><td>设备概况及
基本参数</td><td colspan="4">主要技术参数:
于　　年　　月投入运行,已经过次级检修。</td></tr>
<tr><td>设备修前状况</td><td colspan="4">检修前存在的缺陷:</td></tr>
<tr><td>主要检修项目</td><td colspan="4"></td></tr>
<tr><td>质量要求</td><td colspan="4"></td></tr>
<tr><td rowspan="3">质检点分布</td><td align="center">W 点</td><td align="center">工序及质检点内容</td><td align="center">H 点</td><td align="center">工序及质检
点内容</td></tr>
<tr><td align="center">W-1</td><td></td><td align="center">H-1</td><td></td></tr>
<tr><td align="center">W-2</td><td></td><td align="center">H-2</td><td></td></tr>
</table>

二、修前资源准备

工作许可
□电气第一种工作票　　□电气第二种工作票　　□电气继保工作票 □热机工作票　　　　　□仪控工作票　　　　　□动火工作票 □脚手架□拆除保温□封堵打开 □围栏设置　　　　　□安全网 □其他说明: 工作票编号:

人员准备				
序号	工作组人员姓名	工种	检查结果	备注
1			□	

工具准备						
序号	工器具名称	规格	单位	数量	检查结果	备注
常用工具						
起重工具						
1						
检验仪器						
1						
专用工具						
1						
试验器具						
1						

备品配件准备					
序号	备件名称	检查结果	序号	备件名称	检查结果
1		□	2		□

耗材准备					
序号	耗材名称	数量	单位	检查结果	备注
1				□（ ）	

相关图纸、技术说明书等资料准备		
序号	图纸、资料名称及图号	检查结果
1		□

施工现场准备		
序号	现场准备项目	检查结果
1		□

注：本页由设备负责人签发，作业负责人签收，并在开工前逐项检查，达到要求的在"□"内打"√"，并标明日期和时间。"（ ）"内填写检查落实时间。

三、安全和环境风险分析及交底

安全风险分析及预控措施：
环境风险分析及环境保护措施：

工作负责人	工作成员
年　月　日	年　月　日

四、检修程序

（一）执行标准

标准名称	备注

（二）检修流程图

（三）检修步骤

在检修步骤中应明确相应的检修关键工序质量控制 H 和 W 点。

1.　　　　　　　　　　　　　　　　　　　　　　　　　　　 停工待检点—H1

2.

工作负责人	检修班组	专工	厂部
年　月　日	年　月　日	年　月　日	年　月　日

3. 结尾工作

3.1　现场清扫卫生；

3.2　清点工具；

3.3　检修人员撤离现场；

3.4　办理工作票终结；

3.5　根据有关规定进行水压试验；

3.6　填写检修报告。

五、检修技术记录卡

检修记事
记录人：

缺陷检查和处理情况记录
缺陷描述：
缺陷部位（简图）：
缺陷处理情况说明：
记录人： 审核人：

重要检查和测量记录（可选）

记录人：　　　　　　　　　　　　　　　　　　　　　　　　　　　　　　审核人：

重要检查和测量记录						
工序号	设备/部件名称	规格型号	质量标准	原始修	修后值	测量人
1						
2						

记录人： 　　　　　　　　　　　　　　　　　　　　审核人：

其他形式的重要检查和测量记录（可选）

记录人： 　　　　　　　　　　　　　　　　　　　　审核人：

主要材料和备品配件消耗记录及统计							
序号	材料备件名称	规格	单位	数量	单价（元）	合计（元）	备注
1							
合计							

工时消耗统计		
工种	人数	工时

　　　　　　　　　　　　　　　　　　　　记录人： 　　　　审核人：

重要仪器、仪表、量具及工器具使用记录（可选）						
序号	仪器、仪表、量具及工器具名称	精度	量程	编号	测量部位	使用人	使用时间
1							
2							

　　　　　　　　　　　　　　　　　　　　记录人： 　　　　审核人：

六、设备试运行单

设备试运行单				
试运设备名称		试运负责人		
试运参加单位				
试运行范围及注意事项				
计划试运时间	年 月 日 时 分至 年 月 日 时 分			
相关部门会签	工作情况交底		项目（专业）负责人	
	工作票	能否试运	签字	日期

设备试运行单					
□ 施工方	汽机	□终结□交回	□可以□不可以		
	电气	□终结□交回	□可以□不可以		
	锅炉	□终结□交回	□可以□不可以		
	热控	□终结□交回	□可以□不可以		
□ 焚烧厂	汽机		□可以□不可以		
	电气		□可以□不可以		
	锅炉		□可以□不可以		
	热控		□可以□不可以		
运行班长			签发时间		年 月 日
试运行许可人			许可时间		年 月 日
试运行情况（运行填写）： 记录人： 审核人：					
试运行结果：□合格□不合格□让步					
验收会 签部门	部门				
	签字				

七、完工报告单

完工报告单				
项目名称		检修单位		
实际 检修时间	年 月 日 至 年 月 日	实际检修 工日		
一、检修中发现并消除的缺陷				
二、不符合项处理报告简述				
三、设备异动和图纸更改已经完成				
四、备品配件更换清单				
五、改进建议				
六、其他需要记录的事项				
三方 确认	设备管理方	运行方	施工方	
			项目负责人	施工方填写人

八、经验反馈

序号	建议内容	建议原因和根据	建议人	备注
检修负责人		专工		
年 月 日		年 月 日		

九、可选附件应符合下列要求：
1　检修范围、工期变更申报单
2　检修工艺、标准变更申报单
3　不符合项通知单
4　让步放行申报单
5　竣工验收申报单

附录 D 焚烧厂专业检修工作总结报告

D.0.1 焚烧厂专业检修工作总结应包含下列要求：

(1) 施工组织与安全情况。

(2) 检修作业指导书及工序卡应用情况。

(3) 检修中消除的设备重大缺陷及采取的主要措施。

(4) 设备重大改进的内容和效果。

(5) 人工和费用的简要分析（包括重大检修项目、特殊检修项目人工及费用）。

(6) 检修后尚存在的主要问题及准备采取的对策。

(7) 试验结果简要分析。

(8) 其他。

D.0.2 焚烧厂专业检修工作总结报告宜按表 D.0.2 的格式填写。

表 D.0.2 焚烧厂专业检修工作总结报告

年　月　日

_____ 生活垃圾焚烧厂 _____ 专业

制造厂 _____ 型式 _____

主要设计参数： 概况：

一、停用日数

计划： 年 月 日至 年 月 日，进行第 次 A/B/C 级检修，共计 日。

实际： 年 月 日至 年 月 日报竣工，共计 日。

二、人工计划： 工时，实际： 工时。

三、检修费用计划： 万元，实际： 万元。

四、运行情况

上次检修结束至本次检修开始运行小时数，备用小时数。

五、检修项目完成情况

内容	合计	标准检修项目	特殊检修项目	技术改造项目	反事故措施和劳动技术防护措施项目	备注
计划数						
实际数						

六、质量验收情况

内容	H 点			W 点			不符合项通知单	三级验收
	合计	合格	不合格	合计	合格	不合格	合计	
计划数								
实际数								

七、检修工作评语

序号	指标项目	单位	检修前	检修后
1				

专业负责人： 生活垃圾焚烧厂负责人：

本规程用词说明

1 为便于在执行本规程条文时区别对待，对要求严格程度不同的用词说明如下：

　1）表示很严格，非这样做不可的：

　　正面词采用"必须"，反面词采用"严禁"；

　2）表示严格，在正常情况下均应这样做的：

　　正面词采用"应"，反面词采用"不应"或"不得"；

　3）表示允许稍有选择，在条件许可时首先应这样做的：

　　正面词采用"宜"，反面词采用"不宜"；

　4）表示有选择，在一定条件下可以这样做

的，采用"可"。

2 条文中指明应按其他有关标准执行的写法为："应符合……的规定"或"应按……执行"。

引用标准名录

1《质量管理体系要求》GB/T 19001

2《环境管理体系要求及使用指南》GB/T 24001

3《电业安全工作规程　第 1 部分：热力和机械》GB 26164.1

4《电力安全工作规程　发电厂和变电站电气部分》GB 26860

5《职业健康安全管理体系要求》GB/T 28001

中华人民共和国行业标准

生活垃圾焚烧厂检修规程

CJJ 231—2015

条 文 说 明

制　订　说　明

《生活垃圾焚烧厂检修规程》CJJ 231－2015 经住房和城乡建设部 2015 年 8 月 28 日以第 902 号公告批准、发布。

编制组在编制过程中进行了广泛深入的调查研究，总结了我国生活垃圾焚烧厂设备检修管理和技术发展现状，同时参考了国内外先进技术法规、技术标准，通过调研和实践取得了焚烧厂分级检修管理所需的重要技术依据。

为便于广大焚烧厂现场有关人员在使用本规程时能正确理解和执行条文规定，编制组按章、节、条顺序编制了本规程的条文说明，并着重对强制性条文的设置理由作了解释。但是，本条文说明不具备与规程正文同等的法律效力，仅供使用者作为理解和把握规程规定的参考。

目　次

1 总 则

1.0.1 本条文明确了制定本规程的目的。生活垃圾焚烧处理在我国属于新兴行业，近年来发展迅速且已成为生活垃圾处理的主要方式，国家有关部门和地方省市先后制定了一系列有关生活垃圾焚烧处理的法规、标准和规范，但全国焚烧厂的检修工作尚处于各自摸索阶段，没有统一的标准，本规程的制定能对焚烧厂的检修工作起到规范、指导作用。

1.0.2 本规程适用于已投产运行的炉排炉焚烧厂。

1.0.3 本条文规定了焚烧厂设备、系统及附属设施检修的一般原则。垃圾焚烧厂具有高度的社会敏感性，设备（系统）复杂，一旦发生故障停产可能带来较大的社会影响。因此，焚烧厂应有计划的对全厂设备、系统及附属设施进行检修，保证安全、稳定运行，环保达标排放。

可用状态是指焚烧厂设备、系统及附属设施处于运行状态或随时能进入运行状态。

2 术 语

2.0.1~2.0.14 本规程有关条款中出现的一些专门的词或词组，且这些词或词组在现行行业标准中尚未规定其含义。为便于使用和理解本规程，本章对这些词或词组进行了定义，以便于行业内各焚烧厂进行交流总结，避免技术人员产生概念混淆。

2.0.3 焚烧厂主要是以处理生活垃圾为主要任务，余热发电是辅助的，属于资源综合利用范畴，且多为母管制运行而非单元制；同时行业内对焚烧线的停运存在不同的理解，为此本条文在广泛征求从业人员意见的基础上，参考了电力系统关于主设备检修停用时间的定义，并经行业专家进行认真审核论证，对焚烧线及汽轮发电机组"检修停用时间"节点进行了统一界定，规定了"焚烧炉设备检修停用时间是指焚烧炉停止垃圾投料开始，到检修工作结束后焚烧炉点火启动开始垃圾投料的总时间"，主要是为突出焚烧厂是以处理生活垃圾为主的设施特性，此外焚烧炉启动一般需要8~9个小时，经常伴随烘炉几十个小时，此阶段尚未正式处理垃圾，编制组认为此阶段仍应属于检修范畴。

3 基 本 规 定

3.0.1 由于全国各地焚烧厂设备类型、型号、容量和状态不同，所属区域气候不同，运行年限和管理水平不同，所以各焚烧厂应根据本厂设备的实际情况进行检修安排。

3.0.2 焚烧厂检修项目多，涉及面广，需要对各个项目统筹安排和考虑，以便能在规定的工期内保质保量完成全部检修项目，及时恢复处理生活垃圾，所以要确定科学、合理的检修工期。

3.0.3 焚烧厂涉及环境卫生、环保监测、热能利用、热力机械、电气系统及仪表与自动化等方面，涵盖的专业众多，生产运行及技术管理工作复杂，部分技术监督工作在日常运行时无法进行，所以应在设备停用检修时开展技术监督工作，以便有效检测设备的状态和寿命，保证焚烧厂设备安全、可靠运行。焚烧厂技术监督一般包括绝缘监督、金属监督、化学监督、热工/电气仪表监督、电能质量监督、继电保护监督、节能监督、环保监督等。

3.0.5 焚烧厂应按现行国家标准《质量管理体系要求》GB/T 19001 的规定，建立设备检修过程的质量管理体系和组织机构，编制质量管理手册，完善程序文件，推行工序管理；并按现行国家标准《环境管理体系要求及使用指南》GB/T 24001 和《职业健康安全管理体系要求》GB/T 28001 的规定，制定检修过程的环境保护和安全劳动防护措施，合理处置各类废弃物，改善作业环境和劳动条件，做到文明施工，清洁生产。

3.0.6 由于焚烧厂设备先进、系统复杂，如果检修人员技能达不到要求，可能无法及时完成检修任务或无法保证检修质量；相应资质是指焚烧厂检修工作中有关电工、钳工、焊工、架子工、起重工、电梯安装维护工等需要持证上岗的专业工种。

3.0.8 持续改进工作遵循的方法是P（计划）、D（实施）、C（检查）、A（改进）循环。

3.0.9 当今社会信息化技术发展日新月异，可以有效提升生产管理水平和工作效率，焚烧厂应充分借助先进的信息化技术提升检修管理水平。焚烧厂应建立设备、系统及附属设施状态监测和诊断组织机构，应应用先进的检修管理信息化系统，对涉及焚烧厂安全性、可靠性和经济性影响大的设备、系统及附属设施开展监测和状态诊断，优化检修管理工作程序和提升工作效率，为状态检修打好基础。状态检修是当前先进的设备检修潮流和方向，可以有效地避免计划检修存在的过修和欠修，提高设备可靠性和效能。焚烧厂在我国起步晚，发展快，应在不断规范和完善检修管理工作的基础上，借鉴先进的经验，逐步开展状态检修。

3.0.10 焚烧厂计划检修涉及当地市政生活垃圾处理的调度、环保监管及电网运行，需事先做好与相关部门的沟通协调，确保将焚烧厂计划检修对生活垃圾处理造成的影响降到最低。焚烧厂应在每年年底前将下一年度检修工作计划向当地生活垃圾处理主管部门报批，并应在当地环境保护部门、电网公司等相关部门备案；实施年度检修工作计划时应在检修前一周和检修结束后一周以报告单的形式通报相关部门；在计划检修实施过程中，检修天数或检修等级发生重大变更或调整时，应按规定通报相关部门。

4 分 级 检 修

4.1 分级检修周期和停用时间

4.1.1 根据焚烧厂设备检修范围和检修深度，借鉴相关行业的经验，本条规定了焚烧厂的检修等级、主设备停用时间和检修周期。表4.1.1推荐主设备分级检修停用时间有一定的跨度区间，主要考虑了当前全国各地焚烧厂的单条焚烧线规模大小不一，有的高达800t/d，有的只有150t/d，检修工作量差异很大，同时还有各种流派的炉型检修难易程度不同，此外还需考虑每条焚烧线实际检修中的特殊情况，因此无法统一界定。编制组调研了全国各地的焚烧厂，结合分级检修的相应级别，认为表4.1.1的停用时间是合适的，所以予以推荐，以利行业技术交流。

4.1.2 焚烧厂主设备检修在两次A级检修之间根据实际情况可安排1次B级检修，未安排A、B级检修的年度宜每年安排1次C级检修，并应根据运行情况增加（1~2）次D级检修。

4.2 分级检修重点技术要求

4.2.2 垃圾焚烧炉及余热锅炉各部位耐火材料运行中长期接触高温环境、烟气冲刷腐蚀及垃圾料层摩擦，容易出现破损、坍塌，影响焚烧厂的安全、稳定运行，所以应重点检查修复。烘炉的目的是保证修复后的耐火材料能达到规定性能，防止运行中出现炉墙坍塌、脱落等事故，保证垃圾焚烧炉及余热锅炉良好运行措施。

4.2.3、4.2.4 此两条均为强制性条文。生活垃圾成分复杂，焚烧时烟气中含有大量腐蚀性气体，对余热锅炉水冷壁、过热器等受热面造成严重腐蚀和冲刷；为防止焚烧厂频繁发生余热锅炉受热面泄漏，影响焚烧线的安全、稳定运行和环保达标排放，焚烧厂检修时应认真开展受热面管子的金属监督工作，对存在问题的受热面管子及时处理，保证垃圾焚烧炉及余热锅炉安全运行，为此编制组参考了《火力发电厂金属技术监督规程》DL/T 438-2009及《火力发电厂锅炉受热面管监督检验技术导则》DL/T 939-2005相关条款，对焚烧厂分级检修时的相关金属监督项目、内容和检修要求进行了规定。条款中测厚抽检率不低于20%是参考《火力发电厂金属技术监督规程》DL 438-2009的7.2.1.1规定制定，"7.2.1.1机组第一次A级检修或B级检修，应按10%对管件及阀壳进行外观质量、硬度、金相组织、壁厚、椭圆度检验和无损探伤（弯头的探伤包括外弧侧的表面探伤与内壁表面的超声波探伤）。以后的检验逐步增加抽查比例，后

次A级检修或B级检修的抽查部件为前次未检部件，至10万h完成100%检验"，考虑到生活垃圾焚烧烟气成分复杂并含有大量酸性气体，对余热锅炉受热面会产生严重腐蚀，需要在检修中重点检查和测量，将抽检率提高至20%。

条款中对"壁厚减薄量超过设计壁厚30%的受热管应更换"的规定是参考《火力发电厂锅炉受热面管监督检验技术导则》DL/T 939-2005的6.6.1规定，考虑到垃圾焚烧烟气成分复杂并含有大量酸性气体等因素制定。

4.2.5 为了保障余热锅炉的检验焊接质量、防止运行中发生泄漏，本条文参考了《火力发电厂金属技术监督规程》DL/T 438-2009的9.3.13"受热面管子更换时，在焊缝外观检查合格后对焊缝进行100%的射线或超声波探伤；此外余热锅炉受热面管子更换后应作锅炉工作压力下的水压试验；一组受热面的50%以上管子更换新管后应进行超压水压试验"进行制定。

4.2.7 本条为强制性条文。袋式除尘器滤袋是焚烧厂关键环保设施，其捕捉的飞灰属于危险废弃物，携带二噁英、重金属等有害物质，滤袋的破损及除尘器的泄漏会造成烟尘、二噁英和重金属等污染物排放超标，必须重点加强检修维护。本条文参照现行行业标准《环境保护产品技术要求 袋式除尘器 滤袋》HJ/T 327、《环境保护产品技术要求 分室反吹类袋式除尘器》HJ/T 330、《环境保护产品技术要求 袋式除尘器用滤料》HJ/T 324、《环境保护产品技术要求 袋式除尘器用覆膜滤料》HJ/T 326相关条款，对滤袋分析检测、寿命评估等进行了规定。

4.2.8 特种设备属国家强制检验的设备，事关人身设备安全，因此检修后必须经法定专业机构进行技术、安全性能评估和检验，保证投运后的安全稳定运行。

4.2.9 汽门严密性试验是检验阀门关闭后的泄漏程度，汽门严密性试验不合格，将影响到调节系统的动态特性，当机组出现甩负荷时会造成汽轮机超速等危险状况。超速保护试验是为检验汽轮机发生超速时，危急保安装置能否在规定的时间内动作，把汽轮机安全停下来，防止发生设备事故。

4.2.10 预防性试验是焚烧厂保证电气设备安全运行的重要措施，通过试验可全面掌握电气设备各项性能指标和健康状况，及早发现缺陷，从而进行相应的维护与检修。

4.2.11 继电保护、励磁调节器等电气二次设备是保障焚烧厂电气设备安全的最基本、最重要、最有效的技术手段，一旦发生故障，将严重影响焚烧厂安全、稳定运行。

4.2.13 准确测量炉膛温度是焚烧炉运行时确保满足"850℃ 2s"要求、实现二噁英充分破坏、分解的必

要检测手段，因此，炉膛测温元件及其回路的检查、维护和校验十分重要。

4.2.14 烟气排放在线连续监测装置（CEMS）的准确、可靠、稳定运行，对于焚烧厂烟气污染物排放的连续监测、焚烧炉及烟气处理设施的运行调整和政府部门的在线监控非常重要，因此焚烧厂应根据《固定污染源烟气排放连续监测技术规范》HJ/T 75加强该设备的检修维护。

4.2.15 焚烧厂除灰渣系统设备腐蚀、磨损严重，应在每次检修中全面检查维护，避免除灰渣系统设备故障引起主设备停运。

4.2.16 垃圾池防腐破损或底板破裂会造成渗沥液泄漏，对地下水、车间空气产生较大影响；渗沥液收集孔洞不畅通，对垃圾的堆酵和焚烧都有较大的影响，而且渗沥液收集系统清淤还涉及受限空间作业及安全措施准备，焚烧厂正常运行时无法清空垃圾池进行上述检查修复和清淤疏通工作，因此需利用检修期间完成。

4.2.18 由于焚烧厂检修期间焚烧线停用，垃圾池无法维持负压，部分设备解体无法封闭，臭味容易外溢，所以应保证应急除臭设施处于可用状态，避免检修期间对周边环境及居民产生影响。

5 检修计划及准备

5.1 年度检修计划

5.1.1 本条文规定了检修计划编制的依据和时间上的要求，同时考虑到留出足够时间给生活垃圾处理主管部门对全部生活垃圾统处理统筹调度和协调，与正文第3.0.10条相衔接。

5.1.3 本条文对主设备和辅助设备检修方式进行了规定，以确保主设备检修质量。

5.1.4 生产建（构）筑物包括垃圾进场道路、卸料平台、垃圾池、渗沥液收集池和循环水池等。

5.1.6 焚烧厂计划检修对城镇生活垃圾处理以及电网调度产生较大影响，检修计划的变更影响面广，需慎重调整，在此强调检修计划的严肃性。

5.2 检修项目编制

5.2.1~5.2.9 规定了焚烧厂检修项目编制的依据和内容，根据检修级别的不同对检修项目进行了细化和说明。焚烧厂应根据各级检修的要求、规模和内容确定检修项目，并结合各级检修计划安排生产建（构）筑物的检修。

5.3 检修物资、工器具及人员准备

5.3.1 为保证检修质量和检修工期，焚烧厂应对检修所需物资做好充分的准备，避免发生窝工现象。

5.3.2 检修工器具的有效性和性能安全检查是保证检修安全、质量和效率的重要因素，检修前应对检修工器具进行全面准备和落实，对涉及操作人员安全的工器具进行严格检验。

5.3.3 检修人员的技能素养和安全意识是保证焚烧厂检修安全和质量的基础，在检修开工前应对检修人员进行全面的培训和交底，尤其是工作票签发人、负责人和许可人是整个检修工作安全顺利进行的关键人员；上述人员对焚烧厂检修作业指导书及规章制度的掌握、检修工作中应承担安全责任的明确、对检修内容及缺陷的掌握和对焚烧厂系统设备的熟悉程度直接影响检修质量，应进行全面培训交底。

5.4 检修技术文件及作业指导书

5.4.1~5.4.3 检修技术文件是焚烧厂实施检修工作的标准文件，焚烧厂检修前应根据本条文规定制定各项技术文件，作为检修人员实施规范化检修的依据，确保检修质量。检修作业指导书是具体开展检修活动时全过程控制的规范性文件，本规程第5.4.2条和5.4.3条对其编制和使用进行了明确。

5.5 检修前组织与安排

5.5.1~5.5.12 A、B、C级检修是焚烧厂主设备、辅助设备在短时间集中进行的、大范围解体检修的、参与人员众多的非常规生产活动，是为保证焚烧厂日常生活垃圾处理、烟气达标排放和余热利用发电平稳顺利进行而采取的全面检查修复活动，只有经过充分的策划和精心的组织，才能达到预期的效果。本节对焚烧厂检修开工前除了检修计划、检修项目、人员及物资工器具、检修技术文件及作业指导书以外的其他各项组织策划工作进行了相应的要求。

5.6 检修外包

5.6.1~5.6.5 规定了焚烧厂对外委托检修项目及检修承包方的相关管理要求，明确了检修承包方的资质、安全环保、工器具和人员资质等要求，以保证焚烧厂检修工作依法合规、顺利高效。

6 检修过程

6.1 检修实施阶段组织与管理

6.1.1 本条为强制性条文。焚烧厂的工作票和操作票制度是检修工作人身、设备安全的重要保证，在该条文中进行了明确，要求必须执行。本条主要参考了现行国家标准《电业安全工作规程 第1部分：热力和机械》GB 26164.1和《电力安全工作规程 发电厂和变电站电气部分》GB 26860的相关条款。

6.1.5 焚烧厂检修工作是一项跨单位、多部门、多

专业相互配合的、庞大的系统工程，为了协调各专业工作、控制检修安全、质量和工期，检修指挥组织机构应每日召开检修调度例会。会议应听取各专业技术负责人和检修单位负责人关于检修工作的进展汇报，协调各专业、检修单位之间的问题，研究解决检修过程中的技术问题，保证检修活动按分级检修进度网络图实施。

6.1.8 为了控制检修成本，焚烧厂检修过程中应指定专人做好备品配件、材料领用及消耗记录，便于积累资料，统计分析，开展经济核算，进一步核实检修消耗定额和成本控制。

6.2 设备检修工艺要求

6.2.2 第2款设备解体检查时应依据设备的检查情况及测量的技术数据，对照设备现状、历史数据、运行状况，对设备进行全面评估。

6.3 检修过程安全环保重点要求

6.3.1 焚烧厂在我国属于新兴行业，发展迅速，已成为我国环境卫生治理、生活垃圾处理的重要方式。焚烧厂工艺流程、设备系统存在大量转动机械、起重及压力容器等特种设备、电气设备、高温高压给水及蒸汽，涉及环境卫生、环保监测、热能利用、热力机械、电气系统及仪表与自动化等专业，在检修期间更是各项检修活动集中交叉进行，安全管理工作复杂艰巨。为了保证焚烧厂检修工作安全、有序、顺利进行，应参照相关行业的经验，严格执行现行国家标准《电业安全工作规程 第1部分：热力和机械》GB 26164.1和《电力安全工作规程 发电厂和变电站电气部分》GB 26860的有关规定，保证焚烧厂的安全可靠运行和检修工作的顺利开展。

6.3.3 本条为强制性条文。主要是针对焚烧厂检修中典型且危险性大的焚烧炉、余热锅炉炉膛及烟道内部清灰打焦和检修作业的安全措施进行了规定，防止发生各类事故。因焚烧炉多敷设耐火材料，且多有结焦积灰情况，降温很慢，加之烟道布置有受热面且空间狭小，检修人员进入作业时危险性很大，须充分做好各项安全措施。清灰除焦人员应穿着防烫伤工作服和工作鞋，带防烫伤手套，戴上防护眼镜和口罩，配备必要的安全用具。此外焚烧厂垃圾焚烧炉及余热锅炉多为母管制布置，当垃圾焚烧炉及余热锅炉检修时相邻的垃圾焚烧炉及余热锅炉可能仍在运行，存在高温高压蒸汽、燃油等误入的可能性，为此检修时正在检修的设备、系统应与仍在运行的设备、系统严格隔离。应把该焚烧线的烟道、风道、燃油/燃气系统、炉排液压系统、受热面清灰系统等的动力电源、蒸汽、压缩空气及燃油/燃气等可靠隔断，电气设备停电，并悬挂相关警示标识牌，必要时加装堵板，防止人员误开阀门、误动设备造成人身伤害。

6.3.4 本条为强制性条文。考虑到焚烧厂生活垃圾的特殊性，对进入垃圾池、渗沥液收集池、渗沥液厌氧处理系统、箱涵和垃圾焚烧锅炉等受限空间或存在有毒有害气体场所进行检修作业的安全措施进行了明确要求。

6.3.5 本条为强制性条文。主要是考虑到垃圾焚烧炉、烟气脱酸塔、SCR脱氮塔、袋式除尘器、渗沥液收集池等设备场所内部狭小受限、有爆燃危险或属于潮湿的金属容器，为了防止发生触电、爆燃等安全事故，保证作业安全，参照现行国家标准《电业安全工作规程 第1部分：热力和机械》GB 26164.1对该类场所安全电压照明进行了规定。

6.3.10 焚烧厂检修过程中应实行检修现场定置图管理，检修人员应按现场定置要求合理布置施工场地，设备材料堆放整齐，在检修设备时应做到"工完、料尽、场地清"，既可以保证现场文明生产，又能使检修施工顺利高效。

6.3.11 本条规定了焚烧厂检修期间的职业健康防范措施，考虑到焚烧厂的生产特点，重点提出检修期间的臭味控制及卫生消杀要求。应急除臭设施应能良好运行，垃圾池应形成负压，卸料大厅、垃圾池、渗沥液收集池等处应加强消杀灭虫措施。

7 试运启动及检修后评估

7.1 分部试运及整体启动

7.1.1 本条文规定了焚烧厂检修后分部试运应具备的条件。因设备、系统经过检修可能发生异动，应与运行人员交底，使其了解设备、系统检修前后的重要变动及试运时应重点关注的事项；在试运前应清理现场，恢复安全设施，使设备具备投入运行的条件，便于运行人员操作和巡回检查。

7.1.3 因焚烧厂包括众多设备、系统及附属设施，分级检修对大部分的设备、系统及附属设施进行解体或检修，所以应对分部试运合格后的系统进行冷（静）态验收和保护校验，恢复现场各项设施，使其具备正常运行条件。

7.1.4 焚烧厂应制定有针对性的试运大纲，进行系统、有序的启动，才能保证整体启动顺利完成；同时为了检验焚烧厂A级检修的整体效果，考虑到垃圾焚烧处理的特殊性，应进行48h连续满负荷考核试验。

7.2 检修后评估

7.2.1 焚烧厂分级检修按预定计划对各设备、系统进行全面检查检修，其性能、健康水平应有相应的提升，为了检验评价检修活动实际效果，焚烧厂检修结束后应对设备、系统进行修后性能测试、评估，性能测试、评估的项目应包括焚烧量、炉膛温度、热灼减率、排烟温度、石灰溶液及活性炭耗量、烟气排放指标、发电机负荷、电压、电流、温度、压力、流量、振动和轴功率等，并应对设备的修前、修后数据进行对比。

7.2.4 后评估内容应包括安全性、可靠性、经济性和环保排放等指标，外包工程的后评估工作还应包括对承包方工作业绩的评价。

7.2.5 蒸汽管道、汽包、汽轮机转子叶片等部件发生事故时会迫使焚烧厂垃圾焚烧炉及余热锅炉、汽轮发电机组等主设备持续停运，危及人身安全，且修理或更换费用高、时间长，因此为了保证焚烧厂主设备及上述部件的安全运行，本条参照现行行业标准《火力发电厂蒸汽管道寿命评估技术导则》DL/T 940、《在役电站锅炉汽包的检验及评定规程》DL/T 440、《火电机组寿命评估技术导则》DL/T 654 等标准的相关条款，提出了对焚烧厂主设备及相关部件寿命评估的要求。

7.2.6 本条规定了焚烧厂设备检修完成后资料整理、归档的管理要求。